새 출제기준에 따른 **최신판!!**

위험물산업기사 필기총정리문제

- 단원별 적중 출제예상문제 수록!!
- 지난년도 시행 출제문제 수록!!
- 최근 IUPAC 원소주기율표 수록!!
- 원소주기율표 암기 비법 수록!!

유쾌! 상쾌! 통쾌하게 합격하자!!

위험물산업기사 책을 발행하면서

위험물산업기사 시험에 합격하기 위하여!!

　우리나라는 어려운 국내외 경제 여건 속에서 국민의 열정으로 산업발전을 거듭하여 눈부신 경제성장을 이룩하였습니다. 이제는 완벽한 수출 주도형 첨단정밀산업 선진국으로 세계시장을 지배하고 있습니다.

　특히, 모든 산업분야와 산업구조 형태에서 필요불가결한 석유에너지 및 기타 제품 생산사업장에서 사용되는 위험물관리에 따른 위험성이 다양화 또는 대형화되어 가고 있습니다.

　이러한 위험물을 안전하게 관리할 수 있는 보안 감독자인 위험물 안전관리자의 수요가 급증하고 있으며, 또한 유망직종으로 급부상하고 있습니다.

　이에 본인은 오랜 강의 지도 경험과 현장 실무를 토대로 수많은 합격생을 배출하였습니다.

　위험물산업기사 국가기술자격시험 수검응시자로서 기초실력이 부족했던 사람도 이 한 권의 교재로 공부하여 위험물산업기사 시험에 어려움 없이 합격하여 현장에서 열심히 일하고 있습니다.

　그 동안 〈위험물산업기사〉 교재를 집필하여 수험서의 명문회사인 크라운출판사에서 발행하였습니다. 이 책으로 공부한 수많은 공학도가 오늘도 산업현장에서 땀 흘리며 일하고 있습니다.

　열과 성을 다하여 교재를 집필하였으나 내용 중 일부 부족한 점과 미비한 점이 있을 것으로 사료되오니 독자 여러분의 조언에 성심껏 예의 수정·보완하여 이 교재가 더욱 완벽하게 될 수 있도록 노력하겠습니다.

　끝으로 이 교재가 국가산업 발전과 위험물에 있어 좋은 길잡이가 되기를 바람과 동시에 여러분의 앞날에 합격의 영광과 풍요로운 내일이 있기를 기원합니다.

　감사합니다.

저자 이보상 드림

이 책의 내용에 대한 문의는 이보상 선생님(bsyee2532@hanmail.net)께 하시면 친절히 답변해 드립니다.

출제기준표

위험물산업기사 [필기]

직무분야	화학	중직무분야	위험물	자격종목	위험물산업기사	적용기간	2025.1.1.~2029.12.31.

○ 직무내용 : 위험물을 저장·취급·제조하는 제조소등에서 위험물을 안전하게 저장·취급·제조하고 일반 작업자를 지시 감독하며, 각 설비에 대한 점검과 재해 발생시 응급조치 등의 안전관리 업무를 수행하는 직무이다.

필기검정방법	객관식	문제수	60	시험시간	1시간 30분

필 기 과목명	출 제 문제수	주요항목	세부항목
일반화학	20	1. 기초 화학	1. 물질의 상태와 화학의 기본법칙
			2. 원자의 구조와 원소의 주기율
			3. 산, 염기, 염 및 수소 이온 농도
			4. 용액, 용해도 및 용액의 농도
			5. 산화, 환원
		2. 유무기 화합물	1. 무기화합물
			2. 유기화합물
화재 예방과 소화방법	20	1. 화재예방 및 소화방법	1. 화재 및 소화
			2. 화재예방 및 소화방법
		2. 소화약제 및 소화기	1. 소화약제
			2. 소화기
		3. 소방시설의 설치 및 운영	1. 소화설비의 설치 및 운영
			2. 경보 및 피난설비의 설치기준

필 기 과목명	출 제 문제수	주요항목	세부항목
위험물의 성질과 취급	20	1. 위험물의 종류 및 성질	1. 제1류 위험물
			2. 제2류 위험물
			3. 제3류 위험물
			4. 제4류 위험물
			5. 제5류 위험물
			6. 제6류 위험물
		2. 위험물 안전	1. 위험물의 저장·취급·운반·운송방법
		3. 기술기준	1. 제조소등의 위치구조설비기준
			2. 제조소등의 소화설비, 경보·피난 설비기준
			3. 기타관련사항
		4. 위험물안전 관리법 규제의 구도	1. 제조소등 설치 및 후속절차
			2. 행정처분
			3. 정기점검 및 정기검사
			4. 행정감독
			5. 기타관련사항

기능장 · 산업기사 · 기능사 자격기준 및 수검안내

1. 수검 응시자격

등 급	자 격 기 준
기 능 장	1. 응시하려는 종목이 속하는 동일 직무분야의 산업기사 또는 기능사의 자격을 취득한 후 「근로자 직업능력 개발법」에 따라 설립된 기능대학의 기능장 과정을 마친 이수자 또는 그 이수예정자 2. 산업기사 등급 이상의 자격을 취득한 후 응시하려는 종목이 속하는 동일 직무분야에서 5년 이상 실무에 종사한 자 3. 기능사 자격을 취득한 후 응시하려는 종목이 속하는 동일 및 유사 직무분야에서 7년 이상 실무에 종사한 자 4. 응시하려는 종목이 속하는 동일 및 유사 직무분야에서 9년 이상 실무에 종사한 사람 5. 외국에서 동일한 종목에 해당하는 자격을 취득한 자
산업기사	1. 기능사 등급 이상의 자격을 취득한 후 응시하고자 하는 종목이 속하는 동일 직무분야에서 1년 이상 실무에 종사한 자 2. 응시하고자 하는 종목이 속하는 동일 직무분야의 다른 종목의 산업기사 등급 이상의 자격을 취득한 자 3. 관련학과의 2년제 또는 3년제 전문대학졸업자 등 또는 그 졸업예정자 4. 관련학과의 대학졸업자 등 또는 그 졸업예정자 5. 동일 및 유사 직무분야의 산업기사 수준의 기술훈련과정 이수자 또는 그 이수예정자 6. 응시하고자 하는 종목이 속하는 동일 직무분야에서 2년 이상 실무에 종사한 자 7. 고용노동부령이 정하는 기능경기대회 입상자 8. 외국에서 동일한 종목에 해당하는 자격을 취득한 자
기 능 사	응시자격에 제한이 없음
＊위험물 관련학과 (고용노동부고시 제2012-49호 별표1)	－ 02 경영 · 회계 · 사무 중 024 생산관리 직무분야와 관련된 학과 － 15 광업자원 중 151 채광 직무분야와 관련된 학과 － 16 기계 직무분야와 관련된 학과 － 17 재료 직무분야와 관련된 학과 － 18 화학 직무분야와 관련된 학과 － 19 섬유 · 의복 직무분야와 관련된 학과 － 25 안전관리 직무분야와 관련된 학과 － 26 환경 · 에너지 직무분야와 관련된 학과
＊위험물 관련학과에 포함되는 해당 직무분야별학과 (고용노동부고시 제2012-49호 별표2)	가스산업(과,부,전공), 가스안전공학(과,전공), 가스에너지공학(과,전공), 소방방재(과,전공,학부), 소방방재공학(과,부,전공), 소방방재시스템전공, 소방방재정보학과, 소방방제관리학(과·전공), 소방산업안전과, 소방시스템(과,코스), 소방안전(과,전공,(공)학과), 소방안전관리(학)(과,전공), 소방환경관리과, 소방환경안전과, 소방환경학과, 재난관리공학(과,전공), IT－디자인－소방계열

2. 국가기술자격 검정 인터넷 접수

(1) **대상** : 한국산업인력공단에서 시행하는 국가기술자격시험 전 종목
(2) **이용방법** : 한국산업인력공단 홈페이지(www.hrdkorea.or.kr) 및
　　　　　　　자격검정 정보망(www.q-net.or.kr) 참조
(3) **회원가입 준비사항**
　　① 본인 사진 파일 또는 사진 1매(3×4cm) 스캔
　　② 수수료 결제 : 신용카드, 계좌입금, 휴대폰 등(타인명의 결제가능)
　　③ 본인 인적사항

> [참고]
> ※ 원서접수 시 인터넷 접수와 방문 접수를 병행하여 실행하던 것을 2007년부터는 인터넷 접수만 가능합니다. 원서접수 시 착오 없으시길 바랍니다.

(4) **수험원서 접수시간** : 원서접수 첫날 09:00부터 원서접수 마지막날 18:00까지
(5) **수험원서 접수기간**(www.q-net.or.kr)
   ① **필기시험 대상자** : 해당 종목의 필기시험 원서 접수기간
   ② **실기시험 대상자** : 해당 종목의 실기(면접)시험 원서 접수기간(필기시험 합격자 발표일을 포함하여 4일간이며, 첫날 09:00시부터 마지막날 18:00시까지임)
   ③ **기타 대상자**
      ㉠ 필기시험 면제자(외국자격 취득자 포함) : 해당 종목의 실기시험 원서 접수기간
      ㉡ 실기시험 면제자 : 해당 종목의 필기시험 원서 접수기간
      ㉢ 필·실기시험 면제자(외국자격 취득자 포함) : 원하는 일자에 접수가능

> **참고**
> ※ 필기시험 합격예정자의 제출서류
>   당회 실기시험 원서접수 첫날부터 8일 이내(토, 일 제외)에 소정의 응시자격 서류(졸업증명서, 공단 소정 경력증명서 등)를 제출하여야 하며 지정된 기간 내에 미제출시 필기시험 합격 예정이 무효됩니다.
> ※ 응시자격서류 심사기준일 : 응시하고자 하는 종목의 필기시험 시행일입니다.

3. 응시자격 자가진단 서비스(산업기사 이상 국가기술 자격시험 응시자에 한함)
(1) **응시자격 자가진단** : 연중 본인의 학력, 경력 등을 근거로 등급별 응시가능 종목과 응시자격 제출서류를 스스로 진단하고 안내 받을 수 있는 서비스
(2) **자가진단 방법**(www.q-net.or.kr 참조)
   ① 로그인 또는 비회원 기본정보입력(이름, 주민번호)
   ② 응시종목 및 유형선택
   ③ 학력, 경력 등 입력
   ④ 진단결과 안내 : ㉠ 응시자격 여부, ㉡ 응시가능 종목, ㉢ 필요한 제출서류

4. 서류심사 경력관리 서비스
(1) **서류심사 경력관리 서비스** : 응시자격 서류심사 기간 중 고객이 제출한 학력, 경력 등을 인증절차를 거쳐 DB(데이터베이스)화 하였다가 추후동일(유사) 직무분야의 동일 등급 및 하위등급 응시시 서류 제출이 면제될 수 있도록 관리해 주는 서비스
(2) **서류 인증 절차**
   ① 필기시험 합격(예정)자 발표시 제 증명서(학력, 경력 등)를 공단에 제출하여 서류인증을 받는다.(공단방문)
   ② 필기 합격처리 및 실기접수 됨
   ③ 추후 동일(유사) 직무분야의 동일 등급 및 하위등급 응시시 서류제출 면제

> **참고**
> ※ 학력응시자 중 응시자격이 확정된 졸업자(최종학년 수료자) 등은 응시자격 서류제출기간에 관계없이 공단을 방문하여 서류제출 후 인증가능(인증된 자의 경우 해당 필기시험 합격(예정)자 발표시 서류제출 없이 자동 합격처리)

5. 검정방법
  (1) 필기시험 및 실기시험(실기시험은 필기시험에 합격한 자에 한하여 시행함)
    ① **필기시험** : 1교시 90분간 3과목 60문제를 객관식(4지 택1형)의 방법으로 과목별 100점 만점에 40점 이상 득점하고, 전 과목 평균 60점 이상이면 합격 결정
    ② **실기시험** : 주관식 필기검정으로 100점 만점에 60점 이상으로 합격 결정
  (2) 수검자는 수검 당일 시험시작 30분 전까지 지정된 좌석에 착석하여야 하며 수검표 분실자는 신분증명서를 지참하여 시험시작 1시간 전에 해당 시험본부에 재확인 받아야 함

6. 검정일시 및 장소
  (1) **검정일시** : 당해연도 국가기술자격검정 일정 참조(www.Q-net.or.kr)
  (2) **검정장소** : 인터넷 접수시 본인이 선택한 장소에서 수검 가능함

7. 한국산업인력공단 홈페이지 안내
  (1) **홈페이지** : www.hrdkorea.or.kr
  (2) **인터넷 접수** : Q-net.or.kr
  (3) **기타 문의사항** : HRD 고객센터(1644-8000) 또는 가까운 지역본부 및 지사

8. 공단 종합민원 정보서비스 안내(2020년 4회시험부터 CBT)

안내내용	이용방법	안내기간
합격자 발표 및 실기시험 안내	• 인터넷 : www.hrdkorea.or.kr 또는 www.Q-net.or.kr • 자동응답전화(ARS) 이용시 1666-0100 (지역번호 없이 전국 동일번호)	① 합격자 발표(발표일로부터) • 기능사 : 3일간 • 기능사 이외 종목 : 4일간 (실기시험 합격자는 7일간) ② 실기시험 안내 당회 실기시험 5일 전부터 시험 종료일까지
필기득점공개	2020년 4회시험부터 CBT시험이므로 시험 당일 득점을 알 수 있습니다.	
종합민원안내 • 자격검정시행일정 • 직업교육훈련과정 • 취업정보 • 기능장려사업 • 공단홍보자료	자동응답전화(ARS) 이용시 1644-8000	상시안내

○ 인터넷 : www.hrdkorea.or.kr 는 종합민원정보 합격자 발표 및 필기시험에 대한 득점 공개
　　　　www.Q-net.or.kr 일부 종목에 대한 시험문제 공개

9. 한국산업인력공단 지역본부 및 지사

지사명	주소		전화번호
서울지역본부	(02512)	서울 동대문구 장안벚꽃로 279(휘경동 49-35)	02-2137-0590
서울서부지사	(03302)	서울 은평구 진관3로 36(진관동 산100-23)	02-2024-1700
서울남부지사	(07225)	서울시 영등포구 버드나루로 110(당산동)	02-876-8322
서울강남지사	(06193)	서울시 강남구 테헤란로 412 T412빌딩 15층(대치동)	02-2161-9100
인천지사	(21634)	인천시 남동구 남동서로 209(고잔동)	032-820-8600
경인지역본부	(16626)	경기도 수원시 권선구 호매실로 46-68(탑동)	031-249-1201
경기동부지사	(13313)	경기 성남시 수정구 성남대로 1217(수진동)	031-750-6200
경기서부지사	(14488)	경기도 부천시 길주로 463번길 69(춘의동)	032-719-0800
경기남부지사	(17561)	경기 안성시 공도읍 공도로 51-23	031-615-9000
경기북부지사	(11801)	경기도 의정부시 바대논길 21 해인프라자 3~5층(고산동)	031-850-9100
강원지사	(24408)	강원특별자치도 춘천시 동내면 원창 고개길 135(학곡리)	033-248-8500
강원동부지사	(25440)	강원특별자치도 강릉시 사천면 방동길 60(방동리)	033-650-5700
부산지역본부	(46519)	부산시 북구 금곡대로 441번길 26(금곡동)	051-330-1910
부산남부지사	(48518)	부산시 남구 신선로 454-18(용당동)	051-620-1910
경남지사	(51519)	경남 창원시 성산구 두대로 239(중앙동)	055-212-7200
경남서부지사	(52733)	경남 진주시 남강로 1689(초전동 260)	055-791-0700
울산지사	(44538)	울산광역시 중구 종가로 347(교동)	052-220-3277
대구지역본부	(42704)	대구시 달서구 성서공단로 213(갈산동)	053-580-2300
경북지사	(36616)	경북 안동시 서후면 학가산 온천길 42(명리)	054-840-3000
경북동부지사	(37580)	경북 포항시 북구 법원로 140번길 9(장성동)	054-230-3200
경북서부지사	(39371)	경상북도 구미시 산호대로 253(구미첨단의료 기술타워 2층)	054-713-3000
광주지역본부	(61008)	광주광역시 북구 첨단벤처로 82(대촌동)	062-970-1700
전북지사	(54852)	전북특별자치도 전주시 덕진구 유상로 69(팔복동)	063-210-9200
전북서부지사	(54098)	전북특별자치도 군산시 공단대로 197번지 풍산빌딩 2층 (수송동)	063-731-5500
전남지사	(57948)	전남 순천시 순광로 35-2(조례동)	061-720-8500
전남서부지사	(58604)	전남 목포시 영산로 820(대양동)	061-288-3300
대전지역본부	(35000)	대전광역시 중구 서문로 25번길 1(문화동)	042-580-9100
충북지사	(28456)	충북 청주시 흥덕구 1순환로 394번길 81(신봉동)	043-279-9000
충북북부지사	(27480)	충북 충주시 호암수청2로 14 충주농협 호암행복지점 3~4층(호암동)	043-722-4300
충남지사	(31081)	충남 천안시 서북구 상고1길 27(신당동)	041-620-7600
세종지사	(30128)	세종특별자치시 한누리대로 296(나성동)	044-410-8000
제주지사	(63220)	제주 제주시 복지로 19(도남동)	064-729-0701

10. 검정질서 확립을 위한 수검자 협조사항

(1) 부정행위자는 3년간 응시자격이 정지되며, 취득한 다른 기술자격도 취소 또는 정지된다.
(2) 최종합격자 발표 이후라도 부정한 방법으로 합격한 사실이 판명될 경우 이미 취득한 다른 기술자격도 취소 또는 정지된다.
(3) 시험 중에는 통신기기 및 전자기기[휴대용 전화기, 휴대용 개인정보 단말기(PDA), 휴대용 멀티미디어 재생장치(PMP), 휴대용 컴퓨터, 휴대용 카세트, 디지털카메라, 음성파일변환기(MP3), 휴대용 게임기, 전자사전, 카메라펜, 시각표시 외의 기능이 부착된 시계]를 사용할 수 없다.
(4) 국가기술자격수첩을 타인에게 대여(이중취업)하는 자는 국가기술자격법 제18조 및 동법 시행령 제33조의 규정에 의거 1년 이하의 징역 또는 5백만 원 이하의 벌금에 처하며, 그 기술자격이 취소되거나 일정기간(6월 내지 3년) 그 기술자격이 정지된다.

> **참고**
>
> ※ **통신기기** 및 **전자기기**를 이용한 부정행위 방지를 위해 2010년부터 **금지물품 휴대의혹 수험자**에 대해 **금속탐지기**를 사용하여 **검색**할 수 있습니다.

CBT(Computer Based Testing) 모니터 화면 구성

1. 1단 화면 보기 예시

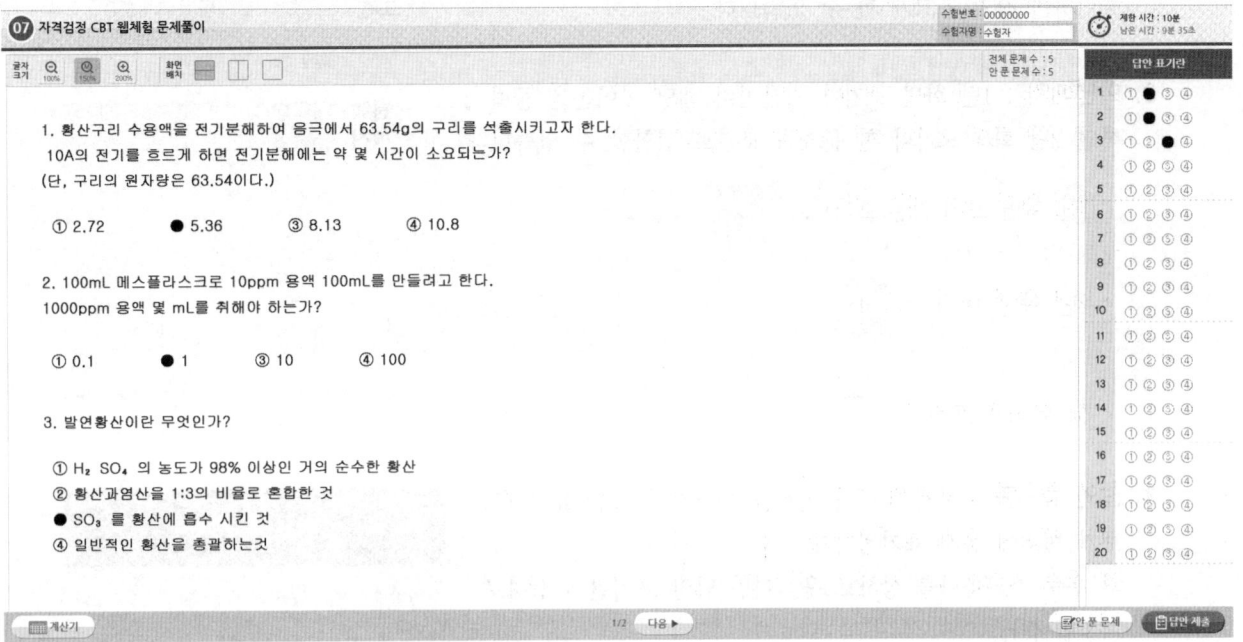

2. 2단 화면 보기 예시

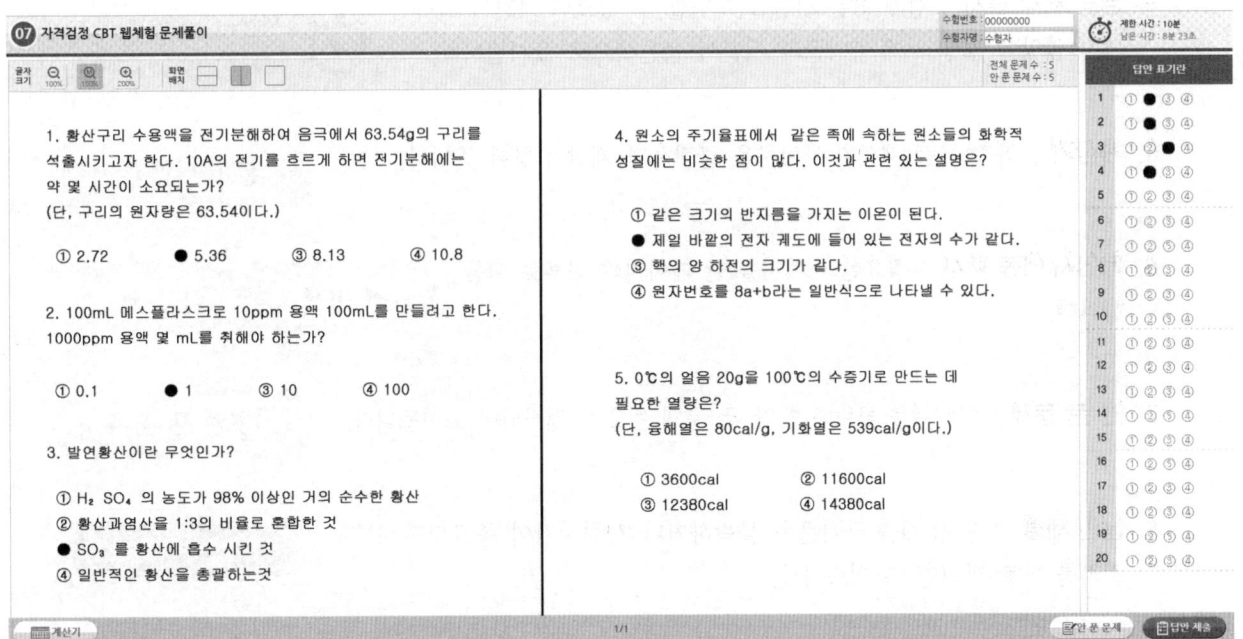

CBT(Computer Based Testing) 답안 작성 안내

1. **글자 크기 조정** : 글자 크기는 150%가 기본이며 아이콘을 클릭하면 작거나 크게 할 수 있습니다.

   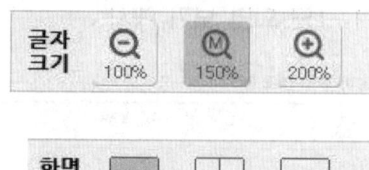

2. **화면배치** : 1단 화면 보기가 기본이며 해당 아이콘을 클릭하면 2단 화면 보기나 한 문제씩 보기로 전환할 수 있습니다.

   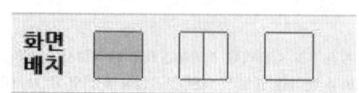

   • 1단 화면 보기(기본 보기) :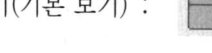

   • 2단 화면 보기 :

   • 한 문제씩 보기 :

3. **답안 표기란** : 문제의 보기 번호를 클릭하면 답안 표기란의 보기 번호에 동시 표기됩니다.
   최 우측 스크롤바를 상하로 움직이면 답안 표기란이 상하로 이동합니다.

4. **남은 시간 표시** : 현재 남은 시간을 확인할 수 있으며 시간이 얼마 남지 않았을 경우 시계 아이콘과 시간이 붉은색으로 표시됩니다.

   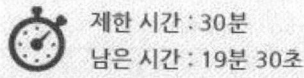

5. **계산기** : 좌측 하단 계산기 아이콘을 클릭하면 계산기 창이 뜹니다.

6. **페이지 이동 표시** : 필요한 페이지를 한 페이지씩 전후로 이동합니다.

7. **안 푼 문제** : 아이콘을 클릭하면 안 푼 문제 번호가 정리되어 표시됩니다.

8. **답안 제출** : 답안 제출 아이콘을 클릭하거나 시험시간이 종료되면 시험 결과를 바로 확인할 수 있습니다.

차 례

제1편 ● 화재예방 및 소화방법

제1장 연소이론 ··· 25
1. 연소의 정의 ··· 25
2. 연소의 3요소 ··· 28
3. 인화점, 연소점, 착화점, 연소범위 ················· 34
4. 연소형태 ·· 41
5. 발화 ··· 45
6. 폭발 ··· 51

제2장 소화이론 ··· 56
1. 소화의 정의 ··· 56
2. 소화방법 ·· 58
3. 제거소화 ·· 58
4. 질식소화 ·· 58
5. 냉각소화 ·· 75
6. 억제소화 ·· 79
7. 소화기의 관리 ·· 85
8. 위험물의 소화방법 ······································· 89

제3장 소방시설의 설치 운영 ······························ 100
1. 소방시설의 종류 ··· 100
2. 소화설비 ·· 101
  2-1. 옥내소화전설비(위험물제조소등 전용) ········· 108
  2-2. 옥외소화전설비(위험물제조소등 전용) ········· 110
  2-3. 스프링클러설비(위험물제조소등 전용) ········· 113
  2-4. 물 분무 소화설비(위험물제조소등 전용) ······ 117
  2-5. 포소화설비 ·· 120

차 례

　　2-6. 분말소화설비 ··125
　　2-7. 불활성가스 소화설비 ···128
　　2-8. 할론 및 할로젠화합물 소화설비 ··133
　　2-9. 자체소방조직 등 ···135
　3. 경보설비 ···138
　4. 피난설비 ···145

제2편 ● 위험물의 성질 및 취급

제1장 위험물 ··149
　1. 위험물의 구분 ··149
　2. 위험물의 구성 ··149
　3. 위험물의 유별 공통기준(규칙 별표 18) ··150

제2장 제1류 위험물 ···156
　1. 필수 암기사항 ··156
　2. 아염소산염류의 성질 ··161
　3. 염소산염류의 성질 ··162
　4. 과염소산염류의 성질 ··164
　5. 무기과산화물의 성질 ··171
　6. 브로민산염류(브롬산염류)의 성질 ···177
　7. 아이오딘산염류(요오드산염류)의 성질 ···178
　8. 질산염류의 성질 ··179
　9. 삼산화크로뮴(삼산화크롬)의 성질 ··181
　10. 과망가니즈산염류(과망간산염류)의 성질 ····································185
　11. 다이크로뮴산염류(중크롬산염류)의 성질 ····································186

차 례

제3장 제2류 위험물 ·· **190**
  1. 필수 암기사항 ·· 190
  2. 황화인(황화린)의 성질 ·· 193
  3. 적린(붉은린)의 성질 ·· 194
  4. 황(유황)의 성질 ··· 195
  5. 마그네슘(Mg)의 성질 ··· 201
  6. 철분(Fe)의 성질 ·· 202
  7. 금속분의 성질 ·· 202
  8. 인화성 고체의 성질 ·· 206

제4장 제3류 위험물 ·· **208**
  1. 필수 암기사항 ·· 208
  2. 칼륨의 성질 ·· 211
  3. 나트륨의 성질 ·· 212
  4. 알킬리튬의 성질 ··· 213
  5. 알킬알루미늄의 성질 ·· 214
  6. 황린(백린)의 성질 ·· 215
  7. 알칼리금속(칼륨 및 나트륨 제외) 및 알칼리토금속의 성질 ···· 222
  8. 유기금속화합물(알킬알루미늄 및 알킬리튬 제외)의 성질 ········ 223
  9. 금속의 인화물의 성질 ·· 224
  10. 금속의 수소화물($M'H$ 또는 $M''H_2$)의 성질 ············ 225
  11. 칼슘 또는 알루미늄의 탄화물(카바이트)의 성질 ········ 227

제5장 제4류 위험물 ·· **233**
  1. 필수 암기사항 ·· 233
  2. 특수인화물의 성질 ··· 240
  3. 제1석유류의 성질 ·· 250
  4. 알코올류의 성질 ··· 266
  5. 제2석유류의 성질 ·· 271

차 례

  6. 제3석유류의 성질 ·········· 281
  7. 제4석유류의 성질 ·········· 289
  8. 동·식물유류의 성질 ·········· 291

제6장 제5류 위험물 ·········· 295
  1. 필수 암기사항 ·········· 295
  2. 질산에스터류(질산에스테르류)의 성질 ·········· 300
  3. 유기과산화물의 성질 ·········· 306
  4. 나이트로화합물(니트로화합물)의 성질 ·········· 309
  5. 나이트로소화합물(니트로소화합물)의 성질 ·········· 311
  6. 아조화합물의 성질 ·········· 316
  7. 다이아조화합물(디아조화합물)의 성질 ·········· 317
  8. 하이드라진유도체(히드라진유도체)의 성질 ·········· 318
  9. 하이드록실아민(히드록실아민)의 성질 ·········· 318
  10. 하이드록실아민염류(히드록실아민염류)의 성질 ·········· 318

제7장 제6류 위험물 ·········· 320
  1. 필수 암기사항 ·········· 320
  2. 질산 ·········· 324
  3. 발연질산 ·········· 325
  4. 과산화수소의 성질 ·········· 328
  5. 과염소산의 성질 ·········· 328

차 례

제8장 위험물의 저장 및 취급방법 ·· **332**
   1. 위험물의 제조소등의 설치 및 운영 ································· 332
   2. 제조소등의 설치기준 ·· 338
   3. 제조소 ·· 339
   4. 옥내저장소 ·· 346
   5. 옥외저장소 ·· 354
   6. 옥외탱크저장소 ·· 357
   7. 옥내탱크저장소 ·· 363
   8. 지하탱크저장소 ·· 366
   9. 이동탱크저장소 ·· 370
  10. 간이탱크저장소 ·· 377
  11. 암반탱크저장소 ·· 378
  12. 저장탱크의 용량계산 및 변형시험 ································· 381
  13. 주유취급소 ·· 388
  14. 판매취급소 ·· 393
  15. 이송취급소 ·· 394
  16. 제조소등의 표지판 및 게시판 ······································· 395
  17. 운반 및 이송기준 ·· 400

차 례

제3편 ● 일반화학

제1장 물질의 상태와 구조 ············· 407
1. 화학입문 ············· 407
2. 물질의 상태와 그 변화 ············· 407
3. 원자의 구조 ············· 420
4. 원소의 주기율 ············· 431
5. 화학식 및 화학결합 ············· 440
6. 원자·원자량·원자에 관한 법칙 ············· 452
7. 분자·분자량·분자에 관한 법칙 ············· 458
8. 용액과 용해도 ············· 471
9. 용액의 농도 ············· 476
10. 콜로이드 용액 ············· 481
11. 산·염기·산화물·염 ············· 485
12. 전해질·비전해질 및 전리도 ············· 495
13. 중화적정과 pH(수소이온지수) ············· 501
14. 산화·환원 ············· 509
15. 전기분해 및 전지 ············· 517
16. 열화학 및 기타 ············· 525
17. 화학반응속도와 화학평형 ············· 535

제2장 금속 및 비금속 ············· 541
1. 금속의 일반적인 성질 ············· 541
2. 중요한 금속과 그 화합물 ············· 547
3. 중요한 비금속과 그 화합물 ············· 553
4. 원자핵의 화학 ············· 565

차 례

제3장 유기화합물 ·· **573**
  1. 유기화합물 ·· 573
  2. 지방족 탄화수소화합물(사슬식, 쇄식) ······································· 580
  3. 방향족 탄화수소화합물(고리식, 환식) ······································· 589
  4. 고분자화합물 ·· 594

제4편 ● 부 록

◆ 법령개정에 의한 위험물 45품명 및 지정수량 암기방법 ················· 603
◆ 원소주기율표 암기법 ·· 607
◆ 화학식 만드는 방법 및 읽는 방법 ··· 611
◆ 화학적 변화의 종류 ·· 616
◆ 그리스문자 및 숫자 ·· 617
◆ 위험물의 종류 일람표 ·· 618
◆ 운반용기와 수납방법 ·· 623
◆ 혼합으로 위험이 따르는 화학물질 일람표 ····································· 625
◆ 소방대상물 및 위험물별 소화설비의 적응성 ································· 628
◆ 소화난이도등급에 해당하는 제조소등 및 소화설비 ······················ 630
◆ 위험물취급자격자 및 위험물안전관리자의 자격기준 ···················· 636

차 례

제5편 ● 지난년도 출제문제

- ◈ 2019. 3. 3 시행 산업기사 ······ 640
- ◈ 2019. 4. 27 시행 산업기사 ······ 655
- ◈ 2019. 9. 21 시행 산업기사 ······ 670
- ◈ 2020. 6. 14 시행 산업기사 ······ 686
- ◈ 2020. 8. 24 시행 산업기사 ······ 699
- ◈ 2020년 CBT 복원문제 첫 회(2020. 9. 23 시행) ······ 713
- ◈ 2021년 CBT 복원문제 1회(2021. 3. 2 시행) ······ 727
- ◈ 2021년 CBT 복원문제 2회(2021. 5. 9 시행) ······ 740
- ◈ 2021년 CBT 복원문제 4회(2021. 9. 5 시행) ······ 753
- ◈ 2022년 CBT 복원문제 1회(2022. 3. 2 시행) ······ 766
- ◈ 2022년 CBT 복원문제 2회(2022. 4. 17 시행) ······ 779
- ◈ 2022년 CBT 복원문제 4회(2022. 9. 14 시행) ······ 792
- ◈ 2023년 CBT 복원문제 1회(2023. 3. 1 시행) ······ 805
- ◈ 2023년 CBT 복원문제 2회(2023. 5. 13 시행) ······ 817
- ◈ 2023년 CBT 복원문제 4회(2023. 9. 2 시행) ······ 829

제1편
화재예방 및 소화방법

제1장 연소이론
제2장 소화이론
제3장 소방시설의 설치 운영

제 1 장 연소이론

학습목표
- 연소의 정의
- 연소의 3요소
- 인화점, 연소점, 착화점, 연소범위
- 연소의 형태
- 발화, 폭발

1 연소의 정의

물질이 발열과 빛을 수반하는 급격한 산화현상

> **참고**
> ※ **연소** : 가연성 물질이 점화원에 의하여 **공기 중의 산소**와 반응하면 **발열반응**에 의하여 열을 발생하게 되어 온도가 높아지므로 **원자 및 분자의 운동에너지가 증가**하게 된다. 운동에너지가 증가하게 되면 **열복사선**이 발생하게 되며, 이 열복사선은 **온도가 상승**하면 **파장**이 점점 짧아지면서 **가시광선영역**의 파장에 이르게 되어 **발광반응**을 감지할 수 있게 된다. 이러한 현상을 연소라 한다.
> - **발열** 또는 **빛만을 내는 것은 연소라 하지 않는다.**
> ※ **산화** :
> - 산소와 화학 결합하는 것
> - 수소를 잃는 것
> - 전자를 잃는 것
> - 원자가(산화수)가 증가하는 것
> ※ **환원** :
> - 산화의 반대현상

1 발광에 따른 온도 측정

(1) **적열상태** : 500℃ 부근
(2) **백열상태** : 1,000℃ 이상

> **참고**
> ※ **발광** : 빛을 냄
> ※ **적열** : 물체를 가열할 때 가열 물체가 500℃ 부근에서는 적색을 나타낸다.
> ※ **백열** : 물체가 1000℃ 이상 가열될 때의 색깔

2 고온체의 색깔과 온도

(1) 담암적색 : 522℃ (2) 암적색 : 700℃ (3) 적 색 : 850℃
(4) 휘 적 색 : 950℃ (5) 황적색 : 1,100℃ (6) 백적색 : 1300℃
(7) 휘 백 색 : 1,500℃

> **참고**
> ※ **황적색** : 보통 보일러의 내부의 색깔
> ※ **백적색** : 도자기 가마의 내부 색깔
> ※ **휘백색** : 유리 용융로의 내부 색깔

적중 출제예상문제

① 가연성 물질이 산소와 급격히 화합할 때 열과 빛을 내는 현상은 무엇인가?
① 자연발화   ② 산화열
③ 기화열   ④ 연소

② 연소와 관계되는 반응은?
① 산화반응   ② 환원반응
③ 치환반응   ④ 중화반응

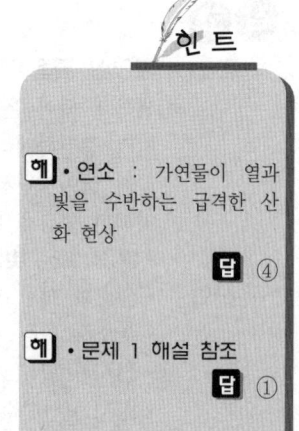

해 • 연소 : 가연물이 열과 빛을 수반하는 급격한 산화 현상

답 ④

해 • 문제 1 해설 참조

답 ①

③ 연소에 대한 설명이다. 옳은 것은?
① CO_2를 발생하면서 반응한다.
② 반응하면서 열을 수반한다.
③ 물질이 산소와 반응하여 산화한다.
④ 물질이 산소와 반응하면서 빛과 열을 수반한다.

해 • 연소 : 가연물이 산소와 급격히 화합할 때 **빛**과 **열**을 발생하는 현상
답 ④

④ 연소속도는 다음 중 어느 것과 같은가?
① 기화열의 발생속도
② 환원속도
③ 착화속도
④ 산화속도

해 • 연소는 산소와의 화학결합 현상이다.
답 ④

⑤ 불꽃의 색깔로 온도를 짐작할 수 있다. 몇 도 이상에서 백열상태로 되는가?
① 300℃ 이상
② 600℃ 이상
③ 1,000℃ 이상
④ 1,500℃ 이상

해 • 백열상태 : 1,000℃ 이상
※ 적열상태 : 500℃ 부근
답 ③

⑥ 연소시 색깔이 황적색이었다면 이때의 온도는 약 몇 ℃인가?
① 522℃
② 700℃
③ 1,100℃
④ 1,500℃

해 • 연소시 색깔: ① 담암적색 ② 암적색 ③ **황적색** ④ 휘백색
답 ③

⑦ 다음 색깔 중 가장 높은 온도와 가장 낮은 온도의 조합으로 옳은 것은?

| A : 휘적색 | B : 휘백색 | C : 암적색 |
| D : 황적색 | E : 적색 | |

① A, C
② B, C
③ E, C
④ E, D

해 • 온도순서
휘백색 > 황적색 > 적색 > 암적색
∴ B > ··· C
답 ②

유게실

◆ 구경 중의 구경, 불구경 조심하세요.
구경 중에서도 가슴 졸이면서 신나게 하는 구경이 **불구경 · 물구경**일 것이다. 그러나 불구경도 다음과 같은 사실을 알고 하여야 한다.
화재현장에서 소방대장 및 소방대원이 **소방상 필요한** 때에는 그 관할구역 안에 사는 사람 또는 **화재현장에 있는 사람**으로 하여금 사람을 구출하거나 또는 **불을 끄거나 불이 번지지 아니하도록** 하는 일을 하게 할 수 있다.
이때, 이러한 **소화종사 명령**을 고의로 방해한 사람은 **5년 이하의 징역** 또는 **3천만원 이하의 벌금**에 처한다.(소방기본법 제24조에 의하여 제50조 제2호의 벌칙에 의함)

2 연소의 3요소

- 연소의 3요소 : 가연물, 산소공급원, 점화원

> **참고**
> ※ **연소가 일어나기 위한 조건** : 연소의 3요소인 **가연물, 산소공급원, 점화원**이 꼭 구비되어야 한다. 이 중 하나라도 구비되지 않으면 연소는 일어나지 않는다. 그러므로 이 중 한가지라도 구비조건을 주지 않는 것이 연소를 일으키지 않는 **화재예방방법**이므로 위험물 취급에 있어 가장 중요하다.

1 가연물

산화되기 쉬운 물질

> **참고**
> ※ **산화** : 산소와 화학 결합하는 것을 말하며 산소와 화학결합하기 쉽다고 해서 전부 다 가연물은 아니다.
> ※ **가연물** : 가연성 물질의 준말

(1) 가연물이 될 수 있는 조건
① 산화할 때 **발열량**이 클 것
② 산화할 때 **열전도율**이 작을 것
③ 산화할 때 필요한 **활성에너지**가 작을 것
④ 산소와 **친화력**이 좋고 **표면적**이 넓을 것

> **참고**
> ※ **발열량** : 같은 두께 같은 크기의 종이와 철판 중 종이는 **연소할 때 많은 열**을 내므로 가연물이다. 철판은 점화원을 가해도 연소하지 못하므로 불연물이다.
>   • 불연물 : 불연성 물질의 준말
> ※ **열전도율** : 같은 두께 같은 크기의 종이와 철판 중 종이만 연소하는 것은 종이는 점화원을 주었을 때 **열을 전달하지 못하고** 한 곳에 **축적되어** 쌓인 열에 의해 연소되나 철판은 열이 축적될 사이 없이 전달되므로 철판은 불연물이다.
> ※ **활성화에너지** : 화학반응을 일으키는 최소의 에너지로서 성냥불이나 불티 등과 같이 작은 **착화에너지**이다.

(2) 가연물이 될 수 없는 조건
  ① 주기율표 0족의 원소
  ② 이미 산화반응이 완결된 안정된 산화물
  ③ 질소 또는 질소산화물

> ※ 주기율표 0족의 원소 : 모든 원소 중 가장 안정된 물질로서 **산화되지 않는다.**
>   • He(헬륨), Ne(네온), Ar(아르곤), Kr(크립톤), Xe(제논〈크세논〉), Rn(라돈)
> ※ 이미 산화반응이 완결된 산화물 : CO_2(이산화탄소), SiO_2(이산화규소), Al_2O_3(산화알루미늄), P_2O_5(오산화인) 등
> ※ 질소 : 산소와 산화반응을 하나 **흡열반응**(열의 흡수)을 하므로 가연물이 안된다.
> N_2 + O_2 → 2NO↑ − 43.2kcal
>   (질소) (산소) (일산화질소) (반응열)

 산소공급원

(1) 공 기
(2) 산화제
(3) 자기반응성 물질(내부연소성 물질)

> ※ 산소공급원 : 산화성 물질 또는 **조연성 물질**(연소를 계속시키는 물질)이라 하며 다음과 같다.
>   • 공기 : 산소는 공기 중에 부피 백분율로 **약 21%**, 중량 백분율로 **약 23%**가 존재한다.
>   • 산화제 : 제1류 위험물 및 제6류 위험물은 강산화제로서 많은 산소를 함유하고 있다.
>   • 자기반응성 물질(자기연소성 물질) : **제5류 위험물**은 가연물인 동시에 자체 내부에 산소를 함유하고 있으므로 공기 중의 산소를 필요로 하지 않고 점화원만으로 연소를 한다.

 점화원(가연물에 활성화에너지를 주는 것)

(1) 전기불꽃   (2) 정전기불꽃
(3) 마찰 및 충격의 불꽃 (4) 고열물
(5) 단열압축   (6) 산화열
(7) 낙 뢰

> **참고**
>
> ※ **전기불꽃** : 전기의 ⊕ ⊖ 합선으로 일어나는 불꽃을 말하며 에너지 측정이 가능하다.
> $E = 1/2 QV = 1/2 CV^2$ Q : 전기량   V : 방전전압   C : 전기용량
>
> ※ **정전기 불꽃** : 전기의 **불량도체**(전기가 통하지 않는 물질)는 **마찰**에 의하여 전기를 띤다. 발생 전기는 미세하나 축적되어 미세한 불꽃방전을 일으킨다.
>   예 건조한 날 자동차용 가솔린을, **주유기를 사용하지 않고** 연료탱크에 주유할 때 점화원 없이 화재가 발생한다(주유기 호스 속에는 구리선이 연결되어 땅속으로 접지되어 있다).
>
> ※ **정전기 방지법**
>   - 접지할 것
>   - 공기 중의 상대습도를 70% 이상으로 할 것
>   - 공기를 이온화할 것
>
> ※ **마찰 및 충격의 불꽃** : 사람의 출입이 없는 산속에서 가을철에 많이 일어나는 산불은 건조한 날씨와 강풍으로 나무와 나무와의 마찰에 의한 화재로 보며, 정과 망치로 바위를 쫄 때 생기는 불꽃을 충격에 의한 불꽃이라고 할 수 있다.
>
> ※ **고열물** : 빨갛게 달구어진 쇠붙이를 말한다.
>
> ※ **단열압축** : 가솔린 엔진과는 달리 **디젤엔진**은 전기불꽃 방전 없이 압축에 의하여 폭발 연소한다.
>
> ※ **산화열** : 산소와 결합할 때 생성되는 반응열
>
> ※ **낙뢰** : 벼락

적중 출제예상문제

가연물

1 다음 중 연소의 3요소가 아닌 것은?
① 가연물　　　　② 기화열
③ 산소공급원　　④ 점화원

해 · 연소의 3요소 : 가연물 · 산소공급원 · 점화원
답 ②

2 다음 물질 중에서 연소의 3요소와 관계없는 것은?
① 셀룰로이드　　② 질산칼륨
③ 마찰　　　　　④ 대기압

해 · 연소의 3요소 : ① 가연물 ② 산소공급원 ③ 점화원 ④ 해당 없음
답 ④

3 다음 중 연소재료로 볼 수 있는 것은 무엇인가?
① CO_2　　　　② N_2
③ 불활성기체　　④ C

해 · C(탄소) : 가연물
답 ④

4 가연물질이 아닌 것은?
① 테트라클로로메탄　② 이황화탄소
③ 일산화탄소　　　　④ 아세톤

해 · 테트라클로로메탄(사염화탄소) : 소화약제로 사용된다.
답 ①

5 다음에서 연소할 수 있는 조건을 갖춘 것은?
① 등유+공기+수소　　② 아세톤+수소+성냥불
③ 성냥불+황+산소　　④ 알코올+수소+산소

해 · 성냥불 : 점화원
　· 황 : 가연물
　· 산소 : 산소공급원
답 ③

6 설명 중에서 옳은 것은?
① 질소는 산소와 화합할 수 있기 때문에 가연물이다.
② 산소와 화합하지 않는 것 중에도 가연물이 있다.
③ 이산화탄소는 가연물이다.
④ 불완전연소로 발생하는 일산화탄소는 가연물이다.

해 · 완전연소된 CO_2(이산화탄소) : 소화제로 사용되나 불완전연소된 CO(일산화탄소)는 가연성가스이며 독성이 있다.
답 ④

7 다음 화재를 잘 일으킬 수 있는 원인에 대한 설명이 틀린 것은?
① 열전도율이 좋을수록 연소가 잘 된다.
② 온도가 상승하면 보통 연소가 잘 된다.
③ 화학적 친화력이 클수록 연소가 잘 된다.
④ 산소와 접촉이 잘 될 수록 연소가 잘 된다.

해 · 연소 : 열전도가 잘되지 않는(열전도율이 낮은) 가연물이 적당한 산소와 점화원에 의하여 발생한다.
답 ①

8 원소 중 산소와 화합하지 않는 원소는 어느 것인가?
① S　　② N
③ He　 ④ P

해 · 주기표 0족의 원소 : 산소와 화합하지 않는다.
※ 0족 원소 : He, Ne, Ar 등
답 ③

⑨ 질소가 불연성이라 하는 이유는 무엇 때문인가?
① 연소성이 매우 약하기 때문에
② 연소해도 화염을 내지 않기 때문에
③ 산소와 화합은 하나 흡열반응하므로
④ 기타의 어떤 원소와도 화합되지 않기 때문

해 • 질소의 산화물 : 흡열반응한다.
답 ③

산소공급원

⑩ 다음 중 산소공급원이 아닌 것은?
① 공기   ② 환원제
③ 산화제   ④ 자기연소물

해 • 산소공급원 : 공기·산화제·자기반응성 물질
※ 환원제는 가연물이 될 수 있다.
답 ②

⑪ 산소공급원이 아닌 것은?
① 제1류 위험물 ② 제2류 위험물
③ 제5류 위험물 ④ 제6류 위험물

해 • 산소공급원 : ① 산소공급원 ② 가연물 ③ 산소공급원 또는 가연물 ④ 산소공급원
답 ②

⑫ 가연물이면서 동시에 산소공급원의 역할을 하는 것은?
① 공기   ② 제5류 위험물
③ 제1류 위험물 ④ 제2류 위험물

해 • 제5류 위험물 : 자기반응성 물질
답 ②

⑬ 산소공급원이 될 수 없는 것은?
① 공기   ② 염소산칼륨
③ 질산칼륨   ④ 산화칼슘

해 • 산화칼슘(생석회) : 물과 접촉하여 발열만하므로 점화원이 될 수는 있으나 산소공급원은 될 수 없다.
답 ④

⑭ 공기 중에는 산소가 부피 백분율로 몇 % 존재하나?
① 23%   ② 22%
③ 21%   ④ 20%

해 • 공기 중 산소농도(부피%) : 21%
※ 중량% : 23%
답 ③

⑮ 자기반응성 물질에 해당되는 것은 다음 중 어느 것인가?
① 가연물과 산소공급원   ② 산소공급원과 점화원
③ 점화원과 가연물   ④ 가연물

해 • 자기반응성 물질 : 가연물 + 산소공급원
답 ①

점화원

⑯ 점화원에 대한 올바른 설명은?
① 폭약의 도화선을 말한다.
② 산화반응을 일으키는 데 필요한 활성화에너지의 공급원이다.
③ 가연물의 덩어리이다.
④ 산소공급원과 같은 말이다.

해 • 점화원 : 가연물의 연소에 필요한 활성화에너지를 공급하는 것
답 ②

⑰ 다음 점화원이 될 수 없는 것은?
① 정전기   ② 기화열
③ 전기스파크   ④ 못을 박을 때 튀는 불꽃

해 • 기화열 : 잠열로서 흡수열이다.
답 ②

⑱ 다음 중 점화원이 될 수 있는 것은?
① 습기
② 정전기의 불꽃
③ 기압
④ 백열등의 빛

⑲ 점화원끼리 옳게 짝지어지지 않은 것은?
① 불꽃, 가열
② 단열압축, 정전기
③ 아아크 불꽃, 타격
④ 기화열, 융해열

⑳ 점화원인 중 화학적인 현상에 의하여 발생하는 것은?
① 누전
② 분해
③ 정전기
④ 마찰

㉑ 전기 불꽃 에너지 공식에서 괄호 안에 넣어야 할 것은?

$$E = \frac{1}{2}(\quad) = \frac{1}{2}(\quad)$$

① QV, CV
② QC, CV^2
③ QV, CV^2
④ QC, QV^2

㉒ 화재예방상 정전기의 축적에 의한 불꽃방전의 방지방법으로서 옳지 않은 것은?
① 습도를 높인다.
② 접지한다.
③ 공기를 이온화한다.
④ 온도를 높인다.

㉓ 위험물을 취급함에 있어서 정전기를 유효하게 제거할 수 있는 방법에 해당되지 않는 것은?
① 공기 중화법
② 공기 이온화법
③ 접지법
④ 습도유지법

㉔ 정전기를 유효하게 제거하는 설비로 공기 중의 상대습도를 몇 % 이상 되게 하여야 하는가?
① 50
② 60
③ 70
④ 80

[해] • 정전기 : 전기의 불량도체의 마찰에 의하여 생기는 마찰 전기
[답] ②

[해] • 기화열·융해열 : 온도 변화 없이 상태변화에 필요한 흡수열(잠열)
[답] ④

[해] • 점화원인 : ① 물리적 ② 화학적 ③④ 물리적
[답] ②

[해] • 전기불꽃 에너지(E)
$E = \frac{1}{2}QV = \frac{1}{2}CV^2$
※ Q=CV
[답] ③

[해] • 정전기 제거방법
1. 접지방법
2. 공기이온화방법
3. 공기 중 상대습도 70% 이상 유지방법
[답] ④

[해] • 문제 22 해설 참조
[답] ①

[해] • 문제 22 해설 참조
[답] ③

3 인화점, 연소점, 착화점, 연소범위

인화점

가연물을 가열할 때 가연성 증기가 연소범위 하한에 달하는 최저온도

> **참고**
>
> ※ **인화점** : 불을 끌어당기는 온도라는 말로 점화원을 대었을 때 연소가 시작되는 최저온도를 말하며, 특히 액체의 연소는 액체가 연소하는 것이 아니라 액표면에서 발생된 증기가 연소하는 것으로 **증발연소**라고 한다.
>
>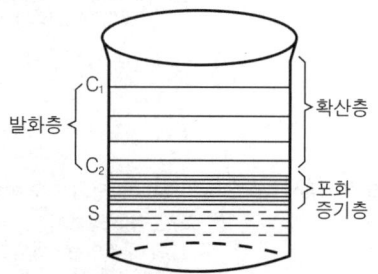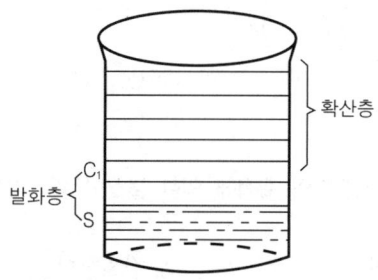
>
> [인화점 이상의 상태(연소 가능)] [인화점 미만의 상태(연소 불가능)]
>
> - **확산층** : 가연성 증기가 분포되어 있는 모든 층
> - **발화층** : 점화원을 대었을 때 연소가 일어나는 농도범위의 혼합기체층
> C_1(연소범위 하한) → 공기층과 가장 가까이 접촉한 엷은 농도
> C_2(연소범위 상한) → 액체와 가장 가까우므로 짙은 농도를 가지고 있다.
>
> **예** 다이에틸에터의 **인화점**은 −45℃이다. 그러므로 다이에틸에터는 −45℃에서 **가연성 증기를 발생**하며 −45℃미만에서는 가연성 증기를 발생하지 않으므로 점화원을 가하여도 연소하지 않는다.
>
> ※ **인화점측정기의 종류**
> **태그밀폐식** 인화점 측정기, **신속평형법** 인화점 측정기, **클리브랜드개방컵** 인화점 측정기, **펜스키마텐스밀폐식** 인화점 측정기

연소점

연소가 계속되기 위한 온도를 말하며 대략 인화점보다 10℃ 정도 높은 온도를 말한다.

3 착화점(발화점, 착화온도)

가연물을 가열할 때 점화원 없이 가열된 열만을 가지고 스스로 연소가 시작되는 최저온도

- ※ **착화점** : 발화점 또는 착화온도라고 부르며 보편적으로 **인화점보다 수백도씩 높은 온도**이다.
- **착화점의 중요성** : 화재 현장에서 화재진압 후 가열된 건축물을 냉각시키기 위하여 계속적으로 물을 사용하는 것을 볼 수 있다. 이것은 착화점 이상으로 가열된 건축물이 복사열로 인하여 저장 위험물이 다시 연소되는 것을 방지하기 위한 것으로 착화점은 **소화작업상 중요한 부분**을 차지하며 또한 위험물을 가열할 때에는 착화점 이상으로 가열하지 않도록 한다.

(1) 착화점이 낮아지는 경우
① 압력이 클 때
② 발열량이 클 때
③ 화학적 활성도가 클 때
④ 산소와 친화력이 좋을 때
⑤ 분자구조가 복잡할 때
⑥ 접촉금속의 열전도율이 좋을 때
⑦ 습도 및 가스압이 낮을 때

- ※ **착화점이 낮아지는 경우** : 위험성이 커진다 하겠다. 하지만 **위험물의 위험성의 척도는 인화점**이다.
  - 압력이 클 때 → 분자운동은 급격하여진다.
  - 가스압이 낮을 때 → 가스압과 압력은 반대현상이다.
  - 분자구조가 복잡할 경우 → CH_3OH(메틸알코올)의 착화점 464℃
    C_2H_5OH(에틸알코올)의 착화점 423℃
  - 접촉금속의 열전도율이 좋을 때 → <보기> 백금〉철〉도자기
- ※ **발열량** : 일정량의 연료가 완전연소했을 때 발생하는 열량
- ※ **증기압** : 증기의 압력

4 연소범위(연소한계, 폭발범위, 폭발한계)

연소에 필요한 가연성 기체와 공기 또는 산소와의 혼합가스 농도범위

> **참고**
>
> ※ **연소범위** : 가연성 기체 또는 액체에 **산소** 또는 **공기**와의 혼합기체에 점화원을 주었을 때 연소(폭발)가 일어나는 혼합기체의 농도범위를 말하며 **낮은 농도를 하한**, **높은 농도를 상한**이라 한다.
> - **연소범위의 단위** : 용량백분율(V%)
> - 예 **가솔린의 연소범위** (1.4~7.6%) : 1.4%를 하한 7.6%를 상한이라 하며 1.4~7.6% 농도 범위 내에서만 연소가 일어나며 그 외의 농도에서는 연소하지 않는다.
> - **아세틸렌의 연소범위** : 2.5~81%
> - **수소의 연소범위** : 4.1~74.2%(4.0~75%)

(1) 혼합가스의 연소범위(르샤틀리에의 법칙)

$$\frac{100}{L} = \frac{V_1}{L_1} + \frac{V_2}{L_2} + \frac{V_3}{L_3} \cdots\cdots$$

L : 혼합가스 연소범위 하한계(%), L_1, L_2, L_3 : 각 성분의 연소범위 하한계(%)
V_1, V_2, V_3 : 각 성분의 부피(%)

> **참고**
>
> ※ **L의 값** : 정확하지 않으므로 **근사치**로 보는 것이 좋음
> ※ **혼합가스의 연소범위** : **하한계**는 비교적 **정확**하나 상한계는 부정확하다.

(2) 연소범위가 넓어지는 경우
  ① 온도가 상승할 경우
  ② 증기압이 높을 경우

> **참고**
>
> ※ **연소범위가 넓어지는 경우** : 온도가 상승하면 자연히 증기압이 높아진다. 물체의 안쪽의 방향으로 작용하는 힘이 압력이라면 **증기압이란 압력의 반대현상**으로 증기가 밖으로 밀치고 나가려는 힘이라고 할 수 있다. **온도가 높아지면** 액체가 기체화되어 분자운동이 활발하므로 연소범위가 넓어진다.

적중 출제예상문제

인화점

1 가연성 액체로부터 나온 증기의 압력이 폭발한계의 하한에 상당한 증기압을 나타낼 때의 액의 온도는?
① 비점 ② 인화점
③ 착화점 ④ 절대온도

> **해** • 인화점 : 가연성 액체가 연소범위(폭발범위)하한에 도달하는 최저온도
> **답** ②

2 보통 연소점은 인화점보다 약 (   )℃ 정도 높다. (   ) 안에 맞는 것은?
① 5℃ ② 10℃
③ 20℃ ④ 30℃

> **해** • 연소점 : 증기가 계속 발생하여 연소가 계속되기 위한 온도이다.
> **답** ②

3 보통 가연성 액체의 위험성은 무엇을 기준으로 하는가?
① 착화점 ② 인화점
③ 연소범위 ④ 연소점

> **해** • 위험성의 척도 : 인화점
> **답** ②

4 다음 연소의 이론에서 틀린 사항은?
① 인화점이 낮은 것일수록 위험성이 크다.
② 인화점이 낮은 물질은 착화점도 낮다.
③ 착화온도가 낮은 것일수록 위험성이 크다.
④ 연소범위가 넓은 것일수록 위험성이 크다.

> **해** • 인화점과 착화점 : 상호관계가 없다.
> **답** ②

5 연소에 대해 잘못된 것은?
① 인화점과 화재 발생 위험과는 상호관계가 있다.
② 인화점과 착화온도는 상호관계가 없다.
③ 인화점이 같은 것이라면 연소범위의 하한이 낮은 것일수록 위험이 크다.
④ 인화점과 연소범위는 상호관계가 없다.

> **해** • 인화점 : 가연성 증기가 연소범위 하한에 달하는 온도로 인화점과 연소범위는 상호관계가 있다.
> **답** ④

착화점(착화온도, 발화점, 발화온도)

6 착화온도에 대한 설명이다. 맞는 것은?
① 외부에서 점화하지 않더라도 발화하는 최저온도를 말한다.
② 외부에서 점화했을 때 발화하는 최저온도를 말한다.
③ 외부에서 점화했을 때 발화하는 최고온도를 말한다.
④ 외부에서 점화하지 않더라도 발화하는 최고온도를 말한다.

> **해** • 착화온도 : 가연물을 가열할 때 점화원 없이 가열된 열만을 가지고 스스로 연소가 시작되는 최저온도
> **답** ①

⑦ 착화온도 600℃의 뜻은?
① 600℃로 가열하면 점화원이 있을 경우 불탄다.
② 600℃로 가열하면 비로소 인화된다.
③ 600℃ 이하에서는 점화원이 있어도 인화되지 않는다.
④ 600℃로 가열하면 공기 중에서 스스로 불타기 시작한다.

해 • 착화온도 : 주위의 기온 또는 위험물이 담겨진 용기의 온도에 관계없이 위험물 자체의 온도만으로 착화된다.
답 ④

⑧ 가연성 액체의 착화온도와 인화점의 관계 중에서 옳은 것은?
① 일반적으로 한 물체에서의 착화온도는 인화점보다 높다.
② 착화온도는 인화점보다 반드시 낮다.
③ 인화점이 10℃ 이하이면 착화온도가 반드시 10℃ 이하이다.
④ 착화온도가 10℃ 이상이면 인화점은 반드시 10℃ 이상이다.

해 • 가솔린 : 인화점 -43~-20℃, 착화점 300℃
• 등유 : 인화점 40~70℃, 착화점 220℃ 부근
답 ①

⑨ 착화온도가 낮아지는 요인 중 맞지 않는 것은?
① 산소농도가 높다. ② 발열량이 크다.
③ 압력이 높다. ④ 분자구조가 간단하다.

해 • 증기압은 제외하고는 낮을 때 높고 높을 때는 낮은 반대현상을 갖는다.
답 ④

⑩ 어떤 물질과 접촉하였을 때 착화점이 가장 낮아지는가?
① 도기 ② 백금
③ 철 ④ 자기

해 • 열전도율의 순서 백금〉철〉도기 및 자기
답 ②

⑪ 다음 화합물 중 착화온도가 가장 낮은 것은 어느 것인가?
① 콜타르 ② 적린
③ 석탄 ④ 황린

해 • 착화점 : 적린(260℃), 황린(34℃(미분), 60℃(덩어리))
답 ④

연소범위(연소한계 · 폭발범위 · 폭발한계)

⑫ 가연성가스의 연소범위(폭발범위)의 설명에 대하여 옳은 것은?
① 폭발에 의한 폭풍이 전달되는 범위를 말한다.
② 폭발에 의하여 피해를 받는 범위를 말한다.
③ 공기 중에서 가연성가스가 연소할 수 있는 가연성가스의 농도범위를 말한다.
④ 가연성가스와 공기의 혼합기체가 연소하는 데 있어서 혼합기체의 필요한 온도범위를 말한다

해 • 연소범위 : 가연성 증기와 공기 또는 산소와의 혼합기체 농도 백분율을 연소범위라 한다.
답 ③

⑬ 연소범위와 같은 뜻이 아닌 것은?
① 폭발범위 ② 연소한계
③ 폭발한계 ④ 위험한계

해 • 연소범위 : 폭발범위 =연소한계=폭발한계
답 ④

⑭ 같은 의미의 것을 조합해 놓은 것은?
① 화합과 혼합 ② 농축과 액화
③ 산화와 환원 ④ 연소한계와 폭발범위

해 • 문제 13 해설 참조
답 ④

⑮ 연소범위의 단위로서 옳은 것은?
① ppm
② 중량%
③ 용량%
④ ppb

해 • 연소범위의 단위 : 용량%(V%)
답 ③

⑯ 다음은 가연성 기체의 폭발한계를 나타내고 있다. 이 중 수소의 폭발한계는 어느 것인가?
① 2.5~81%
② 5.3~13.9%
③ 4.1~74.2%
④ 12.5~75.0%

해 • 수소의 폭발한계 : 4.1~74.2% 또는 4.0~75%
답 ③

⑰ 다음 중 아세틸렌의 폭발한계는 어느 것인가?
① 2.5~81%
② 5.3~13.9%
③ 5~15%
④ 12.5~75.0%

해 • 아세틸렌(C_2H_2)의 폭발한계 : 2.5~81%
답 ①

⑱ 어느 인화성 액체의 폭발범위가 5~10%(용량)라는 것을 옳게 설명한 것은?
① 공기 100ℓ에 대하여 액체의 증기가 5~10ℓ의 경우에 점화하면 폭발적으로 탄다.
② 공기 100ℓ에 대하여 액체의 증기가 5~10ℓ의 경우에 자연발화해서 폭발한다.
③ 100ℓ 중 공기가 90~95%이며, 나머지가 액체의 증기일 때 점화하면 폭발적으로 탄다.
④ 100ℓ 중 공기가 90~95%이며, 나머지가 액체의 증기일 때 자연발화해서 폭발한다.

해 • 폭발범위 : 인화성 액체의 증기와 공기 또는 산소와의 혼합기체를 합한 값을 100으로 하였을 때의 인화성 기체의 농도로서 점화했을 경우 연소한다.
답 ③

⑲ 가솔린의 빈 드럼통을 취급할 때 주의해야 할 사항은 어느 것인가?
① 내부에 가솔린 증기가 연소범위를 형성하고 있을 위험이 있다.
② 가솔린이 약간 남아 있어도 위험성은 별로 없다.
③ 가솔린에 포함된 사에틸납이 드럼통에 부착되어 더욱 안전하다.
④ 빈 드럼통은 위험성이 없다.

해 • 가솔린의 연소범위 : 1.4~7.6%(아주 낮은 농도이다)
답 ①

⑳ 혼합가스의 연소범위를 구하는 공식 $\frac{100}{L} = \frac{V_1}{L_1} + \frac{V_2}{L_2} + \frac{V_3}{L_3} + ...$ 에 해당되는 법칙은 다음 중 어느 것인가?
① 아보가드로의 법칙
② 르샤틀리에의 법칙
③ 게이루삭의 법칙
④ 케플러의 법칙

해 • 르샤틀리에의 법칙 : 혼합가스의 연소범위를 구한다.
답 ②

21 다음 그림에서 a와 b는 무엇을 의미하는가?

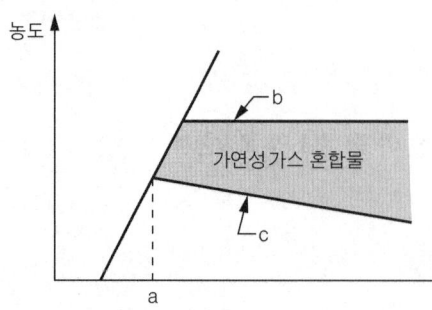

① a. 인화점, b. 연소범위 하한계
② a. 착화점, b. 연소범위 하한계
③ a. 인화점, b. 연소범위 상한계
④ a. 착화점, b. 연소범위 상한계

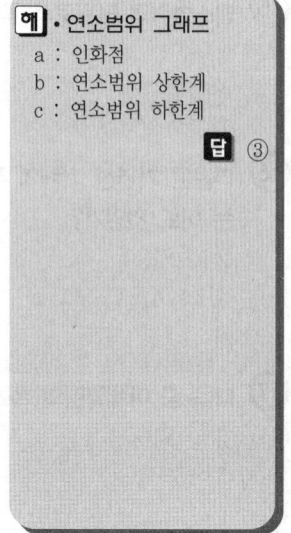

해 • 연소범위 그래프
 a : 인화점
 b : 연소범위 상한계
 c : 연소범위 하한계

답 ③

유게실

◆ **화재를 막아주는 신수(神獸) 해태**
　현재 **광화문 양옆의 석대** 위에 점잖게 도사리고 앉아 남쪽을 향하고 있는 **한 쌍의 해태**는 1865년 (고종 2년) 경복궁 중건 때에 **흥선대원군**의 명으로 새로이 만들어진 것이다. 처음 만들어진 것은 **태조 이성계**가 권좌에 앉은 지 4년 만인 1395년 경복궁이 준공되고나서 만들어졌다. 당시 궁중에서는 원인모를 대소 화재가 끊이질 않고, 민심이 흉흉하고, 국초(國初)라 국위를 흔들만한 유언비어도 난무하게 되므로 이태조는 국사인 **도승 무학대사**에게 하문하시니, 무학대사가 이르기를 관악산이 화산 (火山)의 맥(脈)이므로 **관악산**에 **우물**을 파고 그 속에 **동룡(銅龍)**을 만들어 가라앉히고 **광화문** 앞에는 전후에 **석조해중수상**(石造海中獸像) **해태상 한쌍**을 안치하라 진언함으로써 만들어지게 되었다. 그리하여 해태는 이조 성립 후부터 지금에 이르기까지 화재를 막아주는 민속신앙으로 전래되어 오고 있는 것이다. 또한, **관악산 한 우물 주변**에 있는 **암해태상**은 기존의 해태상과는 대조적으로 온화한 기상과 여성적 아름다움을 느끼게 하는 것으로 정확한 고증이 필요하겠으나 같은 시기에 만들어진 것으로 추정된다.

◆ **동룡(銅龍)** : 청동으로 만든 용으로 궁중의 지당(池塘) 등에 넣어 화재를 방지하는 민속신앙의 신물(神物), 연전에 경복궁 연못에서 발견된 바 있다.

4 연소형태

- 기체의 연소
- 액체의 연소
- 고체의 연소

> **참고**
> ※ 연소의 형태 : 정상연소와 비정상연소로 크게 나누어진다.
> - **정상적인 연소** : 보통연소를 말하며 아레니우스의 화학반응속도론에 의하면 상온 부근에서 온도가 10℃ **상승**하면 연소의 속도는 **2~3배씩 증가**한다.
> - **비정상적인 연소** : 폭발 또는 폭굉현상

 기체의 연소(발염연소, 불꽃연소)

> **참고**
> ※ 기체 가연물의 연소 : 불꽃은 있으나 불티가 없는 연소로서 발염연소 또는 불꽃연소라 한다.
> ※ 기체 가연물의 연소형태
> - **확산연소** : 가연성 기체가 공기 중에 분출할 때 착화에너지를 주면 산소와 접촉하고 있는 부분의 가연성 기체만 연소하는 현상
> - **혼합연소(혼기연소)** : 가스버너가 연소하고 있을 때 공기구멍을 열면 가연성가스와 공기가 혼합되어 연소하는 현상(공기구멍을 막으면 확산연소가 된다)

 액체의 연소(증발연소)

> **참고**
> ※ 액체 가연물이 연소: 액체 자체가 연소하는 것이 아니라 **액체 표면에 발생된 증기가 연소**하는 것이므로 **증발연소**라 한다.
> ※ 기타 비휘발성 액체의 연소
> - **분해연소** : 점도가 높고 비휘발성 액체는 높은 온도에서 **열분해**하여 그 분해가스가 연소한다. 이러한 연소를 분해연소라 하며, **일반적으로 액체 가연물은 증발연소**한다.
> - **액적연소** : 액체의 연소에는 **점도가 높고 비휘발성인 액체**를 점도를 낮추어 분무기(버너)를 사용하여 액체의 입자(알갱이)를 **안개상으로 분출**하여 연소하는 방법으로 액체의 표면적을 넓게 하여 공기와의 접촉면을 많게 하여 연소하는 방법
> - **점도** : 끈적끈적한 성질의 측정치

3 고체의 연소

(1) 분해연소   (2) 표면연소   (3) 증발연소   (4) 자기연소

※ **분해연소** : 목재, 종이, 석탄, 플라스틱 등의 연소로서 이들 고체에 **충분한 착화에너지**를 주면 **가열분해**에 의해 가연성가스를 발생한다. 이때 가연성가스와 공기가 혼합되어 **연소범위 내의 혼합기체**를 만들면 주어진 착화에너지에 의하여 연소하는 것을 말한다.
- **탄화현상** : 착화에너지의 부족으로 열분해를 충분히 일으키지 못하여 연소하지 못할 때 일어나는 현상을 **탄화현상**이라 한다.

※ **표면연소** : 코크스, 목탄, 금속분의 연소로서 이들 고체는 열분해도, 가연성가스도 발생하지 않고 그 **표면에서 산소와 반응**하여 연소하는 것을 말하며, 비교적 반응속도가 느린게 특징이다.
- 코크스(탄소)의 연소
    1차반응(1,300℃ 이하) $4C + 3O_2 \rightarrow 2CO_2\uparrow + 2CO\uparrow$
    　　　　　　　　　　　　　(탄소)　(산소)　(이산화탄소)　(일산화탄소)
    0차반응(1,500℃ 이상) $3C + 2O_2 \rightarrow CO_2\uparrow + 2CO\uparrow$
    　　　　　　　　　　　　　(탄소)　(산소)　(이산화탄소)　(일산화탄소)

※ **증발연소** : 황, 나프탈렌, 파라핀 등 고체 위험물의 연소로서 이들 고체는 일단 열을 가하면 **상태변화**를 일으켜 액체가 되고 어떤 일정 온도에서는 **가연성 증기를 발생**하여 점화원에 의하여 연소한다.

※ **자기연소** : 제5류 위험물의 연소로서 이들 고체는 가연성이면서 **자체 내에 산소를 함유**하고 있어 공기 중의 산소를 필요로 하지 않고도 연소한다. 또한, **공기 중에서 연소**할 경우에는 연소의 속도가 대단히 빠르므로 **폭발적**으로 연소한다.

적중 출제예상문제

기체의 연소

1 기체의 연소형태는 다음 중 어느 것인가?
① 분해연소   ② 증발연소
③ 표면연소   ④ 발염연소

> 해 • 기체의 연소 : 불꽃연소 (발염연소)라고도 한다.
> 답 ④

2 기체의 연소인 발염연소에 대한 설명 중 옳은 것은?
① 불꽃이 있고 불티가 없다.   ② 불꽃은 없고 불티가 있다.
③ 불꽃도 없고 불티도 없다.   ④ 불꽃도 있고 불티도 있다.

> 해 • 기체연소 : 발염연소는 완전연소하므로 **불티가 없다.**
> 답 ①

③ 일반적으로 가연물이 연소할 때 상온부근에서 연소의 반응속도는 온도가 10℃ 상승할 때 몇 배씩 증가하는가?
① 2~3배
② 3~4배
③ 4~5배
④ 관계없다.

해 • 아레니우스의 화학반응 속도론: 2~3배 증가
답 ①

액체의 연소

④ 액체의 연소형태는 다음 중 어느 것인가?
① 표면연소
② 증발연소
③ 발염연소
④ 내부연소

해 • 액체의 연소 : 액체 자체의 연소가 아니라 액체표면 발생증기의 연소이다.
답 ②

⑤ 가연성 액체의 연소의 설명으로 가장 옳은 것은?
① 열분해 가스가 연소한다.
② 액체 자체의 연소이다.
③ 발생증기의 연소이다.
④ 표면연소의 한 형태이다.

해 • 액체의 연소 : 증발연소
답 ③

⑥ 제4류 위험물 중 분해연소하는 것은?
① 특수인화물
② 알코올류
③ 제2석유류
④ 제3석유류

해 • 제3석유류 : 점도가 높고 비휘발성이므로 상온에서 증발연소하지 못한다.
답 ④

고체의 연소

⑦ 고체연소 물질에 대한 다음 분류 중 옳지 않은 것은?
① 혼합연소
② 증발연소
③ 분해연소
④ 표면연소

해 • 고체의 연소 : 분해연소 · 표면연소 · 증발연소 · 자기연소
답 ①

⑧ 목재인 가연물이 착화에너지가 충분치 못하여 연소하지 못하고 분해가스만 방출하는 현상을 무엇이라 하는가?
① 풍해현상
② 조해현상
③ 탄화현상
④ 경화현상

해 • 목재 : 고열로 간접가열하면 분해가스와 목조액과 숯이 만들어진다.
답 ③

⑨ 다음 중 표면연소에 의하여 연소되는 물질은?
① 밀랍
② 금속분
③ 황
④ 아세틸렌

해 • 연소의 형태 : ① 증발연소 ② 표면연소 ③ 증발연소 ④ 불꽃연소
답 ②

⑩ 고체연료(무연탄, 목탄, 코크스)가 처음에는 화염을 내면서 연소하다가 후에는 화염이 없어지고 공기의 접촉으로 계속되는 연소는 무엇인가?
① 확산연소
② 증발연소
③ 분해연소
④ 표면연소

해 • 무연탄, 목탄, 코크스의 연소 : 표면연소
답 ④

⑪ 다음 중 코크스의 1차 반응온도는?
① 1,100℃ 이하
② 1,200℃ 이하
③ 1,300℃ 이하
④ 1,500℃ 이하

⑫ 촛불의 연소종류는?
① 분해연소
② 표면연소
③ 내부연소
④ 증발연소

⑬ 고체인 황 또는 나프탈렌은 어떠한 연소를 하는가?
① 분해연소
② 증발연소
③ 자기연소
④ 표면연소

⑭ 고체의 연소 중 증발연소하는 것은?
① 쇠
② 나무
③ 나프탈렌
④ 나이트로셀룰로오스

⑮ 다음 중 내부연소인 것은?
① 기름걸레의 연소
② 이황화탄소의 연소
③ 진한 황산으로 인한 톱밥의 연소
④ 나이트로셀룰로오스의 연소

⑯ 가연성 물질이 공기 중에서 연소할 때 연소상의 설명에 대하여 알맞지 않는 것은?
① 목탄과 같이 공기와 접촉하는 표면에서 불타는 연소를 표면연소라 한다.
② 알코올의 연소는 표면연소이다.
③ 산소공급원을 가진 물질자체가 연소하는 것을 자기연소라 한다.
④ 목재와 같이 열분해되어 가연성 기체가 연소하는 것은 분해연소라 한다.

해 • 1차 반응온도 : 1,300℃ 이하
※ 0차 반응온도 : 1,500℃ 이상
답 ③

해 • 초(파라핀)의 연소 : 가열에 의하여 액체를 거쳐 기체로 된다(증발연소).
답 ④

해 • 황 · 나프탈렌의 연소 : 가열하면 액체가 되어 증발연소 한다.
답 ②

해 • 문제 13 해설 참조
답 ③

해 • 제5류 위험물 : 나이트로셀룰로오스는 내부연소 한다.
답 ④

해 • 알코올 : 가연성 액체로서 증발연소한다.
답 ②

유게실

◆ 구화기(求火器)와 자리끼

고궁을 산책하다 보면 궁전 앞의 좌우에 대형 화로가 있는 것을 보게 된다. 사실 이 대형 화로는 화로가 아니라 궁전에 불이 났을 경우 초기진압에 사용하는 물그릇이다. 그러나 겨울철에는 이 물이 동결되기 때문에 얼은 물을 녹이기 위하여 불을 지핀다. 이것을 본 옛날 노인들께서는 이것을 잘 못 보고 화로라고들 하나 사실은 초기 화재진압용 수조이다. 또한 옛부터 취침할 때 머리맡에 떠 놓는 물 한 그릇 즉, 자리끼의 유래에는 밤에 마시려고 잠자리에 두는 물이지만 화재 초기진압의 용도로 사용하기 위하여 잠자리에 들기 전에 물 한 그릇을 머리맡에 떠 놓았던 우리 조상들의 화재 초기진압을 위한 지혜였다.

5 발화

- 자연발화   • 준자연발화   • 혼합발화

1 자연발화

물질이 서서히 산화되어 축적된 산화열이 서서히 발열 발화하는 현상

(1) 자연발화의 형태
 ① **산화열**에 의한 발열
 ② **분해열**에 의한 발열
 ③ **흡착열**에 의한 발열
 ④ **미생물**에 의한 발열

> **참고**
> ※ **산화열** : 석탄, 건성유 등 특히 미분탄은 습도가 높은 곳에서 서서히 산화되어 야적된 석탄더미가 빨갛게 불타는 것을 말한다.
> ※ **분해열** : 셀룰로이드, **나이트로셀룰로오스**는 저장실의 온도가 상승하면 자연발화하므로 외부로부터의 열을 차단하기 위하여 건축물 지붕에 살수설비를 하거나 벽에 수관을 설치하여 건축물을 냉각시킨다.
> ※ **흡착열** : 활성탄, 목탄분말에 고열물을 가까이 하면 고열물에서 방출하는 복사열을 흡수하여 발열한다.
> • **복사열** : 고열물에서 열에너지가 열선이라는 눈으로 볼 수 없는 전자기파로 바뀌어 어떤 물체에 닿으면 전자기파가 다시 열에너지로 바뀌어 전달되는 열
> ※ **미생물** : 퇴비, 먼지 속에 들어 있는 혐기성 미생물은 퇴비 속의 단백질 등 기타 영양소를 섭취하여 일부는 생명력을 유지하고 나머지는 활동에너지로 사용하며 이 활동에너지의 축적으로 자연발화한다.

(2) 자연발화의 조건
 ① **발열량**이 클 것
 ② **열전도율**이 작을 것
 ③ **주위의 온도**가 높을 것
 ④ **표면적**이 넓을 것

> **참고**
> ※ 자연발화의 조건은 반드시 암기할 것
> - ① ②번은 가연물의 조건에서 배웠다.
> - ③ 온도가 높을 때는 모든 분자운동이 활발해진다.
> - ④ 공기와의 접촉면적이 크다.

(3) 자연발화를 일으키는 인자
① 발열량　　　　　② 열전도율
③ 열의 축적　　　　④ 수분
⑤ 퇴적방법　　　　⑥ 공기의 유동

> **참고**
> ※ 인자 : 자연발화를 일으키는 요인을 일컬음

(4) 자연발화의 방지법
① 습도가 높은 것을 피할 것
② 저장실의 온도를 낮출 것
③ 통풍을 잘 시킬 것
④ 퇴적 및 수납할 때에 열이 쌓이지 않게 할 것

> **참고**
> ※ **석탄은 습도**가 높으면 안되고, **셀룰로이드**는 **저장실의 온도**상승을 막아야 한다. **퇴적 수납**할 때에는 열이 쌓이지 않는 방법을 사용하며 **통풍**을 잘 되게 하여 축적열을 확산시키는 방법도 좋다.

2 준자연발화

가연물이 공기 또는 물과 접촉 반응하여 급격히 발열·발화하는 현상

> **참고**
> ※ 준자연발화 : 자연발화보다 연소반응속도가 급격하고 특히 **공기 중**에서 또는 **물**과 **접촉**하였을 때 일어나는 발화현상이다.
> - **황린**(P_4) : 백린이라고도 말하며 **공기 중**에서 발화하며 피부와 접촉하면 화상을 입는다. 보관할 때는 PH_3(인화수소)의 발생을 억제하기 위하여 **pH 9** 정도의 물이 좋다.
>   ◦ 보호액 : 물
>   ◦ 연소생성가스 : P_2O_5(오산화인)
> - **금속칼륨**(K), **금속나트륨**(Na) : 물 또는 습기와 접촉하여 급격히 발화한다.
>   ◦ 보호액 : 석유(등유 · 경유 · 파라핀 등)
>   ◦ 생성가스 : H_2(수소)
> - **알킬알루미늄** : **공기** 또는 물과 반응하여 발화하며 피부와 접촉하면 화상을 입는다.
>   ◦ 희석액 : 벤젠, 헥산
>   ◦ 소화제 : 팽창질석, 팽창진주암

혼합발화

위험물을 두 가지 또는 그 이상으로 서로 혼합 접촉하였을 때 발열 발화하는 현상

(1) 혼재위험성
① **폭발성 화합물**을 생성하는 경우
② **폭발성 혼합물**을 생성하는 경우
③ **가연성가스**를 발생하는 경우
④ **시간**이 경과하거나 바로 **분해** 또는 **발화**하는 경우

적중 출제예상문제

자연발화

1 자연발화의 형태에 대해서 관계없는 것은?
① 분해열에 의한 발열
② 산화열에 의한 발열
③ 미생물에 의한 발열
④ 흡수열에 의한 발열

2 자연발화의 형태를 4가지로 볼 때 다음 중에서 관계없는 것은?
① 산화열에 의한 발열
② 흡착열에 의한 발열
③ 융합열에 의한 발열
④ 미생물에 의한 발열

3 자연발화의 조건이 아닌 것은?
① 표면적이 넓고, 발열량이 많을 것
② 습도가 낮을 것
③ 열전도율이 낮을 것
④ 발화되는 물질보다 주위온도가 높을 것

4 다음 중 자연발화의 조건(위험성)에 들지 않는 사항은?
① 발열량이 클 것
② 열전도율이 클 것
③ 주위온도가 높을 것
④ 표면적이 넓을 것

5 자연발화에 영향을 주는 여러 가지 인자 중 제일 영향을 적게 주는 것은?
① 발열량
② 수분
③ 열의 축적
④ 미생물

6 자연발화에 영향을 주는 요인에 들지 않는 것은?
① 열의 축적
② 표면연소
③ 퇴적방법
④ 발열량

7 화재예방시 자연발화를 방지하기 위한 일반적인 방법으로 틀린 것은?
① 통풍을 막는다.
② 저장실의 온도를 낮춘다.
③ 습도가 높은 장소를 피한다.
④ 열의 축적을 막는다.

8 자연발화의 방지법이 옳은 것은?
① 저장실 온도 낮고, 통풍 잘되고 습도가 높은 곳
② 저장실 온도 높고, 통풍 안 되고 습도 낮은 곳
③ 습도 높고, 통풍 안 되고 실내온도 낮은 곳
④ 습도 낮고, 통풍 잘 되고 저장실 온도 낮은 곳

힌트

해 • 자연발화의 형태 : 산화열, 분해열, 흡착열, 미생물에 의한 발열
답 ④

해 • 문제 1 해설 참조
답 ③

해 • 자연발화의 조건 : ① 해당 ② 부적당 ③,④ 해당
답 ②

해 • 열전도율 : 작을수록 열이 많이 축적되므로 발화의 위험이 있다.
답 ②

해 • 자연발화를 일으키는 인자 : 발열량·열전도율·열의 축적·수분·퇴적방법·공기의 유동
답 ④

해 • 문제 5 해설 참조
답 ②

해 • 자연발화의 방지방법 : 열이 쌓이지 않게 통풍을 잘 시킬 것
답 ①

해 • 문제 7 해설 참조
답 ④

제1장 연소이론 49

⑨ 산업시설의 폐기물에서 산화·분해되어 화재원인으로서 가장 적당한 것은?
① 과열
② 나화
③ 자연발화
④ 마찰

해 • 자연발화 : 산화현상으로 축적된 산화열에 의한 발화현상이다.
답 ③

준자연발화

⑩ 물속에 저장하지 않으면 안되는 위험물은?
① 황린
② 금속나트륨
③ 적린
④ 황

해 • 황린의 보호액 : 물
답 ①

⑪ 황린의 저장 보호액을 pH 9로 유지하는 이유로 옳은 것은?
① 적린으로 변이하는 것을 방지하기 위하여
② PH_3(인화수소)의 생성을 방지하기 위하여
③ 착화점을 낮추기 위하여
④ P_2O_5(오산화인)의 생성을 방지하기 위하여

해 • 황린의 보호액 : 물과의 반응으로 포스핀(PH_3)을 발생하므로 보호액을 약알칼리(pH 9)로 만든다.
답 ②

⑫ 다음 중 두 물질이 혼합하여도 위험하지 않은 것은?
① 적린과 염소산칼륨
② 황린과 물
③ 나트륨과 알코올
④ 아세틸렌과 은

해 • 문제 10 해설 참조
답 ②

⑬ 황린은 자연발화하기 쉬운데 그 이유로서 가장 적당한 것은?
① 끓는점이 낮고 증기의 비중이 작기 때문이다.
② 산소와 결합력이 강하고 착화온도가 낮기 때문에
③ 녹는점이 낮고 상온에서 액체로 되어 있기 때문에
④ 인화점이 낮고 가연성 물질이기 때문에

해 • 황린 : 공기 중에서 산소와 결합하여 인광을 발하며 서서히 연소하며 착화점은 34℃ 부근으로 매우 낮다.
답 ②

⑭ 금속칼륨을 보관하려면 다음 액체 중 어떤 것이 가장 좋은가?
① 수은
② 메탄올
③ 아세트산
④ 파라핀

해 • 금속칼륨의 보호액 : 석유(경유·등유)·벤젠·광유·파라핀 등
답 ④

⑮ 금속칼륨의 보호액으로서 적당하지 않은 것은?
① 글리세린
② 벤젠
③ 광유
④ 석유

해 • 문제 14 해설 참조
※ 글리세린은 금속칼륨과 반응한다.
답 ①

⑯ 금속칼륨이 보호액(석유) 속에서 재해를 일으키는 원인은?
① 석유의 비중이 금속 칼륨보다 작을 때
② 비교적 인화점이 낮은 석유일 때
③ 비교적 착화점이 낮은 석유일 때
④ 석유 속에 수분이 혼입되어 있을 때

해 • 금속칼륨(금수성 물질) 물 또는 습기와 접촉하면 수소(H_2) 가스를 발생하며 착화된다.
답 ④

⑰ 다음 위험물의 저장방법 중 적당치 않은 것은?
① 나트륨 – 수중에 저장한다.
② 칼륨 – 석유 속에 저장한다.
③ 황린 – 수중에 저장한다.
④ 이황화탄소 – 물을 넣은 그릇 안에 저장한다.

해 • 금속칼륨 · 금속나트륨의 보호액 : 석유
답 ①

⑱ 위험물 저장법 중 물, 기타액으로 저장되는 위험물은 다음 중 몇 개 있는가?
[나트륨, 황린, 과산화나트륨, 탄화칼슘, 이황화탄소, 황화인, 아세톤, 적린]
① 1개 ② 2개
③ 3개 ④ 4개

해 • 보호액에 저장하는 위험물 : 나트륨(석유 속에 저장), 황린 · 이황화탄소 (물속에 저장)
답 ③

⑲ 알킬알루미늄의 화재시 가장 효과적인 소화제는?
① CO_2 ② 물
③ 팽창질석 ④ CCl_4

해 • 알킬알루미늄의 소화제 : 마른모래, 팽창질석 · 팽창진주암, 탄산수소염류분말이 좋다.
답 ③

⑳ 알킬알루미늄의 위험성을 낮추기 위해 사용하는 희석제는?
① 벤젠, 헥산 ② 벤젠, 칼륨
③ 헥산, 황 ④ 칼륨, 황

해 • 희석제 : 벤젠 · 헥산 등
답 ①

㉑ 다음 위험물 중 동일 저장실(간벽이 없는 실)에 저장할 수 없는 것은?
① 석유와 휘발유 ② 질산과 과염소산
③ 과산화물과 질산염류 ④ 칼륨과 황

해 • 혼재 위험물 : ① ② ③ 가능 ④ 불가능
※ 칼륨 : 3류, 황 : 2류
답 ④

㉒ 다음 위험물이 혼합되었을 때 충격 등에 의해서 폭발의 위험이 가장 심한 것은?
① 염소산칼륨과 황분 ② 황과 적린
③ 금속칼륨과 등유 ④ 나이트로셀룰로오스와 물

해 • 혼재 위험물 : ① 불가능 ② ③ ④ 가능
※ 제1류 위험물(염소산 칼륨)은 타 위험물과 혼재 불가
답 ①

6 폭 발

 폭발

가연성 기체 또는 액체의 열의 발생속도가 열의 일산속도를 상회하는 현상

> **참고**
>
> ※ **폭발시험** : 가연성 기체 또는 액체를 밀폐된 측정용기에 넣어 가열할 때 **열의 발생속도** a는 **열의 일산속도** b와의 경계점 K_1 이상에서는 폭발이 일어난다. 이때 밀폐용기 속의 압력은 $7 \sim 8 kg/cm^2$ 이다.
>
>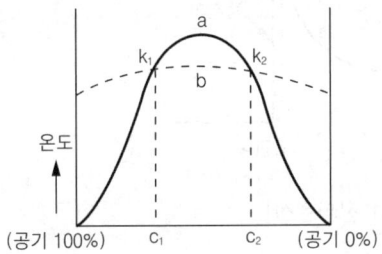
>
> a : 열의 발생속도
> b : 열의 일산속도
> $C_1 \sim C_2$: 연소범위(폭발범위)
> K_1, K_2 : 착화온도
>
> • 열의 일산속도 : 축적된 열을 순간적으로 발산할 때의 속도

 폭굉(데토네이션)

폭발범위 내의 어떤 특정농도범위에서는 연소의 속도가 폭발에 비해 수백 내지 수천 배에 달하는 현상

(1) 폭굉 유도거리가 짧아지는 경우
 ① 정상 연소속도가 큰 혼합물일 경우
 ② 점화원의 에너지가 클 경우
 ③ 고압일 경우
 ④ 관경이 작을 경우
 ⑤ 관속에 방해물이 있을 경우

> **참고**
>
> ※ **폭굉** : 폭발의 한 형태이며 **폭발범위** 내에 있다.
>   - **폭발의 연소속도** : 0.1m/sec ~ 10m/sec
>   - **폭굉의 연소속도** : 1,000m/sec ~ 3,500m/sec
>   - **폭굉파** : 음속 이상의 속도를 갖으며 화염진행 전면에 **충격파**가 발생하며 **충격파**는 파장이 짧은 단일 압축파로서 직진하는 성질이 있으며 **진행 전면에 물체**가 있으며 짧은 시간에 큰 압력으로 파괴작용을 일으킨다.
>   - **폭굉파의 파괴압력**(3,000m/sec일 경우) : **100MPa**
>   - **음속**(마하) : (331 + 0.6t)m/sec (t : 온도⟨℃⟩)
>   - 예 15℃에서의 음속 : (331 + 0.6 × 15)m/sec ∴ 340m/sec
>
>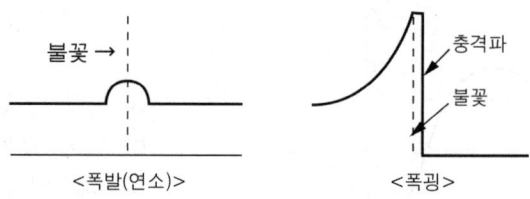
>
> [폭발(연소)과 폭굉의 전파현상]
>
>   - **폭굉 유도거리** : 최초의 **완만한** 연소속도가 **격렬한** 폭굉으로 변할 때의 **거리**

3 분진폭발

불휘발성 액체 또는 고체가 미립자(작은 알갱이)로 공기 중에서 폭발범위 내로 존재할 때 착화에너지를 가할 때 일어나는 현상

> **참고**
>
> ※ **분진폭발을 일으키는 물질**
>   - **농산물** : 밀가루, 전분, 솜, 담배가루, 커피가루 등
>   - **광물질** : 마그네슘, 알루미늄, 아연, 티탄, 철분 등
>
> ※ **폭발 입경**
>   - **고체의 폭발 입경** : 100㎛, 유효입경 : 150㎛
>   - **액체의 폭발 입경** : 20㎛, 유효입경 : 50㎛
>
> ※ **폭발범위** : 하한 25mg/ℓ ~ 45mg/ℓ, 상한 80mg/ℓ
>
> ※ **착화에너지**
>   - **분진의 착화에너지** : $10^{-3} \sim 10^{-2}$J(주울)
>   - **화약의 착화에너지** : $10^{-6} \sim 10^{-4}$J(주울)

적중 출제예상문제

폭발

1 비정상 연소인 폭발의 원인 중 맞는 것은?
① 열의 일산속도가 열의 발생속도와 비례할 때
② 열의 발생속도가 열의 일산속도를 상회할 때
③ 열의 일산속도가 열의 발생속도에 못 미칠 때
④ 열의 발생속도나 열의 일산속도가 무관하게 일어난다.

2 폭발시험 중 밀폐용기 속의 압력 중 맞는 것은?
① 0.4~0.5MPa   ② 0.5~0.6MPa
③ 0.7~0.8MPa   ④ 0.8~0.9MPa

3 다음 그림에서 C_1과 C_2 사이를 무엇이라고 하는가?
① 폭발범위
② 발열량
③ 흡열량
④ 안전범위

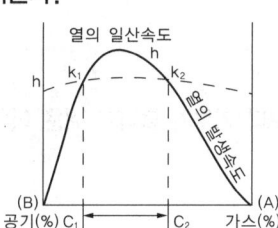

폭굉

4 폭발범위 내의 특정농도에서 연소속도가 폭발에 비하여 수백 내지 수천 배에 달하는 현상을 무엇이라 하는가?
① 폭발   ② 폭굉
③ 연소   ④ 발화

5 폭굉의 연소속도로서 옳은 것은?
① 0.1~10m/sec   ② 10~200m/s
③ 100~300m/sec   ④ 1,000~3,500m/s

6 다음 중 폭굉에 대한 설명으로 옳은 것은?
① 음속보다 폭발속도가 빠른 현상
② 정상 연소속도 보다 폭발속도가 빠른 현상
③ 폭발속도가 음속에 못 미치는 현상
④ 파장이 긴 단일 압축파를 갖는 현상

힌트

해 • 폭발 : 밀폐측정기기의 온도를 상승시키면 **열의 발생속도**는 각 물질들의 **열의 일산속도 이상**의 온도에서 **폭발**이 일어난다.
답 ②

해 • 폭발시험압력 : 0.7~0.8 MPa
답 ③

해 • C_1~C_2 : 연소범위 또는 폭발범위
답 ①

해 • 연소속도 : 폭발(0.1~10m/s), 폭굉(1,000~3,500m/s)
답 ②

해 • 문제 4 해설 참조
답 ④

해 • 폭굉 : 폭발속도가 음속 이상이 되는 현상
답 ①

⑦ 폭굉파는 음속 이상의 속도를 갖는 충격파이다. 폭굉파의 속도가 3,000m/sec일 때의 최고 파괴압력은 몇 MPa인가?
① 10MPa
② 50MPa
③ 90MPa
④ 100MPa

해 • 3,000m/sec에서 폭굉파의 최고 파괴압력 : 100MPa
답 ④

⑧ 연소현상 중 최초의 완만한 연소속도가 격렬한 폭굉으로 변할 때의 거리를 무엇이라 하는가?
① 폭굉범위 하한
② 폭굉범위 상한
③ 폭굉 유도거리
④ 폭굉 상호거리

해 • 폭굉 유도거리 : 최초의 완만한 연소속도가 격렬한 폭굉으로 변할 때의 거리
답 ③

⑨ 폭굉 유도거리가 짧아지는 경우에 해당되지 않는 것은?
① 정상 연소속도가 큰 혼합물일 경우
② 점화원의 에너지가 클 경우
③ 고압일 경우
④ 관경이 클 경우

해 • 폭굉 유도거리가 짧아지는 경우 : 관경이 작을 경우·관속에 방해물이 있을 경우 등
답 ④

분진폭발

⑩ 가연물이 고체일 때 덩어리보다 가루가 불타기 쉬운 이유는 어느 것인가?
① 착화온도가 낮아지므로
② 발열량이 커지므로
③ 공기와의 접촉면적이 커지므로
④ 열전도율이 커지므로

해 • 석탄 : 미분탄은 연소하면 괴상일 때보다 산소와의 접촉면적이 커져 큰 열효율을 얻는다.
답 ③

⑪ 분진폭발의 우려가 있는 미분말의 종류를 짝지어 놓은 것 중 옳지 않은 것은?
① 알루미늄 - 마그네슘
② 밀가루 - 담배가루
③ 시멘트가루 - 담배가루
④ 아연 - 매연

해 • 시멘트 : 생석회(CaO)가 주성분으로 연소되지 않는다.
답 ③

⑫ 분진폭발을 일으키는 금속분말이 아닌 것은 다음 중 어느 것인가?
① 나트륨
② 마그네슘
③ 티탄
④ 알루미늄

해 • 나트륨 : 석유 속에 저장하므로 분진폭발의 위험은 없다.
답 ①

⑬ 다음 중 분진폭발의 위험성이 가장 적은 것은?
① 황분
② 석회분
③ 알루미늄분
④ 석탄분

해 • 석회분(CaO) : 불연성 물질이며, 물과는 발열만 한다.
답 ②

⑭ 다음 중 분진폭발을 일으키는 고체의 폭발 입경으로 맞는 것은?
① 20μm
② 30μm
③ 50μm
④ 100μm

해 • 고체의 폭발 입경 : 100μm
답 ④

⑮ 분진폭발의 상한값은 대체로 어느 정도인가?
① 25mg/ℓ ② 45mg/ℓ
③ 80mg/ℓ ④ 100mg/ℓ

해 • 분진의 폭발범위
※ 하한값 : 25~45mg/ℓ
※ 상한값 : 80mg/ℓ

답 ③

⑯ 다음 중 분진의 착화에너지로서 옳은 것은?
① $10^{-3} \sim 10^{-2}$ J ② $10^{-6} \sim 10^{-4}$ J
③ $10^{-4} \sim 10^{-3}$ J ④ $10^{-8} \sim 10^{-6}$ J

해 • 분진의 착화에너지 : $10^{-3} \sim 10^{-2}$ J
※ 화약의 착화에너지 : $10^{-6} \sim 10^{-4}$ J

답 ①

유게실

◆ 화염과 연기 속을 대피하는 방법

화재 사고시 사망은 연기에 의한 질식 및 유독가스 중독으로 인한 사망 후 2차로 불에 타는 것이 대부분이므로 사실상 불보다 연기가 더 무섭다고 할 수 있다. 그러므로 화재로 인한 사망의 주범인 연기로부터 도피할 수 있는 방법을 알아보자.

1. 연기의 확산 속도는 대개 단층일 경우 1m/sec, 상층부가 있는 경우 3~5m/sec이므로 하층보다 상층부에 연기가 급속히 충만하게 된다. 그러므로 상층부로의 대피는 위험하다(창문이 적은 건물의 상층부에 연기로 인한 사망자가 많은 이유).
2. 연기를 감지하였을 때는 꽃병의 물, 엽차잔의 물, 맥주 등 물기가 있는 것이라면 닥치는 대로 이용하여 타월, 손수건, 넥타이, 옷가지 등 무엇이든 적셔서 가볍게 짠 후 입과 코를 막는다. 어린아이들은 젖은 헝겊 등으로 가볍게 얼굴을 씌운 후 한쪽 팔로 안고 바닥을 핥는 기분으로 자세를 낮추고(바닥 가까이는 그런대로 공기가 있다) 호흡을 얕게 하며 대피한다.
3. 실내에서는 연기가 대류현상으로 중앙에서 맴돌기 때문에 벽을 따라 대피하여야 하며, 복도에서는 천장부에 층을 형성하여 흐르는 연기(복도는 연기의 통로가 된다)가 벽을 흐르며 냉각되어 벽을 따라 밑으로 하강하는 경우가 있으므로 중앙으로 대피하여야 한다. 연기가 충만하게 되면 자세를 더 낮추어 대피한다.
4. 지하상가, 백화점, 음식점 등에서 입과 코를 막을 타월이나 적실 물이 없을 때는 쇼핑백, 보자기를 사용하거나 특히 비닐봉지가 있으면 불어서 입이나 코에 대고 대피하면 더욱 좋다.
5. 화염 속을 돌파할 때에는 머리에서부터 물을 끼얹고 젖은 타월 등으로 머리, 얼굴을 감싼 후 단숨에 달린다. 물을 구할 수 없을 때는 요나 모포 등을 몸에 감고 대피한다.

제 2 장

소화이론

학습목표
- 소화의 정의
- 소화방법
- 소화기의 관리
- 위험물의 소화방법

1 소화의 정의

소화란 물질이 연소할 때 **연소구역에서 연소의 3요소 중 일부 또는 전부를 없애주면 연소는 중단된다.** 이러한 현상을 소화라고 한다.

> **참고**
> ※ **소화** : 연소의 3요소가 반드시 있어야만 연소가 일어나며 3요소 중 한 가지라도 없다면 연소는 중단된다.
> ※ **화재의 종류 및 소화기 표시**
> • **A급 화재**(일반화재) 백색
> • **B급 화재**(유류화재) 황색
> • **C급 화재**(전기화재) 청색
> • **D급 화재**(금속화재) 색표시 없음
> • 소화기에 **문자**와 **색깔**을 표시하여 **화재의 종류를 구별**하는 것은 화재의 종류에 따라 알맞는 소화기를 사용하여 **소화효과를 높이기 위함**이다.
> ※ **일반화재** : 목재(나무), 종이 등의 화재를 말한다.
> ※ **유류화재** : 기름(석유류 등), 고체이지만 가열하면 액체 또는 기체가 되는 파라핀(초)·황 등의 화재를 말한다.
> ※ **전기화재** : 전기누전 등에 의한 화재를 말한다.
> ※ **금속화재** : 칼륨(K)·나트륨(Na) 및 금속분 등에 의한 화재를 말한다.

적중 출제예상문제

화재의 종류

① 화재의 종류 중 A급 화재에 속하는 것은?
① 일반화재　　　　② 유류화재
③ 전기화재　　　　④ 금속화재

② 한옥에 불이 났다면 어느 소화기를 사용하는 것이 적당한가?
① A급　　　　　　② B급
③ C급　　　　　　④ D급

③ 연소 후 재가 거의 없는 화재로서 가연성 액체 등의 화재는?
① A급　　　　　　② B급
③ C급　　　　　　④ D급

④ 소방기관에서 분류하는 화재 중 가연성 액체, 반고체, 유지 등의 화재는 다음 중 어느 것에 해당하는가?
① A급 화재　　　　② B급 화재
③ C급 화재　　　　④ D급 화재

⑤ 소화기는 항상 눈에 잘 띄게 하기 위하여 원안에 색으로 표기하게 되는데 B급 화재에 사용되는 소화기는 어떤 색으로 표시하는가?
① 황색　　　　　　② 백색
③ 청색　　　　　　④ 초록

⑥ 다음 중 C급 화재에 속하는 것은?
① 일반화재　　　　② 유류화재
③ 전기화재　　　　④ 금속화재

⑦ 금속분류 화재를 무슨 화재라고 부르는가?
① A급 화재　　　　② B급 화재
③ C급 화재　　　　④ D급 화재

⑧ 화재의 종류와 적응 소화약제 및 소화기 표시방법으로서 틀리는 것은?
① 금속화재(D급) - 자동확산액(녹색 표지)
② 전기화재(C급) - 불연성 가스(청색 표지)
③ 유류화재(B급) - 할로젠화합물(황색 표지)
④ 일반화재(A급) - 포말(백색 표지)

힌트

해 • 화재의 종류 : A급(일반·백색), B급(유류·황색), C급(전기·청색), D급(금속·색표시 없음)
답 ①

해 • 문제 1 해설 참조
※ 한옥의 화재=일반화재
답 ①

해 • 가연성 액체(유류화재) : B급 화재(황색 표시)
답 ②

해 • 문제 3 해설 참조
답 ②

해 • B급 화재 : 황색 표시
답 ①

해 • C급 화재 : 전기화재 (청색 표시)
답 ③

해 • 금속화재 : D급 화재
답 ④

해 • D급 화재 : 색표시 없음
답 ①

2 소화방법

- 제거소화 : 가연물의 제거에 의한 소화
- 질식소화 : 산소공급원의 차단에 의한 소화
- 냉각소화 : 발화점 이하의 온도로 냉각하는 소화
- 억제소화 : 연속적 관계의 차단에 의한 소화

3 제거소화

- 촛불
- 유전의 화재
- 산불
- 가스의 화재

참고

※ **제거소화** : 가연물을 연소 구역에서 없애주는 소화방법이다.
- **촛불의 연소** : 고체파라핀(양초)이 심지에 의한 계속적인 점화원으로 액체상태를 계속 유지하여 액체 표면에서 발생한 증기의 연소이므로 입김으로 **가연성 증기를** 순간적으로 **날려보내는** 소화방법이다.
- **유전의 화재** : 불이 붙어 뿜어오르는 원유를 **폭약을 사용**하여 순간적으로 폭풍을 일으켜 **화염을 날려보내는** 소화방법을 사용한다.
- **산불** : 화재 진행방향의 **나무를 잘라** 제거하므로 소화한다.
- **가스의 화재** : 가스용기의 밸브를 **잠금**으로써 가스의 공급을 차단하므로 가연물을 제거한다.

4 질식소화

- 포말소화기 (적용화재 AB급)
- 분말소화기 (적용화재 BC급 및 ABC급)
- 탄산가스소화기 (적용화재 BC급)
- 간이소화제

참고

※ **질식소화** : B급화재인 4류 위험물의 소화에 가장 좋으며 가연물이 연소할 때 공기중의 산소의 농도 약 21%를 15% 이하로 떨어뜨려 **산소공급을 차단**하여 연소를 중단시키는 방법이다.
- **공기** 중의 산소의 농도 부피비 약 21%, **중량비 약 23%**
- 사람도 산소의 농도가 15% 이하로 되면 질식하여 **생명을 잃는다.**
- **유류화재**(제4류 위험물)에 효과적이다.

포말소화기

- 화학포 소화기
- 기계포 소화기
- 알코올포 소화기

> **참고**
> ※ **포말소화기** : 모두 **질식**효과이며 물이 주성분이므로 **냉각**효과도 얻을 수 있다.

(1) 화학포 소화기(포마이드, 거품소화기)
- 보통전도식
- 내통밀폐식
- 내통밀봉식

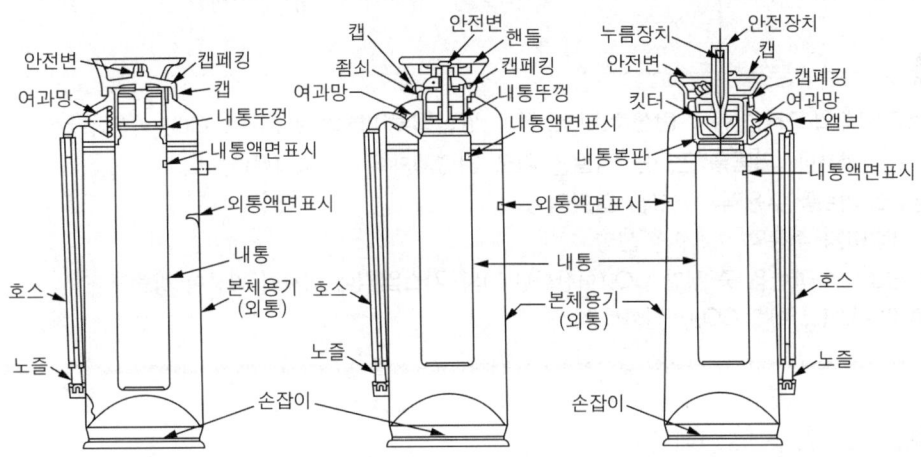

> **참고**
> ※ **화학포 소화기** : 모두 **전도식**이며 사용되는 약제가 모두 같으므로 화학반응식도 같다.
> - **보통전도식** : 노즐을 잡고 소화기를 전도시켜 바닥의 손잡이를 잡고 흔들면 외약제와 내약제가 혼합되어 발생된 CO_2(이산화탄소 또는 탄산가스)의 **압력**으로 거품이 방출된다.
> - **내통밀폐식** : 차량, 선박 등에 사용 비치하는 소화기로서 위 그림 중 내통밀폐식 구조의 핸들을 돌려 뚜껑을 위로 올린 후 **보통전도식과 같은 방법**으로 거품을 방출한다.
> - **내통밀봉식** : 내통밀폐식과 같은 용도로 사용하는 소화기로 내통밀봉식 구조의 안전캡을 해체하고 **푸시금구**를 사용하여 납봉판을 파괴시킨 후 **보통전도식과 같은 방법**으로 거품을 방출한다.
> ※ **전도** : 거꾸로 뒤집는 것
> ※ **액온 20°C에서 방출하는 포의 양**
> - 보통전도식(휴대식) → 용량의 7배
> - 내통밀폐식(차량 적재식) → 용량의 5.5배
> - 내통밀봉식(차량 적재식) → 용량의 5.5배

① 화학포의 소화약제
  ㉮ 외약제(A제) : 탄산수소나트륨($NaHCO_3$) · 기포안정제
  ㉯ 내약제(B제) : 황산알루미늄($Al_2(SO_4)_3$)

> **참고**
> ※ 탄산수소나트륨 = 중탄산나트륨 = 중조
> ※ 기포안정제 : 가수분해단백질, 계면활성제, 사포닝, 소다회(Na_2CO_3) 등
> ※ 황산알루미늄 = 황산반토

② 화학반응식

$$6NaHCO_3 + Al_2(SO_4)_3 \cdot 18H_2O \rightarrow 3Na_2SO_4 + 2Al(OH)_3 + 6CO_2\uparrow + 18H_2O$$
(탄산수소나트륨) (황산알루미늄)   (황산나트륨) (수산화알루미늄) (이산화탄소)   (물)

> **참고**
> ※ 포 소화약제의 화학반응 : 탄산수소나트륨과 황산알루미늄의 반응으로 CO_2(이산화탄소 · 탄산가스)를 생성하며, 거품을 만드는 역할은 기포 안정제와의 상승효과이다.
>   • 탄산수소나트륨 수용액 : 액성은 **알칼리성**
>   • 황산알루미늄 수용액 : 액성은 **산성**
> ※ 포의 방출 : 화학반응 중 생긴 CO_2(이산화탄소)의 **가스압력**에 의하여 거품이 방출된다.
> ※ 포 속의 가스(포핵) : CO_2(이산화탄소)

(2) 기계포 소화기(공기포, 에어폼)

• 축압식
• 가스가압식

> **참고**
> ※ 방출방법(강화액 소화기와 같다) **압축공기** 또는 **질소가스**의 압력에 의하여 노즐에서 **약제가 방사**될 때 그 압력을 이용하여 **공기**를 도입하여 약제를 **혼입시켜 발포**한다.
> ※ 기계포의 소화약제
>   • 단백포
>   • 합성계면활성제포(가장 많이 사용한다)
>   • 수성막포
> ※ 포핵(거품 속의 가스) : **공기**

(3) 알코올포 소화기(특수포)
알코올 등 수용성인 가연물의 화재에 사용되는 내알코올성 소화기

> **참고**
> ※ 알코올포 소화약제 : 일반적으로 화학포소화약제는 **수용성**인 가연물의 화재에 사용하면 **거품이 잘 녹으므로** 수용성인 **가연물의 화재**에 사용할 수 있게 개발된 소화기로 흑갈색의 악취가 나는 점도가 높은 소화약제로 **지방산염** 중 복염을 첨가한 것으로 물과 접촉하는 순간 복염이 해리되어 **불용성의 지방산염의** 피막을 생성하는 것
> - 복염 : 지방산염
> - 해리 : 물과 접촉하여 작은 입자로 분리되는 것

(4) 포말의 조건
① **기름**보다 가벼우며 **화재** 면과의 부착성이 좋을 것
② **바람** 등에 견디는 **응집성과 안정성**이 있을 것
③ 열에 대한 **센막**을 가지며 **유동성**이 좋을 것

> **참고**
> ※ **부착성** : **다른 분자끼리** 잡아당기는 힘(연소면과 거품)
> ※ **응집성** : **같은 분자간**의 잡아당기는 힘(거품 한 개를 말함)
> - 응집성이 좋다는 말은 구형(방울)의 상태를 말하며 구형의 물질들은 외부로부터 가해지는 힘을 분산시키므로 좀처럼 파괴되기 어렵다.
> ※ **유동성** : 화재 면에 거품이 넓게 퍼지는 성질

(5) 기타
① **약제 교환** : 연 1회

2 분말소화기

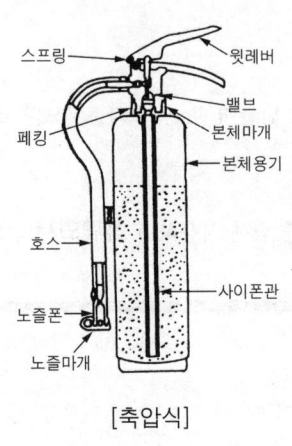
[축압식]

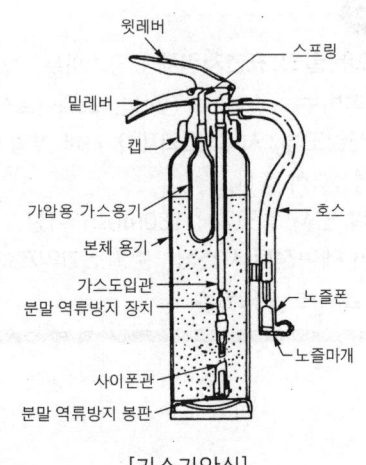
[가스가압식]

(1) 소화약제
  ① 제1종분말[탄산수소나트륨 · 중탄산나트륨 · 중조($NaHCO_3$)] : **백색**
  ② 제2종분말[탄산수소칼륨 · 중탄산칼륨($KHCO_3$)] : **보라색**으로 착색
  ③ 제3종분말[인산암모늄 · 제1인산암모늄($NH_4H_2PO_4$)] : **담홍색**(핑크색)으로 착색
  ④ 제4종분말[탄산수소칼륨($KHCO_3$)+요소($(NH_2)_2CO$)] : **회백색**으로 착색

> **참고**
> ※ **분말소화기** : 소화분말을 가스압에 의하여 방출하며 **유류화재**에도 좋으나 **전기화재**에도 좋으며 질식과 열분해로 생긴 물은 **냉각**효과도 얻을 수 있다.
> • **소화분말** : 위험물안전관리법에서는 1종 · 2종 · 3종 · 4종으로 분류하여 **1종분말** : 탄산수소나트륨, **2종분말** : 탄산수소칼륨, **3종분말** : 인산암모늄, **4종분말** : 탄산수소칼륨(2종분말)과 요소의 혼합물로 분류한다.
> • **축압식** : 소화분말을 채운 용기(철제)에 **공기** 또는 **질소가스**를 축압시켜 방출하며 압력지시계의 압력은 0.7~0.98MPa이다.
> • **가스 가압식** : 봄베이식이라고 하며 용기 본체의 내부 또는 외부에 설치된 **가스봄베에서 방출된 가스압**으로 소화분말을 방출하는 소화기

(2) 화학반응식
  ① 탄산수소나트륨(중탄산나트륨 · 중조) : $2NaHCO_3 \rightarrow Na_2CO_3 + CO_2\uparrow + H_2O$
     (탄산수소나트륨) (탄산나트륨) (이산화탄소) (물)
  ② 탄산수소칼륨(중탄산칼륨) : $2KHCO_3 \rightarrow K_2CO_3 + CO_2\uparrow + H_2O$
     (탄산수소칼륨) (탄산칼륨) (이산화탄소) (물)
  ③ 인산암모늄 : $NH_4H_2PO_4 \rightarrow HPO_3 + NH_3\uparrow + H_2O$
     (인산암모늄) (메타인산) (암모니아) (물)
  ④ 탄산수소칼륨 + 요소 : $2KHCO_3+(NH_2)_2CO \rightarrow K_2CO_3 + 2NH_3\uparrow + 2CO_2\uparrow$
     (탄산수소칼륨) (요소) (탄산칼륨) (암모니아) (이산화탄소)

> **참고**
> ※ **소화분말의 표면처리제** : 금속비누, 실리콘수지
> • **금속비누** : 스테아르산아연, 스테아르산알루미늄 등
> ※ **인산암모늄** : ABC 소화제라 하며 부착성이 좋은 **메타인산**을 만들며 다른 소화분말보다 **30%이상** 소화능력이 좋다.
> ※ **분말 입자의 크기** : 180mesh 이상
> ※ **트윈 에이전트 시스템** : 분말소화약제와 수성막포 소화약제를 함께 사용하여 **유류화재의 소화효과**를 높이는 소화방법

3 탄산가스소화기(이산화탄소소화기)

(1) 탄산가스의 상태
  ① **기체** CO_2(탄산가스)
  ② **액체** CO_2(액화탄산가스)
  ③ **고체** CO_2(드라이아이스)

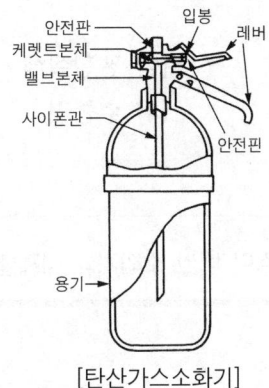
[탄산가스소화기]

※ **탄산가스소화기** : 이음매 없는 **고압용기**를 사용하며 용기에 충전된 액화탄산가스를 **줄·톰슨효과**에 의하여 **드라이아이스**를 방출하는 소화기로서 **질식** 및 **냉각**효과이며 **유류화재**에 적당하며 **전기화재**에도 많이 사용한다.
  • **줄·톰슨효과** : 기체 또는 액체가 **가는 관**을 통과할 때 **온도가 급강하**하는 현상
  • 드라이아이스 온도 : $-80 \sim -78℃$이므로 **인체에 방출**은 매우 위험하다.
※ **충전비** : 1.5 이상일 것

$$충전비 = \frac{용기의\ 용량(\ell)}{CO_2의\ 무게(kg)}$$

※ 용기의 내압시험압력 : **25MPa** 이상
※ 안전밸브의 작동압력 : **20~25MPa**
※ 소화약제로 사용하는 액화탄산가스 : 순도가 용량의 **99.5%** 이상인 액화탄산가스이어야 하며 **수분함량**이 **0.05%**를 초과할 수 없다.
※ 공기 중의 이산화탄소(CO_2) 농도

$$CO_2의\ 농도 = \frac{21 - O_2(\%)}{21} \times 100$$

※ **임계온도** : 31.1℃(일정압력에서 기체를 액화시키는 데 필요한 최고온도)
  임계압력 : 72.8atm(임계온도에서 기체를 액화시키는 데 필요한 최저압력)
※ **탄산가스소화기의 단점**
  • 약제가 부족할 경우 **재연**되기 쉽다.
  • **피부**에 닿으면 **동상**에 걸리기 쉽다.
  • **고압가스**이므로 용기는 **25MPa**에 견디어야 한다.
※ CO_2 **소화기의 사용 금지장소**(배기를 위한 유효한 개구부가 있는 장소 제외)
  • 무창층
  • 지하층
  • 밀폐된 거실 및 사무실의 바닥면적 $20m^2$ 미만인 곳

4 간이소화제

(1) 마른 모래 (2) 팽창질석 · 팽창진주암
(3) 중조톱밥 (4) 수증기
(5) 소화탄

> ※ **간이소화제** : 가격이 비싼 소화기와 대체할 수 있는 가격이 싸고 간단한 소화제

(1) 마른 모래
① 보관법
  ㉮ 반드시 **건조**되어 있을 것
  ㉯ **가연물**이 함유되어 있지 않을 것
  ㉰ **포대** 또는 **반절드럼**에 넣어 보관할 것
  ㉱ 부속기구로 **삽**, **양동이**를 비치할 것

> ※ **마른 모래**(만능소화제) : 소방법상 표시법으로 **소화용 모래**라 한다.
> • **만능소화제** : ABC 소화제가 아니다(D급도 포함되어야 만능임).

(2) 팽창질석
발화점이 낮은 알킬알루미늄 등의 화재에 사용하는 불연성 고체

> ※ **팽창질석 · 팽창진주암** : 위험물안전관리법에서는 **소화질석**이라 표시하며 질석 또는 진주암을 1,000℃~1,400℃에서 가열하여 **10~15배 팽창**시킨 것

(3) 중조톱밥
중조(탄산수소나트륨)와 톱밥의 혼합물

> ※ **중조톱밥** : 포말소화기가 발명되기 전에 **응급조치용**으로 많이 사용했으며 **중조(탄산수소나트륨)** 에 **톱밥**을 섞어 만들고 **유류화재**에 적합하다.

(4) 수증기

※ **수증기** : 질식소화 효과에는 크게 기대하기 어려우나 보조적인 역할을 한다.

(5) 소화탄

※ **소화탄** : 유리병에 **분말수용액**이나 **할로젠화합물 소화약제**를 봉입한 투척용소화제이다.

적중 출제예상문제

소화방법

1 소화에 대한 조치에 들지 않는 것은?
① 가연물의 제거
② 산소공급원의 차단
③ 냉각에 의한 온도저하
④ 신속한 발염상태 확인

해 • 소화방법 : 제거소화, 질식소화, 냉각소화, 억제소화

답 ④

2 다음 중 제거소화의 방법을 이용할 수 없는 것은?
① 촛불의 연소
② 유전의 화재
③ 목조연립주택의 화재
④ 변압기 화재

해 • 제거소화 : 연소구역에서 가연물을 없애는 방법

답 ④

3 가연물 연소에 필요한 산소의 공급원을 단절하는 것은 소화이론 중 어떤 작용을 이용한 것인가?
① 가연물제거작용
② 질식작용
③ 희석작용
④ 냉각작용

해 • 질식소화 : 산소공급원의 차단에 의한 소화방법

답 ②

4 일반적으로 질식소화를 할 경우 공기 중의 산소 농도의 유효한계는?
① 10~15%
② 15~20%
③ 20~25%
④ 25~30%

해 • 질식소화의 유효산소농도 한계 : 15% 이하

답 ①

⑤ 다음 물질 중 소화제로 사용되지 않는 것은?
① 탄산가스　　② 공기
③ 물　　　　　④ 팽창질석

해 • 소화제 : ① 소화제 ② 산소공급원 ③ ④ 소화제
답 ②

⑥ 유류화재의 소화방법으로 가장 많이 쓰이는 방법은?
① 냉각　　　　② 주수(注水)
③ 공기차단　　④ 가연물 제거

해 • 유류화재 : 질식소화(공기차단에 의한 소화)
답 ③

⑦ 연소를 중단시키고자 한다. 다음 중 옳지 않은 것은?
① 증발잠열을 이용한 주수로 냉각
② 열전도율이 좋은 금속 분말로 온도를 낮춘다.
③ 불연성 기체를 방사하여 산소공급을 차단한다.
④ 불연성 분말을 뿌려 산소공급을 차단한다.

해 • 금속분말 : 소화제로 사용할 수 없음(분진폭발위험)
답 ②

⑧ 다음 중 소화효과에 대하여 옳지 못한 것은?
① 산소공급 차단에 의한 소화는 제거효과이다.
② 물에 의한 소화는 냉각효과이다.
③ 가연물의 제거에 의한 소화는 제거효과이다.
④ 소화분말에 의한 소화는 억제·냉각·질식의 상승효과이다.

해 • 질식소화 : 산소공급원의 차단에 의한 소화방법
답 ①

⑨ 소화작용에 대해 옳지 못한 것은?
① 연소에 필요한 산소의 공급원을 차단하는 소화는 제거작용이다.
② 물에 의한 온도를 낮추는 소화는 냉각작용이다.
③ 연소현상이 계속되지 않을 정도로 가연물을 제거하는 것은 제거작용이다.
④ 연소에 필요한 산소의 공급원을 단절하는 것은 질식작용이다.

해 • 산소공급원의 차단 : 질식소화
답 ①

포말소화기

⑩ 다음 중 B급 화재에 적용할 수 있는 소화기는?
① 물소화기　　　② 산·알칼리 소화기
③ 강화액 소화기　④ 포소화기

해 • A급 화재 : 물, 산·알칼리, 강화액 소화기 사용
• B급 화재 : 포 소화기 사용
답 ④

⑪ 화학포 소화기(포마이드)로 소화할 때 방출방식으로 적당한 것은?
① 가압식　　② 전도식
③ 수동식　　④ 축압식

해 • 전도식 : 소화기를 거꾸로 들고 내통과 외통의 약제를 혼합한다.
답 ②

⑫ 소화기는 소화제의 종류 및 방출에 필요한 가압방법에 따라 분류할 수 있는데 축압식이 될 수 없는 것은?
① 물소화기　　　② 강화액 소화기
③ 화학포 소화기　④ 분말소화기

해 • 방출방법 : ① ② 축압식 ③ 전도식 ④ 축압식
답 ③

⑬ 다음 중 화학포 소화기의 방출방식이 아닌 것은?
 ① 내통밀봉식 ② 보통전도식
 ③ 외통밀봉식 ④ 내통밀폐식

해 · 화학포 소화기 방출방식 : 보통전도, 내통밀폐, 내통밀봉식
답 ③

⑭ 다음 그림은 전도식 포소화기이다. 그림에서 A와 B에 들어갈 재료가 맞게 구성된 문항은?
 ① A. 탄산수소나트륨용액
    B. 황산알루미늄용액
 ② A. 황산알루미늄용액
    B. 탄산수소나트륨용액
 ③ A. 탄산수소나트륨용액
    B. 질산칼륨용액
 ④ A. 탄산나트륨용액
    B. 황산칼슘용액

해 · 포소화약제 : 외통용(탄산수소나트륨·기포안정제), 내통용(황산알루미늄)
답 ①

⑮ 화학포 소화약제의 주성분에 대하여 옳은 것은?
 ① 황산알루미늄과 탄산수소나트륨
 ② 황산알루미늄과 탄산나트륨
 ③ 황산나트륨과 탄산나트륨
 ④ 황산나트륨과 탄산수소나트륨

해 · 문제 14 해설 참조
답 ①

⑯ 화학포 소화약제의 주성분으로서 틀리는 것은?
 ① $NaHCO_3$ ② 카세인(casein)
 ③ $Al_2(SO_4)_3$ ④ K_2CO_3

해 · 소화약제 : ① ② 외약제 ③ 내약제 ④ 해당 없음
답 ④

⑰ $NaHCO_3$(탄산수소나트륨) 수용액의 액성은?
 ① 중성 ② 염기성
 ③ 산성 ④ 양쪽성

해 · $NaHCO_3$: 강염기의 염이므로 염기성
답 ②

⑱ 화학포를 만들 때 쓰이는 기포 안정제는?
 ① 탄산가스 ② 사포닝
 ③ 중조 ④ 황산 알루미늄

해 · 기포안정제 : 사포닝·계면활성제·단백질 분해물 등
답 ②

⑲ 화학포에 사용하는 기포안정제가 아닌 것은?
 ① 중조 ② 단백질 분해물
 ③ 계면 활성제 ④ 사포닝

해 · 문제 18 해설 참조
답 ①

20 다음 중 포마이드(Foamide)의 화학반응식은 어느 것인가?

① $2NaHCO_3 + H_2SO_4 \rightarrow Na_2SO_4 + 2H_2O + CO_2$
② $2NaHCO_3 + Na_2SO_3 \rightarrow H_2O + CO_2$
③ $4KMnO_4 + 6H_2SO_4 \rightarrow 2K_2SO_4 + 4MnSO_4 + 6H_2O + O_2$
④ $6NaHCO_3 + Al_2(SO_4)_3 \cdot 18H_2O \rightarrow 6CO_2 + 2Al(OH)_3 + 3Na_2SO_4 + 18H_2O$

해 · 화학반응식
$6NaHCO_3 + Al_2(SO_4)_3$
$\cdot 18H_2O \rightarrow 6CO_2 +$
$2Al(OH)_3 +$
$3Na_2SO_4 + 18H_2O$

답 ④

21 다음 소화제의 반응을 완결시키려 할 때 ( ) 속에 들어갈 개수(숫자)로 옳은 것은?

$6NaHCO_3 + Al_2(SO_4)_3 \cdot 18H_2O$
$\longrightarrow (㉠)Al(OH)_3 + (㉡)Na_2SO_4 + (㉢)CO_2 + (㉣)H_2O$

① ㉠ 18 ㉡ 3 ㉢ 2 ㉣ 6
② ㉠ 3 ㉡ 2 ㉢ 6 ㉣ 18
③ ㉠ 6 ㉡ 2 ㉢ 3 ㉣ 18
④ ㉠ 2 ㉡ 3 ㉢ 6 ㉣ 18

해 · 문제 20 해설 참조
※ 생성물질의 순서는 바꿔어도 됨

답 ④

22 황산알루미늄과 탄산수소나트륨으로 포말소화기를 만들려고 할 때 황산알루미늄 대 탄산수소나트륨의 몰(mol)비는 어떻게 하면 좋겠는가?

① 1 : 2
② 1 : 4
③ 1 : 6
④ 1 : 8

해 · 문제 20 해설 참조

답 ③

23 탄산수소나트륨과 황산알루미늄의 수용액으로 된 소화기가 화학반응을 하여 생성되지 않는 것은?

① 황산나트륨
② 일산화탄소
③ 수산화알루미늄
④ 이산화탄소

해 · 문제 20 해설참조
· 생성물질 : CO_2(이산화탄소), $Al(OH)_3$(수산화알루미늄), Na_2SO_4(황산나트륨)

답 ②

24 다음 화합물 중 소화제로 사용되지 않는 것은?

① $CHBr_2Cl$
② $NaHCO_3$
③ Na_2SO_4
④ $Al_2(SO_4)_3$

해 · 소화제 : ① ② 소화제
③ 부산물 ④ 소화제

답 ③

25 두 종류 이상의 화학약품을 반응시켜서 만드는 화학포 소화제의 경우 포 핵은 무엇인가?

① N_2
② 공기
③ CO_2
④ 산소

해 · 화학포 소화기 : 약제 혼합시 생성된 CO_2 가스를 방출압력원으로 사용하기 위한 방식이다.

답 ③

26 에어 폼(Air Foam)의 사용목적에 해당하는 것은?

① 냉각소화
② 질식소화
③ 억제 효과
④ 제거 효과

해 · 포소화방법 : 질식소화

답 ②

27 기계포소화기의 포핵은 다음 중 어느 것인가?

① CO_2
② 공기
③ N_2
④ O_2

해 · 기계포 : 화학반응이 없다.

답 ②

㉘ 알코올 화재시 포소화제는 효과가 없다. 그 이유는?
① 유독가스가 발생하므로
② 화염의 온도가 높으므로
③ 알코올은 포와 반응하여 가연성가스를 발생하므로
④ 알코올은 소포성을 가지므로

해 • 포 소화제의 주성분 : 물이므로 수용성 위험물에는 쉽게 용해되므로 특수포인 알코올포를 사용할 것
답 ④

㉙ 다음 소화시 주의하여야 하는 소포성 액체는?
① 가솔린					② $C_6H_4(CH_3)_2$
③ CH_3COCH_3				④ 크레오소오트유

해 • 소포성 액체 : ①② 불용성 ③ 수용성 ④ 불용성
※ 수용성 액체에서 소포됨
답 ③

㉚ 알코올폼 소화제로 소화하기에 적당한 위험물은?
① 휘발유					② 톨루엔
③ 석유					④ 메탄올

해 • 소포성 액체
①②③ 불용성
④ 수용성
답 ④

㉛ 수용성의 위험물 화재는 포를 방사할 때 특수한 포를 사용하지 않으면 안 된다. 이때 주의를 필요로 하는 위험물은?
① 벤젠					② 아세톤
③ 등유					④ 나이트로벤젠

해 • 소포성 액체
① 불용성 ② 수용성
③④ 불용성
답 ②

㉜ 다음 중 포소화제의 조건 중에 해당되지 않는 것은?
① 부착성이 있을 것
② 유동성이 있을 것
③ 부서지기 어려운 응집성을 가질 것
④ 열에 의해 빨리 증발할 것

해 • 거품(포) : 물을 많이 함유하고 있으나 증발이 쉽게 되면 화재 면을 덮어 질식효과를 볼 수 없다.
답 ④

분말소화기

㉝ 분말소화기에 의한 소화방법은 다음 중 어느 것에 속하는가?
① 희석소화					② 질식소화
③ 제거소화					④ 자기소화

해 • 질식효과 : 포 · 분말, CO_2 등
답 ②

㉞ 분말소화기의 소화효과는 다음 중 어느 것인가?
① 질식 및 냉각				② 냉각 및 부촉매
③ 질식 및 제거				④ 제거 및 냉각

해 • 분말의 소화효과 : 주된 소화효과(질식), 상승효과(냉각, 억제)
답 ①

㉟ 고체의 화학약제를 분말로 한 소화제는?
① 탄산수소나트륨				② 테트라클로로메탄
③ 이산화탄소				④ 탄산칼륨의 강화액

해 • 분말소화약제 : 탄산수소나트륨 · 탄산수소칼륨 · 인산암모늄 등
답 ①

36 BC급 분말소화기 약제의 주성분은?
① $NaHCO_3$
② H_3PO_4
③ $Al_2(SO_4)_3$
④ CO_2

해설
• BC급 소화기 : $NaHCO_3$, $KHCO_3$ 등
• ABC급 분말소화기 : $NH_4H_2PO_4$

답 ①

37 분말소화기로 소화시 가장 적당한 적응화재는?
① A급 화재
② B급 화재
③ C급 화재
④ D급 화재

해설
• 분말소화기 : B급, C급 화재에 유효하나 가장 적당한 것은 B급 화재이다.

답 ②

38 분말소화제로서 드라이케미칼이라는 것이 있는데 이것은 BC급 화재에 효과가 있다. 드라이케미칼의 주성분은 다음 중 어느 것인가?
① 인산염류
② 할로젠화물
③ 탄산수소나트륨
④ 수산화알루미늄

해설
• BC급 : 탄산수소나트륨(중탄산나트륨), 탄산수소칼륨(중탄산칼륨) 등
• ABC급 : 인산암모늄(인산염류)

답 ③

39 소화제 중 드라이케미칼(Dry Chemical)의 주성분은?
① $NaHCO_3$
② Na_2CO_3
③ CCl_4
④ CH_3Br

해설
• 분말소화약제 : $NaHCO_3$, $KHCO_3$, $NH_4H_2PO_4$ 등

답 ①

40 분말소화기에 사용되는 소화약제 주성분으로 틀린 것은?
① 인산암모늄
② 황산나트륨
③ 탄산수소나트륨
④ 탄산수소칼륨

해설
• 문제 38 해설 참조

답 ②

41 분말소화약제의 주성분이 아닌 것은?
① $NaHCO_3$
② $KHCO_3$
③ K_2CO_3
④ $NH_4H_2PO_4$

해설
• 문제 39 해설 참조

답 ③

42 분말소화약제(드라이케미칼)의 소화효과에 대하여 가장 적당하게 설명한 것은?
① 주로 화재의 열을 흡수하는 냉각효과이다.
② 분말에 의한 억제·냉각·질식의 상승효과와 열분해로 발생하는 탄산가스의 질식효과로 소화한다.
③ 연소물을 급속하게 냉각시켜 소화한다.
④ 열분해에 의하여 생긴 불연성 가스가 연소물을 변화시킨다.

해설
• 분말소화제 : 주된 소화효과는 질식소화 효과이며 억제·냉각 등 상승효과를 갖는다.

답 ②

43 소화기를 사용했을 때 주된 소화효과로 틀린 것은?
① 산·알칼리 : 냉각효과
② 드라이케미칼 : 냉각효과
③ 탄산가스 : 질식효과
④ 공기포 : 질식효과

해설
• 문제 42 해설 참조

답 ②

44 분말소화약제 중 보라색으로 착색이 되어 있는 것은?
① 탄산수소나트륨
② 탄산수소칼륨
③ 인산암모늄
④ 황산알루미늄

해설
• 약제착색 : 탄산수소나트륨(백색 분말), 탄산수소칼륨(보라색), 인산암모늄(담홍색)

답 ②

45 인산암모늄을 방염성 약품으로 착색시 색깔은?
① 보라색   ② 담홍색
③ 검은색   ④ 청자색

해 • 문제 44 해설 참조
답 ②

46 분말소화약제의 가압용 및 축압용가스는?
① 네온가스   ② 프로페인가스
③ 수소가스   ④ 질소가스

해 • 충전가스 : 가압용(CO_2 · N_2) 축압용(공기, N_2)
답 ④

47 소화분말 중 열분해시 부착성이 좋은 메타인산을 생성하는 것은?
① 탄산수소나트륨   ② 탄산수소칼륨
③ 인산암모늄   ④ 황산알루미늄

해 • $NH_4H_2PO_4 \rightarrow HPO_3 + NH_3 + H_2O$
※ 메타인산 : HPO_3
답 ③

48 분말소화약제인 인산암모늄을 사용하였을 때 열분해하여 부착성인 막을 만들어 공기를 차단시키는 것은?
① HPO_3 ② PH_3
③ $(NH_4)_2HPO_4$ ④ P_2O_5

해 • 문제 47 해설 참조
답 ①

49 다음 소화약제 중 제1종 분말은 어느 것인가?
① 탄산수소칼륨을 주성분으로 한 분말
② 탄산수소나트륨을 주성분으로 한 분말
③ 인산염을 주성분으로 한 분말
④ 탄산수소칼륨과 요소가 화합된 분말

해 • 분말소화약제 : ① 제2종 분말 ② 제1종 분말 ③ 제3종 분말 ④ 제4종 분말
답 ②

50 분말소화약제의 저장용기의 충전비는 얼마 이상으로 하는가?
① 0.85   ② 0.6
③ 0.4   ④ 0.2

해 • 충전비 : 0.85 이상
답 ①

51 분말소화기의 소화약제로 열분해 반응식이 맞는 것은?
① $NH_4H_2PO_4 \xrightarrow{\Delta} HPO_3 + NH_3 + H_2O$
② $2KNO_3 \xrightarrow{\Delta} 2KNO_2 + O_2$
③ $KClO_4 \xrightarrow{\Delta} KCl + 2O_2$
④ $2CaHCO_3 \xrightarrow{\Delta} 2CaO + H_2CO_3$

해 • 문제 47 해설 참조
답 ①

이산화탄소소화기

52 불연성 기체 소화제 중에서 비교적 순도가 높으면서 가격이 저렴하고 액화가 용이하며 안전하게 저장할 수 있고 전기절연성이 좋아 B급 화재에 사용되는 기체는?
① 질소
② 이산화탄소
③ 알곤
④ 헬륨

해 • 불연성 기체 소화제 : 탄산가스(CO_2)
※ 탄산가스 : 이산화탄소
답 ②

53 이산화탄소(CO_2)의 주된 소화효과는?
① 가연물 제거
② 인화점 인하
③ 산소공급 차단
④ 점화원 파괴

해 • CO_2의 소화효과 : 산소공급 차단(질식소화)
답 ③

54 드라이아이스의 성분은?
① CO
② CO_2
③ H_2O
④ H_2O_2

해 • 드라이아이스 : 고체탄산가스(CO_2)
답 ②

55 이산화탄소소화기는 어떤 현상에 의해서 온도가 내려가 드라이아이스를 생성하는가?
① 줄·톰슨 효과
② 사이먼
③ 표면장력
④ 모세관

해 • 줄·톰슨효과 : 유체가 작은 구멍을 통과할 때 온도가 내려가는 현상
답 ①

56 불연성 가스 소화기 중 그 대표적인 물질은?
① CO_2
② $COCl_2$
③ CH_3CHO
④ CH_2CH_2

해 • 불연성 가스 : ① 불연성 ② ③ ④ 가연성
답 ①

57 몸에 붙은 불을 끄는 소화방법 중 가장 위험한 소화재료는?
① 드라이아이스
② 석면포
③ 모래주머니
④ 물

해 • 고체 CO_2(드라이아이스)의 온도 : $-80 \sim -78℃$ 이므로 피부접촉으로 동상
답 ①

58 이산화탄소소화기의 충전비는?
① 1 이상
② 1.2 이상
③ 1.5 이상
④ 2 이상

해 • 충전비 : 1.5 이상
답 ③

59 무색 기체이며 안정된 불연성 물질로서 소화제로 많이 쓰이는 CO_2의 증기 비중은 얼마인가?
① 1.52
② 2.52
③ 3.52
④ 4.52

해 • 분자량 : CO_2(44), 공기(약 29)
• 증기비중 = 44/29 = 1.52
답 ①

60 탄산가스의 성질 중 틀린 것은?
① 드라이아이스를 만들 수 있다.
② 탄산가스는 지연성이 있다.
③ 소화약제의 중요한 재료가 된다.
④ 요소비료의 원료가 된다.

61 CO_2에 대하여 잘못된 것은?
① 탄산가스라고도 부른다.
② 상온에서 압력을 걸면 쉽게 고체화한다.
③ 무색, 무취의 기체로서 공기보다 무겁다.
④ 불연물이다.

62 다음 소화기 중 방사거리가 제일 짧은 것은?
① 포말소화기
② 분말소화기
③ 액화탄산가스소화기
④ 할로젠화합물소화기

간이소화제

63 다음 중 간이소화제에 해당되지 않은 것은 어느 것인가?
① 소화탄
② 중조톱밥
③ 가마니
④ 마른 모래

64 다음 중 간이소화용구가 아닌 것은?
① 마른 모래
② 팽창진주암
③ 소화기
④ 팽창질석

65 간이소화용구에 해당하는 것은?
① 팽창진주암
② 포소화설비
③ 스프링클러
④ 동력소방펌프

66 소화제 중에서 모든 화재에 사용되는 만능소화제는 무엇인가?
① 마른 모래
② 강화액
③ 인산암모늄
④ 할론 1211

67 다음 중 마른 모래의 저장방법이 틀린 것은?
① 반드시 건조되어 있을 것
② 가연물이 약간 함유되어 있을 것
③ 포대 또는 반절드럼에 넣어 보관할 것
④ 부속기구로 삽, 양동이를 비치할 것

해 • 지연성 소화약제 : 할로젠화합물 소화제
※ 지연성 : 화학반응을 늦추어 주는 성질
답 ②

해 • CO_2가스 : 임계온도 이하·임계압력 이상의 상태에서 액체가 된다.
• CO_2의 임계온도 : 31.1℃
• CO_2의 임계압력 : 72.8기압
답 ②

해 • 방사거리 : ① 5~9m ② 3~6m ③ 1.5~3m ④ 2~3m
답 ③

해 • 가연물(가마니) : 소화제가 될 수 없다.
답 ③

해 • 간이소화용구 : 소화약제에 의한 간이소화용구, 마른 모래, 팽창질석, 팽창진주암 등
답 ③

해 • 문제 64 해설 참조
답 ①

해 • 만능소화제 : ABC소화제가 아니며 D급 화재에도 사용되는 소화제이다.
답 ①

해 • 마른 모래 저장법 : 소화제로 사용할 경우 가연물은 함유되어 있지 않을 것
답 ②

68 알킬알루미늄의 소화방법으로서 적당한 소화약제는 어느 것인가?
① 물
② 탄산가스
③ 테트라클로로메탄
④ 팽창질석

69 중조톱밥의 주성분은 무엇인가?
① 중조 및 톱밥
② 중조 및 건조사
③ 중조 및 질석
④ 중조 및 나프타

해 • 알킬알루미늄의 화재의 소화약제 : 소화질석(팽창질석·팽창진주암)
답 ④

해 • 중조톱밥의 주성분 : 중조(탄산수소나트륨)
답 ①

휴게실

◆ 방귀(흔히 방구라 한다)와 향수는 같은 형제

음식물을 먹으면 장 안에서 부패 및 분해되어 생긴 찌꺼기인 변과 냄새나는 가스인 방귀가 만들어진다는 것은 이미 다 알고 있는 사실이다. 또한 이 방귀를 잘 뀐다는 것은 장운동이 활발하기 때문에 가스가 많이 만들어졌다는 것으로 **방귀를 잘 뀌는 사람은 건강한 사람**이라고 말해도 될 듯하다. 그런데 이 **고약한 냄새 방귀의 성분**은 무엇일까? 이 방귀는 인돌(indole)·스카톨(skatole)·암모니아 등 냄새가 나는 여러 가스가 혼합된 것으로서 특히 고기나 콩 등 단백질이 많은 음식물이 장안에서 분해될 때에는 인돌이 많이 생성되므로 육류를 많이 먹는 **서양사람의 방귀냄새**는 채식을 주로 하는 **동양사람의 방귀 냄새**보다 더 **고약하고 구린 냄새**가 나는 것이다. 그런데 이 **방귀냄새의 원인이 되는 인돌**은 **향료나 향수**의 대표적 재료인 **사향과 재스민 향기의 주성분**과 **똑같은 화학구조**로 되어 있으니 **방귀와 향수**는 어찌 같은 **형제**라 아니하겠습니까? 그러므로 방귀도 잘 희석시켜 정제하면 향기로운 냄새가 될 수 있지 않겠습니까?

5 냉각소화

- 물소화기(적용화재 A급)
- 강화액 소화기(적용화재 ABC급)
- 산·알칼리 소화기(적용화재 A급)

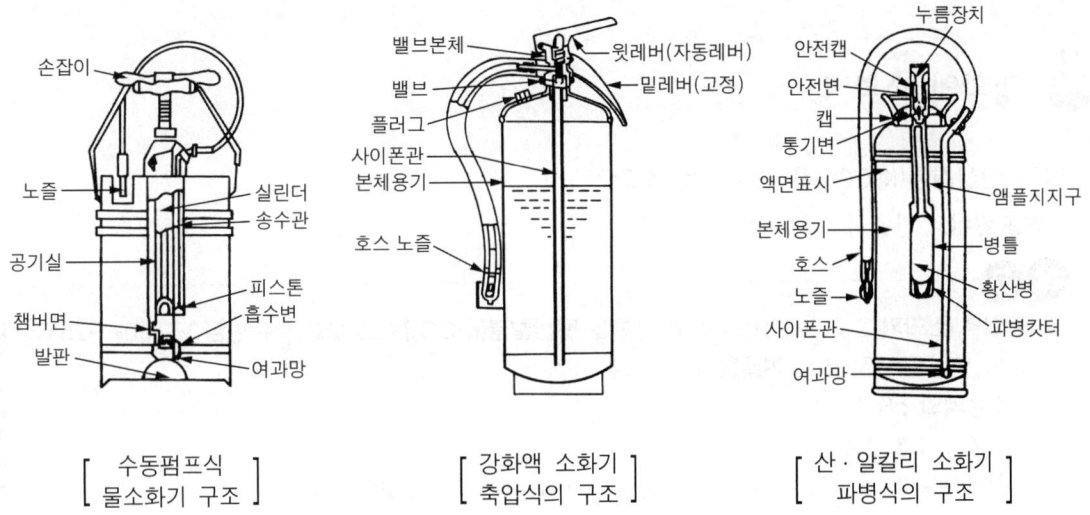

[수동펌프식 물소화기 구조]   [강화액 소화기 축압식의 구조]   [산·알칼리 소화기 파병식의 구조]

> **참고**
> ※ **냉각소화** : 연소물로부터 열을 빼앗아 **발화점 이하**로 **온도를 낮추어 소화**하는 방법이다.

물소화기

(1) 사용목적
① **기화잠열**이 크다.
② 사용하기 **안전**하다.
③ 어디서나 **구입**하기 쉽다.
④ **가격**이 저렴하다.

(2) **방출방식** : 수동펌프식, 가스가압식, 축압식

> **참고**
> ※ **물소화기** : 주로 A급 화재에 많이 사용하고 있으나 B급(유류) 화재 중 **수용성**인 가연성 액체에는 안개상으로 주수소화하면 **질식소화 및 희석소화**, 불용성인 가연성 액체에서는 **질식소화 및 유화소화**의 상승효과를 볼 수 있다. 그러나 **봉상**으로 B급 화재에 사용하면 **화재 면의 확대**로 매우 위험하다.
> ※ **기화잠열** : 기체가 되기 위하여 액체가 온도는 변하지 않고 상태만 변하는 데 필요한 열량 물의 기화잠열 539cal/g
> - 봉상 : 굵은 물줄기
> - 주수 : 물을 뿌린다.

 ## 강화액 소화기

물에 탄산칼륨(K_2CO_3)을 보강시킨 소화기

(1) **방출방식** : 반응식, 가스가압식, 축압식

> **참고**
> ※ **강화액 소화기** : 빙점이 0℃인 물의 단점을 **탄산칼륨(K_2CO_3)**으로 강화하여 **빙점을 −30~−25℃**까지 낮춘 **한냉지** 또는 **겨울철**에 사용하는 소화기
> - 수용액의 pH : 12
> - 비중 : 1.3~1.4
> - 안개상일 때 : A급만 아니라 B급 C급에도 사용한다(ABC 소화기).
>
> ※ 반응식 강화액 소화기의 화학반응식
> $$K_2CO_3 + H_2SO_4 \rightarrow K_2SO_4 + H_2O + CO_2\uparrow$$
> (탄산칼륨)　(황산)　　(황산칼륨)　(물)　(이산화탄소)

 ## 산·알칼리 소화기

$$2NaHCO_3 + H_2SO_4 \rightarrow Na_2SO_4 + 2CO_2\uparrow + 2H_2O$$
(탄산수소나트륨)　(황산)　(황산나트륨)　(탄산가스)　(물)

> **참고**
> ※ **산알칼리 소화기** : 전도식과 파병식, 이중병식이 있으며 어느 것이나 **탄산수소나트륨**과 **황산**의 화학반응으로 생긴 **탄산가스**의 **압력**으로 물을 방출하는 소화기
> - 방출용액의 pH 5.5 이상일 것
> - 30° **이하** 기울인 경우 약제가 혼합되지 않아야 한다.

적중 출제예상문제

물소화기

1 다음 중 물이 소화제로 이용되는 이유는?
① 기화열로 가열물을 냉각하기 때문이다.
② 물이 공기를 차단하기 때문이다.
③ 물은 환원성이 있기 때문이다.
④ 물이 가연물을 제거하기 때문이다.

> **해** • 물 : 기화잠열(539cal/g)이 매우 크므로 냉각소화에 사용된다.
> ※ 기화(잠)열 : 액체가 온도 변화 없이 기체로 되는데 흡수하는 열량
> **답** ①

2 물의 기화잠열 중 옳은 것은?
① 529cal/g   ② 539cal/g
③ 537cal/g   ④ 538cal/g

> **해** • 문제 1 해설 참조
> **답** ②

3 물의 소화효과를 높이기 위한 방법 중 가장 적당한 것은?
① 물줄기를 높은 곳에서 낮은 곳으로 방사한다.
② 대량의 물을 한꺼번에 방사한다.
③ 센 압력으로 방사한다.
④ 안개모양으로 분무주수를 말한다.

> **해** • 분무주수 : 화재 면과의 접촉면적을 크게 하기 위한 분무주수방법은 효과적이다.
> **답** ④

4 제4류 위험물의 소화방법으로 봉상주수가 적합하지 않은 이유는?
① 물과 반응하여 독성물질이 생성되므로
② 물이 연소범위를 넓혀주므로
③ 연소면을 확대시키므로
④ 물이 인화점을 낮추어 주므로

> **해** • 제4류 위험물의 소화방법 : 가연성 액체로 물보다 비중이 작고 또한 표면장력이 작으므로 물을 소화제로 사용하면 화재 면을 확대한다.
> **답** ③

강화액 소화기

5 다음 중 강화액 소화기에 들지 않는 것은?
① 가스가압식   ② 전도식
③ 축압식   ④ 반응식

> **해** • 방출방식 : 반응식, 가스가압식, 축압식
> **답** ②

6 탄산칼륨이 주성분으로 한냉지에서 주로 쓰이는 소화기는?
① 분말소화기   ② 강화액 소화기
③ 포말소화기   ④ 이산화탄소

> **해** • 강화액 소화기 : 물에 K_2CO_3(탄산칼륨)을 용해시켜 빙점을 낮춘 것
> **답** ②

7 강화액 소화제의 첨가물에서 옳은 것은?
① 물에다 탄산칼륨을 용해
② 물에다 탄산칼슘을 용해
③ 알코올에다 테트라클로로메탄을 용해
④ 물에다 인산암모늄을 용해

> **해** • 문제 6 해설 참조
> **답** ①

⑧ 강화액 소화약제의 주성분은 무엇인가?
① 알칼리금속염의 수용액 ② 알칼리토금속의 수용액
③ 중조의 수용액 ④ 산의 수용액

해 • 탄산칼륨 : 알칼리금속의 염
※ 칼륨(K) : 알칼리금속

답 ①

⑨ 강화액 소화제의 비중은 얼마인가?
① 1.3~1.4 ② 2.0~2.4
③ 1.1~3.4 ④ 2.2~3.0

해 • 비중 : 1.3~1.4

답 ①

산 · 알칼리 소화기

⑩ 다음에서 유류나 전기화재에 가장 부적당한 소화기는?
① 산 · 알칼리 소화기 ② 이산화탄소소화기
③ 테트라클로로메탄 소화기 ④ 분말소화기

해 • 냉각소화기(산 · 알칼리 소화기) : 유류 및 전기화재에 부적합

답 ①

⑪ 산 · 알칼리 소화기 내의 내통에는 황산이 채워져 있다. 외통에는 무엇이 있는가?
① 질산(HNO_3) ② 물(H_2O)
③ 수산화칼륨(KOH) ④ 탄산수소나트륨($NaHCO_3$)

해 • 내약제 : 황산(H_2SO_4)
※ 외약제 : 탄산수소나트륨 수용액($NaHCO_3$)

답 ④

⑫ 다음 그림은 전도식 산 · 알칼리 소화기이다. A와 B에 들어갈 물질의 이름이 맞게 구성된 것은?

    A   B
① 탄산수소나트륨용액   황산
② 황산   탄산수소나트륨용액
③ 탄산수소나트륨용액   탄산칼륨용액
④ 칼륨용액   탄산수소나트륨용액

해 • 문제 11 해설 참조
※ 탄산수소나트륨을 중탄산나트륨 또는 중조라고도 한다.

답 ②

⑬ 다음 산 · 알칼리 소화기를 사용해서 소화할 때 아래와 같이 반응한다. ( )속에 채워져야 할 산과 알칼리는?

(㉠) + (㉡) + H_2O ⟶ Na_2SO_4 + $2CO_2$ + $3H_2O$

① ㉠ H_2SO_4 ㉡ $2NaHCO_3$ ② ㉠ $2H_2SO_4$ ㉡ $NaHCO_3$
③ ㉠ H_2SO_4 ㉡ $3NaHCO_3$ ④ ㉠ $4NaHCO_3$ ㉡ $3H_2SO_4$

해 • 화학반응식 2가지
• $H_2SO_4 + 2NaHCO_3 + H_2O$ → $Na_2SO_4 + 2CO_2 + 3H_2O$
• $H_2SO_4 + 2NaHCO_3$ → $Na_2SO_4 + 2CO_2 + 2H_2O$

답 ①

⑭ 산 · 알카리 소화기에서 탄산수소나트륨, 황산, 물이 혼합되어 노즐로 방출할 때의 압력원은?
① N_2 ② CO
③ CO_2 ④ O_2

해 • 문제 13 해설 참조
• 방출압력원 : CO_2

답 ③

6 억제소화

1 할론소화약제

- 테트라클로로메탄[사염화탄소(할론 1040)] : 약칭 **C.T.C** 소화기(적응화재 BC급)
- 브로모클로로메탄(할론 1011) : 약칭 **C.B** 소화기(적응화재 BC급)
- 다이브로모테트라플루오로에탄(할론 2402) : 약칭 **F.B** 소화기(적응화재 BC급)
- 브로모클로로다이플루오로메탄(할론 1211) : 약칭 **B.C.F** 소화기(적응화재 ABC급)
- 브로모트라이플루오로메탄(할론 1301) : 약칭 **M.T.B** 소화기(적응화재 BC급)

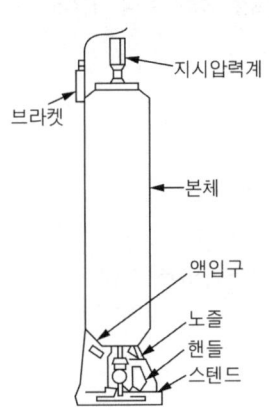

[테트라클로로메탄(사염화탄소) 소화기]

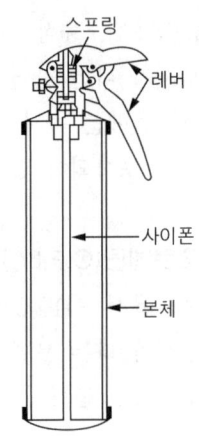

[브로모클로로메탄 소화기]

※ **억제소화** : 할로젠화합물을 소화약제로 사용하며, **전기**의 **부도체**이므로 **전기화재**에 적응성이 좋으며, 연소의 연속적 관계를 차단하는 **억제(부촉매)효과**와 상승효과인 **희석** 및 **냉각효과**를 가지므로 **유류화재**에도 적응성을 갖는다.

※ **용기** : **내식처리된 철제 용기** 또는 **황동제** 용기에 소화약제를 충진하며 **수분이 흡수**되면 약제가 **변색**되며 부식성이 강해진다.
  - **내식처리** : 부식작용을 이겨낸다는 말로 합성수지를 사용한다.
  - **촉매** : 화학반응 중 화학변화에는 변화가 없으며 반응속도만을 **빠르게(정촉매)** 또는 **느리게(부촉매)** 하는 것으로 정촉매와 부촉매가 있다.

※ **약제 방출방식** : 수동펌프, 가스가압식, 축압식

※ **할론 넘버** : C, F, Cl, Br, I의 개수로 표시
  - 테트라클로로메탄(사염화탄소) : 1040 또는 104
  - 브로모클로로메탄 : 1011
  - 브로모클로로다이플루오로메탄 : 1211
  - 다이브로모테트라플루오로에탄 : 2402
  - 브로모트라이플루오로메탄 : 1301

※ **소화효과** : 1040 < 1011 < 2402 < 1211 < 1301

(1) 테트라클로로메탄(CCl₄ · 사염화탄소 · 카본테트라클로라이드) 소화기
  ① 비중 1.595, 비점 76.6℃, 융점 22.9℃, 기화열 46.5kcal/kg, 증기비중 5.3
  ② 무색투명하고 특이한 냄새가 나는 불연성 액체
  ③ **증기는 독성**이 있다(두통, 구토 등 생리적 중독증상).
  ④ 높은 온도에서 **분해**하여 **독성**이 있는 **포스겐가스**(COCl₂)를 발생한다.
  ⑤ 건조공기 중에서 **포스겐과 염소**를 습한공기에서 **포스겐과 염화수소**를 **발생**한다.
  ⑥ 전기 절연성이 높으므로 **고압전기**에 대하여 **안전**하다.
  ⑦ **금속을 부식**시키며 **수분**이 포함되어 있으면 부식성이 **강해진다.**

(2) 브로모클로로메탄(CH₂ClBr) 소화기
  ① 비중 1.93~1.96, 비점 67.2℃, 융점 -86℃, 기화열 50kcal/kg, 증기비중 4.48
  ② 무색투명하고 특이한 냄새가 나는 불연성 액체
  ③ 알코올 · 에터에는 녹으나 물에는 녹지 않는다.
  ④ 금속을 부식시키며 수분이 포함되어 있으면 부식성이 강해진다.

(3) 다이브로모테트라플루오로에탄(C₂F₄Br₂) 소화기
  ① 비중 2.18, 비점 47.5℃, 융점 -110.5℃, 기화열 25kcal/kg, 증기비중 8.97
  ② 무색투명하고 특유의 냄새가 나는 불연성액체
  ③ 독성, 부식성이 적고 내전성도 좋다.

(4) 브로모클로로다이플루오로메탄(CF₂ClBr) 소화기
  ① 비중 1.75, 비점 -4℃, 융점 -160.5℃, 기화열 32kcal/kg, 증기비중 5.71

(5) 브로모트라이플루오로메탄(CF₃Br) 소화기
  ① 비중 1.499, 비점 -57.8℃, 융점 -168℃, 증기비중 5.14
  ② 상온 · 상압에서 **기체**상태이므로 압축되어있는 **무색무취의 투명한 액체**
  ③ **독성**은 할로젠화합물 소화약제중 **가장 낮으며** 내전성 및 **소화효과**가 **가장 좋다.**

할로젠화합물소화약제

(1) 플루오로탄화수소계열(HFC)
  ① 트라이플루오로메탄(CHF₃) 소화기(호칭 : HFC-23)
     무색 · 무취의 기체, 냉매 및 소화제로 사용

② 펜타플루오로에탄(C_2HF_5, CHF_2CF_3) 소화기(호칭: HFC-125)

무색·달콤한 냄새의 기체, 냉매 및 소화제로 사용

③ 헵타플루오로프로판(C_3HF_7, CF_3CHFCF_3) 소화기(호칭: HFC-227ea)

별명(상품명) : FM200

무색·무취의 기체, 냉매 및 소화제로 사용

(2) 클로로플루오로탄화수소계열(HCFC)

① HCFC BLEND A(NAFS-Ⅲ)

무색·무취의 기체, 비전도성가스로 4가지 혼화제

- HCFC-22($CHClF_2$) : 82%
- HCFC-123($C_2HCl_2F_3$) : 4.75%
- HCFC-124(C_2HClF_4) : 9.5%
- $C_{10}H_{16}$(캠펜·테레핀) : 3.75%

참고

※ 플루오로탄화수소계열(HFC) 화학식
 ① C의 수 : 100의 자리수+1
 ② H의 수 : 10의 자리수-1
 ③ F의 수 : 1의 자리수±0

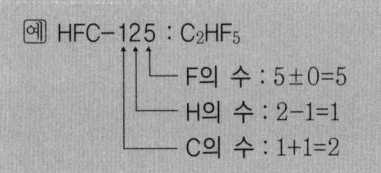
예 HFC-125 : C_2HF_5
  F의 수 : 5±0=5
  H의 수 : 2-1=1
  C의 수 : 1+1=2

 ④ 호칭번호 십 단위 약제 : 메테인 계열
 ⑤ 호칭번호 백 단위 약제 : 에테인, 프로페인, 뷰테인 계열

※ 클로로플루오로탄화수소계열(HCFC) 화학식
 ① C의 수 : 100의 자리수+1
 ② H의 수 : 10의 자리수-1
 ③ F의 수 : 1의 자리수±0
 ④ Cl의 개수
  · C가 1개인 경우 : 4-H와 F의 수
  · C가 2개인 경우 : 6-H와 F의 수

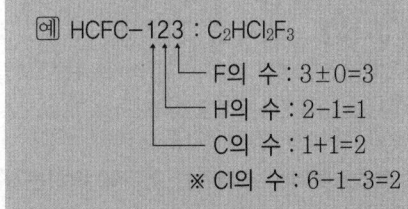
예 HCFC-123 : $C_2HCl_2F_3$
  F의 수 : 3±0=3
  H의 수 : 2-1=1
  C의 수 : 1+1=2
  ※ Cl의 수 : 6-1-3=2

---

3 할론 및 할로젠화합물 소화제의 조건

(1) 비점이 낮을 것

(2) 기화되기 쉬울 것

(3) 공기보다 무겁고 불연성일 것

적중 출제예상문제

테트라클로로메탄·사염화탄소 소화기

1 할로젠화합물 소화약제의 특성에 관한 설명이다. 틀린 것은?
① 금속에 대한 부식성이 적다.
② 비전도성으로 전기화재에도 적합하다.
③ 정촉매작용으로 연쇄반응을 억제한다.
④ 소화약제의 분해 및 변질이 없다.

2 테트라클로로메탄의 소화역할은 다음 중 어디에 속하는가?
① 가연물질의 제거
② 산소공급원의 차단
③ 냉각에 의한 온도저하
④ 억제작용

3 다음 중 테트라클로로메탄의 약칭은?
① CB
② CTC
③ FB
④ BCF

4 CTC 소화제의 약품 원소명으로 올바른 것은?
① CCl_4
② CH_2ClBr
③ $C_2Br_2F_4$
④ $CHClF_2$

5 할로젠화합물 소화제 중 증기비중이 5.3인 것은?
① 테트라클로로메탄
② 브로모클로로메탄
③ 다이브로모테트라플루오로에탄
④ 브로모트라이플루오로메탄

6 테트라클로로메탄 소화기는 어디에 속하는가?
① AB급 화재용
② BC급 화재용
③ AC급 화재용
④ CD급 화재용

7 전기로 인한 화재시 사용할 수 있는 소화제는?
① 물
② 황산
③ 테트라클로로메탄
④ 산·알칼리

8 포스겐($COCl_2$)의 성질과 관련 있는 것은?
① 소기가스
② 천연가스
③ 수성가스
④ 독가스

힌트

해 · 할로젠화합물 소화약제
: 부촉매작용으로 연쇄반응을 억제한다.
답 ③

해 · 테트라클로로메탄 : 억제소화 방법 사용
답 ④

해 · 테트라클로로메탄
: CCl_4
Carbon Tetra Chloride
∴ CTC
답 ②

해 · CTC : Carbon Tetra Chloride = 테트라클로로메탄=CCl_4
답 ①

해 · CCl_4의 분자량 :
12+ 35.5×4=154
· 증기비중 = 154/약 29
=5.310
답 ①

해 · 테트라클로로메탄 : BC급 화재적응
답 ②

해 · 문제 6 해설 참조
· C급 : 전기화재
답 ③

해 · 포스겐 : 독가스
답 ④

⑨ 화재시 밀폐된 장소에서 사용시 유독한 기체를 발생시키므로 사용할 수 없는 소화제는?
① 공기포
② 액화 이산화탄소
③ 소화분말
④ 테트라클로로메탄

해 • 테트라클로로메탄 : 포스겐 발생

답 ④

⑩ 다음 중 테트라클로로메탄 소화기를 설치할 수 있는 장소는?
① 사무실
② 지하층
③ 무창층
④ 환기가 잘 되는 실내

해 • 테트라클로로메탄 : 소화제로 사용시 포스겐(독가스)이 발생하므로 환기가 잘 되는 곳에서 사용할 것

답 ④

⑪ 테트라클로로메탄 소화약제로 소화할 경우 포스겐가스와 염소가스가 발생하는 것은?
① 건조된 공기 중에서
② 습한 공기 중에서
③ 탄산가스가 있을 때
④ 녹슨 철

해 • $2CCl_4 + O_2 \rightarrow 2COCl_2 + 2Cl_2$
※ O_2 : 건조한 공기

답 ①

⑫ 소화제로 쓰이는 테트라클로로메탄이 습한 공기 중에 물과 반응하여 생성되는 물질은?
① 포스겐과 염소
② 포스겐과 수증기
③ 포스겐과 탄산가스
④ 포스겐과 염화수소

해 • 화학반응식
$CCl_4 + H_2O \rightarrow COCl_2 + 2HCl$
※ HCl : 염화수소

답 ④

⑬ 테트라클로로메탄의 분해조건과 분해 물질의 관계가 맞는 것은?
① 탄산가스 존재하에서 $COCl_2 + Cl_2$
② 습한 공기 속에서 $COCl_2$
③ 건조된 공기 속에서 $COCl_2 + HCl$
④ 산화철(Ⅲ)의 존재하에서 $COCl_2 + FeCl_3$

해 • CO_2중에서 : $COCl_2$,
• 습한 공기 중에서 : $COCl_2 + HCl$,
• 건조된 공기 중에서 : $COCl_2 + Cl_2$
• 산화제2철의 존재하에서 : $COCl_2 + FeCl_3$

답 ④

기타 할로젠화합물소화기

⑭ 할론 1011 소화기의 화학식은?
① CH_2ClBr
② CCl_4
③ $C_2F_4Br_2$
④ CF_3Br

해 • 할론 1011 : C.F.Cl.Br을 문자와 개수로 표시한 것
∴ CH_2ClBr

답 ①

⑮ 할론 1011 소화기의 약칭은?
① CB
② CTC
③ FB
④ BCF

해 • 할론 1011 : CH_2ClBr의 화학식중 할로젠원소의 첫 번째 문자로 표시한 것
∴ CB

답 ①

⑯ C.B 소화기의 C.B란 다음 중 어떤 물질의 소화제인가?
① 브로모클로로메탄
② 카본테트라브로민
③ 케미컬소화기
④ 이산화탄소소화기

해 • CB : 브로모클로로메탄

답 ①

17 할론 1211인 물질의 분자식으로 적당한 것은?
① $C_2Br_2F_4$
② CF_2ClBr
③ CF_3Br
④ $C_2Br_2F_4$

18 할론 1301소화기의 약칭은?
① CTC
② CB
③ BCF
④ MTB

19 다음 소화제의 분자식과 약칭이 바르게 된 것은?
① CF_3Br – BCF
② $C_2F_4Br_2$ – CTC
③ CH_3Br – MB
④ CCl_4 – CB

20 HFC-227ea의 화학식으로 옳은 것은?
① CHF_3
② C_2HF_5
③ CHF_2CF_3
④ C_3HF_7

21 HCFC-123의 화학식으로 옳은 것은?
① C_2F_6
② C_3H_8
③ $C_2HCl_2F_3$
④ C_5F_{12}

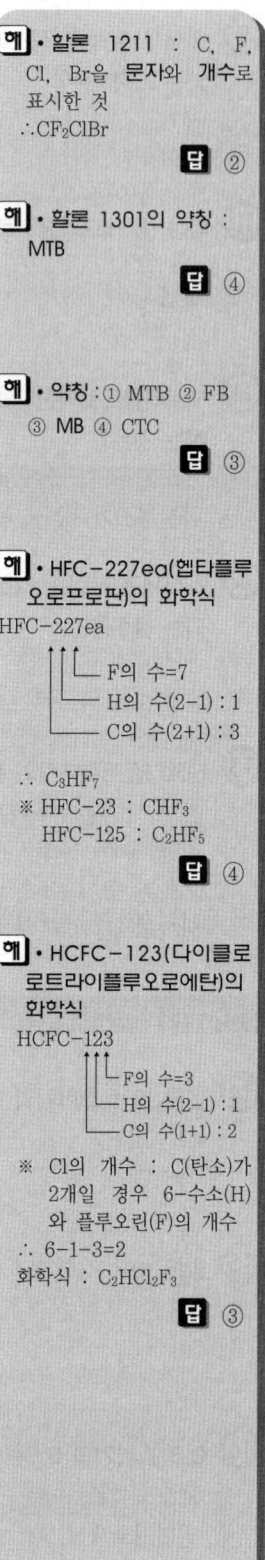

해 • 할론 1211 : C, F, Cl, Br을 문자와 개수로 표시한 것
∴ CF_2ClBr
답 ②

해 • 할론 1301의 약칭 : MTB
답 ④

해 • 약칭 : ① MTB ② FB ③ MB ④ CTC
답 ③

해 • HFC-227ea(헵타플루오로프로판)의 화학식
HFC-227ea
- F의 수=7
- H의 수(2-1) : 1
- C의 수(2+1) : 3

∴ C_3HF_7
※ HFC-23 : CHF_3
　HFC-125 : C_2HF_5
답 ④

해 • HCFC-123(다이클로로트라이플루오로에탄)의 화학식
HCFC-123
- F의 수=3
- H의 수(2-1) : 1
- C의 수(1+1) : 2

※ Cl의 개수 : C(탄소)가 2개일 경우 6-수소(H)와 플루오린(F)의 개수
∴ 6-1-3=2
화학식 : $C_2HCl_2F_3$
답 ③

7 소화기의 관리

소화기 외부 표시사항

(1) 소화기의 명칭   (2) 적응화재 표시
(3) 능력단위   (4) 사용방법
(5) 취급상 주의사항   (6) 용기합격 및 중량표시
(7) 제조년월일   (8) 제조업체명 및 상호

소화기의 공통된 유지관리법

(1) 바닥면으로부터 1.5m 이하 되는 지점에 설치할 것
(2) 통행, 피난에 지장이 없고 사용시 반출하기 쉬운 곳에 설치
(3) 소화약제가 동결, 변질 또는 분출할 우려가 없는 곳에 설치
(4) 설치된 지점에 잘 보이도록 「소화기」 표시를 할 것

> **참고**
> ※ 소화기 유지방법 : 1.5m 이하라면 남녀노소를 막론하고 소화기에 손이 닿을 수 있는 높이이다.
> • 일반적으로 포말소화기는 전도식이므로 쓰러지면 거품이 나오며, 생산공장 등에서는 소화기앞에 제품이 산적하여 정작 소화기를 사용할 때 사용 못하는 경우가 있으므로 주의한다.
> • 물소화기나 포말은 겨울에는 얼고 여름에는 부패되므로 각별히 주의하여 **겨울에는 보온조치를 여름에는 직사일광을 피하여 보관**한다.

3 소화기를 사용할 때의 주의사항

(1) 소화기는 화재 초기에만 효과가 있고, 화재가 확대된 후에는 거의 효과가 없다.
(2) 소화기는 대형 소화설비의 대용이 될 수 없다.
(3) 소화기는 어떠한 형태의 모든 화재에 유효한 만능소화기는 없다.
(4) 소화기는 그 구조, 성능, 취급법을 모르면 효과가 없다.

> **참고**
> ※ 화재를 발견하였을 경우 바로 관리실 등과 소방관서에 통보한 후 소화기를 사용하며, 소화기는 소화약제에 한계가 있으므로 화재가 확대되면 대형 소화설비에 의존하지 않으면 안된다.
> ※ 소화기는 미리 예상할 수 있는 화재위험에 대응해서 소화기의 크기 및 종류를 선정해 설치한다.

소화기를 사용할 때의 일반 주의사항(사용방법)

(1) **적용화재**에만 사용할 것
(2) 성능에 따라 **불 가까이 접근**하여 사용할 것
(3) 바람을 등지고 **풍상**에서 **풍하의 방향**으로 사용할 것
(4) 양옆으로 **비로 쓸 듯**이 골고루 사용할 것

> **참고**
>
> ※ **소화기 사용법** : 소화기는 소화기에 표시된 **적용화재**(A급 : 백색, B급 : 황색, C급 : 청색) 외에는 큰 소화효과를 얻을 수 없으므로 화재의 종류에 맞도록 **소화기의 선택**이 중요하다.
> - 소화기에는 **방출거리가 표시**되어 있으므로 방출거리 밖에서는 사용해도 화점(불)에 못 미친다.
> - 소화작업을 할 때는 화염에 휘말릴 위험이 있으므로 **바람이 불어가는 쪽**을 보며 소화작업을 할 것

 ## 소화기 관리상의 요점

(1) 전 종업원이 소화기의 취급법을 알아둘 것
(2) 1년에 1번 이상 실제 사용법을 시험해 본다.
(3) 설치장소를 가끔 검사해서 규정조건에 맞는가 확인한다.
(4) 방화관리자 및 화기책임자를 임명하고 구조 및 취급법을 숙지케 한다.

 ## 소화기의 점검(소방시설 포함)

(1) **작동기능 검사** : 연 1회(상반기 실시)
(2) **종합정밀 검사** : 연 1회(하반기 실시)

> **참고**
>
> ※ 소화기 점검사항
> - **작동기능 검사** : 압력계 지시침 확인, 소화제의 용량 및 중량 측정, 작동장치(안전핀 봉인확인·손잡이·가압용 가스용기 봉판 확인) 검사 등
> - **종합정밀 검사** : 압력시험 등

적중 출제예상문제

소화기의 관리

1 소화기의 표시 및 표시방법으로서 틀린 것은 어느 것인가?
① 소화기명 및 충진한 소화약제의 주성분
② 사용방법
③ 형식승인 번호
④ 제조회사 대표자명

해 • 제조회사 대표자명 : 표시 안함
답 ④

2 소화기의 설치, 유지방법으로 틀린 것은?
① 소화기는 바닥으로부터 최대 2m 이상의 높이에 설치한다.
② 낙하전도 하지 않도록 설치한다.
③ 동결되거나 변질의 우려가 없는 장소에 설치한다.
④ 소화기가 설치되어 있는 장소에는 잘 보이는 곳에 표식을 한다.

해 • 소화기 설치높이 : 바닥으로부터 1.5m 이하의 높이에 설치
답 ①

3 포말소화기의 보존 및 사용상의 주의사항으로 틀리는 사항은?
① 전기나 알코올류 화재에는 사용치 못한다.
② 동절기에도 보존 및 사용법이 하절기와 같다.
③ 사용 후에는 깨끗이 물로 닦은 후 국가검정에 합격된 소화약제를 충전하고 합격표지를 부착한다.
④ 안전한 장소에 넘어지지 않게 설치한다.

해 • 포말소화기 : 동절기에는 약제가 결빙되므로 보온을 하여야 하며, 하절기에는 단백질 분해물이 부패할 우려가 있으므로 서늘한 곳에 설치할 것
답 ②

4 포말소화기 관리 및 유지사항이 될 수 없는 것은?
① 사용 후 즉시 충전할 것
② 12개월마다 약제를 교체할 것
③ 상온 이하에서는 보온장치를 할 것
④ 전도되지 않게 보관할 것

해 • 문제 3 해설 참조
답 ③

5 소화기의 사용 후 뒤처리에 대해 틀린 것은?
① 탄산가스소화기는 용기 안팎을 충분히 수세한다.
② 포말소화기는 호스관 및 용기 내외면을 충분히 수세한다.
③ 분말소화기는 거꾸로 세워 잔압에 의해 호스 내를 세척하고 건조한다.
④ 소화약제를 즉시 충전하고 용기의 각 부분을 손질한다.

해 • 탄산가스 : 수분함량이 0.05%를 초과하지 않아야 하므로 수세(물세척)는 좋지 않다.
답 ①

6 소화기를 사용할 때의 일반적인 주의사항으로서 틀린 것은?
① 성능에 따라 화기 가까이 접근하여 사용한다.
② 소화기는 적응화재에만 사용한다.
③ 재연시 불에 포위되므로 앞에서부터 골고루 소화한다.
④ 풍하의 방향에서 풍상으로 소화한다.

해 • 소화작업 : 풍상에서 풍하의 방향으로 바람을 등지고 사용할 것

답 ④

휴게실

◆ **고층건물의 화재시 대피방법**
　고층건물에서 화재를 만났을 때 여유있게 대피할 시간은 **화재를 감지한 후 3~5분**밖에 없으며, **건물의 구조** 및 **발화장소**, 발화장소로부터 자기가 위치한 곳까지의 거리 등 여러 가지 조건에 따라 대피방법이 달라진다.

1. **화재 발생시 가장 중요한 것**은 발화장소가 몇 층인가를 알아야 하는 것이며 지금 **자기가 위치한 곳**이 발화층보다 위인가 아래인가를 판단하여야 한다. **방송시설이 있는 곳**에서는 방송을 잘 들어 **발화위치를 정확히 판단한 후 대피**한다.
2. **자기가 있는 곳에서 발화했을 때** : 초기 진화에 실패하였 경우에는 **창이나 출입물을 꼭 닫고 피난**하여야 한다. 창이나 출입물을 연 채로 피난하면 창이나 출입구를 통하여 들어온 공기에 의해서 산소공급이 왕성해지므로 불길은 더욱 강렬해진다. **자기가 있는 곳 외에서 발화**가 되었더라도 **창문 출입문을 반드시 닫아야** 하며 커텐을 걷고 **가연물 등**은 **창**에서 되도록 **멀리 떨어뜨려 놓고 대피**를 하여야 한다.
3. **위층에서 발화했을 때** : 아래층으로 불길이 옮기는 예는 드물지만 늦장을 부리다가는 물벼락을 맞게 될 것이다.
4. **아래층에서 발화했을 때** : 내부의 계단이나 엘리베이터가 연통 구실을 하므로 거의 사용할 수 없으며, 일단 **불이 난 곳에서 옆방향으로 멀리 피난하고** 피난한 곳에서 비상구를 통해 건물 바깥계단을 이용하거나 창으로부터 대피로를 찾아 **아래쪽으로 대피**하는 것이 원칙이다. 그러나 불과 연기의 확산이 너무 빨라 **아래로 내려갈 수 없을 때**는 **옥상으로 대피**하며 이 때에는 **바람을 등지고** 구조를 기다려야 한다.
5. **엘리베이터 안에서 화재를 알았을 때** : 가장 가까운 층에 **재빨리 엘리베이터를 세우고** 위의 1, 2, 3, 4번 요령으로 대피를 한다. 그러나 화재로 인한 전기계통의 고장으로 엘리베이터가 층의 중간에 멎었을 때에는 외부로부터의 구조를 바랄 수 없기 때문에 **수동으로 문을 열고** 위층에서 아래층으로 탈출하거나 **엘리베이터 천장**의 **비상구**를 통하여 위층으로 올라가 탈출한다. 이때 승객은 냉정을 잃지 말고 **서로 협력하며 탈출**하는 것이 중요하다.

8 위험물의 소화방법

 제1류 위험물

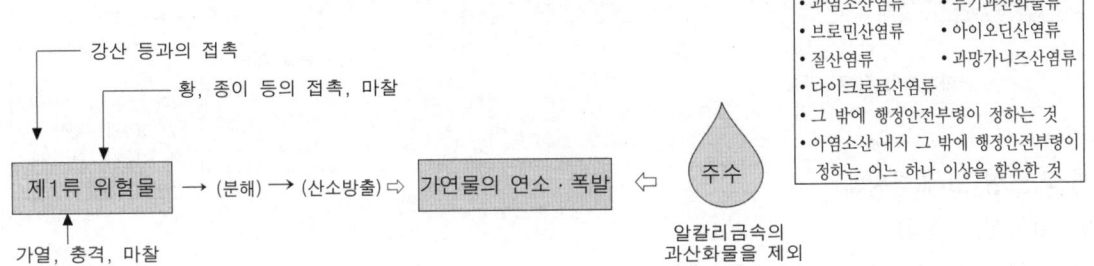

(1) 산화성 고체(강산화제)
(2) 불연성
(3) 소화방법 : 주수에 의한 냉각소화

> **참고**
> ※ 제1류 위험물 : 다른 물질을 산화시키는 **산소를 많이** 함유하고 있는 물질로서 제1류 위험물자체는 **불연성** 물질이지만 연소구역에 가까이 접해 있으면 **열분해**에 의하여 **산소를 다량방출**하며 방출된 산소는 **연소를 급격하게 진행**시킨다. 그러므로 소화방법은 **분해온도 이하로 냉각**하는 주수를 사용한다.
> • 제1류 위험물 : 모두 산소를 함유한 강산화제로 산화성 고체이다.
> • 제1류 위험물의 소화방법 : 주수가 가장 적당하나 무기 과산화물 중에는 **물과 접촉**하면 **급격히 발열**하며 산소(O_2)를 방출하는 것도 있다.
>
> ※ 과산화물 ┬ 무기 과산화물 ┬ 알칼리금속의 과산화물(주수금지) → 물과 접촉하여
>   │   급격히 **발열**하면서 **산소를 방출**한다.
>   │   └ 알칼리토금속의 과산화물(주수소화)
>   └ 유기 과산화물 : 제5류 위험물(주수소화)
>
> • 알칼리금속의 과산화물의 소화방법 : 마른 모래·암분(팽창질석 및 팽창진주암) 등으로 피복하여 소화하거나, 탄산수소염류 분말 소화약제 등으로 **질식소화**한다.

2 제2류 위험물

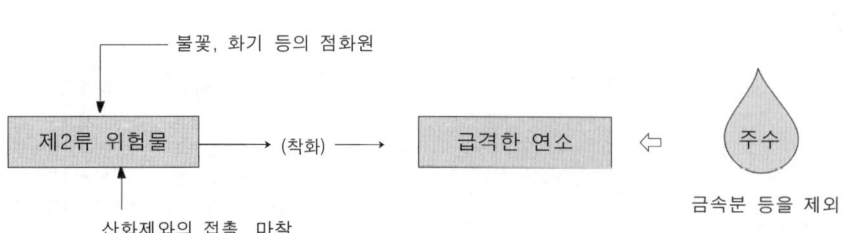

(1) 가연성 고체(환원제)
(2) 이연성(가연성)
(3) 소화방법 : 주수에 의한 냉각소화

※ **제2류 위험물** : 모두 **가연성 물질**이며 환원제이므로 산화제와의 접촉을 피하여야 하며 **주수**에 의한 **냉각소화**가 적당하다.
- **환원제** : 다른 물질을 환원시켜 주는 물질로 산소와는 쉽게 결합한다.
- **이연성** : 가연성 물질 중 연소하기 쉬운 물질

※ **철분·마그네슘·금속분류의 소화** : 주수하면 물과 접촉하여 **수소가스**를 발생하고, 공기 중에 확산된 분말에 의하여 2차적으로 **분진폭발**이 발생할 수 있으므로, **마른 모래·팽창질석·팽창진주암·탄산수소염류 분말 소화약제** 등으로 **질식소화**한다.

※ **오황화인·칠황화인의 소화** : 주수에 의하여 **발열**하며 **황화수소가스**(H_2S)를 발생하므로 **마른 모래·소화약제**에 의한 **질식소화**를 한다.

※ **인화성 고체** : 주수소화 및 소화약제에 의한 **질식소화**

3 제3류 위험물

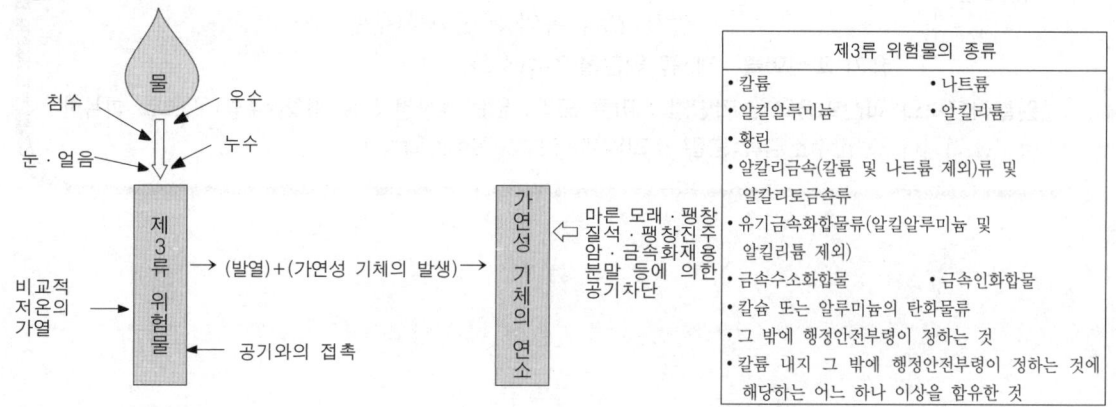

(1) 자연발화성 및 금수성 물질
(2) 가연성
(3) 소화방법 : 마른 모래 · 팽창질석 · 팽창진주암 및 탄산수소염류의 분말소화약제

> **참고**
> ※ 제3류 위험물 : 금수성 물질 · 자연발화성 물질로 물 또는 **공기**와 접촉하여 발열하며 가연성가스를 발생한다.
> - 금수성 : 물과 접촉하여 발열 혹은 발화하는 것
> - 소화방법 : 물은 사용 못하며 **마른 모래 · 팽창질석 · 팽창진주암 및 탄산수소염류 분말소화약제** 등을 사용할 것
> ※ 황린 : 주수소화도 좋으나 **고압주수**를 하면 황린의 **비산**으로 **화점을 분산**시키는 위험이 있으므로 주의를 요하며 소화약제에 의한 **질식소화**.(이산화탄소 · 할로젠화합물 사용금지)

제4류 위험물

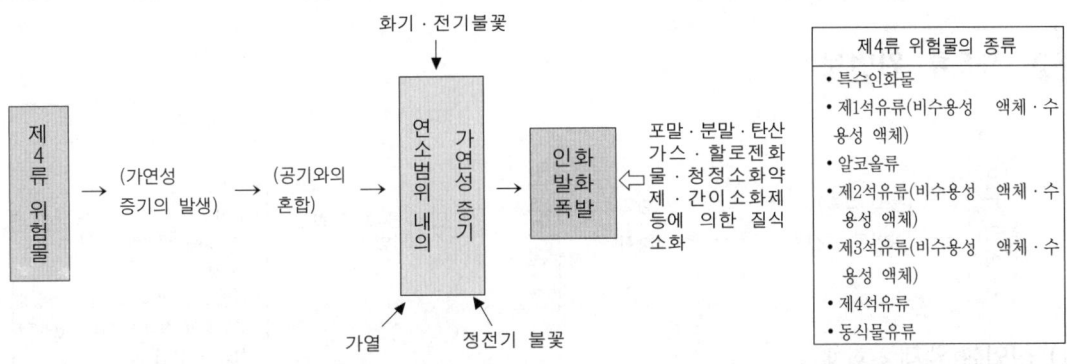

(1) 인화성 액체
(2) 가연성
(3) 소화방법 : 질식소화, 수용성의 것(안개상 분무주수 가능)

> **참고**
> ※ 제4류 위험물 : 질식소화에 의한 **각종 소화기**(포말, 분말, CO_2, 할로젠화합물, 간이소화제)를 모두 사용하며 **수용성**인 위험물은 주수소화(**안개상**으로 **분무**할 때)도 가능하나 **봉상**의 **주수소화**는 **화재면의 확대 위험성**이 있으므로 사용할 수 없다.

5 제5류 위험물

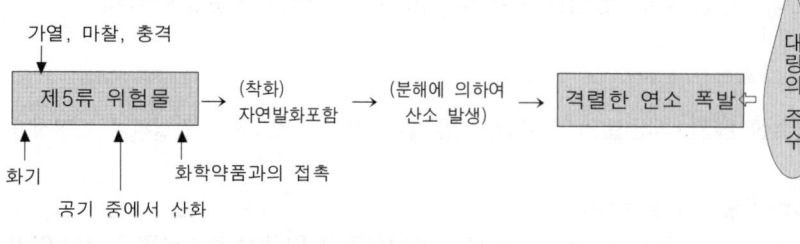

(1) 자기반응성 물질(자기연소성 물질)
(2) 가연물
(3) 소화방법 : 주수소화(포말포함)

> **참고**
> ※ 제5류 위험물 : 내부연소성 물질이라고도 하며, 일반적으로 가연물과 동시에 **자체 내부에 산소를** 함유하고 있으므로 **공기 중의 산소 없이** 자체 산소만을 갖고 착화에너지에 의하여 연소한다. 또한 공기 중에서 **연소는** 대단히 급격히 진행된다. 그러므로 화재 초기에는 주수에 의한 **냉각소화**가 좋으나 화재가 진전되면 적당한 **소화방법은 없다.**

6 제6류 위험물

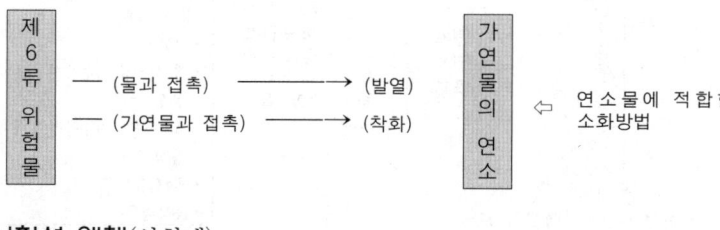

(1) 산화성 액체(산화제)
(2) 불연성
(3) 소화방법 : 대량의 물에 의한 주수소화 · 인산염류분말에 의한 **질식소화방법**
(4) 유출 사고시 조치방법 : 마른 모래 · 중화제(생석회 · 소다라임)사용

> **참고**
> ※ 소화작업시 주의사항 : 피복 및 피부를 보호하고 발생하는 유독가스의 발생에 대비하여 **마스크 등 보호구를 착용할 것**
> • 생석회 : CaO
> • 소다라임 : $Ca(OH)_2 + NaOH$

적중 출제예상문제

제1류 위험물의 소화방법

1 위험물의 적응 소화방법으로 맞지 않는 것은?
① 산화성 고체 : 질식소화
② 가연성 고체 : 냉각소화
③ 인화성 액체 : 질식소화
④ 자기반응성 물질 : 냉각소화

2 제1류 위험물의 화재시 가장 적당한 소화방법은?
① CO_2가 적당하다.
② CCl_4도 효과가 있다.
③ 일반적으로 주수소화가 적당하다.
④ 일반적으로 할로젠화합물이 적당하다.

3 과염소산염류는 어떤 소화방법이 좋은가?
① 제거소화
② 질식소화
③ 피복소화
④ 주수소화

4 제1류 위험물 중 알칼리금속의 과산화물의 소화방법으로 적당한 소화제는 어느 것인가?
① 이산화탄소
② 할로젠화합물
③ 인산염류분말
④ 탄산수소염류분말

5 제1류 위험물 중 알칼리금속의 과산화물의 화재시 적당하지 않은 소화제는?
① 마른 모래
② 탄산수소나트륨
③ 암분
④ 물

6 다음 중 주수소화가 적당하지 않은 것은?
① $NaNO_3$
② $AgNO_3$
③ K_2O_2
④ $(C_6H_5CO)_2O_2$

7 다음 화재 발생시 물을 사용해서는 안되는 것은?
① 염소산칼륨
② 과산화나트륨
③ 과산화수소
④ 질산나트륨

8 과산화나트륨의 화재시 가장 적당한 소화제는?
① 포소화제
② 마른 모래
③ 소화분말
④ 물

힌트

해 · 산화성 고체(제1류 위험물) : 주수에 의한 **냉각소화**한다.
답 ①

해 · 문제 1 해설 참조
답 ③

해 · 문제 1 해설 참조
답 ④

해 · 적응소화제 : 마른 모래 · 암분(팽창질석 · 팽창진주암) · 탄산수소염류분말
답 ④

해 · 알칼리금속의 과산화물 : 물과 반응하여 산소(O_2)가스를 발생한다.
답 ④

해 · 문제 5 해설 참조
※ K_2O_2(과산화칼륨) : 알칼리금속의 과산화물
답 ③

해 · 문제 5 해설 참조
※ 과산화나트륨 : 알칼리금속의과산화물
답 ②

해 · 마른 모래 : 만능소화제
※ 해당소화제 : 마른 모래, 팽창질석, 팽창진주암, 탄산수소염류분말
답 ②

⑨ 제1류 위험물 알칼리금속의 과산화물에 적응하는 소화기구(간이소화용구 포함)는 다음 중 어느 것인가?
① 물 양동이 또는 수조
② 마른 모래
③ 강화액 소화기
④ 포말을 방사하는 소형 소화기

해 • 알칼리금속의 과산화물의 소화제 : 마른 모래 · 암분(팽창질석, 팽창진주암) · 금속화재용 분말(탄산수소염류분말) 등
답 ②

제2류 위험물의 소화방법

⑩ 황의 화재시 가장 적당한 소화방법은?
① 브로모클로로메탄의 방사에 의한 소화
② 분말 소화제에 의한 소화
③ 포의 방사에 의한 소화
④ 물을 사용한 소화

해 • 제2류 위험물의 소화방법 : 주수에 의한 냉각소화
답 ④

⑪ 다음 위험물 화재시 일반적으로 냉각소화가 좋다. 그러나 오히려 위험이 따르는 것은?
① 삼황화인
② 적린
③ 황
④ 마그네슘분

해 • 마그네슘 : 연소할 때 주수하면 가연성의 수소가스를 발생하며 2차적인 폭발의 위험이 있다.
답 ④

⑫ 금속분의 화재시 주수해서는 안되는 이유는?
① 산소가 발생
② 수소가 발생
③ 질소가 발생
④ 유독가스가 발생

해 • 문제 11 해설 참조
답 ②

⑬ 다음 중 금속분의 연소 때 주수소화하면 위험한 이유로서 옳은 것은?
① 수소가 발생하여 연소가 확대되기 때문에
② 유독가스가 발생하여 연소가 확대되기 때문에
③ 산소의 발생으로 연소가 확대되기 때문에
④ 분말이 수증기와 함께 날아가기 때문에

해 • 문제 11 해설 참조
답 ①

⑭ 다음 위험물 중에서 화재시 물을 뿌려 소화하면 위험이 크게 되는 것은 어느 것인가?
① 황린
② 삼황화인
③ 황
④ 알루미늄분

해 • 문제 11 해설 참조
답 ④

⑮ 제2류 위험물인 철분, 금속분, 마그네슘에 적당한 소화제는?
① 탄산수소염류
② 할로젠화합물류
③ 물 분무 소화
④ 이산화탄소

해 • 소화제 : 마른 모래, 금속화재용 소화분말(탄산수소염류)
답 ①

제3류 위험물의 소화방법

16 제3류 위험물의 화재시 가장 적당한 소화제는?
① 물
② 포말
③ 테트라클로로메탄
④ 마른 모래

17 제3류 위험물인 금수성 물질의 화재시 소화설비의 적응성을 가장 잘 나타내는 것은?
① 할로젠화합물
② 인산염류
③ 탄산수소염류
④ 이산화탄소

18 제3류 위험물의 화재에 적응한 소화설비는?
① 포소화설비
② 할로젠화물 소화설비
③ 분말소화설비
④ 불활성가스 소화설비

19 물에 의한 냉각소화로 소화를 할 수 없는 것은?
① 염소산염류
② 황린
③ 금속칼륨
④ 질산에스터류

20 다량 저장된 곳에 화재가 발생하였을 때 물로 소화하면 안되는 물질은?
① K
② $KClO_3$
③ $NaClO_3$
④ KNO_3

21 화재시 주수에 의해 오히려 위험성이 증대되는 것은?
① 황린
② 과산화수소
③ 금속나트륨
④ 나이트로셀룰로오스

22 금속 칼륨(K)에 대한 초기의 소화제로서 적당한 것은?
① 물
② 마른 모래
③ CCl_4
④ CO_2

23 두 물질이 혼합하여도 위험하지 않으나 고압주수 소화시 화점을 분산시키는 것은?
① 적린과 염소산칼륨
② 황린과 물
③ 나트륨과 알코올
④ 아세틸렌과 은

24 알킬알루미늄의 소화방법으로서 적당한 것은?
① 물
② 물 분무
③ 테트라클로로메탄
④ 팽창질석

해 • 만능소화제 : 마른 모래
※ 팽창질석 · 팽창진주암, 탄산수소염류분말(금속화재용 분말)소화약제 적당
답 ④

해 • 제3류 위험물 적용 소화설비의 약제 : 금속화재용 분말소 화약제(탄산수소염류)
답 ③

해 • 문제 17 해설 참조
답 ③

해 • 금속칼륨(K) 및 금속나트륨(Na) : 물과 접촉하여 발열과 H_2 발생
답 ③

해 • 문제 19 해설 참조
답 ①

해 • 문제 19 해설 참조
답 ③

해 • 만능소화제 : 마른 모래 등
답 ②

해 • 황린 : 황린은 착화점이 낮으므로 연소시 액화된 황린은 고압주수에 의하여 화점을 분산시킨다.
답 ②

해 • 알킬알루미늄의 소화제 : 마른모래, 팽창질석 · 팽창진주암, 탄산수소염류분말
답 ④

25 카바이트의 소화방법으로 옳지 않은 것은?
① 아세틸렌가스가 발생하여 연소되고 있는 경우에는 주위 가연물을 제거한다.
② 다량의 마른 모래나 분말로 소화한다.
③ 포소화약제를 사용한다.
④ 아세틸렌은 대류에 의한 2차 폭발이 없도록 충분히 고려하여 소화한다.

[해] • 카바이트 : 물과 접촉하면 아세틸렌가스를 발생한다.
※ 포소화약제 : 물을 주성분으로 한다.
[답] ③

26 인화석회에 의한 화재시 가장 적당한 소화방법은?
① 마른 모래로 덮어 소화한다.
② 봉상의 물로 소화한다.
③ 안개상의 물로 소화한다.
④ 산·알칼리 소화기로 소화한다.

[해] • 인화석회(인화칼슘) : 마른 모래 및 팽창질석, 팽창진주암, 탄산수소염류분말(금속화재용 분말)소화약제로 소화한다.
[답] ①

27 다음 위험물의 화재시 주수소화에 의하여 오히려 위험이 따르는 것은?
① 황
② 염소산칼륨
③ 인화칼슘
④ 질산암모늄

[해] • 인화칼슘(인화석회) : 금수성 물질
[답] ③

28 다음 위험물의 소화방법으로 주수소화가 적당하지 않은 것은?
① $NaClO_3$
② P_4S_3
③ Ca_3P_2
④ S

[해] • Ca_3P_2(인화칼슘) : 금수성
[답] ③

29 수소화나트륨은 주수소화가 부적당하다. 그 이유는?
① 발열반응을 일으킴
② 수화반응을 일으킴
③ 중화반응을 일으킴
④ 중합반응을 일으킴

[해] • 물과의 반응
$NaH + H_2O \rightarrow NaOH + H_2 + 21 kcal$
※ 물과는 발열하며 수소(H_2) 발생
[답] ①

제4류 위험물의 소화방법

30 유류화재의 소화방법으로 가장 많이 쓰이는 방법은?
① 냉각
② 주수
③ 공기차단
④ 가연물 제거

[해] • 유류화재(제4류 위험물)의 소화방법 : 질식소화(산소공급원의 차단) 방법을 사용한다.
[답] ③

31 유류화재의 소화방법으로 가장 알맞은 것은?
① 제거소화
② 질식소화
③ 냉각소화
④ 억제소화

[해] • 문제 30 해설 참조
[답] ②

32 제4류 위험물 화재에 직접 물로 소화하는 것은 적당하지 않다. 그 이유는 무엇인가?
① 발화점이 낮아진다.
② 인화점이 낮아진다.
③ 연소 면이 확대된다.
④ 가연성가스를 발생한다.

[해] • 제4류 위험물 : 대체적으로 물보다 가볍고, 표면장력이 작으므로 주수소화(냉각소화)를 하면 연소 면을 확대시킨다.
[답] ③

㉝ 다이에틸에터 화재시에 소화방법으로 가장 적당한 것은 어느 것인가?
① 산·알칼리 소화기 ② 테트라클로로메탄
③ 물소화기 ④ 이산화탄소

해 · 다이에틸에터의 소화 : 질식소화제인 이산화탄소를 가장 많이 사용
답 ④

㉞ 제1석유류의 소화에 있어서 틀린 사항은 어느 것인가?
① 인화점이 낮으므로 냉각소화가 적당하다.
② 질식소화가 적당하다.
③ 분말소화도 효과가 있다.
④ 산·알칼리 소화기의 사용은 적당하지 않다.

해 · 제1석유류의 소화방법 : 질식소화가 효과적이다.
답 ①

㉟ 다음 중 위험물과 그의 화재 발생시 사용하는 소화제를 짝지어 놓은 것으로서 잘못된 것은?
① $(C_2H_5)_3Al$ - 팽창질석   ② $C_2H_5OC_2H_5$ - CO_2
③ $C_6H_2(NO_2)_3OH$ - 물   ④ $C_6H_5NO_2$ - 물

해 · 소화방법 : ① ② ③ 적당 ④ 부적당(질식소화제를 사용할 것)
답 ④

㊱ 다음 위험물 중 화재 발생시에 적당한 소화제로서 틀린 것은?
① CH_3COCH_3 - 물   ② $(C_2H_5)_2AlCl$ - 팽창질석
③ CH_3-⌬ - 포 혹은 CO_2 ④ 테레핀유 - 안개모양의 물

해 · 소화방법 : ① ② ③ 적당 ④ 부적당(질식소화제를 사용할 것)
답 ④

㊲ 다음에서 유류나 전기화재에 가장 부적당한 소화기는?
① 산·알칼리 소화기 ② 이산화탄소소화기
③ 테트라클로로메탄소화기 ④ 분말소화기

해 · 산·알칼리 소화기 : 물이 주성분이므로 유류와 전기화재에 부적당
답 ①

㊳ 다음 중 알코올 화재시 소화제로 적당하지 않은 것은?
① 석면포 ② 화학포
③ 모래주머니 ④ 드라이아이스

해 · 알코올(제4류 위험물)의 화재에는 특수포인 알코올포를 사용한다.
답 ②

㊴ 위험물과 그 소화에 있어서 옳게 짝지어진 것은?
① 냉각소화가 적당한 것 : 톨루엔
② 알코올포가 적당한 것 : 메틸알코올
③ 탄산가스가 효과없는 것 : 피리딘
④ 봉상의 물로 소화되는 것 : 가솔린

해 · 소화방법 : ① 부적 ② 효과 있음 ④ 부적당(질식소화가 적당)
답 ②

제5류 위험물의 소화방법

㊵ 제5류 위험물의 화재시에 적당한 소화약제는 어느 것인가?
① 테트라클로로메탄 ② 탄산가스
③ 물 ④ 질소

해 · 제5류 위험물 : 주수(물)에 의한 냉각소화
답 ③

㊶ 제5류 위험물의 화재시 일반적으로 사용하는 소화방법은?
① 냉각효과 ② 질식효과
③ 제거효과 ④ 억제효과

해 · 문제 40 해설 참조
답 ①

42 불연성 가스 소화설비의 적응성으로서 옳지 않은 것은?
① 전기설비
② 제4류 위험물
③ 제5류 위험물
④ 특수가연물

해 · 문제 40 해설 참조
답 ③

43 제5류에 속하는 위험물이 소화가 곤란하다고 되어있는 이유로서 다음 중 제일 적당한 것은?
① 연소물이 비산하기 쉽다.
② 물과 발열 반응한다.
③ 연소시에 불꽃을 내지 않으므로 환원으로 발전이 곤란하다.
④ 연소에 관여하는 산소를 함유하고 있는 물질이므로 연소속도가 빠르다.

해 · 제5류 위험물 : 자기반응성 물질로서 연소시 함유된 산소로 인하여 연소의 속도가 대단히 빠르게 진행되므로 폭발적으로 연소한다.
답 ④

44 다음 제5류 위험물질로 화재 발생시 분무상의 물로 소화할 수 있는 것은?
① $C_3H_5(ONO_2)_3$
② $[C_6H_7O_2(ONO_2)_3]_n$
③ CH_3ONO_2
④ $[C_2H_4(ONO_2)_2]$

해 · 분무주수소화 : ① 불가(액체) ② **가능(고체)** ③ ④ 불가(액체)
답 ②

45 제5류 위험물의 화재예방상 주의사항으로서 틀린 것은?
① 특히 실온, 습기, 통풍에 주의할 것
② 장시간에 걸쳐 산화반응이 진행되어 자연발화하는 것도 있다.
③ 화재초기는 질식소화가 가장 좋다.
④ 가연물과 산소공급원이 같이 있는 상태이므로 점화원을 주는 것은 위험하다.

해 · 제5류 위험물의 소화 : 주수가 가장 좋다.
※ 질식소화는 효과가 없다.
답 ③

46 다음 소화제를 사용할 때 적당하지 않은 것은?
① 마른 모래는 위험물 전류의 화재에 적용된다.
② 분말소화제는 셀룰로이드 화재에 가장 적당하다.
③ 물은 탄화칼슘의 화재에 사용하여서는 안된다.
④ 테트라클로로메탄은 유류화재에 적당하다.

해 · 셀룰로이드의 소화 : 주수소화
답 ②

제6류 위험물의 소화방법

47 제6류 위험물(산화성 액체)의 소화방법으로 틀린 것은?
① 할로젠화물 소화도 효과가 있다.
② 물 분무 소화도 효과가 있다.
③ 팽창질석도 효과가 있다.
④ 마른 모래도 효과가 있다.

해 · 제6류 위험물의 소화 : CO_2, 할로젠화합물은 부적당하다.
답 ①

48 제6류 위험물의 화재시 조치방법으로서 틀린 것은?
 ① 마른 모래로 소화한다.
 ② 환원성 물질로 소화한다.
 ③ 물과의 접촉을 피한다.
 ④ 인산염류분말로 소화한다.

해 • 제6류 위험물 : 산화성 액체이므로 환원성 물질(가연물 등)과는 접촉을 피한다.
답 ②

49 제6류 위험물의 소화방법으로서 틀린 것은 어느 것인가?
 ① 연소의 상황에 따라 분무주수도 효과가 있다.
 ② 소량일 때에는 다량의 물로 희석시키는 좋은 방법이다.
 ③ 마른 모래도 효과가 있다.
 ④ 실내에서는 테트라클로로메탄이 좋다.

해 • 문제 47 해설 참조
※ 테트라클로로메탄 : 할로젠화합물이며 소화시 독가스인 포스젠가스를 발생한다.
답 ④

50 제6류 위험물 소화시 가장 위험한 것은?
 ① 포스젠가스의 발생   ② 부식성에 의한 피해
 ③ 발열로 인한 화상   ④ 액체의 기포발생

해 • 제6류 위험물 : 부식성이 강한 산화성 액체이다.
답 ②

51 제1류에서 6류까지 위험물 전반에 사용하는 소화기구는?
 ① 불연성 가스를 방사하는 소화기
 ② 산·알칼리 소화기
 ③ 마른 모래
 ④ 할로젠화합물로 방사하는 소화기

해 • 만능소화제 : 마른 모래
답 ③

52 다음 각류의 위험물에 대한 소화방법으로 옳지 못한 것은?
 ① 마른 모래는 모든 류의 소화에 사용한다.
 ② 할로젠화합물 소화제는 2류 및 5류의 소화에 소화할 수 있다.
 ③ 팽창질석은 3류 및 4류의 소화에 사용
 ④ 포말소화기는 4류 및 6류의 소화에 사용

해 • 제2류와 제5류 위험물의 소화 : 액체소화제(할로젠화합물 소화제)보다 주수에 의한 냉각소화가 적합하다.
답 ②

53 다음 중 위험물의 유형별 소화방법에서 틀린 것은?
 ① 제3류 위험물 – 주수소화
 ② 제2류 위험물 – 일반적으로 냉각소화
 ③ 제6류 위험물 – 마른 모래 또는 다량의 물에 의한 냉각소화
 ④ 제5류 위험물 – 냉각소화

해 • 제3류 위험물 : 금수성 물질로 물(주수)과의 접촉은 대단히 위험하다.
답 ①

제 3 장
소방시설의 설치 운영

학습목표
- 소방시설
- 유해위험물 보호시설
- 자체소방조직
- 제조소등의 소화설비

1 소방시설의 종류

- 소화설비
- 경보설비
- 피난설비
- 소화용수설비
- 소화활동설비

참고

※ **소방시설의 종류**
- **소화설비의 종류** : 소화기구 · 옥내소화전설비 · 옥외소화전설비 · 스프링클러설비 및 간이스프링클러설비 · 화재 조기 진압용 스프링클러설비 · 물 분무 등 소화설비
- **경보설비의 종류** : 자동화재탐지설비 및 시각경보기 · 자동화재속보설비 · 비상경보설비 · 비상방송설비 · 누전경보기 · 가스누설경보기, 단독경보형 감지기, 통합감시시설
- **피난설비** : 피난기구 · 유도등 및 유도표지 · 인명구조기구 · 비상조명등 및 휴대용 비상조명등
- **소화용수설비** : 소화수조 · 저수조 · 상수도소화용수설비 · 그 밖의 소화용수설비
- **소화활동설비** : 연결송수관설비 · 연결살수설비 · 제연설비 · 비상콘센트설비 · 무선통신보조설비 · 연소방지설비

2 소화설비

 소화설비의 종류

(1) 소화기구 : 수동식 소화기·자동식 소화기·캐비넷형 자동소화기기 및 자동 확산 소화용구, 소화약제에 의한 간이소화용구
(2) 옥내소화전설비
(3) 옥외소화전설비
(4) 스프링클러설비, 간이스프링클러설비, 화재 조기 진압용 스프링클러설비
(5) 물 분무 등 소화설비 : 물 분무·포·분말·불활성가스(이산화탄소 등)·할로젠화합물(할론 및 할로겐화합물) 소화설비

※ 간이소화용구 : 마른 모래·팽창질석·팽창진주암
※ 소화설비의 소화효과
  • 옥내소화전·옥외소화전 : 냉각소화
  • 스프링클러설비·물 분무 소화설비 : 냉각소화 및 질식·희석의 상승효과
  • 포·분말·이산화탄소 소화설비 : 질식소화 및 냉각의 상승효과
  • 할로젠화합물 소화설비 : 억제소화 및 희석·냉각의 상승효과

 소화설비의 배치

소화기구	대형수동식 소화기	소방대상물의 각 부분으로부터 1개의 대형 수동식 소화기까지 보행거리 30m 이하의 1개
	소형수동식 소화기	보행거리 20m 이하에 1개
옥내소화전		소방대상물과 옥내소화전 방수구와의 거리는 수평거리 25m 이하
옥외소화전		소방대상물과 호스접결구까지의 거리는 수평거리 40m 이하
스프링클러설비 및 간이스프링클러설비		1개 헤드 설치면적은 소방대상물에 따라
물 분무 등 소화설비 (물 분무·포·분말·이산화탄소· 할로젠화합물 소화설비)		방사능력에 따라 유효하게

3 소화기구

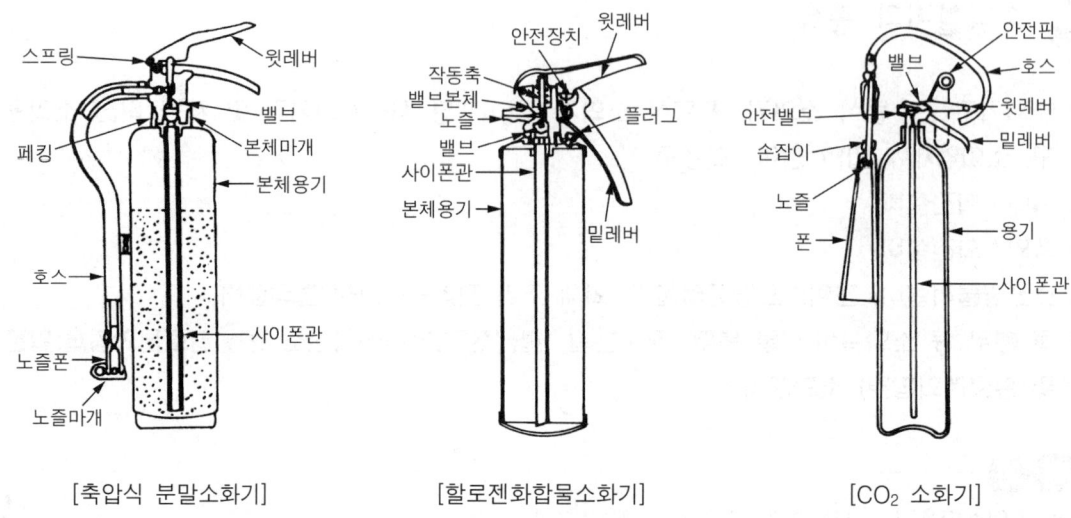

[축압식 분말소화기]　　　　[할로젠화합물소화기]　　　　[CO_2 소화기]

(1) 소화기구의 설치대상
　제조소 등에 전기설비(전기배선, 조명기구 등은 제외한다)가 설치된 경우에는 당해장소의 면적 $100m^2$ 마다 소형수동식 소화기를 1개 이상 설치한다.

(2) 소화기구의 표지게시방법
　① **수동식 소화기** : 소화기
　② **마른 모래** : 소화용 모래
　③ **팽창질석·팽창진주암** : 소화질석

(3) 이산화탄소·할로젠화합물(할론 1301 제외) 소화기구의 설치 금지장소
　① **지하층**
　② **무창층**
　③ **밀폐된 거실** 및 **사무실**로서 바닥면적 $20m^2$ 미만인 곳

> 참고
> ※ 배기를 위한 유효한 개구부가 있는 장소에는 이산화탄소·할로젠화합물 소화기구 설치 금지 장소 규정을 적용하지 아니한다.

(4) 능력단위
　① **소화기구의 능력단위** : 소화능력에 따라 측정한 수치
　② **간이소화용구(기타소화설비)의 능력단위**

㉮ 소화전용 물통	8 ℓ	0.3단위
㉯ 수조(소화전용 물통 3개 포함)	80 ℓ	1.5단위
㉰ 수조(소화전용 물통 6개 포함)	190 ℓ	2.5단위
㉱ 마른 모래(삽 1개 포함)	50 ℓ	0.5단위
㉲ 팽창질석 또는 팽창진주암(삽 1개 포함)	160 ℓ	1단위

> **참고**
> ※ 소화기에 표시된 능력단위
> 　**예** A-2, B-3 : A급 화재 능력단위 2단위, B급 화재 능력단위 3단위에 적용되는 소화기
> ※ 대형소화기의 능력단위 : A급 10단위 이상, B급 20단위 이상

(5) 소요단위
　① **정의** : 소화설비의 설치대상이 되는 건축물, 그 밖의 공작물의 규모 또는 위험물의 양에 대한 기준단위
　② **소요단위(1단위) 규정**
　　㉮ 제조소 또는 취급소용 건축물로 **외벽이 내화구조인 것** : 연면적 100m^2
　　㉯ 제조소 또는 취급소용 건축물로 **외벽이 내화구조 이외의 것** : 연면적 50m^2
　　㉰ 저장소용 건축물로 **외벽이 내화구조인 것** : 연면적 150m^2
　　㉱ 저장소용 건축물로 **외벽이 내화구조 이외의 것** : 연면적 75m^2
　　㉲ **위험물** : 지정수량 10배

> **참고**
> ※ **제조소등**에서는 **소요단위**에 맞추어 **능력단위** 이상의 소화기를 비치하여야 한다.
> ※ 제조소등의 옥외에 설치된 **공작물**은 **외벽이 내화구조**인 것으로 간주하고 **최대 수평투영면적**을 연면적으로 간주한다.
> ※ **공연장, 집회장, 문화재** 등에는 50m^2 마다 **능력단위 1단위** 이상의 소화기구를 설치하여야 한다. 즉 **50m^{2}가 1소요단위**에 해당된다.

적중 출제예상문제

소방시설 및 소화설비

1 다음 중 소방시설이 아닌 것은?
① 피난시설 ② 소화설비
③ 방화설비 ④ 경보설비

2 다음 중 소화기구에 해당되지 않는 것은?
① 옥내소화전 ② 수동식 소화기
③ 자동식 소화기 ④ 간이소화용구

3 다음 중에서 간이소화용구에 해당하는 것은?
① 마른 모래 ② 옥내소화전
③ 스프링클러 ④ 옥외소화전

4 다음 중에서 소화설비에 들지 않는 것은?
① 스프링클러 ② 옥내소화전
③ 산소호흡기 ④ 팽창질석 또는 팽창진주암

5 다음 중에서 물 분무 등 소화설비에 해당되지 않는 것은 어느 것인가?
① 물 분무 소화설비 ② 불활성가스 소화설비
③ 할로젠화합물 소화설비 ④ 스프링클러설비

6 스프링클러와 관계있는 것은?
① 가정용 냉방기구 ② 소화설비
③ 자동차용 냉방기구 ④ 화원살수기구

7 다음 스프링클러설비는 소화작용에서 어떤 작용을 할 수 없는가?
① 질식작용 ② 희석작용
③ 냉각작용 ④ 억제작용

8 소화설비의 종류와 소화작용으로 맞는 것은?
① 스프링클러설비 – 억제작용
② 물 분무 설비 – 냉각작용
③ 소화전설비 – 질식작용
④ 분말소화설비 – 희석작용

 힌 트

해 • 소방설비 : 소화·경보·피난·소화용수·소화활동설비

답 ③

해 • 소화기구 : 수동식 및 자동식 소화기·간이소화용구

답 ①

해 • 간이소화용구 : 마른 모래·팽창질석·팽창진주암·소화약제에 의한 간이소화용구

답 ①

해 • 소화설비
① 소화 ② 소화
③ 피난 ④ 소화

답 ③

해 • 물 분무 등 소화설비
물 분무·포·분말·불활성가스·할로젠화합물 소화설비

답 ④

해 • 스프링클러 : 소화설비

답 ②

해 • 스프링클러설비 : 냉각작용 및 질식·희석의 상승효과

답 ④

해 • 소화작용
① 냉각 ② 냉각
③ 냉각 ④ 질식

답 ②

⑨ 소형 소화기는 소방대상물의 각 부분으로부터 1개의 수동식 소화기구까지 보행거리 몇 m마다 배치하는가?
① 10m 이하
② 15m 이하
③ 20m 이하
④ 25m 이하

해 • 소형 소화기 : 20m 이하
답 ③

⑩ 대형 수동식 소화기는 보행거리 몇 m마다 설치하는가?
① 30m
② 20m
③ 10m
④ 5m

해 • 대형 소화기 : 30m 이하
답 ①

⑪ 옥내소화전의 방수구는 소방대상물의 층마다 설치하되 소방대상물의 각 부분으로부터 1개의 옥내소화전 방수구까지의 수평거리는 얼마인가?
① 10m 이상
② 15m 이상
③ 20m 이상
④ 25m 이하

해 • 옥내소화전 : 25m 이하
답 ④

⑫ 옥외소화전은 건축물의 각 부분으로부터 1개의 호스접결구까지의 수평거리가 얼마가 되도록 설치하여야 하는가?
① 25m 이하
② 30m 이하
③ 40m 이하
④ 50m 이하

해 • 옥외소화전 : 40m 이하
답 ③

소화기구

⑬ 제조소 등에 전기설비가 설치된 경우에는 당해장소 몇 m^2마다 소형수동식 소화기를 1개 이상 설치하여야 하는가?(단, 전기배선, 조명 기구 등은 제외한다)
① 50m^2 이상
② 100m^2 이상
③ 150m^2 이상
④ 200m^2 이상

해 • 설치면적의 100m^2
답 ②

⑭ 소화기구의 표지게시 방법으로 틀린 것은 어느 것인가?
① 수동식 소화기 : 소화기
② 마른 모래 : 소화용 모래
③ 팽창질석 : 소화질석
④ 팽창진주암 : 소화진주암

해 • 팽창질석 · 팽창진주암 : 소화질석
답 ④

⑮ 이산화탄소소화기는 지하의 좁은 거실에 비치할 수 없다. 바닥 면적이 얼마일 경우에 비치할 수 없는가?
① 30m^2 미만
② 20m^2 이상
③ 20m^2 미만
④ 30m^2 이상

해 • 설치 금지장소 : 지하층 · 무창층 · 밀폐된 거실 및 사무실로서 바닥면적 20m^2 미만인 곳
답 ③

⑯ 간이소화용구 중 소화전용 물통이 8L일 경우 능력 단위는 얼마인가?
① 0.1단위
② 0.3단위
③ 0.5단위
④ 0.7단위

해 • 소화전용 물통 8L = 0.3단위
답 ②

⑰ 다음 중 간이소화용구의 능력단위가 0.5인 간이소화제는?
① 마른 모래
② 중조톱밥
③ 팽창질식
④ 수증기소화

해 • 마른 모래 0.5 단위 1포 : 50ℓ
• 팽창질석 · 팽창진주암 1단위 1포 : 160ℓ
답 ①

⑱ 소화기구의 설치기준에서 소방대상물에 따른 능력단위 산출 중 마른 모래(건조사)일 때 0.5 단위의 용량은?
① 190ℓ
② 160ℓ
③ 80ℓ
④ 50ℓ

해 • 마른 모래 0.5단위 1포 : 50ℓ
답 ④

⑲ 다음 간이소화용구의 능력단위를 표시한 것 중 옳은 것은?
① 물양동이는 용량 3ℓ 이상의 것 3개 : 1단위
② 마른 모래는 삽을 상비한 100ℓ 이상의 것 1개 : 0.5단위
③ 팽창질석 또는 팽창진주암은 삽을 상비한 160ℓ 이상의 1포 : 1단위
④ 수조는 용량 8ℓ 이상의 소화전용 물양동이 6개 이상을 상비한 190ℓ 이상의 것 : 1.5단위

해 • 팽창진주암 · 팽창질석 1단위 1포 : 160ℓ
답 ③

⑳ 소화기에 "A-2, B-3" 라고 쓰여진 숫자의 뜻은?
① 소화기의 제조번호
② 소화기의 소요단위
③ 소화기의 능력단위
④ 소화기의 사용순위

해 • A-2, B-3 : 화재의 종류와 능력단위를 나타낸 것임
답 ③

㉑ 소화설비의 설치대상이 되는 건축물, 그 밖의 공작물의 규모 및 위험물의 양에 대한 기준단위를 무엇이라 하는가?
① 능력단위
② 소요단위
③ 절대단위
④ 표준단위

해 • 소요단위 : 소화설비 설치대상에 대한 기준단위로서 절대치 이상의 능력단위의 소화기를 설치한다.
답 ②

㉒ 위험물에 있어서는 1소요단위가 지정수량 몇 배인가?
① 5배
② 10배
③ 20배
④ 50배

해 • 1소요단위 : 지정수량 10배
답 ②

㉓ 경유 60,000의 소화설비의 소요단위는 다음 중 어느 것이 옳은가?
① 3단위
② 4단위
③ 5단위
④ 6단위

해 • 경유의 지정수량: 1,000ℓ
※ 소요단위 : $\frac{60,000}{10 \times 1,000}$ = 6단위
답 ④

㉔ 탄화칼슘 60,000kg의 소화설비의 설치 소요단위는 몇 단위인가?
① 10단위
② 20단위
③ 30단위
④ 40단위

해 • 탄화칼슘의 지정수량 : 300kg
※ 소요단위 : $\frac{60,000}{10 \times 300}$ = 20단위
답 ②

25 공공으로 모일 수 있는 곳(중요문화재)의 연면적이 1,000m²일 경우 소화기구를 비치하여야 할 총 소요단위는 얼마인가?
① 10단위 ② 20단위
③ 30단위 ④ 40단위

해 • 1소요단위 : 50m²
※ $\frac{1,000}{50} = 20$단위

답 ②

26 건축물의 외벽이 내화구조로 된 제조소는 소화설비를 적용함에 있어 1소요단위를 몇 m²로 보는가?
① 100m² ② 200m²
③ 300m² ④ 400m²

해 • 1소요단위 : 100m²
※ 내화구조가 아닌 곳의 1소요단위 : 50m²

답 ①

27 저장소의 외벽이 내화구조로 되었을 때 1소요단위는 몇 m²인가?
① 50m² ② 75m²
③ 100m² ④ 150m²

해 • 1소요단위 : 150m²
※ 내화구조가 아닌 곳의 1소요단위 : 75m²

답 ④

유게실

◆ 유조선 등 대형 선박의 선두 쪽 옆에 표시하는 표시(Leoyd Mark)

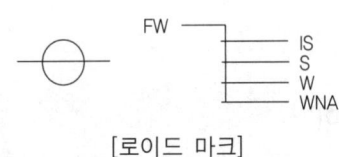
[로이드 마크]

대양을 항해하는 배들의 선두 쪽 옆에 표시하는 로이드 마크를 본 일이 있을 것이다. 이 기호는 **담수** 또는 **바닷물**에서 항해할 때의 **안전수위**를 가리키는 것으로 바닷물의 염분의 농도는 바다에 따라서 또는 계절에 따라서 어느 정도 차이가 있으므로 **배의 흘수**(吃水 : 수면으로부터 배의 바닥 부분까지의 깊이)도 달라진다. 그러므로 대양을 항해하는 선박들은 여러 가지 밀도의 물에 대한 만재 흘수위를 숙지하여 해난사고를 방지하여야 한다.

- FW(Fresh Water) : 담수에서의 한계
- IS(India Summer) : 여름의 인도양에서의 한계
- S(Summer) : 여름의 바닷물에서의 한계
- W(Winter) : 겨울의 바닷물에서의 한계
- WNA(Winter North Atlantic) : 겨울의 북대서양에서의 한계
- ⊖ : 그 이상 가라앉으면 안된다는 흘수의 한계표시

2-1 옥내소화전설비(위험물제조소등 전용)

옥내소화전설비

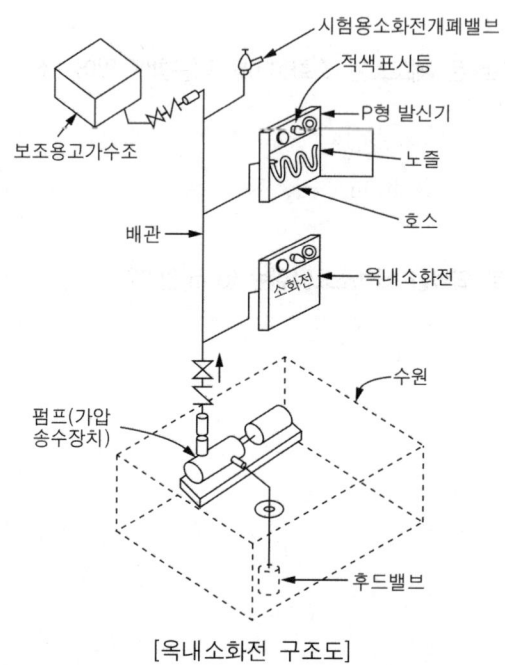

[옥내소화전 구조도]

(1) 수원의 저수량 : 설치개수(5개 이상인 경우 5개)에 7.8㎥를 곱한 양 이상
(2) 방수량 : 260 ℓ/min 이상
(3) 비상전원 : 45분 이상 작동할 것
(4) 방수압력 : 350KPa(0.35MPa) 이상
(5) 방수구(호스) 구경 : 40mm
(6) 바닥으로부터 개폐밸브 및 호스접속구까지의 높이 : 1.5m 이하
(7) 표시등 : 적색으로 소화전함 상부에 부착(부착 면으로부터 15도 이상 범위 안에서 10m 이내의 어느 곳에서도 식별될 것)
(8) 소방자동차 전용 옥내소화전 송수구의 높이 : 바닥으로부터 0.5m 이상 1m 이하
(9) 배선 : 내화배선·내열배선 사용
(10) 펌프를 이용한 가압송수장치의 전양정

$$H = h_1 + h_2 + h_3 + 35m$$

H : 펌프의 전양정(단위 m) h_1 : 소방용 호스의 마찰손실수두(단위 m)
h_2 : 배관의 마찰손실수두(단위 m) h_3 : 낙차(단위 m)
35m : 노즐선단 방사압력환산 수두(단위 m)

(11) 고가수조를 이용한 가압송수장치의 필요 낙차

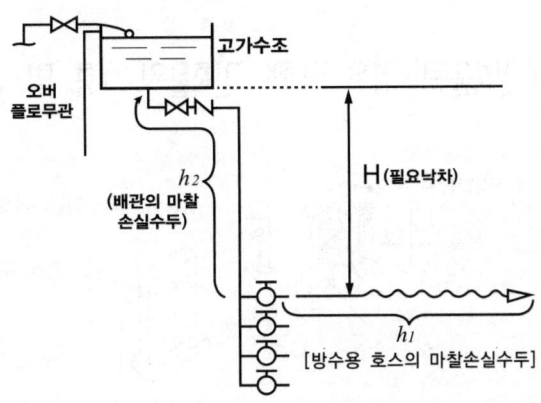

[고가수조의 필요낙차]

$H = h_1 + h_2 + 35m$

H : 필요낙차(단위 m)
h_2 : 배관의 마찰손실수두(단위 m)
h_1 : 방수용 호스의 마찰손실수두(단위 m)
35m : 노즐선단 방사압력환산수두(단위 m)

(12) 압력수조를 이용한 가압송수장치의 필요한 압력

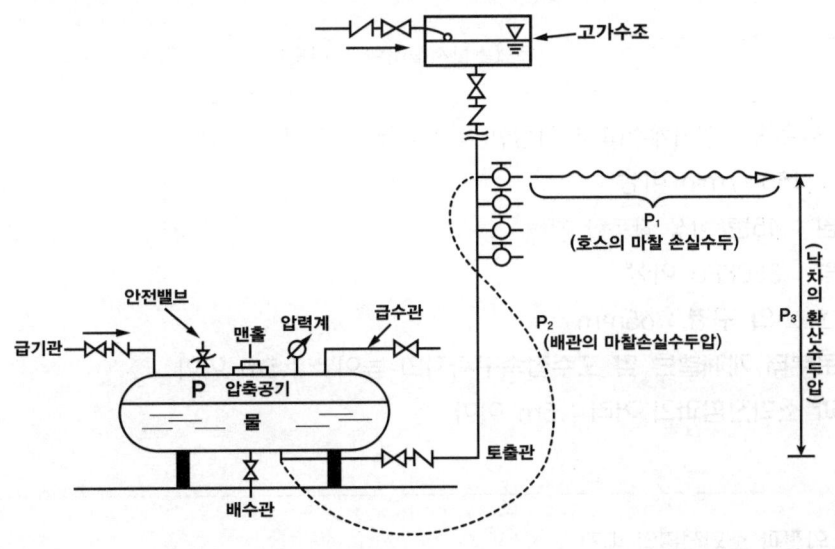

[압력수조의 필요압력]

$P = p_1 + p_2 + p_3 + 0.35MPa$

P : 압력수조의 압력(단위 MPa)
p_2 : 배관의 마찰손실수두압(단위 MPa)
0.35MPa : 노즐선단의 수두압
p_1 : 소방용호스의 마찰손실수두압(단위 MPa)
p_3 : 낙차의 환산수두압(단위 MPa)

2-2 옥외소화전설비(위험물제조소등 전용)

 옥외소화전설비(건축물의 경우 당해 건축물의 1층 및 2층의 소화에 한함)

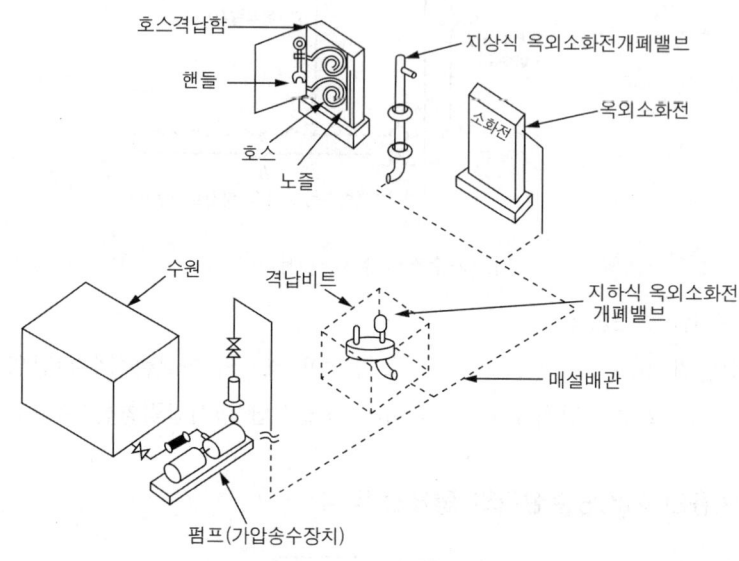

[옥외소화전설비의 구성도]

(1) 수원의 저수량 : 설치개수(4개 이상인 경우 4개)에 13.5m³를 곱한 양 이상
(2) 방수량 : 450ℓ/min 이상
(3) 비상전원 : 45분 이상 작동할 것
(4) 방수압력 : 350KPa 이상
(5) 방수구(호스)의 구경 : 65mm
(6) 바닥으로부터 개폐밸브 및 호수접속구까지의 높이 : 1.5m 이하
(7) 소화전과 소화전함과의 거리 : 5m 이하

> **참고**
>
> ※ 옥외소화전과 소화전함의 배치
> - 소화전 10개 이하 : 소화전마다 5m 이하의 장소에 소화전함 1개 이상
> - 소화전 11개 이상 30개 이하 : 소화전함 11개를 분산하여 설치
> - 소화전 31개 이상 : 소화전 3개마다 소화전함 1개 이상 설치

적중 출제예상문제

옥내소화전(위험물제조소등 전용)

① 위험물제조소등에 옥내소화전설비가 2개 설치될 때 필요한 수원의 수량은 몇 m³인가?
① 2.6m³
② 5.2m³
③ 7.8m³
④ 15.6m³

해 • 수원의 수량 : 설치개수에 7.8m³ 를 곱한 양
※ 7.8m³ × 2=15.6m³
답 ④

② 위험물제조소등의 옥내소화전설비의 가압송수장치인 펌프의 1분당 방수량은?
① 80 ℓ/min 이상
② 130 ℓ/min 이상
③ 260 ℓ/min 이상
④ 350 ℓ/min 이상

해 • 방수량 : 260 ℓ/min 이상
답 ③

③ 옥내소화전설비의 비상전원은 몇 분간 작동할 수 있어야 하는가?
① 45분
② 30분
③ 20분
④ 10분

해 • 비상전원의 용량 : 45분 이상
답 ①

④ 위험물제조소등의 옥내소화전을 동시에 사용할 경우 각 소화전의 노즐 선단에서의 방수압력이 몇 KPa 이상이어야 하는가?
① 150
② 250
③ 350
④ 450

해 • 방수압력 : 350KPa 이상
답 ③

⑤ 옥내소화전의 방수구의 호스 구경은 다음 중에 어느 것인가?
① 40mm
② 50mm
③ 65mm
④ 100mm

해 • 호스구경 : 40mm
답 ①

⑥ 옥내소화전의 개폐밸브는 바닥으로부터 높이 얼마인 곳에 설치하는 게 좋은가?
① 0.5m 이하
② 1m 이하
③ 1.5m 이하
④ 2m 이하

해 • 설치높이 : 1.5m 이하
답 ③

⑦ 옥내소화전설비의 "표시등"은 함의 상부에 설치하되, 10m 이내에서 쉽게 식별할 수 있게 설치한다. 표시등으로 맞는 것은?
① 청색등
② 적색등
③ 백색등
④ 녹색등

해 • 표시등 : 적색등
답 ②

⑧ 옥내소화전설비는 소방펌프 자동차로부터 그 설비에 송수할 수 있는 송수구를 설치하여야 한다. 송수구는 지면으로부터 높이가 몇 미터 이상에서 몇 미터 이하에 설치하는가?
① 0.5~1m
② 1~1.5m
③ 1.5~2m
④ 2~2.5m

해 • 설치높이 : 0.5m 이상 1m 이하
답 ①

옥외소화전(위험물제조소등 전용)

⑨ 위험물제조소등의 옥외소화전의 법정 방수량은 다음 중 어느 것이 옳은가?
① 300 ℓ/min 이상
② 350 ℓ/min 이상
③ 400 ℓ/min 이상
④ 450 ℓ/min 이상

해 • 방수량 : 450 ℓ/min 이상
답 ④

⑩ 위험물제조소등에 옥외소화전설비가 2개 설치될 때 필요한 수원의 수량은 몇 m³인가?(단, 1분당 방수량 : 450 ℓ)
① 5.2m³
② 7m³
③ 14m³
④ 27m³

해 • 수원의 수량 : 설치개수(4개 이상인 경우 4개)에 13.5m³을 곱한 양
※ $13.5m^3 \times 2 = 27m^3$
답 ④

⑪ 위험물제조소등에 설치된 옥외소화전설비를 동시에 사용할 경우 각 소화전 노즐 선단에서의 방수압력은 몇 KPa 이상이어야 하는가?
① 150
② 250
③ 350
④ 450

해 • 방수압력 : 350KPa 이상
답 ③

⑫ 옥외소화전 방수구의 호수구경은 다음 중 어느 것인가?
① 40mm
② 50mm
③ 65mm
④ 100mm

해 • 호스구경 : 65mm
답 ③

⑬ 옥외소화전과 소화전함과의 상호거리로서 옳은 것은?
① 1m 이내
② 3m 이내
③ 5m 이내
④ 10m 이내

해 • 상호거리 : 5m 이내
답 ③

⑭ 옥외소화전이 31개 이상 설치된 때에는 옥외소화전 3개마다 몇 개 이상의 소화전함을 설치해야 하는가?
① 1개
② 3개
③ 5개
④ 8개

해 • 31개 이상 : 소화전 3개마다 소화전함 1개 이상 설치
답 ①

2-3 스프링클러설비(위험물제조소등 전용)

스프링클러설비

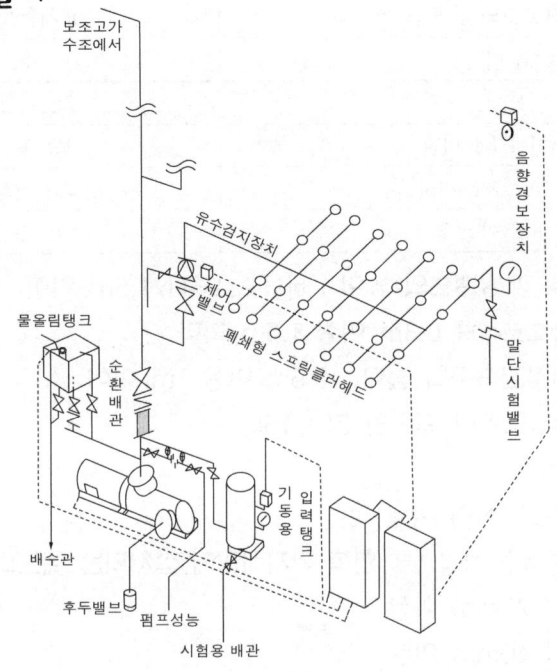

[폐쇄형 스프링클러설비]

(1) 하나의 방수구역(개방형) : 바닥면적이 150m² 이상(150m² 미만인 경우에는 당해바닥면적)
(2) 수원의 저수량(폐쇄형) : 헤드 30개(30개 미만인 것은 설치개수)에 2.4m³를 곱한 양 이상
(3) 수원의 저수량(개방형) : 가장 많이 설치된 방사구역의 헤드수에 2.4m³를 곱한 양
(4) 헤드 1개의 방수량 : 80 ℓ/min 이상
(5) 헤드 1개의 방사압력 : 100KPa 이상
(6) 비상전원 : 45분 이상 작동할 수 있을 것
(7) 스프링클러헤드의 설치방법
　① 방호대상과 헤드까지 수평거리 : 1.7m 이하
　② 개방형 헤드 : 헤드반사판으로부터 하방으로 0.45m, 수평방향으로 0.3m의 공간을 둘 것
　③ 폐쇄성 헤드
　　㉠ 헤드반사판으로부터 하방으로 0.45m, 수평방향으로 0.3m의 공간을 둘 것
　　㉡ 가연성 물질을 수납하는 부분의 헤드는 헤드의 반사판으로부터 하방으로 0.9m, 수평방향 0.4m의 공간을 확보할 것
　　㉢ 헤드의 반사판과 헤드의 부착 면이 0.3m 이하일 것

ⓔ 급배기용 덕트 등의 긴 변의 길이가 1.2m를 **초과**하는 것이 있는 경우에는 **당해 덕트** 등의 아랫변에도 헤드를 설치할 것
④ 스프링클러헤드의 표시온도

부착장소의 최고주의 온도(단위 ℃)	표시온도(단위 ℃)
28 미만	58 미만
28 이상 39 미만	58 이상 79 미만
39 이상 64 미만	79 이상 121 미만
64 이상 106 미만	121 이상 162 미만
106 이상	162 이상

(8) **일제개방밸브** 및 **수동식 개방밸브의 높이** : 바닥으로부터 1.5m 이하
(9) **제어밸브의 높이** : 바닥으로부터 0.8m 이상 1.5m 이하
(10) 소방대용 송수구의 결합금속구의 높이 : 0.5m 이상 1m 이하
(11) 수동식 개방밸브의 개방조작에 필요한 힘 : 15kg
(12) 스프링클러설비의 배관
  ① 배관의 배열은 **토너멘트방식이 아닐 것**
  ② 교차배관의 분기되는 지점을 기점으로 **한쪽 가지배관에 설치되는 헤드의 수 : 8개 이하**
  ③ 가지배관의 최소구경 : 25mm 이상
  ④ 교차배관의 최소구경 : 40mm 이상
  ⑤ 입상배수배관의 구경 : 50mm 이상
(13) 스프링클러설비의 장점
  ① 화재의 초기 진압에 효율적이다.
  ② 사용약제를 쉽게 구할 수 있다.
  ③ 자동으로 화재를 감지하고 소화할 수 있다.
(14) **스프링클러설비의 단점** : 다른 소화설비보다 구조가 복잡하고 시설비가 많이 든다.

적중 출제예상문제

스프링클러설비(위험물제조소등 전용)

① 스프링클러설비 중 물을 배관 안에 충전가압하여 놓고 헤드가 열을 감지하면 개방되는 형은?
① 개방형 건식
② 개방형 습식
③ 폐쇄형 건식
④ 폐쇄형 습식

|해|
•건식 및 습식 : 배관 안이 대기압상태 또는 압축공기가 채워져 있는 것이 건식이며, 물로 충전되어 있으면 습식이다.
※ 폐쇄형 헤드 : 열에 의하여 개방된다.
|답| ④

② 개방형 스프링클러 설비에 대하여 옳은 것은?
① 하나의 방수구역은 바닥면적 $150m^2$ 이상
② 스프링클러 기구는 건식에만 쓰인다.
③ 자동 조작할 수 없다.
④ 취부장소의 온도제한이 있다.

|해|
•개방형 스프링클러설비의 하나의 방수구역 : 바닥면적 $150m^2$ 이상
|답| ①

③ 위험물제조소등에 설치한 폐쇄형 스프링클러의 수원의 저수량은 설치된 헤드의 개수에 몇 m^3를 곱한양 이상이어야 하는가?
① $1.3m^3$
② $1.6m^3$
③ $2.4m^3$
④ $7m^3$

|해|
•수원의 양 : 헤드의 설치개수에 $2.4m^3$를 곱한양 이상
|답| ③

④ 스프링클러설비의 가압송수장치의 송수량은 방수압력 100KPa을 기준하여 1분당 얼마의 양 이상이어야 하는가?
① $60\ell/min$
② $65\ell/min$
③ $80\ell/min$
④ $160\ell/min$

|해|
•송수량 : $80\ell/min$ 이상
|답| ③

⑤ 스프링클러설비 가압송수장치의 방수압력으로 옳은 것은 어느 것인가?
① 100KPa
② 200KPa
③ 350KPa
④ 450KPa

|해|
•방수압력 : 100KPa 이상
|답| ①

⑥ 스프링클러헤드의 보유 공간에는 장애물이 없어야 한다. 보유 공간은 반경 몇 m 이상을 확보하여야 하는가?
① 0.1m
② 0.3m
③ 0.4m
④ 0.45m

|해|
•해당 보유공간: 0.3m 이상
|답| ②

⑦ 폐쇄형 스프링클러를 설치할 경우 가연성물질을 수납하는 부분의 헤드는 헤드의 반사판으로부터 하방 몇 m의 공간을 확보하여야 하는가?
① 0.3m
② 0.6m
③ 0.9m
④ 1.2m

해 • 반사판으로부터 확보하여야 할 하방길이: 0.9m
답 ③

⑧ 폐쇄형 스프링클러를 설치할 경우 급기용 덕트등의 긴변이 몇 m를 초과할 경우 덕트 아래면에 헤드를 설치하는가?
① 1m
② 1.2m
③ 1.5m
④ 2m

해 • 해당 길이: 1.2m 초과
답 ②

⑨ 스프링클러헤드를 부착한 장소의 최고 주위온도(단위 ℃)가 28이상 39미만인 경우 헤드의 표시온도(단위 ℃)로서 옳은 것은?
① 28이상 39
② 58이상 79
③ 39이상 64미만
④ 79이상 121미만

해 • 해당 표시온도: 58이상 79
답 ②

⑩ 스프링클러설비의 수동식 개방밸브의 개방조작에 필요한 힘으로 옳은 것은?
① 5kg
② 10kg
③ 15kg
④ 20kg

해 • 필요한 힘: 15kg
답 ③

⑪ 스프링클러설비의 입상배수배관의 구경은 몇 mm 이상인가?
① 25mm
② 40mm
③ 50mm
④ 65mm

해 • 입상배수배관의 구경: 50mm 이상
답 ③

2-4 물 분무 소화설비(위험물제조소등 전용)

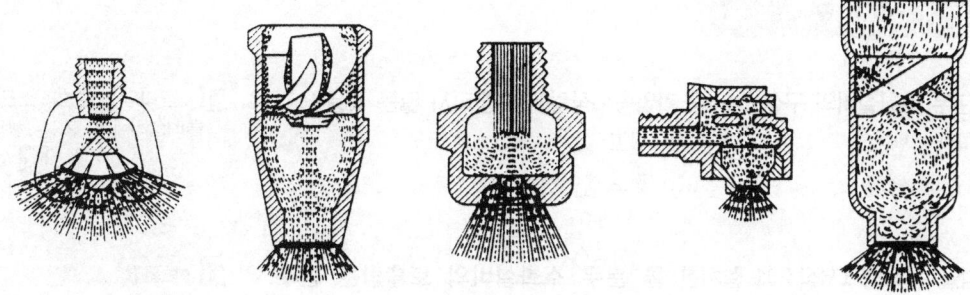

[물 분무 헤드의 작동 예]

(1) 방사구역의 면적 150m² 이상(150m² 미만인 경우 당해 표면적)

(2) 수원의 저수량
    위험물제조소등 : 방사구역표면적(m²)〈150m² 미만인 경우 당해 표면적〉×20 ℓ/m² · min× 30min 이상

(3) 방사압력 : 350KPa 이상

(4) 비상전원 : 45분 이상 작동할 것

(5) 바닥으로부터 제어밸브 또는 개방밸브까지의 높이 : 0.8m 이상 1.5m 이하

(6) 물 분무 소화설비의 적용대상물 : 건축물, 기타 공작물, 전기설비 및 금수성 이외의 위험물을 저장·취급하는 곳에 설치한다.

> **참고**
> ※ 옥외저장탱크에 설치하는 물 분무 설비기준
>   • 탱크표면에 방사하는 물의 양 : 원주둘레(m)×37 ℓ/m · min 이상
>   • 수원의 양 : 방사하는 물의 양을 20분 이상 방사할 수 있는 수량
> ※ min : minute(분)

적중 출제예상문제

물분무 소화설비

1 물 분무 소화설비의 구성요소 중 가압송수장치에 해당되지 않는 것은?
① 프리액션밸브 ② 펌프
③ 물 올림 탱크 ④ 펌프제어반

[힌트] 프리액션밸브 : 스프링클러설비에 사용되는 밸브
답 ①

2 위험물 옥외탱크저장소에 설치한 물 분무 소화설비의 토출량은 원주둘레(m)에 몇 ℓ를 곱한 양 이상으로 하는가?
① 7ℓ ② 17ℓ
③ 27ℓ ④ 37ℓ

[힌트] 토출량:
원주둘레(m)×37ℓ/m 이상
답 ④

3 위험물제조소등에 설치하는 물 분무 소화설비의 헤드 선단의 방사압력은 몇 KPa 이상인가?
① 250KPa ② 350KPa
③ 450KPa ④ 550KPa

[힌트] 분사헤드 방사압력 : 350KPa 이상
답 ②

4 물 분무 소화설비의 일제개방밸브 1개가 담당하는 1분당 유량으로 옳은 것은 어느 것인가?
① 2,800ℓ 이상 ② 8,200ℓ 이상
③ 3,800ℓ 이상 ④ 8,300ℓ 이하

[힌트] 1분당 유량 : 8,300ℓ 이하
답 ④

5 물 분무 소화설비의 제어밸브는 바닥으로부터 어느 위치에 설치하여야 하는가?
① 0.6m 이상 1.5m 이하 ② 0.8m 이상 1.5m 이하
③ 1.0m 이상 1.6m 이하 ④ 1.5m 이상

[힌트] 바닥으로부터 높이 : 0.8m 이상 1.5m 이하
답 ②

6 물 분무 소화설비를 설치하여야 할 적응대상물에 해당 없는 것은?
① 건축물
② 기타공작물
③ 금수성의 위험물 저장·취급소
④ 전기설비

[힌트] 금수성의 위험물은 물과 반응하므로 금수성 이외의 위험물에 적응성이 있다.
답 ③

7 물 분무 소화설비에 의해 방호할 수 있는 대상에 해당되지 않는 것은?
① 석유정제 또는 유지공업 등의 여러 가지 장치 혹은 각종 유압조작기계
② 주차장, 엔진실 등의 액체연료의 사용장소
③ 위험물을 취급하는 화학공장의 설비
④ 휘발유, 중유 등의 가연물 액체가 바닥 위에 누출될 위험이 많은 작업장

해 • 제4류 위험물을 취급하는 기계·기구 등 설비에는 물 분무 소화설비를 **설치**할 수 있으나 **누출위험**이 있는 장소에는 화재시 연소면을 확대할 우려가 있으므로 **설치 부적합**하다.

답 ④

휴게실

계절별 화재예방 및 산업장의 화재예방방법

◆ 봄
1. 소방시설의 안전점검을 철저히 하고, **소방교육** 및 **훈련**을 통하여 **방화**에 대한 **경각심**을 고취시킨다.
2. 행락철 집을 비울 때는 사용하지 않는 **전기기구**의 플러그는 뽑고 **가스기구**의 중간밸브를 잠그도록 한다.
3. 산이나 야외에서 **불법 취사행위**를 하지 않도록 하고, 특히 산에 오를 때에는 **라이터**나 **성냥** 등 화기물질을 소지하지 않도록 한다.
4. 어린이들의 **불장난**을 예방하기 위하여 **성냥**이나 **라이터** 등 불을 일으킬 수 있는 물건들을 어린이들의 **손이 닿지 않는 곳**에 보관한다.
5. **논두렁**이나 밭두렁, 기타 농산폐기물을 소각할 때에는 **바람이 없는 날**을 택하여 하고, **주의**와 **감시**를 철저히 한다.

◆ 여름
1. 주택에서 **물기가 있는 장소**에 공급하는 전로에는 반드시 **누전차단기**를 설치하여 누전으로 인한 화재를 예방한다.
2. 개폐기에 사용하는 **퓨즈**는 과부하나 합선시 자동으로 끊어질 수 있도록 반드시 **규격퓨즈**를 사용한다.
3. 하나의 콘센트에 여러 개의 전기제품을 사용하지 않도록 하고, 기존 배선을 연결하여 늘려서 사용하고자 할 때에는 **전선의 허용전류를 초과하지 않도록** 각별히 주의한다.
4. 여름휴가로 장기간 집을 비울 때, LP가스의 경우에는 **중간밸브** 뿐만 아니라 용기밸브까지 잠그도록 하고, 도시가스는 메인밸브를 잠근 다음 관리 사무소에 연락을 하여 필요한 조치를 취한다.

◆ 겨울
1. 두꺼비집의 퓨즈는 정격용량의 규격 퓨즈를 사용하고, 고온의 전열기구에는 반드시 **절연 고무 코드**를 사용한다.
2. **전기난로** 및 **가스기구** 등은 충분한 거리를 유지하여 설치하고, 주변의 인화성 물질을 제거한다.
3. 석유난로는 불이 붙어 있는 상태에서 **주유**하거나 **이동**하지 않도록 한다.
4. 난로 주위에서는 절대로 **세탁물**을 건조하지 않도록 하고, 특히 커튼이나 가연물질이 난로에 닿지 않도록 각별히 주의한다.
5. 난로 주위에는 항상 **소화기**나 **모래, 물** 등을 비치하여 만일의 상황에 대비한다.

◆ 산업장
1. **자위소방활동**을 원활히 수행할 수 있도록 자위소방조직을 편성하고 **유사시** 각자 맡은 바 임무를 철저히 **수행**할 수 있도록 정기적인 **교육훈련**을 실시한다.
2. **공장**이나 **창고** 등에 제품을 적재할 때에는 **정리정돈**을 철저히 하고, **발화위험물질**은 따로 **분리**하여 **정리**한다.
3. **공장**이나 **작업장**에서 화재 위험지역으로 판단되는 곳은 '화기금지구역'으로 설정하고, **방화**에 대한 **철저한 확인 감독**을 실시한다.
4. 공장 규모에 맞는 **소방시설**을 철저히 완비하고 소방장비(소화기, 소화전)의 사용에 관한 소방교육훈련을 실시한다.
5. 화재시 **화재 확대의 최소화**를 위하여 **내부 시설**의 **단열 내장재 처리**와 **방화구획**의 설정과 **방화문**을 설치한다.
6. **담배불**로 인한 화재의 예방을 위해서 종업원들의 **흡연장소**를 안전한 곳에 **설치**한다.

2-5 포소화설비

(1) 포소화설비의 방출방식
   ① 포헤드방식
   ② 고정식 포방출구방식(보조포 소화전 포함)
   ③ 포모니터노즐
   ④ 이동식 포소화설비

(2) 포헤드방식 소화설비
   ① 포헤드의 개수 : 표면적(건축물의 경우 바닥면적) 9m² 마다 1개 이상 설치

(3) 포헤드방식의 포소화약제에 따른 1분당 표준방사량

소 방 대 상 물	포소화약제의 종류	바닥면적(m²)당 표준방사량(이상)
방호대상물의 방사구역 100m² 이상	단백포	6.5 ℓ/m² · min 이상
	합성계면활성제	6.5 ℓ/m² · min 이상
	수성막포	6.5 ℓ/m² · min 이상

> **참고**
> ※ **단백포 소화약제** : 동물성 단백질인 소 등의 발톱, 뿔, 피 등을 알칼리(수산화나트륨 등)로 가수분해시킨 생성물에 안정제를 가한 것으로 흑갈색의 특이한 냄새가 나는 끈끈한 액체
> ※ **합성계면활성제포 소화약제** : 고급알코올 황산에스터염을 주성분으로 한 냄새가 없는 황색의 액체이며 **저발포** 및 **고발포용**으로 사용한다.
> ※ **수성막포 소화약제** : 플루오린계 계면활성제를 바탕으로 한 기포성 수성필름 소화약제. 미국 3M사가 개발한 것으로 상품명은 라이트 워터이다.

(4) 포헤드방식 포소화약제의 수원의 양 : 방호대상물의 표면적 × 표준방사량 × 10분

(5) 고정포 방출구
   ① 고정포 방출구의 설치장소 : 옥외탱크저장소의 탱크
   ② 고정포 방출구의 종류 및 포주입법

탱크의 종류	포 방 출 구	
콘루프 탱크(CRT) 〈고정지붕구조〉	• Ⅰ형 방출구(상부포주입법) • Ⅲ형 방출구(저부포주입법)	• Ⅱ형 방출구(상부포주입법) • Ⅳ형 방출구(저부포주입법)
플루팅루프 탱크(FRT) 〈부상지붕구조〉	• 특형방출구(상부포주입법)	
※ Ⅲ형 방출구(사용포소화약제 : 플루오로화단백포소화약제 및 수성막포소화약제)		

③ 고정포 방출구의 설치방법
  ㉮ 탱크의 **주위**에 **균등**하게 설치한다.
  ㉯ 탱크의 **측면**에 **고정**하여 설치한다.
  ㉰ 방출구에는 **납·주석·유리·석면** 등 방출에 의하여 용이하게 깨어질 수 있는 **봉판**을 설치할 것
④ **특형방출구의 기준**
  ㉮ 언판(금속제 칸막이)의 높이 : 0.9m 이상
  ㉯ 언판과 탱크측면과의 이격거리 : 1.2m 이상

(6) 보조포 소화전의 기준(3개 이상 설치된 경우 3개를 동시에 사용할 경우 각 포 노즐의 기준)
  ① 방수압력 : 0.35MPa 이상
  ② 방수량 : 400 ℓ/min
  ③ 수원의 양 : 방사량 × 20min
  ④ 각각의 보조포 소화전 상호거리 : 보행거리 75m 이하

(7) 포모니터의 기준
  ① 노즐 선단의 방사량 : 1,900 ℓ/min 이상
  ② 수원의 양 : 방사량 × 30min
  ③ 수평방사거리 : 30m 이상

(8) 이동식 포소화설비
  ① 방사량(옥내설치) : 200 ℓ/min 이상
  ② 방사량(옥외설치) : 400 ℓ/min
  ③ 방사압력 : 0.35MPa
  ④ 수원의 양 : 방사량 × 30min
  ⑤ 방사시간 : 30분

(9) 포소화약제의 혼합장치

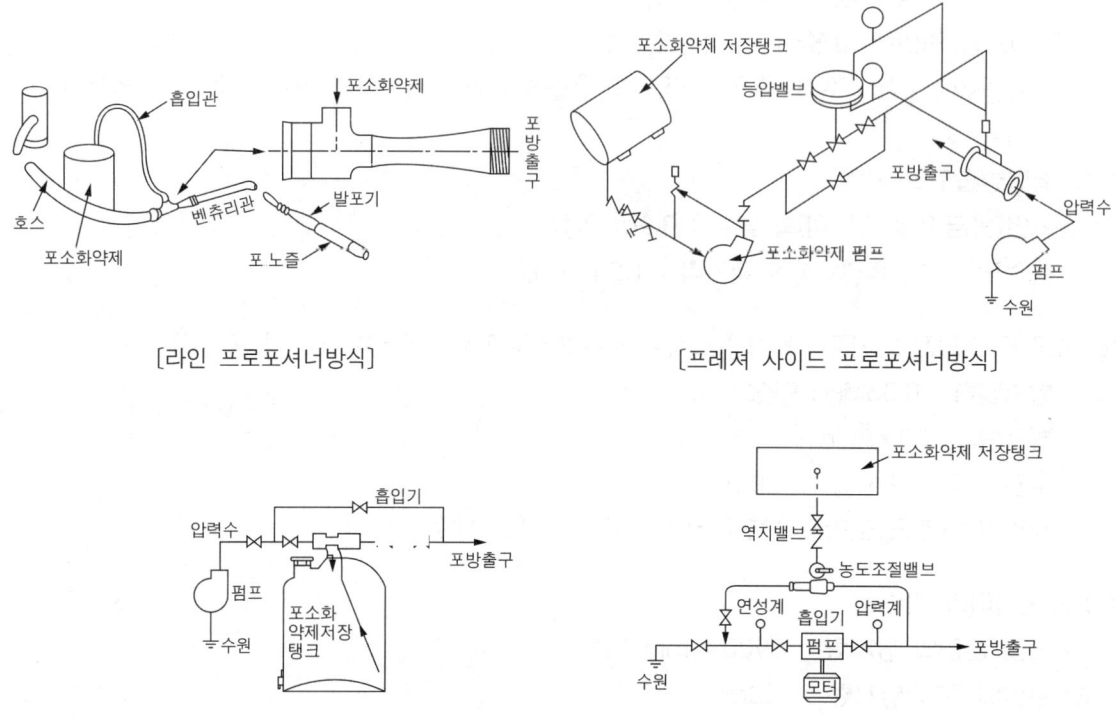

[라인 프로포셔너방식]   [프레져 사이드 프로포셔너방식]

[프레져 프로포셔너방식]   [펌프 프로포셔너방식]

① **라인 프로포셔너방식**
   펌프와 발포기의 중간에 설치된 **벤츄리관**의 벤츄리작용에 의하여 **포소화약제**를 흡입·혼합하는 방식
② **프레져 프로포셔너방식**
   펌프와 발포기의 중간에 설치된 **벤츄리관**의 벤츄리작용과 **펌프 가압수**의 **포소화약제 저장탱크**에 대한 **압력**에 의하여 포 소화약제를 흡입·혼합하는 방식
③ **프레져 사이드 프로포셔너방식**
   펌프의 **토출관**에 압입기를 설치하여 **포소화약제 압입용 펌프**로 포 소화약제를 압입시켜 혼합하는 방식
④ **펌프 프로포셔너방식**
   펌프의 **토출관과 흡입관 사이**의 배관도중에 설치한 **흡입기**에 펌프에서 **토출된 물의 일부**를 보내고, **농도조절밸브**에서 조정된 포 소화약제의 필요량을 **포소화약제 탱크**에서 **펌프 흡입**측으로 보내어 이를 혼합하는 방식
⑤ **압축공기포믹싱챔버방식** : 압축공기 또는 압축질소를 일정비율로 포수용액에 강제주입혼합하는 방식

적중 출제예상문제

포소화설비

1 포헤드방식 소화설비의 포헤드의 개수는 건축물의 바닥면적 몇 m²마다 1개 이상 설치하는가?
① 3m² ② 6m²
③ 9m² ④ 12m²

답 ③

2 포헤드방식의 포헤드를 설치하는 방호대상물의 방사구역의 표면적으로 옳은 것은?
① 100m² 이상 ② 150m² 이상
③ 200m² 이상 ④ 250m² 이상

해 • 방사구역의 표면적 : 100m² 이상

답 ①

3 포헤드방식의 포헤드를 설치한 방호대상물에 사용되는 포수용액의 표준방사량은 1분당 표면적 1m²당 몇 ℓ 이상인가?
① 9.5ℓ ② 8.0ℓ
③ 6.5ℓ ④ 3.7ℓ

해 • 포헤드 1분당 방사량 : 6.5ℓ/m² 이상

답 ③

4 다음 중 포소화약제의 혼합장치의 종류에 해당하지 않는 것은?
① 프레져 라인 프로포셔너 ② 라인 프로포셔너
③ 프레져 사이드 프로포셔너 ④ 펌프 프로포셔너

해 • 혼합장치 : 라인·펌프·프레져·프레져 사이드 프로포셔너방식, 압축공기포믹싱챔버방식

답 ①

5 포소화약제의 혼합방식 중 펌프와 발포기의 중간에 설치된 벤츄리관의 벤츄리작용에 의하여 포소화약제를 흡입·혼합하는 방식을 무엇이라 하는가?
① 라인 프로포셔너 ② 프레져 프로포셔너
③ 프레져 사이드 프로포셔너 ④ 펌프 프로포셔너

해 • 혼합방식 : 라인 프로포셔너방식

답 ①

6 포소화약제의 혼합방식 중 펌프의 토출관에 압입기를 설치하여 포소화약제 압입용 펌프로 포소화약제를 압입시켜 혼합하는 방식은?
① 펌프 프로포셔너 ② 프레져 프로포셔너
③ 프레져 사이드 프로포셔너 ④ 라인 프로포셔너

해 • 혼합방식 : 프레져 사이드 프로포셔너방식

답 ③

7 고정지붕구조의 옥외저장탱크에 설치하는 Ⅲ형 포방출구에 사용하는 소화약제로 옳은 것은?
① 단백포소화약제 ② 합성계면활성제포소화약제
③ 플루오로화단백포소화약제 ④ 염화단백포소화약제

해 • 해당소화약제 : 플루오로화단백포소화약제, 수성막포소화약제

답 ③

⑧ 콘루프탱크에 설치하는 고정포 방출구의 종류에 해당하지 않는 것은 어느 것인가?
① Ⅰ형 방출구
② Ⅱ형 방출구
③ 특형방출구
④ Ⅲ형 방출구

해
- 콘루프탱크 : Ⅰ형·Ⅱ형·Ⅲ형·Ⅳ형 방출구
- 플루팅루프탱크 : 특형 방출구

답 ③

⑨ 보조포 소화전 포방출구의 입구에서의 방출압력으로 옳은 것은?
① 0.17MPa 이상
② 0.2MPa 이상
③ 0.26MPa 이상
④ 0.35MPa 이상

해
- 방출압력 : 0.35MPa 이상

답 ④

⑩ 위험물 옥외탱크저장소에 설치하는 포방출구의 설치기준 중 맞지 않는 것은?
① 포방출구는 탱크의 측면에 고정 설치할 것
② 포방출구에는 봉판의 점검 및 교체가 용이한 점검구를 설치할 것
③ 고정포 방출구는 탱크의 높이에 따라 균등 설치할 것
④ 탱크 밖으로 방출시험이 가능한 구조로 할 것

해
- 포방출구는 탱크의 주위에 균등하게 설치한다.

답 ③

⑪ 보조포 소화전과 보조포 소화전 상호거리는 보행거리 몇 m 이하인가?
① 15m 이하
② 25m 이하
③ 35m 이하
④ 75m 이하

해
- 상호거리 : 75m 이하

답 ④

⑫ 포모니터시설의 노즐 선단의 방사량은 몇 ℓ/min 이상인가?
① 300 ℓ/min
② 600 ℓ/min
③ 1,000 ℓ/min
④ 1,900 ℓ/min

해
- 방사량 : 1,900 ℓ/min

답 ④

⑬ 포모니터시설의 수평방사거리는 몇 m 이상인가?
① 10m
② 20m
③ 30m
④ 75m

해
- 방사거리 : 30m 이상

답 ③

유게실

※ 여름 해수욕장에서 비치가운의 역할

해수욕장에서 물놀이를 한 후 물기를 닦아주지 않으면 **피부에 부착된 물방울은 돋보기**와 같은 역할을 하여 피부에 화상을 입게 되므로 물 속에서 나온 후에는 반드시 타올로 물기를 닦거나 비치가운을 입어 물기를 제거해 주어야 합니다.

2-6 분말소화설비

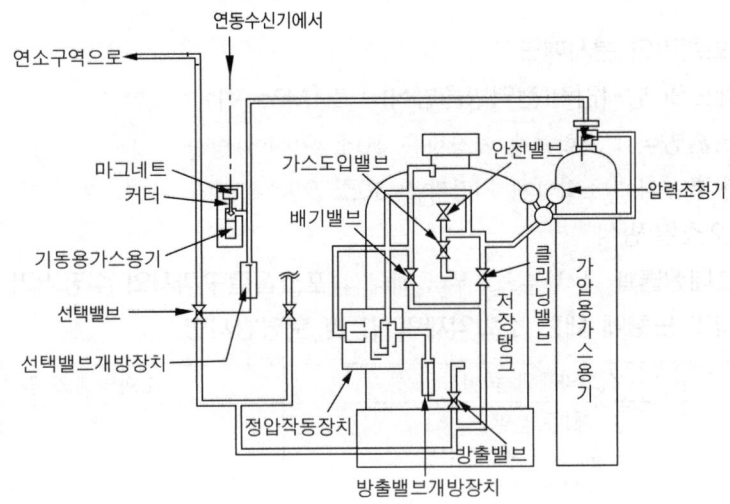

[분말 소화설비의 구조도]

(1) 분말소화약제 저장용기

① 충전비

소화약제의 종별	충전비의 범위
제1종 분말($NaHCO_3$)	0.85 이상 1.45 이하
제2종 분말($KHCO_3$)	1.05 이상 1.75 이하
제3종 분말(인산염류 · $NH_4H_2PO_4$)	
제4종 분말($KHCO_3$ + $(NH_2)_2CO$)	1.50 이상 2.50 이하

(2) 분말소화약제의 가압용 가스용기

① 사용가스량

㉮ 가스가압식

㉠ 질소(N_2) : 40L/kg(35℃, 0MPa 상태) 이상

㉡ 이산화탄소(CO_2) : 20g/kg에 배관청소에 필요한 양을 더한 양 이상

㉯ 축압식

㉠ 질소(N_2) : 10L/kg(35℃, 0MPa 상태) 이상

㉡ 이산화탄소(CO_2) : 20g/kg에 배관청소에 필요한 양을 더한 량 이상

② **전자개방밸브** : 가압용 가스용기가 **3본 이상**인 경우 **2개 이상**의 용기에 부착할 것

③ **압력조정기** : 2.5MPa 이하의 압력에서 조정이 가능할 것

(3) 분말소화약제 기동용 가스용기
① 사용가스 : 이산화탄소(CO_2)
② 내용적 : 0.27ℓ 이상
③ 가스량 : 145g
④ 충전비 : 1.5 이상

(4) 분말소화설비의 분사헤드
① 분사헤드의 방사압력(전역방출방식) : 0.1MPa 이상
② 전역방출방식 : 소화약제 저장량을 30초 이내에 방사
③ 국소방출방식 : 소화약제 저장량을 30초 이내에 방사
④ 이동(호스릴)방식
 ㉮ 방호대상물의 각 부분으로부터 하나의 호스접결구까지의 수평거리 : 15m 이하
 ㉯ 하나의 노즐에 대한 소화약제의 양 및 분당방사량

소화약제의 종별	소화약제의 양 〈분당방사량〉
제1종 분말	50 kg 〈45 kg〉
제2종 분말 및 제3종 분말	30 kg 〈27 kg〉
제4종 분말	20 kg 〈18 kg〉

적중 출제예상문제

분말소화설비

1 분말소화약제가 종별로 바르게 연결된 것은?
① 1종 분말약제 - 탄산수소나트륨($NaHCO_3$)
② 2종 분말약제 - 인산암모늄($NH_4H_2PO_4$)
③ 3종 분말약제 - 탄산수소칼륨($KHCO_3$)
④ 4종 분말약제 - (탄산수소칼륨+인산암모늄)

2 제6류 위험물의 화재에 적응성이 있는 분말소화설비의 소화약제는 몇 종 분말로 하여야 하는가?
① 제1종 분말
② 제2종 분말
③ 제3종 분말
④ 제4종 분말

3 분말소화설비에 사용하는 제1종 분말소화약제의 충전비로서 옳은 것은 어느 것인가?
① 0.85 이상 1.45 이하
② 1.05 이상 1.75 이하
③ 1.50 이상 2.50 이하
④ 3 이상

힌트

해 • 1종 분말 : 탄산수소나트륨
 ※ 2종 분말 : 탄산수소칼륨
 ※ 3종 분말 : 인산암모늄
 ※ 4종 분말 : 2종 분말+요소
답 ①

해 • 제6류 위험물의 화재에는 반드시 제3종 분말($NH_4H_2PO_4$)을 사용할 것
답 ③

해 • 충전비 : 0.85 이상 1.45 이하
답 ①

④ 전역방출방식 분말소화약제 분사헤드의 방사압력은 몇 MPa 이상인가?
  ① 0.1   ② 0.2
  ③ 0.3   ④ 0.4

해 • 방사압력 : 0.1MPa 이상
답 ①

⑤ 분말소화약제의 가압용 가스용기에 사용하는 가스는 다음 중 어느 것인가?
  ① 염소   ② 질소
  ③ 산소   ④ 헬륨

해 • 가압용 가스: 질소(N_2), 이산화탄소(CO_2)
답 ②

⑥ 분말소화약제의 가압용 가스용기가 3본 이상인 경우 전자개방밸브는 몇 개 이상의 용기에 부착하여야 하는가?
  ① 1개   ② 2개
  ③ 3개   ④ 용기마다

해 • 부착개수 : 2개 이상
답 ②

⑦ 분말소화약제의 가압용 가스용기에 설치하는 압력조정기는 몇 MPa 이하의 압력에서 조정가능한 것이어야 하는가?
  ① 0.3   ② 0.7
  ③ 2.1   ④ 2.5

해 • 조정압력 : 2.5MPa
답 ④

⑧ 전역방출방식 또는 국소방출방식 분말소화설비의 분사헤드는 소화약제를 몇 초 이내에 방출할 수 있어야 하는가?
  ① 10초   ② 20초
  ③ 30초   ④ 60초

해 • 방출시간 : 30초 이내
답 ③

⑨ 이동식 분말소화설비에서 호스접결구와 방호대상물의 각 부분과 상호거리는 얼마이어야 하는가?(단, 수평거리)
  ① 15m 이내   ② 15m 이상
  ③ 20m 이내   ④ 20m 이상

해 • 상호거리(수평거리) : 15m 이내
답 ①

⑩ 이동식 분말소화설비에서 노즐 하나에 대한 소화약제량으로 옳지 않은 것은?
  ① 제1종 분말 : 50kg   ② 제2종 분말 : 40kg
  ③ 제3종 분말 : 30kg   ④ 제4종 분말 : 20kg

해 • 소화약제량
  ※ 제1종 분말 : 50kg
  ※ 제2종·제3종 분말 : 30kg
  ※ 제4종 분말 : 20kg
답 ②

⑪ 이동식 분말소화설비의 노즐하나가 1분당 방사할 수 있는 소화약제량으로 옳지 않은 것은?
  ① 제1종 분말 : 45kg   ② 제2종 분말 : 36kg
  ③ 제3종 분말 : 27kg   ④ 제4종 분말 : 18kg

해 • 소화약제량
  ※ 제1종 분말 : 45kg
  ※ 제2종·제3종 분말 : 27kg
  ※ 제4종 분말 : 18kg
답 ②

2-7 불활성가스 소화설비

불활성가스 소화설비의 종류

(1) 이산화탄소
(2) IG-100(질소 100%)
(3) IG-55(질소 50%, 아르곤 50%)
(4) IG-541(질소 52%, 아르곤 40%, 이산화탄소 8%)
(5) IG-01(아르곤 100%)

불활성가스 소화설비(이산화탄소 소화설비 포함)

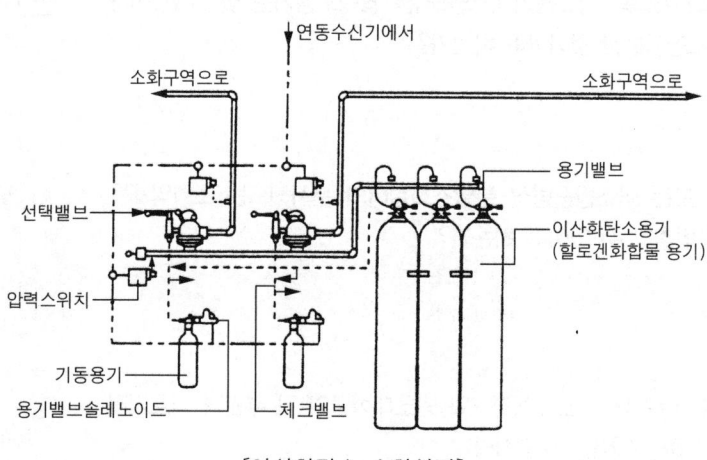

[이산화탄소 소화설비]

(1) 불활성가스 소화설비 소화약제 저장용기

① 이산화탄소 소화설비의 저장용기 : 고압식·저압식

㉮ 고압식 저장용기와 배관의 압력등
  ㉠ 용기 : 25MPa 이상의 압력에서 견딜 것
  ㉡ 배관(강관) : 압력배관용 탄소강관으로 스케줄 80 이상
  ㉢ 배관(동관등) : 16.5MPa 이상의 압력에서 견딜 것

㉯ 저압식 저장탱크와 배관의 압력등
  ㉠ 용기 : 3.5MPa 이상의 압력에서 견딜 것
  ㉡ 배관(강관) : 압력배관용 탄소강관으로 스케줄 40 이상인 것
  ㉢ 배관(동관) : 3.75MPa 이상의 압력에서 견딜 것

㉰ 저압식 이산화탄소 저장용기의 설치기준
  ㉠ 액면계 및 압력계, 파괴관, 방출밸브 등을 설치할 것
  ㉡ 압력경보장치 : 2.3MPa 이상의 압력 및 1.9MPa 이하의 압력에서 작동
  ㉢ 자동냉동기 : 용기 내부의 온도를 -20℃ 이상 -18℃ 이하로 유지할 수 있을 것
② 불활성가스 저장용기의 충전비 및 충전압력
  ㉮ 이산화탄소 소화설비의 충전비
    ㉠ 고압식 : 1.5 이상 1.9 이하
    ㉡ 저압식 : 1.1 이상 1.4 이하
  ㉯ IG-100, IG-50, IG-541의 충전압력 : 21℃에서 32MPa 이하로 할 것

> **참고**
> ※ 저장용기의 형식
> • 고압식 : 고압 실린더로서 1개의 실린더는 68~72 ℓ 범위의 용적을 갖으며 사용량에 따라 **여러 개의 실린더**가 필요하다.
> • 저압식 : 사용량에 따라 1개의 **저장탱크**에 저장한다.

(2) 불활성가스 소화설비 소화약제 저장용기의 기동용 가스용기의 기준
  ① 용기의 내압력 : 25MPa 이상
  ② 용적 : 1 ℓ 이상
  ③ CO_2 의 양 : 0.6kg 이상
  ④ 충전비 : 1.5 이상

(3) 불활성가스 소화설비의 분사헤드의 설치기준
  ① 이산화탄소 고압식 : 2.1MPa 이상
  ② 이산화탄소 저압식(-18℃ 상태) : 1.05MPa 이상
  ③ IG-100, IG-50, IG-541 : 1.9MPa 이상
  ④ 분사헤드 설치 제외의 장소
    ㉮ 방제실·제어실 등 **사람이 상시근무하는** 장소
    ㉯ 나이트로셀룰로오스·셀룰로이드제품 등 **자기연소성 물질**을 저장·취급하는 장소
    ㉰ 나트륨·칼륨·칼슘 등 **활성금속 물질**을 저장·취급하는 장소
    ㉱ 전시장 등의 관람을 위하여 **다수인이 출입 통행**하는 통로 및 전시실 등

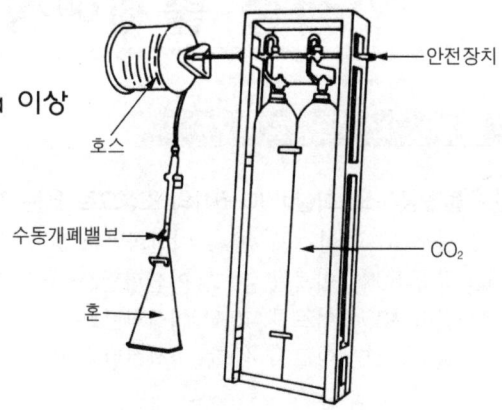

[호스릴 이산화탄소 소화설비]

(4) 불활성가스 소화설비 소화설비의 소화약제 방사시간
   ① 이산화탄소 전역방출방식 : 60초 이내
   ② 불활성가스(IG) 전역방출방식 : 소화약제 95% 이상을 60초 이내
   ③ 국소방출방식 : 30초
   ④ 이동식 불활성 소화설비 : 20℃에서 노즐마다 1분당 90kg 이상 방사할 것

> **참고**
> ※ 방호대상물의 각부분으로부터 하나의 호스접결구까지의 수평거리는 15m 이하가 되도록 한다.

(5) 불활성가스 소화설비의 설치기준
   ① 방호구역 외의 장소에 설치할 것
   ② 온도가 40℃ 이하이고, 온도변화가 적은 곳에 설치할 것
   ③ 직사광선 및 빗물이 침투할 우려가 없는 곳에 설치할 것
   ④ 저장용기에는 안전장치를 할 것
   ⑤ 저장용기의 외면에 소화약제의 종류와 양, 제조년도 및 제조자를 표시

적중 출제예상문제

불활성가스 소화설비

1 불활성가스소화설비 IG-541의 조성으로 옳은 것은?
   ① 질소 10%, 아르곤 40%, 이산화탄소 50%
   ② 질소 50%, 아르곤 40%, 이산화탄소 10%
   ③ 질소 48%, 아르곤 40%, 이산화탄소 12%
   ④ 질소 52%, 아르곤 40%, 이산화탄소 8%

해 • IG(Inergen)의 조성
 - IG-100 : N_2(질소) 100%
 - IG-55 : N_2(질소) 50%, Ar(아르곤) 50%
 - IG-541 : N_2(질소) 52%, Ar(아르곤) 40%, CO_2(이산화탄소) 8%

답 ④

2 이산화탄소 소화약제 저장용기의 내압시험 압력은 몇 MPa의 압력에서 합격하여야 하는가?
   ① 25 이상
   ② 20 이상
   ③ 18 이상
   ④ 17 이상

해 • 내압시험압력 : 25MPa

답 ①

③ 불활성가스 소화설비 중 이산화탄소 소화설비 저압식 저장용기의 설치기준에 해당되지 않는 것은?
① 용기는 3.5Mpa 이상의 압력에 견디어야 한다.
② 배관은 압력배관용 탄소강관으로 스케쥴 40 이상일 것
③ 배관 중 동관은 3.75Mpa 이상의 압력에 견디어야 한다.
④ 충전비는 1.5 이상 1.9 이하이다.

[해] • 저압식의 충전비 : 1.1 이상 1.4 이하
[답] ④

④ 불활성가스 소화설비 중 저압식 저장용기에 설치하는 압력경보장치의 작동압력으로 옳은 것은?
① 2.3Mpa 이상의 압력, 1.9Mpa 이하의 압력
② 2.5Mpa 이상의 압력, 1.7Mpa 이하의 압력
③ 2.7Mpa 이상의 압력, 1.5Mpa 이하의 압력
④ 3Mpa 이상의 압력, 1.3Mpa 이하의 압력

[해] 압력경보장치 작동압력
• 2.3Mpa 이상의 압력
• 9Mpa 이하의 압력
[답] ①

⑤ 불활성가스 소화설비 중 저압식 이산화탄소 소화설비에 설치하는 자동냉동기는 용기 내부의 온도를 몇 ℃ 범위로 유지하여야 하는가?
① 영하 20℃ 이상 영하 18℃ 이하
② 영하 23℃ 이상 영하 20℃ 이하
③ 영하 18℃ 이상 영하 20℃ 이하
④ 영하 20℃ 이상 영하 23℃ 이하

[해] • 유지온도범위 : -20℃ 이상 -18℃ 이하
[답] ①

⑥ 이산화탄소 소화약제 저장용기의 충전비는 고압식일 경우 얼마인가?
① 1.1 이상 1.4 이하
② 1.4 이상 1.5 이하
③ 1.5 이상 1.9 이하
④ 1.9 이상 2.0 이하

[해] • 충전비(고압식) : 1.5 이상 1.9 이하
※ 저압식 : 1.1 이상 1.4 이하
[답] ③

⑦ 불활성가스소화설비인 IG-100, IG-50, IG-541의 충전압력은 21℃에서 몇 MPa 이하인가?
① 12MPa
② 22MPa
③ 32MPa
④ 42MPa

[해] • 21℃에서 IG-100등 충전압력 : 32MPa 이하
[답] ③

⑧ 이산화탄소 소화약제 저장용기의 기동용 가스용기의 기준에 대하여 옳지 않은 것은?
① 용적은 1ℓ 이상이다.
② 탄산가스의 양은 1.5kg 이상이다.
③ 충전비는 1.5 이상이다.
④ 용기는 25MPa의 압력에서 견디어야 한다.

[해] • 탄산가스의 양 : 0.6kg 이상
[답] ②

⑨ 불활성가스소화설비 중 이산화탄소 소화약제 저압식 저장용기는 -18℃ 이하에서 몇 MPa 이상의 압력을 유지하여야 하는가?
① 0.3
② 0.7
③ 1.05
④ 2.5

해 • 유지압력 : 1.05MPa 이상
  ※ 고압식 : 2.1MPa 이상
답 ③

⑩ 불활성가스소화설비 중 IG-100, IG-55, IG-541 분사헤드의 분사압력으로 옳은 것은?
① 1.3MPa 이상
② 1.5MPa 이상
③ 1.7MPa 이상
④ 1.9MPa 이상

해 • IG 소화설비의 분사압력 : 1.9Mpa 이상
답 ④

⑪ 불활성가스소화설비 중 전역방출방식의 소화약제 방사시간으로 옳은 것은?
① 30초 이내
② 40초 이내
③ 60초 이내
④ 90초 이내

해 • 전역방출방식 방출시간 : 60초 이내
  ※ 국소방출방식의 방출시간 : 30초 이내
답 ③

⑫ 불활성가스소화설비 중 이동식 불활성가스소화설비의 20℃에서 1분당 방사량은?
① 30kg
② 45kg
③ 60kg
④ 90kg

해 • 분당 방사량 : 90kg/min
답 ④

⑬ 불활성가스소화설비 중 이산화탄소 소화약제 저장용기는 주위온도가 몇 ℃ 이하이며 온도변화가 작은 곳에 저장하는가?
① 25℃
② 30℃
③ 35℃
④ 40℃

해 • 주위온도 : 40℃ 이하
답 ④

2-8 할론 및 할로젠화합물 소화설비

(1) 할론 및 할로젠화합물 소화약제 저장용기
 ① 종류 : 가압식, 축압식
 ② 가압식 저장용기에 설치하는 압력조정기의 조정압력 : 2MPa 이하
 ③ 축압식 저장용기의 질소가스 충전압력(21℃)
  ㉮ 할론 1211 : 1.1MPa 또는 2.5MPa
  ㉯ 할론 1301 및 HFC-227ea : 2.5MPa 또는 4.2MPa
 ④ 충전비(용적과 소화약제의 중량과의 비율)

가압식		
할론-2402(0.51 이상 0.67 이하)		
축압식		
할론-2402	할론-1211	할론-1301 또는 HFC-227ea
0.67 이상 2.75 이하	0.7 이상 1.4 이하	0.9 이상 1.6 이하
HFC-23 또는 HFC-125(1.2 이상 1.5 이하)		

(2) 할론 및 할로젠화합물 소화설비의 분사헤드
 ① 분사헤드의 방사압력(전역 및 국소방출방식)
  ㉮ 할론 2402 : 0.1MPa 이상
  ㉯ 할론 1211 : 0.2MPa 이상
  ㉰ HFC-227ea : 0.3MPa 이상
  ㉱ 할론 1301 : 0.9MPa 이상
 ② 소화약제 방사시간
  ㉮ 전역 및 국소방출방식 할론-2402, 할론-1211, 할론-1301 : 30초 이내
  ㉯ 전역방출방식 HFC-23, HFC-125, HFC-227ea : 10초 이내

(3) 이동식 할론 소화설비의 설치기준
 ① 호스접결구 : 방호대상물의 각부분으로부터 수평거리 20m 이하에 설치한다.
 ② 노즐 하나의 소화약제량 및 1분당 방사량(20℃)

소화약제의 종별	소화약제량(1분당 방사하는 소화약제량)
할론 2402	45kg
할론 1211	40kg
할론 1301	35kg

적중 출제예상문제

할로젠화합물소화설비

1 할로젠화합물 소화설비의 소화약제 저장용기에 설치하는 압력조정기의 조정압력은 다음 중 어느 것인가?
① 0.5MPa 이하
② 1MPa 이하
③ 2MPa 이하
④ 2.5MPa 이하

해 • 조정압력 : 2MPa 이하
답 ③

2 할론 1301 및 할로젠화합물 HFC-227ea 소화설비의 축압식 저장용기의 질소가스 축압압력은 20℃에서 얼마인가?
① 1.1MPa 또는 2.5MPa
② 2.1MPa 또는 3.7MPa
③ 2.5MPa 또는 4.2MPa
④ 3.5MPa 또는 5.5MPa

해 • 축압압력 : 2.5MPa 또는 4.2MPa
※ 할론 1211의 축압 압력 : 1.1MPa 또는 2.5MPa
답 ③

3 할론 1301 및 할로젠화합물 HFC-227ea 소화설비 축압식 저장용기의 충전비는 다음 중 어느 것인가?
① 0.51 이상 0.67 미만
② 0.67 이상 2.75 이하
③ 0.7 이상 1.4 이하
④ 0.9 이상 1.6 이하

해 • 충전비 : 0.9 이상 1.6 이하
※ HFC-23, HFC-125 : 12 이상
답 ④

4 전역방출방식의 할로젠화합물 소화설비의 분사헤드에서 HFC-227ea를 방사하는 것의 방사압력은 몇 MPa 이상인가?
① 0.1MPa
② 0.2MPa
③ 0.3MPa
④ 0.4MPa

해 • HFC-227ea의 방출압력 : 0.3MPa 이상
※ 할론 2402 : 0.1MPa 이상
※ 할론 1211 : 0.2MPa 이상
※ 할론 1301 : 0.9MPa 이상
답 ③

5 전역방출 및 국소방출방식의 할론-2402, 할론-1211 및 할론-1301 소화설비의 소화약제 방사시간으로서 옳은 것은 어느 것인가?
① 10초 이내
② 20초 이내
③ 30초 이내
④ 60초 이내

해 • 방사시간 : 30초 이내
※ 전역방출방식 HFC-23, HFC-125, HFC-227ea : 10초 이내
답 ③

6 이동식 할론 소화설비의 호스접결구는 방호대상물의 각 부분으로부터 수평거리 몇 m 이하에 설치하는가?
① 20m 이하
② 15m 이하
③ 10m 이하
④ 5m 이하

해 • 상호거리 : 20m 이하
답 ①

2-9 자체소방조직 등

1 자체소방조직

(1) 자체소방대를 두어야 하는 제조소등
  제조소·일반취급소 : 지정수량 3,000배 이상의 제4류 위험물을 취급하는 곳과 지정수량 3,000배 이상을 저장하는 옥외탱크 저장소이다.

> **참고**
> ※ 자체소방대를 두어야하는 제조소·일반취급소에서 제외하는 곳 : 보일러로 위험물을 소비하는 일반취급소 등

(2) 자체소방대에 두어야 하는 화학 소방자동차

제4류 위험물을 취급하는 제조소 및 일반취급소의 구분	화학 소방자동차	자체소방대원의 수
지정수량 3천배 이상 12만배 미만을 저장·취급하는 것	1대	5인
지정수량 12만배 이상 24만배 미만을 저장·취급하는 것	2대	10인
지정수량 24만배 이상 48만배 미만을 저장·취급하는 것	3대	15인
지정수량 48만배 이상을 저장·취급하는 것	4대	20인
옥외탱크 저장소에 저장하는 제4류 위험물의 최대수량이 지정수량 50만배 이상인 사업소	2대	10인

(3) 화학 소방자동차에 갖추어야 하는 소화약제 방사능력 및 소화약제 비치량
  ① 1대 포말 방사능력 : 포수용액 2,000 ℓ/min 이상, 비치량 : 10만 ℓ 이상의 포수용액을 방사할 수 있는 양
  ② 1대 분말 방사능력 : 35kg/sec, 비치량 : 1,400kg 이상
  ③ 1대 할로젠화합물 방사능력 : 40kg/sec 이상, 비치량 : 1,000kg 이상
  ④ 1대 이산화탄소 방사능력 : 40kg/sec 이상, 비치량 : 3,000kg 이상

> **참고**
> ※ 포말을 방사하는 화학 소방자동차의 대수 : 화학 소방자동차의 대수의 2/3 이상으로 할 것

(4) 포 트레일러를 설치하여야 할 일반취급소의 포 트레일러 기준
  ① 대수 : 1대
  ② 조작인원 : 2명 이상
  ③ 포 방수구의 구경 : 65mm 이상
  ④ 포 소화약제량 : 400 ℓ 이상

(5) 제독차에 비치하여야 할 가성소다 및 규조토 : 50kg 이상 비치

적중 출제예상문제

자체소방조직

① 자체소방조직을 두어야 할 위험물제조소 또는 일반취급소의 제4류 위험물량은 지정수량의 몇 배 이상인가?
① 3,000배 이상
② 4,000배 이상
③ 5,000배 이상
④ 6,000배 이상

해 · 지정수량 : 3,000배 이상
※ 저장취급소 : 2만배 이상
답 ①

② 위험물제조소의 위험물 취급량이 지정수량의 10만 배이다. 이때 자체소방조직의 화학 소방자동차 수와 조작인원이 옳은 것은?
① 1대, 5명
② 2대, 10명
③ 3대, 15명
④ 10대, 20명

해 · 12만배 미만 : 1대, 5명
답 ①

③ 화학 소방자동차의 기준 중 포말을 방사하는 차에 있어서 그 방사능력은 매분당 몇 ℓ 이상이어야 하는가?
① 2,000 ℓ
② 2,500 ℓ
③ 3,000 ℓ
④ 4,000 ℓ

해 · 방사능력 : 2,000 ℓ/min 이상
답 ①

④ 자체소방조직을 두어야 할 사업소에 편성된 화학 소방차로서 포말을 방사하는 것은 최소한 몇 ℓ 이상의 포수용액을 방사할 수 있는 양의 소화약제(소화원액)을 비치하여야 하는가?
① 80,000 ℓ
② 100,000 ℓ
③ 150,000 ℓ
④ 200,000 ℓ

해 · 약제 비치량 : 10만 ℓ 이상
답 ②

⑤ 분말을 방사하는 화학 소방차에서 방사능력은 매초 몇 kg 이상인가?
① 15kg
② 25kg
③ 35kg
④ 45kg

해 · 방사능력 : 35kg/sec 이상
답 ③

⑥ 이산화탄소를 방사하는 화학 소방차에서 방사능력은 매초 몇 kg 이상인가?
① 15kg
② 20kg
③ 30kg
④ 40kg

해 · 방사능력 : 40kg/sec 이상
※비치량 : 3,000kg 이상
답 ④

⑦ 제독차에 비치하여야 할 가성소다 및 규조토의 양은 몇 kg 이상인가?
① 50kg
② 60kg
③ 80kg
④ 90kg

해 · 비치량 : 50kg 이상
답 ①

⑧ 위험물 중 인체에 유해한 것을 저장·취급하는 제조소에서 화재시 공기호흡기(보조마스크 포함) 2개의 제독장비를 쉽게 꺼내어 쓸 수 있는 장소에 비치하여야 한다. 이때 기준이 되는 지정수량은 몇 배 이상인가?
① 5배 이상
② 10배 이상
③ 20배 이상
④ 50배 이상

해 • 지정수량 : 10배 이상
답 ②

⑨ 화학 소방자동차 중 포말을 방출하는 화학 소방자동차의 대수는 전체의 어느 정도를 차지하는가?
① 1/2 이상
② 1/3 이상
③ 2/3 이상
④ 1/4 이상

해 • 전체대수의 2/3 이상
답 ③

⑩ 일반취급소에 설치한 포 트레일러의 포 소화약제양은 몇 ℓ 이상인가?
① 300 ℓ
② 400 ℓ
③ 600 ℓ
④ 1,000 ℓ

해 • 소화약제양 : 400 ℓ 이상
답 ②

휴게실

◆ **잘못 알고 계십니다(방수복).**
화재현장에서 소화작업을 하는 **소방관이 착용하는** 검정색 겉옷은 방열복 또는 방화복이 아니라 방수를 목적으로 하는 **방수복**입니다.

◆ **마이카 시대에 운전조심**
소방자동차(구조·구급차 포함)는 긴급 자동차로서 도로교통법에 의하여 **우선 통행**을 할 수 있다. 소방자동차는 다른 긴급 자동차와는 달리 **화재진압** 및 **구조·구급활동**을 위하여 출동하는 때에는 **모든 차와 사람은 통로를 양보하여야 한다. 통로를 양보하지 않고 고의로 통행을 방해**하게 되면 **5년 이하의 징역 또는 3천만원 이하의 벌금**을 받는다(소방기본법 제21조에 의하여 제50조의 1호 벌칙).

3 경보설비

1 경보설비의 종류(위험물 제조소 등 전용)

(1) 자동화재탐지설비
(2) 비상경보설비(비상벨설비·자동식 사이렌)
(3) 비상방송설비
(4) 확성장치

참고

※ 제조소등의 경보설비 설치대상 : 지정수량 10배 이상의 위험물을 저장·취급하는 곳
 (이동탱크저장소 제외)
※ 제조소등의 경보설비의 설치기준

시설별	저장·취급하는 위험물 및 수량	해당 경보설비
제조소· 일반 취급소	○ 연면적 500m² 이상인 곳(인화점 100℃ 이상인 곳 제외) ○ 옥내에서 지정수량 **100배 이상**의 위험물(인화점 100℃ 이상 제외)을 저장·취급하는 곳	○자동화재탐지설비
옥내저장소	○ 연면적 150m² 초과하는 곳 ○ 지정수량 **100배 이상**의 위험물을 저장·취급하는 곳 (인화점 100℃ 이상 제외) ○ 처마높이 6m 이상인 단층건물	
옥내탱크저장소	단층건물 외의 건축물에 설치된 옥내탱크저장소로서 소화난이도 등급 1에 해당하는 것	
주유취급소	옥내주유취급소	
제조소·일반취급소·옥내저장소·옥내탱크저장소·주유취급소 외의 제조소등으로 자동화재 탐지설비 설치대상에 해당되지 않는 곳	○ 지정수량 **10배 이상**의 위험물을 저장 또는 취급하는 곳(이동탱크저장소를 제외한다)	○자동화재탐지설비 ○비상경보설비 ○확성장치 ○비상방송설비 중 1종 이상

※ 소방신호(훈련신호, 경계신호, 발화신호, 해제신호)
 • **훈련신호** 타 종 : 연 3타 반복 / 사이렌 : 10초 간격을 두고 1분씩 3회
 • **경계신호** 타 종 : 1타와 연2타를 반복 / 사이렌 : 5초 간격을 두고 30초씩 3회
 • **발화신호** 타 종 : 난타 / 사이렌 : 5초 간격을 두고 5초씩 3회
 • **해제신호** 타 종 : 상당한 간격을 두고 1타씩 반복 / 사이렌 : 1분간 1회

자동화재탐지설비

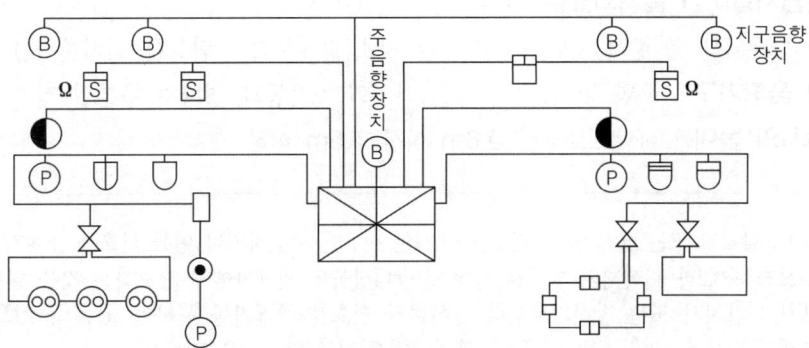

명 칭	표 시	명 칭	표 시
차동식 스포트형 감지기	⌒	열반도체	⊙⊙
보상식 스포트형 감지기	⌒	차동식 분포형 감지기의 검출부	⋈
정온식 스포트형 감지기	⌒	P형발신기	Ⓟ
상동(방수형)	⌒	화재경보벨	Ⓑ
연기감지기	Ⓢ	수신기	⊠
감지기	─⊙─	표시등	◐
공기관	───	중계기	⬚
열전대	▭	종단저항	Ω

(1) 구 성

① 수신기　　　　　② 중계기
③ 감지기　　　　　④ 발신기
⑤ 음향장치

> **참고**
>
> ※ 경계구역
> - 하나의 경계구역의 면적은 600m² 이하로 하고 한 변의 길이는 50m(광전식 분리형 감지기를 설치할 경우 100m) 이하로 할 것
> - 하나의 경계구역이 2개 이상의 건축물 및 층에 미치지 아니할 것
> - 500m² 이하의 범위 안에서는 2개 층을 하나의 경계구역으로 할 수 있다.
> - 하나의 경계구역의 주된 출입구에서 그 내부 전체가 보이는 것에 있어서는 1,000m² 이하로 할 수 있다.
> - 자동화재탐지설비에는 비상전원을 설치할 것

(2) 수신기
  ① **종류** : P형(1급, 2급), R형
  ② **가스누설탐지설비가 설치되었을 경우** : GP형, GR형
  ③ **설치장소** : 수위실 등 항시 사람이 근무하는 장소(경계구역 일람표를 비치할 것)
  ④ **수신기의 음향기구** : 음향 및 음색이 다른 기기의 소음등과 명확히 구분될 것
  ⑤ **조작스위치의 높이** : 바닥으로부터 **0.8m 이상 1.5m 이하**

> **참고**
> ※ P형 수신기 : 감지기 또는 발신기로부터 발하여지는 신호를 수신하거나 이들 신호를 중계기를 통하여 **공통의 신호로 수신**하여 화재의 발생을 당해 소방대상물의 관계자에게 경보하는 것을 말한다.
> ※ R형 수신기 : 감지기 또는 발신기로부터 발하여진 신호를 중계기를 통하여 **고유의 신호로서** 수신하여 화재의 발생을 당해 소방대상물의 관계자에게 경보하는 것을 말한다.
> ※ G·P형, G·R형 : 가스누설탐지기능과 **겸용인 수신기**

(3) 중계기
  ① **설치위치** : 수신기와 감지기 사이(수신기에서 직접 감지기회로의 도통시험을 행하지 아니하는 것에 한한다)
  ② **설치장소** : 조작 및 점검에 편리하고 방화상 유효한 장소

(4) 감지기

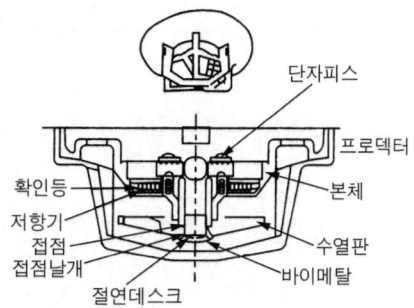

[정온식 스포트형(바이메탈을 이용)]

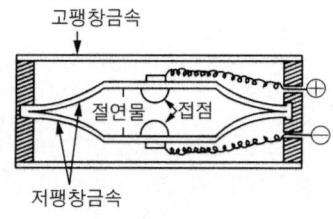

[정온식 스포트형(금속팽창을 이용)]

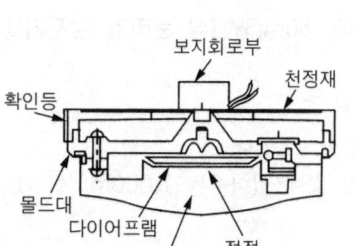

[차동식 스포트형(공기팽창을 이용)]

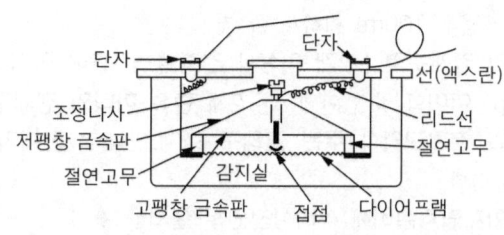

[보상식 스포트형]

① **감지기의 종류** : **정온식** 스포트형, **차동식** 스포트형, 차동식 분포형, **보상식** 스포트형, 감지선형, **이온화식**, **광전식**, 열복합형, 연기복합형, 열연기복합형, 불꽃감지기
② **설치위치**
   ㉮ 실내로의 **공기유입구**로부터 1.5m **이상** 떨어진 위치에 설치(차동식 분포형 제외)
   ㉯ 천정 또는 반자의 옥내에 면하는 부분에 설치
   ㉰ **스포트형 감지기** : 45° **이상** 경사되지 아니하도록 부착할 것
   ㉱ **정온식 감지기** : **주방, 보일러실** 등 다량의 화기를 단속적으로 취급하는 장소에 설치하며 공칭작동온도가 최고 주위온도보다 20℃ **이상 높은 것**으로 설치
   ㉲ **보상식 스포트형 감지기** : 정온점이 감지기 주위의 평상시 최고온도 보다 20℃ **이상 높은 것**으로 설치
   ㉳ **연기감지기** : 천장 또는 반자의 높이가 15m **이상** 20m **미만**인 장소에 설치

> **참고**
> ※ **감지기** : 화재로 인하여 발생하는 열 또는 연소생성물(이하 "연기"라 한다)을 이용하여 자동적으로 화재의 발생을 감지하여 스스로 내장된 음향장치로 경보를 발하거나 또는 이를 수신기에 송신하는 것을 말한다.
> - **정온식 스포트형** : 주변의 온도상승으로 금속이 팽창하여 접점과 닿아 작동
> - **차동식 스포트형** : 주변의 온도상승으로 공기실의 공기팽창으로 다이어프램이 접점이 닿아 작동
> - **보상식 스포트형** : 차동식 스포트형과 정온식 스포트형의 성능을 병용한 것
> - **이온화식** : 연기에 의하여 이온전류가 변화하는 것을 이용하여 작동
> - **광전식** : 연기에 의하여 광전소자의 입사광량이 변화하는 것을 이용하여 작동

(5) **발신기**
① **스위치의 설치높이** : 바닥으로부터 0.8m 이상 1.5m 이하
② 소방대상물의 각 부분으로부터 하나의 발신기까지의 거리 : 수평거리 25m 이하

(6) **음향장치**
① **지구음향장치의 설치위치**(소방대상물의 각 부분으로부터 하나의 음향장치까지의 거리) : 수평거리 25m 이하
② **성능** : 정격전압의 80%전압에서 음향을 발할 수 있을 것
③ **음량** : 부착된 음향장치의 중심으로부터 1m 떨어진 위치에서 90데시벨(dB) 이상일 것

(7) **전 원**
① 축전지
② 교류전압의 옥내간선

③ 전원까지의 배선은 **전용**으로 할 것
④ 감시상태를 **60분간 지속**한 후 유효하게 **10분 이상 경보**할 수 있을 것

 ## 비상경보설비

(1) 비상벨설비 · 자동식사이렌설비
 ① 부식성 가스 또는 습기 등으로 인하여 부식의 우려가 없는 장소에 설치할 것
 ② **설치높이** : 바닥으로부터 **0.8m 이상 1.5m 이하**

 ## 비상방송설비

(1) 설치된 **층**의 각 부분으로부터 하나의 확성기까지의 **수평거리 : 25m 이하**
(2) 음성 입력 : **3와트**(W) 이상(실내의 경우 **1와트**(W) 이상)
(3) 음량조정기의 배선 : 3선식
(4) 기동장치에 의한 **화재신고를 수신한 후** 필요한 음량으로 방송이 개시될 때까지의 소요시간은 **10초 이하**일 것

적중 출제예상문제

경보설비(자동화재탐지설비)

1 경보설비가 아닌 것은?
① 비상조명등
② 비상방송설비
③ 자동화재탐지설비
④ 확성장치

2 다음 중 비상경보설비인 것은?
① 비상벨설비 ② 휴대용 메거폰
③ 수동식 사이렌 ④ 단독경보형 감지기

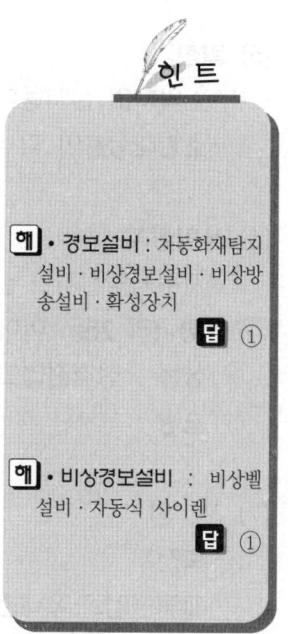

해 • **경보설비** : 자동화재탐지설비 · 비상경보설비 · 비상방송설비 · 확성장치
답 ①

해 • **비상경보설비** : 비상벨설비 · 자동식 사이렌
답 ①

③ 화재 발생을 통보하는 비상경보설비는?
① 휴대용 공기호흡기   ② 연소방지설비
③ 자동식 사이렌   ④ 수동식 사이렌

해 • 문제 2 해설 참조
답 ③

④ 화재 발생을 통보하는 경보설비가 아닌 것은?
① 비상경보설비   ② 비상콘센트설비
③ 비상방송설비   ④ 자동화재탐지설비

해 • 제조소등의 경보설비 : 자동화재탐지설비·비상경보설비·비상방송설비·확성장치
답 ②

⑤ 제조소등에 설치하는 경보설비가 아닌 것은?
① 비상용수설비   ② 확성장치
③ 비상방송설비   ④ 자동화재탐지설비

해 • 제조소등의 경보설비 : 자동화재탐지설비·비상경보설비·비상방송설비·확성장치
답 ①

⑥ 위험물제조소등에 있어서 경보설비를 갖춰야 할 대상은?
① 지정수량의 10배 이상   ② 지정수량의 20배 이상
③ 지정수량의 50배 이상   ④ 지정수량의 100배 이상

해 • 지정수량 : 10배 이상
답 ①

⑦ 위험물제조소등에 자동화재탐지설비를 반드시 설치하여야 할 대상이 아닌 것은?
① 지정수량 100배 이상을 저장·취급하는 제조소
② 지정수량 100배 이상을 저장·취급하는 일반취급소
③ 지정수량 100배 이상을 저장하는 옥내저장소
④ 지정수량 100배 이상을 저장하는 옥외저장소

해 • 지정수량 10배 이상을 취급하는 옥외저장소 : 자동화재탐지설비, 비상경보설비, 비상방송설비, 확성장치 중 1종 이상 설치
답 ④

⑧ 다음 중 자동화재탐지설비의 구성이 아닌 것은?
① 감지기   ② 수신기
③ 발신기   ④ 비상용 전화기

해 • 구성 : 수신기·중계기·감지기·발신기·음향장치
답 ④

⑨ 자동화재탐지설비의 1개의 경계구역 해당 설명 중 옳지 않는 것은?
① 1개의 경계구역 그 한 변의 길이는 100m 이내로 하여야 한다.
② 1개 층의 경계구역 면적은 600m² 이하일 때
③ 2개 층의 면적의 합계가 500m² 이하일 때에는 2개 층을 1개의 경계구역으로 할 수 있다.
④ 소방대상물의 주된 출입문에서 그 내부 전체를 볼 수 있는 경우에는 1,000m² 까지 할 수 있다.

해 • 경계구역의 길이 : 50m 이하
※ 광전식분리형감지를 사용할 경우 한 변의 길이 100m 이하
답 ①

⑩ 자동화재탐지설비 수신기의 종류에 해당되지 않는 것은?
① P형   ② S형
③ R형   ④ GP형

해 • 종류 : P형·R형·GP형·GR형
답 ②

⑪ 자동화재탐지설비인 수신기의 조작스위치는 바닥으로 부터의 높이가 몇 m 이상과 몇 m 이하인 곳이 적당한가?
① 0.5m~1.2m
② 0.8m~1.5m
③ 1.2m~1.8m
④ 1.5m~1.2m

[해] • 설치높이 : 0.8m 이상 1.5m 이하
[답] ②

⑫ 자동화재탐지설비의 감지기 설치기준 중 틀리는 것은?
① 보상식 스포트형 감지기는 정온점이 감지기 주위의 평상시 최고온도 보나 20℃ 이상 높은 것으로 할 것
② 감지기는 실내로의 공기유입구로부터 1.5m 이상 떨어진 위치에 설치할 것
③ 감지기는 천장 또는 반자의 옥내에 면하는 부분에 설치할 것
④ 스포트형 감지기는 40° 이상 경사되지 아니하도록 부착할 것

[해] • 스포트형 감지기 : 45° 이상 경사되지 아니하도록 할 것
[답] ④

⑬ 자동화재탐지설비 중 발신기의 설치 높이로서 적당한 것은?
① 0.5m 이하 3m 이상
② 0.5m 이하 2.5m 이상
③ 0.8m 이상 1.5m 이하
④ 0.8m 이상 1m 이하

[해] • 설치높이 : 0.8m 이상 1.5m 이하
[답] ③

4 피난설비

 피난설비의 종류

(1) 피난기구
(2) 유도등 및 유도표지
(3) 인명구조기구
(4) 비상조명등 및 휴대용 비상조명등

 유도등 및 유도표지의 종류

[피난구유도등]

[통로유도등]

(1) 피난구유도등   (2) 통로유도등
(3) 객석유도등   (4) 유도표지

 주유취급소 피난설비의 설치기준

(1) 주유취급소 중 건축물의 **2층 이상의 부분**을 점포·휴게음식점 또는 전시장의 용도로 사용하는 것에 있어서는 당해 건축물의 **2층 이상**으로부터 주유취급소의 **부지 밖으로 통하는 출입구**와 당해 출입구로 통하는 **통로·계단** 및 **출입구**에 유도등을 설치하여야 한다.
(2) **옥내주유취급소**에 있어서는 당해 사무소 등의 **출입구** 및 **피난구**와 당해 피난구로 통하는 **통로·계단** 및 **출입구**에 유도등을 설치하여야 한다.
(3) 유도등에는 비상전원을 설치하여야 한다.

적중 출제예상문제

피난설비

① 위험물안전관리법령상 피난설비에 해당하는 것은?
① 자동화재탐지설비
② 비상방송설비
③ 자동식 사이렌설비
④ 유도등

 • 소방설비의 종류
- 자동화재탐지설비 : 경보설비
- 비상방송설비 : 경보설비
- 자동식 사이렌설비 : 경보설비
- 유도등 : 피난설비

답 ④

② 주유취급소 중 건축물의 2층에 휴게음식점의 용도로 사용하는 것에 있어 당해 건축물의 2층으로부터 직접 주유취급소의 부지 밖으로 통하는 출입구와 당해 출입구로 통하는 통로·계단에 설치하여야 하는 것은?
① 비상경보설비
② 유도등
③ 비상조명등
④ 확성장치

• 주유취급소의 피난설비
- 주유취급소 중 건축물의 2층의 부분을 점포·휴게음식점 또는 전시장의 용도로 사용하는 것에 있어서는 당해 건축물의 2층으로부터 직접 주유취급소의 부지 밖으로 통하는 출입구와 당해 출입구로 통하는 통로·계단 및 출입구에 유도등을 설치하여야 한다.
- 옥내주유취급소에 있어서는 당해 사무소 등의 출입구 및 피난구와 당해 피난구로 통하는 통로·계단 및 출입구에 유도등을 설치하여야 한다.
- 유도등에는 비상전원을 설치하여야 한다.

답 ②

③ 피난동선의 특징이 아닌 것은?
① 가급적 지그재그의 복잡한 형태가 좋다.
② 수평동선과 수직동선으로 구분한다.
③ 2개 이상의 방향으로 피난할 수 있어야 한다.
④ 가급적 상호반대방향으로 다수의 출구와 연결되는 것이 좋다.

• 피난동선은 가급적 직선의 간단한 형태(T형, X형, Z형)가 좋다.

답 ①

제2편
위험물의 성질 및 취급

제1장	위험물
제2장	제1류 위험물
제3장	제2류 위험물
제4장	제3류 위험물
제5장	제4류 위험물
제6장	제5류 위험물
제7장	제6류 위험물
제8장	위험물의 취급방법

제 1 장 위험물

1 위험물의 구분

위험물안전관리법에서는 위험물을 화학적·물리적 성질에 따라 제1류에서 제6류로 구분하여 정하고 있다(전체 위험물의 종류는 부록 참고).

> **참고**
> ※ **위험물의 정의** : 인화성 또는 발화성 등의 성질을 가지는 것으로서 대통령령이 정하는 물품

2 위험물의 구성

- 유별
- 성질
- 품명
- 지정수량

> **참고**
> ※ **유별** : 제1류에서 제6류 위험물까지 화학적·물리적 성질이 비슷한 위험물로 구분한다.
> ※ **성질**
> - **산화성 고체(제1류)** : 고체로서 산화력의 잠재적인 위험성 또는 충격에 대한 민감성을 판단하기 위하여 소방청장이 정하여 고시하는 시험에서 고시로 정하는 성질과 상태를 나타내는 것을 말한다.
> - **가연성 고체(제2류)** : 고체로서 화염에 의한 발화의 위험성 또는 인화의 위험성을 판단하기 위하여 고시로 정하는 시험에서 고시로 정하는 성질과 상태를 나타내는 것을 말한다.
> - **자연발화성 물질 및 금수성 물질(제3류)** : 고체 또는 액체로서 공기 중에서 발화의 위험성이 있거나 물과 접촉하여 발화하거나 가연성가스를 발생하는 위험성이 있는 것을 말한다.
> - **인화성 액체(제4류)** : 액체(제3석유류, 제4석유류 및 동·식물유류에 있어서는 1기압과 20℃에서 액상인 것에 한한다)로서 인화의 위험성이 있는 것을 말한다.
> - **자기반응성 물질(제5류)** : 고체 또는 액체로서 폭발의 위험성 또는 가열분해의 격렬함을 판단하기 위하여 고시로 정하는 시험에서 고시로 정하는 성질과 상태를 나타내는 것을 말한다.
> - **산화성 액체(제6류)** : 액체로서 산화력의 잠재적인 위험성을 판단하기 위하여 고시로 정하는 시험에서 고시로 정하는 성질과 상태를 나타내는 것을 말한다.

> **참고**
> ※ 품명 : 위험물의 명칭
> ※ 지정수량 : 위험물의 종류별로 위험성을 고려하여 대통령령이 정하는 수량으로서 제조소등의 설치허가 등에 있어서 최저의 기준이 되는 수량
> • 지정수량 배수의 총합
> $$\frac{A \text{ 품명 저장수량}}{A \text{ 품명의 지정수량}} + \frac{B \text{ 품명의 저장수량}}{B \text{ 품명의 지정수량}} + \cdots$$
> = 환산지정수량(1 이상이면 지정수량 이상으로 본다)

3 위험물의 유별 공통기준(규칙 별표 18)

 ### 제1류 위험물(산화성 고체)

가연물과의 접촉·혼합이나 분해를 촉진하는 물품과의 접근 또는 **과열, 충격, 마찰** 등을 피하여야 하며, 알칼리금속의 과산화물 및 이를 함유한 것에 있어서는 물과의 접촉을 피할 것

> **참고**
> ※ **산화성 고체** : 마찰·충격 등으로 **분해**하여 많은 **산소**를 방출한다.
> ※ 강산화제이며 **불연성** 물질이다. 또한 **조연성** 물질이라고도 한다.
> • 조연성 : 산소를 많이 함유하여 연소를 도와주는 성질
> ※ 용기는 **밀전**하여 공기가 잘 통하는 **냉암소**에 저장한다.

 ### 제2류 위험물(가연성 고체)

산화제와의 접촉·혼합이나 **불티, 불꽃, 고온체**와의 접근 또는 **과열**을 피하여야 하며, 철분·금속분·마그네슘 및 이를 함유하는 것에 있어서는 **물**이나 **산**과의 접촉을 피하고 인화성 고체에 있어서는 함부로 증기를 발생시키지 말 것

> **참고**
> ※ **가연성 고체** : 환원제이므로 **산화제**와 접촉하거나 **점화원**에 의하여 급격히 폭발할 수 있다.
> ※ **가연성 물질** : 이연성 물질이라고도 한다.
> • 이연성 : 타기 쉬운 물질

3. 제3류 위험물(자연발화성 물질 및 금수성 물질)

자연발화성 물질에 있어서는 **불티, 불꽃, 또는 고온체와의 접근 과열** 또는 **공기**와의 접촉을 피하여야 하며, 금수성 물질에 있어서는 **물**과의 접촉을 피하여야 한다.

>
> ※ 자연발화성 물질 및 금수성 물질 : **공기, 물, 공기 또는 물, 과열** 등으로 **가연성가스**를 발생하여 **발화** 또는 폭발한다.
> ※ 금수성 : 물과의 접촉을 금지하여야 하는 성질(실험대 위에서 **5g 이상** 취급하지 말 것)

4. 제4류 위험물(인화성 액체)

불티, 불꽃, 고온체와의 접근 또는 과열을 피하고, 함부로 **증기를 발생시키지 말 것**

>
> ※ **인화성 액체** : 인화성 증기를 발생하는 액체 위험물로 흔히 기름이라 말하는 것으로 액체연료 및 여러 물질을 녹이는 용제 등으로 일상생활 및 산업분야 등 많이 이용되고 있다.
> • 인화성 : 화공 위험성에서의 정의는 **30℃ 미만**에서 가연성 증기를 발생하는 것을 말하나 여기서는 점화원에 의하여 쉽게 착화되는 성질의 것을 말한다.

5. 제5류 위험물(자기반응성 물질)

불티, 불꽃, 고온체와의 접근이나 **과열, 충격**, 또는 **마찰** 등을 피할 것

>
> ※ **자기반응성 물질**(자기연소성 물질) 또는 **내부연소성 물질** : 주로 **가연물**인 동시에 자체 내에 **산소공급체**가 공존하므로 화약의 원료로 많이 쓰인다.
> • 자기반응성 물질 : 가연물이며 산소함유 물질(실험대 위에서 **5g 이상** 취급하지 말 것)

제6류 위험물(산화성 액체)

가연물과의 접촉·혼합이나 분해를 촉진하는 물질에의 접근 또는 과열을 피할 것

※ **산화성 액체** : 강산화제로서 강한 **부식성**을 갖는 **강산**이며 많은 **산소**를 함유하고 있다.

유게실

◆ 이 정도는 알고 있자(벼락).
천둥과 번개가 심할 경우 야외에서는 몸에 **금속을 노출시켜서는** 안되며 **라디오와 무전기**는 **벼락**을 부르는 기계가 된다.

◆ 믿어도 될는지…
레저붐을 타고 산이나 들로 나가 캠프를 할 때 텐트 안으로 **뱀 등의 침투**를 막기 위하여 **백반**이나 **담배꽁초**를 뿌리지만 **독사에게 물렸을 때** 응급처리 방법은 각양각색입니다. 일단 뱀에 물린 자리 윗부분을 **압박**한 후 물린 부분을 칼로 5mm 길이로 십자로 찢고 입으로 독을 빨아낸 다음(입안에 상처가 없어야 한다) **병원으로 후송하여 백신**을 맞는 방법이 가장 널리 알려진 응급처리 방법입니다. 그런데 **토란잎**을 찢어서 상처 부위에 싸매면 **뱀독이 해독**된다는 이야기가 있는데 **믿어도 될는지.**

적중 출제예상문제

1 다음 중 위험물안전관리법상 위험물의 정의로 맞는 것은?
① 도지사가 정하는 발화성 또는 인화성 등의 물질
② 소방서장이 정하는 폭발성 등의 물질
③ 대통령령이 정하는 인화성 또는 발화성 등의 물질
④ 행정안전부령이 정하는 폭발성 등의 물질

2 위험물의 지정수량이란?
① 군수, 시장이 정하는 수량을 말한다.
② 도지사가 정하는 수량을 말한다.
③ 대통령령이 정하는 수량을 말한다.
④ 소방본부장 또는 소방서장이 정한 수량을 말한다.

3 위험물안전관리법상의 위험물의 성질로서 다음 중 틀린 것은?
① 발화·인화하는 것도 있으나 발화·인화를 촉진시켜 주는 것도 있다.
② 화재의 발생위험과 확대위험이 큰 것이다.
③ 일반적으로 한번 연소하면 매우 소화가 곤란하다.
④ 위험물은 모두 가연성 물질이다.

4 품명을 달리하는 2개 이상의 위험물을 동일한 장소에 저장할 경우 지정수량의 환산은 다음 중 어느 것이 옳은가?
① 저장하는 위험물 중 그 양이 가장 많은 것을 지정수량으로 한다.
② 저장하는 위험물 중 가장 위험도가 높은 것이 지정수량 이상일 때이다.
③ 2품명의 위험물을 합하여 그 양이 지정수량 이상일 때이다.
④ 각 품명별로 저장하는 수량을 그 품명별 지정수량으로 나누어 얻은 수의 합계가 1이상일 때이다.

5 제1류 위험물을 취급할 때 주의사항으로서 틀린 것은?
① 환기가 좋은 찬 곳에 저장한다.
② 가열, 충격, 마찰을 피한다.
③ 가연물과의 접촉을 피한다.
④ 용기를 옮길 때는 개방용기를 사용한다.

6 제1류 위험물 무기과산화물류에 대한 설명 중 잘못된 것은?
① 불연성 물질이다.
② 가열 또는 산화되기 쉬운 물질과 혼합되면 분해하여 산소를 방출한다.
③ 물과 반응하면 발열하고 수소를 발생하는 것도 있다.
④ 가열, 충격에 의해 폭발하는 것도 있다.

힌트

해 • 위험물 : 인화성 또는 발화성 등의 성질을 가지는 것으로서 대통령령이 정하는 물품
답 ③

해 • 지정수량 : 위험물의 종류별로 위험성을 고려하여 대통령령이 정하는 수량으로서 제조소등의 설치허가 등에 있어서 최저의 기준이 되는 수량
답 ③

해 • 제1류 위험물 · 제6류 위험물 : 불연성
답 ④

해 • 환산지정수량 : 품명별 저장수량을 품명별 지정수량으로 나누어 얻은 수의 합계가 1이상 일 경우 지정수량 이상으로 본다.
답 ④

해 • 용기 : 밀전하여 공기가 잘 통하는 냉암소에 저장한다.
답 ④

해 • 무기과산화물 중 알칼리금속의 과산화물 : 물과 접촉하여 발열하며 산소가스를 발생한다.
답 ③

7 제2류 위험물의 화재예방시 주의해야 할 사항 중 옳은 것은?
① 물과 작용하여 발화되는 것이 많다.
② 불티, 불꽃, 고온체와의 접근 및 과열을 피할 것
③ 공기 속에서 환원되어 발화한다.
④ 마찰, 충격에 대하여 안전하다.

해 • 제2류 위험물 : 산화제와 접촉·혼합이나 불티·불꽃 등과의 접근 및 과열을 피할 것
답 ②

8 제2류 위험물을 저장할 때에 특히 주의해야 할 사항은?
① 환원제와의 접촉을 피한다.
② 가연물과 접촉을 피한다.
③ 금속분은 물속에 저장한다.
④ 산화제와의 접촉·혼합을 피한다.

해 • 문제 7 해설 참조
답 ④

9 제3류 위험물의 성질로서 적합한 것은?
① 산화력이 강하다.
② 물과 반응하여 화학적으로 활성화된다.
③ 전부 보호액 중에 보관해야 된다.
④ 전부 단체 금속이다.

해 • 제3류 위험물 : 금수성 물질은 물과 반응하여 가연성가스를 발생한다.
답 ②

10 제3류 위험물의 화재예방상 공통된 성질로서 옳은 것은?
① 착화온도가 낮은 액체이다.
② 자연발화성 물질은 불티, 불꽃 또는 고온체의 접근, 과열 또는 공기와 접촉을 피할 것
③ 전부 가연성이지만 유기물과 접촉하면 산소를 발생한다.
④ 물과 접촉하면 산소를 발생하고 다른 물질을 산화시킨다.

해 • 제3류 위험물 : 자연발화성 물질은 불티 등 점화원 및 공기 또는 물과의 접촉을 피할 것
답 ②

11 제4류 위험물의 저장취급 방법에 있어서 다음 중 옳은 것은?
① 물과의 접촉을 피해야 한다.
② 불티, 불꽃, 고온체에의 접근을 피해야 하며 증기 발생을 억제해야 한다.
③ 가연물과의 접촉을 금해야 한다.
④ 자연폭발 위험성이 있으며 마찰을 금해야 한다.

해 • 제4류 위험물 : 인화성 액체로 점화원에 의하여 연소한다.
※ 점화원 : 불티·불꽃·마찰·충격·고온체 등
답 ②

12 제5류 위험물의 화재예방법으로 적당한 것은?
① 습기를 피해서 저장한다.
② 무기산류와 공존을 피한다.
③ 불티, 불꽃, 고온체의 접근이나 과열, 충격, 마찰 등을 피할 것
④ 보호액에 담가서 노출되지 않도록 한다.

해 • 제5류 위험물 : 자기반응성(자기연소성)이므로 폭약 등에 많이 사용되므로 불티, 불꽃 등과 과열, 충격, 마찰 등을 피할 것
답 ③

⑬ 다음 중에서 제6류 위험물의 화재예방에 가장 공통되는 주의사항은 어느 것인가?
① 불필요하게 가연물과 접촉시키지 않는다.
② 공기와의 접촉을 피한다.
③ 산화제의 혼입을 피한다.
④ 항상 냉각시켜 저장한다.

[해] • 제6류 위험물 : 가연물과의 접촉이나 분해를 촉진하는 물품에의 접촉을 피할 것
[답] ①

⑭ 각 유별 위험물의 공통된 취급방법에 있어서 틀린 것은?
① 제1류 위험물은 가열, 충격, 마찰 및 다른 약품과의 접촉을 피한다.
② 제2류 위험물은 물 또는 습기를 피해야 한다.
③ 제3류 위험물의 수분과 접촉을 방지한다.
④ 제5류 위험물은 불꽃 및 고온체와의 접근을 피한다.

[해] • 제2류 위험물 : 유황, 적린 등은 물과 접촉하여도 무방하다.
[답] ②

⑮ 위험물의 유별로 그 위험성의 종류가 바르게 연결되지 아니한 것은?
① 제1류 위험물 - 강산화성 물질
② 제3류 위험물 - 환원성 물질
③ 제4류 위험물 - 가연성 증기를 발생하는 액체
④ 제5류 위험물 - 자기연소성 물질

[해] • 제3류 위험물 : 금수성·자연발화성 물질
[답] ②

휴게실

◆ 딸꾹질을 멈추게 하는 방법

딸꾹질이 그치지 않고 계속될 때 **최악의 경우는 목숨도 잃는다**고 한다. 미국 오하이오주 앤턴에 사는 찰스 오스븐이라는 사람은 1922년부터 1990년 2월까지 **69년 5개월간 딸꾹질**을 하였다 한다(기네스북).

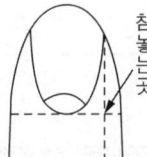
[왼손 검지]

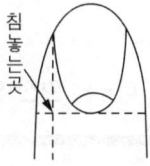
[오른손 검지]

일단 딸꾹질이 그치지 않으면 불편한 것은 사실이다. 이러한 **딸꾹질을 멈추게 하는 방법**으로는 숨을 오래 참거나 깜짝 놀라게 하는 등 여러 가지 방법이 있겠지만 **도무지 멈추지 않는 딸꾹질**은 그림에서와 같이 **왼손과 오른손 검지**(두번째 손가락)의 **표시한 각점**(**상양혈**이라 한다)을 소독한 핀이나 바늘로 **침을 놓는 방법**과 **곶감꼭지 삶은 물**을 마시는 방법 등이 있다.

제 2 장
제1류 위험물

학습목표
- 필수 암기사항
- 아염소산염류·염소산염류·과염소산염류·무기과산화물류·브로민산염류·아이오딘산염류·질산염류·과망가니즈산염류·다이크로뮴산염류 및 행정안전부령이 정하는 것 등의 성질

1 필수 암기사항

- 제1류 위험물의 품명 및 지정수량
- 제1류 위험물의 일반성질
- 제1류 위험물의 저장 및 취급방법
- 제1류 위험물의 정의

참고
※ 필수 암기사항에 대한 내용은 **완전 암기**하여 수험에 대비할 것

제1류 위험물의 품명 및 지정수량

유별 및 성질	위험등급	품명	지정수량
제1류 산화성 고체	I	1. 아염소산염류 2. 염소산염류 3. 과염소산염류 4. 무기과산화물	50kg 50kg 50kg 50kg
	II	5. 브로민산염류(브롬산염류) 6. 아이오딘산염류(요오드산염류) 7. 질산염류	300kg 300kg 300kg
	III	8. 과망가니즈산염류(과망간산염류) 9. 다이크로뮴산염류(중크롬산염류)	1,000kg 1,000kg
	I~III	10. 그 밖에 행정안전부령이 정하는 것 11. 제1호 내지 제10호에 해당하는 어느 하나 이상을 함유한 것	50kg 300kg 또는 1,000kg

> **참고**
> ※ **지정수량**은 완전 암기하여 수험에 대비할 것
> ※ 그 밖에 행정안전부령이 정하는 것
>   차아염소산염류, 과아이오딘산, 과아이오딘산염류, 아질산염류, 크로뮴, 납 또는 아이오딘의 산화물, 퍼옥소붕산염류, 퍼옥소이황산염류, 염소화아이소시아누르산

제1류 위험물의 일반성질

(1) 대부분 **무색 결정**이나 **백색 분말**이며 비중이 1보다 크며 수용성인 것이 많다.
(2) **불연성**이며 **산소**를 많이 함유하고 있는 **강산화제**이다.
(3) 반응성이 풍부하여 **열·타격·충격·마찰** 및 다른 **약품**과의 접촉으로 분해하여 많은 **산소**를 **방출**하여 다른 **가연물의 연소를 돕는다.**
(4) 알칼리금속의 과산화물은 물과 접촉하여 **산소**를 발생한다.

>
> ※ **제1류 위험물**을 (3)번과 같은 성질 때문에 **조연성 물질**이라고도 부르며, 가연물과 혼합되어 있을 경우 마찰, 충격 등으로 폭발의 위험이 있다.

제1류 위험물의 저장 및 취급방법

(1) **조해성**이 있으므로 습기에 주의하며 용기는 **밀폐**하여 저장할 것
(2) 용기의 파손에 의하여 **위험물의 누설**에 주의할 것
(3) **환기가 좋은 찬 곳**에 저장할 것
(4) **열원**과 **산화되기 쉬운 물질**과 **산** 또는 **화재 위험**이 있는 곳으로부터 **멀리** 할 것
(5) 다른 약품류 및 가연물과의 **접촉**을 피할 것

 ## 제1류 위험물의 정의

(1) **아염소산 염류**
  $HClO_2$(아염소산)의 **수소**를 **금속** 또는 **양이온**으로 치환된 형태의 화합물의 총칭
(2) **염소산염류**
  $HClO_3$(염소산)의 **수소**를 **금속** 또는 **양이온**으로 치환된 형태의 화합물의 총칭
(3) **과염소산염류**
  $HClO_4$(과염소산)의 **수소**를 **금속** 또는 **양이온**으로 치환된 형태의 화합물의 총칭
(4) **무기과산화물류**
  H_2O_2(과산화수소)의 **수소**를 **금속** 또는 **양이온**으로 치환된 형태의 화합물의 총칭
(5) **브로민산염류(브롬산염류)**
  $HBrO_3$(브로민산)의 **수소**를 **금속** 또는 **양이온**으로 치환된 형태의 화합물의 총칭
(6) **아이오딘산염류(요오드산염류)**
  HIO_3(아이오딘산)의 **수소**를 **금속** 또는 **양이온**으로 치환된 형태의 화합물의 총칭
(7) **질산염류**
  HNO_3(질산)의 **수소**를 **금속** 또는 **양이온**으로 치환된 형태의 화합물의 총칭
(8) **과망가니즈산염류(과망간산염류)**
  $HMnO_4$(과망가니즈산)의 **수소**를 **금속** 또는 **양이온**으로 치환된 형태의 화합물의 총칭
(9) **다이크로뮴산염류(중크롬산염류)**
  $H_2Cr_2O_7$(다이크로뮴산)의 **수소**를 **금속** 또는 **양이온**으로 치환된 형태의 화합물의 총칭

적중 출제예상문제

1 다음은 제1류 위험물의 지정수량을 연결한 것이다. 잘못된 것은?
① 아염소산염류 – 50kg
② 아이오딘산염류 – 100kg
③ 브로민산염류 – 300kg
④ 다이크로뮴산염류 – 1,000kg

2 제1류 위험물 중 위험등급 I 등급 위험물이 아닌 것은?
① 염소산염류
② 과염소산염류
③ 무기과산화물류
④ 질산염류

3 제1류 위험물의 공통 특징은?
① 가연성
② 환원성
③ 산화성
④ 폭발성

4 제1류 위험물의 공통적인 성질에 해당되는 것은?
① 불연성 고체이다.
② 흡수성 물질이다.
③ 인화성 액체이다.
④ 강산성 액체이다.

5 제1류 위험물의 공통성질이 아닌 것은?
① 강산화성 물질이며 가연성이다.
② 비중이 1보다 크고 수용성인 것이 많다.
③ 조해성이 있다.
④ 분해시 산소를 방출한다.

6 제1류 위험물의 일반적 성질 중 맞지 않는 것은?
① 강산화성 물질로 상온에서 고체이다.
② 가열·충격·마찰 등으로 쉽게 분해되어 산소를 내놓는다.
③ 전부 가연성 물질이며, 다른 가연물을 산화시키는 물질이다.
④ 대부분 무색 결정 또는 분말로 비중이 1보다 크고 수용성이 많다.

7 제1류 위험물에 가열·타격 및 충격 등을 가하였을 때 방출되는 가스는 어느 것인가?
① 수소
② 산소
③ 질소
④ 염소

8 제1류 위험물인 알칼리금속의 과산화물은 물과 접촉하여 발열하며 가스를 방출한다. 이 가스는 다음 중 어느 것인가?
① H_2
② CO_2
③ N_2
④ O_2

힌트

[해] • 아이오딘산염류의 지정수량 : 300kg
답 ②

[해] • 위험물의 종별 :
① I 등급, ② I 등급
③ I 등급, ④ II 등급
답 ④

[해] • 제1류 위험물(산화성고체) : 강산화제로서 불연성 물질이다.
답 ③

[해] • 문제 3 해설 참조
답 ①

[해] • 문제 3 해설 참조
답 ①

[해] • 제1류 위험물 : 모두 불연성 물질이다.
답 ③

[해] • 제1류 위험물 : 강산화제로서 산소를 많이 함유하고 있으므로 분해할 경우 산소를 방출한다.
답 ②

[해] • 방출가스 : 산소(O_2)
답 ④

9. 다음 중 인화성 물질이 아닌 것은?
① 산소 ② 알코올
③ 수소 ④ 석유

10. 제1류 위험물 중 아염소산염류에 해당되는 것은?
① $HClO_2$ ② $KClO_2$
③ $NaClO_3$ ④ NH_4ClO_4

11. 제1류 위험물 중 염소산염류에 해당하는 것은?
① CCl_4 ② NH_4ClO_3
③ C_6H_5Cl ④ $HClO_3$

12. 제1류 위험물 중 과염소산염류에 해당되는 것은?
① $NaClO_4$ ② $NaClO_3$
③ $NaClO_2$ ④ $NaClO$

13. 제1류 위험물 중 무기과산화물류에 해당되는 것은?
① K_2O_2 ② Na_2O
③ Ba_2O_2 ④ Ca_2O_2

14. 제1류 위험물에 속하지 않는 것은?
① NH_4ClO_3 ② BaO_2
③ CH_3ONO_2 ④ $NaNO_3$

15. 제1류 위험물의 저장 및 취급방법으로 옳지 않은 것은?
① 습기에 주의하며 용기는 밀폐하여 저장한다.
② 가연성이므로 환기가 좋은 찬곳에 저장한다.
③ 용기의 파손 등 위험물의 누설에 주의할 것
④ 분해를 촉진하는 약품과 접촉을 피할 것

16. 제1류 위험물의 화재예방대책이 아닌 것은?
① 분해를 일으킬 수 있는 조건을 제거해 준다.
② 산화되기 쉬운 물질은 격리하여 저장한다.
③ 조해성 물질과 방습에 주의한다.
④ 인화점 이하를 유지하도록 하여 저장한다.

해 • 산소 : 불연성이며 조연성 가스이다.
  ※ 조연성 : 연소를 도와주는 성질
  답 ①

해 • 아염소산염류 : $HClO_2$의 수소가 금속 또는 양성원자단으로 치환된 것
  답 ②

해 • 염소산염류 : $HClO_3$의 수소가 금속 또는 양성원자단으로 치환된 것
  답 ②

해 • 과염소산염류 : $HClO_4$의 수소가 금속 또는 양성원자단으로 치환된 것
  답 ①

해 • 무기과산화물류 :
  ① 과산화물
  ② ③ ④ 산화물
  답 ①

해 • 위험물 분류 :
  ① ② 제1류
  ③ 제5류 ④ 제1류
  답 ③

해 • 제1류 위험물 : 강산화제이며 불연성이다.
  답 ②

해 • 제1류 위험물 : (산화성 고체) : 불연성이므로 인화점은 없다.
  답 ④

2 아염소산염류의 성질

지정수량 : 50kg

> ※ 아염소산염류 : 일반적으로 무색 또는 백색의 고체이며, Ag(은), Pb(납), Hg(수은)의 염 외의 것은 어느 것이나 물에 잘 녹으며 기폭약류 및 표백제로 많이 사용된다.

1 아염소산나트륨($NaClO_2$)

(1) 순수한 무수물의 **분해온도 350℃ 이상**, 수분이 포함될 경우 **분해온도 120~130℃**
(2) 무색의 결정성 분말
(3) 산을 가할 경우 발생되는 **유독가스**는 이산화염소(ClO_2) 가스이다.
(4) 약하기는 하나 **단독으로 폭발**한다.

> ※ 분해반응식
> $$NaClO_2 \xrightarrow{\Delta} NaCl + O_2 \uparrow$$
> (아염소산나트륨)   (염화나트륨) (산소)
>
> ※ 염산과 반응식
> $$5NaClO_2 + 4HCl \rightarrow 5NaCl + 4ClO_2 \uparrow + 2H_2O$$
> (아염소산나트륨) (염산) (염화나트륨) (이산화염소) (물)
>
> ※ 이산화탄소와 반응식
> $$5NaClO_2 + 2CO_2 + 2H_2O \rightarrow 2Na_2CO_3 + H_2O + 4ClO_2 \uparrow NaCl$$
> (아염소산나트륨) (이산화탄소) (물) (탄산나트륨) (물) (이산화염소) (염화나트륨)

3 염소산염류의 성질

지정수량 : 50kg

> **참고**
> ※ **염소산염류** : 품명마다 특이한 성질을 가지며 어느 것이나 가열·충격·강산의 첨가로 **단독으로 폭발**하는 것도 있으나, 황·목탄·마그네슘·알루미늄분말 또는 차아인산염·유기물질 등 **산화되기 쉬운 물질과 혼합**되어 있을 경우 **특히 위험성**이 크다(급격한 연소 내지는 **폭발**을 일으킨다).

염소산칼륨($KClO_3$)

(1) 분해온도 400℃, 융점 368.4℃, 용해도 7.3(20℃), 비중 2.34
(2) 무색 단사정계 판상결정 또는 백색 분말
(3) 인체에 유독하다.
(4) 상온에서 안정하나 가연물이 혼재되었을 경우 **약간의 자극**으로 **폭발**한다.
(5) 산과 반응하여 유독한 이산화염소(ClO_2)를 발생하며, 이산화염소는 **폭발성**이다.
(6) 온수, 글리세린에는 잘 녹으나 **냉수** 및 **알코올**에는 **녹기 어렵다**.
(7) 불꽃놀이, 폭약제조, 의약품 등에 사용된다.

> **참고**
> • 완전분해 반응식
> $$2KClO_3 \xrightarrow{\Delta} 2KCl + 3O_2\uparrow$$
> (염소산칼륨) (염화칼륨) (산소)
>
> ※ 400℃ 부근에서 분해하여 과염소산칼륨을 생성하고, 540℃~560℃에서는 과염소산칼륨이 분해하여 **염화칼륨과 산소**를 방출한다.
> $$2KClO_3 \xrightarrow{\Delta} KCl + KClO_4 + O_2\uparrow, \quad KClO_4 \xrightarrow{\Delta} KCl + 2O_2\uparrow$$
> (염소산칼륨) (염화칼륨)(과염소산칼륨) (산소) (과염소산칼륨) (염화칼륨) (산소)
>
> ※ **이산화망가니즈**(MnO_2)를 **촉매**로 사용하면 70℃~200℃에서 **분해**한다.
> ※ 염산과 반응식
> $$2KClO_3 + 4HCl \rightarrow 2KCl + 2H_2O + Cl_2\uparrow + 2ClO_2\uparrow$$
> (염소산칼륨) (염산) (염화칼륨) (물) (염소) (이산화염소)

염소산나트륨(NaClO$_3$)

(1) **분해온도 300℃, 융점 248℃, 용해도 101(20℃), 비중 2.5(20℃)**
(2) 무색, 무취의 **입방정계 주상결정**
(3) 산과 **반응**하여 유독한 **이산화염소**(ClO$_2$)를 발생하며, 이산화염소는 **폭발성**이다.
(4) 알코올, 에터, 물에 잘 녹으며 **조해성**이 크다.
(5) 철을 잘 부식시키므로 **철제 용기에 저장하지 말 것**
(6) 조해성이 강하므로 섬유, 먼지, 나무조각에 침투되기 쉬우므로 취급시 방습에 주의할 것

※ **염소산 염류** : **조해성**이 특히 크므로 용기는 밀전, 밀봉할 것
 • **조해성** : 고체가 공기 중의 **수분을 흡수**하여 **액체**가 되는 것

 염소산암모늄(NH$_4$ClO$_3$)

(1) 100℃에서 분해 폭발하며, 대단히 **폭발성**이 크다.
(2) **조해성**이 있다.
(3) 금속 **부식성**이 크다.

※ **분해반응식**
   2NH$_4$ClO$_3$ → N$_2$↑ + 4H$_2$O + Cl$_2$↑ + O$_2$↑
   (염소산암모늄)   (질소)   (물)   (염소)   (산소)

4 과염소산염류의 성질

지정수량 : 50kg

> ※ **과염소산염류** : 일반적으로 **염소산염류**보다 **안정**하다.

1 과염소산칼륨($KClO_4$)

(1) **분해온도** 400℃, 융점 610℃, 용해도 1.8(20℃), 비중 2.52
(2) 무색, 무취의 **사방정계 결정**
(3) 물에 녹기 어렵고 알코올, 에터에 녹지 않는다.
(4) **진한 황산**과 접촉하면 **폭발**한다.
(5) 인, 황, 탄소, 유기물 등과 혼합되었을 때 **가열**, **마찰**, **충격**으로 **폭발**한다.
(6) **수산화나트륨**과는 **안정**하다.

> ※ **분해온도** : 400℃에서 분해가 시작되어 610℃에서는 **완전분해**한다. 또한 분해반응식은 다음과 같다.
> $$KClO_4 \xrightarrow{\Delta} KCl + 2O_2 \uparrow$$
> (과염소산칼륨) (염화칼륨) (산소)

2 과염소산나트륨($NaClO_4$)

(1) **분해온도** 400℃, 융점 482℃, 용해도 170(20℃), 비중 2.50
(2) 무색, 무취의 **조해**되기 쉬운 결정
(3) 물, 에틸알코올, 아세톤에 **잘 녹고**, 에터에 녹지 않는다.

※ 공기 중에서 가열하여 무수물이 생기는 온도 : 약 58℃
※ 결정수를 잃는 온도 : 200℃
- 결정수 : 고체결정이 결합할 때 필요한 물, 결정수를 잃으면 분말이 된다.

과염소산암모늄(NH_4ClO_4)

(1) 분해온도 130℃, 비중 1.87
(2) 무색, 수용성 결정

※ **과염소산암모늄** : 충격에는 비교적 **안정**하나 130℃에서 분해되어 300℃ 부근에서는 급격히 **산소**를 방출한다.

$$2NH_4ClO_4 \rightarrow N_2\uparrow + 4H_2O + Cl_2\uparrow + 2O_2\uparrow$$

(과염소산암모늄)　　(질소)　(물)　(염소)　(산소)

적중 출제예상문제

아염소산염류

1 아염소산염류의 지정수량은 몇인가?
① 20kg ② 30kg
③ 40kg ④ 50kg

2 아염소산나트륨의 위험성을 맞게 설명한 것은?
① 단독으로는 폭발하지 않는다.
② 시판품은 140℃ 이상에서 발열 분해한다.
③ 환원성 금속분과는 안전하다.
④ 수용액은 강한 산성이다.

3 산과 반응하여 유독기체인 이산화염소를 발생시키는 산화성 고체 위험물은?
① 아염소산나트륨 ② 브로민산나트륨
③ 아이오딘산나트륨 ④ 다이크로뮴산나트륨

염소산염류

4 제1류 위험물 중 취급할 때 특히 습기에 주의해야 하는 것은?
① 염소산염류 ② 과염소산염류
③ 과망가니즈산염류 ④ 질산염류

5 다음 물질 중 염소산칼륨은 어느 것인가?
① $KClO_3$ ② $KClO$
③ $KClO_4$ ④ $KClO_2$

6 염소산칼륨의 지정수량은?
① 10kg ② 50kg
③ 500kg ④ 1,000kg

7 염소산염류의 설명 중 틀린 것은?
① 무색 결정이다.
② 강산과 혼합하면 폭발하는 수도 있다.
③ 주수 소화가 좋다.
④ 환원력이 강하다.

힌트

[해] · 지정수량 : 50kg
[답] ④

[해] · 아염소산나트륨 : 단독으로 폭발하며 순수한 것의 분해 온도는 350℃이며 시판품에는 약간의 수분을 함유하며 분해온도는 120~130℃이나 140℃ 이상에서 발열 분해한다.
※ 분해온도 : 350℃
[답] ②

[해] · 아염소산나트륨 : 산과 반응하여 이산화염소(ClO_2)가스 발생
[답] ①

[해] · 염소산염류 : 조해성이 크며, 습기를 잘 흡수하므로 용기는 밀전·밀봉할 것
[답] ①

[해] · 명칭 : ① 염소산칼륨, ② 차아염소산칼륨, ③ 과염소산칼륨, ④ 아염소산칼륨
[답] ①

[해] · 지정수량 : 50kg
[답] ②

[해] · 염소산염류 : 강산화제로서 산화력이 강하다.
[답] ④

8 다음은 염소산염류의 피해이다. 틀린 것은?
① 혈액에 작용하여 독작용을 한다.
② 위장을 상하게 하기 때문에 변에 피가 섞여 나온다.
③ 중증이면 실신하여 사망한다.
④ 해독법은 위세척, 토하제 사용이다.

[해] • 염소산염류 : 인체에 유독하며 경구투여시 혈변은 보지 않음

[답] ②

9 염소산칼륨의 성질에 관하여 다음에서 옳은 것은?
① 황색 분말 또는 결정이다.   ② 물에 녹는다.
③ 발화점이 낮다.   ④ 융점이 극히 낮다.

[해] • 염소산칼륨 : 백색 분말로 물에 약간 녹는다.
※ 용해도 : 7.3(20℃)

[답] ②

10 염소산칼륨의 일반적 성질에서 옳지 못한 것은?
① 물에 잘 녹는다.
② 가열하면 과염소산염물이 된다.
③ 400℃에서 분해되어 산소를 발생시킨다.
④ MnO_2의 촉매가 존재할 때 분해가 빠르다.

[해] • 문제 9 해설 참조

[답] ①

11 염소산칼륨이 열을 받았을 때 관계가 없는 것은?
① 분해한다.   ② 산소를 발생한다.
③ 염소를 발생한다.   ④ 염화칼륨이 생성된다.

[해] • 열분해반응식
$2KClO_3 \xrightarrow{\triangle} KClO_4 + KCl + O_2$
※ 염소(Cl_2)는 발생되지 않는다.

[답] ③

12 다음 중 염소산칼륨의 성질로서 옳지 않은 것은?
① 분해온도는 약 400℃이다.
② 분해해서 염화칼륨과 산소를 만든다.
③ 상온에서는 안정한 물질이다.
④ 알코올에 잘 녹는다.

[해] • 염소산칼륨 : 온수·글리세린에 잘 녹으며 냉수 및 알코올에는 녹기 어렵다.

[답] ④

13 염소산칼륨의 성질 중 옳지 못한 것은?
① 무색의 단사 판상결정 또는 백색 분말이다.
② 냉수에 조금 녹고 온수에 잘 녹는다.
③ 800℃ 부근에서 분해하여 염소를 발생한다.
④ 융점 370℃로 강산의 첨가는 위험하다.

[해] • 염소산칼륨의 분해온도 : 400℃

[답] ③

14 다음에서 염소산칼륨의 위험성에 관하여 옳은 것은?
① 아이오딘, 알코올류와 접촉하면 심하게 반응한다.
② 스스로 잘 탄다.
③ 물에 접촉하면 가연성가스를 발생한다.
④ 물을 가하면 발열한다.

[해] • 염소산칼륨 : 아이오딘·알코올 등과 접촉하면 심하게 반응하며, 유기물 등과 접촉시 가열, 충격, 마찰에 의하여 폭발한다.

[답] ①

15. 다음 물질 중 용해도(20°C의 물에서)가 가장 큰 것은?

① $KClO_3$
② $NaClO_3$
③ $KClO_4$
④ $K_2Cr_2O_7$

해 · 용해도 : ① 7.3, ② 101, ③ 1.8, ④ 8.89(15°C)

답 ②

16. 염소산칼륨과 염소산나트륨의 성질에 대한 설명 중 옳지 않은 것은?

① 융점 이상으로 가열하면 산소를 방출한다.
② 무색이나 백색의 분말로 물에 녹지 않는다.
③ 황, 목탄, 유기물 등과의 혼합은 연소의 우려가 있다.
④ 산과 반응하거나 중금속의 혼합은 폭발의 위험이 있다.

해 · 염소산칼륨은 물에 약간 녹으며, 염소산나트륨은 물에 잘 녹는다.
※ 염소산칼륨의 용해도 : 7.3(20°C)
※ 염소산나트륨의 용해도 : 101(20°C)

답 ②

17. 염소산나트륨의 저장 및 취급이 잘못 설명된 것은?

① 가열, 충격, 마찰을 피한다.
② 분해를 촉진하는 약품류와의 접촉을 피한다.
③ 공기와의 접촉을 피하기 위하여 물속을 저장한다.
④ 조해성이므로 용기의 밀전·밀봉에 주의한다.

해 · 저장·취급법 : 조해성이 있으므로 습기 및 물과의 접촉을 피하고 환기가 잘 되는 냉암소에 밀전·밀봉하여 저장한다.

답 ③

18. $NaClO_3$의 저장방법으로 알맞는 것은?

① 튼튼한 철제 용기속에 밀봉하고 냉암소에 저장한다.
② 풍해성이 있으므로 밀봉·밀폐해 둔다.
③ 조해성이 있으므로 바람이 잘 통하는 장소에 둔다.
④ 산화성 물질이 들어가지 않도록 주의하고, 누출이 되지 않도록 한다.

해 · 문제 17 해설 참조
※ $NaClO_3$ = 염소산나트륨

답 ③

19. 염소산나트륨이 산과 반응하면 유독하고 폭발성 가스가 발생한다. 이 가스는?

① 수소
② 산소
③ 염소
④ 이산화염소

해 · 산과 반응가스 : 이산화염소(ClO_2)가스

답 ④

20. 염소산암모늄에 대한 설명 중 잘못된 것은?

① 대단히 폭발성이 큰 물질이다.
② 결정체나 수용액도 산화성이 있다.
③ 소화제는 내알코올포를 사용한다.
④ 조해성이 있고 금속을 부식시키기도 한다.

해 · 소화방법 : 주수소화가 가장 좋으며 포·분말도 유효하다.
※ 내알코올포 : 알코올 등 수용성인 인화성 액체의 화재에 사용

답 ③

과염소산염류

21. 과염소산칼륨이 분해되어 발생하는 가스는?

① 수소
② 질소
③ 탄산가스
④ 산소

해 · 분해반응식
$KClO_4 \xrightarrow{\Delta} KCl + 2O_2 \uparrow$

답 ④

22 과염소산칼륨의 성질과 다른 것은?
① 무색, 무취의 결정이다.
② 비중은 1보다 크다.
③ 약 400℃ 이상 가열분해하면 산소를 발생한다.
④ 알코올에 잘 녹는다.

해 · 과염소산칼륨 : 알코올 · 에터에 녹지 않는다.
답 ④

23 과염소산칼륨의 위험성으로 틀린 것은?
① 황, 목탄, 유기물 등과 혼합된 것은 폭발할 염려가 있다.
② 알루미늄과 마그네슘이 혼합되어 있는 것은 위험하다.
③ 진한 황산과 접촉하면 폭발한다.
④ 상온에서 비교적 안정하지만 분해온도 이상에서 염소가스를 발생한다.

해 · 과염소산칼륨 : 분해온도에서는 산소(O_2) 가스를 발생한다.
※ $KClO_4 \rightarrow KCl + 2O_2$
답 ④

24 과염소산칼륨의 위험성으로 잘못된 것은?
① 상온에서 비교적 안정성이 높다.
② 진한 황산과 반응하여 폭발한다.
③ 수산화나트륨용액과 혼합한 것은 극히 위험하다.
④ 황, 마그네슘, 알루미늄 등과 혼합한 것은 위험하다.

해 · 과염소산칼륨 : NaOH (수산화나트륨)과는 안정하다.
답 ③

25 과염소산칼륨을 황, 인 등과 같이 혼합하거나 마그네슘분과 섞으면 대단히 위험한데 그 이유 중 옳은 것은?
① 혼합하여 외부적 충격만 가해도 폭발하므로
② 혼합하면 전기가 형성되어 열이 발생하므로
③ 혼합하는 즉시 폭발하므로
④ 혼합하면 발화점이 낮으므로

해 · 과염소산칼륨 : 유기물 · 황 · 인 등과 혼합되었을 때 가열 · 충격 · 마찰에 의하여 폭발한다.
답 ①

26 다음 중 녹는 점이 가장 높은 물질은?
① Na_2O_2 ② $KClO_4$
③ $NaClO_4$ ④ $NaClO_3$

해 · 융점 :
① 460℃ ② 610℃
③ 480℃ ④ 250℃
답 ②

27 과염소산나트륨에 대하여 다음 가운데 잘못된 것은 어떤 것인가?
① 물에 잘 녹는다.
② 풍해되는 성질이 있다.
③ 염소산칼륨에 비하여 안정한 물질이다.
④ 가열하면 약 400℃에서 분해되어 산소를 낸다.

해 · 과염소산나트륨 : 조해성이 있음
답 ②

28 NH_4ClO_4가 분해되기 시작하는 온도는?
① 90℃   ② 110℃
③ 130℃ ④ 150℃

해 · 과염소산암모늄의 분해온도 : 130℃
답 ③

29 제1류 위험물 중 가열시 분해온도가 가장 낮은 물질은?
① $KClO_3$
② Na_2O_2
③ NH_4ClO_4
④ KNO_3

30 과염소산암모늄의 일반성질에 맞지 않는 것은 다음에서 어느 것인가?
① 무색 결정 또는 백색 분말
② 130℃에서 분해하기 시작
③ 300℃에서 급격히 분해함
④ 물에 용해되지 않음

31 과염소산암모늄(NH_4ClO_4)에 대한 설명 중 틀린 것은?
① 폭약이나 성냥 원료로 쓰인다.
② 130℃ 정도에서 분해되어 수소가스를 방출한다.
③ 비중이 1.87이고 분해온도가 130℃ 정도이다.
④ 상온에서 비교적 안정하다.

[해] • 분해온도 : ① 약 400℃
② 460℃ ③ 130℃ ④ 400℃
[답] ③

[해] • 과염소산암모늄 : 무색·수용성 결정이다.
[답] ④

[해] • 과염소산암모늄 : 분해온도 130℃에서 산소(O_2) 가스 발생
[답] ②

5. 무기과산화물의 성질

지정수량 : 50kg

> **참고**
> ※ 무기과산화물 중 알칼리금속의 과산화물 : 물과 접촉하여 발열과 함께 **산소(O_2)** 가스를 발생하므로 **주수소화는 적합하지 못하나** 다른 제1류 위험물은 일반적으로 **주수소화**한다.

과산화칼륨(K_2O_2)

<알칼리금속의 과산화물>
(1) 융점 490℃, 비중 2.9
(2) **무색** 또는 **오렌지색**의 **비정계물질**
(3) 피부와 접촉하여 **피부를 부식**시킨다.
(4) 공기 중에서 **탄산가스**를 흡수하여 **탄산염**이 된다.
(5) 에틸알코올(에탄올)에 용해된다.
(6) 양이 많을 경우 주수에 의하여 **폭발위험**이 있으며, **가연물**과 혼합되어 있을 경우 **마찰** 또는 약간의 물의 접촉으로 **발화**한다.
(7) **용기**는 밀전 및 **밀봉**하여 수분이 들어가지 않도록 한다.
(8) 소화방법 : 마른 모래, 암분, 소오다회, 탄산수소염류분말소화제

> **참고**
> ※ 화학반응식은 잘 출제되니 숙독하기 바람
> - 물과 반응 : $2K_2O_2 + 2H_2O \rightarrow 4KOH + O_2\uparrow$
>   (과산화칼륨) (물) (수산화칼륨) (산소)
> - 가열분해반응 : $2K_2O_2 \xrightarrow{\Delta} 2K_2O + O_2\uparrow$
>   (과산화칼륨) (산화칼륨) (산소)
> - 탄산가스와 반응 : $2K_2O_2 + 2CO_2 \rightarrow 2K_2CO_3 + O_2\uparrow$
>   (과산화칼륨)(이산화탄소) (탄산칼륨) (산소)
> - 염산과 반응 : $K_2O_2 + 2HCl \rightarrow 2KCl + H_2O_2$
>   (과산화칼륨) (염산) (염화칼륨)(과산화수소)
> - 초산과 반응 : $K_2O_2 + 2CH_3COOH \rightarrow 2CH_3COOK + H_2O_2$
>   (과산화칼륨) (아세트산(초산)) (초산칼륨) (과산화수소)

2 과산화나트륨(Na_2O_2)

<알칼리금속의 과산화물>
(1) 분해온도 460℃, 융점 460℃, 비중 2.80
(2) 순수한 것은 **백색** 정방정계 분말
(3) 일반적인 것은 **황백색** 정방정계 분말
(4) 에틸알코올(에탄올)에 잘 녹지 않는다.

> **참고**
> ※ 위 , 는 알칼리금속의 과산화물로 물과 접촉을 피하여야 한다.

3 과산화마그네슘(MgO_2)

<알칼리금속 이외의 과산화물>
(1) 시판품의 MgO_2 함유량 : 15~25%
(2) 백색 분말이며 물에 녹지 않으나, **습기** 및 **물과 접촉**으로 **산소**를 **발생**한다.
(3) 산과 반응하여 **과산화수소** 발생
(4) 소화방법 : 마른 모래, 주수소화

> **참고**
> ※ 화학반응식은 출제 가능성이 높다.
> • 가열분해반응 : $2MgO_2 \xrightarrow{\triangle} 2MgO + O_2\uparrow$
>   (과산화마그네슘)   (산화마그네슘) (산소)
> • 산과 반응 : $MgO_2 + 2HCl \rightarrow MgCl_2 + H_2O_2$
>   (과산화마그네슘) (염산) (염화마그네슘) (과산화수소)

4 과산화칼슘(CaO_2)

<알칼리금속 이외의 과산화물>
(1) 분해온도 275℃, 비중 1.70
(2) 백색의 **무정형**(분말)

(3) 물에는 녹기 힘들며 **더운 물**에서는 **분해**한다.
(4) 알코올 · 에터에 녹지 않는다.
(5) 산과 반응하여 **과산화수소** 발생
(6) 소화방법 : 마른 모래, 주수소화

> **참고**
> ※ **과산화칼슘** : 가열할 경우 100℃에서 결정수를 잃고 275℃에서는 폭발적으로 분해하며 **산소**로 방출한다.
> - **가열분해반응** : 2CaO_2 $\xrightarrow{\Delta}$ 2CaO + O_2↑
>   (과산화칼슘)   (산화칼슘)   (산소)
> - **산과 반응** : CaO_2 + 2HCl → CaCl_2 + H_2O_2
>   (과산화칼슘) (염산)   (염화칼슘) (과산화수소)

5 과산화바륨(BaO₂)

<알칼리금속 이외의 과산화물>
(1) **분해온도** 840℃, 융점 450℃, 비중 4.958, 수화물(BaO_2 · 8H_2O)의 비중 2.292
(2) 백색의 정방정계 분말
(3) 알칼리토금속의 **과산화물 중 제일 안정**하나 독성이 있다.
(4) **냉수**에 약간 녹고, **더운물**에서 **분해**하여 **산소**를 발생하며 **묽은 산**에 녹는다.
(5) 소화방법 : 마른 모래

> **참고**
> ※ **과산화바륨** : 가열할 경우 100℃에서 결정수를 잃고 840℃에서 분해하여 **산소**를 발생한다.
> - **가열분해반응** : 2BaO_2 $\xrightarrow{\Delta}$ 2BaO + O_2↑
>   (과산화바륨)   (산화바륨) (산소)
> - **산과의 반응** : BaO_2 + H_2SO_4 → BaSO_4 + H_2O_2
>   (과산화바륨) (황산)   (황산바륨) (과산화수소)
> ※ **과산화바륨**은 물에 약간 녹는 성질을 가지며, **더운물**에서는 **분해**하므로 주수에 의한 소화방법은 **적용성이 없다**.
> ※ 위 ③, ④, ⑤는 알칼리금속 이외의 **과산화물**(알칼리토금속의 과산화물)로 알칼리금속의 과산화물과는 달리 물과 접촉시 급격하게 반응하지 않는다.

적중 출제예상문제

무기과산화물

1 알칼리금속의 과산화물의 성질로서 맞는 것은?
① 비중은 1보다 적다.
② 단독으로 타지 않는다.
③ 물과 반응해서 가연성가스를 발생한다.
④ 용기의 마개는 코르크로 한다.

[해] • 알칼리금속의 과산화물 : 불연성 물질이며 물과 반응하여 **발열**하며 **산소**(O_2) 가스를 발생한다.
[답] ②

2 물과 만나면 발열하는 것은?
① 과산화칼륨
② 과산화수소
③ 과염소산나트륨
④ 과망가니즈산칼륨

[해] • 문제 1 해설 참조
※ 알칼리금속의 과산화물 : 과산화칼륨
[답] ①

3 과산화칼륨이 물과 접촉하였을 때 발열과 함께 발생하는 가스는 다음 중 어느 것인가?
① H_2
② N_2
③ O_2
④ Cl_2

[해] • 문제 1 및 문제 2 해설 참조
[답] ③

4 다음 위험물 취급 중 보안경을 써야 하는 것은?
① $KClO_2$
② K_2O_2
③ $NaNO_3$
④ NH_4ClO_3

[해] • 알칼리금속의 과산화물 (K_2O_2) : 보안경 착용
[답] ②

5 과산화칼륨(K_2O_2)의 성질로서 옳은 것은 다음 중 어느 것인가?
① 백색 침상결정이다.
② 가열하면 산소를 발생한다.
③ 공기 중의 N_2를 흡수하여 질산염이 된다.
④ 물에는 난용이나 알코올에는 쉽게 녹는다.

[해] • 알칼리금속의 과산화물 (K_2O_2) : 물과 접촉하거나 **가열**에 의하여 **산소**(O_2) 가스를 발생한다.
[답] ②

6 과산화나트륨의 성상에 맞지 않는 것은?
① 물에 대하여 안정성이 있으므로 수중에 저장한다.
② 심한 충격을 주면 폭발한다.
③ 순수한 것은 백색이지만 보통은 황백색의 분말이다.
④ 습한 유기물에 닿으면 연소하고 때에 따라서는 폭발한다.

[해] • 문제 5 해설 참조
※ 물과의 접촉을 피할 것
[답] ①

⑦ 과산화나트륨에 대한 설명으로 틀린 것은?
① 순수한 것은 백색 분말이다.
② 상온에서 물과 격렬하게 반응하며 열을 발생한다.
③ 강산화제로서 대부분의 금속을 침식시킨다.
④ 알코올에 녹아 산소를 발생한다.

해 ・ 과산화나트륨 : 알코올에 잘 녹지 않는다.
답 ④

⑧ 과산화나트륨에 대한 설명으로 옳지 않은 것은?
① 공기 중의 수증기와 반응하여 금속나트륨과 수소, 산소를 발생한다.
② 백색이나 담황색 분말로 산화제, 표백제, 살균제 등으로 쓰인다.
③ 취급시 가열, 마찰, 충격을 피한다.
④ 묽은 산과 반응하여 과산화수소를 발생한다.

해 ・ 수증기와 반응식
$2Na_2O_2 + 2H_2O \rightarrow 4NaOH + O_2$
※ 생성물 : 수산화나트륨, 산소
답 ①

⑨ Na_2O_2와 혼합하여도 발화되지 않는 물질인 것은?
① H_2O
② CaC_2
③ C_2H_5OH
④ $C_2H_5OC_2H_5$

해 ・ 물(H_2O)과 혼합 : 산소 발생・발화하지 않음
답 ①

⑩ 과산화나트륨의 저장 및 취급상의 주의사항 중 틀린 것은?
① 유기물질의 혼합을 막는다.
② 가연물, 물, 습기와의 접촉을 피한다.
③ 팽창계수가 크므로 용기에 넣을 때는 10%의 여유를 남길 것
④ 가열, 충격을 피할 것

해 ・ 용기의 공간용적(고체) : 5% 이상
답 ③

⑪ 과산화마그네슘의 저장 및 취급시 주의사항이 아닌 것은?
① 습기의 접촉이 없도록 밀봉한다.
② 유기물질의 혼입, 가열, 충격, 마찰을 피한다.
③ 산과 접촉은 무방하나 용기파손에 의한 누출이 없도록 주의한다.
④ 시판품은 15~20%의 MgO_2를 함유한다.

해 ・ 과산화마그네슘 : 산과 접촉하면 반응하며 과산화수소(H_2O_2)를 발생한다.
답 ③

⑫ 과산화칼슘에 대한 설명 중에서 옳지 못한 것은?
① 물에는 잘 녹지 않으며 알코올에 녹지 않는다.
② 산에 녹아 분해되고 과산화수소를 발생한다.
③ 가열하면 분해되어 CO_2로 된다.
④ 테르밋 용접에 점화로 쓴다.

해 ・ 과산화칼슘 : 알칼리토금속의 과산화물로서 가열하면 분해하여 산소(O_2)를 발생한다.
답 ③

⑬ CaO_2의 성질에 있어서 옳은 것은?
① 물에 녹기 어려우나 알코올에 잘 녹는다.
② 가열하면 산소를 방출하여 분해한다.
③ 흰색 침상분말이다.
④ 상온에서 습기를 흡수하여 수화물이 된다.

해 ・ 문제 12 해설 참조
답 ②

⑭ 다음 중에서 과산화바륨에 대해서 옳은 것은 어느 것인가?
① 알코올, 에테르에는 잘 녹는다.
② 무수물은 황색의 결정이다.
③ 알칼리토금속의 과산화물 중 가장 안정하다.
④ 별로 독성이 없다.

[해] • 과산화바륨 : 알칼리토금속의 과산화물 중 가장 안정하다.
[답] ③

⑮ 과산화바륨이 분해할 때의 반응식이 옳은 것은?
① $2BaO_2 \rightarrow 2BaO+O_2$
② $2BaO_2 \rightarrow Ba_2O+O_3$
③ $2BaO_2 \rightarrow 2Ba+2O_2$
④ $2BaO_2 \rightarrow Ba_2O_3+O$

[해] • 분해반응식
$2BaO_2 \xrightarrow{\Delta} 2BaO + O_2 \uparrow$
[답] ①

⑯ 과산화바륨의 취급에서 틀린 것은?
① 직사광선은 피하고, 냉암소에 둔다.
② 유기물, 산 등의 접촉을 피한다.
③ 금속용기에 밀봉해 둔다.
④ 화재시 물을 사용하고, 테트라클로로메탄(사염화탄소)는 쓸 수 없다.

[해] • 과산화바륨의 소화 : 알칼리토금속의 과산화물 중에서 화재시 주수소화는 적당치 않으며, 마른 모래를 사용한다.
[답] ④

⑰ Na_2O_2, BaO_2, $C_6H_5-\overset{\overset{O}{\|}}{C}-O-O-\overset{\overset{O}{\|}}{C}-C_6H_5$로 표시되는 물질의 공통된 이름을 표시한 것이다. 옳은 것은?
① 과산화물이다.
② 산화물이다.
③ 산성 산화물이다.
④ 염기성 산화물이다.

[해] • Na_2O_2 : 과산화나트륨
• BaO_2 : 과산화바륨
• $(C_6H_5CO)_2O_2$: 과산화벤조일
[답] ①

유게실

◆ **백수건달과 청산가리**(시안화칼륨)
제2차 세계대전이 끝나고 일본이 폐허가 된 시설복구에 박차를 가하여 공업입국을 만들 즈음이었다. **백수건달** 한 사람이 40이 넘도록 아무 일도 하지 않고 빈둥빈둥 놀다가 자기도 **조국을 위하여** 죽기 전에 **무엇인가를 남겨야겠다**는 생각으로 **청산가리**(KCN)의 맛을 세상에 알리고 죽을 것을 결심하고 각 방송국 및 신문사에 연락하여 **청산가리 시음식**을 가졌다. 그러나 시음식장에서 청산가리(KCN)의 맛을 너무 정확히 알려주려고 **과량을 섭취**하여 맛을 발표하지 못하고 **저승길**로 갔다한다.
(샘터에서)
※ 생명은 소중한 것

◆ **독극물의 치사량**
어떤 사람이 **자살**을 하려고 **독극물**을 먹으려고 보니 "**경구치사량 30mg**"이라고 표지에 써 있는 것을 보고, **확실히 죽기 위하여** 그 양의 두 배인 **60mg**을 먹었는데 반병신이 되어 죽지도 못하는 **운명**이 되어 버렸습니다. **경구치사량**이란 동물 1kg이 먹었을 때 치사량으로 죽고 싶은 사람은 **자기 몸무게에 치사량을 곱한 양 이상**을 먹어야 앞에서와 같은 실수가 없을 것이다.
※ 절대 실행해서는 안 됨.

6 브로민산염류(브롬산염류)의 성질

지정수량 : 300kg

> ※ **브로민산염류** : 대부분의 백색 또는 무색의 결정으로 **염소산염류와 성질이 비슷**하며 의약 및 분석시약 등에 사용되며, 가열하면 분해하여 **산소**(O_2)를 발생한다.

브로민산칼륨($KBrO_3$)

(1) 융점 438℃, 비중 3.27
(2) 백색 능면체의 결정 또는 결정성 분말
(3) 물에 잘 녹으며, 가연물과 혼합되어 있으면 위험하다.

> ※ **염소산칼륨**보다 **안정**하다.
> ※ 370℃에서 열분해 반응식
> $$2KBrO_3 \xrightarrow{\Delta} 2KBr + 3O_2 \uparrow$$
> (브로민산칼륨)   (브로민화칼륨)   (산소)

브로민산나트륨($NaBrO_3$)

(1) 융점 381℃, 비중 3.3
(2) 무색 결정이며 물에 잘 녹는다.

브로민산아연($Zn(BrO_3)_2 \cdot 6H_2O$)

(1) 융점 100℃, 비중 2.56
(2) 무색 결정이며 물에 잘 녹는다.

브로민산바륨(Ba(BrO$_3$)$_2$ · H$_2$O)

(1) 분해온도 260℃, 비중 3.99
(2) 무색 결정이고 물에 약간 녹는다.

 브로민산마그네슘(Mg(BrO$_3$)$_2$ · 6H$_2$O)

무색 또는 백색 결정으로 200℃에서 무수물이 된다.

아이오딘산염류(요오드산염류)의 성질

지정수량 : 300kg

> ※ 아이오딘산염류 : 대부분 무색 결정성 분말로서 **염소산염류 · 브로민산염류**보다 안정하지만 **산화력**이 강하고 **탄소** 등 유기물과 섞어서 **가열**하면 **폭발**한다.

 아이오딘산칼륨(KIO$_3$)

(1) 융점 560℃, 비중 3.89
(2) 광택이 있는 무색 결정성 분말로 물에 녹는다.
(3) **융점 이상**으로 가열하면 **산소**(O$_2$)를 방출한다.
(4) **가연물과 혼합**하여 **가열**하면 **폭발**한다.

> ※ 분해반응식
> $2KIO_3$ → $2KI$ + $3O_2 ↑$
> (아이오딘산칼륨) (아이오딘화칼륨) (산소)

아이오딘산칼슘($Ca(IO_3)_2 \cdot 6H_2O$)

(1) 융점 42℃, 무수물의 융점 575℃
(2) 조해성 결정으로 물에 녹는다.

질산염류의 성질

지정수량 : 300kg

> **참고**
> ※ **질산염류** : 일반적으로 **조해성**이 풍부하며, **염소산염류·과염소산염류**보다 **안정**하다. 또한 질산염류는 **폭약의 원료**로 쓰이는 것이 **많다**.

질산칼륨(KNO_3)

(1) 분해온도 400℃, 융점 336℃, 용해도 26(15℃), 비중 2.098
(2) 무색 또는 백색 결정 또는 분말이며, **초석**이라고 부른다.
(3) 물·글리세린에 잘 녹고 알코올에는 난용이나 **흡습성은 없다**.
(4) 강한 산화제이고 **짠맛**이 있으며, 유기물 등 **가연물과 접촉** 또는 **혼합**은 **위험**하다.
(5) 숯가루, 황가루의 혼합물이 **흑색화약**이며, 불꽃놀이 등에 사용한다.
(6) 소화방법은 주수소화가 좋다.

> **참고**
> ※ 열분해반응식
> $2KNO_3 \xrightarrow{\Delta} 2KNO_2 + O_2\uparrow$
>   (질산칼륨)   (아질산칼륨)   (산소)
>
> ※ 흑색화학의 폭발반응식
> $2KNO_3 + S + 3C \rightarrow K_2S + 3CO_2\uparrow + N_2\uparrow$
>   (질산칼륨) (황) (탄소) (황하칼륨) (이산화탄소) (질소)
>
> ※ 황산과 반응식
> $2KNO_3 + H_2SO_4 \rightarrow K_2SO_4 + 2NHO_3$
>   (질산칼륨) (황산) (황산칼륨) (질산)

2 질산나트륨(NaNO₃)

(1) 분해온도 380℃, 융점 308℃, 용해도 73, 비중 2.26
(2) 무색, 무취의 투명한 결정 또는 분말로 **칠레초석**이라고도 부른다.
(3) **조해성**이며, 물·글리세린에 잘 녹고 **무수알코올**에 **난용성**이다.
(4) 유기물 또는 **차아황산나트륨**과 혼합하여 **가열**하면 **폭발**한다.

> ※ 열분해 반응식
>
> 2NaNO₃ $\xrightarrow{\Delta}$ 2NaNO₂ + O₂↑
> (질산나트륨)   (아질산나트륨)   (산소)
>
> • **황산**에 의해서 분해하여 **질산**을 **유리**시킨다.

3 질산암모늄(NH₄NO₃)

(1) 분해온도 220℃, 융점 165℃, 용해도 118.3(0℃), 비중 1.73
(2) 무색, 무취의 결정으로 **조해성**이 크다.
(3) 물·알코올에 잘 녹는다(물에 녹을 경우 **흡열반응**).
(4) **단독**으로도 급격한 가열, 충격으로 **분해**, **폭발**한다.
(5) 경유와 혼합하여 **안포**(ANFO)**폭약**을 제조한다.

> ※ 분해·폭발 반응식
> • 2NH₄NO₃ $\xrightarrow{\Delta}$ 2N₂↑ + 4H₂O + O₂↑
> (질산암모늄)   (질소)   (물)   (산소)
>
> ※ 열분해 반응식 및 재가열시 반응식
> • NH₄NO₃ $\xrightarrow{\Delta}$ N₂O + 2H₂O
> (질산암모늄) (아산화질소) (물)
> • 재가열: 2N₂O $\xrightarrow{\Delta}$ 2N₂↑ + O₂↑
>   (아산화질소) (질소) (산소)

9 삼산화크로뮴(삼산화크롬)의 성질

(1) 지정수량 : 300kg
(2) 삼산화크로뮴(CrO_3)을 무수크로뮴산이라 한다.
(3) 분해온도 250℃, 융점 196℃, 비중 2.70, 용해도 166g/15℃
(4) 암적색의 침상결정으로 물에 잘 녹으며, 독성이 강하다.
(5) 물과 발열하며, 알코올, 벤젠, 에터와 접촉시키면 순간적으로 발열 또는 발화한다.

참고

※ 열분해 반응식

$$4CrO_3 \xrightarrow{\Delta} 2Cr_2O_3 + 3O_2$$
(삼산화크로뮴)   (산화크로뮴)   (산소)

적중 출제예상문제

브로민산염류, 아이오딘산염류

1. 브로민산칼륨의 일반성질 중 틀린 것은?
① 황, 숯 등과 혼합가열하면 폭발한다.
② 제2류 위험물 중 금속 분말과 혼합하면 가열로 폭발 또는 급속히 연소하지 않는다.
③ 염소산칼륨보다는 위험성이 적다.
④ 백색 능면체의 결정이다.

[힌트] 브로민산칼륨 : 제2류 위험물과 혼합하면 마찰 충격 등으로 폭발한다.
답 ②

2. 브로민산칼륨의 지정수량은 얼마인가?
① 100kg   ② 200kg
③ 300kg   ④ 500kg

[힌트] 지정수량 : 300kg
답 ③

3. 브로민산칼륨과 아이오딘산아연의 공통성질은?
① 물에 잘 녹는다.
② 분해온도가 500℃ 이상이다.
③ 가연물과 혼합가열하면 폭발한다.
④ 알코올에 잘 녹는다.

[힌트] 공통성질 : 강산제로서 가연물과 혼합가열하면 폭발한다.
답 ③

질산염류

4. 다음 위험물 중에서 지정수량이 다른 것은?
① KNO_3 ② $KClO_3$
③ $KClO_4$ ④ MgO_2

[힌트] 지정수량 : ① 300kg, ② 50kg, ③ 50kg, ④ 50kg
답 ①

5. 다음 화합물 중에서 질산염류가 아닌 것은?
① NH_4NO_3 ② KNO_3
③ $AgNO_3$ ④ HNO_3

[힌트] 질산(HNO_3) : 제6류 위험물
답 ④

6. 다음 위험물 중 질산염류에 속하지 않는 것은 어느 것인가?
① 질산칼륨   ② 질산에틸
③ 질산암모늄   ④ 질산나트륨

[힌트] 질산염류 : ① 해당, ② 질산에스터류, ③,④ 해당
답 ②

7. 화약을 만드는 데 쓰이는 물질은?
① KCN   ② KNO_3
③ K_2SO_4 ④ KOH

[힌트] 질산칼륨(KNO_3) : 흑색 화약의 원료
답 ②

⑧ 다음 질산염류의 성질로서 옳은 것은?
① 일반적으로 흡습성이며 가열하면 산소와 아질산염이 되며 알코올에 용해하지 않는다.
② 일반적으로 물에 잘 녹고 가열하면 산소를 발생하며 질산염 특유의 냄새가 난다.
③ 일반적으로 물에 잘 녹고 가열하면 폭발하며 무수알코올에도 잘 녹는다.
④ 일반적으로 물에 잘 안녹으며 가열하면 폭발하며 질산염 특유의 냄새가 난다.

⑨ 질산칼륨의 저장 및 취급시 주의사항 중 옳지 못한 것은?
① 공기와의 접촉을 피하기 위하여 석유속에 보관한다.
② 용기는 밀전하고 위험물의 누출을 막는다.
③ 가열, 충격, 마찰을 피한다.
④ 환기가 좋은 냉소에 저장한다.

⑩ 질산나트륨의 성질 중 잘못된 것은?
① 조해성이 있다.
② 별명은 칠레초석이라 한다.
③ 물에는 녹지 않지만 무수알코올에는 잘 녹는다.
④ 가열하면 분해되어 산소를 방출한다.

⑪ 다음 중 질산암모늄의 성상으로 올바른 것은?
① 상온에서 황색의 액체이다.
② 무색, 무취의 결정으로 알코올에 녹는다.
③ 물을 흡수하면 발열반응을 한다.
④ 상온에서 폭발성의 액체이다.

⑫ 질산암모늄의 성질로 맞는 것은?
① 조해성이 없다.
② 무색무취의 액체이다.
③ 물에 녹을 때에는 발열반응을 나타낸다.
④ 급격한 가열·충격에 따라 폭발하는 수도 있다.

⑬ 질산암모늄의 성질에 있어서 다음 중 옳은 것은?
① 황색 결정이지만 가열하면 붉은색이 된다.
② 상온에서 폭발성 액체이다.
③ 단독으로도 조건에 따라 폭발하는 수가 있다.
④ 조해성이 없다.

[해] • 질산염류 : 일반적으로 흡습성(질산칼륨 제외)이며 가열하면 산소와 아질산염이 되며 알코올에는 난용성이며 냄새는 없다.
답 ①

[해] • 석유속에 저장하는 것 : 제3류 위험물의 칼륨·나트륨
답 ①

[해] • 질산나트륨 : 조해성이 있으며, 별명은 칠레초석이며, 물에 잘녹으며, 무수알코올에 난용성이며, 가열분해되어 아질산염과 산소를 방출한다.
답 ③

[해] • 질산암모늄 : 무색·무취의 결정(고체)으로 물·알코올에 잘 녹으며 물과는 흡열반응을 한다.
답 ②

[해] • 질산암모늄(초안) : 폭약 및 불꽃놀이에 사용되며 가열·충격으로 폭발한다.
답 ④

[해] • 질산암모늄 : 상온에서 무색·무취의 결정이며 단독으로도 급격히 가열한다. 충격으로 분해, 폭발한다.
답 ③

삼산화크로뮴

14 삼산화크로뮴의 지정수량은 몇 kg인가?
① 100　　　② 200
③ 300　　　④ 400

・지정수량 : 300kg

답 ③

휴게실

◆ 의자에서 일어서 보시오.
　의자에서 몸을 수직으로 세우고 발을 의자 밑으로 당기지 말고 앉아 보시오. 이 상태에서 **몸을 앞으로 구부리지 않고 발의 위치도 바꾸지 않고 일어서려 하면 몸을 의자에 묶지도 않았는데 잘 안될 것이다.** 사람이 서 있으려면 **사람의 무게중심**으로부터 그어진 수직선이 **사람의 기저 안에 있어야 한다.** 그러므로 의자에 앉은 사람이 의자에서 일어서려면 허리 윗부분을 앞쪽으로 기울이거나 발을 뒤로 당겨서 무게중심에서 그은 수직선이 기저를 통과하는 위치에 오게 해야 한다.
　※ **사람의 무게중심** : 배꼽 위 20cm 되는 척추 부근
　※ **기저** : 기초가 되는 밑면 (**사람의 기저** : 발바닥과 발바닥 사이의 전체 면적)

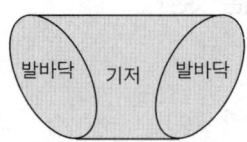

10 과망가니즈산염류(과망간산염류)의 성질

지정수량 : 1,000kg

과망가니즈산칼륨($KMnO_4$) 〈카메레온〉

(1) 분해온도 240℃, 비중 2.7
(2) 흑자색의 결정
(3) 물에 녹아서 **진한 보라색**을 나타내며, 강한 산화력과 살균력이 있다.

※ 가열에 의한 분해반응식

$$2KMnO_4 \xrightarrow{\Delta} K_2MnO_4 + MnO_2 + O_2 \uparrow$$
　(과망가니즈산칼륨)　(망가니즈산칼륨)　(이산화망가니즈)　(산소)

※ 화학반응 : **묽은 황산**과 **진한 황산**과의 화학반응 생성물질은 차이점이 있다.

• 묽은 황산과의 반응

$$4KMnO_4 + 6H_2SO_4 \rightarrow 2K_2SO_4 + 4MnSO_4 + 6H_2O + 5O_2 \uparrow$$
(과망가니즈산칼륨)　(황산)　(황산칼륨)　(황산망가니즈)　(물)　(산소)

• 진한 황산과의 반응

$$4KMnO_4 + 2H_2SO_4 \rightarrow 2K_2SO_4 + 4MnO_2 + 2H_2O + 3O_2 \uparrow$$
(과망가니즈산칼륨)　(황산)　(황산칼륨)　(이산화망가니즈)　(물)　(산소)

• 진한 황산과의 반응 메카니즘(① → ② → ③)

① $2KMnO_4 + H_2SO_4 \rightarrow K_2SO_4 + 2HMnO_4$
　(과망가니즈산칼륨)　(황산)　(황산칼륨)　(과망가니즈산)
② $2HMnO_4 \rightarrow Mn_2O_7 + H_2O$
　(과망가니즈산)　(7산화 2망가니즈)　(물)
③ $Mn_2O_7 \rightarrow 2MnO_2 + 3/2H_2O \uparrow$
　(7산화2망가니즈)　(이산화망가니즈)　(산소)
① + ② + ③
　$2KMnO_4 + H_2SO_4 \rightarrow K_2SO_4 + 2MnO_2 + H_2O + 3/2O_2 \uparrow$
　$= 4KMnO_4 + 2H_2SO_4 \rightarrow 2K_2SO_4 + 4MnO + 2H_2O + 3O_2 \uparrow$
　(과망가니즈산칼륨)　(황산)　(황산칼륨)(이산화망가니즈)　(물)　(산소)

※ 특히 **과망가니즈산칼륨**은 살균력이 강하므로 **수용액은 무좀 등의 치료제**로 많이 사용된다.

과망가니즈산나트륨(NaMnO$_4$ · 3H$_2$O)

(1) 적자색의 결정
(2) 조해성이 강하며 물에 잘 녹는다.

> 참고
> ※ 앞서 공부한 **염류** 중 일반적으로 **나트륨**의 화합물은 **조해성**이 강하다.

 과망가니즈산칼슘[Ca(MnO$_4$)$_2$ · 4H$_2$O]

(1) 자색 결정이며 수용성이다.

11 다이크로뮴산염류(중크롬산염류)의 성질

지정수량 : 1,000kg

> 참고
> ※ **다이크로뮴산염류**는 대부분 **황적색** 또는 **적색 계통**의 결정으로서 대부분 물에 녹으며 가열하면 분해하여 **산소**(O$_2$)를 방출한다.

 다이크로뮴산칼륨(K$_2$Cr$_2$O$_7$)

(1) 분해온도 500℃, 융점 398℃, 비중 2.69, 용해도 8.89(15℃)
(2) 등적색의 판상결정이다.
(3) 물에 녹고 알코올에는 녹지 않는다.

> **참고**
>
> ※ 분해반응식
>
> $$4K_2Cr_2O_7 \xrightarrow{\triangle} 4K_2CrO_4 + 2Cr_2O_3 + 3O_2\uparrow$$
> (다이크로뮴산칼륨)　　(크로뮴산칼륨)　(산화크로뮴)　(산소)

 ## 다이크로뮴산나트륨($Na_2Cr_2O_7 \cdot 2H_2O$)

(1) 분해온도 400℃, 융점 356℃, 비중 2.52
(2) 흡습성인 등적색의 결정
(3) 단독으로 안정하다. 유기물등 가연물과 혼합되면 **가열·마찰**로 **발화** 또는 **폭발**한다.

 ## 다이크로뮴산암모늄[$(NH_4)_2Cr_2O_7$]

(1) 분해온도 185℃, 비중 2.15
(2) 적색 침상의 결정(단사정계)
(3) 가열분해시 **질소가스**(N_2)를 발생한다.
(4) 분해할 때 **불을 붙이면** 연소와 같은 현상으로 **연속적으로 불을 뿜으며 분해**한다.
(5) 그라비아인쇄·사진제판·피혁가공·염료 등에 사용한다.

> **참고**
>
> ※ 분해반응식
>
> $$(NH_4)_2Cr_2O_7 \xrightarrow{\triangle} N_2\uparrow + 4H_2O + Cr_2O_3$$
> (다이크로뮴산암모늄)　(질소)　(물)　(산화크로뮴)

적중 출제예상문제

과망가니즈산염류 · 다이크로뮴산염류

1 과망가니즈산염류의 지정수량은 얼마인가?
① 100kg
② 500kg
③ 1,000kg
④ 1,500kg

[해] • 지정수량 : 1,000kg
[답] ③

2 다이크로뮴산염류의 지정수량은 얼마인가?
① 300kg
② 1,000kg
③ 2,000kg
④ 3,000kg

[해] • 지정수량 : 1,000kg
[답] ②

3 다음 중 강산화제로 작용하는 것은?
① $KMnO_4$
② H_2
③ CO
④ H_2S

[해] • 과망가니즈산칼륨 ($KMnO_4$) : 산화제
[답] ①

4 과망가니즈산칼륨에 대한 설명 중 옳지 못한 것은?
① 알코올 등 유기물과의 접촉을 피한다.
② 수용액은 강한 환원력과 살균력이 있다.
③ 흑자색의 주상결정이다.
④ 일광을 차단하여 저장한다.

[해] • 과망가니즈산칼륨 : 수용액은 강한 산화력을 갖으며 살균력이 있다.
[답] ②

5 다음 설명 중 옳은 것은?
① 과망가니즈산칼륨은 살균제로 사용된다.
② 질산암모늄은 100℃ 정도로 가열하면 분해한다.
③ 질산나트륨을 가열하면 이산화질소가 발생한다.
④ 질산칼륨은 흡습성이 강하다.

[해] • 문제 12 해설 참조
[답] ①

6 과망가니즈산칼륨이 240℃의 분해온도에서 분해했을 때 생길 수 없는 물질은?
① O_2
② MnO_2
③ K_2O
④ K_2MnO_4

[해] • 분해반응식
$2KMnO_4 \rightarrow K_2MnO_4 + MnO_2 + O_2$
[답] ③

7 과망가니즈산칼륨의 일반성질에서 틀린 것은?
① 흑자색 고체이다.
② 일광에 쪼이면 분해한다.
③ 가열하면 분해하여 가연성가스가 발생한다.
④ 용액을 카메레온이라 한다.

[해] • 과망가니즈산칼륨 : 가열하면 산소(O_2) 가스발생
※ 산소(O_2) : 조연성
[답] ③

⑧ 과망가니즈산칼륨의 설명 중 틀린 것은?
 ① 흑자색, 적색의 광택이 있는 무기화합물이다.
 ② 단맛이 있고 물에 녹아 진보라색을 나타내고 산화력이 크다.
 ③ 특히 환원성 물품과 함께 보관하여도 이상 없다.
 ④ 가열하면 분해돼 산소와 망가니즈산칼륨이 된다.

해 • 과망가니즈산칼륨($KMnO_4$) : 산화성 물질로서 환원성 물질과 접촉·혼합하면 위험하다.
답 ③

⑨ 과망가니즈산나트륨은 외관상 무슨 색을 띠고 있나?
 ① 흑자색   ② 적자색
 ③ 적색   ④ 백색

해 • 과망가니즈산나트륨 : 적자색
※ 과망가니즈산칼륨 : 흑자색
답 ②

⑩ 다이크로뮴산 염류는 다이크로뮴산의 수소 몇 원자가 금속 또는 다른 원자단과 치환된 것인가?
 ① 1원자   ② 2원자
 ③ 3원자   ④ 4원자

해 • 다이크로뮴산염 : 다이크로뮴산($H_2Cr_2O_7$)의 수소 2개와 다른 금속 2원자 또는 2개의 원자단과 치환된 것
답 ②

⑪ 염료, 사카린제조, 피혁다듬질, 성냥, 촉매, 의약 등의 제조 등의 용도로 사용하며 등적색의 판상결정으로서 500℃에서 분해하는 다이크로뮴산 염류는?
 ① 다이크로뮴산나트륨($Na_2Cr_2O_7 \cdot 2H_2O$)
 ② 다이크로뮴산칼륨($K_2Cr_2O_7$)
 ③ 다이크로뮴산암모늄[$(NH_4)_2Cr_2O_7$]
 ④ 다이크로뮴산칼슘($CaCr_2O_7 \cdot 3H_2O$)

해 • 다이크로뮴산칼륨 : 분해온도 500℃
답 ②

⑫ 인쇄제판, 매염제, 피혁정제, 석유정제, 불꽃놀이의 제조 및 가열하면 185℃에서 분해하는 다이크로뮴산 염류는?
 ① 다이크로뮴산나트륨($Na_2Cr_2O_7 \cdot 2H_2O$)
 ② 다이크로뮴산칼륨($K_2Cr_2O_7$)
 ③ 다이크로뮴산암모늄[$(NH_4)_2Cr_2O_7$]
 ④ 다이크로뮴산칼슘($CaCr_2O_7 \cdot 3H_2O$)

해 • 다이크로뮴산암모늄 : 분해온도 185℃
답 ③

휴게실

◆ 웃기는 기체(laughing gas) 일산화이질소(N_2O)에 대하여
 일산화이질소(N_2O)는 향기와 단맛이 있는 기체로 질산암모늄(NH_4NO_3)을 가열하여 만든다.
 ($NH_4NO_3 \xrightarrow{\Delta} N_2O + 2H_2O$)
 이 기체를 조금 들이마시면 안면 근육에 경련이 일어나 마치 웃는 것처럼 보이므로 웃기는 기체라는 별명을 가지며, 조금 더 들이마시면 의식을 잃기 때문에 병원에서는 에터·시클로프로판과 함께 마취제로 쓰인다.
 ※ 동물마취제 : 클로로포름(사람에게도 사용하였으나 현재는 사용 안함)
 ※ 질산암모늄 : 제1류 위험물(질산염류)
 ※ 일산화이질소=아산화질소

제 3 장

제2류 위험물

학습목표
- 필수 암기사항
- 황화인 · 적린 · 황 · 철분 · 마그네슘 · 금속분류 · 인화성 고체 및 행정안전부령이 정하는 것 등의 성질

필수 암기사항

- 제2류 위험물의 품명 및 지정수량
- 제2류 위험물의 일반성질
- 제2류 위험물의 저장 및 취급방법

참고
※ 필수 암기사항에 대한 내용은 **완전 암기**하여 수험에 대비할 것

제2류 위험물의 품명 및 지정수량

유별 및 성질	위험등급	품 명	지정수량
제2류 가연성 고체	Ⅱ	1. 황화인(황화린) 2. 적 린 3. 황 (유 황)	100kg 100kg 100kg
	Ⅲ	4. 마 그 네 슘 5. 철 분 6. 금 속 분	500kg 500kg 500kg
	Ⅱ~Ⅲ	7. 그 밖에 행정안전부령이 정하는 것 8. 제1호 내지 제7호에 해당하는 어느 하나 이상을 함유한 것	100kg 또는 500kg
	Ⅲ	9. 인화성 고체	1,000kg

 제2류 위험물의 일반성질

(1) 비교적 **낮은 온도**에서 **착화**되기 쉬운 **가연물**이다.
(2) 대단히 **연소속도**가 **빠른 고체**이다.
(3) **유독한 것** 또는 연소시 **유독가스를 발생**하는 것도 있다.
(4) **마그네슘, 철분, 금속분류**는 물과 산의 접촉으로 **발열**하며, **수소**(H_2)를 **발생**한다.

 제2류 위험물의 저장 및 취급방법

(1) **점화원**으로부터 멀리하고 **가열**을 피할 것
(2) 용기의 파손으로 **위험물**의 **누설**에 주의할 것
(3) **산화제**와의 **접촉**을 피할 것
(4) **마그네슘, 철분, 금속분**은 **물** 또는 **산과의 접촉**을 피할 것

※ **제2류 위험물** : **환원제**이므로 **산화제**와의 **접촉을 피하여야** 한다.

적중 출제예상문제

1 제2류 위험물의 종류 및 지정수량이 틀리게 연결된 것은?
① 철분 100kg
② 황화인 100kg
③ 적린 100kg
④ 황 100kg

2 다음 보기 항 중 제2류 위험물만으로 짝지어진 것 중 틀린 것은?
① 철분-황화인
② 황-철(Fe)분
③ 황화인-적린
④ 아연(Zn)분-나트륨(Na)

3 제2류 위험물의 공통적 위험성에 대하여 옳은 것은?
① 착화되기 쉬운 가연성 물질이다.
② 물과의 접촉을 피해야 한다.
③ 물에 잘 녹는다.
④ 상온에서 액체이다.

4 제2류 위험물의 일반성질로서 잘못된 것은?
① 비교적 낮은 온도에서 착화하기 쉬운 가연성 물질이다.
② 모두 단체의 비금속원소이다.
③ 연소할 때 유독한 기체를 발생하는 것도 있다.
④ 물에 불용이며, 산화하기 쉬운 물질이다.

5 제2류 위험물의 공통적 성질이다. 다음 중 틀리는 것은?
① 가연성 고체이다.
② 산화제와 접촉이나 가열하면 위험하다.
③ 물질자체가 유독하거나 또는 연소시 유독가스를 발생하는 것이 있다.
④ 주수소화는 위험하다.

6 제2류 위험물의 저장 및 취급방법이다. 해당되지 않는 것은?
① 산화제와의 접촉을 피한다.
② 타격 및 충격을 피한다.
③ 점화원 또는 가열을 피한다.
④ 물 또는 습기를 피한다.

7 가연성 고체 위험물에 산화제를 혼합하면 위험한 이유는 다음 중 어느 것인가?
① 온도가 올라가며 자연착화 되기 때문에
② 즉시 착화폭발하기 때문에
③ 약간의 가열·충격 마찰에 의하여 착화 폭발하기 때문에
④ 가연성가스를 발생하기 때문

힌트

해 • 철분의 지정수량: 500kg
답 ①

해 • 나트륨(Na) : 제3류 위험물
답 ④

해 • 제2류 위험물 : 착화되기 쉬운 가연성 물질이다.
답 ①

해 • 제2류 위험물 : 금속과 비금속이 함께 존재한다.
답 ②

해 • 제2류 위험물 : 주수에 의한 냉각소화(일부 주수금지)
답 ④

해 • 저장 및 취급방법 : 물또는 습기를 피하여야 하는 것은 제3류 위험물이다.
답 ④

해 • 제2류 위험물(가연성 고체) : 주로 환원제이므로 산화제와의 혼합물은 약간의 마찰·충격 등으로 폭발한다.
답 ③

2 황화인(황화린)의 성질

지정수량 : 100kg

> ※ 황화인 : 삼황화인, 오황화인, 칠황화인 3종류가 있으며 미립자는 **기관지 및 눈을 자극**한다.

삼황화인[삼황화린(P_4S_3)]

(1) **착화점 100℃**, 융점 172.5℃, 비점 407℃, 비중 2.03
(2) **황색** 결정이다.
(3) 물, 염산, 황산에 녹지 않는다.
(4) 질산, 알칼리, 이황화탄소에 녹는다.
(5) 과산화물, 과망가니즈산염, 금속분과 공존하고 있을 때 **자연발화**한다.

> ※ 연소반응식
> P_4S_3 + $8O_2$ → $2P_2O_5$ + $3SO_2$↑
> (삼황화인) (산소) (오산화인) (이산화황)

오황화인[오황화린(P_2S_5)]

(1) 융점 290℃, 비점 514℃, 비중 2.09, 착화점 142℃
(2) **담황색** 결정의 **조해성** 물질이다.
(3) 물, 알칼리와 분해하여 **유독성**인 **황화수소**(H_2S), **인산**(H_3PO_4)이 된다.
(4) CS_2(이황화탄소)에 **잘 녹는다.**

> ※ 물과 분해반응식
> P_2S_5 + $8H_2O$ → $5H_2S$↑ + $2H_3PO_4$
> (오황화인) (물) (황화수소) (인산)

칠황화인[칠황화린(P_4S_7)]

(1) 융점 310℃, 비점 523℃, 비중 2.19
(2) **담황색** 결정이며 **조해성**이 있다.
(3) 이황화탄소에 약간 녹으며 냉수에서는 서서히, 온수에서는 **급격히** 분해하여 **유독성**인 H_2S(황화수소)와 H_3PO_4(인산) 및 을 H_3PO_3(아인산)발생한다.

>
> ※ 물과 분해반응식
> $$P_4S_7 + 13H_2O \rightarrow 7H_2S\uparrow + H_3PO_4 + 3H_3PO_3$$
> (칠황화인)   (물)   (황수수소)   (인산)   (아인산)

3 적린(붉은린)의 성질

지정수량 : 100kg

적린(P)

(1) **착화점 260℃**, 융점 600℃(416℃에서 승화한다), 비중 2.2
(2) **암적색** 무취의 분말이며 **황린의 동소체**이다.
(3) 황린에 비하여 **대단히 안정**하며 **독성이 없다**.
(4) 산화제인 **염소산염류**와의 혼합은 절대 금할 것
(5) 물, 알칼리, **이황화탄소**, 에터, 암모니아에 **녹지 않는다**.
(6) 연소생성물은 **오산화인**(P_2O_5)이다.

>
> ※ 연소반응식
> $$4P + 5O_2 \rightarrow 2P_2O_5$$
> (적린)   (산소)   (오산화인)

4 황(유황)의 성질

지정수량 : 100kg

> **참고**
> ※ 황(S) : 황색의 결정으로 **사방정계, 단사정계, 비정계**의 3종류가 있다.
> - 순도 60중량% 이상의 것이 **위험물**이다.
> - 황의 연소 반응식(푸른 불꽃을 내며 연소한다)
> $$S + O_2 \rightarrow SO_2 \uparrow$$
>   (황) (산소)   (아황산가스)
> - **사방정계황**이 95.5℃(전이점)에서 **단사정계황**이 되며 140℃~170℃에서 **급랭**시키면 **고무상황**이 된다.

1 사방정계의 황

(1) 인화점 201.6℃, **착화점** 232.2℃, 융점 113℃, 비중 2.07
(2) 산화제·목탄가루 등과 **혼합**되었을 경우 약간의 가열·충격 등으로 **착화폭발**한다.
(3) 물에 녹지 않으며, 이황화탄소(CS_2)에 녹는다.
(4) 전기의 **불량도체**이다.
(5) 미분이 공기 중에 떠있을 때에는 **분진폭발**의 위험이 있다.

2 단사정계의 황

(1) 융점 119℃, 비중 1.96
(2) 사방정계의 황을 95.5℃로 **가열**하여 얻는다.
(3) 물에 녹지 않으며, 이황화탄소(CS_2)에 녹는다.

> **참고**
> ※ 단사정계의 황 : 160℃에서 갈색을 띠며 250℃에서는 **흑색** 불투명하게 되며 유동성을 갖는다.

3 비정계의 황(고무상황)

(1) 140℃~170℃의 **용융황**을 물에 넣어 **급냉**시킨 것
(2) 물·이황화탄소(CS_2)에 녹지 않는다.

적중 출제예상문제

황화인

1. 다음 황화인의 지정수량은 몇인가?
 ① 20kg   ② 30kg
 ③ 40kg   ④ 100kg

> **해** · 지정수량 : 100kg
> **답** ④

2. 다음 위험물 중 지정수량이 다른 것은?
 ① $HClO_4$ ② P_4S_3
 ③ H_2O_2 ④ CaC_2

> **해** · 지정수량
> ① 300kg ② 100kg
> ③ 300kg ④ 300kg
> **답** ②

3. 황화인의 저장시 멀리해야 할 것은?
 ① 물   ② 금속분
 ③ 염산   ④ 황산

> **해** · 황화인 : 과산화물, 금속분, 과망가니즈산염과 공존할 경우 **자연발화**한다.
> **답** ②

4. 약 100℃의 착화점을 갖는 것은 다음 중 어느 것인가?
 ① 오황화인   ② 황
 ③ 삼황화인   ④ 적린

> **해** · 삼황화인의 착화점 : 100℃
> **답** ③

5. 다음 중 오황화인이 물과 작용해서 발생하는 유독 기체는?
 ① 아황산가스   ② 인화수소
 ③ 황화수소   ④ 포스겐가스

> **해** · 오황화인·칠황화인 : 물과 작용하여 황화수소(H_2S)와 인산(H_3PO_4)발생
> **답** ③

6. 다음 황화인에 대한 설명 중 옳지 않은 것은?
 ① 3황화인은 물에 녹지 않는다.
 ② 5황화인은 공기 중의 수분을 흡수하여 분해되며 아황산가스를 낸다.
 ③ 7황화인은 흡수성이 있으며 분해되면 황화수소가스를 발생한다.
 ④ 과산화물, 망가니즈산염, 안티몬 등과 공존하면 발화한다.

> **해** · 문제 5 해설 참조
> **답** ②

⑦ 다음 설명 중 틀린 것은?
① 삼황화인은 가연성 물질이다.
② 오황화인은 CS_2에 잘 녹는다.
③ 칠황화인은 물에 녹아 이산화황을 발생한다.
④ 황은 물에 잘 녹지 않는다.

해 · 문제 5 해설 참조
답 ③

적린

⑧ 적린의 성질은?
① 암적색 무취의 분말   ② 담황색의 결정
③ 황색의 무독성 결정   ④ 암적색 무취의 결정

해 · 적린 : 암적색 무취의 분말
답 ①

⑨ 마찰이나 충격 등에 의해 발화 또는 폭발의 위험성이 없는 것은?
① 알루미늄 가루   ② 붉은린
③ 염소산염   ④ 마그네슘 가루

해 · 적린(붉은린) : 안정한 물질이다.
답 ②

⑩ 다음 중 상온에 방치하면 자연발화가 되지 않지만, 산화물과 함께 있으면 낮은 온도에서 자연발화가 일어나는 것은?
① 황산   ② 적린
③ 황린   ④ 황

해 · 적린 : 산화물과 접촉으로 자연발화한다.
답 ②

⑪ 다음 붉은 린에 대한 설명 중 틀린 것은 어느 것인가?
① 암적색의 분말로 독성이 없다.
② 이황화탄소에는 녹지 않는다.
③ 발화점이 높기 때문에 공기 중에서 자연발화의 위험이 없다.
④ 산화할 때 인광을 발하며 연소한다.

해 · 붉은린(적린) : 연소할 때 인광을 발하지 않는다.
※ 황린 : 인광을 발한다.
답 ④

⑫ 적린의 성상에서 틀린 것은?
① 연소할 때 인화수소가 발생한다.
② 물, 알코올에 녹지 않는다.
③ 어두운 곳에서 인광을 발하지 않는다.
④ 발화온도는 약 260℃이다.

해 · 적린의 연소반응식
$4P + 5O_2 \rightarrow 2P_2O_5$
※ P_2O_5 : 오산화인
답 ①

⑬ 적린의 성질에 대하여 잘못 기술한 것은?
① 연소시 유독한 황화수소 기체가 발생한다.
② 황린에 비해 화학적 활성이 적다.
③ 산화제와 섞으면 쉽게 발화한다.
④ 암적색 분말로 전형적인 비금속의 원소이다.

해 · 문제 12 해설 참조
답 ①

⑭ 적린의 위험성에 대하여 옳은 것은?
① 염소산 염류와 접촉하면 발화 또는 폭발의 위험이 있다.
② 공기 중에 방치하면 타기 시작한다.
③ 물과 반응해서 높은 열을 낸다.
④ 독성이 크다.

해 • 적린 : 산화제인 염소산 염류와 혼합은 절대 금한다(발화·폭발).
답 ①

⑮ 다음은 가연성 고체 위험물의 성질을 나타낸 것이다. 잘못된 것은?
① 적린 — 어두운 곳에서 인광을 발하며 맹독성이다.
② 황 — 사방정계, 단사정계, 비정계의 3종이 있다.
③ 오황화인 — 가수분해하지 않는다.
④ 알루미늄 — 분진폭발의 위험성이 있으며 할로젠원소와의 접촉은 피한다.

해 • 적린 : 황린과 같이 인광을 발하며 연소하지 않는다.
답 ①

⑯ 황린과 적린의 성질 중 잘못된 것은?
① 황린은 어두운 곳에서 인광을 낸다.
② 황린의 인화점은 약 50℃ 전후, 적린은 260℃이다.
③ 공기를 차단하고 250℃로 가열하면 황린이 적린으로 변한다.
④ 서로 동소체로 물에 녹지 않는다.

해 • 착화점
황린 — 미분(34℃)
　　　고형(60℃)
적린 — 260℃
답 ②

⑰ 다음 위험물 중 연소시 오산화인(P_2O_5)이 발생하지 않은 위험물은?
① 황린(P_4)　　② 삼황화인(P_4S_3)
③ 적린(P)　　　④ 산화납(PbO)

해 • 산화납(PbO) : 연소하지 않는다.
답 ④

황(유황)

⑱ 황의 지정수량은 얼마인가?
① 20kg　　② 50kg
③ 100kg　　④ 500kg

해 • 지정수량 : 100kg
답 ③

⑲ 위험물로서 황의 순도는 중량%로서 몇 % 이상인가?
① 60%　　② 70%
③ 80%　　④ 90%

해 • 순도 : 60중량% 이상
답 ①

⑳ 황에 다음 물질을 혼합했을 때 폭발위험이 있는 것은?
① 가연물　　② 산화제
③ 촉매　　　④ 환원제

해 • 황 : 환원제로서 산화제와의 접촉으로 폭발
답 ②

㉑ 다음 중 무연탄에 불순물로 들어있는 황이 탈 때 주로 생기는 유독한 가스는 다음 중 어느 것인가?
① SO ② SO_2
③ SO_3 ④ H_2S

해 • 연소반응식
$S + O_2 \rightarrow SO_2$
답 ②

㉒ 연소에 의하여 유독한 가스(SO_2)가 발생하는 것은?
① 황린 ② 적린
③ 황 ④ 금속분

해 • 황의 연소반응
$S + O_2 \rightarrow SO_2$
답 ③

㉓ 황이 연소하여 발생하는 가스의 성질 중 맞는 것은?
① 알칼리성 ② 산화성
③ 폭발성 ④ 환원성

해 • 문제 22 해설 참조
※ SO_2 : 환원성이 있다.
답 ④

㉔ 다음 물질 중 황을 녹일 수 있는 것은 어느 것인가?
① 황산 ② 석유
③ 이황화탄소 ④ 알코올

해 • 사방황 · 단사황 : 이황화탄소(CS_2)에 잘 녹는다.
답 ③

㉕ 황색이며 무정형으로 CS_2에 녹지 않고 녹는점이 일정치 않은 것은?
① 사방황 ② 단사황
③ 고무상황 ④ 침강황

해 • 고무상황 : 이황화탄소(CS_2)에 잘 녹지 않는다.
답 ③

㉖ 황의 성질로서 옳은 것은?
① 전기의 양도체이다.
② 태우면 유독한 기체를 발생한다.
③ 습기가 없으면 타지 않는다.
④ 보통 물에 잘 녹는다.

해 • 연소반응식 :
$S + O_2 \rightarrow SO_2$
※ SO_2(아황산가스) : 유독성 가스
답 ②

㉗ 황의 성질에 대하여 다음 가운데 잘못된 것은?
① 조해성이 있다.
② 황색의 고체 또는 분말
③ 착화온도는 약 360℃로 연소시 청색의 화염을 낸다.
④ 연소시 독특한 냄새를 가진 가스를 발생

해 • 황 : 조해성이 없다.
※ 조해성 : 공기 중의 수분을 흡수하여 고체가 액체로 되는 현상
답 ①

㉘ 황의 성질에 대하여 틀린 것은?
① 전기의 불량도체이다.
② 연소하면 아황산가스가 된다.
③ 미분되면 분진폭발의 위험성이 있다.
④ 풍해성이다.

해 • 황 : 풍해성이 없다.
답 ④

29 황의 성질로 맞지 않는 것은?
① 사방황, 단사황, 고무상황의 3가지 이성체가 있다.
② 연소시에 노란색 불꽃을 내며 SO_2 가스를 낸다.
③ 물에 녹지 않으나 이황화탄소에는 잘 녹는다.
④ 사방황은 95.5℃에서 단사정계로 된다.

30 황, 금속분 등을 저장할 때 가장 주의하여야 할 사항은 무엇인가?
① 가연성 물질과 함께 보관하거나 접촉을 피해야 한다.
② 빛이 닿지 않는 어두운 곳에 보관해야 한다.
③ 통풍이 잘 되는 곳에 보관해야 한다.
④ 화기의 접근이나 과열을 피해야 한다.

31 다음 설명 중 틀린 것은?
① 황린은 공기 중에서 자연발화할 때가 있다.
② 미분상의 황은 물과 작용해서 자연발화할 때가 있다.
③ 적린은 염소산칼륨의 산화제와 혼합하면 발화폭발할 수 있다.
④ 마그네슘 분말을 수분과 장시간 접촉하면 자연발화할 수 있다.

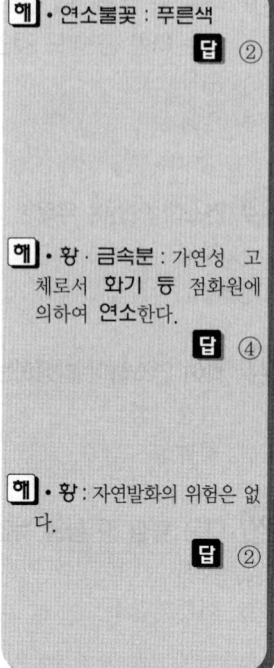

해 • 연소불꽃 : 푸른색
답 ②

해 • 황 · 금속분 : 가연성 고체로서 화기 등 점화원에 의하여 연소한다.
답 ④

해 • 황 : 자연발화의 위험은 없다.
답 ②

휴게실

◆ **반응열을 이용한 휴대용 난로**
극히 미세한 **철가루**(제2류 위험물)와 **염화나트륨**(소금) 등을 섞어서 주머니에 넣어 **공기를 차단**하고 봉한 다음, 이 주머니를 **다시 다른 주머니**에 넣는다. 주머니를 비벼서 **안쪽 주머니**를 터뜨리면 **철가루**와 겉주머니 안에 있던 **공기 중의 산소가 반응**하여 열을 방출한다(발열반응). 이 때의 열을 휴대용 난로에 이용하는 것이다.

◆ **반응열을 이용한 휴대용 냉각제**
물이 새지 않는 주머니에 물과 **염화암모늄**(NH_4Cl)을 따로따로 넣는다. 물이 들어 있는 주머니를 터뜨리면, **염화암모늄**이 물에 녹으면서 **주위의 열을 빼앗아간다**(흡열반응). 부어 오른 상처 부위에 주머니를 올려 놓으면 조직이 손상되는 것을 줄이면서 치료 효과를 높일 수 있다.

5 마그네슘(Mg)의 성질

지정수량 : 500kg

> **참고**
> ※ **위험물로서 마그네슘** : 마그네슘 또는 마그네슘을 포함한 것 중 **2mm의 체를 통과하지 아니하는 덩어리 및 직경 2mm 이상의 막대 모양의 것은 위험물에서 제외**한다.

(1) **착화점** : **용점부근(불순물존재시 400℃ 부근), 용점 약 650℃**, 비점 1,102℃, 비중 1.74
(2) 은백색의 광택이 나는 가벼운 금속
(3) **알루미늄**보다 **열전도율** 및 **전기전도도**가 **낮다**.
(4) **산** 및 **더운물**과 반응하여 **수소**를 발생한다.
(5) **산화제** 및 **할로젠원소**와의 접촉을 피할 것
(6) 공기 중의 **습기**와 **자연발화** 또는 **산화제**와의 혼합물은 **타격·충격**으로 **연소**
(7) **소화방법** : 마른 모래, 금속화재용 분말소화약제(탄산수소염류) 등

> **참고**
> - 연소반응식 : $2Mg + O_2 \rightarrow 2MgO + 2 \times 143.7kcal$
>   　　　　　(마그네슘)(산소) (산화마그네슘)　　　　(반응열)
> - 염산과의 반응식 : $Mg + 2HCl \rightarrow MgCl_2 + H_2 \uparrow$
>   　　　　　　　(마그네슘)(염산)　(염화마그네슘)(수소)
> - 온수와의 화학 반응식 : $Mg + 2H_2O \rightarrow Mg(OH)_2 + H_2 \uparrow$
>   　　　　　　　　　(마그네슘)　(물)　(수산화마그네슘)(수소)
> - 탄산가스와의 폭발 반응식 : $2Mg + CO_2 \rightarrow 2MgO + C$
>   　　　　　　　　　　　(마그네슘)(이산화탄소)(산화마그네슘)(탄소)

6 철분(Fe)의 성질

지정수량 : 500kg

참고

※ 위험물로서 철분 : 53마이크로미터 표준체를 통과하는 것이 **50중량%** 이상일 것

※ 염산과의 반응식 : $Fe + 2HCl \rightarrow FeCl_2 + H_2 \uparrow$
　　　　　　　　　(철)　(염산)　(염화제1철)　(수소)

※ 철분과 물의 반응식
　$3Fe + 4H_2O \rightarrow Fe_3O_4 + 4H_2 \uparrow$
　(철)　(물)　(자철광)　(수소)

※ 철분과 물의 반응 메커니즘(자철광 제조)
　① $3Fe + 6H_2O \rightarrow 3Fe(OH)_2 + 3H_2 \uparrow$
　② $3Fe(OH)_2 \rightarrow Fe_3O_4 + 2H_2O + H_2 \uparrow$
　①+② $3Fe + 4H_2O \rightarrow Fe_3O_4 + 4H \uparrow$
　　　　(철)　(물)　(자철광)　(수소)

7 금속분의 성질

지정수량 : 500kg

참고

※ 위험물로서 금속분 : 알칼리금속·알칼리토금속·철 및 마그네슘 이외의 금속분을 말하고, **구리·니켈**분 및 150마이크로미터의 체를 통과하는 것이 **50중량%** 미만인 것은 위험물에서 제외한다.

1 알루미늄분(Al)

(1) 융점 660℃, 비점 약 2,000℃, 비중 2.7
(2) 은백색의 경금속
(3) 전성, 연성이 풍부하며 열전도율 및 전기전도도가 크다.

(4) 황산, 묽은 질산, 묽은 염산에 **침식당한다**(**진한 질산**에는 **부동태**가 된다).
(5) 산 또는 **알칼리수용액**에서 **수소**를 발생한다.
(6) **산화제**와의 **혼합물**은 가열·충격·마찰에 의하여 **착화**된다.
(7) **할로젠원소**와 접촉하면 **자연발화**의 위험이 있다.
(8) 습기와 수분에 의하여 **자연발화**의 위험이 있다.
(9) **분진폭발**하면 소화가 곤란하므로 **화기**에 **주의할** 것
(10) **소화방법**은 마그네슘분에 준한다.

> **참고**
>
> ※ **알루미늄분** : 공기 중에서 **표면**에 **산화피막**을 형성하여 **내부**를 부식으로부터 **보호**한다.
> ※ **부동태** : Fe(철), Co(코발트), Ni(니켈), Al(알루미늄) 등이 **진한 질산**(HNO$_3$)과 작용하여 금속표면에 다른 산에도 **부식되지 않는** 수산화물의 **얇은** 막이 형성된 상태
> ※ 공기중에서 산화 반응식
> $$4Al + 3O_2 \rightarrow 2Al_2O_3$$
> (알루미늄) (산소) (산화알루미늄)
> ※ 물과의 반응식
> $$2Al + 6H_2O \rightarrow 2Al(OH)_3 + 3H_2\uparrow$$
> (알루미늄) (물) (수산화알루미늄) (수소)
> ※ 염산과 반응식
> $$2Al + 6HCl \rightarrow 2AlCl_3 + 3H_2\uparrow$$
> (알루미늄) (염산) (염화알루미늄) (수소)
> ※ 수산화나트륨 수용액과 반응식
> $$2Al + 2NaOH + 2H_2O \rightarrow 2NaAlO_2 + 3H_2\uparrow$$
> (알루미늄) (수산화나트륨) (물) (알루미늄산나트륨) (수소)
> ※ 할로젠과 반응식
> $$2Al + 3Br_2 \rightarrow 2AlBr_3$$
> (알루미늄) (브로민) (브로민화알루미늄)

2 아연분(Zn)

(1) 융점 419℃, 비점 907℃, 비중 7.14
(2) 은백색의 분말
(3) **산** 또는 **알칼리**와 반응하여 **수소**를 발생한다.
(4) 소화방법 : 마그네슘에 준한다.

참고

※ **아연분** : 공기 중에서 흰 염기성 탄산아연의 얇은 막을 만들어 내부를 보호한다.

3 안티몬(Sb)

(1) 융점 630℃, 비중 6.69
(2) 은백색의 분말
(3) 융점 이상으로 가열하면 발화한다.

적중 출제예상문제

마그네슘 · 철분 · 금속분

1 제2류 위험물 중 철분의 지정수량은 얼마인가?
① 100kg   ② 300kg
③ 500kg   ④ 1,000kg

해 • 지정수량 : 500kg
답 ③

2 제2류 위험물 중 금속분의 지정수량은 얼마인가?
① 100kg   ② 300kg
③ 500kg   ④ 1,000kg

해 • 지정수량 : 500kg
답 ③

3 마그네슘리본에 불을 붙여 다음의 기체에 넣었을 때 계속 탈 수 있는 기체는?
① 탄산가스   ② 헬륨기체
③ 수소기체   ④ 네온기체

해 • 마그네슘리본 : 탄산가스 속에서 계속 연소한다.
$2Mg + CO_2 \rightarrow 2MgO + C$
답 ①

4 마그네슘분과 혼합했을 때 발열반응하여 자연발화의 위험이 있는 것은 어느 것인가?
① 탄산가스   ② 헬륨가스
③ 아르곤가스   ④ 할로젠원소

해 • 마그네슘분 : 산화제 및 할로젠원소와 접촉하여 자연발화위험이 있다.
답 ④

⑤ 마그네슘분의 화재위험성을 설명한 것 중에서 맞지 않는 것은?
① 점화하면 맹렬히 연소한다.
② 화재가 났을 때 바로 주수하여도 좋다.
③ 공기 중의 습기와 작용해서 자연발화할 때가 있다.
④ 온수에 작용하면 H_2를 발생하며 격렬히 발화한다.

[해] • 마그네슘분 : 화재시 주수하면 연소금속의 비산으로 폭발의 위험이 있으며 온수와의 접촉으로 수소(H_2)를 발생한다.
답 ②

⑥ 마그네슘분의 성질에 있어서 다음 중 옳은 것은?
① 산과 작용시 가연성가스 발생
② 산에는 녹으나 알칼리에는 녹지 않는다.
③ 상온에서 공기 중에 방치해도 극히 안정
④ 부드러운 분말은 비중이 물보다 적으므로 물위에 뜬다.

[해] • 마그네슘분 : 산 및 더운 물과 접촉하여 수소(H_2)가스를 발생한다.
※수소(H_2) : 가연성가스
답 ①

⑦ 마그네슘분의 성질로서 다음 가운데 옳은 것은 어떤 것인가?
① 가벼운 금속으로서 비중은 물보다 약간 적다.
② 산과 작용하여 산소가스를 발생한다.
③ 금속으로서 연소하는 일은 없다.
④ 미분으로 부유하고 있으면 분진 폭발의 위험이 있다.

[해] • 마그네슘분 : 미분으로 공기 중에 부유할 경우 분진폭발의 위험이 있다.
답 ④

⑧ 제2류 위험물 중 철분(Fe)은 몇 μm의 표준체를 통과하는 것이 50중량% 이상인 것인가?
① 25μm   ② 53μm
③ 75μm   ④ 90μm

[해] • 제2류 위험물 중 철분(Fe)의 입경 : 53 μm 이하
답 ②

⑨ 분진폭발의 위험이 없는 것은?
① 아연분   ② 황산알루미늄분
③ 철분   ④ 마그네슘분

[해] • 황산알루미늄분(명반) : 불연성 물질
답 ②

⑩ 아연분말, 알루미늄분말의 저장방법 중 옳은 것은?
① 석유 속에 넣어 보관
② 종이상자에 넣어 건조한 곳에 저장
③ 폴리에틸렌 병에 넣어 수분이 많은 곳에 보관
④ 물 속에 넣어 보관

[해] • 금속분 : 물기와의 접촉을 피하며 종이상자에 넣어 보관한다.
답 ②

8 인화성 고체의 성질

지정수량 : 1,000kg

※ **인화성 고체** : 고형알코올 그 밖에 1기압에서 인화점이 40℃ 미만인 고체를 말한다.

락카퍼티

(1) 인화점 21℃ 미만
(2) 락카에나멜의 기초도료
(3) 백색의 진탕상태로서 공기 중에서 쉽게 고체가 된다.

※ **락카퍼티** : 제4류 위험물 **1석유류**는 인화점 21℃ 미만으로 **액체**이나 **락카퍼티**는 인화점이 21℃ 미만이나 **반고체상태**이므로 제2류 위험물 중 인화성 고체에 해당된다.

고무풀

(1) **생고무**에 **인화성 용제**를 가공하여 **풀과 같은 상태**에 있는 것
(2) 인화점 : -20℃ 이하

※ **생고무** : 열대의 고무나무에 상처를 내어 채취하는 고무원액

인화점이 40℃ 미만인 것

(1) 고형알코올 → 인화점 30℃
(2) 메타알데하이드 → 인화점 36℃
(3) 제3뷰틸알코올 → 인화점 11.1℃

> 참고
> ※ 고형알코올 : 합성수지에 메틸알코올을 침투시켜 한천상으로 만든 한천 고체이며, 등산용 고체 알코올을 말한다.

 적중 출제예상문제

인화성 고체

① 제2류 위험물 중 인화성 고체의 지정수량은?
① 200kg   ② 600kg
③ 800kg   ④ 1,000kg

해 지정수량 : 1,000kg
답 ④

② 다음 중 제2류 위험물 인화성 고체에 해당되는 조건을 만족시키는 것은?
① 상온에서 고체이고 인화점이 40℃ 미만인 것
② 인화점이 40℃ 이상 100℃ 미만인 것
③ 상온에서 액체이고 인화점이 30℃ 미만인 것
④ 인화점이 100℃ 이상 200℃ 미만인 것

해 인화성 고체 : 상온에서 고체이고 인화점이 40℃ 미만인 것
답 ①

③ 제2류 위험물 인화성 고체에 속하지 않는 것은?
① 고형알코올   ② 메타알데하이드
③ 제3뷰틸알코올 ④ 파라핀

해 • 파라핀 : 특수가연물 중 가연성 고체
답 ④

④ 제2류 위험물 인화성 고체 중 등산용 버너 대용인 고체연료로 사용하는 것은?
① 고급알코올   ② 고형알코올
③ 제3뷰틸알코올 ④ 페놀

해 • 고형알코올 : 고체연료
답 ②

제 4 장

제3류 위험물

학습목표

- 필수 암기사항
- 칼륨·나트륨·알킬알루미늄·알킬리튬·황린·알칼리금속류(칼륨 및 나트륨제외) 및 알칼리토금속류·유기금속화합물류(알킬알루미늄·알칼리튬제외)·금속인화합물·금속수소화합물·칼슘 또는 알루미늄의 탄화물류 및 행정안전부령이 정하는 것 등의 성질

1 필수 암기사항

- 제3류 위험물의 품명 및 지정수량
- 제3류 위험물의 일반성질
- 제3류 위험물의 저장 및 취급방법

참고

※ 필수 암기사항에 대한 내용은 **완전 암기**하여 수험에 대비할 것

제3류 위험물의 품명 및 지정수량

유별 및 성질	위험등급	품명	지정수량	유별 및 성질	위험등급	품명	지정수량
제3류 자연발화성 물질 및 금수성 물질	I	1. 칼륨 2. 나트륨 3. 알킬리튬 4. 알킬알루미늄 5. 황린	10kg 10kg 10kg 10kg 20kg	제3류 자연발화성 물질 및 금수성 물질	Ⅲ	8. 금속의 인화물 9. 금속의 수소화물 10. 칼슘 또는 알루미늄의 탄화물	300kg 300kg 300kg
	Ⅱ	6. 알칼리금속(칼륨 및 나트륨 제외) 및 알칼리토금속 7. 유기금속화합물(알킬알루미늄 및 알킬리튬제외)	50kg 50kg		I~Ⅲ	11. 그 밖의 행정안전부령이 정하는 것 12. 제1호 내지 11호에 해당하는 어느 하나 이상을 함유한 것	10kg, 50kg 또는 300kg

> **참고**
> ※ 그 밖에 행정안전부령이 정하는 것
> • 염소화규소화합물($SiCl_4$, Si_2Cl_6, Si_3Cl_8 등) : 지정수량 300kg

 제3류 위험물의 일반성질

(1) **자연발화성 물질**은 **공기**와 접촉하여 **연소**하거나 가연성가스를 발생하며 **폭발적으로 연소**한다.
(2) **금수성 물질**은 물과 접촉하여 발열하며 **가연성가스를 발생**하거나, 가연성가스를 발생하며 **폭발적으로 연소**한다.

> **참고**
> ※ 금수성 : 물과의 접촉을 금지하여야 하는 성질

 제3류 위험물의 저장 및 취급방법

(1) 용기의 **파손** 및 **부식**에 주의하며 **공기** 또는 **수분**의 접촉을 피할 것
(2) **보호액** 속에 위험물을 저장할 경우 위험물이 보호액 표면에 **노출되지 않게** 할 것
(3) **다량**을 저장할 경우는 화재 발생에 대비하여 **희석제**를 혼합하거나 **소분**하여 저장할 것
(4) **가연성가스**가 발생하는 위험물은 화기에 주의할 것

적중 출제예상문제

1 제3류 위험물 중 지정수량이 10kg이 아닌 것은?
① 칼륨　　　　　　② 나트륨
③ 알킬알루미늄　　　④ 알칼리토금속

해 · 알칼리토금속 : 50kg
답 ④

2 제3류 위험물 취급에 주의해야 할 사항으로 맞는 것은?
① 마찰 충격을 피할 것　② 화기의 접근을 피할 것
③ 산화물의 혼합을 피할 것　④ 물의 접촉을 피할 것

해 · 제3류 위험물 : 금수성 물질
답 ④

3 제3류 위험물의 취급에 대한 주의사항으로 가장 중요한 것은?
① 물과 접촉을 피한다.　② 화기를 가까이 하지 않는다.
③ 햇빛을 쪼이지 않게 한다.　④ 충격을 가하지 않는다.

해 · 제3류 위험물 : (금수성 물질) : 물과의 접촉을 피한다.
답 ①

4 제3류 위험물에 물을 가했을 때 일어나는 반응은?
① 발열반응　　　　② 에스터화반응
③ 흡열반응　　　　④ 환원반응

해 · 제3류 위험물 : 물과 발열반응하며 가연성가스 발생
답 ①

5 다음은 제3류 위험물의 공통된 특성에 대한 설명이다. 옳은 것은?
① 물과 반응해서 가연성가스인 수소 또는 메테인 등을 발생한다.
② 불연성이고, 산화성 물질이다.
③ 가연성 물질이고, 자기연소성 물질이다.
④ 저온에서 발화하기 쉬운 가연성 물질이다.

해 · 문제 4 해설 참조
답 ①

6 제3류 위험물의 성질에 있어서 옳지 않은 것은?
① 건조된 공기 중에서는 상온에서 발화하지 않는다.
② 물과 접촉하여 발열한다.
③ 센 산화성이 있다.
④ 물과 반응하여 가연성가스가 발생하는 것이 많다.

해 · 제3류 위험물 : 환원성이 있다.
답 ③

7 다음은 제3류 위험물 저장 및 취급시 주의사항이다. 적합하지 않은 것은?
① 모든 품명의 위험물은 수분과 반응하여 수소를 발생한다.
② 소화방법은 건조사, 팽창질석, 건조석회를 상황에 따라 조심스럽게 사용하여 질식소화 한다.
③ 유별이 다른 위험물과는 동일한 위험물 저장소에 함께 저장해서는 안된다.
④ K, Na 및 알칼리금속은 산소가 포함되지 않은 석유류에 저장한다.

해 · 제3류 위험물 : 물 또는 수분과 반응하면 수소(H_2), 아세틸렌(C_2H_2), 메테인(CH_4), 포스핀(PH_3)등 가연성가스를 발생한다.
답 ①

2 칼륨의 성질

칼륨(K) (포타시움)

지정수량 : 10kg

(1) 융점 63.5℃, 비점 762℃, 비중 0.857, **불꽃반응(보라색)**
(2) 은백색 광택의 무른 경금속으로 별명은 포타시움이다.
(3) 공기 중에서 수분과 반응하여 수소를 발생한다.
(4) 알코올과 반응하여 알콜레이트(알콕사이드)를 만든다.
(5) 비중이 작으므로 석유(등유·경유·파라핀 등) 속에 저장한다.
(6) 피부와 접촉하여 화상을 입는다.
(7) 소화방법 : 마른 모래 및 탄산수소염류 분말소화약제가 좋으며 주수소화와 CCl_4[테트라클로로메탄(사염화탄소)] 또는 CO_2(이산화탄소)와는 **폭발반응**하므로 절대 사용할 수 없다.

> **참고**
>
> ※ 칼륨과 물 및 알코올·공기와의 화학반응식
> - 물 : $2K + 2H_2O \rightarrow 2KOH + H_2\uparrow + 92.8kcal(2\times 46.4kcal)$
>   (칼륨) (물) (수산화칼륨) (수소) (반응열)
> - 알코올 : $2K + 2C_2H_5OH \rightarrow 2C_2H_5OK + H_2\uparrow$
>   (칼륨) (에틸알코올) (칼륨에틸레이드) (수소)
> - 글리세린 : $6K + 2C_3H_5(OH)_3 \rightarrow 2C_3H_5(OK)_3 + 3H_2\uparrow$
>   (칼륨) (글리세린) (칼륨글리세레이트) (수소)
> - 공기 : $4K + O_2 \rightarrow 2K_2O$
>   (칼륨) (산소) (산화칼륨)
>
> ※ 칼륨과 테트라클로로메탄(사염화탄소) 또는 이산화탄소와의 화학반응
> - 테트라클로로메탄(사염화탄소) : $4K + CCl_4 \rightarrow 4KCl + C$
>   (폭발반응) (칼륨) [테트라클로로메탄(사염화탄소)] (염화칼륨) (탄소)
> - 이산화탄소 : $4K + 3CO_2 \rightarrow 2K_2CO_3 + C$
>   (폭발반응) (칼륨) (이산화탄소) (탄산칼륨) (탄소)

3 나트륨의 성질

1 나트륨(Na) 〈금조, 금속소다, 소듐〉

지정수량 : 10kg

(1) 융점 97.8℃, 비점 880℃, 비중 0.97, **불꽃반응(노란색)**
(2) **은백색** 광택의 무른 경금속으로 별명은 **금조** 또는 **금속소다**라 한다.
(3) 공기 중에서 **수분**과 반응하여 **수소**를 발생한다.
(4) **알코올**과 반응하여 **알콜레이트(알루사이드)**를 만든다.
(5) 비중이 작으므로 **석유(등유 · 경유 · 파라핀 등)** 속에 저장한다.
(6) 기타 칼륨에 준할 것

> **참고**
>
> ※ 나트륨과 물 및 알코올 · 글리세린 · 공기와의 화학반응식
> - 물 : $2Na + 2H_2O \rightarrow 2NaOH + H_2\uparrow + 88.2kcal(2\times44.1kcal)$
>   (나트륨) (물) (수산화나트륨) (수소)   (반응열)
> - 알코올 : $2Na + 2C_2H_5OH \rightarrow 2C_2H_5ONa + H_2\uparrow$
>   (나트륨) (에틸알코올) (나트륨에틸레이드) (수소)
> - 글리세린 : $6Na + 2C_3H_5(OH)_3 \rightarrow 2C_3H_5(ONa)_3 + 3H_2\uparrow$
>   (나트륨) (글리세린)   (칼륨글리세레이트) (수소)
> - 공기 : $4Na + O_2 \rightarrow 2Na_2O$
>   (나트륨) (산소) (산화나트륨)
>
> ※ 나트륨과 테트라클로로메탄(사염화탄소) 또는 이산화탄소와의 폭발반응
> - 테트라클로로메탄(사염화탄소) : $4Na + CCl_4 \rightarrow 4NaCl + C$
>   (폭발반응)   (나트륨) [테트라클로로메탄(사염화탄소)] (염화나트륨) (탄소)
> - 이산화탄소 : $4Na + 3CO_2 \rightarrow 2Na_2CO_3 + C$
>   (폭발반응) (나트륨) (이산화탄소) (탄산나트륨) (탄소)

4 알킬리튬의 성질

1 알킬리튬(RLi)

지정수량 : 10kg
저장 및 취급방법 · 소화방법 : 알킬알루미늄에 준한다.

(1) 알킬기(R)와 리튬(Li)의 화합물로 공기 또는 물과의 접촉으로 자연발화한다.
(2) 알킬리튬의 종류
  ① CH_3Li(메틸리튬)
  ② C_2H_5Li(에틸리튬)
  ③ C_3H_7Li(프로필리튬)
  ④ C_4H_9Li(뷰틸리튬)

> **참고**
>
> ※ 일반식 : RLi에서 R은 알킬기(CH_3, C_2H_5, C_3H_7, C_4H_9 등)
> ※ 화학반응식
> • 공기 중에서
> $2CH_3Li + 4O_2 \rightarrow 2CO_2\uparrow + 3H_2O + Li_2O$
>   (메틸리튬) (산소)   (이산화탄소) (물) (산화리튬)
> $C_2H_5Li + 7O_2 \rightarrow 4CO_2\uparrow + 5H_2O + Li_2O$
>   (에틸리튬) (산소)   (이산화탄소) (물) (산화리튬)
>
> • 물과 접촉
> $CH_3Li + H_2O \rightarrow LiOH + CH_4\uparrow$
>   (메틸리튬) (물)   (수산화리튬) (메테인)
> $C_2H_5Li + H_2O \rightarrow LiOH + C_2H_6\uparrow$
>   (에틸리튬) (물)   (수산화리튬) (에테인)

5 알킬알루미늄의 성질

알킬알루미늄[$(R)_3Al$]

지정수량 : 10kg

(1) **알킬기(R)**와 **알루미늄(Al)**의 화합물로 **공기** 또는 **물**과 접촉하여 **자연발화**한다.
(2) 탄소수 $C_1 \sim C_4$까지 자연발화
(3) 저장법
   ① 용기는 **완전 밀봉**하고 공기 및 물과의 접촉을 피할 것
   ② 용기 상부는 **불연성 가스**로 **봉입**할 것
(4) 희석제 : 벤젠, 헥세인(1석유류)
(5) 소화방법 : 팽창질석, 팽창진주암

> **참고**
> ※ 일반식 : $(R)_3Al$에서 R은 알킬기
> ※ 알킬알루미늄의 보기
>   • $(CH_3)_3Al$ → 트라이메틸알루미늄(TMAL) 〈액체〉
>   • $(C_2H_5)_3Al$ → 트라이에틸알루미늄(TEAL) 〈액체〉
>   • $C_2H_5AlCl_2$ → 에틸알루미늄다이클로라이드(EADC) 〈고체〉
> ※ 화학반응식
>   • 공기 중에서 :
> $2(C_2H_5)_3Al + 21O_2 \rightarrow 12CO_2\uparrow + 15H_2O + Al_2O_3 + 1,470.4\text{kcal}$
>   (트라이에틸알루미늄) (산소)   (탄산가스)   (물)   (산화알루미늄)   (반응열)
>   • 물과 접촉 :
> $(C_2H_5)_3Al + 3H_2O \rightarrow Al(OH)_3 + 3C_2H_6\uparrow$
>   (트라이에틸알루미늄) (물)   (수산화알루미늄)   (에테인)
>   • 200℃ 이상에서 폭발반응식 : $2(C_2H_5)_3Al \rightarrow 2Al + 3H_2\uparrow + 6C_2H_4\uparrow$
>   (트라이에틸알루미늄)   (알루미늄)   (수소)   (에틸렌)

6 황린(백린)의 성질

1 황린(P_4) 〈백린〉

지정수량 : 20kg

(1) **착화점**(미분상) 34℃, **착화점**(고형상) 60℃, 융점 44℃, 비점 280℃, 비중 1.82, 증기 비중 4.4
(2) 백색 또는 담황색의 고체로 백린이라고도 하며, **어두운 곳**에서 **인광**을 발한다.
(3) 독성이 강하며 **대인 치사량**은 0.02~0.05g
(4) **피부**와 **접촉**하여 **화상**을 입으며 근육, 뼈속으로 흡수되므로 피부를 보호할 것
(5) 물에 녹지 않으므로 **물 속에 저장**
(6) PH_3(인화수소)의 생성을 방지하기 위하여 **보호액**은 pH 9로 유지시킨다.
(7) 벤젠, 알코올에 극히 **적게 녹는다**.
(8) **이황화탄소, 염화황, 삼염화인**에 잘 녹는다.
(9) **수산화나트륨**(NaOH) 등 **강알칼리**의 수용액과 **반응**하여 유독성인 **인화수소**(PH_3)를 발생한다.
(10) **공기** 중에서 **산화**하거나 **연소**할 때 **오산화인**(P_2O_5)의 흰 연기를 낸다.
(11) **공기**를 **차단**하고 약 250℃로 가열하면 **적린**이 된다.
(12) **소화방법** : 주수소화(고압주수는 피할 것), 마른 모래 등
(13) **소화작업 시 유독물질**(P_2O_5)의 발생에 대비하여 **보호장구** 및 **공기호흡기**를 착용할 것

참고

※ **연소반응식**

P_4 + $5O_2$ → $2P_2O_5$
(황린)　(산소)　　(오산화인)

※ **수산화나트륨**(NaOH) **수용액과 반응**

P_4 + 3NaOH + $3H_2O$ → $3NaH_2PO_2$ + PH_3↑
(황린) (수산화나트륨) (물) (차아인산나트륨) (인화수소)

※ **독성** : 독성이 강하므로 0.0098g에서 중독증상이 오며 **0.02~0.05g**에서 **치사**한다.
※ **고압 주수소화의 문제점** : 황린을 비산시켜 화점을 분산시키는 위험이 있으므로 주의하여야 한다.
※ **고형상의 황린이 수증기를 포함한 공기 중에서 착화점은 30℃이다.**

적중 출제예상문제

칼륨

1 미지의 금속염의 수용액을 불꽃반응 실험을 한 결과, 보라색의 불꽃이 나타났다. 이 금속염 수용액에 포함된 금속은 무엇인가?
① Cu ② K
③ Na ④ Li

해 · 칼륨(K)의 불꽃 : 보라색
답 ②

2 다음 3류 위험물이 물과 반응할 때, 반응열이 가장 큰 것은?
① 칼륨 ② 나트륨
③ 탄화칼슘 ④ 생석회

해 · 1몰당 물과의 반응열 :
① 46.4kcal, ② 44.1kcal, ③ 27.8kcal, ④ 18.42kcal
답 ①

3 알칼리금속은 화재예방상 주로 어떤 기(원자단)를 가지고 있는 물질들과 접촉을 금해야 하는가?
① -H ② -O-
③ -COO- ④ $-NO_2$

해 · 알칼리금속과 접촉 금지 물질 : 수소(H)결합물질인 물(H_2O) 또는 수산기(OH)를 갖는 알코올 등과 결합하여 수소(H_2) 가스를 발생한다.
답 ①

4 칼륨의 화학적 성질로 옳은 것은?
① 물과 반응하여 탄산가스를 발생한다.
② 물과 반응하여 산소를 발생한다.
③ 물과 반응하여 수소를 발생한다.
④ 화학적으로 안전한 금속이다.

해 · 칼륨과 물과의 반응식
$2K + 2H_2O \rightarrow 2KOH + H_2\uparrow + 92.8kcal$
(칼륨) (물) (수산화칼륨) (수소) (반응열)
답 ③

5 칼륨이 물과 반응할 때 일어나는 반응으로서 옳은 것은 어느 것인가?
① 수산화칼륨+수소-흡열반응 ② 수산화칼륨+수소+발열반응
③ 산화칼륨+수소+발열반응 ④ 수산화나트륨+수소+흡열반응

해 · 문제 4 해설 참조
답 ②

6 자연발화성 물질인 칼륨이 알코올과 반응시 생성된 물질은?
① CH_3COOK ② CH_2CHK
③ C_2H_5OK ④ CH_3CHK

해 · 칼륨과 알코올과의 반응식
$2K + 2C_2H_5OH \rightarrow 2C_2H_5OK + H_2\uparrow$
답 ③

7 다음 중 금속 칼륨의 성상에 관한 설명 중 옳은 것은?
① 연소하면 빨간 화염을 낸다.
② 비중은 1보다 작다.
③ 물과 작용하여 흡열반응을 일으킨다.
④ 물과 작용하여 산소를 발생한다.

해 · 비중 : 0.857
답 ②

8 칼륨의 저장 보호액으로 적당한 것은?
① 아세톤 ② 이황화탄소
③ 석유 ④ 물

해 · 보호액 : 석유(등유·경유), 벤젠, 유동성파라핀 등
답 ③

⑨ 칼륨의 저장법이 맞게 쓰여진 것은?
① 갈색 유리병 속에 넣고 밀봉한다.
② 석유 보호액 속에 넣어 저장한다.
③ 아세톤 보호액 속에 넣고 냉암소에 둔다.
④ 알루미늄 재질의 통 속에 넣고 밀봉한다.

해 • 문제 8 해설 참조
답 ②

⑩ 제3류 위험물 중의 K(칼륨)의 저장 및 취급시 주의사항으로 부적당한 것은?
① 통풍이 잘 되고 건조한 암냉소에 밀봉하여 저장한다.
② 저장중 C_2H_2 가스 발생 유무를 조사한다.
③ 보호액 속에 저장한다.
④ 용기의 파손, 부식에 주의하고 피부에 닿지 않도록 한다.

해 • 칼륨 : 물 또는 습기와 접촉으로 수소(H_2) 가스를 발생하며 아세틸렌(C_2H_2) 가스는 발생하지 않는다.
답 ②

⑪ 다음은 금속칼륨의 취급시 주의사항이다. 틀린 것은 어느 것인가?
① 석유에 보관한다.
② 피부에 닿지 않도록 한다.
③ 소분하여 보관한다.
④ 화재시는 강화액 소화제를 사용한다.

해 • 강화액 소화기 : 물을 주성분으로한 소화약제이므로 금속칼륨과 접촉하면 수소(H_2)가스를 발생한다.
답 ④

나트륨

⑫ 석유 속에 저장되어 있는 금속조각을 떼어, 불꽃반응을 하였더니 노란불꽃을 나타냈다. 어떤 금속인가?
① 칼륨
② 나트륨
③ 칼슘
④ 리튬

해 • 나트륨(Na)의 불꽃 : 노랑색
답 ②

⑬ 금속나트륨의 성질 중 맞게 표현된 것은?
① 은백색의 강한 금속
② 회백색의 무른 금속
③ 은백색의 무른 금속
④ 회백색의 강한 금속

해 • 나트륨(Na) : 은백색의 무른 금속
답 ③

⑭ 금속나트륨의 성질 중 옳지 못한 것은?
① 은백색의 경금속이다.
② 물과 반응하여 산소를 발생한다.
③ 공기 중에서 가열하면 연소한다.
④ 산소와의 결합력이 세다.

해 • 나트륨 : 물 또는 습기와 접촉으로 수소(H_2)발생
답 ②

⑮ 금속나트륨 취급을 잘못해 표면이 회백색으로 변했다. 그 물질의 분자식이 맞게 표시된 것은?
① NaOH
② NaCl
③ $NaNO_3$
④ Na_2O

해 • 나트륨의 산화반응
$4Na+O_2 \rightarrow 2Na_2O$
※ Na_2O : 회백색
답 ④

⑯ 금속칼륨과 금속나트륨의 공통된 성질로서 다음 중 잘못된 것은?
① 융점은 100℃보다 낮다.
② 비중은 1보다 적다.
③ 물과 반응하여 수소를 발생시킨다.
④ 산소와는 결합하지 않는다.

해 • 문제 14 해설 참조
답 ④

⑰ 다음 화합물 가운데 금속나트륨의 조각을 넣어도 수소기체가 발생하지 않는 것은?
① CH_3COOH
② H_2O
③ CH_3CH_2OH
④ $C_2H_5OC_2H_5$

해 • 수소(H_2) 가스발생조건 : 수소(H)기 또는 수산(OH)기를 갖는 것
※ CH_3COOH, H_2O, CH_3CH_2OH
답 ④

⑱ 금속 Na를 석유 중 보관시 화재의 요인이 되는 것은?
① 석유 중 수분이 혼합되어 있을 때
② 석유 중 먼지, 실 등 잡물이 혼입되어 있을 때
③ 인화점이 낮은 석유를 사용했을 때
④ 석유의 비중이 금속 Na보다 클 때

해 • 나트륨(Na) : 물과 접촉하면 수소(H_2) 가스를 발생한다.
답 ①

⑲ 금속 Na 및 K의 공통적인 성질은?
① 불연성이다.
② 물과 반응해서 산소를 발생한다.
③ 은백색의 단단한 금속이다.
④ 물보다 가벼운 금속이다.

해 • 나트륨(Na)의 비중 : 0.97
• 칼륨(K)의 비중 : 0.857
답 ④

⑳ 금속칼륨이나 금속나트륨의 취급상 주의사항이 아닌 것은?
① 보호액에서 노출되지 않게 저장을 해야한다.
② 수분, 습기 등에 접촉하지 않게 한다.
③ 용기의 파손이 없게 끊임없이 조심한다.
④ 손으로 꺼낼 때는 손을 잘 씻은 다음 꺼내야 한다.

해 • 금속칼륨 · 금속나트륨(금수성 물질) : 맨손으로 작업하지 말아야 하며 손에 묻은 물기는 더욱 위험하다.
답 ④

㉑ 제3류 위험물인 Na의 저장 및 취급시 주의사항 중 적합하지 않은 것은?
① 공기 중에서 수분과 반응하여 수소를 발생한다.
② 소화방법은 마른 모래 및 금속화재용 분말소화약제가 좋다.
③ 다량보다는 소분해서 저장하고, 물과의 접촉을 피한다.
④ 나트륨을 오래 저장할 경우 용기에 질소가스를 충전하여 저장한다.

해 • 나트륨의 보호액 : 석유
답 ④

알킬알루미늄

㉒ 알킬알루미늄이 공기 중에서 자연발화할 때의 탄소수는 얼마인가?
① C_1~C_3
② C_1~C_4
③ C_1~C_5
④ C_1~C_6

해 • 탄소수 : C_1~C_4
답 ②

㉓ 다음 위험물 중 상온에서 결정 내지 고체인 것은?
① TMA ② TNPA
③ TIBA ④ EADC

해 • 고체 : EADC
※ EADC : $C_2H_5AlCl_2$
답 ④

㉔ 다음 화학식 중 에틸알루미늄다이클로라이드인 것은 어느 것인가?
① $(C_2H_5)_2AlCl$ ② $C_2H_5AlCl_2$
③ $(C_2H_5)_3Al_2Cl_3$ ④ C_2H_5AlCl

해 • 에틸알루미늄다이클로라이드 : $C_2H_5AlCl_2$
답 ②

㉕ 알킬알루미늄의 화학식에 따른 약자가 잘못된 것은?
① $(C_2H_5)_3Al$=TEAL ② $(i-C_4H_9)_3Al$=TIBAL
③ $(C_2H_5)_2AlCl$=DEAC ④ $C_2H_5AlCl_2$=EATC

해 • EADC : $C_2H_5AlCl_2$
답 ④

㉖ 올레핀, 디올레핀의 중합촉매, 제트미사일의 연료로 쓰이는 것은?
① 산화프로필렌 ② 에터
③ 트라이에틸알루미늄 ④ 아세트알데하이드

해 • 트라이에틸알루미늄 : 제트미사일 연료
답 ③

㉗ 트라이에틸알루미늄은 물과 폭발적으로 반응한다. 이때 반응하는 기체는?
① 수산화알루미늄 ② 아세틸렌
③ 메테인 ④ 에테인

해 • 화학반응식
$(C_2H_5)_3Al+3H_2O \rightarrow Al(OH)_3+3C_2H_6$
※ C_2H_6 : 에테인
답 ④

㉘ 다음 위험물을 취급하다가 물과 접촉하였을 때 에테인가스가 발생된 물질은?
① CaC_2 ② $(C_2H_5)_3Al$
③ $C_6H_3(NO_2)_3$ ④ $C_2H_5ONO_2$

해 • 문제 27 해설 참조
답 ②

㉙ 제3류 위험물이며 화재시 CO_2나 CCl_4로 질식소화하여도 별 효과가 없는 것은?
① 에틸에터 ② 트라이에틸알루미늄
③ 벤젠 ④ 아세톤

해 • 트라이에틸알루미늄의 소화제 : 팽창질석, 팽창진주암
답 ②

황린

㉚ 다음 중 물 속에 저장하지 않으면 안될 위험물은?
① 황 ② 황린
③ 적린 ④ 알루미늄 분

해 • 황린의 보호액 : 물
답 ②

㉛ 담황색의 고체로서 물속에 보관해야 하며 치사량 0.02~0.05g이면 사망하는 제3류 위험물은?
① 황린 ② 적린
③ 황 ④ 마그네슘

해 • 황린의 치사량 : 0.02~0.05g
답 ①

㉜ 다음 위험물 중 착화온도가 가장 낮은 것은?
① 가솔린　　　② 이황화탄소
③ 에터　　　　④ 황린

[해] • 착화온도 : ① 약 300℃, ② 100℃, ③ 180℃, ④ 미분상 34℃
[답] ④

㉝ 착화온도가 가장 낮은 것은 다음 중 어느 것인가?
① 황　　　　　② 삼황화인
③ 적린　　　　④ 황린

[해] • 착화온도 : ① 약 232.2℃, ② 100℃, ③ 260℃, ④ 미분상 34℃
[답] ④

㉞ 품명이 없는 시약병 4개의 뚜껑을 열고 내용물을 확인하려고 했다. 그 중 하나가 산화하면서 발광을 하였다. 무엇이겠는가?
① 붉은린　　　② 황린
③ 황　　　　　④ 염화암모늄

[해] • 황린 : 상온에서 서서히 산화하므로 어두운 곳에서는 인광을 낸다.
[답] ②

㉟ 황린이 자연발화하기 쉬운 이유는?
① 분해하여 산소를 방출하기 쉬우므로
② 산소와 친화력이 크고 착화온도가 낮으므로
③ 비점이 낮으므로
④ 조해성이므로

[해] • 황린 : 착화점(미분상)이 34℃ 전후로서 매우 낮으며, 증기는 상온에서 서서히 산화되므로 자연발화의 위험이 있다.
[답] ②

㊱ 황린은 자연발화하기 쉬운데 그 이유로서 다음 어느 것이 가장 적당한가?
① 끓는점이 낮고 증기의 비중이 작기 때문이다.
② 산소와 결합력이 강하고 착화온도가 낮기 때문에
③ 녹는점이 낮고 상온에서 액체로 되어 있기 때문에
④ 인화점이 낮고 가연성 물질이기 때문에

[해] • 황린 : 자연발화성 물질로서 산소와의 결합력이 강하고 착화점(미분상)이 34℃로 매우 낮다.
[답] ②

㊲ 황린은 공기 중에서 산화하여 착화온도에 달하면 자연발화한다. 이때 발생하는 흰색 연기는?
① P_2O　　　② PO_2
③ PH_3　　　④ P_2O_5

[해] • 연소반응식
$P_4 + 5O \rightarrow 2P_2O_5$
※ P_2O_5 : 오산화인
[답] ④

㊳ 황린을 공기를 차단하고 약 250℃로 가열하면 생성되는 물질은?
① 적린　　　　② 오산화인
③ 삼황화인　　④ 인화수소

[해] • 황린 : 적린의 제조원료로서 약 250℃로 가열하여 만든다.
[답] ①

㊴ 다음 중 두 물질이 혼합하여도 위험하지 않는 것은?
① 적린과 염소산칼륨　② 황린과 물
③ 나트륨과 알코올　　④ 아세틸렌과 은

[해] • 황린의 보호액 : 물
[답] ②

40 다음에서 황린의 취급에 있어서의 주의사항 중 틀린 것은 어느 것인가?
① 산화제와의 접촉을 피할 것
② 물의 접촉을 피할 것
③ 화기의 접근을 피할 것
④ 고온을 피할 것

해 · 문제 8 해설 참조
답 ②

41 인화수소의 생성을 방지하기 위하여 황린을 보관하는 물의 pH는 약 얼마인가?
① 6
② 5
③ 7
④ 9

해 · 보호액의 pH : 9
답 ④

42 포스핀이라는 별명을 가진 가스의 화학명은?
① 질화수소
② 인화수소
③ 탄화수소
④ 황화수소

해 · 포스핀(PH_3) : 인화수소
※ 포스겐 : $COCl_2$
답 ②

43 황린을 잘 녹이는 액체는?
① 물
② 삼염화인
③ 벤젠
④ 알코올

해 · 황린 : 이황화탄소·염화황·삼염화인에 잘 녹는다.
답 ②

44 황린의 성질 중에서 가장 옳은 것은?
① 벤젠에 녹는다.
② 자연 발화되지 않는다.
③ 암적색의 분말이다.
④ 독성이 없다.

해 · 황린 : 벤젠, 알코올에 극히 적게 녹는다.
답 ①

45 황린의 성질로서 틀리게 설명된 것은?
① 물에 저장하는 경우 액성은 약 알칼리성이 좋다.
② 담황색의 액체로서 특이한 냄새가 있다.
③ 착화온도가 낮아 공기 중에서도 자연발화한다.
④ 이황화탄소, 삼염화인에 녹는다.

해 · 황린 : 백색 또는 담황색 고체
답 ②

유게실

◆ NaOH(수산화나트륨·가성소다)를 양잿물이라 부르는 이유
  구한말 이전의 우리 조상들의 세탁방법은 아궁이에 불을 지피고 남은 재를 물에 넣어서 우려낸 물, 즉 **잿물**로 빨래를 하였으나 구한말 개화기 때에 들여온 **수산화나트륨**으로 빨래를 하여 본 결과 전통적인 세척제인 **잿물보다 세탁능력이 좋게 평가**되어 민중 속에 깊이 뿌리를 내렸으며 그로부터 잿물의 대용으로 사용한 수산화나트륨을 **서양에서 들어온 잿물**이라 하여 **양잿물**이라 이름 붙였다 합니다.
  ※ **양동이, 양은** 등도 **같은 유래**를 갖는다 하겠습니다.

7 알칼리금속(칼륨 및 나트륨 제외) 및 알칼리토금속의 성질

지정수량 : 50kg

금속리튬(Li)

(1) 융점 180℃, 비점 1,336℃, 비중 0.534, 불꽃반응(빨간색)
(2) 은백색의 무른 경금속
(3) 물과 접촉하여 **수소**로 발생

> **참고**
> ※ 금속리튬 : 금속칼륨과 나트륨보다는 안정하다.
> ※ 물과의 화학반응식
> $$2Li + 2H_2O \rightarrow 2LiOH + H_2\uparrow + 105.4kcal(2\times52.7kcal)$$
> (리튬)   (물)   (수산화리튬)   (수소)   (반응열)

금속칼슘(Ca)

(1) 융점 851℃, 비점 1,200±30℃, 비중 1.55, 불꽃반응(황적색)
(2) 은백색의 무른 경금속
(3) 물과 접촉하여 **수소**로 발생한다.

> **참고**
> ※ 금속칼슘 : 전성 및 연성이 있으며 물과의 화학반응식은 다음과 같다.
> $$Ca + 2H_2O \rightarrow Ca(OH)_2 + H_2\uparrow + 102kcal$$
> (칼슘)   (물)   (수산화칼슘)   (수소)   (반응열)

8 유기금속화합물(알킬알루미늄 및 알킬리튬 제외)의 성질

지정수량 : 50kg

 다이메틸아연[디메틸아연$(CH_3)_2Zn$]

(1) 융점 : -42.2℃, 비점 46℃, 비중(10℃) 1.386
(2) 무색 투명한 액체
(3) 공기 중에서 발화하며 탄산가스(CO_2)와도 발화한다.
(4) 물과 만나면 메테인(CH_4)을 발생하며 분해한다.

> **참고**
> ※ 물과의 화학반응식
> $(CH_3)_2Zn + H_2O \rightarrow ZnO + 2CH_4\uparrow$
> (다이메틸아연)   (물)   (산화아연)   (메테인)

 다이에틸아연[디에틸아연$(C_2H_5)_2Zn$]

(1) 융점 -30℃, 비점 117.6℃, 비중 1.196
(2) 무색 투명한 액체
(3) 공기 중에서 발화한다.
(4) 물과 만나면 격렬히 분해하며 에테인(C_2H_6)을 발생한다.

> **참고**
> ※ 물과의 화학반응식
> $(C_2H_5)_2Zn + H_2O \rightarrow ZnO + 2C_2H_6\uparrow$
> (다이에틸아연)   (물)   (산화아연)   (에테인)

다이메틸카드뮴[디메틸카드뮴{$(CH_3)_2Cd$}]

(1) 융점 -4.5℃, 비점 105.5℃, 비중 1.984
(2) 무색 투명한 액체이며 공기 중에서 발화한다.
(3) 불활성기체 속에서도 180℃ 이상 가열하면 폭발한다.

 기타 유기금속화합물

(1) 트라이메틸갈륨[$(CH_3)_3Ga$]
(2) 트라이에틸갈륨[$(C_2H_5)_3Ga$]
(3) 트라이메틸인듐[$(CH_3)_3In$]
(4) 트라이에틸인듐[$(C_2H_5)_3In$]
(5) 테트라메틸주석[$(CH_3)_4Sn$]

9 금속의 인화물의 성질

지정수량 : 300kg

 인화석회(Ca_3P_2)

(1) 융점 1,600℃, 비중 2.51
(2) 적갈색 괴상의 고체이며 인화칼슘이라고도 한다.
(3) 물 또는 약산과 반응하여 유독한 포스핀가스(PH_3)를 발생한다.
(4) 마른 모래로 피복 후 자연진화를 기다릴 것

> 참고
> ※ 인화석회 : 수중 조명등으로 사용하며 물과의 화학반응식은 다음과 같다.
> $$Ca_3P_2 + 6H_2O \rightarrow 2PH_3\uparrow + 3Ca(OH)_2$$
> (인화칼슘)   (물)   (포스핀)   (수산화칼슘)

인화알루미늄(AlP)

(1) 암회색 또는 황색 결정
(2) 융점 1,000℃ 이하, 비중 2.4~2.8

> **참고**
> ※ 물과의 화학반응식
> $$AlP + 3H_2O \rightarrow Al(OH)_3 + PH_3 \uparrow$$
> (인화알루미늄) (물)   (수산화알루미늄) (포스핀)

10 금속의 수소화물(M′H 또는 M″H$_2$)의 성질

지정수량 : 300kg

> **참고**
> ※ 수소화물 : 수소의 화합물로서 지정되어 있는 것은 **알칼리금속**과 **알칼리토금속**이며 **알칼리토금속**에서는 **베릴륨**(Be), **마그네슘**(Mg)은 제외된다. 또한 **물**과 접촉하여 **수소**와 **수산화물**을 만든다.
> • M′ : 원자가 1가의 금속   • M″ : 원자가 2가의 금속

수소화칼륨(KH)

(1) 회백색의 결정성분말로 **물**과 접촉하여 **수산화칼륨**과 **수소** 발생
(2) 암모니아와 고온에서 **칼륨아미드**를 생성한다.

> **참고**
> ※ 물과의 화학반응식
> $$KH + H_2O \rightarrow KOH + H_2 \uparrow$$
> (수소화칼륨) (물) (수산화칼륨) (수소)
>
> ※ 암모니아와 고온에서의 화학반응
> $$KH + NH_3 \rightarrow KNH_2 + H_2 \uparrow$$
> (수소화칼륨) (암모니아) (칼륨아미드) (수소)

수소화나트륨(NaH)

(1) 분해온도 800℃, 비중 0.92
(2) 은백색의 결정으로 **물과 접촉하여 수산화나트륨과 수소 발생**

수소화리튬(LiH)

(1) 융점 680℃, 비중 0.82
(2) 유리 모양의 투명한 고체로 **물과 접촉하여 수산화리튬과 수소 발생**
(3) 알코올에 녹지 않으며, 알칼리금속의 수소화물 중 **안정성이 가장 크다.**

수소화칼슘(CaH_2)

(1) 분해온도 675℃, 융점 814~816℃
(2) 무색의 결정으로 **물과 접촉하여 수산화칼슘과 수소 발생**

> **참고**
> ※ 물과의 화학반응식
> $$CaH_2 + 2H_2O \rightarrow Ca(OH)_2 + 2H_2 \uparrow$$
> (수소화칼슘) (물) (수산화칼슘) (수소)

 수소화알루미늄리튬($LiAlH_4$)

(1) 분해온도 125~150℃, 회백색의 분말로 **물과 접촉하여 수소 발생**
(2) **열분해**하여 **리튬**(Li), **알루미늄**(Al), **수소**(H_2)로 분해한다.

> **참고**
> ※ 물과의 화학반응식
> $$LiAlH_4 + 4H_2O \rightarrow LiOH + Al(OH)_3 + 4H_2 \uparrow$$
> (수소화알루미늄리튬) (물) (수산화리튬) (수산화알루미늄) (수소)

11 칼슘 또는 알루미늄의 탄화물(카바이트)의 성질

지정수량 : 300kg

탄화칼슘(CaC_2)

(1) 용점 2,300℃, 아세틸렌가스의 착화온도 : 335℃, **연소범위 2.5~81%**, 비중 2.2
(2) **백색** 입방체의 결정이며 낮은 온도에서는 **정방정계**이며 시판품은 **회색** 또는 **회흑색의 불규칙한 괴상**으로 **카바이트**라고 부른다.
(3) 물과의 접촉으로 **아세틸렌가스**를 발생하며 350℃에서 **산화**한다.
(4) 밀폐용기에 저장하거나 **질소가스** 등 **불연성** 가스로 봉입시킬 것
(5) 소화제 : 마른 모래, 탄산가스, 소화분말, 테트라클로로메탄(사염화탄소)

> **참고**
>
> ※ 카바이트 : 금속의 탄화물의 총칭
> ※ 탄화칼슘의 제법
>
> $$CaO + 3C \xrightarrow{200℃ \text{ 이상}} CaC_2 + CO\uparrow$$
> (산화칼슘) (탄소) (탄화칼슘) (일산화탄소)
>
> ※ 탄화칼슘의 물과의 화학반응식
>
> $$CaC_2 + 2H_2O \rightarrow Ca(OH)_2 + C_2H_2\uparrow + 27.8kcal$$
> (탄화칼슘) (물) (수산화칼슘) (아세틸렌) (반응열)
>
> ※ 아세틸렌의 연소반응식
>
> $$2C_2H_2 + 5O_2 \rightarrow 4CO_2\uparrow + 2H_2O$$
> (아세틸렌) (산소) (이산화탄소) (물)
>
> ※ 약 700℃에서의 질화반응
>
> $$CaC_2 + N_2 \xrightarrow[\Delta]{900℃} CaCN_2 + C + 74.6kcal$$
> (탄화칼슘) (질소) (칼슘사이안아미드) (탄소) (반응열)
>
> ※ CaC_2 및 $MgC_2 \cdot K_2C_2 \cdot Na_2C_2 \cdot Li_2C_2$는 물과 반응하여 C_2H_2를 발생한다.

탄화알루미늄(Al_4C_3)

(1) 분해온도 1,400℃, 비중 2.36
(2) 황색의 단단한 결정
(3) 물과 반응하여 메테인가스를 발생한다.

> **참고**
>
> ※ 물과의 화학반응식
>
> Al_4C_3 + $12H_2O$ → $4Al(OH)_3$ + $3CH_4\uparrow$ + 약 360kcal
> (탄화알루미늄) (물)   (수산화알루미늄) (메테인)   (반응열)
>
> ※ 기타 카바이트의 물과의 화학반응식
>
> • Mn_3C + $6H_2O$ → $3Mn(OH)_2$ + $CH_4\uparrow$ + $H_2\uparrow$
>   (탄화망가니즈) (물)   (수산화망가니즈) (메테인) (수소)
>
> • Be_2C + $4H_2O$ → $2Be(OH)_2$ + $CH_4\uparrow$
>   (탄화베릴륨) (물)   (수산화베릴륨)   (메테인)
>
> • Mg_2C_3 + $4H_2O$ → $2Mg(OH)_2$ + $C_3H_4\uparrow$
>   (탄화마그네슘) (물)   (수산화마그네슘) (프로파인)

적중 출제예상문제

알칼리금속 또는 알칼리토금속 · 유기금속화합물

① 금속리튬이 물과 반응할 경우 생성되는 것은?
① 수산화리튬과 수소
② 산화리튬과 수소
③ 수산화리튬과 산소
④ 산화리튬과 산소

해 • 물과의 화학반응
$2Li + 2H_2O → 2LiOH + H_2\uparrow$
(리튬) (물) (수산화리튬) (수소)
답 ①

② 다음 위험물 중 제일 가벼운 금속은?
① Li
② Na
③ K
④ Ca

해 • 비중 : ① 0.534 ② 0.97 ③ 0.857 ④ 1.55
답 ①

③ 칼슘의 성질로서 다음 중 옳은 것은 어떤 것인가?
① 금속 가운데 가장 무거운 금속이다.
② 은백색의 무른 금속
③ 극히 산화하기 어려운 금속이다.
④ 금속 가운데 가장 단단한 금속이다.

해 • 칼슘(Ca) : 은백색의 무른 금속
답 ②

④ 유기금속 화합물의 지정수량은 얼마인가?
① 10kg ② 20kg
③ 50kg ④ 300kg

해 • 지정수량 : 50kg
답 ③

금속인화합물

⑤ 제3류 위험물 인화석회(인화칼슘)의 지정수량은?
① 100kg ② 200kg
③ 300kg ④ 500kg

해 • 지정수량 : 300kg
답 ③

⑥ 인화석회의 일반 성상에 맞지 않는 것은
① 적갈색의 고체 ② 융점은 1,600℃
③ 비중은 1보다 크다. ④ 황색 액체

해 • 인화석회 : 적갈색 고체이며 비중 2.51
답 ④

⑦ 인화석회가 물과 반응해서 생성되는 유독가스는?
① 인화수소 ② 일산화탄소
③ 이산화탄소 ④ 황화수소

해 • 인화석회 : 물과 인화수소(포스핀) 발생
답 ①

⑧ 제3류 위험물 중 물과 반응하여 포스핀을 발생하는 것은?
① 산화칼슘 ② 인화칼슘
③ 탄화칼슘 ④ 금속나트륨

해 • 문제 7 해설 참조
※ 인화석회=인화칼슘
답 ②

⑨ 인화석회와 물이 반응할 때 반응식 중 맞는 것은?
① $Ca_3P_2 + 3H_2O \rightarrow 2PH_3 + 3Ca(OH)_2 + Qkcal$
② $Ca_3P_2 + 6H_2O \rightarrow 2PH_3 + 3Ca(OH)_2 + Qkcal$
③ $Ca_3P_2 + 4H_2O \rightarrow 2PH_3 + 3Ca(OH)_2 + Qkcal$
④ $Ca_3P_2 + 5H_2O \rightarrow 2PH_3 + 3Ca(OH)_2 + Qkcal$

해 • 물과의 화학반응식
$Ca_3P_2 + 6H_2O \rightarrow$
$2PH_3 + 3Ca(OH)_2 + Q$
답 ②

⑩ 인화칼슘(인화석회)의 위험성에 대한 설명 중 옳은 것은?
① 에터에 녹지 않으므로 인화칼슘과 혼합하여 저장해도 발화의 위험이 없다.
② 물과 반응해서 수소가스가 발생한다.
③ 물과 반응해서 독성이 강한 포스핀을 발생한다.
④ 물과 반응해서 가연성 아세틸렌가스가 발생한다.

해 • 문제 7 해설 참조
※ PH_3 : 포스핀(인화수소)
답 ③

⑪ 인화석회에 의한 화재시 가장 알맞은 소화방법은?
① 마른 모래로 덮어 소화한다.
② 봉상의 물로 소화한다.
③ 안개상의 물로 소화한다.
④ 산, 알칼리 소화기로 소화한다.

해 • 마른 모래 : 만능소화제
답 ①

⑫ 다음 위험물의 화재시 주수에 의해서 위험이 따르는 것은?
① CaO
② Ca_3P_2
③ P_4
④ $C_6H_2(NO_2)_3CH_3$

해 • Ca_3P_2(인화칼슘) : 주수시 포스핀(PH_3)가스발생
답 ②

⑬ 물에 넣어도 폭발성 기체를 발생시키지 않는 것은?
① K
② Na
③ Ca
④ Ca_3P_2

해 • Ca_3P_2(인화칼슘) : 물과 PH_3(인화수소)를 발생한다.
※ PH_3 : 가연성가스이나 폭발성은 없다.
답 ④

금속수소화합물 등

⑭ 수소화칼륨이 물과 접촉하여 생성되는 것은?
① 산화칼륨과 수소
② 탄화칼륨과 수소
③ 수소화칼륨과 산소
④ 수산화칼륨과 수소

해 • 수소화칼륨 : 물과 수산화칼륨 · 수소발생
답 ④

⑮ 수소화칼륨이 암모니아와 고온에서 반응시키면 다음 중 어떤 물질이 되는가?
① KNH_2
② KH_2
③ KOH
④ K_2H_2

해 • 암모니아와 화학반응식
$KH + NH_3 \rightarrow KNH_2 + H_2$
답 ①

⑯ 수소화나트륨의 위험물은 주수소화가 부적당하다고 한다. 그 이유는?
① 발열반응을 일으킴
② 중화반응을 일으킴
③ 수화반응을 일으킴
④ 중합반응을 일으킴

해 • 수소화나트륨 : 물과 발열반응(금수성 물질)
답 ①

⑰ 다음 제3류 위험물인 금속 수소화물 중에서 가장 안전한 것은?
① $Li(AlH_4)$
② $NaBH_4$
③ KH
④ LiH

해 • 수소화리튬(LiH) : 가장 안정
답 ④

칼슘 및 알루미늄의 탄화물(카바이트) 등

⑱ 탄화칼슘이 물과 작용하여 발생하는 가스는?
① 수소
② 아세틸렌가스
③ 산소
④ 탄산가스

해 • 물과의 반응식
$CaC_2 + 2H_2O \rightarrow Ca(OH)_2 + C_2H_2 \uparrow$
※ C_2H_2 = 아세틸렌
답 ②

⑲ 탄화칼슘의 성질이 아닌 것은?
① 회흑색의 괴상고체
② 질소와 고온에서 흡열반응한다.
③ 물과 반응해 소석회가 된다.
④ 물과 반응하여 아세틸렌가스를 발생한다.

해 • 카바이트 : 약 700℃에서 질소와 발열반응을 하여 질소시아나이트(석회 질소)가 된다.
답 ②

⑳ 탄화칼슘을 오래 저장할 용기에 충전용으로 사용되는 가스는 다음 중 어느 것이 알맞은가?
① 인화수소
② 포스겐
③ 질소가스
④ 아황산가스

해 • 충전가스 : 질소(N_2)
답 ③

㉑ 다음 탄화칼슘에서 아세틸렌가스를 제조하는 반응식 중 옳은 것은?
① $CaC_2 + 2H_2O \rightarrow Ca(OH)_2 + C_2H_2$
② $CaC_2 + H_2O \rightarrow CaO + C_2H_2$
③ $2CaC_2 + 6H_2O \rightarrow 2Ca(OH)_3 + 2C_2H_5$
④ $CaC_2 + 3H_2O \rightarrow CaCO_3 + 2CH_3$

해 • 카바이트의 물과 반응식
$CaC_2 + 2H_2O \rightarrow Ca(OH)_2$
(탄산칼슘)(물)   (소석회)
$+ C_2H_2$
(아세틸렌)
※ 소석회=수산화칼슘
답 ①

㉒ 탄화칼슘의 저장 및 취급과 관계없는 것은?
① 물, 습기와의 접촉을 피한다.
② 석유 속에 저장해 둔다.
③ 장기저장할 때는 질소가스를 충전한다.
④ 화기로부터 먼 곳에 저장한다.

해 • 탄화칼슘 : 밀폐용기에 저장하거나 질소가스로 충전한다.
※ 석유 : 칼륨·나트륨이 보호액
답 ②

㉓ 탄화알루미늄을 물과 접촉시켰더니 가연성가스가 발생하였다. 어떤 기체인가?
① 수소
② 인화수소
③ 아세틸렌
④ 메테인

해 • 물과의 화학반응식
$Al_4C_3 + 12H_2O \rightarrow$
(탄화알루미늄) (물)
$4Al(OH)_3 + 3CH_4 \uparrow$
(수산화알루미늄)(메테인)
답 ④

㉔ 다음 금속탄화물 중 물과 접촉시 메테인이 주로 생성되는 물질은?
① CaC_2
② Al_4C_3
③ K_2C_2
④ Mg_2C_3

해 • 문제 27 해설 참조
• 탄화알루미늄 : Al_4C_3
답 ②

㉕ 다음 위험물 중 물과 작용하여 CH_4와 H_2가스를 발생하는 것은?
① 칼슘 카바이트
② 알루미늄 카바이트
③ 마그네슘 카바이트
④ 망가니즈 카바이트

해 • 물과의 화학 반응식
$Mn_3C + 6H_2O \rightarrow$
$3Mn(OH)_2 + CH_4 \uparrow + H_2 \uparrow$
※ Mn_3C : 탄화망가니즈(망가니즈카바이트)
답 ④

㉖ 물과 반응하여 가연성가스를 발생하지 않는 것은?
① CaC_2
② CaO
③ Na
④ K

해 ※ CaO = 산화칼슘
답 ②

27 다음 중 저장방법 설명 중 틀린 것은?
① 금속나트륨은 석유 속에 보관한다.
② 금속칼륨은 석유 속에 보관한다.
③ 탄화칼슘은 용기 내에 질소가스를 채워 저장한다.
④ 생석회는 물속에 보관한다.

해 • 문제 32 해설 참조
답 ④

28 다음 위험물을 취급할 때 물과 접촉하여 발생되는 가스로서 틀린 것은?
① 금속나트륨 – 수소
② 탄산칼슘 – 아르곤
③ 금속칼슘 – 수소
④ 인화석회 – 인화수소

해 • 탄산칼슘($CaCO_3$) : 물에는 녹지 않는다. 그러므로 물과의 화학반응은 없다.
답 ②

제 5 장

제4류 위험물

학습목표

- 필수 암기사항
- 특수인화물 · 제1석유류 · 알코올류 · 제2석유류 · 제3석유류 · 제4석유류 · 동식물유류의 성질

1 필수 암기사항

- 제4류 위험물의 품명 및 지정수량
- 제4류 위험물의 지정품목 및 성질(성상)에 의한 품목
- 제4류 위험물의 일반성질
- 제4류 위험물의 저장 및 취급방법

참고

※ 필수 암기사항에 대한 내용은 **완전 암기**하여 수험에 대비할 것

제4류 위험물의 품명 및 지정수량

유별 및 성질	위험등급	품 명		지정수량
제4류 인화성 액체	I	특수인화물		50 ℓ
	II	제1석유류	비수용성 액체	200 ℓ
			수용성 액체	400 ℓ
		알코올류		400 ℓ
	III	제2석유류	비수용성 액체	1,000 ℓ
			수용성 액체	2,000 ℓ
		제3석유류	비수용성 액체	2,000 ℓ
			수용성 액체	4,000 ℓ
		제4석유류		6,000 ℓ
		동·식물유류		10,000 ℓ

 제4류 위험물의 지정품목 및 성질(성상)에 의한 품목

(1) 지정품목

① **특수인화물** : 이황화탄소, 다이에틸에터
② **제1석유류** : 아세톤, 휘발유
③ **제2석유류** : 등유, 경유
④ **제3석유류** : 중유, 크레오소오트유
⑤ **제4석유류** : 기어유, 실린더유

※ **지정품목** : 각 석유류를 대표하는 것으로 시험에 자주 출제된다.

(2) 성질(성상)에 의한 품목

※ 필기 및 실기시험에 자주 출제되는 것으로 매우 중요하다. 또한 **성질(성상)에 의한 품목**은 지정품목 이외의 위험물과 앞으로 발견되는 모든 위험물을 **인화점에 의하여 분류**하기 위한 기준이다.

① 특수인화물
  ㉮ 1기압에서 **인화점**이 **-20℃ 이하**이고, 비점 **40℃ 이하**인 것
  ㉯ 1기압에서 **발화점(착화점)**이 **100℃ 이하**인 것

> **참고**
> ※ **해당 위험물** : 아세트알데하이드 · 산화프로필렌 · 아이소프렌 · 아이소펜탄 · 펜테인 · 염화메틸 등

② **제1석유류** : 1기압에서 액체로서 **인화점**이 **21℃ 미만**인 것

> **참고**
> ※ **미만이라는 용어** : 사용된 숫자의 중복을 피하기 위하여 사용되며 사용된 숫자가 다시 나올 수 있는 것을 예고한다.
> • **21℃ 이상** : 21℃ 포함
> • **21℃ 이하** : 21℃ 포함
> • **21℃ 미만** : 21℃가 포함되지 않는다.
> ※ **해당 위험물** : 벤젠 · 에틸벤젠 · 사이안화수소 · 톨루엔 · 메틸에틸케톤 · 피리딘 · 콜로디온 · 초산메틸 · 의산메틸 등

③ **제2석유류** : 1기압에서 액체로서 **인화점**이 **21℃ 이상 70℃ 미만**인 것

> **참고**
> ※ 제2석유류인 도료류 그 밖의 물품에 있어서는 가연성 액체량이 **40중량% 이하**이면서 인화점이 **40℃ 이상**인 동시에 연소점이 **60℃ 이상**인 것은 **제외**한다.
> ※ **해당 위험물** : 의산 · 초산 · 테레핀유 · 스티렌 · 장뇌유 · 송근유 · 에틸셀르솔브 · 자일렌(크실렌) · 클로로벤젠 · 하이드라진 · 큐멘 · 벤즈알데하이드 등

④ **제3석유류** : 1기압에서 **인화점**이 **70℃ 이상 200℃ 미만**인 것

> **참고**
> ※ 제3석유류인 도료류 그 밖의 물품에 있어서는 가연성 액체량이 **40중량% 이하**인 것은 **제외**한다.
> ※ **해당 위험물** : 담금질유 · 나이트로벤젠 · 알돌 · 에틸렌글리콜 · 아닐린 · 글리세린 · 메타크레졸 등

⑤ 제4석유류 : 1기압에서 **인화점**이 200℃ 이상 250℃ 미만인 것

> **참고**
> ※ **제4류 석유류** : 도료류 그 밖의 물품으로서 가연성 액체의 양이 **40중량%** 이하인 것은 제외한다.
> ※ **해당 위험물** : 방청유 · 가소제 · 담금질유 · 전기절연유 · 절삭유 · 윤활유 등

3 제4류 위험물의 일반성질

(1) **인화**되기 대단히 쉽다.
(2) **착화온도**가 낮은 것은 위험하다.
(3) **물**보다 가볍고 **물**에 녹기 어렵다.
(4) **증기**는 공기보다 무겁다.
(5) **증기**는 공기와 약간 혼합되어도 연소의 우려가 있다.

> **참고**
> ※ **제4류 위험물** : 기름종류로 물보다 가볍다. 단, **이황화탄소**는 물보다 무겁다.
> ※ **제4류 위험물**의 증기 모두 **공기보다** 무겁다. 그러므로 **낮은 곳에 체류**하여 **인화의 위험**이 있다. 단, 1석유류의 **시안화수소**(HCN)의 증기는 **공기보다** 가볍다.
> • 증기비중 = $\dfrac{\text{분자량}}{\text{공기의 평균분자량(약 29)}}$ • 증기밀도(STP에서) = $\dfrac{\text{1g 분자량(g/mol)}}{22.4(\ell/\text{mol})}$
> ※ **제4류 위험물** : 물에 녹지 않으나 알코올 등은 물에 잘 녹는다.

4 제4류 위험물의 저장 및 취급방법

(1) 용기는 **밀전**하여 **통풍**이 잘 되는 **찬 곳**에 저장할 것
(2) **화기** 및 **점화원**으로부터 멀리 저장할 것
(3) 증기 및 액체의 **누설**에 주의하여 저장할 것
(4) **정전기**의 발생에 주의하여 저장 취급할 것
(5) **인화점 이상** 가열하여 취급하지 말 것(제3석유류, 제4석유류의 중질유는 인화점이 높으므로 **인화점 이상 가열**할 경우 **제1석유류와 같은 위험성**이 있다)
(6) 증기는 **높은 곳**으로 배출할 것

> **참고**
> ※ **제4류 위험물의 저장법** : (2), (3)이 **가장 중요**하며, (1) 및 (4), (5), (6)을 참고할 것이며 위 저장법 이외의 특별한 저장법은 위험물의 종류에 따라 본문에서 설명하기로 한다.
> • **밀전** : 용기의 주입구를 마개를 사용하여 닫음

적중 출제예상문제

1 위험물안전관리법에서 위험물의 유별은 몇 종류인가?
① 6종류   ② 8종류
③ 10종류   ④ 14종류

[해] • 위험물의 유별 : 1류에서 6류까지 6종류
[답] ①

2 제4류 위험물 중 위험등급 Ⅰ등급인 것은?
① 특수인화물   ② 제1석유류
③ 제3석유류   ④ 알코올류

[해] • 위험물의 위험등급 :
① Ⅰ등급 ② Ⅱ등급
③ Ⅲ등급 ④ Ⅱ등급
[답] ①

3 제4류 위험물과 지정수량이 잘못 짝지어진 것은?
① 특수인화물 - 50ℓ
② 제1석유류(비수용성) - 200ℓ
③ 제2석유류(비수용성) - 300ℓ
④ 알코올류 - 400ℓ

[해] • 제2석유류(비수용성) : 1,000ℓ
[답] ③

4 제4류 위험물 제3석유류(비수용성)의 지정수량으로 맞는 것은?
① 1,000ℓ   ② 2,000ℓ
③ 3,000ℓ   ④ 6,000ℓ

[해] • 지정수량(비수용성) : 2,000ℓ
※ 수용성 : 4,000ℓ
[답] ②

5 다음 인화성 액체 위험물 중 동·식물유류 지정수량으로 맞는 것은?
① 200ℓ   ② 2,000ℓ
③ 6,500ℓ   ④ 10,000ℓ

[해] • 지정수량 : 10,000ℓ
[답] ④

6 특수인화물의 지정품목인 것은?
① 다이에틸에터   ② 아세트알데하이드
③ 콜로디온   ④ 아세톤

[해] • 지정품목 : 다이에틸에터, 이황화탄소
[답] ①

7 다음 위험물 중 특수인화물에 해당되지 않는 것은?
① 스티렌   ② 산화프로필렌
③ 아세트알데하이드   ④ 이황화탄소

[해] ① 제2석유류,
② ③ ④ 특수인화물
[답] ①

8 제1석유류 지정품목에 지정되어 있는 것은?
① 메틸에틸케톤   ② 가솔린
③ 아세트산메틸   ④ 포름산메틸

[해] • 지정품목 : 아세톤·가솔린(휘발유)
[답] ②

9 제4류 위험물의 각 석유류의 지정품목끼리 짝지어진 것은?
① 등유, 경유   ② 등유, 중유
③ 기계유, 글리세린   ④ 글리세린, 장뇌유

[해] • 제2석유류 : 등유·경유
※ 제3석유류 : 중유·클레오소트유
[답] ①

⑩ 제4석유류를 대표하는 위험물은 어느 것인가?
① 기어유, 기계유 ② 실린더유, 모터유
③ 기어유, 실린더유 ④ 모터유, 터빈유

해 • 지정품목 : 기어유 · 실린더유
답 ③

⑪ 제4류 위험물 중에서 제1석유류, 제2석유류로 분류하는 방법 중 옳은 것은?
① 비중으로 분류한다. ② 증기밀도로 구분한다.
③ 인화점으로 구분한다. ④ 비점으로 구분한다.

해 • 분류기준 : 인화점
답 ③

⑫ 다이에틸에터, 이황화탄소 등 1기압에서 액체로 되는 것으로 발화점이 100℃ 이하, 또는 인화점이 -20℃ 이하, 비점이 40℃ 이하인 위험물은?
① 특수인화물류 ② 질산에스터류
③ 과염소산염류 ④ 나이트로화합물류

해 • 특수인화물 : 착화점(발화점)100℃ 이하인것 또는 인화점 -20℃, 비점 40℃ 이하
답 ①

⑬ 아세톤 및 휘발유, 기타 액체로서 인화점이 섭씨 21도 미만의 것은?
① 제1석유류 ② 제2석유류
③ 제3석유류 ④ 제4석유류

해 • 제1석유류 : 인화점 21℃ 미만
답 ①

⑭ 제4류 위험물 중 제2석유류의 인화점으로 옳은 것은?
① 21℃ 이상 70℃ 미만 ② 21℃ 미만
③ 70℃ 이상 200℃ 미만 ④ 200℃ 이상

해 • 제2석유류 : 인화점 21℃ 이상 70℃ 미만
답 ①

⑮ 제3석유류의 성질 중 옳은 것은?
① 1기압에서 액체이며 인화점이 70℃ 이상 200℃ 미만인 것
② 1기압 20℃에서 고체이며 인화점이 70℃인 것
③ 1기압 20℃에서 액체이며 인화점이 200℃ 미만인 것
④ 1기압 20℃에서 액체이며 인화점이 200℃ 이상인 것

해 • 제3석유류 : 인화점 70℃ 이상 200℃ 미만
답 ①

⑯ 지정수량 6000*l*인 제4석유류의 인화점으로 옳은 것은?
① 21℃ 이상 70℃ 미만 ② 70℃ 이상 200℃ 미만
③ 200℃ 이상 250℃ 미만 ④ 300℃ 이상

해 • 제4석유류 : 인화점 200℃ 이상 250℃ 미만
답 ③

⑰ 1기압 20℃에서 액상이며 인화점이 200℃ 이상 250℃ 미만인 물질은?
① 벤젠 ② 자일렌
③ 글리세린 ④ 기어유

해 • 문제 14 해설 참조
※ 지정품목 : 기어유 · 실린더유
답 ④

⑱ 일반적으로 제4류 위험물을 취급할 때 특히 조심하여야 할 사항은?
① 물과의 접촉을 피할 것
② 화기의 접근을 피할 것
③ 통풍이 잘 되는 장소를 피할 것
④ 직사광선 밑에서 취급하지 말 것

해 • 제4류 위험물 : 인화성 액체로서 화기 등 점화원으로부터 멀리할 것
답 ②

19 다음 중에서 제4류 위험물의 물에 대한 성질과 화재 위험과 직접 관계가 있는 것은?
① 수용성과 인화성
② 비중과 인화성
③ 비중과 착화온도
④ 비중과 화재확대성

20 다음은 제4류 위험물의 공통적인 특징이다. 틀리게 기술한 것은?
① 대단히 인화되기 쉽다.
② 증기는 공기보다 가볍다.
③ 착화온도가 낮은 것은 위험하다.
④ 증기와 공기가 약간 혼합되어 있어도 연소한다.

21 다음은 제4류 위험물의 저장 및 취급에 대한 공통사항이다. 틀린 것은?
① 용기의 밀봉은 폭발의 위험이 있다.
② 환기를 잘하여 발생증기의 체류를 억제시켜야 한다.
③ 정전기의 발생을 방지시켜야 한다.
④ 증기의 누출을 방지해야 한다.

22 제4류 위험물을 취급할 때 주의사항으로 틀린 것은?
① 증기는 낮은 곳으로 모이기 쉬우므로 환기에 주의한다.
② 빈용기라 할지라도 가연성 증기가 남아 있으므로 취급에 주의한다.
③ 통풍이 잘되고 찬곳에 저장한다.
④ 석유류는 전기의 양도체 이므로 정전기에 주의한다.

[해] • 제4류 위험물 : 일반적으로 비중이 1보다 작으므로 화재시 주수하면 **화재면을 확대**시킨다.
답 ④

[해] • 제4류 위험물 증기 : 공기보다 무거우므로 낮은 곳에 모이기 쉽다. 그러므로 **증기는 높은 곳으로 배출**할 것
답 ②

[해] • 제4류 위험물의 폭발 : 가연성 증기가 **연소범위** 안에 있을 경우 **점화원**에 의한다.
※ 용기의 밀봉과는 해당 없음
답 ①

[해] • 정전기 : 전기의 부도체의 마찰에 의하여 발생하므로 **혼합속도**를 낮추어야 한다.
답 ④

휴게실

◆ 석유(원유 · Petroleum)의 역사
　석유가 발견되기 전에는 **석탄**(역청탄) 등에서 염료 및 유기용제 등의 원료를 만들어 내었다. **콜롬버스**가 아메리가 대륙을 발견한 후 **석유의 역사는 시작**된다. 원래는 석유는 백인들이 **아메리카 대륙을 발견하기** 전부터 몇몇 지방의 **인디언**들이 호수의 수면에 떠 있는 원유를 떠서 **얼굴 등에 색칠**을 하였으며 **류머티스 및 화상 · 찰과상 등 치료용으로 사용**하였으며, 19세기초에는 **일부 미국인**들도 이것을 정제하여 만병통치약으로 사용하였다. 이러한 **만병통치약**을 1859년 **조오지버슬**이라는 기업가가 드레익이라는 사람과 함께 만병통치약을 제조한 곳인 **펜실베이니아주 타이터스벌**에서 그 해 8월의 마지막 토요일인 **1859년 8월 28일** 인류 **최초로 조명용 연료**로 사용할 목적으로 석유를 퍼올리게 된 것이 **석유산업의 시초**가 되었다.
　※ **Petroleum**(페트로리움 · 석유) : 라틴어에서 **바위**를 의미하는 Petra(페트라)와 **기름**을 의미하는 Oleum(올리움)의 합성어이다.

2 특수인화물의 성질

※ 지정수량 : 50ℓ
※ 지정품목 : 이황화탄소, 다이에틸에터
※ 성질(성상)에 의한 품목 : 위 지정 품목 이외의 것으로 필수 암기사항을 참고할 것

> **참고**
> ※ 인화점 및 착화점 등의 성질 : 시험대비를 위하여 중요한 것만을 기재하였음
> ※ 저장 및 취급법 : 필수 암기사항에 준하며 **특별한 저장·취급법**만을 기재하였음

1 이황화탄소(CS_2) (2유화탄소)

(1) 인화점 −30℃, 착화점 100℃, 연소범위 1~44%, 비중 1.26, 비점 46.25℃
(2) 무색투명한 **액체**이나 일광에 쬐여 **황색**으로 변색
(3) 액체는 **물**보다 무거우며 **독성**이 있다.
(4) 연소할 때 유독한 **아황산가스**(SO_2)를 발생하며 **연한 파란** 불꽃을 낸다.
(5) 저장방법 : 물에 녹지 않고 물보다 무거우므로 **수조**(물탱크)에 저장할 것
(6) 소화방법 : 질식소화기가 널리 사용된다.

> **참고**
> ※ 저장방법 : 필수 암기 사항을 기본으로 할 것이며 수조에 저장하는 이유는 **가연성 증기의 발생을 억제**하기 위함이다.
> ※ 적응소화기 : 포말, 분말, CO_2, 할로젠화합물소화기 등 질식소화기
> ※ 연소반응식(100℃)
> $$CS_2 + 3O_2 \rightarrow CO_2\uparrow + 2SO_2\uparrow$$
> (이황화탄소) (산소) (이산화탄소) (이산화황, 아황산가스)
> ※ 물과의 가열(150℃) 반응식
> $$CS_2 + 2H_2O \rightarrow CO_2\uparrow + 2H_2S\uparrow$$
> (이황화탄소) (물) (이산화탄소) (황화수소)

다이에틸에터[디에틸에테르($C_2H_5OC_2H_5$, $C_4H_{10}O$)]

(1) 인화점 −45℃, 착화점 180℃, 연소범위 1.9~48%, 비점 34.6℃, 비중 0.72(15℃)
(2) 무색투명한 액체이며 **증기**는 **마취성**
(3) 진한 황산과 에틸알코올의 혼합물을 140℃로 가열하여 제조한다.
(4) 액체는 물에 **약간** 녹고 **알코올**에 잘 녹는다.
(5) 동식물성 섬유로 여과할 경우 **정전기** 불꽃에 의하여 **착화**할 수 있다.
(6) 정전기 발생을 방지하기 위하여 **염화칼슘**($CaCl_2$)을 소량 넣는다.
(7) 저장법 : 공기와 장시간 접촉하거나 **직사일광**에서 분해하여 **과산화물을 생성**하므로 **갈색 병**에 저장하고, 체적팽창이 크므로 용기의 **공간용적**을 **2% 이상**으로 할 것

> **참고**
>
> ※ 에터 : 알코올의 축합물이다.
>
> $$C_2H_5OH + C_2H_5OH \xrightarrow[\text{(탈수제)}]{C-H_2SO_4} C_2H_5OC_2H_5 + H_2O$$
> (에틸알코올)   (에틸알코올)   (다이에틸에터)   (물)
>
> $$R-O-R'$$
> [일반식 (R은 알킬기)]
>
> ※ 물과의 화학반응식
> $$C_2H_5OC_2H_5 + 6O_2 \rightarrow 4CO_2\uparrow + 5H_2O$$
> (다이에틸에터)   (산소)   (이산화탄소) (물)
>
> [다이에틸에터의 구조식]
>
> ※ 성질 중 출제빈도가 높은 것 : 인화성이며 **과산화물**이 생성되면 **제5류 위험물**과 같은 위험성을 갖는다.
> • 과산화물 검출시약 : 아이오딘화칼륨(KI) 10% 수용액 → **황색**(과산화물 존재)
> • 과산화물 제거시약 : 황산제1철, 환원철
> • 과산화물 제거조치 : 40메쉬 구리망을 넣거나 5%(용량)의 물을 넣는다.

 아세트알데하이드(아세트알데히드[CH_3CHO, C_2H_4O])

(1) 인화점 −38℃, 착화점 185℃, 연소범위 4.1~57%, 비점 21℃, 비중 0.78
(2) 물에 잘 녹고 **자극성**의 과일향을 갖는 무색투명한 액체이며 **약간의 압력**으로 **과산화물**을 생성
(3) 에틸알코올을 산화시키거나, 아세트산(초산)을 환원시키거나 아세틸렌을 황산제2수은 촉매하에서 물과 반응하여 생성된다.

(4) 환원력이 강하므로 **은거울반응·페엘링반응**을 한다.
(5) 증기 및 액체는 **피부점막에 자극**을 준다.
(6) 저장법
 ① **구리, 마그네슘, 은, 수은** 또는 이의 합금으로 된 용기는 사용하지 말 것(중합반응)
 ② 용기 내부에는 **불연성 가스(N_2)** 또는 수증기를 **봉입**시킬 것
(7) 소화방법
  안개모양의 물, CO_2, 분말 등 질식소화기

>
>
> ※ 은거울반응 : 환원성 물질에 질산은($AgNO_3$)을 작용시키면 은이 유리된다.
> ※ 암모니아성 질산은 용액과 은거울반응
> $CH_3CHO + 2Ag(NO_3)_2^+ + 2OH^- \rightarrow CH_3COOH + 2Ag + H_2O + 4NH_3$
> (아세트알데하이드) (암모니아성질산은용액)   (아세트산)   (은)   (물)   (암모니아)
> ※ 페엘링반응 : 환원성 물질에 페엘링용액(푸른색)을 작용시키면 산화제1구리(Cu_2O)의 **적색 침전**이 생긴다.
> ※ 연소반응식
> $2CH_3CHO + 5O_2 \rightarrow 4CO_2 \uparrow 4H_2O$
> (아세트알데하이드) (산소) (이산화탄소) (물)
>
>   R – CHO
>
>   [일반식 (R은 알킬기)]   [아세트알데하이드의 구조식]

4 산화프로필렌(OCH_2CHCH_3, C_3H_6O) ⟨프로필렌 옥사이드⟩

(1) **인화점 −37℃**, 착화점 465℃, **연소범위 2.5~38.5%**, 비점 34℃, 비중 0.83
(2) 물, 알코올, 에터, 벤젠 등에 잘 녹는 무색투명한 액체로 증기 및 액체는 **인체에 해롭다**.
(3) **저장법** : 용기는 **구리, 마그네슘, 은, 수은** 또는 이의 합금을 사용하지 말 것(아세틸라이드 생성), **산** 및 **알칼리**와 중합반응하며, 용기의 상부는 **불연성 가스(N_2)** 또는 수증기로 봉입할 것
(4) **소화방법** : CO_2 분말, 할로젠화합물소화기(포말은 소포되므로 사용 못함)
(5) **인체 유독성** : 증기흡입으로 **폐부종**(허파에 물집이 생김)이 생기며 피부접촉으로 **동상**과 같은 현상이 나타난다.

> **참고**
>
> ※ **인화점 및 저장법** : 출제빈도가 높다.
> - **중합** : 한 종류의 단위화합물의 분자가 두 개 이상 결합하여 정수 배의 분자량을 갖는 것
> ※ 상온에서의 증기압 : 445mmHg
> ※ 연소반응식
>
> $OCH_2CHCH_3 + 4O_2 \rightarrow 3CO_2 \uparrow 3H_2O$
>   (산화프로필렌)   (산소)   (이산화탄소) (물)
>
>
>
> [산화프로필렌의 구조식]

5 기 타

(1) **아이소프렌** : 인화점 $-54℃$
(2) **노르말펜탄** : 인화점 $-40℃$
(3) **아이소펜탄** : 인화점 $-51℃$

> **휴게실**
>
> ◆ **손으로 총알을 잡아보자**
>
> 총알은 800~900m/sec의 **초속도**로 계속 날아가는 것이 아니라 **공기저항**으로 속도가 줄어들어 사정거리의 최종점에서는 **40m/sec**밖에 되지 않는다. 그런데 **비행기**도 이 정도의 속도로 날고 있기 때문에 **총알도 같은 속도로** 나는 결과가 된다. 이런 경우 **총알은 비행사에 대해서 정지**하고 있거나 겨우 눈에 띌 정도의 느린 동작을 하는 것처럼 보일 것이다. 그러니 총알을 잡는 것은 문제가 되지 않을 것이다. 그러나 공기 속을 나는 **총알은 뜨겁기 때문에 장갑이 필요**하게 된다.
>
> ※ 제2차 세계대전 때 신문에 보도된 일로서 프랑스의 비행사가 실제로 겪은 이야기
>
>   2,000m의 고도로 비행을 하고 있을 때 **얼굴 근처에서 무엇인가 작은 물체**가 움직이고 있었다. 곤충이라 생각하고 그것을 재빨리 손을 잡았는데 그것은 다름 아닌 **독일군이** 쏘아올린 총알이었다. 그때 느꼈을 비행사의 놀라움은 가히 상상이 간다. 허풍선이 이야기 같으나 총알을 손으로 잡은 비행사에 관한 이야기는 **전혀 불가능한 일이 아니다**.

적중 출제예상문제

다이에틸에터(에틸에터, 에터)

1. 다음 제4류 위험물 중 물에 녹기 힘들고 물보다 가볍고 인화점이 -45℃ 정도인 것은?
① 아세트알데하이드 ② 나이트로벤젠
③ 다이에틸에터   ④ 경유

> 해 • 인화점 : ① -38℃
> ② 88℃ ③ -45℃
> ④ 50~70℃
> 답 ③

2. 다이에틸에터의 성질에 있어서 다음에서 틀린 것은?
① 인화점이 5℃이므로 자연발화하기 쉽다.
② 휘발성이 대단히 크다.
③ 증기는 공기보다 무겁다.
④ 증기는 마취성이 있다.

> 해 • 문제 1 해설 참조
> ※ 인화점 : -45℃
> 답 ①

3. 다음 다이에틸에터의 성질 중 옳은 것은?
① 비등점이 100℃이다.
② 물보다 비중이 크다.
③ 인화점이 15℃이다.
④ 알코올에 잘 용해되며 물에도 약간 녹는다.

> 해 • 다이에틸에터 : 비점 34.6℃, 비중 0.72(15℃), 인화점 -45℃
> 답 ④

4. 다이에틸에터($C_2H_5OC_2H_5$)의 성상에 대하여 틀린 사항은?
① 인화성이 강하다.   ② 연소범위가 가솔린보다 넓다.
③ 착화온도는 가솔린보다 낮다. ④ 증기 비중은 가솔린보다 크다.

> 해 • 증기비중 : 다이에틸에터 2.56, 가솔린 3~4
> 답 ④

5. 위험물을 저장하는 옥내저장소 내부에 체류하는 가연성 증기를 지붕위로 방출시키는 설비를 하여야 하는 위험물은 다음 중 어느 것인가?
① 과망가니즈산   ② 황화인
③ 다이에틸에터   ④ 질산

> 해 • 제4류 위험물 : 증기는 공기보다 무거우므로 높은 곳으로 배출한다.
> ※ 다이에틸에터 : 제4류 위험물
> 답 ③

6. 인화점에서 가장 위험한 것은?
① 가솔린   ② 이황화탄소
③ 클로로벤젠   ④ 다이에틸에터

> 해 • 인화점 : ① -43~-20℃
> ② -30℃ ③ 32℃
> ④ -45℃
> 답 ④

7. 폭발범위가 가장 넓은 위험물은?
① 메탄올   ② 톨루엔
③ 에틸알코올 ④ 다이에틸에터

> 해 • 폭발범위(연소범위) :
> ① 7.3~36%
> ② 1.4~6.7%
> ③ 4.3~19%
> ④ 1.9~48%
> 답 ④

⑧ 다음 중 다이에틸에터의 성상에 대하여 틀린 것은?
① 휘발성이 높은 물질이다.
② 증기에는 마취성이 있다.
③ 연소범위가 가장 작다.
④ 인화점이 -45℃, 착화온도가 180℃이다.

⑨ 다이에틸에터($C_2H_5OC_2H_5$)의 성질에 대하여 틀린 것은?
① 인화성이 강하다.   ② 무색투명한 액체다.
③ 알코올에 잘 녹는다.   ④ 정전기가 발생되지 않는다.

⑩ 다이에틸에터의 취급방법 중 옳은 것은?
① 용기는 갈색 병을 사용하며 냉암소에 보관한다.
② 용기가 약간 파손되어 증기가 누설되어도 된다.
③ 용기에 가득 채워 유동성이 없도록 하여 보관한다.
④ 직사광선에 장시간 노출하여도 된다.

⑪ 다이에틸에터의 성질 중 맞는 것은?
① 착화점이 250℃이다.
② 공기와 장시간 접촉시 과산화물이 생성한다.
③ 전기의 불량도체이므로 정전기는 발생하지 않는다.
④ 1기압 20℃에서는 고상이지만 20℃ 이상에서는 기상이다.

⑫ 다이에틸에터 속의 과산화물 존재 여부를 확인하는 데 사용하는 용액은?
① 나트륨 10% 수용액   ② 아이오딘화칼륨용액 10% 수용액
③ 황산제1철 30% 수용액   ④ 환원철 5g

⑬ 다이에틸에터 저장용기의 공간용적은 몇 % 이상인가?
① 0%   ② 1%
③ 2%   ④ 5%

이황화탄소

⑭ 다음 위험물 중에서 물보다 무거운 것은?
① 에틸에터   ② 아세트알데하이드
③ 산화프로필렌   ④ 이황화탄소

⑮ 다음 액체의 비중이 1보다 큰 위험물은?
① CS_2 ② C_6H_6
③ $C_6H_5CH_3$ ④ $CH_3COC_2H_5$

해 · 문제 7 해설 참조
답 ③

해 · 다이에틸에터 : 전기의 부도체로서 마찰에 의하여 정전기 발생
답 ④

해 · 다이에틸에터 : 공기와 장시간 접촉하거나 직사일광에서 분해하여 과산화물을 생성하므로 갈색 병에 넣어 보관한다.
답 ①

해 · 문제 10 해설 참조
답 ②

해 · 검출약 : 아이오딘화칼륨(KI) 10% 수용액
※ 제거제 : $FeSO_4$(황산제1철), Fe(환원철)
답 ②

해 · 공간용적 : 2% 이상
답 ③

해 · 비중 : ① 0.72 ② 0.78 ③ 0.83 ④ 1.26
답 ④

해 · 비중 : ① 1.26 ② 0.88 ③ 0.89 ④ 0.81
답 ①

⑯ 다음 제4류 위험물 중 착화온도가 제일 낮은 것은 어느 것인가?
① 다이에틸에터
② 이황화탄소
③ 아세톤
④ 아세트알데하이드

해 • 착화온도 :
① 180℃ ② 100℃
③ 538℃ ④ 185℃
답 ②

⑰ 다음 중 인화점이 가장 낮아 위험한 물질은?
① 이황화탄소
② 아세톤
③ 벤젠
④ 아크릴로나이트릴

해 • 인화점 :
① -30℃ ② -18℃
③ -11℃ ④ 0℃
답 ①

⑱ 다음 위험물에서 폭발 한계가 1~44%인 것은 어느 것인가?
① 벤젠
② 아세톤
③ 이황화탄소
④ 가솔린

해 • 폭발한계: ① 1.4~7.1
② 2.6~12.8 ③ 1~44
④ 1.4~7.6
답 ③

⑲ 이황화탄소의 성질을 바르게 설명한 것은?

	인화점	착화온도	연소범위
①	-45℃	180℃	1.9~48%
②	-38℃	185℃	4.1~57%
③	-37℃	100℃	2.5~38.5%
④	-30℃	100℃	1~44%

해 • 이황화탄소 : 인화점 -30℃, 착화온도 100℃, 연소범위 1~44%
답 ④

⑳ 이황화탄소의 성질에서 틀린 것은?
① 증기는 유독하다.
② 비중은 물보다 크다.
③ 인화점이 물의 비점과 같다.
④ 연소할 때 유독한 아황산가스가 발생한다.

해 • 이황화탄소 : 인화점 -30℃
※ 물의 비점 : 100℃
답 ③

㉑ CS_2(이황화탄소)의 성질에 대한 기술 중 옳지 않은 것은?
① 이황화탄소의 증기는 공기보다 무겁다.
② 순수한 것은 담황색 액체이다.
③ 착화점은 약 100℃이다.
④ 고무나 황 등을 잘 용해시킨다.

해 • 이황화탄소 : 순수한 것은 무색투명하다.
※ 일광에서 황색으로 변색한다.
답 ②

㉒ 이황화탄소에 대한 설명으로 잘못된 것은?
① 순수한 것은 황색을 띠고 불쾌한 냄새가 난다.
② 증기는 유독하며 피부를 해치고 신경 계통을 마비시킨다.
③ 물에는 녹지 않으나 유지, 황, 고무 등을 잘 녹인다.
④ 인화되기 쉬우며 점화되면 연한 파란 불꽃을 낸다.

해 • 문제 21 해설 참조
답 ①

㉓ 다음 중 그 특성 때문에 다른 위험물과 전혀 다른 저장 방법을 택하는 것은?
① 다이에틸에터 ② 이황화탄소
③ 아세톤 ④ 가솔린

해 • 이황화탄소(CS_2) : 수조(물탱크)에 넣어 저장한다.
답 ②

㉔ CS_2를 물속에 저장하는 이유는?
① 불순물을 용해시키기 위하여
② 가연성 증기의 발생을 방지하기 위하여
③ 상온에서 수소가스를 방출하기 때문에
④ 공기와 접촉하면 즉시 폭발하기 때문에

해 • 이황화탄소(CS_2) : 물보다 무겁고 물에 녹지 않으므로 물속에 넣어 **가연성 증기의 발생을 억제**한다.
답 ②

㉕ 다음 위험물을 저장할 때 증발을 방지하기 위하여 물로 피복 저장하는 것은?
① $C_6H_5NH_2$ ② CS_2
③ CO_2 ④ CCl_4

해 • 문제 24 해설 참조
답 ②

㉖ 이황화탄소가 완전연소하였을 때 발생하는 물질은?
① CO_2, S ② CO_2, SO_2
③ CO, S ④ CO, H_2O

해 • 연소반응식
$CS_2+3O_2 \rightarrow CO_2+2SO_2$
답 ②

㉗ 연소시 자극성 유독가스를 발생시키는 것은?
① 이황화탄소 ② 아세트알데하이드
③ 콜로디온 ④ 트라이에틸알루미늄

해 • 문제 26 해설 참조
※ SO_2 : 유독가스
답 ①

㉘ 석유류가 연소할 때 불쾌한 냄새를 내며 또 취급하는 장치를 부식시키는 불순물은?
① 수소화합물 ② 산소화합물
③ 질소화합물 ④ 황화합물

해 • 석유류에 포함된 황(S) : 연소시 SO_2 가스를 발생하며 금속을 부식시킨다.
답 ④

㉙ 이황화탄소는 물과 150℃ 이상에서 가열하면 분해한다. 이때 생성하는 물질은?
① CO_2, SO_2 ② CO_2, H_2S
③ CO, SO_2 ④ CO, H_2S

해 • 물과의 가열반응식
CS_2+2H_2O
$\rightarrow CO_2+2H_2S$
답 ②

아세트알데하이드

㉚ 다음 중 물에 잘 녹는 제4류 위험물은 어느 것인가?
① 다이에틸에터 ② 아세트알데하이드
③ 이황화탄소 ④ 톨루엔

해 • 아세트알데하이드 : 에틸알코올의 산화물질로서 수용성이다.
답 ②

31 다음 위험물 중 비점이 가장 낮은 것은?
① 아세트알데하이드 ② 다이에틸에터
③ 에틸알코올 ④ 초산메틸

해 • 비점 : ① 21℃ ② 34.6℃
③ 79℃ ④ 57℃
답 ①

32 아세트알데하이드의 연소범위는?
① 5.6~18.0% ② 1.4~7.6%
③ 1.2~4.5% ④ 4.1~57%

해 • 연소범위 : 4.1~57%
※ 제4류 위험물 중 가장 넓다.
답 ④

33 인화점과 연소범위면으로 보아서 위험성이 가장 크다고 보는 위험물은?
① 에틸알코올 ② 이황화탄소
③ 가솔린 ④ 아세트알데하이드

해 • 특수인화물인 ②④의 인화점·연소범위 : ②
 −30℃, 1~44%
 ④ −38℃, 4.1~57%
답 ④

34 다음 물질 중 은거울반응이 일어나는 물질은 다음 중 어떤 것인가?
① 알코올 ② 아세트알데하이드
③ 벤젠 ④ 톨루엔

해 • 환원성이 있는 물질 : 알데하이드·포도당 등
답 ②

35 암모니아성질산은 용액이 들어있는 유리그릇에 은거울을 만들려면 다음 중 어느 것을 가하여야 하는가?
① CH_3CH_2OH ② CH_3COCH_3
③ $CH_3CH_2CH_2OH$ ④ CH_3CHO

해 • 은거울반응 : 환원성이 강한 알데하이드(-CHO)의 검출방법
※ CH_3CHO : 아세트알데하이드
답 ④

36 연소범위가 제4류 위험물 중 제일 넓고 공기 중에서 산화하여 발열하며 Cu, Mg, Ag 등과 접촉시 폭발성 물질을 생성하는 물질은?
① CS_2 ② CH_3CHO
③ $CH_3COOC_2H_5$ ④ CH_3OCH_3

해 • 문제 32 해설 참조
※ CH_3CHO : Cu·Mg·Ag 등과 폭발성의 아세틸라이드 생성
답 ②

37 아세트알데하이드를 환원하면 무엇이 되는가?
① 에틸알코올 ② 다이에틸에터
③ 아세톤 ④ 프로페인

해 • 아세트알데하이드 : 에틸알코올이 산화되면 아세트알데하이드가 되며 아세트알데하이드가 환원되면 에틸알코올이 된다.
답 ①

38 산화 제2구리를 파이프에 채운 다음 가열하면서 그 속을 제일 알코올의 증기를 통하면 생성되는 물질은?
① 아세트산 ② 알데하이드
③ 제2알코올 ④ 케톤

해 • 문제 37 해설 참조
답 ②

39 황산 제2수은을 촉매로 아세틸렌을 물(묽은 황산수용액)과 반응시키면 무엇이 되겠는가?
① 다이에틸에터 ② 메틸알코올
③ 아세톤 ④ 아세트알데하이드

해 • 물과의 반응식
$$C_2H_2 + H_2O \xrightarrow{\text{촉매}} CH_3CHO$$
답 ④

40 아세트알데하이드 위험성에 대한 설명 중 옳지 않은 것은?
① 물과 접촉하면 인화 위험이 있다.
② 공기와 접촉하면 가압에 의해 폭발성의 과산화물을 생성하기도 한다.
③ 염소산나트륨, 과산화수소 등 강산화제와 혼합은 매우 위험하다.
④ 열 또는 광에 의해 분해하면 수소, 일산화탄소 등 가연성, 유독성 가스가 발생한다.

[해] • 아세트알데하이드 : 물에 잘녹으며, 물과 혼합되면 위험성이 낮아진다.
[답] ①

산화프로필렌

41 연소범위가 2.5~38.5%이고, 구리, 은, 마그네슘과 아세틸라이드를 만드는 것은?
① 아세트알데하이드 ② 알킬알루미늄
③ 산화프로필렌 ④ 콜로디온

[해] • 산화프로필렌의 연소범위 : 2.5~38.5%
[답] ③

42 산화프로필렌의 성상 및 위험성에 대하여 틀린 것은?
① 산, 알칼리가 존재하면 발열하면서 중합한다.
② 인화점이 -37℃이므로 제1석유류에 속한다.
③ 연소범위는 가솔린보다 넓다.
④ 증기압이 대단히 높으므로 상온에서 위험한 농도에 달하기 쉽다.

[해] • 산화프로필렌 : 특수인화물
[답] ②

43 다음 위험물 중 물에 용해하지 않은 것은?
① 메틸에틸케톤 ② 아세트알데하이드
③ 펜테인 ④ 글리세린

[해] • 펜탄 : 불용성
[답] ③

44 인화점이 가장 낮은 것은?
① 아이소펜탄 ② 아세톤
③ 에틸에터 ④ 이황화탄소

[해] • 인화점 : ① -51℃
② -18℃ ③ -45℃
④ -30℃
[답] ①

3 제1석유류의 성질

지정수량 : 비수용성(200ℓ), 수용성(400ℓ)
지정품목 : 아세톤, 휘발유
성질(성상)에 의한 품목 : 위 지정품목 이외의 **인화점 21℃ 미만**인 것

>
> ※ **인화점 및 착화점** : 시험을 대비하여 중요한 것만 기재하였음
> ※ **저장 및 취급방법** : 필수 암기사항에 준하며 **특별한 저장·취급법**만 다루었음

1 아세톤(CH_3COCH_3) (다이메틸케톤)

(1) **지정수량 400ℓ, 인화점 −18℃, 착화점 538℃**, 연소범위 2.6~12.8%, 비점 56.5℃, 비중 0.79
(2) 물에 잘 녹는 **무색투명**하고 **아이오도폼(요오드포름) 반응**을 하는 독특한 냄새가 나는 휘발성 액체이다.
(3) **일광**에 쪼이면 분해하며 보관 중 **황색**으로 변한다.
(4) **피부**에 닿으면 **탈지작용**이 있다.
(5) **소화방법** : **수용성**이므로 안개상 주수소화가 가장 좋으며 **질식소화기**를 사용할 것
    화학포는 소포되므로 **알코올포소화기**를 사용할 것

>
> ※ **탈지작용** : 피부 밑 지방층의 지방을 녹여내므로 피부에 하얀 분비물이 생긴다.
> ※ **2급 알코올**이 산화되면 케톤이 된다(**아세톤은 2급 알코올**이 산화된 케톤이다).
> • 2급 알코올의 일반식 : $(R)_2$-CHOH
> • 케톤(카보닐)의 관능기 : $>C=O$ 또는 $-CO-$
>
> R − CO − R′
> [일반식 (R은 알킬기)]
>
> $$\begin{array}{c} H \quad\; H \\ | \quad\;\; | \\ H-C-C-C-H \\ | \quad\; \| \quad\; | \\ H \quad O \quad H \end{array}$$
> [아세톤의 구조식]
>
> ※ **연소반응식**
> $CH_3COCH_3 + 4O_2 \rightarrow 3CO_2\uparrow + 3H_2O$
>   (다이메틸케톤) (산소)   (이산화탄소) (물)

2 휘발유(가솔린)

(1) **주성분** : 포화·불포화탄화수소의 혼합물
(2) **지정수량** 200ℓ, 인화점 −43~−20℃, 착화점 약 300℃, 연소범위 1.4~7.6%, 증기비중 3~4, 유출온도 30~210℃, 비중 0.65~0.80
(3) **석유류 제조방법** : **직류법**(분류법), **열분해법**(크래킹), **접촉개질법**(리포오밍)
(4) **가솔린의 첨가물**
  ① 유연가솔린 : 사에틸납[$(C_2H_5)_4Pb$](1993년 1월부터 생산중지)
  ② 무연가솔린 : MTBE(메틸터셔리부틸에터), 메탄올 등
(5) **폭발성의 측정치** : **옥탄값**(옥탄가)
(6) **가솔린의 착색**
  ① 공업용 : 무색
  ② 자동차용 : **노란색**(무연가솔린)
(7) **가스농도측정** : 가스 검지기
(8) **부피팽창률** : 0.00135/℃
(9) **가솔린의 다른 명칭**
  ① 리그로인   ② 솔벤트나프타   ③ 널리벤젠
  ④ 미네날스피릿   ⑤ 석유에터   ⑥ 석유벤젠

(10) **소화방법**
  ① 대량일 경우 **포말소화기**가 가장 좋다.
  ② **질식소화기**(CO_2, 분말 등)

> **참고**
> ※ 가솔린 : 낮은 비점의 것으로 우리 주변에서 일반적으로 많이 사용되고 있고 시험문제에도 가장 큰 비중을 차지하므로 완전히 암기할 것
> • **옥테인값** : 아이소옥테인을 100, 노르말 헵테인을 0으로 하여 가솔린의 품질을 정하는 기준
> ※ 연소반응식
> $2C_8H_{18} + 25O_2 \rightarrow 16CO_2\uparrow + 18H_2O$
>   (옥테인) (산소)   (이산화탄소)   (물)

3 벤젠(C_6H_6) 〈벤졸〉

(1) **지정수량 200ℓ**, **인화점 -11℃**, 융점 5.5℃, 착화점 562℃, 연소범위 1.4~7.1%, 비점 80℃, 비중 0.879

(2) 무색투명한 방향을 갖는 액체이며 알코올·에터에 녹고 **증기는 독성**이 있다.
  ① **고농도 증기** : 2%를 5~10분 흡입(치사)
  ② **유해한도**(저농도) : 100ppm
  ③ 서한도 : 35ppm

(3) **첨가(부가)반응**
  ① **수소첨가**(Ni 촉매하에서) **반응** : **시클로헥세인**(C_6H_{12})
  ② **염소첨가**(일광하에서) **반응** : 벤젠헥사클로라이드(BHC, $C_6H_6Cl_6$)
  ③ **아세틸렌**(C_2H_2)을 철 또는 석영관 통과시켜, **중합반응**하면 벤젠이 된다.

(4) **소화방법** : 가솔린에 준할 것

> **참고**
>
> ※ **벤젠** : **융점**이 5.5℃이며 **인화점**이 -11℃이므로 **겨울철**에는 **고체상태**이면서 가연성 증기를 발생하므로 취급에 주의할 것
> - **유해한도** : 작업상 유해한 물질을 흡입할 수 있으나 일정농도 이상에서는 인체에 해로운 물질의 흡입한도
>
> ※ 첨가반응 = 부가반응
>
>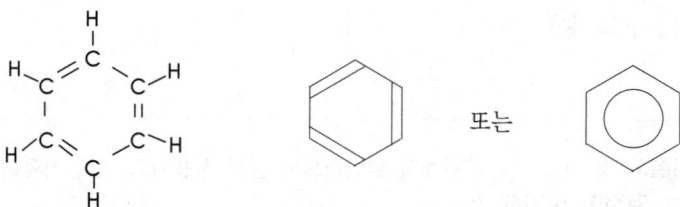
>
> [벤젠의 구조식]
>
> ※ 연소반응식
> $2C_6H_6 + 15O_2 \rightarrow 12CO_2\uparrow + 3H_2O$
> (벤젠) (산소)   (이산화탄소) (물)

4 톨루엔($C_6H_5CH_3$) (메틸벤젠, 톨루올)

(1) **지정수량 200ℓ**, **인화점 4℃**, **착화점 552℃**, 비중 0.871 연소범위 1.4~6.7%, 비점 110.6℃
(2) 무색투명하며 **독성**이 있으며 **T.N.T의 원료**
(3) 저장 및 취급법 : 필수 암기
(4) 소화방법 : 가솔린에 준할 것

참고

※ TNT의 제법 : $C_6H_5CH_3 + 3HNO_3 \xrightarrow[\text{나이트로화}]{C-H_2SO_4} C_6H_2(NO_2)_3CH_3 + 3H_2O$
(톨루엔)   (질산)   (트라이나이트로톨루엔TNT)   (물)

※ 연소반응식
$C_6H_5CH_3 + 9O_2 \rightarrow 7CO_2\uparrow + 4H_2O$
(톨루엔)   (산소)   (이산화탄소) (물)

※ 톨루엔 : 벤젠핵의 수소(H)와 CH_3(메틸기)가
치환된 것(프리델크라프트반응)
 • 톨루엔 : 독성이 있으나 벤젠보다 약하다.
 • T.N.T(트라이나이트로톨루엔) : 제5류 위험물

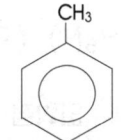
[톨루엔의 구조식]

5 메틸에틸케톤($CH_3COC_2H_5$) (MEK)

(1) **지정수량 200ℓ**, **인화점 -1℃**, **착화점 516℃**, 연소범위 1.8~10%, 비점 80℃, 비중 0.81
(2) 수용성, **탈지작용**, 직사일광에서 분해한다.
(3) 저장 및 취급방법, 위험성, 소화방법은 아세톤에 준한다.

> **참고**
>
> ※ 메틸에틸케톤은 수용성이지만 위험물안전관리에 관한 세부기준 제13조의 수용성 판정기준에 의하여 비수용성으로 분류된다.
>
> R — CO — R'
>
> [일반식 (R은 알킬기)]
>
>
>
> [MEK의 구조식]
>
> ※ 연소반응식
> $$2CH_3COC_2H_5 + 11O_2 \rightarrow 8CO_2\uparrow + 8H_2O$$
> (메틸에틸케톤)　(산소)　　(이산화탄소)　(물)

6 피리딘(C_5H_5N) (아딘)

(1) **지정수량 400 ℓ**, **인화점 20℃**, **착화점 482℃**, 연소범위 1.8~12.4%, 비점 115℃, 비중 0.98
(2) 순수한 것은 **무색투명**, 불순물로 인해 **황색**을 띰
(3) **수용성**, 독성 및 **악취**, **약알칼리성**
(4) **최대허용농도** : 5ppm
(5) **질산**과 함께 **가열**해도 분해하지 않는다.

> **참고**
>
> ※ 연소반응식
> $$4C_5H_5N + 29O_2 \rightarrow 20CO_2\uparrow + 10H_2O + 4NO_2\uparrow$$
> (피리딘)　(산소)　　(이산화탄소)　(물)　(이산화질소)
>
>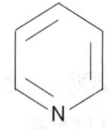
>
> [피리딘의 구조식]

7 콜로디온

(1) **지정수량 200 ℓ**, **인화점 −18℃**
(2) 질화도가 낮은 질화면을 **에틸알코올** 3과 **다이에틸에터** 1의 비율로 혼합액에 녹인 것

사이안화수소[시안화수소(HCN)] (청화수소)

(1) 지정수량 400ℓ, 인화점 -17℃, 착화점 538℃, 연소범위 5.6~40%, 비점 26℃, 비중 0.69
(2) 약산성으로 강한 독성 및 폭발성을 가진다.

※ 제법
　　$2CH_4 + 2NH_3 + 3O_2 \rightarrow 2HCN + 6H_2O$
　　(메테인)　(암모니아)　(산소)　　(사이안화수소)　(물)
※ 연소반응식
　　$4HCN + 5O_2 \rightarrow 2N_2\uparrow + 4CO_2\uparrow + 2H_2O$
　　(사이안화수소)(산소)　　(질소)　　(이산화탄소)　(물)

초산에스터류(초산에스테르류) (아세트산에스터류)

※ 에스터 : 산(무기, 유기)+알코올 $\xrightarrow[\text{탈수}]{\text{농황산}}$ 에스터+물

※ 초산에스터 : 초산+알코올 $\xrightarrow[\text{탈수}]{\text{농황산}}$ 초산에스터+물
　• 탈수제 : 농황산($C-H_2SO_4$)
※ 에스터의 일반식 : R-COO-R′
※ 분자량 증가에 따른 공통점
　• 수용성 감소　　　　• 인화점이 높아진다.　　• 증기비중이 커진다.
　• 연소범위가 감소한다.　• 비점이 높아진다.　　　• 착화점이 낮아진다.
　• 이성질체가 많아진다.　• 휘발성이 감소한다.　　• 점도가 커진다.
　• 비중이 작아진다.

(1) 초산메틸(CH_3COOCH_3), 아세트산메틸
　① 지정수량 200ℓ, 인화점 -10℃, 착화점 454℃, 비점 57℃
　② 초산과 메틸알코올의 축합물로서 가수분해하면 초산과 메틸알코올로 된다.
　③ 수용성이며 초산에스터류 중 수용성이 가장 크며, 마취성 및 독성과 향기가 있다.
　④ 소화방법 : 가솔린에 준하나 수용성이므로 포는 알코올폼을 사용할 것

> **참고**
> ※ 초산메틸은 수용성이지만 위험물안전관리에 관한 세부기준 제13조의 수용성 판정기준에 의하여 비수용성으로 분류된다.
>
> R – COO – R′
> [일반식 (R은 알킬기)]
>
> [초산메틸의 구조식]
>
> ※ 연소반응식
> $2CH_3COOCH_3 + 7O_2 \rightarrow 6CO_2\uparrow + 6H_2O$
> (초산메틸)   (산소)   (이산화탄소) (물)

(2) 초산에틸($CH_3COOC_2H_5$), 아세트산에틸

① **지정수량** 200 ℓ, **인화점** -4℃, 착화점 427℃, 비점 77℃
② 수용성이 비교적 적으며 **과일 에센스**(파인애플 향)로 사용

> **참고**
> ※ 위험성 및 저장·취급방법·지정수량 : 초산메틸에 준한다.
> • 과일 에센스 : 과일 맛을 내는 인공향료

(3) 초산프로필($CH_3COOC_3H_7$) <아세트산프로필>

① **지정수량** 200 ℓ, 인화점 14℃, 착화점 450℃, 비점 102℃
② 불용성이다.

의산에스터류(의산에스테르류) (포름산에스터류)

(1) 의산메틸(HCOOCH₃) <개미산메틸, 포름산메틸>

① **지정수량** 400 ℓ, 인화점 -19℃, 착화점 449℃, 비점 32℃
② 럼주와 같은 냄새를 내며 수용성이다.
③ 의산과 메틸알코올의 축합물로서 **가수분해**하여 **의산과 메틸알코올**로 된다.

> **참고**
>
> ※ **의산메틸** : 의산에스터 중 **수용성이 가장 크다**. 저장취급법 및 소화방법은 가솔린에 준하나 **수용성이므로 포는 알코올폼**을 사용할 것
>
> R−COO−R′
> [일반식 (R은 알킬기)]
>
> [의산메틸의 구조식]
>
> ※ 에스터화
>
> HCOOH + CH₃OH ⇌ (에스터화/가수분해) HCOOCH₃ + H₂O
> (의산) (메틸알코올)   (의산메틸) (물)
>
> ※ 연소반응식
>
> HCOOCH₃ + 2O₂ → 2CO₂↑ + 2H₂O
> (의산메틸) (산소)   (이산화탄소) (물)

(2) **의산에틸(HCOOC$_2$H$_5$)** <개미산에틸, 포름산에틸>
  ① **지정수량 200ℓ**, **인화점 −20℃**, 착화점 578℃, 비점 54℃
  ② **복숭아향**을 내며 수용성이다.

(3) **의산프로필(HCOOC$_3$H$_7$)** : **지정수량 200ℓ**, 불용성, 인화점 −3℃

적중 출제예상문제

아세톤

1 아세톤의 지정수량은?
① 100 ℓ   ② 300 ℓ
③ 400 ℓ   ④ 2,000 ℓ

해 • 지정수량 : 400 ℓ
※ 아세톤 : 수용성인 제1석유류
답 ③

2 다음 위험물 중 물에 가장 잘 혼합되는 것은?
① 장뇌유   ② 초산메틸
③ 에틸에터 ④ 아세톤

해 • 물에 용해도
아세톤 > 초산메틸
답 ④

3 다음 위험물 중 물보다 가볍고 인화점이 0℃ 이하인 것은 어느 것인가?
① 아세톤   ② 경유
③ 나이트로벤젠 ④ 스티렌

해 • 인화점 :
① −18℃ ② 50~70℃
③ 88℃ ④ 32℃
답 ①

4 다음 시성식 중 아세톤은 어떤 것인가?
① HCHO   ② CH_3COOH
③ CH_3COCH_3 ④ C_6H_5OH

해 • 시성식 : ① 포름알데하이드 ② 초산 ③ 아세톤 ④ 페놀
답 ③

5 아세톤의 증기밀도는 1atm, 0℃에서 얼마인가?(단, C : 12, O : 16, H : 1)
① 0.89g/ℓ   ② 1.47g/ℓ
③ 2.59g/ℓ   ④ 3.34g/ℓ

해 • 아세톤(CH_3COCH_3)의 분자량 : 58
※ 증기밀도=분자량(g)/22.4 ℓ
∴ 58g/22.4 ℓ =2.589
답 ③

6 2차(급) 알코올을 산화하면 어떤 물질이 생성되는가?
① 케톤   ② 카복실산
③ 알데하이드 ④ 글리세린

해 • 케톤 : 2차(급) 알코올이 산화되면 케톤이 된다.
답 ①

7 다음 알코올 중 산화에 의해 케톤을 생성할 수 있는 것은?
① $R-CH_2OH$ ② $(R)_3-COH$
③ $(R)_2-CHOH$ ④ $R-CH_2CH_2OH$

해 • 문제 6 해설 참조 :
① 1차 ② 3차
③ 2차 ④ 1차
답 ③

8 카보닐기는 어떤 것인가?
① −COOH   ② −CHO
③ >C=O   ④ −OH

해 • 관능기 : ① 카복실기 ② 알데하이드기 ③ 카보닐기(케톤기) ④ 수산기
답 ③

⑨ 다음 중 아세톤의 성질에 맞지 않는 것은?
① 무색, 무취의 액체
② 일광에 쪼이면 분해한다.
③ 보관 중 황색으로 변색된다.
④ 물에 잘 녹는다.

해 • 아세톤 : 무색의 독특한 냄새의 휘발성 액체
답 ①

⑩ 아세톤의 위험성 중 틀린 것은?
① 일광에 쪼이면 분해한다.
② 증기는 낮은 곳에 모이기 쉽다.
③ 조해성이 있어 자연발화한다.
④ 비점이 낮으므로 휘발하기 쉽다.

해 • 조해성 : 고체가 공기 중의 수분을 흡수하여 액체가 되는 성질
※ 아세톤은 인화성 액체이다.
답 ③

⑪ 인화점과 연소범위면으로 보아서 위험성이 가장 큰 것은?
① 클로로벤젠
② 아세톤
③ 나이트로벤젠
④ 톨루엔

해 • 인화점 : ① 32℃
② -18℃ ③ 88℃ ④ 4℃
답 ②

⑫ 아이오도폼(요오드포름)반응을 하는 물질로 끓는 점이 낮고 인화점이 낮아 인화에 대한 위험성이 크므로 화기를 멀리하여야 하고 용기는 갈색 병을 사용하여 밀전을 하여야 하는 것은?
① 나이트로벤젠
② 벤젠
③ 등유
④ 아세톤

해 • 아이오도폼(요오드포름) 반응 : 에틸알코올, 아세톤, 아세트알데하이드 등에 KOH를 가한 후 I_2를 첨가시키면 노란색의 CHI_3[아이오도폼(요오드포름)]이 생긴다.
답 ④

⑬ 아세톤과 아세트알데하이드의 성질에 대하여 잘못 설명한 것은?
① 무색의 액체로서 인화성이 강하다.
② 증기는 공기보다 무겁다.
③ 물에 잘 녹고 유기물을 잘 녹인다.
④ 무취이지만 휘발성이 강하다.

해 • 냄새 : 독특한 냄새를 갖는다.
답 ④

가솔린

⑭ 공업적으로 석유 성분을 분리하는데 이용되고 있는 방법은?
① 추출
② 원심원리
③ 재결정
④ 분별증류

해 • 석유류 분리법 : 직류법(분별증류) · 분해증류법 · 접촉개질법
답 ④

⑮ 가솔린과 관계없는 것은?
① 옥탄가
② 결정법
③ 열분해
④ 분별증류

해 • 가솔린 : 고체가 아니므로 결정법으로 생산하지 않는다.
답 ②

⑯ 다음 중 가솔린의 연소범위를 옳게 나타낸 것은?
① 36.5~82%
② 1.4~7.6%
③ 13~23%
④ 23~36.5%

해 • 연소범위 : 1.4~7.6%
답 ②

17 가솔린의 일반적 성질에 대하여 옳지 않은 것은?
① 증기비중은 3~4이다.
② 착화온도는 약 300℃이다.
③ 화학적으로는 단일 물질이다.
④ 인화점은 -20℃ 이하이다.

해 · 가솔린 : 포화 · 불포화 탄화수소의 혼합물이다.
답 ③

18 다음 물질 중 물보다 비중이 제일 가벼운 것은 어느 것인가?
① 이황화탄소
② 빙초산
③ 글리세린
④ 가솔린

해 · 비중 : ① 1.26 ② 1.05 ③ 1.26 ④ 0.65~0.8
답 ④

19 가솔린의 일반적 성질에서 틀린 것은?
① 착화온도는 등유보다 높다.
② 증기밀도는 등유보다 크다.
③ 인화점은 -20℃ 이하이다.
④ 여러 가지 포화 · 불포화수소의 혼합물이다.

해 · 증기밀도 : 가솔린 3~4〈등유 4.5〉
답 ②

20 휘발유의 일반성질에서 틀린 것은?
① 특유한 냄새를 가지며 고무, 유지 등을 녹인다.
② 주로 포화 및 불포화 탄화수소가 주성분이다.
③ 물에는 거의 용해되지 않으며 비점은 약 70~210℃이다.
④ 인화점은 -43~-20℃이고 착화온도는 약 100℃ 이하이다.

해 · 착화온도(착화점) : 약 300℃
답 ④

21 가솔린의 저장 및 취급시의 주의사항에 맞지 않는 것은?
① 화기를 피해야 한다.
② 통풍이 잘되는 곳에 저장해야 한다.
③ 실내에서 취급 할 때는 증기 배출설비를 갖추지 않으면 안된다.
④ 마개가 없는 개방용기에 저장해야 한다.

해 · 가솔린 : 용기를 밀전하여 저장한다.
답 ④

22 물위에 가솔린을 떨어뜨렸을 때 즉시 퍼지는 이유는?
① 가솔린의 특성이다.
② 가솔린의 응집력이 물의 표면장력보다 크기 때문이다.
③ 가솔린의 응집력이 물의 표면장력보다 작기 때문이다.
④ 가솔린이 수면에 확산되었기 때문이다.

해 · 가솔린 : 물보다 가볍고 표면장력이 작으므로 물 위에서 멀리 퍼진다.
답 ③

23 가솔린의 성질과 관계없는 것은 어느 것인가?
① 옥테인가를 높이기 위하여 MTBE를 넣는다.
② 휘발성 액체
③ 석유계 용제에는 불용성이다.
④ 비중이 물보다 가볍다.

해 · 가솔린 : 무극성 공유결합물질로 무극성인 석유계 용제와는 잘 혼합된다.
답 ③

㉔ 옥테인가의 정의로서 가장 옳은 것은?
① 매연의 방지를 위한 것이다.
② 인체에 무독하다.
③ 아이소옥테인을 100, 헥세인을 10으로 한 것이다.
④ 아이소옥테인을 100, 헵테인을 0으로 한 것이다.

해 • 옥테인가 : 아이소옥테인 100, 노르말헵테인을 0으로 하여 가솔린의 품질을 정하는 기준
답 ④

㉕ 다음 물질 중 착화온도와의 관계가 잘못 짝지어진 것은?
① 아세톤 – 538℃
② 가솔린 – 450℃
③ 벤젠 – 562℃
④ 톨루엔 – 552℃

해 • 착화온도 : 가솔린(약 300℃)
답 ②

벤젠

㉖ 방향족 화합물의 기본체로 알려진 것은?
① 벤젠(C_6H_6)
② 다이에틸에터($C_2H_5OC_2H_5$)
③ 페놀(C_6H_5OH)
④ 톨루엔($C_6H_5CH_3$)

해 • 벤젠 : 방향족 화합물의 기본체
답 ①

㉗ 다음 중 벤젠의 화학식으로 맞는 것은?
① C_6H_6
② CH_3OH
③ C_2H_5OH
④ C_6H_5OH

해 • 화학식 : ① 벤젠 ② 메탄올 ③ 에탄올 ④ 페놀
답 ①

㉘ 다음에서 공명현상이 있는 탄화수소는?
① 벤젠
② 에테인
③ 메테인
④ 사이클로헥세인

해 • 벤젠 : 공명을 하므로 구조식을 ⌬ 로 표시한다.
답 ①

㉙ 다음 반응 중 첨가(부가)반응은?
① 벤젠 → 나이트로벤젠
② 벤젠 → 클로로벤젠
③ 벤젠 → B.H.C
④ 벤젠 → 벤젠술폰산

해 • 첨가반응물질 : 사이클로헥세인 · BHC
답 ③

㉚ 다음 아세틸렌의 반응에 의하여 생성되는 물질은?
① 클로로포름
② 에틸알코올
③ 염화비닐
④ 벤젠

해 • 벤젠 : 아세틸렌을 중합 반응하여 생성
답 ④

㉛ 벤젠(C_6H_6)의 일반성질에서 틀린 것은?
① 휘발성이 강한 액체이다.
② 인화점은 가솔린보다 낮다.
③ 물에 녹지 않는다.
④ 에탄올, 아세톤에 잘 녹는다.

해 • 벤젠의 인화점 : −11℃
※ 가솔린의 인화점 : −43~−20℃
답 ②

㉜ 벤젠의 성질에 맞지 않는 사항은?
① 무색투명하며 냄새가 있는 액체이다.
② 증기는 약한 마취성이고 독성이 있다.
③ 물에 잘 녹으며 유기용매와 혼합된다.
④ 비점이 80℃이다.

해 • 벤젠:무극성(비극성) 공유결합물질로 극성인 물과는 혼합되지 않는다.
※ 극성 물질은 극성끼리, 비극성 물질은 비극성 물질끼리 잘 용해된다.
답 ③

㉝ 벤젠의 저장 및 취급시 주의사항 중 틀린 것은?
① 피부에 닿지 않도록 주의한다.
② 정전기에 주의한다.
③ 용기에 저장시 가득 채워 저장한다.
④ 통풍이 잘 되는 암냉소에 저장한다.

해 • 저장량 : 2% 이상의 공간용적을 둘 것
답 ③

㉞ 벤젠의 연소시 알코올보다 매연이 많이 생긴다. 이유로 옳은 것은?
① 비등점이 낮아서
② 인화점이 높아서
③ 분자식 중 탄소의 비율이 크기 때문에
④ 분자 내 2중 결합 때문에

해 • 벤젠 : C와 H의 비가 1:1 로서 연소시 매연이 많이 발생한다.
※ 메틸알코올 : C와 H의 비가 1:4로서 **수소비**가 크므로 연소시 매연이 발생하지 않는다.
답 ③

㉟ 아세톤·가솔린·벤젠의 공통적인 성질에서 틀린 것은?
① 물에 잘 섞이지 않는다. ② 비중은 1보다 작다.
③ 휘발성이 강하다.   ④ 인화성이 있다.

해 • 아세톤 : 수용성
※ 가솔린·벤젠 : 불용성
답 ①

톨루엔

㊱ T.N.T의 원료로 쓰이는 것은?
① 톨루엔   ② 알코올
③ 벤젠   ④ 석유

해 • T.N.T : 톨루엔에 나이트로화제를 작용시켜 제조
답 ①

㊲ 톨루엔에 염소를 반응시킬 때 촉매로 FeCl₃를 사용하였다. 이때의 생성물은?

① CH_3-C₆H₅
② CH_3-C₆H₄-Cl (ortho)
③ CH_3-C₆H₄-Cl (meta)
④ CH_3-C₆H₃-Cl₂

해 • 화학반응식

$$2\,C_6H_5CH_3 + Cl_2 \xrightarrow{FeCl_3} C_6H_4(CH_3)Cl + C_6H_4(CH_3)Cl$$

답 ②

㊳ 톨루엔의 위험성을 설명한 것 중 틀린 것은 다음 중 어느 것인가?
① 증기는 마취성이 있다.
② 독성이 벤젠보다 대단히 크다.
③ 인화점이 낮다.
④ 유체마찰 등으로 정전기가 생겨서 인화하기도 한다.

해 • 독성 : 벤젠 > 톨루엔
답 ②

메틸에틸케톤, 피리딘

39 메틸에틸케톤의 지정수량은 몇인가?
① 100 ℓ   ② 200 ℓ
③ 300 ℓ   ④ 400 ℓ

해 • 지정수량 : 200 ℓ
※ 메틸에틸케톤 : 수용성이지만 위험물 지정수량 판정기준에 의하여 비수용성
답 ②

40 메틸에틸케톤의 약칭은?
① MEK   ② MAK
③ MEC   ④ MAC

해 • 메틸에틸케톤 :
Methyl Ethyl Keton
답 ①

41 메틸에틸케톤의 성질 중 옳지 않은 것은?
① 휘발성 무색 액체이다.
② 알코올, 벤젠 등 유기용제에 잘 녹는다.
③ 물에는 녹지 않는다.
④ 증기 비중은 공기보다 크다.

해 • 메틸에틸케톤 : 2급 알코올의 산화물로서 수용성이다.
답 ③

42 메틸에틸케톤의 취급상 옳은 것은?
① 인화점이 25℃이므로 여름에만 주의하면 된다.
② 증기가 공기보다 가벼우므로 주의하여야 한다.
③ 탈지작용이 있으므로 직접 피부에 닿지 않도록 한다.
④ 물보다 무거우므로 주의를 요한다.

해 • 메틸에틸케톤 : 인화점 -1℃, 증기는 공기보다 무겁다. 탈지작용이 있다. 물보다 가볍고 물에 잘 녹는다.
답 ③

43 피리딘의 성질, 위험성으로 틀린 것은?
① 흡습성이 강하고 물과 공비 혼합물을 만든다.
② 착화점은 200℃이다.
③ 최대허용농도는 5ppm이다.
④ 통풍이 잘되는 암냉소에 저장한다.

해 • 착화점 : 482℃
답 ②

44 피리딘의 일반적인 성질을 표현한 것이다. 틀린 것은?
① 순수한 것은 무색액체이다.
② 센 악취와 흡습성이 있고 질산과 함께 가열하면 분해하여 폭발한다.
③ 용해성이 크므로 많은 유기물을 녹인다.
④ 약알칼리성을 나타내고 독성이 있다.

해 • 피리딘 : 질산과 함께 가열해도 분해하지 않는다.
답 ②

45 취급시 자극성이고 유해한 악취가 발생되는 위험물은?
① 다이에틸에터   ② 피리딘
③ 메틸벤젠   ④ 메틸알코올

해 • 피리딘 : 악취발생과 독성이 강하다.
답 ②

46 다음 기술 중 옳지 않은 것은?
① 순수한 아세트산은 16.6℃에서 응고한다.
② 아세트산의 분자량은 60.01이다.
③ 피리딘은 물에 용해하지 않는다.
④ 자일렌은 오르토, 메타, 파라 세 가지의 이성질체를 가진다.

[해] · 피리딘 : 물에 잘 녹으며 흡습성이 강하다.
[답] ③

초산에스터

47 초산에스터류 중 초산메틸의 지정수량은?
① 50 ℓ   ② 100 ℓ
③ 200 ℓ   ④ 400 ℓ

[해] · 지정수량 : 200 ℓ
※ 초산메틸 : 수용성이지만 위험물 지정수량 판정기준에 의하여 비수용성
[답] ③

48 에스터의 일반식은?
① R-COO-R′   ② R-CO-R′
③ R-O-R′   ④ R-COOH

[해] · 일반식 : ① 에스터 ② 케톤 ③ 에터 ④ 유기산
[답] ①

49 다음 중 에스터는 어느 것인가?
① $CH_3-\underset{O}{\overset{\|}{C}}-H$ ② $CH_3-\underset{O}{\overset{\|}{C}}-CH_3$
③ CH_3-O-CH_3 ④ $CH_3-\underset{O}{\overset{\|}{C}}-O-CH_3$

[해] · 일반식 : ① 알데하이드 ② 케톤 ③ 에터 ④ 에스터
[답] ④

50 빙초산과 알코올의 혼합물에 소량의 진한 황산을 가하고 가열하면 어떤 화합물이 생성되는가?
① 과당   ② 나프탈렌
③ 에스터   ④ 알데하이드

[해] · 에스터 : 산과 알코올의 축합물
※ 진한 황산 : 탈수제로 사용
[답] ③

51 다음 중 인화점이 가장 낮은 것은?
① 초산에틸   ② 초산메틸
③ 초산부틸   ④ 초산아밀

[해] · 인화점 : ② < ① < ③ < ④
[답] ②

52 다음 물질 중 초산에스터가 아닌 것은?
① 초산메틸   ② 초산에틸
③ 초산부틸   ④ 초산칼륨

[해] · 초산칼륨 : 에스터가 아니며 초산의 염이다.
[답] ④

53 초산에스터류의 분자량이 증가할수록 달라지는 성질 중 옳지 않은 것은?
① 인화점이 높아진다.   ② 이성질체가 줄어든다.
③ 수용성이 감소된다.   ④ 증기비중이 커진다.

[해] · 분자량이 증가하면 이성질체가 많아진다.
[답] ②

54 초산메틸(CH_3COOCH_3)의 용도가 아닌 것은?
① 훈증제　　② 용제
③ 피혁　　　④ 염색

해 • 훈증제 : 유독증기로 해충을 박멸하는 것으로서 초산메틸의 용도는 아니다.
답 ①

55 다음 화합물 중 환원에 의하여 케톤이 생기는 것은?
① $(CH_3)_2CHOH$　　② $(CH_3)_3COH$
③ $CH_3COOC_2H_5$　　④ CH_3COOH

해 • 에스터 : 환원되면 케톤이 된다.
※ 환원 : 산소를 잃는 것
답 ③

56 아세트산메틸이 일반성질 중에서 틀린 것은?
① 다소 마취성의 취기가 있다.
② 유지를 용해시킨다.
③ 물에는 비교적 잘 용해된다.
④ 인화성 물질이며 인화점은 −30℃이다.

해 • 아세트산메틸의 인화점 : −10℃
※ 아세트산메틸=초산메틸
답 ④

57 초산에틸에 대한 설명 중 틀린 것은?
① 휘발성이 강하다.
② 인화성이 강하다.
③ 피부에 닿으면 탈지작용을 한다.
④ 공업용 에탄올을 함유하므로 독성이 없다.

해 • 공업용 에탄올 : 독성이 있다.
답 ④

의산에스터

58 다음과 같은 포름산에틸($HCOOC_2H_5$)의 성질 중 옳은 것은?
① 상온에서 물에 약간 녹는다.
② 인화성이 없다.
③ 휘발되지 않는 무색의 액체이다.
④ 비등점은 100℃ 이상이다.

해 • 포름산에틸 : 상온에서 약간 녹는다.
※ 포름산=개미산=의산
답 ①

59 가수분해되어 쉽게 메탄올과 개미산으로 분해하는 것은 어느 것인가?
① 의산에틸　　② 초산메틸
③ 의산메틸　　④ 초산에틸

해 • 의산+메탄올 ⇌ 의산메틸+물
※ 의산=개미산
답 ③

유게실

◆ **정전기의 위험성**
　○○석유회사 ××저유소에서 경유를 저장했던 **탱크로리**(유조차)를 비우고 **휘발유**(가솔린)를 주유하던 중 **작업자가 폭발과 함께 20m를 날아가** 온몸에 화상을 입고 **사망**하였다(저유소 안에서는 **성냥·라이터 등**을 소지할 수 없으며, 저유소의 **주유기**에는 **접지장치**가 되어있고 **탱크로리** 본체에도 **어스클립**을 연결시켜 **접지**를 하였고 탱크로리의 엔진은 **정지**되어 있었다).

• 원인 추정 : 접지상태 **불량**이거나 규정 **주입속도**(1m/sec 이하)의 **초과**로 추정

4. 알코올류의 성질

지정수량 : 400 ℓ

> **참고**
> ※ 위험물안전관리법에서의 알코올류 정의
> - 1분자를 구성하는 **탄소원자수가 1개부터 3개까지인 포화 1가 알코올**(변성알코올을 포함한다)
> - **변성알코올** : 에틸알코올에 메틸알코올을 소량 첨가하여 음료로 사용하지 못하게 한 것
>
> ※ 알코올류에서 제외되는 경우
> - 알코올의 함량이 **60중량%** 미만인 수용액
> - 가연성 액체량이 60중량% 미만이고 인화점 및 연소점(태그개방식 인화점 측정기에 의한 연소점)이 에틸알코올 60중량% 수용액의 인화점 및 연소점을 초과하는 것
> - 에틸알코올 60중량%의 인화점 : 22.2℃

1. 메틸알코올(CH_3OH) 〈메탄올, 목정〉

(1) **인화점** 11℃, **착화점** 464℃, **비점** 65℃, 연소범위 7.3~36%, 증기비중 1.1, 비중 0.79
(2) **독성** : 30~100mℓ 복용(실명 또는 치사)
(3) **수용성**이 가장 크다.
(4) **산화**되면 **포름알데하이드**를 거쳐 최종적으로 **포름산**(개미산)이 된다.
(5) **소화방법** : 각종 소화기를 사용하나 포말소화기를 사용할 때에는 화학포 및 기계포는 **소포**되므로 **특수포인 알코올폼**을 사용할 것

> **참고**
> ※ 탄소와 수소비 중 탄소가 작아서 연소시 **불꽃이 잘 안보이므로** 취급에 주의한다.
> - **소포** : 거품이 터짐
>
> $$R - OH$$
> [일반식 (R은 알킬기)]
>
> $$\begin{array}{c} H \\ | \\ H-C-O-H \\ | \\ H \end{array}$$
> [메틸알코올의 구조식]
>
> ※ 산화 · 환원반응
>
> $$CH_3OH \underset{환원}{\overset{산화}{\rightleftarrows}} HCHO \underset{환원}{\overset{산화}{\rightleftarrows}} HCOOH$$
> (메틸알코올) (포름알데하이드) (포름산)
>
> ※ 연소반응식
>
> $$2CH_3OH + 3O_2 \rightarrow 2CO_2\uparrow + 4H_2O$$
> (메틸알코올) (산소)   (이산화탄소) (물)

2 에틸알코올(C_2H_5OH) (에탄올, 주정)

(1) 인화점 13℃, 착화점 423℃, 비점 79℃, 연소범위 4.3~19%, 증기비중 1.59, 비중 0.79
(2) 검출법 : 아이오도폼(요오드포름)반응으로 황색침전
(3) 산화되면 아세트알데하이드를 거쳐 최종적으로 아세트산(초산)이 된다.
(4) 진한 황산과 혼합하여 140℃로 가열하면 다이에틸에터가 유출되며 160℃로 가열하면 에틸렌가스가 생성된다.

> 참고
>
> ※ 아이오도폼(요오드포름)반응 : 에틸알코올 검출에 사용하는 반응
> $$C_2H_5OH + 6KOH + 4I_2 \longrightarrow CHI_3 + 5KI + HCOOK + 5H_2O$$
> (에틸알코올) (수산화칼륨) (아이오딘)   (아이오도폼) (아이오딘화칼륨) (의산칼륨)   (물)
>
> ※ 산화·환원반응식
> $$C_2H_5OH \underset{환원}{\overset{산화}{\rightleftarrows}} CH_3CHO \underset{환원}{\overset{산화}{\rightleftarrows}} CH_3COOH$$
> (에틸알코올)   (아세트알데하이드)   (아세트산)
>
> ※ 140℃에서 진한 황산과의 반응식
> $$2C_2H_5OH \xrightarrow[탈수\ 축합]{C-H_2SO_4} C_2H_5OC_2H_5 + H_2O$$
> (에틸알코올)   (다이에틸에터)   (물)
>
> ※ 160℃에서 진한 황산과의 반응식
> $$C_2H_5OH \xrightarrow[160℃\ 탈수]{C-H_2SO_4} C_2H_4\uparrow + H_2O$$
> (에틸알코올)   (에틸렌)   (물)
>
> ※ 연소반응식
> $$C_2H_5OH + 3O_2 \rightarrow 2CO_2\uparrow + 3H_2O$$
> (에틸알코올) (산소)   (이산화탄소) (물)
>
> R – OH
> [일반식 (R은 알킬기)]
>
> H H
> | |
> H–C–C–O–H
> | |
> H H
> [에틸알코올의 구조식]

 ## 3 프로필알코올(C_3H_7OH) (프로판올)

(1) 인화점 15℃, 비점 97.2℃, 연소범위 2.1~13.5%, 이성질체 2가지
(2) 소화방법 : 각종 소화기를 사용하며 수용성이므로 알코올폼 사용

> 참고
>
> ※ 아이소프로필알코올[$(CH_3)_2CHOH$]의 인화점 12℃, 연소범위 2.0~12%

적중 출제예상문제

메틸알코올

1. 위험물안전관리법상 위험물로서의 알코올류의 탄소수는 얼마인가?
① 1~6개 ② 2~6개
③ 1~3개 ④ 관계없다.

해 • 알코올류 : 1분자내에 탄소원자수가 3개 이하인 포화 1가 알코올(변성알코올을 포함한다)
답 ③

2. 1가 알코올이 아닌 것은?
① CH_3OH ② $C_2H_4(OH)_2$
③ C_2H_5OH ④ $(CH_3)_2CHOH$

해 • 1가 알코올 : OH(수산기)가 1개인 알코올이며 $C_2H_4(OH)_2$는 OH가 2개이므로 2가 알코올이다.
답 ②

3. 다음 중 위험물안전관리법상 제4류 위험물의 알코올류에 속하는 것은?
① 톨루엔 ② 테레핀유
③ 변성알코올 ④ 아밀알코올

해 • 문제 1 해설 참조
※ 변성알코올 포함
답 ③

4. 다음 관능기 중에서 메틸(methyl)기는 어느 것인가?
① $-C_2H_5$ ② $-COCH_3$
③ $-NH_2$ ④ $-CH_3$

해 • 관능기 : ① 에틸기 ② 아세틸기 ③ 아미노기 ④ 메틸기
답 ④

5. 관능기의 이름이 틀린 것은?
① $-CHO$ 알데하이드기 ② $>C=O$ 카보닐기
③ $-NH_2$ 아미노기 ④ $-OH$ 알코올기

해 • 관능기 : $-OH$(수산기)
답 ④

6. 인화점이 가장 낮은 알코올은?
① 메틸알코올 ② 에틸알코올
③ 정뷰틸알코올 ④ 아이소아밀알코올

해 • 인화점 : 메틸<에틸<프로필<정뷰틸<아이소아밀알코올
답 ①

7. 알코올류 중 폭발범위와 인화점 면으로 보아서 가장 위험성이 큰 것은?
① CH_3OH ② C_2H_5OH
③ C_3H_7OH ④ C_4H_9OH

해 • 알코올류 : 분자량이 작을수록 인화점이 낮다.
답 ①

8. 메틸알코올(Methyl alcohol)의 비등점은 대략 몇 도인가?
① 30℃ ② 65℃
③ 79℃ ④ 100℃

해 • 비등점(비점) : 65℃
※ 에틸알코올 : 79℃
답 ②

⑨ 알코올류에서 독성이 있는 것은?
① 메틸알코올　　　② 에틸알코올
③ 아밀알코올　　　④ 뷰틸알코올

해 • 메틸알코올 : 30~100ml 복용으로 실명 또는 치사한다.
답 ①

⑩ 메탄올의 성질에 맞지 않는 것은?
① 무색투명한 무취의 액체이고 휘발성이 있다.
② 물에는 무제한 녹는다.
③ 먹으면 눈이 멀거나 생명을 잃는다.
④ 비중이 물보다 작다.

해 • 메탄올 : 특유의 취기가 있음
※ 메탄올=메틸알코올
답 ①

⑪ 50℃로 가열한 메틸알코올에 불에 달군 구리줄을 담그면 어떠한 화합물이 생성되는가?
① 아세트알데하이드　　　② 초산
③ 포름알데하이드　　　　④ 다이메틸에터

해 • 메틸알코올 : 1차 산화되면 포름알데하이드가 되며 다시 산화되면 포름산이 된다(포름산=개미산=의산).
답 ③

⑫ 포름알데하이드는 무엇을 산화시켜 얻는가?
① 에틸알코올　　　② 아세트알데하이드
③ 식초산　　　　　④ 메틸알코올

해 • 문제 11 해설 참조
답 ④

⑬ 메틸알코올(Methanol)이 산화되었을 때의 최종 생성물은?
① CO_2　　　② CH_4
③ HCHO　　　④ HCOOH

해 • 문제 11 해설 참조
답 ④

에틸알코올 등

⑭ 다음 에탄올 또는 주정이라고 하는 물질의 화학식은?
① $C_5H_{11}OH$　　　② CH_3COOH
③ CH_3OH　　　　　④ C_2H_5OH

해 • C_2H_5OH : 에탄올, 주정, 에틸알코올
답 ④

⑮ 에틸알코올의 성질 및 위험성에서 틀린 사항은?
① 증기밀도는 공기보다 크다.
② 탄소 함유량이 많기 때문에 탈 때 그을음이 나지 않는다.
③ 순도가 낮아지면 인화점이 높아진다.
④ 위험성은 메틸알코올에 준한다.

해 • 에틸알코올 : 탄소와 수소비가 1:3으로 탄소함유량이 적기 때문에 그을음이 나지 않는다.
답 ②

16 공기의 평균분자량을 29라 했을 때 에탄올 증기의 표준상태에서 증기비중은?
① 1
② 1.2
③ 1.59
④ 2.3

해설
- C_2H_5OH의 분자량 : 46
※ 증기비중 = 46 ÷ 29 = 1.586 ≒ 1.59

답 ③

17 2몰의 에틸알코올이 완전연소할 때 생기는 CO_2의 몰수는?
① 1몰
② 2몰
③ 3몰
④ 4몰

해설
- $C_2H_5OH + 3O_2 \rightarrow 2CO_2 + 3H_2O$
1몰 : 2몰 = 2몰 : x
∴ x = 4몰

답 ④

18 에탄올에 진한 황산을 작용시키면 생성되는 것은?

$$CH_3CH_2OH \xrightarrow[C-H_2SO_4]{160℃} (\quad) + H_2O$$

① CH_3OH
② CH_4
③ C_2H_6
④ C_2H_4

해설
- 생성물질 : 에틸렌, 물
※ 에틸렌 : C_2H_4
※ 140℃에서는 다이에틸에터가 생성된다.

답 ④

19 다음 중 에틸알코올과 메틸알코올의 공통점이 아닌 것은?
① 휘발성이 있다.
② 물에 잘 녹는다.
③ 비중이 물보다 작다.
④ 독성이 적다.

해설
- 에틸알코올 : 독성이 없다.
※ 메틸알코올 : 독성이 있다.

답 ④

20 에틸알코올과 메틸알코올의 성질 중 옳지 않은 것은?
① 물에 잘 용해한다.
② 증기의 밀도가 공기보다 크다.
③ 에틸알코올은 독성이 있으나 메틸알코올은 독성이 없다.
④ 인화점이 20℃ 이하이다.

해설
- 에틸알코올 : 주정으로 인체에 무해하며, 메틸알코올은 30~100ml를 복용하면 실명 또는 치사한다.

답 ③

21 메틸알코올과 에틸알코올이 각각 다른 시험관에 들어 있다. 이 두 화합물을 구별할 수 있는 실험은?
① 산화시켜 나온 물질에 은거울반응을 하여 본다.
② 금속나트륨을 넣어 본다.
③ $NaOH$와 I_2의 혼합용액을 넣어 노란색 침전물의 유무를 확인한다.
④ 환원시켜 생성물을 비교하여 본다.

해설
- 아이오도폼(요오드포름) 반응 : 에틸알코올 존재 유무 확인 반응
※ 에틸알코올에 KOH 또는 NaOH와 아이오딘을 혼합하면 노란색의 CHI_3[아이오도폼(요오드포름)]이 만들어진다.

답 ③

5 제2석유류의 성질

지정수량 : 비수용성(1,000ℓ), 수용성(2,000ℓ)
지정품목 : 등유, 경유
성질(성상)에 의한 품목 : 위 지정품목 이외의 **인화점 21℃ 이상 70℃ 미만**인 것

> ※ 인화점·착화점 : 시험대비를 위하여 중요한 것만을 기재하였음
> ※ 저장·취급법 : 필수 암기사항에 준하며 **특별한 저장 및 취급법**만을 다루었음

등유(케로신)

(1) 주성분 : 탄소수 $C_9 \sim C_{18}$가 되는 포화·불포화탄화수소의 혼합물
(2) 지정수량 1,000ℓ, 인화점 40~70℃, 착화점 220℃ 전후, 연소범위 1.1~6.0%, 증기비중 4.5, 유출온도 150~300℃, 비중 0.79~0.85
(3) 소화방법 : 가솔린에 준한다.

> ※ **시험대비** : 가솔린과 비교하여 많이 출제된다. 특히 **증기 비중**은 4.5이므로 제4류 위험물 중 큰 편에 속한다. 저장방법은 필수 암기사항에 있으므로 생략하기로 한다.

경유(디젤유)

(1) 주성분 : 탄소수 $C_{15} \sim C_{20}$가 되는 포화·불포화탄소수소의 혼합물
(2) 지정수량 1,000ℓ, 인화점 50~70℃, 착화점 200℃ 전후, 연소범위 1~6%, 증기비중 4.5, 유출온도 200~350℃, 비중 0.83~0.88
(3) 소화방법 : 가솔린에 준한다.

> ※ **시험대비** : 특히 지정품목인 **등유, 경유의 성질**이 많이 출제된다. 증기비중은 등유와 같다.

의산(HCOOH) (개미산, 포름산)

(1) **지정수량 2,000ℓ**, **인화점 69℃**, 착화점 601℃, 비점 100.5℃, 비중 1.218
(2) 물에 잘 녹으며 물보다 무겁다. 초산보다 강산이며, **알데하이드**와 같은 **강한 환원력**을 가진다.
(3) 피부와 접촉하면 **수포상의 화상**을 입는다.
(4) **저장법** : 용기는 내산성 용기를 사용할 것
(5) **소화방법** : CO_2, 분말, 할로젠화합물소화기 및 알코올폼 소화기

> **참고**
> ※ **의산** : 산성으로 용기를 부식하므로 내산성 용기를 사용할 것
> ※ **수용성인 가연물** : 포말소화기는 거품이 터지므로 내알코올성 특수포인 **알코올폼 소화기**를 사용할 것
> • 수포 : 물집
> • 내산성 : 산성의 물질에 견디는 성질
>
>   R – COOH   H–C$\overset{\displaystyle =O}{\underset{\displaystyle O-H}{}}$
>
>   [일반식 (R은 알킬기)]   [의산의 구조식]
>
> ※ 연소반응식
> $2HCOOH + O_2 \rightarrow 2CO_2 \uparrow + 2H_2O$
>   (의산)   (산소)   (이산화탄소) (물)

초산(CH_3COOH) (빙초산, 아세트산)

(1) **지정수량 2,000ℓ**, **인화점 40℃**, **착화점 427℃**, 연소범위 5.4~16%, **융점 16.6℃**, 비점 118.3℃, 비중 1.05
(2) 물에 잘 녹으며 물보다 무겁다.
(3) 피부와 접촉하면 **수포상의 화상**을 입는다.
(4) **저장법** : 내산성 용기에 저장할 것
(5) **소화방법** : 의산에 준할 것
(6) **기타** : 3~5% **수용액을 식초**라 한다.

※ **융점** : 16.6℃ 이므로 겨울에는 **얼음과 같은 상태**로 존재하므로 **별명**을 **빙초산**이라 한다.
• **공업용 빙초산** : 중금속을 처리하지 않은 초산으로 **식용으로 부적합한** 초산

$$R - COOH$$

[일반식 (R은 알킬기)]   [초산의 구조식]

※ 연소반응식
$$CH_3COOH + 2O_2 \rightarrow 2CO_2\uparrow + 2H_2O$$
　　(초산)　　(산소)　　(이산화탄소)　(물)

 테레핀유($C_{10}H_{16}$) 〈타펜유, 송정유〉

(1) **지정수량** 1,000ℓ, **인화점** 35℃, **착화점** 240℃, **연소범위** 0.8% 이상, **비점** 153~175℃, **비중** 0.86
(2) **피넨**($C_{10}H_{16}$) 80~90%가 주성분
(3) 물에 녹지 않으며 **헝겊** 및 **종이** 등에 스며들어 **자연발화**한다.
(4) **소화방법** : 가솔린에 준한다.

※ **테레핀유** : 소나무의 껍질에 상처를 내서 얻은 수지를 수증기로 증류하여 얻으며 독성이 있다.
• **수지** : 나무의 진

 스티렌($C_6H_5CHCH_2$) 〈스티놀, 비닐벤젠〉

(1) **지정수량** 1,000ℓ, **인화점** 32℃, **착화점** 490℃, **연소범위** 1.1~6.1%, **비점** 146℃, **비중** 0.807
(2) **스티렌의 중합체** : 폴리스티렌
(3) **피부와 접촉시 염증**을 일으킬 수 있으며, **증기**는 **유독성**이 있다.
(4) **소화방법** : 가솔린에 준할 것

> **참고**
>
>
>
> [스티렌의 구조식]　　　　　[폴리스티렌의 구조식]
>
> ※ 연소반응식
> $C_6H_5CHCH_2 + 10O_2 \rightarrow 8CO_2\uparrow + 4H_2O$
> 　(스티렌)　　(산소)　　(이산화탄소)　(물)

장뇌유(백색유, 적색유, 감색유)

(1) **지정수량** 1,000ℓ, 인화점 47℃
(2) 사용되는 곳
　① **백색유** : 방부제　　② **적색유** : 비누향료　　③ **감색유** : 선광유
(3) **소화방법** : 가솔린에 준할 것

> **참고**
>
> ※ **감색** : 우리가 잘 알고 있는 **곤색**은 **일본말**이며, **순수한 우리말**은 감색이다.

송근유

(1) **지정수량** 1,000ℓ, 인화점 54~78℃, 착화점 약 355℃, 비점 155~180℃
(2) 황갈색의 독특한 냄새를 갖는 액체
(3) **소화방법** : 가솔린에 준할 것

> **참고**
>
> ※ **송근유** : 소나무 뿌리를 건류하여 얻으며 출제빈도는 그다지 높지 않다.

9 에틸셀르솔브($C_2H_5OC_2H_4OH$, $C_2H_5OCH_2CH_2OH$)
(에틸렌글리콜모노에틸에터)

(1) **지정수량** 2,000 ℓ, 인화점 40℃, 착화점 238℃, 연소범위 1.8~14%, 비점 135℃, 비중 0.93
(2) 무색의 수용성 액체로서 용제 및 유리의 청결제 등으로 쓰임

> **참고**
> ※ 에틸셀르솔브의 구조식
>
>

10 자일렌(크실렌)[$C_6H_4(CH_3)_2$] (다이메틸벤젠)

(1) **지정수량** 1,000 ℓ
(2) 무색투명하며 **톨루엔**과 **비슷한 성질**이다.
(3) 소화방법 : 가솔린에 준할 것
(4) 자일렌(Xylene)의 이성질체

명 칭	o-자일렌	m-자일렌	p-자일렌
구조식	(CH₃ 2개 ortho 위치)	(CH₃ 2개 meta 위치)	(CH₃ 2개 para 위치)
희랍어	o : ortho(기본)	m : meta(중간)	p : para(반대)
인화점	32℃	27℃	27℃

> **참고**
> ※ **자일렌** : O-자일렌, m-자일렌, p-자일렌으로 **3가지 이성질체**를 갖는다.
> • 이성질체 : 분자식은 같으나 **구조식이 다른** 물질이다.
> • 희랍어 : 그리스말
> • 구조식 : 원자가에 맞추어 결합선으로 나타낸 화학식(일반화학 중 화학식 참고)
> ※ 연소반응식
> $2C_6H_4(CH_3)_2 + 21O_2 \rightarrow 16CO_2\uparrow + 10H_2O$
> (자일렌)   (산소)   (이산화탄소) (물)

11 클로로벤젠(C_6H_5Cl) 〈클로로벤졸, 염화페닐〉

(1) 지정수량 1,000ℓ, 인화점 32℃, 착화점 593℃, 연소범위 1.3~7.1%, 비중 1.11, 비점 132℃
(2) 물보다 무거우며 마취성이 있다.
(3) DDT의 원료로 사용된다.

참고

※ 클로로벤젠의 구조식

※ 연소반응식

$$2C_6H_5Cl + 14O_2 \rightarrow 6CO_2\uparrow + 2H_2O + HCl\uparrow$$
(클로로벤젠)　(산소)　　(이산화탄소)　(물)　(염화수소)

---

12 하이드라진[히드라진(N_2H_4)]

(1) 지정수량 : 2,000 ℓ
(2) 암모니아 비슷한 냄새를 내며, 로켓연료 등에 사용하는 무색의 **수용성 액체**
(3) 인화점 38℃, 비중 1.01

참고

※ 연소반응식

$$N_2H_4 + O_2 \rightarrow N_2\uparrow + 2H_2O$$
(하이드라진)　(산소)　(질소)　　(물)

---

13 벤즈알데하이드[벤즈알데히드(C_6H_5CHO)]

(1) 지정수량 : 1,000 ℓ
(2) 아몬드향의 백색 또는 황색 액체
(3) 인화점 64℃, 착화점 190℃, 연소범위 1.4~13.5%, 비중 1.05

적중 출제예상문제

등유 · 경유

1 제4류 위험물 분류로 옳은 것은?
① 제1석유류 : 아세톤, 가솔린, 이황화탄소
② 제2석유류 : 등유, 경유, 장뇌유
③ 제3석유류 : 중유, 송근유, 클레오소트유
④ 제4석유류 : 윤활유, 가소제, 글리세린

2 제2석유류의 일반적 성질을 쓴 것이다. 잘못 설명된 것은?
① 전기의 부도체로 정전기를 발생시킨다.
② 인화점이 상온보다 낮으므로 화기에 주의해야 한다.
③ 가열, 인화되면 제1석유류와 같은 위험성을 갖는다.
④ 포에 의한 소화가 적당하다.

3 등유나 경유는 어디에 속하는가?
① 제1석유류　② 제2석유류
③ 제3석유류　④ 제4석유류

4 다음 중 착화온도가 가장 낮은 것은?
① 가솔린　② 등유
③ 에틸알코올　④ 톨루엔

5 다음 중 착화온도가 가장 낮은 것은?
① 등유　② 가솔린
③ 아세톤　④ 톨루엔

6 등유의 성질에 맞지 않는 것은?
① 여러 가지 탄화수소의 혼합물이다.
② 석유류분 중 증기는 가솔린보다 무겁다.
③ 가솔린보다 휘발되기 쉬운 탄화수소이다.
④ 물에는 녹지 않는다.

7 다음은 등유에 관한 설명이다. 틀린 것은?
① 증기비중은 공기보다 4~5배 무겁다.
② 석유분류 중 비점 150~300℃의 유분이다.
③ 착화온도는 150℃이며 가솔린보다 낮다.
④ 비중은 물보다 가볍고 인화점은 약 40~70℃이다.

힌트

해 · 제2석유류 : 등유 · 경유 · 의산 · 초산 · 스틸렌 · 자일렌 · **장뇌유** · 테레핀유 · 에틸셀르솔브 등
답 ②

해 · 제2석유류 : 인화점 21℃ 이상 70℃ 미만
※ 상온 : 20℃±5℃
답 ②

해 · 등유 · 경유 : 제2석유류의 지정품명
답 ②

해 · 착화온도 : ① 약 300℃ ② 220℃ 전후 ③ 423℃ 전후 ④ 552℃
답 ②

해 · 착화온도 : ① 220℃ 전후 ② 약 300℃ ③ 538℃ ④ 552℃
답 ①

해 · 휘발성 : 가솔린>등유
※ 가솔린=휘발유
답 ③

해 · 착화온도 : 220℃ 전후
답 ③

278 제2편 위험물의 성질 및 취급

⑧ 디젤유라고도 불리는 물질은?
① 등유
② 경유
③ 벙커C유
④ 중유

해 • 경유의 별명 : 디젤유
※ 등유의 별명 : 케로신
답 ②

⑨ 경유의 성질을 잘못 설명한 것은?
① 비중은 1 이하이다.
② 물에 녹기 어렵다.
③ 인화점은 등유보다 낮다.
④ 보통 시판되는 것은 담갈색의 액체이다.

해 • 인화점 : 경유>등유
※ 등유 : 40~70℃
  경유 : 50~70℃
답 ③

⑩ 경유의 화재 발생시, 주수소화가 부적당한 이유는?
① 경유가 연소할 때 물과 반응하여 수소가스를 발생하여 연소를 돕기 때문에
② 주수하면 경유의 연소열 때문에 분해하여 산소를 발생하여 연소를 돕기 때문에
③ 경유는 물과 반응하여 유독가스를 발생하므로
④ 경유는 물보다 가볍고, 또 물에 녹지 않기 때문에 화재가 널리 확대 되므로

해 • 경유 및 제4류 위험물의 화재 : 주수소화하면 물과 인화성 액체의 표면장력차에 의하여 화재 면을 확대하므로 위험하다.
답 ④

의산 · 초산

⑪ 다음 화학식 중 의산은 어느 것인가?
① HCHO
② HCOOH
③ CH_3CHO
④ CH_3COOH

해 • 의산 : HCOOH
※ 의산=개미산=포름산
답 ②

⑫ 다음 중 물보다 무거운 것은?
① 개미산
② 벤젠
③ 휘발유
④ 등유

해 • 개미산 : 물에 잘 녹으며 물보다 무겁다(비중 1.218).
답 ①

⑬ 다음 화학분자식 중에서 제2석유류는 어느 것인가?
① CH_3CH_2CHO
② C_6H_6
③ CH_3COOH
④ CH_3COCH_3

해 • 석유류 : ① 제1석유류
② 제1석유류 ③ 제2석유류
④ 제1석유류
답 ③

⑭ 자극성 냄새를 가지며 피부에 닿으면 물집이 생기고 비교적 강한산으로 환원성이 있는 제2석유류는?
① 개미산
② 스티렌
③ 아세톤
④ 에탄올

해 • 개미산 : (HCOOH) : 물보다 무겁고 물에 녹으며 피부와 접촉하면 물집(2도 화상 정도)이 생긴다.
답 ①

⑮ 제4류 위험물인 포름산의 저장·취급시 알아 두어야 할 일반적인 특성에 대한 설명 중 틀린 것은?
① 살에 닿으면 부풀어 오른다.
② 알데하이드기를 가지므로 환원성이 없다.
③ 진한 황산과 가열하면 일산화탄소가 생긴다.
④ 자극성이 있는 무색의 액체로서 물에 잘 녹는다.

[해] • 포름산(HCOOH) : 포름산은 카복실기(-COOH)를 갖는다.
※ 알데하이드기 : -CHO
[답] ②

⑯ 초산의 성질이 아닌 것은?
① 물에 녹지 않는다.
② 색깔이 없다.
③ 가연성 액체이다.
④ 수포상의 화상

[해] • 초산 : 물에 잘 녹는다.
[답] ①

⑰ 초산이 응고하여 빙초산이 될 때의 융점으로 맞는 것은?
① 17.6℃
② 16℃
③ 16.6℃
④ 17.7℃

[해] • 융점 : 16.6℃
[답] ③

기타 제2석유류

⑱ 제2석유류 중 피넨이 주성분이며 자연발화의 위험이 있는 것은?
① 등유
② 테레핀유
③ 중유
④ 클로르벤젠

[해] • 테레핀유의 주성분 : 피넨이 80~90%이며 자연발화의 위험이 있다.
[답] ②

⑲ 테레핀유에 대해 옳게 쓴 것은?
① 포화·불포화탄화수소의 혼합물
② 포화·불포화탄화수소의 화합물
③ 공기와 접촉하면 산화하며 자연발화의 위험이 있다.
④ 인화점 69℃이며 별명은 개미산이다.

[해] • 문제 18 해설 참조
[답] ③

⑳ 다음 구조식의 명칭은?

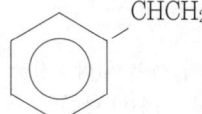

① 스티렌
② 자일렌
③ 뷰타다이엔
④ 톨루엔

[해] • 구조식의 명칭 : 스티렌
[답] ①

㉑ 장뇌유의 종류가 아닌 것은?
① 백색유
② 적색유
③ 감색유
④ 황색유

[해] • 장뇌유 : 백색·적색·감색유
[답] ④

㉒ 클로로벤젠에 있어서 옳은 것은?
① 인화점은 32℃이다.
② 석유냄새가 난다.
③ 은색의 액체이다.
④ 독성이 있어 살인용으로 사용한다.

해 · 인화점 : 32℃
답 ①

㉓ 상온에서 인화의 위험은 없으나, 가까이 화기가 있으면 위험하며 D.D.T 제조에 쓰이는 물질은?
① $C_6H_5CH_3$
② $C_6H_5NH_2$
③ C_6H_5Cl
④ $C_6H_5SO_3H$

해 · 클로로벤젠(C_6H_5Cl) : DDT의 주원료로 사용된다.
답 ③

㉔ 제4류 위험물 중 물보다 무거운 것은?
① $C_6H_5CHCH_2$
② C_6H_5Cl
③ C_6H_6
④ $C_6H_5CH_3$

해 · 비중 : ① 0.807 ② 1.11 ③ 0.88 ④ 0.871
답 ②

㉕ 다음 구조식의 이름은?

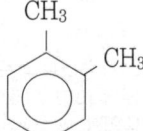

① O-자일렌
② m-자일렌
③ P-자일렌
④ X-자일렌

해 · 구조식 : 3개

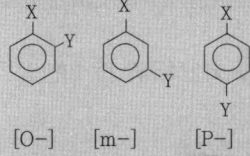

[O-]　[m-]　[P-]
답 ①

㉖ 다음은 자일렌에 대한 일반성질을 나열한 것이다. 틀린 것은?
① 휘발성의 액체이다.
② 독특한 냄새를 가지며 갈색이다.
③ 유지나 수지 등을 녹인다.
④ 전기의 불량도체이다.

해 · 자일렌 : 무색투명하고 독특한 냄새를 가지는 휘발성 액체
답 ②

㉗ 자일렌의 이성질체는 몇 개인가?
① 2개
② 3개
③ 4개
④ 5개

해 · 문제 21 해설 참조
답 ②

유게실

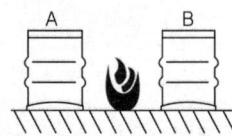

뚜껑이 없는 가솔린 드럼통 A와 B에 가솔린이 들어 있다. 지금 바람이 B에서 A쪽으로 불 때 A와 B 중간지점에서 불이 났다. A와 B 중 어느 드럼을 먼저 옮겨야 할까?

답 : B(B드럼의 발생 증기는 바람에 의하여 불꽃 쪽으로 확산하여 인화위험이 A보다 큽니다)

6 제3석유류의 성질

지정수량 : 비수용성(2,000ℓ), 수용성(4,000ℓ)
지정품목 : 중유, 크레오소오트유
성질(성상)에 의한 품목 : 위 지정품목 이외의 **인화점 70℃ 이상 200℃ 미만**인 것

1 중유〈직류중유, 분해중유〉

(1) 직류중유
① 갈색 또는 암갈색의 점조한 액체이다.
② **지정수량 2,000ℓ**, **인화점** 60~150℃, 착화점 254~405℃, 유출온도 300~350℃
③ 주로 **디젤기관의 연료**로 사용되며 분무성이 좋다.

(2) 분해중유
① **지정수량 2,000ℓ**, **인화점** 70~150℃, 착화점 380℃
② 주로 **보일러의 연료**로 사용되며 **종이** 및 **헝겊**에 스며 배어있을 경우 **자연발화**의 위험이 있다.
③ **소화방법** : 질식소화기를 사용하며 포말 및 수분함유 물질의 소화는 시간이 지연되면 안 좋다.
④ **등급** : 점도에 의하여 A, B, C등급으로 나누며 **벙커 C유**는 C중유이다.

> **참고**
> ※ 탱크 화재시 일어나는 현상
> • **슬롭오버(Slop-Over)** : 화재 면의 **액체가 포말**과 함께 **혼합**되어 기름거품이 되어 탱크 밖으로 넘쳐 흐르는 현상
> • **보일오버(Boil-Over)** : 연소열에 의하여 **탱크 내부의 수분층**이 **이상 팽창**으로 **연소유**를 탱크 밖으로 비산시키며 **연소하는 현상**
> • **후로스오버(Froth-Over)** : 탱크 속의 물이 점성을 가진 뜨거운 기름의 표면 아래에서 **끓을 때** 화재를 수반하지 않고 기름이 탱크 밖으로 넘쳐 흐르는 현상
> • **블레비(Bleve)** : 가연성 액체 저장탱크 주위의 화재로 **탱크 강판의 강도**가 약해진 부분의 **파열**로 인하여 탱크 내부의 가열된 **액화가스**가 급격히 **유출** 팽창되어 화구(Fire ball)을 형성하여 **폭발하는 현상**
> • **증기운폭발(UVCE)** : 대기 중에 대량의 가연성가스나 인화성 액체가 유출되어 그것으로부터 발생되는 증기가 대기 중의 공기와 혼합하여 폭발성인 **증기운**(Vapor Cloud)을 형성하고 이때 **착화원**에 의해 화구(fire ball) 형태로 **폭발하는 현상**

2 크레오소오트유(타르유)

(1) **지정수량** 2,000ℓ, **인화점** 74℃, **착화점** 336℃, **비점** 194~400℃, **비중** 1.05
(2) 타르산이 함유되어 용기를 부식하므로 **내산성용기**에 수납할 것
(3) 물보다 무겁고 **독성**이 있다.
(4) 자체 내에 특수가연물 중 **나프탈렌** 및 **안트라센**을 포함한다.
(5) **카본블랙** 및 **목재의 방부제**로 사용한다.

> ※ 크레오소오트유 : **황색** 또는 **암록색**의 점도가 높은 액체로서 소화방법은 중유에 준할 것

3 나이트로벤젠[니트로벤젠($C_6H_5NO_2$)] ⟨나이트로벤졸⟩

(1) **지정수량** 2,000ℓ, 인화점 88℃, **착화점** 482℃, 비점 211℃, 비중 1.2
(2) 물보다 무겁고 **독성**이 강하며 불용성이다.
(3) **나이트로화제**로는 **황산**과 **질산**이 사용된다.

> ※ **나이트로벤젠** : 갈색, **암황색**의 점조한 액체로 소화방법은 중유에 준할 것
> • 응급처치 : 아닐린과 함께 **중기중독**시 커피 또는 과일주스를 마실 것
> • **나이트로화** : 유기화합물 분자 중 수소원자를 **나이트로기**(NO_2)로 바꾸어 놓는 것
>
>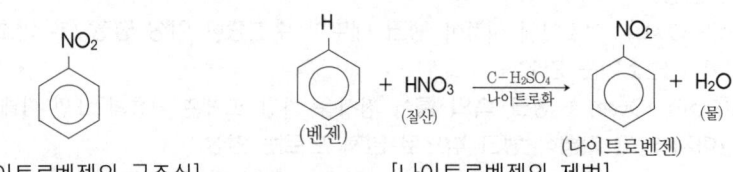
>
> [나이트로벤젠의 구조식]   [나이트로벤젠의 제법]
>
> ※ 연소반응식
> $4C_6H_5NO_2 + 29O_2 \rightarrow 24CO_2\uparrow + 10H_2O + 4NO_2\uparrow$
> (나이트로벤젠)   (산소)   (이산화탄소)   (물)   (이산화질소)

4 아닐린($C_6H_5NH_2$) (아미노벤젠)

(1) **지정수량** 2,000ℓ, **인화점** 75℃, **착화점** 538℃, 비점 184℃, 비중 1.022, 융점 -6℃, 연소범위 : 1.3~11%
(2) 물보다 무겁고 독성이 강하며 물에 약간 녹는다.
(3) **알칼리금속** 및 **알칼리토금속**과 작용하여 **수소**(H_2) 및 **아닐리드** 발생
(4) 나이트로벤젠을 주석(철)과 염산으로 **환원**하여 만든다.

> **참고**
> ※ **아닐린** : 황색 또는 **담황색**의 점도가 높은 액체로 아닐린은 **피부**와 접촉 또는 **호흡기**에 흡수되며 **중독증상**이 나타나므로 취급시 피부 및 호흡기를 보호할 것
> ※ 제법
>
> 2 [NO₂-C₆H₅] + 3Sn + 12HCl → 2 [NH₂-C₆H₅] + 3SnCl₄ + 4H₂O
> (나이트로벤젠) (주석) (염산)   (아닐린)   (염화주석) (물)
>
> ※ 염산과의 화학반응식
>
> [NH₂-C₆H₅] + HCl ⇌ [NH₃⁺-C₆H₅] + Cl⁻
> (아닐린) (염산)   (전해질물질(물에 잘 녹는다))
>
> ※ 연소반응식
> $4C_6H_5NH_2 + 33O_2 \rightarrow 24CO_2\uparrow + 14H_2O + 4NO\uparrow$
> (아닐린) (산소)   (이산화탄소) (물)   (일산화질소)

5 에틸렌글리콜[$C_2H_4(OH)_2$, CH_2OHCH_2OH]

(1) **지정수량** 4,000ℓ, **인화점** 111℃, **착화점** 413℃, 비점 197℃, 비중 1.113, 융점 -12℃
(2) 무색·무취의 끈끈하고 흡습성이 있는 **수용성 액체**
(3) 2가 알코올로 **독성**이 있으며 **단맛**이 있다.
(4) **자동차용 부동액**의 주원료 **나이트로글리콜의 원료** 등으로 사용한다.

> **참고**
>
> ※ 소화방법 : 중유에 준한다.
> - **2가 알코올** : OH(수산기)가 2개인 알코올
>
> $$\begin{array}{c} CH_2 \cdot OH \\ | \\ CH_2 \cdot OH \end{array}$$
>
> [에틸렌글리콜의 구조식]
>
> ※ 연소반응식
> $2C_2H_4(OH)_2 + 5O_2 \rightarrow 4CO_2\uparrow + 6H_2O$
> (에틸렌글리콜) (산소)   (이산화탄소)   (물)

6 글리세린[$C_3H_5(OH)_3$, $CH_2OHCHOHCH_2OH$]

(1) **지정수량 4,000ℓ**, **인화점 160℃**, 착화점 393℃, 비점 290℃, 비중 1.26, 융점 17℃
(2) 무색·무취의 끈끈하고 흡습성이 있는 **수용성 액체**
(3) **3가 알코올**로서 물보다 무거우며 **단맛**이 있다.
(4) **나이트로글리세린**의 **원료** 및 화장품 등의 원료로 사용된다.

> **참고**
>
> ※ **글리세린** : 단맛을 내는 무색점조한 액체로 저장·취급 및 소화방법은 중유에 준한다.
> - **3가 알코올** : 수산기(OH)가 3개 있는 알코올
>
> $$\begin{array}{c} CH_2 \cdot OH \\ | \\ CH \cdot OH \\ | \\ CH_2 \cdot OH \end{array} \quad 또는$$
>
> [글리세린의 구조식]
>
> ※ 연소반응식
> $2C_3H_5(OH)_3 + 7O_2 \rightarrow 6CO_2\uparrow + 8H_2O$
> (글리세린) (산소)   (이산화탄소)   (물)

담금질유

(1) 지정수량 2,000ℓ
(2) 철, 강철 등 기타 금속을 900℃ 정도로 가열하여 **기름 속에 넣어 급격히 냉각시키면** 금속의 재질이 처리 전보다 단단하여진다. 이 때 사용하는 기름을 담금질유라 한다.

> ※ 저장·취급법 및 소화방법 : 중유에 준하며 인화점 200℃ 이상 250℃ 미만의 담금질유는 제4석유류에 속한다.

메타크레졸

(1) 지정수량 2,000ℓ, 인화점 86℃, 융점 4℃

> ※ 크레졸의 이성질체 : 오르토·파라는 고체상태이므로 소방기본법에서 특수가연물에 해당된다.

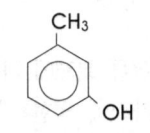
[메타크레졸의 구조식]

하이드라진 하이드레이트[히드라진 하이드레이트($N_2H_4 \cdot H_2O$)]

(1) 지정수량 4000L, 인화점 74℃
(2) 공기중에서 발연하는 수용성 액체

> ※ 연소반응식
> $N_2H_4 \cdot H_2O$ + $2O_2$ → N_2 + $2H_2O_2$ + H_2O
> (하이드라진하이드레이트) (산소) (질소) (과산화수소) (물)

적중 출제예상문제

중유 · 크레오소오트유

1 다음 중 제3석유류 중 수용성인 것의 지정수량은 어느 것인가?
① 500 ℓ   ② 1,000 ℓ
③ 2,000 ℓ ④ 4,000 ℓ

> 해 · 지정수량 : 4,000 ℓ
> ※ 비수용성 : 2,000 ℓ
> 답 ④

2 다음 중 제3석유류를 대표하는 위험물은?
① 중유, 경유   ② 중유, 등유
③ 중유, 크레오소오트유   ④ 중유, 담금질유

> 해 · 지정품명 : 중유 · 크레오소오트유
> 답 ③

3 다음 중 연소할 때 분해연소하는 것은?
① 특수인화물   ② 제1석유류
③ 제2석유류   ④ 제3석유류

> 해 · 중질유 : 제3석유류 · 제4석유류 · 동식물유류는 분해연소한다.
> 답 ④

4 벙커 C유는 어느 석유류에 속하나?
① 제1석유류   ② 제2석유류
③ 제3석유류   ④ 제4석유류

> 해 · 벙커 C유 : 중유(제3석유류) 중 C-중유에 해당한다.
> 답 ③

5 제3석유류 화재에 가장 적당한 소화방법은?
① 탄산가스에 의한 질식소화   ② 주수에 의한 냉각소화
③ 마른모래에 의한 질식소화   ④ 소다회에 의한 질식소화

> 해 · 소화방법 : 탄산가스 등 질식소화
> 답 ①

6 다음에서 중유의 성질에 맞지 않는 것은?
① 암갈색의 액체이다.
② 석유류분 중 300℃ 이하에서 유출된다.
③ 여러 가지 종류로 분류되어 있다.
④ 종류에 따라 인화점이 다르다.

> 해 · 비점 : 300~350℃
> 답 ②

7 중질유가 연소할 때 발생하는 가스 중 특히 취급장치를 부식시키며 불쾌한 냄새를 가지는 불순물은?
① 황화합물   ② 탄소화합물
③ 수소화합물   ④ 산소화합물

> 해 · $S+O_2 \rightarrow SO_2$
> ※ $SO_2+H_2O \rightarrow H_2SO_3$, H_2SO_3 (아황산)는 부식성
> 답 ①

8 크레오소오트유는 어디서 얻는가?
① 석유   ② 석탄
③ 알코올   ④ 중유

> 해 · 크레오소오트유 : 콜타르에서 얻는다.
> ※ Coal(콜) : 석탄
> 답 ②

⑨ 크레오소트유에 대한 설명 중 틀린 것은?
① 안트라센 및 나프탈렌을 포함하고 있다.
② 물보다 무겁고 물에 녹지 않는다.
③ 타르산을 포함하므로 내식성 용기를 쓴다.
④ 독성이 없어 방부제로 사용한다.

해 · 크레오소트유 : 독성이 있다.
답 ④

나이트로벤젠 · 아닐린

⑩ 벤젠에 진한 황산과 진한 질산을 작용하면 무엇이 생기는가?
① 나이트로벤젠   ② 벤젠술폰산
③ 페놀   ④ 살리실산

해 · 나이트로벤젠 : 벤젠+나이트로화제(질산과 황산의 혼산)
답 ①

⑪ 나이트로벤젠의 성질 중 옳지 않은 것은?
① 비중이 물보다 크다.   ② 갈색의 독성이 있는 액체이다.
③ 물에 잘 녹는다.   ④ 폭발성이 없다.

해 · 나이트로벤젠 : 불용성
답 ③

⑫ 다음 위험물 중에서 제3석유류에 속하는 것은?
① CH_3COCH_3 ② C_6H_6
③ $C_6H_5NH_2$ ④ $C_6H_5CH_3$

해 · 석유류 : ① 제1석유류 ② 제1석유류 ③ 제3석유류 ④ 제1석유류
답 ③

⑬ 다음 중 방향족 탄화수소가 아닌 것은?
① 벤젠   ② 자일렌
③ 메틸벤젠   ④ 아닐린

해 · 방향족탄화수소 : 탄소와 수소만의 화합물로서 아닐린은 질소(N)를 가지므로 제외
답 ④

⑭ 아닐린과 알칼리금속과 접촉하였을 때 아닐리드와 함께 발생하는 기체는?
① O_2 ② H_2
③ N_2 ④ Cl_2

해 · 아닐린 : 알칼리금속과 접촉으로 수소(H_2)와 아닐리드 생성
답 ②

⑮ 나이트로벤젠을 주석 또는 철과 염산으로 환원시키면 생성되는 것은?

①
②
③
④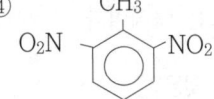

해 · 화학반응식

2 (나이트로벤젠) $+3Sn+12HCl \rightarrow$

2 (아닐린) $+3SnCl_4+4H_2O$

답 ①

⑯ 아닐린은 물에 잘 녹지 않지만 아닐린을 염화수소와 반응시키면 물에 잘 녹는 물질이 생긴다. 이 물질은?

①
②
③ (NHCl 구조)
④ (Cl-NH₂ 구조)

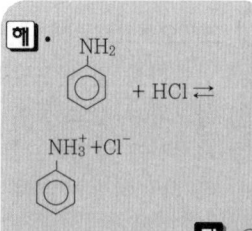

답 ②

에틸렌글리콜 · 글리세린 등

⑰ 다음 중 2가 알코올인 것은?
① 메탄올
② 에탄올
③ 에틸렌글리콜
④ 글리세린

해 · 에틸렌글리콜($C_2H_4(OH)_2$) : OH(수산기)가 2개 이므로 **2가 알코올**

답 ③

⑱ 겨울철 자동차용 부동액으로 사용하는 것은?
① 퓨젤유
② 에틸렌글리콜
③ 글리세린
④ 아이소프로필알코올

해 · 에틸렌글리콜 : 자동차용 부동액으로 사용

답 ②

⑲ 다음 중 제3석유류에 속하는 것은?
① 가솔린
② 등유
③ 글리세린
④ 윤활유

해 · 석유류 : ① 제1석유류 ② 제2석유류 ③ **제3석유류** ④ 제4석유류

답 ③

⑳ 글리세린은 몇 가 알코올인가?
① 1가
② 2가
③ 3가
④ 4가

해 · 글리세린($C_3H_5(OH)_3$) : OH(수산기)가 3개이므로 **3가 알코올**

답 ③

㉑ 글리세린에 대한 설명을 바르게 한 것은?
① 에터, 벤젠 등에 잘 녹는다.
② 불연성 물질이다.
③ 흡습성이 있다.
④ 무색, 무취의 고체이다.

해 · 글리세린 : 무색점조한 액체로서 **흡습성**이 있다.

답 ③

㉒ 에틸렌글리콜과 글리세린의 공통점이 아닌 것은?
① 수용성이다.
② 독성이 있다.
③ 감미가 있다.
④ 무색점조한 액체이다.

해 · 에틸렌글리콜은 독성이 있으나 글리세린은 독성이 없다.

답 ②

㉓ 다음 위험물 중에서 제3석유류로만 짝지어진 것은?
① 중유-테레핀유
② 중유-아세트산
③ 크레오소오트유-에틸렌글리콜
④ 크레오소오트유-윤활유

해 · 제2석유류 : 테레핀유 · 아세트산
· 제3석유류 : 중유 · 크레오소오트유 · 에틸렌글리콜
· 제4석유류 : 윤활유

답 ③

7 제4석유류의 성질

지정수량 : 6,000 ℓ
지정품목 : 기어유, 실린더유
성질(성상)에 의한 품목 : 위 지정품목 이외의 **인화점 200℃ 이상 250℃ 미만**인 것

 윤활유

(1) 윤활유의 종류 : 석유계윤활유, 합성윤활유, 혼성윤활유, 지방성윤활유 등
(2) 석유계 윤활유 : **기어유, 실린더유**, 터빈유, 머신유(기계유), 모터유, 스핀들유

> **참고**
> ※ 윤활유 : 기계부분 중 마찰을 많이 받는 부분의 마찰을 적게 하기 위하여 사용하는 기름
> ※ 스핀들유 : 선반의 주축에 사용하며 윤활유 중 **인화점이 가장 낮다**(제3석유류).

 가소제

(1) **인화점 200℃ 이상 250℃ 미만**
(2) 가소제의 종류 : DOP, DIDP, TCP 등
(3) 용도 : 합성수지, 합성고무 등에 가소성을 주는 기름

> **참고**
> ※ 가소제 : 소성 가능하게 하는 물질
>   • 소성 : 물질에 힘이 작용하면 상태가 변하며 힘이 제거되면 변한 상태로 유지되는 성질(반대현상을 **탄성**이라 한다)
>   • 가소성 : 소성 가능한 성질
> ※ DOP : 프탈산다이옥틸　　　　※ DIDP : 프탈산디이소데실
> ※ TCP : 프탈산트라이크레실

 기타 제4석유류(방청유 · 담금질유 · 전기절연유 · 절삭유)

> **참고**
> ※ 방청유 : 수분의 침투를 방지하여 철제를 부식되지 않게 하는 기름
> ※ 담금질유 : **인화점 200℃ 이상 250℃ 미만**의 것. 인화점 70℃ 이상 200℃ 미만의 것은 제3석유류이다(제3석유류 담금질유 참조).
> ※ 전기절연유 : 변압기 등에 쓰이는 **광물유**
> ※ 절삭유 : 금속재료를 절삭가공할 때 공구와 재료와의 **마찰열을 흡수**하는 기름

적중 출제예상문제

제4석유류

1 제4석유류의 지정수량은 몇인가?
① 1,000 ℓ ② 2,000 ℓ
③ 3,000 ℓ ④ 6,000 ℓ

2 다음 위험물 중 제4석유류에 속하는 것은?
① 윤활유 ② 중유
③ 글리세린 ④ 경유

3 다음 중 제4석유류 가소제가 아닌 것은?
① DOP ② DIDP
③ TCP ④ TNT

4 제4류 위험물(제4석유류)가소제의 일반적 성질 중에서 옳은 것은?
① 휘발성이 크고, 빛에 불안정하다.
② 물, 비누, 그리스 용제에 추출된다.
③ 인화점은 260℃ 전후이다.
④ 수지와 고루 혼합되고 용해된다.

5 제4석유류의 담금질유의 인화점은?
① 100℃ 이상 200℃ 미만 ② 200℃ 이상 250℃ 미만
③ 300℃ 이상 350℃ 미만 ④ 400℃ 이상 450℃ 미만

힌트

해 • 지정수량 : 6,000 ℓ
답 ④

해 • 석유류 : ① 제4석유류
②③ 제3석유류 ④ 제2석유류
답 ①

해 • TNT : 제5류 위험물
답 ④

해 • 가소제 : 합성수지에 가소성을 주는 액체
답 ④

해 • 제4석유류 : 200℃ 이상 250℃ 미만
답 ②

휴게실

◆ 건강에 좋은 삼림욕
숲속의 모든 초목들이 내뿜는 향기 **피톤치드**(phytoncide)는 우리 몸 속의 병균을 살균할 뿐만 아니라 살과 피를 맑게 합니다. 가장 좋은 삼림욕장은 소나무숲, 다음은 잣나무, 은행나무, 아카시아 등의 울창한 숲이 좋습니다.
※ 돌아오는 여름 휴가에는 삼림욕 계획을 세워보는 것이 어떨지요….

8 동·식물유류의 성질

(1) 지정수량 : 10,000 ℓ
(2) 정의 : 동물의 지육 등 또는 식물의 종자나 과육으로부터 추출한 것으로서 1기압에서 인화점이 250℃ 미만인 것
(3) 제외되는 것 : 행정안전부령이 정하는 용기기준과 수납·저장기준에 따라 수납되어 저장·보관되고 용기의 외부에 물품의 통칭명, 수량 및 화기엄금의 표시가 있는 경우
(4) 아이오딘값(요오드값) : 유지 100g에 부가되는 아이오딘의 g수

> **참고**
> ※ 아이오딘값에는 단위가 없다(g수이므로 숫자만 표시한다).
> • 아이오딘값이 크다는 것은 탄소 간에 이중결합이 많고 불포화도가 크다고 볼 수 있다.
> • 부가(첨가) : 불포화화합물질에 다른 물질의 분자가 결합하여 새로운 물질을 만드는 화학반응, 여기서는 녹아 들어간다는 의미로 생각하는 것이 수험자에게는 이해가 쉽다.
> ※ 고체·반고체 : 특수가연물 중 가연성 고체에 해당된다.

1 건성유

(1) 아이오딘값(요오드값) : 130 이상
(2) 동물유 : 정어리유, 대구유, 상어유
(3) 식물유 : 해바라기유, 동유, 아마인유, 들기름
(4) 위험성 : 불포화도가 크므로 자연발화의 위험이 있다.
(5) 건성유를 가공한 보일유는 페인트의 원료로 사용된다.

> **참고**
> ※ 건성유 : 공기 중에서 단단한 피막을 만들며 헝겊, 종이에 베어 공기 중에서 자연발화한다.
> ※ 건성유 중 아이오딘값이 가장 큰 것 : 들기름(192~208)
> ※ 중요한 건성유의 아이오딘값 및 인화점
>
> | 품 명 | 원 료 | 아이오딘값 | 인화점 | 쓰이는 곳 |
> |---|---|---|---|---|
> | 해바라기유 | 해바라기씨 | 125~136 | | 식용 |
> | 동 유 | 오동종자 | 145~176 | 289℃ | 도료 |
> | 아마인유 | 아마의 씨 | 170~204 | 222.2℃ | 도료 |
> | 들기름 | 들 깨 | 192~208 | 279℃ | 식용·도료 |
> | 정어리기름 | 정 어 리 | 154~196 | | 경화유 |

2 반건성유

(1) 아이오딘값(요오드값) : 100 ~ 130
(2) 동물유 : 청어유
(3) 식물유 : 쌀겨기름, 면실유, 채종유, 옥수수기름, 참기름, 콩기름

> **참고**
>
> ※ 반건성유 : 건성유보다는 공기 중에서 만드는 **피막이 얇다.**
> • 채종유 중 개자유의 인화점 46℃
> ※ 중요한 반건성유의 아이오딘값 및 인화점
>
> | 품 명 | 원 료 | 아이오딘값 | 인화점 | 쓰이는 곳 |
> |---|---|---|---|---|
> | 청 어 유 | 청 어 | 123~146 | 224℃ | 경화유 |
> | 쌀 겨 기 름 | 쌀 겨 | 92~115 | 234℃ | 식용 · 비누 |
> | 면 실 유 | 목화씨 | 99~113 | 252℃ | 식용 |
> | 채 종 유 | 채소씨 | 97~107 | 163℃ | 식용 · 담금질유 · 윤활유 |
> | 옥수수기름 | 옥수수 | 109~133 | 254℃ | 식용 |
> | 참 기 름 | 참 깨 | 104~116 | 255℃ | 식용 · 약품 |
> | 콩 기 름 | 콩 | 117~141 | 282℃ | 식용 |

3 불건성유

(1) 아이오딘값(요오드값) : 100 이하
(2) 동물유 : 쇠기름, 돼지기름, 고래기름
(3) 식물유 : 피마자유, 올리브유, 팜유, 땅콩기름, 야자유

> **참고**
>
> ※ 불건성유 : 공기 중에서 건성, 반건성유와 같이 **피막을 만들지 않고** 안정된 기름
> ※ 불건성유 중 아이오딘값이 가장 작은 것 : **야자유**(7~10)
> ※ 중요한 불건성유의 아이오딘값 및 인화점
>
> | 품 명 | 원 료 | 아이오딘값 | 인화점 | 쓰이는 곳 |
> |---|---|---|---|---|
> | 피 마 자 유 | 아주까리의 씨 | 81~86 | 229℃ | 브레이크유 · 약용 · 화장품 · 도료 |
> | 올 리 브 유 | 올리브 열매 | 79~90 | 225℃ | 약용 · 화장품 |
> | 팜 유 | 팜의 열매 | 51~57 | 162℃ | 식용 · 비누 |
> | 낙화생기름 | 땅 콩 | 84~102 | 282℃ | 식용 · 약용 |
> | 야 자 유 | 야 자 | 7~10 | 216℃ | 비누 · 고급알코올의 원료 · 라우린산 |

제 5 장 제4류 위험물 293

적중 출제예상문제

동·식물유류

1 동·식물유류의 지정수량은 몇인가?
① 1,000 ℓ   ② 3,000 ℓ
③ 6,000 ℓ   ④ 10,000 ℓ

해 • 지정수량 : 10,000 ℓ
답 ④

2 다음 동·식물유류의 인화점 범위는?
① 200℃ 미만   ② 250℃ 미만
③ 350℃ 미만   ④ 450℃ 미만

해 • 인화점 : 250℃ 미만
답 ②

3 동·식물유류 중에서 인화점이 가장 낮은 것은?
① 개자유   ② 아마인유
③ 피마자유   ④ 올리브유

해 • 인화점 :
① 46℃   ② 326℃
③ 389℃ ④ 324℃
답 ①

4 유류 분류 중 아이오딘값이 130 이상인 것을 무엇이라고 부르는가?
① 불건성유   ② 반건성유
③ 건성유   ④ 체종유

해 • 아이오드값: 건성유 130 이상, 반건성유 100~130, 불건성유 100 이하
답 ③

5 다음 A항과 B항의 연결 중 맞는 것은?
    -A-   -B-
① 건 성 유 - 아이오딘가 130 이상
② 건 성 유 - 아이오딘가 100~130
③ 불건성유 - 아이오딘가 130 이상
④ 불건성유 - 아이오딘가 100~130

해 • 문제 4 해설 참조
답 ①

6 아이오딘값이 큰 유류에 대한 설명 중 맞는 것은?
① 분자량이 크다.   ② 분자량이 작다.
③ 불포화도가 크다. ④ 불포화도가 작다.

해 • 아이오드값이 크다는 것 : 불포화가 크기 때문에 2중결합을 많이 가지고 있으며 건성도 크다.
답 ③

7 아이오딘값이 크다함은 무엇을 의미하는 것인가?
① 2중결합이 많다.   ② 불건성유이다.
③ 분자량이 크다.   ④ 분자량이 작다.

해 • 문제 6 해설 참조
답 ①

⑧ 동식물유류에 대하여 기술하였다. 옳은 것은?
① 면실유는 불건성유이다.
② 아이오딘값이 130 이하인 것이 건성유이다.
③ 불포화도가 큰 기름일수록 건성이 크다.
④ 산패한 유지는 아세틸값이 적어진다.

해 · 문제 6 해설 참조
답 ③

⑨ 공기 중에서 서서히 산화되어 수지모양으로 굳어 얇은 막을 만드는 것은?
① 올리브유   ② 참기름
③ 면실유   ④ 오동기름

해 · 건성유 : 오동기름
답 ④

⑩ 아마인유에 대한 기술 중 옳지 않은 것은?
① 아이오딘가가 피마자유보다 작다.
② 공기 중 산소와 결합하기 쉽다.
③ 고급 지방산의 글리세린 에스터이다.
④ 정제한 것은 무미, 무취, 무색이다.

해 · 아마인유 : 아마인유는 건성유로서 피마자유보다 아이오딘가가 크다.
답 ①

⑪ 저장시 섬유류에 스며들어 자연발화의 위험이 있는 기름은?
① 땅콩기름   ② 야자유
③ 올리브유   ④ 해바라기유

해 · 건성유 : 해바라기유
답 ④

⑫ 동식물성 유류 중 건성유의 자연발화 조건에 속하는 것은?
① 마개를 하지 않은 용기에 장시간 보관시
② 종이나 헝겊 등에 스며서 쌓여 있을 때
③ 물이 급격히 혼합될 때
④ 순간적 충격이나 강한 빛을 쏘였을 때

해 · 건성유 : 액체자체는 자연발화가 일어나지 않으나 종이 및 헝겊 등에 스며 배어 있을 경우 공기 중의 산소와 반응하여 서서히 자연발화한다.
답 ②

⑬ 동식물유를 취급할 때의 주의사항에서 틀린 것은?
① 아마인유는 건성유이므로 자연발화의 위험이 있다.
② 아이오딘가가 클수록 자연발화의 위험이 작다.
③ 아이오딘가가 130 이상인 것이 건성유이므로 저장할 때 주의를 요한다.
④ 동식물유류 중 인화점이 물의 비점보다 낮은 것도 있다.

해 · 자연발화 : 아이오딘값이 클수록 잘 일어난다.
답 ②

⑭ 다음 지방산 중 아이오딘값이 제일 높은 것은?
① $C_{17}H_{35}COOH$ ② $C_{17}H_{33}COOH$
③ $C_{17}H_{29}COOH$ ④ $C_{17}H_{31}COOH$

해 · 불포화도가 큰 것이 아이오딘값이 크므로 수소(H)수가 적은 것이 불포화도가 크다.
답 ③

제 6 장

제5류 위험물

학습목표
- 필수 암기사항
- 유기과산화물·질산에스터류·나이트로화합물·나이트로소화합물·아조화합물·다이아조화합물·하이드라진 유도체류 하이드록실아민·하이드록실아민염류 및 행정안전부령이 정하는 것의 성질

1 필수 암기사항

- 제5류 위험물의 품명 및 지정수량
- 제5류 위험물의 일반성질
- 제5류 위험물의 저장 및 취급방법
- 제5류 위험물의 정의

※ 필수 암기사항에 대한 내용은 **완전 암기**하여 수험에 대비할 것

제5류 위험물의 품명 및 지정수량

유별 및 성질	위험등급	품 명	지정수량
제 5 류 자기반응성 물 질	I	1. 질산에스터류(질산에스테르류) 2. 유기과산화물	제1종 10kg
	II	3. 나이트로화합물(니트로화합물) 4. 나이트로소화합물(니트로소화합물) 5. 아조화합물 6. 다이아조화합물(디아조화합물) 7. 하이드라진유도체(히드라진유도체) 8. 하이드록실아민(히드록실아민) 9. 하이드록실아민염류(히드록실아민염류)	제2종 100kg
	I, II	10. 그 밖에 행정안전부령이 정하는 것 11. 제1호 내지 제10호에 해당하는 어느 하나 이상을 함유한 것	10kg 또는 100kg

※ 그 밖에 행정안전부령이 정하는 것
   금속의 아지화합물(NaN_3 〈아지드나트륨〉 등)·질산구아니딘($HNO_3 \cdot C(NH)(NH_2)_2$)

 제5류 위험물의 일반성질

(1) **자기연소**를 일으키며 연소속도가 대단히 빨라서 **폭발적**이다.
(2) 대부분 **유기질화물**이므로 가열, 충격, 마찰 등으로 폭발의 위험이 있다.
(3) 시간의 경과에 따라 **자연발화의 위험성**을 갖는다.

 제5류 위험물의 저장 및 취급방법

(1) 용기는 **밀전, 밀봉**하여 저장한다.
(2) 용기의 파손 및 균열에 주의하며, 실온, 습기, 통풍에 주의한다.
(3) 화재 발생시 **소화가 곤란**하므로 소분하여 저장한다.
(4) 점화원 및 분해를 촉진시키는 물질로부터 멀리한다.

4 제5류 위험물의 정의

(1) 질산에스터류

HNO₃(질산)의 **수소를 알킬기로 치환**한 형태의 화합물의 총칭

> ※ **질산에스터류** : 질산과 알코올의 축합물로서 물이 빠진 상태의 것이며, **질산메틸, 질산에틸, 나이트로글리콜, 나이트로글리세린, 나이트로셀룰로오스**가 있다.

(2) 유기과산화물

> ※ 위험물안전관리법에서 지정과산화물

(3) 나이트로화합물(니트로화합물)

유기화합물의 탄소와 결합된 수소원자가 **나이트로기**(-NO₂)로 치환된 화합물의 총칭을 말하며, 일반적으로 **나이트로기**(-NO₂)가 **2개** 이상인 것을 말하고, 혹은 **2질기** 또는 **2초기**라고도 한다.

> ※ **나이트로 화합물** : 우리가 막연히 잘 알고 있는 T.N.T가 이에 속하며 매우 위험성이 높으며 T.N.T. 피크린산 등이 이에 속한다.
> - 나이트로기의 구조식 : $-N{\overset{\nearrow O}{\searrow O}}$
> - 나이트로소기의 구조식 : -N=0

(4) 나이트로소화합물(니트로소화합물)

하나의 벤젠핵에 **2이상의 나이트로소기**(-NO)가 결합된 것을 말한다.

(5) 아조화합물

아조기(-N=N-)가 **알킬기**의 탄소원자와 결합해 있는 유기화합물

(6) 다이아조화합물(디아조화합물)

탄소섬유에 결합한 **다이아조기**(=N₂)를 갖는 쇄식 화합물

(7) 하이드라진유도체(히드라진유도체)

하이드라진(N_2H_4)은 유기화합물로부터 얻어진 물질로서 **제4류 위험물 중 제2석유류**이며, 하이드라진유도체는 이 **탄화수소치환체**를 포함한다.

(8) 하이드록실아민[히드록실아민(NH_2OH)]

(9) 하이드록실아민염류(히드록실아민염류)

하이드록실아민(NH_2OH)와 **황산**(H_2SO_4), **염산**(HCl), **질산**(HNO_3)의 염류

적중 출제예상문제

1 제5류 위험물 중 유기과산화물의 지정수량은?
① 10kg   ② 50kg
③ 100kg   ④ 200kg

2 다음 위험물 중 지정수량이 잘못된 것은?
① 질산에스터류 – 10kg
② 셀룰로이드류 – 10kg
③ 나이트로화합물 – 100kg
④ 나이트로소화합물 – 300kg

3 제5류 위험물 중 위험등급 Ⅰ등급인 위험물은?
① 나이트로소화합물   ② 질산에스터류
③ 나이트로화합물   ④ 아조화합물

4 나이트로소화합물은 나이트로소기가 몇 개 이상인가?
① 한 개   ② 두 개
③ 세 개   ④ 네 개

5 제5류 위험물의 취급상 옳지 않은 것은?
① 화기에 접근하지 말 것
② 소화기는 할로젠화합물소화기가 좋다.
③ 온도, 습도 등을 고려하여 저장할 것
④ 자연발화하는 것이 있으므로 주의할 것

6 제5류 위험물의 공통된 취급방법이 아닌 것은?
① 저장시 가열, 충격, 마찰을 피한다.
② 용기의 파손 및 균열에 주의한다.
③ 포장외부에 "자연발화주의" 사항을 표기한다.
④ 점화원 및 분해를 촉진시키는 물질로부터 멀리한다.

7 제5류 위험물의 화재예방상 주의사항으로서 틀린 것은?
① 점화원에 주의할 것
② 습기, 실온, 통풍에 주의할 것
③ 소화설비는 질식효과에 있는 것이 좋다.
④ 자연발화성 물질도 있으니 주의할 것

힌트

[해] • 지정수량 : 10kg
답 ①

[해] • 나이트로소화합물 : 100kg
답 ④

[해] • 위험등급 Ⅰ등급 위험물 : 유기과산화물·질산에스터류
답 ②

[해] • 나이트로소화합물 : 하나의 벤젠핵에 나이트로소기가 2개 이상인 것
답 ②

[해] • 소화방법 : 주수에 의한 냉각소화
답 ②

[해] • 포장 외부의 주의사항표시 : 화기엄금·충격주의
답 ③

[해] • 문제 5 해설 참조
답 ③

2 질산에스터류(질산에스테르류)의 성질

지정수량 : 10kg

1 질산메틸(CH₃ONO₂)

(1) 비점 66℃, 증기비중 2.65, 비중 1.22
(2) 무색투명한 액체로 방향이 있다.
(3) 비점 이상 가열하면 위험하며, **제4류 위험물과 같은 위험성**을 갖는다.

2 질산에틸(C₂H₅ONO₂)

(1) 인화점 10℃, 융점 -94.6℃, 비점 88℃, 증기비중 3.14, 비중 1.11
(2) 무색투명한 액체로 방향을 갖는다.
(3) 아질산과 같이 있으면 폭발하며, **제4류 위험물 제1석유류와 같은 위험**이 있다.

※ 질산에틸과 질산메틸 : 물에 녹지 않으며 **알코올**, 에터에 녹는다.

3 나이트로글리콜[니트로글리콜 C₂H₄(ONO₂)₂]

(1) 융점 -22℃, 비점 75℃, 비중 1.49
(2) 무체색에서 노란색의 기름상태의 액체로 **독성**이 매우 강하다.
(3) 나이트로글리세린보다 휘발성이 크고 연소시 연기는 **독성**이 매우 강하다.
(4) 나이트로글리세린과 혼합하여 **다이너마이트**의 원료로 사용한다.

4 나이트로글리세린[니트로글리세린 C₃H₅(ONO₂)₃]

(1) 라빌형의 융점 2.8℃, 스타빌형의 융점 13.5℃, 비점 160℃, 비중 1.6(15℃)
(2) 무색투명한 기름 형태의 액체(공업용은 **담황색**이다)로 약칭은 **NG**이다.
(3) 혓바닥을 찌르는 듯한 **단맛**을 갖는다.
(4) 유독한 물질이므로 피부, 호흡기를 보호할 것

(5) 규조토에 흡수시킨 것을 **다이너마이트**라 한다.
(6) 연소가 시작되면 **폭발적**이므로 **소화의 여유가 없으므로** 연소 위험이 있는 주위의 소화를 생각하여야 한다.

> ※ 분해반응식
> $4C_3H_5(ONO_2)_3 \xrightarrow{\Delta} 12CO_2\uparrow + 10H_2O\uparrow + 6N_2\uparrow + O_2\uparrow$
> (N.G)　　　　　　(이산화탄소)　(수증기)　(질소)　(산소)

5 나이트로셀룰로오스[니트로셀룰로오스{$C_6H_7O_2(ONO_2)_3$}$_n$] (질화면)

(1) **분해온도 130℃, 자연발화온도 180℃**, 착화점(발화점) 약 160~170℃
(2) 백색 또는 담황색의 면상 물질로 **질화도가 클수록** 폭발의 위험성이 **크며, 무연화약**으로 사용된다.
(3) **셀룰로오스**(섬유소)를 **진한 질산**과 **진한 황산**에 혼합시켜 제조한 것으로 약칭은 **NC**이며, **에스터**에 속한다. 또한 **나이트로글리세린**(NG)과 **융합**한 것을 **교질 다이너마이트**라 한다.
(4) 저장중에는 **함수 알코올**로 습면시킬 것
(5) 물에 녹지 않고 **직사일광** 및 산의 존재하에서 **자연발화**한다.

> ※ 질화도 : 나이트로셀룰로오스 중의 질소의 함유율(%)
> ※ 분해반응식
> $2C_{24}H_{29}O_9(ONO_2)_{11} \xrightarrow{\Delta} 24CO_2\uparrow + 24CO\uparrow + 12H_2O\uparrow + 11N_2\uparrow + 17H_2\uparrow$
> (N.C)　　　　　　　(이산화탄소)　(일산화탄소)　(수증기)　(질소)　(수소)

6 셀룰로이드

(1) 비중 1.32 ~ 1.35, **발화점 180℃**, 가소질온도 90~100℃ 질화도 11%, 중합도 400~500
(2) 무색투명하고 탄력성이 있는 고체이니 열, 빛, 산소에 의하여 **황색으로 변색**한다.
(3) 물에 녹지 않으며 알코올, 아세톤, 초산에스터에 녹는다.
(4) **제조방법** : 나이트로셀룰로오스를 장뇌와 알코올의 용액에 녹여, **교질상태**로 만든 것을 압연, 압착, 재단하여 건조시키고 알코올을 증발시켜 성형하여 만든다.
(5) 압력이나 충격에 의하여 발화하지 않으나 불에 닿으면 바로 착화하여 연소속도가 대단히 빠르므로 소화가 곤란하다.
(6) **낡은 것** 등은 공기 중의 습도가 높고 온도가 높을 때 **자연발화**의 위험이 있다.
(7) 저장할 때는 **통풍이 잘되는 찬 곳**에 보관하며 실온을 20℃ 이하가 되도록 한다.

적중 출제예상문제

질산에스터류(질산메틸·질산에틸)

1 제5류 위험물 중 지정수량이 100kg이 아닌 것은 어느 것인가?
① 나이트로화합물
② 나이트로소화합물
③ 질산에스터류
④ 아조화합물

해 • 질산에스터류의 지정수량 : 10kg
답 ③

2 나이트로글리세린의 지정수량은?
① 10kg
② 50kg
③ 100kg
④ 200kg

해 • 지정수량 : 10kg
답 ①

3 제5류 위험물에 속하는 물질은?
① 자일렌
② 질산메틸
③ 개미산에틸
④ 퓨젤유

해 • 위험물의 유별 : ① 제4류 ② 제5류 ③ 제4류 ④ 제4류
답 ②

4 다음 중 질산에스터류에 속하는 것은?
① 트라이나이트로페놀
② 트라이나이트로톨루엔
③ 나이트로글리세린
④ 나이트로벤젠

해 • 위험물의 구분 : ①② 나이트로화합물류 ③ 질산에스터류 ④ 제3석유류
답 ③

5 제5류 위험물에 있어서 상온에서 액체는?
① 피크린산
② 나이트로셀룰로오스
③ 트라이나이트로톨루엔
④ 질산에틸

해 • 상태 : ①②③ 고체 ④ 액체
답 ④

6 질산에스터류의 성질에서 옳은 것은?
① 전부 물에 녹는다.
② 부식성 산이다.
③ 산소 함유물질이며 가연성이다.
④ 산소를 함유하는 무기 물질이다.

해 • 질산에스터류(제5류 위험물) : 자체내에 산소를 함유한 자기반응성물질
답 ③

7 질산에틸의 성질 중 틀린 것은?
① 물에 녹지 않는다.
② 무색의 액체이며 실온에서는 인화되지 않는다.
③ 증기는 공기보다 무겁다.
④ 감미로운 액체이다.

해 • 질산에틸 : 인화점이 10℃이므로 상온에서 인화의 위험이 있다.
답 ②

⑧ 질산에틸의 저장 및 취급시 주의사항이 아닌 것은?
① 인화되기 쉽다.
② 비점 이상 가열하면 폭발한다.
③ 아질산과 같이 있으면 폭발한다.
④ 통풍이 안되는 냉암소에 저장한다.

해 • 질산에틸 : 통풍이 잘되는 냉암소에 저장할 것
답 ④

⑨ 제5류의 위험물의 폭발의 위험성에 관해 다음에서 옳지 않은 것은?
① 트라이나이트로톨루엔은 충격을 가하면 폭발한다.
② 피크린산은 대기 중에서 점화하면 그을음이 많은 화염을 내면서 타지만 폭발은 하지 않는다.
③ 셀룰로이드류는 폭발보다는 오히려 착화하기 쉽고 자연발화를 일으키기 쉽다.
④ 질산에틸은 반드시 인화와 동시에 폭발한다.

해 • 질산에틸 : 인화와 동시에 폭발하지 않으며 비점($66°C$) 이상 가열될 경우 폭발한다.
답 ④

나이트로글리세린(N.G)

⑩ 나이트로글리세린에 관한 설명이다. 옳은 것은?
① 심하게 가열, 마찰, 또는 충격을 주면 결렬하게 폭발하는 위험성이 있다.
② 액체이므로 개방한 용기에 저장하여도 안전하다.
③ 유기용매에 잘 녹지 않으므로 물로 씻어내면 안전하다.
④ 증기밀도가 적어서 공기 중에 쉽게 확산되어 감지하기 쉽다.

해 • 나이트로글리세린 : 폭발성 액체로 충격에 매우 민감히 반응하여 폭발한다.
답 ①

⑪ 다음 중 규조토에 흡수시켜 다이너마이트를 제조하는 위험물은?
① 나이트로셀룰로오스
② 질산에틸
③ 장뇌
④ 나이트로글리세린

해 • 다이너마이트 : 나이트로글리세린을 규조토에 흡수시켜 제조
답 ④

⑫ 나이트로글리세린에 대하여 다음 중 옳은 것은?
① 나이트로기를 세 개 가지고 있으므로 위험물안전관리법상 제5류의 나이트로화합물에 속한다.
② 충격에 대하여 매우 민감하여 폭발을 일으키기 쉽다.
③ 물에 의해 쉽게 분해된다.
④ 대기 중에서 점화하면 연소하나 폭발을 일으키는 일은 없다.

해 • 문제 11 해설 참조
답 ②

⑬ 화재예방상 위험물의 저장 방법으로 틀린 것은?
① Mg, Zn 등의 금속분을 산화성 물질과의 혼합을 피할 것
② CrO_3는 환원제와의 접촉을 피할 것
③ HNO_3는 직사일광을 피하고 찬 곳에 저장할 것
④ $C_3H_5(ONO_2)_3$는 흡습성이므로 햇빛이 잘 드는 곳에 저장할 것

해 • 나이트로글리세린 : 흡수성이 없으며, 냉암소에 저장한다.
답 ④

⑭ 4몰의 나이트로글리세린이 분해하면 12몰의 CO_2가 발생한다. 표준 상태에서 1몰의 나이트로글리세린이 분해하였을 때 생성되는 CO_2가스의 체적은 몇 ℓ가 되는가?
① 3 ℓ
② 37.2 ℓ
③ 67.2 ℓ
④ 27.2 ℓ

해 • 표준상태(0℃, 1기압에서 모든 기체 1몰의 부피는 22.4 ℓ 이다.
∴ $22.4 \times \dfrac{12}{4} = 67.2$ ℓ
답 ③

나이트로셀룰로오스(N.C)

⑮ 나이트로셀룰로오스의 주원료는 무엇인가?
① 톨루엔
② P.V.C. 수지
③ 아세트산비닐
④ 정제한 솜

해 • 나이트로셀룰로오스 : 정제한솜(목화솜)을 나이트로화 한 것
답 ④

⑯ 셀룰로오스의 수산기 3개가 전부 질산에스터로 된 것은?
① 파이록실린
② 면화약
③ 일질산셀룰로오스
④ 이질산셀룰로오스

해 • 면화약(나이트로셀룰로오스) : 셀룰로오스(정제솜)를 나이트로화제로 나이트로화한 질산에스터
답 ②

⑰ 질화면의 성질에 맞는 것은?
① 질화도가 클수록 폭발성이 세다.
② 수분이 많이 포함될수록 폭발성이 크다.
③ 외관상 솜과 같은 진한 갈색의 물질이다.
④ 질화도가 낮을수록 아세톤에 녹기 힘들다.

해 • 질화면(나이트로셀룰로오스) : 유기질소화합물로써 질화도(질소의 함유율)가 클수록 폭발성이 세다.
답 ①

⑱ 질화면에서 강질화면과 약질화면의 구별은 어떻게 하는가?
① 분자의 크기
② 질소의 함량
③ 질화온도
④ 물에 대한 용해도

해 • 문제 17 해설 참조
답 ②

⑲ 나이트로셀룰로오스(질화면)의 제법으로 가장 적당한 것은?
① 셀룰로오스에 진한 황산과 진한 질산의 혼합으로 에스터화 한다.
② 글리세린에 진한 황산과 진한 질산의 혼합으로 에스터화 한다.
③ 셀룰로오스에 진한 염산과 진한 질산으로 에스터화 한다.
④ 글리세린에 진한 염산과 진한 질산으로 에스터화 한다.

해 • 나이트로셀룰로오스 : 질산과 황산의 혼합액과 셀룰로오스의 에스터
답 ①

⑳ 다음 중 산과 반응하여 에스터를 만드는 것은?
① 셀롤로오스
② 나프탈렌
③ 아닐린
④ 에틸에터

해 • 문제 19 해설 참조
답 ①

㉑ 건조하면 타격, 마찰에 의하여 폭발하므로 저장·운반할 때에는 알코올 등을 습면약으로 취급하는 것은 다음 중 어느 것인가?
① 나이트로글리세린
② 트라이나이트로톨루엔
③ 나이트로셀룰로오스
④ 다이나이트로나프탈렌

해 • 나이트로셀룰로오스 : 저장·수송중 고온·건조 상태에서 분해·폭발의 위험이 있으므로 함수알코올로 습면 시킨다.
답 ③

22 질화면(나이트로셀룰로오스)의 저장 및 취급방법 중 옳지 않은 것은?
① 고온 건조한 곳에 저장한다.
② 마찰에 주의한다.
③ 냉암소에 저장한다.
④ 수송시 함수 알코올로 습면시킨다.

23 나이트로셀룰로오스의 저장 및 취급으로 옳은 것은?
① 알코올에 녹여서 저장한다.
② 물에 녹여서 저장한다.
③ 드럼통에 넣어서 습한상태로 밀봉한다.
④ 알칼리에 넣어 저장한다.

24 다음 위험물이 연소할 때 자기연소를 일으키지 않는 것은?
① $C_3H_5(ONO_2)_3$ ② $[C_6H_7O_2(ONO_2)_3]_n$
③ CH_3ONO_2 ④ $C_6H_5NO_2$

25 제5류 위험물에 속하지 않는 물질은?
① 나이트로글리세린   ② 나이트로셀룰로오스
③ 질산메틸   ④ 나이트로벤젠

26 셀룰로이드에 관한 설명 중 틀린 것은?
① 지정수량은 10kg이다.
② 탄력성이 있는 고체이다.
③ 장시간 방치된 것은 햇빛, 고온 등에 의하여 분해하며 자연발화의 위험이 있다.
④ 물에 잘 녹으며 알코올, 아세톤, 초산에스터에 녹지 않는다.

해 • 문제 21 해설 전단 참조
※ 함수알코올 : 물을 함유한 알코올
답 ①

해 • 나이트로셀룰로오스 : 저장용기는 드럼통이나 나무상자를 사용하여 **함수알코올로 습면시킨다.**
답 ③

해 • 자기연소 : 제5류 위험물
※ $C_6H_5NO_2$(나이트로벤젠) : 제4류 위험물
답 ④

해 • 문제 24 해설 참조
답 ④

해 • 셀룰로이드는 물에 녹지 않으며 알코올, 아세톤, 초산에스터에 잘 녹는다.
답 ④

> **휴게실**

◆ **나이트로셀룰로오스 옷감 사용중지**
　나이트로셀룰로오스는 셀룰로오스 즉 섬유소, 다시 말하면 **목화솜** 등을 **농질산과 농황산**을 가하여 제조합니다. 한편, 이 나이트로셀룰로오스에서 **실을 처음 뽑아낸 나라는** 1800년대에 **영국**이며, 이 실로 짠 옷감으로 옷을 처음 해 입은 나라도 영국입니다. **이 옷감은 영국에서 시작되어 영국에서 끝이 났지요.** 1800년대 개발된 이 **옷감은 감촉이 매우 좋아** 영국의 **귀족층**에서 널리 옷을 해 입었으며, 서민으로서는 옷감이 고가여서 옷을 지어 입을 엄두도 못낼 정도이었는데 어느날 한 귀족부인이 **이 옷감으로 멋진 드레스를 차려입고 무도회에 참가하였다가** 한 신사의 담뱃불에 인화되어 그 무도회가 **한 귀족 부인의 장사날**이 되었습니다. 이유인즉 여러분도 잘 알다시피 **나이트로셀룰로오스는 자기반응성 물질로** 우리나라에서는 **제5류 위험물**로 지정되어 있으므로 외부의 산소공급 없이도 연소가 가능하므로 소화기에 의한 질식소화로는 연소를 중지시킬 수 없었던 것 입니다. 그리하여 **사고 후 옷감의 생산이 중단**되었습니다.

3 유기과산화물의 성질

지정수량 : 10kg

 과산화벤조일[$(C_6H_5CO)_2O_2$](벤젠퍼옥사이드, 벤조일퍼옥사이드)

(1) 발화점 125℃, 융점 103~105℃, 비중 1.33, **함유율 35.5wt % 이상**

[구조식] O = C – O – O – C = O
 (벤젠고리) (벤젠고리)

(2) 무색·무취의 **백색** 분말 또는 결정이다.
(3) **상온**에서는 **안정된 물질**로 **센 산화성 물질**이다.
(4) **가열**하면 100℃에서 흰 연기를 내며 심하게 **분해**한다.
(5) 75~80℃에서 **오래** 있으면 **분해**한다.
(6) **산화되기 쉬운 물질**과 접촉하면 **폭발**의 위험이 있다.
(7) **건조상태**에서 마찰·충격으로 **폭발**의 위험이 있다.
(8) 물에 녹지 않고 **알코올**에 약간 녹으며 **에터 등** 유기용제에 잘 녹는다.
(9) **희석제** : 프탈산다이메틸, 프탈산다이뷰틸
(10) **용도** : 소맥분 및 압맥의 표백제, 유지 등의 표백제, 의약·화장품 등

> **참고**
> ※ **과산화벤조일** : 물에 녹지 않으나 **수분**을 함유하거나 **희석제**를 첨가하면 분해·**폭발**을 **억제**할 수 있다.
> ※ 소맥분 및 압맥의 **표백제**로 사용할 때의 **사용량** : 1kg에 대하여 0.3g 이하

 과산화메틸에틸케톤[$(CH_3COC_2H_5)_2O_2$](메틸에틸케톤퍼옥사이드)

(1) 분해온도 40℃ 이상, 발화점 205℃, 융점 −20℃ 이하, 약칭 MEKPO, 60% 이상 **함유율**

[구조식] CH_3 \ / O – O \ / CH_3
                C   C
         C_2H_5 / \ O – O / \ C_2H_5

(2) 무색, 독특한 냄새가 나는 **기름 형태의 액체**
(3) 헝겊, 탈지면이나 쇠녹 및 규조토와의 접촉으로 **30℃에서 분해**
(4) 시판품의 희석제 : 프탈산다이메틸, 프탈산다이뷰틸 50~60%

과산화아세틸

함유율 25wt % 이상

적중 출제예상문제

유기과산화물

1 MEKPO의 지정수량은 얼마인가?
① 10kg　　　　② 30kg
③ 40kg　　　　④ 50kg

해 · 지정수량 : 10kg
답 ①

2 유기과산화물의 화재예방상 주의사항으로 틀린 것은?
① 모든 열원으로부터 멀리한다.
② 직사광선을 피해야 한다.
③ 용기의 파손에 의해서 누출 위험이 있으므로 정기적으로 점검한다.
④ 환원제는 상관없으나 산화제와는 멀리할 것

해 · 유기과산화물 : 환원제 및 산화제와의 접촉으로 폭발의 위험이 있다.
답 ④

3 유기과산화물을 저장할 때 주의사항으로서 틀린 것은?
① 환기가 잘 되는 냉암소에 저장한다.
② 다른 산화제와 저장하는 것이 무방하다.
③ 건조하고 온도가 높은 곳은 피해야 한다.
④ 환원제와 격리하여 저장한다.

해 · 문제 2 해설 참조
답 ②

4 유기과산화물의 저장시 주의사항으로서 옳은 것은?
① 일광이 드는 건조한 곳에 저장한다.
② 자신은 불연성이지만 다른 가연물이 있으면 폭발의 위험이 있다.
③ 강한 환원제를 가까이 하지 말 것
④ 산화제이므로 다른 산화제와 같이 저장해도 좋다.

해 · 문제 2 해설 참조
답 ③

5. 다음 위험물 중 가연물과 산소를 많이 함유하므로 희석제 및 안정제를 가하여야 하는 물질은?
① $(C_6H_5CO)_2O_2$
② $NaNO_3$
③ $NaClO_4$
④ K_2O_2

해 · 안정제 첨가위험물 : $(C_6H_5CO)_2O_2$, MEKPO 등

답 ①

6. 다음 위험물을 취급할 때 특히 화기에 주의하여야 할 것은?
① NH_4NO_3
② $(C_6H_5CO)_2O_2$
③ $NaClO_4$
④ MgO_2

해 · $(C_6H_5CO)_2O_2$(과산화벤조일) : 화기엄금

답 ②

7. 유기과산화물의 희석제로 널리 사용되는 것은?
① 물
② 벤젠
③ MEKPO
④ 프탈산다이메틸

해 · 희석제 : 프탈산다이메틸, 프탈산다이뷰틸 등

답 ④

8. 과산화벤조일에 대한 설명 중 틀린 것은?
① 염화벤조일에 과산화소다를 작용시켜 제조한다.
② 사용량은 소맥분 1kg에 대해서 0.5g 이하로 한다.
③ 강산화물질 이다.
④ 산화하기 쉬운 다른 물질과 접촉하면 화재를 일으킨다.

해 · 과산화벤조일 : 식품첨가제(표백제)로 사용할 경우 소맥분 또는 압맥 1kg에 대하여 0.3g 이하로 한다.

답 ②

9. 과산화벤조일의 성질 중 맞는 것은?
① 무색의 결정으로 물에 잘 녹는다.
② 상온에서 안정한 물질이다.
③ 수분을 포함하고 있으면 폭발하기 쉽다.
④ 다른 유기물, 가연물과 접촉시에 상온에서는 위험성이 적다.

해 · 과산화벤조일(벤젠퍼옥사이드) : 상온에서 안정한 물질이다.

답 ②

10. 과산화벤조일의 저장 및 취급에 있어서 옳지 않은 것은?
① 가열, 충격, 마찰을 피한다.
② 환기가 잘되는 냉암소에 보관한다.
③ 다른 물질과 섞이지 않게 한다.
④ 공기나 물의 접촉은 절대 피해야 한다.

해 · 문제 7 해설 참조
※ 물과의 접촉으로 분해 · 폭발을 억제할 수 있다.

답 ④

11. 폴리스티렌, 폴리메타크릴산메틸, 폴리아크릴로니트릴 제조의 중합개시제로서 사용하는 물질은 어느 것인가?
① 과산화나트륨
② 과산화바륨
③ 벤젠퍼옥사이드
④ 질산바륨

해 · 폴리스티렌 등의 제조 중합개시제 : 벤젠퍼옥사이드

답 ③

4. 나이트로화합물(니트로화합물)의 성질

지정수량 : 100kg

1 트라이나이트로톨루엔[트리니트로톨루엔{$C_6H_2CH_3(NO_2)_3$}] (TNT)

(1) 착화점 약 300℃, 융점 81℃, 비점 280℃, 비중 1.66, 폭속 7,000m/s
(2) 담황색의 주상결정이며 일광하에서 다갈색으로 변하며, 약칭은 T.N.T 이다
(3) 강력한 폭약이며 폭발력의 표준으로 사용하며 가열·강한 타격 등에 의하여 폭발한다.
(4) 피크린산(PA)보다 충격감도가 약간 둔하며, 폭성도 약간 떨어진다.
(5) 물에 녹지 않으며 아세톤·벤젠·알코올·에터에 잘 녹으며 중금속과는 작용하지 않는다.

> **참고**
>
> ※ 제법 : 톨루엔에 나이트로화제(황산과 질산의 혼산)를 혼합하여 만든다.
>
>
>
> ※ 분해반응식
>
> $2C_6H_2CH_3(NO_2)_3 \xrightarrow{\triangle} 12CO\uparrow + 5H_2\uparrow + 2C + 3N_2\uparrow$
> (T.N.T)　　　　　　(일산화탄소)　(수소)　(탄소)　(질소)
>
> [트라이나이트로톨루엔의 구조식]

트라이나이트로페놀[트리니트로페놀{$C_6H_2OH(NO_2)_3$}] 〈피크린산〉 〈PA〉

(1) 착화점 약 300℃, 융점 122.5℃, 비점 255℃, 비중 1.8, 폭속 7,000m/s
(2) 휘황색의 침상결정으로 별명은 **피크린산**이라고 한다.
(3) 쓴 맛이 있으며 독성이 있다. **황색 염료**로 사용한다.
(4) 찬물에는 극히 적게 녹으나 **더운물, 알코올, 에터, 벤젠에는 잘 녹는다.**
(5) 단독으로는 마찰·충격에 안정하며, **구리·납·아연**과 **피크린산염**을 만든다.
(6) 금속염, 아이오딘, 가솔린, 알코올, 황 등과의 **혼합물**은 마찰·충격에 의하여 **폭발**한다.
(7) 연소할 때 검은 연기를 내고 타지만 **폭발은 하지 않는다.**

> **참고**
>
> ※ 제법 : 페놀을 **나이트로화**한다.
>
>
>
> ※ 분해반응식
> $2C_6H_2OH(NO_2)_3 \xrightarrow{\triangle} 6CO\uparrow + 4CO_2\uparrow + 3H_2\uparrow + 2C + 3N_2\uparrow$
> (피크린산)　　　　　(일산화탄소)　(이산화탄소)　(수소)　(탄소)　(질소)

그 밖의 나이트로화합물

(1) 다이나이트로벤젠 및 트라이나이트로벤젠

[다이나이트로벤젠의 구조식]
약칭 : DNB

[트라이나이트로벤젠의 구조식]
약칭 : TNB

(2) 다이나이트로톨루엔

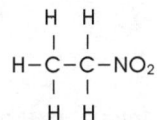

[다이나이트로톨루엔의 구조식]
약칭 : DNT

(3) 나이트로메테인 및 나이트로에테인

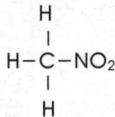

[나이트로메테인의 구조식]   [나이트로에테인의 구조식]

5 나이트로소화합물(니트로소화합물)의 성질

지정수량 : 100kg

 파라다이나이트로소벤젠[$C_6H_4(NO)_2$]

(1) 가열, 충격에 의하여 폭발한다.
(2) 고무가황제 및 퀴논디옥시옴의 원료로 사용된다.

[구조식]

 다이나이트로소레조르신[$C_6H_2(OH)_2(NO)_2$]

(1) 회흑색의 결정이다.
(2) 목면의 나염에 쓰인다.

[구조식]

적중 출제예상문제

트라이나이트로톨루엔(T.N.T)

1. 제5류 위험물 중 나이트로화합물은?
① 나이트로벤젠 ② 트라이나이트로톨루엔
③ 질산에틸 ④ 나이트로글리세린

2. 나이트로화합물이란?
① 피크린산 ② 질산암모늄
③ 질산에틸 ④ 나이트로글리세린

3. 제5류 위험물인 나이트로화합물의 특징으로 틀린 것은?
① 충격을 가하면 위험하다. ② 산소함유물질이다.
③ 연소속도가 빠르다. ④ 불연성 물질이다.

4. 화약을 만드는 반응은?
① 산화반응 ② 환원반응
③ 할로젠화반응 ④ 나이트로화반응

5. 나이트로화합물은 폭약과 관계가 깊은데 그것은 다음에 어느 이유 때문인가?
① 산화작용이 있다.
② 분자중에 산소를 다량 함유하고 있어 공기 없이도 잘 탄다.
③ 환원작용이 있다.
④ 물에 잘 녹는 물질이다.

6. 나이트로화합물 중 폭발성 위험물로 중금속과 반응하는 것은?
① 질산에틸 ② 나이트로글리세린
③ 나이트로셀룰로오스 ④ T.N.P

7. 나이트로화합물을 저장할 경우 가장 옳은 것은?
① 담은 그릇의 마개를 꼭 막아 밀폐된 장소에 놓아둔다.
② 담은 그릇의 마개를 꼭 막아 햇볕이 잘 드는 곳에 놓아둔다.
③ 담은 그릇의 마개를 꼭 막아 통풍이 잘 되는 곳에 놓아둔다.
④ 담은 그릇의 마개를 조금 헐겁게 막아 통풍이 잘 되는 곳에 놓아둔다.

8. 트라이나이트로톨루엔에 관한 다음 기술 중 틀린 것은?
① 피크린산이라고도 부른다. ② 담황갈색의 고체이다.
③ 폭약으로 사용된다. ④ 물에는 녹기 어렵다.

힌트

• 나이트로화합물 : 트라이나이트로톨루엔(T.N.T), 트라이나이트로페놀(피크린산) 등
답 ②

• 문제 1 해설 참조
답 ①

• 나이트로화합물 : 자기반응성 물질로 가연물이다.
답 ④

• 나이트로화 : 질산과 황산(나이트로화제)으로 화약을 만드는 반응
답 ④

• 나이트로화합물 : 자기반응성 물질로 자체 산소를 함유한 물질
답 ②

• T.N.T : 금속과 반응하는 일이 없다.
답 ④

• 나이트로화합물 : 용기는 밀전하여 통풍이 잘되는 냉암소에 저장한다.
답 ③

• 피크린산 : 트라이나이트로 페놀, 피크린산
답 ①

⑨ 트라이나이트로톨루엔의 설명 중 적당하지 못한 것은?
① 일광을 쪼이면 갈색으로 변하나 독성은 없다.
② 착화온도가 약 300℃이다.
③ 에터나 알코올에 잘 녹는다.
④ 갈색의 액체로서 비중은 1.8 정도이다.

⑩ T.N.T는 다음 어느 물질의 유도체인가?
①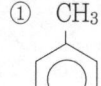
②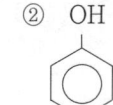
③
④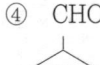

⑪ T.N.T의 제조원료로서 다음 중 맞는 것은?
① 톨루엔, 질산, 염산   ② 글리세린, 벤젠, 질산
③ 벤젠, 질산, 황산   ④ 톨루엔, 황산, 질산

⑫ 폭발성을 가지는 유기화합물은?
①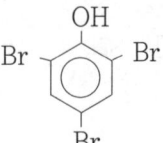
②
$$Cl - \underset{\underset{Cl}{|}}{\overset{\overset{Cl}{|}}{C}} - CHO$$

③ (OH, OH, OH 벤젠)
④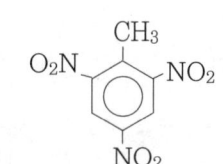

⑬ 다음 T.N.T가 폭발하였을 때 발생하지 않은 가스는?
① CO   ② N_2
③ SO_2 ④ H_2

⑭ TNT가 폭발했을 때 발생하는 유독기체는?
① N_2 ② CO_2
③ C   ④ CO

⑮ 다음 위험물을 취급할 때 충격·마찰에 의한 위험이 가장 적은 것은?
① $CH_3H_5(ONO_3)_3$
② $C_{24}H_{29}O_9(NO_3)_{11}$
③ $C_6H_2CH_3(NO_2)_3$
④ $C_6H_2(OH)_2(NO)_2$

해 • $C_6H_2CH_3(NO_2)_3$: 트라이나이트로톨루엔(T.N.T)로서 단독으로는 충격·마찰에 둔감하나 급격한 타격에 의하여 폭발한다.
답 ③

⑯ T.N.T(Tri Nitro Toluene)의 분자량은?(단, H=1, C=12, O=16, N=14)
① 77
② 91
③ 227
④ 239

해 • $C_6H_2CH_3(NO_2)_3$의 분자량
  $C:12 \times 7=84$,
  $H:1 \times 5=5$,
  $O:16 \times 6=96$,
  $N:14 \times 3=42$
  ∴ 분자량 : 227
답 ③

트라이나이트로페놀(피크린산)

⑰ 제5류 위험물로 황색염료와 폭약으로 사용하는 물질은?
① 피크린산
② 질산에틸
③ 나이트로셀룰로오스
④ T.N.T

해 • 피크린산(트라이나이트로페놀) : 황색 염료 및 폭약으로 사용되는 나이트로화합물
답 ①

⑱ 다음 그림의 구조식과 관계없는 것은 무엇인가?
① 노란색 염료
② 화상이나 궤양치료제
③ T.N.T
④ 피크린산

해 • 피크린의 구조식
답 ③

⑲ 트라이나이트로페놀(피크린산)의 성상으로 맞지 않는 것은?
① 융점 81℃, 비점 280℃
② 쓴 맛이 있으며 독성이 있다.
③ 단독으로는 마찰·충격에 안정하다.
④ 알코올, 에터, 벤젠에 잘 녹는다.

해 • 성질 : 융점 122.5℃, 비점 255℃
답 ①

⑳ 피크린산에 대한 설명 중 맞지 않는 것은?
① 노란색 물감으로 폭약에 쓰인다.
② 수용액은 산성으로 쓴맛을 가진다.
③ 황색의 침상결정이다.
④ 마찰, 타격에 둔감하고 연소시 흰 연기를 낸다.

해 • 피크린산 : 단독으로는 마찰·충격에 둔감하며 연소시 검은 연기를 낸다.
답 ④

㉑ 다음 중 단독으로 있을 때 마찰충격에 의해서 쉽게 폭발하지 않는 것은?

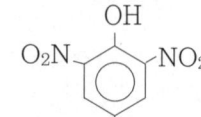

③ $[C_6H_7O_2(ONO_2)_3]_n$
④ $C_3H_5(ONO_2)_3$

해 • 문제 20 해설 참조
답 ②

㉒ 피크린산의 저장 및 취급법은 어느 것인가?
① 가솔린에 저장한다.
② 아이오딘에 녹여서 저장한다.
③ 산화성 물질과 혼합되지 않게 저장한다.
④ 알코올로 축여서 저장한다.

해 • 피크린산 : 단독으로는 안정하나 산화성 물질과 접촉·혼합되면 마찰·충격으로 폭발한다.
답 ③

㉓ 피크린산의 다음 설명에서 옳지 않은 것은?
① 맛을 느낄 수가 없다.
② 독성이 있다.
③ 벤젠, 더운 물에 잘 녹는다.
④ 단독으로 타격, 마찰 등에 별 위험성이 없다.

해 • 피크린산 : 쓴맛을 갖는다.
답 ①

㉔ 피크린산의 용도에 대한 다음 사항 중에서 옳지 않은 것은?
① 무연화약의 원료
② 농약
③ 염료
④ 불꽃놀이 화약

해 • 무연화약의 원료 : 나이트로셀룰로오스
답 ①

㉕ 피크린산(Picric acid)은 무슨 반응으로 만들어지는가?
① 할로젠화작용
② 산화작용
③ 에스터화반응
④ 나이트로화반응

해 • 피크린산 : 페놀을 술폰화한 후 나이트로화하여 제조
답 ④

㉖ 다음 중 피크린산 1몰이 분해(폭발)하였을 때 생성되는 생성물을 바르게 나타낸 항은 어느 것인가?
① $12CO_2 + 10H_2O + 6N_2 + O_2$
② $2CO_2 + 3CO + 1.5N_2 + 1.5H_2 + C$
③ $12CO + 3N_2 + 5H_2 + 2C$
④ $6CO + 2H_2O + 1.5N_2 + O_2$

해 • 피크리산의 분해 반응
$2C_6H_2OH(NO_2)_3 \xrightarrow{\Delta}$
$4CO_2+6CO+3N_2+2C+3H_2$
∴ 1몰의 경우 : $2CO_2+3CO+1.5N_2+C+1.5H_2$
답 ②

㉗ 피크린산의 위험성과 소화 방법으로서 틀린 것은?
① 이산의 금속염은 대단히 위험하다.
② 건조할수록 위험성이 증가한다.
③ 알코올 등과 혼합된 것은 폭발의 위험이 있다.
④ 화재시에는 질식소화가 효과있다.

해 • 소화방법 : 주수에 의한 냉각소화
답 ④

나이트로소화합물

㉘ 제5류 위험물 중 다이나이트로소레조르신의 지정수량은?
① 10kg
② 50kg
③ 100kg
④ 200kg

해 • 지정수량 : 100kg
답 ③

㉙ 다음 나이트로소화합물에 대한 설명 중 옳지 않은 것은?
① 고상 물질이다.
② 지정수량은 200kg이다.
③ 반드시 벤젠핵을 가져야 한다.
④ NO가 1개이상 반드시 있어야 한다.

[해] • 나이트로소화합물 : 1의 벤젠핵에 2 이상의 나이트로소기가 결합된 것
[답] ④

㉚ 다음 제5류 위험물이며 자기반응성물질로써 목면의 나염에 쓰이는 것은?
① 다이나이트로나프탈렌
② 다이아조다이나이트로페놀
③ 다이나이트로소레조르신
④ 트라이메틸렌트라이나이트라민

[해] • 목면나염제 : 다이나이트로소레조르신
[답] ③

㉛ 다음 제5류 위험물이며 자기반응성 물질로서 목면의 나염에 쓰이는 다이나이트로소레조르신의 구조식은?

①

$\begin{array}{c}NO_2\\ \\ \\NO_2\end{array}$ (벤젠고리)

②

$\begin{array}{c}NO\\ \\NO\end{array}$ (벤젠고리)

③

$\begin{array}{c}OH\\ NO\\ OH\\ NO\end{array}$ (벤젠고리)

④

$\begin{array}{c}CH_3\\ NO_2\\ NO_2\end{array}$ (벤젠고리)

[해] • 명칭
① 다이나이트로벤젠
② 파라다이나이트로소벤젠
③ 다이나이트로소레조르신
④ 다이나이트로톨루엔
[답] ③

㉜ 고무가황제 및 퀴논디옥시움의 원료로 사용되며 폭발력은 그리 세지 않은 제5류 위험물은?
① 파라다이나이트로소벤젠
② D.P.T
③ 다이나이트로소레조르신
④ 나이트륨아미드

[해] • 고무가황제 : 파라다이나이트로소벤젠
[답] ①

6 아조화합물의 성질

지정수량 : 100kg

 아조벤젠($C_6H_5N=NC_6H_5$)

(1) 트랜스형과 시스형이 있다.
(2) 트랜스아조벤젠 : 등적색 결정이며 융점 68℃, 비점 293℃이다.

(3) 시스아조벤젠 : 트랜스아조벤젠의 용액에 **빛을 비추면 시스형**으로 **이성질화**되며 융점 71℃로 불안정하여 실온에서 다시 **트랜스형**으로 된다.
(4) **환원**하면 **하이드라조벤젠**이 된다.

 하이드록시아조벤젠 ($C_6H_5N=NC_6H_4OH$)

(1) 3가지 이성질체가 있다.
(2) O-(융점 83℃), m-(융점 114~116℃), P-(융점 152℃)
(3) 황색 결정으로 염료가 사용한다.

 아미노아조벤젠 ($C_6H_5N=NC_6H_4NH_2$)

(1) 융점 127℃   (2) 황색의 결정

 아족시벤젠 ($C_{12}H_{10}N_2O$)

(1) 융점 36℃
(2) 황색의 침상결정
(3) 나이트로벤젠을 알코올칼륨으로 환원하면 생긴다.

7 다이아조화합물(디아조화합물)의 성질

지정수량 : 100kg

 다이아조메테인 (CH_2N_2)

(1) 융점 - 145℃, 비등점 -24℃
(2) 황색, 무취의 기체

 다이아조카복실산에틸 ($N_2CHCOOC_2H_5$)

(1) 비점 140℃
(2) 황색 유상의 액체
(3) 반응성이 강하며 **알칼리성**으로 주의하여 **환원**하면 **하이드라진유도체**가 된다.

8 하이드라진유도체(히드라진유도체)의 성질

지정수량 : 100kg

 페닐하이드라진 ($C_6H_5NHNH_2$)

(1) 융점 23℃, 비점 21℃, 비중 1.091
(2) 무색의 결정 또는 액체이며 **공기 중**에서 산화되어 **갈색**이 된다.

 하이드라조벤젠 ($C_6H_5NHHNC_6H_5$)

(1) 융점 126℃
(2) 무색 결정으로 물, 아세트산에 녹지 않고 유기용매에 녹는다.
(3) **아조벤젠**을 **환원**하여 얻으며, **산화**하면 **아조벤젠**이 된다.

9 하이드록실아민(히드록실아민)의 성질

지정수량 : 100kg

 하이드록실아민 (NH_2OH)

(1) 융점 33℃, 분해온도 130℃
(2) 무색의 결정이며 공기 중에서 자연발화의 위험이 있다.

10 하이드록실아민염류(히드록실아민염류)의 성질

지정수량 : 100kg

 황산하이드록실아민 ($NH_2OH \cdot H_2SO_4$)

(1) 융점 170℃(융점 이상에서 폭발적으로 분해) (2) 무색의 고체

 염산하이드록실아민 ($NH_2OH \cdot HCl$)

 질산하이드록실아민 ($NH_2OH \cdot HNO_3$)

적중 출제예상문제

아조화합물 등

1. 제5류 위험물 중 아조벤젠의 지정수량은?
① 50kg ② 100kg
③ 300kg ④ 500kg

해 • 지정수량 : 100kg
답 ②

2. 제5류 위험물 중 디아조메테인의 지정수량은?
① 10kg ② 50kg
③ 100kg ④ 200kg

해 • 지정수량 : 100kg
답 ③

3. 제5류 위험물 중 페닐하이드라진의 지정수량은?
① 50kg ② 100kg
③ 300kg ④ 500kg

해 • 지정수량 : 100kg
답 ②

4. 아조벤젠을 환원하면 생성되는 제5류 위험물은?
① 나이트로벤젠 ② 다이아조메테인
③ 아족시벤젠 ④ 하이드라조벤젠

해 • 환원제 : 하이드라조벤젠
답 ④

5. 나이트로벤젠을 알코올칼륨으로 환원하면 생성되는 제5류 위험물은?
① 아조벤젠 ② 다이아조벤젠
③ 아족시벤젠 ④ 아미노아조벤젠

해 • 환원제 : 아족시벤젠
답 ③

6. 다음 중 제5류 위험물이 아닌 것은 무엇인가?
① 나이트로벤젠 ② 파라다이나이트로소벤젠
③ 다이나이트로소레조르신 ④ 다이아조벤젠

해 • 나이트로벤젠 : 제4류 위험물
답 ①

7. 다음 중 자기반응성 물질끼리 묶인 것이 아닌 것은?
① 과산화벤조일, 질산메틸
② 나이트로글리세린, 셀룰로이드
③ 아세트나이트릴, 트라이나이트로톨루엔
④ 아조벤젠, 파라다이나이트로소벤젠

해 • 아세트나이트릴(CH_3CN) : 제4류 위험물 중 제1석유류
답 ③

8. 하이드록실아민의 지정수량은?
① 10kg ② 100kg
③ 200kg ④ 300kg

해 • 지정수량 : 100kg
답 ②

제 7 장

제6류 위험물

학습목표

- 필수 암기사항
- 과염소산·과산화수소·질산·발연질산 및 행정안전부령이 정하는 것의 성질

1 필수 암기사항

- 제6류 위험물의 품명 및 지정수량
- 제6류 위험물의 일반성질
- 제6류 위험물의 저장 및 취급방법

참고

※ 필수 암기사항에 대한 내용은 **완전 암기**하여 수험에 대비할 것

1 제6류 위험물의 품명 및 지정수량

유별 및 성질	위험등급	품　명	지정수량
제 6 류 산화성 액체	I	1. 질산 2. 과산화수소 3. 과염소산	300kg 300kg 300kg
	I	4. 그 밖에 행정안전부령이 정하는 것 5. 제1호 내지 제4호에 해당하는 어느 하나 이상을 함유한 것	300kg

※ 그 밖에 행정안전부령이 정하는 것
- 할로젠간화합물(BrF_3, BrF_5, IF_5, ICl, IBr 등)

2 제6류 위험물의 일반성질

(1) 모두 **무기화합물**로서 부식성 및 유독성이 강한 **강산화제**이다.
(2) 산소를 많이 포함하여 다른 **가연물의 연소를 돕는다**.
(3) 비중이 1보다 크며 물에 잘 녹는다.
(4) **물과 만나면 발열**한다.
(5) 가연물 및 분해를 촉진하는 약품과 접촉하면 분해폭발한다.

3 제6류 위험물의 저장 및 취급방법

(1) 저장용기는 **내산성**일 것
(2) 용기는 밀전·밀봉하고, 파손과 위험물의 누설에 주의할 것
(3) 물·가연물·유기물·분해를 촉진하는 약품과 접촉을 피할 것
(4) 유출사고에는 **마른 모래** 및 **중화제**를 사용할 것

적중 출제예상문제

1 제6류 위험물의 지정수량은?
① 20kg ② 50kg
③ 100kg ④ 300kg

2 다음 중 6류 위험물의 공통적인 성질은?
① 비중은 1보다 작다. ② 강산성이고 강환원제이다.
③ 불에 잘 탄다. ④ 표준상태에서 모두가 액체이다.

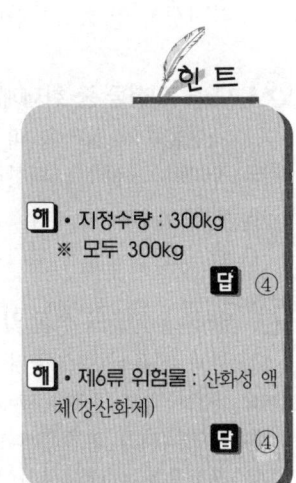

해 • 지정수량 : 300kg
 ※ 모두 300kg
답 ④

해 • 제6류 위험물 : 산화성 액체(강산화제)
답 ④

3 산화성 액체 위험물의 성질 중 잘못된 것은?
① 가연성 물질로 연소를 돕는다.
② 강산화제이다.
③ 증기는 유독하고 부식성이 강하다.
④ 가연물의 접촉이나 분해를 촉진하는 물품의 접근을 피한다.

4 제6류 위험물의 공통성질 중 잘못된 것은?
① 물과 잘 혼합된다. ② 산화성 액체이다.
③ 황 화합물이다.   ④ 산화력이 강하다.

5 제6류 위험물의 공통된 특징은?
① 가연성 물질   ② 유기화합물
③ 환원성 물질   ④ 강산화제

6 제6류 위험물의 수용액은 공통적인 일반성질이 있다. 다음 중 맞는 것은?
① 액성은 중성이다.   ② 무색투명하다.
③ 부식성이 강한 강산이다. ④ 비중은 1보다 작다

7 제6류 위험물의 성질 중 옳지 않은 것은?
① 강산 및 강염기성 물질이다.
② 강산화제로 부식성이 있다.
③ 일반적으로 물과 접촉하면 발열한다.
④ 산화되기 쉬운 가연물과 접촉하면 발화할 위험이 있다.

8 산화성 액체 위험물의 공통성질이 아닌 것은?
① 불연성 물질로 강산화제이며 다른 가연물의 연소를 돕는다.
② 비중이 1보다 크고 물과 접촉하여 발열한다.
③ 가연물 및 유기물과의 혼합 발화한다.
④ 부식성이 강하므로 산화성 고체 위험물과 혼합할 수 없다.

9 제6류 위험물 중 화재예방상 제일 주의해야 할 일은?
① 가연물과의 접촉을 피한다.
② 공기와의 접촉을 피한다.
③ 항상 냉각시켜 둔다.
④ 용기에 통풍구를 설치해 둔다.

10 제6류 위험물의 성질 및 취급법에서 틀린 것은?
① 물과 접촉하여도 좋다.
② 유기물과의 접촉은 피한다.
③ 가연물과의 접촉은 피한다.
④ 저장용기는 내산성이어야 한다.

해 • 산화성 액체(제6류 위험물) : 불연성 액체로서 조연성을 갖는다.
※ 조연성 : 연소를 도와주는 성질
답 ①

해 • 제6류 위험물 : 황의 화합물은 없다.
답 ③

해 • 제6류 위험물 : 강산화제
답 ④

해 • 제6류 위험물 : 무색투명한 산화성 액체이며, 과산화수소는 강산이 아니다.
답 ②

해 • 제6류 위험물(산화성액체) : 대부분 강산이다.
답 ①

해 • 제6류 위험물 : 물·가연물·유기물과 접촉금지(폭발), 산화성 고체(제1류 위험물)와 접촉가능
답 ④

해 • 문제 8 해설 참조
답 ①

해 • 제6류 위험물 : 물과 접촉하여 발열한다.
답 ①

11 산화성 액체 위험물의 취급법으로 옳지 않은 것은?
① 습기가 많은 물로 씻어 내린다.
② 소화 후 많은 물로 씻어 내린다.
③ 피복이나 피부에 묻지 않게 주의한다.
④ 마른 모래로 위험물의 비산(飛散)을 방지한다.

[해] • 문제 10 해설 참조
답 ①

12 제6류 위험물의 취급방법이 아닌 것은?
① 습한 곳에서 취급해도 상관없다.
② 의류나 피부를 부식하므로 접촉하지 않도록 한다.
③ 가연물이 없는 곳에서 취급할 것
④ 통풍이나 환기가 좋지 않은 곳에서 취급하지 말 것

[해] • 취급방법 : 물이나 습기와 발열반응을 하며 용기는 밀봉한다.
답 ①

13 제6류 위험물의 성질에 있어서 옳지 않은 것은?
① 일반적으로 물과 반응하여 흡열한다.
② 강산화제로 부식성이 있다.
③ 유기물과 반응하여 산화, 착화하여 유독가스를 발생한다.
④ 강산화제로 자신은 불연성이다.

[해] • 제6류 위험물 : 물과 접촉으로 발열반응
답 ①

14 산화성 액체 위험물을 취급할 때 주의사항 중 틀리게 설명한 것은?
① 저장용기는 부식에 대하여 내식성이 있는 재료를 사용하여야 하며 새어나와서 다른 물질과 접촉하는 것을 막아야 한다.
② 물과 접촉하면 심하게 발열하므로 발열로 인한 온도상승, 비말현상에 주의한다.
③ 심한 부식성 때문에 피부에 접촉하면 화상, 피부를 침식하므로 피부와 접촉하지 않도록 한다.
④ 소화방법은 주수(注水)방법이 가장 적합하다.

[해] • 제6류 위험물 : 물과의 접촉으로 인한 발열은 미세하며, 비말현상은 없다.
답 ②

15 제6류 위험물의 취급방법 중에서 옳지 않은 것은?
① 가연물이 없는 곳에서 취급한다.
② 유별을 달리하는 위험물과는 동일한 위험물 저장소 내에서 저장하여서는 안된다.
③ 피부를 심하게 부식하므로 접촉하지 않도록 한다.
④ 위험물제조소등에 "물기엄금"라는 주의사항을 표시한 게시판을 설치한다.

[해] • 주의사항 게시판 : 없음
※ 제3류 위험물 : 물기엄금
답 ④

2 질 산

 **질산(HNO₃)**

지정수량 : 300kg

(1) 융점 −42℃, 비점 86℃, 비중 1.49, 용해열 7.8kcal/mol
(2) 무색 액체이나 보관 중 **담황색**으로 되며, **부식성**이 강한 **강산**이지만 **금**·**백금**·**이리듐**·**로듐**만은 **부식시키지 못한다**.
(3) **진한 질산**은 Fe(철), Co(코발트), Ni(니켈), Cr(크로뮴), Al(알루미늄) 등을 **부동태화**한다.
(4) **공기** 중에서 또는 **직사일광**에게 분해하여 유독한 **갈색 증기**(이산화질소, NO₂)를 발생하므로 **갈색 병**에 넣어 냉암소에 저장한다.
(5) 액체·증기 및 **질소산화물**은 인체에 대단히 해롭다.
(6) 물과 반응하여 **발열**한다.
(7) 탄화수소·**황화수소**·이황화수소·하이드라진류·아민류 등 **환원성 물질**과 혼합하면 **발화** 및 **폭발**을 한다.
(8) 톱밥, 대패밥, 나무조각, 나무껍질, 종이, 섬유 등 **유기물질**과 혼합하면 **발화**한다.
(9) 가열된 **질산**과 **황린**이 반응하면 **인산**이 되며 **황**과 반응하면 **황산**이 된다.
(10) 단백질과는 **크산토프로테인반응**을 일으켜 **노란색**으로 반응한다.
(11) 구리와 **묽은 질산**이 반응하면 **일산화질소**(NO)를 발생하며, **진한 질산**과 반응하면 **이산화질소**(NO₂)를 발생한다.

> **참고**
> ※ 제6류 위험물 질산 : 비중 1.49 이상인 것
> ※ 부동태화 : 진한 질산이 Fe(철), Co(코발트), Ni(니켈), Cr(크로뮴), Al(알루미늄) 등의 표면에 다른 산에 의하여 부식되지 않게 산화물의 얇은 막을 만드는 현상(묽은 질산 제외)
> ※ 왕수는 질산 1 : 염산 3의 혼합산으로 금 또는 백금을 녹인다.
> ※ 분해반응식
> $$4HNO_3 \rightarrow 4NO_2\uparrow + O_2\uparrow + 2H_2O$$
> (질산)   (이산화질소)   (산소)   (물)
> ※ 크산토프로테인반응(단백질 검출법) : 단백질에 진한 질산을 작용시키면 노란색으로 되는 반응
> ※ 구리와 묽은 질산의 반응식
> $$3Cu + 8HNO_3 \rightarrow 3Cu(NO_3)_2 + 2NO\uparrow + 4H_2O$$
> (구리)   (질산)   (질산구리)   (일산화질소)   (물)
> ※ 구리와 진한 질산의 반응식
> $$Cu + 4HNO_3 \rightarrow Cu(NO_3)_2 + 2NO_2\uparrow + 2H_2O$$
> (구리)   (질산)   (질산구리)   (이산화질소)   (물)

3 발연질산

1 발연질산($HNO_3 + nNO_2$)

지정수량 : 300kg

(1) 비중 약 1.52~1.54
(2) 진한 질산에 이산화질소를 과잉으로 녹인 무색 또는 **적갈색**의 발연성 액체
(3) **공기** 중에서 부식성, 질식성으로 인체에 유독한 이산화질소(NO_2)를 발생하며 **진한 질산**보다 산화력이 세다.

적중 출제예상문제

질산

1 공기 중에서 적갈색의 가스를 발생하는 위험물은?
① 진한 질산　　　　② 진한 황산
③ 무수크로뮴산　　　④ 발연황산

2 진한 질산이 공기 중에서 발생하는 자극성의 갈색 증기는?
① NO_2　　　　② NO
③ H_2O　　　　④ NO_3

3 공기 중에서 갈색의 연기를 내므로 갈색 병에 보관해야 하는 것은?
① 진한 질산　　　　② 진한 황산
③ 진한 염산　　　　④ 과산화수소

4 진한 질산에 대한 성질이 옳은 것은?
① 충격에 의해 착화된다.
② 공기 속에서 자연발화한다.
③ 인화점이 낮고 발화하기 쉽다.
④ 공기와 만나면 갈색 증기를 낸다.

힌트

해 • **진한 질산** : 공기와 접촉으로 갈색의 증기를 발생
※ 갈색 증기 : NO_2
답 ①

해 • 반응식
$4HNO_3 \rightarrow 2H_2O + 4NO_2 + O_2$
답 ①

해 • **진한 질산** : 공기 중에서 갈색의 NO_2 가스를 발생하여 갈색의 차광병을 사용한다.
답 ①

해 • 문제 2 해설 참조
답 ④

5 진한 질산의 위험성이 아닌 것은?
① 일광, 공기와 만나면 분해하여 자극성 갈색 증기를 낸다.
② 진한 질산은 부식성이 강해 모든 금속을 부식시킨다.
③ 질산 자신은 폭발성, 인화성이 없다.
④ 분해를 막기 위하여 갈색 병에 넣어 어두운 곳에 보관한다.

[해] • 진한 질산 : 부식성이 강하여 금속을 부식시키나 금, 백금, 이리듐, 로듐은 부식시키지 못한다.
[답] ②

6 알루미늄(Al)분을 침식시키지 못하는 산은?
① 묽은 질산   ② 묽은 염산
③ 황산   ④ 진한 질산

[해] • 진한 질산 : Fe·Co·Ni·Al 등과는 부동태를 만든다.
[답] ④

7 진한 질산을 보관할 때 마개로 가장 알맞는 것은?
① 코르크 마개   ② 유리마개
③ 무명 천   ④ 고무마개

[해] • 용기 마개 : 유리
[답] ②

8 진한 질산의 위험성에 관한 다음에서 옳은 것은?
① 충격에 의해 착화한다.
② 공기 속에서 자연발화한다.
③ 인화점이 낮고 발화하기 쉽다.
④ 환원성 물질과 혼합시 발화한다.

[해] • 진한 질산 : 산화성 물질이므로 환원성 물질인 가연물과는 혼합시 발화한다.
[답] ④

9 진한 질산의 위험성과 저장에 대한 설명 중 적당하지 않은 것은?
① 부식성이 크고 산화성이 강하다.
② 황화수소와 접촉하면 폭발을 한다.
③ 일광에 쪼이면 분해되어 산소를 발생한다.
④ 저장 보호액으로는 물이 안전하다.

[해] • 진한 질산 : 보호액은 없다.
[답] ④

10 진한 질산의 성질 중 맞는 것은?
① 충격에 의하여 자연발화한다.
② 공기 중에서 자연발화한다.
③ 물과 반응하여 발열한다.
④ 인화점이 낮아서 발화하기 쉽다.

[해] • 진한 질산 : 물과 반응하여 발열한다.
　※ 용해열 : 7.8kcal/mol
[답] ③

11 질산의 위험성 중 틀린 것은?
① 폭발성은 없으나 환원성이 강한 물질과 혼합하면 발화 또는 폭발한다.
② 자신은 폭발성이 없으나 유기물과 혼합하면 발화한다.
③ 증기 및 발생된 분해가스는 모두 대단히 유독하며 부식성이 강해 인체에 해롭다.
④ 위험물안전관리법상 비중이 0.82 이상이 되어야 위험물로 취급된다.

[해] • 제6류 위험물 질산 : 비중 1.49 이상인 것
[답] ④

⑫ 질산을 유기화합물의 산화제로 사용할 때 주의할 점으로 옳은 것은?
① 산화반응이 일어나지 않는 물질에만 사용한다.
② 환원반응이 일어나는 물질에만 사용한다.
③ 나이트로화 반응을 일으키기 어려운 화합물에 사용한다.
④ 부가반응을 일으키는 물질에 사용한다.

해 • 질산 : 나이트로화제에 해당되는 산이므로 **나이트로화 반응을 일으키지 않는** 화합물에 **사용할 것**
답 ③

⑬ 다음 제6류 위험물인 가열된 질산이 비금속원소 황린과 반응하였을 때 생성된 물질은?
① 오황화인   ② 인산
③ 황산   ④ 삼황화인

해 • **가열된** 질산 : 황린과 반응하여 **인산**이 생성된다.
답 ②

⑭ 단백질(Protein)에 크산토프로테인반응(Xanthoprotenic reaction)을 일으키는 산(Acid)은 다음 중 어느 것인가?
① HCl   ② HClO
③ H_2SO_3 ④ HNO_3

해 • 크산토프로테인반응 : 단백질에 진한 질산을 작용시키면 **노란색**이 되는 반응
답 ④

⑮ 취급을 잘못하여 손 끝에 위험물이 묻어 피부가 노랗게 변하였다. 다음 중 어느 물질을 취급하였는가?
① 황산   ② 클로로슬폰산
③ 질산   ④ 무수크로뮴산

해 • 문제 14 해설 참조
답 ③

발연질산

⑯ 공기 중에서 적갈색의 증기를 발생하는 것은?
① 발연황산   ② 발연질산
③ 과염소산   ④ 염산

해 • 적갈색 증기 : 진한 질산 · 발연질산의 증기
답 ②

⑰ 발연질산의 용기가 열려 있을 때 어떤 가스가 발생하는가?
① NO   ② NO_2
③ NO_3 ④ SO_2

해 • 적갈색 증기 : 이산화질소(NO_2)
답 ②

⑱ 발연질산에 관한 설명 중 옳은 것은?
① 물과 작용하여 가연성가스를 발생시킨다.
② 마찰충격으로 폭발한다.
③ 공기 중에서 자연발화한다.
④ 진한 질산에서 이산화질소를 녹인 것이다.

해 • 발연질산(HNO_3+nNO_2) : 진한 질산에 **이산화질소**(NO_2)를 **과잉으로 녹인** 무색 또는 적갈색 **액체**
답 ④

⑲ 발연질산의 성질에서 옳은 것은?
① 유체마찰에 의하여 정전기가 발생한다.
② 강산이나 산화력은 약하다.
③ 모든 금속을 모두 부식시킨다.
④ 비중은 물보다 크며, 질산보다 강산이다.

해 • **발연질산** : 비중 1.52~1.54 질산보다 센 **산화력**을 갖는다.
답 ④

4 과산화수소의 성질

과산화수소(H_2O_2)

지정수량 : 300kg

(1) 융점 -0.89℃, 비점 80.2℃, 비중 1.465
(2) 순수한 것은 점성이 있는 **무색 액체**이며, 양이 많을 경우 **청색**
(3) 강산화제이나 환원제로도 사용한다.
(4) 시판품의 농도 30~40 **중량 % 수용액**
(5) 단독 폭발농도 60 중량 % 이상
(6) 분해시 **산소**(O_2)를 발생하므로 **안정제로 인산·요산** 등을 사용한다.
(7) 피부와 접촉하여 **수종**(물집)이 생기므로 **물로 충분히** 씻는다.
(8) 물, 에터, 알코올에 용해하며, **석유·벤젠에 불용해**
(9) 금속의 미립자 및 **알칼리성용액**에 의하여 **분해**
(10) 용기는 밀전하지 말고 통풍을 위하여 **구멍이 뚫린 마개**를 사용할 것

> ※ 위험물 : H_2O_2의 농도가 **36중량%** 이상의 것
>   • 약국에서 시판하는 **옥시풀**(옥시돌)은 **3%수용액**이다.
> ※ 분해촉진제(촉매) : 이산화망가니즈(MnO_2)

5 과염소산의 성질

과염소산($HClO_4$)

지정수량 : 300kg

(1) 융점 -112℃, 비점 39℃, 비중 1.76
(2) **무색의 액체**로 공기 중에서 **세게 연기**를 내며 **매우 유독**하다.
(3) **종이, 나무조각** 등과 접촉하면 **연소**한다.
(4) 물과 접촉하여 심하게 **발열**하며 **6종의 고체 수화물**을 만들며 **강한 산화력**을 갖는다.

>
> ※ 과염소산의 고체 수화물(6종류) : $HClO_4 \cdot H_2O$, $HClO_4 \cdot 2H_2O$, $HClO_4 \cdot 2.5H_2O$,
> $HClO_4 \cdot 3H_2O$(2종류), $HClO_4 \cdot 3.5H_2O$

적중 출제예상문제

과산화수소

1 제6류 위험물에 속하는 것은 어느 것인가?
① 알코올 ② 과산화수소
③ 이황화탄소 ④ 다이에틸에터

[해] • 제6류 위험물 : 과산화수소
답 ②

2 과산화수소가 분해하여 발생하는 기체의 위험성은?
① 산소이며 가연성이다.
② 수소이며 가연성이다.
③ 산소이며 연소를 도와준다
④ 수소이며 연소를 도와준다.

[해] • 발생기체 : 산소(조연성)
※ 조연성 : 연소를 도와줌
답 ③

3 과산화수소(H_2O_2)가 표백작용을 하는 이유는 분해할 때 무엇이 생기기 때문인가?
① 발생기산소 ② 발생기수소
③ 발생기염소 ④ 이산화황

[해] • 분해반응식
$H_2O_2 \xrightarrow{\Delta} H_2O+[O]$
※ [O] : 발생기산소
답 ①

4 다음 제6류 위험물 중 산화성 액체로써 서서히 분해하며, 안정제를 첨가하는 것은?
① $HClO_4$ ② H_2O_2
③ H_2SO_4 ④ HNO_3

[해] • 과산화수소(H_2O_2)의 안정제 : 인산·요산
답 ②

5 과산화수소는 분해하기 쉬우므로 사용목적에 따라 소량의 안정제를 혼입하여 사용하여야 한다. 안정제로 적당한 것은?
① 벤젠 ② 인산
③ 유기물 ④ 적린

[해] • 문제 4 해설 참조
답 ②

6 경우에 따라서 산화제 또는 환원제로 쓸 수 있는 것은?
① F_2 ② $K_2Cr_2O_7$
③ H_2O_2 ④ CO

[해] • 과산화수소(H_2O_2) : 강산화제이나 환원제로도 사용된다.
답 ③

7 다음 제6류 위험물인 과산화수소의 성질 중 틀린 것은?
① 에터, 알코올에 용해한다.
② 용기는 구멍이 뚫린 마개를 사용한다.
③ 석유, 벤젠에 불용해한다.
④ 순수한 것은 담황색의 액체이다.

[해] • 과산화수소 : 순수한 것은 무색이며 양이 많은 경우 청색
답 ④

⑧ 과산화수소의 성질 및 취급에 있어서 옳지 않은 것은?
① 일광의 직사에 의해서 분해한다.
② 저장할 때 용기는 마개로 꼭 막아 둔다.
③ 산성에서는 분해하기 어렵다.
④ 물에는 자유로이 혼합한다.

해 • 용기의 마개 : 구멍 뚫린 마개를 사용한다.
답 ②

⑨ 제6류 위험물인 과산화수소 취급법으로 틀린 것은?
① 암냉소에 저장한다.
② 농도가 진한 것은 피부접촉시 물집이 생긴다.
③ 수용액은 서서히 분해되므로 안정제를 넣는다.
④ 착색된 용기를 사용하여 밀전시켜 보관한다.

해 • 과산화수소 : 착색된 용기를 사용하여 밀전하지말고 구멍뚫린 마개로 막는다.
답 ④

⑩ 과산화수소의 취급방법으로 틀리는 것은?
① 직사광선을 피해 냉암소에 보관한다.
② 누출 되었을 때는 다량의 물로 씻어 흘러 보낸다.
③ 알칼리성용액에는 분해가 어렵고, 벤젠에 용해한다.
④ 센 산화성이 있으므로 작은구멍이 있는 마개를 사용하여 보관한다.

해 • 과산화수소 : 알칼리성 용액에서 심하게 분해한다.
※ 물·에터·알코올에 용해되나 석유·벤젠에는 **불용해**
답 ③

⑪ H_2O_2에 대하여 틀리는 것은?
① 보관시 직사광선에 분해하므로 일광을 피한다.
② 순수한 것은 비중이 1.465이고 분해하면 물과 산소로 된다.
③ 알칼리성에는 분해가 어렵고 약산성에서는 분해하기 쉽다.
④ 농도가 진한 것은 피부점막을 부식시킨다.

해 • 과산화수소 : 금속의 미립자 및 **알칼리성용액**에 의하여 **분해**한다.
답 ③

⑫ 과산화수소의 저장 및 취급상 주의사항이 아닌 것은?
① 직사광선을 피한다.
② 유기물로부터 격리시켜 저장한다.
③ 위험물이 샐 때는 다량의 물로 씻어낸다.
④ 용기는 밀봉, 밀전하여 냉암소에 저장한다.

해 • 문제 9 해설 참조
답 ④

⑬ 과산화수소에 대한 설명 중 틀린 것은?
① 산화작용도 하지만 환원제로 사용할 때도 있다.
② 이산화망가니즈는 부촉매로 산소의 발생을 억제한다.
③ 점성이 큰 액체이나 3%의 수용액은 살균 소독제로 쓰인다.
④ 상온 이하에서 묽은 황산에 과산화바륨을 조금씩 넣으면 발생한다.

해 • 과산화수소 : 산소발생을 원활하게 하기 위하여 정촉매인 이산화망가니즈를 사용한다.
답 ②

과염소산

⑭ 제6류 위험물 중 과염소산의 지정수량은?
① 200kg   ② 250kg
③ 300kg   ④ 350kg

해 • 지정수량 : 300kg
답 ③

⑮ 다음 제6류 위험물 중 과염소산의 화학식은?
① HClO
② HClO₂
③ HClO₃
④ HClO₄

⑯ 제6류 위험물인 과염소산에 대해 설명하였다. 옳은 것은?
① 1분자 내에 산소가 3개 있다.
② 1분자 내에 산소가 4개 있다.
③ 1분자 내에 산소가 2개 있다.
④ 1분자 내에 산소가 5개 있다.

⑰ 과염소산 위험물은 물과 접촉할 경우 반응은?
① 폭발반응
② 연소반응
③ 연쇄반응
④ 발열반응

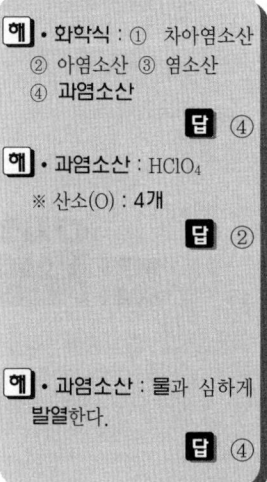

유게실

◆ 우리조상의 위대한 지혜, 콩(대두 · 노란 콩) 식품 많이 먹고 건강하게 삽시다.

┌─ 콩(대두)으로 만든 식품 ─
• 두부(연두부 · 순두부 · 비지) · 된장 · 간장 · 막장 · 고추장(메줏가루 포함) · 청국장
• 두유 · 콩가루(인절미에 묻혀 먹음) · 초콩(식초에 불린 콩) 등

1. 콩(대두)에는 술에 의해 만들어진 지방간을 막아주는 콜린(Choline)이 들어있다.
2. 콩(대두)에는 동맥경화를 막아주는 리놀산 등 불포화지방산이 들어있다.
3. 콩(대두)에는 빈혈을 방지하는 철분(Fe)이 들어있다.
4. 콩(대두)에는 고혈압 예방에 좋은 칼륨(K)이 들어있다.
5. 콩(대두)에는 뼈의 노화방지에 좋은 칼슘(Ca)이 들어있다.
6. 콩(대두)에는 인간의 신체의 노화를 방지하는 비타민E가 들어있다.
7. 콩(대두)에는 남성의 정자를 만드는 알기닌이 들어있다.
8. 콩(대두)에는 체지방을 분해(비만해소)하고 활성산소를 제거하며 강력한 항암 효과를 가진 DDMP 사포닌이 들어 있다.
9. 콩(대두)에는 대장암을 예방하는 식물섬유가 들어있다.
10. 콩(대두)에는 여성 호르몬과 관계되는 유방암 · 대장암 · 골다공증 및 남성의 전립선암을 예방하는 아이소플라본이 들어있다.
11. 콩(대두)으로 만든 된장(재래식 된장)에는 체내 발암물질(간암 · 위암 · 대장암)을 추방하는 리노레익산 등 효소가 들어 있다.
12. 콩(대두)으로 만든 된장(재래식 된장)에는 간장을 해독(숙취해소)하며 소화를 촉진하는 아미노산이 다량 들어있다.
13. 콩(대두)을 식초에 불린 초콩에는 두뇌발달을 도와주는 아세틸콜린(acetylcholine)이 들어있다 (육류와 함께 먹으면 더욱 좋다).
※ 하루에 두부 1/2모를 먹으면 값싸게 우리의 건강을 확실히 지킬 수 있습니다.

참고문헌 오영근 역 「재미있는 화학상식」, 안현필 「삼위일체 장수법」

제 8 장

위험물의 저장 및 취급방법

1 위험물 제조소등의 설치 및 운영

 위험물의 취급

(1) 지정수량 이상의 위험물 : 제조소등에서 취급
(2) 지정수량 미만의 위험물 : 시·도의 조례에 의하여 취급
(3) 지정수량 이상의 위험물을 임시로 저장할 경우 : 관할 소방서장에게 승인 후 90일 이내

> **참고**
> ※ 시·도 : 특별시·광역시·특별자치시·도 및 특별자치도
> **벌칙** • 지정수량 이상의 위험물을 제조소등에서 저장 또는 취급하지 않을 경우 : 3년 이하 징역 또는 3,000만원 이하의 벌금
> • 위험물 임시저장 및 취급기준 위반 : 200만원 이하의 과태료
> • 위험물을 유출·방출 또는 확산시켜 사람의 생명·신체 또는 재산에 대하여 위험을 발생시킨 자 : 1년 이상 10년 이하 징역에 처한다.
>   - 규정에 의하여 사람에게 상해를 입힌 자 : 무기 또는 3년 이상 징역
>   - 규정에 의하여 사람을 사망에 이르게 한 자 : 무기 또는 5년 이상 징역
> • 업무상 과실로 제조소등에서 위험물을 유출·방출·확산시켜 사람의 생명, 신체, 재산에 대하여 위험을 발생시킨 자 : 7년 이하의 금고 또는 7천만원 이하의 벌금에 처한다.
>   - 규정에 의하여 사람을 사망에 이르게 한 자 : 10년 이하 징역 또는 금고나 1억원 이하의 벌금에 처한다.

제조소등(제조소, 저장소, 취급소)의 정의

(1) 제조소 : 위험물을 제조할 목적으로 지정수량 이상의 위험물을 취급하기 위하여 허가를 받은 장소
(2) 저장소 : 지정수량 이상의 위험물을 저장하기 위한 대통령령이 정하는 장소로서 허가를 받은 장소
(3) 취급소 : 지정수량 이상의 위험물을 제조외의 목적으로 취급하기 위한 대통령령이 정하는 장소로서 허가 받은 장소

 저장소의 종류

(1) 옥내저장소 : 옥내(지붕과 기둥 또는 벽 등에 의하여 둘러싸인 곳을 말한다)에 위험물을 저장하는 장소
(2) 옥외저장소 : 옥외의 장소에서,
　① 제2류 위험물 중 **황** 또는 **인화성 고체**(인화점 0℃ 이상인 것에 한한다)
　② 제4류 위험물 중 **제1석유류**(인화점 0℃ 이상인 것에 한한다), 알코올류, 제2석유류, 제3석유류, 제4석유류, 동·식물유류
　③ 제6류 위험물
　④ 제2류 위험물, 제4류 위험물 중 특별시, 광역시 또는 도의 **조례로 정하는 위험물**(관세법 154조의 규정에 의한 **보세구역 안에 저장하는 경우**에 한한다)
　⑤ 국제해사기구에 관한 협약에 의하여 설치된 국제해사기구에서 채택한 **국제해상위험물규칙**(IMDG 코드)에 적합한 용기에 수납된 **위험물을 저장하는 장소**
(3) 옥내탱크저장소 : 옥내에 있는 탱크에 위험물을 저장하는 저장장소
(4) 옥외탱크저장소 : 옥외에 있는 탱크에 위험물을 저장하는 저장장소
(5) 지하탱크저장소 : 지하에 매설되어 있는 탱크에 위험물을 저장하는 저장장소
(6) 이동탱크저장소 : 차량에 고정된 탱크에 위험물을 저장하는 저장장소
(7) 간이탱크저장소 : 간이탱크에 위험물을 저장하는 저장장소
(8) 암반탱크저장소 : 암반 내의 공간을 이용한 탱크에 액체의 위험물을 저장하는 장소

취급소의 종류

(1) **주유취급소** : 고정된 주유설비에 의하여 위험물을 **자동차, 항공기, 선박** 등의 연료탱크에 직접 주유하기 위하여 위험물을 취급하는 장소
(2) **판매취급소** : 점포에서 위험물을 용기에 담아 판매하기 위하여 **지정수량의 40배 이하의 위험물**을 취급하는 장소
(3) **이송취급소** : 배관 및 이에 부속하는 설비에 의하여 위험물을 이송하는 취급소
(4) **일반취급소** : 주유취급소, 판매취급소, 이송취급소 외의 장소

 위험물 안전관리자

제조소등의 설치자는 **국가기술자격법**에 의한 당해 **위험물기능장 · 산업기사 · 기능사** 자격증을 취득한 자와 행정안전부령이 정하는 사람을 위험물 안전관리자로 선임하여야 한다.

> **참고**
> ※ 위험물 안전관리자 : 위험물관리국가기술자격증을 취득한 자로서 사업소의 관할 소방본부 및 소방서에 선임신고를 하여야만 안전관리자가 되므로 자격증 취득자가 모두 안전관리자는 아니다.
> **벌칙** • 위험물 안전관리자를 선임하지 않은 자 : 1,500만원 이하의 벌금
> ※ 위험물 안전관리자를 선임하지 않아도 되는 제조소등 : 이동탱크저장소
> ※ 위험물 기능사가 관리할 수 있는 위험물의 지정수량 : 부록(위험물 안전관리법 시행령 별표 5, 별표 6) 참고

(1) 제조소등에서는 위험물 안전관리자의 참여 없이 위험물을 취급할 수 없다.
(2) 위험물 안전관리자가 보안감독 할 수 있는 위험물(부록 참조)
  ① **기능장 및 산업기사** : 1류에서 6류까지 전체의 위험물(**지정수량 제한 없음**)
  ② **기능사** : 1류에서 6류까지 전체의 위험물(**지정수량 제한 있음**)
(3) 해임할 경우 해임한 날부터 선임기간 : 30일 이내(신고 14일 이내)
(4) 위험물 안전관리자의 업무
  ① **화재** 등의 **재해**의 **방지**에 관하여 **인접**하는 제조소등과 그 밖의 **관련되는** 시설의 관계자와 **협조체제**를 유지하는 일
  ② 화재예방 규정에 적합하도록 **작업자**에 대하여 **지시**와 **감독**을 하는 일
  ③ 위험물시설의 안전을 담당하는 자를 따로 두는 제조소등에 있어서는 그 담당자에게 **필요한** 업무 지시

④ 화재 등의 재난이 발생한 경우 **응급조치 및 소방관서** 등에 연락업무
⑤ 위험물 취급에 관한 **일지 작성·기록**하는 일
⑥ 그 밖의 위험물의 취급작업의 안전에 관하여 필요한 감독의 수행

적중 출제예상문제

① 지정수량 이상의 위험물의 저장 또는 취급에 관하여는 어디에서 규정하고 있는가?
① 위험물안전관리법
② 석유사업법
③ 위험물안전관리법 시행령
④ 시 또는 도의 조례

[해] • 지정수량 이상의 위험물 : 위험물안전관리법
[답] ①

② 지정수량 미만의 위험물을 저장·취급하는 기준은 무엇으로 규정하는가?
① 위험물안전관리법
② 석유사업법
③ 위험물안전관리법 시행규칙
④ 시·도조례

[해] • 지정수량 미만의 위험물 : 시·도조례
[답] ④

③ 대통령이 정하는 수량(지정수량) 이상의 위험물 저장 또는 취급할 수 있는 곳이 아닌 곳은?
① 제조소
② 관리소
③ 저장소
④ 취급소

[해] • 제조소등 : 제조소 저장소·취급소
[답] ②

④ 지정수량 이상의 위험물 저장·취급시 임시저장기간은?
① 20일
② 30일
③ 60일
④ 90일

[해] • 임시저장기간 : 90일 이내
[답] ④

⑤ 위험물을 제조할 목적으로 지정수량 이상의 위험물을 취급하기 위하여 허가를 받은 장소를 무엇이라 하는가?
① 위험물제조소
② 위험물저장소
③ 위험물취급소
④ 위험물저유소

[해] • 본문 : 위험물제조소의 정의
[답] ①

6 위험물의 취급소가 아닌 것은?
① 주유취급소　② 판매취급소
③ 옥외취급소　④ 일반취급소

해 · 위험물취급소 : 주유 · 판매 · 이송 · 일반 · 저장취급소

답 ③

7 고정된 주유설비에 의하여 위험물을 자동차, 항공기, 선박 등의 연료탱크에 직접 주유하기 위하여 위험물을 취급하는 장소는?
① 판매취급소　② 주유취급소
③ 일반취급소　④ 이동판매취급소

해 · 주유취급소 : 고정주유설비로 자동차 선박에 주유 및 실소비자에 판매하는 곳

답 ②

8 위험물 판매취급소에서는 지정수량 몇 배의 위험물을 취급할 수 있는가?
① 30배 이하　② 40배 이하
③ 50배 이하　④ 100배 이하

해 · 지정수량 : 40배 이하

답 ②

9 제1종 판매취급소에서 취급할 수 있는 위험물의 양은?
① 지정수량 5배 이하　② 지정수량 10배 이하
③ 지정수량 20배 이하　④ 지정수량 35배 이하

해 · 지정수량 : 20배 이하
※ 제2종 판매취급소 : 지정수량 40배 이하

답 ③

10 배관 및 이에 부속하는 설비로 위험물을 이송하는 취급소는?
① 이송취급소　② 이동취급소
③ 운반취급소　④ 일반취급소

해 · 본문 : 이송취급소

답 ①

11 다음 중 위험물 저장소의 구분에 해당되지 않는 것은?
① 암반탱크저장소　② 지하탱크저장소
③ 옥내탱크저장소　④ 일반저장소

해 · 저장시설 : 옥내 · 옥외저장소, 옥내 · 옥외 · 이동 · 지하 · 간이 · 암반탱크저장소

답 ④

12 옥내에 위험물을 저장 또는 취급하는 저장시설을 무엇이라 하는가?
① 옥외저장소　② 옥내저장소
③ 옥내탱크저장소　④ 옥외탱크저장소

해 · 옥내저장소 : 옥내에서 위험물을 저장하는 저장시설

답 ②

13 옥외저장소에 저장할 수 있는 위험물은?
① 메틸알코올　② 휘발유
③ 아세톤　④ 적린

해 · 저장 위험물 : 메틸알코올의 인화점은 11℃이므로 저장 가능하다.

답 ①

14 위험물자격증 소지자가 위험물 취급에 관하여 보안감독을 할 수 있는 위험물의 종류는 그 자격구분에 따라 무엇으로 정하는가?
① 지방자치령　② 행정안전부령
③ 산업자원부령　④ 대통령령

해 · 자격규정 : 대통령령

답 ④

⑮ 위험물 안전관리자를 해임한 때에 해임한 날로부터 선임은 며칠 이내에 하는가?
① 3일 이내   ② 7일 이내
③ 15일 이내 ④ 30일 이내

해 • 선임기간 : 30일 이내
답 ④

⑯ 위험물관리 산업기사 취득자가 보안, 감독할 수 있는 위험물의 종류는?
① 제1류 위험물   ② 제2류 위험물
③ 제4류 위험물   ④ 규정된 위험물의 전부

해 • 산업기사 : 전체 위험물
답 ④

⑰ 다음 내용 중 틀린 것은?
① 위험물 안전관리자 참여 없이 위험물을 취급하여서는 아니된다.
② 위험물관리 기능사는 국가기술자격증에 기재된 류를 보안감독할 수 있다.
③ 위험물 안전관리자로서 선임된 자는 한국소방안전원의 회원의 자격이 있다.
④ 소방서장은 화재로 인하여 인명 위험이 절박하다고 인정할 때에는 거주자에게 퇴거 명령을 명할 수 있다.

해 • 위험물관리 기능사의 보안감독 위험물 : 제1류에서 제6류까지 전체 위험물
답 ②

⑱ 위험물 안전관리자의 보안감독 업무에 해당되지 않는 것은?
① 작업자에게 인가받은 예방규정에 적합한 사항을 지시감독하는 일
② 화재 등 재해발생시 관계기관(소방관서)과 긴급 연락하는 일
③ 제조소등과 관련시설을 정보교환하지 않고 독자적으로 행하는 일
④ 안전원에게 필요한 지시전달 및 제조소등의 안전업무를 수행하는 일

해 • 위험물 안전관리자의 보안감독 업무 : 인접한 제조소등과 협조체제를 유지하여야 한다.
답 ③

2 제조소등의 설치기준

 제조소등의 설치허가

(1) 허가청 : 시·도지사
(2) 용도폐지 신고기관 : 시·도지사
(3) 설치허가·신고 제외의 곳
  ① **주택**의 **난방시설**(공동주택의 중앙난방시설을 제외한다)을 위한 저장소·취급소
  ② **농예용**·**축산용** 또는 **수산용**으로 필요한 **난방시설** 또는 **건조시설**을 위한 지정수량 **20배 이하**의 저장소

>
> - **벌칙** •제조소등의 설치허가를 받지 아니하고 제조소등을 설치한 자 : 5년 이하 징역 또는 1억원 이하의 벌금
> - 제조소등의 위치, 구조 또는 설비의 **변경 없이** 저장·취급하는 **위험물**의 **품명**·**수량** 또는 지정수량의 배수를 변경할 경우 신고기간 : 변경하고자 하는 날의 **1일 전**
> - 용도폐지 신고기간 : 폐지한 날부터 **14일 이내**
> - 시·도지사 : 특별시장, 광역시장, 특별자치시장, 도지사 또는 특별자치도지사

 화재예방 규정을 할 곳(제조소등의 설치기준)

(1) 지정수량 10배 이상의 위험물을 저장·취급하는 제조소, 일반취급소
(2) 지정수량 100배 이상의 위험물을 저장·취급하는 옥외저장소
(3) 지정수량 150배 이상의 위험물을 저장·취급하는 옥내저장소
(4) 지정수량 200배 이상의 위험물을 저장·취급하는 옥외탱크저장소
(5) 암반탱크저장소
(6) 이송취급소

3 제조소

 안전거리

제조소(제6류 위험물은 제외)외의 건축물의 외벽 또는 이에 상당하는 공작물의 외측으로부터 당해 제조소의 외벽 또는 이에 상당하는 공작물의 외측까지의 수평거리

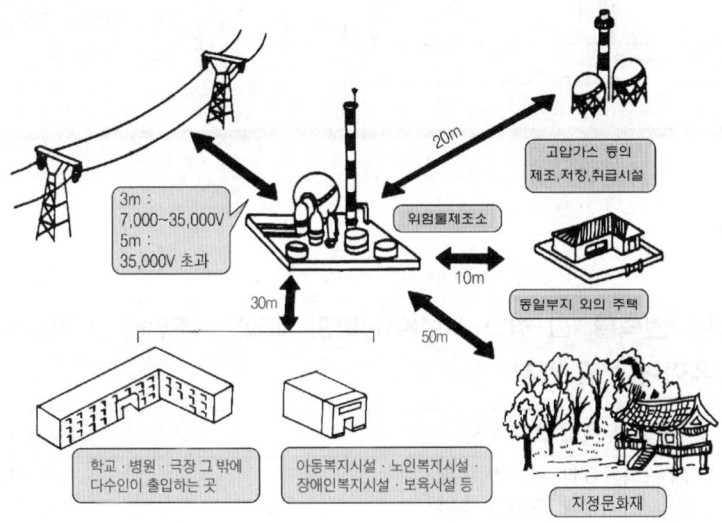

(1) 특고압 가공전선 7,000V 초과 35,000V 이하 : 3m 이상
(2) 특고압 가공전선 35,000V 초과 : 5m 이상
(3) 제조소의 동일부지 이외의 주택 : 10m 이상
(4) 고압가스 등을 제조·저장 또는 취급하는 시설 : 20m 이상
(5) 학교·병원·극장(300명 이상), 다수인이 출입하는 곳(20명 이상) : 30m 이상
(6) 유형문화재 및 지정문화재 : 50m 이상

※ **고압가스 등** : 고압가스, 액화석유가스, 도시가스
※ **하이드록실아민 제조소의 안전거리**
  $D = 51.1\sqrt[3]{N}$
  D = 안전거리, N = 취급하는 하이드록실아민의 지정수량의 배수

※ 방화상 유효한 담의 높이 산정방법
· $H \leq PD^2 + a$ 인 경우 h=2m 이상
· $H > PD^2 + a$ 인 경우 $h = H - P(D^2 - d^2)$

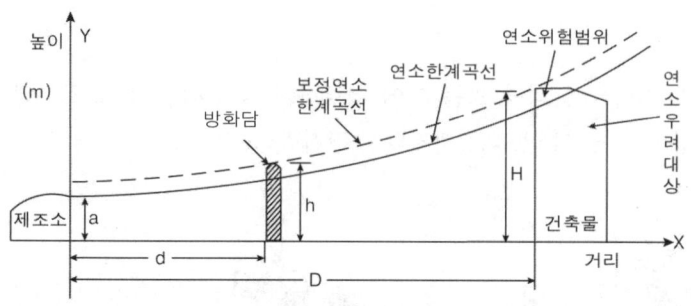

D : 제조소등과 인근 건축물 또는 공작물과의 거리(m)
H : 인근 건축물 또는 공작물의 높이(m)
a : 제조소등의 외벽의 높이(m)
d : 제조소등과 방화상 유효한 담과의 거리(m)
h : 방화상 유효한 담의 높이(m)
p : 상수

2 보유공지

위험물을 취급하는 **건축물, 그 밖의 시설(이송배관 제외)의 주위**에 그 취급하는 위험물의 최대수량에 따라 **보유하여야 할 공지**

위험물의 취급 최대수량	공지의 너비
지정수량의 10배 이하의 수량	3m 이상
지정수량의 10배 초과의 수량	5m 이상

(1) 제외되는 경우
행정안전부령이 정하는 **방화상 유효한 격벽**을 **내화구조**로 설치하였을 경우(단, 제6류 위험물은 불연재료)

※ 방화벽의 설치기준
• 출입구 : 자동폐쇄식 60분+방화문 또는 60분 방화문
• 돌출기준 : 방화벽의 양단 및 상단을 외벽·지붕으로부터 **50cm 이상** 돌출시킬 것

3 건축물의 재질

(1) 벽·기둥·바닥·보·서까래·계단 : 불연재료
(2) 지붕 : 폭발력이 위로 방출될 정도의 **가벼운 불연재료**
(3) 연소 우려가 있는 외벽 : 개구부 없는 내화구조

※ **내화구조** : 철근콘크리트, 철골철근콘크리트 등
※ **불연재료** : 콘크리트, 석재, 벽돌, 기와, 석면판, 철강, 알루미늄, 유리, 몰탈, 회 등

4 건축물의 바닥(액체 위험물)

(1) 위험물이 침윤하지 못하는 재료를 사용할 것
(2) 적당한 경사를 둘 것
(3) 최저부에 집유설비를 할 것

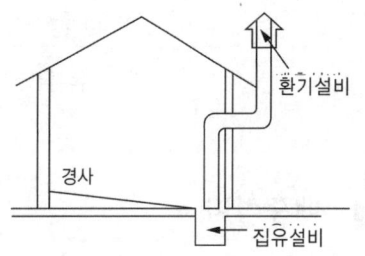

※ 액체 위험물을 취급하는 옥외시설의 바닥 둘레의 턱
 • 턱높이 : 0.15m 이상

5 출입구(60분+방화문, 60분 방화문 또는 30분 방화문을 설치할 것)

(1) 60분+방화문 또는 60분 방화문 : 기존의 갑종방화문
(2) 30분 방화문 : 기존의 을종방화문
(3) 연소의 우려가 있는 제조소 외벽에 설치하는 출입구 : 자동폐쇄식 60분+방화문 또는 60분 방화문

※ 방화문의 종류

방화문의 종류	연기 및 불꽃 차단시간	열 차단시간	비고
60분+방화문	60분 이상	30분 이상	공동 주택 세대의 대외공간에 설치
60분 방화문	60분 이상	없음	기존의 갑종방화문 대체
30분 방화문	30분 이상	없음	기존의 을종방화문 대체

6 환기설비

(1) 자연배기방식
(2) 환기구 : 지붕 위 또는 지상 2m 이상 높이에 설치
(3) 급기구 : 바닥면적 150m²마다 1개 이상 설치하며, 크기는 800cm² 이상일 것

바닥면적	급기구의 면적
60m² 미만	150cm² 이상
60m² 이상 90m² 미만	300cm² 이상
90m² 이상 120m² 미만	450cm² 이상
120m² 이상 150m² 미만	600cm² 이상

[바닥면적 150m² 미만인 경우 급기구의 면적]

배출설비

(1) 가연성 증기 및 미분이 체류할 우려가 있는 곳에 설치할 것
(2) 배출능력(국소방식) : 1시간당 배출장소 용적의 20배 이상일 것
(3) 급기구는 높은 곳에 설치할 것

>
> ※ 전역방식의 배출능력 : 바닥면적 1m²당 18m³ 이상으로 할 수 있다.

피뢰설비

지정수량 10배 이상의 위험물을 저장·취급하는 곳에는 피뢰설비를 하여야 한다(제6류 위험물 제외).

옥외에 있는 제조소의 위험물취급탱크의 방유제

(1) 하나의 취급탱크 : 당해 탱크용량의 50% 이상
(2) 둘 이상의 취급탱크 : 용량이 최대인 것의 50%에 나머지 탱크용량 합계의 10%를 가산한 량 이상

>
> ※ 이황화탄소 저장탱크 : 방유제를 설치하지 아니한다.
> ※ 옥내에 있는 위험물탱크 저장시설의 방유턱 용량
>   • 탱크 1기 : 당해 탱크에 수납하는 위험물의 양을 전부 수용할 수 있는 양
>   • 탱크 2기 이상 : 당해 탱크에 수납하는 위험물의 최대인 탱크의 양을 전부 수용할 수 있는 양

위험물 제조설비의 금속의 사용제한

(1) 대상 위험물 : 아세트알데하이드·산화프로필렌(함유물 포함)
(2) 사용금지 금속 : 은·수은·동·마그네슘 또는 이의 합금

불활성기체 등의 봉입장치

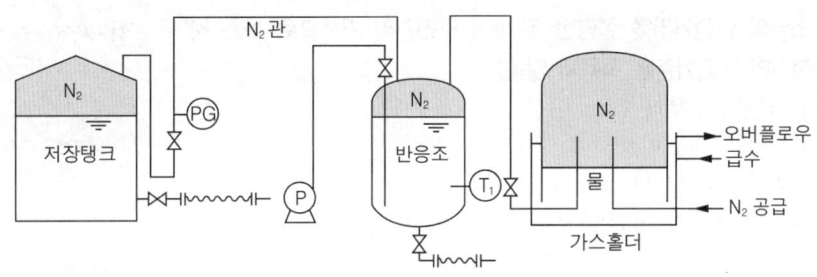

(1) 아세트알데하이드·산화프로필렌 : 불활성기체·수증기 봉입
(2) 알킬알루미늄·알킬리튬 : 불활성기체 봉입

적중 출제예상문제

① 제조소등의 설치허가를 받고자 한다. 허가청으로 옳은 것은?
  ① 총리   ② 소방본부장
  ③ 시장·군수   ④ 시·도지사

② 제조소등의 설치허가를 받은 자가 용도폐지 하고자 한다. 신고기간으로 옳은 것은?
  ① 7일 이내   ② 10일 이내
  ③ 14일 이내   ④ 15일 이내

해 • 허가청 : 시·도지사
답 ④

해 • 용도폐지 신고기간 : 14일 이내
답 ③

③ 화재에 관한 예방규정을 정하지 않아도 되는 것은?
① 지정수량 10배의 위험물을 저장·취급하는 제조소
② 지정수량 20배의 위험물을 저장·취급하는 저장취급소
③ 지정수량 10배의 위험물을 저장·취급하는 일반취급소
④ 지정수량 100배의 위험물을 저장·취급하는 옥외저장소

④ 일반취급소로서 예방규정을 정하여야 할 장소란 지정수량 몇 배 이상을 저장 취급하는 곳인가?
① 지정수량 10배 이상
② 지정수량 20배 이상
③ 지정수량 30배 이상
④ 지정수량 50배 이상

⑤ 위험물제조소와의 안전거리를 설명한 것이다. 안전거리 기준으로 옳은 것은?(단, 안전거리 예외기준은 적용치 않음)
① 학교·병원·극장으로부터 70m 이상
② 지정문화재로부터 70m 이상
③ 가연성가스 취급시설로부터 10m 이상
④ 고압 가공전선(35,000V 초과)으로부터 5m 이상

⑥ 제조소등은 사용전압 7,000V 이상 35,000V 이하의 고압 가공전선으로부터 수평거리 얼마 이상 떨어져야 하나?
① 3m 이상
② 5m 이상
③ 7m 이상
④ 9m 이상

⑦ 위험물을 제조하는 건축물 또는 기타 시설의 주위에는 그 취급하는 위험물의 최대수량에 따라 공지의 너비를 보유해야 한다. 옳은 것은?
① 지정수량 10배 이하의 수량 – 2m 이하
② 지정수량 10배 이하의 수량 – 3m 이상
③ 지정수량 10배 초과의 수량 – 4m 이하
④ 지정수량 10배 초과의 수량 – 6m 이상

⑧ 위험물제조소의 건축물의 방화벽을 내화구조로 하면 보유공지를 설치하지 아니할 수 있다. 이 경우 방화벽을 불연재료로 할 수 있는 위험물은 어느 것인가?
① 질산
② 탄화칼슘
③ 적린
④ 황린

⑨ 위험물제조소의 건축물의 환기설비 중 바닥면적이 150m² 이상일 경우 급기구의 크기로 옳은 것은 어느 것인가?
① 200cm²
② 400cm²
③ 600cm²
④ 800cm²

해 • 예방규정을 정하여야 할 곳 : 10배 이상(제조소), 10배 이상(일반취급소), 100배 이상(옥외저장소), 150배 이상(옥내 저장소), 200배 이상(옥외탱크저장소)
답 ②

해 • 문제 3 해설 참조
답 ①

해 • 제조소의 안전거리
 ※ 고압 가공전선(7,000V 이상 35,000V 이하) : 3m 이상
 ※ 고압 가공전선(35,000V 초과) : 5m 이상
답 ④

해 • 문제 5 해설 참조
답 ①

해 • 보유공지(위험물)
 ※ 지정수량 10배 이하 : 3m 이상
 ※ 지정수량 10배 초과 : 5m 이상
답 ②

해 • 제6류 위험물의 방화벽 : 불연재료로 할 수 있다.
 ※ 제6류 위험물 : 질산·과염소산·과산화수소
답 ①

해 • 환기설비 급기구의 규격 : 150m²마다 800cm² 이상
답 ④

⑩ 60분 방화문의 연기 및 불꽃 차단은 몇 분 이상의 성능의 것인가?
① 30분 이상 ② 60분 이상
③ 2시간 이상 ④ 3시간 이상

해 60분 방화문의 연기 및 불꽃 차단 시간 : 60분 이상
답 ②

⑪ 60분 방화문의 열 차단 시간은 얼마 이상인가?
① 없음 ② 30분 이상
③ 60분 이상 ④ 90분 이상

해 • 60분 방화문의 열 차단 시간은 없다.
답 ①

⑫ 위험물제조소의 배출설비의 배출능력은 1시간당 배출장소 용적의 몇 배 이상인 것으로 하여야 하는가?
① 5배 ② 10배
③ 20배 ④ 30배

해 • 배출설비의 배출능력 (1시간당) : 배출장소 용적의 20배 이상
답 ③

⑬ 제조소의 배출설비는 전역방식일 경우 배출능력은 바닥면적 $1m^2$당 몇 m^3로 할 수 있는가?
① $9m^3$ 이상 ② $18m^3$ 이상
③ $27m^3$ 이상 ④ $36m^3$ 이상

해 • 배출능력 : 바닥면적 $1m^2$당 $18m^3$ 이상
답 ②

⑭ 피뢰설비는 지정수량 얼마 이상의 위험물을 취급하는 제조소등에 설치하는가?
① 1배 이상 ② 10배 이상
③ 20배 이상 ④ 50배 이상

해 • 피뢰설비 설치기준 : 지정수량 10배 이상의 위험물제조소등
※제6류 위험물은 설치 제외
답 ②

⑮ 위험물제조소의 옥외에 있는 액체 위험물을 취급하는 $100m^3$ 및 $50m^3$의 용량인 2개의 탱크 주위에 설치하여야 할 방유제의 최소용량(m^3)은?
① 75 ② 50
③ 55 ④ 60

해 • 둘 이상의 탱크 : 최대 탱크용량의 50% 이상에 나머지 탱크용량의 10% 가산 양
∴ $100m^3 \times 0.5 + 50m^3 \times 0.1 = 55$
답 ③

⑯ 아세트알데하이드 · 산화프로필렌을 취급하는 제조설비에 사용할 수 없는 금속이 아닌 것은 어느 것인가?
① 스테인리스스틸 ② 수은
③ 동 ④ 마그네슘

해 • 금속의 사용제한 : 은 · 수은 · 동 · 마그네슘 또는 이들의 합금
답 ①

⑰ 연소성 혼합기체의 생성에 의한 폭발방지를 위하여 불활성기체 또는 수증기를 봉입하는 장치를 하여야 할 위험물은 어느 것인가?
① 에터 ② 메타알데하이드
③ 크실레놀 ④ 아세트알데하이드

해 • 불활성기체 등을 봉입하는 위험물 : 아세트알데하이드 · 산화프로필렌 · 알킬알루미늄 · 알킬리튬
답 ④

4 옥내저장소

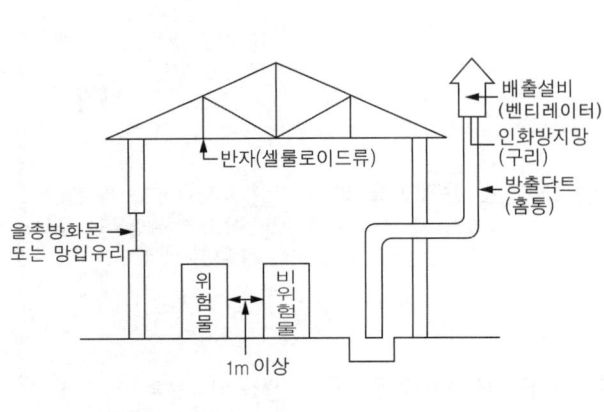

[옥내저장소 측면도]

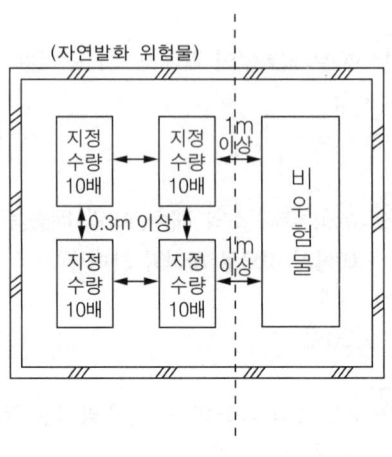

[옥내저장소 평면도]

1 안전거리

제조소에 준한다.

(1) 안전거리 기준에서 제외되는 경우(지정유기과산화물 제외)
   ① 위험물의 경우
      ㉮ 지정수량 20배 미만의 제4석유류
      ㉯ 지정수량 20배 미만의 동·식물유류
      ㉰ 제6류 위험물
   ② 건축물(지정수량 20배 이하인 경우)
      ㉮ 창고의 벽, 기둥, 바닥, 보 및 지붕을 내화구조로 한 것
      ㉯ 저장창고의 출입구에 수시로 열 수 있는 **자동폐쇄방식의 60분+방화문 또는 60분 방화문**을 설치할 경우
      ㉰ 저장창고의 **창을 설치하지 아니한 것**

> **참고**
> ※ 지정수량 50배 이하로 할 수 있는 경우
>   • 하나의 저장창고의 바닥이 150m² 이하일 때

보유공지

저장 또는 취급하는 위험물의 최대수량	공지의 너비	
	벽, 기둥 및 바닥이 내화구조로 된 건축물	기타의 건축물
지정수량의 5배 이하		0.5미터 이상
지정수량의 5배 초과 10배 이하	1미터 이상	1.5미터 이상
지정수량의 10배 초과 20배 이하	2미터 이상	3미터 이상
지정수량의 20배 초과 50배 이하	3미터 이상	5미터 이상
지정수량의 50배 초과 200배 이하	5미터 이상	10미터 이상
지정수량의 200배 초과	10미터 이상	15미터 이상

> 참고
> ※ 동일부지 내에 지정수량 20배를 초과하는 저장소와 다른 옥내저장소를 **인접할 경우** 상호거리에 해당하는 보유공지 너비의 1/3 이상을 보유할 수 있으며 **3m 미만은 3m일 것**
> ※ 기타의 건축물(내화구조 이외의 건축물) 기준
>   • 지정수량 10배 이하의 위험물을 저장할 경우
>   • 제2류 위험물, 제4류 위험물(인화성 고체, 인화점 70℃ 미만인 것 제외)만을 저장하는 곳으로 **연소 우려가 없는 곳**

 건축물

(1) 건축물의 재질
  ① 벽, 기둥, 바닥 : 내화구조
  ② 보, 서까래 : 불연재료
  ③ 지붕 : 폭발력이 위로 방출될 정도의 **가벼운 불연재료**
  ④ 지붕을 내화구조로 할 경우 : 제2류 위험물(분상의 것과 인화성고체 제외), **제6류 위험물**만 저장할 경우

(2) 저장창고의 건축면적 등
  ① 위험등급 Ⅰ등급 등(제4류 Ⅱ등급 포함) 위험물 : 1,000m² 이하
  ② 위험등급 Ⅱ등급 등(제4류 Ⅱ등급 제외) 위험물 : 2,000m² 이하
  ③ 위험등급 Ⅰ등급 등과 Ⅱ등급 위험물을 내화구조의 격벽으로 **완전히 구획된 실**에 각각 저장할 경우 : 1,500m² 이하(단, 위험등급 Ⅰ등급 위험물을 저장하는 실의 면적은 500m²를 초과할 수 없다)
  ④ 지면에서 처마까지의 높이 : 6m 미만

⑤ 지면에서 처마까지 높이를 20m 이하로 할 경우(제2류위험물과 제4류위험물만 저장)
  ㉮ 벽, 기둥, 바닥, 보를 내화구조로 할 것
  ㉯ 출입구를 60분+방화문 또는 60분 방화문로 할 것
  ㉰ 피뢰침을 설치할 것
⑥ 바닥 : 지면보다 높게 할 것
⑦ 반자를 설치하지 않을 것(제5류 위험물 셀룰로이드 제외)

> **참고**
> ※ 다층건물인 저장창고의 건축면적 등(제2류 위험물, 제4류 위험물 중 인화점 70℃ 미만 이외의 것)
>   • 바닥면적 : 1,000m² 이하
>   • 층고 : 6m 미만
> ※ 다른 용도로 사용하는 부분이 있는 건축물(복합건축물)에 설치하는 저장소의 기준
>   • 옥내저장소의 용도에 사용되는 부분의 바닥면적 : 75m²를 초과할 수 없다.
>   • 층고 : 6m 미만

(3) 물이 침투하지 않는 구조로 하여야 할 위험물
① 제1류 위험물 중 **알칼리금속의 과산화물**
② 제2류 위험물 중 **철분·금속분·마그네슘**
③ 제3류 위험물 중 **금수성 물품**
④ **제4류 위험물**

(4) 피뢰설비를 설치하여야 하는 곳
지정수량 10배 이상을 저장·취급하는 곳(제6류 위험물 제외)

저장기준

(1) 유별을 달리하는 위험물은 동일한 저장소에 저장금지
(2) 제3류 위험물 중 황린과 금수성 물품은 동일한 저장소에 **저장금지**
(3) 위험물과 위험물이 아닌 물품과 **상호거리 : 1m 이상**
(4) 위험물과 유별이 다른 위험물과의 **상호거리 : 1m 이상**
(5) 동일 품목이라도 자연발화의 위험이 있는 위험물의 상호거리 : **지정수량의 10배마다 0.3m 이상**

> 참고
>
> ※ 유별을 달리하는 위험물을 동일장소에 저장할 수 있는 경우(1m 이상 간격을 둠)
> - 제1류 위험물과 제6류 위험물
> - 제1류 위험물과 제3류 위험물 중 자연발화성 물질(황린 또는 이를 함유한 것에 한한다)
> - 제1류 위험물(알칼리금속의 과산화물 또는 이를 함유한 것을 제외)과 제5류 위험물
> - 제2류 위험물 중 인화성 고체와 제4류 위험물
> - 제3류 위험물 중 알킬알루미늄 등과 제4류 위험물(알킬알루미늄 또는 알킬리튬을 함유한 것에 한한다)
> - 제4류 위험물 중 유기과산화물 또는 이를 함유한 것과 제5류 위험물 중 유기과산화물 또는 이를 함유한 것

 저장높이(규정높이를 초과하여 용기를 겹쳐 쌓지 아니할 것)

(1) 기계에 의하여 하역하는 구조로 된 용기만을 겹쳐 쌓는 경우 : 6m
(2) 제4류 위험물 중 제3석유류, 제4석유류 및 동·식물유류를 수납하는 용기만을 겹쳐 쌓는 경우 : 4m
(3) 그 밖의 경우 : 3m

 지정과산화물 옥내저장소

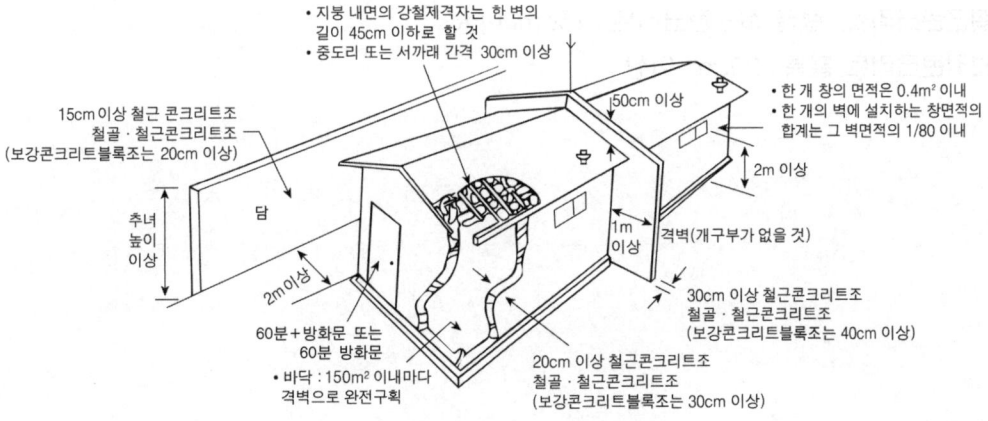

[지정과산화물의 지정창고]

(1) 지정과산화물 : 제5류 위험물 중 유기과산화물 또는 이를 함유하는 것으로 **지정수량**이 **10kg**인 것

(2) 담 및 창문기준
① 담 높이 : 추녀 높이
② 저장창고 외벽과 담까지의 거리 : 2m 이상
③ 토지의 경사면의 경사로 : 60° 미만
④ 바닥으로부터 창문까지의 거리 : 2m 이상
⑤ 창문 1개의 면적 : 0.4m² 이내
⑥ 창문 2개 이상의 면적 : 창문 있는 벽의 면적의 1/80 이내

(3) 지정과산화물 외벽의 두께
① 철근콘크리트, 철골철근콘크리트 : 20cm 이상
② 보강콘크리트 블록 : 30cm 이상

(4) 지정과산화물 저장창고의 격벽
① 바닥면적 150m² 이내마다 설치
② 격벽의 두께
　㉮ 철근콘크리트 · 철골철근콘크리트 : 30cm 이상
　㉯ 보강콘크리트 블록 : 40cm 이상
③ 격벽의 돌출기준
　㉮ 격벽의 양측 : 외벽으로부터 1m 이상
　㉯ 격벽의 상부 : 지붕으로부터 50cm 이상

(5) 지정과산화물의 담의 두께
① 철근콘크리트, 철골 철근콘크리트 : 15cm 이상
② 보강콘크리트 블록 : 20cm 이상

적중 출제예상문제

1 위험물 옥내저장소에 안전거리를 두어야 되는 경우는?
① 지정수량 20배 미만의 제4석유류
② 지정수량 20배 미만의 동·식물유류
③ 제5류 위험물
④ 제6류 위험물

힌트
- 안전거리 제외 : 지정수량 20배 미만의 제4석유류와 동·식물유류·제6류 위험물

답 ③

2 지정수량 20배 이하의 위험물을 저장·취급하는 건축물에는 안전거리를 하지 않아도 되는 규정이 있다. 그중 하나의 저장창고의 바닥이 150m² 이하일 때 저장할 수 있는 위험물의 지정수량은 몇 배까지인가?
① 20배 이하
② 30배 이하
③ 40배 이하
④ 50배 이하

- 안전거리 제외규정 : 바닥면적 150m² 이하일 때 지정수량 50배까지

답 ④

3 내화구조인 옥내저장소에서 지정수량 200배 초과의 위험물을 저장할 경우 보유공지는 몇 m인가?
① 2m 초과
② 4m 초과
③ 6m 초과
④ 10m 초과

- 지정수량 200배 이상 : 10m 초과

답 ④

4 위험등급에 따른 위험물 옥내저장소의 저장창고 바닥면적 기준 중 맞는 것은?
① Ⅰ등급 위험물 - 1천m² 이하, Ⅱ등급 위험물 - 2천 m² 이하
② Ⅰ등급 위험물 - 1천500m² 이하, Ⅱ등급 위험물 - 2천 m² 이하
③ Ⅰ등급 위험물 - 1천m² 이하, Ⅱ등급 위험물 - 1천 m² 이하
④ Ⅰ등급 위험물 - 1천m² 이하, Ⅱ등급 위험물 - 1천500m² 이하

- 옥내저장소의 저장창고 바닥면적 기준(연면적)
  ※ Ⅰ등급 위험물 : 1,000m² 이하
  ※ Ⅱ등급 위험물 : 2,000m² 이하

답 ①

5 위험물 옥내저장소의 저장창고 바닥면적 기준 중 위험등급 Ⅰ등급 위험물과 Ⅱ등급 위험물을 내화구조의 격벽으로 완전히 구획된 실에 각각 저장할 경우 Ⅰ등급 위험물을 저장하는 실의 면적으로 옳은 것은?
① 300m² 이하
② 500m² 이하
③ 600m² 이하
④ 750m² 이하

- Ⅰ등급 위험물의 저장실의 면적 : 500m² 이하

답 ②

6 위험물 저장창고의 처마높이는 지면으로부터 몇 m 미만인 단층건물이어야 하는가?
① 2m
② 4m
③ 6m
④ 7m

- 처마높이 : 지면으로부터 6m 미만

답 ③

7. 옥내저장소의 바닥을 물이 침투하지 못하는 구조로 해야 할 위험물이 아닌 것은?
① 제4류 위험물
② 제1류 위험물 중 알칼리금속의 과산화물
③ 제3류 위험물 중 금수성물품
④ 제5류 위험물

[해] • 물 침투와 무관한 위험물 : 제5류 위험물
[답] ④

8. 위험물 옥내저장소의 피뢰설비는 지정수량의 몇 배 이상인 경우 저장창고에 설치해야 하는가?
① 10배 이상
② 15배 이상
③ 20배 이상
④ 30배 이상

[해] • 지정수량 : 10배 이상
[답] ①

9. 위험물을 옥내저장소에 저장할 경우 기계에 의하여 하역하는 구조로 된 용기만을 겹쳐 쌓는 경우 몇 m를 초과하여 용기를 겹쳐 쌓지 아니하여야 하는가?
① 2m
② 3m
③ 4m
④ 6m

[해] • 해당높이 : 6m
[답] ④

10. 옥내저장소에서 위험물과 위험물이 아닌 물품을 한곳에 저장할 때 각각 모아서 저장하고 상호간에 간격을 둔다. 상호간의 거리로 옳은 것은?
① 0.3m 이상
② 0.5m 이상
③ 1m 이상
④ 2m 이상

[해] • 상호거리 : 1m 이상
[답] ③

11. 자연발화의 위험이 있는 위험물 또는 재해가 현저하게 증대할 위험물을 다량 저장할 때 지정수량의 ㉠ 배마다 구분 적재해야 하며 상호간의 간격은 ㉡ m로 한다. ㉠과 ㉡에 해당되는 것은?
① ㉠ 5, ㉡ 0.3
② ㉠ 10, ㉡ 0.5
③ ㉠ 5, ㉡ 0.5
④ ㉠ 10, ㉡ 0.3

[해] • 자연발화 위험물 : 지정수량 10배마다 0.3m 이상 간격을 둔다.
[답] ④

12. 지정과산화물의 옥내저장소의 주위에 설치하는 담 또는 흙더미는 그 저장창고의 외벽으로부터 얼마 이상 떨어진 곳에 설치하여야 하는가?
① 2m 이상
② 3m 이상
③ 4m 이상
④ 5m 이상

[해] • 상호거리 : 2m 이상
[답] ①

⑬ 옥내저장소로서 지정과산화물 저장창고의 출입문 설치기준으로 옳지 않은 것은?
① 창 하나의 면적은 $0.4m^2$ 이내로 할 것
② 창은 바닥으로부터 2m 이상의 높이에 설치할 것
③ 60분 방화문 또는 30분 방화문을 설치할 것
④ 1개의 벽에 설치하는 창의 합계가 그 벽의 면적의 1/80 이내로 할 것

해 • 창문규정
※ 면적 : $0.4m^2$ 이내(1개 면에 설치하는 창의 면적의 합계가 그 벽면적의 1/80 이내일 것)
※ 높이 : 바닥으로부터 2m 이상
※ 출입구 : 60분+방화문 또는 60분 방화문을 설치할 것
답 ③

⑭ 옥내저장소에서 지정과산화물의 저장창고 창문 하나의 면적은 얼마 이내로 하여야 하는가?
① $0.8m^2$ 이내
② $0.6m^2$ 이내
③ $0.4m^2$ 이내
④ $0.2m^2$ 이내

해 • 문제 13 해설 참조
답 ③

⑮ 지정과산화물 옥내저장소의 격벽은 바닥면적 몇 m^2 이내마다 설치하는가?
① $100m^2$
② $150m^2$
③ $200m^2$
④ $250m^2$

해 • 격벽 설치시 1개의 바닥면적 크기 : $150m^2$ 이내
답 ②

⑯ 지정과산화물 옥내저장소에 개구부가 없는 격벽으로 완전히 구획할 경우 지붕 위 돌출부분의 높이는 얼마인가?
① 10cm 이상
② 30cm 이상
③ 50cm 이상
④ 70cm 이상

해 • 격벽 돌출규정
※ 격벽의 양측 : 외벽으로부터 1m 이상
※ 격벽의 상부 : 지붕으로부터 50cm 이상
답 ③

⑰ 지정과산화물 저장창고의 외벽에 관한 내용이다. 맞는 것은?
① 두께 20cm 이상의 철근콘크리트조
② 두께 30cm 이상의 철근콘크리트조
③ 두께 30cm 이상의 철골철근콘크리트조
④ 두께 20cm 이상의 보강콘크리트조블록조

해 • 지정과산화물 창고 외벽
※ 철근콘크리트조 · 철골철근콘크리트조 : 20m 이상
※ 보강콘크리트블록조 : 30cm 이상
답 ①

⑱ 지정과산화물의 저장창고의 주위에 설치하는 담을 철근콘크리트조로 할 때는 두께 얼마 이상의 것으로 하여야 하는가?
① 15cm 이상
② 26cm 이상
③ 35cm 이상
④ 45cm 이상

해 • 지정과산화물 창고의 철근콘크리트조 담 : 15cm 이상
※ 보강콘크리트블록조 : 20cm 이상
답 ①

5 옥외저장소

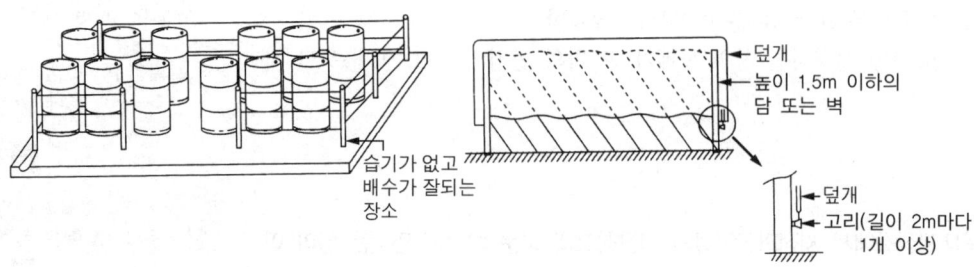

 안전거리

제조소에 준한다.

 보유공지

위험물을 취급하는 건축물 기타 시설의 주위에 그 취급하는 위험물의 최대수량에 따라 보유하여야 할 공지

저장 또는 취급하는 위험물의 최대수량	공지의 너비
지정수량의 10배 이하	3미터 이상
지정수량의 10배 초과 20배 이하	5미터 이상
지정수량의 20배 초과 50배 이하	9미터 이상
지정수량의 50배 초과 200배 이하	12미터 이상
지정수량의 200배 초과	15미터 이상

> **참고**
> ※ 보유공지의 너비를 1/3로 감축할 수 있는 경우
> • 제4류 위험물 중 제4석유류
> • 제6류 위험물

3 설치장소의 선정

(1) 다른 건축물과 **안전거리**를 둘 것
(2) **습기가 없고 배수가 잘 되는 곳**
(3) **경계표시**를 설치할 것

※ 덩어리 상태의 황을 경계표시 안쪽에서 저장·취급
  • 하나의 경계표시 내부면적 : 100m² 이하
  • 2개 이상의 경계표시의 합계 : 1,000m² 이하
  • 경계표시의 높이 : 1.5m 이하
  • 경계표시 상호거리 : 보유공지의 1/2 이상(지정수량 200배 이상 : 1m 이상)

4 저장기준

(1) 위험물과 위험물이 아닌 물품과 **상호거리** : 1m 이상
(2) **선반 등 구조물의 높이** : 위험물을 **적재한 상태**에서 6m를 초과하지 말 것
(3) **차광막을 설치**하여야 하는 위험물 : **과산화수소·과염소산**

※ 위험물의 저장높이(규정높이를 초과하여 용기를 겹쳐 쌓지 아니할 것)
  • 기계에 의하여 하역하는 구조로 된 용기만을 겹쳐 쌓는 경우 : 6m
  • 제4류 위험물 중 제3석유류, 제4석유류 및 **동식물유류**를 수납하는 용기만을 겹쳐 쌓는 경우 : 4m
  • 그 밖의 경우 : 3m

적중 출제예상문제

① 지정수량 10배 이하의 위험물을 저장하는 옥외저장소의 보유공지는 몇 m 이상인가?
① 3m 이상　　② 5m 이상
③ 9m 이상　　④ 12m 이상

해 • 지정수량 10배 이하 : 3m 이상
답 ①

② 경유를 지정수량의 200배 초과하여 옥외에 저장하려고 할 때 보유공지의 너비는 얼마로 하여야 하는가?
① 3m 이상　　② 9m 이상
③ 12m 이상　　④ 15m 이상

해 • 지정수량 200배 초과 : 15m 이상
답 ④

③ 옥외저장소에서 보유공지를 1/3로 감축할 수 있는 위험물은?
① 제2류 위험물　　② 제4류 위험물
③ 제6류 위험물　　④ 위험물 전체

해 • 보유공지 감축대상 : 제4류 위험물 중 제4석유류, 제6류 위험물
답 ③

④ 옥외저장소 설치장소의 기준으로 옳지 않은 것은?
① 다른 건축물 등에 대한 안전거리를 둘 것
② 습기가 없고 배수가 잘되는 곳에 설치
③ 경계표시를 할 것
④ 덩어리 상태 황을 저장할 경우 높이 1m 이상의 경계표시를 할 것

해 • 황저장소의 경계표시의 높이 : 1.5m 이하
답 ④

⑤ 옥외저장소에서 덩어리 상태의 황을 저장할 경우 경계표시의 높이는?
① 3m 이하　　② 4m 이하
③ 1m 이하　　④ 1.5m 이하

해 • 문제 4 해설 참조
답 ④

⑥ 옥외저장시설에 2개 이상의 경계표시를 할 경우 경계표시의 합계는 몇 m² 이하인가?
① 1000m²　　② 800m²
③ 400m²　　④ 200m²

해 • 경계표시의 합계 : 1000m² 이하
답 ①

⑦ 옥외저장소에 설치된 선반의 높이는 위험물을 적재한 상태에서 몇 m를 초과할 수 없는가?
① 2m　　② 3m
③ 4m　　④ 6m

해 • 선반의 높이 : 6m를 초과할 수 없다.
답 ④

⑧ 다음 중 옥외저장시설에 저장할 수 없는 위험물은?
① 제2류 위험물 중 황　　② 제4류 위험물 중 제4석유류
③ 제5류 위험물　　④ 제6류 위험물 또는 동·식물유류

해 • 저장 위험물 : ①② 가능 ③ 불가 ④ 가능
답 ③

6 옥외탱크저장소

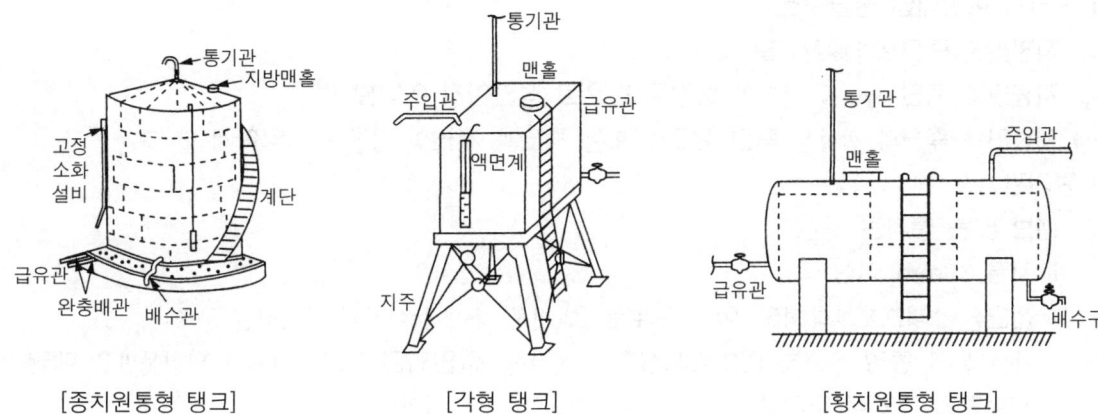

[종치원통형 탱크]　　　[각형 탱크]　　　[횡치원통형 탱크]

 안전거리

제조소에 준할 것

 보유공지

저장 또는 취급하는 위험물의 최대수량	공지의 너비
지정수량의 500배 이하	3미터 이상
지정수량의 500배 초과 1,000배 이하	5미터 이상
지정수량의 1,000배 초과 2,000배 이하	9미터 이상
지정수량의 2,000배 초과 3,000배 이하	12미터 이상
지정수량의 3,000배 초과 4,000배 이하	15미터 이상
지정수량의 4,000배 초과	① 당해 탱크의 수평단면의 최대지름(횡형인 경우에는 긴 변)과 높이 중 큰 것과 같은 거리 이상 ② 30m 초과의 경우에는 30m 이상으로 할 수 있고, 15m 미만의 경우에는 15m 이상으로 하여야 한다.

참고

※ 제6류 위험물 외의 위험물 : 저장소를 2개 이상 인접하여 설치하는 경우 보유공지 너비의 1/3 이상의 너비로 하며 3m 이상일 것
※ 제6류 위험물 : 보유공지 너비의 1/3 이상의 너비로 하며 1.5m 이상일 것
• 저장소를 2개 인접할 경우 : 제6류 위험물 보유공지 너비의 1/3 이상의 너비로 하며 1.5m 이상일 것

탱크의 구조

(1) 강철판의 두께 : 3.2mm 이상
(2) 탱크의 이상내압 방출구조
  ① 지붕판을 측판보다 얇게 할 것
  ② 지붕판과 측판 사이를 별도의 보강재 등으로 접합하지 아니할 것
  ③ 지붕판과 측판의 접합은 측판 상호간 또는 측판과 저판의 접합보다 약하게 할 것
(3) 통기관
  ① 밸브 없는 통기관
    ㉮ 지름 30mm 이상
    ㉯ 선단은 수평으로부터 45° 이상 구부릴 것(빗물 등이 들어가지 아니하는 구조)
    ㉰ 가는 눈의 동망 등으로 인화방지장치를 설치할 것(인화점 70℃ 이상의 위험물만을 해당 위험물의 인화점 미만의 온도로 저장·취급할 경우 제외)
  ② 대기밸브 부착 통기관
    ㉮ 5kPa 이하의 압력 차이로 작동할 것
    ㉯ 가는 눈의 동망 등으로 인화방지장치를 설치할 것
  ③ 가연성 증기 회수밸브
    평소 개방되어 있으며, **위험물 주입시 폐쇄**시키며 10kPa 이하의 압력에서 **개방**되는 구조일 것(개방된 부분의 유효단면적은 777.15㎟ 이상일 것)

> **참고**
> ※ 통기관 : 빗물이 들어가지 아니하는 구조이면 45° 이상 구부리지 아니하여도 된다.

(4) 주입구
  ① 탱크의 주입구에 게시판을 설치하여야 할 위험물의 인화점 : **인화점 21℃ 미만**
(5) 펌프 설비
  ① 펌프 설비에 게시판을 설치하여야 할 위험물의 인화점 : **인화점 21℃ 미만**
  ② 펌프 설비의 보유공지
    ㉮ 보유공지는 너비 3m 이상이어야 한다.
    ㉯ 펌프 설비와 옥외저장탱크와의 사이의 보유공지는 당해 옥외저장탱크 **보유공지의 1/3이상**의 거리이어야 한다.
    ㉰ 제6류 위험물과 지정수량 10배 이하의 위험물은 보유공지에서 제외된다.

> **참고**
> ※ 특정옥외탱크저장소 : 탱크용량 100만ℓ 이상인 탱크
> ※ 준특정옥외탱크저장소 : 탱크용량 50만ℓ 이상 100만ℓ 미만의 탱크

 **방유제**

탱크의 균열 및 파손에 의하여 기름의 누설 확대를 방지하기 위한 둑

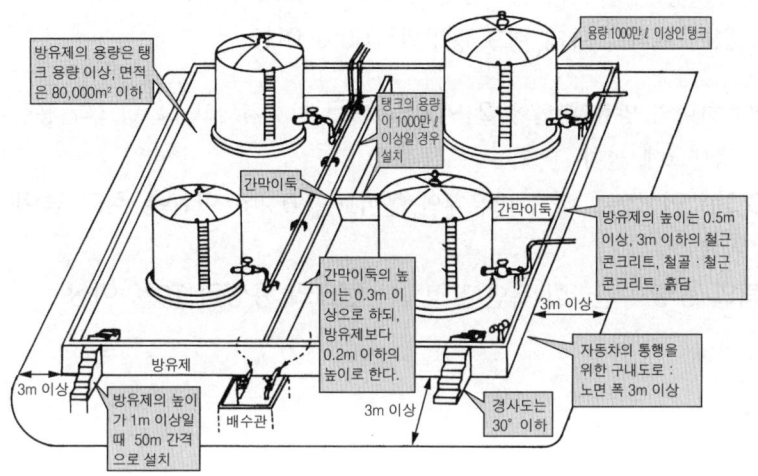

(1) 방유제의 구조
 ① 방유제의 면적 : 80,000m² 이하
 ② 재질 : 철근콘크리트 · 철골철근콘크리트 · 흙담
 ③ 높이 : 0.5m 이상 3m 이하, 두께 : 0.2m 이상, 지하 매설 깊이 : 1m 이상(액체의 제5
  류 위험물 방유제의 높이 : 3m 이상)
 ④ 계단 : 높이 1m 이상의 방유제는 50m 간격으로 방유제의 안과 밖에 설치
 ⑤ 방유제 외면에 직접 접하는 구내도로의 노면폭
  ㉮ 방유제 외면의 1/2 이상의 면으로부터 3m 이상
  ㉯ 용량합계가 20만ℓ 이하인 경우에는 3m 이상의 노면폭을 확보한 도로 또는 공지에 접할 것
 ⑥ 방유제 내의 탱크의 기수
  ㉮ 10기 이하
  ㉯ 20기 이하로 할 경우 : 방유제 내의 전탱크의 용량이 20만ℓ(200kℓ) 이하이고 인화점
   이 70℃ 이상 200℃ 미만인 것
  ㉰ 기수에 제한을 두지 않을 경우 : 인화점 200℃ 이상인 것
 ⑦ 방유제와 탱크 측면과의 상호거리
  ㉮ 탱크의 지름이 15m 미만 : 탱크높이의 1/3 이상
  ㉯ 탱크의 지름이 15m 이상 : 탱크높이의 1/2 이상
  ㉰ 인화점 200℃ 이상의 저장탱크 : 해당 없음

(2) 방유제의 용량기준
  ① 인화성액체(이황화탄소 제외)
    ㉮ 탱크 1기 : 당해 탱크 용량의 110% 이상
    ㉯ 탱크 2기 이상 : 설치탱크 중 **용량이 최대인 것의 용량**의 110% 이상
  ② 인화성이 없는 액체 : 당해 탱크 용량의 100% 이상

(3) 간막이 둑 : 하나의 방유제 안에 2 이상의 탱크가 설치되고 그 탱크의 용량이 1,000만ℓ 이상인 옥외저장탱크에 설치
  ① 높이 : 0.3m 이상으로 하되 방유제의 높이보다 0.2m 이상을 감한 높이(2억ℓ 이상인 경우) 1m 이상
  ② 간막이 둑의 용량 : 간막이 둑안에 설치된 **탱크의 용량의 10% 이상**

5 기 타

(1) 이황화탄소 옥외탱크 수조의 철근콘크리트 두께는 0.2m 이상일 것
(2) 특정옥외저장탱크의 풍하중(q) = $0.588k\sqrt{h}$
   k(풍력계수) : 원통형 0.7, 그 밖의 탱크 1, h : 지면으로부터의 높이(m)

적중 출제예상문제

1 옥외저장탱크는 틈이 없도록 제작되어야 하되 강철판의 두께는 얼마 이상이어야 하는가?
① 3mm ② 2.8mm
③ 3.2mm ④ 4.0mm

힌트: 강철판 : 3.2mm 이상
답 ③

2 옥외저장탱크시설 주위의 보유공지 너비 중 틀린 것은?
① 지정수량의 500배 이하 – 3m 이상
② 지정수량의 500배 초과 1,000배 이하 – 5m 이상
③ 지정수량의 1,000배 초과 2,000배 이하 – 10m 이상
④ 지정수량의 2,000배 초과 3,000배 이하 – 12m 이상

힌트: 지정수량 1,000배 초과 2,000배 이하 : 9m 이상
답 ③

3 위험물의 옥외탱크저장소의 보유공지는 동일부지 내에 2개 이상 인접하여 설치하는 경우 탱크 상호간의 보유공지의 너비는?(단, 제6류 위험물)
① 1.5m 이상 ② 2.5m 이상
③ 3m 이상 ④ 4m 이상

힌트: 옥외탱크저장소 : 2개 인접 보유공지 3m 이상
※ 제6류 위험물의 경우는 1.5m 이상이어야 한다.
답 ①

4 옥외탱크의 이상내압 방출구조를 위한 방법이 아닌 것은?
① 지붕판과 측판의 접합을 측판의 상호접합보다 강하게 한다.
② 지붕판과 측판의 접합은 측판과 저판의 접합보다 약하게 한다.
③ 지붕판을 측판보다 얇게 한다.
④ 지붕판을 보강재 등으로 접합하지 아니한다.

힌트: 이상내압 방출구조 : 탱크가 폭발할 때 탱크상부로 가스 및 증기를 방출하기 위한 구조로 지붕부분의 접합을 약하게 접합한다.
답 ①

5 옥외탱크저장소 주입구에는 몇 도 미만의 위험물을 저장하는 경우에 '옥외저장탱크주입구'라는 뜻과 방화에 관한 게시판을 설치하여야 하는가?
① 21℃ 미만 ② 70℃ 미만
③ 130℃ 미만 ④ 200℃ 미만

힌트: 방화에 관한 게시판 설치 위험물 : 인화점 21℃ 미만의 위험물
답 ①

6 옥외탱크저장소의 밸브 없는 통기관(무판 통기관)은 지름이 얼마 이상의 것으로 설치하여야 하는가?
① 20mm 이상 ② 30mm 이상
③ 40mm 이상 ④ 50mm 이상

힌트: 지름 : 30mm 이상
답 ②

7 밸브 없는 통기관의 선단은 수평보다 얼마 이상 구부려야 하는가?
① 15°이상 ② 30°이상
③ 45°이상 ④ 90°이상

힌트: 통기관의 선단 : 빗물 등이 들어가지 아니하도록 수평면에 대하여 45° 이상 구부릴 것
답 ③

⑧ 대기밸브부착 통기관은 얼마만큼의 압력차 이하에서 작동할 수 있도록 하여야 하는가?
① 5kPa
② 10kPa
③ 50kPa
④ 100kPa

해 • 대기밸브 부착 통기관의 작동압력 : 5kPa 이하의 압력차이로 작동
답 ①

⑨ 옥외저장탱크 펌프 설비 주위에는 최소 얼마만큼의 보유공지를 확보하여야 하는가?
① 1m
② 2m
③ 3m
④ 4m

해 • 펌프 설비의 보유공지 : 3m 이상
답 ③

⑩ 옥외저장탱크의 펌프 설비는 당해 옥외탱크 주위의 공지너비의 얼마 이상의 거리를 확보하여야 하는가?
① $\frac{1}{2}$
② $\frac{1}{3}$
③ $\frac{1}{4}$
④ $\frac{1}{5}$

해 • 옥외저장탱크와 펌프실 상호거리 : 탱크보유공지 너비의 1/3 이상
답 ②

⑪ 옥외저장탱크 펌프실의 둘레에 설치된 턱의 높이는 몇 m 이상인가?
① 0.1m
② 0.15m
③ 0.2m
④ 0.25m

해 • 펌프실의 턱높이 : 0.2m 이상
※ 펌프실 외의 턱높이 : 0.15m 이상
답 ③

⑫ 인화성 액체를 하나의 옥외저장탱크의 주위에 설치하는 방유제의 용량은 탱크 용량의 얼마 이상으로 하여야 하는가?
① 10% 이상
② 30% 이상
③ 100% 이상
④ 110% 이상

해 • 방유제의 용량(1기) : 당해 탱크용량의 110% 이상
답 ④

⑬ 하나의 옥외탱크 방유제의 면적은 얼마까지 가능한가?
① 80,000m²
② 60,000m²
③ 40,000m²
④ 20,000m²

해 • 방유제의 면적 : 8만m² 이하
답 ①

⑭ 옥외탱크저장시설의 방유제는 그 높이가 제한되어 있다. 최대높이는 얼마까지 할 수 있는가?
① 0.3m
② 1.0m
③ 1.5m
④ 3.0m

해 • 방유제의 높이 : 0.5m 이상 3m 이하
답 ④

⑮ 방유제에 계단을 설치할 경우 방유제의 높이는?
① 1m 미만
② 1m 이상
③ 1m 이하
④ 10m 이상

해 • 계단설치 방유제 : 높이 1m 이상
답 ②

⑯ 이황화탄소의 옥외저장수조의 벽과 바닥은 두께가 얼마 이상의 철근콘크리트조로 설치하여야 하는가?
① 0.1m 이상
② 0.2m 이상
③ 0.3m 이상
④ 0.4m 이상

해 • 수조의 두께(철근콘크리트조) : 0.2m 이상
답 ②

7 옥내탱크저장소

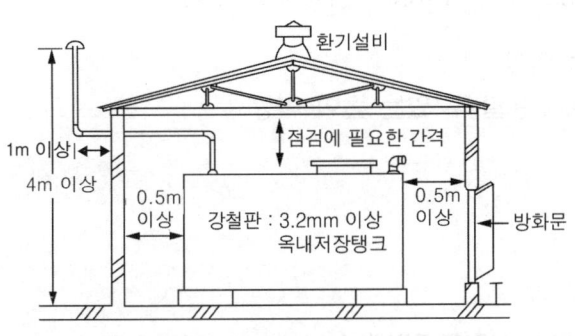

[탱크와 탱크전용실의 벽과의 상호거리]

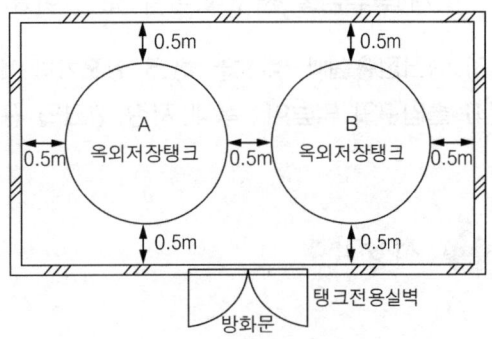

[탱크 상호간의 거리]

안전거리·보유공지 해당 없음

탱크의 구조

(1) 강철판의 두께 : 3.2mm 이상
(2) 통기관(압력탱크 외의 탱크에 한한다)
  ① 지면으로부터 선단까지의 거리 : 4m 이상
  ② 건축물의 창 또는 개구부로부터 1m 이상 떨어지도록 할 것
  ③ 인화점 40℃ 미만인 위험물의 통기관은 부지경계선과 1.5m 이상 이격시킬 것
  ④ 고 인화점의 위험물을 100℃ 미만으로 저장하는 위험물의 통기관 선단은 탱크전용실 내에 설치할 수 있다.
(3) 탱크용량 제한
  ① 단층건축물 : 지정수량 40배 이하(제4석유류, 동·식물유류 외의 것은 2만 ℓ 이하)
  ② 2층 이상의 층 : 지정수량 10배 이하(제4석유류, 동·식물유류 외의 것 5,000 ℓ 이하)

탱크전용실

(1) 탱크전용실은 단층건축물에 설치할 것
(2) 단층건축물 외의 건축물에 저장·취급하는 위험물
  ① 제2류 위험물 중 황화인·적린 및 덩어리 황(1층·지하층에 설치)

② 제3류위험물 중 황린(1층·지하층에 설치)
③ 제6류위험물 중 질산(1층·지하층에 설치)
④ 제4류위험물 중 인화점이 38℃ 이상인 것만(1층·지하층이 아니어도 된다)

(3) 탱크전용실과 벽 또는 탱크 상호거리 : 0.5m 이상
(4) 출입구의 턱높이 : 옥내 저장 탱크의 용량을 수용할 수 있는 높이 이상

4 저장기준

(1) 압력탱크 이외의 탱크에 저장하는 다이에틸에터, 산화프로필렌의 저장온도 30℃ 이하
(2) 압력탱크 이외의 탱크에 저장하는 아세트알데하이드의 저장온도 15℃ 이하
(3) 압력탱크에서 다이에틸에터, 아세트알데하이드, 산화프로필렌을 저장할 때의 저장온도 40℃ 이하

적중 출제예상문제

1 옥내탱크저장시설의 탱크의 강철판의 두께는?
① 1.6mm 이상　　② 2.3mm 이상
③ 3.2mm 이상　　④ 7mm 이상

2 1층 이하의 옥내탱크저장소 탱크전용실에 설치하는 탱크는 그 용량이 지정수량 얼마 이하이어야 하는가?
① 20배　　② 30배
③ 40배　　④ 50배

3 옥내탱크저장시설의 탱크와 탱크 상호간에는 얼마의 간격을 두어야 하는가?
① 0.1m 이상　　② 0.5m 이상
③ 0.6m 이상　　④ 1m 이상

4 옥내탱크저장소의 통기관은 건축물의 창 또는 개구부로부터 얼마 이상 간격을 두는가?
① 1m　　② 1.5m
③ 2m　　④ 2.5m

5 제4류 위험물의 옥내 및 지하저장탱크 중 압력탱크 이외의 탱크에 설치하는 밸브 없는 통기관은 선단이 지상 얼마 이상으로 설치하여야 하는가?
① 1m 이상　　② 2m 이상
③ 3m 이상　　④ 4m 이상

6 옥내탱크저장시설의 설치기준으로 틀리는 것은?
① 탱크는 원칙적으로 단층건물의 탱크전용실에 설치하여야 한다.
② 탱크의 전용실 출입구에는 1.5m 이상의 문턱을 설치할 것
③ 탱크의 용량은 1층과 지하층은 2만 ℓ 이하일 것
④ 통기관의 지름은 30mm 이상으로 할 것

7 압력탱크 이외의 옥내저장탱크에 저장하는 다이에틸에터·산화프로필렌은 몇 도로 유지하여야 하는가?
① 15℃ 이하　　② 30℃ 이하
③ 35℃ 이하　　④ 40℃ 이하

8 옥내저장탱크 중 압력탱크에 아세트알데하이드를 저장할 경우 유지해야 할 온도는?
① 50℃ 이하　　② 40℃ 이하
③ 30℃ 이하　　④ 15℃ 이하

힌트

해 • 강철판 : 3.2mm 이상
답 ③

해 • 옥내탱크저장소의 용량
※ 단층건축물
　　지정수량 40배 이하
답 ③

해 • 탱크와 탱크 상호거리
　　: 0.5m 이상
답 ②

해 • 상호간격 : 1m 이상
답 ①

해 • 통기관의 높이 : 4m 이상
※ 개구부와 거리 : 1m 이상
답 ④

해 • 출입구의 문턱은 탱크의 용량을 수용할 수 있는 높이 이상으로 한다.
답 ②

해 • 유지온도 : 30℃ 이하
답 ②

해 • 유지온도 : 40℃ 이하
답 ②

8 지하탱크저장소

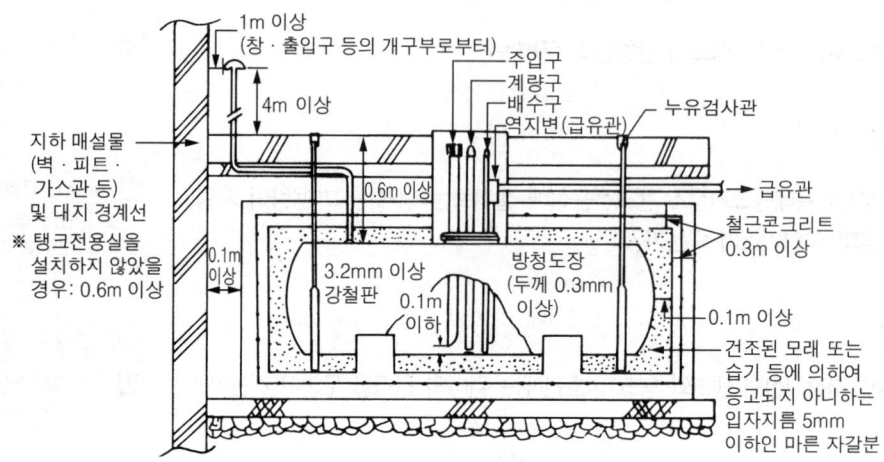

[탱크전용실에 설치된 탱크의 구조]

1 안전거리 · 보유공지 · 용량제한 해당 없음

2 탱크의 구조

(1) 강철판의 두께 : 3.2mm 이상
(2) 방청도장(부식의 우려가 없는 스테인레스강판 등은 제외한다)
(3) 주입배관 선단과 탱크 밑바닥 상호거리 : 0.1m 이하
(4) 배관 : 위쪽으로 할 것

> ※ **배관** : 배관을 위쪽으로 하지 않으면 **용접부에 균열**이 생겼을 경우 **위험물** 누출의 위험이 있다.

3 탱크전용실의 구조

(1) 탱크전용실 철근콘크리트의 두께(벽, 바닥 및 뚜껑) : 0.3m 이상
(2) 탱크전용실과 탱크 최외측과의 상호거리 : 0.1m 이상
(3) 탱크 본체 윗부분과 지면까지의 거리 : 0.6m 이상

- (4) 탱크전용실과 지하매설물(벽·피트·가스관 등) 및 대지경계선과의 거리 : **0.1m 이상**
- (5) 탱크전용실을 설치하지 않을 경우 탱크와 지하매설물(벽·피트·가스관 등) 및 대지경계선과의 거리 : **0.6m 이상**
- (6) 누유검사관의 개수 : **4개 이상**을 적당한 위치에 설치한다.
- (7) 탱크를 2개 인접할 때 탱크 상호간의 거리 : **1m 이상**(지정수량 100배 이하일 경우 : 0.5m 이상)

> ※ **지하탱크저장소** : 땅 속에 매설하므로 위험물의 누설을 확인할 수 없으므로 **누유검사관**을 설치하며 탱크 주위에는 건조된 모래 또는 습기 등에 의하여 응고되지 않는 입자지름 **5mm 이하**인 **마른 자갈분**을 채워 놓는다.
> ※ 누유검사관의 밑부분으로부터 탱크의 중심높이까지의 부분에는 **소공**이 뚫려 있어야 한다.

4 탱크전용실을 설치하지 않아도 좋은 경우

(1) 탱크가 **지하철** 또는 **지하터널** 또는 **지하가의 외벽**으로부터 **수평거리 10m 이상**이 되는 곳에 설치할 것
(2) **탱크의 외면**이 행정안전부령으로 정하는 바에 따라 **보호**되어 있을 경우
(3) 탱크를 **견고한 기초 위에 고정**시킬 것
(4) 지하에 매설한 탱크 위에 두께가 **0.3m 이상**이고 길이 및 너비가 각각 당해 탱크 수평투영의 세로 및 가로보다 **0.6m 이상**이 되는 **철근콘크리트조의 뚜껑**을 덮을 것. 이 경우 뚜껑의 중량이 직접 당해 탱크에 가하여지지 아니하도록 하여야 한다.

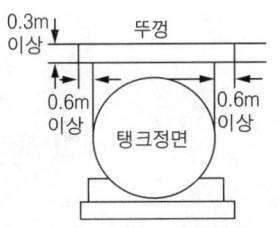 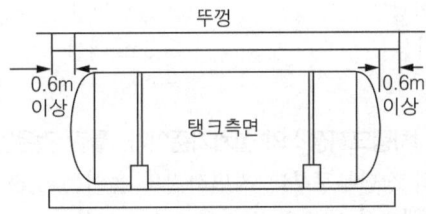

[철근콘크리트 뚜껑의 구조]

> ※ 탱크 외면의 보호
> • 방청 및 아스팔트 도장 후 아스팔트 루핑 및 철망으로 피복하고 그 위에 **2cm 이상**의 몰탈도장
> • 두께 **1cm 이상**이 되도록 방청 및 아스팔트 도장과 아스팔트 루핑에 의한 피복

적중 출제예상문제

1. 지하탱크저장소의 저장·취급 특징에 해당 없는 것은?
① 안전거리가 없다.
② 보유공지가 없다.
③ 용량제한이 없다.
④ 지하에 매설할 수 없다.

[해] • 해당 없는 것 : 안전거리·보유공지·용량제한
[답] ④

2. 지하탱크저장소의 주입배관의 선단은 탱크 안의 밑바닥으로부터 몇 m 이하에 달하도록 하여야 하는가?
① 0.1m 이하
② 0.2m 이하
③ 0.3m 이하
④ 0.5m 이하

[해] • 주입배관선단과 탱크 밑바닥 상호거리 : 0.1m 이하
[답] ①

3. 지하저장탱크와 탱크실의 내측과의 사이는 얼마 이상의 간격을 보유하여야 하는가?
① 0.1m
② 0.3m
③ 0.4m
④ 0.5m

[해] • 전용실 내측과 탱크 상하·좌우상호거리 : 0.1m 이상
[답] ①

4. 위험물을 저장하는 지하탱크저장소의 탱크전용실과 지하매설물(벽·피트·가스관 등) 및 대지경계선과의 거리는 몇 m 이상 두어야 하는가?
① 0.1m
② 0.2m
③ 0.3m
④ 0.6m

[해] • 상호거리 : 0.1m 이상
※ 탱크전용실을 설치하지 아니할 경우 상호거리 0.6m 이상
[답] ①

5. 지하저장탱크를 2개 이상 인접하면 그 상호간의 간격은 얼마로 하여야 되나?
① 0.5m 이상
② 1m 이상
③ 1.5m 이상
④ 2m 이상

[해] • 탱크 2개 인접 상호거리 : 1m 이상
[답] ②

6. 다음은 지하탱크저장소의 설치기준이다. 틀린 것은?
① 탱크실의 상단부로부터 지면까지의 높이는 0.6m 이상
② 탱크와 탱크실 내벽의 간격은 0.1m 이상
③ 탱크전용실과 지하매설물 및 대지경계선과의 거리는 0.1m 이상
④ 탱크실의 두께는 0.3m 이상의 철근콘크리트

[해] • 탱크 본체 윗부분과 지면과의 거리 : 0.6m 이상
[답] ①

7. 지하저장탱크의 주위에는 건조된 모래와 마른 자갈분을 채워 놓는다. 이때 마른 자갈분의 입자지름은 몇 mm 이하이어야 하는가?
① 1mm
② 3mm
③ 5mm
④ 7mm

[해] • 입자지름 : 5mm 이하
[답] ③

⑧ 지하저장탱크는 주위에 액체 위험물이 새는 것을 검사하기 위하여 누유검사관을 몇 개 이상 설치하는가?
① 1개 이상   ② 2개 이상
③ 3개 이상   ④ 4개 이상

해 • 누유검사관의 개수 : 4개 이상
답 ④

⑨ 지하탱크저장소의 탱크실에 설치하는 누유검사관의 설치기준으로 적합하지 않은 것은 어느 것인가?
① 삼중관으로 할 것
② 금속관 또는 경질합성수지관으로 할 것
③ 관은 탱크실의 바닥에 닿게 할 것
④ 관의 밑부분으로부터 탱크의 중심 높이까지의 부분에는 소공이 뚫려 있을 것

해 • 누유검사관 : 2중관으로 되어 있다.
답 ①

⑩ 제4류 위험물을 지하탱크저장소에서 저장할 경우 탱크를 지하철·지하터미널 또는 지하가의 외벽으로부터 몇 m 이상되는 곳에 설치하여야 탱크전용실을 설치하지 아니할 수 있는가?
① 0.6m 이상   ② 1m 이상
③ 10m 이상   ④ 20m 이상

해 • 탱크전용실을 설치하지 아니할 수 있는 경우 : 지하가 등의 외벽으로부터 탱크까지의 수평거리가 10m 이상인 경우
답 ③

⑪ 위험물 저장기준으로 틀린 것은?
① 이동탱크저장소에는 완공검사필증을 비치하여야 한다.
② 지하저장탱크의 주된 밸브는 이송할 때 이외에는 폐쇄하여야 한다.
③ 산화프로필렌을 저장하는 이동저장탱크에는 탱그 안에 불연성 가스를 봉입하여야 한다.
④ 옥외저장탱크 주위에 설치된 방유제의 내부에 물이나 유류가 고였을 경우에는 즉시 배출 하여야 한다.

해 • 지하저장탱크 : 지하에 매설하므로 이송불가능하다.
답 ②

9 이동탱크저장소

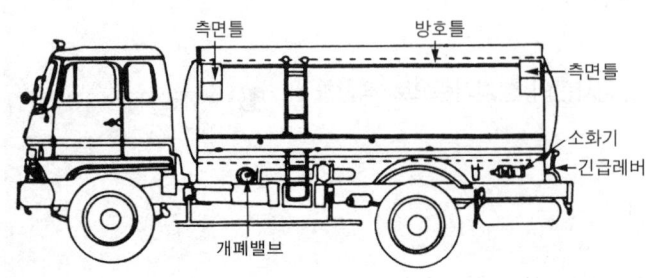 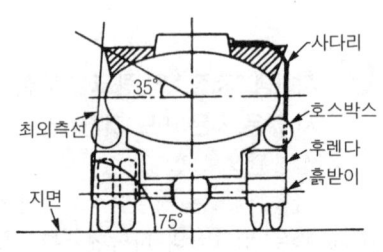

탱크의 구조

(1) 강철판의 두께
   ① 본체 : 3.2mm 이상
   ② 측면틀 : 3.2mm 이상
   ③ 안전칸막이 : 3.2mm 이상
   ④ 방호틀 : 2.3mm 이상
   ⑤ 방파판 : 1.6mm 이상

(2) 측면틀
   ① 탱크 상부 내모퉁이의 전후단 수평거리 : 1m 이내
   ② 탱크 중심에서 측면틀 최외측과 탱크 최외측이 이루는 각도 : 35° 이상
   ③ 탱크 최외측과 측면틀 최외측을 이은 연결선이 지면과 이루는 각도 : 75° 이상

※ **측면틀** : 탱크가 전복되었을 경우 **탱크 본체를 보호**하기 위하여 설치한 것

(3) 방호틀

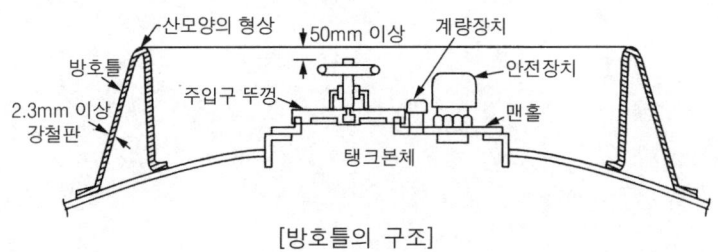

[방호틀의 구조]

① 산모양의 형상
② 탱크 정상부의 **부속장치**보다 **50mm 이상** 높게 할 것

※ **방호틀의 부속장치** : 필기 및 실기시험에 **자주 출제**되므로 잘 이해할 것
  • 부속장치 : ① 맨홀 ② 주입구 ③ 안전장치
※ 안전장치의 작동입력
  • 상용압력 20kPa 이하인 경우 : 20kPa 이상 24kPa 이하
  • 상용압력 20kPa 초과인 경우 : 상용압력의 1.1배 이하 압력

(4) 안전칸막이
① 용량 **4,000ℓ**마다 1개씩 설치할 것

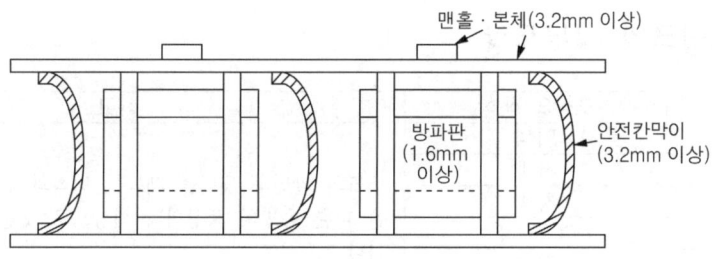

[안전칸막이 및 방파판]

※ **20,000ℓ**의 탱크의 칸막이 개수
  20,000 ÷ 4,000 − 1 = 4(개)

(5) 방파판(탱크의 진행방향과 평행으로 설치하며, 각 방파판은 그 높이 및 칸막이로부터 거리를 다르게 할 것)
① 탱크의 용량 **2,000ℓ 이상**의 탱크실에 설치할 것
② 각 **방파판의 면적의 합계**는 당해 구획부분의 **최대 수직단면적의 50% 이상**으로 할 것
③ 각 방파판의 면적의 합계를 당해 구획부분의 **최대 수직단면적의 40% 이상**으로 할 경우
  ㉮ 탱크의 **수직단면**의 형상이 **원형**일 경우
  ㉯ 탱크의 **짧은 지름**이 1m 이하의 **타원형**

> **참고**
> ※ **방파판**: 탱크(유조차)가 급회전할 경우 탱크 내의 **유체가 원심력**에 의하여 탱크가 **전복되는** 것을 막기 위하여 설치한 것

(6) 수동식 개폐장치(긴급레버)
  ① 15cm 이상일 것

옥외의 상치장소(차고)

(1) 화기를 취급하는 장소 또는 인근의 건축물과의 상호거리 : 5m 이상(인근 건축물이 1층인 경우 3m 이상)

이동저장탱크의 외부도장

유별	도장의 색상	비고
제1류	회색	탱크의 앞면과 뒷면을 제외한 면적의 40% 이내의 면적은 다른 유별의 색상외의 색상으로 도장하는 것이 가능하다.
제2류	적색	
제3류	청색	
제4류	적색권장	
제5류	황색	
제6류	청색	

저장·취급사항

(1) 위험물 주입시 속도 : 1m/sec
(2) **보냉장치가 있는 탱크**에 아세트알데하이드 및 산화프로필렌을 저장할 경우 유지온도 : **비점 이하**
(3) **보냉장치가 없는 탱크**에 아세트알데하이드 및 산화프로필렌을 저장할 경우 유지온도 : **40℃ 이하**
(4) **보냉장치가 없는 탱크**(압력탱크)에 아세트알데하이드·산화프로필렌을 저장할 때에는 **불활성가스**를 **봉입**할 수 있는 구조로 할 것
(5) **결합금속구의 재질 : 놋쇠**(제6류 위험물은 사용금지)
(6) 위험물을 주입할 때 인화점 40℃ 미만의 위험물은 이동탱크저장소의 **원동기를 정지**시켜야 한다.

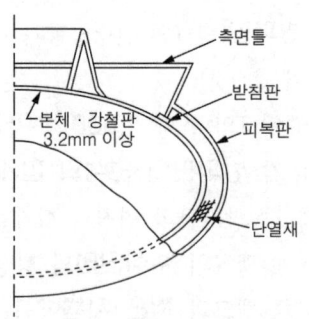
[보냉장치를 한 탱크의 구조]

컨테이너식 이동탱크 저장소

(1) 강철판의 두께
    ① 본체 : 6mm 이상
    ② 맨홀 : 6mm 이상
    ③ 주입구의 뚜껑 : 6mm 이상
    ④ 안전칸막이 : 3.2mm 이상

※ 당해 탱크의 직경 또는 장경이 1.8m 이하인 것의 강철판 두께 : 5mm 이상으로 할 것(동등 이상 기계적 성질을 가진 재료 포함)

(2) 상자틀
    ① 강재로 된 상자형태의 틀
    ② 부속장치와 상자틀 최외측과의 거리 : 50mm 이상

알킬알루미늄 이동탱크

(1) 강철판 두께 : 10mm 이상
(2) 용량 : 1,900ℓ 미만
(3) 불활성가스 봉입압력(저장 시) : 20kPa 이하(2009.3.17 개정)
(4) 불활성가스 봉입압력(꺼낼 때) : 200kPa 이하

※ 안전장치의 작동압력 : 수압시험압력(1Mpa 이상)의 2/3를 초과하고 4/5를 넘지 아니할 것

아세트알데하이드 이동탱크

(1) 불활성가스 봉입압력(꺼낼 때) : 100kpa 이하

적중 출제예상문제

1 이동탱크의 각 부분의 철판의 두께로서 옳지 않은 것은?
① 탱크 본체는 3.2mm 이상
② 방호틀은 2.5mm 이상
③ 주입구의 뚜껑은 3.2mm 이상
④ 방파판은 1.6mm 이상

2 이동탱크저장소의 측면틀은 탱크 상부의 네모퉁이에 당해 탱크의 전단 또는 후단으로부터 각각 몇 m 이내의 위치에 설치하는가?
① 1m 이내
② 1.3m 이내
③ 1.5m 이내
④ 2m 이내

3 이동탱크저장소의 탱크중량의 중심점에서 측면틀 최외측을 연결하는 직선과 중심점을 지나는 직선 중 최외측선과 직각을 이루는 직선과의 내각은 얼마인가?
① 15°이상
② 25°이상
③ 35°이상
④ 45°이상

4 이동탱크저장소의 측면틀의 최외측선은 지면과의 각도를 얼마 이상이 되도록 하여야 하는가?
① 55°이상
② 65°이상
③ 75°이상
④ 95°이상

5 이동탱크저장소의 방호틀의 정상부는 부속장치보다 최소 얼마 이상 높게 하여야 하는가?
① 30mm 이상
② 50mm 이상
③ 70mm 이상
④ 90mm 이상

6 다음 중 이동탱크의 부속장치가 아닌 것은?
① 맨홀
② 안전장치
③ 주입구
④ 결합금속구

7 이동저장탱크 내부의 안전칸막이는 용량 몇 ℓ 마다 설치하여야 하는가?
① 4,000 ℓ
② 6,000 ℓ
③ 8,000 ℓ
④ 10,000 ℓ

8 용량이 20,000 ℓ의 이동탱크저장소의 안전칸막이는 몇 개인가?
① 3개
② 4개
③ 5개
④ 6개

힌트

해 • 탱크강철판의 두께
※ 본체 · 맨홀 · 주입구 뚜껑 · 측면틀 : 3.2mm 이상
※ 방호틀 : 2.3mm 이상
※ 방파판 : 1.6mm 이상
답 ②

해 • 측면틀의 설치위치 : 탱크 상부의 전후단 1m 이내
답 ①

해 • 내각 : 35° 이상
답 ③

해 • 지면과 이루는 각도 : 75° 이상
답 ③

해 • 방호틀의 정상부와 부속장치와의 거리 : 50mm 이상
답 ②

해 • 부속장치 : 맨홀 · 주입구 · 안전장치
답 ④

해 • 이동탱크의 안전칸막이 기준 : 4,000ℓ 마다 1개 설치
답 ①

해 • 안전칸막이의 개수
$\frac{20,000}{4,000} - 1 = 4$개
답 ②

제 8 장 위험물의 저장 및 취급방법 375

⑨ 다음 중 방파판을 설치하여야 할 이동탱크저장소의 용량은 몇 ℓ 이상인가?
① 1,000ℓ 이상   ② 2,000ℓ 이상
③ 3,000ℓ 이상   ④ 4,000ℓ 이상

해 • 방파판설치 이동탱크용량 : 2,000ℓ 이상
답 ②

⑩ 방파판은 1개의 탱크실에서 몇 개 설치하는가?
① 1개 이상   ② 2개 이상
③ 3개 이상   ④ 4개 이상

해 • 방파판의 개수 : 2개 이상
답 ②

⑪ 하나의 구획부분에 설치하는 각 방파판의 면적의 합계는 당해 구획부분의 최대 수직단면적의 몇 % 이상으로 설치하는가?
① 30% 이상   ② 50% 이상
③ 70% 이상   ④ 100% 이상

해 • 방파판의 면적 : 탱크 구획부분의 최대 수직단면적의 50% 이상
답 ②

⑫ 이동탱크저장소의 탱크의 구조에 대한 설치기준으로 틀리는 것은?
① 맨홀의 두께는 3.2mm 이상의 강철판으로 할 것
② 압력탱크 외의 탱크는 0.7KPa 압력으로 10분간의 수압시험
③ 탱크의 용량은 20,000ℓ 이하
④ 탱크의 내부는 4,000ℓ 이하마다 3.2mm 이상의 강철판의 칸막이 설치

해 ※ 탱크용량규정 없음
답 ③

⑬ 이동탱크저장소의 밑밸브에 설치하는 수동식 폐쇄장치의 레버의 길이는 몇 cm 이상인가?
① 10cm 이상   ② 15cm 이상
③ 20cm 이상   ④ 25cm 이상

해 • 긴급레버의 길이 : 15cm 이상
답 ②

⑭ 도로를 운행하는 이동저장탱크의 용량으로 옳은 것은?
① 용량제한 없음   ② 10,000ℓ
③ 20,000ℓ   ④ 34,000ℓ

해 • 용량제한 없음
답 ①

⑮ 다음은 위험물 이동탱크저장소에 비치하여야 할 용구이다. 틀린 것은?
① 밸브결합공구   ② 고무장갑
③ 확성기   ④ 휴대용 전지

해 • 비치용구 : 고무장갑·밸브결합 공구·확성기
답 ④

⑯ 이동탱크저장소의 옥외의 상치장소(차고)에 이동탱크저장소를 주차시키는 경우 인근 건축물로부터 몇 m 이상 거리를 확보하여야 하는가?
① 1m 이상   ② 3m 이상
③ 5m 이상   ④ 7m 이상

해 • 상호거리 : 5m 이상
답 ③

⑰ 컨테이너식 이동탱크 저장소의 강철판의 두께는 얼마인가?
① 2.3mm 이상   ② 3.2mm 이상
③ 5mm 이상   ④ 6mm 이상

해 • 강철판의 두께 : 6mm 이상
답 ④

⑱ 알킬알루미늄 이동탱크의 본체의 강철판 두께는?
① 3.2mm 이상   ② 6mm 이상
③ 8mm 이상   ④ 10mm 이상

해 • 강철판 두께 : 10mm 이상
답 ④

⑲ 알킬알루미늄 이동탱크에서 위험물을 꺼낼 때 불활성가스 봉입압력은?
① 20kpa 이하   ② 100kpa 이하
③ 150kpa 이하 ④ 200kpa 이하

해 • 꺼낼 때 봉입압력 : 200kpa 이하
• 저장 시 봉입압력 : 20kpa 이하
답 ④

⑳ 제5류위험물을 저장하는 이동저장탱크의 외부도장색깔로 옳은 것은?
① 회색   ② 적색
③ 청색   ④ 황색

해 외부도장색
• 제1류 : 회색
• 제2류 : 적색
• 제3류 : 청색
• 제4류 : 적색권장
• 제5류 : 황색
• 제6류 : 청색
답 ④

㉑ 이동저장탱크의 주입관에 의하여 탱크의 위로부터 주입할 때 위험물의 주입속도는?
① 1m/sec 이하   ② 1m/sec 이상
③ 1.5m/sec 이하 ④ 1.5m/sec 이상

해 • 주입속도 : 1m/sec 이하
답 ①

㉒ 보냉장치가 있는 이동탱크에 아세트알데하이드 및 산화프로필렌을 저장할 경우 유지온도는 몇 도인가?
① 20℃ 이하   ② 40℃ 이하
③ 60℃ 이하   ④ 비점 이하

해 • 보냉장치 있는 탱크 : 비점 이하
※ 보냉장치 없는 탱크 : 40℃ 이하
답 ④

㉓ 인화점이 몇 ℃ 미만의 위험물을 이동저장탱크로부터 다른 저장탱크에 주입할 때 그 이동탱크의 원동기를 정지시켜야 하는가?
① 20℃ 미만   ② 30℃ 미만
③ 40℃ 미만   ④ 50℃ 미만

해 • 원동기 정지대상 위험물 : 인화점 40℃ 미만의 위험물
답 ③

㉔ 다음 위험물 중 이동저장탱크로부터 다른 저장탱크에 주입할 때 그 이동탱크의 원동기를 정지시켜야 하는 것은?
① 담금질유   ② 중유
③ 테레핀유   ④ 개미산

해 • 문제 17번 해설 참조
※ 테레핀유의 인화점 : 39℃
답 ③

㉕ 이동탱크저장소에 저장하는 액체 위험물의 결합금속구로 놋쇠를 사용할 수 있는 위험물은 어느 것인가?
① 과산화수소   ② 시안화수소
③ 벤젠   ④ 황린

해 • 놋쇠 사용 위험물 : 제6류 위험물
※ 제6류 위험물 : 질산 · 과염소산 · 과산화수소
답 ①

10 간이탱크저장소

 강철판의 두께 : 3.2mm 이상

 간이탱크의 구조

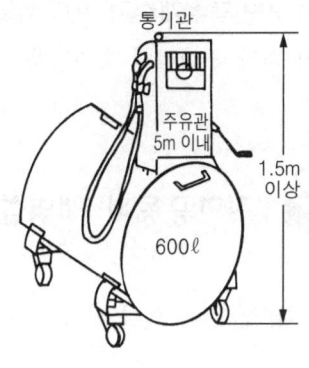

(1) 바퀴가 달려 있을 것
(2) 주유기가 달려 있을 것
(3) 용량은 600ℓ 이하
(4) 하나의 간이탱크저장시설에 설치하는 간이탱크는
 3개까지 설치
 단, 동일한 위험물의 탱크를 2개 이상 설치하지 못한다.
(5) 주유관의 길이 : 5m 이내

[간이탱크 저장소]

 밸브 없는 통기관

(1) 지름 : 25mm 이상
(2) 가는 눈의 동망 등으로 **인화방지망**을 설치할 것(인화점 70℃ 이상의 위험물만을 70℃ 미만의 온도로 저장·취급시 제외)
(3) 지면으로부터 선단까지의 거리 : 1.5m 이상
(4) 선단은 수평면으로부터 45° 이상 구부려 빗물의 침투를 막을 것

※ 간이탱크 : 소량의 위험물을 저장·취급하므로 통기관의 지름은 작다.

 기 타

(1) 탱크전용실과 탱크와의 거리 및 탱크 상호거리 : 0.5m 이상
(2) 옥외에서 탱크의 보유공지 및 탱크 상호거리 : 1m 이상

11 암반탱크저장소

 지하공동설치기준

(1) 암반투수계수가 10^{-5}m/sec 이하인 천연암반 내에 설치할 것
(2) 저장 위험물의 증기압을 억제할 수 있는 **지하수면하**에 설치할 것

 지하공동의 내벽설치기준

암반균열에 의한 낙반을 방지할 수 있도록 **록볼트·콘크리트 등**으로 보강할 것

유계실

◆ **탱크파손부 용접방법**
위험물을 저장하는 **탱크**에는 항상 **가연성 증기가 체류**하므로 증기를 제거하지 않은 상태에서 용접 등을 할 경우 **폭발의 위험과 탱크의 아랫부분**은 산소농도가 적으므로 탱크 내부에서 작업시 질식사의 위험이 있다. 그러므로 **위험물 저장탱크의 용접시**에는 반드시 탱크 안의 **유류**(가솔린, 등유, 경유, 벙커C유 등)를 **완전히 배출시킨 후 탱크 측면의 맨홀**을 열고(나사를 해체시킬 것)**방독 마스크** 또는 **공기 호흡기**를 착용(탱크용량이 클수록 반드시 착용할 것)하고 탱크 내부로 들어가 **더운물**이나 **스팀**으로 탱크 내벽에 묻어있는 **유분**을 **완전히 제거**하고 물기가 완전히 마른 후 **환풍기**(선풍기도 가능함)로 탱크 내부에 체류할 수 있는 **가연성 증기를 완전히 제거**한 후에 작업해야 한다.

적중 출제예상문제

간이탱크저장시설

1. 간이탱크저장시설의 탱크 두께는 얼마 이상의 강철판으로 제작하여야 하는가?
① 0.7mm 이상   ② 1.4mm 이상
③ 2.3mm 이상   ④ 3.2mm 이상

해 • 강철판 : 3.2mm 이상
답 ④

2. 간이탱크저장소에서 위험물을 최대로 저장할 수 있도록 허용된 양은?
① 지정수량 이상   ② 600ℓ 이하의 양
③ 지정수량 5배 미만   ④ 지정수량 10배 미만

해 • 간이탱크의 용량 : 600ℓ 이하
답 ②

3. 하나의 간이탱크저장소에 설치하는 간이탱크는 몇 개 이하로 하여야 하는가?
① 3개 이하   ② 5개 이하
③ 7개 이하   ④ 9개 이하

해 • 간이탱크저장소의 개수 : 3개 이하
답 ①

4. 간이탱크저장소 통기관의 지름은 몇 mm 이상인가?
① 20mm   ② 25mm
③ 30mm   ④ 50mm

해 • 통기관의 지름 : 25mm 이상
답 ②

5. 간이탱크저장소 통기관의 선단은 지면으로부터 얼마의 높이에 설치하여야 하는가?
① 1m 이상   ② 1m 이하
③ 1.5m 이상   ④ 1.5m 이하

해 • 설치높이 : 1.5m 이상
답 ③

6. 간이저장탱크에 설치하는 밸브 없는 통기관의 규정 중 옳지 않은 것은 어느 것인가?
① 지름 30mm 이상으로 할 것
② 선단의 높이는 지상 1.5m 이상으로 할 것
③ 선단은 수평보다 아래로 45° 이상 구부려 빗물 등이 들어가지 아니하도록 할 것
④ 가는 눈의 동망 등으로 인화방지장치를 할 것

해 • 통기관의 지름 : 25mm 이상으로 할 것
답 ①

7. 간이탱크를 옥외에 설치할 경우, 주위에는 얼마만큼의 공지를 보유하여야 하는가?
① 0.5m 이상   ② 1m 이상
③ 1.5m 이상   ④ 2m 이상

해 • 간이탱크 주위의 공지 : 1m 이상
※ 전용실을 설치할 경우 탱크와 상호거리 : 0.5m 이상
답 ②

⑧ 간이탱크저장시설의 위치 구조 및 설비의 기준으로 옳지 않은 것은?
① 하나의 간이탱크저장시설에 설치하는 탱크는 3개 이하로 할 것
② 동일한 위험물의 탱크는 2개 이상 설치할 수 없다.
③ 간이탱크저장시설의 1개의 탱크용량은 700ℓ 이하로 하여야 한다.
④ 옥외에 설치하는 간이탱크의 주위에는 너비 1m 이상의 공지를 두어야 한다.

해 • 간이탱크의 용량 : 600ℓ 이하
답 ③

암반탱크저장소

⑨ 암반탱크저장소의 지하공동을 천연암반 내에 설치할 경우 암반투수계수는 몇 m/sec 이하이어야 하는가?
① 10^{-5}m/sec 이하
② 10^{-4}m/sec 이하
③ 10^{-3}m/sec 이하
④ 10^{-2}m/sec 이하

해 • 암반투수계수 : 10^{-5}m/sec 이하
답 ①

⑩ 암반탱크저장소 공동의 기준으로 옳지 않은 것은?
① 지하공동은 저장할 위험물의 증기압을 억제할 수 있는 지하수면하에 설치한다.
② 지하암반저장소 안으로 유입되는 지하수의 양은 암반 내의 지하수 충전량보다 적을 것
③ 저장소의 상부로 물을 주입하여 수압을 유지할 필요가 있는 경우에는 수벽공을 설치할 것
④ 저장소에 가해지는 지하수압을 저장소의 최대운영압보다 적게 유지할 것

해 • 지하수압 : 저장소의 최대운영압보다 항상 크게 유지할 것
답 ④

유게실

◆ 우리말 한마당(늦깎이)
• **본뜻** : "늦게 머리 깎은 사람"을 일컫는 말로, 나이가 들어서 머리를 깎고 중이 된 사람을 가리키는 말
• **바뀐뜻** : 본뜻으로도 쓰이지만 요즘에는 세상 이치를 늦게 깨달은 사람을 가르키는 말로 더 많이 쓰이고 있다. 또한, 늦게 익은 과일 등을 가리키기도 함

12 저장탱크의 용량계산 및 변형시험

 탱크의 용량 = 탱크의 내용적 - 탱크의 공간용적

(1) 타원형 탱크

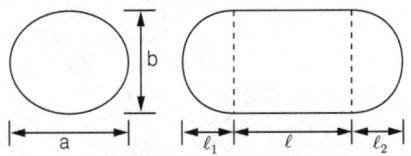

용량 : $\dfrac{\pi ab}{4}\left(\ell + \dfrac{\ell_1 + \ell_2}{3}\right)$

[양쪽이 볼록한 탱크]

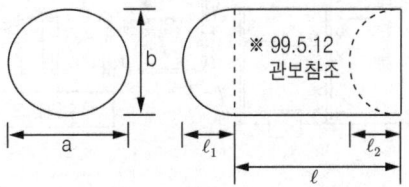

※ 99.5.12 관보참조

용량 : $\dfrac{\pi ab}{4}\left(\ell + \dfrac{\ell_1 - \ell_2}{3}\right)$

[한쪽은 볼록하고 다른 한쪽은 오목한 탱크]

(2) 원형탱크

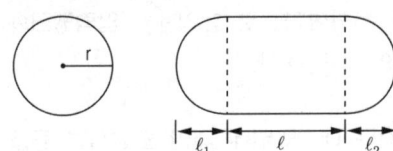

용량 : $\pi r^2\left(\ell + \dfrac{\ell_1 + \ell_2}{3}\right)$

[횡으로 설치된 탱크]

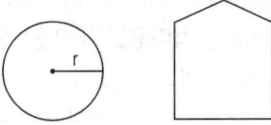

용량 : $\pi r^2 \ell$

[종으로 설치된 탱크]

 탱크의 공간용적

(1) 탱크의 내용적의 5/100 이상, 10/100 이하의 용적으로 한다.
(2) 소화설비를 설치한 곳은 소화설비약제 방출구의 **아래 0.3m 이상, 1m 미만**의 면으로부터 윗부분의 용적
(3) **암반탱크**에 있어서는 용출하는 7일간의 지하수의 양에 상당하는 용적과 **당**해 탱크 내용적의 1/100의 용적 중에서 보다 큰 용적

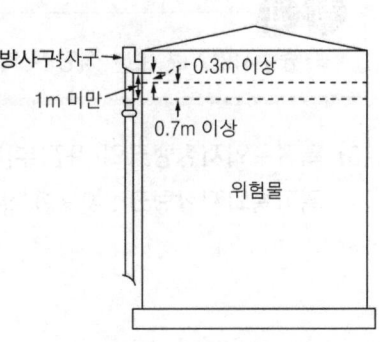

[저장탱크의 용량 및 공간용적]

옥내탱크 및 옥외탱크저장시설의 변형시험

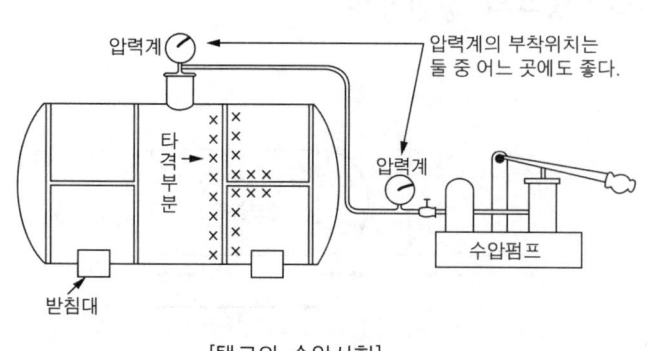
[탱크의 수압시험]

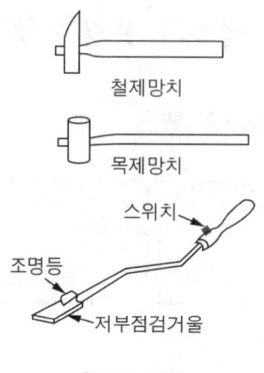
[검사기구]

(1) 압력탱크의 변형시험
수압시험 : 최대 상용압력의 1.5배로 10분간 실시하여 압력강하나 변형되지 말 것

- ※ **탱크의 구분** : 아세트알데하이드나 산화프로필렌 등과 같이 **불활성가스로 봉입**하는 **압력탱크**와 일반 위험물을 저장하는 **압력탱크가 아닌 탱크**로 크게 2종으로 구분한다.
- • **불활성가스** : 이산화탄소가스, 질소가스
- ※ **충수·수압시험** : 탱크가 완성된 상태에서 **배관 등의 접속**이나 내·외부에 대한 도장작업 등을 하기전에 위험물탱크의 **최대 상용높이 이상**으로 물을 가득 채워 실시한다.

(2) 압력탱크 이외의 탱크의 변형시험
충수시험(물 외의 적당한 액체를 채우는 시험을 포함한다)

- ※ **충수시험** : 물 또는 **적당한 액체**를 채워서 새거나 변형되지 아니하여야 한다.

(3) 특정옥외저장탱크의 용접부[비파괴시험(방사선투과시험, 진공시험 등)]
특정옥외저장탱크 : 탱크의 용량이 100만ℓ 이상인 탱크

4 지하탱크 및 이동탱크저장시설의 변형시험

(1) 압력탱크의 변형시험
  ① 수압시험 : 최대 상용압력의 1.5배의 압력으로 10분간 실시하여 새거나 변형되지 아니할 것
  ② 기밀시험 · 비파괴시험

> **참고**
> ※ **기밀시험** : 탱크가 완성된 상태에서 배관 등을 접속하기 전에 실시하며, 내부가압은 **공기, 질소** 등을 사용하여 설계압력 이상의 압력으로 가압하여 실시한다.
> ※ **비파괴시험** : 방사선투과시험 · 자기탐상시험 · 초음파탐상시험 · 침투탐상시험 및 진공시험으로 강철판 접합부분을 시험한다.

(2) 압력탱크 이외의 탱크의 변형시험
  ① 수압시험 : 70kPa의 압력으로 10분간 실시하여 새거나 변형되지 아니할 것
  ② 기밀시험 · 비파괴시험

> **참고**
> ※ **압력탱크** : 최대 상용압력이 46.7kPa 이상인 탱크
> ※ **알킬알루미늄 이동탱크의 수압시험** : 1MPa 이상의 압력으로 10분간 실시하여 새거나 변형되지 아니할 것

5 간이탱크저장소의 변형시험

수압시험 : 70kPa의 압력으로 10분간 실시하여 새거나 변형되지 아니할 것

6 탱크의 안전장치

(1) 안전장치의 종류
  ① **자동**으로 **압력**의 **상승**을 **정지**시키는 장치(안전밸브)
  ② 파괴판
  ③ 안전밸브를 병용하는 **경보장치**
  ④ 감압측에 안전밸브를 부착한 **감압밸브**

> **참고**
> ※ 파괴판의 설치 장소 : 안전밸브의 작동이 곤란한 가압설비에 한하여 사용한다.

적중 출제예상문제

저장 탱크의 용량계산

1 다음 중 탱크의 용량계산의 공식은 어느 것인가?
① 탱크의 용량 – 탱크의 공간용적
② 탱크의 용적 – 탱크의 용량
③ 탱크의 용적 – 탱크의 공간용적
④ 탱크의 용량 – 탱크의 용적

> **해** · 탱크의 용량 : 내용적 – 공간용적
> **답** ③

2 위험물탱크의 용량 산정방법으로 옳은 것은?
① 위험물탱크의 용량은 탱크의 내용적이다.
② 위험물탱크의 용량은 탱크의 내용적에서 공간용적을 뺀 용적량을 말한다.
③ 위험물탱크의 용량은 탱크의 외용적이다.
④ 위험물탱크의 용량은 탱크의 외용적에서 공간용적을 뺀 용적량을 말한다.

> **해** · 문제 1 해설 참조
> **답** ②

3 위험물을 저장 또는 취급하는 탱크용량은 당해 탱크의 내용적에서 공간용적을 뺀 용적으로 한다. 여기서 공간용적은 어느 것인가?
① 탱크용적의 1/100 이상, 5/100 이하로 한다.
② 탱크용적의 5/100 이상, 10/100 이하로 한다.
③ 탱크용적의 3/100 이상, 7/100 이하로 한다.
④ 탱크용적의 7/100 이상, 10/100 이하로 한다.

> **해** · 공간용적 : 탱크용적의 5/100 이상 10/100 이하
> **답** ②

4 위험물 저장탱크의 내용적을 산출하기 위한 계산식 중 다음 그림에 해당되는 것은?

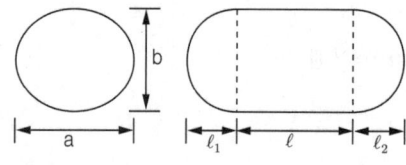

① $\dfrac{\pi ab}{4}\left(\ell + \dfrac{\ell_1 + \ell_2}{3}\right)$ ② $\pi ab\left(\ell + \dfrac{\ell_1 + \ell_2}{3}\right)$

③ $\pi r^2\left(\ell + \dfrac{\ell_1 + \ell_2}{3}\right)$ ④ $\pi r^2 \ell$

> **해** · 타원형 탱크 중 양쪽이 볼록한 것
> $\dfrac{\pi ab}{4}\left(\ell + \dfrac{\ell_1 + \ell_2}{3}\right)$
> **답** ①

⑤ 다음 저장탱크의 내용적을 구하시오(단위 : m)

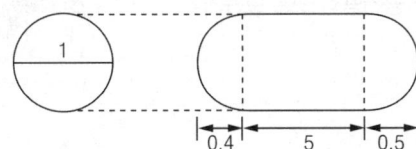

① $2.16m^3$ ② $3.16m^3$
③ $4.16m^3$ ④ $5.16m^3$

⑥ 다음에 표시한 탱크(종으로 설치한 원형탱크)의 내용적은 몇 ℓ 인가? (단위 : m)

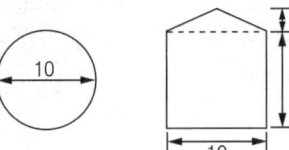

① 157,000 ℓ   ② 314,000 ℓ
③ 471,000 ℓ   ④ 628,000 ℓ

⑦ 다음 저장탱크의 내용적은 몇 m^3인가?

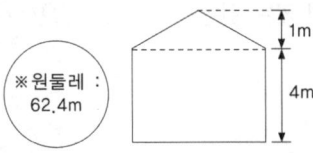

① $157m^3$ ② $314m^3$
③ $471m^3$ ④ $1256m^3$

⑧ 다음과 같은 모양의 저장탱크의 내용적을 구하는 공식은 어느 것인가?

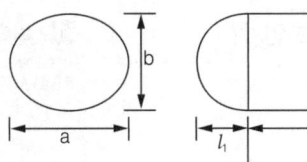

① $\dfrac{\pi ab}{4}\left(\ell + \dfrac{\ell_1 + \ell_2}{3}\right)$ ② $\dfrac{\pi ab}{4}\left(\ell + \dfrac{\ell_1 - \ell_2}{3}\right)$
③ $\pi ab\left(\ell + \dfrac{\ell_1 + \ell_2}{3}\right)$ ④ $\pi ab\left(\ell + \dfrac{\ell_1 - \ell_2}{3}\right)$

[해] • 원형탱크 중 횡으로 설치한 것
$\pi r^2\left(\ell + \dfrac{\ell_1 + \ell_2}{3}\right)$ 에서
$3.14 \times 0.5^2 \left(5 + \dfrac{0.4 + 0.5}{3}\right)$
$= 4.160$ ∴ $4.16m^3$

답 ③

[해] • 원형탱크 중 종으로 설치한 것 $\pi r^2 \ell$ 에서 내용적
$= 3.14 \times 5^2 \times 4 = 314m^3$ ∴ 314,000 ℓ

답 ②

[해] • 원형탱크 중 종으로 설치한 것
내용적(V)$=\pi r^2 \ell = \pi(D/2)^2 \ell$
※ 지름(D) = 원둘레(R) / 3.14(π)
∴ 지름 = 62.4/3.14 = 20m
※ 내용적(V) $= \pi r^2 \ell$
$= 3.14 \times 10^2 \times 4$
$= 1256m^3$

답 ④

[해] • 한쪽은 볼록하고 다른 한쪽은 오목한 탱크
$\dfrac{\pi ab}{4}\left(\ell + \dfrac{\ell_1 - \ell_2}{3}\right)$

답 ②

⑨ 기계포설비를 설치한 경우 탱크의 공간용적은 소화설비의 소화약제 방출구 아래로부터 얼마 정도의 면에서부터 그 윗부분을 공간용적으로 보는가?
① 0.1m 이상 1m 미만
② 0.2m 이상 1m 미만
③ 0.3m 이상 1m 미만
④ 0.4m 이상 1m 미만

[해] • 소화설비 설치탱크의 공간용적 : 소화약제 방출구의 아래로부터 0.3m 이상 1m 미만의 면으로부터 윗부분의 용적
[답] ③

탱크의 변형시험

⑩ 위험물 저장탱크의 충수 및 수압시험의 검사 시기로서 가장 적합한 것은?
① 탱크부분에 배관과 부속기기를 설치하기 전
② 탱크부분에 배관과 부속기기를 설치한 후
③ 탱크부분에 배관과 부속기기를 설치하고 외관을 갖춘 후
④ 탱크부분에 배관을 설치하기 전

[해] • 충수 및 수압시험 검사 시기 : 탱크가 완성된 상태에서 배관 등의 접속이나 내·외부에 대한 도장 작업 등을 하기전에 실시한다.
[답] ①

⑪ 위험물 옥외저장탱크로서 압력탱크의 수압시험의 방법으로서 옳은 것은?
① 70kPa의 압력으로 10분간 실시
② 90kPa의 압력으로 10분간 실시
③ 최대 상용압력의 2배의 압력으로 10분간 실시
④ 최대 상용압력의 1.5배의 압력으로 10분간 실시

[해] • 압력탱크의 수압시험 : 최대 상용압력의 1.5배의 압력으로 10분간 실시하여 새거나 변형되지 아니할 것
[답] ④

⑫ 압력탱크인 위험물 옥내탱크의 탱크변형시험에 속하지 않는 것은?
① 수압시험
② 충수시험
③ 기밀시험
④ 비파괴시험

[해] • 압력탱크의 변형시험 : 수압·기밀·비파괴시험
[답] ②

⑬ 지하저장탱크의 압력탱크가 아닌 탱크에 있어서는 매평방에 대하여 얼마의 압력으로 얼마간 수압시험을 실시하여야 하는가?
① 30kPa, 10분간
② 50kPa, 15분간
③ 70kPa, 10분간
④ 90kPa, 15분간

[해] • 압력탱크 외의 탱크의 수압시험 : 70kPa압력으로 10분간
[답] ③

⑭ 이동탱크저장소에서 압력탱크라 함은 몇 kPa 이상인 탱크인가?
① 20kPa
② 27.5kPa
③ 40kPa
④ 46.7kPa

[해] • 압력탱크 : 46.7kPa 이상
[답] ④

⑮ 알킬알루미늄이통탱크의 수압시험 압력은 몇 MPa 이상으로 실시하는가?
① 1MPa
② 1.5MPa
③ 2MPa
④ 2.75MPa

[해] • 수압시험압력 : 1MPa 이상
[답] ①

16 간이탱크의 수압시험으로서 옳은 것은 어느 것인가?
① 최대 상용압력으로 10분간 실시하여 새거나 변형되지 말 것
② 최대 상용압력의 1.5배로 10분간 실시하여 새거나 변경되지 말 것
③ 70kPa의 압력으로 10분간 실시하여 새거나 변형되지 말 것
④ 130kPa의 압력으로 10분간 실시하여 새거나 변형되지 말 것

[해] • 수압시험 : 70kPa의 압력으로 10분간 실시하여 새거나 변형되지 말 것
[답] ③

17 압력탱크인 옥외탱크저장소의 안전장치 중 안전밸브의 작동이 곤란한 가압설비에 설치하여야 하는 안전장치는?
① 자동적으로 압력의 상승을 정지시키는 장치
② 파괴판
③ 안전밸브를 병용하는 경보장치
④ 강압측에 안전밸브를 부착한 감압밸브

[해] • 해당 안전장치 : 파괴판
[답] ②

13 주유취급소

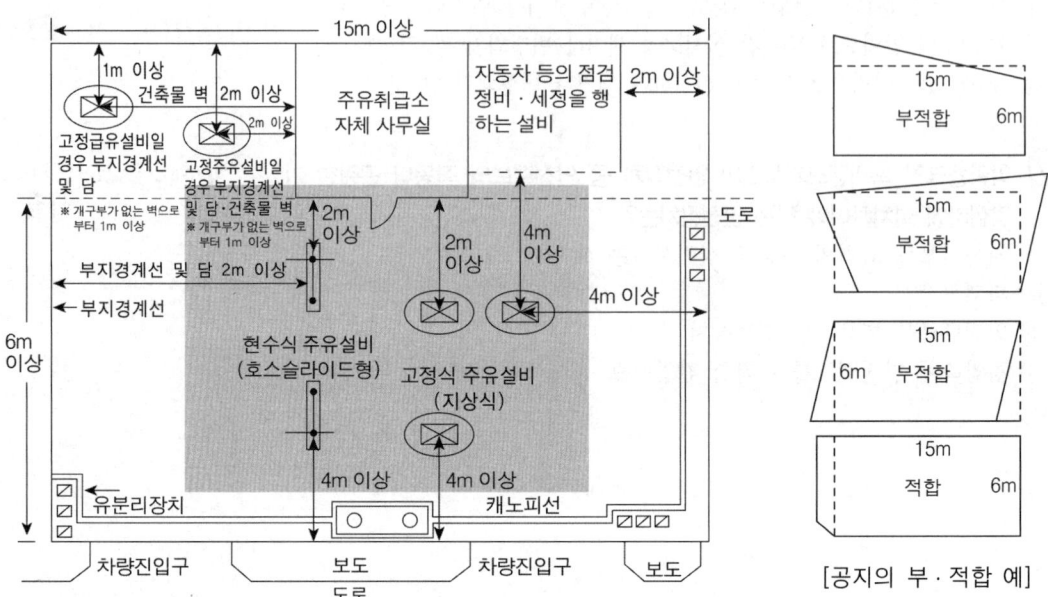

[공지의 부·적합 예]

1 건축물의 구조

(1) **주유취급소의 주유공지** : 너비 **15m 이상**, 길이 **6m 이상**의 콘크리트로 포장한 공지
(2) **주유취급소 상호거리** : 제한없음
(3) **옥내주유취급소**에서 **자동차 등의 출입** 및 **통풍**을 위하여 설치하지 아니하는 벽 : **2 이상**의 방면
(4) **방화벽의 높이** : 지면으로부터 **2m 이상**일 것(인근에 건축물이 없는 고속도로변이나 이와 유사한 도로변에서 설치하는 것은 제외)
(5) 담 또는 벽의 일부분 유리부착기준
   ① **유리부착위치** : 주입구, 고정주유설비 및 **고정급유설비**로부터 **4m 이상** 이격시킬 것
   ② **지반면**으로부터 **70cm 초과**하는 부분
   ③ **하나의 유리판의 가로길이** : **2m 이내**
   ④ 유리구조는 접합유리로 하되 **비차열 30분 이상**의 방화성능일 것
(6) 사무실 및 화기를 사용하는 곳의 출입구 및 창
   ① **출입구** : 안에서 밖으로 수시로 개방할 수 있는 **자동폐쇄식**일 것
   ② **출입구의 턱높이** : **15cm 이상**
   ③ **밀폐시켜야 하는 창** : 지면으로부터 높이 **1m 이하**의 것
   ④ **출입구** 및 **피난구**와 당해 피난구로 통하는 **통로·계단**에는 **유도등**을 **설치**할 것

※ 출입구 및 창의 유리
- 종류 : 망입유리 · 강화유리
- 강화유리의 두께(창) : 8mm 이상
- 강화유리의 두께(출입구) : 12mm 이상

(7) 캔틸레버의 돌출길이 : 1.5m 이상

※ 캔틸레버 : 건축물에서 **옥내주유취급소**의 용도에 사용되는 부분에 **상층**이 있는 경우 화재 발생시 **상층**으로의 연소를 방지하기 위하여 설치하는 **외팔보**

2 고정주유설비

(1) 주유관의 길이 : 5m 이내(현수식은 지면위 0.5m의 수평면에 수직으로 내려 만나는 점을 중심으로 반경 3m 이내)
(2) 도로경계선으로부터의 거리 : 4m 이상
(3) 부지경계선 · 담 및 건축물 벽으로부터의 거리 : 2m 이상
(4) 개구부가 없는 벽으로부터의 거리 : 1m 이상

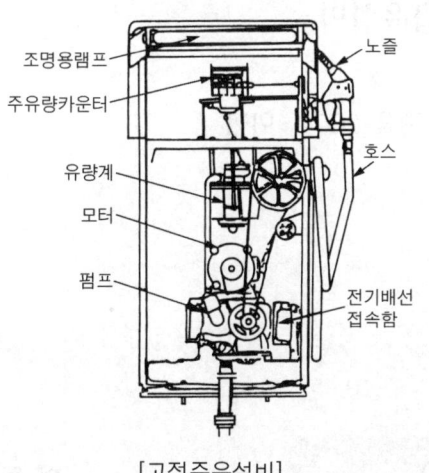

[고정주유설비]　　　　[현수식주유설비]

(5) 자동차 등의 점검 · 정비 · 세정을 행하는 설비와의 상호거리 : 4m 이상
(6) 자동차용 고정주유설비와 고정급유설비와 상호거리 : 4m 이상
(7) 정전기제거장치 : 고정주유설비의 주유관 안에는 **정전기 발생**제거 **구리선**이 들어 있다.

※ 고정급유설비와 부지경계선 및 담까지의 거리 : 1m 이상

3 주유취급소 전용탱크 1개 용량

(1) 자동차용 고정주유설비 및 고정급유설비 : 5만ℓ 이하
(2) 고속도로변 주유취급소의 탱크 1개 용량 : 6만ℓ 이하
(3) 보일러에 직접 접속하는 탱크 : 1만ℓ 이하
(4) 자동차 등의 점검·정비로 인한 폐유·윤활유 탱크 : 2천ℓ 이하

4 고정주유설비 펌프기기의 주유관 선단에서 최대 토출량

(1) 제1석유류(휘발유) : 50ℓ/min 이하
(2) 등유 : 80ℓ/min 이하
(3) 경유 : 180ℓ/min 이하
(4) 이동저장탱크에 주입하기 위한 등유용 고정급유설비 : 300ℓ/min 이하

> **참고**
> ※ 분당 토출량이 200ℓ 이상인 경우 모든 배관의 안지름은 40mm 이상

5 셀프용 고정주유설비 및 셀프용 고정급유설비

(1) 셀프용 고정주유설비
 ① 1회 연속 주유량의 상한 : 휘발유 100ℓ 이하, 경유 200ℓ 이하
 ② 1회 주유시간의 상한 : 4분 이하
(2) 셀프용 고정급유설비
 ① 1회 연속 급유량의 상한 : 100ℓ 이하
 ② 1회 급유시간의 상한 : 6분 이하

적중 출제예상문제

1 주유취급소의 주유공지 최저기준 중 옳은 것은 어느 것인가?
 ① 너비 15m, 길이 8m
 ② 너비 15m, 길이 6m
 ③ 너비 10m, 길이 8m
 ④ 너비 10m, 길이 6m

해 · 주유취급소 주유공지 :
너비 15m 이상, 길이 6m 이상

답 ②

② 주유취급소에는 몇 개 이상의 방면에 벽을 설치하지 아니하여야 하는가?
① 1개 이상　　　　　② 2개 이상
③ 3개 이상　　　　　④ 4개 이상

해 • 주유취급소 : 2개 방면에 벽을 설치하지 않는다.
답 ②

③ 주유취급소에 설치하는 방화벽의 높이는 몇 m 이상인가?
① 1m　　　　　② 1.5m
③ 2m　　　　　④ 2.5m

해 • 높이 : 지면으로부터 2m 이상
답 ③

④ 주유취급소에서 사무실 및 화기를 사용하는 곳의 출입구의 턱높이는 몇 cm 이상으로 하는가?
① 설치하지 않는다.　② 10cm 이상
③ 15cm 이상　　　　④ 20cm 이상

해 • 출입구의 턱높이 : 15cm 이상
답 ③

⑤ 주유취급소에서 창문 등을 밀폐시킬 경우 바닥으로부터 몇 m 높이의 것이 해당되는가?
① 0.5m 이상　　　② 0.5m 이하
③ 1m 이상　　　　④ 1m 이하

해 • 바닥으로부터 높이 : 1m 이하
답 ④

⑥ 주유취급소로 사용되는 부분의 상층과 경계에 설치하는 캔틸레버는 몇 m 이상 돌출하여야 하는가?
① 1m 이상　　　　② 1.5m 이상
③ 2m 이상　　　　④ 3m 이상

해 • 캔틸레버의 돌출길이 : 1.5m 이상
답 ②

⑦ 주유취급소의 고정주유설비의 주유관의 길이는?
① 2m 이내　　　　② 5m 이내
③ 7m 이내　　　　④ 10m 이내

해 • 주유관의 길이 : 5 이내
답 ②

⑧ 주유취급소의 현수식 고정주유설비는 지면 위 0.5m 의 수평면에 수직으로 만나는 점을 중심으로 반경 몇 m 이내로 하여야 하는가?
① 1m 이내　　　　② 2m 이내
③ 3m 이내　　　　④ 4m 이내

해 • 현수식 주유관의 길이 : 지면 위 0.5m에서 반경 3m 이내
답 ③

⑨ 주유취급소의 고정주유설비는 도로경계선으로부터 몇 m 이상 떨어져야 하는가?
① 2m 이상　　　　② 3m 이상
③ 4m 이상　　　　④ 5m 이상

해 • 고정주유설비와 도로경계선과 상호거리 : 4m 이상
답 ③

⑩ 주유취급소의 고정주유설비는 건축물의 벽으로부터 몇 m 이상 떨어져야 하는가?
① 1m　　　　② 2m
③ 3m　　　　④ 4m

해 • 건축물의 벽으로부터 거리 : 2m이상
답 ②

⑪ 주유취급소의 고정주유설비를 건축물의 개구부가 있는 곳에 설치할 때 고정주유설비는 건축물의 벽으로부터 얼마 이상 떨어져야 하는가?
① 1m 이상
② 2m 이상
③ 3m 이상
④ 4m 이상

해 · 개구부 있는 벽과 고정주유설비 상호거리 : 2m 이상
※ 개구부 없는 경우 : 1m 이상
답 ②

⑫ 주유취급소 내에 설치된 자동차 등의 점검 · 정비 · 세정설비와 고정주유설비와의 거리는 몇 m 이상 거리를 두어야 하는가?
① 1m 이상
② 2m 이상
③ 3m 이상
④ 4m 이상

해 · 주유취급소 내에 설치된 시설과 고정주유설비 상호거리 : 4m 이상 거리를 둘 것
답 ④

⑬ 자동차용 고정주유설비와 고정급유설비와의 상호거리는 몇 m 이상인가?
① 해당 없음
② 2m 이상
③ 3m 이상
④ 4m 이상

해 · 상호거리 : 4m 이상
답 ④

⑭ 주유취급소의 지하전용탱크의 최대용량은 몇 ℓ인가?
① 600 ℓ 이하
② 12,000 ℓ 이하
③ 20,000 ℓ 이하
④ 50,000 ℓ 이하

해 · 전용탱크용량 : 50,000 ℓ 이하
· 고속도로면 : 60,000 ℓ
답 ④

⑮ 고속도로변에 설치하는 주유취급소의 지하전용탱크의 용량은 얼마까지 할 수 있는가?
① 40,000 ℓ
② 50,000 ℓ
③ 60,000 ℓ
④ 70,000 ℓ

해 · 고속도로변 주유취급소의 지하전용탱크의 용량 : 60,000 ℓ 까지
답 ③

⑯ 자동차 등의 점검 · 정비로 인한 폐유 · 윤활유를 저장하는 탱크의 용량으로 옳은 것은?
① 1,000 ℓ 이하
② 5,000 ℓ 이하
③ 10,000 ℓ 이하
④ 2,000 ℓ 이하

해 · 탱크용량 : 2천 ℓ 이하
답 ④

⑰ 주유취급소의 고정주유설비 펌프기기의 주유관 선단에서 토출되는 제1석유류의 최대토출량은?
① 50 ℓ/min 이하
② 80 ℓ/min 이하
③ 180 ℓ/min 이하
④ 300 ℓ/min 이하

해 · 최대토출량
※ 1석유류 : 50 ℓ/min 이하
※ 등유 : 80 ℓ/min 이하
※ 경유 : 180 ℓ/min 이하
답 ①

⑱ 주유취급소의 위험물 취급기준이 틀린 것은?
① 주유취급소의 전용탱크에 위험물을 주입시 탱크에 접결되는 고정주유설비 사용을 중지한다.
② 유분리장치에 고인 유류는 넘치지 않게 수시로 퍼내야 한다.
③ 고정주유설비에 유류를 공급하는 배관에 제어밸브를 설치한다.
④ 자동차에 주유할 때는 고정주유설비를 사용하여 직접 주유한다.

해 · 고정주유설비에 유류를 공급하는 배관에는 제어밸브를 설치하지 않는다.
답 ③

14 판매취급소

1 제1종 판매취급소

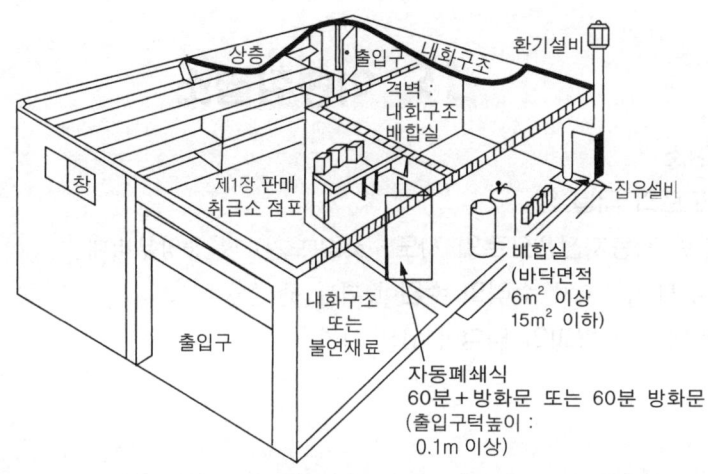

[제1종 판매취급소]

(1) 취급량 : 지정수량 20배 이하
(2) 설치장소 : 건축물의 1층
(3) 제1종 판매취급소 배합실의 기준
　① 바닥면적 : $6m^2$ 이상 $15m^2$ 이하
　② 바닥에는 **적당한 경사**를 두고 **낮은 곳**에 **집유설비**를 할 것
　③ 체류증기를 지붕위로 방출할 수 있는 **환기장치**를 할 것
　④ **내화구조**로 된 **벽**으로 구획할 것
　⑤ 출입구는 **자동폐쇄식 60분+방화문** 또는 **60분 방화문**으로 할 것
　⑥ 출입구의 턱 높이는 바닥으로부터 **0.1m 이상**으로 할 것

2 제2종 판매취급소

(1) 취급량 : 지정수량 40배 이하
(2) 기타 제1종 판매취급소에 준한다.

(3) 배합실에서 배합할 수 있는 위험물
   ① 황
   ② 도료류
   ③ 제1류 위험물 중 염소산염류 및 염소산염류만을 함유한 것
   ④ 제4류 위험물 중 인화점이 38℃ 이상인 것

15 이송취급소

(1) 설치 금지장소
   ① 철도 및 도로의 터널 안
   ② 고속국도 및 자동차전용도로의 차도 · 갓길(노견) 및 중앙분리대
   ③ 호수 · 저수지 등으로서 수리의 수원이 되는 곳
   ④ 급경사지역으로서 붕괴의 위험이 있는 지역

적중 출제예상문제

1 제4류 위험물을 취급하는 제종 판매취급소의 배합실의 기준 중 옳지 않은 것은 어느 것인가?
① 바닥면적을 $6m^2$ 이상 $15m^2$ 이하로 할 것
② 내화구조로 된 벽을 구획할 것
③ 바닥에는 적당한 경사를 두고, 집유설비를 할 것
④ 출입구에는 30분 방화문을 설치할 것

해 • 배합실의 출입구 : 60분 +방화문 또는 60분 자동 폐쇄식방화문을 설치한다.
답 ④

2 제1종 판매취급소의 배합실의 출입구에는 몇 m 이상의 턱을 설치하는가?
① 0.1m 이상   ② 0.15m 이상
③ 0.2m 이상   ④ 0.25m 이상

해 • 출입구의 턱높이 : 0.1m 이상
답 ①

3 제1종 판매취급소에서 배합할 수 있는 위험물이 아닌 것은?
① 황
② 도료류
③ 에터
④ 염소산염류

해 • 배합 가능한 위험물 : 황 · 도료류 · 염소산염류 및 염소산염류만을 함유한 것
• 제4류 위험물 중 인화점이 38℃ 이상인 것
답 ③

16 제조소등의 표지판 및 게시판

 위험물제조소의 표지판 및 게시판

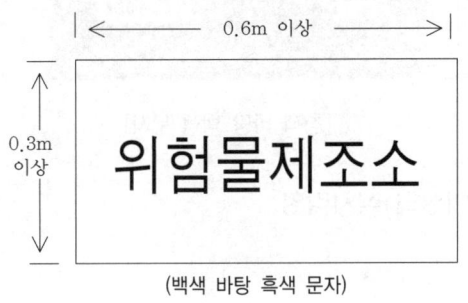

[위험물제조소의 표지판]   [위험물제조소의 게시판]

(1) 규격 : 한 변의 길이 0.3m 이상, 다른 한 변의 길이 0.6m 이상의 직사각형
(2) 색깔 : 백색 바탕, 흑색 문자
(3) 표지판에 기재할 사항 : 제조소등의 명칭(제조소, 옥내저장시설, 옥외저장시설 등)
(4) 게시판에 기재할 사항
 ① 위험물의 유별 및 품명
 ② 저장 최대수량 및 취급 최대수량
 ③ 지정수량의 배수
 ④ 안전관리자 성명 및 직명

※ 인화점 21℃ 미만의 옥내·옥외탱크저장소의 주입구 및 펌프 설비 표지판
 • 표지판 : 백색 바탕 흑색 문자
 • 주의사항 : 백색 바탕 적색 문자(화기엄금)

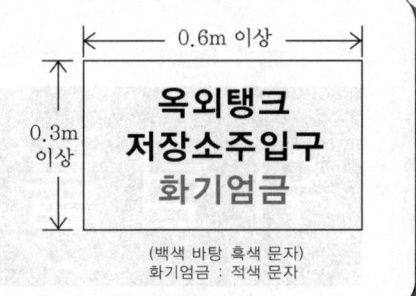

주의사항 게시판

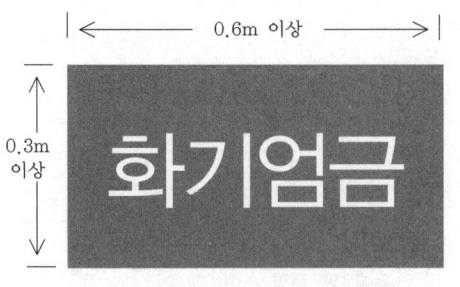
[적색 바탕 백색 문자]

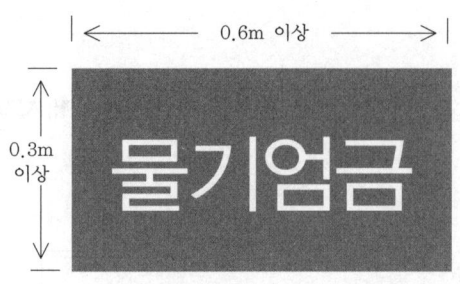
[청색 바탕 백색 문자]

(1) 규격 : 한 변이 0.3m 이상, 다른 한 변이 0.6m 이상의 직사각형
(2) 화기엄금(적색 바탕, 백색 문자)
  ① 제2류 위험물 중 인화성 고체
  ② 제3류 위험물 중 자연발화성 물품
  ③ 제4류 위험물
  ④ 제5류 위험물
(3) 화기주의(적색 바탕, 백색 문자)
  ① 제2류 위험물(인화성 고체 제외)
(4) 물기엄금(청색 바탕, 백색 문자)
  ① 제1류 위험물 중 알칼리 금속의 과산화물류
  ② 제3류 위험물 중 금수성 물품

 ## 이동탱크저장소의 표지판 및 게시판(이동저장소 포함)

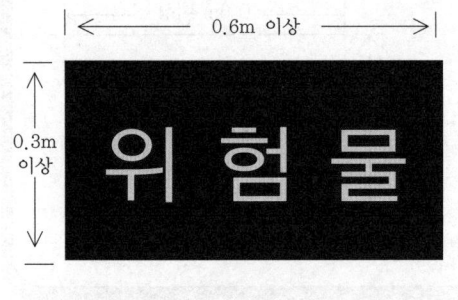
(흑색 바탕에 황색 반사도료 기타 반사성이 있는 재료)
[표지판]

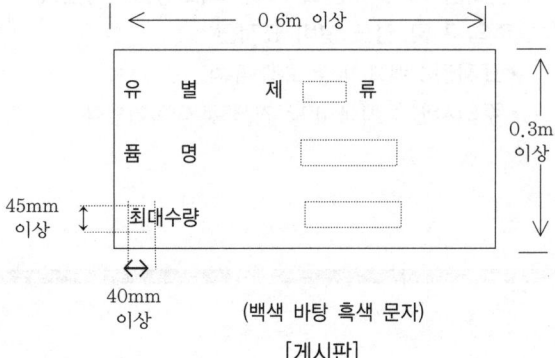
(백색 바탕 흑색 문자)
[게시판]

(1) 규격 : 한 변의 길이가 0.6m 이상, 다른 변의 길이가 0.3m 이상의 횡형사각형
(2) 표지판
   ① 색깔 : **흑색** 바탕에 **황색 반사도료** 기타 반사성이 있는 재료
   ② 기재할 사항 : "위험물"이라 표시한 것을 차량의 전후면에 부착
(3) 게시판
   ① 색깔 : **백색** 바탕에 **흑색** 문자
   ② 기재할 사항
      ㉠ 유별
      ㉡ 품명
      ㉢ 최대수량 또는 적재중량

주유 중 엔진정지 게시판

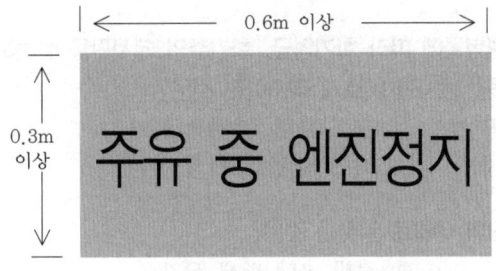

[황색 바탕 흑색 문자]

(1) 규격 : 한 변이 0.3m 이상, 다른 한 변이 0.6m 이상의 직사각형
(2) 색깔 : **황색** 바탕 **흑색** 문자
(3) 기재할 사항 : "주유 중 엔진정지"라 표시하여 게시할 것

※ 주유 중 엔진정지 게시판 : 이동탱크저장소의 표지판과 **반대색**이므로 참고할 것

적중 출제예상문제

1 위험물제조소등에 설치하는 표지 및 게시판에 관한 규격으로서 적합하지 아니한 것은?
① 표지의 규격은 한 변의 길이 0.3m 이상, 다른 한 변의 길이 0.6m 이상의 것이라야 한다.
② 표지의 바탕은 백색으로 하고 문자는 적색으로 할 것
③ 표지에는 반드시 위험물제조소라는 뜻을 표시할 것
④ 게시판의 바탕은 백색, 문자는 흑색으로 할 것

2 제조소등에서 위험물의 게시판에 기재할 사항이 아닌 것은?
① 위험물의 유별·품명
② 위험물의 성분 및 함량
③ 저장 최대수량 및 취급 최대수량, 지정수량의 배수
④ 안전관리 성명 및 직명

3 위험물제조소에는 지정위험물에 따라 화기엄금, 화기주의 게시판을 설치하여야 한다. 게시판의 바탕, 문자가 바르게 짝지어진 것은?
① 백색 바탕 – 청색 문자
② 청색 바탕 – 백색 문자
③ 적색 바탕 – 백색 문자
④ 백색 바탕 – 적색 문자

4 다음 중 물기엄금 게시판의 색깔로 알맞은 것은?
① 흑색 바탕 청색 문자
② 적색 바탕 백색 문자
③ 청색 바탕 백색 문자
④ 흑색 바탕 백색 문자

5 위험물제조소에서 제1류 위험물 중 알칼리금속의 과산화물을 저장할 경우 주의사항 게시판은?
① 청색 바탕 백색 문자로 "물기엄금"
② 청색 바탕 백색 문자로 "물기주의"
③ 적색 바탕 백색 문자로 "화기엄금"
④ 적색 바탕 백색 문자로 "화기주의"

6 위험물제조소에서 제2류 위험물에 대한 주의사항 게시판은?
① 적색 바탕 백색 문자로 "화기주의"
② 백색 바탕 적색 문자로 "물기주의"
③ 청색 바탕 백색 문자로 "물기주의"
④ 백색 바탕 청색 문자로 "물기엄금"

힌트

해 · 표지 · 게시판의 색깔 : 백색 바탕에 흑색 문자
답 ②

해 · 게시판 기재사항 : 위험물의 유별·품명, 위험물취급 최대수량 및 저장 최대수량, 지정수량의 배수, 위험물의 안전관리자 성명 및 직명
답 ②

해 · 화기엄금 · 주의 : 적색 바탕 백색 문자
답 ③

해 · 물기엄금 : 청색 바탕 백색 문자
답 ③

해 · 제1류 위험물 중 알칼리금속의 과산화물 : 물기엄금 · 청색 바탕 백색 문자
답 ①

해 · 제2류 위험물 : 화기주의 · 적색 바탕 백색 문자
답 ①

⑦ 위험물제조소에서 제3류 위험물 중 금수성 물품을 저장하는 곳의 주의사항 게시판은?
① 청색 바탕 백색 문자로 "물기엄금"
② 청색 바탕 백색 문자로 "물기주의"
③ 적색 바탕 백색 문자로 "화기엄금"
④ 적색 바탕 백색 문자로 "화기주의"

[해] • 제3류 위험물 중 금수성 물품 : 물기엄금 · 청색 바탕 백색문자
답 ①

⑧ 위험물제조소에서 제4류 위험물과 제5류 위험물을 저장하는 곳의 주의사항 게시판은?
① 적색 바탕 백색 문자 "화기엄금"
② 백색 바탕 적색 문자 "화기엄금"
③ 청색 바탕 백색 문자 "물기엄금"
④ 백색 바탕 청색 문자 "물기엄금"

[해] • 제4류 및 제5류 위험물 : 화기엄금 · 적색 바탕 백색 문자
답 ①

⑨ 위험물제조소의 주의사항 게시판에 대한 표시가 잘못된 것은?
① 제2류 위험물 → 화기주의
② 제3류 위험물 중 금수성 물품 → 물기엄금
③ 제4류 위험물 → 화기주의
④ 제5류 위험물 → 화기엄금

[해] • 제4류 위험물 : 화기엄금
답 ③

⑩ 제3류 위험물 중 자연발화성 물품의 주의사항 게시판 표기에 내용이 맞는 것은?
① 적색 바탕 백색 문자의 "화기주의"
② 청색 바탕 백색 문자의 "물기엄금"
③ 적색 바탕 백색 문자의 "화기엄금"
④ 청색 바탕 백색 문자의 "물기주의"

[해] • 제3류 위험물 중 자연발화성 물품 : 적색 바탕, 백색 문자, 화기엄금
답 ③

⑪ 이동탱크저장소의 표시판에 대한 설명으로 옳은 것은?
① 흑색판에 황색의 반사도료로 '위험물'이라 게시한다.
② 흑색판에 황색 도료로 '위험'이라고 게시한다.
③ 적색판에 백색의 반사도료로 '위험'이라고 게시한다.
④ 적색판에 흑색의 반사도료로 '위험'이라고 게시한다.

[해] • 이동탱크저장소의 표지판 : 흑색 바탕에 황색 반사도료 또는 반사성이 있는 재료로 '위험물'이라 표시한다.
답 ①

⑫ 주유취급소에는 '주유 중 엔진정지'라는 게시판을 설치해야 한다. ㉠ 바탕과 문자는 ㉡으로 할 것, ㉠과 ㉡에 적합한 것은?
① ㉠ 황색 ㉡ 흑색
② ㉠ 흑색 ㉡ 황색
③ ㉠ 백색 ㉡ 황색
④ ㉠ 적색 ㉡ 백색

[해] • 주유 중 엔진정지 게시판 색깔 : 황색 바탕 흑색 문자
답 ①

17 운반 및 이송기준

이송기준

(1) 위험물의 운반은 행정안전부령이 정하는 용기·적재방법 또는 운반방법에 따를 것
(2) 운반용기는 그 수납구를 위로 향하게 적재하여야 한다.
(3) 위험물은 당해 위험물 또는 위험물을 수납한 운반용기가 운반도중에 전도·낙하 또는 파손되지 아니하도록 적재하여야 한다.

>
> ※ 위험물을 수납한 운반용기를 겹쳐 쌓는 경우의 높이 : 3m 이하

2 운반용기

금속판, 강판, 삼, 합성섬유, 섬유판, 고무류, 양철판, 짚, 알루미늄판, 종이, 유리, 나무, 플라스틱

>
> ※ 운반용기 수납 제외 : 덩어리상태 황, 동일 구내에 있는 제조소등의 상호운반할 경우
> ※ 고체 위험물의 수납률 : 운반용기 내용적의 95% 이하
> ※ 액체 위험물의 수납률 : 운반용기 내용적의 98% 이하(55℃ 이상에서 누설되지 않도록 충분한 공간용적을 유지)
> ※ 알킬알루미늄 등의 수납률 : 운반용기 내용적의 90% 이하(50℃에서 5% 이상의 공간용적을 유지할 것)
> ※ 위험물의 운반용기와 수납방법 : 부록 참고

운반용기 및 포장 외부 표시법

(1) 위험물의 품명·위험등급·화학명 및 수용성
(2) 위험물의 수량
(3) 수납 위험물의 주의사항

> **참고**
> ※ 수용성의 표시 : 제4류 위험물로서 수용성인 것에 한한다.
> ※ 수납 위험물의 주의사항
>   • 제1류 위험물 : 화기·충격주의, 가연물 접촉 주의
>   ◦ 알칼리금속의 과산화물 또는 이를 함유한 것 : 화기·충격주의, 가연물 접촉 주의, 물기엄금
>   • 제2류 위험물 : 화기주의
>   ◦ 철분·금속분·마그네슘 또는 이를 함유한 것 : 화기주의, 물기엄금
>   ◦ 인화성 고체 : 화기엄금
>   • 제3류 위험물
>   ◦ 금수성 물품 : 물기엄금
>   ◦ 자연발화성 물품 : 화기엄금, 공기접촉엄금
>   • 제4류 위험물 : 화기엄금
>   • 제5류 위험물 : 화기엄금, 충격주의
>   • 제6류 위험물 : 가연물 접촉 주의
> ※ 수납 위험물의 주의사항 중 해당 주의사항과 동일한 의미를 가진 다른 주의사항으로 표시할 수 있는 경우
>   • 제4류 위험물에 해당하는 화장품의 운반용기 중 최대용적이 150mℓ 초과 300mℓ 이하인 것
>   • 표시 제외 : 제4류 위험물 중 화장품으로 150mℓ 이하, 에어졸 300mℓ 이하

4 운반덮개

위험물을 운반할 경우 위험물에 따라 **일광의 직사** 또는 **빗물의 침투**를 방지하기 위한 **조치**를 하여 적재하여야 한다.

(1) 차광덮개
① 제1류 위험물
② 제3류 위험물 중 **자연발화성 물질**
③ 제4류 위험물 중 **특수인화물**
④ 제5류 위험물
⑤ 제6류 위험물

(2) 방수덮개
① 제1류 위험물 중 알칼리금속의 과산화물 또는 이를 함유한 것
② 제2류 위험물 중 철분·금속분·마그네슘 또는 이를 함유한 것
③ 제3류 위험물 중 금수성 물질

> **참고**
> ※ 알칼리금속의 과산화물류 : **차광성** 및 **방수성**이 있는 덮개를 하여 적재

(3) 적정온도 유지 조치
① 제5류 위험물 중 55℃ 이하에서 분해될 수 있는 것은 **보냉 컨테이너**에 수납할 것

혼재할 수 있는 위험물(대칭형 암기 : 사이삼 · 오이사 · 육하나)

	제1류	제2류	제3류	제4류	제5류	제6류
제1류		×	×	×	×	○
제2류	×		×	○	○	×
제3류	×	×		○	×	×
제4류	×	○	○		○	×
제5류	×	○	×	○		×
제6류	○	×	×	×	×	

비고 1. "○"표시는 혼재할 수 있음을 표시, "×"는 혼재할 수 없음을 표시한다.
- 지정수량 10분의 1 이하의 위험물은 적용하지 않음

운송 책임자의 감독 · 지원을 받아 운송하여야 하는 위험물

(1) 알킬알루미늄
(2) 알킬리튬
(3) 알킬알루미늄 및 알킬리튬을 함유하는 위험물

위험물 운송자로 하여금 위험물 안전카드를 휴대하게 하여야 하는 제4류 위험물

(1) 특수인화물
(2) 제1석유류

위험물을 장거리 운송 시 준수사항

① 고속도로 340km, 그 밖의 도로 200km 이상을 운송 시 2명 이상의 운전자가 운송할 것
  (운송책임자동승시 1명 운전)
② 운송도중 2시간 이내마다 20분 이상씩 휴식하는 경우 1명이 운송할 수 있다.
③ 제2류위험물, 제3류위험물(칼슘 또는 알루미늄의 탄화물과 이것을 함유한 것), 제4류위험물(특수인화물제외)을 운송할 경우 1명이 운송할 수 있다.

적중 출제예상문제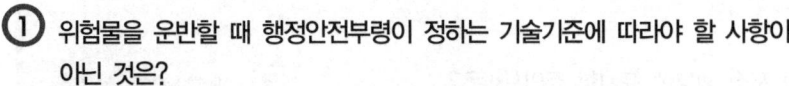

① 위험물을 운반할 때 행정안전부령이 정하는 기술기준에 따라야 할 사항이 아닌 것은?
① 적재방법
② 운반방법
③ 저장방법
④ 용기

해 • 기술기준 : 용기 · 적재방법 · 운반방법
답 ③

② 위험물을 운반 및 수납할 때 운반용기의 재질로 적합하지 못한 것은?
① 금속판
② 유리
③ 도기
④ 플라스틱

해 • 운반용기재질 : 금속판, 강판, 삼, 합성섬유, 섬유판, 고무류, 양철판, 짚, 알루미늄판, 종이, 유리, 나무, 플라스틱
답 ③

③ 다음 위험물을 용기에 수납치 않고 운반할 수 있는 위험물은?
① 셀룰로이드
② 금속나트륨
③ 염소산칼륨
④ 황

해 • 수납제외위험물 : 황
답 ④

④ 액체 위험물 운반용기는 내용적의 몇 % 이하의 수납률로 수납하여야 하는가?
① 90%
② 92%
③ 95%
④ 98%

해 • 액체 위험물의 수납률 : 98% 이하
※ 고체 위험물 : 95% 이하
답 ④

⑤ 위험물의 포장 외부에 표시방법으로서 틀린 것은?
① 위험물의 품명
② 위험물의 수량
③ 위험물의 화학명
④ 위험물의 제조년월일

해 • 외부포장 표시 : 위험물의 품명 · 위험등급 · 화학명 및 수용성, 수량, 주의사항
답 ④

⑥ 제1류 위험물 중 운반용기 및 포장 외부에 화기 · 충격주의, 물기엄금 및 가연물 접촉 주의를 표시하여야 하는 것은?
① 알칼리금속의 과산화물류
② 과망가니즈산염류
③ 다이크로뮴산염류
④ 질산염류

해 • 해당 위험물 : 알칼리금속의 과산화물 또는 이를 함유한 것
답 ①

⑦ 제2류 위험물의 운반용기 및 포장 외부에 표시할 사항으로 옳은 것은?
① 화기주위
② 충격주의
③ 물기엄금
④ 취급주의

해 • 제2류 위험물 : 화기주의
※ 철분 · 금속분 · 마그네슘 : 화기주의 · 물기엄금
※ 인화성 고체 : 화기엄금
답 ①

⑧ 제3류 위험물 중 자연발화성 물품의 운반용기 및 포장 외부에 표시할 사항은?
① 물기엄금
② 공기접촉엄금
③ 물기주의
④ 가연물 접촉 주의

해 • 자연발화성 물품 : 화기엄금, 공기접촉엄금
답 ②

⑨ 제4류 위험물의 운반용기 및 포장 외부에 표시할 주의사항은?
① 화기주의
② 충격주의
③ 가연물 접촉 주의
④ 화기엄금

해 • 제4류 위험물 : 화기엄금
답 ④

⑩ 제5류 위험물 운반용기 및 포장 외부에 표시할 주의사항은?
① 화기주의
② 화기엄금
③ 물기주의
④ 폭발주의

해 • 제5류 위험물 : 화기엄금, 충격주의
답 ②

⑪ 과염소산의 운반용기에 표기하는 적당한 주의사항은?
① 물기엄금
② 화기엄금
③ 가연물 접촉 주의
④ 충격주의

해 • 과염소산·과산화수소·질산 : 가연물 접촉 주의
답 ③

⑫ 제4류 위험물에 해당하는 화장품으로서 그 운반용기 포장의 주의사항을 해당주의사항과 동일한 의미를 가진 다른 주의사항으로 할 수 있는 운반용기의 용적은?
① 100mℓ 초과 150mℓ 이하
② 200mℓ 초과 300mℓ 이하
③ 150mℓ 초과 300mℓ 이하
④ 400mℓ 초과 500mℓ 이하

해 • 운반용기 포장표시를 동일한 의미의 다른 주의사항으로 할 수 있는 경우 : 화장품으로 사용되는 150mℓ 초과 300mℓ 이하의 제4류 위험물
답 ③

⑬ 다음 위험물 중 운반시 일광의 직사와 빗물 등을 피하기 위하여 차광성 및 방수성이 있는 피복재료를 덮어야 하는 것은?
① 알코올
② 무기과산화물류
③ 장뇌유
④ 가솔린

해 • 차광·방수성 덮개 설치대상 위험물 : 무기과산화물류
답 ②

⑭ 다음 중 혼재할 수 없는 위험물은 어느 것인가?
① 4류와 2류
② 3류와 4류
③ 6류와 1류
④ 6류와 3류

해 • 혼재 위험물 : ① ② ③ 가능 ④ 불가능
※ 사이삼, 오이사, 육하나
답 ④

제3편
일반화학

제1장	물질의 상태와 구조
제2장	금속 및 비금속
제3장	유기화합물

제 1 장

물질의 상태와 구조

학습목표
- 물질의 상태와 그 변화
- 원자의 구조와 주기율
- 화학식 및 화학결합
- 화학의 기초법칙
- 용액·용해도 및 용액의 농도
- 산·염기 및 수소이온농도
- 산화·환원
- 화학반응속도와 화학평형

1 화학입문

 화학은 물질의 변화를 연구하는 학문으로서 그 조성·구조를 명백히 하고 물질의 성질을 알아보는 것이다.

2 물질의 상태와 그 변화

 물질과 물체

(1) 물질 : 물체를 이루는 본질을 물질이라 한다.
(2) 물체 : 물질로 만들어진 것으로 일정한 공간을 차지하며, 무게와 형태를 가지고 있는 것을 물체라고 한다.

※ **물질과 물체** : 칼은 **철**로 만들어진 것이며, **시험관**은 **유리**로 만들어진 것이다. **철·유리**는 그 본질이므로 **물질**이고, **칼·시험관**은 **물체**라 할 수 있다.

 물질의 성질

물질은 그 종류에 따라 **고유의 성질**을 가지고 있는데, 크게 분류하면 **물리적 성질**과 **화학적 성질**의 특성으로 나눌 수 있으며, 이와 같은 성질로 어떤 물질인가를 알 수 있다.

 물질의 분류

(1) **순물질** : 물리적 방법으로 분리할 수 **없고**, 어는점, 끓는점이 일정하다.
(2) **혼합물** : 물리적 방법으로 분리할 수 **있고**, 어는점·끓는점이 일정하지 않다.

※ **순물질의 확인법** : 순물질을 확인하는 데는 **고체**의 경우는 **융해점**을 측정, **액체**일 경우는 **비등점**을 측정하는 방법이 가장 좋다.

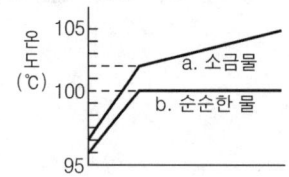

순물질(b)과 혼합물(a)의 끓을 때의 성질

- **단체** : H_2(수소), O_2(산소), He(헬륨), Fe(철), C(흑연) 등과 같이 **한 가지 원소**로 된 물질
- **화합물** : H_2O(물), CO_2(탄산가스), $C_6H_{12}O_6$(포도당), C_2H_5OH(알코올) 등과 같이 **두 가지 이상의 원소**로 된 물질
- **혼합물** : 두 가지 이상의 순물질(화합물·단체)이 섞여 있는 물질

4 혼합물로부터 순물질을 얻는 방법

혼합물을 분리해서 **순물질**로 만드는 조작을 **정제**라 하며, 다음과 같은 여러 가지 방법이 있다.

(1) **여과법**(거름)　　　　(2) **증류법**　　　　　　(3) **분류법**(분별증류)
(4) **승화법**　　　　　　　(5) **재결정법**　　　　　(6) **분액깔때기**
(7) **흡착법**　　　　　　　(8) **투석**(다이알리시스)　(9) **추출**

참고

※ **여과법**(거름) : 고체와 **액체**의 혼합물을 **여과지**를 통과시켜 분리하는 방법
　주의 고체가 액체에 잘 섞이지 않을 것에 사용한다.
※ **증류법** : **고체**와 **액체**가 균일질로 되어 있을 때 이 혼합물을 **끓여서** 액체는 증기로 만들어 냉각시켜 순수한 액체로 만들고 고체를 분리하는 방법
　예 소금물을 끓여서 물과 소금을 분리하는 방법
※ **분류법**(분별증류) : **액체**와 **액체**가 균일질로 되어 있을 때 이 혼합물을 **끓는 온도**(비등점) 차이를 이용하여 분리하는 방법
　예 알코올과 물의 혼합물을 끓는점 차이에 의하여 분리하는 방법
※ **승화법** : 승화되는 **고체**와 승화되지 않는 **고체**의 혼합물을 **가열**에 의하여 승화성 물질이 증기가 되어 분리하는 방법
　예 아이오딘과 모래의 혼합물
※ **재결정법** : 소량의 **고체** 불순물을 포함한 고체 혼합물을 **고온**에서 포화용액을 만들어 **냉각**하면 **용해도차**에 의하여 결정이 석출되어 분리하는 방법
　예 질산칼륨(KNO_3)에 소금($NaCl$)이 불순물로 섞여 있을 때 **순수질산칼륨**을 분리하는 방법
※ **분액깔때기** : **액체**와 **액체**가 섞이지 않고 **두층**으로 되어 있을 때 이를 분리하는 데 사용하는 유리기구
　예 물과 석유의 분리
※ **흡착법** : 기체 또는 **액체**에 포함된 불순물을 **흡착력**이 강한 **활성탄** 등으로 흡착시켜 제거하는 방법
　예 간장에 숯을 넣어 독성의 유기물 등을 제거시키는 방법
※ **투석**(다이알리시스) : **콜로이드 용액** 중에 **전해질**이 혼합되어 있을 때 **반투막**을 이용하여 순수한 콜로이드용액을 분리하는 방법
　예 녹말수용액(콜로이드용액)에 약간의 **소금**(전해질)이 녹아 있을 때 녹말을 분리하는 방법
※ **추출** : 액체상태의 **용매**를 이용하여 고체 또는 액체상태의 혼합물에서 **특정 성분만을 용해하여 분리하는** 조작으로 화학반응을 이용하거나 **용해도 차이**를 이용하는 방법
　예 인삼액, DNA, 버섯 등

5 물질의 3상태(기체, 액체, 고체)

(1) 기체(Gas) : 기체는 모양과 부피가 자유롭게 변화되는 상태이다(진동, 회전, 병진운동).

> **참고**
> ※ 기체 : 분자와 분자 사이의 거리가 삼상태 중에서 그 간격이 제일 큰 것으로 분자운동이 가장 활발하며, 에너지가 가장 크다
> - 이상기체(가상적 기체) : 액화 불가능기체(분자 간의 인력이 없음)
> - 실존기체 : 분자간에 인력이 작용하므로 고압·저온에서 액화가능 기체
>   예) CO_2(이산화탄소), Cl_2(염소), NH_3(암모니아) 등
> - 이상기체로 간주되는 실존기체 : 분자 간의 인력이 작은 기체
>   예) H_2(수소), O_2(산소), N_2(질소), He(헬륨), Ne(네온)

(2) 액체(Liquid) : 액체는 모양은 변화되나 부피는 일정하다(진동·회전운동).

> **참고**
> ※ 액체 : 분자와 분자의 거리가 기체 상태에 비해서 그 간격이 짧기 때문에 분자가 진동할 정도이며, 느린 속도로 약간의 운동을 하게 된다.

(3) 고체(Solid) : 고체는 모양과 부피가 일정하다(진동운동).

> **참고**
> ※ 고체의 분자 : 분자 사이의 간격이 극히 짧아서 분자와 분자 간의 인력이 크다.
> ※ 고체의 결합력 세기 : 원자성결정 > 이온성 결정 > 금속성결정 > 분자성결정
> ※ 고체의 분류
> - 원자성 고체 : SiO_2(수정), C(다이아몬드)
> - 이온성 고체 : NaCl(소금), KNO_3(질산칼륨)
> - 금속성 고체 : Al(알루미늄), Mg(마그네슘), Cu(구리), Fe(철) 등
> - 분자성 고체 : I_2(아이오딘), CO_2(드라이아이스)
> - 비결정(무정형) : 숯, 유리(망목구조)
> ※ 결합력의 세기 : 원자성 고체 > 이온성 고체 > 금속성 고체 > 분자성 고체

물질의 상태변화

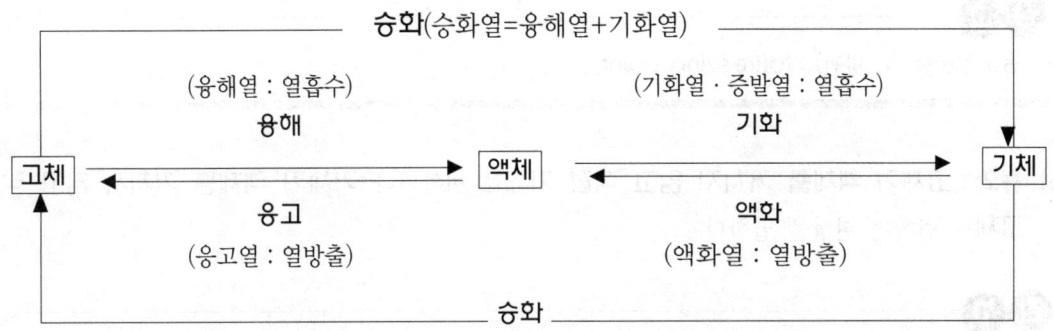

(1) **기화** : 액체가 기체로 변하는 현상
   ① 액체의 **표면**에서 기화되는 것을 **증발**이라 한다.
   ② 액체의 **표면**에서는 물론 **내부**에서까지 기화되는 현상을 **끓음**(비등)이라 한다.

> **참고**
> ※ **비등** : 액체의 내부에 증기의 기포가 생기면서 **급격히 기화**하는 현상으로 이때 생긴 **기포의 증기압**은 외부압력(대기압)과 같다.
> • 비점(끓는점, 비등점) : **BP**(Boiling Point)

(2) **액화** : 기체가 액체로 변하는 현상
   ① **임계온도**(한계온도) : 기체를 액화시킬 수 있는 **가장 높은 온도**를 말한다.
   ② **임계압력**(한계압력) : **임계온도**에서 기체를 액화시킬 수 있는 **가장 낮은 압력**을 말한다.

> **참고**
> ※ 탄산가스(CO_2)의 임계온도 및 임계압력
> • 임계온도 : 31.1℃   • 임계압력 : 72.8 atm

(3) **융해** : 고체가 액체로 변하는 현상
   ① 고체가 액체로 변하는 온도를 **융점** 또는 **용융점**이라 한다.
   ② **융해열** : 고체 1g을 같은 액체 1g으로 변화시켜 주는 데 필요한 열량을 그 고체의 **융해열**이라 한다.

> **참고**
> ※ **융점**(용융점, 융해점) : **mp**(melting point)

(4) 응고 : 액체가 고체로 변하는 현상
　① 액체가 고체로 변하는 온도를 **응고점**이라 한다.

>
> ※ 응고점(어는점, 빙점) : fp(freezing point)

(5) 승화 : 고체가 액체를 거치지 않고 직접 기체로 변하거나 기체가 액체를 거치지 않고 직접 **고체**로 변하는 현상을 말한다.

>
> ※ **승화물질** : 아이오딘·장뇌·나프탈렌·드라이아이스 등
>
>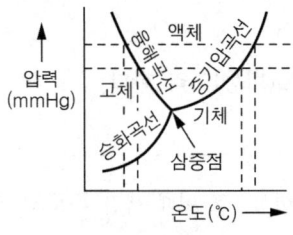
> [물질의 상태도]
>
> • **순물질일 경우** : mp=fp이다.
>   　mp : 융융점, fp : 응고점
> • **기화점**(끓는점) : 증기압=대기압
> • **액화의 조건** : 임계온도 이하, 임계압력 이상
> • **삼중점** : 기체·액체·고체가 **공존**하는 것
> ※ CO_2의 삼중점 : $-56.5℃(5.11atm)$

물의 3상태

(1) 얼음의 융해열(잠열) : 80cal/g
(2) 물의 기화열(잠열) : 539cal/g
(3) 물의 비열 : 1cal/g · ℃
(4) 얼음의 비열 : 0.5cal/g · ℃
(5) 수증기의 비열 : 0.47cal/g · ℃

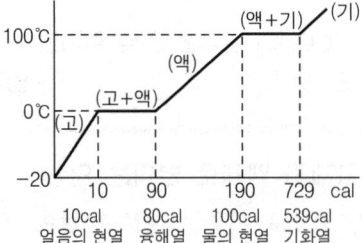

참고
- ※ 현열(Q=CmΔt) : 상태는 변하지 않고 온도만 변할 때의 **열량**
- ※ 잠열(Q =mr) : 온도는 변하지 않고 상태만 변할 때의 열량으로 **기화열**과 **용해열**이 해당된다.
- ※ 비열(C=Q/mΔt) : 물질 1g을 1℃ 올리는 데 필요한 **열량**

  $$Q : 열량(cal), \ C : 비열(cal/g℃), \ m : 질량(g), \ \Delta t : 온도차(℃), \ r : 잠열(cal/g)$$

- ※ 기체의 비열(Cv 〈 Cp)
  - 정압몰비열(Cp) : 압력을 일정하게 한 후 물질 1몰을 1K 올리는 데 필요한 열량
  - 정적몰비열(Cv) : 부피를 일정하게 한 후 물질 1몰을 1K 올리는 데 필요한 열량
  - 비열비($\gamma = \dfrac{Cp}{Cv}$) : **단원자분자**(1.6), **이원자분자**(1.4), **삼원자분자**(1.3)

  단원자분자 : He, Ne, Ar 등, **이원자분자** : O_2, H_2, N_2 등, **삼원자분자** : H_2O, CO_2, SO_2 등

  물질의 변화

(1) 물리적 변화 : 본질은 변하지 않고 상태·부피만 바뀌는 변화를 **물리적 변화**라 한다.

참고
- ※ 물리적 변화 : 덩어리 철이 불에 녹아 쇳물이 되는 변화

(2) 화학적 변화 : 본질이 변화되어서 전혀 다른 새로운 물질이 되는 변화를 **화학적 변화**라 한다.

참고
- ※ 화학적변화 : 수소가 공기 중에서 연소하면 물이 되는 변화
- ※ 화학변화의 종류
  - 화합 : 두가지 또는 그 이상의 물질이 결합하여 **전혀 새로운 성질을 갖는 한 가지 물질이 되는** 변화를 **화합**이라 한다.

    일반식 : A+B → AB   예) $2H_2 + O_2 \rightarrow 2H_2O$
                              (수소) (산소)   (물)

  - 분해 : 한가지 물질이 두 가지 이상의 새로운 물질로 되는 변화를 **분해**라 한다.

    일반식 : AB → A+B   예) $2H_2O \xrightarrow{전기분해} 2H_2 + O_2$
                              (물)   (수소) (산소)

> **참고**
> - **치환** : 어떤 화합물의 성분 중 일부가 다른 원소로 바뀌어지는 변화를 **치환**이라 한다
>
>   일반식 : A+BC → AC+B   예) Zn + H₂SO₄ → ZnSO₄ + H₂
>   (아연) (황산〈묽은〉) (황산아연) (수소)
>
> - **복분해** : 두 종류의 화합물의 성분 중 일부가 서로 바뀌어서 다른 성질을 갖는 물질을 만드는 변화를 **복분해**라 한다.
>
>   일반식 : AB+CD → AD+CB   예) HCl + NaOH —중화→ NaCl + H₂O
>   (염산) (수산화나트륨)   (염화나트륨) (물)

적중 출제예상문제

물질의 상태와 그 변화

① 다음 물질 중 단체인 것은?
① 소금   ② 오존
③ 수증기   ④ 과산화수소

[해] • 오존 : O₃로 한 가지 원소로 되어 있다.
[답] ②

② 다음 중 단체만으로 이루어진 것은?
① 산소 – 오존 – 금강석   ② 금강석 – 염소 – 청동
③ 수소 – 산소 – 대리석   ④ 물 – 수소 – 소금

[해] • 산소 : O₂, 오존 : O₃, 금강석 : C
[답] ①

③ 다음 여러 물질 중 화합물을 찾으면?
① 소금   ② 우유
③ 공기   ④ 설탕물

[해] • 소금(NaCl) : Na⁺과 Cl⁻의 화합물
[답] ①

④ 다음 물질 중 혼합물인 것은?
① 염화수소   ② 암모니아
③ 공기   ④ 이산화탄소

[해] • 공기 : 산소 21%와 질소 78%, 기타 기체1%의 혼합물
[답] ③

⑤ 어느 결정성 고체의 순수 여부를 알기 위해서는 다음 중 어느 것의 조사가 가장 좋은가?
① 녹는점   ② 비중
③ 용해도   ④ 색깔

[해] • 순물질 : 끓는점(비점), 용해점(용융점·녹는점)이 일정하다.
[답] ①

⑥ 공기로부터 질소와 산소를 잘 분리하는 방법은 어느 차이를 이용한 것인가?
① 밀도 ② 반응성
③ 굴절률 ④ 비등점

[해] • 공기를 액화시켜 비등점 차이로 분리한다.
※ 질소의 비등점: -195℃
※ 산소의 비등점: -183℃
[답] ④

⑦ 순물질의 설명이 아닌 것은?
① 어는점, 끓는점이 일정하다.
② 물리적 방법으로 분리한다.
③ 성분의 조성비가 일정하다.
④ 단체가 화합물로 분류한다.

[해] • 순물질(특히 화합물): 화학적 방법으로 분리된다.
[답] ②

⑧ 여러 가지 액체의 혼합용액으로부터 각 성분을 순수하게 분리하고자 한다. 어떤 방법이 제일 적당한가?
① 증발 ② 재결정
③ 여과 ④ 분별증류

[해] • 분별증류: 액체의 혼합물을 분리하는 데는 비등점 차이를 이용한다.
[답] ④

⑨ 가열조작에서 비등석을 넣은 이유는 무엇 때문인가?
① 돌비를 막기 위해서
② 빨리 끓게 하기 위해서
③ 증기가 잘 발생되므로
④ 늦게 끓게 되므로

[해] • 비등석: 용기바닥이 비등점이상 될 때 액체가 돌발적으로 비등하는 돌비현상을 방지하는 초자조각
[답] ①

⑩ 오른편 그래프는 어떤 액체를 가열할 때 가열 시간과 온도와의 관계를 나타낸 것이다. 아래 설명 중 가장 옳은 것은?
① 한 가지 액체이다.
② 두 가지 액체의 혼합물이다.
③ 세 가지 이상 액체의 혼합물이다.
④ 알 수 없다.

[해] • 3가지 물질의 혼합물: 비등점이 3개
[답] ③

⑪ 어떤 고체물질 속에 소량의 불순물이 들어 있다. 이 불순물을 제거하기 위해서 높은 온도에서 포화 용액을 만들어 그 온도에서 농축시켜 주거나 또는 낮은 온도로 냉각시켜 주면 순수한 고체가 석출된다. 이것을 무엇이라 하는가?
① 재결정법 ② 투석
③ 증류 ④ 여과

[해] • 재결정법: 고체혼합물을 고온에서 포화용액을 만든 후 냉각시키면 고체의 용해도 차에 의하여 순물질을 석출시키는 방법이다.
[답] ①

물질의 3상태

⑫ 다음 중 에너지가 가장 큰 상태는?
① 고체상태 ② 액체상태
③ 기체상태 ④ 용해상태

[해] • 기체: 분자운동이 가장 활발하며 에너지가 가장 크다.
[답] ③

⑬ 고체 물질에서 결합이 가장 강하게 이루어진 것은?
① 원자성 결정 ② 분자성 결정
③ 금속성 결정 ④ 이온성 결정

해 • 결합력 : 원자성 > 이온성 > 금속성 > 분자성
답 ①

⑭ 다음 물질이 결정상태에 있을 때 분자성 결정을 이루는 것은?
① 소금(NaCl) ② 구리(Cu)
③ 다이아몬드(C) ④ 드라이아이스(CO_2)

해 • 분자성 결정 : 아이오딘 · 나프탈렌 · 드라이아이스 등
답 ④

⑮ 다음 물질 중 결정구조가 무정형의 구조를 가지는 것은?
① 염화나트륨 ② 아이오딘
③ 유리 ④ 얼음

해 • 무정형(비결정) : 유리 · 숯 등
답 ③

물질의 상태 변화

⑯ 액체는 다음 중 어느 때에 비등 하는가?
① 액체의 증기압이 대기 중의 수증기압과 같아질 때
② 액체의 증기압보다 대기압이 클 때
③ 액체의 증기압이 대기압보다 클 때
④ 액체의 증기압이 대기 중의 수증기압보다 클 때

해 • 비등(끓음) : 액체의 증기압과 대기의 압력이 같을 때 일어난다.
답 ③

⑰ 메탄올, 물, 에탄올, 벤젠의 끓는점은 각각 65℃, 100℃, 79℃ 및 80℃이다. 그래프 중 벤젠의 증기압 곡선은 어느 것인가?
① A
② B
③ C
④ D

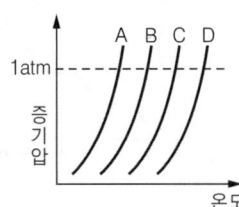

해 • 비등점
A : 메탄올(65℃)
B : 에탄올(79℃)
C : 벤젠(80℃)
D : 물(100℃)
답 ③

⑱ 다음 그림은 4가지 액체의 증기압력과 온도와의 관계를 나타낸 것이다. 1기압의 압력하에서 분자간의 인력이 가장 강한 액체는?
① A
② B
③ C
④ D

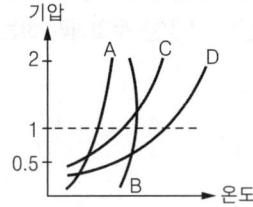

해 • 분자간의 인력 : 인력이 강한 액체일수록 압력상승을 위한 에너지공급이 많아야 (온도상승) 한다.
답 ④

⑲ 기체를 액화시키려면 어떻게 해야 하는가?
① 임계온도 이하로 냉각시킨 후 임계압력 이상으로 압축한다.
② 외부와 열을 차단시키고 기체를 갑자기 압축시키면 된다.
③ 냉각시킨 후 압축하면 된다.
④ 냉각시키기만 하면 된다.

해 • 기체 : 임계온도 이하, 임계압력 이상에서 액체가 된다.
답 ①

⑳ 180℃의 암모니아를 액화하려면? (단, 암모니아의 임계온도는 132℃, 임계압력은 112기압이다.)

① 온도는 그냥 두고 압력은 112기압 이상으로 한다.
② 온도는 132℃ 이하로 낮추고 압력은 112기압 이상으로 한다.
③ 액화시킬 수 없다.
④ 압력은 상관없이 온도를 132℃ 이하로 한다.

해 • 암모니아의 액화 : 임계온도(132℃) 이하, 임계압력(112 기압) 이상의 조건에서 액화된다.

답 ②

㉑ 기체가 고체로 되는 것을 무엇이라 하는가?

① 응고 ② 용액
③ 액화 ④ 승화

해 • 승화 : 기체가 고체로 되거나 고체가 기체로 되는 현상

답 ④

㉒ 다음 그림은 물의 삼상태이다. 높은 산에서 일어나는 현상은 어느 것인가?

① 어는점이 낮아지고 끓는점이 높아진다.
② 어는점과 끓는점이 모두 낮아진다.
③ 어는점은 높아지고 끓는점은 낮아진다.
④ 어는점과 끓는점이 모두 높아진다.

해 • 높은 산 : 평지보다 압력이 낮으므로 어는점(빙점)이 높아지고 끓는점(비점)이 낮아진다.

답 ③

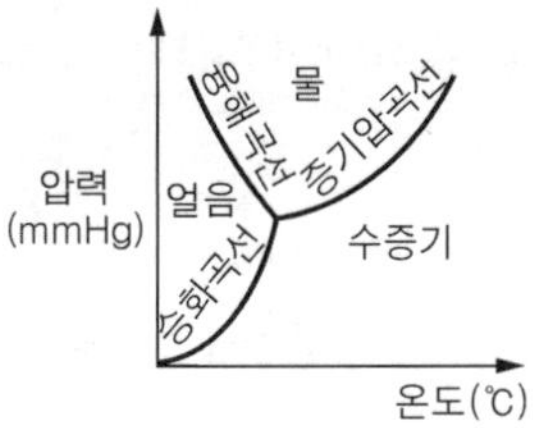

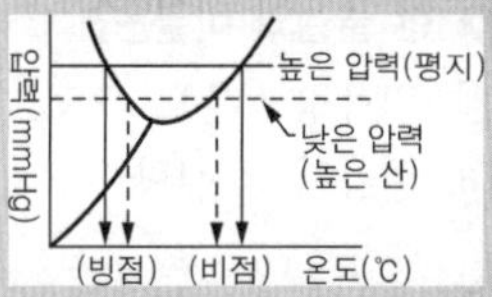

㉓ 액체의 비등점은 외부의 압력이 커질 때 어떻게 변하는가?

① 낮아진다. ② 높아진다.
③ 불변이다. ④ 높아지다가 낮아진다.

해 • 문제 22 해설 참조

답 ②

물의 3상태

㉔ 그림은 질량 10g의 얼음을 계속해서 가열했을 때 온도가 올라가는 모양을 나타내고 있다. 물이 기화하는 상태를 나타낸 것은 어느 것인가?

① AB
② CE
③ FG
④ EF

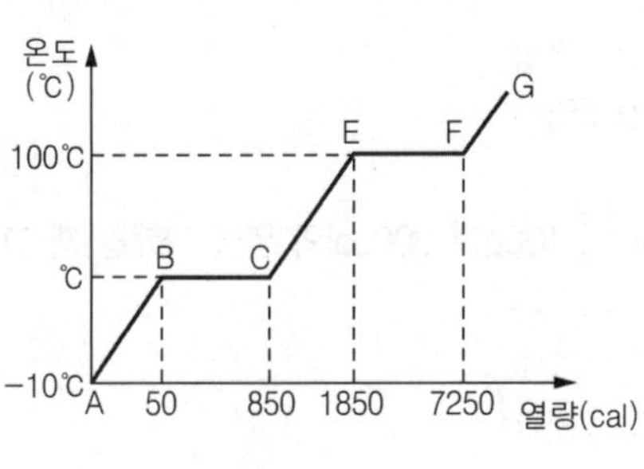

해 • 각구간의 상태 :
AB(고체), BC(고체 ⇌ 액체), CE(액체), EF(액체 ⇌ 기체), FG(기체)
※ FG구간은 기화된 수증기가 가열되는 상태임

답 ④

㉕ 10℃의 물 1 l를 50℃로 올릴 때 필요한 열량은?

① 40cal ② 4kcal
③ 40kcal ④ 400cal

해 • $Q=cm\Delta t$에서
열량 $Q=1\times1\times(50-10)$
$=40$kcal

답 ③

26 비열 0.032cal/g℃되는 백금 0.5kg의 온도를 100℃만큼 높이는데 필요한 열량은?
① 1,600cal
② 130cal
③ 75cal
④ 1.6cal

[해] · $Q=cm\Delta t$에서
열량 $Q=0.032 \times 500 \times 100 = 1,600$cal

답 ①

27 0℃의 얼음 1g을 100℃의 수증기로 변화시키는데 필요한 열량은?(단, 얼음의 융해열은 80cal/g이고, 물의 기화열은 539cal/g이다)
① 619cal
② 719cal
③ 639cal
④ 739cal

[해] · $Q=mr$, $Q=cm\Delta t$에서
열량 $Q=1 \times 80 + 1 \times 1 \times 100 + 1 \times 539 = 719$cal

답 ②

28 다음 중 비열의 단위는?
① cal
② cal / ℃
③ cal / g
④ cal / g℃

[해] · $Q=cm\Delta t$에서
비열(C)은 $C=Q/m \cdot \Delta t$
∴ C=cal/g℃

답 ④

29 한 물질의 비열은?
① 열용량 / 온도
② 열용량 × 온도
③ 열용량 × 질량
④ 열용량 / 질량

[해] · $Q=cm\Delta t$에서 cm이 열용량이므로 c=cm/m
∴ c=열용량/질량

답 ④

30 그림은 어떤 물질의 온도 대 열량의 도표이다. 이 물질의 고체상태에서의 비열은?
① 0.5
② 1.4
③ 2
④ 2.5

[해] · $Q=cm\Delta t$에서 비열 $C=Q/m\Delta t$
∴ $C=30$cal/g ÷ 60℃ = 0.5cal/g℃

답 ①

31 1,000cal의 열로 물의 온도를 20℃에서 25℃로 올렸다. 물의 질량은 얼마인가?
① 20g
② 200g
③ 500g
④ 50g

[해] · $Q=cm\Delta t$에서 질량 $m=Q/C\Delta t$
∴ $m = \dfrac{1,000}{1 \times (25-20)} = 200$g

답 ②

32 50℃인 어떤 금속(비열 0.09cal/g · ℃) 100g에 900cal의 열을 가했을 때 그 금속이 도달하는 온도는?
① 50℃
② 100℃
③ 150℃
④ 200℃

[해] · $Q=cm\Delta t$에서 온도차 $\Delta t=Q/cm$
∴ $\Delta t=900/(0.09 \times 100) = 100$℃
※ 도달온도 =50+100=150℃

답 ③

33 이상기체에서 정적비열 C_V와 정압비열 C_P와의 관계가 옳게 표시된 것은 어느 것인가?
① $C_V = C_P$
② $C_V > C_P$
③ $C_V < C_P$
④ $C_V \leqq C_P$

[해] · 정압비열(C_P)이 정적비열(C_V)보다 크다.

답 ③

㉞ 2원자로 된 분자(O_2, N_2, H_2) 등의 정압비열과 정적비열의 비 $\left(\dfrac{Cp}{Cv}\right)$는?
① 0.7
② 1.3
③ 1.4
④ 1.6

해 • 비열비(γ) : 단원자분자 =1.6, 이원자분자=1.4, 삼원자분자=1.3

답 ③

㉟ 이상기체들에 있어서 정압비열 Cp와 정적비열 Cv와의 비 $\Upsilon = \left(\dfrac{Cp}{Cv}\right)$에 대하여 다음 사항 중 옳은 것은?
① 일정한 규칙이 없다.
② 모든 기체에 대하여 Υ는 일정하다.
③ 비열들이 큰 기체일수록 Υ가 크다.
④ 비열들이 적은 기체일수록 Υ가 크다.

해 • 비열 : 단원자분자＜이원자분자＜삼원자분자
• 비열비 : 단원자분자＞이원자분자＞삼원자분자
∴ 비열이 작을수록 비열비(Υ)가 크다.

답 ④

물질의 변화

㊱ 화학변화의 예로서 가장 적합한 것은?
① 이산화탄소로 드라이아이스를 만든다.
② 기름이 연소한다.
③ 아연과 수은은 아말감을 만든다.
④ 공기를 액화한다.

해 • 화학 변화 : 반응후에 새로운 물질을 생성하는 반응
∴ 기름이 연소하면 CO_2와 H_2O 생성

답 ②

㊲ 화학변화와 더불어 변화되는 것은?
① 원자구조
② 물질의 특성
③ 운동에너지
④ 원자량

해 • 화학변화 : 특성의 변화

답 ②

㊳ 다음에서 화학변화가 일어나는 것은?
① 증류
② 승화
③ 발효
④ 융해

해 • 발효 : 효소의 영향으로 일어나는 화학 변화

답 ③

㊴ 다음 중 화학변화의 일반식 중 틀린 것은 어느 것인가?
① 화 합 : A + B → AB
② 분 해 : AB → A + B
③ 복분해 : AB + CD → AC + BD
④ 치 환 : A + BC → AC + B

해 • 복분해 : AB + CD → AD + CB

답 ③

휴게실

◆ 우리말 한마당(여보)
• 본뜻 : 부부간에 서로 상대를 부르던 말. "여기 보오"
• 바뀐 뜻 : "여기 보오"가 줄어들어 "여보"가 되었음.

3 원자의 구조

 원소와 원자

(1) **원소** : 화학적으로 독특한 성질을 갖는 것으로 주기율표에 표시된 것
(2) **원자** : 원소를 구성하고 있는 화학적 성질을 유지하는 최소입자

> **참고**
> ※ 원소는 성분의 종류, 원자는 입자의 개수를 나타낸다.
> 예 H_2O(물)
> • 수소**원소**와 산소**원소**로 되어 있는 화합물이다.
> • 수소**원자** 2개와 산소**원자** 1개로 되어 있는 화합물이다.

 원자의 구조

(1) **원자** : 그 중심부에(+) 전기를 띤 **원자핵**이 있고, 그 주위에 일정한 궤도에 따라 돌고 있는(−) 전기를 띤 **전자**가 있다.

> **참고**
> ※ 원자의 크기 : 그 지름이 약 1옹스트롬(Å=10^{-8}cm)이며, 그 질량은 원자의 종류에 따라 틀리지만 약 10^{-24}g 정도이다.
> ※ 하전입자의 가속장치
> • 사이클로트론 : **이온**가속기
> • 베타트론 : **전자**가속기
> • 싱크로트론 : 전자·양성자 가속기
>
>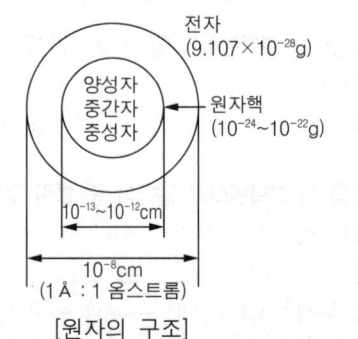
> [원자의 구조]

	입자명	부호	질량	전기량	발견
원자핵	양성자(proton)	P 또는 $_1^1H$	1.00073	+1	1919년 Rutherford〈영〉
	중성자(neutron)	n 또는 $_0^1n$	1.0087	0	1932년 Chadwick〈영〉
전 자(electron)		e 또는 $_{-1}^0e$	수소원자의 1/1836	−1	1887년 Thomson〈영〉

(2) **원자핵** : 질량이 거의 같은 **양성자**와 **중성자**로 이루어져 있는데 원자핵 중의 **양성자**(양자)와 **중성자의 합**을 그 원자의 **질량수**(원자량)라 한다.

> **참고**
> ※ 원자핵 존재의 확인 : 러더퍼드가 α 선(He) 산란으로 확인
> • 질량수(원자량) = 양자수 + 중성자수
> • 중성자수 = 질량수(원자량) − 양자수

(3) **원자번호** : 원자핵 중의 양성자수를 그 원자의 **원자번호**라 한다.

> **참고**
> ※ 원자번호 = 양성자의 수 = 전자의 수(중성원자에서)
> • n(원자번호) = 양성자 또는 전자수
> • m(질량수) = 양성자수 + 중성자수
> • m − n = 중성자수
>
> $${}^{m}_{n}X = {}_{n}X^{m}$$

(4) **소립자** : 원자가 쪼개질 때 생기는 미세한 입자
  ① **소립자의 종류** : 양성자·중성자·전자·중간자·광자·반양자 등
  ② 소립자의 **질량의 크기 순서** : 중성자 > 양성자 > 중간자 > 전자

> **참고**
> ※ **중간자**(메손) : 원자핵 속에서 **양성자**와 **중성자**가 **중간자**에 의하여 **세게 결합**되어 있다는 사실은 미국의 **앤더슨**에 의해서 실증되었으며, 질량은 전자의 275배이다(일본의 유가와히데키가 발견).

(5) **동위원소** : 화학적 성질은 같으나 질량수가 다르므로 물리적 성질이 다르다.
  ① 수소의 동위원소 … ${}^{1}_{1}H$(경수소)·${}^{2}_{1}D$(중수소)·${}^{3}_{1}T$(3중수소)
  ② 염소의 동위원소 … ${}^{35}_{17}Cl$·${}^{37}_{17}Cl$
  ③ 탄소의 동위원소 … ${}^{12}_{6}C$·${}^{13}_{6}C$

> **참고**
> ※ 동위원소의 평균 원자량 구하는 법
> • 탄소 : ${}^{12}_{6}C$=99% ${}^{13}_{6}C$=1%이므로 $C = 12 \times \dfrac{99}{100} + 13 \times \dfrac{1}{100} = 12.01115 ≒ 12$
> • 염소 : ${}^{35}_{17}Cl$=75% ${}^{37}_{17}Cl$=25%이므로 $Cl = 35 \times 0.75 + 37 \times 0.25 = 35.5$
> ※ **중수**(D_2O) : 중수소와 산소의 화합물로서 **원자로**에서 중성자의 속도를 줄이는 **감속제**로 사용한다.

(6) 동중원소 : 원자번호는 다르나 원자량이 같은 원소

※ 동중원소의 예 : $^{14}_{8}O$와 $^{14}_{7}N$

(7) 동소체 : 같은 원소로 된 단위분자이나 원자배열이 다른 것
① 산소와 오존 : 산소는 O_2, 오존은 O_3로 표시한다.
② 금강석(다이아몬드)과 흑연 : 모두 C로 표시한다.
③ 황린과 적린 : 황린은 P_4, 적린은 P로 표시한다.
④ 사방황, 단사황, 고무상황 : 모두 S로 표시한다.

※ 같은 원소라도 원자배열이 다르면 성질이 달라진다.
• 동소체 확인방법 : 연소생성물이 같다.

원자의 전자배열

원자핵의 둘레에는 **양자수**와 같은 수의 **전자**가 원자핵을 중심으로 몇 개의 층을 이루어 배치되어 있다. 이 층을 **전자각**이라 한다.

(1) 최외각전자(원자가 전자 또는 가전자)
① 화학적 성질을 지배한다.
② 8개일 때는 안정하다(K각만은 원자 2개 안정) : 주기율표 O족 원소의 전자배열
③ n번(주양자수)에 들어갈 수 있는 **최대한의 전자수 $2n^2$개**

  n=1 : K각(Shell) 2×1^2=2개
  n=2 : L각(Shell) 2×2^2=8개
  n=3 : M각(Shell) 2×3^2=18개
  n=4 : N각(Shell) 2×4^2=32개

[전자껍질]

> **참고**
> ※ n의 수(주양자수) : 주기율표의 주기수와 일치한다.
> ※ 최외각전자수(원자가 전자) : 주기율표에서 족수(A족에 한한다)와 일치한다.
>   • A족(전형원소) : 원소주기율표 참조
> ※ 팔우설 : 최외각전자가 8개가 아닌 원자가 최외각전자를 방출하거나 보충하여 8개가 되어 O족의 원소와 같은 안정한 전자배열을 가지려는 경향

> **참고**
>
> 예 Na(나트륨)의 전자배열
>
>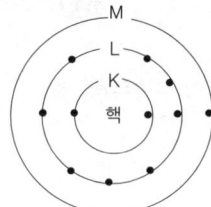
>
> K각 : 2개
> L각 : 8개
> M각 : 1개
>
> $_{11}Na$ ─ 양성자(+) 11개
>   ─ 전자(−) 11개
>   ─ 전기적으로 중성이나 전자배열
>   ─ 은 팔우설에 의하여 불안정하다.
>
> 예 Na^+(나트륨이온)의 전자배열
>
>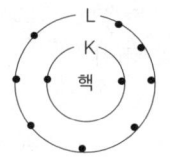
>
> K각 : 2개
> L각 : 8개
>
> $_{11}Na^{+1}$ ─ 양성자(+) 11개
>   ─ 전자(−) 10개
>   ─ 전자 1개 방출로 전기적으로 양이
>   ─ 온(Na^+)으로 되어 Ne(네온)의 전
>   ─ 자배열로 안정하다.
>
> 예 S(황)의 전자배열
>
>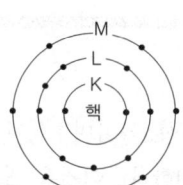
>
> K각 : 2개
> L각 : 8개
> M각 : 6개
>
> $_{16}S$ ─ 양성자(+) 16개
>   ─ 전자(−) 16개
>   ─ 전기적으로 중성이나 전자배열
>   ─ 은 팔우설에 의하여 불안정하다.
>
> 예 S^{-2}(황이온)의 전자배열
>
>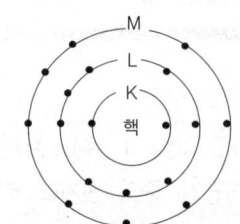
>
> K각 : 2개
> L각 : 8개
> M각 : 8개
>
> $_{16}S^{-2}$ ─ 양성자(+) 16개
>   ─ 전자(−) 18개
>   ─ 전자 2개 보충으로 전기적으로 음
>   ─ 이온(s^{-2})으로 되어 Ar(아르곤)의
>   ─ 전자배열로 안정하다.

(2) 수소원자의 스펙트럼 (보어에 의하여 정립됨)

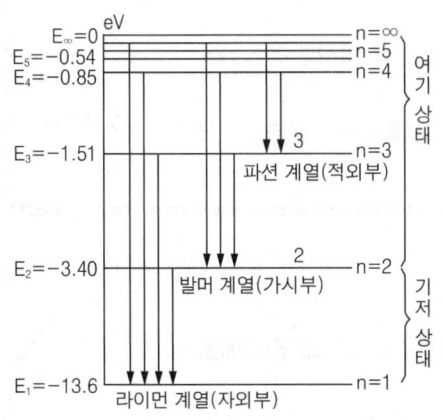

[수소의 선스펙트럼과 에너지의 크기]

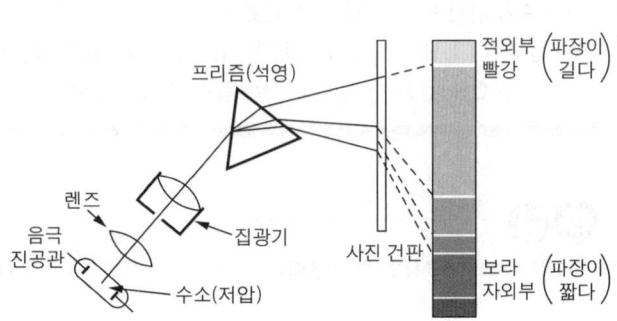

[수소원자의 선스펙트럼]

① **라이먼 계열**(n=1) : **자외선** 영역의 스펙트럼(**에너지 변화가 클수록** 파장이 **짧다**)
② **발머 계열**(n=2) : **가시광선** 영역의 스펙트럼
③ **파셴 계열**(n=3) : **적외선** 영역의 스펙트럼(**에너지 변화가 작을수록** 파장이 **길다**)

> 참고
> ※ 스펙트럼 : 빛이 분산되어 생긴 띠
> • 안정성 : K > L > M = 라이먼계열 > 발머계열 > 파셴계열 = 자외선 > 가시광선 > 적외선
> • 에너지 크기 : K < L < M
> • 브라켓계열(n=4), 푼트계열(n=5) : 적외선 영역

(3) 원자구조의 현대적 모델 (오비탈)

① **오비탈**(확률궤도) : 원자궤도(K, L, M…각)를 이루고 있는 것은 편의상 일이며, 실제의 **핵외전자 분포**는 복잡하여 공간 중의 전자를 알 수 있는 **확률로써 표시**한다. 이것을 **오비탈**(확률궤도)이라 한다.

> 참고
> ※ 오비탈의 표시방법 : ↑↓ , ·· , ⊗

② 각 주기의 오비탈과 최대수용 전자수 : $s \cdot p \cdot d \cdot f \rightarrow 2n^2$

  1주기(K) : n = 1 → 2개

  2주기(L) : n = 2 → 8개

3주기(M) : n = 3 → 18개

4주기(N) : n = 4 → 32개

> ※ **오비탈의 최대수용 전자수**
> $s=2$, $p=6$, $d=10$, $f=14$
> 예 N(질소)의 전자배열 : $1s^2 2s^2 2p^3$ (원자번호 7번, 2주기원소, 최외각전자 5개)
>
> 1주기(K) : 2개
>
> 2주기(L) : 5개

③ **전자가 채워지는 순서**
  ㉮ **파울리의 배타원리** : 1개에서 오비탈에는 전자가 2개 이상 들어가지 못함
  ㉯ **훈트의 규칙** : p오피탈에서 전자배치(전기적 배척)

> ※ **훈트의 규칙** : , 즉 p오피탈에서는 오비탈이 3개이므로 전자상호 전기적 배척으로 오비탈 한 개에 전자 한 개씩 짝짓지 않고 채워진다는 규칙

④ **부대전자**(홀전자) : 오비탈 안에 **쌍을 이루지 못한 전자**의 개수

  s오비탈 : (홀전자1개) p오비탈 : (홀전자1개), (홀전자2개), (홀전자3개), (홀전자2개), (홀전자1개), (없다)

⑤ **에너지 준위** : 전자가 갖는 에너지 상태

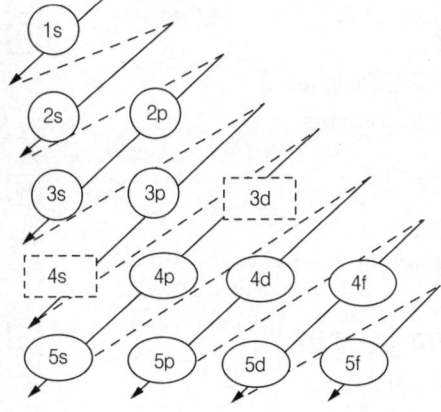

> 참고
>
> ※ 에너지 준위 : $1s < 2s < 2p < 3s < 3p < 4s < 3d < 4p$
> - 에너지준위는 규칙성이 없다 : $4s$ 보다 $3d$ 의 에너지가 더 크다.

적중 출제예상문제

원자의 구조

1 원자의 대략의 크기는?
① 10^{-8}cm
② $10^{-7} \sim 10^{-5}$cm
③ 10^{-9}cm
④ 6.0×10^{-23}cm

2 사이클로트론은 다음 어느 것인가?
① 중성자의 가속장치
② 중성자를 흡수하는 장치
③ 동위원소 분리장치
④ 하전입자의 가속장치

3 다음 중 가속기로 가속할 수 없는 입자는?
① 양성자
② 전자
③ α입자
④ 중성자

4 원자핵이 α입자를 크게 산란시킨다는 것을 실험으로 보여준 사람은?
① 톰슨
② 전자
③ 보어
④ 멘델레프

5 중성자를 처음 발견한 사람은 누구인가?
① 큐리(Curie)
② 베크렐(Becguerel)
③ 체드윅(Chadwick)
④ 파얀스(Fajans)

6 다음 중에서 질량이 가장 작은 입자는?
① 중간자
② 양성자
③ 수소
④ 전자

7 원자를 구성하는 입자중 음(-) 전하를 띠고 있는 것은?
① 중성자
② 양전자
③ 전자
④ 양성자

힌트

해 • 원자의 크기 :
약 1Å(1Å = 10^{-8}cm)

답 ①

해 • 사이클로트론 : 이온가속기(하전입자가속기)

답 ④

해 • 가속가능입자 : 전하를 갖는 입자
※ 중성자 : 전하 없음

답 ④

해 • 원자핵 존재 확인 : 러더퍼드

답 ②

해 • 중성자 : 체드윅(1932년 발견)

답 ③

해 • 질량의 크기 : 중성자〉수소〉양성자〉중간자〉전자

답 ④

해 • 소립자의 전하 : ①중성 ②양전하 ③음전하 ④양전하

답 ③

⑧ 원자의 질량수는?
① 양성자의 수+전자수
② 중성자의 수+원자량
③ 양성자의 수+중성자의 수
④ 전자의 수+원자의 번호

해 • 원자량 : 양성자수+중성자수

답 ③

⑨ 3개의 양성자와 4개의 중성자가 원자핵을 이루고 있다. 핵 주위를 돌고 있는 전자수는 몇 개인가?
① 3개   ② 7개
③ 4개   ④ 12개

해 • 중성원자에서 양성자수와 전자수는 같다
※ 양성자수 = 원자번호

답 ①

⑩ 원자번호 20, 질량수 40인 Ca가 2가의 양이온이 되었을 때 전자의 수는?
① 18   ② 20
③ 22   ④ 12

해 • 원자번호 = 전자수
∴ 20 − 2 = 18

답 ①

⑪ 원자번호 6, 질량 13의 원자핵에 포함되어 있는 중성자의 수는?
① 5   ② 6
③ 7   ④ 13

해 • 중성자수
질량 − 원자번호
∴ 13 − 6 = 7

답 ③

⑫ 원자번호가 19이며 원자량이 39인 K(칼륨)원자의 원자핵에서 중성자와 양자수가 옳은 것은?
① 중성자 19개와 양자 19개   ② 중성자 20개와 양자 19개
③ 중성자 19개와 양자 20개   ④ 중성자 20개와 양자 20개

해 • 원자번호 : 양자의 수
∴ 양자의 수 : 19개
※ 중성자의 수 : 원자량−양자의 수
∴ 39 − 19 = 20

답 ②

⑬ 크로뮴 $^{52}_{24}Cr$의 전자수와 중성자수는 각각 몇 개인가?
① 전자수 24, 중성자수 28
② 전자수 24, 중성자수 24
③ 전자수 52, 중성자수 24
④ 전자수 24, 중성자수 52

해 • 전자수=원자번호=24
※ 중성자수=52−24=28

답 ①

⑭ 다음 중 전자수가 가장 많은 것은?
① CH_4 ② NH_4^+
③ Li^+ ④ K^+

해 • 전자수
① 10 ② 10 ③ 2 ④ 18

답 ④

⑮ 다음 중 동위원소에 맞는 것은?
① 원자력이 같은 원소이다.
② 원자량이 같다.
③ 질량수가 같고 원자번호가 다르다.
④ 원자번호는 같고 질량수가 다른 원소이다.

해 • 동위원소 : 원자번호가 같으며 원자량이 다른 원소
※ 원자량=질량수

답 ④

⑯ ^1_1H와 ^3_1H은 서로 어떤 관계가 있는가?
① 동위원소 ② 동소체
③ 동중원소 ④ 동족원소

해 · 문제 15 해설 참조
답 ①

⑰ 염소의 동위원소 $^{35}_{17}Cl$, $^{37}_{17}Cl$의 비율이 각각 $^{35}_{17}Cl$ 75% $^{37}_{17}Cl$ 25%로 섞인 단체 혼합물의 원자량을 구하는 식은?
① $\dfrac{35+37}{2}$
② $\dfrac{(35\times3)+(37\times1)}{2}$
③ $\dfrac{(35\times3)+(37\times1)}{3}$
④ $(35\times0.75)+(37\times0.25)$

해 · 염소의 평균분자량
$=(35\times0.75)+(37\times0.25)$
답 ④

⑱ 다음 중 동소체만으로 짝지어진 것이 아닌 것은?
① 산소-오존 ② 다이아몬드-흑연
③ 일산화탄소-이산화탄소 ④ 사방황-고무상황

해 · 동소체 : 같은 원소이며 결합구조가 다른 원소
∴ CO, CO_2 : 2가지 원소
답 ③

⑲ 다음 중 동소체가 아닌 것끼리 짝지어진 것은?
① 다이아몬드와 흑연 ② 산소와 오존
③ 황린과 적린 ④ 이산화황과 삼산화황

해 SO_2, SO_3 : 2가지 원소
답 ④

⑳ 다음 원소 중 동소체를 갖지 않는 것은?
① 질소 ② 황
③ 산소 ④ 인

해 · 질소 : 단체이나 동소체를 갖지 않는다.
답 ①

㉑ 다음 중 동소체에 관하여 틀리는 사항은?
① 물리적 상태는 같아야 한다.
② 같은 원소로 되어 있다.
③ 물리적 성질이 다르다.
④ 화학적 성질이 다르다.

해 · 동소체 : 화학적 성질이 같거나 비슷하다
답 ④

㉒ 황린, 적린 두 물질이 서로 동소체라는 것을 증명하는데 가장 효과적인 실험 방법은?
① 전기전도성을 비교한다. ② 비중을 알아본다.
③ 물에 녹여본다. ④ 연소생성물을 본다.

해 · 확인방법 : 연소생성물 질로 알 수 있다.
※ 연소생성물이 같다.
답 ④

원자의 전자배열

㉓ 다음 중 수소원자 스펙트럼을 만족스럽게 설명한 사람은?
① 보어 ② 모즐리
③ 돌턴 ④ 포올링

해 · 수소원자 스펙트럼 : 보어에 의하여 정립됨
답 ①

24 다음 원자의 구조 중 원자핵에서부터 가장 가까이 있는 껍질을 K 껍질, 그 다음으로 L, M, N, O, ……로 나타낸다. 각 껍질에 수용될 수 있는 최대 허용 전자수가 잘못 표기된 것은?
① K   2
② L   6
③ M   18
④ N   32

해 • 최대허용전자수 : $2n^2$개
K:n=1, L:n=2,
M:n=3, N:n=4
∴ $2n^2$에서 L=$2×2^2$=8개

답 ②

25 다음 이온들 중에서 비활성기체원자 Ar과 같은 전자배치를 가지고 있는 것은 어느 것인가?
① Na^+
② Li
③ Al^{3+}
④ S^{2-}

해 • 불활성기체원자의 전자배열
① Ne ② He ③ Ne ④ Ar

답 ④

26 수소원자의 전자는 다음 중 어느 껍질에 배치되어 있을 때 가장 적은 에너지를 가질까?
① K
② L
③ M
④ N

해 • 에너지 준위
K < L < M < N < O

답 ①

27 다음 중 에너지가 가장 적은 수소스펙트럼의 계열은?
① 라이먼
② 발머
③ 파셴
④ 브라켓

해 • 에너지 준위
라이먼 < 발머 < 파셴

답 ①

28 다음 중 에너지 변화를 가장 많이 변화시키면 방출되는 빛은?
① 빨강
② 노랑
③ 파랑
④ 보라

해 • 에너지변화가 커지면 파장이 짧아진다.
※ 파장 크기
보라 < 파랑 < 노랑 < 빨강

답 ④

29 수소가 빛을 발산하였다. 보어의 원자모델에 의해서 옳게 설명한 것은?
① 바깥 전자가 안으로 들어왔다.
② 안의 전자가 밖으로 튀어 나왔다.
③ 전자가 빨리 돌았다.
④ 전자의 움직임이 멈추었다.

해 • 빛의발산 : 전자가 에너지를 흡수(바깥전자상태)하여 들뜬상태에서 에너지를 방출하며 안쪽으로 들어올 때 발생

답 ①

30 원자의 M 껍질에 들어있지 않은 오비탈은?
① s
② p
③ d
④ f

해 • M껍질의 오비탈 : spd

답 ④

31 원자번호 7번인 질소(N)는 $2p$ 궤도에 몇 개의 전자를 갖는가?
① 7
② 14
③ 5
④ 3

해 • 전자배열 : $1s^2 2s^2 2p^3$

답 ④

32. 다음 중 최외각 전자가 5개인 원자의 전자배치가 될 수 있는 것은?
① $1s^2 2s^2 2p^1$
② $1s^2 2s^2 2p^3$
③ $1s^2 2s^2 2p^5$
④ $1s^2 2s^2 2p^6$

해 · $2s$와 $2p$에서 위첨자의 수의 합계가 5인 것
답 ②

33. 어떤 원자의 핵이 양성자 및 중성자 18개씩을 가지고 있다면 가장 안정한 전자 배열은?
① $1s^2 2s^2 2p^6 3s^2 3p^1$
② $1s^2 2s^2 2p^6 3s^1 3p^2$
③ $1s^2 2s^2 2p^6 3s^2 3p^3$
④ $1s^2 2s^2 2p^6 3s^2 3p^6$

해 · $1s \cdot 2s \cdot 2p \cdot 3s \cdot 3p$ 중에서 $3s \cdot 3p$ 위첨자의 수의 합계가 8인 것
답 ④

34. 다음 중 홀전자를 3개 가지는 것은?
① H
② Li
③ B
④ N

해 · N의 전자배열 : $1s^2 2s^2 2p^3$에서
※ $2p^3$ = ▢▢▢
답 ④

35. 다음 중 가장 많은 부대 전자를 가지는 것은?
① $1s^2 2s^2 2p^6$
② $1s^2 2s^2 2p^3$
③ $1s^2 2s^2 2p^5$
④ $1s^2 2s^2 2p^4$

해 · 부대전자(홀전자) 최대 : p^3의 것
답 ②

36. 에너지 준위의 순서가 옳게 되어 있는 것은 어느 것인가?
① $2s < 2p < 3s < 3p < 4s < 4p$
② $2s < 2p < 3s < 3p < 3p < 3s$
③ $2s < 3s < 4s < 2p < 3p < 4p$
④ $2s < 2p < 3s < 3p < 4s < 3d$

해 · 에너지준위
$1s < 2s < 2p < 3s < 3p < 4s < 3d$
답 ④

유게실

◆ **세계 최초의 인공 다이아몬드 거짓 제조사건**

　세계에서 제일 값진 보석인 다이아몬드는 순수한 탄소가 땅속에서 매우 높은 고온과 고압을 받아 생성된다. 이 다이아몬드가 순수한 탄소로 되어 있다는 사실은 1797년 영국의 스미드슨 테넌트가 자신의 다이아몬드를 태워서 생긴 기체를 조사한 결과 알아냈다. 그 후 탄소에 충분한 고온과 고압을 가하면 인공으로 다이아몬드를 만들 수 있다는 사실에 수많은 실험이 실시된 결과 1880년 영국의 하아네가 세계 최초로 인공 다이아몬드를 제조하였다고 보고한다. 이 다이아몬드는 지금도 대영박물관에 보존되고 있다. 그 후 프랑스의 노벨 화학상을 받은 앙리뫄쌍(1852~1907)도 자신이 개발한 강력한 전기로에서 인공 다이아몬드를 제조하였다고 보고한다. 또한 1933년 독일의 한스 가라바첵이 복잡한 공정에 의한 제조에 성공하였다고 보고하지만, 1941년 미국의 노벨 물리학상 수상자 브리지먼이 고압물리학의 연구를 통하여 그때까지의 보고는 다이아몬드가 생성되는데 필요한 고온·고압에 도달하지 못했음이 밝혀져 모두 거짓 보고임이 밝혀졌다.

　실제로 세계 최초 인공 다이아몬드는 1955년 브리지먼의 연구를 토대로 하여 미국의 제네럴 일렉트로닉스사의 연구소에서 만들어져 현재 공업용으로 널리 사용되고 있다.

4 원소의 주기율

 주기율

원소를 원자번호 순서로 나열하면 **주기적으로 성질이 비슷하게** 나타난다. 이것을 원소의 **주기율**이라 한다.
(1) **처음 발견** : 1869년 러시아(소련)의 화학자 **멘델레프**(Mendeleev)
(2) **오늘날** : 1913년 영국의 **모즐리**(Moseley)

 ※ **멘델레프** : 주기율표를 **원자량의** 순서로 나열하였다.
 ※ **모즐리** : 원자번호를 확정하여 **원자번호** 순서로 나열하였다.

 주기율표

분류	알칼리금속	알칼리토금속	희토류	티탄족	토산금속	크로뮴족	망가니즈족	철족 (위의것 3종) 백금족 (아래것 6종)			구리족	아연족	붕소족	탄소족	질소족	산소족	할로젠족	불활성기체
주기 \ 족	1A	2A	3B	4B	5B	6B	7B	8B			1B	2B	3A	4A	5A	6A	7A	8A·O
주기 \ IUPAC족	1	2	3	4	5	6	7	8	9	10	11	12	13	14	15	16	17	18
1	H	금속원소				양쪽성원소 중 산·알칼리와 수소를 발행하는 것												He
2	Li	Be	비금속			준금속							B	C	N	O	F	Ne
3	Na	Mg	전이원소										Al	Si	P	S	Cl	Ar
4	K	Ca	Sc	Ti	V	Cr	Mn	Fe	Co	Ni	Cu	Zn	Ga	Ge	As	Se	Br	Kr
5	Rb	Sr	Y	Zr	Nb	Mo	Tc	Ru	Rh	Pd	Ag	Cd	In	Sn	Sb	Te	I	Xe
6	Cs	Ba	**La**	Hf	Ta	W	Re	Os	Ir	Pt	Au	Hg	Tl	Pb	Bi	Po	At	Rn
7	Fr	Ra	**Ac**	※ 란타넘(란탄 또는 란타니드)족·악티늄(악티니드)족 생략														
대표적 원자가	+1	+2	+2(공통원자가) ※ +2가 이외에 여러 가지의 원자가를 갖는다.										+3	+4 +2 −4	+5 +3 −3	+6 +4 −2	+7 +5 −1	O

(1) **단주기형 주기표** : 2주기와 3주기에서는 8번째마다 주기성을 나타내므로 각각 8개의 원소를 기준으로 만든 주기표를 **단주기형 주기표**라고 한다.(부록 **주기율표 암기방법** 참조)
(2) **장주기형 주기표** : 4주기와 5주기의 각 18개의 원소를 기준으로 만든 주기표를 **장주기형 주기표**라고 한다.

>
> ※ 주기와 족
> • 주기 : 전자껍질의 개수를 나타낸다.
> • 족 : 최외각전자의 개수(같은 족의 최외각 전자수는 같으며 화학적 성질을 지배한다)
> ※ 전형원소와 전이원소
> • 전형원소 : 주기표 A족(O족 포함)에 속하는 **금속·비금속**의 원소
> • 전이원소 : 주기표 B족에 속하는 **금속원소**

원자의 성질

(1) 원자반지름과 이온반지름
 ① 같은 주기에서 원자번호가 **증가**하면 원자반지름이 **짧아진다**.(양전하 증가)
 ② 같은 족에서 원자번호가 **증가**하면 원자반지름이 **길어진다**.(궤도의 증가로 **밀도가 작아진다**)

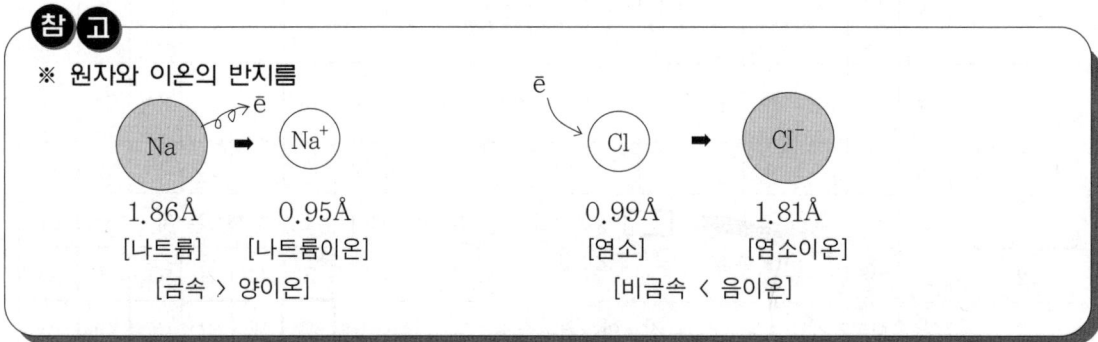

(2) **이온** : 중성원자가 팔우설에 의하여 **최외각전자**의 수가 8개인 **O족의 원소**와 같은 **안정된 전자배열**을 갖는 것
 ① 양이온 : 금속전자는 전자를 **잃어버리기** 쉬우므로 **양전기**(+)를 띤 양이온이 된다.
 ② 음이온 : 비금속원자는 전자를 **받아오기** 쉬우므로 **음전기**(-)를 띤 음이온이 된다.

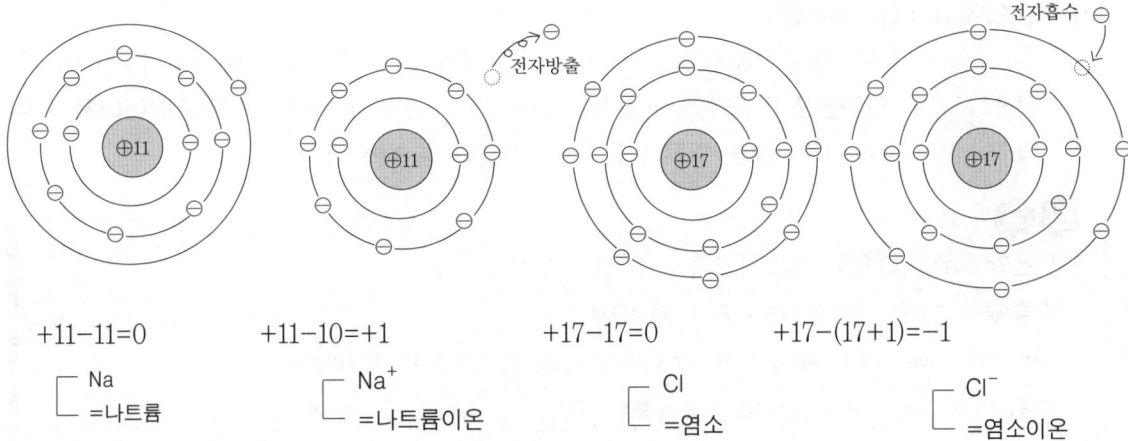

$+11-11=0$ $+11-10=+1$ $+17-17=0$ $+17-(17+1)=-1$
  Na   Na⁺   Cl   Cl⁻
  =나트륨   =나트륨이온   =염소   =염소이온

참고

※ **중성원자** : 원자는 **양성자**(+)의 수와 **전자**(-1)의 수가 **같으므로** 전기적으로 **중성**이다.
※ **팔우설** : 최외각전자(가전자)가 8개가 아닌 원자들이 가전자를 **방출**하거나 **보충**해서 **불활성기체** (가전자수 8개)와 같이 **안정된 전자배치**를 가지려는 경향을 말한다.
※ **O족(불활성기체)의 원소** : He(헬륨)·Ne(네온)·Ar(아르곤)·Kr(크립톤)·Xe(제논/크세논)·Rn(라돈)

(3) **이온화 경향** : 금속원자가 그 최외각전자(원자가전자)를 잃고 **양이온**이 되려는 성질
  ① 이온화경향이 **큰 금속**은 산과 반응하여 **수소가스**를 발생한다.
  ② 이온화경향이 **수소이하**일 때는 **수소가스**를 발생하지 않는다.
  ③ 이온화경향이 **작은 금속**은 큰 금속의 염에 치환 못한다.

참고

※ **이온화경향 서열**

| Li > Rb > K > Ba > Sr > Ca > Na > Mg > Al > Zn > Fe > Ni > Sn > Pb > (H) > Cu > Hg > Ag > Pt > Au |
| · · 카 · · 칼 나 막 알 연 철 니 석 납 수 동 수은 은 백금 금 |
| ←─── 크다   작다 ───→ |

· Li : 리튬 · Rb : 루비듐 · K : 칼륨 · Ba : 바륨 · Sr : 스트론튬 · Ca : 칼슘 · Na : 나트륨
· Mg : 마그네슘 · Al : 알루미늄 · Zn : 아연 · Fe : 철 · Ni : 니켈 · Sn : 주석 · Pb : 납
· H : 수소 · Cu : 구리 · Hg : 수은 · Ag : 은 · pt : 백금 · Au : 금

※ 이온화경향의 서열은 이온화에너지의 서열과 같이 규칙성이 없으므로 참고하십시오.

(4) 이온화에너지(이온화전위)
   ① 단독으로 존재하는 **중성원자**의 최외각 전자 1개를 떼어 (+)이온으로 만드는데 필요한 에너지
   ② 같은 족에서 **원자번호가 클수록** 원자핵과 가전자와의 인력이 약하므로 **이온화에너지가 작다**(금속성이 증가한다), 같은 주기에서는 **원자번호가 클수록 크다**.

> **참고**
>
> ※ 이온화에너지 : 0족이 가장크며 1족의 금속이 가장 낮다.
>
> 0족(불활성기체) : He > Ne > Ar > Kr > Xe > Rn
>
> · He(헬륨) · Ne(네온) · Ar(아르곤) · Kr(크립톤) · Xe(제논/크세논) · Rn(라돈)
>
> 1족(알칼리금속) : H > Li > Na > K > Rb > Cs
>
> · H(수소) · Li(리튬) · Na(나트륨) · K(칼륨) · Rb(루비듐) · Cs(세슘) · Fr(프란슘)

(5) 전기음성도
   ① 중성원자가 다른 원자로부터 **전자를 끄는 힘의 척도**를 나타낸 값
   ② 전기음성도가 크다는 것은 (−)이온으로 만들어지는 성질이 **강하다**는 것을 의미한다.

> **참고**
>
> ※ 전기음성도 : 플루오린(F)의 전기음성도를 표준으로하여 1932년 미국인 **포울링**(L.C.Pauling)에 의하여 발표
>
> F > O > N > Cl > Br > C > S > I > H > P …
>
> · F : 플루오린(불소) · O : 산소 · N : 질소 · Cl : 염소 · Br : 브로민(브롬) · C : 탄소
> · S : 황 · I : 아이오딘(요오드) · H : 수소 · P : 인

적중 출제예상문제

원소의 주기율

① 원자번호 순서로 주기율을 완성시킨 학자는?
① Mendeleev　　② Dalton
③ Moseley　　　④ Avogadro

해 • 주기율 : Moseley(원자번호) · Mendeleev(원자량)
답 ③

② 현재 사용되는 주기율표는 다음 어느 것에 의해 만들어졌는가?
① 중성자의 수　　② 양성자의 수
③ 원자핵의 무게　④ 질량수

해 • 원자번호 = 양성자의 수
답 ②

③ 원자의 전자 배치에서 원자가 전자의 수가 같은 것을 주기율표에서 무엇이라 하는가?
① 족　　　② 주기
③ 장주기　④ 양성자수

해 • 족 : 주기율표 세로의 줄
※ 같은족의 원소 : 원자가 전자수 같음
답 ①

④ 주기표에서 가로의 배열상태를 주기(Period)라 하는데 단주기라 함은 2주기와 3주기의 원소를 각각 몇 개의 원소를 기준으로 하는가?
① 8개　　② 16개
③ 18개　 ④ 20개

해 • 단주기형 주기표 : 2주기와 3주기의 원소를 각 8개 기준으로 만든 것
답 ①

⑤ 장주기형 주기표는 각 18개의 원소를 기준으로 만든 것이다. 몇 주기의 원소가 해당되는가?
① 1주기와 2주기　② 2주기와 3주기
③ 3주기와 4주기　④ 4주기와 5주기

해 • 장주기형 주기표 : 4주기와 5주기의 원소를 각 18개기준으로 만듬
답 ④

⑥ 주기율표의 b족의 4주기 이하에만 위치하는 원소는?
① 금속원소　　② 비금속원소
③ 양쪽성원소　④ 전이원소

해 • 1주기~3주기 : 전형원소
※ 4주기 이하 : 전이원소
답 ④

⑦ 원자번호 7의 원소와 비슷한 성질을 가진 원소의 원자번호는?
① 2　　② 11
③ 15　 ④ 17

해 • 원자번호 7번 : 2주기원소로 8번째마다 비슷하다.
∴ 7 + 8 = 15
답 ③

⑧ 같은 족 원소의 공통적 성질은?
  ① 원자량이 같다.　　② 원자의 크기가 비슷하다.
  ③ 전자의 전하량이 비슷하다.　④ 원자가 전자수가 같다.

[해] • 같은 족 원소 : 최외각의 전자수(원자가 전자수)가 같다.
　　답 ④

⑨ 한 원소의 화학적 성질을 주로 결정하는 것은?
  ① 원자번호　　② 전자의 수
  ③ 원자량　　　④ 제일 바깥 전자껍질의 전자수

[해] • 최외각의 전자수가 같은 원자 : 화학적 성질이 비슷하다.
　　답 ④

⑩ 같은 주기에 있는 전형원소들은 원자번호가 커질수록 원자가전자수는 어떻게 되는가?
  ① 적어진다.
  ② 많아진다.
  ③ 많아질 수도 있고, 적어질 수도 있다.
  ④ 변동이 없다.

[해] • 원자가 전자수 : 족의 수와 같다.
　※ 원자번호가 커짐=족수의 번호가 증가
　　답 ②

⑪ 전이원소의 설명이 아닌 것은?
  ① 착화합물을 잘 만든다.
  ② 원자가는 +2가 외에는 없다.
  ③ 이온은 색이 있는 것이 많다.
  ④ 촉매로 이용되는 것이 많다.

[해] • 원자가 : +2가 이외에 여러 가지 원자가를 갖는 것이 많다.
　　답 ②

⑫ 다음 중 알칼리금속 원소의 성질에 해당되는 것은?
  ① 매우 안정하여 물과 반응하지 않는다.
  ② 물과 반응하여 산소를 발생시킨다.
  ③ 산화되면 비활성기체와 같은 전자배치를 갖는다.
  ④ 반응성의 크기는 K〈Na〈Li이다.

[해] • 알칼리금속 : 산화되면(전자를 잃으면) 비활성기체(O족의 원소)와 같은 전자배치를 갖는다.
　　답 ③

⑬ 수소와 가장 유사한 원소는?
  ① 희유가스 원소　　② 할로젠원소
  ③ 알칼리금속　　　　④ 알칼리토금속

[해] • 수소 : 알칼리금속(1족의 원소)
　　답 ③

⑭ 다음 원소 중에서 성질이 유사한 종류로만 짝지어진 것은?
  ① Na, K　　② Mg, Na
  ③ Al, Si　　④ P, S 등

[해] • 1족의 원소 : H · Li · Na · K 등
　　답 ①

⑮ Mg는 최외각 M껍질에 전자 몇 개 있는가?
  ① 1개　　② 2개
  ③ 3개　　④ 4개

[해] • Mg : 2족의 원소
　　∴ 최외각전자수 : 2개
　　답 ②

제1장 물질의 상태와 구조　437

⑯ 다음 중 할로젠족 원소가 아닌 것은?
① I
② Xe
③ Br
④ Cl

해 · 7족의 원소(할로젠족원소) : F · Cl · Br · I
답 ②

⑰ 같은 족 원소로만 나열된 것은?
① F, Cl, Br
② Li, H, Mg
③ C, N, P
④ Ca, K, B

해 · 문제 16 해설 참조
답 ①

⑱ 다음 중에서 불활성 기체가 아닌 것은?
① He
② Cl
③ Rn
④ Ne

해 · O족의 원소 : He · Ne · Ar · Kr · Xe · Rn
답 ②

⑲ 주기율표에서 O족의 최외각 궤도의 전자수는?
① 1
② 4
③ 6
④ 8

해 · O족의 원소 : 최외각전자수는 8개 ※ He : 2개
답 ④

⑳ 어떤 원소 A의 산소산은 HAO, HAO_2, HAO_3 및 HAO_4이다. A는 주기율표의 어느 족에 속하는가?
① II족
② IV족
③ VII족
④ O족

해 · 산화수 +1, +3, +5, +7의 원소 : Cl
※ VII=7
답 ③

원소의 성질

㉑ 할로젠원소에 있어서 원자번호가 증가하면 다음 어떤 현상이 일어나는가?
① 최외각 전자를 잃어버리기 쉽다.
② 밀도가 감소된다.
③ 색깔이 보다 엷어진다.
④ 전자를 쉽게 얻는다.

해 · 원자번호증가 : 같은족에서는 전자궤도(주기)가 1개씩 증가하므로 원자반경이 커지므로 밀도는 감소한다.
답 ②

㉒ 다음 원자번호의 원자반경이 가장 큰 것은?
① 8
② 9
③ 10
④ 11

해 · 문제 21 해설 참조
2주기(8,9,10) < 3주기 (11)
답 ④

㉓ 다음 중 입자의 크기가 가장 큰 것은?
① Be
② B
③ C
④ N

해 · 2주기 원소의 원자반경
Be > B > C > N
답 ①

㉔ 다음 중 반지름이 가장 큰 입자는?
① F^-
② Cl^-
③ Br^-
④ I^-

해 · 7족 원소의 원자반경
F < Cl < Br < I
답 ④

25. 다음 중 원자의 반지름이 이온의 반지름보다 작은 것은?
① Cl
② Li
③ Mg
④ Al

26. 중성원자는 다음 중 무엇을 잃기 때문에 양이온(+)을 만들 수 있는가?
① 중성자
② 양성자
③ 전자
④ 에너지

27. 화학적 성질이 활발한 금속일수록 그 성질은 어떻게 되는가?
① 양자를 받아들이는 성질이 크다.
② 전자를 받아들이는 성질이 크다.
③ 양자를 내어놓는 성질이 크다.
④ 전자를 내어놓는 성질이 크다.

28. 원소의 주기율을 보고 다음 설명을 할 수 있다. 그 설명이 잘못된 것은?
① 가전자는 족을 결정하고, 전자껍질은 주기를 결정한다.
② 금속성은 최외각에 전자를 받아들여서 음이온이 되려는 성질이 있다.
③ 금속원소의 산화물은 금속성이 강할수록 강염기성을 나타낸다.
④ 원소의 산화수(원자가)도 주기적으로 변한다.

29. 다음 중 이온화 경향이 가장 큰 것은?
① H
② Na
③ K
④ Fe

30. 다음 중 공기 중에서 곧 산화되는 금속만으로 짝지어진 것은?
① K, Na, Ca
② Al, Zn, Ni
③ K, Na, Fe
④ Cu, Ag, Fe

31. 이온화경향의 순서가 맞는 것은?
① Zn > Al > Pb > Cu
② Mg > Al > Ni > Pb
③ Na > Ni > Al > Mg
④ K > Pb > Fe > Hg

32. 다음 반응 중에서 수소를 발생하지 않은 것은 어느 것인가?
① 알코올에 나트륨을 가한다.
② 소금물의 전기분해
③ 아연과 묽은황산
④ 은과 묽은황산

[해] • 원자와 이온의 반지름 : 음이온(비금속)은 크며 양이온(금속)은 작다.
※ Cl : 비금속
답 ①

[해] • 양이온 : 원자가 전자를 잃음
※ 음이온 : 원자가 전자를 얻음
답 ③

[해] • 화학적 활성이 활발한 금속(이온화경향이 큰 금속) : 전자를 잘 방출한다.
답 ④

[해] • 금속성 : 최외각전자를 잘 방출하는 것이 금속성이 크다.
답 ②

[해] • 이온화경향서열
K > Ca > Na > Mg > Al > Zn > Fe > Ni > Sn > Pb > (H) > Cu > Hg > Ag > Pt > Au
답 ③

[해] • 문제 29 해설 참조
※ 이온화경향이 큰 것
답 ①

[해] • 문제 29 해설 참조
답 ②

[해] • 은 : 수소보다 이온화 경향이 작으므로 수소를 발생하지 않음.
답 ④

㉝ $CuSO_4$에 Zn을 넣으면 Cu가 석출된다. 그 이유는 아연이 구리보다 ( ) 하기 때문이다. ( )는?
① 이온화경향이 작기 때문이다.
② 원자의 전자가 작기 때문이다.
③ 이온화경향이 크기 때문이다.
④ 원자의 전자가 많기 때문이다.

해 · 이온화경향 : 이온화 경향이 큰 금속(Zn)은 이온화경향이 작은 금속(Cu)을 석출시킨다.
※ 이온화경향 : Zn > Cu
답 ③

㉞ 아연(Zn) 막대기를 넣었을 때 금속이 석출되는 것은?
① $Al_2(SO_4)_3$
② KCl
③ $Ag(NO_3)_2$
④ NaOH

해 · 문제 33 해설 참조
※ 이온화경향 : K > Na > Al > Zn > Ag
답 ③

㉟ 수용액에서 반응이 일어나지 않는 것은?
① $CuSO_4 + Zn \rightarrow Cu + ZnSO_4$
② $2AgNO_3 + Cu \rightarrow Cu(NO_3)_2 + 2Ag$
③ $Pb(NO_3)_2 + Fe \rightarrow Fe(NO_3)_2 + Pb$
④ $(CH_3COO)_2Pb + Cu \rightarrow (CH_3COO)_2Cu + Pb$

해 · 문제 33 해설 참조
Zn > Fe > Pb > Cu > Ag
※ 이온화경향 크기를 비교할 것
답 ④

㊱ 다음 중 이온화에너지가 가장 작은 것은?
① H
② Pt
③ K
④ Fe

해 · 이온화에너지 : 1족이 가장 작다.
H > K
답 ③

㊲ 이온화에너지가 가장 큰 원소는 어느 것인가?
① K
② Mg
③ Be
④ C

해 · 이온화에너지 : 비금속성이 강할수록 크다.
※ C : 비금속
답 ④

㊳ 전기음성도가 가장 큰 것은 어느 것인가?
① C
② N
③ F
④ S

해 · 전기음성도
F > O > N > Cl > Br > C > S > I > H > P
답 ③

㊴ 원자가 자기 쪽으로 전자를 끌어당기는 힘을 열역학적으로 계산하고 이것을 전기음성도라고 말한 학자는?
① 뉴우랜드
② 맨델레프
③ 포울링
④ 루이스

해 · 전기음성도 : 1932년 미국의 포올링이 발표
답 ③

유게실

◆ 원소의 이름이 갖는 의미
- $_{24}Cr$(크로뮴〈크롬〉) : 은백색의 광택이 있는 금속이지만 크로뮴〈크롬〉의 화합물은 빨강·노랑·초록·오렌지 등 색깔이 다채롭기 때문에 그리스어의 "색"(色)이라는 의미를 갖는 Chroma라고 이름이 붙여졌다.

5. 화학식 및 화학결합

1. 화학식

(1) 실험식
물질의 조성을 원소기호로서 가장 간단하게 표시한 식을 실험식, 또는 조성식이라 한다.

> **참고**
> ※ H_2O_2의 실험식 : HO
> ※ H_2O의 실험식 : H_2O
> ※ C_2H_2 C_6H_6의 실험식 : CH

(2) 분자식
한 개의 분자를 구성하는 원소의 종류와 그 수를 원소기호로써 표시한 화학식을 분자식이라 한다.

> **참고**
> ※ 분자식과 실험식과의 관계
> 〔예〕 분자식 : $C_2H_4O_2$(초산) : $C_6H_{12}O_6$(포도당), C_2H_4(에틸렌), H_2O(물)
> 〔예〕 실험식 : CH_2O(초산), CH_2O(포도당), CH_2(에틸렌), H_2O(물)
> • 분자식 = 실험식 × n
> • 실험식 = $\dfrac{\text{분자식}}{n}$
> • 분자량 = 실험식량 × n
> • 실험식비 = $\dfrac{\text{각성분의 질량 또는 백분율}}{\text{원자량}}$ 의 비
> ※ 실험식비의 정수비가 실험식이다.

(3) 시성식
분자 속에 들어있는 **원자단(관능기)**의 **결합상태**를 나타낸 **화학식**으로 유기화합물에서 많이 사용되며 분자식은 같으나 **전혀 다른 성질을 갖는 물질을 구분**하는 데 사용 한다.

> **참고**
> ※ 분자식과 시성식의 비교
> - 분자식 : $C_2H_4O_2$(초산, 포름산메틸), NH_5O(수산화암모늄)
> - 시성식 : CH_3COOH(초산), $HCOOCH_3$(포름산메틸), NH_4OH(수산화암모늄)
> - 예 분자식 C_2H_6O란 에틸알코올과 다이메틸에터가 있으므로 어느 것인지 알 수 없으나 C_2H_5OH, CH_3OCH_3와 같이 **시성식**으로 나타내면 쉽게 **구분**이 되어 알 수 있다.

(4) 구조식

화합물에서 **원자를 결합선으로 표시**하여 **원자가와 같은 수의 결합선**으로 분자 내의 원자들을 연결해서 결합상태를 나타낸 식을 **구조식**이라 한다.

> **참고**
>
> H-Cl　　　　H-C(H)(H)-H　　　　O=C=O　　　　H-O-S(=O)(=O)-O-H
>
> [HCl의 구조식]　　[CH₄의 구조식]　　[CO₂의 구조식]　　[H₂SO₄의 구조식]

(5) 전자점식

화합물의 결합상태를 **전자점으로 표시**한 화학식

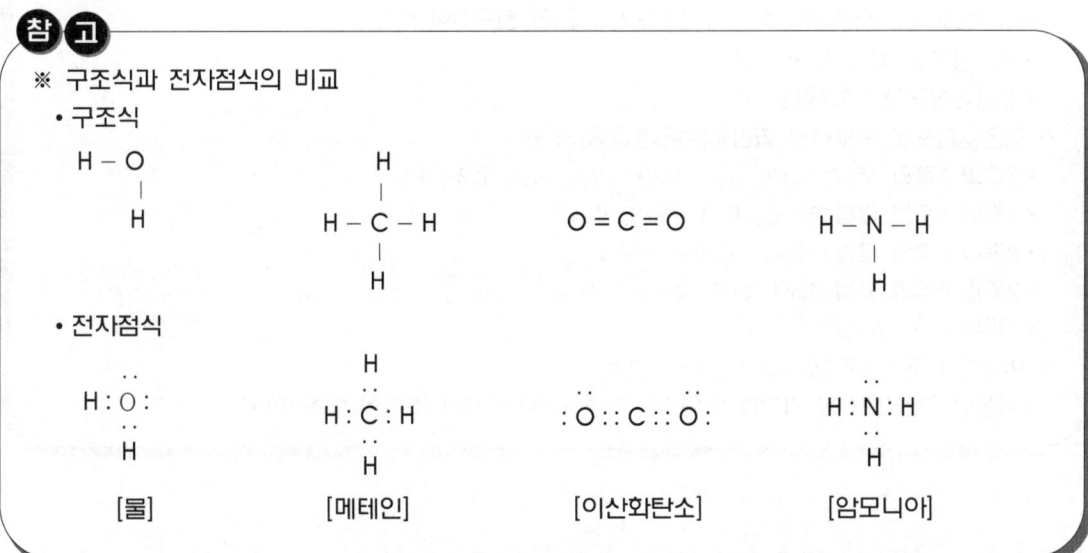

2. 화학결합

- **이온결합**(금속과 비금속의 결합)
- **금속결합**(금속과 금속의 결합)
- **공유결합**(비금속과 비금속의 결합)
- **배위결합**(공유결합 물질에서 비공유전자쌍을 일방적으로 내놓는 결합)
- **기타 화학결합**(수소결합·반데르발스힘)

(1) 이온결합

금속과 비금속이 양이온과 음이온으로 되어 **정전기적인 인력**으로 결합된 화학결합을 이온결합이라 한다.

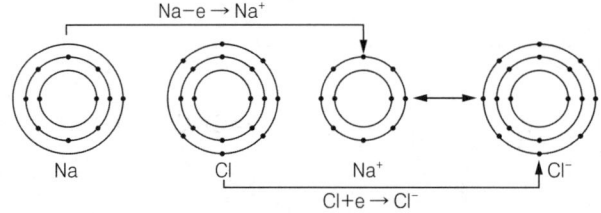

[염화나트륨의 이온결합]

> **참고**
>
> ※ 이온결합 화합물의 특성
> - 녹는점(mp), 끓는점(bp)이 높다.
> - 비전도성이나 용융상태 또는 수용액에서는 전기 전도성이 있다.
> - 극성용매인 물에 잘 녹는다.
> - 전기음성도차가 1.7이상이다.
>
> ※ 이온결합으로 이루어진 화합물(이온성결정)의 예
> - 1족과 7족의 결합 : $NaCl$, NaF, $NaBr$, NaI, KCl, KBr, KI
> - 1족과 6족의 결합 : Na_2O, K_2O, Na_2S, K_2S
> - 2족과 7족의 결합 : $MgCl_2$, $CaCl_2$, $BaCl_2$
> - 2족과 6족의 결합 : CaO, BaS, MgO
> - 기타 : $AlCl_3$, Al_2O_3
>
> ※ 이온성 결정 : 이온결합으로 만들어진 결정
> - 이온성 결정으로 된 화합물의 화학식은 분자식이 아니라 **조성식**(실험식)이다.

(2) 금속결합

자유전자가 금속원자의 **이온 사이**를 자유롭게 돌아다니면서 원자들을 결합시키는 결합

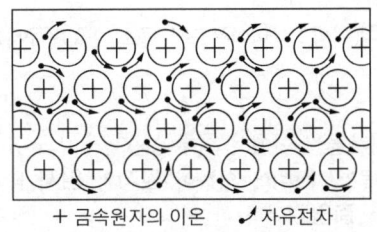

+ 금속원자의 이온   ↙ 자유전자

[금속결합]

> **참고**
>
> ※ **자유전자** : 원자에서 떨어져 나온 원자가 전자
> ※ **자유전자의 회전성** : 한쪽의 자유전자는 **시계방향**, 다른 한 쪽은 **시계 반대방향**으로 회전
> ※ **결합력** : 자유전자수에 비례
> ※ **금속결합의 특성**
>   • 전기의 양도체이다.
>   • 녹는점(mp)이 높다.
>   • 퍼짐성 · 뽑힘성이 크다.
>   • 광택을 갖는다.

(3) 공유결합

원자와 **원자**가 서로 **같은 수의 전자**를 내서 **전자쌍**을 이루어 **두 원자에 공유**되어 결합한 화학결합을 공유결합이라 한다.

H· + ×H ⟶ H⦂H   (※ He과 같이 안정된 전자배열을 갖는다)

> **참고**
>
> ※ **공유결합 화합물**: 비금속의 단체, 비금속과 비금속의 화합물
> ※ **공유결합 화합물의 특성**
> - **녹는점**(mp), **끓는점**(bp)이 **낮다**(예외 : 다이아몬드, 규소, SiO_2(규사), SiC(카보런덤) 등).
> - 휘발성인 것이 많다.
> - 전기의 부도체
> - 전기음성도차가 1.7미만인 원자들 사이에서 이루어진다.
> ※ **공유결합의 방향성**: 전자쌍반발의 원리에 의하여 **원자와 원자가** 결합할 때 **일정한 각도와 거리**를 가지며, 이때 이루는 각도를 **결합각**이라 한다.
> - **전자쌍반발의 원리**: 한원자를 둘러싸고 있는 **전자쌍**들은 **정전기적인 반발** 때문에 서로 멀리 떨어지려는 경향이 있어 일정한 각도를 갖는다.
> ※ **비극성 공유결합**: 공유전자쌍을 원자가 같은 힘으로 끌어 당기므로 **어느 한쪽으로도 치우치지 않게 되는 결합**(쌍극자모멘트의 합이 0인 결합)을 비공유결합이라 하며 이와 같은 분자를 **비극성 분자** 또는 **무극성 분자**라 한다.
> - 무극성 분자(대칭구조를 이루고 있는 분자)
>   예 H_2(수소), O_2(산소), N_2(질소), Cl_2(염소), P_4(황린), CH_4(메테인), C_2H_4(에틸렌), C_2H_2(아세틸렌), CO_2(이산화탄소), C_6H_6(벤젠) 등
> - 무극성인 것은 무극성 용매(비극성 용매)인 석유·벤젠·테트라클로로메탄(사염화탄소)에 잘 녹는다.
> ※ **극성공유결합**: 공유전자쌍이 어느 한쪽의 원자에 치우쳐 결합된 공유결합을 극성공유결합이라 하며, 극성공유결합을 하고 있는 분자를 **극성분자** 또는 **유극성분자** 또는 **쌍극자를 이루고 있는 분자**라 한다.
> - 유극성 분자(비대칭구조를 이루고 있는 분자)
>   예 HF(플루오린화수소), HCl(염화수소), H_2O(물), NH_3(암모니아), H_2S(황화수소), CH_3COOH(초산), CH_3COCH_3(다이메틸케톤·아세톤) 등

(4) 배위결합

공유결합 물질에서 **비공유 전자쌍**을 일방적으로 내놓는 결합

$$H \underset{H}{\overset{H}{\times}} N: + H^+ \longrightarrow H \underset{H}{\overset{H}{\times}} N: H^+ \qquad \left[H - \underset{H}{\overset{H}{N}} \rightarrow H \right]^+ \quad \left(\begin{array}{l} \text{배위결합을 표시하는데} \\ - \text{대신} \rightarrow \text{를 쓴다.} \end{array} \right)$$

[암모니아]   [암모늄 이온]   [암모늄이온의 구조식]

(5) 수소결합(공유결합의 1/10의 결합력을 갖는다)

전기음성도가 큰 F(플루오린), O(산소), N(질소)**의 수소화합물** 분자에서 **수소원자**를 사이에 끼고 이룬 분자 사이의 약한 결합[H_2O(물), HF(플루오르화 수소), CH_3COOH(초산) 등]으로 밀도가 작고, 비등점(끓는점), 융점(녹는점)이 높고, 증발열(기화잠열)이 크다.

[HF의 수소결합]   [H$_2$O의 수소결합]

(6) 반데르발스 힘(수소결합의 1/10의 결합력을 갖는다)

분자와 분자 간의 **약한 인력**의 결합, 분자성 결정물질로 **승화성**이 있다.(I$_2$, 드라이아이스, 나프탈렌의 결합)

> **참고**
>
> ※ 결합력의 세기
>   공유결합 〉 이온결합 〉 수소결합 〉 반데르바알스 힘
>   • 반데르발스 힘 : 수소결합 : 공유결합 힘 = 1:10:100
>
> ※ 분자의 기하학적 모양
>
> | 족 수 | 결합수
(전자쌍) | 원소 | 화합물 | 분 자 형 태 | 결합각 | 궤도함수 |
> |---|---|---|---|---|---|---|
> | 1 | 1 | Li
(리튬) | LiH
(수소화리튬) | Li-H | 180 | s |
> | 2 | 2 | Be
(베릴륨) | BeH$_2$
(수소화베릴륨) | H-Be-H | 180 | sp |
> | 3 | 3 | B
(붕소) | BH$_3$
(수소화붕소) | (평면삼각형 구조) | 120 | sp^2 |
> | 4 | 4 | C
(탄소) | CH$_4$
(메테인) | (정사면체 구조) | 정사면체 | 109.28 | sp^3 |
> | 5 | 3 | N
(질소) | NH$_3$
(암모니아) | (피라미드 구조) | 피라미드형 | 106.7 | p^3 |
> | 6 | 2 | O
(산소) | H$_2$O
(물) | H-O-H | 굽은형 | 104.5 | p^2 |
> | 7 | 1 | F
(플루오린) | HF
(플루오르화수소) | H-F | 직선형 | 180 | p |
>
> ※ 다중결합
>   • 에틸렌(C$_2$H$_4$) : sp^2 혼성 오비탈
>   • 아세틸렌(C$_2$H$_2$) : sp 혼성 오비탈

적중 출제예상문제

화학식

1. 다음 물질의 명명법이 틀린 것은?
① BaO_2 : 과산화바륨
② $HgCl_2$: 염화 제2수은
③ $FeCl_2$: 염화 제2철
④ MnO_2 : 이산화망가니즈

2. 산화알루미늄 Al_2O_3 분자식으로부터 Al의 원자가는 얼마인가?
① +2
② -2
③ +3
④ -3

3. 탄소, 수소, 산소로 되어 있는 유기화합물 30g을 연소시켜 CO_2 44g, H_2O 18g을 얻었다. 또 다른 방법으로 분자량을 구하였더니 60이었다. 이 물질의 실험식과 분자식은?
① 실험식 = CH_2O, 분자식 = $C_2H_4O_2$
② 실험식 = C_2HO, 분자식 = $C_2H_4O_2$
③ 실험식 = CH_2O, 분자식 = $C_2H_2O_2$
④ 실험식 = CHO, 분자식 = $C_2H_2O_2$

4. 탄소와 수소만으로 된 탄화수소 88mg 중 탄소가 72mg 포함되어 있다. 이 탄화수소와 실험식이 같은 것은?
① CH_4
② C_2H_6
③ C_6H_6
④ C_3H_8

5. 어떤 화합물을 분석한 결과 탄소 40%, 산소 53.3%, 수소 6.7%이었다. 이 화합물의 분자량을 조사한 결과 60이었다. 이 화합물의 분자식은 얼마인가?
① CH_2O
② $C_2H_8O_2$
③ $C_3H_4O_3$
④ $C_2H_4O_2$

6. CH_3COOH로 표시된 화학식은?
① 구조식
② 시성식
③ 실험식
④ 분자식

7. 초산의 화학식을 나타낸 것이다. 이 중 시성식으로 나타낸 것은?
① CH_2O
② $C_2H_4O_2$
③ CH_3COOH
④
```
    H   O
    |   ||
H — C — C — H
    |
    H
```

[힌트]

[해] · $FeCl_2$: 염화 제1철
[답] ③

[해] · 화학식 : 원자가를 교차한 것
※ Al_2O_3 : $Al^{+3} O^{-2}$ 원자가 교차한 화합물
[답] ③

[해] · 분자량 60인 것 : $C_2H_4O_2$
∴ $C_2H_4O_2$의 실험식 : CH_2O
[답] ①

[해] · 수소량 : 88-72=16
※ 탄소와 수소의 실험식비
72/12 : 16/1 = 6 : 16
∴ $C_6H_{16}=C_3H_8$
[답] ④

[해] · C·H·O의 실험식비
40/12 : 6.7/1 : 53.3/16
= 1 : 2 : 1
∴ 분자식=$CH_2O \times 2$= $C_2H_4O_2$
[답] ④

[해] · 시성식 : 원자단으로 나타낸 화학식
[답] ②

[해] · 문제 6 해설 참조
[답] ③

⑧ 다음에서 전자점식이 잘못된 것은?
① H:Cl̈:
   H
② :Ö::C::Ö:
③ H:Ö:N::Ö:
    :Ö:
④ :Ö:
   H:Ö:Cl:Ö:

이온결합

⑨ 다음 중 금속과 비금속의 결합을 나타내는 것은?
① 이온결합
② 금속결합
③ 공유결합
④ 배위결합

⑩ 다음 중 물질 중에서 이온결합을 하고 있는 것은?
① SiO_2
② 흑연
③ 다이아몬드
④ $CuSO_4$

⑪ 다음 중 이온결합이 우세한 것은?
① NH_3(액체)
② KI(고체)
③ H_2O(액체)
④ SiO_2(고체)

⑫ 다음 중 결합력이 가장 큰 것은?
① NaF
② NaCl
③ NaBr
④ NaI

⑬ 다음 이온결합 중 결합력이 가장 큰 것은?
① MgO
② CaO
③ SrO
④ BaO

⑭ 이온결합성의 크고 작음을 알 수 있는 가장 좋은 방법은?
① 용해도
② 회전스펙트럼
③ 녹는점
④ 전기음성도차

⑮ 이온결합은 다음 중 어떤 경우에 일어나는가?
① 같은 족에 속해 있는 원자
② 원자 반지름이 큰 원소와 이온화 에너지가 작은 원자
③ 이온화 에너지가 큰 원자와 전기음성도 차가 큰 원자
④ 이온화 에너지가 작은 원자와 전기음성도가 큰 원자

해 • 수소원자는 2개, 수소외의 원자는 8개 전자로 안정
※ 염소산($HClO_3$)의 전자점식
  :Ö:
H:Ö:Cl:Ö:
답 ④

해 • 이온결합 : 금속과 비금속의 결합이다.
답 ①

해 • 이온결합 : 금속과 비금속의 결합
※ Cu:금속, SO_4:비금속
답 ④

해 • 문제 10 해설 참조
※ K:금속, I:비금속
답 ②

해 • 같은금속(Na) : 전기음성도가 큰 것과 잘 결합
F > Cl > Br > I
답 ①

해 • 같은비금속(O) : 이온화경향이 큰 것과 잘 결합
Ba > Sr > Ca > Mg
답 ④

해 • 결합성 : 전기음성도차 (1.7이상)
답 ④

해 • 이온결합 : 이온화경향이 큰 (이온화에너지가 작은) 금속원자와 전기음성도가 큰 비금속과의 결합
답 ④

⑯ 이온결합으로 이루어진 화합물의 설명이 잘못된 것은?
① 양이온과 음이온의 정전기적 인력으로 결합된 것이다.
② 용융상태나 수용액에서는 전기의 도체이다.
③ 이온화에너지가 낮은 원자와 높은 원자 사이에서 이루어진다.
④ 비극성 용매에 잘 녹으며, 비교적 낮은 녹는점을 나타낸다.

[해] • 이온결합 물질 : 녹는점(m.p), 끓는점(b.p)이 대단히 높다.
※ 극성용매인 물에 잘 녹는다.
[답] ④

금속결합

⑰ 자유전자의 이동 때문에 고체상태나 액체상태에서 전기전도성을 갖는 것은 어떤 결합 형태의 특성인가?
① 배위결합
② 수소결합
③ 공유결합
④ 금속결합

[해] • 전기전도성 : 전류의 흐름은 자유전자의 이동에 의한다.
[답] ④

⑱ 금속이 전기의 양도체인 이유는 무엇 때문인가?
① 질량수가 크기 때문
② 자유전자수가 많기 때문
③ 양자수가 많기 때문
④ 중성자수가 많기 때문

[해] • 문제 17 해설 참조
[답] ②

⑲ 금속결합에 있어서 결합력을 좌우하는 것은?
① 양자
② 중성자
③ 중간자
④ 자유전자

[해] • 금속결합의 결합력 : 자유전자수에 비례한다.
[답] ④

공유결합

⑳ 이산화탄소는 무극성인데 이것은 무엇을 가리키는가?
① 공유결합 물질이다.
② 이온결합 물질이다.
③ 선형 대칭구조이다.
④ 구부러진 구조이다.

[해] • 무극성 : 비극성(대칭구조)
※ CO_2 : O=C=O
[답] ③

㉑ 다음 중에서 비극성인 것은?
① H_2O
② NH_3
③ HF
④ C_6H_6

[해] • 비극성 : 대칭구조
※ C_6H_6 : ◯
[답] ④

㉒ 다음 중 극성 공유결합 물질인 것은?
① H_2O
② N_2
③ CO_2
④ C_2H_4

[해] • 공유결합의 종류 :
① 극성 ②③④ 비극성
[답] ①

㉓ 물, 벤젠, 석유의 3가지 용매가 있다. 이들 중 서로 잘 혼합이 되는 것끼리 짝지어 놓은 것은?
① 물, 벤젠
② 물, 석유
③ 벤젠, 석유
④ 물, 벤젠, 석유

[해] • 같은 성질끼리 잘 녹는다.
• 극성 : 물
• 비극성 : 벤젠, 석유
[답] ③

제1장 물질의 상태와 구조

24 CH_4, NH_3 및 H_2O의 결합각은 각각 109°, 107°, 105°의 순으로 작아진다. 그 이유는 주로 다음의 어느 것 때문인가?
① 분자간의 거리
② 이온화 전위
③ 수소결합
④ 비공유 전자쌍

[해] • 공유결합의 방향성 : 원자를 둘러싸고 있는 전자쌍들의 정전기적 반발력으로 결합각을 갖는 것
답 ④

25 실험에 의하면 H_2O는 쌍극자이며, CO_2는 쌍극자가 아니라고 한다. 이러한 사실을 가장 잘 나타낸 구조식은?

① $O=C=O$, $H\overset{O}{\diagup\diagdown} H$
② $\overset{C}{\diagup\diagdown}_{O\quad O}$, $H\overset{}{\diagup\diagdown} H$
③ $O=C=O$, $H-O-H$
④ $\overset{O}{\underset{C}{\parallel}}=O$, $H\overset{O}{\diagup\diagdown} H$

[해] • 쌍극자 : 극성 공유결합을 이루는 분자를 쌍극자를 이루고 있는 분자라 한다.
※ 극성(H_2O) : $H\overset{O}{\diagup\diagdown} H$
※ 무극성(CO_2) : $O=C=O$
답 ①

26 두 원자 사이에서 극성 공유결합한 것으로 구조가 대칭이 되므로 비극성 분자인 것은?
① CCl_4
② $CHCl_3$
③ CH_2Cl_2
④ CH_3Cl

[해] • 비극성 : 대칭구조
• CCl_4 : $\underset{Cl}{\overset{Cl}{\mid}}Cl-C-Cl$
※ C와 Cl : 극성
※ C와 Cl_4 : 비극성
답 ①

배위결합

27 배위결합을 할 수 있는 것과 밀접한 관계가 있는 것은?
① 부대전자
② 공유전자쌍
③ 비공유전자쌍
④ 원자가전자

[해] • 배위결합 : 비공유전자쌍이 있어야 함.
답 ③

28 비공유 전자쌍을 가지고 있는 분자는?
① NH_3
② CH_4
③ H_2
④ C_2H_4

[해] • 비공유전자쌍(배위결합) : NH_3
답 ①

29 한 분자 내에 배위결합과 이온결합을 동시에 가지고 있는 것은?
① NH_4Cl
② K_2CO_3
③ $CHCl_3$
④ $NHCl_3$

[해] • 배위결합 : NH_4^+
이온결합 : NH_4^+와 Cl^-
답 ①

수소결합 등

30 전기음성도가 큰 원소의 결합력은 액체의 끓는점이 분자량으로 예측되는 값보다 훨씬 높다. 이 이유에 해당되는 화학 결합은 어느 것인가?
① 공유결합
② 이온결합
③ 분자량
④ 수소결합

[해] • 수소결합 : 전기음성도가 큰 원소(F.O.N)의 결합
※ 분자구조가 간단한 데 비하여 높은 끓는점과 증발열을 갖는다.
답 ④

③1 물분자 안의 전기적 양성의 수소원자와 물분자 안의 음성의 산소원자와의 사이에 하나의 전기적 인력이 작용하여 특수한 결합을 하는데 이와 같은 결합은 무슨 결합인가?
① 이온결합 ② 공유결합
③ 수소결합 ④ 배위결합

[해] • 물(H_2O)의 결합: 수소결합
[답] ③

③2 수소가 공유결합성 수소화합물을 만들 수 있는 원소는 어느 것인가?
① 비금속 원소 ② 금속 원소
③ 희토류 원소 ④ 전이 원소

[해] • 수소결합: 수소와 F.O.N(비금속)의 결합
[답] ①

③3 분자간에 수소결합을 이루지 않은 것은?
① HF ② CH_3F
③ NH_3 ④ H_2O

[해] • 문제 32 해설 참조
[답] ②

③4 다음의 반응화합물 중 가장 안정한 화합물의 반응식은?
① $H_2 + F_2 \rightarrow 2HF + 128Kcal$
② $H_2 + Cl_2 \rightarrow 2HCl + 44Kcal$
③ $H_2 + Br_2 \rightarrow 2HBr + 25Kcal$
④ $H_2 + I_2 \rightarrow 2HI + 2.5Kcal$

[해] • 안정물: 발열량이 큰 화합물
[답] ①

③5 할로젠 원소에 관한 사항 중 옳은 것은?
① 원자번호가 작을수록 수소와의 결합력이 강하다.
② 원자가는 보통 -2가이며 화학적으로 안정하다.
③ 원자번호가 클수록 산화력이 강하다.
④ 원자번호가 작을수록 이온화에너지나 전기음성도가 작다.

[해] • 원자번호: F<Cl<Br<I
• 수소와 결합력: F>Cl>Br>I
[답] ①

③6 반데르발스의 힘으로 이루어지는 것은?
① 분자성 결정 ② 원자성 결정
③ 이온성 결정 ④ 금속성 결정

[해] • 반데르발스 힘: 분자성결정
[답] ①

③7 결합력이 가장 약한 것은?
① 이온결합 ② 공유결합
③ 수소결합 ④ 반데르발스 힘

[해] • 결합력의 세기
공유결합>이온결합>수소결합>반데르발스 힘
[답] ④

분자의 기하학적 모양

③8 다음 분자의 결합각이 180°가 아닌 것은?
① HCl ② BeF_2
③ F_2 ④ H_2O

[해] • 결합각 180°: 직선
※ H_2O : 105°
[답] ④

39 화학결합 중 분자의 입체구조가 정사면체 형태를 이루는 것은?
① 산소분자 ② 물분자
③ 암모니아 ④ 메테인

해 • 정사면체 : 메테인구조
답 ④

40 메테인의 입체 모양은 어느 것인가?

① 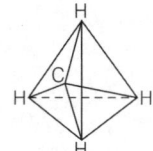 ②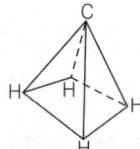

③ 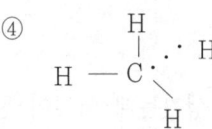 ④ H—C:H
                             H

해 • 문제 39 해설 참조
답 ①

41 메테인(CH_4)의 공유결합 형태는?
① sp — 결합 ② sp^2 — 결합
③ p^3 — 결합 ④ sp^3 — 결합

해 • 메테인 : sp^3결합
답 ④

42 SP^3 혼성오비탈과 S 오비탈이 중첩되어 공유결합을 이루고 있는 것은?
① CH_4 ② H_2S
③ BCl_3 ④ F_2

해 • sp^3결합 : 메테인
답 ①

43 C_2H_4의 전자구조는 어떤 결합을 이루고 있는가?
① sp^2 결합 ② sp^3 결합
③ p^3 결합 ④ sp 결합

해 • C_2H_4(에틸렌) : sp^2결합
답 ①

44 다음 화합물 중에서 SP^2결합을 하는 것은?
① CH_4 ② C_2H_2
③ BeH_2 ④ C_2H_4

해 • sp^2결합 : C_2H_4(에틸렌)
답 ④

45 C_2H_2의 전자구조는 어떤 결합을 이루고 있는가?
① p^3 결합 ② sp 결합
③ sp^2 결합 ④ sp^3 결합

해 • C_2H_2(아세틸렌) : sp 결합
답 ②

◆ 플루오린(F)과 불소치약
  영구치가 자라는 어린이에게 1ppm의 플루오르 이온(F−)이 포함된 우유를 마시게 하거나 치약에 플루오로이온을 넣은 불소치약을 사용하면 충치예방에 효과가 있다. 이것은 치아의 범랑질의 주성분인 $Ca_5OH(PO_4)_3$ (수산화인회석)가 플루오로이온에 의하여 충치에 강한 $Ca_5F(PO_4)_3$ (플루오로화인회석)으로 변하기 때문이다.
※ 현재 우리나라도 수돗물에 플루오린(일명 불소)을 첨가시키는 것을 검토하고 있으나 안전성에 대한 논란으로 실행하지 못하고 있다.

6 원자·원자량·원자에 관한 법칙

 원자와 원자설

(1) **원자**(atom)
  물질을 쪼갤 때 더 이상 쪼갤 수 없는 아주 작은 입자

(2) **돌턴의 원자설**
  ① 물질을 쪼개면 아주 작은 궁극의 입자가 생기는데 이것이 원자이다.
  ② 같은 종류의 원소의 원자는 성질, 질량이 같다. 다른 종류의 원소는 다른 성질을 갖는다.
  ③ 원자는 결합력이 있어서 물질을 만들게 하고 화학 변화는 그 결합방법을 바꾸는 것이다.
  ④ 두 가지 이상의 원소가 결합하여서 화합물을 만들 때는 그 원소의 원자는 간단한 정수비로 되어 결합한다.
  ⑤ 원자는 더 이상 간단한 입자로 쪼갤 수 없다.

> **참고**
> ※ **수정된 돌턴의 원자설**(②와 ⑤는 현대에 와서 수정되었음)
> • 같은 종류의 원소의 원자라도 질량이 다른 것이 있다.
>   예 동위원소의 발견으로 … $_1^1H$(수소) · $_1^2D$(중수소) · $_1^3T$(삼중수소)
> • 원자는 핵분열이나 핵융합으로 질량이 다른 원자를 얻을 수 있다.
>   예 $_{92}^{235}U$(우라늄) + $_0^1n$(중성자) → $_{36}^{92}Kr$(크립톤) + $_{56}^{141}Ba$(바륨) + 3_0^1n(중성자) + 에너지

 원자량과 g원자량

(1) **원자량**
  $_6^{12}C$인 탄소의 질량수 12를 기준 삼아 이것과 **비교한 상대질량**을 그 원소의 원자량이라 한다.

(2) **g원자량**
  원자량은 비교적인 값이므로 **무명수**이나 g을 붙여서 표시한 것을 **g원자**라 한다. 즉, 어느 원자 6.023×10^{23}개의 모임을 그 원자의 **1g원자**라 한다.

[원자량과 g원자량의 비교]

	원자량	g원자	1g원자 (원자 1mol)	2g원자 (원자 2mol)	0.5g원자 (원자 0.5mol)
나트륨(Na)	22.99	22.99g	22.99g	45.98g	11.495g
염 소(Cl)	35.5	35.5g	35.5g	71.00g	17.00g

※ g원자 : 원자량에 g를 붙여서 표시하면 원자량이 아니며 g원자라 한다.
※ 원자 질량단위(amu) : C의 질량 12에서 $\dfrac{12}{6.023 \times 10^{23}} = 1.992 \times 10^{-23}$

$1.992 \times 10^{-23} \times \dfrac{1}{12} = 1.66 \times 10^{-24} = 1 \text{amu}$

• 6.023×10^{23} : 아보가드로수(아보가드로 넘버)
※ 원자량의 측정
  • 듀롱페티의 법칙(금속의 원자량 측정)

  $$\text{원자량} \times \text{비열} \fallingdotseq 6.4$$

  • 원자가와 당량으로 원자량을 구하는 법

  $$\text{원자량} = \text{원자가} \times \text{당량}$$

3 당량과 g당량

(1) 당량

어떤 원소가 산소 8이나 수소 1.008과 결합 또는 치환할 수 있는 **원소의 양**을 그 원소의 당량이라 한다.

$$\text{당량} = \dfrac{\text{원자량}}{\text{원자가}}, \quad \text{원자량} = \text{당량} \times \text{원자가}, \quad \text{원자가} = \dfrac{\text{원자량}}{\text{당량}}$$

(2) g당량

당량에 g을 붙인 것을 **g당량**이라 한다. 예를 들면, 산소 **1g당량**은 8g, 수소 **1g당량**은 1.008g이고, 산소 **2g당량**은 16g, 수소 **2g당량**은 2.016g

※ 모든 화합물 : 당량 대 당량으로 결합한다.

4 원자에 관한 법칙

- 질량불변의 법칙(라보아제)
- 일정성분비의 법칙(프루스트)
- 배수비례의 법칙(돌턴)

(1) 질량불변의 법칙

어떤 화학 변화에 있어서 **반응 전의 반응물질의 질량의 총합**과 **반응 후의 생성물질의 질량의 총합**은 같다.

$$
\begin{array}{ccccc}
C & + & O_2 & \rightarrow & CO_2 \\
\text{(탄소)} & & \text{(산소)} & & \text{(이산화탄소)} \\
12g & + & 32g & \rightarrow & 44g
\end{array}
$$

(2) 일정성분비의 법칙

모든 화합물에 있어서 그 구성하고 있는 **성분원소의 질량의 비**는 항상 일정하다.

$$
\begin{array}{ccccc}
2H_2 & + & O_2 & \rightarrow & 2H_2O \\
\text{(수소)} & & \text{(산소)} & & \text{(물)} \\
4g & + & 32g & \rightarrow & 36g
\end{array}
$$
에서 H와 O의 질량비는 1:8이다.

(3) 배수비례의 법칙

A와 B 두 원소가 화합하여 **2가지 이상의 화합물**을 만들 때 **A 원소의 일정량**과 결합하는 **다른 원소 B의 질량**에는 **간단한 정수비**가 성립된다.

	CO(일산화탄소)	CO_2(이산화탄소)	
C(탄소)	12	12	※ C의 질량 12와 결합하는 O의 질량 16과 32는 1:2의 정수비를 갖는다.
O(산소)	16	32	

적중 출제예상문제

원자 · 원자량

1. 돌턴의 원자설 중 현재 수정된 개념은?
① 원자는 결합력이 있어 물질을 만든다.
② 물질을 쪼개면 아주 작은 궁극의 입자가 생긴다.
③ 같은 종류의 원소의 원자는 질량이 같다.
④ 두 가지 원소의 화합물은 간단한 정수비로 결합한다.

2. 원자량은 어느 원소의 질량을 기준으로 하는가?
① H
② O
③ C
④ Si

3. 1원자 질량 단위(amu)란 다음 어느 것에 해당되는가?
① 1.66×10^{-27}g
② 1.66×10^{-26}g
③ 1.66×10^{-25}g
④ 1.66×10^{-24}g

4. 헬륨(He)원자 1개의 질량을 구하는 관계식으로 맞게 표시한 것은?(단, 헬륨의 원자량은 4이다)
① $\dfrac{4}{6.02 \times 10^{23}}$g
② $\dfrac{1}{4}$g
③ $\dfrac{6.02 \times 10^{23}}{6}$g
④ $4 \times 6.02 \times 10^{23}$g

5. 1g의 메테인 속에 들어 있는 수소원자 수는?
① 1.2×10^{23}
② 6.0×10^{23}
③ 1.5×10^{23}
④ 3.0×10^{23}

6. 0℃, 1기압에서 수소 1.12ℓ 속에 포함된 수소원자의 수는?
① 6.02×10^{22}
② 3.01×10^{22}
③ 2.05×10^{22}
④ 1.04×10^{22}

힌트

[해] • 수정된 개념
※ 동위원소의 발견 : 같은 원소도 질량이 다르다.
※ 핵분열 · 핵융합 : 질량이 다른 원자를 얻을 수 있다.
답 ③

[해] • 원자량 : 탄소(C)의 질량 12를 기준으로 한 상대질량
답 ③

[해] • 1amu :
$\dfrac{12}{6.023 \times 10^{23}} \div 12$
$= 1.66 \times 10^{-24}$
답 ④

[해] • 헬륨원자 1개의 질량 :
$\dfrac{헬륨의\ 원자량(4)}{아보가드로수(6.023 \times 10^{23})}$
답 ①

[해] • CH_4의 1g 분자량 : 16g
※ 메테인에는 수소원자 4개
∴ $6.023 \times 10^{23} \times \dfrac{1}{16} \times 4 = 1.505 \times 10^{23}$
답 ③

[해] • 수소 1g원자 : 6.02×10^{23}개
※ 수소(H_2)1.12ℓ =0.1g원자
∴ 6.02×10^{22}개
답 ①

⑦ 텅스텐의 비열은 약 0.035cal/g·℃이다. 텅스텐의 근사한 원자량은 얼마인가? (단, 원자열용량은 6.30이다)
① 60　　　　　　② 120
③ 180　　　　　　④ 240

해 • 원자량 : 6.3/비열
∴ 6.3/0.035=180
답 ③

당량과 g당량

⑧ 어떤 물질의 당량을 구하고자 한다. 이때 당량 값을 구하는데 필요한 식은 다음 중 어느 것인가?
① 당량=원자량+원자가
② 당량=$\dfrac{원자량}{원자가}$
③ 당량=$\dfrac{원자가}{원자량}$
④ 당량=원자량-원자가

해 • 당량 : 원자량/원자가
※ 원자량 = 당량 × 원자가
답 ②

⑨ 당량에 관해서 맞는 사항은?
① 원자가 × 원자량
② 분자량의 절반
③ 표준 온도와 표준 압력에서 22.4 l의 무게
④ 수소 1부분과 결합하는 무게

해 • 당량 : 어떤 원소가 산소8 또는 수소1(1.008)과 결합 또는 치환하는 질량
답 ④

⑩ 어느 금속 1g당량을 묽은황산과 반응시켰을 때 수소 몇 g이 발생하는가?
① 22.4g　　　　　② 1.2g
③ 2.016g　　　　　④ 1.008g

해 • 화합물 : 당량 대 당량으로 결합한다.
※ 금속 1g당량과 수소 1g당량(1.008g)과 결합
답 ④

⑪ 2가의 구리산화물 mg를 수소로 환원하여 ng의 구리를 얻었다. 구리의 원자량은 다음 중 어느 것인가? (단, O의 원자량은 16이며, 원자가는 2가이다)
① $\dfrac{4(m-n)}{n}$　　　　② $\dfrac{16n}{m-n}$
③ $\dfrac{m-n}{4n}$　　　　④ $\dfrac{4n}{m-n}$

해 • 산소의 양 m-n에서
Cu : O = n : (m-n)
※ 구리의 당량 : χ
※ 산소의 당량 : 8
χ : 8 = n : (m-n)에서
$\chi = \dfrac{8n}{m-n}$
※ 구리의 원자가=2가
∴ 원자량 = $\chi \times 2 = \dfrac{16n}{m-n}$
답 ②

⑫ 어떤 금속의 원자가가 +3이며 그 산화물의 조성은 금속이 52.94%이다. 금속의 원자량은 얼마인가?
① 17　　　　　　② 27
③ 31　　　　　　④ 34

해 • 산소 1당량 : 8
※ 금속1당(52.94 : 47.06 = χ : 8) ∴ χ=8.999
※ 금속의 원자량 : 8.999 × 3(원자가)=26.997=27
답 ②

⑬ 철(II)은 황과 반응하여 황화철을 형성한다. Fe+S→FeS에서 Fe 28g과 S 60g이 반응할 때 생성되는 FeS의 양은?(단, Fe, S의 원자량은 56,32이다)
① 16g　　　　　　② 32g
③ 44g　　　　　　④ 88g

해 • Fe 1g당량: 56/2=28g
※ S 1g당량 : 32/2=16g
∴ 28 + 16 = 44g
답 ③

⑭ 금속산화물 3.00g을 환원시켰더니 2.00g의 금속을 얻었다. 이 금속의 원자량이 64라면 그 산화물의 화학식은?
① MO
② MO_2
③ M_2O
④ M_2O_3

원자에 관한 법칙

⑮ 질량불변의 법칙을 발견한 사람은?
① J. Dalton
② S. A. Arrhenius
③ H. Moseley
④ A. L. Lavoisier

⑯ 탄소 12g을 공기에서 완전연소시키면 CO_2 44g이 생기나 증가된 32g 만큼의 공기 중의 산소가 줄어드는 것은 아래의 어느 법칙과 관계가 깊은가?
① 배수비례의 법칙
② 질량불변의 법칙
③ 기체반응의 법칙
④ 일정성분비의 법칙

⑰ 17g의 NH_3로부터 만들어지는 황산암모늄(무수)의 양은?
① 66g
② 106g
③ 15g
④ 132g

⑱ 이산화황 96g을 산화시켜 삼산화황 몇 g을 얻을 수 있는가?
① 1.12g
② 6g
③ 20g
④ 120g

⑲ 65.4g의 아연을 황산에 녹여 161.4g의 황산아연과 2g의 수소를 얻었다. 이 아연을 녹이는 데 사용된 황산의 양은 얼마인가?(단, 원자량은 Zn=65.3, S=32, O=16, H=1)
① 49g
② 98g
③ 196g
④ 120g

⑳ $3H_2 + N_2 \rightarrow 2NH_3$의 화학 방정식과 가장 관계없는 법칙은?
① 기체반응의 법칙
② 배수비례의 법칙
③ 질량불변(보존)의 법칙
④ 일정성분비의 법칙

해 • 금속1당량
금속2 : 산소1=χ:8
∴ χ=16
• 금속의 원자가=64/16=4
∴ M^{+4}✗$^{-2}$→MO_2
답 ②

해 • 질량불변의 법칙 : 라보아제
답 ④

해 • 질량불변의 법칙 : 반응 전후의질량의 총합은 같다.
$C + O_2 \rightarrow CO_2$
(12) (32) (44)
답 ②

해 • 질량불변의 법칙
$2NH_3+H_2SO_4$
(34)
→$(NH_4)_2SO_4$
(132)
34 : 132 = 17 : χ
∴ χ = 66g
답 ①

해 • 질량불변의 법칙
$SO_2 + 1/2O_2 \rightarrow SO_3$
(64) (80)
64 : 80 = 96 : χ
∴ χ=120
답 ④

해 • 질량불변의 법칙
$Zn+H_2SO_4 \rightarrow ZnSO_4+H_2$
65.4+χ→161.4+2
∴ χ=98g
답 ②

해 • 배수비례의 법칙 : 2가지 이상의 화합물이 해당
답 ②

7 분자·분자량·분자에 관한 법칙

 분자와 분자설

(1) 분 자
물질의 특성을 갖고 있는 가장 작은 입자이다.

(2) 아보가드로의 분자설
① 물질을 세분하면 분자가 된다.
② 분자는 다시 깨어져 원자로 된다.
③ 같은 물질의 분자는 크기·모양·질량·성질이 같다.
④ 같은 온도, 같은 압력, 같은 부피 속에서 모든 기체는 같은 수의 기체 분자수가 존재한다.(아보가드로의 법칙)

(3) 분자의 구성
분자는 한 개의 원자로 된 것이 있고, 두 개 이상 여러 개의 원자로 된 것이 있다. 분자의 종류를 보면,
① **단원자분자** : He(헬륨)·Ne(네온)·Ar(아르곤)·Kr(크립톤)·Xe(제논/크세논)·Rn(라돈)·Hg(수은) 증기
② **2원자 분자** : H_2(수소)·O_2(산소)·N_2(질소)·F_2(플루오린)·Cl_2(염소)·Br_2(브로민)·I_2(아이오딘)
③ **3원자 분자** : O_3(오존), CO_2(탄산가스), H_2O(물) 등
④ **거대분자** : 소금(보통은 NaCl의 조성식으로 사용) 등

> **참고**
> ※ 화합물일 때 분자의 종류 : H_2O(3원자 분자)·$CaCl_2$(3원자 분자)·녹말·흰자 등(고분자 화합물), H_2SO_4(7원자 분자이나 다원자분자라 한다)
> • H_2O : 물   • $CaCl_2$: 염화칼슘   • H_2SO_4 : 황산

2 분자량

(1) 분자량
$_{12}^{12}C$인 탄소의 질량을 12로 정하고 이것과 비교한 다른 분자의 **상대적 질량**을 분자량이라 한다.

> **참고**
> ※ **분자량** : 각 분자의 **구성 원소**의 **원자량**의 **총합**을 분자량이라 한다.
> - H_2O(H원자량 1·O원자량 16) : $1 \times 2 + 16 = 18$
> - CO_2(C원자량 12·O원자량 16) : $12 + 16 \times 2 = 44$
> - H_2SO_4(H원자량 1·S원자량 32·O원자량 16) : $1 \times 2 + 32 + 16 \times 4 = 98$

(2) g분자량(mol)
분자량에 g을 붙여 표시한 것을 g분자라 하며, 그 속에는 6.023×10^{23}개의 분자가 있어 1mol이라고도 한다.

> **참고**
> ※ **g분자량**(mol) : 아보가드로수만큼의 분자의 질량
> - 아보가드로수(아보가드로넘버) : 6.023×10^{23}개
> - mol수(g분자량) = $\dfrac{\text{물질의 질량(g)}}{\text{g분자량(g/mol)}}$
>
> ※ **g분자량**(mol)의 예
> - H_2 : 1mol(1g분자량)=2g, 2mol(2g분자량)=4g
> - O_2 : 1mol(1g분자량)=32g, 2mol(2g분자량)=64g
> - H_2O : 1mol(1g분자량)=18g, 2mol(2g분자량)=36g
> - CO_2 : 1mol(1g분자량)=44g, 2mol(2g분자량)=88g
>
> ※ 모든 기체 1mol : 표준상태(STP)에서 22.4 l의 질량이 1g분자량(1mol)이며 6.023×10^{23}개의 분자수를 갖는다.
> - STP : 0℃ 1기압(atm)
>
> ※ 기체 1mol(1g분자량)의 분자수 및 원자수
> - H_2 1mol의 분자수 : 6.023×10^{23}개
> - H_2 1mol의 원자수 : $2 \times 6.023 \times 10^{23}$개

(3) 분자량의 측정
① **공기의 가상적 평균분자량** : 공기는 부피비로 질소 78%, 산소 21%, 아르곤 1% 정도이므로 **표준상태**에서 **공기**의 **평균분자량**은 다음과 같다.

> **참고**
> ※ 공기 중에서 각 성분의 질량(질소·산소·아르곤의 분자량은 28·32·40이다.)
> - 질소 : $28 \times \dfrac{78}{100}$g
> - 산소 : $32 \times \dfrac{21}{100}$g
> - 아르곤 : $40 \times \dfrac{1}{100}$g
>
> ∴ 공기의 평균분자량 $= \dfrac{(28 \times 78)+(32 \times 21)+(40 \times 1)}{100} ≒ 29$

② **기체의 확산속도로서 분자량을 측정하는 방법** : 2가지 기체가 작은 구멍을 통해서 서로 퍼져 나가는 속도(확산속도)는 그 기체의 **분자량**(또는 밀도)의 제곱근에 반비례 확산시간은 그 기체의 **분자량**의 제곱근에 비례한다.

> **참고**
> ※ $\dfrac{U_1}{U_2} = \sqrt{\dfrac{M_2}{M_1}}$ $\dfrac{T_1}{T_2} = \sqrt{\dfrac{M_1}{M_2}}$ (U ; 확산속도, T : 확산시간, M : 분자량)

③ **삼투압** : $M = \dfrac{WRT}{PV}$ (PV=nRT 에서 PV=$\dfrac{WRT}{M}$이므로)

④ **기체의 밀도** : $M = d\dfrac{RT}{P} = d \times 22.4$ (STP 상태)

⑤ **기체의 비중** : $M_A = \dfrac{W_A}{W_B} \times M_B$

> **참고**
> ※ M_A : 모르는 물질의 분자량, M_B : 아는 물질의 분자량
> W_A : 모르는 물질의 비중, W_B : 아는 물질의 비중

3 분자에 관한 법칙

(1) 기체반응의 법칙
화학반응에 관하여 기체 물질의 **부피비**는 간단한 **정수비**가 성립된다.

> **참고**
> ※ 몰수의 비 = 체적의 비
>
> $2H_2 + O_2 \rightarrow 2H_2O$ $C_3H_8 + 5O_2 \rightarrow 3CO_2 + 4H_2O$
> (수소) (산소) (물)   (프로페인) (산소) (이산화탄소) (물)
> $2l + 1l \rightarrow 2l$ $1l + 5l \rightarrow 3l + 4l$

(2) 아보가드로의 법칙
모든 기체는 같은 온도·같은 압력에서 **같은 부피** 속에 들어있는 **분자수**는 같다.

> **참고**
> ※ 모든 기체 1mol의 체적은 **표준상태**에서 22.4 *l* 이며, 이 속의 **분자수**는 6.023×10^{23}개
> • 표준상태(STP) : 0℃, 1atm(기압)   • 기체 1mol=1g 분자

(3) 보일의 법칙

모든 기체는 온도가 일정할 때 일정량의 기체의 부피는 압력에 반비례한다.

$$PV = P'V' \qquad P : 압력, \quad V : 부피$$

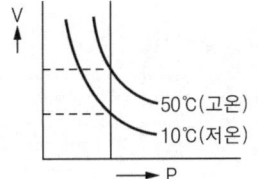
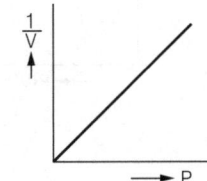
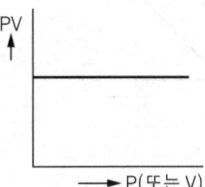

(4) 샤를의 법칙

모든 기체의 부피는 압력이 일정할 때에는 절대온도에 비례한다.

$$\frac{V}{T} = \frac{V'}{T'} \qquad V : 부피, \quad T : 절대온도$$

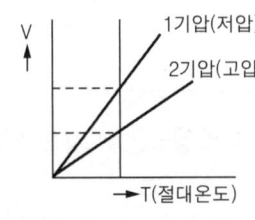
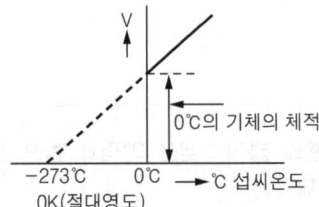

> **참고**
> ※ 모든 기체는 압력이 일정할 때 일정량의 기체의 부피는 온도가 1℃ 올라감에 따라 부피는 처음 부피 때보다 $\frac{1}{273}$만큼 증가한다
> • 섭씨절대온도 : K=℃+273
> • 화씨절대온도 : R=°F+460
> • 절대온도 환산법 : $K = \frac{R}{1.8}$, R=K×1.8
> • ℃온도를 °F로 환산 : $°F = \frac{9}{5}℃ + 32$, $°F = (℃+40) \times \frac{9}{5} - 40$
> • °F온도를 ℃로 환산 : $℃ = (°F-32) \times \frac{5}{9}$, $℃ = (°F+40) \times \frac{5}{9} - 40$

(5) 보일-샤를의 법칙

일정량 **기체의 부피**는 **압력**에 반비례하고 **절대온도**에 비례한다. 이것을 **보일-샤를의 법칙**이라 한다.

$$\frac{PV}{T} = \frac{P'V'}{T'} \qquad \frac{PV}{T} = K$$

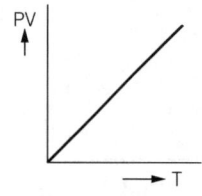
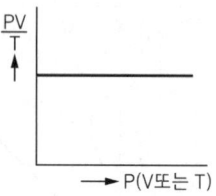

(6) 이상기체 상태방정식

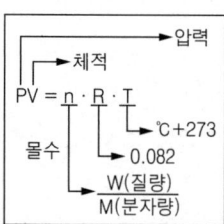

$PV=nRT$에서 R은 다음과 같다.

$R = \dfrac{PV}{nT}$이므로 STP에서

$R = \dfrac{1\text{atm} \times 22.4l}{1\text{mol} \times 273\text{K}}$

$R = 0.082 \text{atm} \cdot l / \text{mol} \cdot K$

> **참고**
>
> ※ **보일의 법칙·샤를의 법칙**: 낮은 압력과 높은 온도에 잘 부합되고 있으며, 이와 같은 성질을 갖는 기체를 **이상기체**라 한다.
>
> • **이상기체 상태방정식의 변형식**(이항을 잘 시킬 것)
>
> $$PV=nRT \text{에서 } n=\frac{W}{M} \text{이므로 } PV=\frac{W}{M}RT$$
>
> $PV=\dfrac{WRT}{M}$, $P=\dfrac{WRT}{VM}$, $V=\dfrac{WRT}{PM}$, $W=\dfrac{PVM}{RT}$, $M=\dfrac{WRT}{PV}$, $T=\dfrac{PVM}{WR}$
>
> $$PV=\frac{WRT}{M} \text{에서 } P=\frac{WRT}{VM}, \quad d=\frac{W}{V} \text{ 이므로 } P=d\frac{RT}{M}$$
>
> $P=d\dfrac{RT}{M}$, $M=d\dfrac{RT}{P}$, $T=\dfrac{MP}{dR}$, $d=\dfrac{PM}{RT}$ 등
>
> P: 압력, V: 부피, n: 몰수, R: 기체상수
> T: 절대온도, W: 질량, M: 분자량, d: 밀도

(7) 돌턴의 분압의 법칙

혼합 기체의 **전압**은 각 성분 기체의 **분압의 합**과 같다.

$$P = P_A + P_B + P_C \cdots$$

P : 전압력, P_A, P_B, P_C : 부분압력

> **참고**
> ※ 혼합기체에서 분압비 = 몰비=부피비=분자수비=압력의 비
> ※ 부분압력 = 전압력×몰분율 = 전압력×부피분율
> • 부분압력 : 보일의 법칙 적용(PV=P'V')

적중 출제예상문제

분자·분자량

1 아보가드로는 분자설을 만들 때 무엇을 기초로 하였는가?
① 질량불변의 법칙　　② 일정성분비의 법칙
③ 기체반응의 법칙　　④ 기체분자수의 법칙

2 원자 한 개가 분자의 역할을 하는 것은?
① 네온　　② 수소
③ 황　　④ 오존

3 순수 황 1ton으로 아무 손실없이 황산을 만든다면 순황산 몇 ton을 만들 수 있겠는가? (단, S=32, H=1, O=16)
① 1.53ton　　② 3.06ton
③ 4.59ton　　④ 6.12ton

4 산소 6.4g은 몇 몰인가?
① 0.1몰　　② 0.2몰
③ 0.3몰　　④ 0.4몰

5 모든 기체 1mol은 0℃, 1기압에서 그 부피가 얼마인가?
① 24.5 l　　② 22.4 l
③ 19.6 l　　④ 18.0 l

힌트

【해】• 아보가드로의 법칙 = 기체분자수의 법칙
　　　답 ④

【해】• 네온(Ne) : 원자이면서 분자이다.
　　　답 ①

【해】• 순황산의 양
S 32g : H_2SO_4 98g = 1ton : $x$ton
∴ $x = \dfrac{98g}{32g} \times 1\text{ton}$
　 = 3.0625ton
　 = 3.06ton
　　　답 ②

【해】• 산소1몰 : 32g
∴ 몰수 = $\dfrac{6.4}{32}$ = 0.2몰
　　　답 ②

【해】• 아보가드로의 법칙 :
S.T.P에서 모든기체 22.4 l
　　　답 ②

6 0℃ 1atm하에서 22.4 *l*의 무게가 가장 적은 것은 어느 것인가?
① 질소　　　　　② 산소
③ 아르곤　　　　④ 이산화탄소

[해] • 분자량이 가장 작은 것
질소<산소<아르곤<
이산화탄소
답 ①

7 수소분자 $6.02×10^{23}$개의 질량는 몇 g인가?
① 1g　　　　　② 2g
③ 16g　　　　　④ 22.4g

[해] • 수소분자(H_2)
$6.023×10^{23}$개 : 1몰
※ 수소 1몰 : 2g
답 ②

8 산소 16g 속에 존재하는 산소분자의 수와 같은 것은?
① 수소 0.5g 속의 수소 원자의 수
② 탄소 12g 속의 탄소 원자의 수
③ 수소 0.5g 속의 수소 분자의 수
④ 염소 71g 속의 염소 분자의 수

[해] • 산소 16g : 1/2g분자량
• 수소 0.5g : 1/2g원자량
∴ 1/2g분자와 1/2g원자의 개수는 같다.
답 ①

9 어떤 기체의 증기비중이 1.1이다. 이 기체의 분자량은?
① 14　　　　　② 28
③ 32　　　　　④ 44

[해] • 분자량 : 증기비중 × 29
∴ 1.1 × 29 = 31.9
답 ③

10 $_1H^2$와 $_8O^{18}$로 만들어진 중수의 분자량은?
① 18　　　　　② 20
③ 22　　　　　④ 24

[해] • 중수(D_2O)의 분자량
※ $D = _1H^2$, $O = _8O^{18}$
∴ 2 × 2 + 18 = 22
답 ③

11 두 기체의 확산속도의 비가 1:2라면 이들의 분자량의 비는?
① $\sqrt{2}:1$　　　　② 2:1
③ 4:1　　　　　④ 1:1

[해] • 확산속도비
$\dfrac{U_B}{U_A} = \sqrt{\dfrac{M_A}{M_B}}$
$\dfrac{2}{1} = \sqrt{\dfrac{4}{1}}$　∴ 4:1
답 ③

12 A의 분자량이 B분자량의 3배이다. A와 B의 확산속도의 비는?
① $\sqrt{3}:1$　　　　② 9:1
③ 1:9　　　　　④ $1:\sqrt{3}$

[해] • $\dfrac{U_B}{U_A} = \sqrt{\dfrac{M_A}{M_B}}$
에서 $\dfrac{U_B}{U_A} = \sqrt{\dfrac{3}{1}}$
∴ $A:B = 1:\sqrt{3}$
답 ④

13 A의 분자량이 B분자량의 4배인 두 물질이 같은 조건에서 확산할 때 A의 확산시간은 B의 확산시간의 몇 배인가?
① 1　　　　　② 2
③ 3　　　　　④ 4

[해] • $\dfrac{t_A}{t_B} = \sqrt{\dfrac{M_A}{M_B}}$ 에서
$\dfrac{t_A}{t_B} = \sqrt{\dfrac{4}{1}} = \dfrac{2}{1}$
∴ 2배
답 ②

⑭ 분자량이 큰(100,000 정도) 화합물 100g을 물 1,000g에 용해시켜서 이것의 분자량을 알아내려고 한다. 다음 중 어느 방법이 가장 좋은가?
  ① 증기압 내림   ② 끓는점 오름
  ③ 어는점 내림   ④ 삼투압

해 • 분자량이 큰 비전해질 물질의 분자량 : 삼투압으로 구한다.
답 ④

⑮ 물 500ml에 어떤 유기물질 0.8g을 용해시킨 용액의 삼투압이 29°C에서 0.22 기압이었다. 이 유기물질의 분자량은 약 얼마인가?
  ① 150   ② 160
  ③ 170   ④ 180

해 • $M = \dfrac{WRT}{PV}$
∴ $M = \dfrac{0.8 \times 0.082 \times (29+273)}{0.22 \times \dfrac{500}{1000}}$
= 180.101 ≒ 180
답 ④

⑯ 표준상태에서 밀도가 0.771g/l인 기체의 분자량은 다음 어디에 가까운가?
  ① 17   ② 20
  ③ 35   ④ 40

해 • 분자량 : 밀도 × 22.4
∴ 0.771 × 22.4 = 17.27
답 ①

분자에 관한 법칙

⑰ 수소 1몰을 태워서 생기는 물의 분자수는?
  ① 6.023×10^{23} ② 1.5×20^{23}
  ③ 4.0×10^{22} ④ 1

해 • $H_2 + 1/2O_2 \rightarrow H_2O$
1몰의 분자수 6.023×10^{23}개
답 ①

⑱ 2몰의 에틸알코올이 완전연소할 때 생기는 CO_2의 몰수는?
  ① 1몰   ② 2몰
  ③ 3몰   ④ 4몰

해 • $C_2H_5OH + 3O_2 \rightarrow 2CO_2 + 3H_2O$
C_2H_5OH 1몰 : CO_2 2몰 = 2몰 : x ∴ CO_2 4몰 생성
답 ④

⑲ 수소 200mol과 산소 50mol로 물 몇 g을 만들 수 있는가?
  ① 400g   ② 200g
  ③ 1,600g   ④ 1,800g

해 • $H_2 + 1/2O_2 \rightarrow H_2O$이므로
수소100몰 + 산소50몰 → 물100몰
∴ 100몰 × 18g(물 1g 분자량)
= 1,800g
답 ④

⑳ 나트륨아미드 1mol이 물과 반응했을 때 발생하는 암모니아가스는 표준상태에서 몇 l인가?
  ① 22.4 l ② 2 × 22.4 l
  ③ 3 × 22.4 l ④ 4 × 22.4 l

해 • $NaNH_2 + H_2O \rightarrow NaOH + NH_3$
∴ NH_3 1몰 : STP에서 22.4 l
답 ①

㉑ 탄소 12g을 공기중에서 태우면 약 몇 l의 공기가 필요한가? (단, 이상기체라고 생각하며, 공기의 조성은 질소가 4, 산소가 1이다.)
  ① 2.4   ② 67.2
  ③ 112   ④ 224

해 • $C + O_2 \rightarrow CO_2$
• 탄소 12g은 1몰, 산소1몰 : STP에서 22.4 l
∴ 공기량 : 22.4 × 5/1
= 112 l
답 ③

㉒ 탄산칼슘 500g을 염산과 작용시키면 표준상태에서 몇 L의 탄산가스를 얻을 수 있는가?(단, 원자량 Ca=40, C=12, O=16)
① 112 l
② 100 l
③ 92 l
④ 50 l

해 · 탄산칼슘 1몰 : 100g
$CaCO_3 + 2HCl \rightarrow CaCl_2 + H_2O + CO_2$
∴ 22.4l × 500/100 = 112 l
답 ①

㉓ 0°C 1기압에서 암모니아(NH_3)가스 10 l 와 염화수소(HCl)가스 5 l를 반응시킨 후 남은 기체는 몇 l 인가?
① 5 l
② 77.5 l
③ 10 l
④ 15 l

해 · $NH_3 + HCl \rightarrow NH_4Cl$
몰비가 1:1이므로 NH_3 5l와 HCl 5 l로 반응
∴ NH_3 10 l − NH_3 5 l = NH_3 5 l
답 ①

㉔ 수소 1몰과 염소 3몰이 반응하는 경우 반응에 참여치 못하고 남아 있는 염소의 몰수는?
① 1 몰
② 2 몰
③ 3 몰
④ 4 몰

해 · $H_2 + Cl_2 \rightarrow 2HCl$
수소1몰과 염소1몰만 반응하면 된다.
∴ 염소3몰 − 염소1몰 = 염소 2몰
답 ②

㉕ 0°C, 1기압(표준상태)에서 수소 20l와 산소 32.4l를 반응시켜 물을 생성하였다. 수소가 모두 반응하면 남은 산소는 몇 g인가?(단, 반응식은 $2H_2(g) + O_2(g) \rightarrow 2H_2O(l)$ 이고, H와 O원자량은 각각 1,16이다.)
① 16g
② 32g
③ 48g
④ 64g

해 · 몰수의 비 = 체적의 비
※ H_2와 O_2의 체적비 = 20l : 10l
※ 남은 O_2의 양 = 32.4l − 10l = 22.4l
※ STP에서 22.4l는 그 기체의 g분자량 ∴ O_2 = 32g
답 ②

㉖ CH_4 1몰을 완전연소시킬 때 필요한 산소의 양은?(단, C, H, O의 원자량은 12, 1, 16이다.)
① 16g
② 32g
③ 64g
④ 128g

해 · $CH_4 + 2O_2 \rightarrow CO_2 + 2H_2O$
∴ $2O_2 = 2 \times 16 \times 2 = 64$
답 ③

㉗ 프로페인(C_3H_8)을 산소 중에서 태우면 다음 식과 같이 이산화탄소와 물을 만든다. 1.5 l의 프로페인이 타자면 같은 온도, 같은 압력에서 산소가 몇 l 필요한가?

$$C_3H_8(기체) + 5O_2(기체) = 3CO_2(기체) + 4H_2O$$

① 0.3 l
② 1.5 l
③ 7.5 l
④ 22.4 l

해 · 몰수의 비는 체적의 비이므로 1몰 C_3H_8 : 5몰 O_2 = 1.5 l : x
∴ x = 1.5 l × 5 = 7.5 l
답 ③

㉘ 10g의 프로페인이 연소하면 몇 g의 CO_2가 발생하는가? (단, 반응식 $C_3H_8 + 5O_2 \rightarrow 3CO_2 + 4H_2O$ 원자량 C=12, O=16, H=1)
① 25g
② 27g
③ 30g
④ 33g

해 · C_3H_8 및 CO_2 1몰 = 44g
※ CO_2 3몰 = 132g
44g : 132g = 10g : x
∴ x = 132 × 10/44 = 30g
답 ③

㉙ 아세틸렌 1 *l* 와 에틸렌 2 *l* 의 혼합기체인 수소를 첨가하여 모두 포화탄화수소로 하였다면 수소 몇 *l* 가 필요한가?
① 2
② 3
③ 4
④ 5

해
- $C_2H_2 + 2H_2 \rightarrow C_2H_6$
  C_2H_2 1*l*에 $H_2 = 2l$ 필요
- $C_2H_4 + H_2 \rightarrow C_2H_6$ 에서
  C_2H_4 2*l*에 $H_2 = 2l$ 필요
  ∴ $H_2 = 2l + 2l = 4 l$
답 ③

㉚ 온도계에 이용되는 물리적 현상은?
① 승화
② 열팽창
③ 연속의 원리
④ 기화

해
- 온도계 : 가열에 의한 액체의 부피팽창을 이용한 것
답 ②

㉛ 다음 가운데 옳지 않은 것은?
① $℃ = \dfrac{5}{9}(°F - 32)$
② $°F = \dfrac{9}{5}℃ + 32$
③ $K = 273 + t℃$
④ $R = 460 + t℃$

해
- $R = °F + 460$
답 ④

㉜ 다음의 온도 중에서 같지 않은 온도가 있다. 어느 것인가?
① 0℃
② 32F
③ 273K
④ 460R

해
- 0℃ = 273K = 32°F = 492R
답 ④

㉝ 절대온도 0도는 다음 중 어떤 온도를 말하는가?
① 헬륨가스가 액화하는 온도
② 대기압에서 물과 얼음이 같이 있는 온도
③ 화씨 -273가 되는 온도
④ 분자의 평균 운동에너지가 0이 되는 온도

해
- 절대온도 0도 : -273℃로서 분자의 운동에너지가 0이 되는 온도
답 ④

㉞ 일정온도 하에서 기체의 부피가 압력에 반비례하는 법칙은
① 보일의 법칙
② 샤를의 법칙
③ 아보가드로의 법칙
④ 달톤의 분압법칙

해
- 보일의 법칙 : 온도일정일 때 기체의 부피는 압력에 반비례
답 ①

㉟ 일정압력 하에서 온도에 따른 부피의 변화관계를 나타낸 법칙은?
① 보일의 법칙
② 샤를의 법칙
③ 아보가드로의 법칙
④ 비인의 법칙

해
- 샤를의 법칙 : 압력일정일 때 기체의 부피는 절대온도에 비례한다.
답 ②

㊱ 일정량의 기체가 차지하는 부피는 여기에 가해지는 압력에 반비례하며 절대온도에 비례하는 것은 무슨 법칙인가?
① 아보가드로의 법칙
② 반트호프의 법칙
③ 보일-샤를의 법칙
④ 달톤의 분압법칙

해
- 보일·샤를의 법칙 : 기체의 부피는 압력에 반비례, 절대온도에 비례
답 ③

37 그림은 일정량의 기체의 온도 T₁, T₂, T₃에서의 압력과 부피 사이의 관계를 나타낸 그래프이다. 각 온도의 크기를 비교한 곳에서 옳은 곳은?

① $T_1 > T_2 > T_3$
② $T_1 < T_2 < T_3$
③ $T_1 = T_2 = T_3$
④ $T_2 > T_3 > T_1$

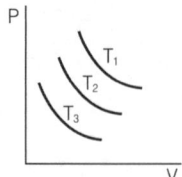

[해] • 보일의 법칙(두가지 이상의 기체 온도 확인법) : 압력을 일정하게 한 후 샤를의 법칙 적용.
※ 샤를의 법칙 : 압력일정일 때 부피와 온도비례
$T_1 > T_2 > T_3$

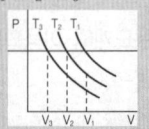

답 ①

38 샤를의 법칙을 나타낸 그래프는 어느 것인가?

①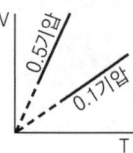
②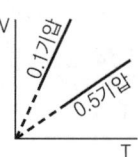
③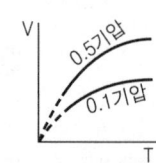
④

[해] • 샤를의 법칙(두가지 이상의 기체 압력 확인법)
: 온도를 일정하게 한 후 보일의 법칙 적용.
※ 보일의 법칙 : 온도일정일 때 부피와 온도 반비례

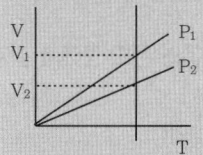

$P_1 < P_2$

답 ②

39 일정한 압력 하에서 20℃인 기체의 부피가 2배로 되었을 때의 온도는?

① 313℃
② 329℃
③ 586℃
④ 600℃

[해] • $\dfrac{V}{T} = \dfrac{V'}{T'}$ 에서
$\dfrac{1}{20+273} = \dfrac{2}{T'}$
$T' = 2 \times (20+273) = 586K$
∴ $586K - 273 = 313℃$

답 ①

40 27℃ 760mmHg에서 3 *l* 의 산소를 5 *l* 의 용기에 넣어 87℃로 하였을 때 압력은 몇 mmHg가 되겠는가?

① 347.2
② 447.2
③ 547.2
④ 647.2

[해] • $\dfrac{PV}{T} = \dfrac{P'V'}{T'}$ 에서
$\dfrac{760 \times 3}{27+273} = \dfrac{P' \times 5}{87+273}$
∴ $P' = \dfrac{760 \times 3 \times (87+273)}{(27+273) \times 5}$
$= 547.2 mmHg$

답 ③

41 다음 설명 중 이상기체를 맞게 표현한 것은?
① 분자의 크기와 그들 사이의 상호작용을 무시한 기체
② 온도가 아주 낮으면 응결하는 기체
③ 압력이 아주 크면 액화하는 기체
④ 분자 상호간의 인력이 작용하는 기체

[해] • 이상기체 : 가상적 기체로 분자간의 인력이 무시된 기체이며 액화되지 않는 기체이다.

답 ①

42 39℃, 190mmHg에서 1.6ℓ의 기체의 질량은 0.5g이다. 이 기체의 분자량은 얼마인가?
① 39
② 32
③ 64
④ 42

해
- $PV = \dfrac{WRT}{M}$ 에서
$M = \dfrac{WRT}{PV}$ 이다.
$\therefore M = \dfrac{0.5 \times 0.082 \times (39+273)}{\dfrac{190}{760} \times 1.6}$
$= 31.98 \fallingdotseq 32$

답 ②

43 물 500㎖에 어떤 유기물질 1g을 용해시킨 용액의 삼투압이 30℃에서 0.26기압이었다. 이 유기물질의 분자량은 약 얼마인가?
① 151
② 161
③ 171
④ 191

해
- $M = \dfrac{WRT}{PV}$
$M = \dfrac{1 \times 0.082 \times (30+273)}{0.26 \times \dfrac{500}{1,000}}$
$= 191.123$
$= 191$

답 ④

44 수소 10g과 산소 64g의 혼합기체에 불을 붙여 물을 만들었다. 화합하지 않는 기체 부피는 1기압, 25℃에서 몇 ℓ가 되는가?
① 22.4ℓ
② 24.4ℓ
③ 44.8ℓ
④ 89.6ℓ

해
- H_2O의 질량비 = 2g : 16g
= 8g : 64g
연소하지 않은 수소 : 2g(1몰)
- $PV = nRT$에서 $V = \dfrac{nRT}{P}$
$\therefore V = \dfrac{1 \times 0.082 \times (25+273)}{1}$
$= 24.436 \fallingdotseq 22.4$

답 ②

45 40kg의 프로페인 가스를 완전히 연소하자면 몇 m³의 이론 산소가 필요한가? (단, 표준상태이며 C_3H_8(프로페인)의 완전 연소식은 $C_3H_8 + 5O_2 \rightarrow 3CO_2 + 4H_2O$이고, 원자량은 C=12, H=1, O=16이다)
① 96.4m³
② 101.8m³
③ 109.3m³
④ 113.5m³

해
- C_3H_8 1몰은 O_2 5몰 소비
$PV = \dfrac{WRT}{M}$ 에서 $V = \dfrac{WRT}{PM}$
$\therefore V = \dfrac{40 \times 0.082 \times 273}{1 \times 44} \times 5$
$= 101.75 = 101.8L$

답 ②

46 대리석 50g을 고온에서 가열했을 때 0℃ 2기압에서 발생되는 탄산가스 CO_2는 몇 ℓ인가? (단, Ca=40, C=12, O=16)
① 22.4ℓ
② 11.2ℓ
③ 5.6ℓ
④ 2.45ℓ

해
- $CaCO_3 \xrightarrow{\Delta} CaO + CO_2$
$PV = \dfrac{WRT}{M}$ 에서 $V = \dfrac{WRT}{PM}$
$\therefore V = \dfrac{50 \times 0.082 \times 273}{2 \times 100}$
$= 5.596 = 5.6$

답 ③

47 드라이케미칼(Dry Chemical)로 10m³의 탄산가스를 얻자면 표준상태에서 몇 kg의 탄산수소나트륨을 쓰면 되겠는가? (단, 탄산수소나트륨의 분자량은 84이다)
① 18.75kg
② 37.5kg
③ 56.25kg
④ 75kg

해
- $2NaHCO_3 \rightarrow$
$Na_2CO_3 + CO_2 + H_2O$
$PV = \dfrac{WRT}{M}$ 에서 $W = \dfrac{PVM}{RT}$
$\therefore W = \dfrac{1 \times 10 \times 84}{0.082 \times 273} \times 2$
$= 75.046$
※ CO_2 1몰을 얻기 위해 $NaHCO_3$ 2몰이 필요하다.

답 ④

48 2atm의 N_2 4 l 와 3atm의 O_2 4 l 를 5 l 의 통에 넣었을 때 이 혼합기체가 나타내는 전압력은?
① 2atm
② 3atm
③ 4atm
④ 5atm

해 • 전압력=분압의 합
• N_2분압 : $2 \times 4 = P \times 5$, $P = 1.6$
• O_2분압 : $3 \times 4 = P \times 5$, $P = 2.4$ ∴ 전압력=4atm
답 ③

49 2몰의 N_2, 1몰의 O_2, 0.5몰의 H_2와 1.5몰의 CO_2를 섞은 혼합기체의 전압이 2기압일 때 그 분압이 0.4기압이 되는 기체는?
① N_2
② O_2
③ H_2
④ CO_2

해 • 분압=전압×몰분율
※ 분압$= 2 \times \dfrac{x}{5} = 0.4$
∴ $x = 1$몰
답 ②

50 0.9atm인 혼합기체에 들어 있는 기체 A, B, C가 부피비로 1:2:3의 비율로 섞여 있다면 B기체의 분압은 몇 atm인가?
① 0.1atm
② 0.2atm
③ 0.3atm
④ 0.5atm

해 • 분압=전압×부피분율
※ 분압$= 0.9 \times \dfrac{2}{6} = 0.3$ atm
답 ③

51 부피가 같은 용기 4개에 각각 같은 온도의 CO_2, O_2, CH_4, N_2가 들어 있다. 용기 중에 기체의 압력이 다음과 같을 때 이 중 무게가 가장 큰 것은?
① CO_2 100mmHg
② O_2 200mmHg
③ CH_4 300mmHg
④ N_2 400mmHg

해 • 몰비=압력비
$CO_2 : O_2 : CH_4 : N_2$의 압력비=100:200:300:400 몰비=1:2:3:4
무게비=44:64:48:112
∴ 몰수에 무게를 곱하면 질량의 크기를 알 수 있다.
답 ④

52 20℃에서 10 l 들이 용기에 들어있는 수소와 질소의 각각의 무게는 똑같았다. 수소의 압력을 1atm(기압)이라면 질소의 압력은 몇 기압인가?
① 7기압
② 14기압
③ $\dfrac{1}{7}$기압
④ $\dfrac{1}{14}$기압

해 • 몰비=압력비
• $H_2 \cdot N_2$ 1몰=2g, 28g
• $H_2 \cdot N_2$ 2g의 몰비=$\dfrac{2}{2} : \dfrac{2}{28} = 1 : \dfrac{1}{14}$
∴ N_2의 압력=$\dfrac{1}{14}$기압
답 ④

53 H_2, NH_3 혼합물에서 전압이 1,000atm일 때, H_2의 분압은 750atm이라면 이 혼합물의 평균분자량은?
① 10.75
② 5.75
③ 6.75
④ 7.75

해 • 평균분자량
$H_2 \times \dfrac{분압}{전압} + NH_3 \times \dfrac{분압}{전압}$
∴ $2 \times \dfrac{750}{1,000} + 17 \times \dfrac{250}{1,000}$
$= 1.5 + 4.25 = 5.75$
답 ②

유게실

◆ **쟈크샤를(샤를의 법칙 발견자)인류 최초의 수소기구(氣球)를 만들다.**
 높은 하늘을 새처럼 날고 싶다는 인류의 오랜 소망이 1783년 프랑스에서 기구의 출현으로 이루어졌다. 그 당시 거의 동시에 열기구와 수소기구 두 종류의 기구가 만들어졌으나 불행히도 열기구는 1785년 6월 15일 유인비행 중 화재로 인류 최초의 항공사고(탑승자 2명 전원 사망)를 일으키면서 열기구의 명맥이 끊겼다. 그러나 같은 기간중 만들어진 수소기구는 쟈크샤를(샤를의 법칙 발견자)에 의하여 만들어져 현재의 헬륨기구에까지 발전하여 왔으며 당시 기구 실험을 지켜 본 미국의 벤자민 플랭클린(피뢰침 발명)은 후일 최초로 전쟁에 기구를 사용하게 된다.

8 용액과 용해도

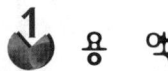 용 액

(1) 용 액
① 두 가지 이상의 물질이 균일하게 섞여 있는 혼합 액체를 **용액**이라 한다.
② 녹이는 데 사용하는 물질을 **용매**라고 한다.
③ 녹아 들어가는 물질을 **용질**이라고 한다.

> **참고**
> ※ 용액 = 용매 + 용질
> • 물(용매)에 소금(용질)이 녹아(용해) 소금물(용액)이 만들어진다.
> • 용매가 물인 경우의 용액을 **수용액**이라고 한다.

(2) 용액의 종류
① **포화용액** : 일정한 온도에서 일정량의 용매에 용질이 최대한으로 녹아 있는 용액
② **불포화용액** : 용질이 더 녹을 수 있는 용액
③ **과포화용액** : 용질이 용해도 이상으로 녹아 있는 **불안정한 용액**

> **참고**
> ※ 용해평형
> • 포화용액(용해평형) : 용해속도=석출속도
> • 불포화용액 : 용해속도 〉 석출속도
> • 과포화용액 : 용해속도 〈 석출속도
> ※ 용액의 온도에 따른 변화
>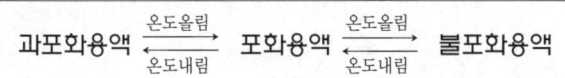
>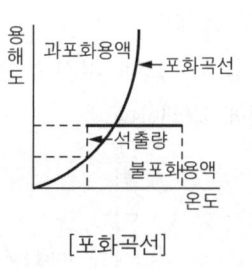
> [포화곡선]

용해도

(1) 고체의 용해도(온도를 반드시 표시한다)
　포화용액에서 용매 100g에 용해된 물질의 g(그램)수를 그 온도 때의 용질의 **용해도**라 한다.

참고

※ 용해도 = $\dfrac{용질}{용매} \times 100$ (반드시 온도 표시)

  예 20℃에서 NaCl(염화나트륨)의 **용해도**가 36이라면 20℃에서 **물** 100g에 녹는 NaCl(염화나트륨)의 한도량은 36g, 이때 만들어진 136g의 용액은 **포화용액**이다.

※ **고체의 용해도 곡선**
  일정량의 용매에 녹는 용질은 **온도에 따라 변화**한다. 온도와 용해도와의 관계를 나타낸 그래프를 **용해도 곡선**이라 한다.

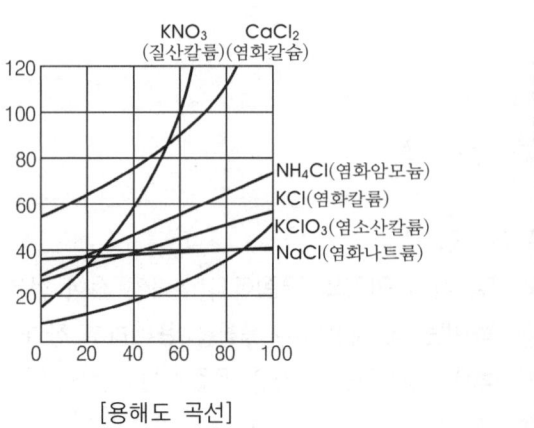

[용해도 곡선]

(2) 액체의 용해도

① **압력에 무관, 온도에 무관**하다.
② **극성물질**은 **극성물질**에 잘 용해되며, **비극성물질**은 **비극성물질**에 잘 용해된다.

참고

※ **극성물질** : H_2O(물), NaCl(염화나트륨), HCl(염화수소), CH_3OH(메틸알코올), C_2H_5OH(에틸알코올), CH_3COCH_3(다이메틸케톤·아세톤)등
※ **비극성물질** : 가솔린, 등유, 경유, 벤젠, 에터 등

(3) 기체의 용해도

헨리의 법칙 : 물에 약간 녹는 기체는 **온도가 일정**하면 일정량의 용매에 용해되는 용질의 용해력은 **압력에 비례**한다.

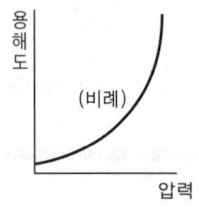 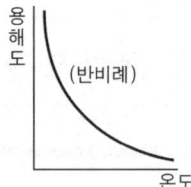

[기체의 용해도]

> **참고**
>
> ※ 기체의 수용성
> - 물에 약간 녹는 기체(헨리의 법칙에 **적용됨**)
> CO_2(이산화탄소)·O_2(산소)·N_2(질소)·H_2(수소) 등
> - 물에 잘 녹는 기체(헨리의 법칙에 **적용안됨**)
> NH_3(암모니아)·HCl(염화수소)·HBr(브로민화수소)·HI(아이오딘화수소)·H_2S(황화수소)·SO_2(이산화황·아황산가스) 등
> - 물에 녹지 않는 기체(헨리의 법칙에 **적용안됨**)
> CO(일산화탄소)·NO(일산화질소)·N_2O(일산화이질소)·CH_4(메테인)·C_2H_2(아세틸렌)·C_2H_4(에틸렌) 등

적중 출제예상문제

용액과 용해도

1 용액 중 용매가 물인 경우 무엇이라 하는가?
① 진용액　　　　　② 현탁액
③ 수용액　　　　　④ 분산액

헤 · 수용액 : 물을 용매로 사용하는 용액
답 ③

2 다음 설명 가운데 옳지 않은 것은?
① 일반적으로 극성분자나 이온결합으로 된 물질은 물에 잘 녹는다.
② 벤젠에 녹는 것은 일반적으로 무극성 분자이다.
③ 포화용액은 용해의 속도가 석출의 속도보다 작다.
④ 불포화용액은 용해의 속도가 석출의 속도보다 크다.

헤 · 포화용액
　용해속도=석출속도
답 ③

3 질산칼륨의 포화용액을 불포화용액으로 만들려면 어떻게 하여야 하는가?
① 온도를 올린다.　　② 압력을 올린다.
③ 용질을 가한다.　　④ 물을 증발시킨다.

헤 · 불포화용액 : 포화용액을 가열할 것
　※ 예외 : $Ca(OH)_2$ 등
　※ 흡열 : 얼음 등
답 ①

4 고체가 액체에 용해되는 동안의 온도는 어떻게 되겠는가?
① 모든 물질이 올라간다.
② 모든 물질이 일정하다.
③ 모든 물질이 내려간다.
④ 물질의 종류에 따라 올라갈 수도 있고, 내려갈 수도 있다.

헤 · 고체의 용해열
　※ 발열 : CaO 등
　※ 흡열 : 얼음 등
답 ④

5 다음 중 고체의 용해도를 지배하는 요인이 되는 것은?

> ㉠ 고체 알갱이의 크기
> ㉡ 고체를 용매 중에 담아두는 시간
> ㉢ 용매의 온도
> ㉣ 고체의 화학적 성질

① ㉠, ㉡   ② ㉡, ㉢
③ ㉠, ㉣   ④ ㉢, ㉣

6 다음의 그림은 온도에 따른 용해도 곡선을 나타낸 그래프이다. 포화용액 상태를 나타낸 곳은?

① A
② B
③ C
④ D

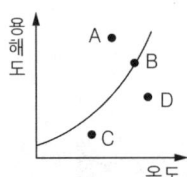

7 다음 글을 읽고 아래 설명 중 틀리는 것은?
(오른편 그림은 어떤 염에 대한 용해도 곡선과 녹아 있는 상태를 A, B, C로 나타낸 것이다)

① 점 A는 과포화상태를 표시한다.
② 점 B는 불포화상태를 표시한다.
③ 점 C는 포화상태를 표시한다.
④ 점 C에서의 포화용액을 가열하면 과포화용액이 된다.

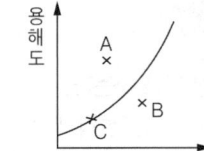

8 포화용액에서 용매 100g에 녹아있는 용질의 그램수를 그 온도에서의 무엇이라 하는가?

① 전리도   ② 경도
③ 밀도   ④ 용해도

9 0℃의 물에서 용해도가 가장 큰 물질은?

① KCl   ② Ca(OH)$_2$
③ KNO$_3$ ④ NaCl

10 다음 물질 중 용해할 때 온도의 영향을 별로 받지 않는 것은?

① KNO$_3$ ② NH$_4$Cl
③ KClO$_3$ ④ NaCl

제1장 물질의 상태와 구조 475

⑪ 다음 물질이 물에 녹을 때 온도가 높아지면 용해도가 감소하는 것은?
  ① 소금   ② 질산칼륨
  ③ 염화칼슘   ④ 수산화칼슘

⑫ 25℃에서 어떤 물질은 그 포화용액 200g 속에 40g 녹아 있다. 이 온도에서 이 물질의 용해도는 얼마인가?
  ① 20   ② 25
  ③ 40   ④ 50

⑬ 20℃의 10% 소금물 100g 속에서는 소금이 몇 g 더 녹을 수 있는가?
  (단, 20℃에서 소금의 용해도는 약 36)
  ① 22.4g   ② 32.4g
  ③ 26.0g   ④ 16.0g

⑭ 헨리의 법칙을 적용하면 일정온도에서 물에 적게 녹는 기체의 용해도는 그 기체의 (a)에 (b) 한다고 나타낸다. ( )에 알맞은 것은?
  ① a : 온도, b : 정비례   ② a : 압력, b : 정비례
  ③ a : 온도, b : 반비례   ④ a : 압력, b : 반비례

⑮ 탄산음료수의 병마개를 뽑으면 왜 거품이 솟아오르는가?
  ① 이산화탄소가 분해하기 때문이다.
  ② 액체 위의 압력이 줄어들어 용해도가 줄기 때문이다.
  ③ 수증기가 생기기 때문이다.
  ④ 온도가 올라가게 되어 용해도가 줄기 때문이다.

⑯ 1기압에서 일정량의 물에 산소 1ml가 용해된다면 이 압력을 10기압으로 높일 경우 몇 ml의 산소가 녹겠는가?
  ① 0.1   ② 1
  ③ 10   ④ 100

⑰ 0℃ 1기압에서 질소는 물 100ml에 2.24ml 녹는다면 0℃ 4기압에서 물 1l중에 녹는 질소의 g수는?
  ① 0.11   ② 0.33
  ③ 0.55   ④ 0.77

⑱ 0℃ 1기압에서 물 200g에 산소는 1.36×10^{-2}g 녹으며, 이것은 부피로 환산하면 약 10ml 정도이다. 0℃, 2기압 하에서 녹는 산소는?
  ① $1 \times 1.36 \times 10^{-2}$g, 20m$l$ ② 1.36×10^{-2}g, 1000ml
  ③ $2 \times 1.36 \times 10^{-2}$g, 10m$l$ ④ 1.36×10^{-2}g, 20ml

---

해 · $Ca(OH)_2$(수산화칼슘) : 물에 난용성이나 온도가 높아지면 **용해도 감소**
답 ④

해 · 용해도 = $\frac{용질}{용매} \times 100$
∴ $\frac{40}{200-40} \times 100 = 25$
답 ②

해 · 10%의 소금물 100g = 소금 10g 물 90g
· 용해도 36 = 물 100g, 소금 36g
· 100 : 36 = 90 : x, x = 32.4
∴ 32.4 − 10 = 22.4
답 ①

해 · 기체의 용해도(헨리의 법칙) : 압력이 클수록 (비례)
· 온도가 낮을수록 (반비례) 잘 녹는다.
※ 주의 : 온도가 일정하다.
답 ②

해 · 거품발생 : 용매에 녹아 들어간 CO_2가스의 압력이 대기압상태로 복원되므로
답 ②

해 · 기체의 용해도 : 용해되는 질량은 압력에 비례하나 부피는 압력과 무관하다.
∴ 1ml
답 ②

해 · 문제 16 해설 참조
※ N_2 22.4l의 무게=28g
∴ N_2 2.24ml의 무게×4×10 = 0.112
답 ①

해 · 문제 16 해설 참조
∴ 질량 : $2 \times 1.36 \times 10^{-2}$g,
부피 : 10ml
답 ③

9 용액의 농도

1 용액의 농도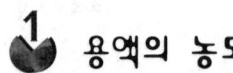

(1) 중량%농도

용액 100g 중에 녹아 있는 **용질의 g수**로 나타낸 농도를 **중량퍼센트(%)** 농도라 한다.

> ※ %농도는 용액 100g 중에 들어 있는 용질만 알면 된다.
>
> - 중량%농도 $\dfrac{용질의\ 중량}{용액의\ 중량} \times 100$

(2) ppm(백만분율)

용액 1,000ml 중에 녹아있는 용질의 **mg수**

> ※ $\text{PPm}(\text{mg}/l) = \dfrac{용질의\ 질량(\text{mg})}{용액의\ 부피(l)} = \dfrac{용질의\ 질량(\text{mg})}{용질의\ 부피(\text{m}l)/1000}$
>
> - $1l = 1\text{kg} = 1{,}000\text{g} = 1{,}000{,}000\text{mg}$
> - ppm : parts per million(백만분율)
>
> ※ PPhm : parts per hundred million(억분율)
> ※ PPb : parts per billion(10억분율)

(3) 규정농도(N : 노르말농도)

용액 1,000ml(1 l) 속에 녹아있는 용질의 **g당량수**로 나타낸 농도를 **규정농도**라 한다.

> ※ 규정농도(g당량수/l) = $\dfrac{용질의\ g당량수(g당량)}{용액의부피(l)} = \dfrac{용질의\ 질량(\text{g})/g당량}{용액의\ 부피(\text{m}l)/1{,}000}$
>
> - 당량수=노르말농도(규정농도)×부피(1)
>
> ※ 산의 1g당량 = $\dfrac{산의\ g분자량}{산의\ 염기도수(수소의\ 개수)}$
>
> - HCl의 1g당량 : 36.5g(1g 분자량⟨1mol⟩이 1g당량이다)
> - H_2SO_4의 1g당량 : 98g÷2=49g
>
> ※ 염기의 1g당량 = $\dfrac{염기의\ g분자량}{염기의\ 산도수(수산기의\ 개수)}$
>
> - NaOH 1g당량 : 40g(1g 분자량⟨1mol⟩이 1g당량이다.)
> - $Ca(OH)_2$의 1g당량 : 74g÷2=37g

(4) 몰농도(M : 부피 몰농도)

용액 1,000ml(1 l) 속에 녹아있는 **용질의 몰(mol)수**로 나타낸 농도를 **몰농도**라 한다.

> **참고**
>
> ※ 몰농도(mol/l) = $\dfrac{\text{용질의 몰수(mol)}}{\text{용액의 부피}(l)}$ = $\dfrac{\text{용질의 질량(g)/g분자량}}{\text{용액의 부피(ml)/1,000}}$

(5) 몰랄농도(m : 중량 몰농도)

용매 1,000g(1kg) 속에 녹아있는 **용질의 몰(mol) 수**로 나타낸 농도를 **몰랄농도**라 한다.

> **참고**
>
> ※ 몰랄농도(mol/kg) = $\dfrac{\text{용질의 몰수(mol)}}{\text{용매의 질량(kg)}}$ = $\dfrac{\text{용질의 질량(g)/g분자량}}{\text{용매의 질량(g)/1,000}}$

(6) 몰분율

용액 중 전체 성분의 **총 몰수**와 한 성분의 **몰수**와의 비

> **참고**
>
> ※ 농도환산
> - 노르말농도 = 몰농도 × 염기도(산도)
> - %농도를 규정농도로 환산 = $\dfrac{10 \cdot d \cdot S}{\text{당량}}$ (d : 비중, S : %농도)
> - %농도를 몰농도로 환산 = $\dfrac{10 \cdot d \cdot S}{\text{분자량}}$ (d : 비중, S : % 농도)

적중 출제예상문제

용액의 농도

1 25% 소금물인 경우는 다음 중 어느 것인가?
① 물 75g과 소금 25g
② 물 100g과 소금 25g
③ 물 25g과 소금 75g
④ 물 25g과 소금 100g

2 소금 200g을 물 600g에 녹였을 때 소금용액의 중량 백분율은?
① 25%
② 30%
③ 50%
④ 60%

3 물 100g에 98%의 소금 20g을 녹였다. 이때의 용액은 몇 %의 소금물이 되겠는가?
① 13.6%
② 16.3%
③ 19.8%
④ 20%

4 8%의 소금물 400g을 증발시켜 320g으로 농축하였다. 이 용액은 몇 %의 용액인가?
① 5%
② 10%
③ 15%
④ 20%

5 32% 황산용액(비중 1.22) 200ml 속에 들어있는 순 황산의 양은?
① 24.08g
② 39.08g
③ 57.0g
④ 78.08g

6 무수황산(SO_3) 80kg으로 50% 황산을 만들려면 물이 얼마나 필요한가?
(단, S=32, O=16, H=1)
① 98kg
② 80kg
③ 116kg
④ 198kg

7 용액의 농도 중 백만분율을 나타내는 단위는?
① ppm
② pphm
③ ppb
④ pphb

8 노르말농도×부피(l)는 반응한 용질의 무엇을 의미하는가?
① 분자수
② 이온수
③ 몰수
④ 당량수

힌트

[해] • 25%소금물 : 물 75%, 소금 25%
[답] ①

[해] • %농도=용질/용액
$\frac{200}{600+200} \times 100 = 25\%$
[답] ①

[해] • %농도=용질/용액
$\frac{20 \times 0.98}{100+20} \times 100 = 16.33\%$
[답] ②

[해] • 8% 소금물 400g에는 소금 32g이 녹아 있다.
∴ $\frac{32}{320} \times 100 = 10\%$
[답] ②

[해] • 황산용액의 질량 :
$200 \times 1.22 = 244g$
∴ 순황산의 질량 :
$244 \times 0.32 = 78.08g$
[답] ④

[해] • $SO_3 + H_2O \to H_2SO_4$
　　(80)　(18)　　(98)
※ 50% 용액의 양
$= 98 \times \frac{100}{50} = 196kg$
∴ 물의 양 = 196g − 80kg
= 116kg
[답] ③

[해] • 백만분율 : PPm
Part Per million
[답] ①

[해] • 당량수: N농도 × 부피(l)
[답] ④

⑨ 용액의 농도단위 약호 N은 무엇을 정의하는가?
  ① 용액 1ℓ 속에 녹아있는 용질의 g분자수
  ② 용액 1ℓ 속에 녹아있는 용질의 g당량수
  ③ 용액 1ℓ 속에 녹아있는 용질의 g식량수
  ④ 용매 1,000g에 대한 용질의 몰수

⑩ 1mol의 g수와 1N의 g수가 같은 것은?
  ① $CuSO_4$
  ② $BaCl_2$
  ③ K_2SO_4
  ④ NaCl

⑪ 1N-NaOH 용액 10ℓ를 만드는 데 필요한 NaOH의 질량은?
  ① 10g
  ② 40g
  ③ 80g
  ④ 400g

⑫ 용액 500mℓ 중에 0.49g의 황산이 녹아 있을 때, 이 황산용액의 N농도는? (단, 황산의 분자량은 98이다)
  ① 0.5N
  ② 0.2N
  ③ 0.05N
  ④ 0.02N

⑬ 96% 황산으로 2N-H_2SO_4 250mℓ를 만들려고 한다. 이 황산은 약 몇 g이 필요한가? (단, 황산의 분자량은 98이고, 비중은 1로 가정한다)
  ① 12.7g
  ② 25.5g
  ③ 51.0g
  ④ 102.0g

⑭ 옥살산의 분자식은 $C_2O_4H_2 \cdot 2H_2O$(2염기산)이다. 0.2N의 수용액을 만들려면 어떻게 만드는가?
  ① 결정 6.3g을 녹여 1,000mℓ의 수용액으로 만든다.
  ② 결정 6.3g을 녹여 500mℓ의 수용액으로 만든다.
  ③ 결정 4.5g을 녹여 1,000mℓ의 수용액으로 만든다.
  ④ 결정 4.5g을 녹여 500mℓ의 수용액으로 만든다.

⑮ 황산수용액 1ℓ 중 순황산이 19.6g 용해되어 있다. 이 용액의 농도는 얼마가 되겠는가?
  ① 0.98%
  ② 0.2N
  ③ 0.2M
  ④ 0.4M

해 • 문제 8 해설 참조
※ 노르말농도(N) : 용액1ℓ 속에 녹아 있는 용질의 g당량수
답 ②

해 • 산화수가 1가인 것 (Na^+Cl^-) 1mol이 1N이다.
답 ④

해 • NaOH 1g당량 = 40g
∴ 1ℓ : 40g = 10ℓ : χg,
χ = 400g
답 ④

해 • H_2SO_4 1g당량=49g
500 : 0.49 = 1000 : χ,
χ = 0.98
∴ 0.98/49 = 0.02당량
답 ④

해 • H_2SO_4 2N(2g당량) = 98g
1000 : 98 = 250 : χ,
χ = 24.5g
∴ $24.5 \times \frac{100}{96} = 25.52g$
답 ②

해 • 옥살산 1g당량=63g
1N=63g 함유 1000mℓ 용액
0.1N=6.3g 함유 1000 mℓ 용액
∴ 0.2N = 6.3g으로 500 mℓ 용액
답 ②

해 • 황산 1몰=98g함유 1ℓ 용액
98g : 1몰 = 19.6g : χ몰
∴ χ=0.2 몰(M)=0.4N
답 ③

⑯ 황산 49g은 몇 몰인가? (단, 황산의 분자량은 98이며, 1 l 에 용해한다고 가정함)
① 0.5몰   ② 1몰
③ 2몰   ④ 3몰

[해] · 황산1몰 : 98g함유
1 l 용액
∴ 49/98=0.5몰
[답] ①

⑰ NaOH 20g을 물에 녹여 500ml로 만들었다. 이 용액의 몰농도는? (NaOH=40)
① 2.0M   ② 1.5M
③ 1.0M   ④ 0.5M

[해] · NaOH 1몰 : 40g 함유
1000m l 용액
∴ 20g함유 500m l=1몰
[답] ③

⑱ 물 500g에 포도당 180g을 녹인 용액의 농도는?
① 2몰농도   ② 1몰농도
③ 1몰랄농도   ④ 2몰랄농도

[해] · 포도당 1몰랄농도 용해
500g:180g=1000g : χ, χ=360g
∴ 360/180=2몰랄농도
[답] ④

⑲ 물 72g과 에탄올(C_2H_5OH) 46g을 섞어서 만든 용액의 알콜올의 몰분율(Molar fraction)은 얼마인가? (원자량 H=1, O=16, C=12)
① 0.1   ② 0.2
③ 0.4   ④ 0.8

[해] · 몰수 : 물(72/18=4), 에탄올(46/46=1)
∴ 에탄올몰분율 : 1/(4+1) =0.2
[답] ②

⑳ 농도 98%인 황산의 비중은 1.84이다. 이 황산의 노르말 농도는?
① 18.40N   ② 36.80N
③ 30.02N   ④ 35.50N

[해] · N=10·d·s/당량에서
N=10×1.84×98/49= 36.8N
[답] ②

㉑ 농도 96%인 진한 H_2SO_4의 비중은 1.84이다. 이 진한 H_2SO_4의 농도는 얼마인가?
① 0.2M   ② 0.5M
③ 18M   ④ 36M

[해] · M=10·d·s/분자량에서
M=10×1.84×96/98= 18.024M
[답] ③

㉒ 분자량이 120인 물질 6g을 물 94g에 넣으니 0.5M 용액이 되었다. 밀도는?
① 0.94   ② 1
③ 1.06   ④ 1.1

[해] · M=10·d·s/분자량에서
d=M·분자량/10·s
∴ d= $\dfrac{0.5 \times 120}{10 \times \dfrac{6}{94+6} \times 100}$
=1
[답] ②

> 유게실

◆ 원소의 이름이 갖는 의미
- $_{37}Ru$(루비듐) : 은백색의 부드러운 금속으로 화합물이 불꽃반응하면 심적색(붉은색)을 내므로 그리스어의 "붉은색"이라는 Rubidus 라고 이름 붙여졌다.

10 콜로이드 용액

용액의 종류	용질의 크기	현미경으로 본 관찰	특 성
진 용 액	10^{-12}cm~10^{-8}cm	전자 현미경으로 볼 수 없다.	분자·이온 등이 녹아서 된 용액(설탕물·소금물) 여과지 반투막에 통과
콜로이드 용 액	10^{-7}cm~10^{-5}cm ($10Å$~$1000Å$) ($1m\mu$~0.1μ)	한외현미경·전자현미경으로 볼 수 있다.	**거름종이**(여과지)를 통과, 반투막에는 통과하지 못함. **고분자 화합물** 또는 여러 개의 분자가 모여서 된 용액
현 탁 액 유 탁 액	10^{-4}cm~10^{-2}cm	보통 현미경으로 볼 수 있다.	화학반응에서 생긴 침전물 등
흙 탕 물	10^{-2}cm 이상	육안으로 볼 수 있다.	곧 침전되는 용액, 여과지로 분리된다.

※ 길이의 단위
 1cm=10mm, 1mm=1000μ(미크론), 1μ =1000mμ, $0.1m\mu$ =10^{-8}cm=Å

 콜로이드 용액

(1) 분산질 → 용질 (2) 분산매 → 용매 (3) 분산액 → 용액

 ※ 분산액 : 콜로이드 용액을 말한다.

 콜로이드의 성질

(1) 틴들현상 : 콜로이드가 빛을 산란시키는 현상(한외현미경에 적용)

(2) 브라운 운동 : 콜로이드 입자의 불규칙한 직선운동

(3) 투석(다이얼리시스) : **반투막**을 콜로이드는 통과 못하는 현상

 ※ 투석 : 콜로이드를 정제하는 데 사용된다.
 • 소금과 전분의 정제 : 투석막을 **진용액**(소금물)은 **통과**한다.

(4) 전기영동
 콜로이드는 전기를 띠고 있으므로(+ 수산화물, - 녹말, 점토, 금속) 전기를 걸면 한쪽으로 끌려가는 현상 [예] 전기집진기]

(5) 흡착성

콜로이드 입자는 질량에 비하여 표면적이 크므로 분자, 이온 또는 다른 물질을 잘 흡착시킨다.

> 예 • 비누의 세척작용, 활성탄

(6) 엉 김

콜로이드가 전해질과 전기적 중화로 침전하는 현상

① 소수 콜로이드 : 소량의 전해질로 침전(응석)
② 친수 콜로이드 : 다량의 전해질로 침전(염석)
③ 보호 콜로이드 : 소수 콜로이드의 침전을 막기 위해 친수콜로이드를 첨가한 것

3 졸과 겔

녹말의 진한 용액은 고온에서는 액체상태이나, 냉각하면 젤리와 같은 반 고체상으로 된다. 이와 같은 액체상의 콜로이드를 졸(sol)이라 하며, 젤리와 같은 고체상의 콜로이드를 겔(gel)이라 한다. 겔은 많은 콜로이드 입자가 연결되어 망을 이루는 구조이며, 그 사이에 용매 분자가 들어 있는 구조로 되어 있다.

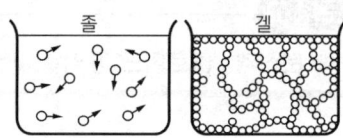

[졸과 겔 상태의 모형도]

> 예 겔 : 젤리·두부·한천·묵 등

4 서스펜션과 에멀전

콜로이드 입자보다 큰 입자가 분산되어 있을 경우, 분산질이 고체인 용액을 서스펜션(현탁액)이라 하며, 분산질이 액체인 용액을 에멀전(유탁액)이라 한다.

> • 서스펜션 : 흙탕물   • 에멀전 : 우유(물에 기름 등이 녹아 있음)

적중 출제예상문제

콜로이드 용액

1 보통의 콜로이드 입자 직경의 범위는 어느 정도인가?
① $10^{-3} \sim 10^{-2}$cm
② $10^{-5} \sim 10^{-3}$cm
③ $10^{-7} \sim 10^{-5}$cm
④ $10^{-8} \sim 10^{-7}$cm

2 콜로이드 입자에 관한 설명 중 잘못된 것은?
① 지름은 $1m\mu \sim 0.1\mu$ 정도이다.
② 보통 여과지를 통과한다.
③ 분자 콜로이드는 고분자 화합물에 많다.
④ 은(銀) 콜로이드는 모임 콜로이드이다.

3 다음 중 콜로이드 입자에 대한 설명 중 옳지 않은 것은?
① 콜로이드 입자는 전기를 띠고 있다.
② 콜로이드 입자는 흡착력이 크다.
③ 전해질도 콜로이드 입자로 만들 수 있다.
④ 비전해질만이 콜로이드 입자로 될 수 있다.

4 다음 중 콜로이드의 특성은 어느 것인가?
① 브라운 운동
② 불꽃반응
③ 삼투압
④ 빙점 강하

5 콜로이드 입자가(+) 혹은(-)로 대전하고 있기 때문에 일어나는 현상은 다음 중 어느 것인가?

| ㉠ 전기영동 | ㉡ 브라운 운동 | ㉢ 염석 |
| ㉣ 투석(다이얼리시스) | ㉤ 틴들현상 | |

① ㉠㉢
② ㉡㉢
③ ㉣㉤
④ ㉠㉡㉤

6 콜로이드 용액 중에 혼합되어 있는 전해질을 반투막으로 제거하는 조작은?
① 틴들현상
② 다이얼리시스(투석)
③ 브라운 운동
④ 전기영동

힌트

[해] • 콜로이드의 직경
$10Å \sim 1000Å = 1m\mu \sim$
$0.1\mu = 10^{-7}$cm $\sim 10^{-5}$cm
[답] ③

[해] • 은 : 분산콜로이드
[답] ④

[해] • 전해질 : 진용액을 만들며 콜로이드 입자를 만들수 없다.
[답] ③

[해] • 브라운 운동 : 콜로이드 입자의 운동
[답] ①

[해] • 콜로이드의 전기적 성질 : 응석·염석·전기영동
[답] ①

[해] • 다이얼리시스(투석) : 콜로이드와 전해질 분리
[답] ②

⑦ 콜로이드 용액에서 광선의 진로가 보이는 것은?
① 색을 띠고 있기 때문이다.
② 전하를 띠고 있기 때문이다.
③ 빛을 산란시키기 때문이다.
④ 브라운 운동을 하기 때문이다.

해 • 틴들현상 : 콜로이드 입자는 빛을 산란시킨다.
답 ③

⑧ 착색된 투명한 용액이 있다. 이 용액이 콜로이드 용액인지를 알아내려면?
① 여과시켜 본다. ② 현미경으로 본다.
③ 증발시켜 본다. ④ 틴들현상을 본다.

해 • 문제 7 해설 참조
답 ④

⑨ 구리 제련소 등에서 금을 회수하거나 공해를 막기 위하여 굴뚝에 장치하는 것은 무슨 원리인가?
① 틴들현상 ② 전기영동
③ 전기삼투 ④ 염석

해 • 전기영동 : 콜로이드 입자는 전기를 띠고 있으므로 전기집진기에 의하여 집진된다.
답 ②

⑩ 콜로이드는 표면적이 매우 크다. 이것은 콜로이드의 어떤 성질을 설명할 수 있는가?
① 틴들현상 ② 브라운 운동
③ 흡착성 ④ 다이알리시스

해 • 콜로이드의 흡착성
콜로이드는 질량에 비하여 표면적이 매우 넓다.
답 ③

⑪ 소금을 가했을 때 가장 쉽게 침전되는 것은?
① 녹말 용액 ② 우유
③ 수산화제2철 용액 ④ 젤라틴 용액

해 • 무기물질의 콜로이드 용액은 소량의 전해질로 엉김
답 ③

⑫ 어떤 콜로이드 용액에 소량의 소금을 넣어도 거의 변화하지 않고 많은 양의 소금을 넣었을 때 콜로이드 입자가 한 데 엉겨 침전하였다. 이 현상을 무엇이라 부르는가?
① 응석 ② 염석
③ 투석 ④ 가수분해

해 • 콜로이드입자의 엉김
응석 : 소량의 전해질로 엉김
염석 : 대량의 전해질로 엉김
답 ②

⑬ 콜로이드의 안정성을 증대시키는 방법으로 옳은 것은?
① 전해질을 넣는다. ② 보호 콜로이드를 만든다.
③ 온도를 높인다. ④ 조용히 방치시킨다.

해 • 보호 콜로이드 : 소수 콜로이드의 안정성을 증대하기 위하여 친수 콜로이드를 첨가한 것
답 ②

유 게 실

◆ 원소의 이름이 갖는 의미
• $_{49}$In(인듐) : 은백색의 무른 금속으로 불꽃반응에서 남색(쪽빛)을 내므로 라틴어의 "남색"(쪽빛)이라는 Indium이라 이름이 붙여졌다.

11 산·염기·산화물·염

1 산과 그 성질

(1) 산
금속과 치환되는 수소를 가진 수소 화합물을 산이라 하며, 물에 녹아서 전리되어 수소이온(H^+)(하이드로늄이온(H_3O^+))을 낸다.

(2) 산의 화학식
[H^+와 산기]의 모양을 나타내는 물질

HCl	HNO_3	HNO_2	H_2SO_4	H_2CO_3	H_3PO_4	H_3BO_3
염산	질산	아질산	황산	탄산	인산	붕산

산 → H^+ + Ⓐ⁻
수용액중에서

(3) 산의 성질
① **전기분해**해서 −극에서 수소발생
② **전리**해서 **수소이온(H^+)**을 내는 **수소 화합물**(아레니우스)
③ **양성자**를 줄 수 있는 물질(브뢴스테드)
④ **비공유 전자쌍**을 받을 수 있는 물질(루이스)
⑤ 염기와 **중화반응**하여 **염과 물**이 된다.
⑥ **신맛**
⑦ **리트머스시험지**(청색 → 적색)
⑧ **지시약** : M.O(메틸오렌지), M.R(메틸레드)사용

> **참고**
> ※ **메틸오렌지**(M.O)·**메틸레드**(M.R) : 강산 및 약염기의 적정에 사용하며, **산성에서 적색·주황색·황색, 중성 및 알칼리성에서 황색**을 나타냄.
> ※ **리트머스시험 : 중성에서 보라색**

(4) 산의 분류
① **산의 염기도** : 산이 전리되어 얻어지는 H^+의 수를 그 산의 **염기도**라 한다.

구 분 (1)	구 분 (2)	대표적인 보기
1염기산	1가의 산	HCl(염산)·HNO_3(질산)·CH_3COOH(초산) $HClO_3$(염소산)·C_6H_5OH(석탄산)
2염기산	2가의 산	H_2SO_4(황산)·H_2SO_3(아황산)·H_2CO_3(탄산) $H_2C_2O_4$(옥살산)·H_2S(황화수소산)
3염기산	3가의 산	H_3PO_4(인산)·H_3BO_3(붕산)

참고

※ 2염기산 이상의 산 : 다염기산이라고도 하며, 2단계 또는 3단계로 전리한다.
※ 강산(0.1N⟨18℃⟩에서 전리도가 큰 산)
　: HCl(염산 : 0.926), HBr(브로민화수소산 : 0.935), HI(아이오딘화수소산 : 0.95),
　HNO$_3$(질산 : 0.93), H$_2$SO$_4$(황산 : 0.59), HClO$_4$(과염소산 : 1) 등
※ 약산(전리도가 적은 산)
• 약산 중에서 비교적 **강한 산** : HF(플루오린화수소산 : 0.15), H$_2$SO$_3$(아황산 : 0.34), H$_3$PO$_4$(인산 : 0.27)
• 약산 중에서 비교적 **중간 산** : CH$_3$COOH(초산 : 0.0134), H$_2$CO$_3$(탄산 : 0.0017)
• 약산 중에서 비교적 **약한 산** : H$_2$S(황화수소산 : 0.0007), HCN(사이안산), H$_3$BO$_3$(붕산), C$_6$H$_5$OH(석탄산)

② **산소산과 비산소산** : 산의 분자 중에 산소가 포함되어 있는 산을 산소산이라 하고, 산소가 포함되어 있지 않은 산을 비산소산이라 한다.

 참고

※ 산소산과 비산소산의 종류
• 산소산 : HNO$_3$(질산) · H$_2$SO$_4$(황산) · H$_2$SO$_3$(아황산) · H$_2$CO$_3$(탄산) 등
• 비산소산 : HCl(염산) · HBr(브로민화수소산) · HI(아이오딘화수소산) · HF(플루오린화수소산) · H$_2$S(황화수소산) · HCN(사이안산) 등

2 염기와 그 성질

(1) 염기와 알칼리

금속(또는 NH$_4^+$)의 **수산화물**(OH$^-$기와 결합된 화합물)을 **염기**라 한다. 일반적으로 물에 녹아 전리하여 수산이온(OH$^-$)을 낸다.

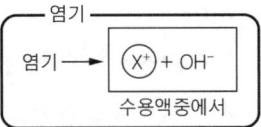

(2) 염기의 화학식

NaOH	Ca(OH)$_2$	NH$_4$OH	Al(OH)$_3$
수산화나트륨	수산화칼슘	수산화암모늄	수산화알루미늄

 참고

※ **알칼리** : 염기 중에서 물에 녹아 OH$^-$를 내는 물질을 **알칼리**라 한다.

(3) 염기의 성질

① **전기분해**해서 **+극**에서 **산소발생**
② **전리**해서 **수산이온(OH$^-$)**을 내는 금속의 **수산화물**(아레니우스)
③ **양성자를 받을 수 있는 물질**(브뢴스테드)　⑥ **쓴맛, 미끈한** 감촉
④ **비공유 전자쌍을 줄 수 있는 물질**(루이스)　⑦ **리트머스 시험지**(적색 → 청색)
⑤ **산과 중화반응**하여 **염과 물**이 된다.　　　⑧ **지시약** : P.P(페놀프탈레인) 사용

> **참고**
> ※ 페놀프탈레인(P.P) : 약산 및 **강염기**의 적정에 사용하며, **산성 및 중성에서 무색, 알칼리성에서 적색**을 나타낸다.

(4) 염기의 분류

 염기의 산도 : 염기의 분자 중에 들어 있는 **OH⁻ 수를 산도**라고 하며, 이 산도에 따라 다음과 같이 구별한다.

구 분 (1)	구 분 (2)	대 표 적 인 보 기
1산염기	1가의 염기	NaOH(수산화나트륨) · KOH(수산화칼륨) NH₄OH(수산화암모늄)
2산염기	2가의 염기	Ca(OH)₂(수산화칼슘) · Ba(OH)₂(수산화바륨) Cu(OH)₂(수산화제이구리)
3산염기	3가의 염기	Fe(OH)₃(수산화제이철) · Al(OH)₃(수산화알루미늄)

> **참고**
> ※ 2산염기 이상의 염기 : 다산염기라고도 하며, 2단계 또는 3단계로 전리한다.
> ※ **강염기**(0.1N⟨18℃⟩에서 전리도가 큰 염기 Ca(OH)₂는 1/64N에서) : KOH(수산화칼륨 : 0.89), NaOH(수산화나트륨 : 0.84), Ca(OH)₂(수산화칼슘 : 0.9), Ba(OH)₂(수산화바륨 : 0.8⟨25℃⟩) 등
> ※ **약염기**(전리도가 적은 염기) : NH₄OH(수산화암모늄 : 0.0134), Mg(OH)₂(수산화마그네슘), Cu(OH)₂(수산화제이구리), Fe(OH)₃(수산화제이철) 등
> ※ 브뢴스테드(Brφnsted)의 산·염기설(짝산·짝염기)
>
>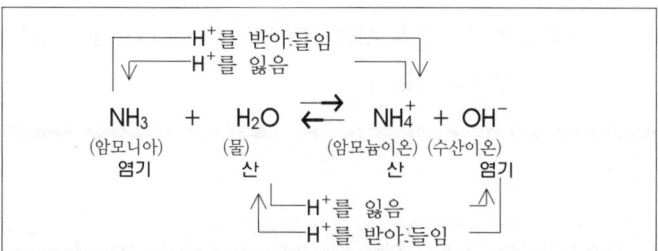
>
> • 염기 NH₃의 짝산 : NH₄⁺ (서로 짝관계)   • 산 H₂O의 짝염기 : OH⁻ (서로 짝관계)

산성 산화물 · 염기성 산화물 · 양쪽성 산화물

(1) 산성 산화물(무수산)
① **비금속의 산화물**(비금속의 원자가가 원자가 4가 이상인 산화물)
② 물에 녹아 **산**이 되는 것
③ **염기**와 작용하여 **염과 물**을 만든다.

> **참고**
> ※ 산성 산화물의 종류 : CO_2(이산화탄소), SiO_2(이산화규소), SO_2(이산화황), SO_3(삼산화황), P_2O_5(오산화인), N_2O_5(오산화이질소), Cl_2O_7(칠산화이염소)
> [주의] SiO_2(이산화규소)는 물에 녹지 않으나 **알칼리**와 반응하여 **염과 물**이 되므로 산성산화물이다.
> [주의] CO(일산화탄소), N_2O(일산화이질소), NO(일산화질소)는 **비금속 산화물**이나 비금속의 원자가가 1가 및 2가 이므로 산성 산화물이 아니며 **중성 산화물**이다.

(2) 염기성 산화물
① **금속의 산화물**(금속의 원자가가 3가 이하인 금속의 산화물)
② 물에 녹아 **염기**가 되는 것
③ 산과 작용하여 **염과 물**을 만든다.

> **참고**
> ※ 염기성 산화물의 종류 : K_2O(산화칼륨), Na_2O(산화나트륨), CaO(산화칼슘), BaO(산화바륨), CuO(산화제이구리), MgO(산화마그네슘), Fe_2O_3(산화제이철) 등
> [주의] MgO(산화마그네슘), CuO(산화제이구리)는 물에 녹지 않으나 산과 반응하여 염과 물이 되므로 **염기성산화물**이다.
> [주의] CrO_3(삼산화크로뮴), Mn_2O_7(칠산화이망가니즈)은 **금속 산화물**이나 Cr(크로뮴)과 Mn(망가니즈)의 원자가가 6가, 7가 이므로 **산성 산화물**이다.

(3) 양쪽성 산화물 : · Al(알루미늄) · Zn(아연) · Sn(주석) · Pb(납) · Bi(비스므스)의 산화물
① 물에 **녹지 않는다**.
② 산이나 **강염기**와 반응하여 **염과 물**을 만든다.

> **참고**
> ※ 양쪽성 산화물의 종류 : Al_2O_3(산화알루미늄), ZnO(산화아연), SnO(산화주석), PbO(산화납) 등
> [주의] 양쪽성 원소는 산이나 강염기와 반응하여 염과 **수소가스**를 발생한다.

4 염(Salt)

산과 염기가 반응하여 염과 물이 만들어지는 중화반응에서 염이 만들어지는 과정을 보면 다음과 같다.
(1) 산의 수소(H)원자가 금속 또는 양이온(NH_4^+)으로 치환된 화합물
(2) 염기의 수산기(OH^-)가 산을 이루는 음성의 산기나 할로젠 원소·황으로 치환된 화합물

> **참고**
> ※ 염이 만들어지는 과정
> • 산의 수소가 금속으로 치환
> $$HNO_3\ +\ NaOH\ \longrightarrow\ NaNO_3\ +\ H_2O$$
> (산)　　(염기)　　　(염)　　(물)
>
> • 염기의 수산기가 산을 이루는 음성의 산기(원자단)와 치환
> $$HNO_3\ +\ NaOH\ \longrightarrow\ NaNO_3\ +\ H_2O$$
> (산)　　(염기)　　　(염)　　(물)

(3) 종 류
① 정　　염 : 산의 수소원자, 염기의 수산기가 **전부 치환**한 것
② 산 성 염 : 산의 수소원자가 일부만 치환한 것
③ 염기성염 : 염기의 수산기가 일부만 치환된 것
④ 복　　염 : 성분염의 이온이 생성염의 이온과 **같다**.
⑤ 착　　염 : 성분염의 이온이 생성염의 이온과 **다른** 염

> **참고**
> ※ 염의 종류
> • 정　　염 : NaCl(염화나트륨), $CaCl_2$(염화칼슘), Na_2SO_4(황산나트륨)·KNO_3(질산칼륨) 등
> • 산 성 염 : $NaHCO_3$(탄산수소나트륨)·$KHCO_3$(탄산수소칼륨) 등
> • 염기성염 : Ca(OH)Cl(하이드록시염화칼슘, 염화수산화칼슘)
> • 복　　염 : $KAl(SO_4)_2·12H_2O$(칼륨알루미늄명반) 등
> • 착　　염 : $K_4[Fe(CN)_6]$(시안화철(Ⅱ)산칼륨, 황혈염, 페로시안화칼륨) 등

(4) 염의 액성
① 중　　성 : NaCl(염화나트륨), $CaCl_2$(염화칼슘) 등

② 산　성 : NH₄Cl(염화암모늄), NaHSO₄(황산수소나트륨) 등
③ 염기성 : Na₂CO₃(탄산나트륨), NaHCO₃(탄산수소나트륨), Ca(OH)Cl(하이드록시염화칼슘) 등

> **참고**
> ※ 염의 액성
> • 중성 : 강산과 강염기의 염
> • 산성 : 강산과 약염기의 염, 이염기산인 강산과 강알칼리의 염
> • 알칼리성 : 강염기와 약산의 염, 이산염기인 강염기의 강산과의 염

적중 출제예상문제

산과 염기의 성질

① 다음 설명 중 산·염기의 어느 성질에도 해당되지 않는 것은 어느 것인가?

　　㉠ 신맛 또는 쓴맛을 가진다.
　　㉡ 촉감이 미끈미끈하다.
　　㉢ 수소 이온 농도가 10^{-7} 몰이다.
　　㉣ 리트머스를 붉게 변화
　　㉤ 전기의 부도체이다.
　　㉥ Zn과 반응하여 수소를 발생시킨다.

① ㉠㉢　　　　　② ㉢㉤
③ ㉡㉥　　　　　④ ㉣㉤

② 다음 중 산의 정의에 가장 부적당한 것은?
① 비공유 전자쌍을 받아 들이는 이온 또는 분자
② 비공유 전자쌍을 내놓는 이온이나 또는 분자
③ 수용액에서 옥소늄 이온을 낼 수 있는 분자 또는 이온
④ 플로톤을 낼 수 있는 분자 또는 이온

[해] • 산·염기의 성질 :
　㉠ 산·염기 ㉡ 염기
　㉢ 중성 ㉣ 산 ㉤ 비전해
　질 ㉥ 산
　　　　　　　답 ②

[해] • 산(루이스의 산·염기
설) : 비공유전자쌍을 받아
들이는 물질
　　　　　　　답 ②

③ 브뢴스테드(Brønsted)의 산·염기 개념으로 다음 반응에서 산에 해당되는 것은?

$$NH_3 + H_2O \rightleftarrows NH_4^+ + OH^-$$

① H_2O와 OH^-
② NH_3와 OH^-
③ H_2O와 NH_4^+
④ NH_3와 NH_4^+

해 · 염기 NH_3의 짝산= NH_4^+
(산 NH_4^+의 짝염기 NH_3)
· 산 H_2O의 짝염기= OH^-(염기 OH^-)의 짝산 H_2O
답 ③

④ NH_4^+의 짝염기는 다음 중 어느 것인가?
① NH_3
② NH_4OH
③ OH^-
④ H_2O

해 · 문제 3 해설 참조
답 ①

⑤ 다음 물질 가운데 1염기산은 어느 것인가?
① CH_3COOH
② H_2SO_4
③ $Fe(OH)_3$
④ $NaCl$

해 · 1염기산: 전리하여 1개의 H를 내는 것
$CH_3COOH \rightarrow CH_3COO^- + H^+$
답 ①

⑥ 2염기산으로부터 만들어진 염은 다음 중 어느 것인가?
① $CaCl_2$
② $Mg(OH)Cl$
③ $NaHCO_3$
④ $(CH_3COO)_2Ca$

해 · 2염기산: H_2CO_3 등
$NaOH + H_2CO_3 \rightarrow NaHCO_3 + H_2O$
답 ③

⑦ 다음 화합물 중 삼염기산에 해당되는 것은?
① HCl
② H_2SO_4
③ H_3PO_4
④ $Al(OH)_3$

해 · 3염기산: $H_3PO_4 \cdot H_3BO_3$ 등
답 ③

⑧ 다음 중 산소산이 아닌것은?
① HCl
② HNO_3
③ CH_3COOH
④ H_2SO_4

해 · 산소산: 산의 분자에 산소(O)가 포함된 산
답 ①

⑨ 산·염기 지시약 중 산에서의 색깔이 무색이고 염기에서의 색깔이 적색인 지시약은?
① 메틸레드
② 페놀프탈레인
③ 티몰블루
④ 에틸오렌지

해 · 페놀프탈레인: 산성·중성에서 무색을 염기에서 적색을 나타냄
답 ②

산성 산화물의 성질

⑩ 다음 보기 중 물에 녹아서 산이 되는 것은?

[보 기]
① CO_2 ② ZnO ③ CuO ④ Al_2O_3
⑤ CaO ⑥ SO_3 ⑦ CO ⑧ P_2O_5

① ②, ③
② ④, ⑤
③ ⑥, ⑧
④ ①, ⑦

해 · 산성 산화물: 비금속의 산화물로서 물에 녹아 산이 되는 것
※ ① 산 ② 불용성 ③ 염기 ④ 불용성 ⑤ 염기 ⑥ 산 ⑦ 불용성 ⑧ 산
답 ③

11 다음 산화물 중 산성 산화물은?
① Na_2O ② MgO
③ Al_2O_3 ④ P_2O_5

해 • 산성 산화물 : 비금속의 산화물

답 ④

12 끓는 물과 반응하여 인산을 만드는 물질은?
① P_4 ② PCl_3
③ P_2O_3 ④ P_2O_5

해 • $P_2O_5 + 3H_2O \rightarrow 2H_3PO_4$ (인산)

답 ④

13 비금속 산화물 중에서 물에 녹아 산이 되지 않는 것은?
① SO_3 ② SO_2
③ CO_3 ④ CO

해 • CO(일산화탄소) : 물에 불용성이다.

답 ④

염기성 산화물의 성질

14 다음 중 염기성 산화물인 것은?
① 삼산화황 ② 오산화질소
③ 이산화규소 ④ 산화제이철

해 • 염기성 산화물 : 금속의 산화물

답 ④

15 다음 중 염기의 산화물은?
① SiO_2 ② ZnO
③ CuO ④ SO_2

해 • 문제 14 해설 참조
 ※ ZnO : 양쪽성산화물

답 ③

16 염기성 산화물로만 되어 있는 항은?
① CO_2, SO_3, P_2O_5 ② Fe_2O_3, SO_2, MgO
③ CaO, CuO, Na_2O ④ Al_2O_3, N_2O_5, CaO

해 • 문제 14 해설 참조

답 ③

양쪽성 산화물의 성질

17 다음 수산화물 중 양쪽성을 나타내는 것은?
① $Ca(OH)_2$ ② $Al(OH)_3$
③ $Ba(OH)_2$ ④ $Mg(OH)_2$

해 • 양쪽성 금속
 Al · Zn · Sn · Pb 등

답 ②

18 양쪽성 수산화물이 아닌 것은?
① $Al(OH)_3$ ② $Zn(OH)_2$
③ $Sn(OH)_2$ ④ KOH

해 • 문제 17 해설 참조

답 ④

19 다음 화합물 중 NaOH 용액과 HCl 용액에 용해되는 물질은?
① Fe_2O_3 ② Cu_2O
③ Al_2O_3 ④ SiO_2

해 • 양쪽성 산화물 : 산(HCl)과 염기(NaOH)와 반응한다.

답 ③

⑳ 알루미늄, 아연 등이 다음 어느 물질과 접촉하면 가연성 기체를 발생할 수 있는가?
① 염화칼슘용액
② 과염소산 나트륨용액
③ 수산화나트륨
④ 과산화수소용액

해 · 문제 19 해설 참조
※ 수산화나트륨(NaOH)
답 ③

염의 성질

㉑ 염이란 무엇인가 다음 설명 중 가장 알맞은 것은?
① 소금과 같이 짠물질
② 물에 잘 녹는 물질
③ 산과 염이 중화할 때 생기는 물질
④ 금속과 산의 음이온이 결합한 물질

해 · 가장 올바른 정의 : 금속과 산의 음이온이 결합된 화합물
※ 예 : NaCl 등
답 ④

㉒ 금속산화물과 비금속산화물이 결합하여 생기는 화합물은?
① 염기
② 산
③ 산화물
④ 염

해 · 염 : 금속산화물(염기)과 비금속산화물(산)의 수용액이 혼합되면 염을 만든다.
답 ④

㉓ 다음 정염이 아닌 것은?
① HCl
② NaCl
③ KCl
④ $CaCl_2$

해 · 정염 : ① 산
②③④ 정염
답 ①

㉔ 황산암모늄(유안)의 분자식이 옳게 나타낸 것은?
① NH_3SO_4
② NH_4SO_4
③ $(NH_4)_2SO_4$
④ $NH_4(SO_4)_2$

해 · 유안(정염) : NH_4^+와 SO_4^{-2}의 결합
∴ $(NH_4)_2SO_4$
답 ③

㉕ 다음 염 중 가수분해되지 않는 염(Salt)은?
① $NaHCO_3$
② Na_2CO_3
③ NaCl
④ NH_4Cl

해 · NaCl은 강산과 강염기의 염으로 흡습성이 매우 강하여 가수분해하지 않는다.
답 ③

㉖ 산성염의 성질을 잘못 설명한 것은?
① 산성염의 수용액은 모두 산성이다.
② 산성염은 이염기산 이상의 다염기산의 염이다.
③ 산성염은 모두 수소를 포함하고 있다.
④ 산성염은 강염기와 반응하면 정염이 된다.

해 · 산성염의 액성 : 산성 및 염기성의 액성을 갖는다.
· $NaHSO_4$: 산성
· $NaHCO_3$: 염기성
답 ①

㉗ 다음은 인산의 칼슘염들이다. 이 중 옳지 못한 것은?
① $Ca(H_2PO_4)_2$
② $Ca(HPO_4)_2$
③ $CaHPO_4$
④ $Ca_3(PO_4)_2$

해 · 인산의 칼슘염 : 2수소염의 1염 $Ca(H_2PO_4)_2$, 1수소염의 2염 $Ca(HPO_4)_2 = CaHPO_4$, 정염의 3염 $Ca_3(PO_4)_2$
답 ②

㉘ $K_4[Fe(CN)_6] \cdot 3H_2O$의 분자식 이름은 다음중 어느 것인가?
① 시안화철(Ⅲ) 산칼륨
② 적혈염
③ 페리시안화 칼륨
④ 시안화철(Ⅱ)산칼륨

㉙ Fe^{3+}과 반응하여 청색 침전을 만드는 물질은 어느 것인가?
① KSCN
② NaOH
③ $K_3[Fe(CN)_6]$
④ $K_4[Fe(CN)_6]$

㉚ 다음 중 물에 녹아 산성을 나타내는 염은?
① KCN
② CH_3COONa
③ NH_4Cl
④ $NaHCO_3$

㉛ 다음 수용액의 액성이 산성인 것은?
① Na_2SO_4
② KNO_3
③ $KAl(SO_4)_2$
④ $(NH_4)_2CO_3$

㉜ 다음 염의 수용액 중에서 알칼리성인 것은?
① Na_2CO_3
② NH_4Cl
③ $BaCl_2$
④ $NaHSO_4$

㉝ 다음 물질의 수용액이 알칼리성을 나타내는 것은?
① $CuSO_4$
② NH_4Cl
③ $FeSO_4$
④ CH_3COONa

㉞ 다음 물질의 수용액이 중성인 것은?
① KCl
② NH_4Cl
③ CaO
④ KCN

㉟ 물에 녹았을 때 모두가 같은 액성을 나타내는 것들로 놓여 있지 않은 것은 어느 것인가?
① CaO, Na_2CO_3, KCN
② NH_4Cl, CO_2, P_2O_3
③ $MgCl_2$, KCl, Na_2O
④ NH_3, K_2CO_3, CH_3COONa

[해] • $K_4[Fe(CN)_6] \cdot 3H_2O$: 황혈염 · 시안화철(Ⅱ)산칼륨 · 페로시안화칼륨
[답] ④

[해] • 청색침전
• Fe^{+3} : $K_3[Fe(CN)_6]$
[답] ③

[해] • 산성의 액성 : 강산과 약염기의 염
※ HCl(강산), NH_4OH (약염기)
[답] ③

[해] • 문제 30 해설 참조
K_2SO_4(중성)+$Al_2(SO_4)_3$ (산성)+$24H_2O$→ $2(KAl(SO_4)_2 \cdot 12H_2O)$
[답] ③

[해] • 알칼리성의 액성 : 강염기와 약산의 염
※ NaOH(강염기), H_2CO_3 (약산)
[답] ①

[해] • 문제 32 해설 참조
※ CH_3COOH(약산), NaOH(강염기)
[답] ④

[해] • 중성 : 강산과 강염기의 염
※ KOH(강염기), HCl(강산)
[답] ①

[해] • 액성 : ① 염기 ② 산 ③ 산·염기 ④ 염기
[답] ③

◆ 유게실

◆ 원소의 이름이 갖는 의미
• $_{92}U$(우라늄) : 은백색의 방사성물질로 라틴어의 "천왕성"을 의미하는 Uranus라고 이름 붙여졌다.

12 전해질·비전해질 및 전리도

 전해질과 비전해질

(1) 전해질

일반적으로 **산·염기·염** 등이 물에 녹아서 **수용액**이 만들어졌을 때 **전기가 통한다**. 이와 같은 물질을 **전해질**이라 한다.

> 참고
> ※ 전해질
> • **강전해질**(전리도가 큰 물질) : **HCl**(염산)·**NaOH**(수산화나트륨)·**NaCl**(염화나트륨·소금) 등 **강산·강염기·수용성 염**
> • **약전해질**(전리도가 적은 물질) : CH_3COOH(초산)·NH_4OH(수산화암모늄) 등 **약산·약염기**

(2) 비전해질

설탕·포도당·에탄올(에틸알코올)·**글리세린**과 같은 물질의 수용액은 전기가 **통하지 않는다**. 이와 같은 물질을 **비전해질**이라 한다.

 전리도

(1) 전리설(이온설)

전해질은 수용액 중에 전리되어 있으므로 **전기가 통한다**는 학설

>
> ※ 전리설 : 1887년 스웨덴의 아레니우스가 제창한 학설
> • 전리 : 전해질이 수용액 중에서 **양이온과 음이온**으로 분리되는 현상
> ※ 전리현상
> • **HCl**(염산)의 전리 : $HCl \rightleftarrows H^+ + Cl^-$
> • H_2SO_4(황산)의 전리 : $H_2SO_4 \rightleftarrows 2H^+ + SO_4^{-2}$
> • **NaOH**(수산화나트륨)의 전리 : $NaOH \rightleftarrows Na^+ + OH^-$
> • **NaCl**(염화나트륨)의 전리 : $NaCl \rightleftarrows Na^+ + Cl^-$
> • $Al_2(SO_4)_3$(황산알루미늄)의 전리 : $Al_2(SO_4)_3 \rightleftarrows 2Al^{+3} + 3SO_4^{-2}$

(2) 전리도(α)

전해질을 물에 녹였을 때 전리되어 있는 양과 용질전체에 대한 비율

> **참고**
>
> ※ 전리도(α) = $\dfrac{\text{이온화된 용질의 몰 수}}{\text{용질의 전체 몰수}}$ = $\dfrac{\text{전리된 분자수}}{\text{전체의 분자수}}$ = $\dfrac{\text{전리된 질량}}{\text{전체의 질량}}$ = $\dfrac{\text{전리된 g당량수}}{\text{전체의 g당량수}}$
>
> ※ 같은 전해질의 전리도 크기
> - 같은온도일 경우 : 농도가 묽어지면 커진다.
> - 같은몰수가 녹아있는 경우 : 온도가 높아지면 커진다.

(3) 전리평형

약전해질(약산·약염기)의 수용액에서 전리된 이온과 전리되지 않은 분자 사이에 평형을 이루는 것

> **참고**
>
> ※ 전리평형상수(Ka)
>
> $CH_3COOH \rightleftarrows CH_3COO^- + H^+$ 에서 $Ka = \dfrac{[CH_3COO^-][H^+]}{[CH_3COOH]}$
> (초산)   (초산기)   (수소이온)
>
> - Ka : 일정온도에서는 일정하다. Ka값이 클수록 강전해질이다.
>
> ※ 강산·강염기의 묽은 용액 : 거의 전리하므로 전리평형은 없다.

(4) 용해도곱(용해도적, Ksp)

난용성염을 물에 넣어서 혼합하면 극히 일부녹아서 용액으로 된다. 이때 녹은 부분은 전부 전리하여 이온으로 된다. 이평형을 식으로 표시하여 구한 상수를 용해도곱이라 한다.

> **참고**
>
> ※ MA(고체) $\rightleftarrows$ M$^+$ + A$^-$ 에서 Ksp = [M$^+$] [A$^-$]
>
> - Ksp : 평행상수 $K = \dfrac{[M^+][A^-]}{[MA]}$ 에서 $k[MA] = [M^+][A^-]$ 이며 K[MA]은 고체 농도로서 그 값이 고정되므로 이것을 Ksp로 표시한다.
> - Ksp : 일정온도에서 일정하며, Ksp값이 클수록 잘 녹는다.

3 라울의 법칙

비휘발성·비전해질 물질의 묽은 용액에서 끓는점 오름과 어는점 내림은 용질의 종류에 무관하고 용매에 따라 결정되며 용질의 몰랄농도에 비례한다.

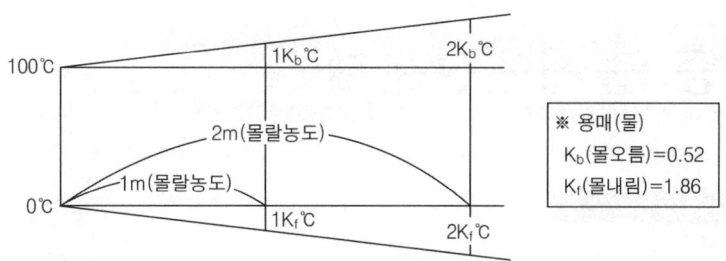

> ※ 참고
>
> ※ **비등점상승** : $\Delta T_b = K_b \times m$ 또는 $K_b \times \dfrac{W}{M}$ (W는 용매 1,000g 일 때의 질량, M은 분자량)
>
> • **분자량** : $M = \dfrac{W \cdot K_b}{\Delta T_b}$ 또는 $\dfrac{1000\omega K_b}{\Delta T_b \cdot a}$
>
> ※ **빙점강하** : $\Delta T_f = K_f \times m$ 또는 $K_f \times \dfrac{W}{M}$ (W는 용매 1,000g 일 때의 질량, M은 분자량)
>
> • **분자량** : $M = \dfrac{W \cdot K_f}{\Delta T_f}$ 또는 $\dfrac{1000\omega K_f}{\Delta T_f \cdot a}$
>
> ΔT_b : 끓는점 상승(온도차), ΔT_f : 어느점강하(온도차), K_b : 몰오름(상수), K_f : 몰내림(상수), m : 몰랄농도 W:용질의 질량(용매 1,000g에 대한 질량), M : 분자량, ω : 용질의 질량, a : 용매의 질량
>
> ※ **몰오름과 몰내림**
> • 용매 1,000g에 비전해질 1몰이 녹는 용액의 끓는점 상승도를 몰오름(분자상승)이라 하며, 어는점 강하도를 몰내림(분자강화)이라 한다.
>
> 예 물 1,000g에 포도당(분자량 180) 180g이 녹아서 만들어진 수용액은 100.52℃에서 끓고, -1.86℃에서 언다. 이 때 **끓는점은 0.52℃상승**하고, **어는점은 1.86℃ 강하**한다. 이 때 0.52, 1.86을 각각 물의 몰오름, 몰내림이라 한다.
>
> • 아래 표에서와 같이 몰오름이나 몰내림은 용매의 종류에 따라 다르다. 즉, 같은 1몰랄 농도라 할지라도 **용매의 종류**에 따라서 용액의 끓는점, 어는점이 **다르다**.
>
> [비점 상승도와 빙점 강하도]
>
> | 용 매 | 비 점(℃) | 분자상승(℃) | 용 매 | 빙 점(℃) | 분자강하(℃) |
> |---|---|---|---|---|---|
> | 물 | 100 | 0.52 | 물 | 0 | 1.86 |
> | 벤젠 | 80.1 | 0.57 | 벤젠 | 5.5 | 5.10 |
>
> ※ **전해질의 경우 몰오름과 몰내림** : 해리된 전해질의 수의 곱에 비례한다.
>
> 예 $CaCl_2 \rightleftarrows Ca^{+2} + 2Cl^- = 3$몰이온이므로 3곱 몰오름·몰내림

적중 출제예상문제

전해질 · 비전해질

1 그림과 같은 장치를 만들고 비커에 묽은 아세트산(CH_3COOH)을 담아 놓는다. 이 비커에 암모니아수를 조금씩 가하면 어떻게 되겠는가?
① 전구가 점점 밝아진다.
② 전구가 점점 어두워지다 밝아진다.
③ 아무 변화도 없다.
④ 전구가 어두워진다.

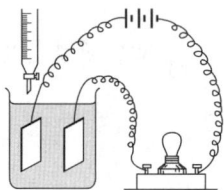

[해] · CH_3COOH와 NH_4OH(암모니아수)는 모두 약전해질로서 전기전도성이 작으며 중화반응으로 생긴 CH_3COONH_4은 강전해질로 전기전도성이 커진다.
[답] ①

2 "전해질은 수용액 속에서 그 일부분은 양이온과 음이온으로 해리하고, 해리하지 않은 부분과 평형상태에 있다"고 하는 전리설을 주장한 학자는?
① 프루스트   ② 반데르 발스
③ 코올라우스   ④ 아레니우스

[해] · 전리설 : 아레니우스
[답] ④

3 다음 중 어느 것에 의하여 용액의 전리도가 결정되는가?
① 생긴 전류의 양
② 전분자수에 대한 전리된 분자수
③ 용액속에 있는 분자
④ 생긴 자유전자의 양

[해] · 전리도 :
$$\frac{전리된 \ 분자수}{전체 \ 분자수}$$
[답] ②

4 전리도가 작아지는 경우는?
① 온도, 농도가 일정할 때
② 농도가 묽고 온도가 낮을 때
③ 온도가 높고 농도가 낮을 때
④ 농도가 진하고 온도가 낮을 때

[해] · 전리도의 크기 : 같은 온도에서 농도가 묽어지면 커지며 같은 몰수에서는 온도가 높아지면 커진다.
∴ 농도는 진하고 온도가 낮아지면 작아진다.
[답] ④

5 다음 상태 중에서 어떤 때 황산의 전리도가 가장 큰가?
① 농도가 진하고 온도가 낮다.
② 농도가 묽고 온도가 높다.
③ 황산과 염기가 중화할 때
④ 농도와 온도가 일정할 때

[해] · 문제 4 해설 참조
[답] ②

⑥ 다음 중 0.1M 수용액 중 가장 약한 산성을 나타내는 것은?
① H_2SO_3
② H_2CO_3
③ CH_3COOH
④ H_3PO_4

⑦ 모든 수용액에서 $Kw=[H^+]\cdot[OH^-]=10^{-14}$은 일정하다. 이때 물은 상온(25℃)에서 극히 적은 양이지만 이온화하여 평형을 이룬다. $H_2O \rightleftarrows H^+ + OH^-$, 이때 평형상수 K는?
① $K=\dfrac{[H^+][OH^-]}{[H_2O]}$
② $K=\dfrac{[H_2O]}{[H^+][OH^-]}$
③ $K=\dfrac{[OH^-]}{[H_2O][H^+]}$
④ $K=\dfrac{[H^+]}{[OH^-][H_2O]}$

⑧ 어떤 1가 산의 Ka가 다음과 같을 때 가장 약한 산은?

$$HA \rightarrow H^+ + A^-, \quad Ka=\dfrac{[H^+][A^-]}{[HA]} \quad (Ka : 산의\ 이온화상수)$$

① 1
② 10
③ 100
④ 1,000

⑨ 초산은[$Ag(CH_3COO)$] 포화수용액은 1 l 속에 0.05몰을 함유한다. 초산은의 전리도를 70%라 하면 이 물질의 용해도 곱은 얼마인가?
① 1.2×10^{-3}
② 1.8×10^{-3}
③ 1.3×10^{-4}
④ 1.9×10^{-4}

⑩ $BaSO_4$(분자량 233)는 25℃의 물 100m l에 0.233mg이 용해된다. 이때의 용해도적은 얼마인가?
① 1.0×10^{-10}
② 1.0×10^{-8}
③ 1.0×10^{-5}
④ 1.0×10^{-4}

라울의 법칙

⑪ 다음 물질 10g을 각각 1kg의 물에 녹였을 때 빙점 강하가 제일 큰 것은 어느 것인가?
① CH_3OH
② C_2H_5OH
③ C_3H_7OH
④ $C_6H_{12}O_6$

⑫ 0.1g의 포도당(분자량 180)을 물 10g에 녹인 용액의 어는점은 −0.103℃였다. 물의 몰빙점 강하는 얼마인가?
① 1.654
② 1.754
③ 1.854
④ 1.954

해 · 0.1M의 전리도 :
① 0.34 ② 0.0017
③ 0.013 ④ 0.27

답 ②

해 · 평형상수(Ka)
$Ka=\dfrac{[H^+][OH^-]}{[H_2O]}$

답 ①

해 · 평형상수(Ka) 값
Ka값이 클수록 강전해질이다.
∴ Ka값이 작은 것이 약산이다.

답 ①

해 · 용해도곱(Ksp)
$K_{SP}=[Ag^+][CH_3COO^-]$
에서
$K_{SP}=[5\times10^{-2}\times0.7][5\times10^{-2}\times0.7]=1.22\times10^{-3}$
∴ 1.2×10^{-3}

답 ①

해 · 용해도곱(용해도적)
100m l에 0.233mg은 1,000m l에 2.33mg이므로
· 몰수 $=\dfrac{2.33}{233\times10^3}$
$=1\times10^{-5}$ mol/l
∴ $K_{SP}=[1\times10^{-5}]^2=1\times10^{-10}$

답 ①

해 · 빙점강하 : 몰랄농도가 클수록 크다.
∴ 몰랄농도가 크려면 분자량이 작을 것
① 32 ② 46 ③ 60 ④ 180

답 ①

해 · 빙점강하 : 용매(물) 1,000g에 대한 질량은 10g
∴ $K_f=T_f \times \dfrac{M}{W}$
$=0.103\times\dfrac{180}{10}=1.854$

답 ③

⑬ 다음 화합물의 0.1M 수용액 중 어는점이 가장 낮은 것은 어느 것인가?
  ① 글리세린   ② 포도당
  ③ 염화칼슘   ④ 염화나트륨

해 · $T_f = K_f \times m$에서 m(몰수)이 클수록, 전해질일수록, 전리된 이온수가 많을수록 어는점은 낮아진다.
∴ $CaCl_2 = Ca^+ + 2Cl^- = $ 3개이온
답 ③

⑭ 다음 중에서 어는점이 가장 낮은 것은?
  ① $0.01M - C_6H_{12}O_6$ ② $0.1M - C_{12}H_{22}O_{11}$
  ③ $0.01M - NaCl$ ④ $0.1M - CaCl_2$

해 · 문제 13 해설 참조
답 ④

⑮ 물 1,000g에 설탕 1몰이 녹아 있는 용액의 끓는점은 100.5℃이다. 물 1,000g에 포도당 2몰이 녹아 있는 용액의 끓는점은 다음 중 어느 것인가?
  ① 100.5℃   ② 101.5℃
  ③ 101.0℃   ④ 102.0℃

해 · $\Delta T_b = 100.5 - 100 = 0.5$
※ $\Delta T_b = K_b = 0.5$, $2\text{mol} \times 0.5 = 1℃$
∴ bp(끓는점): 100+1=101℃
답 ③

⑯ 어느 화합물 6g을 60g의 벤젠에 넣었을 때 그 어는점이 4℃ 내렸다. 이 화합물의 분자량을 구하면? (단, 벤젠의 어는점내림 상수는 5.10이다)
  ① 36.6   ② 112.4
  ③ 78.1   ④ 127.5

해 · 분자량
$M = \dfrac{1000\omega \cdot K_f}{\Delta T_f \cdot a}$에서
$M = \dfrac{1000 \times 6 \times 5.1}{4 \times 60} = 127.5$
답 ④

⑰ 어느 물질 0.75g을 물 56g에 녹여 끓는점 상승도를 측정하니 0.075℃이었다. 이 물질의 분자량은 얼마인가?(단, 물의 비등점 상승은 0.52℃이다)
  ① 32.06   ② 63.54
  ③ 87.62   ④ 92.86

해 · 분자량
$M = \dfrac{1000\omega \cdot K_b}{\Delta T_b \cdot a}$에서
$M = \dfrac{1000 \times 0.75 \times 0.52}{0.075 \times 56} = 92.857$
답 ④

⑱ 어떤 비전해질 12g을 물 60.0g에 녹였다. 이 용액이 -1.88℃의 빙점 강하를 보였을 때 이 물질의 분자량을 구하면?(단, 물의 k_f=1.86, ΔT_f=1.88임)
  ① 297   ② 202
  ③ 198   ④ 16.5

해 · 분자량
$M = \dfrac{1000\omega \cdot K_f}{\Delta T_f \cdot a}$에서
$M = \dfrac{1000 \times 12 \times 1.86}{1.88 \times 60} = 197.87$
답 ③

⑲ 황산칼륨이 묽은 수용액의 끓는점 오름은 같은 몰농도의 설탕수용액이 나타내는 끓는점 오름보다 약 몇 배나 더 큰가?
  ① 2배   ② 3배
  ③ 4배   ④ 5배

해 · 전해질의 끓는점오름 : 전해질의 이온수에 비례한다.
$K_2SO_4 = 2K^+ + SO_4^{-2} = $ 3이온=3배
답 ②

13 중화적정과 pH(수소이온지수)

1 중화적정

농도를 알고 있는 **산** 또는 **염기**의 용액을 써서 **농도를 모르는** 일정량의 **산**이나 **염기**의 **농도를** 결정하는 정량적 방법으로 산과 염기의 **중화**는 **당량 대 당량**으로 일어나며 산과 염기의 **g당량수**가 같아야 **완전 중화**(산 + 염기 → 염 + 물)가 일어난다.

(1) 산과 염기의 중화
$$NV = N'V'$$ N : 노르말농도, V : 부피

(2) 동일 성질의 용액이 혼합되었을 때의 중화
$$NV + N'V' = N''V''$$ (산+산=혼합산)

(3) 중화적정에 사용되는 실험기구
피펫, 뷰렛, 메스플라스크, 삼각플라스크

> **참고**
> ※ 실험기구의 용도
> • **피펫** : **일정량의 액체**를 취할 때 쓰임
> • **뷰렛** : **중화적정**에 필요한 용액을 **일정량 측정**할 때 쓰이며, 직접 중화적정에 이용된다.
> • **메스플라스크** : **표준용액**을 만들 때 쓰임
> • **삼각플라스크** : **피검액**을 담는 데 쓰임

(4) 지시약
중화적정시 **중화점**을 알아내기 위해서 **pH값**에 따라서 **색이 변하는 색소**를 이용하는데, 이 색소를 **지시약**이라 한다.

지 시 약	산성〈중성〉알칼리성	변색범위	중화적정
메틸오렌지(M.O)	적색〈황색〉황색	3.1~4.4	**강산**·**약염기**의 적정
메틸레드(M.R)	적색〈주황〉황색	4.2~6.3	**강산**·**약염기**의 적정
티몰블루(T.B)	적색〈황색〉황색	1.2~2.8	**강산**의 적정
리트머스	적색〈보라〉청색	5.0~10.0	사용하지 않음
페놀프탈레인(P.P)	무색〈무색〉적색	8.3~10.0	**약산**·**강염기**의 적정

> **참고**
> ※ 산·염기의 확인법 : 리트머스시험지 사용
> • 산 : 청색리트머스 시험지를 적색으로 변색시킨다.
> • 염기 : 적색리트머스 시험지를 청색으로 변색시킨다.
> ※ 중화곡선

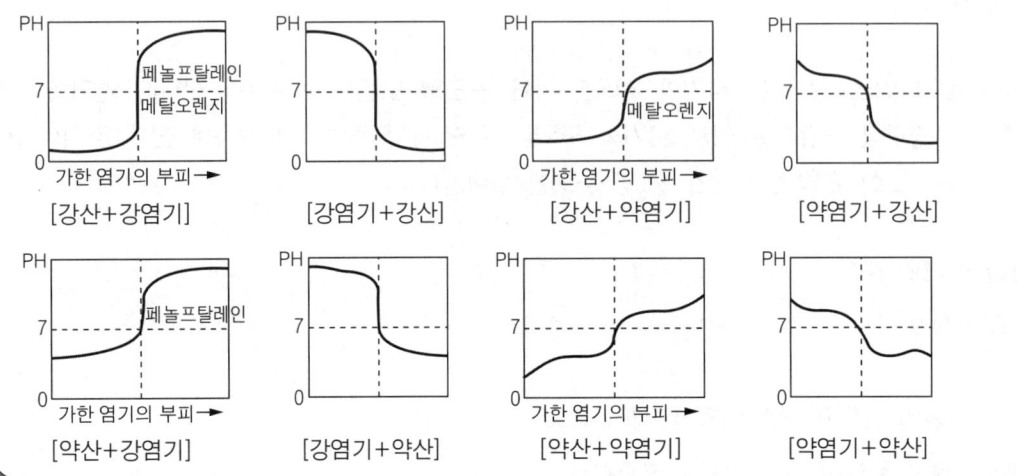

(5) 완충용액

① 약산에 그 염을 혼합시킨 용액(완충용액) : 강산을 소량첨가해도 PH의 변화가 그다지 없는 용액
② 약염기에 그 염을 혼합시킨 용액(완충용액) : 강염기를 소량첨가 해도 PH의 변화가 그다지 없는 용액

> **참고**
> ※ 완충용액
> • 산성의 완충용액 : CH_3COOH(초산) + CH_3COONa(초산나트륨)
> • 염기성의 완충용액 : NH_4OH(수산화암모늄) + NH_4Cl(염화암모늄)
> ※ 완충용액의 용도
> • 피검액의 안정제 • pH측정 비교표준액

2 수소이온 농도와 pH

(1) 수소이온 농도

1 l 중에 존재하는 H^+의 몰수(g ion수)를 그 수용액의 **수소이온 농도**라 하며 $[H^+]$로 표시하고 OH^- 의 몰수(g ion 수)를 그 수용액의 **수산이온 농도**라 하며 $[OH^-]$로 표시한다.

참고

※ 25°C에서 순수 물의 이온농도
- $[H^+] = 10^{-7}$ mol/l (g ion/l)
- $[OH^-] = 10^{-7}$ mol/l (g ion/l)

(2) 물의 이온적

25°C에서 측정한 $[H^+]$와 $[OH^-]$은 각각 10^{-7}이며, 이것을 곱한 값을 물의 이온적이라 하고 K_w로 나타낸다.

참고

$K_w = [H^+][OH^-] = 10^{-7} \times 10^{-7} = 10^{-14}$

(3) 수소이온 지수(pH)

수소이온 농도의 역수를 상용대수로 나타낸 값을 수소이온 지수라 하며 pH로 표시한다.

$$pH = \log \frac{1}{[H^+]} = -\log [H^+]$$

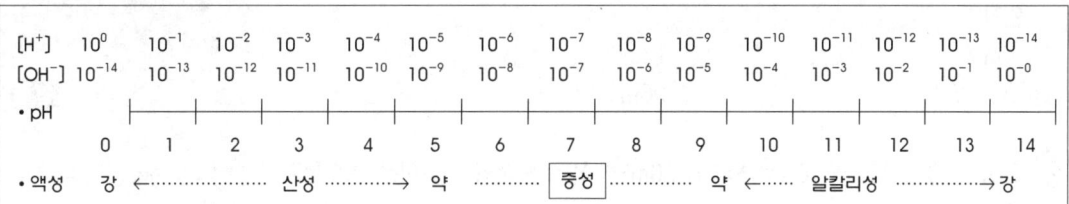

[수소이온 농도 또는 수산이온 농도와 pH의 관계]

HCl 용액			NaOH 용액		
HCl의 규정 농도	$[H^+]$ g이온/l	PH	NaOH의 규정 농도	$[OH^-]$ g이온/l	PH
0.1	10^{-1}	1	0.1	10^{-1}	13
0.01	10^{-2}	2	0.01	10^{-2}	12
0.001	10^{-3}	3	0.001	10^{-3}	11
0.0001	10^{-4}	4	0.0001	10^{-4}	10

참고

※ 산성 용액을 무한히 묽게 할 때
   pH 5와 같은 산성 용액을, 순수 물로써 1,000배로 묽히면 이론적으로는 pH = 8이 되어야 하나, 실질적으로는 pH = 7에 가까운 값이 되고, pH = 7을 넘지 못한다.

적중 출제예상문제

중화적정

1 다음 반응식 중 중화반응이라고 생각되는 것은?
① $2CH_3OH + 2Na \rightarrow 2CH_3ONa + H_2$
② $CH_3COOH + C_2H_5OH \rightarrow CH_3COOC_2H_5 + H_2O$
③ $CH_3COOH + NaOH \rightarrow CH_3COONa + H_2O$
④ $C_2H_5OH + HNO_3 \rightarrow C_6H_4(NO)_2OH + H_2O$

[해] · 중화반응 : 산과 염기의 반응
※ 산 : CH_3COOH
※ 염기 : $NaOH$
[답] ③

2 0.2N의 산 10ml를 중화시키는 데 11.4ml의 염기용액이 소비되었다. 이 염기의 노르말농도는 얼마인가?
① 0.160N   ② 0.175N
③ 0.570N   ④ 0.805N

[해] · 중화 : $NV=N'V'$
$0.2 \times 10 = N' \times 11.4$
∴ $N'=0.175N$
[답] ②

3 2몰의 황산용액 24ml와 중화할 수 있는 8N 수산화나트륨 용액은 몇 ml인가?
① 6ml   ② 12ml
③ 24ml   ④ 96ml

[해] · 중화 : $NV=N'V'$
황산2몰=4노르말(N)
$4 \times 24 = 8 \times V'$
∴ $V'=12ml$
[답] ②

4 0.2M H_2SO_4 50ml와 0.2M NaOH 50ml을 섞은 용액의 수소이온 농도는?
① 0.1M
② 0.2M
③ 0.3M
④ 0.4M

[해] · 중화하고 남은 용액 :
※ 0.2M-H_2SO_4=0.4N
※ 0.2M-NaOH=0.2N
※ $0.4 \times \chi = 0.2 \times 50$
χ =0.4N-H_2SO_4 25ml
※ $0.4 \times 25 = \chi \times 100$
χ =0.1N(섞은 용액의 농도)
∴ 0.1N=수소이온농도 0.1M
[답] ①

5 0.2N HCl 100ml를 중화하는데 필요한 NaOH 무게는?
① 0.4g   ② 0.8g
③ 1.6g   ④ 4g

[해] · $NV=N'V'$에서
$0.2 \times 100 = 1 \times V'$
$V=20ml$
NaOH1g 당량= 40g
∴ $40 \times 20/1000 = 0.8g$
[답] ②

6 NaOH 2g을 물에 녹여 2N-HCl 용액으로 중화시키는데(단, NaOH=40) 필요한 HCl은 몇 ml인가?
① 100   ② 75
③ 50   ④ 25

[해] · NaOH 2g
=0.05N(1000ml)
※ $NV=N'V'$에서
$0.05N \times 1000ml = 2N \times \chi$
∴ $\chi=25ml$
[답] ④

⑦ 공업용 가성소다의 순도를 알고자 4.0g 을 물에 용해시켜 1ℓ로 하고 그 중에서 25㎖를 취하여 0.1N H_2SO_4로 중화시키는데 20㎖가 소요되었다. 이 가성소다의 순도는 몇 %인가? (단, 원자량은 Na=23, S=32, H=1, O=16)
① 60%   ② 70%
③ 80%   ④ 90%

[해] · NaOH 4g 함유
1,000㎖ 용액 : 0.1N
※ NV=N'V'에서
$0.1 \times 25 = 0.1 \times 20$이므로
∴ 용액의 순도: $\frac{20}{25} \times 100$
= 80%
답 ③

⑧ 일정량의 산용액을 중화시키는 데 필요한 알칼리용액의 노르말농도와 부피 사이의 관계를 나타낸 그래프는?

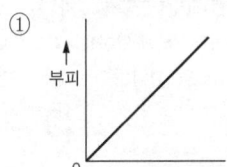
①

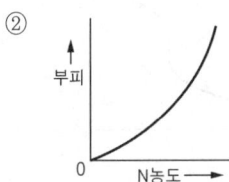
②

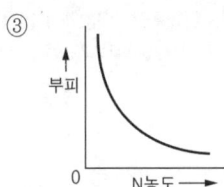
③

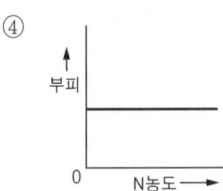
④

[해] · 중화에 사용되는 용액
※노르말농도가 크면 부피는 적게 된다.
∴ 노르말농도와 부피는 반비례
답 ③

⑨ 실험에서 5㎖의 용액을 취하려면 어느 기구를 이용하는가?
① 메스실린더   ② 비커
③ 피펫   ④ 뷰렛

[해] · 피펫 : 소량의 액체를 취할 때 쓰임.
답 ③

⑩ 초산 10㎖를 피펫으로 취하여 증류수로 희석하여 정확히 250㎖를 만들 때 사용되는 실험기구는?
① 비커   ② 메스플라스크
③ 데시케이터   ④ 뷰렛

[해] · 메스플라스크 : 250㎖, 500㎖, 1,000㎖ 등 용량이 큰 용액의 양 측정에 사용
답 ②

⑪ 중화적정을 할 때 적정용 표준용액을 취하여 넣는 실험기구는?
① 메스실린더   ② 삼각플라스크
③ 뷰렛   ④ 메스플라스크

[해] · 뷰렛 : 유리기구의 밑부분에 콕이 있어 적정용 표준용액의 양을 조절하는 기구
답 ③

⑫ 다음 중 지시약으로 쓸 수 없는 것은?
① 메틸오렌지   ② 페놀프탈레인
③ 메틸에터   ④ 브로모크레졸그린

[해] · 메틸에터 : 제4류 위험물
답 ③

⑬ 다음 지시약 중 변색범위가 pH 8~10인 것은?
① 메틸오렌지   ② 메틸레드
③ 리트머스   ④ 페놀프탈레인

[해] · 변색범위 : ① 3.1~4.4
② 4.2~6.3   ③ 5~10
④ 8.2~10
답 ④

⑭ 수산화나트륨의 묽은 수용액을 삼각프라스크에 넣고 지시약으로 페놀프탈렌인 용액을 가한 후 삼각프라스크를 잘 흔들면서 묽은 염산을 떨어뜨리며, 중화실험을 하였다. 이 수용액의 색은 어떻게 변하겠는가?
① 적색 → 무색
② 청색 → 적색
③ 청색 → 무색
④ 적색 → 청색

[해] • 페놀프탈레인(P.P) : 염기와 적색을 나타내며 산으로 중화되면 무색이 된다.
[답] ①

⑮ 다음 그림은 어떤 산과 염기의 중화적정 곡선인가?
① $CH_3COOH + NH_3(aq)$
② $HCl + NaOH$
③ $CH_3COOH + NaOH$
④ $HCl + NH_4OH$

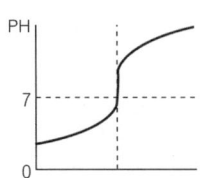

[해] • 중화적정 : 좌측약산(pH 7에 가깝다), 우측강염기(pH 7에서 멀다)
※ CH_3COOH(약산), $NaOH$(강염기)
[답] ③

⑯ 중화적정에 사용되는 완충용액의 용도는?
① 피검액의 안정제
② 적정용 표준용액 대용
③ 중화적정시 시험기구의 파손방지
④ 지시약

[해] • 완충용액 : 피검액의 안정제, pH측정 비교 표준액
[답] ①

⑰ 산성의 완충용액으로 쓰이는 것은?
① $CH_3COOH + NH_4Cl$
② $NH_4OH + NH_4Cl$
③ $CH_3COONa + NH_4OH$
④ $CH_3COOH + CH_3COONa$

[해] • 산성의 완충용액 : 약산과 그의 염
$CH_3COOH + CH_3COONa$
[답] ④

⑱ 염기성의 완충용액으로 쓰이는 것은?
① $NH_4OH + NH_4Cl$
② $CH_3COOH + CH_3COONa$
③ $NH_3 + HCl$
④ $NH_4OH + HCl$

[해] • 염기성의 완충용액 : 약염기와 그의 염
$NH_4OH + NH_4Cl$
[답] ①

수소이온 농도와 pH

⑲ 상온에서 $1\,l$ 의 순수한 물이 전리되었을 때 그 속의 H^+과 OH^-은 각각 얼마나 존재하는가?
① $1.000 \times \dfrac{1}{18}g$, $1.000 \times \dfrac{17}{18}g$
② $1.008 \times 10^{-7}g$, $17.008 \times 10^{-7}g$
③ $18.016 \times 10^{-7}g$, $18.016 \times 10^{-7}g$
④ $1.008 \times 10g$, $17.008 \times 10^{-14}g$

[해] • 물의이온적
$[H^+] : 1.000 \times 10^{-7}g$
$[OH^-] : 17.008 \times 10^{-7}g$
[답] ②

20 pH 5인 산성수용액을 물로서 1,000배 묽게 한 용액의 pH는 다음 어느 것에 가까운가?
① pH=8
② $5 < pH < 7$
③ pH=2
④ $2 < pH < 5$

해 • 희석용액 : pH 5(산성)을 1,000 묽히면 pH 7에 가까워 진다.
∴ $5 < pH < 7$
답 ②

21 pH 2인 수용액의 $[H^+]$는 pH 6의 $[H^+]$의 몇 배에 해당되는가?
① 3배
② 1/3배
③ 10,000배
④ 1/10,000배

해 • $pH\,2=10^{-2}$, $pH\,6=10^{-6}$
∴ 차이 : $10^4=10,000$
답 ③

22 0.1N-HCl 10ml를 물로 희석하여 100ml로 하면 pH는 얼마나 되는가?
① 1
② 2
③ 3
④ 4

해 • HCl의 $[H^+]$농도
$0.1N \times 10ml = 0.01N \times 100ml$
∴ $0.01N = [10^{-2}]$g 이온/l = pH2
답 ②

23 HCl-0.01N 수용액의 pH는 얼마인가?
① 1
② 2
③ 3
④ 4

해 • 문제 22 해설 참조
답 ②

24 0.001M의 HCl 용액의 pH는?
① 2
② 3
③ 4
④ 6

해 • HCl의 $[H^+]$농도
※$[H^+]$: 0.001M=0.001N
$=[10^{-3}]$g 이온/l =PH3
답 ②

25 0.01M-HCl 용액의 $[OH^-]$ 농도는 얼마인가?
① 10^{-2}g 이온/l
② 10^{-7}g 이온/l
③ 10^{-12}g 이온/l
④ 10^{-13}g 이온/l

해 • HCl의 $[OH^-]$ 농도
※$[H^+]$: 0.01M=0.01N
$=[10^{-2}]$g 이온/l
※$[10^{-2}] \times [OH^-] = [10^{-14}]$
∴ $[OH^-] = 10^{-12}$
답 ③

26 0.004M-HCl의 pH는 얼마인가? (단, log 4=0.60)
① 1.4
② 2.4
③ 3.4
④ 4.4

해 • $[H^+]$: 0.004M= $0.004N=[10^{-3} \times 4]$
※ $pH = \log \dfrac{1}{[10^{-3} \times 4]} = -\log[10^{-3} \times 4] = 3 - \log 4 = 3 - 0.6 = 2.4$
답 ②

27 0.1M-NaOH 용액의 pH는 얼마인가?
① 1
② 4
③ 9
④ 13

해 • NaOH의 $[OH^-]$농도
※$[OH^-]$: 0.1M=0.1N
$=[10^{-1}]$g 이온/l
※$[10^{-1}] \times [H^+] = [10^{-14}]$
∴$[H^+]=[10^{-13}]$=pH13
답 ④

28 0.001N-KOH의 pH는 얼마인가?
① 3
② 8
③ 11
④ 13

해 • KOH의 $[OH^-]$ 농도
※$[OH^-]$: $0.001N=[10^{-3}]$g 이온/l
※$[10^{-3}] \times [H^+] = [10^{-14}]$
∴$[H^+]=[10^{-11}]$=pH11
답 ③

29 0.2N–HCl 400ml와 0.1N–NaOH 600ml가 중화된 용액의 pH는?
① 2
② 2-log2
③ 2+log2
④ 2×log2

해 · NV=N'V'에서 소요된
HCl : $0.2 \times V = 0.1 \times 600$
V=300ml
※ 남은 HCl 용액 : 0.2N 100ml
=0.02N 1,000ml
※ $[H^+]$: $0.02N = [10^{-2} \times 2]$
pH=2-log2

답 ②

30 다음 중 산성이 가장 강한 것은?
① 0.1M HCl
② $[H^+]=10^{-3}$
③ pH 4
④ $[OH^-]=10^{-1}$

해 · $[H^+]$가 가장 큰 것:
① $[10^{-1}]$ ② $[10^{-3}]$
③ $[10^{-4}]$ ④ $[10^{-13}]$

답 ①

31 1N–CH₃COOH의 전리도는 0.2%이다. 이 용액의 pH는 얼마인가?
(단, log 2=0.3)
① 2.3
② 2.7
③ 3.7
④ 4.3

해 · $[H^+]$: $1N \times 0.2\% = 0.002$
$= [10^{-3} \times 2]$
※ pH=$\log \dfrac{1}{[10^{-3} \times 2]}$=
$=-\log[10^{-3} \times 2] = 3-\log 2 = 3-0.3 = 2.7$

답 ②

32 0.1N HCl 100ml에 0.32g의 수산화나트륨을 넣고 물에 부어 1l로 한 용액의 pH값은 약 얼마인가? (단, 원자량은 H=1, Cl=35.5, Na=23, O=16)
① 1.7
② 2.7
③ 3.7
④ 4.7

해 · 0.1N–HCl 100ml 중 HCl의 양 : 0.365g
※ 투입된 NaOH : 0.32g= 0.008N, 중화되는 HCl 0.008N =0.292g
※ 남은 HCl의 양 : 0.365g-0.292g=0.073g
※ HCl 0.073g=0.002N= $[10^{-3} \times 2]$ 수소이온농도
※ log2=0.3
∴ pH=3-0.3=2.7

답 ②

> 휴게실

◆ **나라 이름이 붙은 원소**
- ₂₁Sc(스칸듐) : 스웨덴의 라틴어 이름(Scandia)
- ₃₂Ge(게르마늄) : 독일의 라틴어 이름(Gemaria)
- ₄₄Ru(루테늄) : 러시아의 라틴어 이름(Ruthenia)
- ₆₃Eu(유로퓸) : 유럽(Europe)
- ₈₄Po(폴로늄) : 폴란드(Poland)의 국명
- ₈₇Fr(프란슘) : 프랑스(France)의 국명
- ₉₅Am(아메리슘) : 미국(America)의 국명

14 산화 · 환원

산화와 환원

산화와 환원은 동시에 일어난다.

- ※ 산화
  - 산소와 화합하는 것
  - 수소를 잃는 것
  - 전자를 잃는 것
  - 산화수가 증가하는 것
- ※ 환원
  - 산소를 잃는 것
  - 수소를 얻는 것
  - 전자를 얻는 것
  - 산화수가 감소하는 것

(1) **산소와의 관계** : 어떤 물질이 **산소와 결합**(산화)하거나 산소가 포함된 화합물에서 **산소를 잃는**(환원) 현상

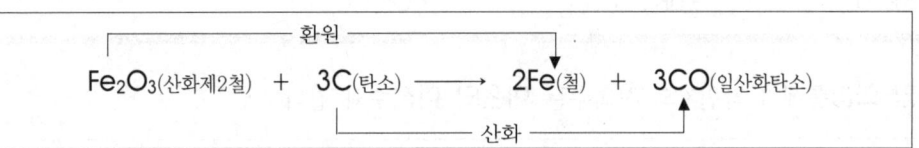

$$Fe_2O_3(\text{산화제2철}) + 3C(\text{탄소}) \longrightarrow 2Fe(\text{철}) + 3CO(\text{일산화탄소})$$

(2) **수소와의 관계** : 어떤 수소화합물에서 **수소를 잃거나**(산화) **수소와 결합**(환원)하는 현상

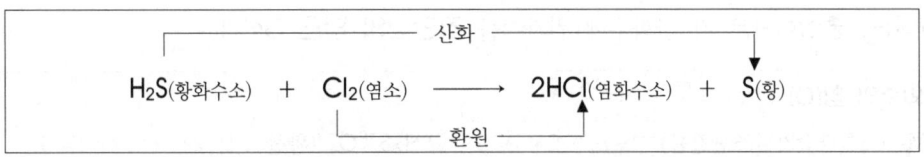

$$H_2S(\text{황화수소}) + Cl_2(\text{염소}) \longrightarrow 2HCl(\text{염화수소}) + S(\text{황})$$

(3) **전자와의 관계** : 어떤 원자가 **전자를 잃거나**(산화) **전자를 얻는**(환원) 변화

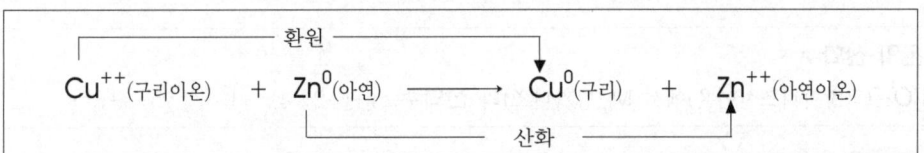

$$Cu^{++}(\text{구리이온}) + Zn^0(\text{아연}) \longrightarrow Cu^0(\text{구리}) + Zn^{++}(\text{아연이온})$$

(4) **산화수와의 관계** : 어떤 원자의 **산화수가 증가**(산화)하거나 **산화수가 감소**(환원)하는 현상

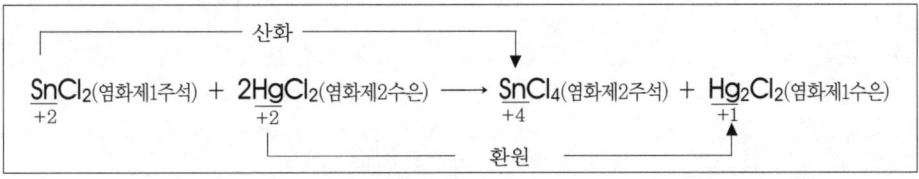

$$\underset{+2}{SnCl_2}(\text{염화제1주석}) + \underset{+2}{2HgCl_2}(\text{염화제2수은}) \longrightarrow \underset{+4}{SnCl_4}(\text{염화제2주석}) + \underset{+1}{Hg_2Cl_2}(\text{염화제1수은})$$

2 산화수

화합물을 구성하는 **각 원소의 원자가**에 (+)(−)부호를 붙인 것으로 각 원자에 대한 **산화·환원** 상태를 **각 원소의 단체를 기준**으로 산화·환원을 숫자로 표시한 것.

(1) 단체 중의 원자의 산화수는 0이다.

> ※ 단체의 산화수 : H_2^0, O_2^0, O_3^0, N_2^0, Cl_2^0, Cu^0, Zn^0, Fe^0 등

(2) 화합물에서 O(산소)의 산화수는 −2, H(수소)의 산화수는 +1이며, **과산화물**에 있어서 O(산소)의 산화수는 −1이며, **수소화합물**에서 H(수소)의 산화수는 −1이다.

> **참고**
> ※ 산소와 수소의 기본산화수 : H_2O에서 H^+O^{-2}
> ※ 예외사항(전자를 세게 끄는 쪽이 −이다)
> • H_2O_2 : H^+O^- • LiH : Li^+H^- • OF_2 : $O^{+2}F^-$

(3) **이온결합 화합물**에서 각원자의 산화수는 **이온의 하전수**와 같다.

> ※ 이온화합물의 산화수 : • NaCl : $Na^+\ Cl^-$ • $MgCl_2$: $Mg^{+2}\ Cl^-$ • $AlCl_3$: $Al^{+3}Cl^-$ 등

(4) **모든 분자는 중성**이므로 각 산화수에 원자수를 **곱한값의 합**은 0이다.

> ※ 산화수의 합(0)
> • $K^+Mn^{+7}O_4^{-2}$(과망가니즈산칼륨) : 1+7+(−2×4)=0   • $H_2^+S^{+6}O_4^{-2}$(황산) : 1×2+6+(−2×4)=0

(5) **이온의 산화수**는 각 산화수에 원자수를 **곱한값의 합**이 그 이온의 산화수이다.

> ※ 이온의 산화수
> • MnO_4^-(과망가니즈산이온)에서 M_n(망가니즈)의 **산화수** : χ+(−2×4)=−1 ∴ χ=−1+8=+7

산화제와 환원제

다른 물질을 산화시키고 자신은 환원되는 물질을 **산화제**라 하며, 다른 물질을 환원시키고 자신은 산화되는 물질을 **환원제**라 한다.

※ 산화제와 환원제의 산화·환원반응

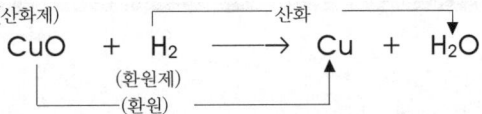

- 산화제와 환원제 : 반응물질 중에만 있고 생성물질 중에는 없다.

(1) 산화제가 되는 조건

① 산소를 내기 쉬운 물질 : H_2O_2 ($2H_2O_2 \rightarrow 2H_2O + O_2$)
② 발생기산소를 내기 쉬운 물질 : O_3 ($O_3 \rightarrow O_2 + [O]$)
③ 수소와 **결합**하기 쉬운 물질 : Cl_2 ($Cl_2 + H_2 \rightarrow 2HCl$)
④ 전자를 받기 쉬운 물질 : MnO_4^- ($MnO_4^- + 8H^+ + 5\bar{e} \rightarrow Mn^{+2} + 4H_2O$)

※ 산화제 구분방법
- 물질의 이름 앞에 "과"가 붙는 것 : H_2O_2(과산화수소)·$KMnO_4$(과망가니즈산칼륨)
- 비금속성이 강한 단체 : Cl_2, Br_2(할로젠원소로 된 단체)·O_2(산소) 등
- 산소산 : H_2SO_4(진한것)·HNO_3(진한 것, 묽은 것)·$HClO_4$(과염소산) 등
- 제2화합물 : $HgCl_2$(염화제2수은)·$SnCl_4$(염화제2주석)·Fe_2O_3(산화제2철)·CuO(산화제2구리) 등
- 산소를 내기 쉬운 물질 : O_3(오존)·MnO_2(이산화망가니즈)·$K_2Cr_2O_7$(다이크로뮴산칼륨) 등

(2) 환원제가 되는 조건

① 수소를 내기 쉬운 물질 : H_2S ($H_2S \rightarrow H_2 + S$)
② 발생기 수소를 내기 쉬운 물질 : $(COOH)_2$ [$(COOH)_2 \rightarrow 2CO_2 + 2H$]]
③ 산소와 **결합**하기 쉬운 물질 : SO_2 ($2SO_2 + O_2 \rightarrow 2SO_3$)
④ 전자를 잃기 쉬운 물질 : H_2SO_3 ($H_2SO_3 + H_2O \rightarrow SO_4^{-2} + 4H^+ + 2e^-$)

> **참고**
> ※ 환원제 구분방법
> - 물질의 이름 앞에 "아"가 붙는 것 : H_2SO_3(아황산)·Na_2SO_3(아황산나트륨) 등
> - 금속성이 강한 단체 : K(칼륨)·Ca(칼슘)·Na(나트륨)·Mg(마그네슘)·Al(알루미늄)등
> - 비산소산 : H_2S(황화수소산)·HBr(브로민화수소산)·HI(아이오딘화수소산) 등
> - 제1화합물 : Hg_2Cl_2(염화제1수은)·$SnCl_2$(염화제1주석)·FeO(산화제1철)·$FeSO_4$(황산제1철)등
> - 산소와 결합하기 쉬운물질 : H_2(수소)·C(탄소)·CO(일산화탄소)·HCHO(포름알데하이드)·SO_2(이산화황) 등

(3) 산화제도 되고 환원제도 되는 물질

① H_2O_2(과산화수소) : 산화제이나 자신보다 산화력이 강한 $KMnO_4$(과망가니즈산칼륨)·MnO_2(이산화망가니즈)·$K_2Cr_2O_7$(다이크로뮴산칼륨)등의 **산성용액에서는 환원제**로 쓰인다.

② SO_2(이산화황) : 환원제이나 자신보다 환원력이 강한 H_2S(황화수소)와 반응할 때는 **산화제**로 쓰인다.

(4) 산화제와 환원제의 당량

① 수소(1)·산소(8)을 **받아들이거나 방출**하는 산화제와 환원제의 양

> [예] $KMnO_4$(과망가니즈산칼륨·산화제)의 **당량**, (분자량 158)
> $$2KMnO_4 \rightarrow K_2O + 2MnO + 5[O]$$
> 2×158 : 5×16
> χ : 8
> $\therefore \chi = \dfrac{2 \times 158 \times 8}{5 \times 16} = 31.6$

② 산화수(1) 또는 전자 1mol의 이동에 해당하는 산화제 또는 환원제의 양

> [예] HNO_3(질산·산화제)의 **당량**, (분자량 63)
> $$NO_3^- + 4H^+ + 3\bar{e} \rightarrow NO + 2H_2O$$
> ※ 전자(e) 3몰이 이동하므로 당량 = $\dfrac{63}{3}$ = 21
> ∴ 산화제로서 HNO_3의 1mol의 당량=3당량, 1당량=21

적중 출제예상문제

산화와 환원

① 다음 산화와 환원을 설명한 것 중 틀린 사항은?
① 산소와의 화합물로부터 산소를 빼앗는 화학변화를 환원이라 한다.
② 산소와 화합하는 것을 산화라 한다.
③ 전자를 잃는 변화를 산화라 한다.
④ 산화와 환원은 각각 단독으로 일어난다.

② 다음은 산화에 대한 설명인데 이 중 틀린 것은?
① 산소와 결합하는 것
② 원자가 산화수가 증가된 상태
③ 원자가 전자를 잃는 상태
④ 수소와 결합하는 것

③ 다음 설명 중 환원작용에 해당되는 것은 어느 것인가?
① 양이온의 하전(이온가)이 증가한 것
② 음이온의 하전(이온가)이 감소하는 것
③ 전자를 잃어버리거나 수소 화합물이 수소의 일부 또는 전부를 잃을 때
④ 산소를 잃든지 전자를 얻을 때

④ 산화, 환원 반응에서 환원제가 되기 위한 조건은?
① 산화수가 감소되기 쉬워야 한다.
② 전자를 잃기 쉬워야 한다.
③ 산소를 내놓기 쉬워야 한다.
④ 자기자신은 환원되기 쉬워야 한다.

⑤ 다음 중 산화 환원반응이 아닌 것은?
① $K_2MnO_4 \rightarrow KMnO_4$
② $K_3[Fe(CN)_6] \rightarrow K_4[Fe(CN)_6]$
③ $CH_3CHO \rightarrow C_2H_5OH$
④ $K_2Cr_2O_7 \rightarrow K_2CrO_4$

⑥ 화학반응 중 부식반응으로서 옳은 것은?
① $I_2 + 2Cl^- \rightarrow 2I^- + Cl_2$
② $2Fe^{+3} + 3Cu \rightarrow 3Cu^{+2} + 2Fe$
③ $2Ag^+ + Zn \rightarrow Zn^{+2} + 2Ag$
④ $Br_2 + 2F^- \rightarrow 2Br^- + F_2$

힌트

[해] • 산화 · 환원 : 반응이 동시에 일어난다.
답 ④

[해] • 산화 : 산소와 결합 · 수소를 잃는 것, 전자를 잃는 것, 산화수가 증가하는 것
답 ④

[해] • 환원 : 산소를 잃는 것 · 수소를 얻는 것 · 전자를 얻는 것 · 산화수가 감소되는 것
답 ④

[해] • 환원제 : 자신은 산화되는 물질
∴ 산화의 조건 : 산소와 결합 · 수소를 잃는 것 · 전자를 잃는 것 · 산화수가 증가하는 것
답 ②

[해] • $K_2Cr_2O_7$의 Cr과 K_2CrO_4의 Cr은 산화수가 +6으로 산화수의 변화가 없음으로 산화 · 환원반응이 아니다.
답 ④

[해] • 금속의 이온화경향이 큰 금속은 작은 금속에게 전자를 내놓는다.
 (Ag<Zn)
※ 할로젠 원소는 $F_2 > Cl_2 > Br_2 > I_2$ 순서로 세게 전자를 당긴다.
답 ③

⑦ 다음 여러 화학반응에서 산화환원 반응인 것은?
① $HCl+NaOH \rightarrow NaCl+H_2O$
② $AgNO_3+HCl \rightarrow AgCl+HNO_3$
③ $Zn+H_2SO_4 \rightarrow ZnSO_4+H_2\uparrow$
④ $FeS+H_2SO_4 \rightarrow FeSO_4+H_2S\uparrow$

[해] • 산화수의 변화
$Zn° \rightarrow Zn^{+2}$
[답] ③

⑧ 다음 중 산화·환원반응이 아닌 것은?
① $Zn+H_2SO_4 \rightarrow ZnSO_4+H_2$
② $AgNO_3+NaCl \rightarrow AgCl+NaNO_3$
③ $SnCl_2+Hg_2Cl_2 \rightarrow 2Hg+SnCl_4$
④ $2Cu+O_2 \rightarrow 2CuO$

[해] • $AgNO_3$와 $NaCl$의 반응 : 산화수의 변화가 없으므로 산화·환원 반응이 아니다.
[답] ②

⑨ 다음 중 산화·환원반응이 아닌 것은?
① $Cu+2H_2SO_4 \rightarrow CuSO_4+SO_2+2H_2O$
② $2H_2S+O_2 \rightarrow 2H_2O+2S$
③ $I_2+2Na_2S_2O_3 \rightarrow Na_2S_4O_6+2NaI$
④ $Na_2SO_3+2HCl \rightarrow 2NaCl+H_2O+SO_2$

[해] • 산화수 변화가 없으면 산화·환원반응이 아니다.
※ 산화수 : $Na_2^+ S^x O_3^{-2} = 1 \times 2 + x + (-6) = 0$
∴ S의 산화수 $x = +4$
• SO_2^{-2}에서 S의 산화수도 +4이다.
[답] ④

⑩ $H_2O + Cl_2 \rightarrow HCl + HClO$의 반응물 Cl_2 변화는?
① 산화도 되지 않고 환원도 되지 않았다.
② 산화도 되고 환원도 되었다.
③ 환원만 되었다.
④ 산화만 되었다.

[해] • Cl_2의 산화수 변화 : Cl_2의 산화수는 0 HCl에서 Cl의 산화수는 -1로 감소(환원), HClO에서 Cl의 산화수는 +1로 증가(산화)하였다.
[답] ②

산화수

⑪ 과산화수소는 20°C에서 촉매에 의하여 다음과 같이 분해한다. 이 반응에서 수소의 산화수는 어떻게 변했는가?

$$2H_2O_2 \rightarrow 2H_2O + O_2$$

① +2에서 +1로 감소되었다.
② -1에서 +1로 증가하였다.
③ 0에서 +1로 증가하였다.
④ 반응전 후 변함 없이 +1이다.

[해] • 수소의 산화수 : H_2O나 H_2O_2에서나 +1이다.
※ H_2O에서 O의 산화수 : -2
※ H_2O_2에서 O의 산화수 : -1
[답] ④

⑫ 다음 중 H_2SO_4의 S에 대한 산화수는?
① 6   ② 5
③ 4   ④ 3

[해] • $H_2^+ S^x O_4^{-2}$에서
$2 + x + (-2 \times 4) = 0$
∴ $x = +6$
[답] ①

⑬ 염소산($HClO_3$)에서 Cl의 산화수는 얼마인가?
① +7   ② +5
③ +3   ④ +1

[해] • $H^+ Cl^x O_3^{-2}$에서
$1 + x + (-2 \times 3) = 0$
∴ $x = +5$
[답] ②

⑭ HClO₄(과염소산)에서 할로젠 원소가 갖는 산화수는?
① +1 ② +3
③ +5 ④ +7

[해] · $H^+Cl^xO_4^{-2}$에서
$1+x+(-2\times4)=0$
∴ $x=+7$
[답] ④

⑮ 과망가니즈산칼륨에서 Mn의 산화수는?
① +4 ② -4
③ +7 ④ -7

[해] · $K^{+1}Mn^xO_4^{-2}$에서
$1+x+(-2\times4)=0$
∴ $x=+7$
[답] ③

⑯ 다이크로뮴산이온$(Cr_2O_7)^{-2}$에서 Cr의 산화수는?
① +3 ② +6
③ +7 ④ +12

[해] · 산화수 : 총합은 이온수
$(Cr_2{}^xO_7{}^{-2})^{-2}$
$=2x+(-2\times7)=-2$
∴ $x=+6$
[답] ②

⑰ 산소의 산화수가 +2인 것은 어느 것인가?
① H_2O_2 ② BaO_2
③ $HClO_2$ ④ OF_2

[해] · 산소의 산화수 : ①② -1가 ③ -2가 ④ +2가
※ 전기음성도가 큰 쪽이 (-)
∴ F=-1가, O=+2가
[답] ④

산화제와 환원제

⑱ 다음 기술 중에서 옳은 것은?
① 모든 산화제는 항상 환원된다.
② 모든 산화제는 산소를 갖는다.
③ 모든 산화제는 전자를 잃기 쉽다.
④ 모든 산화제는 금속이다.

[해] · 산화제 : 자기자신은 환원되는 물질
[답] ①

⑲ 환원제가 될 수 있는 물질이 아닌 것은 어느 것인가?
① 수소를 내기 쉬운 물질
② 산소와 화합하기 쉬운 물질
③ 전자를 잃기 쉬운 물질
④ 발생기의 산소를 내는 물질

[해] · 환원제 : 자기자신은 산화되는 물질로서 발생기 수소를 발생한다.
[답] ④

⑳ 다음 중 산화제는?
① Cl_2 ② H_2
③ CO ④ H_2S

[해] · 산화제 : ① 산화제
②③④ 환원제
[답] ①

㉑ 다음 중 산화제만 모인 것은?
① Al, Cl_2, HNO_3
② $KMnO_4, H_2O_2, Cl_2$
③ $KMnO_4, H_2O_2, SO_2$
④ H_2O_2, HNO_3, CO

[해] · 산화제 : $KMnO_4 \cdot Cl_2 \cdot HNO_3 \cdot H_2O_2$ 등
※ 환원제 : $Al \cdot SO_2$
[답] ②

22 다음 반응식에서 HNO₃의 역할은?

$$10HNO_3 + I_2 \rightarrow 2HIO_3 + 10NO_2 + 4H_2O$$

① 환원제 ② 산화제
③ 촉매   ④ 용량

해 · HNO₃ : N의 산화수가 +5에서 +4로 감소 환원되었으므로 산화제

답 ②

23 다음 물질 중 환원제로 작용하는 물질은?
① Cl_2 ② HNO_3
③ $KClO_3$ ④ SO_2

해 · ①②③ 산화제
④ 환원제

답 ④

24 다음 중 산화제이면서 환원제로 쓰이는 것과 환원제이면서 산화제로 쓰일 수 있는 것으로 짝지어진 것은?
① H_2O_2와 SO_2 ② $KMnO_4$와 H_2O
③ O_2와 O_3 ④ $SnCl_2$와 H_2S

해 · 산화제와 환원제로 쓰이는 것 : $H_2O_2 \cdot SO_2$

답 ①

25 $KMnO_4$(분자량 158)의 산화제로서의 당량은 산성용액에서 다음 중 어느 것인가?
① 31.6   ② 52.7
③ 158   ④ 316

해 · 당량
방출된 산소 8g과 비교 값
$2KMnO_4 \rightarrow K_2O + 2MnO + 5[O]$
2×158 : 5×16
x : 8
$x = \dfrac{2 \times 158 \times 8}{5 \times 16} = 31.6$

답 ①

휴게실

◆ 사람 이름이 붙은 원소
- ₉₆Cm(퀴륨) : 퀴리부처(방사선 연구 선구자)
- ₉₉Es(아인시타이늄) : 아인슈타인(상대성원리 발견자)
- ₁₀₀Fm(페르뮴) : 페르미(원자물리학자)
- ₁₀₁Md(멘델레븀) : 멘델레에프(주기율의 발견자)
- ₁₀₂No(노벨륨) : 노벨(노벨상 창시자)
- ₁₀₃Lr(로렌슘) : 로렌스(사이클로트론발명자)

15 전기분해 및 전지

전기분해(전기에너지를 화학에너지로 바꾸는 현상)

전해질의 수용액 또는 용융된 액체에 직류 전기를 통해 주면 이들 용액이 분해되는 현상

- ※ 음극(-)에서의 현상 : 양이온은 전자를 얻으며 환원된다.
- ※ 양극(+)에서의 현상 : 음이온은 전자를 잃고 산화된다.

(1) 물의 전기분해
① 물은 극소량 전리되어 H^+(수소이온)과 OH^-(수산이온)을 만드나 이것은 그 양이 극히 적기 때문에 전기가 통하지 못하므로 전기분해할 때에는 반드시 H_2SO_4(황산)이나 NaOH(수산화나트륨)의 용액을 조금 넣고 전기분해한다.
② 음극(-)에서 H_2(수소)가 발생, 양극(+)에서 O_2(산소)가 발생한다.

※ 물의 전기분해
- 음극(-)에서의 변화 : $2H^+ + 2\bar{e} \rightarrow H_2 \uparrow$
- 양극(+)에서의 변화 : $2OH^- - 2\bar{e} \rightarrow H_2O + 1/2O_2 \uparrow$

$$H_2O \rightarrow H_2\uparrow + 1/2O_2\uparrow$$
(중성)　　(-극)　　(+극)

(2) 소금물(NaCl+H_2O)의 전기분해
① 소금의 수용액을 전기분해하면 Na^+(나트륨이온)과 H^+(수소이온)은 음극(-)으로 끌려가서 H^+(수소이온)은 방전되어 H_2(수소)가 되며 Na^+(나트륨이온)은 남는다. 또한 Cl^-(염소이온)과 OH^-(수산이온)은 양극(+)으로 끌려가서 Cl^-(염소이온)은 방전되어 Cl_2(염소)가 되며 OH^-(수산이온)은 남는다.
② 방전되지 않은 Na^+(나트륨이온)과 OH^-(수산이온)은 서로 대전되어 NaOH(수산화나트륨)로 녹아 남아 있는다.

> **참고**
> ※ 소금물의 전기분해
>   • NaCl : NaCl → $Na^+ + Cl^-$
>   • H_2O : H_2O → $H^+ + OH^-$
> ※ 음극과 양극의 변화
>   • 음극(-)에서의 변화(환원) : Na^+, $2H^+ + 2\bar{e}$ → $H_2\uparrow$
>   • 양극(+)에서의 변화(산화) : OH^-, $2Cl^- - 2\bar{e}$ → $Cl_2\uparrow$
> ∴ $2NaCl + 2H_2O$ → $2NaOH + H_2\uparrow + Cl_2\uparrow$
>   └── (-극) ──┘   (+극)

(3) 황산구리($CuSO_4$) 수용액의 전기분해와 도금

① 황산구리($CuSO_4$) 수용액의 양극(+)에 **구리(Cu)판**을 사용하여 **전기분해**하면 **구리(Cu)**는 Cu^{+2}로 녹아 극판의 질량은 점점 감소되고, **음극(-)**에서는 **구리(Cu)가 석출**되어 음극의 물체표면에 **Cu(구리) 도금**이 된다.

② 도금액은 도금하는 금속(Cu)이 포함된 금속염($CuSO_4$)을 사용한다.

> **참고**
> ※ 음극과 양극의 변화
>   • 음극(-)에서의 변화 : $Cu^{+2} + 2\bar{e}$ → **Cu**(구리의 석출로 도금이 된다.)
>   • 양극(+)에서의 변화 : $2OH^- - 2\bar{e}$ → $H_2O + [O]$
> $Cu + [O]$ → **CuO**, $CuO + 2H^+$ → $H_2O + Cu^{+2}$
>   (구리가 녹아 Cu^{+2}로 되므로 구리의 질량이 감소된다)
> ※ 도금액의 종류
>   • 구리(Cu)의 도금 : $CuSO_4$(황산구리)용액
>   • 은(Ag)의 도금 : $KAg(CN)_2$(시아노은산칼륨)용액
>   • 니켈(Ni)의 도금 : $NiSO_4$(황산니켈)용액

2 패러데이의 법칙

(1) 제1법칙
전기분해에 의하여 **생성되는 물질의 질량은 전기량**에 비례한다.

(2) 제2법칙
일정한 전기량으로 **양쪽극에서 생성되는 물질의 양**은 그 물질의 종류에 관계없이 **같은 g당량수**에 해당되는 질량이 만들어진다. 즉, 생성물질의 양은 **화학당량**에 비례한다.

참고

※ 어느 물질 1g당량을 얻는 데 필요한 전기량은 **96,500쿨롱**(Coulomb)이며, 이 96,500쿨롱을 **1F(1패러데이)**라 한다.
- 1F = 96,500Coulomb = 1g당량을 석출
- 1coulomb(전기량) = 1amp(암페어) × 1sec(초),   Q (전기량) = i (암페어) × t(초)

※ M   =   E × nF,   M = E × $\frac{Q}{96,500}$
(생성물질의 질량(g)) (당량)   (전기량)

※ 1F의 전기량 = 전자 1mol(전자 6.023×10^{23}개의 전기량)=ē

※ **Ag 1g당량**을 석출하기 위해서는 **1전자몰(1F)**의 전기량이 필요하다.

Ag^{+1}(은이온)   +   ē(전자)   →   Ag(은)

[이온1몰=이온 6.023×10^{23}개]   [전자1몰=전자 6.023×10^{23}개]   [원자1g당량(108g)]

※ **Cu 2g당량**을 석출하기 위해서는 **2전자몰(2F)**의 전기량이 필요하다.

Cu^{+2}(구리이온)   +   2ē(전자)   →   Cu(구리)

[이온2몰=이온 $2 \times 6.023 \times 10^{23}$개]   [전자2몰=전자 $2 \times 6.023 \times 10^{23}$개]   [원자2g당량(64g)]

3 전지(화학에너지를 전기에너지로 바꾸는 현상)

전해질 수용액에 이온화경향이 다른 두 금속을 넣어 도선으로 연결하면 화학 변화가 일어난다. 이 화학 변화로 생긴 에너지를 전기에너지로 바꾸어 쓸 수 있는 장치를 **전지**라 한다.

참고

※ 전지에서는 산화·환원반응이 동시에 일어난다.

- 전지 : 화학적 에너지 $\underset{\text{전해}}{\overset{\text{전지}}{\rightleftarrows}}$ 전기적 에너지

※ **전류의 흐름(전지)** : 전류는 (+)극에서 (-)극으로 흐르나 **전자는 (-)극에서 (+)극으로 흐른다.**
- **전자의 이동** : 전자는 **이온화경향**이 큰 쪽에서 **이온화 경향**이 작은 쪽으로 이동한다.
- 금속의 이온화경향

K, Ba, Sr Ca, Na, Mg, Al, Zn, Fe, Ni, Sn, Pb, [H], Cu, Hg, Ag, Pt, Au
카 · · 칼 나 막 알 연 철 니 석 납 [수] 동 수은 은 백금 금

크다 ←————————— [이온화경향이 큰 쪽이 (-)극이다 —————→ 작다

(1) 표준 전극전위($E°$) : 25℃에서 어떤 금속을 그 **금속이온**을 포함한 농도 **1mol/*l*의 용액**에 담글 때 이들 사이에 생기는 **전위차**

① **이온화경향**이 클수록 **표준 전극전위 값**이 크다.
② **기전력**($E°$) : 두 **종류**의 반쪽반응의 **표준 전극전위 값**의 **차**로서 전지가 도선을 통하여 **전류를 흐르게 하는 힘**을 말한다.
③ **기전력의 크기** : 전지의 (+)극의 **전위**와 (−)극의 **전위차**로 결정한다.

> **참고**
>
> 기전력($E°$) = 큰 쪽 표준 환원전위 값 − 작은 쪽 표준 환원전위 값

(2) 전지의 종류
① **1차전지**(축전을 할 수 없는 전지)
  ㉮ **볼타전지** : (−)Zn | H_2SO_4 | Cu(+) $E°$: 1.3V
              (아연) (황산)   (구리)
  ㉯ **다니엘전지** : (−)Zn | $ZnSO_4$ ‖ $CuSO_4$ | Cu(+) $E°$: 1.1V
              (아연) (황산아연) (염다리 : KCl) (황산구리) (구리)
  ㉰ **건전지** : (−)Zn | NH_4Cl | MnO_2 · C(+) $E°$: 1.5V
              (아연) (염화암모늄) (이산화망가니즈) · (탄소)

② **2차전지**(축전지)
  ㉮ 알칼리전지
  ㉯ 에디슨전지
  ㉰ **납축전지** : (−)Pb | H_2SO_4 | PbO_2(+)
              (납)   (황산) (이산화납)

> **참고**
>
> ※ **감극제(소극제)** : 전지에서 **분극작용**(H_2 발생)을 **방지**하기 위하여 사용한다.
> - 볼타전지의 감극제 MnO_2(이산화망가니즈) · PbO_2(이산화납) · $K_2Cr_2O_7$(다이크로뮴산칼륨) · HNO_3(질산) · CuO(산화구리) 등
> - 건전지의 감극제 : MnO_2(이산화망가니즈)
> - 납축전지의 감극제 : PbO_2(이산화납)

적중 출제예상문제

전기분해

1 다음 중 전기에너지가 화학에너지로 바뀌는 것은 어느 것인가?
① 전동기　　　　　② 전기
③ 전기분해　　　　④ 발전기

2 전해질 수용액이 전기분해시 (+)극에서 일어나는 반응은?
① 산화반응　　　　② 환원반응
③ 중화반응　　　　④ 산화와 환원반응

3 물의 전해에서는 두 전극으로부터 발생한 가스가 혼합되면 위험하므로 석면 격막을 쓴다. 이 격막의 역할은?
① 기체의 기포는 통과시키지 않는다.
② 기체의 기포는 통과시킨다.
③ 이온의 이동을 막는다.
④ 몰보다 큰 분자의 이동을 막는다.

4 소금물을 전기분해 할 때 양극에서 발생하는 기체는 다음 중 어느 것인가?
① N_2　　　　　　② O_2
③ Cl_2　　　　　　④ H_2

5 어느 물질의 수용액을 전기분해할 때 두 극에서 기체 발생 시 용액이 알칼리성으로 변화하는 물질은?
① NaCl　　　　　　② HCl
③ $CuSO_4$　　　　 ④ $KMnO_4$

6 다음의 광석을 제련하여 금속을 얻을 때 용융하여 전기분해하는 방법을 쓰는 금속은 어느 것인가?
① Al_2O_3　　　　 ② Fe_2O_3
③ Cu_2O　　　　　④ HgS

7 1 패러데이의 전기량은?
① 전자 96,500개가 갖는 전기량이다.
② 1amp의 전류로 1초 동안 전기분해할 때 흐르는 전기량이다.
③ 6×10^{23} 쿨롱의 전기량이다.
④ 아보가드로수만큼의 전자가 가지는 전기량이다.

힌트

해 · 전기분해 : 전기에너지를 화학에너지로 바꾸는 현상
※ 전지 : 전기분해와 반대
답 ③

해 · 양극(+) : 음이온(-)이 전자를 잃고 산화된다.
답 ①

해 · 석면격막 : 기체의 통과를 막는다.
답 ①

해 · 양극(+) : Cl_2 발생
※ 음극(-) : H_2 발생
답 ③

해 · 소금물(NaCl)의 전기분해 $2NaCl + H_2O \rightarrow 2NaOH + H_2 + Cl_2$
※ NaOH : 알칼리성
답 ①

해 · Al전기제련의 원료 : Al_2O_3
답 ①

해 · 1F : 6.023×10^{23}(아보가드로수)개의 전자가 갖는 전기량
※ 1F=96,500coulomb
답 ④

⑧ Al_2O_3에서 1g 당량의 Al금속을 석출시키는데 필요한 전기량은?
① 96,500Coulomb
② $2 \times 96,500$Coulomb
③ $3 \times 96,500$Coulomb
④ $4 \times 96,500$Coulomb

⑨ 한 개의 전자(Electron)가 가지는 전하량은?
① $e=1.02 \times 10^{-19}$coul
② $e=1.602 \times 10^{-19}$coul
③ $e=1.02 \times 10^{19}$coul
④ $e=1.602 \times 10^{9}$coul

⑩ 1패러데이의 전기량으로 물을 전기분해 하였을 때 생성되는 기체의 총 분자수는 얼마인가?(아보가드로수$=6.02 \times 10^{23}$)
① 3×10^{23}
② 9×10^{23}
③ 4.5×10^{23}
④ 6.02×10^{23}

⑪ 소금물을 전기분해하여 가성소다 8g을 얻기 위해서 필요한 전기량은 얼마인가?(단 NaOH=40)
① 0.1F
② 0.2F
③ 0.3F
④ 0.4F

⑫ 물을 전기분해하여 표준상태에서 산소 22.4l를 얻으려고 한다. 10A의 전류가 몇 초 동안 흘러야 하는가?
① 96,500초
② 19,300초
③ 38,160초
④ 38,600초

⑬ 다음 반응에서 1F의 전기량을 통했을 때 (+)극에서 발생하는 기체의 총 부피는 표준상태에서 몇 l가 되는가?

$$2NaCl + 2H_2O \rightarrow 2NaOH + H_2 + Cl_2$$

① 5.6l
② 11.2l
③ 22.4l
④ 44.8l

⑭ 0℃, 1기압에서 물 100g을 전기분해 했을 때의 생성되는 기체의 전 부피는?
① 62.2l
② 124.4l
③ 186.7l
④ 248.9l

해 • 1F : 1g당량을 석출하는 전기량
※ 1F=96,500Coulomb
답 ①

해 • 전자 1개의 전하량
$\dfrac{96,500 coulomb}{6.023 \times 10^{23}} = 1.6021 \times 10^{-19}$
답 ②

해 • 1F으로 물을 전기분해 : 수소 1g 당량(0.5몰)·산소 1g당량(0.25몰) 생성
∴ $6.02 \times 10^{23} \times (0.5+0.25)$
≒ 4.5×10^{23}
답 ③

해 • 1F으로 소금물 전기분해 : NaOH 1몰(40g) 생성
∴ $1F \times \dfrac{8}{40} = 0.2F$
답 ②

해 • 산소 22.4l (1몰)은 32g, 산소 1g 당량은 8g
∴ 산소 1몰은 4g 당량 (4F 전기량 필요)
※ Q=it에서 $t=\dfrac{Q}{i}$
∴ $t=\dfrac{4 \times 96,500}{10} = 38,600$초
답 ④

해 • 1F으로 발생되는 Cl_2의 체적 : Cl_2는 2g 당량이므로 1F으로 1g 당량 발생
∴ $22.4 \times 1/2 = 11.2 l$
답 ②

해 • $H_2O \rightarrow H_2 + \dfrac{1}{2}O_2$에서 H_2O 1몰(18g)의 전기분해 : 수소 1몰과 산소 0.5몰의 혼합가스(1.5몰)발생
※ 물 100g일 때 혼합가스 몰수$=\dfrac{100}{18} \times 1.5 = 8.333$몰
∴ $8.333 \times 22.4 l ≒ 186.7 l$
답 ③

⑮ 황산구리 수용액에 10Ampere의 전류를 16분 5초 동안 통하여 전기분해 하였을 때 (-)극에 석출되는 구리의 질량은 몇 g인가? (단, Cu=63.5)
① 3.175g
② 31.75g
③ 63.5g
④ 127g

[해] • 사용전기량(쿨롱):
10Amp×(16×60+5)초
=9,650쿨롱=0.1F
※ 구리(+2가)의 1g당량:
63.5/2= 31.75g
∴31.75g/F×0.1F=3.175g
[답] ①

전지

⑯ 다음 중 전류의 방향을 옳게 말한 것은?
① 전류는 전지의 (+)극에서 (-)극 쪽이며 전자의 이동방향과 같다.
② 전류는 전지의 (-)극에서 (+)극 쪽이며 전자의 이동방향과 같다.
③ 전류는 전지의 (-)극에서 (+)극 쪽이며 전자의 이동방향과 반대이다.
④ 전류는 전지의 (+)극에서 (-)극 쪽이며 전자의 이동방향과 반대이다.

[해] • 전류의 방향: (+)극에서 (-)극으로 이동
※ 전자의 방향: (-)극에서 (+)극을 이동
[답] ④

⑰ 황산 용액에 아연판과 구리판을 넣고 외부에서 두 극판을 도선으로 연결시켰을 때 맞게 설명된 것은?
① 양극은 아연판이고, 환원이 일어난다.
② 음극은 구리판이고, 산화가 일어난다.
③ 전류는 구리판에서 아연판으로 흐른다.
④ 수소는 아연판의 주위에서 생긴다.

[해] • 전류의 방향: 이온화경향이 작은 쪽에서 큰 쪽으로
※ 이온화경향
Li〉Al〉Zn〉Fe〉Pb〉Cu〉Ag
[답] ③

⑱ 다음 금속을 황산에 담그거나 전지를 만들 때 외부 회로에서 전류가 화살표 방향으로 흐르게 되는 것은?
① Zn → Ag
② Cu → Fe
③ Fe → Ag
④ Zn → Cu

[해] • 문제 17 해설 참조
[답] ②

⑲ 다음 금속들 중 표준 전극전위가 가장 높은 것은?
① Fe
② Al
③ Li
④ Cu

[해] • 문제 17 해설 참조
※ 이온화경향이 큰 것이 높다.
[답] ③

⑳ 다음 중 1차전지가 아닌 것은?
① 다니엘전지
② 건전지
③ 수은전지
④ 축전지

[해] • 1차전지: ①②③ 1차
④ 2차
※ 1차 전지: 축전할 수 없는 전지
[답] ④

21 다음 중 2차전지가 아닌 것은?
① 납축전지　　　　② 에디슨전지
③ 수은전지　　　　④ 알칼리축전지

[해] • 2차전지 : ①② 2차
③ 1차 ④ 2차
※ 2차전지 : 축전지
답 ③

22 다음과 같이 이용되는 전지는 어느 것인가?

$$(-)\ Zn\ |\ H_2SO_4\ |\ Cu\ (+)$$

① 건전지　　　　② 볼타전지
③ 다니엘전지　　　④ 축전지

[해] • 볼타전지 : 황산용액(H_2SO_4)에 아연(Zn)판과 구리(Cu)판을 연결한 것
답 ②

23 다음 중 다니엘 전지의 구성을 식으로 나타낸 것은?
① $(-)\ Zn\ |\ H_2SO_4\ |\ Cu(+)$
② $(-)\ Zn\ |\ ZnSO_4\ \|\ CuSO_4\ |\ Cu(+)$
③ $(-)\ Zn\ |\ NH_4Cl$ 포화용액 $|\ MnO_2,\ C(+)$
④ $(-)\ Pb\ |\ H_2SO_4\ |\ PbO_2(+)$

[해] • 다니엘전지 : 황산아연($ZnSO_4$)용액에 아연(Zn)판을 황산구리($CuSO_4$)용액에 구리(Cu)판을 외부도선으로 연결한 것
답 ②

24 전지에서 이산화망가니즈를 감극제로 썼을 때 양극으로 가장 적당한 것은?
① 탄소　　　　② 구리
③ 납　　　　　④ 아연

[해] • 건전지의 양극 : 탄소사용
답 ①

25 다음은 축전지(납축전지)에 관한 설명이다. 옳지 않은 것은?
① (+)극은 산화반응이고 (-)극은 환원반응이다.
② 방전시 황산의 비중은 작아진다.
③ 충전이 가능한 2차전지이다.
④ 전자의 흐르는 방향은 Pb에서 PbO_2극이다(방전시).

[해] • 축전지 : (+)극에서 산소를 버림으로 환원반응이고 (-)극에서는 전자를 내놓으므로 산화반응한다.
답 ①

26 납축전지에서 틀린 것은?
① 방전할 때 양쪽극에서 $PbSO_4$가 생긴다.
② 방전하면 전해액의 비중은 적어진다.
③ PbO_2는 양극판으로 소극제(감극제) 역할을 한다.
④ 방전할 때 전류는 Pb 극에서 PbO_2극으로 흐른다.

[해] • 축전지 : 전류는(+극)극인 PbO_2에서 (-)극인 Pb 쪽으로 흐른다.
답 ④

27 볼타전지의 기전력은 1.3V인데 전류가 흐르기 시작하면 곧 0.4V로 된다. 이 현상을 제거하는 데 사용될 수 없는 것은?
① $K_2Cr_2O_7$　　　　② NH_4Cl
③ MnO_2　　　　　④ HNO_3

[해] • 볼타전지의 감극제 : MnO_2 · PbO · HNO_3 · $K_2Cr_2O_7$ 등 산화제
답 ②

28 건전지에서 소극제로 사용할 수 있는 것은?
① $K_2Cr_2O_7$　　　　② MnO_2
③ SO_2　　　　　　④ H_2O_2

[해] • 건전지의 소극제(감극제) : MnO_2(이산화망가니즈)
답 ②

16 열화학 및 기타

1 열화학 반응식과 활성화에너지

(1) 열화학 반응식

어떤 물질이 **화학변화**를 일으킬 때의 반응은 **열**을 **흡수**하거나 **방출**한다. 이때 **화학반응**과 열에너지와의 관계를 **양적으로 표시**한 식으로 **열량 단위**는 kcal로 표시하여 **반응전후의 총에너지량**이 **같다**는 것을 표시한다.

> **참고**
> ※ **열의 출입**
>   • **열의 흡수** : 흡열반응
>   • **열의 방출** : 발열반응
> ※ **화학반응식** : 질량불변의 법칙 적용
> ※ **열에너지(반응열)** : 에너지보존의 법칙 적용

(2) 활성화에너지

일정량의 **운동에너지**를 가진 입자들이 **화학반응**을 일으키는 데 필요한 **최소의 에너지**를 말한다.

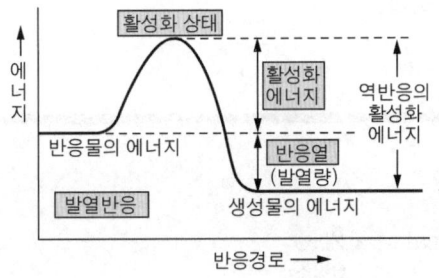 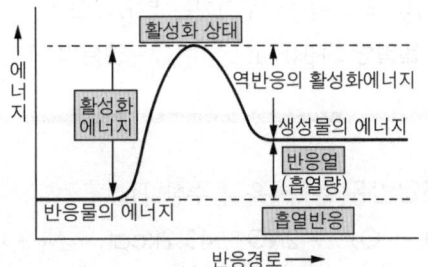

[발열반응과 흡열반응의 활성화 에너지와 반응열]

2 발열반응과 흡열반응

열화학 반응식에서 **발열** 때의 열량을 (+), **흡열** 때의 열량을 (−) 부호로 표시하며, 열이 발생할 때의 반응을 **발열반응**이라 하고 **흡수**될 때의 반응을 **흡열반응**이라 한다.

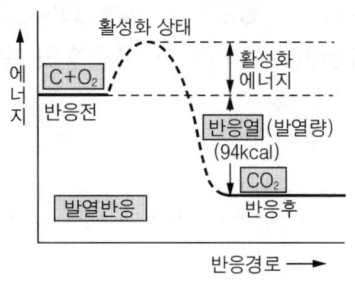
[발열반응(+Q)]

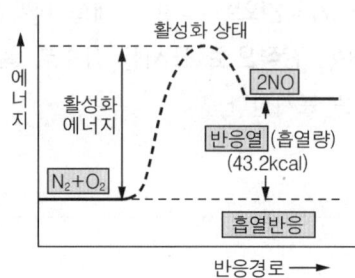
[흡열반응(−Q)]

(1) 발열반응(반응열을 발산한다)

$$C(s) + O_2(g) \rightarrow CO_2(g) + 94\text{kal} = C(s) + O_2(g) - 94\text{kcal} \rightarrow CO_2$$
 (탄소) (산소) (이산화탄소) (반응열)   (탄소)   (산소)   (반응열)   (이산화탄소)

> **참고**
> ※ S(solid) : 고체, g(gas) : 기체
> ※ $C + O_2$의 에너지 합과 CO_2 + 94kcal의 에너지 합이 같으므로 CO_2는 작은 에너지이다.
>   그러므로 에너지의 크기는 **반응물질 E > 생성물질 E** 이다.
> • **발열량** : +94kcal   • **엔탈피**(ΔH) : −94kcal

(2) 흡열반응(반응열을 흡수한다)

$$N_2 + O_2 \rightarrow 2NO - 43.2\text{kcal} = N_2 + O_2 + 43.2\text{kcal} \rightarrow 2NO$$
 (질소)(산소) (일산화질소) (반응열)   (질소) (산소)   (반응열)   (일산화질소)

> **참고**
> ※ $N_2 + O_2$의 에너지 합과 2NO − 43.2kcal의 에너지 합이 같으므로 2NO는 큰 에너지이다.
>   그러므로 에너지의 크기는 **반응물질 E < 생성물질 E** 이다.
> • **흡열량** : −43.2kcal   • **엔탈피**(ΔH) + 43.2kcal

엔탈피(ΔH)

생성물질의 전 에너지량에서 **반응물질의 전 에너지량을 뺀 에너지차를 반응엔탈피**라 하며 ΔH로 표시한다.

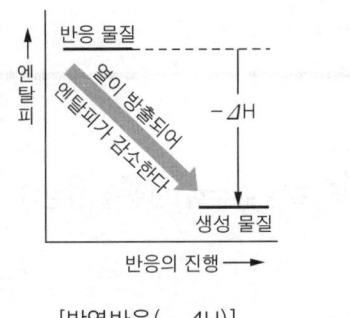

[발열반응(−ΔH)]

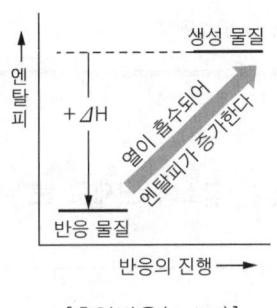

[흡열반응(+ΔH)]

※ 엔탈피(ΔH)의 표시 : 반응열(Q)과 반대
- 발열표시 : −ΔH=+Q
- 흡열표시 : +ΔH=−Q

반응열

반응식에서 **목적하는 물질**이 무엇이냐 또는 **목적하는 반응**이 무엇이냐에 따라 다음과 같이 나눌 수 있는데, 모두 물질 **1mol에 대하여 출입하는 열량**으로 표시되고 있다(kcal/mol).

(1) 연소열

물질 1mol이 완전히 연소할 때 발생하는 열량을 말한다.

※ 표준 반응열에 대하여

$C(s) + O_2(g) \rightarrow CO_2(g) + 94.2\text{kcal}$ (C의 연소열은 94.2kcal/mol)
(탄소) (산소) (이산화탄소) (연소열)

- S(solid) : 고체, g(gas) : 기체

(2) 생성열

화합물 1mol이 성분 원소의 **단체로부터 생성**될 때 발생 또는 흡수하는 열량을 말한다.

> **참고**
>
> $H_2(g) + \frac{1}{2}O_2(g) \rightarrow H_2O(l) + 68.3kcal$ (H_2O의 생성열은 +68.3kcal/mol)
> (수소)   (산소)   (물)   (생성열)
>
> • g(gas) : 기체, l(liquid) : 액체

(3) 분해열

화합물 1mol을 성분 원소의 **단체로 분해**할 때 발생 또는 흡수한 열량을 말한다.

> **참고**
>
> $H_2O(l) \rightarrow H_2(g) + \frac{1}{2}O_2(g) - 68.3kcal$ (H_2O의 분해열은 −68.3kcal/mol)
> (물)   (수소)   (산소)   (분해열)
>
> ※ 생성열과 분해열 : **크기**가 같고, **부호**만 서로 다르다.

(4) 중화열

산과 염기 1g당량이 서로 **중화**될 때 발생되는 열은 산·염기의 **종류에 별로 관계없이** 강산과 강염기의 묽은 용액은 **13.7kcal/g 당량**의 열량을 낸다.

> **참고**
>
> • HCl(aq) + NaOH(aq) → NaCl(aq) + 13.7kcal
>   (염산)   (수산화나트륨) (염화나트륨수용액)

(5) 용해열

물질 1mol이 **다량의 용매** 중에 **용해**할 때 발생 또는 흡수하는 열량을 말한다.

> **참고**
>
> • HCl(g) + aq → HCl(aq) + 17.3kcal
>   (염화수소) (물)   (염산)   (용해열)
> • $H_2SO_4(l)$ + aq → $H_2SO_4(aq)$ + 19.0kcal
>   (황산)   (물)   (묽은 황산)   (용해열)
> • g(gas) : 기체, aq(aqua) : 물(H_2O), (aq)(aqueous) : 수용액, l(liquid) : 액체

5. 총열량 불변의 법칙(헤스의 법칙)

화학 변화에 따른 **열량의 총량**은 **최초**의 반응물질의 종류와 상태 및 **최후**생성물질의 종류와 **상태**만 같으면 그 도중의 반응 경로에는 관계없이 **일정**하다. 이것을 헤스의 법칙이라 한다.

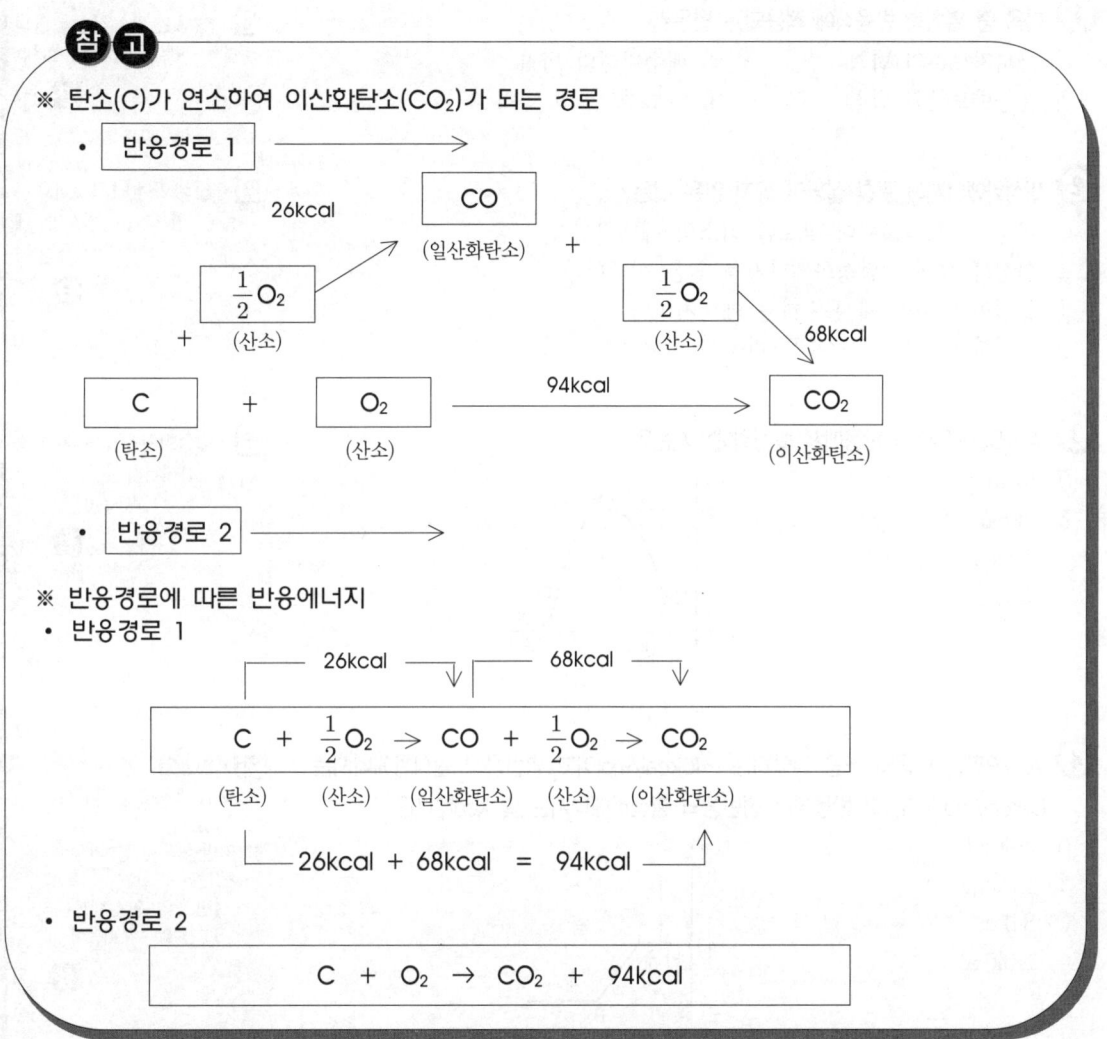

적중 출제예상문제

발열반응 · 흡열반응 · 엔탈피

1 다음 중 열화학 반응식에 적용되는 법은?
① 에너지보존의 법칙
② 배수비례의 법칙
③ 운동량보존의 법칙
④ 아보가드로의 법칙

[해] • 적용법칙 : 질량불변의 법칙·에너지보존의 법칙
[답] ①

2 활성화에너지에 관한 설명이 옳지 않은 것은?
① 반응을 일으키는 데 필요한 최소의 에너지이다.
② 활성화 상태란 활성화에너지를 얻은 상태이다.
③ 물질이 반응할 때 흡수하는 에너지이다.
④ 활성화에너지는 작을수록 반응이 일어나기 쉽다.

[해] • 활성화에너지 : 화학반응을 일으키는 최소의 에너지
[답] ②

3 $A_2 + B_2 \rightarrow 2AB$의 반응에서 활성화에너지는?
① 5kcal
② 9kcal
③ 40kcal
④ 49kcal

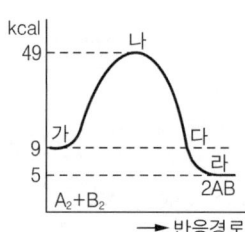

[해] • 활성화구간 : 가에서 나
∴ 활성화에너지
: 49-9= 40kcal
[답] ③

4 A→B라는 반응의 반응 엔탈피는 -40kcal/mol이고 역반응의 활성화에너지는 84kcal/mol이다. 이 반응에서 정반응의 활성화에너지는 몇 kcal인가?
① 40kcal
② 44kcal
③ 84kcal
④ 116kcal

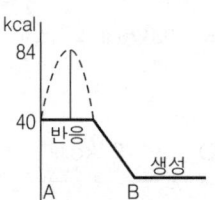

[해] • 반응열 : 반응엔탈피 (ΔH)가 -40kcal이므로 +40kcal
※ 역반응의 활성화E : 84kcal
∴ 정반응의 활성화E = 84 - 40 = 44kcal
[답] ②

5 $CO(g)+NO_2(g) \rightarrow CO_2(g)+NO(g)+50kcal$의 반응에서 정반응의 활성화에너지는 32kcal이며, 정촉매 사용 시 활성화에너지는 15kcal로 낮아진다. 이때 역반응의 활성화에너지는?
① 15kcal
② 32kcal
③ 50kcal
④ 65kcal

[해] • 역반응의 활성화E : 반응열+정촉매사용 시 활성화E
∴ 50kcal + 15kcal = 65kcal
[답] ④

6 열화학반응에서 발열반응의 등식이 옳게 표시된 것은?
① 반응계의 에너지 > 생성계의 에너지
② 반응계의 에너지 < 생성계의 에너지
③ 반응계의 에너지 = 생성계의 에너지
④ 반응계의 에너지 ≦ 생성계의 에너지

7 엔탈피(ΔH)에 관한 설명이 옳지 못한 것은?
① 화학 반응에는 반드시 엔탈피 변화가 따른다.
② 농도, 온도, 촉매 등의 변화로 값이 달라진다.
③ 반응 엔탈피는 생성계의 에너지와 반응계의 에너지의 차이다.
④ 반응 엔탈피와 반응열은 절대값은 같으나 부호는 반대이다.

8 다음 여러 반응 중 흡열반응인 것은?
① $CO + \frac{1}{2}O_2 \rightarrow CO_2 + 68kcal$
② $N_2 + O_2 \rightarrow 2NO \; \Delta H = +42kcal$
③ $C + O_2 \rightarrow CO_2 \; \Delta H = -94kcal$
④ $H_2 + \frac{1}{2}O_2 - 58kcal \rightarrow H_2O$

9 다음 식 중에서 흡열반응인 것은?

① $H_2(g) + \frac{1}{2}O_2(g) \rightarrow H_2O(g) \; \varDelta H = -57.8kcal$
② $\frac{1}{2}N_2(g) + \frac{1}{2}O_2(g) \rightarrow NO(g) \; \varDelta H = +21.6kcal$
③ $\frac{1}{2}N_2(g) + O_2(g) + 8.1kcal \rightarrow NO_2(g)$
④ $\frac{1}{2}N_2(g) + \frac{3}{2}H_2(g) \rightarrow NH_3(g) + 11.0kcal$
⑤ $NH_3(g) \rightarrow \frac{1}{2}N_2(g) + \frac{3}{2}H_2(g) \; \varDelta H = +11.0kcal$

① ① ④ ⑤　　② ② ③ ④
③ ② ③ ⑤　　④ ① ② ③

반응열

10 수소의 연소열은 몇 kcal/mol인가?

$$2H_2 + O_2 \rightarrow 2H_2O + 136kcal$$

① 136kcal/mol　　② 68kcal/mol
③ 34kcal/mol　　④ 17kcal/mol

해 • 발열반응
: 반응계E > 생성계E
※ 흡열반응
: 반응계E < 생성계E

답 ①

해 • 엔탈피 : 반응계와 생성계의 E차로서 농도 · 온도 · 촉매에 영향을 받지 않는다.

답 ②

해 • 흡열반응의 표시
: $-Q, \; +\Delta H$
※ 발열반응의 표시 :
$+Q, \; -\Delta H$

답 ②

해 • 흡열반응 : $-Q, \; +\Delta H$

답 ③

해 • 연소열 : 물질 1mol의 반응열
∴ 136/2 = 68kcal/mol

답 ②

11. 다음 반응식으로 수소 1g의 연소열을 구하면?

$$H_2 + \frac{1}{2}O_2 \rightarrow H_2O + 68kcal$$

① 44kcal ② 34kcal
③ 24kcal ④ 14kcal

해 • H_2 1mol : 2g
∴ 수소1g의 연소열 : 68/2
 =34kcal

답 ②

12. 물질 1몰이 성분 원소의 단체로부터 생성될 때의 반응열은?
① 연소열 ② 생성열
③ 분해열 ④ 중화열

해 • 생성열 : 생성물 1mol의 반응열

답 ②

13. 다음의 열화학 반응식에서 물의 생성열은?

$$2H_2 + O_2 \rightarrow 2H_2O + 136kcal$$

① −68kcal ② +68kcal
③ −136kcal ④ +136kca

해 • 생성열 : 생성물 1mol의 반응열
※ 생성물 : $2H_2O$는 2mol
∴ 발열반응이므로
 136/2= +68kcal

답 ②

14. 수소와 산소의 반응에서 물의 생성열이 67.5kcal이다. 135kcal의 열을 얻으려면 표준상태에서 몇 l의 수소가 필요한가?
① 2 l ② 5.6 l
③ 22.4 l ④ 44.8 l

해 • 생성열 : 생성물 1mol 반응열
∴ 135kcal는 2mol의 반응열
 22.4 l×2=44.8 l

답 ④

15. $2H_2$(기체) + O_2(기체) → $2H_2O$(액체) + 136.6kcal일 때, 표준상태에서 수소 $1m^3$가 완전연소하면 발열량은 얼마인가?
① −68.3kcal ② +68.3kcal
③ +136.6kcal ④ +3,049Kcal

해 • 수소 $1m^3$의 몰수 : 1,000 / 22.4=44.642몰
※ 수소1몰의 반응열 : 136.6/2=68.3kcal
∴ 발열량 : 44.642×68.3= 3,049kcal

답 ④

16. 다음 반응에서 0.65kcal/mol의 열을 흡수한다.

반응 $NH_3(g) \rightarrow \frac{1}{2}N_2(g) + \frac{3}{2}H_2(g)$에 대한 반응열(ΔH)은?

① 0.65kcal ② −0.65kcal
③ 11.05kcal ④ −11.05kcal

해 • 흡열반응의 표시
 : −Q, +ΔH
∴ 반응열 : 0.65ΔH

답 ①

17. 프로페인가스의 연소방정식은 아래와 같다. 프로페인가스 1g을 연소시켰을 때 나오는 열량은 몇 kcal인가?

$$C_3H_8 + 5O_2 \rightarrow 3CO_2 + 4H_2O + 530.6kcal$$

① 1.21 ② 10.05
③ 12.05 ④ 120.5

해 • C_3H_8 1mol : 44g
∴ C_3H_8 1g의 연소열 : 530.6×1/44=12.059kcal

답 ③

⑱ 다음 반응식을 보고 물음에 답하시오.

$$CaO + H_2O \rightarrow Ca(OH)_2 + 18kcal$$

CaO 6.9kg을 물에 녹였을 때 발생하는 열은 얼마인가? (단, 원자량은 Ca=40, O=16임)
① 2.2kcal
② 1.8kcal
③ 2,217kcal
④ 1,800kcal

해 · CaO 1몰 : 56g
※ CaO 1몰의 발열량 : 18kcal
∴ CaO 6.9kg의 발열량 :
$18 \times 6,900/56$
$2,217$ kcal

답 ③

총열량 불변의 법칙

⑲ 화학반응에서 발생 또는 흡수되는 열량은 그 반응의 최초 상태 및 최종 상태가 결정되면 그 도중의 경로와 무관한 총열량 불변의 법칙과 관계있는 법칙은?
① 헤스의 법칙
② 헨리의 법칙
③ 리보아제의 법칙
④ 달톤의 법치

해 · 총열량 불변의 법칙 : 헤스의 법칙

답 ①

⑳ 다음 열화학 반응식의 해석으로 옳은 것은?

$$2C(고체) + O_2(기체) \rightarrow 2CO(기체) + 52kcal$$
$$2CO(기체) + O_2(기체) \rightarrow 2CO_2(기체) + 136kcal$$
$$C(고체) + O_2(기체) \rightarrow CO_2(기체) + 94kcal$$

① CO의 생성열은 52kcal이다.
② CO의 연소열은 136kcal이다.
③ CO_2의 생성열은 68kcal이다.
④ C(고체)의 연소열은 94kcal이다.

해 · 열화학반응식
① CO의 생성열 : 26kcal
② CO의 연소열 : 68kcal
③ CO_2의 생성열 : 94kcal
④ C의 연소열 : 94kcal

답 ④

㉑ 탄소12g을 모두 일산화탄소로 연소할 때 발생하는 열량은 몇 kcal인가?

$$C(고체) + O_2(기체) \rightarrow CO_2(기체) + 94.0kcal \cdots\cdots ①$$
$$CO(기체) + \frac{1}{2}O_2(기체) \rightarrow CO_2(기체) + 68.0kcal \cdots\cdots ②$$

① 162kcal
② 136kcal
③ 42kcal
④ 26kcal

해 · 헤스의 법칙
① $C+O_2 \rightarrow CO_2+94.0kcal$
② $CO+1/2O_2 \rightarrow CO_2+68.0kcal$
∴ $C+1/2O_2 \rightarrow CO+Q$에서
$Q=94.0-68.0=26$

답 ④

22 일산화탄소 112g이 다음 방정식에 따라서 반응하였을 때 어느 현상이 일어나겠는가?

$$CO(기체) + \frac{1}{2}O_2(기체) \rightarrow CO_2(기체) + 68kcal$$

① 1몰의 이산화탄소가 생성됨
② 2몰의 산소가 소비됨
③ 68kcal의 열이 발생됨
④ 68kcal 열이 흡수됨

해 • CO 112g=4몰
※ CO_2 : 4몰 생성
※ O_2 : 2몰 소비
※ 열량 : 4몰 × 68kcal

답

유게실

◆ 우리말 사랑하기(바꿔 써야 할 우리말 속 일본식 외래어 Ⅰ)
- 난닝구(running-shirts 〈런닝 셔츠〉) ➡ 런닝셔츠
- 다스(dosen 〈더즌〉) ➡ 묶음 · 단
- 뎀뿌라(Têmperas 〈템포라 포르투갈어〉) ➡ 튀김요리
- 도란스(transformer 〈트랜스포머〉) ➡ 변압기
- 돈까스(豚 〈돈〉-Cutlet 〈커틀릿〉) ➡ 포크(돼지) 커틀릿(얇게 저민 고기)
- 레미콘(ready-mixed-concrete 〈레디믹시드콘크리트〉) ➡ 콘크리트반죽차
- 레자(leather 〈레더 · 가죽〉) ➡ 인조가죽
- 레지(register 〈레지스터 · 금전등록기〉) ➡ 다방 여종업원
- 리모콘(remote controller 〈리모트컨트롤러〉) ➡ 원격조정기
- 만땅(萬 〈만〉 · tank 〈탱크〉) ➡ 가득채움
- 메리야스(madias 〈메디아스 스페인어〉) ➡ 속옷, 원뜻 : 신축성있는 양말
- 멘스(menstruation 〈멘스트루에이션〉) ➡ 경도 · 생리 · 달거리
- 미싱(sewing machine 〈쇼잉머신〉) ➡ 재봉틀
- 백밀러(rear-view-mirrow 〈리어뷰미러〉) ➡ 뒷거울
- 보루(board 〈보드〉) ➡ 판지 · 포
- 비후까스(beef cutlet 〈비프커틀릿〉) ➡ 비프(소고기) 커틀릿(얇게 저민 고기)
- 빠께스(bucket 〈버킷〉) ➡ 들통 · 양동이
- 빠꾸(back 〈백〉) ➡ 뒤로
- 빤쓰(pants 〈펜티〉) ➡ 아래 속옷
- 빵꾸(puncture 〈펑쳐〉) ➡ 구멍
- 뻬빠(sand paper 〈샌드페이퍼〉) ➡ 사포
- 뻥끼(pek 〈페크 네델란드어〉) ➡ 페인트

17 화학반응속도와 화학평형

화학반응속도

반응속도는 단위시간에 변하는 물질의 농도를 말하며 반응이 얼마나 빨리 일어나는가를 양적으로 취급할 때 이 빠르기를 반응속도라 한다.

(1) 반응속도에 관한 충돌설
화학반응이 일어나기 위해서는 반응에 관계하는 분자들이 서로 충돌해야 하며 **반응속도는 반응물의 충돌횟수에 비례한다.**

(2) 반응속도에 영향을 주는 인자(반응물질의 성질·온도·농도·촉매·압력·빛·입자의 크기)
① **반응물질의 성질** : 비슷한 형태의 반응이지만 반응속도가 크게 다른 것은 물질의 특성이 다르기 때문이다.
② **온도** : 증가하면 분자운동 활발(10°C 또는 10K 상승으로 2~3배 증가)
③ **농도** : 증가하면 분자수 증가로 충돌횟수 많으므로 활발
④ **촉매** : 반응속도에만 **영향**을 준다.

참고

※ 반응물질의 성질에 따른 반응속도
- 2NO + O₂ → 2NO₂ ……… 상온에서 빠르다.
  (일산화질소) (산소) (이산화질소)
- CH₄ + 2O₂ → CO₂ + 2H₂O ……… 상온에서 느리다.
  (메테인) (산소) (이산화탄소) (물)

※ 온도와 농도에 의한 반응속도(온도가 일정할 때 반응속도는 농도의 곱에 비례한다)

$$aA+bB \xrightarrow{v} cC+dD$$

- a·b·c·d : 계수
- A·B·C·D : 반응 및 생성 물질
- v : 반응속도

v=K [A]ᵃ [B]ᵇ, K : 속도상수

※ 촉매에 의한 반응속도
- **정촉매** : 반응속도를 **빠르게**(증가)=활성에너지 **감소**
- **부촉매** : 반응속도를 **느리게**(감소)=활성화에너지 **증가**

화학평형

가역반응에 있어서 **정반응의 속도와 역반응의 속도가 같은 상태**를 말하며 외견상 반응이 정지된 것 같이 보이며 **온도·농도·압력** 등을 변화시키면 **평형은 파괴되고 생성량이 변화**된다.

(1) 화학평형의 조건
  ① 가역반응일 것
  ② 정반응과 역반응의 속도가 같을 것($v_1=v_2$)
  ③ 농도변화가 없는 상태일 것

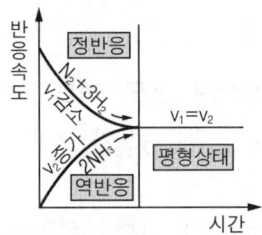

[$N_2 + 3H_2 \xrightleftharpoons[v_2]{v_1} 2NH_3$의 반응]

[500℃, 100atm에서 NH_3는 0.2mol 생성]

참고

※ 가역반응과 비가역반응
  • 가역반응 : 온도·농도·압력으로 정반응·역반응이 일어나는 반응
  • 비가역반응 : 기체·물·침전물이 생기는 반응

※ $N_2 + 3H_2 \rightleftharpoons 2NH_3$에서 500℃, 100atm일 때,
  N_2는 0.9mol, H_2는 2.7mol 남고 NH_3는 0.2mol이 만들어지며 **평형**을 이룬다.

※ 평형상수(K) : $K = \dfrac{[\text{생성물질의 농도의 곱}]}{[\text{반응물질의 농도의 곱}]}$

  예 $aA + bB \xrightleftharpoons[v_2]{v_1} cC + dD$에서 $v_1 = k[A]^a[B]^b$, $v_2 = k[C]^c[D]^d$

  $K = \dfrac{v_2}{v_1} = \dfrac{k[C]^c[D]^d}{k[A]^a[B]^b} = \dfrac{[C]^c[D]^d}{[A]^a[B]^b}$ 이다.

평형이동의 법칙(르샤틀리에의 법칙)

가역반응이 평형상태에 있을 때 외부에서 **온도·농도·압력**의 조건을 변화시켜주면 그 **조건을 제거(감소)시키는 방향**으로 **평형**은 이동되어 **새로운 평형을 유지**한다. 이것을 **평형이동의 법칙**이라 한다.

(1) 온 도
온도를 **상승**시키면 평형이동 방향은 항상 **흡열반응** 쪽으로 이동한다.

(2) 농 도
농도를 **증가**시키면 평형이동은 **농도가 감소되는 쪽(그 성분이 없는 쪽)**으로 이동한다.

(3) 압 력
압력을 **증가**시키면 **몰수가 작은 쪽**으로 평형 이동한다.(단, 액체 및 고체는 몰수에서 제외)

> **참고**
>
> ※ 온도에 의한 평형이동
> 예) $N_2 + O_2 \rightleftarrows 2NO - 43.2\text{kcal}$
>   (질소) (산소) (일산화탄소) (반응열)
>   [온도상승 →]
> 예) $2NO_2 \rightleftarrows N_2O_4 + 13.9\text{kcal}$
>   (이산화질소) (사산화이질소) (반응열)
>   [온도상승 ←]
>
> ※ 농도에 의한 평형이동
> 예) $N_2 + 3H_2 \rightleftarrows 2NH_3$
>   (질소) (수소) (암모니아)
>   ↑
>   [증가 →]
>
> ※ 압력에 의한 평형이동
> 예) $N_2 + 3H_2 \rightleftarrows 2NH_3$ (반응계 1몰+3몰 ⇄ 생성계 2몰)
>   (질소) (수소) (암모니아)
>   [가압 →]

적중 출제예상문제

화학반응속도

1 화학반응 속도에 영향을 미치지 아니하는 것은?
① 촉매 ② 온도
③ 질량 ④ 농도

[해] • 반응속도에 영향을 주는 인자: 반응물질의 성질·온도·농도·압력·빛·입자의 크기·촉매
[답] ③

2 화학반응 속도는 온도가 10℃ 상승될 때마다 2배 증가한다. 50℃에서의 화학반응 속도는 10℃에서의 반응속도의 몇 배인가?
① 16배 ② 32배
③ 10배 ④ 8배

[해] • 반응속도: $v=2^n$에서 $n=(50-10)/10=4$
∴ $v=2^4=16$배
[답] ①

3 다음을 읽고 속도식에 대한 설명이 옳지 않은 것은?(단, 정반응만 일어난다고 한다.)
1℃에서 수소와 아이오딘이 다음과 같이 반응하고 있을 때,
$H_2(g) + I_2(g) \rightarrow 2HI(g)$ 정반응속도식 $V_1=K_1[H_2][I_2]$이다.
① K_1은 정반응의 속도상수이다.
② [ ]는 몰농도(mol/l)를 나타낸다.
③ $[H_2]$와 $[I_2]$는 시간이 흐름에 따라 감소한다.
④ 온도가 일정하면 시간이 흘러도 V_1은 변하지 않는다.

[해] • 반응속도
단위시간에 변하는 물질의 농도. 정반응에서 반응물질은 시간의 흐름에 따라 감소, 생성물질은 증가.
온도가 일정할 때 반응속도는 반응물질의 농도의 곱에 비례하므로 시간의 흐름에 따라 반응속도는 변함.
[답] ④

4 아이오딘화수소는 다음과 같이 분해한다. H_2와 I_2의 농도를 모두 2배로 증가시키면 아이오딘화수소의 생성속도는 몇 배가 되겠는가?

$$2HI(g) \rightleftharpoons H_2(g) + I_2(g)$$

① 2배 ② 4배
③ 8배 ④ 16배

[해] • 반응속도:
$v=[A]^a[B]^b$에서 농도를 2배 하면
$v=[H_2][I_2]=[2][2]$
∴ $v=4$배
[답] ②

5 $2A+3B \rightarrow C+2D$의 반응에서 B의 농도를 2배 해주고 A의 농도를 일정하게 반응시킬 때 반응속도는 몇 배로 증가하는가?
① 2배 ② 3배
③ 4배 ④ 8배

[해] • 반응속도:
$V=[A]^2[B]^3$에서 B의 농도를 2배하면
$V=[1]^2[2]^3$
∴ $V=8$배
[답] ④

6 반응 $A+B \rightleftharpoons C+D$에서 촉매에 관한 다음 설명 중 옳지 않은 것은?
① 화학평형에 빨리 도달시켜 준다.
② 반응 엔탈피(ΔH)의 크기를 변화시킨다.
③ 반응경로를 바꾸어 줌으로써 활성화 상태를 변화시켜 준다.
④ 자신은 변하지 않고 반응속도만 변화시킨다.

[해] • 촉매: 화학반응(반응엔탈피의 변화)에는 무관하며 반응속도에만 영향을 준다.
[답] ②

화학평형

7 화학반응의 평형에 영향을 미치지 않는 것은?
① 온도
② 압력
③ 농도
④ 촉매

8 화학반응이 평형상태에 도달하였다는 것은 다음 중 어느 것인가?
① 정반응과 역반응이 같은 속도로 진행된다.
② 촉매를 넣으면 발열반응 쪽으로 평형이 이동된다.
③ 온도를 높이면 발열반응 쪽으로 평형이 이동된다.
④ 분자 사이의 모든 반응은 완전히 끝났다.

9 다음 기체반응에서 평형상태를 나타내는 것은?

$$N_2 + 3H_2 \rightleftarrows 2NH_3$$

① 질소, 수소, 암모니아의 분자수가 1:3:2로 되었을 때
② 질소와 수소가 그 이상 반응하지 않을 때
③ 화학반응식의 왼쪽과 오른쪽의 분자수가 같게 된 때
④ 질소와 수소가 결합하는 속도와 암모니아가 분해되는 속도가 같을 때

10 $CO+2H_2 \rightarrow CH_3OH$의 반응식에서 평형상수 K를 옳게 나타난 것은?

① $\dfrac{[CH_3OH]}{[CO][H_2]}$
② $\dfrac{[CO][H_2]^2}{[CH_3OH]}$
③ $\dfrac{[CH_3OH]}{[CO][H_2]^2}$
④ $\dfrac{[CO][2H_2]}{[CH_3OH]}$

11 $H_2(g)$와 $I_2(g)$로부터 $2HI(g)$가 생길 때 반응성분의 농도를 관찰한 결과 다음과 같다. 이 반응의 평형상수는?
① 0.4
② 4
③ 8
④ 20

12 다음 반응의 300℃에서의 평형상수는 20.0이다. 300℃에서 역반응의 평형상수는 얼마인가?

$$H_2(g) + I_2(g) \rightleftarrows 2HI(g)$$

① −20.0
② 10.0
③ 40.0
④ $\dfrac{1}{20.0}$

해 · 화학평형에 영향을 주는 인자 : 온도·농도·압력
답 ④

해 · 평형상태 : 정반응의 속도와 역반응의 속도가 같은 상태
※ 평형상태 : 정지상태가 아니다
답 ①

해 · 문제 8 해설 참조
답 ④

해 · 평형상수(K)
$K = \dfrac{[생성물질의\ 속도의\ 곱]}{[반응물질의\ 속도의\ 곱]}$
$= \dfrac{[CH_3OH]}{[CO][H_2]^2}$
답 ③

해 · 문제 18 해설 참조
$K = \dfrac{[0.4]^2}{[0.1][0.2]} = 8$
답 ③

해 · 역반응의 평형상수 ($\dfrac{1}{K}$)
∴ $\dfrac{1}{K} = \dfrac{1}{20}$
답 ④

⑬ 다음 중 가역반응인 것은?
① $Zn + H_2SO_4 \rightleftarrows ZnSO_4 + H_2 \uparrow$
② $NaCl + AgNO_3 \rightleftarrows AgCl \downarrow + NaNO_3$
③ $Ca(OH)_2 + Na_2SO_4 \rightleftarrows CaSO_4 + 2NaOH$
④ $NH_4Cl \rightleftarrows NH_3 + HCl$

[해] · 가역반응 : 침전물($AgCl$ · $CaSO_4$)이 생기거나 가스(H_2)가 발생하면 가역반응이 아니다.
[답] ④

평형이동의 법칙

⑭ A+B → C+D의 반응에서 반응물 중 한 물질의 농도를 반으로 감소시키면 반응속도도 반으로 감소한다. 이것은 다음 어느 원리 때문인가?
① 르샤틀리에의 법칙
② 아레니우스의 전리설
③ 질량작용의 법칙
④ 헤스의 법칙

[해] · 르샤틀리에의 법칙 : 평형이동의 법칙
[답] ①

⑮ N_2(기체) + O_2(기체) → $2NO$(기체) −43.2kcal의 식에서 평형을 오른쪽으로 이동시키려면?
① 압력을 높인다.
② 온도를 높인다.
③ 압력을 낮춘다.
④ 온도를 낮춘다.

[해] · 평형이동 : 흡열반응이므로 온도를 높여준다.
[답] ②

⑯ 다음의 반응 중 평형상태가 압력의 영향을 받지 않는 것은?
① $N_2 + O_2 \rightarrow 2NO$
② $NH_3 + HCl \rightarrow NH_4Cl$
③ $2CO + O_2 \rightarrow 2CO_2$
④ $2NO \rightarrow N_2O_4$

[해] · 평형이동 : 반응전후의 몰수의 합이 같으면 압력에 영향을 받지 않는다.
※ 압력을 높이면 몰수가 작은 쪽으로 이동한다.
[답] ①

⑰ $N_2 + 3H_2 \rightarrow 2NH_3 + 24kcal$의 반응식에서 NH_3의 생성률을 크게 하려면?
① 고온·고압
② 저온·저압
③ 저온·고압
④ 고온·저압

[해] · 평형이동 : 발열반응이므로 온도를 낮추고(저온) 압력을 높이면(고압) 몰수의 합이 큰 쪽에서 작은 쪽($2NH_3$)으로 이동한다.
[답] ③

⑱ 다음 화학평형식에서 평형을 오른쪽으로 진행시키기 위한 조건은 무엇인가?

$$C + CO_2 \rightarrow 2CO - 40kcal$$

① 온도를 높이고 압력을 가한다.
② 온도를 내리고 압력을 가한다.
③ 온도를 높이고 압력을 낮게 한다.
④ 온도를 내리고 압력을 낮게 한다.

[해] · 평형이동 : 흡열반응이므로 온도를 높이거나(고온) 압력을 낮게(저압)하면 몰수의 합이 작은쪽에서 큰쪽(CO)으로 이동한다.
※ C는 고체이므로 몰수에서 제외
[답] ③

⑲ $2SO_2 + O_2 \rightleftarrows 2SO_3 + 45.2kcal$와 같은 가역반응에서 일정한 온도로 유지하며 산소의 농도를 증가시킬 때 반응이 어느 쪽으로 진행되겠는가?
① 왼쪽으로 진행한다.
② 오른쪽으로 진행한다.
③ 어느 쪽도 진행되지 않는다.
④ 산소의 농도 증가만으로 반응의 진행방향을 정할 수 없다.

[해] · 평형이동 : 농도를 증가시키면 그 성분이 없는 쪽으로 이동한다.
[답] ②

//
제 2 장
금속 및 비금속

학습목표
- 금속의 일반적인 성질
- 중요한 금속과 그 화합물
- 중요한 비금속과 그 화합물
- 원자핵의 화학

1 금속의 일반적인 성질

 금속

ⅠA (1)	ⅡA (2)	ⅢB (3)	ⅣB (4)	ⅤB (5)	ⅥB (6)	ⅦB (7)		ⅧB (8)		ⅠB (11)	ⅡB (12)	ⅢA (3)	ⅣA (4)	ⅤA (5)	ⅥA (6)	ⅦA (7)	ⅧA (O)
1	2	3	4	5	6	7	8	9	10	11	12	13	14	15	16	17	18
H		금속원소 ▨ 양쪽성원소 중 산·알칼리와 수소를 발생하는 것 ☐															He
Li	Be	⋯ 전이후금속 ⋯ 준금속 ☐ 비금속										B	C	N	O	F	Ne
Na	Mg	├──────────────── 전이원소 ────────────────┤										Al	Si	P	S	Cl	Ar
K	Ca	Sc	Ti	V	Cr	Mn	Fe	Co	Ni	Cu	Zn	Ga	Ge	As	Se	Br	Kr
Rb	Sr	Y	Zr	Nb	Mo	Tc	Ru	Rh	Pd	Ag	Cd	In	Sn	Sb	Te	I	Xe
Cs	Ba	La	Hf	Ta	W	Re	Os	Ir	Pt	Au	Hg	Tl	Pb	Bi	Po	At	Rn
Fr	Ra	Ac															

[장주기형 주기표에서 금속과 비금속의 위치]

(1) 경금속
금속의 비중은 일반적으로 크며 **비중이 4보다 작은 금속은 경금속**이라 하며 알칼리금속·알칼리토금속 원소 외에 알루미늄 등이 여기에 속한다.

(2) 중금속
중금속원소는 모두 **비중이 4보다 큰 금속**이다.

(3) 열전도와 전기전도성
비금속원소는 열이나 전기를 잘 전달하지 못하나, **금속은 잘 전달**한다.
① **열전도성** : Ag > Cu > Au > Al > Mg > Zn > Pt > Fe > Pb > Hg
② **전기전도성** : Ag > Cu > Au > Al > W > Zn > Ni > Fe > Pt > Pb > Hg

> **참고**
> ※ 원소의 명칭
> • Ag : 은 • Cu : 구리 • Au : 금 • Al : 알루미늄 • Mg : 마그네슘 • Zn : 아연
> • Pt : 백금 • Fe : 철 • Pb : 납 • Hg : 수은 • W : 텅스텐 • Ni : 니켈 • Sn : 주석

(4) 뽑힘성(연성)과 퍼짐성(전성)
금속을 길게 늘려 뺄 수 있는 성질을 **뽑힘성**(연성)이라 하며 판자와 같이 **얇은 판**으로 만들 수 있는 성질을 **퍼짐성**(전성)이라 한다.
① **뽑힘성** : Au > Ag > Pt > Fe > Cu > Al > Sn > Pb
② **퍼짐성** : Au > Ag > Cu > Al > Sn > Pt > Pb > Fe

> **참고**
> ※ 금(Au)의 **뽑힘성(연성)** : 금 1g으로 3,000m의 금사(금실)을 만든다.
>   **퍼짐성(전성)** : 금의 두께는 0.000001mm(10^{-7}cm)이다.

(5) 녹는점(융점)과 끓는점(비등점)
일반적으로 융점은 높으나, **상온에서 액체**인 것은 **수은**뿐이고, 나머지 금속은 모두 고체이다.
융융점이 가장 높은 것은 텅스텐(W)이며, 가장 낮은 것은 **수은**(Hg)이다.
① **융점** : W > Pt > Au …… Hg

> **참고**
> ※ 텅스텐(W)의 융점은 3382℃로서 백열전등의 **필라멘트**로 사용된다.
>   수은(Hg)의 융점은 -38.86℃이다.

(6) 합금(두 가지 이상의 금속을 용융하여 응고시킨 것)

놋쇠(Cu·Zn), **청동**(Cu·Sn), **양은**(Cu·Ni·Zn), **백동**(Cu·Ni), **듀랄루민**(Al·Cu·Mn·Mg)

> **참고**
> ※ 원소의 명칭
> • Cu : 구리 • Zn : 아연 • Ni : 니켈 • Al : 알루미늄 • Mn : 망가니즈 • Mg : 마그네슘
> ※ 듀랄루민 : 비행기 몸체를 만드는 데 쓰이는 합금으로 **성분**은 다음과 같다.
> • Al : 95% • Cu : 4% • Mn : 0.5% • Mg : 0.5%

(7) 야금(금속을 뽑아냄)

① **용융전해법** : K·Na·Ca·Mg·Al
② **산화물을 탄소로 환원** : Zn·Fe·Ni·Sn
③ **골드쉬미트법** : Co·Cr·Mn
④ **시안화법** : Au·Ag·Pt
⑤ **연소 후 증류** : Hg

> **참고**
> ※ 원소의 명칭
> • K : 칼륨 • Ca : 칼슘 • Na : 나트륨 • Mg : 마그네슘 • Al : 알루미늄 • Zn : 아연
> • Fe : 철 • Ni : 니켈 • Sn : 주석 • Co : 코발트 • Cr : 크로뮴 • Mn : 망가니즈
> • Au : 금 • Ag : 은 • pt : 백금 • Hg : 수은

2 금속물질의 검출

(1) 불꽃반응

백금선 또는 니크롬선에 알칼리 금속의 염의 수용액이나 Ca(칼슘)·Sr(스트론튬)·Ba(바륨)·Cu(구리) 등의 화합물 수용액을 묻힌 것을 **무색의 불꽃**에 넣으면 금속염에 따라 **특유한 색**을 낸다. Na⁺(나트륨 이온)이나 K⁺(칼륨이온)은 수용액의 무색이고, 침전도 만들지 않으므로 약품으로서는 검출하기 곤란하나 **불꽃반응**으로 용이하게 **검출**된다.

원소이름	기호	불꽃색	원소기호	기호	불꽃색
리튬	Li	진한빨강	칼슘	Ca	황적색
나트륨	Na	노랑색	스트론튬	Sr	진한빨강
칼륨	K	연보라	바륨	Ba	황록색
루비듐	Rb	심적색	구리	Cu	청록색
세슘	Cs	청자색			

(2) 붕사 구슬 반응

붕사($Na_2B_4O_7 \cdot 10H_2O$)를 백금선의 **고리**에 묻혀서 가열하면 결정수를 잃고 **유리 모양의 구슬**이 백금선 끝에 생긴다. 이것을 **붕사 구슬**이라 하는데, 여기에 금속산화물을 묻혀서 **불꽃 속에서 가열**한 후에 식혀보면 금속에 따라서 **특유한 색**을 나타낸다.

이러한 반응을 **붕사 구슬 반응**이라 하는데, 금속의 검출에 이용한다.

[붕사 구슬의 색]

금 속	산화불꽃	환원불꽃	금 속	산화불꽃	환원불꽃
Cu(구리)	청녹색	붉은색	Co(코발트)	푸른색	푸른색
Mn(망가니즈)	보라색	무색	Cr(크로뮴)	녹색	녹색

적중 출제예상문제

금속의 성질

1 비중이 1 이상인 금속은 어느 것인가?
① Na ② K
③ Li ④ Pb

2 다음 중 열전도도가 가장 적은 것은?
① 얼음 ② 석면
③ 콘크리이트 ④ 석회석

3 열, 전기의 전도성이 제일 좋은 것은?
① 은 ② 알루미늄
③ 구리 ④ 수은

4 융점이 가장 높은 금속은 어느 것인가?
① W ② Pt
③ Hg ④ Na

5 상온에서 액체인 금속은 어느 것인가?
① Pb ② Hg
③ Ag ④ Br

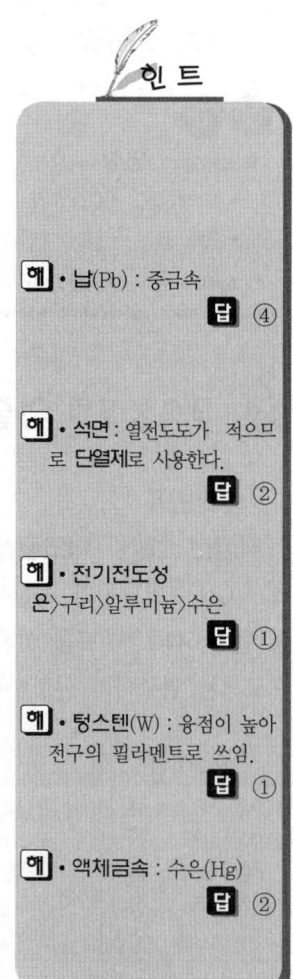

[해] • 납(Pb) : 중금속
[답] ④

[해] • 석면 : 열전도도가 적으므로 단열제로 사용한다.
[답] ②

[해] • 전기전도성
은〉구리〉알루미늄〉수은
[답] ①

[해] • 텅스텐(W) : 융점이 높아 전구의 필라멘트로 쓰임.
[답] ①

[해] • 액체금속 : 수은(Hg)
[답] ②

⑥ 다음 중 구리가 포함되지 않은 것은?
① 양은　　　　　　② 듀랄루민
③ 땜납　　　　　　④ 놋쇠

해 • 땜납 : 납과 주석의 합금
답 ③

⑦ 다음중 땜납의 주성분은 어느 것인가?
① Pb, Ni　　　　　② Pb, Sb
③ Pb, Zn　　　　　④ Pb, Sn

해 • 땜납 : Pb와 Sn의 합금
답 ④

⑧ 듀랄루민에 가장 많이 함유된 성분은?
① Al　　　　　　　② Cu
③ Mn　　　　　　　④ Mg

해 • 듀랄루민의 성분 함량 :
Al : 95%, Cu : 4%,
Mn : 0.5%, Mg : 0.5%
답 ①

⑨ 다음 보기의 성질을 만족시키는 합금은?

① 가볍고 견고하다.　　② 쉽게 녹슬지 않는다.
③ Al가 포함되어 있다.　④ 주성분은 4종

① 스테인리스강　　　② 니크롬선
③ 듀랄루민　　　　　④ 청동

해 • 듀랄루민 : 비행기의 몸체에 사용하는 가벼운 합금으로 Al·Cu·Mn·Mg가 주성분이다.
답 ③

⑩ 수은과 다른 금속과의 합금을 아말감이라고 하는데 수은과 작용하여 아말감을 만들지 않는 금속은?
① Au　　　　　　　② Ag
③ Zn　　　　　　　④ Fe

해 • 아말감을 만들지 못하는 금속 : W·Fe·Ni등 용융점이 높은 금속
답 ④

⑪ 산화알루미늄에서 금속알루미늄을 만들어 내는 방법은?
① 코크스와 섞어서 가열한다.
② 용융하여 전기분해한다.
③ 가열한 산화알루미늄에 수소기체를 통한다.
④ 수용액을 만들어서 전기분해한다.

해 • 알루미늄 : Al_2O_3를 전기제련(용융전기분해)한다.
답 ②

⑫ Fe_2O_3와 Al(테르밋)으로 철을 빼내는 방법으로 맞는 것은?
① Gold Schmide법　② Haber법
③ Ostwalt법　　　　④ Arc법

해 • 철제련 : 골드쉬미트법
답 ①

⑬ 연소 후 증류하여 야금하는 금속은 어느 것인가?
① Ag　　　　　　　② Au
③ Hg　　　　　　　④ Cu

해 • 수은(Hg) : 진사(HgS)를 가열하여 수은증기를 냉각시킨 것
답 ③

14 백금선에 묻혀서 무색의 불꽃에 넣었을 때 적자색의 불꽃 반응을 나타내는 금속은?
① Li ② K
③ Na ④ Ba

[해] • 보라색 불꽃(적자색) : 칼륨(K)
[답] ②

15 공기 속에서 노랑색 불꽃을 내면서 연소하는 것은?
① Li ② Na
③ K   ④ Ca

[해] • 노랑색 불꽃 : 나트륨(Na)
[답] ②

16 노랑색 불꽃반응하는 미지시료 용액에 질산은 용액을 가할 때 노랑색 침전이 생성되었다. 이 미지시료는 어느 것인가?
① NaF ② NaCl
③ NaI ④ NaBr

[해] • 노랑색 침전(AgI) : 질산은($AgNO_3$)의 Ag와 I와의 결합
※ 흰색침전 : AgCl
[답] ③

17 다음 물질 중 감광성이 가장 큰 것은 어느 것인가?
① $PbSO_4$ ② AgCl
③ $NaNO_3$ ④ HgO

[해] • AgCl(염화은) : 감광성이 좋아 사진의 인화지에 사용한다.
[답] ②

18 스트론튬의 불꽃반응의 불꽃색은?
① 황적색 ② 노랑색
③ 황록색 ④ 빨강색

[해] • 스트론튬(Sr)의 불꽃 : 진한 빨강
[답] ④

19 구리의 불꽃반응의 불꽃색은?
① 황적색 ② 청록색
③ 빨강색 ④ 노랑색

[해] • 구리(Cu)의 불꽃 : 청록색
[답] ②

20 공기 속에서 불꽃반응을 나타내지 않는 것은?
① Mg ② Ca
③ Sr ④ Ba

[해] • 알칼리토금속 중 불꽃반응을 하지 않는 것 : Be Mg
[답] ①

21 붕사 구슬 반응에서 산화불꽃과 환원불꽃에서 같은 색을 나타내는 것은?
① 코발트 ② 구리
③ 니켈   ④ 망가니즈

[해] • 코발트(Co) : 푸른색
[답] ①

2 중요한 금속과 그 화합물

 나트륨(Na)

나트륨은 NaCl(염화나트륨)로 바닷물·암염·규산염($NaAlSi_3O_8$ 등)·질산나트륨($NaNO_3$)·붕사 ($Na_2B_4O_7 \cdot 10H_2O$) 등에 존재하며, **물과 급격히 반응**한다.

(1) 수산화나트륨(NaOH)

백색의 고체로서 **조해성**이 강하며, 물에 잘녹고 수용액은 **강알칼리성**이다. 제조방법에는 소금물의 전해법과 가성화법이 있다.

> **참고**
>
> ※ **조해** : 고체가 공기중의 **수분을 흡수**하여 스스로 **액체**가 되는 현상
> - **조해성 물질** : NaOH(수산화나트륨), KOH(수산화칼륨), $MgCl_2$(염화마그네슘), $CaCl_2$(염화칼슘) 등
> - 소금은 **조해성이 없으나** 불순물로 섞여있는 $MgCl_2$(염화마그네슘·간수) 때문에 소금가마니가 축축하게 되어 조해성으로 **착각하기** 쉽다.

① **소금물의 전해법** : 소금물을 전기분해하면 (+)극에서 Cl_2(염소)가 발생하고 (−)극에서 H_2(수소)와 NaOH(수산화나트륨)가 생성되며 공기 중의 CO_2(이산화탄소)를 흡수하여 Na_2CO_3(탄산나트륨)로 변한다.

$$2NaCl + 2H_2O \xrightarrow{전해} \underset{-극}{2NaOH + H_2} + \underset{+극}{Cl_2}$$
(염화나트륨) (물) (수산화나트륨) (수소) (염소)

> **참고**
>
> ※ **소금물 전해법의 주의사항** : 전기분해시 발생한 Cl_2(염소)와 H_2(수소)가 접촉하면 **염소폭명기**가 되고, 물에 녹은 Cl(염소)와 NaOH(수산화나트륨)은 NaClO(차아염소산나트륨)이 된다.
>
> 염소폭명기 : $H_2 + Cl_2 \longrightarrow 2HCl$
>   (수소) (염소) (염화수소)
> 차아염소산 생성 : $2NaOH + Cl_2 \longrightarrow NaCl + NaClO + H_2O$
>   (수산화나트륨) (염소) (염화나트륨) (차아염소산나트륨) (물)
> - HCl(염화수소)
> - NaOH(수산화나트륨·가성소다) : 양잿물
> - NaCl(염화나트륨) : 소금
> - NaClO(차아염소산나트륨) : 유한락스
>
> **염소폭명기** 및 **차아염소산나트륨**의 생성을 막기 위하여 소금물을 전기분해할 때는 **격막법** 및 **수은법**을 사용한다.

> **참고**
> - **격막법**: C(흑연)을 양극(+)으로, 구멍 뚫린 Fe(철)을 음극(-)으로 하고 두 극 사이에 **석면으로 된 격막**을 설치하여 두극 사이의 생성물의 접촉을 막는다. 그러나 **생성물질이 조금 섞일 수 있다.**
> - **수은법**: C(흑연)을 양극(+)으로, Hg(수은)을 음극(-)으로 사용하여 수은의 표면에 생긴 Na(나트륨)이 수은에 녹아 **아말감**이 되고, 이것을 분해조로 옮겨 물과 반응시켜 NaOH(수산화나트륨)과 H_2(수소)를 얻으며 생성된 수산화나트륨의 **순도가 높다.**

② **가성화법**: Na_2CO_3(탄산나트륨)의 수용액에 $Ca(OH)_2$(수산화칼슘·석회수)를 넣어서 생긴 침전물 $CaCO_3$(탄산칼슘)을 걸러내고, **용액을 가열 농축**하여 만드는 방법

$$Na_2CO_3 + Ca(OH)_2 \longrightarrow 2NaOH + CaCO_3\downarrow$$
(탄산나트륨) (수산화칼슘)   (수산화나트륨) (탄산칼슘)

(2) 탄산나트륨(Na_2CO_3)

① **솔베이법(암모니아소다법)**: 먼저 NaCl(소금)의 **포화 수용액**에 NH_3(암모니아)와 CO_2(이산화탄소)를 흡수시키면, 비교적 용해도가 작은 $NaHCO_3$(탄산수소나트륨)이 침전된다.

$$NaCl + H_2O + NH_3 + CO_2 \longrightarrow NaHCO_3\downarrow + NH_4Cl$$
(염화나트륨) (물) (암모니아) (이산화탄소) (탄산수소나트륨) (염화암모늄)

$NaHCO_3$(탄산수소나트륨)을 걸러내어 **가열**하면 **분해**되어 Na_2CO_3(탄산나트륨)이 된다.

$$2NaHCO_3 \xrightarrow{\Delta} Na_2CO_3\downarrow + CO_2 + H_2O$$
(탄산수소나트륨) (탄산나트륨) (이산화탄소) (물)

> **참고**
> ※ 부산물인 NH_4Cl(염화암모늄)으로 염화칼슘($CaCl_2$)제조
> - $2NH_4Cl + Ca(OH)_2 \rightarrow CaCl_2 + 2NH_3 + 2H_2O$
>   (염화암모늄) (수산화칼슘)   (염화칼슘) (암모니아) (물)

2 칼륨(K)

칼륨은 KCl(염화칼륨)이나 KOH(수산화칼륨)를 용융 전기분해해서 칼륨을 얻으며, **물과 급격히 반응**한다.

(1) 시안화칼륨(KCN)
① **맹독성**이며, 수용액은 알칼리성이다.
② **염산**과 반응하면 **독성**이 심한 HCN(시안화수소)이 발생한다.

> KCN + HCl → KCl + HCN↑
> (시안화칼륨) (염산) (염화칼륨) (시안화수소)

칼슘(Ca) · 마그네슘(Mg)

(1) 센물과 단물
칼슘이온 Ca^{+2}과 마그네슘이온 Mg^{+2}을 비교적 많이 포함하고 있어 **비누 거품**이 잘 일지 않는 물을 **센물**이라 하고, Ca^{+2}(칼슘이온)이나 Mg^{+2}(마그네슘이온)이 비교적 적게 포함하는 물을 **단물**이라 한다.

(2) 센물의 종류
① **일시적 센물** : Ca(칼슘)이나 Mg(마그네슘)이 탄산수소염 상태인 $Ca(HCO_3)_2$(탄산수소칼슘), $Mg(HCO_3)_2$(탄산수소마그네슘)가 **다량 녹아 있는** 센물을 일시적 센물이라 한다.
② **영구적 센물** : Ca(칼슘)이나 Mg(마그네슘)이 **황산염**이나 **염화물**로서 녹아 있는, 즉 $CaSO_4$(황산칼슘), $MgSO_4$(황산마그네슘), $CaCl_2$(염화칼슘), $MgCl_2$(염화마그네슘)가 다량 녹아 있는 센물을 영구적 센물이라 한다.

※ 일시적 센물 : 끓이면 HCO_3^- 성분이 분해되어 **연수**가 된다.

(3) 클로로필(엽록소) : Mg^{+2}(이온)과 포르피린(색소성분 구성화합물)과의 착화합물

※ 헤모글로빈 : Fe^{+2}(이온)과 포르피린과의 착화합물

(4) 기타 칼슘의 화합물
① **석회석**($CaCO_3$ · 대리석) : 천연으로 출토되며 물에 녹지 않으나 CO_2를 포함한 물에 녹아 $Ca(HCO_3)_2$ (탄산수소칼슘)이 되어 **맑은 용액**이 된다.
② **산화칼슘**(CaO · 생석회) : 대리석 또는 $CaCO_3$(석회석)을 900℃로 가열하여 CO_2(이산화탄소)와 함께 생성된다.
③ **수산화칼슘**($Ca(OH)_2$ · 소석회) : CaO(산화칼슘)에 물을 가하면 **발열**과 함께 생성된다.

알루미늄(Al)

알루미늄은 주기표 제Ⅲ족에 속하는 **양쪽성 원소**로서 비교적 안정한 단체이다. 천연에서 **보크사이트**로 산출된다.
(1) **보크사이트**를 **용융 전기분해**하여 **야금**한다. 이때 **용융점을 낮게** 하기 위해서 **빙정석**을 가하여 사용한다.
(2) 은백색의 연한 금속으로 연성·전성이 크고, 열·전기의 양도체이다.
(3) **공기 중**에서 Al_2O_3(산화알루미늄)의 **피막**이 생겨 **내부를 보호**한다. 알루미늄 표면에 인공적으로 산화물의 피막을 입힌 것을 **알루마이트**라 한다.
(4) 특히 Al(알루미늄)**가루**와 Fe_2O_3(산화제2철) **가루**의 혼합물을 **테르밋**이라 하며, 레일과 같은 철의 용접에 이용한다.

> **참고**
> ※ **보크사이트** : Al_2O_3(산화알루미늄)을 **주성분**으로 하는 광물질
> ※ **야금** : 광석에서 금속을 빼내는 것을 야금이라 한다.
> ※ **빙정석(Na_3AlF_6)** : 알루미늄 야금시 **용제(Flux)**로 사용

 수은(Hg)

자연계의 단체로 존재할 수도 있으며, HgS(황화수은·진사)에서 산출된다. 은백색으로서, 상온에서 유리한 **액체 금속**이며, **증기는 유독**하며, **중금속 중독증**인 **미나마타병**을 일으킨다.

> **참고**
> ※ **아말감** : 수은과의 **합금**을 **아말감**이라 하며, Pt·Fe·Co·Ni·Cr·Mn는 아말감을 **만들지 못한다**.

(1) **염화제일수은**(감홍)(Hg_2Cl_2)
　물에 녹지 않으며 독성은 없다.

(2) **염화제이수은**(승홍)($HgCl_2$)
　① 바늘 모양의 무색 결정으로 **승화성**이 있다.
　② 물에 녹으며, Hg^{+2}(수은이온)은 **맹독성**이 있다. 그러나 0.1% 용액은 **소독제**로 쓰인다.

적중 출제예상문제

중요한 금속과 그 화합물

1) 상온에서 찬물과 반응하여 심하게 수소를 발생시키는 것은?
① K ② Mg
③ Al ④ Fe

2) 발화성 약품은 화재예방상 한 번에 몇 g 이상 실험대에서 취급하지 않도록 해야 하는가?
① 5g ② 10g
③ 15g ④ 100g

3) 소금이 조해하는 성질을 나타내는 것은 소금 중에 무엇이 혼합되어 있는 까닭인가?
① $MgBr_2$ ② $MgCl_2$
③ Na_2CO_3 ④ $NaHCO_3$

4) NaCl용액을 전기분해 할 때 음극(-)에서 생기는 것은 어느 것인가?
① Na ② Cl_2
③ O_2 ④ H_2

5) 다음 물질의 수용액을 전기분해할 때 각 극에서 기체가 발생하고 용액이 알칼리성으로 변하는 것은?
① HCl ② NaCl
③ $AgNO_3$ ④ Na_2SO_4

6) NaOH(수산화나트륨)의 제법으로 옳지 않은 것은?
① 솔베이법 ② 수은법
③ 격막법 ④ 가성화법

7) 가성소다 병마개를 막지 않은 결과, 표면이 굳어져서 사용이 불가능하게 된 이유는?
① 조해한 다음 NaOH의 표면이 응결하였기 때문이다.
② 조해하여 표면이 $NaNH_2$로 변했기 때문이다.
③ 조해하여 표면이 Na_2CO_3로 변했기 때문이다.
④ 조해하여 표면이 Na_2SO_4로 변했기 때문이다.

힌트

[해] • 알칼리금속(K, Na) : 물과 반응하여 수소(H_2)가스 발생
답 ①

[해] • 발화성 · 폭발성물질 : 실험대에서 5g 이상 사용하지 말 것
답 ①

[해] • 염화마그네슘($MgCl_2$) : 조해성이 있으므로 소금가마를 축축하게 한다.
답 ②

[해] • NaCl의 전해 : 양극(Cl_2), 음극(NaOH · H_2)
답 ④

[해] • 문제 4 해설 참조
※ 음극 : H_2, 양극 : Cl_2
※ 용액 : NaOH(알칼리)
답 ②

[해] • 솔베이법 : 탄산나트륨의 제법
답 ①

[해] • 수산화나트륨(NaOH) : 조해성이 있으며 공기 중의 CO_2와 결합하여 Na_2CO_3 생성
※ 가성소다 : 수산화나트륨, 양잿물
답 ③

8 탄산칼륨(K_2CO_3)의 성질에 대한 설명이다. 다음에서 잘못되어 있는 것은 어느 것인가?
① 흰색 가루이며 물에 잘녹는 물질이다.
② 수용액은 가수분해 되어 알칼리성을 나타낸다.
③ 염산과 작용하여 CCl_4가 생성된다.
④ 수용액은 탄산가스와 작용하여 탄산수소칼륨을 만든다.

[해] • 염산과 반응
$K_2CO_3 + 2HCl \rightarrow 2KCl + H_2O + CO_2$
※ 생성물에 CCl_4는 없다.
[답] ③

9 세탁 소다를 바람이 잘 통하는 곳에 두면 흰색의 가루가 된다. 이러한 현상을 무엇이라고 하는가?
① 조해 ② 풍해
③ 승화 ④ 수화

[해] • 풍해 : 수화물의 결정이 결정수를 잃고 가루가 되는 현상
[답] ②

10 Ca^{2+}와 HCO_3^-이 많이 포함되는 물을 처리하여 비누가 잘 풀리는 수질로 바꾸려면 어떤 방법이 제일 쉽고 좋은가?
① 탄산나트륨으로 처리한다. ② 이온교환 수지에 통한다.
③ 가라앉혀 사용한다. ④ 끓인다.

[해] • 비누가 잘 풀리는 수질(연수) : 일시적 센물(경수)의 성분인 HCO_3^-는 끓이면 분해되어 연수가 된다.
[답] ④

11 석회석은 물에 안 녹으나 CO_2를 포함한 물에는 녹는다. 그 이유는?
① 탄산수소칼슘이 생기기 때문에
② 탄산칼슘이 분해되기 때문이다.
③ 탄산칼슘이 용해도가 커지므로
④ CO_2가 녹으면 산성이 증가되므로

[해] • 석회석($CaCO_3$) : 물에 녹지 않으나 CO_2를 포함한 물에 녹아 $Ca(HCO_3)_2$(탄산수소칼슘)이 되어 맑은 용액이 된다.
[답] ①

12 생석회가 물과 반응하여 생성되는 물질은 무엇인가?
① 포스핀가스 ② 석회석
③ 소석회 ④ 탄산칼슘

[해] • 생석회 : 물을 가하면 발열하며 $Ca(OH)_2$(소석회)가 된다.
[답] ③

13 생석회가 물과 반응했을 때 위험성은?
① 인화수소 발생 ② 질소가스의 발생
③ 많은 열 발생 ④ 아세틸렌가스 발생

[해] • 문제 12 해설 참조
[답] ③

14 식물에서 클로로필은 어떤 금속이온과 포르피린과의 착화합물이다. 이 금속이온은 아래 어느 것인가?
① Zn ② Mg
③ Fe ④ CO

[해] • 클로로필 ; 식물의 엽록체에서 포르피린과 Mg^{+2} 이온이 만든 착화합물
[답] ②

15 알루미늄이 건축 자재나 가구 또는 용기 등을 만드는 데 쓰이는 이유는?
① 화학적 반응성이 약하기 때문에
② 표면에 치밀한 산화막을 만들면 내부가 보호되기 때문에
③ 값이 싸기 때문에
④ 단단하고 질기기 때문에

[해] • 알루미늄 : 표면에 치밀한 산화피막(알루마이트)을 만들면 내부까지 산화가 되지 않으므로 내부를 보호한다.
[답] ②

3 중요한 비금속과 그 화합물

1 수소(H_2)

수소(H_2)는 가장 가벼운 기체로서 공기 중에서 점화원에 의하여 **폭발적으로 연소(폭명기)**한다.

(1) 수소의 실험실적 제법

$$Zn + 2HCl \rightarrow ZnCl_2 + H_2 \uparrow, \quad Zn + H_2SO_4 \rightarrow ZnSO_4 + H_2 \uparrow 등$$
(아연) (염산) (염화아연) (수소), (아연) (묽은황산) (황산아연) (수소)

(2) 수소의 공업적 제법

수성가스법, 석유 분해법, 천연가스 분해법, 일산화탄소 전환법 등

참고

※ **폭명기** : 수소 2와 산소 1의 혼합기체로서 점화원에 혼합기체

$$2H_2 + O_2 \rightarrow 2H_2O$$
(수소) (산소) (물)

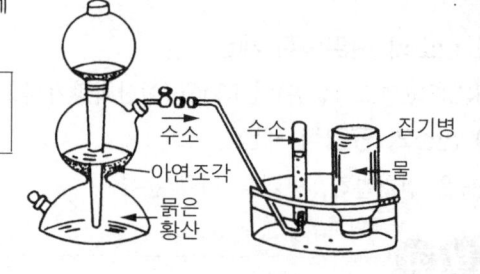

※ **폭발범위**(연소범위) : 4.1~74%(4~75%)

※ **킵**(Kipp) **장치로 만들 수 있는 기체** : H_2(수소) · CO_2(탄산가스) · H_2S(황화수소) 등
 • H_2 : Zn(아연) 조각에 H_2SO_4(묽은황산)을 넣어 발생시킨다.
 • CO_2 : $CaCO_3$(대리석조각)에 HCl(염산)을 넣어 발생시킨다.
 • H_2S : FeS(황화철)에 HCl(염산)을 넣어 발생시킨다.

---

(3) 황화수소(H_2S)의 제법

FeS(황화철)에 HCl(염산)을 작용시키면 $FeCl_2$(염화제1철)과 H_2S(황화수소)가 생성된다.

$$FeS + 2HCl \rightarrow FeCl_2 + H_2S$$
(황화철) (염산) (염화제1철) (황화수소)

(4) 황산(H_2SO_4)의 제법

① **연실법** : **황**(S)이나 **황철광**을 연소시켜 얻은 **이산화황**(SO_2)을 **물**(H_2O)과 같이 **질소산화물**(NO_2)을 촉매로 하여 작용시켜 만든다.

$$SO_2 + H_2O + NO_2 \rightarrow H_2SO_4 + NO$$
(이산화황)　(물)　(이산화질소)　(황산)　(산화질소)

② **접촉법** : 오산화바나듐(V_2O_5)을 촉매로 하여 **이산화황**(SO_2)을 산화시켜 **삼산화황** (SO_3)을 만들어 물(H_2O)과 접촉시켜 만든다.

$$2SO_2 + O_2 \xrightarrow{V_2O_5<촉매>} 2SO_3, \quad SO_3 + H_2O \rightarrow H_2SO_4$$
(이산화황)　(산소)　(오산화바나듐)　(삼산화황),　(삼산화황)　(물)　(황산)

2 산소(O_2)

산소(O_2)는 공기 중에 **약 21%**, 물·기타 화합물 속에 다량 포함되어 있으며, **클라크수**는 49.5%로서 가장 크며 불연성 기체이며 연소를 돕는 **조연성** 기체이다.

(1) 산소의 실험실적 제법
$KClO_3$(염소산칼륨)에 MnO_2(이산화망가니즈)을 촉매로 하여 가열분해시킨다.

(2) 산소의 공업적 제법
물을 전기분해, 공기를 액화 분류

> **참고**
> ※ 클라크수 : 지구표면의 각 원소 존재의 추정치(중량 %)
> ※ 액체공기 $\xrightarrow{분별증류}$ [N_2(질소) : 비점 $-195℃$], [O_2(산소) : 비점 $-183℃$]

(3) 오존(O_3)
산소(O_2)를 무성 방전하든가 자외선을 통해 주면 **오존**(Ozone)으로 되며 **마늘 냄새**가 난다.

> **참고**
> ※ 오존(O_3)의 검출법 : 아이오딘화칼륨(KI) 녹말종이(백색)를 푸른색으로 변색시킨다.
> • 아이오딘화칼륨(KI) : 무색결정
> ※ 대기중의 오존층 : 태양광의 자외선과 우주선을 흡수한다.

질소(N_2)

질소(N_2)는 공기 중에 약 78%정도 포함되었고, 지각 중에는 질산염·암모늄염으로 존재하며, 단백질 등의 구성 원소로 생물 체내에 많이 들어 있다.

>
> ※ 공업적으로는 액체공기를 분류하여 얻는다(산소 참조).

(1) 암모니아(NH_3)

① 0℃에서는 4.2기압에서, 20℃에서는 8.4기압에서 액화되며, 기화될 때는 주위에서 열을 흡수하므로 액체 암모니아는 냉동제로 이용된다.

② 물에 극히 잘 녹으며, 상온에서 물 1 l 에 800 l 정도 녹는다. 이 수용액을 암모니아수라 한다.

$$NH_3 + H_2O \rightleftarrows NH_4OH \rightleftarrows NH_4^+ + OH^-$$
(암모니아) (물)   (수산화암모늄) (암모늄이온) (수산이온)

> ※ 음용수의 간단한 수질 검사
> - NH_4^+(암모늄이온)이 포함되어 있을 때 : 암모늄이온은 재래식 화장실 부근의 우물물 속에 포함되어 있을 수 있으므로 이 우물물에 네슬러 시약을 가하면 노란색이 되고, 암모니아나 암모늄 이온이 많을 때에는 적갈색으로 된다.
> - 유기물을 포함하고 있을 때 : 우물물 소량을 비커에 담고 황산을 넣어서 산성으로 만들어 보라색인 $KMnO_4$(과망가니즈산칼륨) 용액을 넣어 가열하면, 유기물이 포함되어 있으면 무색으로 되고, 유기물이 없으면 보라색이 그대로 있다.

(2) 질산(HNO_3)

$NaNO_3$(질산나트륨)에 C-H_2SO_4(진한황산)을 가하고 가열하면 질산을 얻는다.

> ※ $2NaNO_3 + H_2SO_4 \xrightarrow{\Delta} Na_2SO_4 + 2HNO_3$
> (질산나트륨) (황산) (황산나트륨) (질산)
>
> ※ (NO_3^-의 검출)
> HNO_3(질산) 또는 질산염의 용액에 $FeSO_4$(황산제일철) 용액을 혼합시킨 후 시험관 유리벽에 천천히 C-H_2SO_4(진한황산)을 가하면 경계면에 갈색 고리[Fe(NO)]SO_4가 생긴다. 이것을 갈색 고리반응이라 한다.
>
> ※ 농질산과 부동태를 갖는 금속 : Fe·Co·Ni·Cr·Al 등
> - 부동태 : 금속이 귀금속과 같이 농질산 속에서 부식되지 않는 얇은 피막을 갖는 상태

4 플루오린(F, 불소)

형석(CaF_2)과 빙정석(Na_3AlF_6)에 존재한다.

> **참고**
>
> ※ 플루오린화수소산(HF, 불산) : 유리를 부식시킨다.
> ※ 할로젠 원소
>
> | 구 분 | F(플루오린) | Cl(염소) | Br(브로민) | I(아이오딘) |
> |---|---|---|---|---|
> | 상 태 | 연황색기체 | 황록색 기체 | 적갈색액체 | 흑자색승화성고체 |
> | 수소산 | HF(약산) | HCl(강산) | HBr(강산) | HI(강산) |
>
> • 수소와 결합력의 세기 : F 〉 Cl 〉 Br 〉 I

5 염소(Cl_2)

상온에서 자극취를 가지며 **황록색**의 **맹독성 기체**

> **참고**
>
> ※ 제법
>   • 염산(HCl)에 산화제(MnO_2, $KMnO_4$, $K_2Cr_2O_7$ 등)를 작용시켜 얻는다.
> $4HCl + MnO_2 \rightarrow MnCl_2 + 2H_2O + Cl_2$
>   (염산) (이산화망가니즈) (염화망가니즈) (물) (염소)
>   • 표백분($CaOCl_2$)에 진한 염산(HCl)을 가하여 얻는다.
> $CaOCl_2 + 2HCl \rightarrow CaCl_2 + H_2O + Cl_2$
>   (클로로칼키) (염산) (염화칼슘) (물) (염소)
> ※ 표백분에 산을 가하였을 때 발생한 염소의 g수를 %단위로 표시한 것을 표백분의 **유효염소**라 한다.
> ※ 진한염산(HCl) : 염화수소가스(HCl)를 물에 녹인 것을 염산(HCl)이라하며, 진한염산은 염화수소(HCl)농도가 35% 이상(시판품 37.2% 이상)이다.
> ※ 검출법 : 아이오딘화칼륨(KI) 전분지를 청자색으로 변화시킨다.
> ※ 음용수의 검사
>   • 소금(NaCl)이나 염소이온(Cl^-)이 포함되어 있을 때 : 소금이나 염소이온이 있으면 질산은($AgNO_3$) 용액으로 흰 침전이 생기며, 불꽃반응이 노란색으로 된다.
> $NaCl + AgNO_3 \rightarrow AgCl\downarrow + NaNO_3$
>   (염화나트륨) (질산은) (염화은) (질산나트륨)

(1) 염화수소(HCl)

소금(NaCl)에 **진한황산**(H_2SO_4)을 가하여 가열한다.

$$2NaCl + H_2SO_4 \rightarrow Na_2SO_4 + 2HCl$$
(염화나트륨)　(황산)　　(황산나트륨)　(염화수소)

(2) 염화바륨($BaCl_2$)

염화바륨($BaCl_2$)을 **탄산염**(Na_2CO_3 등) 또는 **황산염**(Na_2SO_4)의 수용액에 넣으면 **탄산바륨**($BaCO_3$) 및 **황산바륨**($BaSO_4$)의 **백색침전물**을 만든다.

(3) 표백분 클로로칼키[$CaOCl_2 \cdot H_2O$ 또는 $CaCl(ClO) \cdot H_2O$]

소석회($Ca(OH)_2$)에 **염소가스**(Cl_2)를 흡수시켜서 얻는다.

$$Ca(OH)_2 + Cl_2 \rightarrow CaOCl_2 + H_2O$$
(수산화칼슘)　(염소)　(클로로칼키)　(물)

6 브로민(브롬)(Br_2)

브로민화물에 이산화망가니즈(MnO_2)과 황산(H_2SO_4)을 넣고 가열한다.

> **참고**
>
> ※ 브로민의 제법
> $$2NaBr + MnO_2 + 3H_2SO_4 \rightarrow 2NaHSO_4 + MnSO_4 + 2H_2O + Br_2$$
> (브로민화나트륨)　(이산화망가니즈)　(황산)　　(황산수소나트륨)　(황산망가니즈)　(물)　(브로민)
>
> ※ **적갈색**의 **액체**로서 자극성 냄새가 나며 적갈색의 **증기는 유독**하다.
> * 상온에서 **액체**인 유일한 **비금속원소**이며, **강산화제**로서 피부를 **손상**시킨다.
>
> ※ 브로민화수소(HBr)의 **젯법** : **적린**(붉은인)에 브로민과 물을 넣어 가열한다.
> $$2P + 3Br_2 \rightarrow 2PBr_3, \quad PBr_3 + 3H_2O \rightarrow H_3PO_3 + 3HBr$$
> (적린)　(브로민)　(브로민화인)　(브로민화인)　(물)　(아인산)　(브로민화수소)

7 불활성 기체

실온에서 무색 기체이며, **단원자분자**이다.

> **참고**
>
> ※ 가이슬러관에서의 색깔
> - He(헬륨) : 노랑
> - Ne(네온) : 빨강
> - Ar(아르곤) : 보라
> - Ar+수증기 : 파랑
> - 기타 : 공기〈붉은 보라〉, 수은〈청회색〉
>
> - 가이슬러관 : 0.1~1mmHg 압력의 관
> - He : 기구·비행선에 이용되고
> - Ne : 네온사인에
> - Ar : 전구에 이용된다.

탄소(C)

탄소는 단체로서 세 가지의 동소체가 존재하며, **다이아몬드**와 **흑연**의 두 가지의 **결정형**의 탄소와 **숯**, **석탄**의 **무정형** 탄소가 있다.

(1) 이산화탄소(CO_2·탄산가스)

① 무색·무취의 기체, **공기** 속에 **0.03%** 포함되어 있고, 압력을 가하면 액화 또는 응고된다.
② 대리석·석회석을 **900°C로 가열**하여 이산화탄소를 얻을 수 있다.
③ **대리석**에 **묽은 염산**을 가한다.

$$CaCO_3 + 2HCl \rightarrow CaCl_2 + H_2O + CO_2\uparrow$$
$$\text{(탄산칼슘)} \quad \text{(염산)} \quad \text{(염화칼슘)} \quad \text{(물)} \quad \text{(탄산가스)}$$

(2) 일산화탄소(CO)

① **포름산**에 **진한 황산**을 가하여 가열하면 **순수한 일산화탄소**를 얻을 수 있다.

$$H\boxed{CO}OH \xrightarrow[\triangle \text{탈수}]{H_2SO_4} H_2O + CO\uparrow$$
$$\text{(포름산)} \qquad \qquad \text{(물)} \quad \text{(일산화탄소)}$$

② 1,000°C로 가열된 **코크스**에 **수증기**를 가하면 순수한 **일산화탄소**(CO)를 얻을 수 있다.

$$C + H_2O \rightarrow \boxed{CO + H_2} \text{ (워터가스)}$$
$$\text{(코크스)} \quad \text{(수증기)} \quad \text{(일산화탄소)} \quad \text{(수소)}$$

(3) 기타 탄소족 원소

① Si(실리콘) : 반도체로서 **직접회로**(IC)의 칩을 만들며, 연마제인 **카보런덤**(SiC)을 만든다.
② Ge(게르마늄) : **반도체**로서 **트렌지스터**(TR)를 만든다.

참고

※ **순수한 규소**(단결정) : **얇게 판**으로 잘라낸 것을 **웨이퍼**(wafer)라 하며 이 웨이퍼에 기술적 고안을 한 것이 컴퓨터등에 사용되는 **반도체 칩**(chip)이다.

9 기체의 포집법과 건조

(1) 기체의 포집법

① **수상치환** : 물에 녹기 어려운 기체로서 물에 녹는 **불순물**이 포함된 기체의 포집방법
② **상방치환** : 공기보다 **가벼운** 기체의 포집방법
③ **하방치환** : 공기보다 **무거운** 기체의 포집방법

참고

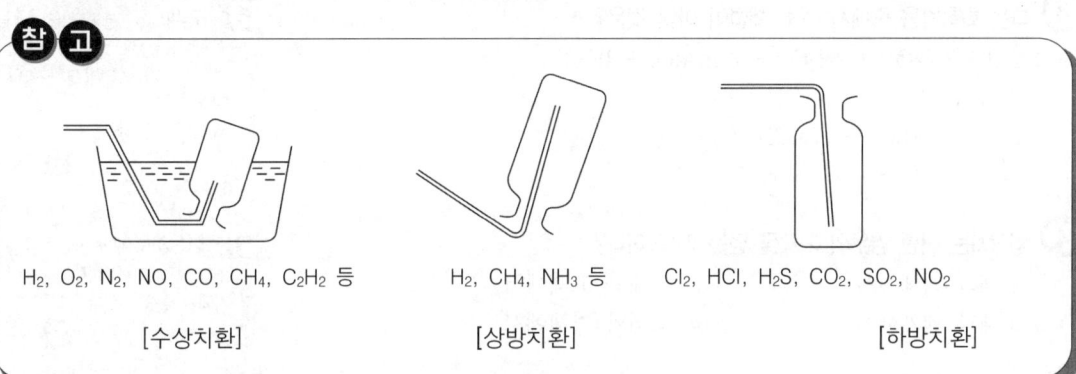

H_2, O_2, N_2, NO, CO, CH_4, C_2H_2 등 H_2, CH_4, NH_3 등 Cl_2, HCl, H_2S, CO_2, SO_2, NO_2

[수상치환]　　　　　　　[상방치환]　　　　　　　[하방치환]

(2) 기체의 건조제

① **산성 건조제**(C-H_2SO_4, P_2O_5 등) : **산성기체**에만 사용한다.
② **염기성 건조제**(CaO, NaOH+CaO 등) : **염기성기체**에만 사용한다.
③ **중성 건조제**($CaCl_2$·실리카겔 등) : **중성기체**에만 사용한다.

참고

※ 건조제의 명칭
　• C-H_2SO_4 : 농황산　　　　　　• P_2O_5 : 오산화인
　• CaO : 산화칼슘(생석회)　　　　• NaOH+CaO : 소오다석회
　• $CaCl_2$: 염화칼슘　　　　　　• 실리카겔 : SiO_2(이산화규소)
※ **산성기체** : Cl_2(염소), HCl(염화수소), H_2S(황화수소), CO_2(이산화탄소), NO_2(이산화질소)
　• HCl : P_2O_5 건조제 **사용금지**(반응)　　• H_2S : C-H_2SO_4 건조제 **사용금지**(반응)
※ **염기성기체** : NH_3(암모니아) 등
※ **중성기체** : H_2(수소), O_2(산소), N_2(질소), CO(일산화탄소) 등

적중 출제예상문제

중요한 비금속과 그 화합물

1. 수소와 가장 유사한 원소는?
 ① 희유가스 원소 ② 할로젠원소
 ③ 알칼리금속   ④ 알칼리토금속

2. 가연성 기체의 폭발한계를 나타내었다. 수소의 폭발한계는?
 ① 2.5~81%   ② 5.3~13.9%
 ③ 4.1~74.2% ④ 12.5~75.0%

3. 다음 화학반응 중에서 수소 제법이 아닌 것은?
 ① $2Al + 2NaOH + 2H_2O \rightarrow 2NaAlO_2 + 3H_2\uparrow$
 ② $2Na + 2H_2O \rightarrow 2NaOH + H_2\uparrow$
 ③ $2CuO + 2HCl \rightarrow 2CuCl + O_2 + H_2\uparrow$
 ④ $Fe + 2HCl \rightarrow FeCl_2 + H_2\uparrow$

4. 킵장치는 어떤 경우의 기체를 얻는 데 쓰이나?
 ① 액체와 액체에서   ② 고체와 고체에서
 ③ 고체와 액체에서   ④ 고체와 기체에서

5. 킵(Kipp)장치로 기체를 발생시키는 것은 다음 중 어느 것인가?
 ① H_2S ② Cl_2
 ③ NH_3 ④ SO_2

6. 다음 중 황화철과 반응하여 H_2S를 발생 시킬 수 있는 것은?
 ① $H_2SO_4 + KOH$ ② $NHO_3 + NaOH$
 ③ $CH_3COOH + NH_4OH$ ④ $FeS + HCl$

7. 액체 공기를 산소와 질소로 분리시키는 공업적 방법은 다음 중 어떤 것에 해당하는가?
 ① 분별증류   ② 건류
 ③ 투석(다이얼리시스) ④ 전기분해

8. 오존이 나타내는 반응은?
 ① 리트머스 시험지를 붉게 만든다.
 ② 석회수를 탈색시킨다.
 ③ 아이오딘화칼륨의 녹말종이를 푸르게 한다.
 ④ 네슬러시약을 노란색 또는 갈색으로 만든다.

힌트

• 수소 : 주기표 1족(알칼리금속)의 원소
 답 ③

• 폭발한계 : ① 아세틸렌 ② 메테인 ③ 수소 ④ 일산화탄소
 답 ③

• 구리(Cu) : H보다 이온화 경향이 작으므로 산과의 접촉으로 H_2 가스를 발생하지 않는다.
※ Na>Al>Fe>[H]>Cu
 답 ③

• 킵장치(기체발생기) : 금속조각(고체)에 산(액체)을 넣어 기체를 발생 시킨다.
 답 ③

• 발생기체 : $H_2 \cdot CO_2 \cdot H_2S$ 등
 답 ①

• 황화수(H_2S)의 제법
 $FeS + 2HCl \rightarrow FeCl_2 + H_2S\uparrow$
 답 ④

• 분별증류 : 액체 공기 중에서 액체 질소와 액체 산소의 끓는점 차이를 이용한다.
 답 ①

• 오존(O_3) : 아이오딘화칼륨의 녹말종이(백색)를 푸른색으로 변색시킨다.
 답 ③

⑨ O_3의 성질에 해당되는 것은?
  ① 금속과 염을 생성
  ② 바닷물의 전기분해 때 발생
  ③ 환원제
  ④ 우주선과 자외선 흡수

해 • 오존(O_3) : 대기중의 오존층은 태양광의 자외선과 우주선을 흡수한다.
답 ④

⑩ 다음 암모니아(NH_3) 설명 중 맞지 않는 것은?
  ① HCl과 반응하면 흰 연기를 낸다.
  ② NH_4 이온을 네슬러시약에 의해 검출한다.
  ③ 물에 불용성 물질이다.
  ④ 요소비료의 원료이다.

해 • 암모니아 : 물 1l에 800l가 녹는다.
답 ③

⑪ 진한 질산과 부동태를 만들지 않는 금속은?
  ① Al
  ② Cu
  ③ Fe
  ④ Ni

해 • 부동태를 만드는 금속 Fe, Co, Ni, Cr, Al 등
답 ②

⑫ 다음에서 HCl과 NaOH용액에는 잘 녹으나, 진한 HNO_3에는 산화물 피막을 만들어서 녹지 않는 금속이 아닌 것은?
  ① Fe
  ② Ni
  ③ Al
  ④ Zn

해 • 문제 11 해설 참조
답 ④

할로젠 원소

⑬ 할로젠 원소가 아닌 것은?
  ① F
  ② Cl
  ③ I
  ④ Be

해 • 할로젠원소 : F·Cl·Br·I
※ Be : 알칼리토금속
답 ④

⑭ 다음 염소 제법의 원료로 부적당한 것은?
  ① CuO+HCl
  ② $CaOCl_2$+HCl
  ③ MnO_2+HCl
  ④ NaCl+MnO_2+H_2SO_4

해 • CuO+HCl→$CuCl_2$+H_2O : 염소(Cl)를 발생하지 않는다.
답 ①

⑮ Cl_2(염소)에 다음 물질을 혼합했을 때 폭발의 위험성이 있는 것은?
  ① 수소
  ② 일산화탄소
  ③ 이산화탄소
  ④ 탄소

해 • 염소폭명기 : 수소 1과 염소 1의 혼합기체
답 ①

⑯ Cl_2가스의 검출반응에 필요한 시약은?
  ① KI-녹말종이
  ② C-NH_4OH
  ③ $AgNO_3$
  ④ NaCl

해 • 검출시약 : KI-녹말종이 (청자색 변색)
답 ①

⑰ 다음의 할로젠화수소산 중에서 제일 비등점이 낮은 것은?
  ① HF
  ② HCl
  ③ HBr
  ④ HI

해 • 비등점 : ① 19.9℃
② −85.1℃ ③ −66.7℃
④ −35.4℃
답 ②

⑱ 조해성이 있으며 Na_2CO_3 수용액이나 Na_2SO_4 수용액의 어느 것을 넣어도 백색 침전이 생기는 것은?
① $MgCl_2$
② $BaCl_2$
③ $CaCl_2$
④ MN_4Cl

[해] • 염화바륨($BaCl_2$) : 탄산염(Na_2CO_3) · 황산염(Na_2SO_4)의 수용액에 넣으면 백색침전물인 $BaCO_3$ 및 $BaSO_4$ 생성

[답] ②

⑲ 할로젠원소의 수소와의 화합력 세기를 옳게 표시한 것은?
① $I > Br > Cl > F$
② $F > Cl > Br > I$
③ $Cl > Br > I > F$
④ $F > Br > Cl > I$

[해] • 결합력 : $F > Cl > Br > I$

[답] ②

⑳ 할로젠원소 중 착이온을 가장 잘 만드는 것은?
① 플루오르
② 염소
③ 브로민
④ 아이오딘

[해] • F : 플루오린

[답] ①

㉑ 플루오린화수소산의 저장 그릇으로 사용할 수 없는 것은?
① 백금기구
② 유리기구
③ 폴리에틸렌기구
④ 에보나이트기구

[해] • 플루오린화수소산(HF) : 유리를 부식한다.

[답] ②

㉒ 비금속은 상온에서 기체 또는 고체이나 액체 상태인 비금속은 어느 것인가?
① F_2
② Br_2
③ Be
④ Cl_2

[해] • 액체비금속 : Br(브로민)
※ 액체금속 : Hg(수은)

[답] ②

㉓ 다음 중 브로민화수소의 제법으로 알맞은 것은?
① 질산은과 브로민을 가하여 가열한다.
② 브로민화마그네슘에 염소를 작용시킨다.
③ 브로민화나트륨에 이산화마그네슘과 황산을 작용시킨다.
④ 붉은인에 브로민과 물을 넣어 가열한다.

[해] • 브로민화수소(HBr) : 붉은인에 브로민과 물을 넣어 가열한다.

[답] ④

불활성 기체

㉔ 불활성 기체의 설명으로 적합치 않는 것은?
① 단원자분자이다.
② 저압에서 방전되면 색을 나타낸다.
③ 가전자는 8개이다(단, He는 2개).
④ 화합물을 잘 만든다.

[해] • 불활성 기체 : 가장 안정된 기체로 화합물을 만들기 어렵다.

[답] ④

㉕ 비활성 원소로 전구 속에 넣으면 텅스텐과 반응하지 않기 때문에 전구의 수명을 길게 하는 물질은 다음 중 어느 것인가?
① Xe
② Kr
③ He
④ Ar

[해] • 전구에 사용되는 기체 : Ar

[답] ④

탄소와 그 화합물

㉖ 대리석에 염산을 부었더니 기체가 발생하였다. 이 기체는 무엇인가?
① CO_2
② H_2O
③ SO_2
④ Cl_2

[해] • 대리석($CaCO_3$)
∴ $CaCO_3+2HCl \rightarrow CaCl_2+H_2O+CO_2$
[답] ①

㉗ 수성가스가 생기는 반응은?
① $C+H_2O \xrightarrow{\triangle}$
② $CO_2+C \xrightarrow{\triangle}$
③ $CO+H_2O \xrightarrow{\triangle}$
④ $2CO+O_2 \xrightarrow{\triangle}$

[해] • 수성가스(Water gas) : 코크스(C)에 수증기(H_2O)를 작용시켜 만듦
[답] ①

㉘ 전자산업에 많이 사용되고 있는 반도체는 어느 원소로 만들어졌는가?
① 몰리브덴(Mo)
② 규소(Si)
③ 철(Fe)
④ 텅스텐(W)

[해] • 반도체 : 실리콘(Si)
[답] ②

㉙ 탄소와 모래를 전기로에 넣어서 가열하면 연마제로 쓰이는 물질이 생긴다. 다음 중 어느 것인가?
① 카보런덤
② 카바이트
③ 카본블랙
④ 규소

[해] • 연마제 : 카버런덤(SiC)
[답] ①

㉚ 다음 탄소족 원소 중 금속과 비금속의 중간에 속하는 물질이 있다. 반도체로서 트랜지스터에 이용되는 것은?
① C
② Ge
③ Se
④ Sn

[해] • 트랜지스터 : 게르마늄(Ge)
[답] ②

기체의 포집법과 건조

㉛ 암모니아를 모으는데 가장 적당한 장치는?

①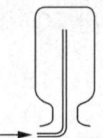
②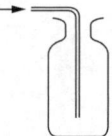
③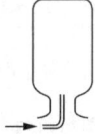
④

[해] • 암모니아(NH_3)의 분자량은 17로서 공기의 분자량 29보다 작으므로 **상방치환**으로 포집을 하며 유리관을 **깊이 넣어 사용할 것**
[답] ①

③② 다음 물질 중에서 건조제로 쓰일 수 있는 것은?
① 질산은
② 염화나트륨
③ 과망가니즈산칼륨
④ 염화칼슘

해 • 염화칼슘 : 중성건조제
답 ④

③③ 그림과 같은 장치를 써서 모으는 데 가장 적당한 기체는 어느 것인가?
① 질소
② 염화수소
③ 암모니아
④ 이산화탄소

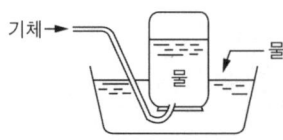

해 • 수상치환 : 물에 녹기 어려운 기체(질소)의 포집법.
답 ①

③④ 다음 건조제 중에서 흡습력이 가장 센 것은?
① 염화칼슘
② 오산화인
③ 산화바륨
④ 실리카겔

해 • 오산화인(P_2O_5) : 산성건조제로 흡습력이 가장 좋다.
답 ②

③⑤ 아황산가스를 건조시키는데 가장 적합한 것은?
① $CaCl_2$
② Na_2SO_4
③ K_2CO_3
④ 진한 H_2SO_4

해 • 아황산가스 : 산성가스로서 산성건조제(진한 H_2SO_4) 사용
답 ④

③⑥ 황화수소 기체를 건조하는데 적당한 건조제는 어느 것인가?
① 오산화인
② 수산화나트륨
③ 진한황산
④ 산화칼슘

해 • 황화수소(산성) : 산성건조제(P_2O_5)를 사용할 것
※ 진한황산 : 산성건조제이나 황화수소에 사용 못함(반응)
답 ①

③⑦ 다음 염소기체를 건조하는데 가장 적당한 것은?
① 생석회
② 가성소다
③ 진한황산
④ 진한질산

해 • 염소(Cl_2) : 산성기체이므로 산성건조제(진한황산 · P_2O_5등) 사용
답 ③

③⑧ CO_2와 함께 혼합된 수분을 제거하기 위한 건조제로서 사용할 수 없는 것은 어느 것인가?
① H_2SO_4
② $CaCl_2$
③ 소다석회
④ P_2O_5

해 • 탄산가스(CO_2) : 산성기체이므로 염기성건조제인 소다석회(NaOH+CaO)는 사용할 수 없다.
답 ③

─ 유게실 ─

◆ 주기율표 7족의 원소(할로젠원소)에서 할로젠(Halogen)의 의미
• 할로젠(Halogen) : 그리스어의 염(halos)과 생긴다(genes)와의 합성어로서 금속과 화합하여 염을 쉽게 만들기 때문에 붙여진 이름이다.
※ 염 : 소금(Nacl) · 형석(CaF_2) 등

4 원자핵의 화학

1 방사성 원소

(1) 방사성 원소

1896년 프랑스의 물리학자 **베크렐**은 **우라늄광**에서 사진 건판을 통과하는 광선을 관찰하였고, 1898년 **퀴리부부**에 의하여 **원자번호 88번 라듐**(Ra)의 방사성 원소가 발견되었다.

> **참고**
> ※ **방사성 원소** : $^{209}_{83}Bi$ 이상의 원소(중성자의 수가 양성자의 수보다 많다)
> • Bi : 비스므스

(2) 방사선

방사선은 **원자번호가 큰 원소** Ra(라듐)·Th(토륨)·U(우라늄) 등에서 볼 수 있으며, 이것은 중성자수가 많고 원자핵이 불안정하기 때문에 핵이 붕괴되면서 방사선을 낸다. 방사선에는 α**선(알파선)**·β**선(베타선)**·γ**선(감마선)**의 3종이 있다.

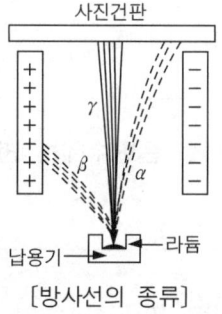

[방사선의 종류]

> **참고**
> ※ **방사성 입자의 종류**
> • α선 : 원자핵 중에서 $^4_2$He핵(α입자)의 흐름으로 생기는 방사선으로 +2로 **대전**되어 있으며 **원자번호 2, 질량수 4, 속도는 빛의 속도의 0.1배**인 입자
> • β선 : **전자**(e)의 흐름으로 생기는 방사선으로 −1로 **대전**되어 있고 질량은 **수소**(H)의 1/1840 정도이며, 빛의 속도와 거의 같은 입자
> • γ선 : 입자의 흐름이 아닌 일종의 **전자파**로서 전기적으로 **중성**이며, 빛의 속도와 거의 같은 입자로서 β선과 **함께 방출**된다.

(3) 방사선의 작용

종 류	투과력(속도)	감광성·형광·전리
α선(^4_2He) ⊕	약	강
β선($^0_{-1}e$) ⊖	중	중
γ선(전파) ⊙	강	약

① **공기를 대전**시킨다.
② 생물체의 **세포 파괴작용**을 한다.
③ 온도·압력·화합물의 종류 등의 변화에 관계없이 **방사선**을 보낸다.
④ Ra(라듐)의 방사선은 **의학용**으로 이용된다.

2 방사성 원소의 자연붕괴

방사성 원소가 방사선을 내 놓고 그 원소의 특유한 속도로 **다른 원소**로 변한다. 이것을 **방사성 원소의 붕괴**라 한다. 이것은 1903년 영국의 **러더포드**가 처음으로 발견했다.

(1) 소디파얀스의 법칙(변위법칙·천이율의 법칙)

① **α붕괴** : 어떤 원소에서 α붕괴가 1회 일어나면 **질량수가 4감소**되고, **원자번호가 2 적은** 새로운 원소로 된다.

$$^{238}_{92}U \xrightarrow{\alpha 선} {}^4_2He(\alpha 입자) + {}^{234}_{90}Th$$
(우라늄)   (헬륨)   (토륨)

② **β붕괴** : 어떤 원소에서 β붕괴가 일어나면 **질량수에는 변화가 없고, 원자번호가 1 증가**하는 새로운 원소로 된다.

$$^{234}_{90}Th \xrightarrow{\beta 선} {}^{234}_{91}Pa + \bar{e}\,(\beta 입자)$$
(토륨)   (프로트악티늄)   (전자)

참고
※ α **붕괴** : α선은 He(헬륨) 입자에 해당된다.
※ β **붕괴** : ^1_0n(중성자)에서 $^0_{-1}e$(**전자**) 1개를 내놓으며 ^1_1P(**양성자**)가 된다.
※ γ **붕괴** : 핵의 내부에너지만 감소
※ 방사선 붕괴 계산방법
　• α 붕괴의 횟수 = $\dfrac{\text{원자량 차}}{\text{He의 원자량}} = \dfrac{\text{원자량 차}}{4}$

- β 붕괴의 횟수 : α 붕괴의 횟수 × 2 − 원자번호 차

    예) $^{232}_{90}$Th → $^{208}_{82}$Pb ┌ α붕괴 : $\dfrac{232-208}{4} = 6$ ∴ 6회
    (토륨) (납) └ β붕괴 : $6 × 2 - (90 - 82) = 4$ ∴ 4회

3 반감기

방사성 원소가 붕괴하여 그 양이 1/2로 될 때에 걸리는 시간을 그 방사성 원소의 반감기라 하며, $T_{50}\%$로 표시한다. 반감기는 양에 관계없이 일정하며, 온도와 압력의 영향을 받지 않는다.

※ 반감기 : $m = M\left(\dfrac{1}{2}\right)^{\frac{t}{T}}$

  m : 붕괴 후의 질량   M : 처음 질량
  t : 경과시간   T : 반감기

4 원자의 핵분열과 원자력

(1) **핵분열** : 우라늄(U)과 같이 큰 원자핵에 **중성자**($^1_0$n)를 **충격**하여 주면 질량수가 작은 원자핵으로 **분열**된다. 이때 중성자는 **다른 우라늄핵**을 계속**충격**하며, 이것은 **순간적**으로 많은 **우라늄**(U) 핵을 **분열**한다. 이러한 반응을 **연쇄반응**이라 한다.

※ 핵분열의 예 : 원자탄 · 원자로(페르미 제작)
- **원자탄** : 핵분열에 의한 **연쇄반응**에 의하여 발생한 **막대한 에너지**를 이용한 폭탄
- **원자로** : 핵분열을 서서히 일으켜 에너지를 이용하고 **방사성 동위원소**를 만드는 장치
※ 원자로의 제어봉 ; Cd(카드뮴) · B(붕소) 등
- 감속제 ; 흑연 · 중수 · Be(베릴리움) 등

(2) **원자력** : **핵분열**이 일어날 때 발생하는 **에너지**를 원자력이라 하며, 이때 방출된 **막대한 에너**지는 핵분열 전후에 질량의 차 때문이다. 이러한 **질량의 차**를 **질량결손**이라 한다.

참고

※ **상대성원리**(특수상대성원리를 말함) : 1905년 **아인슈타인**에 의하여 **물질의 질량**과 **에너지는 서로 변할 수 있다**는 원리(원자력의 기본 원리)

※ **질량결손 에너지** : $E = mC^2$

$E(\text{erg}) = m \times (3 \times 10^{10})^2$ $E(\text{Joule}) = m \times \dfrac{9 \times 10^{20}}{10^7}$ $E(\text{cal}) = \dfrac{m \times 9 \times 10^{13}}{4.185}$

E : 생성에너지(erg), m : 질량 결손(g), C : 빛의 속도($C = 3 \times 10^{10}$ cm/sec)
$1\text{erg} = 10^{-7}\text{Joule}$, $1\text{Joule} = 10^7\text{erg}$, $1\text{cal} = 4.185\text{Joule}$

(3) 핵융합

질량수가 적은 원자핵(^2_1D · 중수소)과 원자핵(^3_1T · 삼중수소)을 합쳐서 (약 10만℃의 열필요) ^4_2He 핵과 중성자가 생기며 막대한 에너지가 생성된다.

참고

※ **핵융합반응** ^2_1D + ^3_1T $\xrightarrow{\text{10만℃}}_{\text{플라스마}}$ ^4_2He + ^1_0n
(중수소) (삼중수소)   (헬륨)   (중성자)

※ **핵융합의 예** : 수소폭탄 · 태양에너지

※ **핵융합**이 일어나기 위하여는 원자탄의 폭발열(**플라스마 상태**)과 같은 에너지가 필요하다.

적중 출제예상문제

방사선 원소

1 아래 그림은 라듐(Ra)에서 나오는 방사선이 지면 앞쪽에서 뒤쪽을 향한 자기장 안에서 진행하는 모양을 그린 것이다. 옳은 것은?

① 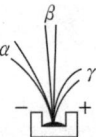 ②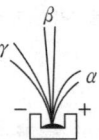

③ 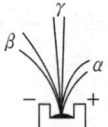 ④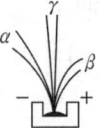

해 • 방사선의 진행방향
α 선 : (−)극쪽으로 천천히 이동
β 선 : (+)극쪽으로 빨리 이동
γ 선 : 직진

답 ④

② α, β, γ의 방사선 중 투과력의 강약 순서가 맞는 것은?
① α〉β〉γ　　　　② α〈β〈γ
③ β〈α〈γ　　　　④ γ〈α〈β

해 • 투과력 : γ〉β〉α
답 ②

③ 다음 중 우라늄이 붕괴되며 나오는 방사선이 아닌 것은?
① x-선　　　　② α-선
③ β-선　　　　④ γ-선

해 • 방사선 : α·β·γ선 3종류
답 ①

④ 방사선의 특성 중에서 틀리게 설명된 것은?
① 세포를 생성시키는 생리작용이 있다.
② 강력한 투과력을 가지고 있다.
③ 공기나 그 밖의 기체를 통과하면 그들이 이온화하여 전기를 전하게 하는 성질을 갖는다.
④ 인광물질에 닿으면 인광을 내게 한다.

해 • 방사선 : 생물체의 세포를 파괴한다.
답 ①

⑤ 방사선에 관한 다음 설명 중 틀린 것은?
① α, β, γ선은 원자번호가 큰 원자핵 중 중성자수가 많아서 핵이 붕괴할 때 생긴다.
② α선은 He원자핵의 흐름으로써 감광성이나 형광성이 크다.
③ β선은 원자핵 주위에 돌고 있는 전자가 떨어져 나와 생긴 것이다.
④ γ선은 X선과 같은 일종의 전자파이다.

해 • β 선 : 전자의 흐름으로 생기는 방사선
답 ③

방사선 원소의 자연붕괴

⑥ 다음 불활성 기체 중 방사성 원소가 α붕괴할 때 방출되는 것은?
① He　　　　② Ne
③ Ar　　　　④ Kr

해 • α 선 : He 입자이다.
답 ①

⑦ 다음 중 서로 같은 것은?
① α선과 전자　　　　② 음극선과 γ선
③ X선과 전자　　　　④ α입자와 He핵

해 • 문제 6 해설 참조
답 ④

⑧ 방사성 원소가 α붕괴를 하면?
① 원자번호가 2줄고, 질량수가 4준다.
② 원자번호가 2줄고, 질량수가 2준다.
③ 원자번호가 1줄고, 질량수는 변하지 않는다.
④ 원자번호가 1줄고, 질량수가 1준다.

해 • α 붕괴 : 헬륨($^4_2$He)입자가 1개가 방출된다.
답 ①

⑨ $^{27}_{13}$Al+$^4_2$He → $^{30}_{15}$P+( )에서, ( ) 속에 적당한 것은?
① $^1_0$n　　　　② $^1_1$H
③ e^+　　　　④ e^-

해 • 질량불변의 법칙해당
※ 번호불변: 13+2=15+χ
∴ χ=0
※ 원자량: 27+4=30+χ
∴ χ=1
답 ①

⑩ $^{27}_{13}Al$에 방사선을 쪼였더니 같은 수의 $^{30}_{15}P$와 중성자가 발생했다. 이때 사용한 방사선은?
① 중성자선
② α선
③ β선
④ γ선

[해] • 방사성원소의 붕괴
$^{27}_{13}Al + ^{4}_{2}He \rightarrow ^{30}_{15}P + ^{1}_{0}n$
※ $^{4}_{2}He = α선$
[답] ②

⑪ β선의 본질은?
① $^{4}_{2}He$
② $^{0}_{-1}e$
③ $^{1}_{0}n$
④ $^{1}_{1}P$

[해] • β선의 본질 : 전자($^{0}_{-1}e$)
[답] ②

⑫ 방사성 원소의 β붕괴에 해당하는 것은 다음 중 어느 것인가?
① 원자번호가 2씩 감소한다.
② 질량수가 4씩 감소한다.
③ 원자번호가 1씩 증가하고 질량수는 변하지 않는다.
④ 질량이나 원자번호의 변화가 없다.

[해] • β 붕괴 : 전자($^{0}_{-1}e$) 1개를 방출하면 중성자가 전자1개를 잃고 양성자가 되므로 원자번호 1증가하며 질량은 불변이다.
[답] ③

⑬ $^{239}_{93}Np$이 β알갱이 하나를 내 놓으면 무엇이 되는가?
① $^{235}_{91}Pa$
② $^{238}_{92}U$
③ $^{239}_{92}U$
④ $^{239}_{94}Pu$

[해] • β 붕괴 : 원자량 불변, 원자번호1 증가
[답] ④

⑭ $^{234}_{92}U$이 방사선을 붕괴를 하여 $^{206}_{82}Pb$로 되었다. 방출된 입자의 수는 몇 개인가?
① α입자 5개, 전자 3개, 양성자 2개
② α입자 6개, 중성자 1개, 양성자 3개
③ α입자 7개, 전자 4개
④ α입자 8개, 전자 6개

[해] • α 붕괴횟수 : (234−206)/4=7
• β 붕괴횟수 : 7×2−(92−82)=4
[답] ③

⑮ $^{226}_{88}Ra$이 α선을 4회, β선을 2회 방출하여 되는 것은?
① $^{210}_{80}Hg$
② $^{210}_{82}Pb$
③ $^{216}_{84}Po$
④ $^{216}_{86}Rn$

[해] • α 붕괴 4회
원자량 4×4=16 감소
원자번호 4×2=8 감소
• β 붕괴 2회 : 번호 2 증가
∴ 원자량 : 226−16=210
∴ 원자번호 : 88−8+2=82
[답] ②

반감기

⑯ 다음 그림은 어떤 방사성 원소의 붕괴곡선이다. 이 원소의 반감기는 얼마인가?
① 약 1.2시간
② 약 1.8시간
③ 약 2.5시간
④ 약 3.2시간

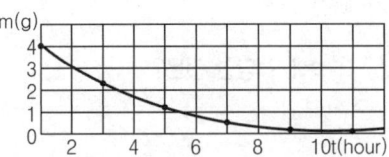

[해] • 반감기 : 질량4에서 2가 될 때까지 시간

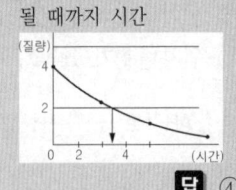

[답] ④

⑰ 폴로늄은 자연 붕괴하여 헬륨과 납으로 된다. 보기의 그림은 폴로늄의 질량과 시간과의 관계를 표시한 그림이다. 납의 질량과의 관계를 표시한 그림은 어느 것인가?

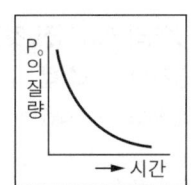

①  ②

③ 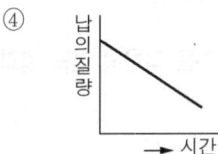 ④

[해] • 반감기: 폴로늄의 붕괴에서 시간이 경과되면 납과 헬륨의 생성은 정비례하나 납만의 생성은 헬륨이 포함되지 않으므로 비례는 하나 곡선그래프를 만든다.
[답] ③

⑱ 반감기가 5일인 물질 M(g)이 반달(15일) 후에는 얼마로 되겠는가?
① $\frac{1}{2}$Mg ② $\frac{1}{4}$Mg
③ $\frac{1}{8}$Mg ④ $\frac{1}{16}$Mg

[해] • $m=M(\frac{1}{2})^{\frac{t}{T}}$ 에서
$m=M(\frac{1}{2})^{\frac{15}{5}}$ 이므로
$m=M(\frac{1}{2})^3$ ∴ $(\frac{1}{8})$Mg
[답] ③

⑲ 방사성 원소M(g)이 처음 양의 $\frac{1}{4}$로 되는데 걸리는 시간은? (단, 반감기는 T이다)
① T ② 2T
③ 4T ④ 16T

[해] • $m=M(\frac{1}{2})^{\frac{t}{T}}$ 에서
$\frac{1}{4}=(\frac{1}{2})^{\frac{t}{T}}$ 이므로 $\frac{t}{T}=2$
∴ t=2T
[답] ②

⑳ 라돈(Rn)의 반감기는 3.8일이다. 1×10^{-2}g의 라돈이 19일 후에는 얼마나 남겠는가?
① 2.17×10^{-4}g ② 3.13×10^{-4}g
③ 4.52×10^{-4}g ④ 5.16×10^{-6}g

[해] • $m=M(\frac{1}{2})^{\frac{t}{T}}$ 에서
$m=1\times10^{-2}(\frac{1}{2})^{\frac{19}{3.8}}=$
$1\times10^{-2}(\frac{1}{2})^5=3.13\times10^{-4}$g
[답] ②

핵분열과 원자력

㉑ 원자핵을 구성하는 물질을 핵자라고 한다. 핵자가 아닌 것은?
① 양성자 ② 전자
③ 중성자 ④ 중간자

[해] • 원자: 원자핵(핵자)·전자
• 핵자: 양성자·중성자·중간자
[답] ②

22 다음에서 에너지를 얻는 원리가 같은 것끼리 짝지어진 것은?
① 태양, 원자탄 ② 원자탄, 수소탄
③ 태양, 수소탄 ④ 원자로, 수소탄

해 · 핵분열 : 원자탄, 원자로
· 핵융합 : 태양, 수소탄
답 ③

23 다음 중 원자로에서 감속제로 사용되는 것은?
① 흑연 ② 카드뮴
③ 붕소 ④ 우라늄

해 · 감속제 : 흑연 · 중수 · Be(베릴륨)
답 ①

24 원자로에서 Cd막대기가 하는 일은?
① 중성자를 공급한다. ② 중성자의 수를 줄인다.
③ 중성자를 느리게 한다. ④ 핵분열을 일으킨다.

해 · 제어봉(Cd · B) : 핵분열에 영향을 주는 중성자를 흡수
답 ②

25 원자핵 붕괴에서 막대한 에너지가 방출되었다. 그것은 다음의 어느 결과로 이루어진 것인가?
① 극렬한 발열 화학반응
② 원소들의 연소
③ 높은 에너지의 중성자들의 충돌
④ 질량 결손

해 · 핵분열E : 질량결손될 때 생성되는 에너지
※ $E = mC^2$
답 ④

26 mC^2(m : 질량, C : 빛의 속도)의 CGS 단위는?
① dyne ② erg
③ joule ④ kcal

해 · 에너지의 단위 : CGS단위에서 erg(에르그), MKS 단위에서 Joule(주울)
답 ②

27 수소의 핵융합에서 0.01g의 질량 결손이 있었다면, 이때 방출되는 에너지는?
① $3 \times 10^8 erg$ ② $9 \times 10^8 erg$
③ $9 \times 10^{18} erg$ ④ $9 \times 10^{20} erg$

해 · 질량결손
$E=mC^2$에서 $E=0.01 \times (3 \times 10^{10})^2 = 0.01 \times 9 \times 10^{20}$
∴ $9 \times 10^{18} erg$
답 ③

휴게실

◆ 우리말 사랑하기 (바꿔 써야 할 우리말 속 일본말 외래어) Ⅱ
• 삐라(bill〈빌〉) ➡ 전단. 원뜻 : 계산서
• 사라다(salad〈샐러드〉) ➡ 샐러드 · 생채요리
• 소다(sodium〈소듐〉) ➡ 나트륨(원소기호 Na)
• 스텐(stainless〈스테인리스〉) ➡ 스테인리스. 원뜻 : 녹슬지 않는
• 아파트(apartment house〈아파트먼트 하우스〉) ➡ 공동주택
• 에로(erotic〈에로틱〉) ➡ 선정적 · 색정적
• 엑기스(extract〈익스트랙트〉) ➡ 농축액

제 3 장

유기화합물

학습목표
- 유기화합물
- 지방족 탄화수소 화합물
- 방향족 탄화수소 화합물
- 고분자 화합물

1 유기화합물

 유기화합물

유기화합물을 **탄소화합물**이라 하며, 독일의 과학자 **뷜러**에 의하여 개념이 바뀌어졌다.

$$NH_4CNO \xrightarrow[\Delta]{가열} NH_2CONH_2 \text{ 또는 } (NH_2)_2CO$$
$$\text{(사이안산암모늄)} \qquad \text{(요소)} \qquad \text{(요소)}$$

> **참고**
> ※ 유기화합물
> - 과거 : 유기화합물 → **생명력** 있는 화합물
> - 현대 : 유기화합물 → **C의 화합물**
> ※ 유기화학 : **C의 화학**
> - 예외 : **CO**(일산화탄소) · **CO₂**(이산화탄소) · **탄산염** 등은 **무기화합물**로 취급한다.
> ※ 무기물질 : **무생물체(광물질)**에서 얻을 수 있는 물질

유기화합물의 성질

(1) 주성분은 C(탄소)이며 H(수소)·O(산소)·S(황)·N(질소)·P(인)·할로젠 원소와 화합한다.
(2) 융융점은 낮고, 높은 것은 300℃ 정도이며, 융점 이하에서 분해되는 것이 많다.
(3) 대부분 연소되며 CO_2(이산화탄소)와 H_2O(물)를 생성한다.
(4) 일반적으로 물에 녹기 어려우나, 유기 용매에는 잘 녹는다.
(5) 대부분은 비전해질이다. 그것은 공유 결합을 하고 있기 때문이다.
(6) 공유결합은 분자와 분자 사이의 반응이므로 이온결합을 하는 이온성분자보다 반응속도가 느리다.
(7) 탄소의 원자가는 4가인 것이 많고, 사슬모양이나 고리모양의 구조를 하고 있으며 이성질체가 많다.

>
> ※ 유기화합물의 종류 : 약 1,000만종 이상으로 추산

유기화합물의 분류

```
                ┌ 사슬모양  ┌ 포화 ……… 알케인[알칸(메테인계=파라핀계)] ── 단일결합(CₙH₂ₙ₊₂)
                │ (지방족)  │          ┌ 알켄(에틸렌계=올레핀계) ──────── 이중결합(CₙH₂ₙ)
탄화수소 ──┤           └ 불포화…┤
                │                      └ 알킨(아세틸렌계 탄화수소) ──── 삼중결합(CₙH₂ₙ₋₂)
                │ 고리모양  ┌ 방향족……벤젠, 나프탈렌, 톨루엔(불포화)
                └ (방향족)  ├ 지환족……시클로알칸(포화), 시클로알켄(불포화)
                           └ 이원소족(복소환체)……피리딘
```

> ◎ 유기화합물 화학식 명명법
> ※ 수에 관한 접두어
>
> | 1 : mono(모노) | 2 : di(다이) | 3 : tri(트라이) | 4 : tetra(테트라) | 5 : penta(펜타) |
> |---|---|---|---|---|
> | 6 : hexa(헥사) | 7 : hepta(헵타) | 8 : octa(옥타) | 9 : nona(노나) | 10 : deca(데카) |
>
> ※ 탄소수(AIK〈알크〉: 어간)에 관한 접두어
>
> | C : meth(메트) | C_2 : eth(에트) | C_3 : prop(프로프) | C_4 : but(뷰트) | C_5 : pent(펜트) |
> |---|---|---|---|---|
> | C_6 : hex(헥쓰) | C_7 : hept(헵트) | C_8 : Oct(옥트) | C_9 : non(논) | C_{10} : dec(데크) |

참고

※ 탄화수소화합물의 IUPAC 명명법 : AIK(알크·어간)에 대한 어미의 명명방법

일반식 탄소수	C_nH_{2n+2}(단일결합)	C_nH_{2n}(2중결합)	C_nH_{2n-2}(3중결합)	C_nH_{2n+1}(원자단)
	Alkane(알케인〈알칸〉)	Alkene(알켄)	Alkine(알킨)	Alkyle(알킬기)
C	CH_4:mthane(메테인〈메탄〉)	CH_2:methene(×)	C:methine(×)	CH_3:methyle(메틸기)
C_2	C_2H_6:ethane(에테인〈에탄〉)	C_2H_4:ethene(에텐)	C_2H_2:ethine(에틴)	C_2H_5:ethyle(에틸기)
C_3	C_3H_8:propane(프로페인〈프로판〉)	C_3H_6:propene(프로펜)	C_3H_4:propine(프로핀)	C_3H_7:propyle(프로필기)
C_4	C_4H_{10}:butane(뷰테인〈부탄〉)	C_4H_8:butene(부텐)	C_4H_6:butine(부틴)	C_4H_9:butyle(부틸기)
C_5	C_5H_{12}:pentane(펜테인〈펜탄〉)	C_5H_{10}:Pentene(펜텐)	C_5H_8:pentine(펜틴)	C_5H_{11}:pentyle(펜틸기)

• 탄화수소화합물의 IUPAC명과 관용명

C_nH_{2n}(2중결합)	IUPAC 명	관용명
CH_2	methene(메텐)	methylene(메틸렌)
C_2H_4	ethene(에텐)	ethylene(에틸렌)
C_3H_6	propene(프로펜)	propylene(프로필렌)
C_4H_8	butene(부텐)	butylene(부틸렌)
C_5H_{10}	pentene(펜텐)	pentylene(펜틸렌)
C_nH_{2n-2}(3중결합)	IUPAC 명	관용명
C_2H_2	ethine(에틴)	acetylene(아세틸렌)
C_3H_4	propine(프로핀)	methyl acetylene(메틸 아세틸렌)
C_4H_6	butine(부틴)	ethyl acetylene(에틸 아세틸렌)

• IUPAC(International Union of Pure and Applied Chemistry) : 국제순수 및 응용화학연맹
• 동족열과 동족체
    같은 일반식으로 표시되는 유기 화합물로서 CH_2의 조성이 규칙성 있게 증가하고 성질이 비슷한 계열을 **동족열**이라 하며, 이들 화합물을 서로 **동족체**라 한다.

※ 기타 IUPAC 명칭
• 가장 긴 탄소 사슬의 탄화수소명을 기본명으로 한다.
• 사슬 한 끝에서부터 각 탄소에 번호를 표시하여 각 곁가지의 위치·수·명칭을 기본명(탄소 골격)앞에 붙인다.

    $^1CH_3-^2CH_2-^3CH_2-^4CH_2-^5CH_3$: n-pentane(노르말펜테인)

    $^1CH_3-^2CH-^3CH_2-^4CH_3$ ┌ iso-pentane(아이소펜테인)
           | └ 2-methylbutane(2-메틸뷰테인)
           CH_3

           CH_3
           |
    $^1CH_3-^2C-^3CH_3$
           |
           CH_3 ┌ neo-pentane(네오펜테인)
                    └ 2, 2-dimethylpropane(2, 2-다이메틸프로페인)

> **참고**
>
> - 곁가지가 같은 경우 : 최초의 수를 작게 표시
>
> $^1CH_3-^2CH-^3CH-^4CH_2-^5CH_3$: 2, 3-dimethylpentane(2, 3-다이메틸펜테인)
> | |
> CH_3 CH_3 ※ 3, 4 -로 하지 않는다.
>
> $^1CH_3-^2CH-^3CH-^4CH-^5CH_3$: 2, 3, 4-trimethylpentane(2, 3, 4-트라이메틸펜테인)
> | | |
> CH_3 CH_3 CH_3
>
> CH_3 CH_3
> | |
> $^1CH_3-^2CH-^3CH-^4CH_3$: 2, 2, 3-trimethylbutane
> | (2, 2, 3-트라이메틸뷰테인)
> CH_3
>
> - 곁가지가 다른 것 : a → 간단한 것에서 복잡한 것으로, b → 알파벳 순서로
>
> $^1CH_3-^2CH-^3CH-^4CH_2-^5CH_3$
> | |
> CH_3 CH_2CH_3 a : 2-methyl-3-ethylpentane(2-메틸-3-에틸펜테인)
>   b : 3-ethyl-2-methylpentane(3-에틸-2-메틸펜테인)
>
> - 2중 결합이 1개 가진 것 : 어미에 ene를 붙인다.
>
> $^1CH_3-^2CH=^3CH-^4CH_3$: 2-butene(2-뷰텐)
>
> - 2중 결합이 2개 가진 것 : 어미에 adiene를 붙인다.
>
> $^1CH_2=^2CH-^3CH=^4CH_2$: 1, 3-butadiene(1, 3-뷰타다이엔)
>
> - 2중 결합과 3중 결합을 함께 가진 것 : 2중 결합이나 3중 결합이 있는 쪽에 작은 번호를 붙이고, 2중 결합(ene), 3중 결합(yne) 순으로 읽는다.
>
> $^1CH\equiv^2C-^3CH=^4CH-^5CH_2-^6CH_3$: 3-hexene-1-yne(3-헥센-1-인)
>
> - 2중 결합과 3중 결합에 같은 번호가 붙은 경우 : 2중 결합 쪽에 최소번호를 붙인다.
>
> $^1CH_2=^2CH-^3CH=^4CH-^5CH\equiv^6CH$: 1, 3-hexadiene-5-yne(1, 3-헥사디엔-5-인)
>
> - 2중 결합과 3중 결합에 곁가지가 붙은 경우
>
> $CH_2CH_2CH_3$
> |
> $^1CH_2=^2CH-^3C=^4C-^5C\equiv^6CH$: 4-ethyl-3-propyl-1, 3-hexadiene-5-yne
> |
> CH_2CH_3 (4-에틸-3프로필-1, 3-헥사디엔-5-인)
>
> - 원자가 교차
>
> CH_3COOK(초산칼륨) : CH_3COO^{-1} ⤬ K^{+1}
>
> $(C_2H_5)_3Al$(트리에틸알루미늄) : $C_2H_5^{-1}$ ⤬ Al^{3+}
>
> $(C_2H_5)_4Pb$(사에틸납) : $C_2H_5^{-1}$ ⤬ Pb^{+4}

적중 출제예상문제

유기화합물

1. 독일의 뵐러(Wohler)는 다음 어떤 물질에서 요소를 얻었나?
① NH_4Cl
② NH_4NO_3
③ $(NH_4)_2SO_4$
④ NH_4CNO

[해] • 유기화합물의 개념수정
: NH_4CNO를 가열하여 $(NH_2)_2CO$(요소)를 만듦
[답] ④

2. 유기화합물이란 탄소화합물을 의미한다. 다음 탄소화합물 중 유기화합물에서 제외되는 화합물은?
① $(NH_2)_2CO$
② Na_2CO_3
③ C_2H_4
④ CH_3COCH_3

[해] • 유기화합물 : ① 유기
② 무기 ③④ 유기
[답] ②

3. 유기화합물은 무기화합물보다 그 종류가 월등하게 많다. 다음 중 유기화합물의 특징이 아닌 것은?
① 탄소원자가 골격을 이룬다.
② 구조가 다른 이성질체를 많이 만든다.
③ 공유 결합을 한다.
④ 이온 결합을 한다.

[해] • 유기화합물 : 대부분 공유결합을 한다.
[답] ④

4. 유기화합물의 특징을 나타낸 것 중 옳게 묶여져 있는 것은?

> ㉠ 공유결합으로 결합되어 있다.
> ㉡ 탄소를 포함한 화합물이다.
> ㉢ 공기 중에서 타면 주로 CO_2와 H_2O이 생긴다.
> ㉣ 생명력에 의해서만 만들 수 있다.

① ㉠ ㉡ ㉣
② ㉠ ㉢ ㉣
③ ㉠ ㉡ ㉢
④ ㉡ ㉢ ㉣

[해] • 뵐러 : 유기화합물이 생명력에 의해서만 만들어졌다는 학설을 수정시킨 학자(생명력이 없는 무기화합물인 NH_4CNO를 가열하여 생명체에서 만들어지는 요소를 발견함)
[답] ③

5. 유기화합물의 일반적인 특성이 아닌 것은?
① 분자식은 같으나 구조가 다른 이성질체가 많다.
② 공유결합으로 이루어진 비전해질이 대부분이다.
③ 대부분이 물에 잘 녹는 가용성이다.
④ 열에 약하며 b.p와 mp는 무기화합물보다 낮다.

[해] • 유기화합물 : 대부분이 물에 잘 녹지 않는 불용성
※ 일부수용성도 있음.
[답] ③

6. 탄소화합물(유기물)의 특성을 설명한 것이다. 옳지 않는 것은?
① 구성원소는 주로 C, H, O와 N, P, S 할로젠원소로 되어 있다.
② 공유결합을 하며 녹는점이 높다.
③ 유기용매에 녹는 것이 많다.
④ 유기물은 연소하여 CO_2와 H_2O가 된다.

[해] • 유기화합물 : 공유결합물로써 녹는점(mp)은 무기화합물보다 낮다.
[답] ②

⑦ 다음 유기화합물의 설명으로 틀린 것은?
① 시클로알칸은 불포화고리 화합물이다.
② 원자사이의 결합은 대부분 강한 공유결합이다.
③ 대부분 유기화합물은 반응성이 약하고 반응이 느리다.
④ 주로 C,H,O 원소로 구성되어 있으며 N.S.P가 첨가되기도 한다.

[해] • 시클로알칸 : 포화고리 화합물
[답] ①

⑧ 유기화합물과 무기화합물의 비교가 틀린 것은?
① 유기화합물은 무기화합물보다 그 수가 매우 많다.
② 유기화합물은 무기화합물에 비해서 용융점이 낮다.
③ 유기화합물은 대부분이 비전해질이다.
④ 유기화합물의 반응은 그 속도가 매우 빠른 것이 많다.

[해] • 유기화합물의 반응속도 : 비전해질로서 분자와 분자사이의 반응으로 반응속도가 느리다.
[답] ④

⑨ 다음 중 CH_4와 동족체인 것은?
① C_2H_6 ② C_6H_6
③ C_2H_4 ④ C_2H_2

[해] • CH_4의 동족체(C1개, H2개씩 증가) : C_nH_{2n+2}
∴ $CH_4 \cdot C_2H_6 \cdot C_3H_8$ 등
[답] ①

⑩ 다음 중 불포화 탄화수소란?
① 프로페인   ② 에테인
③ 메테인   ④ 아세틸렌

[해] • 불포화탄화수소
①②③포화 ④ 불포화
[답] ④

⑪ C_nH_{2n}의 일반식을 갖는 탄화수소는?
① 파라핀계   ② 올레핀계
③ 알킨계   ④ 알칸계

[해] • C_nH_{2n}
올레핀계=알켄계=에틸렌계
[답] ②

⑫ 다음 분자식 중 알켄족 화합물에 속하는 것은?
① C_2H_2 ② C_2H_4
③ C_3H_5 ④ C_3H_8

[해] • 알켄족 : C_nH_{2n}
∴ $C_2H_4 \cdot C_3H_6 \cdot C_4H_8$ 등
[답] ②

⑬ 다음 화합물 중 알켄의 동족체가 아닌 것은?
① C_2H_4 ② C_3H_6
③ C_8H_{18} ④ $C_{10}H_{20}$

[해] • 알켄족 : C_nH_{2n}
∴ $C_2H_4 \cdot C_3H_6 \cdot C_8H_{16} \cdot C_{10}H_{20}$
[답] ③

IUC(제네바명)명칭

⑭ 다음에 기술한 유기화합물의 분자식과 그 명명법이 맞지 않는 것은 어느 것인가?
① $\underset{Cl}{H}>C=C<\underset{Cl}{H}$ 다이클로로에틸렌
② $H-\underset{H}{\overset{H}{C}}-C<^H_{=O}$ 아세트알데하이드

[해] • 초산비닐 : $CH_2=CHOCOCH_3$
• $CH_2=CH-C\equiv CH$: 비닐아세틸렌
[답] ③

③ $CH_2=CH-C\equiv CH$ 초산비닐
④ $CH_2=CH-CH=CH_2$ 부타니엔

⑮ $CH_2=CH-CH=CH_2$를 정확히 명명한 것은?
① 3-Bytene
② 3-Butadiene
③ 1, 3-Butadiene
④ 1, 3-Butene

⑯ $\overset{1}{CH_3}-\overset{2}{\underset{|}{C}}-\overset{3}{CH}-\overset{4}{CH_3}$ 의 명명법 중 옳은 것은?
(위 CH_3 CH_3, 아래 CH_3)

① 2, 3 트라이메틸뷰테인
② 트라이메틸뷰테인
③ 메틸뷰테인
④ 2, 2, 3 트라이메틸뷰테인

⑰ 다음 유기화합물의 명명법에서 가장 알맞은 IUPAC(만국명) 명명법은?

$$\overset{5}{CH_3}-\overset{4}{\underset{|}{C}}-\overset{3}{CH_2}-\overset{2}{\underset{|}{C}}=\overset{1}{CH_2}$$
(위쪽 CH_3, 아래 CH_3 CH_3)

① 2, 2, 4-트라이메틸펜텐-4
  (2, 2, 4-Trimethyl pentene-4)
② 2, 4, 4-트라이메틸펜텐-1
  (2, 4, 4-Trimethyl pentene-1)
③ 2, 4, 4-트라이메틸펜틴-4
  (2, 4, 4-Trimethyl pentine-4)
④ 2, 4, 4-트라이메틸펜틴-1
  (2, 4, 4-Trimethyl pentine-1)

⑱ $CH_3-CH_2-\underset{\underset{CH_2}{\|}}{C}-\underset{\underset{CH_3}{|}}{CH}-CH_3$의 명명법은?

① 2-에틸-3뷰텐
② 2-3-메틸에틸프로페인
③ 2-에틸-3-메틸-1-뷰텐
④ 2-메틸-3에틸 뷰텐

해
※ $\overset{1}{CH_2}=\overset{2}{CH}-\overset{3}{CH}=\overset{4}{CH_2}$
2중 결합이 1, 3번에 2개 있고 탄소가 4개이므로 1.3-Butadiene(1.3-뷰타디엔)
답 ③

해 • 메틸기(CH_3)가 2번에 2개 3번에 1개 있으므로 2, 2, 3, 골격에 탄소 4개가 있으므로 뷰테인
∴ 2, 2, 3 트라이메틸뷰테인
답 ④

해 • 이중결합(=)이 있는 쪽이 작은번호순, 메틸기(CH_3) 3개(트라이메틸)가 2번에 1개 4번에 2개 있으므로 2, 4, 4, 골격에 C5개 · 2중결합이 1번 탄소에 1개 있으므로 펜텐-1
∴ 2, 4, 4 · 트라이메틸펜텐-1 또는 2, 4, 4트라이메틸-1-펜텐
답 ②

해
$\overset{1}{CH_2}=\overset{2}{C}-\overset{3}{CH}-\overset{4}{CH_3}$의 변형형
(위 CH_3 CH_2, 아래 CH_3)

• $CH_3CH_2=C_2H_5$(에틸기)
• 에틸기는 2번탄소에 CH_3 (메틸기)는 3번 탄소에 있으므로 2-에틸-3메틸, 골격에 탄소 4개, 2중결합이 1번 탄소에 1개 있으므로 1-부텐
∴ 2-에틸-3메틸-1부텐
답 ③

2 지방족 탄화수소화합물(사슬식·쇄식)

 포화탄화수소화합물

파라핀계 또는 메테인계라 하면 **단일결합** 물질로 일반식은 C_nH_{2n+2}이다.

※ 포화탄화수소의 상태
 • $C_1 \sim C_4$: 기체   • $C_5 \sim C_{16}$: 액체   • C_{17} 이상 : 고체
※ 모든원자는 σ 결합으로 되어 있으며 SP^3 **혼성 오비탈**을 갖는다.
 • σ (시그마)결합 : 결합선이 끊어지지 않는 결합

(1) 메테인의 치환반응(햇빛을 촉매로 함)
 ① 염소(Cl_2)와 치환
  • $CH_4 + Cl_2 \rightarrow HCl + CH_3Cl$(염화메틸)
  • $CH_3Cl + Cl_2 \rightarrow HCl + CH_2Cl_2$(염화메틸렌)
  • $CH_2Cl_2 + Cl_2 \rightarrow HCl + CHCl_3$(클로로포름)
  • $CHCl_3 + Cl_2 \rightarrow HCl + CCl_4$(테트라클로로메탄〈사염화탄소〉)
 ② 기타 치환체 : CHI_3(아이오도폼)·CCl_2F_2(프레온)등

※ 메테인의 유도체의 용도
 • **염화메틸**(CH_3Cl) : 냉동제로 사용
 • **염화메틸렌**(CH_2Cl_2) : 유기화합물 추출용제 등
 • **클로로포름**($CHCl_3$) : 마취제 및 용매로 사용
 • **테트라클로로메탄[사염화탄소**(CCl_4)**]** : 소화제로 사용
 • **프레온**(CCl_2F_2) : 냉동제로 사용

 불포화탄화수소화합물

분자 중의 탄소와 탄소사이에 **2중 결합** 또는 **3중 결합**을 하고 있으므로 반응성이 활발하며 **부가반응**(첨가반응)이나 **중합반응**을 할 수 있다.

(1) 에틸렌계(올레핀계) : **2중 결합** 물질로 일반식은 C_nH_{2n}이다.

[에틸렌의 부가반응]

(C_2H_4 · 에틸렌) → (C_2H_6 · 에테인)

> **참고**
>
> ※ 에틸렌(C_2H_4)의 탄소원자는 sp^2**혼성오비탈**을 갖는다.
> ※ **마르코우니코프의 규칙** : 탄소의 **2중 결합**에 산(할로젠화수소산)이 **부가 반응**할 때 산의 수소는 수소원자가 많은 쪽의 탄소에 결합한다.
> ※ **결합의 종류**
>   • **시그마**(σ)**결합** : 결합력이 **강한 결합**(단일결합)
>   • **파이**(π)**결합** : 결합력이 **약한 결합**(이중결합·삼중결합)
> ※ **부가반응** : 이중결합 또는 삼중결합 화합물에 **다른 분자** 또는 **같은 분자**가 붙어 **다른 분자**가 되는 것
> ※ **불포화 화합물의 검출방법**
>   • 적갈색의 브로민(Br_2)이 무색으로 된다.

(2) 아세틸렌계(에틴계) : **3중결합** 물질로 일반식은 C_nH_{2n-2}이다.

(C_2H_2 · 아세틸렌) → (C_2H_4 · 에틸렌) → (C_2H_6 · 에테인)

[아세틸렌의 부가반응]

(C_2H_2 · 아세틸렌 3분자) → (C_6H_6 · 벤젠)

[아세틸렌의 중합반응]

참고

※ 아세틸렌(C_2H_2)의 탄소원자는 *sp*혼성오비탈을 갖는다.
※ H_2O(물)와 부가반응 : $HgSO_4$(황산제2수은)를 촉매로 부가반응하면 CH_3CHO(아세트알데하이드) 생성

$$H-C\equiv C-H \text{ (아세틸렌)} + H_2O \text{ (물)} \xrightarrow[\text{(부가반응)}]{HgSO_4} H-\underset{H}{\overset{H}{C}}-\underset{O}{\overset{H}{C}} \text{ (아세트알데하이드)}$$

※ 아세트알데하이드의 환원반응 : Ni(니켈)을 촉매로 H_2(수소)로 환원시키면 C_2H_5OH(에틸알코올)이 된다.

$$H-\underset{H}{\overset{H}{C}}-\underset{O}{\overset{H}{C}} \text{ (아세트알데하이드)} + H_2 \text{ (수소)} \xrightarrow[\text{(환원반응)}]{Ni} H-\underset{H}{\overset{H}{C}}-\underset{H}{\overset{H}{C}}-OH \text{ (에틸알코올)}$$

※ HCl(염화수소)과 부가반응 : $HgCl_2$(염화제2수은)를 촉매로 해서 폴리염화비닐(PVC) 제조

$$H-C\equiv C-H \text{ (아세틸렌)} + HCl \text{ (염화수소)} \xrightarrow[\text{(부가반응)}]{HgCl_2} \underset{HCl}{\overset{HH}{C=C}} \text{ (염화비닐)} \longrightarrow \left[-\underset{HCl}{\overset{HH}{C-C}}- \right]_n \text{ (폴리염화비닐 · P.V.C)}$$

※ Cu(구리) · Ag(은) · Hg(수은)와 접촉 위험 : 아세틸리드(Cu_2C_2, Ag_2C_2 등)를 생성하며 이는 **건조한 상태**에서 약간의 충격으로 **폭발**의 위험이 있으므로 장치의 재질에 주의(62% 미만의 구리 · 구리합금은 사용 가능)

3 지방족 탄화수소의 유도체

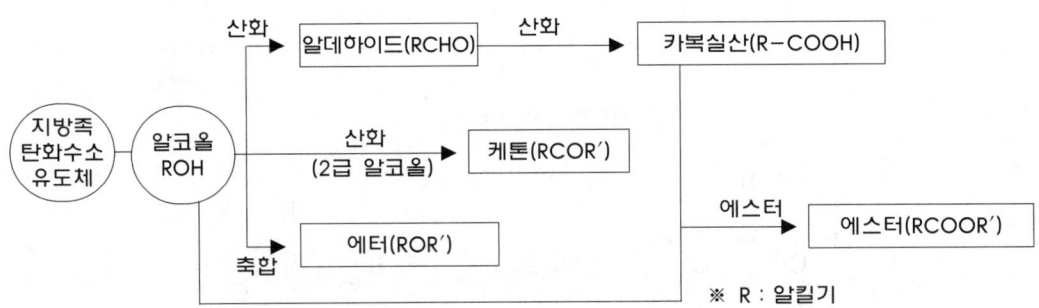

※ R : 알킬기

 유기화합물의 원자단

유기화합물은 모두 원자단을 갖고 있으며, 이 원자단에 의해서 **성질이 결정**된다. 이와 같은 원자단을 **관능기**라 한다.

(1) 유기화학 최초의 원자단(알킬기)

일반식 : C_nH_{2n+1}

알킬기	호칭	알킬기	호칭	알킬기	호칭
CH_3	메틸기	C_3H_7	프로필기	C_5H_{11}	펜틸기
C_2H_5	에틸기	C_4H_9	부틸기	C_6H_{13}	헥실기

> **참고**
> ※ 알코올 : 알킬기에 수산기(-OH)가 결합된 것을 **알코올**이라 한다.

(2) 유기화학의 원자단

관능기	식	구조	관능기	식	구조
에터기 (ether 기)	—O—	—O—	나이트로기 (nitro 기)	$-NO_2$	$-N{\lessgtr}^O_O$
카보닐기(케톤기) (Carbonyl 기)	—CO—	>C=O	아미노기 (amino 기)	$-NH_2$	$-N{<}^H_H$
에스터기 (ester 기)	—COO—	$-C{\lessgtr}^O_{O-}$	술폰산기 (sulfon 산기)	$-SO_3H$	$-S(=O)(=O)-O-H$
카복실기 (Carboxyl 기)	—COOH	$-C{\lessgtr}^O_{O-H}$	페닐기 (Phenyl 기)	$-C_6H_5$	⌬
수산기 (알코올성·페놀성)	—OH	—O—H	아조기 (azo 기)	$-N_2$	—N=N—
알데하이드기 (aldehyde 기)	—CHO	$-C{\lessgtr}^O_H$	비닐기 (vinyl 기)	$-CH=CH_2$	$^H_H{>}C=C{<}^H_H$
아세틸기 (acetyl 기)	—COCH₃	—C(=O)—C(H)(H)—H			

(3) 산소를 포함한 지방족 화합물(지방족 탄화수소의 유도체)

산소를 포함한 지방족 화합물은 다음과 같다.
① R-O-R'(에터)
② R-CO-R'(케톤)
③ R-COO-R'(에스터)
④ R-COOH(카복실산)
⑤ R-OH(알코올)
⑥ R-CHO(알데하이드)

>
> ※ **R** : 알킬기를 대문자 R로 표시한다.

(4) 이성질체(분자식은 같으나 물리적·화학적 성질이 다른 것)
  ① 구조이성질체
    ㉮ 연쇄이성체 : 다른 탄소와 결합한 탄소의 종류에 따라 1, 2, 3, 4급으로 분류
    ㉯ 위치이성체 : 원자단의 위치에 따라 n, iso, neo 또는 o, m, p로 분류
    ㉰ 작용기이성체 : 분자식은 같으나 원자단의 종류가 다른 것

> **참고**
>
> ※ 연쇄이성체
>
>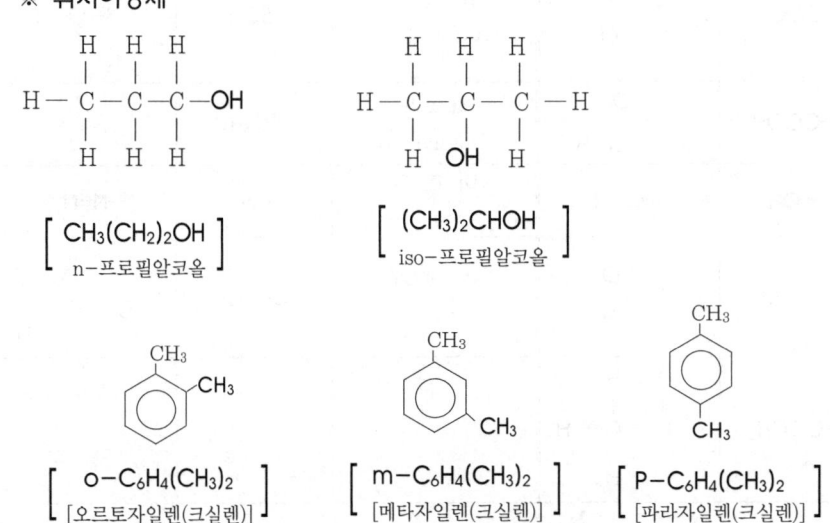
>
> - n(노르말) : 표준상태, iso(아이소) : 비슷하다, neo(네오) : 새롭다
> - o(ortho=오르토) : 기본, m(meta=메타) : 중간, P(para=파라) : 반대
>
> ※ 작용기이성체
>   - C_2H_5OH 와 CH_3OCH_3 • C_2H_5CHO 와 CH_3COCH_3
>   (에틸알코올) (다이메틸에터)   (프로피온알데하이드) (다이메틸케톤·아세톤)
>   [분자식 : C_2H_6O]   [분자식 : C_3H_6O]

② 입체이성질체
  ㉮ **기하이성질체** : 이중결합의 탄소원자에 결합된 원자 또는 원자단의 **공간적 위치**가 다른 것으로 cis형과 trans형이 있다.
  ㉯ **광학이성질체** : 부제탄소원자로 인하여 생기는 입체적인 이성체로서 **우성체**(d형), **좌성체**(ℓ형), **라세미체**(Racemate)가 있다.

>
> ※ 기하이성질체
>
>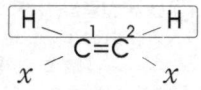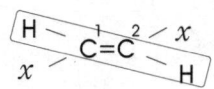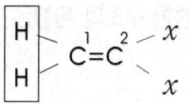
> [cis1·2형(같은쪽)]　　[trans1·2형(다른쪽)]　　[1·1형]
>
> ※ 광학이성질체
> - **부제탄소**(아시메탄소) : 탄소원자에 4개의 **다른** 원자 또는 원자단이 결합된 **탄소**
> - **젖산(락트산)의 분자** : 거울앞에 놓으면 실물과 거울에 생긴 상과 같은 **2가지의 이성질체**(우성체, 좌성체)가 있으며 이것을 혼합하면 **라세미체**가 생긴다.
>
> $CH_3CH(OH)COOH$
>
> [젖산의 시성식]　　[젖산의 구조식]　　[젖산의 광학이성질체]

적중 출제예상문제

지방족 탄화수소화합물

1 포화탄화수소화합물 중 액체 상태인 것의 탄소수는?
① $C_1 \sim C_4$
② $C_5 \sim C_{16}$
③ $C_5 \sim C_{20}$
④ $C_5 \sim C_{30}$

2 다음에서 가장 안정한 구조의 물질은?

① $-\overset{|}{\underset{|}{C}}-\overset{|}{\underset{|}{C}}-$
② $>C=C<$
③ $-C\equiv C-$
④ $>C=\overset{|}{C}-\overset{|}{\underset{|}{C}}-$

3 메테인에 직접 염소를 작용시켜 클로로포름을 만드는 반응을 무엇이라 하는가?
① 환원
② 치환
③ 함수
④ 탈수소

4 다음 물질 중 클로로포름은 어느 것인가?
① $CHCl_3$
② CH_2Cl_2
③ CH_3Cl
④ CCl_4

5 할로젠(Halogen) 원소에 의해 치환반응이 일어날 수 있는 것은 다음 중 어느 것인가?
① C_2H_6
② C_2H_4
③ C_2H_2
④ C_5H_{10}

6 다음 유기화합물 중 sp^2 결합을 하고 있는 것은 어느 것인가?
① $H-C\equiv C-H$
② $\overset{H}{\underset{H}{>}}C=C\overset{H}{\underset{H}{<}}$
③ $H-\overset{H}{\underset{H}{C}}-\overset{H}{\underset{H}{C}}-H$
④ CH_4

힌트

• 상태 : 기체($C_1 \sim C_4$)
• 액체($C_5 \sim C_{16}$)
• 고체(C_{17} 이상)
답 ②

• 단일결합(알칸) : 안정된 결합상태이다.
답 ①

• 클로로포름($CHCl_3$) : 메탄에 염소가 **치환**반응하여 생성
답 ②

• 문제 3 해설 참조
① 클로로포름 ② 염화메틸렌 ③ 염화메틸 ④ 사염화탄소
답 ①

• 치환반응 : 알칸족화합물 (CH_4, C_2H_6, C_3H_8…)
답 ①

• 결합: ① sp ② sp_2 ③ ④ sp^3
※ C_2H_4 : 탄소는 sp^2혼성오비탈을 갖는다.
답 ②

⑦ 다음 중 $CH_2=CHCHO$와 $CH_3-\underset{\underset{O}{\|}}{C}-CH_3$를 식별할 수 있는 방법이 아닌 것은?
① 브로민수를 첨가한다.
② KOH와 I_2를 가한다.
③ 암모니아성 질산은 수용액을 가한다.
④ 연소 생성물을 알아본다.

해 • C와 H의 화합물 : 연소하면 CO_2와 H_2O가 생성되므로 식별이 불가하다.
답 ④

⑧ 마르코우니코프(Markownikoff)의 방법은 다음 중 어느 것인가?
① 자유 라디칼의 안전도
② 효소의 활성도
③ 이중결합에 대한 산의 첨가반응
④ 연소 생성물을 알아본다.

해 • 마르코우니코프의 방법 : 탄소의 2중 결합으로 표시되는 화합물과 산과의 부가반응(첨가반응)
답 ③

⑨ 분자식이 $C_{18}H_{30}$인 탄화수소 1분자 속에 2중 결합은 몇 개 있는가?(단, 3중 결합은 없음)
① 2
② 3
③ 4
④ 5

해 • 포화탄화수소에서의 수소의 개수(C_nH_{2n+2})
 : C가 18개이므로
 $2×18+2=38$개
• π 결합선에 결합하는 수소의 개수 : 2개
 ∴ $(38-30)/2=4$
답 ③

⑩ 아세틸렌 3분자로부터 벤젠을 만드는 반응은?
① 부가
② 치환
③ 중합
④ 에스터화

해 • 벤젠의 제법 : 아세틸렌을 철관에 통과시켜 중합시킨다.
답 ③

⑪ 다음 반응의 이름은?

$$3C_2H_2 \rightarrow C_6H_6$$

① 치환반응
② 부가반응
③ 중합반응
④ 축합반응

해 • 아세틸렌(C_2H_2) : 500℃로 가열된 철판을 통과하면 중합하여 벤젠(C_6H_6)이 된다.
답 ③

⑫ 다음 화합물 중 Br_2와 가장 반응을 잘하는 것은?
① CH_4
② C_2H_6
③ C_2H_2
④ C_3H_8

해 • Br(브로민) : 불포화탄화수소(C_2H_2)와 부가반응한다.
답 ③

⑬ 다음과 같이 혼합할 때 발화폭발의 위험이 있는 것은?
① 에터+알코올
② 황인+카바이트
③ 글리세린과 규조토
④ 아세틸렌과 구리

해 • 아세틸렌(C_2H_2) : Cu, Ag와의 접촉을 피할 것
답 ④

⑭ 아세틸렌으로 합성된 아세트알데하이드를 Ni 촉매 하에 H_2로써 환원시켜 얻는 것은?
① HCHO
② CH_3OH
③ $CH_2=CHCl$
④ C_2H_5OH

해 • 아세트알데하이드 : $CH_3CHO + H_2 \rightarrow C_2H_5OH$
답 ④

⑮ 일반식 $C_nH_{2n+1}OH$의 명칭은?
① 알코올 ② 유기산
③ 에터 ④ 에스터

해 · 알킬기 : C_nH_{2n+1}
※ 알킬기+OH→알코올
답 ①

⑯ 카보닐기는 어떤 것인가?
① —COOH ② —CHO
③ 〉CO ④ —OH

해 · 관능기 : ① 카복실기
② 알데하이드기
③ 카보닐기 ④ 수산기
답 ③

⑰ 다음은 관능기와 그 명칭을 적은 것이다. 맞지 않는 것은?
① —OH : 하이드록시기 ② —CHO : 포르밀기
③ —NH_2 : 암모늄기 ④ —NO : 나이트로소기

해 · 아미노기 : NH_2
※ 암모늄기 : NH_4^+
답 ③

⑱ 일반식과 그 이름이 잘못 짝지어진 것은?
① ROH 알데하이드 ② RCOOR' 에스터
③ RCO'R 케톤 ④ RCOOH 카복실산

해 · R—OH : 알코올
※ 알데하이드 : R—CHO
답 ①

⑲ 다음 중 카복실기를 포함하고 있지 않은 것은?
① 포름산
② 벤조산
③ 살리실산
④ 아닐린

해 · 카복실기(—COOH)
: ① HCOOH
② C_6H_5COOH
③ $C_6H_4(OH)COOH$
④ $C_6H_5NH_2$
답 ④

⑳ 에탄올과 이성질체의 관계에 있는 것은?
① CH_3OCH_3 ② CH_3COOH
③ CH_3CHO ④ CH_3OH

해 · 이성질체 : 분자식은 같으나 시성식이 다른 것
※ 에탄올(C_2H_5OH)의 분자식 C_2H_6O과 같은 것
답 ①

㉑ 다음 중 부제탄소 하나를 갖는 카복실산은?
① 젖산 : $CH_3CH(OH)COOH$
② 말레산 : HOOC—CH=CH—COOH
③ 주석산 : CH(OH)COOH
          |
          CH(OH)COOH
④ 옥살산 : COOH
          | · $2H_2O$
          COOH

해 · 부제탄소 : 젖산과 같이 탄소 1개에 4개의 결합손이 서로 다른 원자나 원자단과 결합된 탄소를 말한다.
※ 젖산 : 광학이성질체를 갖는다.
답 ①

㉒ 다음 유기산의 화학식을 보고 광학이성질체를 갖는 물질은 어느 것인가?
① HCOOH ② CH_3COOH
③ $(COOH)_2$ ④ $CH_3CH(OH)COOH$

해 · 문제 21 해설 참조
답 ④

3 방향족 탄화수소화합물(고리식·환식)

1. 벤 젠(C_6H_6)

코올타르를 분류할 때에 얻은 경유 중에서 분리하여 얻으며, **아세틸렌을 중합**하여 얻는다.

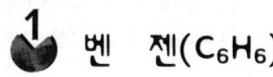

2. 고리식 탄화수소의 유도체

(1) 시클로화합물(C_nH_{2n}, $n \geq 3$)

[시클로프로페인]   [시클로펜테인]   [시클로헥세인]   [벤젠헥사클로라이드·BHC]

> **참고**
> ※ BHC : 벤젠에 햇빛을 쬐이면서 Cl_2(염소)를 반응 **첨가반응**시켜 만든다
> • 첨가반응 : 부가반응

(2) 벤젠의 직접 치환체

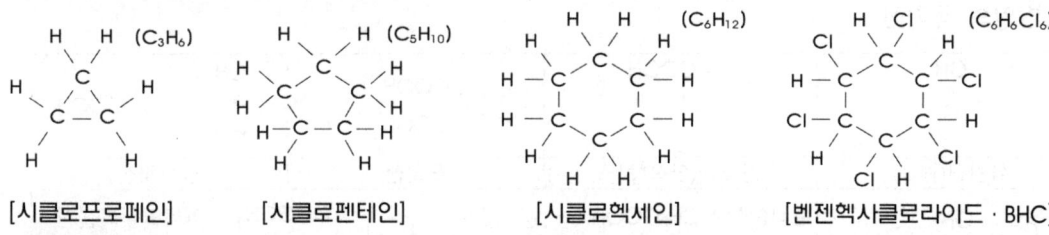

Cl	CH_3	NO_2	SO_3H
클로로벤젠	메틸벤젠(톨루엔)	나이트로벤젠	벤젠술폰산
(할로젠화)	(알킬화)	(나이트로화)	(술폰화)

※ **프리델-크라프츠반응** : 벤젠을 $AlCl_3$ 촉매 하에서 **할로젠화알킬**(CH_3Cl등)과 반응시켜 **알킬벤젠**(톨루엔 등)을 얻는 반응

(3) 벤젠의 다단계 치환체

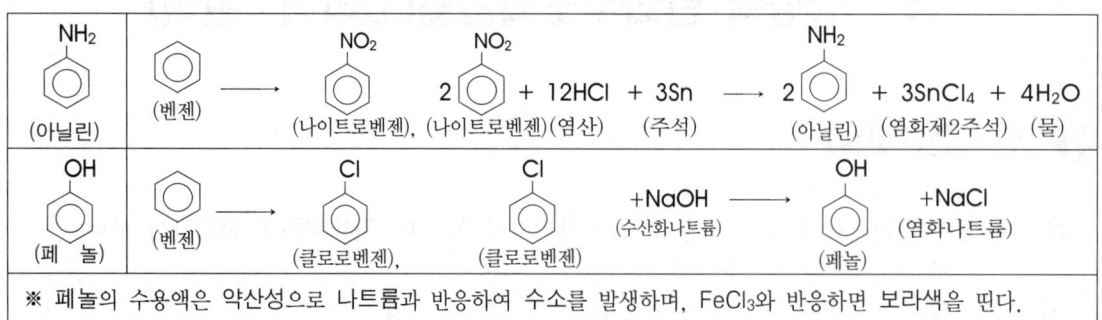

※ 페놀의 수용액은 약산성으로 나트륨과 반응하여 수소를 발생하며, FeCl₃와 반응하면 보라색을 띤다.

(4) 아닐린의 다이아조화 : 아닐린에 낮은 온도에서 **아질산나트륨**과 **염산**을 작용시키면 **염화벤젠 다이아조늄**이 된다.

$$\text{C}_6\text{H}_5-\text{NH}_2 + \text{NaNO}_2 + 2\text{HCl} \longrightarrow \text{C}_6\text{H}_5-\text{N}_2\text{Cl} + \text{NaCl} + 2\text{H}_2\text{O}$$
(아닐린)　(아질산나트륨) (염산)　(염화벤젠다이아조늄)　(염화나트륨)　(물)

(5) 커플링 : 다이아조늄염(C₆H₅-N₂Cl)에 페놀류(C₆H₅-OH)를 작용시키면 아조기(-N=N-)를 가진 **파라하이드록시아조벤젠**(C₆H₅-N=N-C₆H₄-OH)과 같은 **아조화합물**을 만드는 반응

(6) 방향족 유기산

OH (벤젠) 석탄산(페놀)	COOH (벤젠) 벤조산(안식향산)	COOH, COOH (벤젠) 프탈산	OH, OH, OH, COOH 몰식자산
OH, COOH 살리실산(티눈약)	살리실산 + CH₃COOH (초산) →(농·H₂SO₄ 탈수)	OCOCH₃, COOH	아세틸살리실산 (아스피린)
	살리실산 + CH₃OH (메틸알코올) →(농·H₂SO₄ 탈수)	OH, COOCH₃	살리실산메틸 (외부용 진통제)

※ -OH(하이드록시기·수산기)가 있는 것은 황갈색의 FeCl₃(염화제2철)에서 보라색으로 변한다.

(7) 기타 방향족 화합물

OH, CH₃		OH		OH, OH, OH
O-크레졸	C₁₀H₈(나프탈렌)	C₁₀H₇OH(α-나프톨)	C₁₄H₁₀(안트라센)	C₆H₃(OH)₃(피로갈롤)

적중 출제예상문제

1. 석탄을 건류할 때 분류되는 것이 아닌 것은?
① 석탄가스   ② 콜타르
③ 코크스   ④ 콜타르피치

2. 벤젠에 햇빛을 쬐면서 염소와 반응시킬 때 생기는 물질은?
① BHC   ② 클로로벤젠
③ 테트라클로로메탄 ④ 염화메틸

3. 벤젠의 치환반응으로 얻을 수 있는 물질은?

| ① 클로로벤젠 | ② 나이트로벤젠 | |
| ③ 벤젠술폰산 | ④ B.H.C | ⑤ 시클로헥세인 |

① ① ② ③   ② ① ④ ⑤
③ ② ③ ⑤   ④ ④ ⑤

4. 프리델-크라프츠 반응에 사용되는 촉매는?
① H_2SO_4 ② $KMnO_4$
③ $AlCl_3$ ④ $FeCl_3$

5. 벤젠의 유도체 가운데 직접 유도시킬 수 없는 원자단은 무엇인가?
① $-SO_3H$ ② $-NO_2$
③ $-OH$ ④ $-Cl$

6. 페놀에 대하여 틀린 것은?
① 물에 조금 녹는다.
② 페놀의 수용액에 $FeCl_3$ 용액 한방울을 가하면 보라색으로 되어 정색반응을 한다.
③ 페놀은 벤젠보다 나이트로화가 어렵게 일어난다.
④ 벤젠보다 끓는 점이 높다.

7. 다음 물질의 수용액이 산성인 것은?
① C_2H_5OH
② CH_2-OH
　　CH_2-OH
③ ⟨벤젠고리⟩-OH
④ NH_4OH

힌트

해 · 콜타르피치 : 콜타르를 축출하고 남은 찌꺼기이다.
답 ④

해 · BHC : 부가(첨가)반응
⟨벤젠⟩ + $3Cl_2$ →(햇빛/첨가반응) $C_6H_6Cl_6$(BHC)
답 ①

해 · 반응구분 : ①②③ 치환반응, ④⑤ 부가반응
답 ①

해 · 프리델-크라프츠반응 : 벤젠에 $AlCl_3$ 촉매 하에서 할로젠화알킬을 작용하여 알킬벤젠(톨루엔)을 만드는 반응
답 ③

해 · 유도방법 : ①② 직접 ③ 다단 ④ 직접
답 ③

해 · 페놀 : 벤젠보다 쉽게 나이트로화하여 피크린산을 쉽게 만든다.
답 ③

해 · 수용액의 액성 ①② 중성, ③ 산성, ④ 염기성
※ 명칭 : ① 에탄올 ② 에틸렌글리콜 ③ 페놀 ④ 수산화암모늄
답 ③

8 그 수용액이 산성인 방향족 탄화수소의 유도체는?

① CH₃ — (벤젠고리)
② NH₂ — (벤젠고리)
③ NO₂ — (벤젠고리)
④ OH — (벤젠고리)

해설
- 액성: ① 중성 ② 염기성 ③ 중성 ④ **산성**
- ※ 명칭: ① 톨루엔 ② 아닐린 ③ 나이트로벤젠 ④ 페놀(석탄산)
- ※ OH은 약산성

답 ④

9 아닐린과 반응하지 않는 것은?
① HCl
② CH₃COOH
③ NH₄OH
④ K₂Cr₂O₇과 H₂SO₄

해설
- 아닐린: 염기성
- ∴ 염기성인 NH₄OH와는 반응하지 않는다.

답 ③

10 벤젠 13g을 나이트로화한 다음 환원시키면 몇 g의 아닐린을 얻을 수 있는가?
① 5g
② 15.5g
③ 18g
④ 30g

해설
- $C_6H_6 \rightarrow C_6H_5NO_2 \rightarrow C_6H_5NH_2$
  - (78) : (93)
  - 13   :   χ
- ∴ χ = 13 × 93 / 78 = 15.5

답 ②

11 다음 중 벤젠의 유도체가 아닌 것은?
① 아닐린
② 피크린산
③ BHC
④ PVC

해설
- PVC: C_2H_2와 HCl의 부가반응 물질

답 ④

12 나이트로벤젠으로부터 아닐린을 만드는 반응은?
① 산화
② 환원
③ 나이트로화
④ 가수분해

해설
- 아닐린
- (NO₂ 벤젠) →환원→ (NH₂ 벤젠)

답 ②

13 벤젠핵이 없는 것은 어느 것인가?
① 살리실산
② 맥아당
③ 아닐린
④ 벤조알데하이드

해설
- 맥아당($C_{12}H_{22}O_{11}$): 벤젠핵이 없다.

답 ②

14 (벤젠고리 —OH, —COOH) 의 물질명은?
① 벤젠
② 아스피린
③ 아닐린
④ 살리실산

해설
- 살리실산: 벤젠핵에 수산기(—OH)와 카복실기(—COOH)를 갖는다.

답 ④

15 다음 화합물 중에서 벤젠핵에 —OH와 —COOH가 오르토(ortho)위치에 붙어 있는 것은?
① 아닐린
② 살리실산
③ 아스피린
④ 프탈산

해설
- 문제 14 해설 참조

답 ②

⑯ 다음중 에스터이면서 동시에 카복실산인 것은?
① 페놀   ② 프탈산
③ 아세틸살리실산   ④ 벤조산

⑰ 다음 다가페놀 중에서 −OH를 3개 가지고 있는 화합물은 어느 것인가?
① 카테콜   ② 레조르시놀
③ 하이드로퀴논   ④ 피로가롤

⑱ 다음에서 벤젠고리가 들어 있는 화합물은?
① 젖산(락트산)   ② 나일론
③ 글리세린   ④ 몰식자산

⑲ 다음의 반응은 무슨 반응인가?

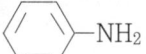 —NH$_2$ $\xrightarrow{\text{NaNO}_2+\text{HCl}}$ 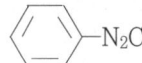 —N$_2$Cl

① 나이트로화   ② 다이아조화
③ 산화   ④ 환원

⑳ 다이아조화반응에서 사용되는 시약으로 옳은 것은?
① 아질산나트륨   ② 질산나트륨
③ 아질산나트륨과 염산 ④ 질산나트륨과 염산

해 • 아세틸살리실산 : 아스피린

　　OCOCH$_3$(에스터)
　　COOH(카복실산)

답 ③

해 • −OH의 갯수 : ①②③ 2개 ④ 3개

답 ④

해 • 몰식자산의 구조식

OH
OH—〇—COOH
OH

답 ④

해 • 다이아조화 : 아닐린에 아질산나트륨(NaNO$_2$)과 염산(HCl)을 작용시켜 염화벤젠 다이아조늄이 된다.

답 ②

해 • 문제 19 해설 참조

답 ③

유게실

◆ 우리말 사랑하기(바꿔 써야 할 우리말속 일본말 외래어) Ⅲ
• 오바(Over coat〈오버코트〉) ➡ 외투
• 자꾸(Chuck〈척크〉) ➡ 척크 · 지퍼〈Zipper〉
• 조끼(Jug〈저그〉) ➡ 잔(손잡이 달린 생맥주잔)
• 츄리닝(Training〈트레이닝 · 훈련〉) ➡ 운동복
• 콤비(Combination〈콤비네이션〉) ➡ 조화
• 테레비(Television〈텔레비전〉) ➡ 텔레비전
• 함박스텍(Hamburg steak〈햄버거 스테이크〉) ➡ 햄버거스테이크
• 후앙(Fan〈팬〉) ➡ 환풍기

4 고분자화합물

1 천연고분자화합물

(1) **탄수화물** : $C_m(H_2O)_n$의 일반식을 갖으며 m≧6인 것
  ① **단당류**($C_6H_{12}O_6$) : 물에 **용해**되나 가수분해는 **되지 않으며** 단맛, 환원성 및 **수산기**(OH)를 포함한다.
  ② **이당류**($C_{12}H_{22}O_{11}$) : 물에 **용해**되며 가수분해 **되며** 단맛, **환원성**(설탕제외)이 있다.
  ③ **다당류**$(C_6H_{10}O_5)_n$ 또는 $[C_6H_7O_2(OH)_3]_n$: 물에 불용, 단맛, **환원성**이 없다.

> **참고**
> ※ 천연고분자화합물의 종류
> • **단당류**($C_6H_{12}O_6$) : 포도당, 과당, 갈락토오스
> • **이당류**($C_{12}H_{22}O_{11}$) : 설탕, 엿당(맥아당), 젖당(락토오스)
> • **다당류**$(C_6H_{10}O_5)_n$: 녹말(전분), 셀룰로오스, 글리코겐, 이눌린
> ※ 녹말의 가수분해
>
> 녹말 —아밀라제→ 맥아당 —말타제→ 포도당 —찌마아제→ 에탄올(C_2H_5OH)
>   가수분해   가수분해   발효
>
> • **녹말의 검출** : 아이오딘(I_2)과 접촉하면 녹말의 아밀로오스와 아밀로펙틴과 반응하여 **청자색**을 나타낸다.
> ※ **탄수화물** : 에스터화반응을 한다.
> ※ **환원성당** : 펠링용액(A, B 혼합액 : 짙은 푸른색)과 반응하여 **등적색**(벽돌색)침전이 생기며 암모니아성 질산은 용액에서 **은거울반응**을 한다.
> • **환원성당** : 포도당, 과당, 갈락토오스, 맥아당, 젖당 등
> • **펠링용액(A)** : 황산구리($CuSO_4$)수용액(**푸른색**), **펠링용액(B)** : 타르타르산칼륨나트륨($KNaC_4H_4O_6$)과 수산화나트륨(NaOH)의 혼합수용액(**무색**), 펠링용액 A와 B의 혼합액(**짙은 푸른색**)

(2) **단백질**
  ① C·N·O와 S·P 등을 성분원소로 한다.
  ② **펩티드결합**의 고분자 물질로 가수분해되면 아미노산을 생성

> **참고**
> ※ **펩티드결합** : 단백질 분자 중 $-CO-NH-(-\overset{O}{\underset{\|}{C}}-\overset{H}{\underset{|}{N}}-)$를 말하며 이 결합을 **아미드결합**이라고도 하며, 이 결합물질을 아미드라 하며 **단백질·양모·나일론**에 포함되어 있다.

※ 단백질 검출 반응(정색반응)
- 뷰렛반응 : 단백질 수용액에 **수산화나트륨**(NaOH)용액을 가하고(무색), 파란색의 **황산구리**($CuSO_4$)용액을 소량만 가하면 **붉은 보라색**이 된다.
- 크산토프로테인반응 : **진한 질산**(HNO_3)을 단백질에 가하여 가열하면 **노란색** 침전이 생기며, 알칼리를 작용시키면 **오렌지색**으로 변한다.
- 닌히드린($C_9H_6O_4$)반응 : 단백질 용액에 무색의 1%의 닌히드린용액을 가하여, 중성이나 약산성에 끓이고 냉각하면 **보라색** 또는 **붉은 보라색**으로 된다.

(3) **천연고무** : 아이소프렌의 중합체로서 고무나무의 상처에서 얻은 유액을 라텍스라 하며, 여기에 **초산** 또는 **포름산**을 넣어주면 **침전**되어 굳어지며 이를 **생고무**라고 한다.

※ 라텍스 $\xrightarrow{\text{의산·초산}}$ 생고무(3~10% S(황) → **가황고무**, 30~50% S(황)함유 → 에보나이트)
- 아이소프렌의 화학식 : $CH_2=CCH_3-CH=CH_2$ (2-메틸-1, 3-뷰타다이엔)
- 생고무의 화학식 : $[-CH_2-CCH_3=CH-CH_2-]_n$

합성고분자화합물 등

(1) 합성수지
  ① **열경화성수지(축중합체)** : 페놀수지(베클라이트), 요소수지, 멜라민수지 등
  ② **열가소성수지(부가중합체)** : 염화비닐수지(PVC), 초산비닐(PVA원료), 아크릴수지, 규소수지, 스틸렌수지, 폴리에틸렌수지 등

※ **열가소성** : 열에 의하여 **변형됨** ※ **열경화성** : 열에 의하여 **굳어짐**
※ **축중합** : 두 분자 사이에서 H_2O(물) 등이 빠지면서 많은 분자가 **중합체**를 만드는 것
※ **부가중합** : C=C구조를 갖는 **이중 결합 화합물**이 부가반응하여, **중합체를 만드는 것**

(2) **합성고무** : 아세틸렌 2분자를 중합시켜 얻은 비닐아세틸렌($CH_2=CH-C\equiv CH$)이 주원료이다.
  ① **부나-N(NBR)** : 뷰타다이엔($CH_2=CH-CH=CH_2$)과 아크릴로니트릴($CH_2=CH-C\equiv N$)의 공중합체(내유성고무호스제조 등)
  ② **부나-S(SBR)** : 뷰타다이엔($CH_2=CH-CH=CH_2$)과 스틸렌($C_6H_5CH=CH_2$)의 공중합체(타이어 제조 등)
  ③ **네오프렌고무** : 클로로프렌($CH_2=CCl-CH=CH_2$)의 부가 중합체

> **참고**
> ※ 공중합 : 두 종류 이상의 단위체(이중 결합 화합물)가 첨가(부가)중합하는 것

(3) **합성섬유** : 석유, 석회석, 물, 공기 등 **천연자원**을 화학적으로 합성한 섬유
  ① **6.6나일론** : 헥사메틸렌디아민과 아디핀산을 원료로 축중합반응으로 만든다.
  ② **비닐론** : 초산비닐(CH_2=$CHOCOCH_3$)을 원료로 만든다.
  ③ **테트론** : 테레프탈산과 에틸렌글리콜을 축중합하여 만든다.

> **참고**
> ※ 6.6나일론 : 펩티드결합을 갖는 폴리아미드계 합성수지이다.
> - 헥사메틸렌디아민 : $_2HN-(CH_2)_6-NH_2$
> - 아디핀산 : $HOOC-(CH_2)_4-COOH$
> - 테레프탈산 : HOOC─⟨◯⟩─COOH
> - 에틸렌글리콜 : $HO-CH_2-CH_2-OH$

(4) **합성염료**
  ① **발색단(2중결합을 갖는다)** : 색소의 **모체**가 되는 결합
  ② **조색단(H원자를 갖는다)** : 섬유에 염착을 돕고 **빛깔**을 **진하게** 하는 것

> **참고**
> ※ 발색단의 종류 : 아조기(-N=N-), 에틸렌기($>C=C<$), 나이트로기($-N{\overset{O}{\underset{O}{\lessgtr}}}$),
>   나이트로소기(-N=O), 카보닐기($>C=O$), 티오카보닐기($>C=S$)
> - 아조기 : 발색단 중 대표적인 중요한 발색단
> ※ 조색단의 종류 : 수산기(-OH), 카복실기(-COOH), 아미노기($-NH_2$), 술폰산기($-SO_3H$)

(5) **합성세제**
  ① **알킬벤젠술폰산나트륨(A.B.S)** : 알킬벤젠술폰산과 **수산화나트륨**이 중화하여 만든다.
  ② **알킬황산나트륨** : 고급1가 알코올(탄소수 5개 이상인 알코올)에 **황산**을 작용시켜 만든 **알킬 황산** 에스터에 **수산화나트륨**을 반응(중화)시켜 만든다.

> **참고**
> ※ 알킬벤젠술폰산나트륨(A,B,S)의 화학식
>
> $R-C_6H_4-SO_3H$ + NaOH $\xrightarrow{중화}$ $R-C_6H_4-SO_3Na$+H_2O 또는 R─⟨◯⟩─SO_3Na+H_2O
> (알킬벤젠술폰산) (수산화나트륨)   (알킬벤젠술폰산나트륨)   (물)
>
> ※ 알킬황산나트륨의 화학식
>
> R-OH + H_2SO_4 $\xrightarrow{에스터화}$ $R-OSO_3H$ + H_2O
> (고급1가알코올) (황산)   (알킬황산)   (물)
>
> $R-OSO_3H$ + NaOH $\xrightarrow{중화}$ $R-OSO_3Na$ + H_2O
> (알킬황산) (수산화나트륨)   (알킬황산나트륨) (물)

적중 출제예상문제

1 포도당이 펠링 용액을 환원시키는 것은 분자 내에 어떤 원자단에 있기 때문인가?
① -CHO ② -OH
③ $-CH_2-$ ④ >CO

2 펠링액을 가할 때 적색 침전이 생기는 것은?
① 녹말 ② 이눌린
③ 설탕 ④ 포도당

3 다음 물질중 환원성이 없는 물질은?
① 설탕 ② 맥아당
③ 젖당 ④ 갈락토오스

4 화학식이 $C_6H_{12}O_6$인 이성질체수는?
① 0 ② 2
③ 3 ④ 4

5 가수분해는 하지 못하나 찌마아제로 알코올 발효가 생기는 것은?
① 설탕 ② 녹말
③ 맥아당 ④ 포도당

6 분자량이 제일 큰 것은?
① 포도당 ② 과당
③ 맥아당 ④ 녹말

7 녹말의 검출에 사용하는 물질과 그 때 나타난 색이 맞게 짝지어진 것은?
① KI, 보라색 ② I_2, 청자색
③ $CuSO_4$, 적색 ④ $AgNO_3$, 흰색

8 녹말을 묽은 염산과 끓이면 포도당이 되는 반응은?
① 산화반응 ② 환원반응
③ 가수분해 ④ 탈수

9 녹말을 가수분해할 때 마지막에 생성되는 물질은?
① $C_{12}H_{22}O_{11}$ ② $C_6H_{10}O_6$
③ $C_6H_{12}O_6$ ④ $(C_6H_{10}O_5)_n$

힌트

해 • 포도당 : -CHO를 갖으므로 환원성이 있다.
답 ①

해 • 문제 1 해설 참조
답 ④

해 • 환원성 물질 : 포도당·과당·갈락토오스·맥아당(엿당)·젖당
답 ①

해 • $C_6H_{12}O_6$: 포도당·과당·갈락토오스(3종류)
답 ③

해 • 포도당 : 발효하면 에틸알코올이 된다.
답 ④

해 • 녹말 : 고분자 화합물
답 ④

해 • 녹말의 검출 : 아이오딘(I_2)과 접촉하면 **청자색**을 띤다.
답 ②

해 • 녹말(전분) : 묽은염산으로 가수분해하면 포도당이 된다.
답 ③

해 • 녹말의 가수분해 최종물질 : 포도당
※ 포도당 : $C_6H_{12}O_6$
답 ③

⑩ 포도당의 분자식은
① $C_6H_{12}O_6$
② $C_{12}H_{22}O_{11}$
③ $(C_6H_{10}O_5)_n$
④ $C_{12}H_{20}O_{10}$

⑪ 다음 화합물 가운데 에스터를 만들지 못하는 것은?
① 녹말
② 셀룰로오스
③ 나프탈렌
④ 포도당

⑫ 셀룰로오스 분자식이 $[C_6H_{10}O_5]_n$이면 n=1일 때 OH기 수는?
① 1
② 2
③ 3
④ 4

⑬ 미생물의 작용으로 반응이 일어나는 것은?
① 촉매현상
② 발효
③ 치환
④ 통기성 반응

⑭ 다음 중 펩티드결합(-CO-NH-)을 가진 물질은?
① 포도당
② 지방산
③ 아미드
④ 글리세린

⑮ 다음 화합물 중 펩티드결합으로 이루어진 것은?
① 폴리염화비닐
② 유지
③ 탄수화물
④ 단백질

⑯ -NH-CO-의 결합이 들어 있지 않은 것은?
① 나일론
② 단백질
③ 요소 수지
④ 유지

⑰ 다음 중 단백질의 확인반응이 아닌 것은 어느 것인가?
① 크산토프로테인반응
② 은거울반응
③ 뷰렛반응
④ 닌히드린반응

⑱ 천연고무와 관계있는 것은?
① 뷰타다이엔의 중합체이다.
② 염화비닐의중합체이다.
③ 아이소프렌의 중합체이다.
④ 클로로프렌의중합체이다.

⑲ 열가소성수지는?
① 페놀수지
② 염화비닐수지
③ 요소수지
④ 멜라민수지

해 · 문제 9 해설 참조
답 ①

해 · 나프탈렌(◯◯) : 수산기나 카복실기가 없으므로 에스터가 안 된다.
답 ③

해 · $[C_6H_{10}O_5]_n$: $[C_6H_7O_2(OH)_3]_n$로도 표시한다.
답 ③

해 · 발효 : 미생물에 의한 화학변화이다.
답 ②

해 · 펩티드결합 : 단백질 · 나일론 · 요소수지 · 양모 · 아미드 · DNA를 갖는 결합
답 ③

해 · 펩티드결합 : 단백질의 결합
답 ④

해 · 유지 : -COO-(에스터) 결합을 갖는다.
답 ④

해 · 단백질확인 : 크산토프로테인반응, 뷰렛반응, 닌히드린 반응
답 ②

해 · 천연고무 : 아이소프렌의 중합체
답 ③

해 · 합성수지 : ① 열경화 ② 열가소성 ③④ 열경화
답 ②

제 3 장 유기화합물 599

⑳ 열경화성수지와 관계있는 것은 어떤 것인가?
① 폴리비닐계 수지
② 부가중합체
③ 축중합체
④ 스티렌수지

[해] • 열경화성수지 : 축중합체

[답] ③

㉑ 베클라이트(bakelite)의 원료는 어느 것인가?
① 석탄산과 포르말린
② 아세틸렌과 식초산
③ 석탄산과 알코올
④ 아세틸렌과 스티렌

[해] • 베클라이트 : 석탄산(페놀)과 포르말린(HCHO)의 축중합체

[답] ①

㉒ 다음 원자단 속에서 발색단은?
① $-SO_3H$
② $-N=N-$
③ $-NH_2$
④ $-COOH$

[해] • 합성염료 : ① 조색단 ② 발색단 ③ 조색단 ④ 조색단
※ 발색단 : 2중결합을 갖는다.

[답] ②

㉓ 다음 중 발색단이 아닌 것은?
① $-N=O$
② $-NH_2$
③ $-N=N-$
④ $>C=C<$

[해] • 발색단 : 2중결합구조를 갖는다.
※ 조색단 : 단일결합구조를 갖으며 수소원자를 갖는다.

[답] ②

㉔ 다음 중 합성세제를 표시한 화학식은?
① R─⟨⟩─SO_3Na
② $RCOONa$
③ $C_3H_5(OH)_3$
④ $RCOOR'$

[해] • 합성세제 : 알킬벤젠술폰산나트륨(A,B,S)
※ ABS : R─C_6H_4─SO_3Na

[답] ①

㉖ 세탁할 때 중성 세제(합성 세제)에 해당하는 것은?
① ⟨⟩─$COONa$
② CH_3COONa
③ R─⟨⟩─SO_3Na
④ ⟨⟩─ONa

[해] • 중성세제 : 슬폰산염($-SO_3Na$)을 갖는 것

[답] ③

㉗ 다음 중 유리지방산의 함량을 표시할 수 있는 것은?
① 산값
② 비누화값
③ 아이오딘값
④ 아세틸값

[해] • 산값 : 지방·지방유·랍 1g 중에 포함되는 유리지방산을 중화하는데 필요한 KOH의 mg 수

[답] ①

┌─ 유게실 ─

◆ 고무제품의 대명사 Good-year(굳이어)는 사람이름
  세계적인 자동차 타이어에는 프랑스의 미쉐린, 미국의 브리짓스톤·굳이어 등을 들 수 있다. 이러한 최고의 고무제품들은 천연의 생고무의 결점인 여름에는 끈끈하고 겨울에는 딱딱하게 굳어지는 생고무의 결점을 실용화하는 데 결정적 역할을 한 미국의 찰스굳이어(1800~1860) 덕분이다. 1839년 어느날 생고무와 황을 테레핀유에 섞은 냄비를 들고 친구와 토론을 하던 굳이어는 실수로 냄비 속의 혼합액을 빨갛게 단 난로 위에 떨어뜨렸다. 보통고무는 열에 녹아 흐르는데 이 고무는 본래의 형태로 그을리기만 한데서 힌트를 얻어 고무의 가황법을 개발하였으며 이것은 그후 고무공업 발전의 기초가 되었다.

memo

제4편
부 록

1. 위험물 45품명 및 지정수량 암기방법
2. 원소주기율표 암기법
3. 화학식 만드는 방법 및 읽는 방법
4. 화학적 변화의 종류
5. 그리스문자 및 숫자
6. 위험물의 종류 일람표
7. 운반용기와 수납방법
8. 혼합으로 위험이 따르는 화학물질 일람표
9. 소방대상물 및 위험물별 소화설비의 적응성
10. 소화난이도등급에 해당하는 제조소등 및 소화설비
11. 위험물취급자격자 및 위험물안전관리자의 자격기준

부 록

1. 법령개정에 의한 위험물 45품명 및 지정수량 암기방법

유별	성질	품명	지정수량	위험등급	유별	성질	품명		지정수량	위험등급
제1류	산화성고체	아염소산염류	50kg	I	제4류	인화성액체	특수인화물		50L	I
		염소산염류	50kg	I			제1석유류	비수용성	200L	II
		과염소산염류	50kg	I				수용성	400L	II
		무기과산화물	50kg	I			알코올류		400L	II
		브로민산염류	300kg	II			제2석유류	비수용성	1,000L	III
		아이오딘산염류	300kg	II				수용성	2,000L	III
		질산염류	300kg	II			제3석유류	비수용성	2,000L	III
		과망가니즈산염류	1,000kg	III				수용성	4,000L	III
		다이크로뮴산염류	1,000kg	III			제4석유류		6,000L	III
제2류	가연성고체	황화인	100kg	II			동식물유류		10,000L	III
		적린	100kg	II	제5류	자기반응성물질	질산에스터류		제1종 10kg	I
		황	100kg	II			유기과산화물			I
		마그네슘	500kg	III			나이트로화합물			II
		철분	500kg	III			나이트로소화합물			II
		금속분	500kg	III			아조화합물		제2종 100kg	II
		인화성고체	1,000kg	III			다이아조화합물			II
제3류	자연발화성물질 및 금수성물질	칼륨	10kg	I			하이드라진유도체			II
		나트륨	10kg	I			하이드록실아민			II
		알킬리튬	10kg	I			하이드록실아민염류			II
		알킬알루미늄	10kg	I	제6류	산화성액체	질산		300kg	I
		황린	20kg	I			과염소산		300kg	I
		알칼리금속(칼륨 및 나트륨제외) 및 알칼리토 금속	50kg	II			과산화수소		300kg	I
		유기금속화합물(알킬알루미늄 및 알킬리튬을 제외한다)	50kg	II	인천교향곡(위험물송) 아! 염소산 / 과염소산 / 과산화물 브라질로 사망 (die)크롬 / 황화적린 / 유마철금(이) / 칼나 알리 알킬린 / 알칼알칼토 유금속 / (김)인수카 / (토끼)알 제2, 제3, 제4, 똥~ / 질해 유과산화 나이트로 / 아~조아 다이아조아~ 하이트 진로 아! / 질산 과산수 과염소산 / 짠짜라-잔				
		금속의 인화합물	300kg	III							
		금속의 수소화합물	300kg	III							
		칼슘 또는 알루미늄의 탄화물	300kg	III							

제1류 위험물

제1류 : 아! 염소산 / 과염소산 / 과산화물 브라질로~ / 사망 (die)크롬
제1류 지정수량 : 일류가 오시네 / 쌈빡 세 개 / 쳐 또쳐

유별	성질	품명	지정수량	위험등급
제1류	산화성고체	1. 아염소산염류	50kg	I
		2. 염소산염류	50kg	I
		3. 과염소산염류	50kg	I
		4. 무기과산화물	50kg	I
		5. **브로민산염류**(브롬산염류)	300kg	II
		6. **아이오딘산염류**(요오드산염류)	300kg	II
		7. 질산염류	300kg	II
		8. **과망가니즈산염류**(과망간산염류)	1,000kg	III
		9. **다이크로뮴산염류**(중크롬산염류)	1,000kg	III
		10. 그 밖에 행정안전부령이 정하는 것 　　차아염소산염류, 과아이오딘산, 과아이오딘산염류, 　　아질산염류, 크로뮴·납·아이오딘의 산화물, 　　퍼옥소붕산염류, 퍼옥소이황산염류, 　　염소화아이소시아누르산 [참고] 법령 개정에 의하여 변경되기 전의 품명과 변경된 품명의 명칭 　　- 브롬산염류를 브로민산염류로 변경 　　- 요오드산염류를 아이오딘산염류로 변경 　　- 과망간산염류를 과망가니즈산염류로 변경 　　- 중크롬산염류를 다이크로뮴산염류로 변경		

 제2류 위험물

제2류 : 황화적린 / 유마철금(이)
제2류 지정수량 : 이류도 빡세 / 오빠 세게 / 쳐

유별	성질	품명	지정수량	위험등급
제2류	가연성고체	1. **황화인**(황화린)	100kg	II
		2. 적린	100kg	II
		3. **황**(유황)	100kg	II
		4. 마그네슘	500kg	III
		5. 철분	500kg	III
		6. 금속분	500kg	III
		7. 인화성고체	1,000kg	III
		[참고] 법령 개정에 의하여 변경되기 전의 품명과 변경된 품명의 명칭을 기록합니다. 　　- 황화린을 황화인으로 변경 　　- 유황을 황으로 변경		

제3류 위험물

제3류 : 칼나 알리 / 알킬 린 알칼알칼토 / 유금속 (김)인수카 /
제3류 지정수량 : 삼류가 열네니 / 오오 / 셈통이다.

유별	성질	품명	지정수량	위험등급
제3류	자연발화성물질 및 금수성물질	1. 칼륨	10kg	I
		2. 나트륨	10kg	I
		3. 알킬리튬	10kg	I
		4. 알킬알루미늄	10kg	I
		5. 황린	20kg	I
		6. 알칼리금속(칼륨 및 나트륨은 제외한다) 및 알칼리토 금속	50kg	II
		7. 유기금속화합물(알킬알루미늄 및 알킬리튬을 제외한다)	50kg	II
		8. 금속의 인화합물	300kg	III
		9. 금속의 수소화합물	300kg	III
		10. 칼슘 또는 알루미늄의 탄화물	300kg	III
		11. 그 밖에 행정안전부령이 정하는 것 염소화규소화합물		

제4류 위험물

제4류 : (토끼)알 제2, 제3, 제4 똥~
제4류 지정수량 : 사오십니 / 사천이 / 육천보다 / 많다.

유별	성질	품명		지정수량	위험등급
제4류	인화성액체	1. 특수인화물		50L	I
		2. 제1석유류	비수용성액체	200L	II
			수용성액체	400L	II
		3. 알코올류		400L	II
		4. 제2석유류	비수용성액체	1,000L	III
			수용성액체	2,000L	III
		5. 제3석유류	비수용성액체	2,000L	III
			수용성액체	4,000L	III
		6. 제4석유류		6,000L	III
		7. 동식물유류		10,000L	III

제5류 위험물

제5류 : 질해 유과산화 나이트로 / 아~조아 다이아조아~ 하이트 진로 아! /
제5류 지정수량 : 오십둘은 100이다.

유별	성질	품명	지정수량	위험등급
제5류	자기반응성물질	1. 질산에스터류(질산에스테르류)	제1종 10kg	I
		2. 유기과산화물		
		3. 나이트로화합물(니트로화합물)	제2종 100kg	II
		4. 나이트로소화합물(니트로소화합물)		
		5. 아조화합물		
		6. 다이아조화합물(디아조화합물)		
		7. 하이드라진유도체(히드라진유도체)		
		8. 하이드록실아민(히드록실아민)		
		9. 하이드록실아민염류(히드록실아민염류)		
		10. 그 밖에 행정안전부령이 정하는 것 　　금속의 아지화합물, 질산구아니딘 [참고] 법령 개정에 의하여 변경되기 전의 품명과 변경된 품명의 명칭을 기록합니다. 　- 질산에스테르류를 질산에스터류로 변경 　- 니르토화합물을 나이트로화합물로 변경 　- 니트로소화합물을 나이트로소화합물로 변경 　- 디아조화합물을 다이아조화합물로 변경 　- 히드라진유도체를 하이드라진유도체로 변경 　- 히드록실아민을 하이드록실아민으로 변경 　- 히드록실아민염류를 하이드록실아민염류로 변경		

 제6류 위험물

제6류 : 질산 과산수 과염소산 짠짜라-잔
제6류 지정수량 : 육삼 빌딩은 높다.

유별	성질	품명	지정수량	위험등급
제6류	산화성액체	1. 질산	300kg	I
		2. 과염소산		
		3. 과산화수소		
		4. 그 밖에 행정안전부령이 정하는 것 [참고] 　- 할로겐간화합물을 **할로젠간화합물**로 변경		

2. 원소주기율표 암기법

(a족 : 전형원소, b족 : 전이원소)

주기 \ 족수	a 1족 b	a 2족 b	a 3족	a 4족	a 5족	a 6족 b	a 7족	0족
1주기	H(수)							He(헬)
2주기	Li(리)	Be(베)	B(붕)	C(탄)	N(질)	O(산)	F(플)	Ne(네)
3주기	Na(나)	Mg(마)	Al(알)	Si(실)	P(인)	S(유)	Cl(염)	Ar(알)
4주기	K(카)　Cu(구)	Ca(칼)　Zn(아)		Ge(게)	As(비)	Cr(크)	Br(브)	Kr(크리)
5주기	Ag(은)	Sr(스)　Cd(카)		Sn(주)	Sb(안)	Mo(몰)	I(아)	Xe(크)
6주기	Au(금)	Ba(바)　Hg(수)		Pb(납)	Bi(비)	W(텅)		Rn(라돈)
	알칼리금족　구리족	알칼리토금족　아연족	붕소족	탄소족	질소족	산소족　크롬족	할로젠족	불활성기체

> **참고**
>
> 위험물(무기화합물과 유기화합물로 구성되어 있음)을 공부하는 데 있어서 **주기율표**를 완전히 암기한다는 것은 많은 시간이 필요하지만 **가장 기본적인 문제가** 되겠다. 주기율표 암기방법은 여러 가지 방법이 있으나 지면을 통하여 합리적으로 공부할 수 있는 것을 한가지 선택하여 **4단계**로 나누어 옮겨본다. 또한, 이 장에 실려있는 **주기율표 암기방법과 원자번호** 및 **원자량 구하는 방법**을 완전히 이해하고 이것을 가지고 화학식을 만들고, 읽고 화학반응식을 암기를 한다면 **위험물은 결코 어렵지 않다**는 것을 알게 될 것이다.

1 제1단계 : 완전히 암기할 것

- 수리나카/구은금
- 붕알
- 질인/비안비
- 플염/브아
- 베마칼스바/아카수
- 탄실/게주납
- 산유/크몰텅
- 헬네알/크리크/라돈

> **참고**
>
> ※ 위험물 국가기술자격 실기시험에서는 법령 개정 전의 명칭과 개정 후의 명칭을 함께 사용할 수 있습니다.
>
> ※ 중요한 원소기호의 국제명칭

원소기호		원소명	호 칭	원소기호		원소명	호 칭
1족	H	Hydrogen	수 소	5족	N	Nitrogen	질 소
	Li	Lithium	리 튬		P	Phosphorus	인
	Na	Soudium(Natrium)	나 트 륨		As	Arsenic	비 소
	K	Potassium(Kalium)	칼 륨		Sb	Antimony	안 티 몬
	Cu	Copper	구 리		Bi	Bismuth	비스므스
	Ag	Silver(Argent)	은	6족	O	Oxygen	산 소
	Au	Gold(Aurum)	금		S	Sulfun	황
2족	Be	Berylium	베 릴 륨		Cr	Chromium	크 로 뮴
	Mg	Magnesium	마그네슘		Mo	Molybdenum	몰리브덴
	Ca	Calcium	칼 슘		W	Tungsten(wolfvan)	텅 스 텐
	Sr	Strontium	스트론튬	7족	F	Fluorine	플루오린
	Ba	Barium	바 륨		Cl	Chlorine	염 소
	Zn	Zinc	아 연		Br	Bromine	브 로 민
	Cd	Cadmium	카드뮴		I	Iodine	아이오딘
	Hg	Mercury	수 은	0족	He	Helium	헬 륨
3족	B	Boron	붕 소		Ne	Neon	네 온
	Al	Aluminum	알루미늄		Ar	Argon	아 르 곤
4족	C	Carbon	탄 소		Kr	Krypton	크 립 톤
	Si	Silicon	규 소		Xe	Xenon	제논/크세논
	Ge	Germanium	게르마늄		Rn	Radon	라 돈
	Sn	Tin(zinn)	주 석				
	Pb	lead(plomb)	납 (연)				

제2단계 : 족수를 포함하여 암기하기

1족 수리나카/구은금 2족 베마칼스바/아카수 3족 붕알
4족 탄실/게주납   5족 질인/비안비   6족 산유/크몰텅
7족 플염/브아   0족 헬네알/크리크/라돈

> **참고**
> ※ 이제부터가 가장 중요한 단계이다. 같은 족의 원소는 화학적 성질이 비슷하므로 족수와 함께 1단계를 암기하여야 한다.
> ※ 1족과 2족의 원소는 쉽게 암기할 수 있으나 3족, 4족, 5족, 6족, 7족은 약간 어렵고 0족은 마지막족으로 쉽다고 생각되므로 3족, 4족, 5족, 6족, 7족의 원소는 다음과 같이 암기하여 보자.
> • 3족 : 붕 → 세붕알   • 4족 : 탄 → 사탄
> • 5족 : 질 → 오질이 못났다. • 6족 : 산 → 6족의 6자와 산소(O)는 비슷하다.
> • 7족 : 불 → 7족의 7자와 플루오린(F)은 비슷하다.

 제3단계 : 원자번호 구하기

족수\주기	1족	2족	3족	4족	5족	6족	7족	0족
1주기	H(1)							He(2)
2주기	Li(3)	Be(4)	B(5)	C(6)	N(7)	O(8)	F(9)	Ne(10)
3주기	Na(11)	Mg(12)	Al(13)	Si(14)	P(15)	S(16)	Cl(17)	Ar(18)
4주기	K(19)	Ca(20)						

(1) 1주기의 원자번호 1번인 H(수소)와 원자번호 2번인 He(헬륨)은 암기법이 필요없이 스스로 암기할 것

(2) 2주기와 3주기는 공식을 이용하여 암기할 것

> ※ 2주기 원소의 원자번호 = 족수 + 2
> ※ 3주기 원소의 원자번호 = 족수 + 10

(3) 4주기의 원자번호 19번인 K(칼륨)과 원자번호 20번인 Ca(칼슘)은 암기법이 필요 없이 스스로 암기할 것

참고

※ 제3단계에서는 1단계에서부터 2단계까지 암기한 원소와 족수와 주기를 바탕으로 원자번호 구하는 방법을 알아본다.
 단, 원자의 번호는 1번에서 20번까지로 제한한다.
 예 3족 2주기 원소는? 붕소이다.
  3족의 원소는 세붕알로 암기되며 1족과 0족을 제외한 모든 족은 2주기부터 시작되므로 3족 2주기의 원소는 붕소가 된다. 그러므로 **원자번호**는 3+2=5번이다.
 예 질소는 몇 족 몇 주기인가? 5족 2주기이다.
  질소는 암기법 중 오질이며 암기되므로 5족이며 첫 번째 해당되므로 1주기가 아니다. 1족, 0족을 제외하고는 처음 시작이 2주기에서부터이므로 질소는 2주기가 된다. 그러므로 **원자번호**는 5+2=7번이다.

※ 원자번호 1번에서 20번까지 순서대로 외우기
 수 헤 리 베 붕 / 탄 질 산 플 네 / 나 마 알 규 / 인 황 염 아 / 카 칼
 H He Li Be B / C N O F Ne / Na Mg Al Si / P S Cl Ar / K Ca

제4단계 : 원자량 구하기

제4단계에서는 3단계에서 구한 **원자번호를 이용**해서 **원자량**을 구한다.

※ 짝수의 원자번호의 원자량 = **원자번호×2**
 예 원자번호 6번인 C(탄소)의 원자량 : 6×2=12
  원자번호 8번인 O(산소)의 원자량 : 8×2=16
  원자번호 16번인 S(황)의 원자량 : 16×2=32
※ 홀수 원자번호의 원자량 = **원자번호×2+1**
 예 원자번호 11번인 Na(나트륨)의 원자량 : 11×2+1=23
  원자번호 15번인 P(인)의 원자량 : 15×2+1=31
  원자번호 19번인 K(칼륨)의 원자량 : 19×2+1=39

※ ^1_1H(수소), ^9_4Be(베릴륨), $^{14}_7N$(질소), $^{35.5}_{17}Cl$(염소), $^{40}_{18}Ar$(아르곤)은 공식에서 제외된다.

참고

※ 원소기호가 있으면 작은 숫자는 **원자번호**, 큰 숫자는 **원자량**이 되겠으며 위치가 바뀌어도 무관하다.

(주) 같은 족에 있는 원소들은 화학적 성질이 비슷하며 주기율표는 장주기표와 단주기표가 있으며 특히 **단주기표**에서는 화학적 성질이 비슷한 원소들은 8번째마다 주기적으로 나타나며 **장주기표**에서는 18번째마다 주기적으로 나타난다.

3 화학식 만드는 방법 및 읽는 방법

1 화학식 만드는 방법

(1) **화학식** : 각 원소 및 원자단의 원자가를 교차하여 만든다(단, 무기화합물에서 금속 및 양성원자단은 왼쪽, 유기화합물에서 금속 및 양성원자단은 오른쪽).

(2) **원자가** : 원소주기율표의 족수와 원자단에 의하여 결정된다.

① 주기율표에서의 원자가

주기＼족수	1	2	3	4	5	6	7	0
원자가	+1	+2	+3	+4 +2 −4	+5 +3 −3	+6 +4 −2	+7 +5 −1	0
	불변			가변				불변
	H_2O, NaCl, $CaCl_2$, $MgCl_2$, Al_2O_3							

> ※ **팔우설** : 최외각전자가 8개가 아닌 원자가 **최외각전자**를 **방출**하거나 **보충**하여 8개가 되어 **0족의 원소**와 같은 안정한 **전자배열**을 가지려는 경향

② 중요한 원자단의 원자가

이 름	원 자 단	원자가	화학식 예
암 모 늄 기	NH_4^+	+1	NH_4Cl, NH_4OH
수 산 기	OH^-	−1	NaOH, $Ca(OH)_2$, $Mg(OH)_2$, $Al(OH)_3$
사 이 안 기	CN^-	−1	KCN, HCN
질 산 기	NO_3^-	−1	KNO_3, HNO_3
과망가니즈산기	MnO_4^-	−1	$KMnO_4$, $HMnO_4$
망 가 니 즈 산	MnO_4^{-2}	−2	K_2MnO_4, H_2MnO_4
황 산 기	SO_4^{-2}	−2	Al_2SO_4, H_2SO_4
아 황 산 기	SO_3^{-2}	−2	K_2SO_3, H_2SO_3
탄 산 기	CO_3^{-2}	−2	Na_2CO_3, H_2CO3
크 로 뮴 산 기	CrO_4^{-2}	−2	K_2CrO_4, H_2CrO_4
다이크로뮴산기	$Cr_2O_7^{-2}$	−2	$K_2Cr_2O_7$, $H_2Cr_2O_7$
인 산 기	PO_4^{-3}	−3	Na_3PO_4, H_3PO_4

2 화학식 만들기

(1) 원자와 원자의 원자가 교차

> 예) H_2O(물) : $H^{+1} \times O^{-2}$　　　　　NaCl(염화나트륨) : $Na^{+1} \times Cl^{-1}$
>
> 　　Al_2O_3(산화알루미늄) : $Al^{+3} \times O^{-2}$

(2) 원자와 원자단의 원자가 교차

> 예) NaOH(수산화나트륨) : $Na^{+1} \times OH^{-1}$,　$Ca(OH)_2$(수산화칼슘) : $Ca^{+2} \times OH^{-1}$
>
> 　　HNO_3(질산) : $H^{+1} \times NO_3^{-1}$,　H_2SO_4(황산) : $H^{+1} \times SO_4^{-2}$
>
> 　　H_3PO_4(인산) : $H^{+1} \times PO_4^{-3}$,　$Al_2(SO_4)_3$(황산알루미늄) : $Al^{+3} \times SO_4^{-2}$

※ Al_2SO_{43} → $Al_2(SO_4)_3$: Al(알루미늄)의 원자가(+3)를 교차한 것이 43과 같게 보이므로 **괄호**를 하여 **원자단을 구분**한다.

(3) 유기화합물의 원자가 교차

　　CH_3COOK(초산칼륨) : $CH_3COO^{-1} \times K^{+1}$

　　$(C_2H_5)_3Al$(트라이에틸알루미늄) : $C_2H_5^{-1} \times Al^{+3}$

　　$(C_2H_5)_4Pb$(사에틸납) : $C_2H_5^{-1} \times Pb^{+4}$

3 화학식 읽는 방법

(1) 무기화합물 : 오른쪽에서 왼쪽(←)으로 읽는다.

① 각 원소의 명칭 뒷글자 ㉠를 ㉻로 바꾸어 읽으며, ㉠가 없을 때에는 ㉻를 붙여 읽는다.

② 각 원자단의 기를 생략하고 읽는다(단, **수산기와 사이안기는** ㉮를 ㉻로 바꾸어 읽는다).

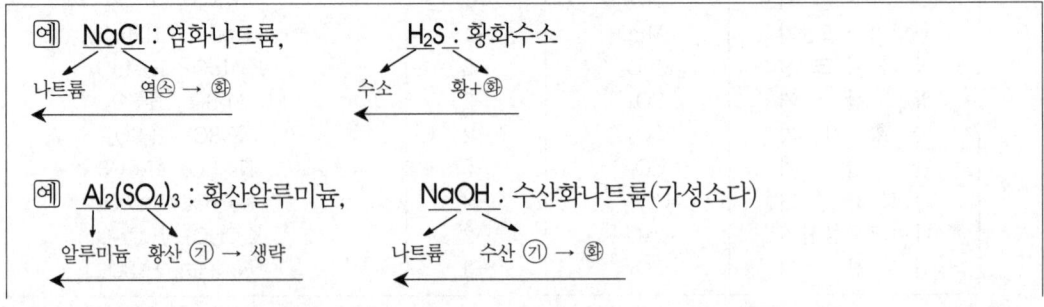

KCN : 사이안화칼륨(청산가리)
칼륨 사이안 ㉮ → ㈭

※ **산의 화학식 명명법** : OH⁻(수산기)를 제외한 음성의 원자단이 H(수소)와 **결합된** 물질을 산의 화학식이라 한다.
- HNO_3 : 질산수소라 읽지 않고 **질산**이라 한다.
- 예) H_2SO_4 : 황산, H_3PO_4 : 인산, CH_3COOH : 초산

참고

※ 양성원자의 원자가가 2개인 경우
- 작은 원자가 : 제1 또는 원자가를 **로마자**로 표시
- 큰 원자가 : 제2 또는 원자가를 **로마자**로 표시
  예)
  - FeO : F^{+2} ✕ O^{-2} = FeO → 산화제1철, 산화철(Ⅱ)
  - Fe_2O_3 : Fe^{+3} ✕ O^{-2} → 산화제2철, 산화철(Ⅲ)

※ 음성원자의 원자가가 2개인 경우
- 큰 원자가 : "과"를 붙인다.
  예)
  - H_2O : H^{+1} ✕ O^{-2} → 산화수소(물)
  - H_2O_2 : $H_2O+[O]= H_2O_2$ → 과산화수소
  - Na_2O : Na^{+1} ✕ O^{-2} → 산화나트륨
  - Na_2O_2(NaO) : $Na_2O+[O]= Na_2O_2$ → 과산화나트륨

참고

※ 음성원소의 원자수가 여러 개일 경우 : 음성 원소의 수를 부른다.
  예)
  - CO : 일산화탄소
  - CO_2 : 이산화탄소
  - SO_2 : 이산화황(아황산가스)
  - SO_3 : 삼산화황(무수황산)

(2) **유기화합물** : 왼쪽에서 오른쪽(→)으로 읽는다.

CH_3COOK(초산칼륨) $(C_2H_5)_3Al$(트라이에틸알루미늄) $(C_2H_5)_4Pb$(사에틸납)
초산 ㉮ → 생략 칼륨   트라이에틸 ㉮ → 생략 알루미늄   사에틸 ㉮ → 생략 납

① 수에 관한 접두어

1 : mono(모노)	2 : di(다이)	3 : tri(트라이)	4 : tetra(테트라)	5 : penta(펜타)
6 : hexa(헥사)	7 : hepta(헵타)	8 : octa(옥타)	9 : nona(노나)	10 : deca(데카)

② 탄소수(Alk<알크> : 어간)에 관한 접두어

C : meth(메트)	C_2 : eth(에트)	C_3 : prop(프로프)	C_4 : but(뷰트)	C_5 : pent(펜트)
C_6 : hex(헥쓰)	C_7 : hept(헵트)	C_8 : Oct(옥트)	C_9 : non(논)	C_{10} : dec(데크)

③ 탄화수소화합물의 IUPAC 명명법 : Alk(알크·어간)에 대한 어미의 명명방법

탄소수	일반식 및 명칭 C_nH_{2n+2}(단일결합) Alkane(알케인〈알칸〉)	구조식	탄소수	일반식 및 명칭 C_nH_{2n}(2중결합) Alkene(알켄)	구조식
C	CH_4 : mthane (메테인〈메탄〉)	H-CH-H (with H top/bottom)	C	CH_2 : methene(×)	
C_2	C_2H_6 : ethane (에테인〈에탄〉)	H-C-C-H	C_2	C_2H_4 : ethene(에텐), ethylene(에틸렌)	H₂C=CH₂
C_3	C_3H_8 : propane (프로페인〈프로판〉)	H-C-C-C-H	C_3	C_3H_6 : propene(프로펜), propylene(프로필렌)	H₂C=CH-CH₃
C_4	C_4H_{10} : butane (뷰테인〈부탄〉)	H-C-C-C-C-H	C_4	C_4H_8 : butene(부텐), butylene(부틸렌)	H₂C=CH-CH₂-CH₃
C_5	C_5H_{12} : pentane (펜테인〈펜탄〉)	H-C-C-C-C-C-H	C_5	C_5H_{10} : pentene(펜텐), pentylene(펜틸렌)	H₂C=CH-CH₂-CH₂-CH₃

탄소수	일반식 및 명칭 C_nH_{2n-2}(3중결합) Alkine(알카인〈알킨〉)	구조식	탄소수	일반식 및 명칭 C_nH_{2n+1}(알킬기 : 유기화학 최초의 원자단) Alkyl(알킬)	구조식
C	C : methine(×)		C	CH_3 : methyl(메틸)	H-CH-
C_2	C_2H_2 : ethine(에틴), acetylene(아세틸렌)	H-C≡C-H	C_2	C_2H_5 : ethyl(에틸)	H-C-C-
C_3	C_3H_4 : propine(프로핀), methyl acetylene (메틸아세틸렌)	H-C≡C-CH₃	C_3	C_3H_7 : propyl(프로필)	H-C-C-C-
C_4	C_4H_6 : butine(부틴), ethyl acetylene (에틸 아세틸렌)	H-C≡C-C-C-H	C_4	C_4H_9 : butyl(부틸)	H-C-C-C-C-
C_5	C_5H_8 : pentine(펜틴), propyl acetylene (프로필 아세틸렌)	H-C≡C-C-C-C-H	C_5	C_5H_{11} : pentyl(펜틸), amyl(아밀)	H-C-C-C-C-C-

④ 유기화학의 원자단

관 능 기	식	구 조	화학식 예
에터기(ether 기)	—O—	—O—	$CH_3OC_2H_5$, $C_2H_5OC_2H_5$
카보닐기(케톤기) (Carbonyl 기)	—CO—	$>C=O$	CH_3COCH_3, $CH_3COC_2H_5$
에스터기(ester 기)	—COO—	$-C{\underset{O-}{\overset{\parallel O}{}}}$	$HCOOCH_3$, CH_3COOCH_3
카복실기(Carboxyl 기)	—COOH	$-C{\underset{O-}{\overset{\parallel O}{}}}$	$HCOOH$, CH_3COOH
수 산 기(Hydroxyl 기) (알코올성·페놀성)	—OH	—O—H	CH_3OH, C_2H_5OH
알데하이드기(aldehyde 기)	—CHO	$-C{\underset{H}{\overset{\parallel O}{}}}$	CH_3CHO
아세틸기(acetyl 기)	—COCH₃	$-\overset{O}{\underset{}{C}}-\overset{H}{\underset{H}{C}}-H$	CH_3COCH_3, CH_3COOCH_3, CH_3COOH, CH_3CHO 등
나이트로기(nitro 기)	—NO₂	$-N{\underset{O}{\overset{\parallel O}{}}}$	$C_6H_5NO_2$, TNT 등
나이트로소기(nitroso 기)	—NO	—N=O	$C_6H_4(NO)_2$
아미노기(amino 기)	—NH₂	$-N{\underset{H}{\overset{H}{}}}$	$C_6H_5NH_2$
술폰산기(sulfon 산기)	—SO₃H	$-\overset{O}{\underset{O}{\overset{\parallel}{\underset{\parallel}{S}}}}-O-H$	$C_6H_5SO_3H$
페닐기(Phenyl 기)	—C₆H₅	⌬	C_6H_5OH, OH—⌬
아 조 기(azo 기)	N₂	—N=N—	$C_6H_5-N=N-C_6H_5$
비 닐 기(vinyl 기)	—CH=CH₂	$-\overset{H}{\underset{}{C}}=C{\overset{H}{\underset{H}{}}}$	$C_6H_5CH=CH_2$

⑤ 이성질체(분자식은 같으나 물리적·화학적 성질이 다른 것)

- 위치이성체

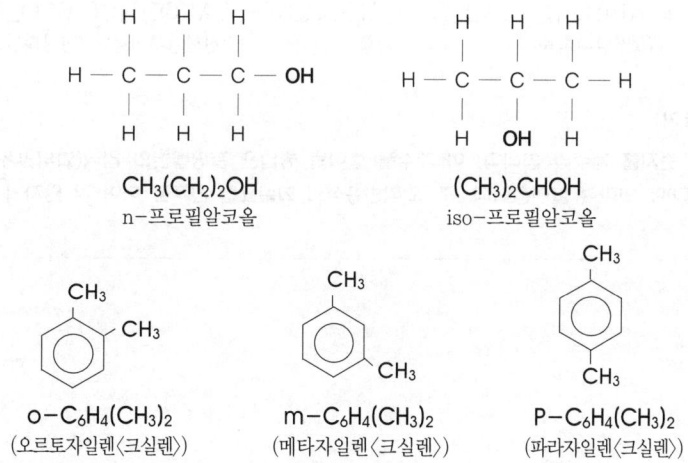

- n(노르말) : 표준상태, iso(아이소) : 비슷하다, neo(네오) : 새롭다.
- ortho(오르토) : 기본, meta(메타) : 중간, Para(파라) : 반대

4. 화학적 변화의 종류

(1) **화합** : 두가지 또는 그 이상의 물질이 결합하여 **전혀 새로운 성질을 갖는 한 가지 물질**이 되는 변화

> 일반식 : A+B → AB   예) $2H_2$ + O_2 → $2H_2O$ ↑
> (수소) (산소) (물)

(2) **분해** : **한가지 물질이 두 가지 이상의 새로운 물질로 되는 변화**를 분해라 한다.

> 일반식 : AB → A+B   예) $2H_2O$ $\xrightarrow{전기분해}$ $2H_2$ ↑ + O_2 ↑
> (물) (수소) (산소)

(3) **치환** : 어떤 화합물의 성분 중 일부가 다른 원소로 바뀌어지는 변화를 치환이라 한다.

> 일반식 : A+BC → AC+B   예) Zn + H_2SO_4 → $ZnSO_4$ + H_2 ↑
> (아연) (황산〈묽은〉) (황산아연) (수소)

(4) **복분해** : 두 종류의 화합물의 성분 중 일부가 서로 바뀌어서 다른 성질을 갖는 물질을 만드는 변화를 복분해라 한다.

> 일반식 : AB+CD → AD+CB
>
> 예) NaOH + HCl → NaCl + H_2O
> (수산화나트륨) (염산) (염화나트륨) (물)
>
> 예) $6NaHCO_3$ + $Al_2(SO_4)_3 \cdot 18H_2O$ → $3Na_2SO_4$ + $2Al(OH)_3$ + $6CO_2$ ↑ + $18H_2O$
> (탄산수소나트륨) (황산알루미늄) (황산나트륨) (수산화알루미늄) (이산화탄소) (물)
>
> **참고 : 계수 맞추기**
> 화학식 앞에 붙은 숫자를 계수라 합니다. 이 계수를 붙이는 방법은 질량불변의 법칙(화학반응식에서 반응 전후의 질량의 총합은 같다)에 의하여 붙여집니다. 즉, 화학반응식의 화살표를 전후로 하여 각 원자의 개수를 같게 해주는 것입니다.

5 그리스문자 및 숫자

1 그리스문자

문자		호 칭		문자		호 칭	
A	α	Alpha	(알 파)	N	ν	Nu	(뉴 우)
B	β	Beta	(베 타)	Ξ	ξ	Xi	(크사이)
Γ	γ	Gamma	(감 마)	O	ο	Omicron	(오미크롱)
Δ	δ	Delta	(델 타)	Π	π	Pi	(파 이)
E	ε	Epsilon	(입실롱)	P	ρ	Rho	(로 오)
Z	ζ	Zeta	(제 타)	Σ	σ	Sigma	(시그마)
H	η	Eta	(이 타)	T	τ	Tau	(타 우)
Θ	θ	Theta	(시 타)	Υ	υ	Upsilon	(유우프실론)
I	ι	Iota	(이오타)	Φ	φ	Phi	(화 이)
K	κ	Kappa	(카 파)	X	χ	Chi	(카 이)
Λ	λ	Lambda	(람 다)	Ψ	ψ	Psi	(프사이)
M	μ	Mu	(뮤 우)	Ω	ω	Omega	(오메가)

2 수에 관한 실용접두어

(화학명을 쓸 때의 수사접두어)

수	호 칭		수	호 칭	
1	mono	(모노)	21	heneicosa	(헨에이코사)
2	di	(다이)	22	doeicosa	(도에이코사)
3	tri	(트라이)	23	trieicosa	(트라이에이코사)
4	tetra	(테트라)	:		
5	penta	(펜타)	:		
6	hexa	(헥사)	30	triaconta	(트라이아콘타)
7	hepta	(헵타)	31	hentriaconta	(헨트리아콘타)
8	octa	(옥타)	32	dotriaconta	(도트리아콘타)
9	nona	(노나)	33	tritriaconta	(트라이트라이아콘타)
10	deca	(데카)	:		
11	hendeca	(헨데카)	:		
12	dodeca	(도데카)	40	tetraconta	(테트라콘타)
13	trideca	(트라이데카)	50	pentaconta	(펜타콘타)
14	tetradeca	(테트라데카)	:		
15	pentadeca	(펜타데카)	:		
16	hexadeca	(헥사데카)	100	hecta	(헥타)
17	heptadeca	(헵타데카)	1/2	hemi	(헤미)
18	octadeca	(옥타데카)	3/2	Sesqui	(세스퀴)
19	nonadeca	(노나데카)			
20	eicosa	(에이코사)			

6 위험물의 종류 일람표

위험물 안전관리법 시행령 별표 1(변경된 명칭과 변경된 명칭 함께 수록)

유 별	성 질	품 명		지 정 수 량
제1류	산화성고체	1. 아염소산염류		50킬로그램
		2. 염소산염류		50킬로그램
		3. 과염소산염류		50킬로그램
		4. 무기과산화물		50킬로그램
		5. 브로민산염류(브롬산염류)		300킬로그램
		6. 아이오딘산염류(요오드산염류)		300킬로그램
		7. 질산염류		300킬로그램
		8. 과망가니즈산염류(과망간산염류)		1,000킬로그램
		9. 다이크로뮴산염류(중크롬산염류)		1,000킬로그램
		10. 그 밖에 행정안전부령이 정하는 것 11. 제1호 내지 제10호의 1에 해당하는 어느 하나 이상을 함유한 것		50킬로그램, 300킬로그램 또는 1,000킬로그램
제2류	가연성고체	1. 황화인(황화린)		100킬로그램
		2. 적린		100킬로그램
		3. 황(유황)		100킬로그램
		4. 마그네슘		500킬로그램
		5. 철분		500킬로그램
		6. 금속분		500킬로그램
		7. 그 밖에 행정안전부령이 정하는 것 8. 제1호 내지 제7호의 1에 해당하는 어느 하나 이상을 함유한 것		100킬로그램 또는 500킬로그램
		9. 인화성고체		1,000킬로그램
제3류	자연발화성및금수성물질	1. 칼륨		10킬로그램
		2. 나트륨		10킬로그램
		3. 알킬리튬		10킬로그램
		4. 알킬알루미늄		10킬로그램
		5. 황린		20킬로그램
		6. 알칼리금속(칼륨 및 나트륨 제외한다) 및 알칼리토금속		50킬로그램
		7. 유기금속화합물(알킬알루미늄 및 알킬리튬을 제외한다)		50킬로그램
		8. 금속의 인화물		300킬로그램
		9. 금속의 수소화물		300킬로그램
		10. 칼슘 또는 알루미늄의 탄화물		300킬로그램
		11. 그 밖에 행정안전부령이 정하는 것 12. 제1호 내지 제11호의 1에 해당하는 어느 하나 이상을 함유한 것		10킬로그램, 50킬로그램 또는 300킬로그램
제4류	인화성액체	1. 특수인화물		50리터
		2. 제1석유류	비수용성액체	200리터
			수용성액체	400리터
		3. 알코올류		400리터
		4. 제2석유류	비수용성액체	1,000리터
			수용성액체	2,000리터
		5. 제3석유류	비수용성액체	2,000리터
			수용성액체	4,000리터
		6. 제4석유류		6,000리터
		7. 동식물유류		10,000리터

유별	성질	품명	지정수량
제 5 류	자기반응성물질	1. 질산에스터류(질산에스테르류)	제1종 10킬로그램
		2. 유기과산화물	제1종 10킬로그램
		3. 나이트로화합물(니트로화합물)	제2종 100킬로그램
		4. 나이트로소화합물(니트로소화합물)	제2종 100킬로그램
		5. 아조화합물	제2종 100킬로그램
		6. 다이아조화합물(디아조화합물)	제2종 100킬로그램
		7. 하이드라진유도체(히드라진유도체)	제2종 100킬로그램
		8. 하이드록실아민(히드록실아민)	제2종 100킬로그램
		9. 하이드록실아민염류(히드록실아민염류)	제2종 100킬로그램
		10. 그 밖에 행정안전부령이 정하는 것 11. 제1호 내지 제10호의 1에 해당하는 어느 하나 이상을 함유한 것	10킬로그램, 100킬로그램
제 6 류	산화성액체	1. 질산	300킬로그램
		2. 과산화수소	300킬로그램
		3. 과염소산	300킬로그램
		4. 그 밖에 행정안전부령이 정하는 것 5. 제1호 내지 제4호의 1에 해당하는 어느 하나 이상을 함유한 것	300킬로그램

(비고)

1. "**산화성고체**"라 함은 고체[액체(1기압 및 섭씨 20도에서 액상인 것 또는 섭씨 20도 초과 섭씨 40도 이하에서 액상인 것을 말한다) 또는 기체(1기압 및 섭씨 20도에서 기상인 것을 말한다) 외의 것을 말한다. 이하 같다]로서 산화력의 잠재적인 위험성 또는 충격에 대한 민감성을 판단하기 위하여 소방청장이 정하여 고시(이하 "고시"라 한다)하는 시험에서 고시로 정하는 성질과 상태를 나타내는 것을 말한다. 이 경우 "액상"이라 함은 수직으로 된 시험관(안지름 30밀리미터, 높이 120밀리미터의 원통형 유리관을 말한다)에 시료를 55밀리미터까지 채운 다음 당해 시험관을 수평으로 하였을 때 시료액면의 선단이 30밀리미터를 이동하는 데 걸리는 시간이 90초 이내에 있는 것을 말한다.
2. "**가연성고체**"라 함은 고체로서 화염에 의한 발화의 위험성 또는 인화의 위험성을 판단하기 위하여 고시로 정하는 시험에서 고시로 정하는 성질과 상태를 나타내는 것을 말한다.
3. **황**은 순도가 60중량퍼센트 이상인 것을 말한다. 이 경우 순도측정에 있어서 불순물은 활석 등 불연성물질과 수분에 한한다.
4. "**철분**"이라 함은 철의 분말로서 53마이크로미터의 표준체를 통과하는 것의 50중량퍼센트 미만인 것은 제외한다.
5. "**금속분**"이라 함은 알칼리금속·알칼리토금속·철 및 마그네슘 외의 금속의 분말을 말하고, 구리분·니켈분 및 150마이크로미터의 체를 통과하는 것이 50중량퍼센트 미만인 것은 제외한다.
6. **마그네슘** 및 제2류 제8호의 물품 중 마그네슘을 함유한 것에 있어서는 다음 각목의 1에 해당하는 것은 제외한다.

가. 2밀리미터의 체를 통과하지 아니하는 덩어리 상태의 것
　　나. 직경 2밀리미터 이상의 막대 모양의 것
7. 황화인·적린·황 및 철분은 제2호의 규정에 의한 성상이 있는 것으로 본다.
8. "**인화성고체**"라 함은 고형알코올 그 밖에 1기압에서 인화점이 섭씨 40도 미만인 고체를 말한다.
9. "**자연발화성물질 및 금수성물질**"이라 함은 고체 또는 액체로서 공기 중에서 발화의 위험성이 있거나 물과 접촉하여 발화하거나 가연성가스를 발생하는 위험성이 있는 것을 말한다.
10. 칼륨·나트륨·알킬알루미늄·알킬리튬 및 황린은 제9호의 규정에 의한 성상이 있는 것으로 본다.
11. "**인화성액체**"라 함은 액체(제3석유류, 제4석유류 및 동식물유류에 있어서는 1기압과 섭씨 20도에서 액상인 것에 한한다)로서 인화의 위험성이 있는 것을 말한다.
12. "**특수인화물**"이라 함은 이황화탄소, 다이에틸에터 그 밖에 1기압에서 발화점이 섭씨 100도 이하인 것 또는 인화점이 섭씨 영하 20도 이하이고 비점이 섭씨 40도 이하인 것을 말한다.
13. "**제1석유류**"라 함은 아세톤, 휘발유 그 밖에 1기압에서 인화점이 섭씨 21도 미만인 것을 말한다.
14. "**알코올류**"라 함은 1분자를 구성하는 탄소원자의 수가 1개부터 3개까지인 포화1가 알코올(변성알코올을 포함한다)을 말한다. 다만, 다음 각목의 1에 해당하는 것은 제외한다.
　　가. 1분자를 구성하는 탄소원자의 수가 1개 내지 3개의 포화1가 알코올의 함유량이 60중량퍼센트 미만인 수용액
　　나. 가연성 액체량이 60중량퍼센트 미만이고 인화점 및 연소점(태그개방식 인화점측정기에 의한 연소점을 말한다. 이와 같다)이 에틸알코올 60중량퍼센트수용액의 인화점 및 연소점을 초과하는 것
15. "**제2석유류**"라 함은 등유, 경유 그 밖에 1기압에서 인화점이 섭씨 21도 이상 70도 미만인 것을 말한다. 다만, 도료류 그 밖의 물품에 있어서 가연성 액체량이 40중량퍼센트 이하이면서 인화점이 섭씨 40도 이상인 동시에 연소점이 섭씨 60도 이상인 것은 제외한다.
16. "**제3석유류**"라 함은 중유, 클레오소트유 그 밖에 1기압에서 인화점이 섭씨 70도 이상 섭씨 200도 미만인 것을 말한다. 다만, 도료류 그 밖의 물품은 가연성 액체량이 40중량퍼센트 이하인 것은 제외한다.
17. "**제4석유류**"라 함은 기어유, 실린더유 그 밖에 1기압에서 인화점이 섭씨 200도 이상 섭씨 250도 미만의 것을 말한다 다만, 도료류 그 밖의 물품은 가연성 액체량이 40중량퍼센트 이하인 것은 제외한다.
18. "**동식물유류**"라 함은 동물의 지육 등 또는 식물의 종자나 과육으로부터 추출한 것으로서 1기압에서 인화점이 섭씨 250도 미만인 것을 말한다. 다만, 법 제20조 제1항의 규정에 의하여 행정안전부령이 정하는 용기기준과 수납·저장기준에 따라 수납되어 저장·보관되고 용기의 외부에 물품의 통칭명, 수량 및 화기엄금(화기엄금과 동일한 의미를 갖는 표시를 포함한다)의 표시가 있는 경우를 제외한다.

19. "자기반응성물질"이라 함은 고체 또는 액체로서 폭발의 위험성 또는 가열분해의 격렬함을 판단하기 위하여 고시로 정하는 시험에서 고시로 정하는 성질과 상태를 나타내는 것을 말한다.
20. 제5류 제11호의 물품에 있어서는 유기과산화물을 함유하는 것 중에서 불활성고체를 함유하는 것으로서 다음 각목의 1에 해당하는 것은 제외한다.
    가. 과산화벤조일의 함유량이 35.5중량퍼센트 미만인 것으로서 전분가루, 황산칼슘2수화물 또는 인산1수소칼슘2수화물과의 혼합물
    나. 비스(4클로로벤조일)퍼옥사이드의 함유량이 30중량퍼센트 미만인 것으로 불활성고체와의 혼합물
    다. 과산화지크밀의 함유량이 40중량퍼센트 미만인 것으로서 불활성고체와의 혼합물
    라. 1·4비스(2-터셔리부틸퍼옥시이소프로필)벤젠의 함유량이 40중량퍼센트 미만인 것으로서 불활성고체와의 혼합물
    마. 시크로헥사놀퍼옥사이드의 함유량이 30중량퍼센트 미만인 것으로서 불활성고체와의 혼합물
21. "산화성액체"라 함은 액체로서 산화력의 잠재적인 위험성을 판단하기 위하여 고시로 정하는 시험에서 고시로 정하는 성질과 상태를 나타내는 것을 말한다.
22. 과산화수소는 그 농도가 36중량퍼센트 이상인 것에 한하며, 제21호의 성상이 있는 것으로 본다.
23. 질산은 그 비중이 1.49 이상인 것에 한하며, 제21호의 성상이 있는 것으로 본다.
24. 위 표의 성질란에 규정된 성상을 2가지 이상 포함하는 물품(이하 이 호에서 "복수성상물품"이라 한다)이 속하는 품명은 다음 가목의 1에 의한다.
    가. 복수성상물품이 산화성고체의 성상 및 가연성고체의 성상을 가지는 경우 : 제2류 제8호의 규정에 의한 품명
    나. 복수성상물품이 산화성고체의 성상 및 자기반응성물질의 성상을 가지는 경우 : 제5류 제11호의 규정에 의한 품명
    다. 복수성상물품이 가연성고체의 성상과 자연발화성물질의 성상 및 금수성물질의 성상을 가지는 경우 : 제3류 제12호의 규정에 의한 품명
    라. 복수성상물품이 자연발화성물질의 성상, 금수성물질의 성상 및 인화성액체의 성상을 가지는 경우 : 제3류 제12호의 규정에 의한 품명
    마. 복구성상물품이 인화성액체의 성상 및 자기반응성물질의 성상을 가지는 경우 : 제5류 제12호의 규정에 의한 품명
25. 위 표의 지정수량란에 정하는 수량이 복수로 있는 품명에 있어서는 당해 품명이 속하는 유(類)의 품명 가운데 위험성의 정도가 가장 유사한 품명의 지정수량란에 정하는 수량과 같은 수량을 당해 품명의 지정수량으로 한다. 이 경우 위험물의 위험성을 실험·비교하기 위한 기준은 고시로 정할 수 있다.

26. 동 표에 의한 위험물의 판정 또는 지정수량의 결정에 필요한 실험은 「국가표준기본법」에 의한 공인시험기관, 한국소방산업기술원, 중앙소방학교 또는 소방청장이 지정하는 기관에서 실시할 수 있다.

7 운반용기와 수납방법

 고체위험물

운반용기				수납위험물의 종류									
내장용기		외장용기		제1류			제2류		제3류			제5류	
용기의 종류	최대용적 또는 중량	용기의 종류	최대용적 또는 중량	I	II	III	II	III	I	II	III	I	II
유리용기 또는 플라스틱용기	10ℓ	나무상자 또는 플라스틱상자(필요에 따라 불활성의 완충재를 채울 것)	125kg	O	O	O	O	O	O	O	O	O	O
			225kg		O	O	O	O		O	O		O
		파이버판 상자(필요에 따라 불활성의 완충재를 채울 것)	40kg	O	O	O	O	O	O	O	O	O	O
			55kg		O	O	O	O		O	O		O
금속제 용기	30ℓ	나무상자 또는 플라스틱 상자	125kg	O	O	O	O	O	O	O	O	O	O
			225kg		O	O	O	O		O	O		O
		파이버판 상자	40kg	O	O	O	O	O	O	O	O	O	O
			55kg		O	O	O	O		O	O		O
플라스틱 필름포대 또는 종이 포대	5kg	나무상자 또는 플라스틱 상자	50kg	O	O	O	O	O					
	50kg		50kg		O	O	O	O					
	125kg		125kg		O	O	O	O					
	225kg		225kg			O		O					
	5kg	파이버판 상자	40kg	O	O	O	O	O					O
	40kg		40kg		O	O	O	O					O
	55kg		55kg			O		O					
		금속제용기(드럼제외)	60ℓ	O	O	O	O	O	O	O	O	O	O
		플라스틱용기(드럼제외)	10ℓ		O	O	O	O		O	O		O
			30ℓ			O		O					O
		금속제드럼	250ℓ	O	O	O	O	O	O	O	O	O	O
		플라스틱드럼 또는 파이버드럼 (방수성이 있는 것)	60ℓ	O	O	O	O	O	O	O	O	O	O
			250ℓ		O	O	O	O		O	O		O
		합성수지포대(방수성이 있는 것), 플라스틱필름포대, 섬유포대(방수성이 있는 것) 또는 종이 포대 (여러겹으로서 방수의 것)	50kg		O	O	O	O					O

(비고)

① "O" 표시는 수납위험물의 종류별 각항의 위험물에 대하여 당해 각 란에 정한 운반용기기가 적용성이 있음을 표시한다.

② 내장용기는 외장용기에 수납하여야 하는 용기로서 위험물을 직접 수납하기 위한 것을 말한다.

③ 내장용기의 용기의 종류란이 공란인 것은 외장용기에 위험물을 직접 수납하거나 유리용기, 플라스틱용기, 금속제용기, 폴리에틸렌포대 또는 종이포대를 내장용기로 할 수 있음을 표시한다.

액체위험물

운반용기				수납위험물의 종류								
내장용기		외장용기		제3류			제4류			제5류		제6류
용기의 종류	최대용적 또는 중량	용기의 종류	최대용적 또는 중량	I	II	III	I	II	III	I	II	I
유리용기	5ℓ	나무 또는 플라스틱상자 (불활성의 완충재를 채울 것)	75kg	O	O	O	O	O	O	O	O	O
	10ℓ		125kg		O	O		O	O		O	
			225kg						O			
	5ℓ	파이버판 상자(불연성의 완충제를 채울 것)	40kg	O	O	O	O	O	O	O	O	O
	10ℓ		55kg						O			
플라스틱 용기	10ℓ	나무 또는 플라스틱 상자(필요에 따라 불연성의 완충재를 채울 것)	75kg	O	O	O	O	O	O	O	O	O
			125kg		O	O		O	O		O	
			225kg						O			
		파이버판 상자(필요에 따라 불연성의 완충재를 채울 것)	40kg	O	O	O	O	O	O	O	O	O
			55kg						O			
금속제 용기	30ℓ	나무 또는 플라스틱 상자	125kg	O	O	O	O	O	O	O	O	O
			225kg						O			
		파이버판 상자	40kg	O	O	O	O	O	O	O	O	O
			55kg		O	O		O	O		O	
		금속제용기(금속제 드럼 제외)	60ℓ		O	O		O	O		O	O
		플라스틱용기(플라스틱 드럼 제외)	10ℓ		O	O		O	O		O	
			20ℓ					O	O			
			30ℓ						O		O	
		금속제드럼(뚜껑 고정식)	250ℓ	O	O	O	O	O	O	O	O	O
		금속제드럼(뚜껑 탈착식)	250ℓ					O	O			
		플라스틱 또는 파이버드럼 (플라스틱내 용기부착의 것)	250ℓ		O	O			O		O	

(비고)

① "O" 표시는 수납 위험물의 종류별 각란 정한 위험물에 대하여 당해 각란에 정한 정한 운반용기가 적응성이 있음을 표시한다.
② 내장용기는 외장용기에 수납하여야 하는 용기로써 위험물을 직접 수납하기 위한 것을 말한다.
③ 내장용기는 용기의 종류란이 공란인 것은 외장용기에 위험물을 직접 수납하거나 유리용기, 플라스틱 용기 또는 금속제용기의 내장용기를 수납하는 외장용기로 할 수 있음을 표시한다.

8 혼합으로 위험이 따르는 화학물질 일람표

물질명		혼합 위험 물질	조 건	현 상	비 고
아염소산염류	아염소산나트륨	유기물	혼 합	발화	
	아염소산나트륨	강산	혼 합	발화	
	아염소산나트륨	유지	혼 합	발화	
	아염소산나트륨	로단암몬	혼 합	발화	
	아염소산나트륨	수산 기타 유기산	혼 합	발화	
염소산염류	염소산염	황산	이산화염소 발생	폭발	
	염소산염	황화안티몬	밀폐공간에 방치	폭발	발화제
	염소산염	인화구리, 아인산염	혼합, 충격, 가열	폭발	
	염소산염	(알루미늄, 마그네슘, 철) 분말	점화, 충격	발화	흰색불꽃, 섬광제
	염소산염	(알루미늄, 마그네슘, 철)+스테아린산염	점화, 충격	발화	적색불꽃, 섬광제
	염소산칼륨	설탕·황산		폭발	
	염소산칼륨	오황화안티몬	충격	폭발	발화제
	염소산칼륨	설탕과 적혈염	충격	폭발	발사약
	염소산칼륨	(황, 이황화탄소, 유기황, 적린)	마찰, 충격, 가열	폭발	
	염소산바륨	스테아린산염	마찰, 충격, 가열	폭발	녹색불꽃
과염소산염류	과염소산칼륨	(목탄, 종이, 나무 조각, 에터 등)	상온, 습기, 일광	발화	과염소산칼륨을 방치하면 이산화염소로 분해, 일부 철산화염소가 되고 이때 흡열에 의하여 발화한다.
	무수과염소산칼륨	(황, 안티몬, 목탄, 아연, 철)		폭발	
무기과산화물	과산화수소	금속분, 유류, 수지, 면, 모, 연망간광	상온 상온	폭발 발화	자연발화 자연폭발
	과산화나트륨	물 알루미늄 초산무수물 수산화칼륨	상온 약간의 수분 접촉 화학반응	발화 발화 발화 발화	대단히 위험하다.
	과산화바륨·과산화마그네슘·과산화수은	유기물질(목편)	마찰, 수분첨가	발화	
	과산화납	황산(황화수소) 황·주석산·구연산·수산	기류중 마찰	발화	

물질명		혼합 위험 물질	조 건	현 상	비 고
브로민산염류	브로민산칼륨	유기물	가 열	폭발	
	브로민산칼륨	디오글리콜산암몬	혼산, 수용일 때는 수분이 휘발할 때 반응이 일어난다.	발화	
질산염류	질산칼륨 (질산나트륨)	초산나트륨(또는 수산염)+유기물	가온(저온)	폭발	초산납, 바륨은 안정
	질산칼륨 (질산나트륨)	아인산나트륨		폭발	산화질소, 아질산가스 발생
	질산나트륨	하이포	용해할 때	폭발	
	질산나트륨	주 석	질산납이 되면서 오랜 반응으로 질산가스가 발생	폭발	
	질산암모늄	아 연	상온, 수분	발화	
	질산암모늄	유 안	외부에서 큰 에너지를 가함	폭발	
삼산화물	삼산화크로뮴	아닐린, 피리딘, 키노딘, 알코올, 아세톤, 신나, 그리스	자연발화	폭발	
과망가니즈산염류	과망가니즈산염	피리딘	충격, 가온	폭발	
	과망가니즈산칼륨	황	177℃	폭발	
	과망가니즈산칼륨	글리세린		발화 폭발	분해로 발생된 수소가 폭발
	과망가니즈산칼륨	에탄올+황산		섬광, 발화	
	과망가니즈산칼륨	피크린산(불이 붙은 나무, 농황산) 나무, 농황산	접 촉	발화	
	과망가니즈산칼륨	철(분말)	충 격	발화	
	과망가니즈산칼륨	질산암몬	충격, 마찰	폭발	과망가니즈산이 발생
다이크로뮴산염류	다이크로뮴산칼륨	사이안화수은	마 찰	발화	
	다이크로뮴산암몬	암몬	가 열	급분해 (발열)	
	다이크로뮴산납	카바이트	마 찰	발화	
린	황 린		상온에서 건조	발화	
	황 린	발연질산(아질산염, 염산염)	혼 합	발화	
	적 린	질산납	혼합, 충격, 가열	폭발	
	적 린	아이오딘	접 촉	폭발	
	적 린	이황화탄소+암모니아	상 온	발화	

물질명		혼합 위험 물질	조 건	현 상	비 고
알칼리금속및토금속	알칼리 또는 알칼리토금속	물	혼합, 수분	발화	칼륨, 나트륨, 티탄, 칼슘, 마그네슘, 아연 등
	금속나트륨	테트라클로로메탄, 클로로포름, 기타 염소화탄화수소, 염소화탄화수소물	마찰, 충격 반응열의 축적	폭발 발화	
	금속칼슘				
	금속세슘				
	금속리튬				
	금속 알루미늄	아이오딘, 산화철(녹)	상온, 습기, 가열(테르밋반응)	발화	
질산에스터류	질산 에스터		비점 이상 가열	폭발	
	질산메틸		상 온	폭발	
	질산에틸		밀폐실에서 개방할 때, 상온	폭발	
유기과산화물	벤조일퍼옥사이드 메틸에틸케톤퍼옥사이드 벤젠슬폰퍼옥사이드 피크라민산의 디아조화옥사이드 일부 과산화물이 된 키논 에틸렌퍼옥사이드 기타 유기과산화물류		나프텐산, 코발트, 희토류 금속	충격, 가온	폭발	
	에틸퍼옥사이드	에터를 방치할 때 일부에서 발생	과잉 산소, 햇빛	폭발	에터를 보관할 때는 공기, 햇빛, 아세톤, 과산화수소에 주의
	메틸퍼옥사이드	〃	〃	〃	
나이트로화합물	나이트로메탄	유기물	혼 합	발화 폭발	
	다이나이트로메탄		일광, 열, 충격	폭발	
	나이트로구아니틴	농황산	혼 합	발화	
	나이트로메탄 수은납		자폭성	폭발	
	피크르산염		가열, 충격	폭발	
	피크린산	생석회	혼 합	발화	
	탄산벤조 하이드라진		단체자폭성	폭발	
나이트로소화합물	나이트로소펜타메틸렌테드라민	강산	접 촉	발화	
	헥사메틸렌테트라민	아이오도폼화합물	혼합 178℃	폭발	
질산류	질 산	알코올		발화	발열반응
	발연질산	디오펜		폭발	
	발연질산	(아이오도수소가스 또는 세렌화 수소)	접 촉	발화	

9. 소방대상물 및 위험물별 소화설비의 적용성

위험물시설에 설치하는 소화설비는 그 위험물에 적응할 소화능력을 가지고 있어야 한다.

소화설비의 구분			건축물 기타 공작물	전기설비	제1류 위험물		제2류 위험물			제3류 위험물		제4류 위험물	제5류 위험물	제6류 위험물
					알칼리금속과산화물 등	그 밖의 것	철분·금속분·마그네슘 등	인화성 고체	그 밖의 것	금수성 물품	그 밖의 것			
옥내소화전설비 또는 옥외소화전설비			O			O		O	O		O		O	O
스프링클러설비			O			O		O	O		O	△	O	O
물분무 등 소화설비	물 분무 소화설비		O	O		O		O	O		O	O	O	O
	포소화설비		O			O		O	O		O	O	O	O
	불활성가스 소화설비			O				O				O		
	할로젠화합물 소화설비			O				O				O		
	분말소화설비	인산염류 등	O	O		O		O	O			O		O
		탄산수소염류 등		O	O		O	O		O		O		
		그 밖의 것			O		O			O				
대형·소형 수동식 소화기	봉상수(棒狀水)소화기		O			O		O	O		O		O	O
	무상수(霧狀水)소화기		O	O		O		O	O		O		O	O
	봉상강화액 소화기		O			O		O	O		O		O	O
	무상강화액 소화기		O	O		O		O	O		O	O	O	O
	포소화기		O			O		O	O		O	O	O	O
	이산화탄소소화기			O				O				O		△
	할로젠화합물소화기			O				O				O		
	분말소화설비	인산염류소화기	O	O		O		O	O			O		O
		탄산수소염류소화기		O	O		O	O		O		O		
		그 밖의 것			O		O			O				
기타	물통 또는 수조		O			O		O	O		O		O	O
	건조사				O	O	O	O	O	O	O	O	O	O
	팽창질석 또는 팽창진주암				O	O	O	O	O	O	O	O	O	O

(비고) 1. "○" 표시는 당해 소방대상물 및 위험물에 대한 소화설비가 **적용성이 있음을 표시**하고 "△"표시는 **제4류 위험물**을 저장·취급하는 장소의 살수기준면적에 따라 **스프링클러설비의 살수밀도**가 다음 표에 정하는 **기준 이상**인 경우에는 당해 스프링클러설비가 제4류 위험물에 대하여 적용성이 있음을 표시, **제6류 위험물**을 저장 또는 취급하는 장소로서 폭발의 위험이 없는 장소에 한하여 이산화탄소소화기가 제6류 위험물에 대하여 적용성이 있음을 각각 표시한다.

살수기준면적(m²)	방사밀도(L/m²·분)		비고
	인화점 38℃ 미만	인화점 38℃ 이상	살수기준면적은 내화구조의 벽 및 바닥으로 구획된 하나의 실의 바닥면적을 말하고 하나의 실의 바닥면적이 465m² 이상인 경우의 살수기준면적은 465m²로 한다. 다만, 위험물의 취급을 주된 작업내용으로 하지 아니하고 **소량의 위험물**을 취급하는 설비 또는 부분이 **넓게 분산**되어 있는 경우에는 **방사밀도**는 8.2 ℓ/m²·분 이상, 살수기준면적은 279m² 이상으로 할 수 있다.
279 미만	16.3 이상	12.2 이상	
279 이상 372 미만	15.5 이상	11.8 이상	
372 이상 465 미만	13.9 이상	9.8 이상	
465 이상	12.2 이상	8.1 이상	

2. **인산염류** 등은 인산염류, 황산염류 그 밖에 방염성이 있는 약제를 말한다.
3. **탄산수소염류** 등은 탄산수소염류 및 탄산수소염류와 요소의 반응 생성물을 말한다.
4. **알칼리금속과산화물** 등은 알칼리금속과산화물 및 알칼리금속의 과산화물을 함유한 것을 말한다.
5. **철분, 금속분, 마그네슘** 등은 철분, 금속분, 마그네슘과 철분, 금속분 또는 마그네슘을 함유한 것을 말한다.

10 소화난이도등급에 해당하는 제조소등 및 소화설비

1 소화난이도등급 Ⅰ의 제조소등 및 소화설비

가. 소화난이도등급 Ⅰ에 해당하는 제조소등

제조소등의 구분	제조소등의 규모, 저장 또는 취급하는 위험물의 품명 및 최대수량 등
제조소 일반취급소	연면적 1,000m² 이상인 것
	지정수량의 100배 이상인 것(고인화점위험물만을 100℃ 미만의 온도에서 취급하는 것 및 제48조의 위험물을 취급하는 것은 제외)
	지반면으로부터 6m 이상의 높이에 위험물 취급설비가 있는 것(고인화점위험물만을 100℃ 미만의 온도에서 취급하는 것은 제외)
	일반취급소로 사용되는 부분 외의 부분을 갖는 건축물에 설치된 것(내화구조로 개구부 없이 구획된 것 및 고인화점위험물만을 100℃ 미만의 온도에서 취급하는 것 및 별표 16 X의 2의 화학실험의 일반취급소는 제외)
주유취급소	별표 13 V 제2호에 따른 면적 500m²를 초과하는 것
옥내저장소	지정수량의 150배 이상인 것(고인화점위험물만을 저장하는 것 및 제48조의 위험물을 저장하는 것은 제외)
	연면적 150m²을 초과하는 것(150m² 이내마다 불연재료로 개구부 없이 구획된 것 및 인화성고체 외의 제2류 위험물 또는 인화점 70℃ 이상의 제4류 위험물만을 저장하는 것은 제외)
	처마높이가 6m 이상인 단층건물의 것
	옥내저장소로 사용되는 부분 외의 부분이 있는 건축물에 설치된 것(내화구조로 개구부 없이 구획된 것 및 인화성고체 외의 제2류 위험물 또는 인화점 70℃ 이상의 제4류 위험물만을 저장하는 것은 제외)
옥외 탱크저장소	액표면적이 40m² 이상인 것(제6류 위험물을 저장하는 것 및 고인화점위험물만을 100℃ 미만의 온도에서 저장하는 것은 제외)
	지반면으로부터 탱크 옆판의 상단까지 높이가 6m 이상인 것(제6류 위험물을 저장하는 것 및 고인화점위험물만을 100℃ 미만의 온도에서 저장하는 것은 제외)
	지중탱크 또는 해상탱크로서 지정수량의 100배 이상인 것(제6류 위험물을 저장하는 것 및 고인화점위험물만을 100℃ 미만의 온도에서 저장하는 것은 제외)
	고체위험물을 저장하는 것으로서 지정수량의 100배 이상인 것
옥내 탱크저장소	액표면적이 40m² 이상인 것(제6류 위험물을 저장하는 것 및 고인화점위험물만을 100℃ 미만의 온도에서 저장하는 것은 제외)
	바닥면으로부터 탱크 옆판의 상단까지 높이가 6m 이상인 것(제6류 위험물을 저장하는 것 및 고인화점위험물만을 100℃ 미만의 온도에서 저장하는 것은 제외)
	탱크전용실이 단층건물 외의 건축물에 있는 것으로서 인화점 38℃ 이상 70℃ 미만의 위험물을 지정수량의 5배 이상 저장하는 것(내화구조로 개구부없이 구획된 것은 제외한다)

제조소등의 구분	제조소등의 규모, 저장 또는 취급하는 위험물의 품명 및 최대수량 등
옥외저장소	덩어리 상태의 황을 저장하는 것으로서 경계표시 내부의 면적(2 이상의 경계표시가 있는 경우에는 각 경계표시의 내부의 면적을 합한 면적)이 100m² 이상인 것
	별표 11 Ⅲ의 위험물을 저장하는 것으로서 지정수량의 100배 이상인 것
암반 탱크저장소	액표면적이 40m² 이상인 것(제6류 위험물을 저장하는 것 및 고인화점위험물만을 100℃ 미만의 온도에서 저장하는 것은 제외)
	고체위험물을 저장하는 것으로서 지정수량의 100배 이상인 것
이송취급소	모든 대상

(비고) 제조소등의 구분별로 오른쪽란에 정한 제조소등의 규모, 저장 또는 취급하는 위험물의 수량 및 최대수량 등의 어느 하나에 해당하는 제조소등은 소화난이도등급 Ⅰ에 해당하는 것으로 한다.

나. 소화난이도등급 Ⅰ의 제조소등에 설치하여야 하는 소화설비

제조소등의 구분			소화설비
제조소 및 일반취급소			옥내소화전설비, 옥외소화전설비, 스프링클러설비 또는 물분무등소화설비(화재발생 시 연기가 충만할 우려가 있는 장소에는 스프링클러설비 또는 이동식 외의 물분무등소화설비에 한한다)
주유취급소			스프링클러설비(건축물에 한정한다). 소형수동식소화기(능력단위의 수치가 건축물 그 밖의 공작물 및 위험물의 소요단위의 수치에 이르도록 설치할 것
옥내 저장소	처마높이가 6m 이상인 단층건물 또는 다른 용도의 부분이 있는 건축물에 설치한 옥내저장소		스프링클러설비 또는 이동식 외의 물분무등소화설비
	그 밖의 것		옥외소화전설비, 스프링클러설비, 이동식 외의 물분무등소화설비 또는 이동식 포소화설비(포소화전을 옥외에 설치하는 것에 한한다)
옥외 탱크 저장소	지중탱크 또는 해상탱크 외의 것	황만을 저장 취급하는 것	물분무소화설비
		인화점 70℃ 이상의 제4류 위험물만을 저장취급하는 것	물분무소화설비 또는 고정식 포소화설비
		그 밖의 것	고정식 포소화설비(포소화설비가 적응성이 없는 경우에는 분말소화설비)
	지중탱크		고정식 포소화설비, 이동식 외의 불활성가스소화설비 또는 이동식 외의 할로젠화합물소화설비
	해상탱크		고정식 포소화설비, 물분무소화설비, 이동식 외의 불활성가스소화설비 또는 이동식 외의 할로젠화합물소화설비

제조소등의 구분		소화설비
옥내탱크저장소	황 만을 저장취급하는 것	물분무소화설비
	인화점 70℃ 이상의 제4류 위험물만을 저장취급하는 것	물분무소화설비, 고정식 포소화설비, 이동식 외의 불활성가스소화설비, 이동식 외의 할로젠화합물소화설비 또는 이동식 외의 분말소화설비
	그 밖의 것	고정식 포소화설비, 이동식 외의 불활성가스소화설비, 이동식 외의 할로젠화합물소화설비 또는 이동식 외의 분말소화설비
옥외저장소 및 이송취급소		옥내소화전설비, 옥외소화전설비, 스프링클러설비 또는 물분무등소화설비(화재발생 시 연기가 충만할 우려가 있는 장소에는 스프링클러설비 또는 이동식 외의 물분무등소화설비에 한한다)
암반탱크저장소	황만을 저장 취급하는 것	물분무소화설비
	인화점 70℃ 이상의 제4류 위험물만을 저장취급하는 것	물분무소화설비 또는 고정식 포소화설비
	그 밖의 것	고정식 포소화설비(포소화설비가 적응성이 없는 경우에는 분말소화설비)

(비고)

1. 위 표 오른쪽란의 소화설비를 설치함에 있어서는 당해 소화설비의 방사범위가 당해 제조소, 일반취급소, 옥내저장소, 옥외탱크저장소, 옥내탱크저장소, 옥외저장소, 암반탱크저장소(암반탱크에 관계되는 부분을 제외한다) 또는 이송취급소(이송기지 내에 한한다)의 건축물, 그 밖의 공작물 및 위험물을 포함하도록 하여야 한다. 다만, 고인화점위험물만을 100℃ 미만의 온도에서 취급하는 제조소 또는 일반취급소의 경우에는 당해 제조소 또는 일반취급소의 건축물 및 그 밖의 공작물만 포함하도록 할 수 있다.

2. **고인화점위험물만을 100℃ 미만**의 온도에서 취급하는 **제조소** 또는 **일반취급소**의 위험물에 대해서는 **대형수동식소화기 1개 이상**과 당해 위험물의 **소요단위에 해당하는 능력단위의 소형수동식소화기**를 설치하여야 한다. 다만, 당해 제조소 또는 일반취급소에 옥내·외소화전설비, 스프링클러설비 또는 물분무등소화설비를 설치한 경우에는 당해 소화설비의 방사능력범위 내에는 대형수동식소화기를 설치하지 아니할 수 있다.

3. **가연성증기** 또는 **가연성미분**이 체류할 우려가 있는 건축물 또는 실내에는 **대형수동식소화기 1개 이상**과 당해 건축물, 그 밖의 공작물 및 위험물의 **소요단위에 해당하는 능력단위의 소형수동식소화기등**을 추가로 설치하여야 한다.

4. **제4류 위험물**을 저장 또는 취급하는 **옥외탱크저장소** 또는 **옥내탱크저장소**에는 **소형수동식소화기등을 2개 이상** 설치하여야 한다.

5. 제조소, 옥내탱크저장소, 이송취급소, 또는 일반취급소의 작업공정상 소화설비의 방사능력범위 내에 당해 제조소등에서 저장 또는 취급하는 위험물의 전부가 포함되지 아니하는 경우에는 당

해 위험물에 대하여 대형수동식소화기 1개 이상과 당해 위험물의 소요단위에 해당하는 능력단위의 소형수동식소화기등을 추가로 설치하여야 한다.

2 소화난이도등급 II의 제조소등 및 소화설비

가. 소화난이도등급 II에 해당하는 제조소등

제조소등의 구분	제조소등의 규모, 저장 또는 취급하는 위험물의 품명 및 최대수량 등
제조소 일반취급소	연면적 600m² 이상인 것
	지정수량의 10배 이상인 것(고인화점위험물만을 100℃ 미만의 온도에서 취급하는 것 및 제48조의 위험물을 취급하는 것은 제외)
	별표 16 II·III·IV·V·VIII·IX 또는 X의 일반취급소로서 소화난이도등급 I 의 제조소등에 해당하지 아니하는 것(고인화점위험물만을 100℃ 미만의 온도에서 취급하는 것은 제외)
옥내저장소	단층건물 외의 것
	별표 5 II 또는 IV제1호의 옥내저장소
	지정수량의 10배 이상인 것(고인화점위험물만을 저장하는 것 및 제48조의 위험물을 저장하는 것은 제외)
	연면적 150m² 초과인 것
	별표 5 III의 옥내저장소로서 소화난이도등급 I 의 제조소등에 해당하지 아니하는 것
옥외탱크저장소 옥내탱크저장소	소화난이도등급 I 의 제조소등 외의 것(고인화점위험물만을 100℃ 미만의 온도로 저장하는 것 및 제6류 위험물만을 저장하는 것은 제외)
옥외저장소	덩어리 상태의 황을 저장하는 것으로서 경계표시 내부의 면적(2 이상의 경계표시가 있는 경우에는 각 경계표시의 내부의 면적을 합한 면적)이 5m² 이상 100m² 미만인 것
	별표 11 III의 위험물을 저장하는 것으로서 지정수량의 10배 이상 100배 미만인 것
	지정수량의 100배 이상인 것(덩어리 상태의 황 또는 고인화점위험물을 저장하는 것은 제외)
주유취급소	옥내주유취급소로서 소화난이도등급 I 의 제조소등에 해당하지 아니하는 것
판매취급소	제2종 판매취급소

(비고) 제조소등의 구분별로 오른쪽란에 정한 제조소등의 규모, 저장 또는 취급하는 위험물의 수량 및 최대수량 등의 어느 하나에 해당하는 제조소등은 소화난이도등급 II에 해당하는 것으로 한다.

나. 소화난이도등급Ⅱ의 제조소등에 설치하여야 하는 소화설비

제조소 등의 구분	소 화 설 비
제 조 소 옥내저장소 옥외저장소 주유취급소 판매취급소 일반취급소	방사능력범위 내에 당해 건축물, 그 밖의 공작물 및 위험물이 포함되도록 대형수동식소화기를 설치하고, 당해 위험물의 소요단위의 1/5 이상에 해당하는 능력단위의 소형수동식소화기등을 설치할 것
옥외탱크저장소 옥내탱크저장소	대형수동식소화기 및 소형수동식소화기 등을 각각 1개 이상 설치할 것

(비고)
1. 옥내소화전설비, 옥외소화전설비, 스프링클러설비 또는 물분무등소화설비를 설치한 경우에는 당해 소화설비의 방사능력범위 내의 부분에 대해서는 대형수동식소화기를 설치하지 아니할 수 있다.
2. 소형수동식소화기등이란 제4호의 규정에 의한 소형수동식소화기 또는 기타 소화설비를 말한다. 이하 같다.

소화난이도등급Ⅲ의 제조소등 및 소화설비

가. 소화난이도등급Ⅲ에 해당하는 제조소등

제조소등의 구분	제조소등의 규모, 저장 또는 취급하는 위험물의 품명 및 최대수량 등
제 조 소 일반취급소	제48조의 위험물을 취급하는 것
	제48조의 위험물 외의 것을 취급하는 것으로서 소화난이도등급Ⅰ 또는 소화난이도등급Ⅱ의 제조소등에 해당하지 아니하는 것
옥내저장소	제48조의 위험물을 취급하는 것
	제48조의 위험물 외의 것을 취급하는 것으로서 소화난이도등급Ⅰ 또는 소화난이도등급Ⅱ의 제조소등에 해당하지 아니하는 것
지하탱크저장소 간이탱크저장소 이동탱크저장소	모든 대상

제조소등의 구분	제조소등의 규모, 저장 또는 취급하는 위험물의 품명 및 최대수량 등
옥외저장소	덩어리 상태의 황을 저장하는 것으로서 경계표시 내부의 면적(2 이상의 경계표시가 있는 경우에는 각 경계표시의 내부의 면적을 합한 면적)이 5m² 미만인 것
	덩어리 상태의 황 외의 것을 저장하는 것으로서 소화난이도등급Ⅰ 또는 소화난이도등급Ⅱ의 제조소등에 해당하지 아니하는 것
주유취급소	옥내주유취급소 외의 것
제1종 판매취급소	모든 대상

(비고) 제조소등의 구분별로 오른쪽 란에 정한 제조소등의 규모, 저장 또는 취급하는 위험물의 수량 및 최대수량 등의 어느 하나에 해당하는 제조소등은 소화난이도등급Ⅲ에 해당하는 것으로 한다.

나. 소화난이도등급Ⅲ의 제조소등에 설치하여야 하는 소화설비

제조소등의 구분	소화설비	설치기준	
지하탱크저장소	소형수동식소화기 등	능력단위의 수치가 3 이상	2개 이상
이동탱크저장소	자동차용소화기	무상의 강화액 8ℓ 이상	2개 이상
		이산화탄소 3.2kg 이상	
		브로모클로로다이플루오로메탄(CF₂ClBr) 2ℓ 이상	
		브로모트라이플루오로메탄(CF₃Br) 2ℓ 이상	
		다이브로모테트라플루오로에탄(C₂F₄Br₂) 1ℓ 이상	
		소화분말 3.5kg 이상	
	마른모래 및 팽창질석 또는 팽창진주암	마른모래 150ℓ 이상	
		팽창질석 또는 팽창진주암 640ℓ 이상	
그 밖의 제조소등	소형수동식소화기등	능력단위의 수치가 건축물 그 밖의 공작물 및 위험물의 소요단위의 수치에 이르도록 설치할 것. 다만, 옥내소화전설비, 옥외소화전설비, 스프링클러설비, 물분무등소화설비 또는 대형수동식소화기를 설치한 경우에는 당해 소화설비의 방사능력범위 내의 부분에 대하여는 수동식소화기 등을 그 능력단위의 수치가 당해 소요단위의 수치의 1/5 이상이 되도록 하는 것으로 족하다.	

(비고) **알킬알루미늄 등**을 저장 또는 취급하는 이동탱크저장소에 있어서는 **자동차용소화기**를 설치하는 외에 **마른모래**나 **팽창질석 또는 팽창진주암**을 **추가로 설치**하여야 한다.

11 위험물취급자격자 및 위험물안전관리자의 자격기준

위험물 안전관리법 시행령 [별표 5, 별표 6]

[별표 5] 〈개정 2017.7.26〉

위험물취급자격자의 자격(제11조제1항 관련)

위험물취급자격자의 구분	취급할 수 있는 위험물
1. 「국가기술자격법」에 따라 위험물기능장, 위험물산업기사, 위험물기능사의 자격을 취득한 사람	별표 1의 모든 위험물
2. 안전관리자교육이수자(법 28조제1항에 따라 소방청장이 실시하는 안전관리자교육을 이수한 자를 말한다. 이하 별표 6에서 같다)	별표 1의 위험물 중 제4류 위험물
3. 소방공무원 경력자(소방공무원으로 근무한 경력이 3년 이상인 자를 말한다. 이하 별표 6에서 같다)	별표 1의 위험물 중 제4류 위험물

[별표 6] 〈개정 2012.1.6 [시행일 2014.1.1]〉

제조소등의 종류 및 규모에 따라 선임하여야 하는 안전관리자의 자격(규칙제13조관련)

제조소등의 종류 및 규모			안전관리자의 자격
제조소	1. 제4류 위험물만을 취급하는 것으로서 지정수량 5배 이하의 것		위험물기능장, 위험물산업기사, 위험물기능사, 안전관리자교육이수자 또는 소방공무원경력자
	2. 제1호에 해당하지 아니하는 것		위험물기능장, 위험물산업기사 또는 2년 이상의 실무경력이 있는 위험물기능사
저장소	1. 옥내저장소	제4류 위험물만을 저장하는 것으로서 지정수량 5배 이하의 것	위험물기능장, 위험물산업기사, 위험물기능사, 안전관리자교육이수자 또는 소방공무원경력자
		제4류 위험물 중 알코올류·제2석유류·제3석유류·제4석유류·동식물유류만을 저장하는 것으로서 지정수량 40배 이하의 것	
	2. 옥외탱크저장소	제4류 위험물만 저장하는 것으로서 지정수량 5배 이하의 것	
		제4류 위험물 중 제2석유류·제3석유류·제4석유류·동식물유류만을 저장하는 것으로서 지정수량 40배 이하의 것	
	3. 옥내탱크저장소	제4류 위험물만을 저장하는 것으로서 지정수량 5배 이하의 것	
		제4류 위험물 중 제2석유류·제3석유류·제4석유류·동식물유류만을 저장하는 것	

제조소등의 종류 및 규모			안전관리자의 자격
저장소	4. 지하탱크저장소	제4류 위험물만을 저장하는 것으로서 지정수량 40배 이하의 것	위험물기능장, 위험물산업기사, 위험물기능사, 안전관리자교육 이수자 또는 소방공무원경력자
		제4류 위험물 중 제1석유류·알코올류·제2석유류·제3석유류·제4석유류·동식물유류만을 저장하는 것으로서 지정수량 250배 이하의 것	
	5. 간이탱크저장소로서 제4류 위험물만을 저장하는 것		
	6. 옥외저장소 중 제4류 위험물만을 저장하는 것으로서 지정수량의 40배 이하의 것		
	7. 보일러, 버너 그 밖에 이와 유사한 장치에 공급하기 위한 위험물을 저장하는 탱크저장소		
	8. 선박주유취급소, 철도주유취급소 또는 항공기주유취급소의 고정주유설비에 공급하기 위한 위험물을 저장하는 탱크저장소로서 지정수량의 250배(제1석유류의 경우에는 지정수량의 100배)이하의 것		
	9. 제1호 내지 제8호에 해당하지 아니하는 저장소		위험물기능장, 위험물산업기사 또는 2년 이상의 실무경력이 있는 위험물기능사
취급소	1. 주유취급소		위험물기능장, 위험물산업기사, 위험물기능사, 안전관리자교육 이수자 또는 소방공무원경력자
	2. 판매취급소	제4류 위험물만을 취급하는 것으로서 지정수량 5배 이하의 것	
		제4류 위험물 중 제1석유류·알코올류·제2석유류·제3석유류·제4석유류·동식물유류만을 취급하는 것	
	3. 제4류 위험물 중 제1류 석유류·알코올류·제2석유류·제3석유류·제4석유류·동식물유류만을 지정수량 50배 이하로 취급하는 일반취급소(제1석유류·알코올류의 취급량이 지정수량의 10배 이하인 경우에 한한다)로서 다음 각목의 어느 하나에 해당하는 것 가. 보일러, 버너 그 밖에 이와 유사한 장치에 의하여 위험물을 소비하는 것 나. 위험물을 용기 또는 차량에 고정된 탱크에 주입하는 것		
	4. 제4류 위험물만을 취급하는 일반취급소로서 지정수량 10배 이하의 것		
	5. 제4류 위험물 중 제2석유류·제3석유류·제4석유류·동식물유류만을 취급하는 일반취급소로서 지정수량 20배 이하의 것		
	6. 「농어촌 전기공급사업 촉진법」에 따라 설치된 자가발전시설에 사용되는 위험물을 취급하는 일반취급소		
	7. 제1호 내지 제6호에 해당하지 아니하는 취급소		위험물기능장, 위험물산업기사 또는 2년 이상의 실무경력이 있는 위험물기능사

※ 비고
1. 왼쪽란의 제조소등의 종류 및 규모에 따라 오른쪽란에 규정된 안전관리자 자격이 있는 위험물취급자격자는 별표 5의 규정에 의하여 당해 제조소등에서 저장 또는 취급하는 위험물을 취급할 수 있는 자격이 있어야 한다.
2. 위험물기능사의 실무경력 기간은 위험물기능사 자격을 취득한 이후 「위험물안전관리법」제15조에 따른 위험물안전관리자로 선임된 기간 또는 위험물안전관리자를 보조한 기간을 말한다.

memo

제5편
지난년도 출제문제

- 2019. 3. 3 시행 산업기사
- 2019. 4. 27 시행 산업기사
- 2019. 9. 21 시행 산업기사
- 2020. 6. 14 시행 산업기사
- 2020. 8. 24 시행 산업기사
- 2020년 CBT 복원문제 첫 회(2020. 9. 23 시행)
- 2021년 CBT 복원문제 1회(2021. 3. 2 시행)
- 2021년 CBT 복원문제 2회(2021. 5. 9 시행)
- 2021년 CBT 복원문제 4회(2021. 9. 5 시행)
- 2022년 CBT 복원문제 1회(2022. 3. 2 시행)
- 2022년 CBT 복원문제 2회(2022. 4. 17 시행)
- 2022년 CBT 복원문제 4회(2022. 9. 14 시행)
- 2023년 CBT 복원문제 1회(2023. 3. 1 시행)
- 2023년 CBT 복원문제 2회(2023. 5. 13 시행)
- 2023년 CBT 복원문제 4회(2023. 9. 2 시행)

2019. 3. 3 시행 산업기사

각 과목별 100점 만점에 40점 이상 득점하고 전 과목 평균 60점 이상 받아야 합격합니다.

제1과목 일반화학

1. 할로젠화 수소의 결합에너지 크기를 비교하였을 때 옳게 표시된 것은?

① $HI > HBr > HCl > HF$
② $HBr > HI > HF > HCl$
③ $HF > HCl > HBr > HI$
④ $HCl > HBr > HF > HI$

해설 할로젠원소와 수소와의 결합력(활성도)의 크기순서
$F > Cl > Br > I$ 이므로 $HF > HCl > HBr > HI$이다.

답 ③

2. 다음 중 반응이 정반응으로 진행되는 것은?

① $Pb^{2+} + Zn \rightarrow Zn^{2+} + Pb$
② $I_2 + 2Cl^- \rightarrow 2I^- + Cl_2$
③ $2Fe^{3+} + 3Cu \rightarrow 3Cu^{2+} + 2Fe$
④ $Mg^{2+} + Zn \rightarrow Zn^{2+} + Mg$

해설 화학반응에서 정반응은 왼쪽에서 오른쪽으로 진행되는 반응을 말하며 역반응은 오른쪽에서 왼쪽으로 진행되는 반응을 말한다.

• 이온화 경향이 큰 금속은 전자(e)를 쉽게 내놓으므로 자신은 산화하며 이온화 경향이 작은 금속을 환원시킨다.
$K > Ca > Na > Mg > Al > Zn > Fe > Ni > Sn > Pb > (H) > Cu > Hg > Ag > Pt > Au$
$Pb^{2+} + Zn \rightarrow Zn^{2+} + Pb$
$Zn > Pb$ 이므로 정반응
$2Fe^{3+} + 3Cu \rightarrow 3Cu^{2+} + 2Fe$
$Fe > Cu$ 이므로 역반응
$Mg^{2+} + Zn \rightarrow Zn^{2+} + Mg$
$Mg > Zn$ 이므로 역반응

• 할로젠 원소간에는 활성도가 큰 원소는 전자(e)를 당기는 힘이 강하여 자신은 환원되며 활성도가 작은 원소를 산화시킨다(전자를 잃게 한다)
$F > Cl > Br > I$ 에서
$I_2 + 2Cl^- \rightarrow 2I^- + Cl_2$
$Cl > I$ 이므로 역반응

답 ①

3. 메틸알코올과 에틸알코올이 각각 다른 시험관에 들어있다. 이 두 가지를 구별할 수 있는 실험 방법은?
  ① 금속 나트륨을 넣어본다.
  ② 환원시켜 생성물을 비교하여 본다.
  ③ KOH와 I_2의 혼합 용액을 넣고 가열하여 본다.
  ④ 산화시켜 나온 물질에 은거울 반응시켜 본다.

해설 메틸알코올(CH_3OH)은 아이오도폼(요오드포름) 반응을 하지 않으며, 에틸알코올(C_2H_5OH)은 아이오도폼 반응을 하여 무색 투명한 액체가 노랑색으로 변색한다.
  • 아이오도폼반응 : C_2H_5OH(에틸알코올)에 KOH(수산화칼륨)과 I_2(아이오딘)를 넣고 가열하여 주면 노랑색의 아이오도폼(CHI_3)이 생성된다.

참고 $C_2H_5OH + 6KOH + 4I_2 \rightarrow CHI_3\downarrow + 5KI + HCOOK + 5H_2O$
(에틸알코올) (수산화알칼륨) (아이오딘) (아이오도폼) (아이오딘화칼륨) (포름산칼륨)   (물)

답 ③

4. 다음 중 수용액의 pH가 가장 작은 것은?
  ① 0.01N HCl
  ② 0.1N HCl
  ③ 0.01N CH_3COOH
  ④ 0.1N NaOH

해설 수소이온지수(pH)값
  • 0.01N-HCl의 $[H^+]=[10^{-2}]$
  $pH = \log \dfrac{1}{[10^{-2}]} = -\log[10^{-2}] = 2$
  • 0.1N-HCl의 $[H^+]=[10^{-1}]$
  $pH = \log \dfrac{1}{[10^{-1}]} = -\log[10^{-1}] = 1$
  • 0.01N CH_3COOH의 전리도를 0.01로 하면
  $[H^+]=[10^{-2}][10^{-2}]=[10^{-4}]$
  $pH = \log \dfrac{1}{[10^{-4}]} = -\log[10^{-4}] = 4$
  • 0.1N NaOH의 $[OH^-]=[10^{-1}]$이므로
  $[H^+]=\dfrac{[10^{-14}]}{[10^{-1}]}=[10^{-13}]$
  $pH = \log \dfrac{1}{[10^{-13}]} = -\log[10^{-13}] = 13$

답 ②

5. 다음 중 동소체 관계가 아닌 것은?
  ① 적린과 황린
  ② 산소와 오존
  ③ 물과 과산화수소
  ④ 다이아몬드와 흑연

해설 동소체 : 같은 원소이나 분자구조가 다른 홑원소 물질
  • 적린(P)과 황린(P_4) : 동소체
  • 산소(O_2)와 오존(O_3) : 동소체
  • 물(H_2O)과 과산화수소(H_2O_2) 구성원소만 같다.
  • 다이아몬드(C)와 흑연(C) : 동소체

답 ③

6. 질산칼륨 수용액 속에 소량의 염화나트륨이 불순물로 포함되어 있다. 용해도 차이를 이용하여 이 불순물을 제거하는 방법으로 가장 적당한 것은?
① 증류
② 막분리
③ 재결정
④ 전기분해

해설 질산칼륨(KNO_3)과 염화나트륨(NaCl)은 용해도가 다르므로 두 물질의 분리는 용해도 차이에 의한 재결정 방법을 사용한다.

답 ③

7. 다음 반응식은 산화-환원 반응이다. 산화된 원자와 환원된 원자를 순서대로 옳게 표현한 것은?

$$3Cu + 8HNO_3 \rightarrow 3Cu(NO_3)_2 + 2NO + 4H_2O$$

① Cu, N
② N, H
③ O, Cu
④ N, Cu

해설
- Cu는 원자가 0가에서 $Cu(NO_3)_2$로 원자가가 +2가 인 Cu^{2+}로 전자(e^-) 2개를 잃었으므로 산화되었다.
- HNO_3에서 N의 산화수는 $H^+N^xO_3^{-2}$에서 $1+x+(-2\times3)=0$ 이므로 $x=-1+6=+5$이며 NO에서 N의 산화수는 N^xO^{-2}에서 $x+(-2)=0$이므로 $x=+2$이다. N의 산화수가 +5에서 +2로 감소되었으므로 환원되었다.

답 ①

8. 물이 브뢴스테드산으로 작용한 것은?
① $HCl + H_2O \rightleftarrows H_3O^+ + Cl^-$
② $HCOOH + H_2O \rightleftarrows HCOO^- + H_3O^+$
③ $NH_3 + H_2O \rightleftarrows NH_4^+ + OH^-$
④ $3Fe + 4H_2O \rightleftarrows Fe_3O_4 + 4H_2$

해설 브뢴스테드의 산은 양성자(H^+)를 줄 수 있는 것이다.
$NH_3 + H_2O \rightarrow NH_4^+ + OH^-$
(암모니아) (물) (암모늄이온) (수산이온)
H_2O(물)에서 H^+(양성자) 하나를 방출하여 자신은 OH^-(수산이온)이되고 NH_3(암모니아)에 H^+(양성자)를 주어 NH_4^+(암모늄이온)을 만들므로 H_2O(물)은 브뢴스테드의 산에 해당된다.

답 ③

9. 분자식이 같으면서도 구조가 다른 유기화합물을 무엇이라고 하는가?
① 이성질체
② 동소체
③ 동위원소
④ 방향족화합물

해설 분자식은 같으면서 구조식이 다른 유기화합물을 이성질체이며 원자단(관능기)으로 화학식을 표시한다.

답 ①

10. 27℃에서 부피가 2L인 고무풍선 속의 수소기체 압력이 1.23atm이다. 이 풍선 속에 몇 mole의 수소기체가 들어 있는가? (단, 이상기체라고 가정한다.)
① 0.01　　　　　　② 0.05
③ 0.10　　　　　　④ 0.25

해설 이상기체 상태방정식
PV=nRT에서 n=$\frac{PV}{RT}$ 이므로
P(압력) : 1.23atm, V(체적) : 2L, n(몰수) : ?mole, R(기체상수) : 0.082atm·L/mole·k
T(절대온도) : (27℃+273)k
n=$\frac{1.23 \times 2}{0.082 \times (27+273)}$=0.1mole

답 ③

11. 20℃에서 600mL의 부피를 차지하고 있는 기체를 압력의 변화 없이 온도를 40℃로 변화시키면 부피는 얼마로 변하겠는가?
① 300mL　　　　　② 641mL
③ 836mL　　　　　④ 1,200mL

해설 샤를의법칙 $\frac{V}{T}=\frac{V'}{T'}$
$V'=\frac{V \times T'}{T}=\frac{600 \times (40+273)}{(20+273)}$=640.955≒641mL

답 ②

12. 수산화칼슘에 염소가스를 흡수시켜 만드는 물질은?
① 표백분　　　　　② 수소화칼슘
③ 염화수소　　　　④ 과산화칼슘

해설 Ca(OH)₂ (수산화칼슘)과 Cl₂(염소)의 반응
　　Ca(OH)₂ + Cl₂ → 　CaOCl₂ 　 + H₂O
　(수산화칼슘)　(염소)　　(클로로칼키=표백분)　　(물)

답 ①

13. 다음 중 불균일 혼합물은 어느 것인가?
① 공기　　　　　　② 소금물
③ 화강암　　　　　④ 사이다

해설 균일혼합물(물리적으로 분리가능한 혼합물)
　• 공기 : O_2(산소)=21v%, N_2(질소)=79v%,
　• 소금물 : NaCl(소금), H_2O(물)
　• 화강암 : 용암(마그마)이 지하 깊은 곳에서 식어 만들어진 것으로 석영, 장석 등의 불균일 혼합물이다.
　• 사이다 : 사이다원액, CO_2(이산화탄소)

답 ③

14. 물 500g 중에 설탕($C_{12}H_{22}O_{11}$) 171g이 녹아 있는 설탕물의 몰랄농도(m)는?
① 2.0　　　　　　② 1.5
③ 1.0　　　　　　④ 0.5

해설 몰랄농도 : 용매 1,000g에 녹아있는 용질의 g분자량(mole)수
설탕($C_{12}H_{22}O_{11}$)의 1g분자량 :
$12 \times 12 + 22 + 16 \times 11 = 342 g/mole$
500g : 171g = 1,000g : χ

$\chi = \dfrac{1000 \times 171}{500} = 342g$

$\dfrac{342g}{342g/mol} = 1 mole$

∴ 1몰랄농도

15. 기체상태의 염화수소는 어떤 화학결합으로 이루어진 화합물인가?

① 극성 공유결합　　　　② 이온 결합
③ 비극성 공유결합　　　④ 배위 공유결합

해설 기체상태의 염화수소(HCl)은 비금속인 수소(H)와 염소(Cl)의 비대칭 공유결합물질인 극성 공유 결합을 하고 있다.

16. 다음 반응식을 이용하여 구한 $SO_2(g)$의 몰 생성열은?

$S(s) + 1.5O_2(g) \rightarrow SO_3(g)$　$\Delta H^0 = -94.5 kcal$
$2SO_2(g) + O_2(g) \rightarrow 2SO_3(g)$　$\Delta H^0 = -47 kcal$

① $-71 kcal$　　　　　② $-47.5 kcal$
③ $71 kcal$　　　　　　④ $47.5 kcal$

해설 반응엔탈피($\varDelta H$) = 생성물의 엔탈피합 − 반응물의 엔탈피합
$2SO_2(g) + O_2(g) \rightarrow 2SO_3(g)$　$\varDelta H° = -47 kcal$
$SO_2(g) + 1/2O_2(g) \rightarrow SO_2(g)$　$\varDelta H4° = -23.5 kcal$
$\varDelta H = -94.5 - (-23.5) = -71 kcal$

17. 다음 물질 중 벤젠 고리를 함유하고 있는 것은?

① 아세틸렌　　　　　② 아세톤
③ 메테인　　　　　　④ 아닐린

해설 위험물의 구조식
• 아세틸렌(C_2H_2) : H−C≡C−H
• 아세톤(CH_3COCH_3) : $CH_3-\underset{\underset{\|}{O}}{C}-CH_3$
• 메테인(CH_4) : $H-\underset{\underset{H}{|}}{\overset{\overset{H}{|}}{C}}-H$
• 아닐린($C_6H_5NH_2$) : (NH₂ 치환 벤젠 고리)

18. 용매분자들이 반투막을 통해서 순수한 용매나 물은 용액으로부터 좀 더 농도가 높은 용액쪽으로 이동하는 알짜이동을 무엇이라 하는가?
   ① 총괄이동 ② 등방성
   ③ 국부이동 ④ 삼투

   해설 본문설명 : 삼투

   답 ④

19. 다음은 원소의 원자번호와 원소기호를 표시한 것이다. 전이 원소만으로 나열된 것은?
   ① $_{20}Ca$, $_{21}SC$, $_{22}Ti$ ② $_{21}SC$, $_{22}Ti$, $_{29}CU$
   ③ $_{26}Fe$, $_{30}Zn$, $_{38}Sr$ ④ $_{21}SC$, $_{22}Ti$, $_{38}Sr$

   해설 $_{20}Ca$(칼슘), $_{38}Sr$(스트론듐):주기율표 2족의 전형원소
   • 전형원소 : 원자번호 1번~20번의 원소와 전이원소 이외의 원소
   • 전이원소 : 모두 금속원소이며 원자가를 2개 이상 가진다.
    4주기 : 원자번호 21번(Sc스칸듐)~30번(Zn아연)
    5주기 : 원자번호 39번(Y이트륨)~48번(Cd카드뮴)
    6주기 : 원자번호 57번(La란타넘)~80번(Hg수은)
    7주기 : 원자번호 89번(Ac악티늄)을 포함한다.

   답 ②

20. 20%의 소금물을 전기분해하여 수산화나트륨 1몰을 얻는 데는 1A의 전류를 몇 시간 통해야 하는가?
   ① 13.4 ② 26.8
   ③ 53.6 ④ 104.2

   해설 NaOH(수산화나트륨) 1mol에는 Na(나트륨) 1g당량이 들어있으며 이것을 석출시키려면 1F(페럿)의 전기량[96,500C(쿨롱)]이 필요하다.
   $Q=i\times t$에서 $t=\dfrac{Q}{i}$ 이므로 $hr=\dfrac{96500C}{1A\times 3600\sec}=26.8$시간
   Q(전기량) : 단위C (쿨롱)[1F=96,500C]
   i(전류의 세기) : 단위A(암페어)
   t(시간): 단위 sec(초)
   $1hr$(시간) = 3,600sec(초)

   답 ②

제2과목 화재 예방과 소화방법

21. 인화알루미늄의 화재 시 주수소화를 하면 발생하는 가연성 기체는?
   ① 아세틸렌 ② 메테인
   ③ 포스겐 ④ 포스핀

   해설 인화알루미늄(AlP)과 물(H_2O)과의 화학반응식
   AlP + $3H_2O$ → $Al(OH)_3$ + PH_3↑
   (인화알루미늄) (물) (수산화알루미늄) (인화수소, 포스핀)

   답 ④

22. 위험물제조소등에 설치하는 포소화설비의 기준에 따르면 포헤드방식의 포헤드는 방호대상물의 표면적 1m²당 방사량이 몇 L/min 이상의 비율로 계산한 양의 포수용액을 표준방사량으로 방사할 수 있도록 설치하여야 하는가?
① 3.5
② 4
③ 6.5
④ 9

해설 포헤드의 표준 방사량
6.5L/m² · min

답 ③

23. 일반적으로 고급 알코올황산에스터염을 기포제로 사용하며 냄새가 없는 황색의 액체로서 밀폐 또는 준밀폐 구조물의 화재 시 고팽창포로 사용하여 화재를 진압할 수 있는 포소화약제는?
① 단백포소화약제
② 합성계면활성제포소화약제
③ 알코올형포소화약제
④ 수성막포소화약제

해설 본문설명 : 합성계면활성제 포소화약제

답 ②

24. 위험물제조소등의 스프링클러설비의 기준에 있어 개방형스프링클러헤드는 스프링클러헤드의 반사판으로부터 하방 및 수평방향으로 각각 몇 m의 공간을 보유하여야 하는가?
① 하방 0.3m, 수평방향 0.45m
② 하방 0.3m, 수평방향 0.3m
③ 하방 0.45m, 수평방향 0.45m
④ 하방 0.45m, 수평방향 0.3m

해설 스프링클러 헤드의 반사판 하방의 보유공간 : 개방형스프링클러헤드 반사판으로부터 하방 0.45m 수평방향 각각 0.3m 공간을 확보한다.

답 ④

25. 제1종 분말소화약제가 1차 열분해되어 표준상태를 기준으로 2m³의 탄산가스가 생성되었다. 몇 kg의 탄산수소나트륨이 사용되었는가? (단, 나트륨의 원자량은 23이다.)
① 15
② 18.75
③ 56.25
④ 75

해설 1종분말($NaHCO_3$)의 열분해 반응식
$$2NaHCO_3 \rightarrow Na_2CO_3 + CO_2 \uparrow + H_2O$$
(탄산수소나트륨) (산화나트륨) (이산화탄소) (물)
$2NaHCO_3$의 질량 : $2 \times (23+1+12+16 \times 3) = 168kg$
표준상태에서 CO_2(이산화탄소) 1kmol의 체적 : $22.4m^3/kmol$
$168kg : 22.4m^3 = \chi : 2m^3$
$\chi = \dfrac{168 \times 2}{22.4} = 15kg$

답 ①

26. 위험물안전관리법령상 정전기를 유효하게 제거하기 위해서는 공기 중의 상대습도는 몇 % 이상 되게 하여야 하는가?
① 40%
② 50%
③ 60%
④ 70%

해설 정전기 제거 방법
1. 접지할 것
2. 공기 중의 상대습도를 70% 이상으로 할 것
3. 공기를 이온화할 것

目 ④

27. 이산화탄소소화설비의 소화약제 방출방식 중 전역방출방식 소화설비에 대한 설명으로 옳은 것은?
① 발화위험 및 연소위험이 적고 광대한 실내에서 특정장치나 기계만을 방호하는 방식
② 일정 방호구역 전체에 방출하는 경우 해당 부분의 구획을 밀폐하여 불연성가스를 방출하는 방식
③ 일반적으로 개방되어 있는 대상물에 대하여 설치하는 방식
④ 사람이 용이하게 소화활동을 할 수 있는 장소에서는 호스를 연장하여 소화활동을 행하는 방식

해설 이산화탄소 소화설비의 전역방출방식은 일정방호구역 전체에 약제를 방출하여야 하며 약제 방출 전에 모든 개구부를 폐쇄하여 약제의 누설을 막아야 한다.

目 ②

28. 가연성 가스의 폭발 범위에 대한 일반적인 설명으로 틀린 것은?
① 가스의 온도가 높아지면 폭발 범위는 넓어진다.
② 폭발한계농도 이하에서 폭발성 혼합가스를 생성한다.
③ 공기 중에서보다 산소 중에서 폭발 범위가 넓어진다.
④ 가스압이 높아지면 하한값은 크게 변하지 않으나 상한값은 높아진다.

해설 폭발범위의 하한계 이하와 상한계 이상에서는 폭발성 혼합가스가 생성되지 않는다.

目 ②

29. 소화약제로서 물이 갖는 특성에 대한 설명으로 옳지 않은 것은?
① 유화효과(emulsification effect)도 기대할 수 있다.
② 증발잠열이 커서 기화 시 다량의 열을 제거한다.
③ 기화팽창률이 커서 질식효과가 있다.
④ 용융잠열이 커서 주수 시 냉각효과가 뛰어나다.

해설 용융잠열(용해잠열)은 0℃ 얼음이 0℃ 물이 되는데 필요한 열량으로 화재 시 얼음을 소화제로 사용하기 어렵다.

目 ④

30. 클로로벤젠 300,000L의 소요단위는 얼마인가?
① 20
② 30
③ 200
④ 300

해설 위험물 1소요단위 = 지정수량10배
클로로벤젠 (C_6H_5Cl)은 제4류 위험물(인화성액체) 제2석유류 중 비수용성 액체이므로 지정수량은 1,000L이다.

소요단위 $= \dfrac{300,000 L}{1,000 L \times 10} = 30$ 소요단위

目 ②

31. 제1류 위험물 중 알칼리금속과산화물의 화재에 적응성이 있는 소화약제는?
① 인산염류분말
② 이산화탄소
③ 탄산수소염류분말
④ 할로젠화합물

해설 제1류 위험물(산화성고체) 중 알칼리금속의 과산화물은 금수성물질이며 해당 소화약제는 마른모래, 팽창질석 또는 팽창 진주암, 금속화재용 소화약제인 탄산수소염류분말을 사용한다.

답 ③

32. 알루미늄분의 연소 시 주수소화하면 위험한 이유를 옳게 설명한 것은?
① 물에 녹아 산이 된다.
② 물과 반응하여 유독가스가 발생한다.
③ 물과 반응하여 수소가스가 발생한다.
④ 물과 반응하여 산소가스가 발생한다.

해설 알루미늄 (Al)분은 물(H_2O)와 반응하여 수소(H_2)를 발생하므로 물과의 접촉을 피하여야 한다.

참고 알루미늄(Al)분자 물(H_2O)의 화학반응식
$$2Al + 6H_2O \rightarrow 2Al(OH)_3 + 3H_2\uparrow$$
(알루미늄) (물)   (수산화알루미늄) (수소)

답 ③

33. 할로젠화합물 소화약제가 전기화재에 사용될 수 있는 이유에 대한 다음 설명 중 가장 적합한 것은?
① 전기적으로 부도체이다.
② 액체의 유동성이 좋다.
③ 탄산가스와 반응하여 포스겐가스를 만든다.
④ 증기의 비중이 공기보다 작다.

해설 할로젠화합물 소화약제는 전기의 부도체로서 전기화재에 적응성이 좋다.

답 ①

34. 가연성 물질이 공기 중에서 연소할 때의 연소형태에 대한 설명으로 틀린 것은?
① 공기와 접촉하는 표면에서 연소가 일어나는 것을 표면연소라 한다.
② 황의 연소는 표면연소이다.
③ 산소공급원을 가진 물질 자체가 연소하는 것을 자기연소라 한다.
④ TNT의 연소는 자기연소이다.

해설 황(S)은 제2류 위험물(가연성고체)에 속하며 가열하면 액화를 거쳐 기화되어 증발연소한다.

답 ②

35. 전기불꽃 에너지 공식에서 ( )에 알맞은 것은? (단, Q는 전기량, V는 방전전압, C는 전기용량을 나타낸다.)

$$E = \frac{1}{2}(\quad) = \frac{1}{2}(\quad)$$

① QV, CV ② QC, CV
③ QV, CV^2 ④ QC, QV^2

해설 전기불꽃에너지(E)
$$E=\frac{1}{2}QV=\frac{1}{2}CV^2$$

답 ③

36. 강화액 소화약제에 소화력을 향상시키기 위하여 첨가하는 물질로 옳은 것은?
① 탄산칼륨   ② 질소
③ 테트라클로로메탄   ④ 아세틸렌

해설 강화액소화기는 물의 소화능력을 높이기 위하여 탄산칼륨(K_2CO_3)을 첨가시켜 물의 빙점(0℃)을 -30℃ ~ -25℃까지 낮추어 겨울철이나 한랭지에서 사용한다.

답 ①

37. 다음 A-D 중 분말소화약제로만 나타낸 것은?

| A. 탄산수소나트륨 | B. 탄산수소칼륨 |
| C. 황산구리 | D. 제1인산암모늄 |

① A, B, C, D   ② A, D
③ A, B, C   ④ A, B, D

해설 A. 탄산수소나트륨(1종분말)   B. 탄산수소칼륨(2종분말)
C. 황산구리(소화제로 부적격)   D. 제1인산암모늄(3종분말)

답 ④

38. 벤젠과 톨루엔의 공통점이 아닌 것은?
① 물에 녹지 않는다.
② 냄새가 없다.
③ 휘발성 액체이다
④ 증기는 공기보다 무겁다.

해설 벤젠(C_6H_6)과 톨루엔($C_6H_5CH_3$)은 제4류 위험물(인화성액체) 제1석유류이며 둘 다 방향성 액체로서 향기가 있는 특이 냄새를 가지고 있다.

답 ②

39. 제6류 위험물인 질산에 대한 설명으로 틀린 것은?
① 강산이다.
② 물과 접촉 시 발열한다.
③ 불연성 물질이다.
④ 열분해 시 수소를 발생한다.

해설 질산(HNO_3)은 제6류 위험물(산화성액체)이며 열분해하면 이산화질소(NO_2)와 산소(O_2)와 물(H_2O)을 생성한다.

참고 $4HNO_3 \rightarrow 4NO_2 + O_2\uparrow + H_2O$
   (질산) (이산화질소) (산소)   (물)

답 ④

40. 적린과 오황화인의 공통 연소생성물은?

① SO_2 ② H_2S
③ P_2O_5 ④ H_3PO_4

해설 적린(P)와 황린(P_4)는 동소체로서 연소생성물이 오산화인(P_2O_5)으로 같다.

참고
- 적린(P)의 연소반응식
 $4P + 5O_2 \rightarrow 2P_2O_5$
 (적린) (산소) (오산화인)
- 황린(P_4)의 연소반응식
 $P_4 + 5O_2 \rightarrow 2P_2O_5$
 (황린) (산소) (오산화인)

답 ③

제3과목 위험물의 성질과 취급

41. 제1류 위험물 중 무기과산화물 150kg, 질산염류 300kg, 다이크로뮴산염류 3,000kg을 저장하고 있다. 각각 지정수량의 배수의 총합은 얼마인가?

① 5 ② 6
③ 7 ④ 8

해설 지정수량 배수의 총합

$$\frac{150}{50} + \frac{300}{300} + \frac{3,000}{1,000} = 7배$$

제1류 위험물의 지정수량
- 무기과산화물 : 50kg
- 질산염류 : 300kg
- 다이크로뮴산염류 : 1,000kg

답 ③

42. 유기과산화물에 대한 설명으로 틀린 것은?
① 소화방법으로는 질식소화가 가장 효과적이다.
② 벤조일퍼옥사이드, 메틸에틸케톤퍼옥사이드 등이 있다.
③ 저장 시 고온체나 화기의 접근을 피한다.
④ 지정수량은 10kg이다.

해설 유기과산화물은 제5류 위험물(자기반응성물질)로 화재 발생 시 대량의 주수에 의한 냉각소화가 가장 적합하다.

답 ①

43. 동식물유류에 대한 설명으로 틀린 것은?
① 건성유는 자연발화의 위험성이 높다.
② 불포화도가 높을수록 아이오딘가가 크며 산화되기 쉽다.
③ 아이오딘값이 130 이하인 것이 건성유이다.
④ 1기압에서 인화점이 섭씨 250도 미만이다.

해설 동식물유 중 건성유의 아이오딘값은 130 이상이다.

답 ③

44. 다음 중 연소범위가 가장 넓은 위험물은?
① 휘발유 ② 톨루엔
③ 에틸알코올 ④ 다이에틸에터

해설 제4류 위험물(인화성액체)의 연소 범위
- 휘발유 : 1.4~7.6%
- 톨루엔($C_6H_5CH_3$) : 1.4~6.7%
- 에틸알코올(C_2H_5OH) : 4.3~19%
- 다이에틸에터($C_2H_5OC_2H_5$) : 1.9~48%

답 ④

45. 위험물안전관리법령에 근거한 위험물 운반 및 수납 시 주의사항에 대한 설명 중 틀린 것은?
① 위험물을 수납하는 용기는 위험물이 누설되지 않게 밀봉시켜야 한다.
② 온도 변화로 가스가 발생해 운반용기 안의 압력이 상승할 우려가 있는 경우(발생한 가스가 위험성이 있는 경우 제외)에는 가스 배출구가 설치된 운반용기에 수납할 수 있다.
③ 액체 위험물은 운반용기 내용적의 98% 이하의 수납율로 수납하되 55℃의 온도에서 누설되지 아니하도록 충분한 공간 용적을 유지하도록 하여야 한다.
④ 고체 위험물은 운반용기 내용적의 98% 이하의 수납율로 수납하여야 한다.

해설 고체 위험물의 운반용기 내용적 : 95% 이하의 수납율

답 ④

46. 다음은 위험물안전관리법령에서 정한 아세트알데하이드등을 취급하는 제조소의 특례에 관한 내용이다. ( )안에 해당하지 않는 물질은?

> 아세트알데하이드등을 취급하는 설비는 ( )·( )·( )·마그네슘 또는 이들을 성분으로 하는 합금으로 만들지 아니 할 것

① Ag ② Hg
③ Cu ④ Fe

해설 아세트알데하이드(CH_3CHO)와 접촉을 금하는 금속 : Cu(구리), Mg(마그네슘), Ag(은), Hg(수은)

답 ④

47. 위험물안전관리법령상 시·도의 조례가 정하는 바에 따르면 관할소방서장의 승인을 받아 지정수량 이상의 위험물을 임시로 제조소등이 아닌 장소에서 취급할 때 며칠 이내의 기간 동안 취급할 수 있는가?
① 7일 ② 30일
③ 90일 ④ 180일

해설 관할 소방서장의 승인을 받은 위험물의 임시저장기간 : 90일 이내

답 ③

48. 제2류 위험물과 제5류 위험물의 공통적인 성질은?
① 가연성 물질이다. ② 강한 산화제이다.
③ 액체 물질이다. ④ 산소를 함유한다.

해설 제2류 위험물(가연성고체), 제5류 위험물(자기반응성물질)은 모두 가연성 물질이다.

답 ①

49. 메틸에틸케톤의 취급 방법에 대한 설명으로 틀린 것은?
① 쉽게 연소하므로 화기 접근을 금한다.
② 직사광선을 피하고 통풍이 잘되는 곳에 저장한다.
③ 탈지작용이 있으므로 피부에 접촉하지 않도록 주의한다.
④ 유리 용기를 피하고 수지, 섬유소 등의 재질로 된 용기에 저장한다.

해설 메틸에틸케톤($CH_3COC_2H_5$)은 제4류 위험물(인화성액체) 제1석유류에 해당하며 운반용기의 재질로 수지 및 섬유소는 사용하지 않는다.

답 ④

50. 과산화나트륨이 물과 반응할 때의 변화를 가장 옳게 설명한 것은?
① 산화나트륨과 수소를 발생한다.
② 물을 흡수하여 탄산나트륨이 된다.
③ 산소를 방출하며 수산화나트륨이 된다.
④ 서서히 물에 녹아 과산화나트륨의 안정한 수용액이 된다.

해설 과산화나트륨(Na_2O_2)은 제1류 위험물(산화성고체) 중 알칼리 금속의 과산화물에 속하며 물(H_2O)와 접촉으로 급격히 발열하며 산소(O_2)를 발생하며 수산화나트륨(NaOH)를 생성한다.

참고 과산화나트륨(Na_2O_2)와 물(H_2O)의 화학 반응식
$$2Na_2O_2 + 2H_2O \rightarrow 4NaOH + O_2\uparrow$$
(과산화나트륨)　　(물)　　(수산화나트륨)　(산소)

답 ③

51. 오황화인에 관한 설명으로 옳은 것은?
① 물과 반응하면 불연성기체가 발생된다.
② 담황색 결정으로서 흡습성과 조해성이 있다.
③ P_2S_5로 표현되며 물에 녹지 않는다.
④ 공기 중 상온에서 쉽게 자연발화 한다.

해설 오황화인(P_2S_5)은 제2류 위험물(가연성고체) 황화인에 속하며 담황색 결정으로 흡습성 및 조해성이 있어 물(H_2O)와 반응하여 독성이며 가연성인 황화수소(H_2S)를 발생한다.

답 ②

52. 위험물안전관리법령에서 정한 위험물의 운반에 관한 설명으로 옳은 것은?
① 위험물을 화물차량으로 운반하면 특별히 규제받지 않는다.
② 승용차량으로 위험물을 운반할 경우에만 운반의 규제를 받는다.
③ 지정수량 이상의 위험물을 운반할 경우에만 운반의 규제를 받는다.
④ 위험물을 운반할 경우 그 양의 다소를 불문하고 운반의 규제를 받는다.

해설 위험물을 운반할 경우 그 양의 많고 적음을 불문하고 운반의 규제를 받는다.

답 ④

53. 다음 물질 중 인화점이 가장 낮은 것은?
① 톨루엔　　　　　　② 아세톤
③ 벤젠　　　　　　　④ 다이에틸에터

해설 제4류 위험물(인화성액체)의 인화점
- 톨루엔($C_6H_5CH_3$) : 4℃
- 아세톤(CH_3COCH_3) : -18℃
- 벤젠(C_6H_6) : -11℃
- 다이에틸에터($C_2H_5OC_2H_5$) : -45℃

답 ④

54. 황린에 대한 설명으로 틀린 것은?
① 백색 또는 담황색의 고체이며, 증기는 독성이 있다.
② 물에는 녹지 않고 이황화탄소에는 녹는다.
③ 공기 중에서 산화되어 오산화인이 된다.
④ 녹는점이 적린과 비슷하다.

해설 황린(P_4)은 제3류 위험물 중 자연발화성 물질이며 융점(녹는점)이 44℃로서 적린(P)의 융점(녹는점) 600℃보다 매우 낮음

답 ④

55. 위험물제조소의 배출설비 기준 중 국소방식의 경우 배출능력은 1시간당 배출장소 용적의 몇 배 이상으로 해야 하는가?
① 10배   ② 20배
③ 30배   ④ 40배

해설 제조소등의 배출설비 중 국소방식인 경우
배출능력 : 배출장소용적의 20배/hr 이상

참고 전역방식의 경우 : 바닥면적 $1m^2$ 당 $18m^3$ 이상

답 ②

56. 인화칼슘이 물과 반응하여 발생하는 기체는?
① 포스겐   ② 포스핀
③ 메테인   ④ 이산화황

해설 인화칼슘(Ca_3P_2)은 제3류 위험물 중 금수성물질이며 물(H_2O)과 반응하여 수산화칼슘[$Ca(OH)_2$]과 인화수소[PH_3(포스핀)]를 발생한다.

답 ②

57. 물과 접촉하였을 때 에테인이 발생되는 물질은?
① CaC_2
② $(C_2H_5)_3Al$
③ $C_6H_3(NO_2)_3$
④ $C_2H_5ONO_2$

해설 물과 반응하는 물질은 CaC_2(탄화칼슘)과 $(C_2H_5)_3Al$(트라이에틸알루미늄)이며 CaC_2(탄화칼슘)은 아세틸렌(C_2H_2)를 발생하고 에테인(C_2H_6)을 발생하는 것은 트라이에틸알루미늄[$(C_2H_5)_3Al$]이다.

참고
- 트라이에틸알루미늄[$(C_2H_5)_3Al$]과 물(H_2O)의 화학 반응식

$(C_2H_5)_3Al + 3H_2O \rightarrow Al(OH)_3 + 3C_2H_6\uparrow$
(트라이에틸알루미늄) (물) (수산화알루미늄) (에테인)

답 ②

58. 아염소산나트륨이 완전 열분해하였을 때 발생하는 기체는?
① 산소　　　　　　② 염화수소
③ 수소　　　　　　④ 포스겐

해설 아염소산나트륨($NaClO_2$)은 제1류 위험물(산화성고체) 아염소산염류에 속하며 산소(O)를 많이 함유하고 있어 가열하면 분해하여 산소(O_2)를 발생한다.

참고 • 아염소산나트륨($NaClO_2$)의 열분해 반응식
$$NaClO_2 \rightarrow NaCl + O_2\uparrow$$
(아염소산나트륨) (염화나트륨) (산소)

답 ①

59. 묽은 질산에 녹고, 비중이 약 2.7인 은백색 금속은?
① 아연분　　　　　② 마그네슘분
③ 안티몬분　　　　④ 알루미늄분

해설 금속의 비중
• 아연(Zn)분 : 7.14
• 마그네슘(Mg)분 : 1.74
• 안티몬(Sb)분 : 6.69
• 알루미늄(Al)분 : 2.7

답 ④

60. 제6류 위험물의 취급 방법에 대한 설명 중 옳지 않은 것은?
① 가연성 물질과의 접촉을 피한다.
② 지정수량의 1/10을 초과할 경우 제2류 위험물과의 혼재를 금한다.
③ 피부와 접촉하지 않도록 주의한다.
④ 위험물제조소에는 "화기엄금" 및 "물기엄금" 주의사항을 표시한 게시판을 반드시 설치하여야 한다.

해설 제6류 위험물(산화성액체)의 제조소에는 주의사항 게시판을 설치하지 않는다.

답 ④

2019. 4. 27 시행 산업기사

각 과목별 100점 만점에 40점 이상 득점하고 전 과목 평균 60점 이상 받아야 합격합니다.

제1과목 일반화학

1. NH₄Cl에서 배위결합을 하고 있는 부문을 옳게 설명한 것은?
① NH₃의 N-H 결합
② NH₃와 H⁺과의 결합
③ NH₄⁺과 Cl⁻과의 결합
④ H⁺과 Cl⁻과의 결합

해설
- 공유결합 : 비금속과 비금속의 결합
  NH_4^+ + Cl^- → NH_4Cl
  (암모늄이온) (염소이온) (염화암모니아)
- 배위결합 : 공유결합물질에서 비공유전자쌍을 일방적으로 내어 주는 결합

    H
    |
  H-N: + H⁺ → NH_4^+
    |
    H
  (암모니아) (수소이온) (암모늄이온)

- 암모늄이온(NH_4^+)의 전자점식

    H
    ··
  H: N→ H⁺
    ··
    H

2. 자철광 제조법으로 빨갛게 달군 철에 수증기를 통할 때의 반응식으로 옳은 것은?
① $3Fe + 4H_2O → Fe_3O_4 + 4H_2$
② $2Fe + 3H_2O → Fe_2O_3 + 3H_2$
③ $Fe + H_2O → FeO + 4H_2$
④ $Fe + 2H_2O → FeO_2 + 2H_2$

해설 자철광(Fe_3O_4) : 자성을 띤 검은색 산화철
- 자철광(Fe_3O_4) 제조 반응 메카니즘
  $3Fe + 6H_2O → 3Fe(OH)_2 + 3H_2↑$
  +) $3Fe(OH)_2 → Fe_3O_4 + 2H_2O + H_2↑$
  ─────────────────────────────
  $3Fe + 4H_2O → Fe_3O_4 + 4H_2↑$

3. 불꽃 반응 결과 노란색을 나타내는 미지의 시료를 녹인 용액에 AgNO₃ 용액을 넣으니 백색침전이 생겼다. 이 시료의 성분은?
① Na₂SO₄
② CaCl₂
③ NaCl
④ KCl

해설
- 불꽃 반응 결과 노란색을 나타내는 금속은 Na(나트륨)이다.
- AgNO₃ 용액에서 백색침전물은 Ag⁺(은이온)과 Cl⁻(염소이온)이 결합한 AgCl(염화은)이다.
- 그러므로 둘의 현상을 만족시키는 것은 NaCl(염화나트륨)이다.

답 ③

4. 다음 화학반응 중 H₂O가 염기로 작용한 것은?
① $CH_3COOH + H_2O \rightarrow CH_3COO^- + H_3O^+$
② $NH_3 + H_2O \rightarrow NH_4^+ + OH^-$
③ $CO_3^{-2} + 2H_2O \rightarrow H_2CO_3 + 2OH^-$
④ $Na_2O + H_2O \rightarrow 2NaOH$

해설 브뢴스테드의 염기 : 양성자(H⁺)를 받을 수 있는 물질이므로 H₂O(물)이 양성자(H⁺)를 받아 옥소늄이온(H₃O⁺)이 되므로 H₂O(물)이 염기로 작용한 것이다.

답 ①

5. AgCl의 용해도는 0.0016g/L이다. 이 AgCl의 용해도곱(solubility product)은 약 얼마인가?
(단, 원자량은 각각 Ag 108, Cl 35.5이다.)
① 1.24×10^{-10}
② 2.24×10^{-10}
③ 1.12×10^{-5}
④ 4×10^{-4}

해설 용해도곱[Ks=[M⁺][A⁻]]
- AgCl(염화은)의 용해도 : 0.0016g/L,
- AgCl(염화은)의 분자량 : 108+35.5=143.5

이온농도는 $\frac{0.0016}{143.5} = 1.114 \times 10^{-5}$ m/L

용액중에 AgCl 1mol이 녹아 있다면 완전 전리되어 Ag⁺ 및 Cl⁻이 각각 1g-ion 생기므로 이 포화용액에서는 이들 이온이 각각 1.114×10^{-5} g-ion이 생기므로 다음 관계식이 성립된다.
[Ag⁺]=[Cl⁻]= 1.114×10^{-5} m/L

- AgCl(염화은)의 용해도 곱
Ks=[1.114×10⁻⁵][1.114×10⁻⁵]=1.24×10⁻¹⁰
∴ Ks=1.24×10⁻¹⁰

답 ①

6. 황이 산소와 결합하여 SO₂를 만들 때에 대한 설명으로 옳은 것은?
① 황은 환원된다.
② 황은 산화된다.
③ 불가능한 반응이다.
④ 산소는 산화되었다.

해설 황(S)이 산소(O₂)와 산화반응(연소)하면 이산화황(SO₂)이 된다.

답 ②

7. 다음 화합물 중에서 밑줄 친 원소의 산화수가 서로 다른 것은?

① $\underline{C}Cl_4$ ② $\underline{Ba}O_2$
③ $\underline{S}O_2$ ④ $\underline{O}H$

해설 각 원소의 산화수
- $\underline{C}Cl_4$(테트라클로로메탄<사염화탄소>)
  $\underline{C}^XCl_4^{-1}$에서 $X+(-1\times4)=0$ $X=+4$
- $\underline{Ba}O_2$(과산화바륨)
  $\underline{Ba}^XO_2^{-2}$에서 $X+(-2\times2)=0$ $X=+4$
- $\underline{S}O_2$(이산화황)
  $\underline{S}^XO_2^{-2}$에서 $X+(-2\times2)=0$ $X=+4$
- $\underline{O}H$(수산기)
  $(\underline{O}^XH^{+1})^{-1}$에서 $X+(+1)=-1$ $X=-1-1=-2$

답 ④

8. 먹물에 아교나 젤라틴을 약간 풀어주면 탄소입자가 쉽게 침전되지 않는다. 이 때 가해준 아교는 무슨 콜로이드로 작용하는가?

① 서스펜션 ② 소수
③ 복합 ④ 보호

해설 먹물에 아교나 젤라틴을 약간 풀어주면 검정색의 탄소입자가 쉽게 침전되지 않는다. 이러한 아교나 젤라틴을 보호콜로이드라 한다.

참고
- 서스펜션 : 액체 속에 고체의 미립자가 분산되어있는 것으로 흙탕물등이 이에 속한다.
- 소수콜로이드 : 소량의 전해질로 침전이 되는 콜로이드
- 복합콜로이드 : 새로운 공법에 의하여 합성되어 다양한 용도로 사용되고 있는 콜로이드

답 ④

9. 황의 산화수가 나머지 셋과 다른 하나는?

① Ag_2S ② H_2SO_4
③ SO_4^{-2} ④ $Fe_2(SO_4)_3$

해설 황(S)의 산화수
- $Ag_2\underline{S}$
  $Ag_2^{+1}\underline{S}^X$에서 $+1\times2+X=0$ $X=-2$
- $H_2\underline{S}O_4$
  $H_2^{+1}\underline{S}^XO_4^{-2}$에서 $+1\times2+X+(-2\times4)=0$ $X=+6$
- $\underline{S}O_4^{-2}$
  $(\underline{S}^XO_4^{-2})^{-2}$에서 $X+(-2\times4)=-2$ $X=+6$
- $Fe_2(\underline{S}O_4)_3$
  $Fe_2^{+3}(\underline{S}^XO_4^{-2})_3$ 에서 $+3\times2+3X+(-2\times4\times3)=0$
  $3X=-6+24$ 그러므로 $X=+6$

답 ①

10. 다음 물질 중 이온결합을 하고 있는 것은?

① 얼음 ② 흑연
③ 다이아몬드 ④ 염화나트륨

해설 이온결합은 금속과 비금속의 결합이므로 염화나트륨(NaCl)에서 알칼리금속인 나트륨(Na)과 비금속인 염소(Cl)의 결합을 말한다.

참고 얼음(물=H_2O), 흑연(C), 다이아몬드(C)는 모두 비금속이므로 공유결합을 한다. 물은 공유결합을 함과 동시에 분자간의 결합력이 약한 수소결합을 하고 있다.

답 ④

11. H_2O가 H_2S보다 끓는점이 높은 이유는?
① 이온결합을 하고 있기 때문에
② 수소결합을 하고 있기 때문에
③ 공유결합을 하고 있기 때문에
④ 분자량이 적기 때문에

해설 H_2O(물)가 H_2S(황화수소)보다 끓는점이 높은 것은 분자간의 결합력이 약한 수소결합을 하기 때문이다.

답 ②

12. 황산구리 용액에 10A의 전류를 1시간 통하면 구리(원자량 63.54)를 몇 g 석출하겠는가?
① 7.2g
② 11.85g
③ 23.7g
④ 31.77g

해설 물질 1g당량을 얻기 위하여 1F(96,500쿨롱)의 전기량이 필요하다.

사용전기량(Q)=암페어(i)×초(t)
=10×(60×60)=36,000쿨롱

사용전기량(F)=$\frac{36,000}{96,500}$=0.373F

1g당량=$\frac{1g원자량}{원자가}$, Cu의 원자가=+2가

Cu의 1g당량=$\frac{63.54}{2}$=31.77g

석출된 Cu의 질량= 31.77g/F×0.373F=11.85g

답 ②

13. 실제기체는 어떤 상태일 때 이상 기체 방정식에 잘 맞는가?
① 온도가 높고 압력이 높을 때
② 온도가 낮고 압력이 낮을 때
③ 온도가 높고 압력이 낮을 때
④ 온도가 낮고 압력이 높을 때

해설 실제기체는 온도가 높고 압력이 낮을 때에 분자간의 인력이 약해지므로 이상기체에 가까워지므로 이상기체 상태방정식을 적용한다.

답 ③

14. 네슬러 시약에 의하여 적갈색으로 검출되는 물질은 어느 것인가?
① 질산이온
② 암모늄이온
③ 아황산이온
④ 일산화탄소

해설 네슬러 시약은 재래식 화장실 부근의 우물물 속에 포함되어 있을 수 있는 암모니아나 암모늄이온을 검출하는 노랑색의 시약으로 이들이 존재시 갈색으로 변색된다.

답 ②

15. 산(acid)의 성질을 설명한 것 중 틀린 것은?

① 수용액의 속에서 H^+를 내는 화합물이다.
② pH 값이 작을수록 강산이다.
③ 금속과 반응하여 수소를 발생하는 것이 많다.
④ 붉은색 리트머스 종이를 푸르게 변화시킨다.

해설 산의 수용액의 액성을 시험할 때는 청색 리트머스 시험지를 사용하여 적색으로 변색되면 산성수용액이며 색의 변화가 없으면 중성이나 알칼리성이다.

참고 붉은 리트머스시험지는 알칼리를 검출하는 것으로 청색으로 변색하면 수용액은 알칼리성이고 색의 변화가 없으면 중성이나 산성이다.

답 ④

16. 다음 반응속도식에서 2차 반응인 것은?

① $u=k[A]^{\frac{1}{2}}[B]^{\frac{1}{2}}$
② $u=k[A][B]$
③ $u=k[A][B]^2$
④ $u=k[A]^2[B]^2$

해설 화학반응속도식에서 농도지수의 합이 차수이므로
$[A][B]=[A]^1[B]^1$이므로, [A]농도의 지수 1과
[B]농도의 지수 1을 합하면 2가 됩니다. 따라서 해당식은 2차 반응입니다.

답 ②

17. 0.1M 아세트산 용액의 해리도를 구하면 약 얼마인가? (단, 아세트산의 해리상수는 1.8×10^{-5}이다.)

① 1.8×10^{-5} ② 1.8×10^{-2}
③ 1.3×10^{-5} ④ 1.3×10^{-3}

해설 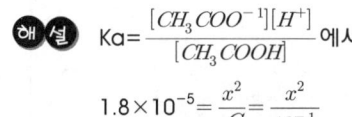 에서

$1.8 \times 10^{-5} = \dfrac{x^2}{C} = \dfrac{x^2}{10^{-1}}$

$x^2 = 1.8 \times 10^{-6}$

$x = \sqrt{1.8 \times 10^{-6}} = 1.34 \times 10^{-3}$

답 ④

18. 순수한 옥살산($C_2H_2O_4 \cdot 2H_2O$) 결정 6.3g을 물에 녹여서 500mL의 용액을 만들었다. 이 용액의 농도는 몇 M인가?

① 0.1 ② 0.2
③ 0.3 ④ 0.4

해설 $C_2H_2O_4 \cdot 2H_2O$ 1g분자량 : $12 \times 2 + 6 + 16 \times 6 = 126$g/mol
옥살산 126g을 녹인 1000ml 수용액이 1M
옥살산 63g을 녹인 500ml 수용액이 1M
63g : 1M=6.3g : X
$X = \dfrac{6.3 \times 1}{63} = 0.1$M

답 ①

19. 비금속원소와 금속원소 사이의 결합은 일반적으로 어떤 결합에 해당되는가?
① 공유결합 ② 금속결합
③ 비금속결합 ④ 이온결합

해설 비금속원소와 금속원소의 결합을 이온결합이라 한다.

참고 • 비금속원소과 비금속원소의 결합 : 공유결합
• 금속원소와 금속원소의 결합 : 금속결합

답 ④

20. 화학반응속도를 증가시키는 방법으로 옳지 않은 것은?
① 온도를 높인다. ② 부촉매를 가한다.
③ 반응물 농도를 높게 한다. ④ 반응물 표면적을 크게 한다.

해설 부촉매는 화학반응속도를 감소시키는 역할을 한다.

답 ②

제2과목 화재 예방과 소화방법

21. 위험물안전관리법령상 제6류 위험물에 적응성이 있는 소화설비는?
① 옥내소화전설비 ② 불활성가스소화설비
③ 할로젠화합물소화설비 ④ 탄산수소염류 분말소화설비

해설 제6류 위험물(산화성액체)의 소화에는 물을 소화약제로 사용하는 옥내소화전설비, 옥외소화전설비, 스프링클러설비등과 인산염류 분말소화약제를 사용한다.

답 ①

22. 인산염 등을 주성분으로 한 분말소화약제의 착색은?
① 백색 ② 담홍색
③ 검은색 ④ 회색

해설 분말소화약제의 착색
• 탄산수소나트륨($NaHCO_3$) : 백색
• 탄산수소칼륨($KHCO_3$) : 보라색
• 제1인산암모늄($NH_4H_2PO_4$) : 담홍색
• 탄산수소칼륨($KHCO_3$)+요소[$(NH_2)_2CO$] : 회색

답 ②

23. 위험물안전관리법령상 위험물과 적응성 있는 소화설비가 잘못 짝지어진 것은?
① K : 탄산수소염류 분말소화설비
② $C_2H_5OC_2H_5$: 불활성가스소화설비
③ Na : 건조사
④ CaO : 물통

해설 CaO(산화칼슘=생석회)는 위험물에 해당하지 않으며 물과 접촉하면 발열만 한다.

답 ④

24. 다음 각 위험물의 저장소에서 화재가 발생하였을 때 물을 사용하여 소화할 수 있는 물질은?

① K_2O_2 ② CaC_2
③ Al_4C_3 ④ P_4

해설 P_4(황린)은 제3류 위험물 중 자연발화성물질이며 공기 중에서 연소하며 물과는 반응성이 없으므로 물을 보호액으로 사용한다. 보호액은 pH9의 약알칼리 수용액으로 한다.

참고
- K_2O_2(과산화칼륨)은 제1류 위험물(산화성고체)중 알칼리금속의 과산화물로 물과 반응하면 격렬히 반응하며 산소(O_2)를 발생한다.
- CaC_2(탄화칼슘)은 제3류 위험물 중 금수성물질로 물과 반응하면 격렬히 발열하며 아세틸렌(C_2H_2)을 발생한다.
- Al_4C_3(탄화알루미늄)은 제3류 위험물 중 금수성물질로 물과 반응하면 격렬히 발열하며 메테인(CH_4)을 발생한다.

답 ④

25. 위험물안전관리법령상 소화설비의 설치기준에서 제조소등에 전기설비(전기배선, 조명기구 등은 제외)가 설치된 경우에는 해당 장소의 면적 몇 m^2 마다 소형수동식소화기를 1개 이상 설치하여야 하는가?

① 50 ② 75
③ 100 ④ 150

해설 소형수동식소화기의 설치개수 100m^2 마다 1개 이상 설치한다.

답 ③

26. 위험물안전관리법령상 이동저장탱크(압력탱크)에 대해 실시하는 수압시험은 용접부에 대한 어떤 시험으로 대신할 수 있는가?

① 비파괴시험과 기밀시험 ② 비파괴시험과 충수시험
③ 충수시험과 기밀시험 ④ 방폭시험과 충수시험

해설 이동저장탱크(압력탱크)에 대해 실시하는 수압시험은 비파괴시험과 기밀시험으로 대신 할 수 있다.

답 ①

27. 다음 [보기]에서 열거한 지정수량을 모두 합산한 값은?

〈보기〉
과아이오딘산, 과아이오딘산염류, 과염소산, 과염소산염류

① 450kg ② 500kg
③ 950kg ④ 1,200kg

해설
- 위험물의 지정수량
  아이오딘산 : 300kg, 아이오딘산염류 : 300kg, 과염소산 : 300kg, 과염소산염류 : 50kg
- 지정수량의 합계
  300kg+300kg+300kg+50kg=960kg

답 ③

28. 다음 중 화재 시 다량의 물에 의한 냉각소화가 가장 효과적인 것은?

① 금속의 수소화물 ② 알칼리금속과산화물
③ 유기과산화물 ④ 금속분

해설 유기과산화물은 제5류 위험물(자기반응성물질)로서 화재시 다량의 주수에 의한 냉각소화가 효과적이다.

답 ③

29. 위험물안전관리법령상 옥내소화전설비의 기준으로 옳지 않은 것은?
① 소화전함은 화재발생 시 화재 등에 의한 피해의 우려가 많은 장소에 설치하여야 한다.
② 호스접속구는 바닥으로부터 1.5m 이하의 높이에 설치한다.
③ 가압송수장치의 시동을 알리는 표시등은 적색으로 한다.
④ 별도의 정해진 조건을 충족하는 경우는 가압송수장치의 시동표시등을 설치하지 않을 수 있다.

해설 옥내소화전함은 불연재료로 제작하고 점검에 편리하고 화재발생시 연기가 충만할 우려가 없는 장소 등 쉽게 접근이 가능하고 화재 등에 의한 피해를 받을 우려가 적은 장소에 설치할 것

답 ①

30. 불활성가스소화약제 중 IG-55의 구성성분을 모두 나타낸 것은?
① 질소
② 이산화탄소
③ 질소와 아르곤
④ 질소, 아르곤, 이산화탄소

해설 불활성가스소화약제의 구성성분
• IG-100 : 질소 100%
• IG-55 : 질소와 아르곤의 용량비가 50대 50인 혼합물
• IG-541 : 질소와 아르곤과 이산화탄소의 용량비가 52대 40대 8인 혼합물
• IG-01 : 아르곤 100%

답 ③

31. ABC급 화재에 적응성이 있으며 열분해 되어 부착성이 좋은 메타인산을 만드는 분말소화약제는?
① 제1종   ② 제2종
③ 제3종   ④ 제4종

해설 • 제3종 분말소화약제의 열분해반응식

$$NH_4H_2PO_4 \xrightarrow{\Delta} HPO_3 + NH_3\uparrow + H_2O$$
(인산암모늄) (메타인산) (암모니아) (물)

답 ③

32. 정전기를 유효하게 제거할 수 있는 설비를 설치하고자 할 때 위험물 안전관리법령에서 정하는 정전기 제거 방법의 기준으로 옳은 것은?
① 공기 중의 상대습도를 70% 이상으로 하는 방법
② 공기 중의 상대습도를 70% 미만으로 하는 방법
③ 공기 중의 절대습도를 70% 이상으로 하는 방법
④ 공기 중의 절대습도를 70% 미만으로 하는 방법

해설 위험물 안전관리법에서 정하는 정전기 제거방법
- 접지할 것
- 공기 중의 상대습도를 70% 이상으로 할 것
- 공기를 이온화시킬 것

참고
- 상대습도 : 온도변화에 따른 대기 중의 포화수증기량을 100으로 했을 때 같은 온도에서 실제 대기중에 포함된 수증기량을 환산한 것
- 절대습도 : 건조공기 1m³ 중에 포함되어 있는 수증기의 중량

답 ①

33. 자연발화가 일어날 수 있는 조건으로 가장 옳은 것은?
① 주위의 온도가 낮을 것
② 표면적이 작을 것
③ 열전도율이 작을 것
④ 발열량이 작을 것

해설 열전도율이 작은 물질일수록 열의 축적이 잘 되므로 발화되기 쉽다.

답 ③

34. 다음은 제4류 위험물에 해당하는 물품의 소화방법을 설명한 것이다. 소화효과가 가장 떨어지는 것은?
① 산화프로필렌 : 알코올형 포로 질식소화한다.
② 아세톤 : 수성막포를 이용하여 질식소화한다.
③ 이황화탄소 : 탱크 또는 용기 내부에서 연소하고 있는 경우에는 물을 사용하여 질식소화한다.
④ 다이에틸에터 : 이산화탄소소화설비를 이용하여 질식소화한다.

해설 아세톤(CH_3COCH_3)은 제4류 위험물(인화성액체) 제1석유류 중 수용성이므로 화재발생시 수성막포를 사용하면 소포되므로 특수포인 알코올포 소화약제를 사용하여 질식소화한다.

답 ②

35. 피리딘 20,000리터에 대한 소화설비의 소요단위는?
① 5단위
② 10단위
③ 15단위
④ 100단위

해설 위험물 1소요단위 : 지정수량의 10배
피리딘(C_5H_5N) : 제4류 위험물(인화성액체) 제1석유류중 수용성이므로 지정수량은 400L이다.

피리딘의 소요단위 = $\dfrac{20,000L}{400L \times 10}$ = 5소요단위

답 ①

36. 위험물제조소등에 설치하는 포소화설비에 있어서 포헤드 방식의 포헤드는 방호대상물의 표면적(m²) 얼마 당 1개 이상의 헤드를 설치하여야 하는가?
① 3
② 5
③ 9
④ 12

해설 해당 표면적 : 9m²

답 ③

37. 탄소 1mol이 완전 연소하는 데 필요한 최소 이론공기량은 약 몇 L인가? (단, 0℃, 1기압 기준이며, 공기 중 산소의 농도는 21vol%이다.)

① 10.7　　　　　　② 22.4
③ 107　　　　　　　④ 224

해설
- 탄소(C)의 연소반응

$$C + O_2 \rightarrow CO_2 \uparrow$$
　(탄소) (산소)　(이산화탄소)

PV=nRT에서 $V = \dfrac{nRT}{P}$

공기량 $V = \dfrac{nRT}{P} \times \dfrac{1}{0.21} = \dfrac{1 \times 0.082 \times (0+273)}{1} \times \dfrac{1}{0.21} = 106.6L \fallingdotseq 107L$

V(공기량) : ? ℓ, 계산식에 $\dfrac{1}{0.21}$ 을 곱하여 공기량을 구한다.

n(필요한 산소의 몰수) : 반응식에서 탄소(C) 1mol이 완전연소 하려면 1mol의 산소(O_2)가 필요하다.
그러므로 탄소(C) 1mol이 완전분해하면 1mol의 산소(O_2)가 필요하다.
R(기체상수) : 0.082atm · ℓ/mol · k
T(절대온도) : (0℃+273)k
P(압력) : 1atm

답 ③

38. 위험물 제조소에 옥내소화전 설비를 3개 설치하였다. 수원의 양은 몇 m^3 이상이어야 하는가?

① 7.8m^3　　　　　② 9.9m^3
③ 10m^3　　　　　 ④ 23.4m^3

해설 옥내소화전 수원의 양
7.8m^3×3=23.4m^3

참고 가장 많이 설치된 곳의 소화전의 수가 5개 이상이면 5개를 곱하여 구한다.

답 ④

39. 위험물안전관리법령상 옥내소화전설비의 비상전원은 자가발전설비 또는 축전지 설비로 옥내소화전설비를 유효하게 몇 분 이상 작동할 수 있어야 하는가?

① 10분　　　　　　② 20분
③ 45분　　　　　　④ 60분

해설 옥내소화전설비의 비상전원 : 45분 이상 작동할 것

답 ③

40. 수성막포소화약제를 수용성 알코올 화재 시 사용하면 소화효과가 떨어지는 가장 큰 이유는?

① 유독가스가 발생하므로
② 화염의 온도가 높으므로
③ 알코올은 포와 반응하여 가연성 가스를 발생하므로
④ 알코올이 포 속의 물을 탈취하여 포가 파괴되므로

해설 알코올은 수성막포 속의 물을 탈취하여 포를 파괴하므로 포가 파괴되지 않는 특수포(알코올포)를 사용한다.

답 ④

제3과목 위험물의 성질과 취급

41. 금속 칼륨에 관한 설명 중 틀린 것은?
   ① 연해서 칼로 자를 수 있다.
   ② 물속에 넣을 때 서서히 녹아 탄산칼륨이 된다.
   ③ 공기 중에서 빠르게 산화하여 피막을 형성하고 광택을 잃는다.
   ④ 등유, 경유 등의 보호액 속에 저장한다.

   해설 금속 칼륨(K)은 제3류 위험물 중 금수성물질에 해당하므로 물과의 접촉으로 급격히 반응하며 수소(H)를 발생하며 폭발적으로 연소하므로 물과의 접촉을 금한다.   **답** ②

42. 과산화수소의 성질에 대한 설명 중 틀린 것은?
   ① 에터에 녹지 않으며, 벤젠에 녹는다.
   ② 산화제이지만 환원제로서 작용하는 경우도 있다.
   ③ 물보다 무겁다.
   ④ 분해방지 안정제로 인산, 요산 등을 사용할 수 있다.

   해설 과산화수소(H_2O_2)는 제6류 위험물(산화성액체)이며 물, 에터, 알코올에 잘 녹으며, 석유, 벤젠등에 녹지 않는다.

   참고 과산화수소(H_2O_2)는 제6류 위험물(산화성액체)로서 강산화제이나 과망가니즈산칼륨($KMnO_4$), 이산화망가니즈(MnO_2)등 더 강한 산화제와 만나면 환원제로서 작용한다.   **답** ①

43. 위험물안전관리법령상 $C_6H_2(NO_2)_3OH$의 품명에 해당하는 것은?
   ① 유기과산화물
   ② 질산에스터류
   ③ 나이트로화합물
   ④ 아조화합물

   해설 트라이나이트로페놀[$C_6H_2OH(NO_2)_3$](피크린산)은 제5류 위험물(자기반응성물질)이며 품명은 나이트로화합물이다.   **답** ③

44. 위험물을 저장 또는 취급하는 탱크의 용량은?
   ① 탱크의 내용적에서 공간용적을 뺀 용적으로 한다.
   ② 탱크의 내용적으로 한다.
   ③ 탱크의 공간용적으로 한다.
   ④ 탱크의 내용적에 공간용적을 더한 용적으로 한다.

   해설 탱크의 용량 : 탱크의 내용적에서 공간용적을 뺀 용적으로 한다.   **답** ①

45. P_4S_7에 고온의 물을 가하면 분해된다. 이때 주로 발생하는 유독물질의 명칭은?
   ① 아황산   ② 황화수소
   ③ 인화수소   ④ 오산화인

해설 • 칠황화인(P_4S_7)과 물과의 반응
$$P_4S_7 + 13H_2O \rightarrow 7H_2S\uparrow + H_3PO_4 + 3H_3PO_3$$
(칠황화인)　(물)　　(황화수소)　(인산)　(아인산)

답 ②

46. 과산화칼륨에 대한 설명으로 옳지 않은 것은?
① 염산과 반응하여 과산화수소를 생성한다.
② 탄산가스와 반응하여 산소를 생성한다.
③ 물과 반응하여 수소를 생성한다.
④ 물과의 접촉을 피하고 밀전하여 저장한다.

해설 과산화칼륨(K_2O_2)과 물(H_2O)이 반응하면 수산화칼륨(KOH)과 산소(O_2)를 발생한다.

참고 • 과산화칼륨(K_2O_2)과 물(H_2O)과의 반응식
$$2K_2O_2 + 2H_2O \rightarrow 4KOH + O_2\uparrow$$
(과산화칼륨)　(물)　(수산화칼륨)　(산소)

답 ③

47. 염소산칼륨이 고온에서 완전 열분해할 때 주로 생성되는 물질은?
① 칼륨과 물 및 산소
② 염화칼륨과 산소
③ 이염화칼륨과 수소
④ 칼륨과 물

해설 염소산칼륨($KClO_3$)은 제1류 위험물(산화성고체)이며 고온에서 분해하면 염화칼륨(KCl)과 산소(O_2)를 발생한다.

참고 • 염소산칼륨($KClO_3$)의 완전 분해반응식
$$2KClO_3 \xrightarrow{\Delta} 2KCl + 3O_2\uparrow$$
(염소산칼륨)　(염화칼륨)　(산소)

답 ②

48. 위험물안전관리법령상 위험물의 운반에 관한 기준에서 적재하는 위험물의 성질에 따라 직사일광으로부터 보호하기 위하여 차광성 있는 피복으로 가려야 하는 위험물은?
① S
② Mg
③ C_6H_6
④ $HClO_4$

해설 $HClO_4$(과염소산)은 제6류 위험물(산화성액체)이며 직사일광으로부터 분해하여 산소(O_2) 발생의 위험이 있으므로 위험물을 운반할 경우 차광성 있는 피복으로 가려야 한다.

참고 위험물의 운반덮개
• 차광덮개를 하여야할 위험물
 제1류 위험물
 제3류 위험물 중 자연발화성물질
 제4류 위험물 중 특수인화물
 제5류 위험물
 제6류 위험물
• 방수성덮개를 하여야할 위험물
 제1류위험물 중 알칼리금속의 과산화물 또는 이를 함유한 것
 제2류위험물 중 철분, 금속분, 마그네슘 또는 이를 함유한 것
 제3류위험물 중 금수성물질

답 ④

49. 연소시에는 푸른 불꽃을 내며, 산화제와 혼합되어 있을 때 가열이나 충격 등에 의하여 폭발할 수 있으며 흑색화약의 원료로 사용되는 물질은?
① 적린
② 마그네슘
③ 황
④ 아연분

해설 흑색화약의 원료 황(S), 숯(C), 질산칼륨((KNO₃)이며, 황(S)은 연소시 푸른 불꽃을 낸다.

참고 • 흑색화약의 폭발반응식

$$2KNO_3 + S + 3C \xrightarrow{\Delta} K_2S + 3CO_2\uparrow + N_2\uparrow$$
(질산칼륨) (황) (탄소)   (황화칼륨) (이산화탄소) (질소)

답 ③

50. 다음과 같은 성질을 갖는 위험물로 예상할 수 있는 것은?

| • 지정수량 : 400L | • 증기비중 : 2.07 |
| • 인화점 : 12℃ | • 녹는점 : −89.5℃ |

① 메탄올
② 벤젠
③ 아이소프로필알코올
④ 휘발유

해설 본문내용 : 아이소프로필알코올[(CH₃)₂CHOH]의 성질

답 ③

51. 제5류 위험물 중 상온(25℃)에서 동일한 물리적 상태(고체, 액체, 기체)로 존재하는 것으로만 나열된 것은?
① 나이트로글리세린, 나이트로셀룰로오스
② 질산메틸, 나이트로글리세린
③ 트라이나이트로톨루엔, 질산메틸
④ 나이트로글리콜, 트라이나이트로톨루엔

해설 위험물의 상태
• 나이트로글리세린(액체), 나이트로셀룰로오스(고체)
• 질산메틸(액체), 나이트로글리세린(액체)
• 트라이나이트로톨루엔(고체), 질산메틸(액체)
• 나이트로글리콜(액체), 트라이나이트로톨루엔(고체)

답 ②

52. 아세톤과 아세트알데하이드에 대한 설명으로 옳은 것은?
① 증기비중은 아세톤이 아세트알데하이드보다 작다.
② 위험물안전관리법령상 품명은 서로 다르지만 지정수량은 같다.
③ 인화점과 발화점 모두 아세트알데하이드가 아세톤보다 낮다.
④ 아세톤의 비중은 물보다 작지만, 아세트알데하이드는 물보다 크다.

해설 • 증기비중

$$아세톤(CH_3COCH_3) = \frac{12 \times 3 + 6 + 16}{29} = 2$$

$$아세트알데하이드(CH_3CHO) = \frac{44}{29} = 1.517$$

- 지정수량
  아세톤 400L 아세트알데하이드 : 50L
- 인화점과 발화점
  아세트알데하이드(인화점 -38℃, 발화점 185℃)
  아세톤(인화점 -18℃, 발화점 538℃)
- 비중(물보다 가볍다)
  아세톤(0.79) 아세트알데하이드(0.78)

답 ③

53. 다음 중 특수인화물이 아닌 것은?
① CS_2
② $C_2H_5OC_2H_5$
③ CH_3CHO
④ HCN

해설 제4류 위험물의 품명
- CS_2(이황화탄소) : 특수인화물
- $C_2H_5OC_2H_5$(다이에틸에터) : 특수인화물
- CH_3CHO(아세트알데하이드) : 특수인화물
- HCN(사이안화수소) 제1석유류 중 수용성

답 ④

54. 위험물안전관리법령상 주유취급소에서의 위험물 취급기준에 따르면 자동차 등에 인화점 몇 ℃ 미만의 위험물을 주유할 때에는 자동차 등의 원동기를 정지시켜야 하는가? (단, 원칙적인 경우에 한한다.)
① 24
② 25
③ 40
④ 80

해설 해당 인화점 40℃ 미만

답 ③

55. $C_2H_5OC_2H_5$의 성질 중 틀린 것은?
① 전기 양도체이다.
② 물에는 잘 녹지 않는다.
③ 유동성의 액체로 휘발성이 크다.
④ 공기 중 장시간 방치 시 폭발성 과산화물을 생성 할 수 있다.

해설 $C_2H_5OC_2H_5$(다이에틸에터)는 제4류 위험물(인화성액체) 특수인화물이며 전기의 부도체이므로 유체의 마찰에 의하여 정전기 발생하므로 주의하여야 한다.

답 ①

56. 다음 중 자연발화의 위험성이 제일 높은 것은?
① 야자유
② 올리브유
③ 아마인유
④ 피마자유

해설 동식물유류 중 자연발화의 위험성이 있는 것은 아이오딘값 130 이상인 건성유이다.

참고 동식물유류의 구분
- 건성유 : 해바라기유, 동유, 아마인유, 들기름, 정어리기름등
- 반건성유 : 청어유, 쌀겨기름, 면실유(목화씨유), 채종유, 옥수수유, 참기름, 콩기름(대두유)등
- 불건성유 : 피마자유, 올리브유, 팜유, 땅콩기름, 야자유등

답 ③

57. 고체위험물은 운반용기의 내용적의 몇 % 이하의 수납율로 수납하여야 하는가?

① 90 ② 95
③ 98 ④ 99

해설
- 고체위험물의 수납율 : 95% 이하
- 액체위험물의 수납율 : 98% 이하

답 ②

58. 황린이 연소할 때 발생하는 가스와 수산화나트륨 수용액과 반응하였을 때 발생하는 가스를 차례대로 나타낸 것은?

① 오산화인, 인화수소 ② 인화수소, 오산화인
③ 황화수소, 수소 ④ 수소, 황화수소

해설
- 황린(P_4)의 연소반응식
  $$P_4 + 5O_2 \rightarrow 2P_2O_5$$
  (황린)　(산소)　(오산화인)
- 황린(P_4)과 수산화나트륨(NaOH) 수용액과의 반응식
  $$P_4 + 3NaOH + 3H_2O \rightarrow 3NaH_2PO_2 + PH_3\uparrow$$
  (황린)　(수산화나트륨)　(물)　(차아인산나트륨)　(인화수소)

답 ①

59. 제4류 위험물의 일반적인 성질에 대한 설명 중 가장 거리가 먼 것은?

① 인화되기 쉽다.
② 인화점, 발화점이 낮은 것은 위험하다.
③ 증기는 대부분 공기보다 가볍다.
④ 액체비중은 대체로 물보다 가볍고 물에 녹기 어려운 것이 많다.

해설 제4류 위험물(인화성액체)의 증기는 대부분 공기보다 무거우므로 낮은 곳에 체류하며 점화원에 의하여 폭발위험이 있으므로 높은 곳으로 배출시킨다.

답 ③

60. 위험물안전관리법령상 지정수량의 10배를 초과하는 위험물을 취급하는 제조소에 확보하여야하는 보유공지의 너비의 기준은?

① 1m 이상 ② 3m 이상
③ 5m 이상 ④ 7m 이상

해설 위험물 제조소의 보유공지
- 지정수량 10배 이하 : 3m 이상
- 지정수량 10배 초과 : 5m 이상

답 ③

2019. 9. 21 시행 산업기사

각 과목별 100점 만점에 40점 이상 득점하고 전 과목 평균 60점 이상 받아야 합격합니다.

제1과목 일반화학

1. 금속은 열, 전기를 잘 전도한다. 이와 같은 물리적 특성을 갖는 가장 큰 이유는?
① 금속의 원자 반지름이 크다.
② 자유전자를 가지고 있다.
③ 비중이 대단히 크다.
④ 이온화에너지가 매우 크다.

해설 자유전자는 금속 원자와 원자 사이에서 시계방향과 반시계방향으로 회전하면서 금속원자와 원자를 결합시키고 열과 전기를 전도시키는 역할을 한다.

답 ②

2. 20℃에서 NaCl 포화용액을 잘 설명한 것은? (단, 20℃에서 NaCl의 용해도는 36이다.)
① 용액 100g 중에 NaCl이 36g 녹아있을 때
② 용액 100g 중에 NaCl이 136g 녹아있을 때
③ 용액 136g 중에 NaCl이 36g 녹아있을 때
④ 용액 136g 중에 NaCl이 136g 녹아있을 때

해설 용해도란 포화용액에서 용매 100g에 녹아있는 용질의 g수를 말한다. (반드시 온도표시)
• NaCl의 용해도 36은 용액 136g에 NaCl 36g이 녹아있는 상태이다.

답 ③

3. 수성가스(water gas)의 주성분을 옳게 나타낸 것은?
① CO_2, CH_4
② CO, H_2
③ CO_2, H_2, O_2
④ H_2, H_2O

해설 수성가스는 일산화탄소(CO)와 수소(H_2)의 혼합가스이다.
• 수성가스는 가열된 코크스(C)에 물을 작용시켜 만든다.
$$C + H_2O \rightarrow CO\uparrow + H_2\uparrow$$
(탄소) (물) (일산화탄소) (수소)

답 ②

4. 질산나트륨의 물 100g에 대한 용해도는 80℃에서 148g, 20℃에서 88g이다. 80℃의 포화용액 100g을 70g으로 농축시켜서 20℃로 냉각시키면, 약 몇 g의 질산나트륨이 석출되는가?
① 29.4
② 40.3
③ 50.6
④ 59.7

해설 용매=물, 용질=질산나트륨, 용액=질산나트륨수용액
- 80℃에서 용해도 148은 용매 100g에 용질 148g이 녹아서 248g의 용액을 만든다.
- 80℃에서 용액 100g에 녹아있는 용질의 양
 248g : 148g = 100g : X에서
 X = $\frac{100 \times 148}{248}$ = 59.677g
 용액 100g 중 용매의 양
 100g-59.677g=40.323g
 용액 100g을 70g으로 농축하였을 때 용매의 양
 40.323g-30g = 10.323g
 ∴ 용매 10.323g일 때 용질의 양 59.677g
- 20℃에서 용해도 88은 용매 100g에 용질 88g이 녹아서 188g의 용액을 만든다.
- 20℃에서 용매 10.323g일 때 용질의 양
 100g : 88g = 10.323g : X
 X = $\frac{10.323 \times 88}{100}$ = 9.084g
 ∴ 석출량
 59.677g-9.084g=50.593≒50.6g

5. 다음은 열역학 제 몇 법칙에 대한 내용인가?

"0K(절대영도)에서 물질의 엔트로피는 0이다."

① 열역학 제 0법칙 ② 열역학 제 1법칙
③ 열역학 제 2법칙 ④ 열역학 제 3법칙

해설
- 열역학 제 0법칙(열평형의 법칙) : A와 B가 열평형상태에 있고 B와 C가 열평형상태에 있다면 A와 C도 열평형상태에 있다고 하는 법칙
- 열역학 제 1법칙(에너지 보존의 법칙) : 기체에 공급한 열에너지는 기체 내부 에너지의 증가와 기체가 외부에 한 일의 합과 같다.
- 열역학 제 2법칙(에너지의 방향성의 법칙) : 열은 스스로 고온에서 저온으로 흐른다. 열효율 100%인 기관은 없다.
- 열역학 제 3법칙(절대영도에서 엔트로피에 관한 법칙) : 절대 0도(0K)에서 엔트로피의 변화는 0이다.

참고 엔트로피(무질서도의 척도) : 물리계에서 일을 하는데 사용할 수 없는 에너지를 나타내는 척도

6. 다음과 같은 구조를 가진 전지를 무엇이라 하는가?

(−)Zn | H_2SO_4 | Cu(+)

① 볼타전지 ② 다니엘전지
③ 건전지   ④ 납축전지

해설 본문의 전지 : 볼타전지
- 다니엘전지 : (−)Zn | $ZnSO_4$ ‖ $CuSO_4$ | Cu(+)
- 건전지 : (−)Zn ‖ NH_4Cl ‖ MnO_2 · C(+)
- 납축전지 : (−)Pb ‖ H_2SO_4 ‖ PbO_2(+)

7. 다음과 같은 경향성을 나타내지 않는 것은?

> Li < Na < K

① 원자번호 ② 원자반지름
③ 제1차 이온화에너지 ④ 전자수

해설 이온화 에너지 : 기체 상태의 금속원자로부터 전자 하나를 떼어내 금속을 양이온으로 만드는 데 필요한 에너지를 말한다. 알칼리 금속(1족)의 이온화 에너지는 Li,> Na,> K 순서로 작아진다.

답 ③

8. 다음의 염을 물에 녹일 때 염기성을 띠는 것은?
① Na_2CO_3 ② NaCl
③ NH_4Cl ④ $(NH_4)_2SO_4$

해설 염을 물에 녹일 때 액체의 성질
- Na_2CO_3(탄산나트륨) : 염기성
- NaCl(염화나트륨) : 중성
- NH_4Cl(염화암모늄) : 산성
- $(NH_4)_2SO_4$(황산암모늄) : 산성

참고 산과 염기(물에 녹는 염기를 알칼리라 한다)가 중화하여 염을 만들 때 염의 액체성질은 산과 염기 중 강한 쪽의 액체의 성질을 갖는다.
※ NaCl(염화나트륨)은 강염기인 NaOH(수산화나트륨)과 강산인 HCl(염산)이 중화하여 만든 염이므로 액체의 성질은 중성이다.

답 ①

9. 다음 중 배수비례의 법칙이 성립되지 않는 것은?
① H_2O와 H_2O_2 ② SO_2와 SO_3
③ N_2O와 NO ④ O_2와 O_3

해설 배수비례의 법칙 : A와 B 두 원소가 화합하여 2가지 이상의 화합물을 만들 때 A원소의 일정량과 결합하는 다른 원소 B의 질량에는 간단한 정수비가 성립된다.

답 ④

10. 어떤 원자핵에서 양성자의 수가 3이고, 중성자의 수가 2일 때 질량수는 얼마인가?
① 1 ② 3
③ 5 ④ 7

해설 원자량 : 양성자의 수 3과 중성자의 수 2를 더한 질량수가 원자량이다.

답 ③

11. 다음 중 $KMnO_4$의 Mn의 산화수는?
① +1 ② +3
③ +5 ④ +7

해설 산화수 : 중성분자의 산화수의 합은 0이다.
$KMnO_4$에서 $K^{+1}Mn^XO^{-2}_4$
+1+X+(-2×4)=0에서 X=-1+8=+7

답 ④

12. 콜로이드 용액을 친수콜로이드와 소수콜로이드로 구분할 때 소수콜로이드에 해당하는 것은?
① 녹말　　　　　　　　② 아교
③ 단백질　　　　　　　④ 수산화철(Ⅲ)

> **해설**
> • 친수콜로이드 : 다량의 전해질로 침전하는 것
>   젤라틴, 알부민 등 단백질, 녹말, 점토, 아교, 한천, 실리카(산화규소), 주석산등
> • 소수콜로이드 : 소량의 전해질로 침전하는 것
>   수산화철[Fe(OH)₃], 수산화알루미늄[Al(OH)₃] 등

답 ④

13. 기하이성질체 때문에 극성 분자와 비극성 분자를 가질 수 있는 것은?
① C_2H_4　　　　　　② C_2H_3Cl
③ $C_2H_2Cl_2$　　　　　④ C_2HCl_3

> **해설**
> • C_2H_4(에틸렌)은 기하이성질체를 가질 수 있으며
> • C_2H_3Cl(염화비닐), $C_2H_2Cl_2$(다이클로로에틸렌), C_2HCl_3(트라이클로로에틸렌)은 가지고 있다.
>
> **참고** 기하이성질체 : 분자 내의 같은 원자나 원자단의 상대적 위치 차이로 생기는 이성질체로, 이중 결합을 가지는 탄소 화합물에서 생기며 시스(cis)형과 트랜스(trans)형 등 두 가지가 있다.

답 ①

14. n그램(g)의 금속을 묽은 염산에 완전히 녹였더니 m몰의 수소가 발생하였다. 이 금속의 원자가를 2가로 하면 이 금속의 원자량은?
① $\dfrac{n}{m}$　　　　　　② $\dfrac{2n}{m}$
③ $\dfrac{n}{2m}$　　　　　　④ $\dfrac{2m}{n}$

> **해설**
> n　+　2HCl　→　nCl₂　+　H₂↑
> m몰　　　　　　　　　　　m몰
> 원자량 = $\dfrac{\text{금속의 질량}(n)}{\text{몰수}(m)} = \dfrac{n}{m}$

답 ①

15. 제3주기에서 음이온이 되기 쉬운 경향성은? (단, 0족(18족)기체는 제외한다.)
① 금속성이 큰 것
② 원자의 반지름이 큰 것
③ 최외각 전자수가 많은 것
④ 염기성 산화물을 만들기 쉬운 것

> **해설** 제3주기의 원소들이 음이온이 되기 쉬운 경향
> • 최외각 전자수가 작은 나트륨(Na), 마그네슘(Mg), 알루미늄(Al)과 같은 금속은 전자를 버리므로 양이온이 되기 쉽다.
> • 최외각 전자수가 많은 인(P), 황(S), 염소(Cl)와 같은 비금속은 전자를 잘 받아들이므로 음이온이 되기 쉽다.

답 ③

16. 황산구리(Ⅱ) 수용액을 전기분해 할 때, 63.5g의 구리를 석출시키는데 필요한 전기량은 몇 F인가? (단, Cu의 원자량은 63.5이다.)
① 0.635F   ② 1F
③ 2F   ④ 63.5F

해설 페러데이 제2법칙에서 전기분해할 때 양극에서 생성되는 물질의 양은 화학당량에 비례한다.(1F의 전기량으로 1g당량의 물질이 생성된다.)
Cu(구리)1g당량 = $\frac{1g원자량}{원자가}$ = $\frac{63.5g}{2}$ = 31.75g
Cu(구리) 63.5g은 2g당량이므로 2g당량의 구리를 석출하기 위해서는 2F의 전기량이 필요하다.   **답** ③

17. $[H^+]=2\times 10^{-6}M$인 용액의 pH는 약 얼마인가?
① 5.7   ② 4.7
③ 3.7   ④ 2.7

해설 수소이온지수(pH) = $\log\frac{1}{[10^{-6}\times 2]}$ = $-\log[10^{-6}\times 2]$ = $6-\log 2$ = $5.698 \fallingdotseq 5.7$ **답** ①

18. 프로페인 1kg을 완전 연소시키기 위해 표준상태의 산소가 약 몇 m^3가 필요한가?
① 2.55   ② 5
③ 7.55   ④ 10

해설 프로페인(C_3H_8)의 연소반응식
 $C_3H_8 + 5O_2 \rightarrow 3CO_2 + 4H_2O$
 (프로페인) (산소)   (이산화탄소) (물)
1kmol(44kg)의 프로페인이 완전연소하기 위하여 5kmol의 산소가 필요하므로 표준상태에서 모든 기체 1kmol의 체적은 $22.4m^3$/kmol이다.
∴ 산소량 = 44kg/kmol : $5\times 22.4m^3$/kmol
       = 1kg : X
X = $\frac{1\times 5\times 22.4}{44}$ = 2.545 ≒ 2.55m^3 **답** ①

19. 상온에서 1L의 순수한 물에는 H^+와 OH^-가 각각 몇 g 존재하는가? (단, H의 원자량은 1.008×10^{-7}g/mol이다.)
① 1.008×10^{-7}, 17.008×10^{-7}
② $1,000\times \frac{1}{18}$, $1,000\times \frac{17}{18}$
③ 18.016×10^{-7}, 18.016×10^{-7}
④ 1.008×10^{-14}, 17.008×10^{-14}

해설 25℃에서 1L의 순수한 물에는 수소이온[H^+]이 1.008×10^{-7}g, 수산이온[OH^-]이 17.008×10^{-7}g 존재한다.   **답** ①

20. 메테인에 염소를 작용시켜 클로로포름을 만드는 반응을 무엇이라 하는가?
① 중화반응　　　　　② 부가반응
③ 치환반응　　　　　④ 환원반응

해설 본문의 반응: 치환반응

답 ③

제2과목 화재 예방과 소화방법

21. 위험물제조소에 옥내소화전을 각 층에 8개씩 설치하도록 할 때 수원의 최소 수량은 얼마인가?
① $13m^3$　　　　　② $20.8m^3$
③ $39m^3$　　　　　④ $62.4m^3$

해설 소화전이 가장 많이 설치된 층의 소화전의 수(5개 이상일 경우 5개)에 $7.8m^3$를 곱하여 구한다.
수원의 수량 = 5개 × $7.8m^3$/개 = $39m^3$

답 ③

22. 자연발화가 잘 일어나는 조건에 해당하지 않는 것은?
① 주위 습도가 높을 것　　② 열전도율이 클 것
③ 주위 온도가 높을 것　　④ 표면적이 넓을 것

해설 자연발화가 잘 일어나는 조건
- 주위 습도가 높을 것
- 열전도율이 작을 것
- 주위 온도가 높을 것
- 표면적이 넓을 것

답 ②

23. 제1인산암모늄 분말 소화약제의 색상과 적응화재를 옳게 나타낸 것은?
① 백색, BC급　　　　② 담홍색, BC급
③ 백색, ABC급　　　 ④ 담홍색, ABC급

해설 제1인산암모늄 분말 소화약제
- 제1인산암모늄(제3종 분말) : $NH_4H_2PO_4$
- 약제의 색상 : 담홍색
- 적응화재 : ABC급

답 ④

24. 과산화수소 보관 장소에 화재가 발생하였을 때 소화방법으로 틀린 것은?
① 마른모래로 소화한다.
② 환원성 물질을 사용하여 중화 소화한다.
③ 연소의 상황에 따라 분무주수도 효과가 있다.
④ 다량의 물을 사용하여 소화할 수 있다.

해설 과산화수소(H_2O_2)는 제6류 위험물(산화성고체)이며 강산화제로서 환원성 물질과 혼합하면 폭발의 위험물을 가지므로 접촉을 피하여야 한다.

달 ②

25. 자체소방대에 두어야 하는 화학소방자동차 중 포수용액을 방사하는 화학소방자동차는 전체 법정 화학소방자동차 대수의 얼마 이상으로 하여야 하는가?
① 1/3
② 2/3
③ 1/5
④ 2/5

해설 포수용액을 방사하는 화학소방자동차는 전체 법정 화학소방자동차 대수의 2/3 이상으로 한다.

달 ②

26. 강화액 소화기에 대한 설명으로 옳은 것은?
① 물의 유동성을 강화하기 위한 유화제를 첨가한 소화기이다.
② 물의 표면장력을 강화하기 위해 탄소를 첨가한 소화기이다.
③ 산·알칼리 액을 주성분으로 하는 소화기이다.
④ 물의 소화효과를 높이기 위해 염류를 첨가한 소화기이다.

해설 강화액 소화기는 물의 빙점을 낮추어 겨울철이나 한냉지에서 사용하기 위하여 염류인 탄산칼륨(K_2CO_3)을 첨가한 소화기이다.

달 ④

27. 할로젠화합물 소화약제의 구비조건과 거리가 먼 것은?
① 전기절연성이 우수할 것
② 공기보다 가벼울 것
③ 증발 잔유물이 없을 것
④ 인화성이 없을 것

해설 할로젠화합물 소화약제의 증기는 공기보다 무거워 화재면을 덮어야 한다.

달 ②

28. 제조소 건축물로 외벽이 내화구조인 것의 1소요단위는 연면적이 몇 m^2인가?
① 50
② 100
③ 150
④ 1,000

해설 소요단위(1단위)
- 제조소 또는 취급소용 건축물로 외벽이 내화구조인 것 : 연면적 $100m^2$
- 제조소 또는 취급소용 건축물로 외벽이 내화구조이외인 것 : 연면적 $50m^2$
- 저장소용 건축물로 외벽이 내화구조인 것 : 연면적 $150m^2$
- 저장소용 건축물로 외벽이 내화구조 이외인 것 : 연면적 $75m^2$
- 위험물 : 지정수량 10배
※ 제조소등의 옥외에 설치된 공작물은 외벽이 내화구조인 것으로 간주하고 최대수평투영면적을 연면적으로 간주한다.

달 ②

29. 위험물안전관리법령상 옥내소화전설비에 관한 기준에 대해 다음 (   )에 알맞은 수치를 옳게 나열한 것은?

> 옥내소화전설비는 각 층을 기준으로 하여 당해 층의 모든 옥내소화전(설치개수가 5개 이상인 경우는 5개의 옥내소화전)을 동시에 사용할 경우 각 노즐 선단의 방수압력이 (ⓐ)kPa 이상이고 방수량이 1분당 (ⓑ)L 이상의 성능이 되도록 할 것

① ⓐ 350, ⓑ 260　　② ⓐ 450, ⓑ 260
③ ⓐ 350, ⓑ 450　　④ ⓐ 450, ⓑ 450

해설 옥내소화전설비에 관한 기준
- 노즐 선단의 방수압력 : 350kPa 이상일 것
- 방수량 : 1분당 260L 이상
- 소화전 1개당 수원의 양 : 7.8m³
- 비상전원 작동시간 : 45분 이상

답 ①

30. 분말소화약제 중 열분해 시 부착성이 있는 유리상의 메타인산이 생성되는 것은?

① Na_3PO_4　　② $(NH_4)_3PO_4$
③ $NaHCO_3$　　④ $NH_4H_2PO_4$

해설 • 인산암모늄($NH_4H_2PO_4$)의 열분해반응식

$$NH_4H_2PO_4 \xrightarrow{\triangle} HPO_3 + NH_3\uparrow + H_2O$$
(인산암모늄)　　(메타인산)　(암모니아)　(물)

답 ④

31. 종별 분말소화약제에 대한 설명으로 틀린 것은?
① 제1종은 탄산수소나트륨을 주성분으로 한 분말
② 제2종은 탄산수소나트륨과 탄산칼륨을 주성분으로 한 분말
③ 제3종은 제일인산암모늄을 주성분으로 한 분말
④ 제4종은 탄산수소칼륨과 요소와의 반응물을 주성분으로 한 분말

해설 제2종 분말은 탄산수소칼륨($KHCO_3$)을 주성분으로 한 분말이다.

참고 • 제2종 분말소화약제($KHCO_3$)의 열분해반응식

$$2KHCO_3 \xrightarrow{\triangle} K_2CO_3 + CO_2\uparrow + H_2O$$
(탄산수소칼륨)　(탄산칼륨)　(이산화탄소)　(물)

답 ②

32. 연소의 주된 형태가 표면 연소에 해당하는 것은?
① 석탄　　② 목탄
③ 목재　　④ 황

해설 연소의 주된 형태
- 석탄 : 분해연소
- 목탄(숯) : 표면연소
- 목재 : 분해연소
- 황 : 증발연소

답 ②

33. 제1류 위험물 중 알칼리금속의 과산화물을 저장 또는 취급하는 위험물제조소에 표시하여야 하는 주의사항은?
① 화기엄금
② 물기엄금
③ 화기주의
④ 물기주의

해설 제1류 위험물 중 알칼리금속의 과산화물을 제조하는 위험물제조소에 표시하여야 하는 주의사항 기준
• 규격 : 한 변의 길이가 0.3m 이상 다른 한 변의 길이가 0.6m 이상인 직사각형
• 색상 및 문자 : 청색바탕에 백색문자로 "물기엄금"

답 ②

34. 마그네슘 분말의 화재시 이산화탄소 소화약제는 소화적응성이 없다. 그 이유로 가장 적합한 것은?
① 분해 반응에 의하여 산소가 발생하기 때문이다.
② 가연성의 일산화탄소 또는 탄소가 생성되기 때문이다.
③ 분해반응에 의하여 수소가 발생하고 이 수소는 공기 중의 산소와 폭명반응을 하기 때문이다.
④ 가연성의 아세틸렌가스가 발생하기 때문이다.

해설 • 마그네슘(Mg)과 이산화탄소(CO_2)의 폭발반응 메커니즘

$Mg + CO_2 \rightarrow MgO + CO$
+) $Mg + CO \rightarrow MgO + C$
─────────────────────────
$2Mg + CO_2 \rightarrow 2MgO + C$
(마그네슘) (이산화탄소) (산화마그네슘) (탄소)

답 ②

35. 제3류 위험물의 소화방법에 대한 설명으로 옳지 않은 것은?
① 제3류 위험물은 모두 물에 의한 소화가 불가능하다.
② 팽창질석은 제3류 위험물에 적응성이 있다.
③ K, Na의 화재시에는 물을 사용할 수 없다.
④ 할로젠화합물소화설비는 제3류 위험물에 적응성이 없다.

해설 제3류 위험물의 소화방법
• 금수성물질 : 물에 의한 소화가 불가능
• 자연발화성물질(황린) : 주수소화 가능, 마른 모래등

답 ①

36. 위험물안전관리법령상 위험물 저장·취급시 화재 또는 재난을 방지하기 위하여 자체소방대를 두어야 하는 경우가 아닌 것은?
① 지정수량의 3천배 이상의 제4류 위험물을 저장·취급하는 제조소
② 지정수량의 3천배 이상의 제 4류 위험물을 저장·취급하는 일반 취급소
③ 지정수량의 2천배의 제4류 위험물을 취급하는 일반취급소와 지정수량의 1천배의 제4류 위험물을 취급하는 제조소가 동일한 사업소에 있는 경우
④ 이송취급소

해설 자체소방대를 두어야 하는 경우의 기준에 이송취급소는 해당하지 아니한다.

답 ④

37. 위험물제조소등에 펌프를 이용한 가압송수장치를 사용하는 옥내소화전을 설치하는 경우 펌프의 전양정은 몇 m인가? (단, 소화용 호스의 마찰손실수두는 6m, 배관의 마찰손실수두는 1.7m, 낙차는 32m이다.)
① 56.7
② 74.7
③ 64.7
④ 39.87

해설 가압송수장치를 사용하는 옥내소화전을 설치하는 경우 펌프의 전양정(P)
H=h1+h2+h3+35m
∴ H=6m+1.7m+32m+35m=74.7m

답 ②

38. 경보 설비를 설치하여야 하는 장소에 해당되지 않는 것은?
① 지정수량 100배 이상의 제3류 위험물을 저장·취급하는 옥내저장소
② 옥내주유취급소
③ 연면적 500m²이고 취급하는 위험물의 지정수량이 100배인 제조소
④ 지정수량 10배 이상의 제4류 위험물을 저장·취급하는 이동탱크 저장소

해설 자동화재탐지설비의 설치 기준(이동탱크저장소를 제외한다.)

제조소등의 구분	제조소등의 규모, 저장 또는 취급하는 위험물의 종류 및 최대수량 등
제조소·일반취급소	• 연면적 500m² 이상인 곳 • 옥내에서 지정수량의 100배 이상을 취급하는 것(고인화점 위험물만을 100℃ 미만의 온도에서 자동화 재취급하는 것을 제외한다.)
옥내저장소	• 연면적 150m² 초과하는 것 • 지정수량의 100배 이상을 저장 또는 취급하는 것(고인화점 위험물만을 저장 또는 취급하는 것을 제외한다.) • 처마높이 6m 이상인 단층건물
옥내탱크저장소	단층건축물외의 건축물에 설치된 옥내탱크저장소로서 소화난이도 등급 I에 해당하는 것
주유취급소	옥내주유취급소

답 ④

39. 불활성가스 소화약제 중 IG-541의 구성성분이 아닌 것은?
① 질소
② 브로민
③ 아르곤
④ 이산화탄소

해설 IG(이너젠가스)는 질소(N_2), 아르곤(Ar), 이산화탄소(CO_2)의 단독 또는 혼합물로 되어있다.

참고 IG(이너젠가스)의 구성
• IG-01(아르곤 100%)
• IG-100(질소 100%)
• IG-55(질소 50%, 아르곤 50%)
• IG-541(질소 52%, 아르곤 40%, 이산화탄소 8%)

답 ②

40. 이산화탄소 소화기 사용 중 소화기 방출구에서 생길 수 있는 물질은?
① 포스겐
② 일산화탄소
③ 드라이아이스
④ 수소가스

해설 이산화탄소소화약제가 방출될 때 소화기의 방출구에는 줄·톰슨효과에 의하여 만들어진 고체상태의 이산화탄소(드라이아이스)가 생긴다.

답 ③

제3과목 위험물의 성질과 취급

41. 다음 중 위험물의 저장 또는 취급에 관한 기술상의 기준과 관련하여 시·도의 조례에 의해 규제를 받는 경우는?
① 등유 2,000L를 저장하는 경우
② 중유 3,000L를 저장하는 경우
③ 윤활유 5,000L를 저장하는 경우
④ 휘발유 400L를 저장하는 경우

해설 지정수량 미만의 위험물은 시·도의 조례에 의한다. 그러므로 윤활유는 제4류 위험물(인화성 액체) 제4석유류이며, 지정수량이 6,000L이므로 윤활유 5,000L는 지정수량 미만에 해당된다.
위험물의 지정수량
• 등유 1,000L
• 중유 2,000L
• 윤활유 6,000L
• 휘발유 200L

답 ③

42. 다음 중 과망가니즈산칼륨과 혼촉하였을 때 위험성이 가장 낮은 물질은?
① 물
② 다이에틸에터
③ 글리세린
④ 염산

해설 과망가니즈산칼륨($KMnO_4$)은 제1류 위험물(산화성고체)로서 과망가니즈산염류에 속하는 강산화제로서 가연물등과 혼합되면 발화의 위험이 있으므로 혼촉을 금한다. 흑자색 결정으로 물에 녹아 보라색을 나타내며 살균제 및 소독약으로 사용한다.

답 ①

43. 물과 접촉하면 위험한 물질로만 나열된 것은?
① CH_3CHO, CaC_2, $NaClO_4$
② K_2O_2, $K_2Cr_2O_7$, CH_3CHO
③ K_2O_2, Na, CaC_2
④ Na, $K_2Cr_2O_7$, $NaClO_4$

해설 물과 접촉하면 위험한 물질
• 제1류 위험물(산화성고체) 중 알칼리금속의 과산화물 : K_2O_2(과산화칼륨), Na_2O_2(과산화나트륨) 등
• 제2류 위험물(가연성고체) 중 Mg(마그네슘), Fe(철분), Al(알루미늄)분, Zn(아연)분 등 금속분
• 제3류 위험물 중 금수성물질인 K(칼륨), Na(나트륨), CaC_2(탄화칼슘), Ca_3P_2(인화칼슘) 등

답 ③

44. 위험물제조소등의 안전거리의 단축기준과 관련해서 H ≤ pD² + a인 경우 방화상 유효한 담의 높이는 2m 이상으로 한다. 다음 중 a에 해당되는 것은?
① 인근 건축물의 높이(m)
② 제조소등의 외벽높이(m)
③ 제조소등과 공작물과의 거리(m)
④ 제조소등과 방화상 유효한 담과의 거리(m)

해설 방화상 유효한 담의 높이 산정방법
H ≤ pD² + a인 경우 2m 이상
H > pD² + a인 경우 h = H − p(D² − d²)

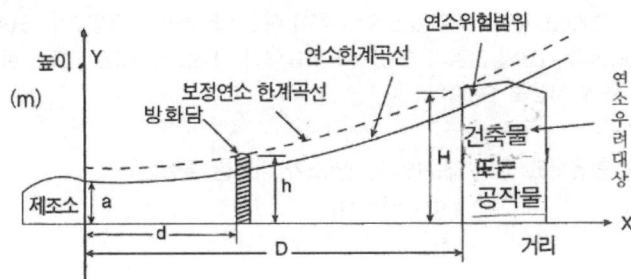

a : 제조소등의 외벽의 높이(m)
h : 방화상 유효한 담의 높이(m)
H : 인근 건축물 또는 공작물의 높이(m)
d : 제조소등과 방화상 유효한 담과의 거리(m)
D : 제조소등과 인근 건축물 또는 공작물과의 거리(m)
p : 상수

답 ②

45. 위험물제조소는 문화재보호법에 의한 유형문화재로부터 몇 m 이상의 안전거리를 두어야 하는가?
① 20m   ② 30m
③ 40m   ④ 50m

해설 위험물제조소는 문화재보호법에 의한 유형문화재로부터 50m 이상의 안전거리를 두어야 한다.

참고 위험물 제조소등의 안전거리
• 특고압가공전선(7,000V 초과 35,000V 이하) : 3m 이상
• 특고압가공전선(35,000V 초과) : 5m 이상
• 건축물, 그 밖의 공작물로서 주거용으로 사용되는 곳(제조소가 설치된 부지 내에 있는 것을 제외한다.) : 10m 이상
• 고압가스, 액화석유가스, 도시가스를 제조·저장 또는 취급하는 시설 : 20m 이상
• 학교·병원·극장(300인 이상), 아동복지시설 등 다수인이 출입하는 곳(20명 이상) : 30m 이상
• 유형문화재 및 기념물 중 지정문화재 : 50m 이상

답 ④

46. 위험물안전관리법령상 지정수량의 각각 10배를 운반할 때 혼재할 수 있는 위험물은?
① 과산화나트륨과 과염소산   ② 과망가니즈산칼륨과 적린
③ 질산과 알코올   ④ 과산화수소와 아세톤

해설 혼재할 수 있는 위험물의 유별 암기방법
④ 2 3, ⑤ 2 4, ⑥ 1
과산화나트륨(제1류 위험물)과 과염소산(제6류 위험물)은 혼재할 수 있다.

답 ①

47. 아세트알데하이드의 저장 시 주의할 사항으로 틀린 것은?
① 구리나 마그네슘 합금 용기에 저장한다.
② 화기를 가까이 하지 않는다.
③ 용기의 파손에 유의한다.
④ 찬 곳에 저장한다.

해설 아세트알데하이드(CH_3CHO)는 제4류 위험물(인화성액체) 특수인화물이며 구리(Cu), 은(Ag), 수은(Hg), 마그네슘(Mg)과 이들의 합금과 반응하여 폭발성의 아세틸레이트를 만들므로 이 재질의 금속은 용기 등에 사용할 수 없다.

답 ①

48. 가연성 물질이며 산소를 다량 함유하고 있기 때문에 자기연소가 가능한 물질은?
① $C_6H_2CH_3(NO_2)_3$
② $CH_3COC_2H_5$
③ $NaClO_4$
④ HNO_3

해설 $C_6H_2CH_3(NO_2)_3$[트라이나이트로톨루엔 · TNT] : 제5류 위험물(자기반응성물질) 중 나이트로화합물이며 다량의 산소를 함유하므로 공기 중의 산소의 공급 없이도 연소가능한 자기연소성 물질이다.

답 ①

49. 황화인에 대한 설명으로 틀린 것은?
① 고체이다.
② 가연성 물질이다
③ P_4S_3, P_2S_5 등의 물질이 있다.
④ 물질에 따른 지정수량은 50kg, 100kg 등이 있다.

해설 황화인은 제2류 위험물(가연성고체)이며 지정수량은 100kg이다.

답 ④

50. 오황화인이 물과 작용해서 발생하는 기체는?
① 이황화탄소
② 황화수소
③ 포스겐 가스
④ 인화수소

해설 오황화인(P_2S_5)은 제2류 위험물(가연성고체) 중 황화인에 포함되며 물(H_2O)과 반응하면 황화수소(H_2S)와 인산(H_3PO_4)을 생성한다.
• 오황화인(P_2S_5)과 물과의 반응
P_2S_5 + $8H_2O$ → $5H_2S$↑ + $2H_3PO_4$
(오황화인) (물)   (황화수소)   (인산)

답 ②

51. 질산암모늄이 가열분해하여 폭발이 되었을 때 발생되는 물질이 아닌 것은?
① 질소
② 물
③ 산소
④ 수소

해설 질산암모늄(NH_4NO_3)은 제1류 위험물(산화성고체)중 질산염류에 속하며 불연성물질로 분해하면 가연성가스인 수소(H_2)를 발생하지 않으며 질소(N_2), 물(H_2O), 산소(O_2)를 발생시킨다.
• 질산암모늄(NH_4NO_3)의 열분해반응식

$$2NH_4NO_3 \xrightarrow{\Delta} 2N_2\uparrow + 4H_2O + O_2\uparrow$$
(질산암모늄)   (질소)   (물)   (산소)

52. 질산과 과염소산의 공통 성질로 옳은 것은?
① 강한 산화력과 환원력이 있다.
② 물과 접촉하면 반응이 없으므로 화재시 주수소화가 가능하다.
③ 가연성이 없으며 가연물 연소시에 소화를 돕는다.
④ 모두 산소를 함유하고 있다.

해설 질산(HNO_3)과 과염소산($HClO_4$)은 제6류 위험물(산화성액체)이며 산소(O)를 많이 함유한 강산화제이므로 강한 산화력을 가지며 환원력은 없다. 또한 물(H_2O)과 접촉하면 발열반응이 있고 분해하면 다량의 산소(O_2)를 발생하여 다른 가연물의 연소를 도우므로 가연물과는 멀리 저장한다.

53. 위험물안전관리법령상 제4류 위험물 중 1기압에서 인화점이 21℃인 물질은 제 몇 석유류에 해당하는가?
① 제1석유류
② 제2석유류
③ 제3석유류
④ 제4석유류

해설 제4류 위험물의 인화점에 의한 구분(1기압, 20℃ 기준)
• 특수인화물 : -20℃ 이하이고 비점이 40℃ 이하인 것
• 제1석유류 : 21℃ 미만인 것
• 제2석유류 : 21℃ 이상 70℃ 미만인 것
• 제3석유류 : 70℃ 이상 200℃ 미만인 것
• 제4석유류 : 200℃ 이상 250℃ 미만인 것
• 동식물유류 : 250℃ 미만인 것

답 ②

54. 어떤 공장에서 아세톤과 메탄올을 18L 용기에 각각 10개, 등유를 200L 드럼으로 3드럼을 저장하고 있다면 각각의 지정수량 배수의 총합은 얼마인가?
① 1.3   ② 1.5
③ 2.3   ④ 2.5

해설 아세톤과 메탄올의 지정수량 : 400L
등유의 지정수량 : 1,000L
지정수량 배수의 합 = $\dfrac{18 \times 20}{400} + \dfrac{200 \times 3}{1,000} = 1.5$

55. 가솔린에 대한 설명 중 틀린 것은?

① 비중은 물보다 작다.
② 증기비중은 공기보다 크다.
③ 전기에 대한 도체이므로 정전기 발생으로 인한 화재를 방지해야 한다.
④ 물에는 녹지 않지만 유기용제에 녹고 유지 등을 녹인다.

해설 가솔린(휘발유)은 제4류 위험물(인화성액체) 중 제1석유류를 대표하며 전기의 부도체이므로 정전기 발생에 주의하여야 한다.

답 ③

56. 다음 중 증기비중이 가장 큰 물질은?

① C_6H_6
② CH_3OH
③ $CH_3COC_2H_5$
④ $C_3H_5(OH)_3$

해설 증기비중 = $\dfrac{\text{해당물질의 분자량}}{\text{공기의 평균분자량}(29)}$ 이므로 보기 물질의 분자량이 가장 큰 것이 증기비중이 크다.

위험물의 분자량
- C_6H_6(벤젠) : $12 \times 6 + 6 = 78$
- CH_3OH(메틸알코올) : $12 + 4 + 16 = 32$
- $CH_3COC_2H_5$(메틸에틸케톤) : $12 \times 4 + 8 + 16 = 72$
- $C_3H_5(OH)_3$(글리세린) : $12 \times 3 + 8 + 16 \times 3 = 92$

답 ④

57. 질산칼륨에 대한 설명 중 틀린 것은?

① 무색의 결정 또는 백색분말이다.
② 비중이 약 0.81, 녹는점은 약 200℃이다.
③ 가열하면 열분해하여 산소를 방출한다.
④ 흑색화약의 원료로 사용된다.

해설 질산칼륨(KNO_3)은 제1류 위험물(산화성고체) 중 질산염류에 해당되는 강산화제이며 비중은 2.098로 물보다 무겁고 융점(녹는점)은 336℃이다.

답 ②

58. 제5류 위험물에 해당하지 않는 것은?

① 나이트로셀룰로오스
② 나이트로글리세린
③ 나이트로벤젠
④ 질산메틸

해설 위험물의 유별
- 나이트로셀룰로오스[$C_6H_7O_2(ONO_2)_3$]n : 제5류
- 나이트로글리세린[$C_3H_5(ONO_2)_3$] : 제5류
- 나이트로벤젠($C_6H_5NO_2$) : 제4류(제3석유류)
- 질산메틸(CH_3ONO_2) : 제5류

답 ③

59. 위험물을 적재, 운반할 때 방수성 덮개를 하지 않아도 되는 것은?

① 알칼리금속의 과산화물
② 마그네슘
③ 나이트로화합물
④ 탄화칼슘

해설 나이트로화합물은 차광성 덮개만 하면 된다.

참고 방수성 덮개를 하여야할 위험물
- 제1류 위험물 중 알칼리금속의 과산화물 또는 이를 함유한 것
- 제2류 위험물 중 마그네슘, 철분, 금속분 또는 이를 함유한 것
- 제3류 위험물 중 금수성물질 중 칼륨, 나트륨, 탄화칼슘, 인화칼슘 등

답 ③

60. 금속칼륨의 성질에 대한 설명으로 옳은 것은?
① 중금속류에 속한다.
② 이온화경향이 큰 금속이다.
③ 물속에 보관한다.
④ 고광택을 내므로 장식용으로 많이 쓰인다.

해설 제3류 위험물 중 금수성물질인 금속칼륨(K)은 이온화경향 서열이 매우 높은 금속이다.

참고 금속의 이온화경향
K > Ca > Na > Mg > Al > Zn > Fe > Ni > Sn > Pb > (H) > Cu > Hg > Ag > Pt > Au

답 ②

2020. 6. 14 시행 산업기사

각 과목별 100점 만점에 40점 이상 득점하고 전 과목 평균 60점 이상 받아야 합격합니다.

제1과목 일반화학

1. 물 200g에 A물질 2.9g을 녹인 용액의 어는점은? (단, 물의 어는점 내림 상수는 1.86℃ · kg/mol이고 A물질의 분자량은 58이다.)

① -0.017℃
② -0.465℃
③ -0.932℃
④ -1.871℃

해설 $\Delta T_f = K_f \times m$에서 $\Delta T_f = K_f \times \frac{1,000\omega}{M \times a}$

$\Delta T_f = 1.86 \times \frac{1,000 \times 2.9}{58 \times 200} = 0.465$

어는점: 0℃ - 0.465 = -0.465℃
ΔT_f(어는점 내림) : ?℃,
K_f(몰내림상수) : 1.86
ω (용질의 질량) : 2.9g
M(분자량) : 58
a(용매의 질량) : 200g

답 ②

2. 다음과 같은 기체가 일정한 온도에서 반응을 하고 있다. 평형에서 기체 A, B, C가 각각 1몰, 2몰, 4몰이라면 평형상수 K의 값은 얼마인가?

A + 3B → 2C + 열

① 0.5
② 2
③ 3
④ 4

해설 평형상수값

$K = \frac{[C]^2}{[A][B]^3} = \frac{[4]^2}{[1][2]^3} = \frac{16}{8} = 2$

답 ②

3. 0.01N CH_3COOH의 전리도가 0.01이면 pH는 얼마인가?

① 2
② 4
③ 6
④ 8

해설 CH_3COOH의 수소이온농도
$[10^{-2}][10^{-2}] = [10^{-4}]$

$pH = \log \frac{1}{[10^{-4}]} = -\log[10^{-4}] = 4$

답 ②

4. 액체나 기체 안에서 미소 입자가 불규칙적으로 계속 움직이는 것을 무엇이라 하는가?
① 틴들현상 ② 다이얼리시스
③ 브라운 운동 ④ 전기영동

해설 콜로이드(10^{-7}~10^{-5}cm)의 성질
- 틴들현상 : 콜로이드 입자가 빛을 산란하는 현상
- 다이얼리시스(투석) : 콜로이드가 반투막을 통과하지 못하는 현상
- 브라운 운동 : 콜로이드입자의 불규칙한 직선운동
- 전기영동 : 콜로이드입자가 전기를 띠고 있으므로 전기를 걸면 한쪽으로 끌리는 현상
- 엉김 : 콜로이드가 전해질과 전기적중화로 침전하는 현상

답 ③

5. 다음 중 파장이 가장 짧으면서 투과력이 가장 강한 것은?
① α -선 ② β -선
③ γ -선 ④ χ -선

해설
- 방사선의 투과력의 크기
  $\gamma > \chi > \beta > \alpha$
- 방사선의 파장의 크기
  $\gamma < \chi < \beta < \alpha$
  γ (감마선) : 0.001nm~0.1nm
  χ (엑스선) : 0.03nm~3nm

답 ③

6. 1페러데이(Faraday)의 전기량으로 물을 전기분해하였을 때 생성되는 수소기체는 0℃, 1기압에서 얼마의 부피를 갖는가?
① 5.6L ② 11.2L
③ 22.4L ④ 44.8L

해설 전기량1F=1g당량을 석출한다.
표준상태에서 수소(H_2) 2g의 부피는 22.4L
수소(H)1당량 1g의 부피=11.2L

답 ②

7. 구리줄을 불에 달구어 약 50℃ 정도의 메탄올에 담그면 자극성 냄새가 나는 기체가 발생한다. 이 기체는 무엇인가?
① 포름알데하이드 ② 아세트알데하이드
③ 프로페인 ④ 메틸에터

해설
- 메틸알코올(CH_3OH)의 산화반응
  $$CH_3OH \xrightarrow[+[O]]{\text{가열된} CuO} HCHO + H_2O$$
  (메틸알코올) (포름알데하이드) (물)

답 ①

8. 다음의 금속원소를 반응성이 큰 순서부터 나열한 것은?

Na, Li, Cs, K, Rb

① Cs〉Rb〉K〉Na〉Li ② Li〉Na〉K〉Rb〉Cs
③ K〉Na〉Rb〉Cs〉Li ④ Na〉K〉Rb〉Cs〉Li

해설 주기율표 1족(알칼리금속)의 반응성의 크기는 주양자수가 클수록(주기번호)크다.
Li(2주기)<Na(3주기)<K(4주기)<Rb(5주기)<Cs(6주기)<Fr(7주기)

답 ①

9. "기체의 확산속도는 기체의 밀도(또는 분자량)의 제곱근에 반비례한다."라는 법칙과 연관성이 있는 것은?
① 미지의 기체분자량을 측정에 이용할 수 있는 법칙이다.
② 보일-샤를이 정립한 법칙이다.
③ 기체상수 값을 구할 수 있는 법칙이다.
④ 이 법칙은 기체상태방정식으로 표현된다.

해설 • 그레이엄의 확산속도의 법칙

$$\frac{U_1}{U_2} = \sqrt{\frac{M_2}{M_1}}$$ 에서 U(확산속도), M(분자량)

∴ 확산속도는 분자량의 제곱근에 반비례한다.

답 ①

10. 다음 물질 중에서 염기성인 것은?
① $C_6H_5NH_2$
② $C_6H_5NO_2$
③ C_6H_5OH
④ C_6H_5COOH

해설 $C_6H_5NH_2$(아닐린)은 산과 반응하여 염을 만드는 염기에 해당한다.

답 ①

11. 다음의 반응에서 환원제로 쓰인 것은?

$$MnO_2 + 4HCl \rightarrow MnCl_2 + 2H_2O + Cl_2$$

① Cl_2
② $MnCl_2$
③ HCl
④ MnO_2

해설 $MnO_2 + 4HCl \rightarrow MnCl_2 + 2H_2O + Cl_2$
HCl에서 H는 MnO_2의 O를 환원시키며 자신은 산화되며, Cl는 -1가에서 0가인 Cl_2을 만들며 산화되므로 HCl은 환원제이다.

답 ③

12. ns^2np^5의 전자구조를 가지지 않는 것은?
① F(원자번호 9)
② Cl(원자번호 17)
③ Se(원자번호 34)
④ I(원자번호 53)

해설 ns^2np^5의 상첨자 2와 5의 합계가 7이므로 주기율표 7족의 원소가 해당된다.
• Se(셀레늄)은 주기율표 6족의 원소이다.

답 ③

13. 98% H_2SO_4 50g에서 H_2SO_4에 포함된 산소원자수는?
① 3×10^{23}개
② 6×10^{23}개
③ 9×10^{23}개
④ 1.2×10^{24}개

해설 H_2SO_4의 1g 분자량은 98g
98% H_2SO_4 50g은 49g

H₂SO₄중7원자 분자 중 산소(O)의 개수는 4원자

H₂SO₄ 49g은 $\frac{1}{2}$ 몰

산소원자의 수 = $\frac{1}{2} \times 4 \times 6.023 \times 10^{23}$

$12.046 \times 10^{23} = 1.2 \times 10^{24}$

답 ④

14. 질소와 수소로 암모니아를 합성하는 반응의 화학반응식은 다음과 같다. 암모니아의 생성률을 높이기 위한 조건은?

$$N_2 + 3H_2 \rightarrow 2NH_3 + 2.11 \text{kcal}$$

① 온도와 압력을 낮춘다. ② 온도는 낮추고, 압력은 높인다.
③ 온도는 높이고, 압력은 낮춘다. ④ 온도와 압력을 높인다.

해설 $N_2 + 3H_2 \rightarrow 2NH_3 + 2.11 \text{kcal}$ 에서
- 압력을 높이면 몰수가 큰 쪽에서 작은 쪽으로 이동
  반응물질의 몰수의 합 : 1+3=4몰
  생성물질의 몰수 : 2몰
- 열량이 +이면 온도를 낮추면 +쪽으로 이동

답 ②

15. pH가 2인 용액은 pH가 4인 용액과 비교하면 수소이온농도가 몇 배인 용액이 되는가?

① 100배 ② 2배
③ 10^{-1}배 ④ 10^{-2}배

해설 pH2의 수소이온농도는 $[10^{-2}]$, pH4의 수소이온농도는 $[10^{-4}]$이므로 $[10^{-2}]$은 $[10^{-4}]$의 100배 크다.

답 ①

16. 80℃와 40℃에서 물에 대한 용해도가 각각 50, 30인 물질이 있다. 80℃의 이 포화용액 75g을 40℃로 냉각시키면 몇 g의 물질이 석출되겠는가?

① 10g ② 15g
③ 20g ④ 25g

해설 용해도(온도표시) : 용매 100g에 용해되는 용질의 g 수

∴ 용해도 = $\frac{용질}{용매} \times 100$

80℃에서 용해도 50 = 용매 100g, 용질 50g,
∴ 용액(포화) 150g,
포화용액 75g = 용매 50g, 용질 25g
40℃에서 용해도 30 = 용매 100g, 용질 30g
용매 50g, 용질 15g
온도강하 석출량 = 25g − 15g = 10g

답 ①

17. 중성원자가 무엇을 잃으면 양이온으로 되는가?

① 중성자 ② 핵전하
③ 양성자 ④ 전자

해설 중성원자가 전자를 잃으면 양이온이 되고 전자를 얻으면 음이온이 된다.

답 ④

18. 2차알코올을 산화시켜서 얻어지며, 환원성이 없는 물질은?
① CH_3COCH_3
② $C_2H_5OC_2H_5$
③ CH_3OH
④ CH_3OCH_3

해설 2차알코올이 산화되면 케톤이 된다.
CH_3COCH_3(다이메틸케톤)은 2차알코올인 아이소프로필알코올$[(CH_3)_2CHOH]$이 산화된 물질이다.

답 ①

19. 다음은 표준수소전극과 짝지어 얻은 반쪽반응 표준환원 전위값이다. 이들 반쪽 전지를 짝지었을 때 얻어지는 전지의 표준전위차 E^0는?

$$Cu^{2+} + 2e \rightarrow Cu \quad E^0 = +0.34V$$
$$Ni^{2+} + 2e \rightarrow Ni \quad E^0 = -0.23V$$

① +0.11V
② -0.11V
③ +0.57V
④ -0.57V

해설 표준전위차 E^0=+0.34V-(-0.23V)=+0.57V

답 ③

20. 다이에틸에터는 에탄올과 진한 황산의 혼합물을 가열하여 제조할 수 있는데 이것을 무슨 반응이라 하는가?
① 중합 반응
② 축합 반응
③ 산화 반응
④ 에스터화 반응

해설 에탄올과 진한 황산의 혼합물을 가열하여 탈수시켜 다이에틸에터를 제조하는 반응을 축합반응이라 한다.

답 ②

제2과목 화재 예방과 소화방법

21. 1기압, 100℃에서 물 36g이 모두 기화되었다. 생성된 기체는 약 몇 L인가?
① 11.2
② 22.4
③ 44.8
④ 61.2

해설 $PV = \dfrac{WRT}{M}$에서 $V = \dfrac{WRT}{PM}$이므로

$V = \dfrac{36 \times 0.082 \times (100+273)}{1 \times 18} = 61.172$ ∴ 61.2L

V(수증기의 부피) : ? L
W(물의 질량) : 18g
R(기체상수) : 0.082atm·L/mol·k
T(절대온도) : (100℃+273)k
P(압력) : 1atm
M(물1g 분자량) : 2+16=18g/mol

답 ④

22. 스프링클러설비에 관한 설명으로 옳지 않은 것은?
① 초기화재진화에 효과가 있다.
② 살수밀도와 무관하게 제4류 위험물에는 적응성이 없다.
③ 제1류 위험물 중 알칼리금속과산화물에는 적응성이 없다.
④ 제5류 위험물에는 적응성이 있다.

해설 스프링클러설비는 살수밀도의 기준 이상이면 제4류 위험물의 소화에도 적응성이 있다.

답 ②

23. 표준상태에서 프로페인 $2m^3$가 완전연소할 때 필요한 이론공기량은 약 몇 m^3인가? (단, 공기 중 산소농도는 21vol%이다.)
① 23.81
② 35.72
③ 47.62
④ 71.43

해설 $C_3H_8 + 5O_2 \rightarrow 3CO_2 + 4H_2O$
1kmol의 프로페인이 완전연소하기 위하여 5kmol의 산소가 필요하며 몰수의 비가 체적의 비이므로 프로페인 $2m^3$이 연소하기 위해서는 산소 $10m^3$가 필요하다. 공기의 양은 산소농도에 $\dfrac{1}{0.21}$을 곱하여 구한다.

산소량 = $10m^3 \times \dfrac{1}{0.21} = 47.619m^3$ ∴ $47.62m^3$

답 ③

24. 묽은 질산이 칼슘과 반응하였을 때 발생하는 기체는?
① 산소
② 질소
③ 수소
④ 수산화칼슘

해설 칼슘과 묽은 질산의 반응식
$Ca + HNO_3 \rightarrow Ca(NO_3)_2 + H_2 \uparrow$
(칼슘) (질산)   (질산칼슘)   (수소)

답 ③

25. 소화기와 주된 소화효과가 옳게 짝지어진 것은?
① 포 소화기 - 제거소화
② 할로젠화합물 소화기 - 냉각소화
③ 탄산가스 소화기 - 억제소화
④ 분말 소화기 - 질식소화

해설 소화기와 주된 소화효과
• 포 소화기 - 질식소화
• 할로젠화합물 소화기 - 억제소화
• 탄산가스 소화기 - 질식소화
• 분말 소화기 - 질식소화

답 ④

26. 인화점이 70℃ 이상인 제4류 위험물을 저장·취급하는 소화난이도등급 I의 옥외탱크저장소(지중탱크 또는 해상탱크 외의 것)에 설치하는 소화설비는?
① 스프링클러소화설비
② 물분무소화설비
③ 간이소화설비
④ 분말소화설비

해설 해당소화설비 : 물분무소화설비, 고정포소화설비

답 ②

27. Na_2O_2와 반응하여 제6류 위험물을 생성하는 것은?
  ① 아세트산　　　　　　　② 물
  ③ 이산화탄소　　　　　　④ 일산화탄소

  해설 Na_2O_2(과산화나트륨)은 제1류 위험물(산화성고체) 알칼리금속의 과산화물로서 산과 반응하여 제6류 위험물인 과산화수소(H_2O_2)를 발생한다.

  답 ①

28. 다음 물질의 화재 시 내알코올포를 사용하지 못하는 것은?
  ① 아세트알데하이드　　　② 알킬리튬
  ③ 아세톤　　　　　　　　④ 에탄올

  해설 내알코올포는 수용성인 가연성액체의 화재의 진압에 사용하는 특수포소화기이므로 알킬리튬과 같은 제3류 위험물 중 금수성물질이며 자연발화성 물질의 소화에는 적응성이 없다.

  답 ②

29. 다음 중 고체가연물로서 증발연소를 하는 것은?
  ① 숯　　　　　　　　　　② 나무
  ③ 나프탈렌　　　　　　　④ 나이트로셀룰로오스

  해설 고체가연물인 나프탈렌은 승화성물질로 증발연소한다.

  답 ③

30. 이산화탄소의 특성에 관한 내용으로 틀린 것은?
  ① 전기의 전도성이 있다.
  ② 냉각 및 압축에 의하여 액화될 수 있다.
  ③ 공기보다 약 1.52배 무겁다.
  ④ 일반적으로 무색, 무취의 기체이다.

  해설 이산화탄소(CO_2)는 전기가 통하지 않는 부전도성 기체이다.

  답 ①

31. 위험물안전관리법령상 분말소화설비의 기준에서 가압용 또는 축압용가스로 알맞은 것은?
  ① 산소 또는 수소　　　　② 수소 또는 질소
  ③ 질소 또는 이산화탄소　④ 이산화탄소 또는 산소

  해설 분말소화설비의 가압용 또는 축압용가스는 질소와 이산화탄소를 사용한다.

  답 ③

32. 위험물제조소에 옥내소화전이 1층에 4개, 2층에 6개가 설치되어 있을 때 수원의 수량은 몇 L 이상이 되도록 설치하여야 하는가?
  ① 13,000　　　　　　　　② 15,600
  ③ 39,000　　　　　　　　④ 46,800

  해설 옥내소화전의 수원의 수량 : 가장 많이 설치된 층의 소화전개수(5개 이상인 경우 5개)를 곱한 양
  $7.8m^3$/개 ×5개=$39m^3$
  ∴ 39,000L

  답 ③

33. Halon 1301에 대한 설명 중 틀린 것은?
① 비점은 상온보다 낮다.
② 액체 비중은 물보다 크다.
③ 기체 비중은 공기보다 크다.
④ 100℃에서도 압력을 가해 액화시켜 저장할 수 있다.

해설 Halon 1301 : CF_3Br는 상온(20℃)에서 기체상태이므로 100℃에서 액화되지 않는다.

답 ④

34. 위험물안전관리법령상 제조소등에서의 위험물의 저장 및 취급에 관한 기준에 따르면 보냉장치가 있는 이동저장탱크에 저장하는 다이에틸에터의 온도는 얼마 이하로 유지하여야 하는가?
① 비점
② 인화점
③ 40℃
④ 30℃

해설 보냉장치가 있는 이동저장탱크에 저장하는 다이에틸에터의 온도 : 비점 이하

참고 보냉장치가 없는 것 40℃ 이하

답 ①

35. 과산화수소의 화재예방방법으로 틀린 것은?
① 암모니아와의 접촉은 폭발의 위험이 있으므로 피한다.
② 완전히 밀전·밀봉하여 외부공기와 차단한다.
③ 불투명용기를 사용하여 직사광선이 닿지 않게 한다.
④ 분해를 막기 위해 분해방지 안정제를 사용한다.

해설 과산화수소(H_2O_2)는 제6류 위험물(산화성액체)이며 용기의 뚜껑은 작은 구멍이 뚫려 있다.

답 ②

36. 위험물안전관리법령에 따른 옥내소화전설비의 기준에서 펌프를 이용한 가압송수장치의 경우 펌프의 전양정(H)을 구하는 식으로 옳은 것은? (단, h1은 소방용 호스의 마찰손실수두, h2는 배관의 마찰손실수두, h3는 낙차이며, h1, h2, h3의 단위는 모두 m이다.)
① H = h1 + h2 + h3
② H = h1 + h2 + h3 +0.35m
③ H = h1 + h2 + h3 +35m
④ H = h1 + h2 + 0.35m

해설 H=h1+h2+h3+35m에서 35m는 소화전 노즐의 방사압력 환산수두이다.

답 ③

37. 분말소화약제인 제1인산암모늄(인산이수소암모늄)의 열분해반응을 통해 생성되는 물질로 부착성 막을 만들어 공기를 차단시키는 역할을 하는 것은?
① HPO_3
② PH_3
③ NH_3
④ P_2O_3

해설 부착성 막 : 메타인산(HPO_3)
• 인산암모늄($NH_4H_2PO_4$)] 분말소화약제의 열분해반응식

$$NH_4H_2PO_4 \xrightarrow{\Delta} HPO_3 + NH_3\uparrow + H_2O$$

(인산암모늄)　　(메타인산)　(암모니아)　(물)

답 ①

38. 점화원 역할을 할 수 없는 것은?
① 기화열
② 산화열
③ 정전기 불꽃
④ 마찰열

해설 기화열은 잠열로서 점화원이 아니다.

답 ①

39. 일반적인 다량의 주수를 통한 소화가 가장 효과적인 화재는?
① A급화재
② B급화재
③ C급화재
④ D급화재

해설 다량의 주수에 의한 소화는 일반화재(A급화재)에 효과적이다.

답 ①

40. 소화효과에 대한 설명으로 옳지 않은 것은?
① 산소공급원 차단에 의한 소화는 제거효과이다.
② 가연물질의 온도를 떨어뜨려서 소화하는 것은 냉각효과이다.
③ 촛불을 입으로 바람을 불어 끄는 것은 제거효과이다.
④ 물에 의한 소화는 냉각효과이다.

해설 산소공급원 차단에 의한 소화는 질식효과이다.

답 ①

제3과목 위험물의 성질과 취급

41. 짚, 헝겊 등을 다음의 물질과 적셔서 대량으로 쌓아 두었을 경우 자연발화의 위험성이 가장 높은 것은?
① 동유
② 야자유
③ 올리브유
④ 피마자유

해설 자연발화의 위험이 있는 동식물유류는 건성유이다.
• 건성유 : 해바라기유, 동유, 아마인유, 들기름, 정어리기름등

답 ①

42. 다음 중 제1류 위험물에 해당하는 것은?
① 염소산칼륨
② 수산화칼륨
③ 수소화칼륨
④ 아이오딘화칼륨

해설 위험물의 구분
• 염소산칼륨($KClO_3$) : 제1류 위험물
• 수산화칼륨(KOH) : 비위험물
• 수소화칼륨(KH) : 제3류 위험물
• 아이오딘화칼륨(KI) : 비위험물

답 ①

43. 제4류 위험물 중 제1석유류란 1기압에서 인화점이 몇 ℃인 것을 말하는가?

① 21℃ 미만
② 21℃ 이상
③ 70℃ 미만
④ 70℃ 이상

해설 제4류 위험물 품명의 인화점 범위등
- 특수인화물
  ㉠ 1기압에서 발화점이 100℃ 이하인 것
  ㉡ 인화점이 -20℃ 이하이고 비점이 40℃ 이하인 것
- 제1석유류 : 1기압에서 인화점이 21℃ 미만인 것
- 알코올류 : 1분자를 구성하는 탄소원자의 수가 1개부터 3개까지인 포화1가 알코올(변성알코올을 포함한다.)
- 제2석유류 : 1기압에서 인화점이 21℃ 이상 70℃ 미만인 것
- 제3석유류 : 1기압에서 인화점이 70℃ 이상 200℃ 미만인 것
- 제4석유류 : 1기압에서 인화점이 200℃ 이상 250℃ 미만인 것
- 동식물유류 : 동물의 지육등 또는 식물의 종자나 과육으로부터 추출한 것으로서 1기압에서 인화점이 250℃ 미만인 것

답 ①

44. 삼황화인과 오황화인의 공통 연소생성물을 모두 나타낸 것은?

① H_2S, SO_2
② P_2O_5, H_2S
③ SO_2, P_2O_5
④ H_2S, SO_2, P_2O_5

해설 삼황화인(P_4S_3), 오황화인(P_2S_5)의 연소반응식
- 삼황화인(P_4S_3)의 연소반응
  P_4S_3 + $8O_2$ → $2P_2O_5$ + $3SO_2$ ↑
  (삼황화인) (산소) (오산화인) (이산화황)
- 오황화인(P_2S_5)의 연소반응식
  $2P_2S_5$ + $15O_2$ → $2P_2O_5$ + $10SO_2$ ↑
  (오황화인) (산소) (오산화인) (이산화황)

답 ③

45. 주유취급소 표지 및 게시판의 기준에서 "위험물 주유취급소"표지와 "주유 중 엔진정지"게시판의 바탕색을 차례대로 옳게 나타낸 것은?

① 백색, 백색
② 백색, 황색
③ 황색, 백색
④ 황색, 황색

해설 주유취급소 표지 및 게시판
- 표지판 : 백색바탕, 흑색문자
- 주유 중 엔진정지 : 황색바탕, 흑색문자

답 ②

46. 제6류 위험물인 과산화수소의 농도에 따른 물리적 성질에 대한 설명으로 옳은 것은?

① 농도와 무관하게 밀도, 끓는점, 녹는점이 일정하다.
② 농도와 무관하게 밀도는 일정하나, 끓는점과 녹는점은 농도에 따라 달라진다.
③ 농도와 무관하게 끓는점, 녹는점은 일정하나, 밀도는 농도에 따라 달라진다.
④ 농도에 따라 밀도, 끓는점, 녹는점이 달라진다.

해설 제6류 위험물(산화성액체)인 과산화수소(H_2O_2)는 농도에 따라 밀도, 끓는점, 녹는점이 달라진다.

답 ④

47. 트라이나이트로페놀의 성질에 대한 설명 중 틀린 것은?
① 폭발에 대비하여 철, 구리로 만든 용기에 저장한다.
② 휘황색을 띤 침상결정이다.
③ 비중이 약 1.8로 물보다 무겁다.
④ 단독으로는 테트릴보다 충격, 마찰에 둔감한 편이다.

해설 트라이나이트로페놀[$C_6H_2OH(NO_2)_3$]은 제5류 위험물(자기반응성물질) 나이트로화합물에 속하며 피크린산, 피크르산(picric acid)이라 하며 금속과 반응하여 염을 만들면 가열, 충격, 마찰에 매우 예민하므로 주의를 요한다.

답 ①

48. 적린에 대한 설명으로 옳은 것은?
① 발화방지를 위해 염소산칼륨과 함께 보관한다.
② 물과 격렬하게 반응하여 열을 발생한다.
③ 공기 중에 방치하면 자연발화한다.
④ 산화제와 혼합한 경우 마찰·충격에 의해서 발화한다.

해설 적린(P)은 제2류 위험물(가연성고체)인 환원제로 산화제와 혼합한 경우 마찰·충격에 의해서 발화의 위험이 있다.

답 ④

49. 위험물안전관리법령상 위험물의 취급 중 소비에 관한 기준에 해당하지 않는 것은?
① 분사도장작업은 방화상 유효한 격벽 등으로 구획된 안전한 장소에서 실시할 것
② 버너를 사용하는 경우에는 버너의 역화를 방지할 것
③ 반드시 규격용기를 사용할 것
④ 열처리작업은 위험물이 위험한 온도에 이르지 아니하도록 하여 실시할 것

해설 위험물의 취급 중 소비에 관한 기준에 규격용기 사용에 관한 규정은 없다.

답 ③

50. 다이에틸에터 중의 과산화물을 검출할 때 그 검출시약과 정색반응의 색이 옳게 짝지어진 것은?
① 아이오딘화칼륨용액 - 적색
② 아이오딘화칼륨용액 - 황색
③ 브로민화칼륨용액 - 무색
④ 브로민화칼륨용액 - 청색

해설 다이에틸에터($C_2H_5OC_2H_5$)는 제4류 위험물(인화성액체)특수인화물로 저장, 취급 중 과산화물을 생성하므로 아이오딘화칼륨 10% 수용액으로 정색반응을 하여 황색이면 과산화물을 제거하여야 한다.

답 ②

51. 제1류 위험물로서 흑색화약의 원료로 사용하는 것은?
① 염소산칼륨   ② 과염소산나트륨
③ 과망가니즈산 암모늄   ④ 질산칼륨

해설 제1류 위험물(산화성고체)로서 흑색화약의 원료 : 질산칼륨(KNO_3)

참고 흑색화약 : 황(S), 숯(C), 질산칼륨(KNO_3)의 혼합물

답 ④

52. 다음 중 3개 이성질체가 존재하는 물질은?
① 아세톤　　　　　　　② 톨루엔
③ 과망가니즈산암모늄　④ 자일렌

해설　자일렌(크실렌)[$C_6H_5(CH_3)_2$] : 오르소, 메타, 파라의 3가지 이성질체를 갖는다.

답 ④

53. 위험물을 저장 또는 취급하는 탱크의 용량산정 방법에 관한 설명으로 옳은 것은?
① 탱크의 내용적에서 공간용적을 뺀 용적으로 한다.
② 탱크의 공간용적에서 내용적을 뺀 용적으로 한다.
③ 탱크의 공간용적에 내용적을 더한 용적으로 한다.
④ 탱크의 볼록하거나 오목한 부분을 뺀 용적으로 한다.

해설　탱크의 용량=탱크의 내용적-공간용적 또는 탱크의 내용적×수납율

답 ①

54. 물과 반응하였을 때 발생하는 가연성가스의 종류가 나머지 셋과 다른 하나는?
① 탄화리튬　　　　　② 탄화마그네슘
③ 탄화칼슘　　　　　④ 탄화알루미늄

해설　위험물과 물의 반응식
- 탄화리튬(Li_2C_2)과 물(H_2O)의 반응식
　$Li_2C_2 + 2H_2O \rightarrow 2LiOH + C_2H_2 \uparrow$
　(탄화리튬)　(물)　(수산화리튬)　(아세틸렌)
- 탄화마그네슘(MgC_2)과 물(H_2O)의 반응식
　$MgC_2 + 2H_2O \rightarrow Mg(OH)_2 + C_2H_2 \uparrow$
　(탄화마그네슘)　(물)　(수산화마그네슘)　(아세틸렌)
- 탄화칼슘(CaC_2)과 물(H_2O)의 반응식
　$CaC_2 + 2H_2O \rightarrow Ca(OH)_2 + C_2H_2 \uparrow$
　(탄화칼슘)　(물)　(수산화칼슘)　(아세틸렌)
- 탄화알루미늄(Al_4C_3)과 물(H_2O)의 반응식
　$Al_4C_3 + 12H_2O \rightarrow 4Al(OH)_3 + 3CH_4 \uparrow$
　(탄화알루미늄)　(물)　(수산화알루미늄)　(메테인)

답 ④

55. 칼륨과 나트륨의 공통성질이 아닌 것은?
① 물보다 비중 값이 작다.
② 수분과 반응하여 수소를 발생한다.
③ 광택이 있는 무른 금속이다.
④ 지정수량이 50kg이다.

해설　칼륨(K)과 나트륨(Na)은 제3류 위험물 위험등급 Ⅰ등급인 금수성물질로 지정수량은 10kg이다.

답 ④

56. 옥내탱크저장소에서 탱크상호간에는 얼마 이상의 간격을 두어야 하는가? (단, 탱크의 점검 및 보수에 지장이 없는 경우는 제외한다.)
① 0.5m　　　　　　② 0.7m
③ 1.0m　　　　　　④ 1.2m

해설 옥내탱크저장소에서 탱크상호간의 거리 : 0.5m 이상

답 ①

57. 인화칼슘의 성질에 대한 설명 중 틀린 것은?
① 적갈색의 괴상고체이다.
② 물과 격렬하게 반응한다.
③ 연소하여 불연성의 포스핀가스를 발생한다.
④ 상온의 건조한 공기 중에서는 비교적 안정하다.

해설 인화칼슘(Ca_3P_2)은 제3류 위험물 금수성물질로 물과 접촉하면 가연성의 포스핀(PH_3)을 발생한다.

답 ③

58. 주유취급소에서 고정주유설비는 도로경계선과 몇 m 이상 거리를 유지하여야 하는가? (단, 고정주유설비의 중심선을 기점으로 한다.)
① 2
② 4
③ 6
④ 8

해설 고정주유설비와 도로경계선과의 거리 : 4m 이상

답 ②

59. 제4류 위험물 중 제1석유류를 저장, 취급하는 장소에서 정전기를 방지하기 위한 방법으로 볼 수 없는 것은?
① 가급적 습도를 낮춘다.
② 주위 공기를 이온화시킨다.
③ 위험물 저장, 취급설비를 접지시킨다.
④ 사용기구 등은 도전성 재료를 사용한다.

해설 정전기를 제거하기 위해서는 공기 중의 상대습도를 70% 이상으로 높여야 한다.

답 ①

60. 4몰의 나이트로글리세린이 고온에서 열분해·폭발하여 이산화탄소, 수증기, 질소, 산소의 4가지 가스를 생성할 때 발생되는 가스의 총 몰수는?
① 28
② 29
③ 30
④ 31

해설 • 나이트로글리세린[$C_3H_5(ONO_2)_3$]의 열분해반응식

$$4C_3H_5(ONO_2)_3 \xrightarrow{\Delta} 12CO_2\uparrow + 10H_2O + 6N_2\uparrow + O_2$$
(나이트로글리세린) (이산화탄소) (물) (질소) (산소)

생성물질의 몰수의 합 : 12+10+6+1=29몰

답 ②

2020. 8. 24 시행 산업기사

각 과목별 100점 만점에 40점 이상 득점하고 전 과목 평균 60점 이상 받아야 합격합니다.

제1과목 일반화학

1. 다음 중 방향족 탄화수소가 아닌 것은?
① 에틸렌
② 톨루엔
③ 아닐린
④ 안트라센

해설 탄화수소의 구분(방향족은 벤젠핵을 갖는다.)
- 에틸렌($CH_2=CH_2$) : 지방족 탄화수소
- 톨루엔 ($C_6H_5CH_3$) : 방향족 탄화수소
- 아닐린($C_6H_5NH_2$) : 방향족 탄화수소
- 안트라센($C_{14}H_{10}$) : 방향족 탄화수소

답 ①

2. 원자번호가 7인 질소와 같은 족에 해당되는 원소의 원자번호는?
① 15
② 16
③ 17
④ 18

해설 원소주기율표에서 2주기와 3주기의 원소는 8번째마다 비슷한 성질의 원소가 나타나므로 원자번호 7번인 질소(N)와 비슷한 원소는 7+8=15번인 인(P)이다.

답 ①

3. 방사선 원소인 U(우라늄)이 다음과 같이 변화되었을 때의 붕괴 유형은?

$$^{238}_{92}U \rightarrow \,^{234}_{90}Th + \,^{4}_{2}He$$

① α붕괴
② β붕괴
③ γ붕괴
④ R붕괴

해설 $^{238}_{92}U$에서 원자번호 2감소, 원자량 4감소한 것은 $^{4}_{2}He$이 붕괴된 α 붕괴이다.

답 ①

4. 다음 보기의 벤젠유도체 가운데 벤젠의 치환반응으로부터 직접 유도할 수 없는 것은?

[보기]　　ⓐ -Cl　　ⓑ -OH　　ⓒ -SO₃H

① ⓐ
② ⓑ
③ ⓒ
④ ⓐ, ⓑ, ⓒ

해설 • 벤젠(C_6H_6)에 수산기(-OH)가 결합된 페놀(C_6H_5OH)은 다단계치환을 하여 제조된다.
1단계 : 벤젠(C_6H_6)을 염소(Cl)와 치환하여 클로로벤젠(C_6H_5Cl)을 제조한다.
2단계 : 제조된 클로로벤젠(C_6H_5Cl)에 수산화나트륨(NaOH)을 작용시켜 염화나트륨(NaCl)과 함께 페놀(C_6H_5OH)을 제조한다.

참고 벤젠(C_6H_6)의 직접치환반응
- -Cl : 할로젠화[C_6H_5Cl] : 클로로벤젠
- -CH_3 : 알킬화[$C_6H_5CH_3$] : 메틸벤젠(톨루엔)
- -NO_2 : 나이트로화[$C_6H_5NO_2$] : 나이트로벤젠
- -SO_3H : 술폰화[$C_6H_5SO_3H$] : 벤젠술폰산

답 ②

5. 다음에서 설명하는 법칙은 무엇인가?

> 일정한 온도에서 비휘발성이며, 비전해질인 용질이 녹은 묽은 용액의 증기압력내림은 일정량의 용매에 녹아있는 용질의 몰수에 비례한다.

① 헨리의 법칙   ② 라울의 법칙
③ 아보가드로의 법칙   ④ 보일샤를의 법칙

해설 본문의 법칙 : 라울의 법칙

답 ②

6. 질량수 52인 크로뮴의 중성자수와 전자수는 각각 몇 개인가? (단, 크로뮴의 원자번호는 24이다.)
① 중성자수 24, 전자수 24
② 중성자수 24, 전자수 52
③ 중성자수 28, 전자수 24
④ 중성자수 52, 전자수 24

해설 원자량(질량수)=원자번호(양성자수 또는 전자수)+중성자수
중성자수=52-24=28, 전자수=24

답 ③

7. 전자배치가 $1S^2 2S^2 2P^6 3S^2 3P^5$인 원자의 M껍질에는 몇 개의 전자가 들어 있는가?
① 2   ② 4
③ 7   ④ 17

해설 오비탈의 전자배치 $1S^2 2S^2 2P^6 3S^2 3P^5$에서 M껍질은 3주기의 껍질로 3S오비탈에 2개, 3P 오비탈에 5개 모두 7개의 전자가 들어있다.

답 ③

8. 다음 밑줄 친 원소 중 산화수가 +5인 것은?
① Na$_2$C$\underline{r}_2$O$_7$ ② K$_2$$\underline{S}O_4$
③ K$\underline{N}$O$_3$ ④ $\underline{Cr}$O$_3$

해설 밑줄 친 원소의 산화수
- $Na_2^{+1} Cr_2^{x} O_7^{-2}$: $2+2x+(-2\times 7)=0$
  $2x=+14-2=+12$
  $x=+6$
- $K_2^{+1} S^x O_4^{-2}$: $2+x+(-2\times 4)=0$
  $x=+8-2=+6$

- $K^{+1}\underline{N}^xO_3^{-2}$: $+1+x+(-2\times3)=0$
  $x=+6-1=+5$
- $\underline{Cr}^xO_3^{-2}$: $x+(-2\times3)=0$
  $x=+6$

달 ③

9. 다음 중 물이 산으로 작용하는 반응은?

① $NH_4^+ + H_2O \rightarrow NH_3 + H_3O^+$
② $HCOOH + H_2O \rightarrow HCOO^- + H_3O^+$
③ $CH_3COO^- + H_2O \rightarrow CH_3COOH + OH^-$
④ $HCl + H_2O \rightarrow H_3O^+ + Cl^-$

해설 브뢴스테드의 산에 대한 정의
양성자(^1_1P 또는 ^1_1H)를 줄 수 있는 물질 H_2O에서 H를 잃고 OH^-이 되는 반응

달 ③

10. 지방이 글리세린과 지방산으로 되는 것과 관련이 깊은 반응은?
① 에스터화
② 가수분해
③ 산화
④ 아미노화

해설 지방(유지)은 고급지방산의 글리세린에스터이며 이것에 가열수증기를 작용시키면 가수분해하여 글리세린과 고급지방산이 된다.

달 ②

11. 액체 0.2g을 기화시켰더니 그 증기의 부피가 97℃, 740mmHg에서 80mL였다. 이 액체의 분자량에 가장 가까운 값은?
① 40
② 46
③ 78
④ 121

 $PV = \dfrac{WRT}{M}$ 에서 $M = \dfrac{WRT}{PV}$

액체의 분자량(M)
$= \dfrac{0.2 \times 0.082 \times (97+273)}{\dfrac{740}{760} \times 0.08} = 77.9L \quad \therefore 78L$

M[액체]의 1g 분자량 : ?g
W[액체의 질량] : 0.2g
R(기체상수) : 0.082atm · L/mol · k
T(절대온도) : (97℃+273)k
P(압력) : $\dfrac{740mmHg}{760mmHg/atm}$
V(액체의 체적) : 80mL=0.08L

달 ③

12. $[OH^-]=1\times10^{-5}$ mol/L인 용액의 pH와 액성으로 옳은 것은?
① pH=5, 산성
② pH=5, 알카리성
③ pH=9, 산성
④ pH=9, 알카리성

해설 $[OH^-]=1\times10^{-5}$ mol/L에서
$[1\times10^{-5}][H^+]=[1\times10^{-14}]$이므로
$[H^+]=\dfrac{[1\times10^{-14}]}{[1\times10^{-5}]}=[1\times10^{-9}]$
pH$=\log\dfrac{1}{[1\times10^{-9}]}=-\log[1\times10^{-9}]=9$
pH9는 약알칼리

답 ④

13. 1패러데이(Faraday)의 전기량으로 물을 전기분해 하였을 때 생성되는 기체 중 산소 기체는 0℃, 1기압에서 몇 L인가?
① 5.6
② 11.2
③ 22.4
④ 44.8

해설 1패러데이(Faraday)의 전기량으로 물을 전기분해 하면 1g당량의 산소가 생성된다.
산소 1g당량은 8g이며 $\dfrac{1}{4}$몰에 해당하므로 표준상태(0℃, 1기압)에서 체적은 22.4L/mol
$\times\dfrac{1}{4}$mol=5.6L이다.

답 ①

14. 백금전극을 사용하여 물을 전기분해할 때 (+)극에서 5.6L의 기체가 발생하는 동안 (-)극에서 발생하는 기체의 부피는?
① 2.8L
② 5.6L
③ 11.2L
④ 22.4L

해설 물을 전기분해할 때 (+)극에서는 산소가 발생하며, (-)극에서는 수소가 발생한다.
물의 전기분해반응식
$H_2O \rightarrow H_2 + \dfrac{1}{2}O_2$에서 물 1mol이 분해하면 수소 1mol과 산소 $\dfrac{1}{2}$mol이 발생하므로 수소와 산소의 몰비가 1 : $\dfrac{1}{2}$ 이면 체적(부피)비도 1 : $\dfrac{1}{2}$ 이다. 그러므로 (+)극에서 산소가 5.6L 발생하면, (-)극에서는 수소가 산소체적의 2배가 발생한다.
∴ 수소의 부피=5.6L×2=11.2L

답 ③

15. 일정한 온도하에서 물질 A와 B가 반응을 할 때 A의 농도만 2배로 하면 반응속도가 2배가 되고 B의 농도만 2배로 하면 반응속도가 4배로 된다. 이 경우 반응속도식은?
① v = k[A][B]^2
② v = k[A]^2[B]
③ v = k[A][B]$^{0.5}$
④ v = k[A][B]

해설 v=k[A][B]^{2}에서
v=k[2][B]^2=2
v=k[A][2]^2=4

답 ①

16. 다음 각 화합물 1mol이 완전연소할 때 3mol의 산소를 필요로 하는 것은?
① CH_3-CH_3
② $CH_2=CH_2$
③ C_6H_6
④ $CH\equiv CH$

해설 탄화수소화합물의 연소반응식
- CH_3-CH_3(에테인) : $C_2H_6+3.5O_2 \rightarrow 2CO_2\uparrow+3H_2O$
- $CH_2=CH_2$(에틸렌) : $C_2H_4+3O_2 \rightarrow 2CO_2\uparrow+2H_2O$
- C_6H_6(벤젠) : $C_6H_6+7.5O_2 \rightarrow 6CO_2+3H_2O$
- $CH\equiv CH$(아세틸렌) : $C_2H_2+2.5O_2 \rightarrow 2CO_2\uparrow+H_2O$

답 ②

17. 황산 수용액 400mL 속에 순황산이 98g 녹아 있다면 이 용액의 농도는 몇 N인가?
① 3
② 4
③ 5
④ 6

해설 황산 수용액 400mL 속에 순황산이 98g 녹아 있다면 1,000mL에서 순황산의 질량은
$\dfrac{98g \times 1,000ml}{400ml}$ =245g

순수황산(H_2SO_4)1g 당량=49g

수용액의 N농도= $\dfrac{245g}{49g/당량}$ =5당량(5N)

답 ③

18. 다음 물질 1g을 1kg의 물에 녹였을 때 빙점강하가 가장 큰 것은? [단, 빙점강하 상수값(어는점 내림상수)은 동일하다고 가정한다.]
① CH_3OH
② C_2H_5OH
③ $C_3H_5(OH)_3$
④ $C_6H_{12}O_6$

해설 라울의 법칙에 의하여 빙점강하는 몰랄농도에 비례하므로 빙점강하가 가장 큰 것은 몰랄농도가 큰 것이며 질량이 같을 때 몰랄농도가 가장 큰 것은 분자량이 가장 작은 CH_3OH(메틸알코올)이 해당된다.

답 ①

19. 원자량이 56인 금속(M) 1.12g을 산화시켜 실험식이 MxOy인 산화물 1.60g을 얻었다. x, y는 각각 얼마인가?
① x=1, y=2
② x=2, y=3
③ x=3, y=2
④ x=2, y=1

해설 금속(M)의 질량 : 1.12g
산화물(MO)의 질량 : 1.60g
산소(O)의 질량 : 1.60g-1.12g=0.48g
산소 0.48g의 당량(산소 1당량은 8g)
8g : 1당량 = 0.48g : x당량
x= $\dfrac{0.48}{8}$ =0.06당량

모든 물질은 당량대 당량으로 결합하므로 금속 1.12g의 당량은
1.12g : 0.06당량 = xg : 1당량
x= $\dfrac{1.12}{0.06}$ =18.666g=18.7g

원자가= $\dfrac{원자량}{당량}$ 이므로

금속(M)의 원자가 = $\frac{56}{18.7}$ = 2.99 ≒ +3

산소(O)의 원자가 = -2가

화학식: 원자가의 교차 M₂O₃이므로 x=2, y=3이다.

답 ②

20. 다음 화합물 중에서 가장 작은 결합각을 가지는 것은?
① BF_3
② NH_3
③ H_2
④ $BeCl_2$

 화합물의 결합각
- BF_3(플루오린화붕소) : 120° (평면정삼각형)
- NH_3(암모니아) : 106.7° (피라미드형)
- H_2(수소) : 180° (직선형)
- $BeCl_2$(염화베릴륨) : 180° (직선형)

답 ②

제2과목 화재 예방과 소화방법

21. 위험물안전관리법령상 이동탱크저장소에 의한 위험물의 운송 시 위험물운송자가 위험물안전카드를 휴대하지 않아도 되는 물질은?
① 휘발유
② 과산화수소
③ 경유
④ 벤조일퍼옥사이드

 제4류 위험물에 있어서 위험물운송자가 위험물안전카드를 휴대하여야 할 물질
- 특수인화물
- 제1석유류

답 ③

22. 분말소화약제인 탄산수소나트륨 10kg이 1기압, 270℃에서 방사되었을 때 발생하는 이산화탄소의 양은 약 몇 m³인가?
① 2.65
② 3.65
③ 18.22
④ 36.44

 탄산수소나트륨의 분해반응식

$2NaHCO_3 \rightarrow Na_2CO_3 + CO_2 + H_2O$

$PV = \frac{WRT}{M}$ 에서 $V = \frac{WRT}{PM}$ 이므로

$V = \frac{WRT}{PM} \times \frac{1}{2}$

이산화탄소의 체적(V)

$= \frac{10 \times 0.082 \times (270+273)}{1 \times 84} \times \frac{1}{2} = 2.650$

∴ 2.65m³

V(이산화탄소의 체적) : ?m³

탄산수소나트륨($NaHCO_3$) 2kmol이 분해하면 이산화탄소(CO_2) 1kmol이 생성되므로 탄산수소나트륨($NaHCO_3$)1kmol 분해 시 이산화탄소(CO_2)는 $\frac{1}{2}$kmol이 생성된다. 그러므로 이산화탄소의 양은 계산식에 $\frac{1}{2}$를 곱하여 구한다.

W(탄산수소나트륨의 질량) : 10kg
R(기체상수) : 0.082atm·m³/kmol·k
T(절대온도) : (270℃+273)k
P(압력) : 1atm
M[탄산수소나트륨($NaHCO_3$)의 1kg 분자량] : 23+1+12+16×3=84
∴ 84kg/kmol

답 ①

23. 주된 연소형태가 분해연소인 것은?
① 금속분 ② 황
③ 목재   ④ 피크르산

해설 연소형태
- 금속분 : 표면연소
- 황 : 증발연소
- 목재 : 분해연소
- 피크르산 : 자기연소

답 ③

24. 포 소화약제의 종류에 해당되지 않는 것은?
① 단백포소화약제
② 합성계면활성제포소화약제
③ 수성막포소화약제
④ 액표면포소화약제

해설 액표면포소화약제는 약제에 해당되지 않는다.

답 ④

25. 전역방출방식의 할로젠화물소화설비 중 하론1301을 방사하는 분사헤드의 방사압력은 얼마 이상이어야 하는가?
① 0.1MPa ② 0.2MPa
③ 0.5MPa ④ 0.9MPa

해설 하론1301 분사헤드의 방사압력 : 0.9MPa 이상

답 ④

26. 드라이아이스 1kg이 완전히 기화하면 약 몇 몰의 이산화탄소가 되겠는가?
① 22.7   ② 51.3
③ 230.1 ④ 515.0

해설 드라이아이스(CO_2)의 1g분자량(1mol) : 44g/mol

$\frac{1,000g}{44g/mol}$ =22.727

∴ 약 22.7몰

답 ①

27. 위험물안전관리법령상 전역방출방식 또는 국소방출방식의 분말소화설비의 기준에서 가압식의 분말소화설비에는 얼마 이하의 압력으로 조정할 수 있는 압력조정기를 설치하여야 하는가?

① 2.0MPa ② 2.5MPa
③ 3.0MPa ④ 5MPa

해설 압력조정기의 조정압력 : 2.5MPa 이하

답 ②

28. 다음 위험물의 저장창고에서 화재가 발생하였을 때 주수에 의한 냉각소화가 적절치 않은 위험물은?

① $NaClO_3$
② Na_2O_2
③ $NaNO_3$
④ $NaBrO_3$

해설 Na_2O_2(과산화나트륨)은 제1류 위험물(산화성고체)중 무기과산화물(알칼리금속의 과산화물)로 물과 격렬히 반응하여 산소(O_2)를 발생하므로 주수에 의한 냉각소화는 매우 위험하다.

답 ②

29. 이산화탄소가 불연성인 이유를 옳게 설명한 것은?

① 산소와의 반응이 느리기 때문이다.
② 산소와 반응하지 않기 때문이다.
③ 착화되어도 곧 불이 꺼지기 때문이다.
④ 산화반응이 일어나도 열 발생이 없기 때문이다.

해설 이산화탄소(CO_2)는 산화반응이 완결된 산화물이므로 더 이상 산소와 반응하지 않기 때문에 불연성 물질이다.

답 ②

30. 특수인화물이 소화설비기준 적용상 1소요단위가 되기 위한 용량은?

① 50L   ② 100L
③ 250L ④ 500L

해설 위험물 1소요단위 : 지정수량×10
특수인화물의 지정수량 : 50L
특수인화물의 1소요단위 : 50L×10=500L

답 ④

31. 이산화탄소 소화기의 장·단점에 대한 설명으로 틀린 것은?

① 밀폐된 공간에서 사용 시 질식으로 인명피해가 발생할 수 있다.
② 전도성이어서 전류가 통하는 장소에서의 사용은 위험하다.
③ 자체의 압력으로 방출할 수가 있다.
④ 소화 후 소화약제에 의한 오손이 없다.

해설 이산화탄소(CO_2)는 비전도성이어서 전류가 통하는 장소의 화재에 매우 적용성이 있다.

답 ②

32. 질산의 위험성에 대한 설명으로 옳은 것은?
① 화재에 대한 직·간접적인 위험성은 없으나 인체에 묻으면 화상을 입는다.
② 공기 중에서 스스로 자연발화하므로 공기에 노출되지 않도록 한다.
③ 인화점 이상에서 가연성증기를 발생하여 점화원이 있으면 폭발한다.
④ 유기물질과 혼합하면 발화의 위험성이 있다.

해설 질산(HNO_3)은 제6류 위험물(산화성액체)인 강산화제로서 목분등 가연물과 접촉하면 발화의 위험이 있다.

답 ④

33. 분말소화기에 사용되는 소화약제의 주성분이 아닌 것은?
① $NH_4H_2PO_4$
② Na_2SO_4
③ $NaHCO_3$
④ $KHCO_3$

해설 분말소화약제
• $NH_4H_2PO_4$(인산암모늄) : 제3종 분말소화약제
• Na_2SO_4(황산나트륨) : 화학포소화약제 부산물
• $NaHCO_3$(탄산수소나트륨) : 제1종 분말
• $KHCO_3$(탄산수소칼륨) : 제2종 분말

답 ②

34. 마그네슘분말이 이산화탄소 소화약제와 반응하여 생성될 수 있는 유독기체의 분자량은?
① 26
② 28
③ 32
④ 44

해설 • 마그네슘(Mg)과 이산화탄소(CO_2)의 폭발반응 메카니즘
$$Mg + CO_2 \rightarrow MgO + CO$$
$$+) \; Mg + CO \rightarrow MgO + C$$
$$2Mg + CO_2 \rightarrow 2MgO + C$$
• 반응생성 유독기체 일산화탄소(CO)의 분자량 : 28

답 ②

35. 위험물안전관리법령상 알칼리금속과산화물의 화재에 적응성이 없는 소화설비는?
① 건조사
② 물통
③ 탄산수소염류 분말소화설비
④ 팽창질석

해설 알칼리금속과산화물은 제1류 위험물(산화성고체) 무기과산화물에 속하는 금수성의 물질로 화재에 물을 사용하면 격렬히 반응하며 산소(O_2)를 발생하므로 사용할 수 없다.

답 ②

36. 위험물제조소의 환기설비 설치 기준으로 옳지 않은 것은?
① 환기구는 지붕 위 또는 지상 2m 이상의 높이에 설치할 것
② 급기구는 바닥면적 150m^2마다 1개 이상으로 할 것
③ 환기는 자연배기방식으로 할 것
④ 급기구는 높은 곳에 설치하고 인화방지망을 설치할 것

해설 환기설비의 급기구는 낮은 곳에 설치하고 인화방지망을 설치할 것
참고 배출설비의 급기구는 높은 곳에 설치한다.

답 ④

37. 위험물제조소등에 설치하는 옥외소화전설비에 있어서 옥외소화전함은 옥외소화전으로부터 보행거리 몇 m 이하의 장소에 설치하는가?
① 2
② 3
③ 5
④ 10

해설 옥외소화전설비에 있어서 옥외소화전함은 옥외소화전으로부터 보행거리 5m 이하의 장소에 설치한다.

답 ③

38. 화재 종류가 옳게 연결된 것은?
① A급화재 - 유류화재
② B급화재 - 섬유화재
③ C급화재 - 전기화재
④ D급화재 - 플라스틱화재

해설 화재 종류
- A급화재 - 일반화재(목재, 플라스틱등)
- B급화재 - 유류화재(기름, 인화성고체등)
- C급화재 - 전기화재(변전실등 기타 전기설비)
- D급화재 - 금속화재(금속분, 칼륨, 나트륨등)

답 ③

39. 수성막포소화약제에 대한 설명으로 옳은 것은?
① 물보다 비중이 작은 유류의 화재에는 사용할 수 없다.
② 계면활성제를 사용하지 않고 수성의 막을 이용한다.
③ 내열성이 뛰어나고 고온의 화재일수록 효과적이다.
④ 일반적으로 플루오린계 계면활성제를 사용한다.

해설 수성막포소화약제는 일반적으로 플루오린계 계면활성제를 사용한 소화약제로 소화효과가 매우 우수한 포소화약제이다.

답 ④

40. 다음 중 발화점에 대한 설명으로 가장 옳은 것은?
① 외부에서 점화했을 때 발화하는 최저온도
② 외부에서 점화했을 때 발화하는 최고온도
③ 외부에서 점화하지 않더라도 발화하는 최저온도
④ 외부에서 점화하지 않더라도 발화하는 최고온도

해설 발화점(착화점)은 외부에서의 점화원 없이 가열된 열에 의하여 스스로 발화하는 최저온도를 말한다.

답 ③

제3과목 위험물의 성질과 취급

41. 황린이 자연발화하기 쉬운 이유에 대한 설명으로 가장 타당한 것은?
① 끓는점이 낮고 증기압이 높기 때문에
② 인화점이 낮고 조연성물질이기 때문에
③ 조해성이 강하고 공기 중의 수분에 의해 쉽게 분해되기 때문에
④ 산소와 친화력이 강하고 발화온도가 낮기 때문에

해설 황린(P_4)은 제3류 위험물 중 자연발화성 물질로 산소와 친화력이 강하고 발화온도(착화점)가 34℃로 매우 낮아 쉽게 자연발화한다.

답 ④

42. [보기] 중 칼륨과 트라이에틸알루미늄의 공통성질을 모두 나타낸 것은?

> [보기]
> ⓐ 고체이다.
> ⓑ 물과 반응하여 수소를 발생한다.
> ⓒ 위험물안전관리법령상 위험등급이 Ⅰ이다.

① ⓐ
② ⓑ
③ ⓒ
④ ⓑ, ⓒ

해설 칼륨(K)과 트라이에틸알루미늄[(C_2H_5)$_3$Al]은 제3류 위험물로 위험물안전관리법령상 위험등급이 Ⅰ에 해당한다.

답 ③

43. 탄화칼슘은 물과 반응하면 어떤 기체가 발생하는가?
① 과산화수소
② 일산화탄소
③ 아세틸렌
④ 에틸렌

해설 • 탄화칼슘(CaC_2)과 물(H_2O)의 반응식

$$CaC_2 + 2H_2O \rightarrow Ca(OH)_2 + C_2H_2 \uparrow$$
(탄화칼슘)　(물)　(수산화칼슘)　(아세틸렌)

답 ③

44. 다음 중 물이 접촉되었을 때 위험성(반응성)이 가장 작은 것은?
① Na_2O_2
② Na
③ MgO_2
④ S

해설 • Na_2O_2(과산화나트륨) : 물과 반응하여 산소(O_2)발생
• Na(나트륨) : 물과 반응하여 수소(H_2)발생
• MgO_2(과산화마그네슘) : 물과 반응하여 산소(O_2)발생
• S(황) : 물과 반응하지 않음

답 ④

45. 위험물안전관리법령상 제6류 위험물에 해당하는 물질로서 햇빛에 의해 갈색의 연기를 내며 분해할 위험이 있으므로 갈색병에 보관해야 하는 것은?
① 질산
② 황산
③ 염산
④ 과산화수소

해설 해당 위험물 : 질산(HNO_3)

답 ①

46. 다이에틸에터를 저장, 취급할 때의 주의사항에 대한 설명으로 틀린 것은?
① 장시간 공기와 접촉하고 있으면 과산화물이 생성되어 폭발의 위험이 생긴다.
② 연소범위는 가솔린보다 좁지만 인화점과 착화온도가 낮으므로 주의하여야 한다.
③ 정전기 발생에 주의하여 취급해야 한다.
④ 화재 시 CO_2 소화설비가 적응성이 있다.

해설 다이에틸에터($C_2H_5OC_2H_5$)의 연소범위는 1.9%~48%이며 가솔린의 연소범위 1.4%~7.6% 보다 넓다. 인화점도 -45℃이며 착화온도도 180℃로 가솔린의 인화점 -43℃-20℃, 착화점 약 300℃ 보다 낮으므로 주의하여야 한다.

답 ②

47. 다음 위험물 중 인화점이 약 -37℃인 물질로서 구리, 은, 마그네슘 등의 금속과 접촉하면 폭발성 물질인 아세틸라이드를 생성하는 것은?
① CH_3CHOCH_2
② $C_2H_5OC_2H_5$
③ CS_2
④ C_6H_6

해설 본문설명 : 산화프로필렌(CH_3CHOCH_2)

참고 산화프로필렌의 화학식
OCH_2CHCH_3 또는 CH_3CHOCH_2

답 ①

48. 그림과 같은 위험물탱크에 대한 내용적 계산방법으로 옳은 것은?

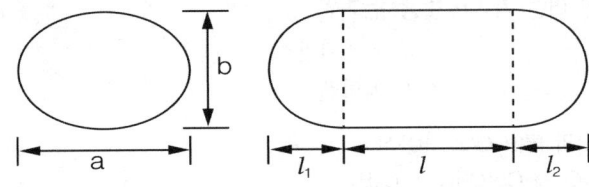

① $\dfrac{\pi ab}{3}(\ell+\dfrac{\ell_1+\ell_2}{3})$
② $\dfrac{\pi ab}{4}(\ell+\dfrac{\ell_1+\ell_2}{3})$
③ $\dfrac{\pi ab}{4}(\ell+\dfrac{\ell_1+\ell_2}{4})$
④ $\dfrac{\pi ab}{3}(\ell+\dfrac{\ell_1+\ell_2}{4})$

해설 양쪽이 볼록한 탱크의 내용적 계산공식
$\dfrac{\pi ab}{4}(\ell+\dfrac{\ell_1+\ell_2}{3})$

답 ②

49. 온도 및 습도가 높은 장소에서 취급할 때 자연발화의 위험이 가장 큰 물질은?
① 아닐린
② 황화인
③ 질산나트륨
④ 셀룰로이드

해설 제5류 위험물(자기반응성물질) 질산에스터의 셀룰로이드는 온도와 습도가 높은 장소에서 자연발화의 위험이 크다.

답 ④

50. 위험물안전관리법령상 위험물의 취급기준 중 소비에 관한 기준으로 틀린 것은?
① 열처리작업은 위험물이 위험한 온도에 이르지 아니하도록 하여 실시하여야 한다.
② 담금질작업은 위험물이 위험한 온도에 이르지 아니하도록 하여 실시하여야 한다.
③ 분사도장작업은 방화상 유효한 격벽 등으로 구획한 안전한 장소에서 하여야 한다.
④ 버너를 사용하는 경우에는 버너의 역화를 유지하고 위험물이 넘치지 아니하도록 하여야 한다.

해설 위험물안전관리법령상 위험물의 취급기준 중 소비에 관한 기준에서 버너를 사용하는 경우에는 버너의 역화는 폭발의 위험이 있으므로 역화를 방지하여야 한다.

답 ④

51. 저장·수송할 때 타격 및 마찰에 의한 폭발을 막기 위해 물이나 알코올로 습면시켜 취급하는 위험물은?
① 나이트로셀룰로오스
② 과산화벤조일
③ 글리세린
④ 에틸렌글리콜

해설 제5류 위험물(자기반응성물질) 질산에스터의 나이트로셀룰로오스는 저장 시 자연발화의 위험이 있으므로 물이나 알코올로 습면시켜 저장한다.

답 ①

52. 제4류 위험물을 저장하는 이동탱크저장소의 탱크용량이 19,000L일 때 탱크의 칸막이는 최소 몇 개를 설치해야 하는가?
① 2
② 3
③ 4
④ 5

해설 칸막이의 개수 = $\frac{19,000L}{4,000L} - 1 = 3.75$ ∴ 4개

답 ③

53. 위험물안전관리법령상 제4류 위험물 옥외저장탱크의 대기밸브부착 통기관은 몇 kPa 이하의 압력차이로 작동할 수 있어야 하는가?
① 2
② 3
③ 4
④ 5

해설 대기밸브부착 통기관의 작동압력 : 5kPa 이하의 압력차이로 작동

답 ④

54. 위험물안전관리법령상 위험물제조소의 위험물을 취급하는 건축물의 구성부분 중 반드시 내화구조로 하여야 하는 것은?
① 연소의 우려가 있는 기둥
② 바닥
③ 연소의 우려가 있는 외벽
④ 계단

해설 위험물제조소에서 연소의 우려가 있는 외벽(소방청장이 정하여 고시하는 것에 한한다. 이하 같다)은 출입구 외의 개구부가 없는 내화구조의 벽으로 하여야 한다.

답 ③

55. 물보다 무겁고, 물에 녹지 않아 저장 시 가연성 증기발생을 억제하기 위해 수조 속의 위험물탱크에 저장하는 물질은?
① 다이에틸에터
② 에탄올
③ 이황화탄소
④ 아세트알데하이드

해설 본문의 위험물 : 제4류 위험물(인화성액체) 특수인화물의 이황화탄소(CS_2)

답 ③

56. 금속나트륨의 일반적인 성질로 옳지 않은 것은?
① 은백색의 연한 금속이다.
② 알코올 속에 저장한다.

③ 물과 반응하여 수소가스를 발생한다.
④ 물보다 비중이 작다.

해설 금속나트륨(Na)은 제3류 위험물 금수성물질이며 물 또는 알코올과 접촉하면 수소(H_2)를 발생하며 폭발적으로 연소하므로 물과 알코올과의 접촉을 피하여야 한다.

답 ②

57. 다음 위험물 중에서 인화점이 가장 낮은 것은?
① $C_6H_5CH_3$
② $C_6H_5CHCH_2$
③ CH_3OH
④ CH_3CHO

해설 제4류 위험물(인화성액체)의 인화점
- $C_6H_5CH_3$(톨루엔) : 4℃
- $C_6H_5CHCH_2$(스티렌) : 32℃
- CH_3OH(메틸알코올) : 11℃
- CH_3CHO(아세트알데하이드) : -38℃

답 ④

58. 과염소산칼륨과 적린을 혼합하는 것이 위험한 이유로 가장 타당한 것은?
① 마찰열이 발생하여 과염소산칼륨이 자연발화할 수 있기 때문에
② 과염소산칼륨이 연소하면서 생성된 연소열이 적린을 연소시킬 수 있기 때문에
③ 산화제인 과염소산칼륨과 가연물인 적린이 혼합하면 가열, 충격 등에 의해 연소·폭발할 수 있기 때문에
④ 혼합하면 용해되어 액상 위험물이 되기 때문에

해설 과염소산칼륨($KClO_4$)은 제1류 위험물(산화성고체)인 강산화제로 산소를 많이 함유하고 적린(P)은 제2류 위험물(가연성고체)인 환원제이므로 혼합하면 가열, 충격 등에 의해 연소·폭발의 위험이 있으므로 함께 혼합하면 매우 위험하다.

답 ③

59. 1기압 27℃에서 아세톤 58g을 완전히 기화시키면 부피는 약 몇 L가 되는가?
① 22.4
② 24.6
③ 27.4
④ 58.0

해설 아세톤(CH_3COCH_3)의 1g분자량 : 58g/mol

$PV = \dfrac{WRT}{M}$ 에서 $V = \dfrac{WRT}{PM}$ 이므로

$V = \dfrac{58 \times 0.082 \times (27+273)}{1 \times 58} = 24.6L$

답 ②

60. 염소산칼륨에 대한 설명 중 틀린 것은?
① 촉매 없이 가열하면 약 400℃에서 분해한다.
② 열분해하여 산소를 방출한다.
③ 불연성물질이다.
④ 물, 알코올, 에터에 잘 녹는다.

해설 염소산칼륨($KClO_3$)은 제1류 위험물(산화성고체) 염소산염류에 속하며 물, 알코올, 에터에 잘 녹지 않는다.

답 ④

2020년 CBT 복원문제 첫 회

각 과목별 100점 만점에 40점 이상 득점하고 전 과목 평균 60점 이상 받아야 합격합니다.

제1과목 일반화학

1. 분광기로 관찰했을 때 어떤 경우에 선스펙트럼이 나타나는가?
  ① 백열된 고체상태의 빛
  ② 발광된 기체상태의 빛
  ③ 햇빛이나 텅스텐 전구가 내는 빛
  ④ 백열된 고체상태의 빛이 기체나 액체를 거쳐 나온 빛

  해설 선(휘선)스펙트럼 : 고온의 발광된 기체의 스펙트럼

  답 ②

2. 다음 이론은 누구의 법칙인가?

  > "같은 에너지 준위에 있는 오비탈이 여러 개가 있고, 여기에 여러 개의 전자가 들어갈 때는 모든 오비탈에 분산되어 들어가려고 한다."

  ① 러더퍼드의 법칙(Rutheford' Law)
  ② 보일의 법칙(Boyle's Lay)
  ③ 헨리의 법칙(Henry' Law)
  ④ 훈트의 법칙(Hund' Law)

  해설 본문의 법칙 : 훈트의 법칙

  답 ④

3. 산(acid)표준 용액을 표정하려고 한다. 무엇으로 표정하여야 하는가?
  ① Na_2CO_3
  ② $Na_2C_2O_4$
  ③ $K_2Cr_2O_7$
  ④ $H_2C_2O_4$

  해설 산(acid)의 표준 용액은 탄산나트륨(Na_2CO_3)으로 표정한다.
  참고 표정 : 바로잡아서 나타내 보이다

  답 ①

4. 다음 화합물에서 크로뮴의 산화수가 +3인 것은?
  ① $Cr(OH)_3$
  ② CrO_3^{2-}
  ③ $Cr_2O_7^{2-}$
  ④ CrO_4^{2-}

해설 화학식은 원자가(산화수)를 교차하는 것으로 Cr(OH)₃에서 Cr(크로뮴)의 산화수는 +3가, OH(수산기)의 산화수는 -1가이다.

참고 이온에서 산화수에 원자수를 곱한 값의 합은 그 이온의 산화수이다.
CrO₃²⁻ : [Cr^{X}O₃⁻²]²⁻=X+(−2×3)=−2이므로, X=−2+6=+4

답 ①

5. 수소와 관계없는 사항은?
① 환원제 역할
② 연소되지 않는다.
③ 핵에 양성자만 존재
④ 우주에서 가장 풍부한 원소

해설 수소(H₂)는 연소 시 폭발하므로 일명 폭명기라 한다.

답 ②

6. 1기압에서 순수한 물은 100℃에서 끓는다. 다음은 물의 끓는점을 높이기 위한 여러 가지 제안이다. 이들 중 옳다고 생각되는 것은?
① 메틸에터를 가한다.
② 물을 저으면서 끓인다.
③ 강압 하에 끓인다.
④ 밀폐한 그릇에서 끓인다.

해설 밀폐한 그릇에 들어있는 물을 끓이면 증기압력이 높아져 끓는점이 높아진다.

참고 압력솥(오토클레이브)은 가열하면 내부온도가 높아진다.

답 ④

7. 황산구리 수용액에 1.93A의 전류를 통할 때 매초 음극에서 석출되는 Cu의 원자수를 구하면 약 몇 개가 존재하는가?
① $3.02×10^{18}$
② $4.02×10^{18}$
③ $5.02×10^{1}$
④ $6.02×10^{18}$

해설 CuSO₄(황산구리)에서 Cu(구리)의 원자가는 +2가이므로 2F의 전기량으로 1g 원자량을 석출할 수 있다. 그러므로 1F의 전기량(96,500C)으로 1g당량만큼($\frac{1}{2}$g 원자량)의 원자수를 석출한다.

∴ Q=i×t에서 1.93A의 전기량은 1.93C이므로, 원자수=$6.02×10^{23}×\frac{1}{2}×\frac{1.93}{96,500}$
=$6.02×10^{18}$개이다.

답 ④

8. 다음 중 착이온의 리간드(배위자)가 될 수 없는 것은?
① CN⁻
② NH₄⁺
③ NH₃
④ Cl⁻

해설 리간드(배위자)
착이온(Fe, Ag, Cu, Ni)과 대칭적으로 배위결합하는 원자 또는 원자단(Cl⁻¹, CN⁻¹, OH⁻¹, NH₃, N₂O 등)

답 ②

9. 다음 기체 중 상방치환으로 모으는 기체는?
 ① CO_2
 ② NO_2
 ③ O_2
 ④ NH_3

해설 상방치환은 공기(분자량 29)보다 가벼운 기체의 포집법으로 분자량이 17로 공기보다 가벼운 암모니아(NH_3)가 해당된다.

참고 화합물의 분자량
 • CO_2(이산화탄소) : $12+16×2=44$
 • NO_2(이산화질소) : $14+16×2=46$
 • O_2(산소) : $16×2=32$

답 ④

10. 식초산과 알코올의 혼합물에 소량의 진한황산을 가하고 가열하면 어떤 화합물이 생성되는가?
 ① 과당
 ② 나프탈렌
 ③ 에스터
 ④ 알데하이드

해설 에스터 : 산과 알코올의 축합물(진한 황산은 탈수제로 사용된다)

답 ③

11. 나일론에는 다음 어느 결합이 들어 있는가?
 ① $-S-S-$
 ② $-O-$
 ③ $\begin{matrix} O \\ \parallel \\ -C-O- \end{matrix}$
 ④ $\begin{matrix} O & H \\ \parallel & | \\ -C-N- \end{matrix}$

해설 나일론은 펩티드결합물이다.
 • 펩티드결합 : $\begin{matrix} O & H \\ \parallel & | \\ -C-N- \end{matrix}$ 를 갖는 결합

답 ④

12. 포르말린 제조에 있어서 가장 일반적으로 쓰이는 원료는?
 ① 에틸알코올
 ② 에틸렌
 ③ 개미산
 ④ 메틸알코올

해설 포르말린(Formalin)은 메틸알코올(CH_3OH)을 산화시켜 만들어진 포름알데하이드(HCHO) 37%(±0.5%) 수용액의 상품명이며, 중합현상을 방지하기 위하여 8~12%의 메틸알코올을 첨가하고 있다.

답 ④

13. 메테인의 확산속도는 $18 m\ell/sec$이고, 같은 조건에서 기체 A의 확산속도는 $12 m\ell/sec$이다. A의 분자량은?
 ① 16
 ② 32
 ③ 36
 ④ 72

해설 CH_4(메테인)의 분자량 : $12+4=16$
그레엄의 확산속도의 법칙에 의하여
$$\frac{U_{메테인}}{U_A} = \sqrt{\frac{M_A}{M_{메테인}}}$$ 에서 $\frac{18}{12} = \sqrt{\frac{M_A}{16}}$, $\frac{3}{2} = \frac{\sqrt{M_A}}{4}$
$\sqrt{M_A} = \frac{3 \times 4}{2}$ 에서 $M_A = 36$

답 ③

14. 다음 반응식 중 산화환원 반응이 아닌 것은?
① $Cu + 2H_2SO_4 \rightarrow CuSO_4 + SO_2 + 2H_2O$
② $2H_2S + SO_2 \rightarrow 2H_2O + 3S$
③ $I_2 + 2Na_2S_2O_3 \rightarrow Na_2S_4O_6 + 2NaI$
④ $Na_2SO_3 + 2HCl \rightarrow 2NaCl + H_2O + SO_2$

해설 산화·환원반응이 아닌 것 : 산화수 변화가 없는 것
$Na_2SO_3 + 2HCl \rightarrow 2NaCl + H_2O + SO_2$
반응에서 Na^+, S^{+4}, O^{-2}, H^{+1}, Cl^{-1}로 산화수의 변화가 없다.

참고
• $Cu + 2H_2SO_4 \rightarrow CuSO_4 + SO_2 + 2H_2O$
  Cu와 $CuSO_4$에서 Cu^0가 Cu^{+2}로 산화수 변화
• $2H_2S + SO_2 \rightarrow 2H_2O + 3S$
  H_2S와 S에서 S^{-2}가 S^0로 산화수 변화
• $I_2 + 2Na_2S_2O_3 \rightarrow Na_2S_4O_6 + 2NaI$
  I_2와 NaI에서 I^0가 I^{-1}로 산화수 변화

답 ④

15. 무색 바늘모양의 결정으로 용융점 159℃이며, 카복실산이나 알코올과 각각 에스터를 만드는 것은?

① OH, COOH (2-hydroxybenzoic acid)
② OH, OH (catechol)
③ COOH, CH₃ (o-toluic acid)
④ CH₃, OH (o-cresol)

해설 살리실산[$C_6H_4(OH)COOH$]은 산과 알코올과 각각 에스터를 만든다.

답 ①

16. 수은과 섞어도 아말감을 만들지 못하는 금속은?
① Zn ② Ag
③ Cu ④ Fe

해설 아말감을 만들지 못하는 금속의 종류
Fe(철), Co(코발트), Ni(니켈), Pt(백금), Mn(망가니즈) 등

답 ④

17. AgNO₃와 CuSO₄의 수용액에 각각 같은 전기량을 통했을 때 구리가 63.5g 석출되었다면 Ag (은)은 몇 g이 석출되는가? (단, Cu=63.5, Ag=108)

① 63.5g ② 108g
③ 127g ④ 216g

해설 Cu(2가) 63.5g=2g당량=2F 전기량 필요
Ag(1가) 108g=1g당량=1F 전기량 필요
2F에 의한 Ag의 질량=108×2=216g

답 ④

18. 수소와 산소가 화합해서 물이 생성될 때는 수소와 산소의 무게비가 항상 1:8이라는 사실로부터 다음의 어느 법칙을 설명할 수 있는가?

① 일정성분비의 법칙 ② 질량불변의 법칙
③ 배수비례의 법칙 ④ 기체반응의 법칙

해설 본문의 법칙 : 일정성분비의 법칙
참고 일정성분비의 법칙 : 모든 화합물은 그 구성하고 있는 성분원소와 질량비는 항상 일정하다.

답 ①

19. 콜로이드의 응석(Coagulation)을 일으키는 데 효과가 큰 것은?

① NaCl ② Al₂(SO₄)₃
③ KNO₃ ④ BaCl₂

해설 응석력 : 이온의 가수가 클수록 커진다.
∴ $Al^{+3} > Ba^{+2} > Na^+, K^+$

답 ②

20. 어떤 비전해질 3.0g을 물에 녹여 1L로 한 용액의 삼투압을 측정하였더니 27℃에서 1.0기압이었다. 이 물질의 분자량은 얼마인가? (단, 기체상수 R=0.082 $\frac{L \cdot 기압}{몰 \cdot K}$)

① 73.8 ② 78.9
③ 84.0 ④ 89.1

해설 $PV = \frac{WRT}{M}$ 에서 $M = \frac{WRT}{PV}$ 이므로, $M = \frac{3 \times 0.082 \times (27+273)}{1 \times 1} = 78.8$이다.

답 ②

제2과목 화재 예방과 소화방법

21. 포(거품) 방출구의 종류는 포의 팽창비율로 나눈다. 고발포용 고정포방출구의 팽창비는?

① 10 이상~20 미만
② 20 이상~40 미만
③ 80 이상~1,000 미만
④ 1,000 이상

해설
- 고발포용의 팽창비 : 80 이상 1,000 미만
- 저발포용의 팽창비 : 20 이하

답 ③

22. 제6류 위험물의 소화방법으로 틀린 것은?
① 할로젠화물 소화도 효과가 있다.
② 물분무소화도 효과가 있다.
③ 팽창질석도 효과가 있다.
④ 마른모래도 효과가 있다.

해설 제6류 위험물(산화성액체)의 화재는 주변의 화재를 물에 의한 냉각소화가 적응성이 있으며 할로젠화합물 소화약제는 적응성이 없다.

답 ①

23. 금수성 위험물질에 적응성 있는 소화설비는?
① 할로젠화합물 소화기 ② 인산염류 소화기
③ 이산화탄소 소화기   ④ 탄산수소염류 소화기

해설 금수성 위험물질인 제3류 위험물의 적응 소화설비는 탄산수소염류분말소화설비가 적응성이 있다.

답 ④

24. 다음 소화제의 분자식과 약칭이 바르게 된 것은?
① $CBrF_3 - BCF$ ② $C_2F_4Br_2 - CTC$
③ $CH_3Br - MB$ ④ $CCl_4 - CB$

해설 CH_3Br(Methyl Bromide or Bromo Methane)의 약칭 : MB

참고
- $CBrF_3$(Bromo Trifluoro Methane)의 약칭 : MTB
- $C_2F_4Br_2$(Dibromo Tetrafluoro Ethane)의 약칭 : FB
- CCl_4(Carbon Tetra Chloride)의 약칭 : CTC

답 ③

25. 제5류 위험물의 화재 예방상 주의사항으로서 옳지 않은 것은?
① 점화원에 주의할 것
② 습기, 온도, 통풍에 주의할 것
③ 소화설비는 질식효과가 있는 것으로 할 것
④ 자연발화성 물질도 있으니 주의할 것

해설 제5류 위험물(자기반응성물질)의 소화방법은 다량의 주수에 의한 냉각 소화효과가 적합하며, 산소공급을 차단하는 질식소화는 부적합하다.

답 ③

26. 금속나트륨 화재에 적응성이 있는 소화설비는?
① 팽창질석   ② 할로젠화물 소화설비
③ 분말소화설비   ④ 이산화탄소 소화설비

해설 금속나트륨(Na)은 제3류 위험물 금수성물질로 금속화재에 해당하므로, 화재에는 탄산수소염류 분말소화약제를 사용하는 분말소화설비가 적응성이 있다.

답 ③

27. 위험물 제조소 등에 자동화재탐지설비를 설치하여야 할 대상이 아닌 것은?
① 지정수량 100배 이상을 저장·취급하는 제조소
② 지정수량 100배 이상을 저장·취급하는 일반취급소
③ 지정수량 100배 이상의 제5류 위험물을 저장하는 옥내저장소
④ 지정수량 200배 이상의 제6류 위험물을 저장하는 옥내저장소

해설 자동화재탐지설비를 설치하여야 할 대상에 제6류 위험물은 해당 없음

답 ④

28. 파라핀의 연소형태는?
① 표면연소
② 분해연소
③ 자기연소
④ 증발연소

해설 파라핀(초)은 고체이지만, 증발연소 한다.

답 ④

29. 화학포에 쓰이는 기포안정제로서 적당한 것은?
① 황산알루미늄
② 탄산수소나트륨
③ 사포닝
④ 이산화탄소

해설 기포안정제 : 단백질분해물, 사포닝, 계면활성제 등

답 ③

30. 은백색의 연한금속으로 전성과 가단성이 좋고 활성이 커서 알코올레이트를 만드는 물질로 화재 발생 시 주수소화 하여서는 안 되는 가장 큰 이유는?
① 수소가 발생하여 연소가 확대되기 때문에
② 유독가스가 발생하여 연소가 확대되기 때문에
③ 산소의 발생으로 연소가 확대되기 때문에
④ 분말의 수증기에 함께 날아가기 때문에

해설 본문의 위험물은 제3류 위험물 금수성물질인 칼륨(K)과 나트륨(Na)이며 주수하면 수소를 발생하며, 폭발적으로 연소한다.

참고 • 칼륨(K)과 물(H_2O)의 화학반응식
$$2K + 2H_2O \rightarrow 2KOH + H_2\uparrow$$
(칼륨) (물)   (수산화칼륨) (수소)

답 ①

31. 제조소 건축물 외벽이 내화구조로 된 것에 있어서는 소화설비를 적용함에 있어 연면적 몇 m^2를 소요단위 1단위로 하는가?
① $30m^2$
② $50m^2$
③ $80m^2$
④ $100m^2$

해설 소요단위(1단위)
• 제조소 또는 취급소용 건축물로 외벽이 내화구조인 것 : 연면적 $100m^2$
• 제조소 또는 취급소용 건축물로 외벽이 내화구조이외인 것 : 연면적 $50m^2$
• 저장소용 건축물로 외벽이 내화구조인 것 : 연면적 $150m^2$
• 저장소용 건축물로 외벽이 내화구조이외인 것 : 연면적 $75m^2$
• 위험물 : 지정수량 10배

답 ④

32. 과산화나트륨이 물과 반응해서 일어나는 변화는 다음 중 어느 것인가?
① 산화나트륨과 산소가 된다.
② 물을 흡수하여 탄산나트륨이 된다.
③ 극렬히 반응하여 산소를 내며, 수산화나트륨이 된다.
④ 서서히 물에 녹아 과산화나트륨의 안정한 수용액이 된다.

해설 • 과산화나트륨(Na_2O_2)과 물(H_2O)과의 반응식
$$2Na_2O_2 + 2H_2O \rightarrow 4NaOH + O_2\uparrow$$
(과산화나트륨) (물)   (수산화나트륨) (산소)

답 ③

33. 위험물 용기의 외부표시에 주의사항으로 잘못된 것은?
① 알칼리금속의 과산화물 : 화기·충격주의, 가연물접촉주의, 물기엄금
② 제2류 위험물 : 화기주의
③ 제4류 위험물 : 화기엄금
④ 제6류 위험물 : 취급주의

해설 제6류 위험물 운반용기 외부 주의사항표시 : 가연물접촉주의

참고 운반용기 외부 주의사항표시
• 제1류 위험물 : 화기·충격주의, 가연물 접촉주의
  – 알칼리금속의 과산화물 또는 이를 함유하는 것 : 화기·충격주의, 가연물 접촉주의, 물기엄금
• 제2류 위험물 : 화기주의
  – 철분, 금속분, 마그네슘 또는 이를 함유하는 것 : 화기주의, 물기엄금
  – 인화성고체 : 화기엄금
• 제3류 위험물
  – 금수성물질 : 물기엄금
  – 자연발화성물질 : 화기엄금, 공기접촉엄금
• 제4류 위험물 : 화기엄금
• 제5류 위험물 : 화기엄금, 충격주의
• 제6류 위험물 : 가연물 접촉주의

답 ④

34. 인화성 액체의 소화 용도로 개발되었으며, 모세관 현상의 원리를 이용한 소화기구는?
① 강화액 소화기   ② 중조톱밥
③ 팽창질석   ④ 소화탄

해설 톱밥은 다공질물질로 모세관현상의 원리에 의하여 위험물을 잘 흡수하며, 중조는 소화효과가 좋은 소화제이다.

답 ②

35. 다음 중 화재의 등급과 종류가 옳지 않게 연결된 것은?
① A급 – 가스화재   ② B급 – 유류화재
③ C급 – 전기화재   ④ D급 – 금속화재

해설 A급화재는 일반화재이다.

답 ①

36. 다음 중 철분 화재의 소화에 가장 적당한 방법은?
① 강화액소화기를 이용한 냉각소화
② 탄산수소염류를 이용한 질식소화
③ 테트라클로로메탄(사염화탄소)을 이용한 억제소화
④ 물소화기를 이용한 냉각소화

해설 철(Fe)분은 제2류 위험물(가연성고체)로서 소화방법은 탄산수소염류와 같은 금속화재용 분말소화약제에 의한 질식소화가 효과적이다.

답 ②

37. 다음 중 위험물을 저장하는 원통형 탱크가 종으로 설치한 것의 내용적(m^3)은 얼마인가? (단, r=10m, l=15m, $π$=3.14임)
① 3,610   ② 4,710
③ 5,810   ④ 6,910

해설 $πr^2l$에서 내용적(m^3) = $3.14 × 10^2 × 15 = 4,710 m^3$

답 ②

38. 할로젠화합물소화약제로 사용되는 액체의 성질로서 옳지 않은 것은?
① 비점이 낮을 것
② 증기가 되기 쉬울 것
③ 공기보다 무겁고 불연성일 것
④ 증발잠열이 적을 것

해설 증발잠열이란 액체의 온도는 불변이면서 기체 상태로 변하는 데 필요한 열량으로 소화제로서는 클수록 좋다.

답 ④

39. 이산화탄소 소화설비를 설치해도 되는 것으로 가장 옳은 것은?
① 방재실, 제어실 등 사람이 상시 근무하는 장소에 설치
② 나이트로셀룰로스, 셀룰로이드 제품 등 자기연소성물질을 저장·취급하는 장소에 설치
③ 기계류, 자동차 등에 설치
④ 전시장 등의 관람을 위하여 다수인이 출입·통행하는 통로 및 전시실 등에 설치

해설 이산화탄소 소화설비는 문제의 보기 ①, ②, ④와 나트륨, 칼륨, 칼슘 등 활성금속물질을 저장·취급하는 장소에는 설치할 수 없다.

답 ③

40. 탄산수소나트륨과 황산알루미늄으로 만든 소화기를 사용했을 경우 생성되는 것이 아닌 것은?
① 일산화탄소   ② 이산화탄소
③ 수산화알루미늄   ④ 황산나트륨

해설 화학포소화기를 사용했을 경우 일산화탄소(CO)는 생성되지 않는다.

참고 • 화학포의 화학반응식
$6NaHCO_3 + Al_2(SO_4)_3 · 18H_2O → 3Na_2SO_4 + 2Al(OH)_3 + 6CO_2↑ + 18H_2O$
(탄산수소나트륨) (황산알루미늄) (황산나트륨) (수산화알루미늄) (이산화탄소) (물)

답 ①

제3과목 위험물의 성질과 취급

41. 은백색의 광택이 있는 위험물로 물과 반응하여 수소를 발생시키는 것은?
① CaC_2 ② P
③ Na   ④ Na_2O_2

해설 은백색의 광택이 있는 나트륨(Na)은 제3류 위험물 금수성물질로 물(H_2O)반응하여 수소(H_2)를 발생한다.

참고 • 나트륨(Na)과 물(H_2O)의 화학반응식
$$2Na + 2H_2O \rightarrow 2NaOH + H_2\uparrow$$
(나트륨) (물) (수산화나트륨) (수소)

답 ③

42. 다음 물질 중에서 분쇄 도중 마찰에 의하여 폭발될 염려가 있는 물질은?
① 탄산칼슘   ② 탄산마그네슘
③ 황   ④ 산화티탄

해설 황(S)은 제2류 위험물(가연성고체)로 마찰에 의하여 발화할 우려가 있다.

참고
• 탄산칼슘($CaCO_3$) : 불연성
• 탄산마그네슘($MgCO_3$) : 불연성
• 이산화티탄(TiO_2) : 불연성

답 ③

43. 제3류 위험물에 물을 가했을 때 일어날 수 있는 공통 반응은?
① 산화반응   ② 환원반응
③ 발열반응   ④ 흡열반응

해설 제3류 위험물 금수성물질은 물과 반응하면 발열반응하며, 가연성가스를 발생하거나 폭발의 위험이 있다.

답 ③

44. 다음 조건에 알맞은 위험물은 어떤 것인가?

• 증기의 비중(표준상태)은 2.56이다.
• 전기의 불량도체이다.
• 알코올에 잘 녹는다.

① 이황화탄소   ② 에틸알코올
③ 에틸에터   ④ 콜로디온

해설 다이에틸에터($C_2H_5OC_2H_5$)
$$증기비중 = \frac{다이에틸에터(C_2H_5OC_2H_5)의 분자량}{공기의 평균 분자량(29)} = \frac{12 \times 4 + 10 + 16}{29} = 2.551$$
∴ 약 2.56

답 ③

45. 아세톤의 일반 성질에 맞지 않는 것은?
   ① 독특한 향기를 낸다.
   ② 일광에 쪼이면 중합된다.
   ③ 보관 중 황색으로 변색된다.
   ④ 대단히 휘발하기 쉬운 무색 액체이다.

   해설 아세톤(CH_3COCH_3)은 제4류 위험물(인화성액체) 제1석유류이며, 일광에 쪼이면 분해한다.   답 ②

46. 다이에틸에터, 가솔린 및 벤젠의 공통되는 성질에서 옳지 않은 것은?
   ① 인화점이 0℃보다 낮다.
   ② 증기는 공기보다 무겁다.
   ③ 착화온도는 100℃ 이하이다.
   ④ 연소범위 하한은 2% 이하이다.

   해설

명칭	인화점	착화점	연소범위	증기비중
다이에틸에터	-45℃	180℃	1.9~48%	2.56
가솔린	-43~-20℃	약300℃	1.4~7.6%	3~4
벤 젠	-11℃	562℃	1.4~7.1%	2.7

   답 ③

47. 다음 위험물 중 햇볕을 쪼이면 갈색으로 변하고 아세톤, 벤젠, 알코올에 잘 녹으며, 물에는 불용이고, 금속과 반응하지 않는 것은?
   ① $C_6H_2(NO_2)_3OH$
   ② $(CH_2)_3(NNO_2)_3$
   ③ $C_6H_2CH_3(NO_2)_3$
   ④ $C_6H_3(NO_2)_3$

   해설 $C_6H_2CH_3(NO_2)_3$(트라이나이트로톨루엔=TNT)는 제5류 위험물(자기반응성물질) 나이트로화합물로, 담황색의 결정으로 햇볕을 쪼이면 갈색으로 변한다.

   참고 제5류 위험물의 명칭
   • $C_6H_2(NO_2)_3OH$: 트라이나이트로페놀(피크린산)
   • $(CH_2)_3(NNO_2)_3$: 헥소겐
   • $C_6H_3(NO_2)_3$: 트라이나이트로벤젠   답 ③

48. 가연성 고체 위험물 및 인화성 액체 위험물을 취급할 때 특히 주의해야 할 사항은?
   ① 산화제와의 접촉
   ② 가연물의 접촉
   ③ 습기의 접촉
   ④ 화기의 접촉

   해설 가연성 고체 위험물(제2류 위험물) 및 인화성 액체 위험물(제4류 위험물) : 화기 등 점화원에 주의할 것   답 ④

49. 제4류 위험물 취급 시 주의사항 중 틀린 것은?
   ① 인화 위험은 액체보다 증기에 있다.
   ② 증기는 공기보다 무거우므로 높은 곳으로 배출하는 편이 좋다.
   ③ 아세톤 수용액은 유체마찰에 의한 정전기 발생의 위험이 있다.
   ④ 밀폐된 용기에 가득 찬 것보다 공간이 남아 있는 것이 폭발의 위험이 크다.

   해설 액체위험물의 공간용적 : 내용적의 2% 이상일 것   답 ④

50. 동식물유류를 취급할 때 그 일반 성질을 잘 알아야 한다. 그 성질에서 옳은 것은?
① 보통 인화점이 높다.
② 아이오딘이 130 이상인 것을 불건성유라 한다.
③ 돼지기름, 소기름은 동식물유류에 속하지 않는다.
④ 분자 속에 불포화결합이 많을수록 건조되기 어렵다.

해설 위험물안전관리법령상 동식물유류는 인화점이 250℃ 미만으로 매우 높다. **답** ①

51. 다음 위험물 중 특수인화물로서 수용성인 물질은?
① 에터
② 아세트알데하이드
③ 메틸알코올
④ 이황화탄소

해설 제4류 위험물(인화성액체) 중 특수인화물인 아세트알데하이드(CH_3CHO)는 수용성이다.
※ 메틸코올(CH_3OH)도 수용성이나 제4류 위험물 알코올류에 속한다. **답** ②

52. 다음 중 위험물안전관리법상 위험물 분류기준을 근거가 잘못된 것은?
① 알코올 - 1분자를 구성하는 탄소원자의 수가 1개부터 3개까지인 포화1가 알코올
② 제1석유류 - 1기압에서 인화점이 21℃ 미만인 것
③ 제2석유류 - 1기압에서 인화점이 70℃ 이상 200℃ 미만인 것
④ 동식물유류 - 동물의 지육 등 또는 식물의 종자나 과육으로부터 추출한 것으로 1기압에서 인화점이 250℃ 미만인 것

해설 제2석유류 : 1기압에서 인화점이 21℃ 이상 70℃ 미만인 것 **답** ③

53. 차광성 덮개를 하여 운반하여야 하는 제4류 위험물의 종류 및 지정수량은?
① 특수인화물 - 50L
② 제1석유류 - 100L
③ 알코올류 - 200L
④ 동·식물유류 - 10,000L

해설 차광덮개를 하여야할 위험물
  • 제1류 위험물
  • 제3류 위험물 중 자연발화성물질
  • 제4류 위험물 중 특수인화물
  • 제5류 위험물
  • 제6류 위험물 **답** ①

54. 다음 제4류 위험물 중 제1석유류의 속하는 것은?
① 아세톤, 휘발유, 톨루엔
② 이황화탄소, 다이에틸에터, 아세트알데하이드
③ 메탄올, 에탄올, 프로판올
④ 중유, 클레오소트유, 실린더유

해설 제4류 위험물(인화성액체) 제1석유류의 화학식
아세톤(CH_3COCH_3), 가솔린(휘발유), 톨루엔($C_6H_5CH_3$), 벤젠(C_6H_6) 등 **답** ①

55. 다음 중 제1류 위험물에 속하지 않는 것은?
① $HClO_4$
② $NaClO_3$
③ K_2O_2
④ Na_2O_2

해설 $HClO_4$(과염소산)은 제6류 위험물(산화성액체)이다.

답 ①

56. 질산칼륨에 대한 설명 중 틀린 것은?
① 무색의 결정, 또는 백색분말이다.
② 비중이 1.11, 녹는점 209℃이다.
③ 가열하면 열분해하여 산소를 방출한다.
④ 황린, 황과 혼합한 것은 혼촉발화가 가능하다.

해설 질산칼륨(KNO_3)은 제1류 위험물(산화성고체) 질산염류에 속하며 비중은 2.098, 녹는점은 336℃이다.

답 ②

57. 황린은 공기 속에서 서서히 산화하여 착화온도에 달하면 자연 발화하는데, 이때 생기는 흰 연기는?
① P_2O_5
② PH_3
③ PO_2
④ P_2O

해설 황린(P_4)의 연소반응식
$$P_4 + 5O_2 \rightarrow 2P_2O_5$$
(황린) (산소)   (오산화인)

답 ①

58. 다음 위험물의 유별, 품명, 지정수량이 올바르게 짝지어진 것은?
① 제1류 위험물 - 과망가니즈산염류 - 300kg
② 제2류 위험물 - 적린 - 500kg
③ 제3류 위험물 - 황린 - 10kg
④ 제4류 위험물 - 무기과산화물류 - 10kg

해설 제2류 위험물 적린의 지정수량 - 100kg

참고 위험물의 지정수량
- 과망가니즈산염류의 지정수량 - 1,000kg
- 적린의 지정수량 - 500kg
- 황린의 지정수량 - 20kg
- 제4류 위험물에는 무기과산화물류가 없으며, 제1류 위험물에 있으며 지정수량은 50kg이다.

답 ②

59. 제3류 위험물을 취급할 때 물과 접촉하여 발생하는 기체로서 옳은 것은?
① 인화석회 - 인화수소
② 산화칼슘 - 아세틸렌
③ 나트륨 - 산소
④ 탄화칼슘 - 수소

해설 인화석회(Ca_3P_2)는 인화칼슘을 말하며 물과 격렬히 반응하여 인화수소(PH_3)를 발생한다.

참고 인화칼슘(Ca_3P_2)과 물(H_2O)의 반응식

$Ca_3P_2 + 6H_2O \rightarrow 3Ca(OH)_2 + 2PH_3 \uparrow$
(인화칼슘)　　(물)　　(수산화칼슘)　(인화수소, 포스핀)

물과 접촉하여 발생하는 기체
- 산화칼슘(CaO) : 격렬히 반응하며, 열만 발생한다.
- 나트륨(Na) – 수소(H_2)
- 탄화칼슘(CaC_2) – 아세틸렌(C_2H_2)

답 ①

60. 벤젠의 일반적 성질에 관한 사항이다. 틀린 것은?
① 휘발성이 강한 액체이다.
② 방향족 유기화합물이다.
③ 유체마찰에 의한 정전기의 발생 및 축적 위험은 없다.
④ 불포화결합을 이루고 있으나 안전하여 첨가반응보다 치환반응이 많다.

해설 벤젠(C_6H_6)은 제4류 위험물(인화성액체) 제1석유류이며, 전기의 부도체로서 유체마찰에 의하여 정전기 발생 및 축척의 위험이 있다.

답 ③

2021년 CBT 복원문제 1회

각 과목별 100점 만점에 40점 이상 득점하고 전 과목 평균 60점 이상 받아야 합격합니다.

제1과목 일반화학

1. 다음의 납화합물 가운데 물에 녹는 것은?
① PbO_2(이산화납)
② $Pb(NO_3)_2$(질산납)
③ PbO(일산화납)
④ $PbCrO_4$(크로뮴산납)

해설 $Pb(NO_3)_2$(질산납) : 물에 대한 용해도 56.6g/100g(20℃)으로 수용성이다.

답 ②

2. 중성자수가 4일 때 이 속에 포함된 오비탈수는?
① 4
② 9
③ 16
④ 32

해설 중성자수=양성자수=전자수에서
- 중성자수 4개=전자수 4개=L전자껍질의 구조
- L전자껍질의 n=2, 오비탈의 수=$n^2=2^2=4$

답 ①

3. 다음에서 비극성 용매라고 생각되는 것은?
① 에틸알코올
② 물
③ 아세톤
④ 헥세인

해설 비극성 용매 : 분자구조가 대칭형인 것
- 에틸알코올(C_2H_5OH) : 극성
- 물(H_2O) : 극성
- 아세톤(CH_3COCH_3) : 극성
- 헥세인(C_6H_{14}) : 비극성

답 ④

4. 다음 산화물 중 물에 녹아 염기성을 나타내는 것은?
① 이산화탄소
② 산화나트륨
③ 이산화망가니즈
④ 이산화황

해설 산화나트륨(Na_2O)은 금속의 산화물로 염기성 산화물이다.

참고 산성산화물은 비금속의 산화물
- 이산화탄소(CO_2)
- 이산화황(SO_2)
- 이산화망가니즈(MnO_2)은 금속이지만 원자가 7가로 산성 산화물이다.

답 ②

5. 같은 표면적을 가진 알갱이로 되어 있는 탄산칼슘을 A시험관에 1g, B시험관에 2g을 넣고 이 두 시험관을 밀폐하여 가열하였다(900℃). 두 시험관 안에서 일어나는 화학반응에 대하여 바르게 설명한 것은? (단 A, B 두 시험관의 부피와 온도는 같다.)
① A시험관에서의 반응속도는 B시험관의 반응속도보다 느리다.
② A, B 두 시험관에서 일어나는 반응속도는 같다.
③ 이 반응이 평형에 도달하였을 때 이산화탄소의 양은 B시험관보다 A시험관에 더 많다.
④ A, B 두 시험관에서의 반응 평형상수는 다른 값을 가진다.

해설 불균일계에서의 평형
반응계에 기체와 고체가 공존할 때의 평형으로 발생한 기체의 분압이 평형상수이므로, 두 시험관에서 발생한 CO_2의 양이 다르므로 평형상수는 다른 값을 갖는다.

참고
- $CaCO_3$(고체) $\rightleftharpoons$ CaO(고체) + CO_2(기체)
- Kp(평형상수) = P_{CO_2}(CO_2의 분압)

답 ④

6. P-orbital에 4개의 전자가 있으면 가전자수는 a개이고, 부대전자수는 b개이다. a와 b는?
① a=4, b=2
② a=6, b=2
③ a=4, b=4
④ a=6, b=4

해설 p-orbital(오비탈)
K전자껍질을 포함한 L전자껍질의 오비탈로서 $1s^2$, $2s^2$, $2p^4$의 구조이다.

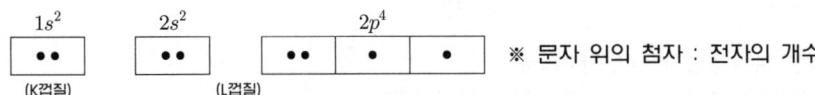

※ 문자 위의 첨자 : 전자의 개수

- 가전자수(최외각전자의 수) = L껍질의 전자수(6개)
- 부대전자 = p오비탈에서 홀로 있는 전자수(2개)

답 ②

7. 수소 2.24L가 염소와 완전히 반응했다면 표준 상태에서 생성한 염화수소의 부피는 몇 L가 되는가?
① 2.24
② 4.48
③ 6.72
④ 11.2

해설 $H_2 + Cl_2 \rightarrow 2HCl$에서 수소($H_2$)와 염화수소(HCl)의 몰비 = 1 : 2
몰수의 비와 부피의 비는 같으므로 염화수소(HCl)의 부피 = 2.24L × 2 = 4.48L

참고 수소(H_2)와 염소(Cl_2)의 반응식

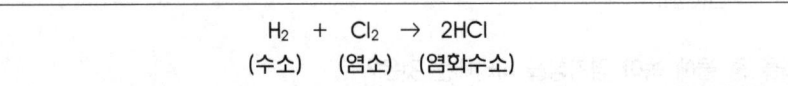

답 ②

8. NaCl을 전기분해시 음극에서 얻을 수 있는 기체는?
① NaOH
② Cl_2
③ H_2
④ O_2

해설 NaCl(염화나트륨)의 전기분해시 생성물질
- 양극(+) = Cl₂(염소)
- 음극(−) = NaOH(수산화나트륨)과 H₂(수소) 생성

참고 NaCl(염화나트륨)의 전기분해

$$2NaCl + 2H_2O \xrightarrow{전기분해} 2NaOH + H_2 + Cl_2$$
(염화나트륨) (물)   (음극)(수산화나트륨) (수소) (양극)(염소)

답 ③

9. 황산구리 수용액에 1F의 전기량을 통했을 때 석출되는 구리의 양은?
① 0.5M ② 1M
③ 2M   ④ 4M

해설 황산구리(CuSO₄)에서 Cu(구리)의 원자가 2가이므로 1M을 석출시키려면 2F의 전기량이 필요하다. 그러므로 1F의 전기량으로 0.5M의 Cu(구리) 석출

답 ①

10. C₃H₃O₂인 실험식을 가지는 물질의 분자량이 142이다. 분자식은?
① $C_6H_6O_4$ ② $C_9H_9O_6$
③ $C_{12}H_{12}O_{13}$ ④ $C_{15}H_{15}O_{10}$

해설 분자식 = 실험식 × n, 분자식량 = 실험식량 × n이므로

$$n = \frac{분자식량}{실험식량} = \frac{142}{(12 \times 3 + 3 + 16 \times 2)} = 2$$

∴ 분자식 = C₃H₃O₂ × 2 = C₆H₆O₄

답 ①

11. 다음 중 Ca⁺⁺과 같은 전자구조를 가진 것은?
① Ma⁺⁺ ② Ar
③ Kr   ④ Na⁺

해설 Ca⁺⁺(칼슘이온)
원자번호 20번인 Ca(칼슘)은 최외각 전자 2개를 버림으로써 원자번호 18번인 Ar(아르곤)과 같은 전자구조를 갖는다.

답 ②

12. 금속이 순수해질수록 어떻게 되는가?
① 융점이 낮아진다. ② 분자량이 커진다.
③ 비등점이 낮아진다. ④ 밀도가 커진다.

해설 금속의 순도는 불순물이 많으면 융점이 높아지며, 불순물이 작아져서 순도가 커지면 융점(녹는점)이 낮아진다.

답 ①

13. 다음 물질 가운데 환원제가 아닌 것은?
① H₂S   ② Br₂
③ C₂H₇O₄ ④ SO₂

해설 할로젠원소인 브로민(Br_2)은 강력한 산화제이다.

답 ②

14. 다음 물질 중 감광성이 가장 큰 것은 어느 것인가?
① AgCl
② $NaNO_3$
③ HgO
④ $PbSO_4$

해설 염화은(AgCl)은 감광성이 좋아 사진의 필름 인화지에 사용

답 ①

15. 0.004몰 −HCl의 pH는? (단, log4=0.6)
① 2.4
② 2.52
③ 2.7
④ 3.3

해설 0.004몰 −HCl의 수소이온농도 : $[H^+]=[10^{-3}\times 4]$

pH(수소이온지수)$=\log\dfrac{1}{[H^+]}=-\log[H^+]$이므로

$pH=\log\dfrac{1}{[10^{-3}\times 4]}=-\log[10^{-3}\times 4]=3-\log 4=3-0.6=2.4$

답 ①

16. 다음 중 가수분해가 되는 것은 어느 것인가?
① NaCl
② $BaSO_4$
③ KNO_3
④ $MgCl_2$

해설 가수분해
강산과 강염기의 염은 가수분해 되지 않으므로 약염기인 수산화마그네슘[$Mg(OH)_2$]과 강산인 염산(HCl)의 염인 염화마그네슘($MgCl_2$)은 가수분해 된다.

답 ④

17. 다음 기체 중 불용성 물질은 어느 것인가?
① CO
② HCl
③ NH_3
④ HF

해설 CO(일산화탄소)는 물에 녹지 않는 불용성의 물질이다.

참고 화학식의 명칭
• HCl(염화수소)
• NH_3(암모니아)
• HF(플루오린화수소)

답 ①

18. 산소를 제조할 때 사용되는 MnO_2에 어떤 물질이 포함되어 있으면 폭발할 위험이 있는가?
① 유기물
② 무기물
③ 산화물
④ 수산화물

해설 이산화망가니즈(MnO_2)
강산화제로서 산소 제조 시 촉매로 사용하며, 유기물이 포함되어 있으면 폭발한다.

답 ①

19. 다음 중 다이아몬드와 흑연이 동소체라는 사실을 증명하는 데 가장 효과적인 실험방법은?
① 물에 녹여본다.
② 연소 생성물을 본다.
③ 이산화탄소에 녹여본다.
④ 전기전도도를 측정한다.

해설 동소체 확인방법 : 연소생성물
다이아몬드와 흑연은 모두 주성분이 탄소(C)이므로 연소시키면 모두 이산화탄소(CO_2)를 생성한다.

답 ②

20. 드라이아이스의 주성분은?
① CO_2
② CCl_4
③ CH_3COCH_3
④ C_2H_5OH

해설 드라이아이스(Dry Ice)는 고체 이산화탄소(CO_2)이다.

답 ①

제2과목 화재 예방과 소화방법

21. 다음 소화설비 중 산화성 액체 위험물에 적응하는 설비가 아닌 것은?
① 스프링클러설비
② 포말소화설비
③ 이산화탄소 소화설비
④ 물분무 소화설비

해설 산화성 액체(제6류 위험물)의 부적응 소화설비 : 할로젠화합물·이산화탄소(탄산가스)소화설비는 사용시 폭발의 위험이 있다.

답 ③

22. 다음 그림에서 C_1과 C_2 사이를 무엇이라 하는가?

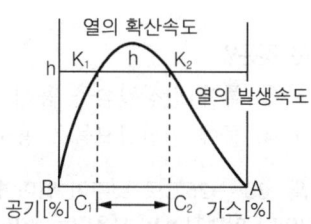

① 폭발범위
② 발열량
③ 흡열량
④ 안전범위

해설 $C_1 \sim C_2$: 폭발범위(연소범위)

답 ①

23. 다음 제조소 가운데 위치 구조 및 설비의 기술기준에 공지를 보유할 것이 규정되어 있는 것은?
① 옥내탱크저장소
② 석유판매취급소
③ 지하탱크저장소
④ 주유취급소

해설 주유취급소의 주유공지 : 너비 15m 이상, 길이 6m 이상의 콘크리트로 포장한 공지를 확보할 것

답 ④

24. 전역방출방식의 할로젠화합물 소화설비의 분사헤드에서 할론 1211을 방사하는 것으로 1cm²에 대한 방사압력은 몇 kg 이상인가?

① 1　　　　　　　　② 2
③ 3　　　　　　　　④ 4

해설 전역방출방식 할론 1211의 방사압력 : 2kg/cm² 이상일 것

참고
- 할론 2402의 방사압력 : 1kg/cm² 이상
- 할론 1301의 방사압력 : 9kg/cm² 이상

답 ②

25. 소화약제로 쓸 수 없는 것은?

① $BaCl_2$　　　　　② KCl
③ $KHCO_3$　　　　④ CaC_2

해설 CaC_2(탄화칼슘)은 제3류 위험물 금수성물질로 소화약제로 사용할 수 없다.

참고 분말소화약제의 명칭
- $BaCl_2$(염화바륨) : 염소계분말
- KCl(염화바륨) : 염소계분말
- $KHCO_3$(탄산수소칼륨) : 제2종 분말

답 ④

26. 소방대상물의 각 부분으로부터 1개의 소화기구까지의 보행거리는 대형소화기에 있어서는 몇 m 이내가 되도록 배치하여야 하는가?

① 30　　　　　　　② 35
③ 40　　　　　　　④ 45

해설 대형수동식 소화기 : 보행거리 30m 이내마다 설치

참고 소형수동식 소화기 : 보행거리 20m 이내마다 설치

답 ①

27. 강화액 축압식 소화기의 첨가물에서 옳은 것은?

① 물에 탄산칼륨을 용해　　② 물에 탄산칼슘을 용해
③ 알코올에 테트라클로로메탄을 용해　④ 물에 인산암모늄을 용해

해설 강화액소화기는 물의 빙점(0℃)을 -30~-25℃로 낮추기 위하여 탄산칼륨(K_2CO_3)을 물에 용해시킨 포화수용액으로 겨울철이나 한랭지에서 사용하는 소화기이다.

답 ①

28. 위험물에서 1소요단위란 지정수량의 몇 배인가?

① 10배　　　　　　② 20배
③ 30배　　　　　　④ 40배

해설 위험물에서 1소요단위 : 지정수량의 10배

답 ①

29. 제3종 분말소화제란 어느 것인가?

① $NaHCO_3$　　　　② $KHCO_3$
③ $NH_4H_2PO_4$　　　④ $BaCl_2$

해설 제3종 분말소화제 : $NH_4H_2PO_4$(인산암모늄)

참고
- $NaHCO_3$(탄산수소나트륨) : 제1종 분말
- $KHCO_3$(탄산수소칼륨) : 제2종 분말
- $BaCl_2$(염화바륨) : 염소계 분말소화약제
- $KHCO_3$(탄산수소칼륨)+$(NH_2)_2CO$(요소) : 제4종 분말

답 ③

30. 알킬알루미늄에 적응하는 소화기구는 어느 것인가?
① 자동확산액
② 팽창질석 또는 팽창진주암
③ 강화액을 무상으로 방사하는 소화기
④ 증발성 액체를 방사하는 소화기

해설 알킬알루미늄은 제3류 위험물 금수성 및 자연발화성물질로 적용하는 소화기구로 팽창질석 및 팽창진주암이 적응성이 있다.

답 ②

31. 옥외탱크저장소의 밸브 없는 통기관은 지름을 얼마 이상의 것으로 설치하여야 하는가?
① 20mm 이상
② 30mm 이상
③ 40mm 이상
④ 50mm 이상

해설 밸브 없는 통기관의 지름 : 30mm 이상

참고 간이탱크저장소 밸브 없는 통기관의 지름 : 25mm 이상

답 ②

32. 다음 중 화학포의 소화약제가 아닌 것은?
① $NaHCO_3$
② 계면활성제
③ CCl_4
④ $Al_2(SO_4)_3$

해설 CCl_4(테트라클로로메탄<사염화탄소>)는 억제소화작용에 사용되는 할론소화약제이다.

참고 화학포 소화약제의 용도
- $NaHCO_3$(탄산수소나트륨) : 외약제
- 계면활성제 : 외약제중 기포안정제
- $Al_2(SO_4)_3$: 내약제

답 ③

33. 위험물의 운반용기 외부에 표시하여야 하는 주의사항에 '화기엄금'이 포함되지 않은 것은?
① 제1류 위험물 중 알칼리금속의 과산화물
② 제2류 위험물 중 인화성고체
③ 제3류 위험물 중 자연발화성물질
④ 제5류 위험물

해설 위험물 운반용기의 외부포장 표시 중 수납위험물의 주의사항
① 제1류 위험물 : 화기·충격주의, 가연물 접촉주의
  - 알칼리금속의 과산화물 또는 이를 함유한 것 : 화기·충격주의, 가연물 접촉주의, 물기엄금

② 제2류 위험물 : 화기주의
  • 철분, 금속분, 마그네슘 또는 이를 함유하는 것 : 화기주의, 물기엄금
  • 인화성고체 : 화기엄금
③ 제3류 위험물
  • 금수성물질 : 물기엄금
  • 자연발화성물질 : 화기엄금, 공기접촉엄금
④ 제4류 위험물 : 화기엄금
⑤ 제5류 위험물 : 화기엄금, 충격주의
⑥ 제6류 위험물 : 가연물 접촉주의

답 ①

34. 스프링클러설비의 가압송수장치 중 펌프의 1분당 토출량으로 옳지 않은 것은?
① 스프링클러 헤드 기준 개수가 10 이하인 경우에는 800ℓ 이상
② 스프링클러 헤드 기준 개수가 10 이상 20 이하인 경우에는 1,600ℓ 이상
③ 스프링클러 헤드 기준 개수가 20을 초과하는 경우에는 2,000ℓ 이상
④ 스프링클러 헤드 기준 개수가 30을 초과하는 경우에는 2,000ℓ 이상

해설 1분당 토출량 : 헤드 기준 개수×80L 이상일 것

답 ④

35. 다음 중 연소에 대한 설명으로 옳은 것은 어느 것인가?
① CO_2를 발생하면서 반응한다.
② 반응하면서 열을 수반한다.
③ 물질이 산소와 반응하여 산화한다.
④ 물질이 산소와 반응하면서 빛과 열을 수반한다.

해설 연소의 정의 : 물질이 발열과 빛을 수반하는 급격한 산화현상

답 ④

36. 제1류 위험물 중 알칼리금속의 과산화물의 소화제는?
① 건조사   ② 물
③ 분말소화기   ④ CO_2

해설 알칼리금속의 과산화물 화재 시 소화제 : 만능소화제인 건조사(마른모래)를 사용한다.
참고 알칼리금속의 화재에는 금속화재용 분말소화약제인 탄산수소염류분말 및 팽창질석 또는 팽창진주암을 사용하기도 한다.

답 ①

37. $KMnO_4$에서 Mn 성분의 원자가는 얼마인가?
① +2가   ② +5가
③ +6가   ④ +7가

해설 $KMnO_4$에서 Mn의 산화수(원자가) x 구하기
$K^{+1}Mn^{x}O^{-2}{}_4$에서
$+1+x+(-2\times4)=0$, $x=-1+8$
∴ $x=+7$

답 ④

38. 다음은 연소의 종류에 관한 설명이다. 이중 틀린 것은?
① 목재는 분해연소이다.   ② 다이에틸에터는 표면연소이다.
③ 코크스는 표면연소이다.   ④ 가솔린은 증발연소이다.

해설 다이에틸에터($C_2H_5OC_2H_5$)는 제4류 위험물(인화성액체) 특수인화물로 증발연소한다.

답 ②

39. 위험물 제1류~제6류 중 제3류와 혼재하여도 무방한 것은?
① 제1류   ② 제2류
③ 제4류   ④ 제5류

해설 제3류와 혼재하여도 무방한 것은 제4류 위험물 한 종류이다.

참고 유별을 달리하는 위험물의 혼재기준
(암기법 : 사이삼, 오이사, 육하나)

위험물의 구분	제1류	제2류	제3류	제4류	제5류	제6류
제1류		×	×	×	×	○
제2류	×		×	○	○	×
제3류	×	×		○	×	×
제4류	×	○	○		○	×
제5류	×	○	×	○		×
제6류	○	×	×	×	×	

※ '×' 표시는 혼재할 수 없음을, '○' 표시는 혼재할 수 있음을 표시한다.
이 표는 지정수량의 $\frac{1}{10}$ 이하의 위험물에 대하여는 용하지 아니한다.

답 ③

40. 다음 제5류 위험물 중 상온에서 액체인 것은?
① 피크린산   ② 셀룰로이드
③ 트라이나이트로톨루엔   ④ 질산에틸

해설 질산에틸($C_2H_5ONO_2$)은 제5류 위험물(자기반응성 물질) 질산에스터류 중 상온에서 액체 상태이다.

답 ④

제3과목 위험물의 성질과 취급

41. 자기반응성 물질의 초기 화재 시 소화법으로 적당한 것은?
① 다량의 주수소화   ② 분말소화
③ 팽창질석   ④ 할로젠화합물

해설 자기반응성물질(제5류 위험물)의 소화방법 : 다량의 주수에 의한 냉각소화

답 ①

42. 다음은 금속칼륨과 물이 반응하여 생성되는 현상을 나타낸 것이다. 옳은 것은?
① 산화칼륨+수소+발열반응   ② 산화칼륨+수소+흡열반응
③ 수산화칼륨+수소+흡열반응   ④ 수산화칼륨+수소+발열반응

해설 • 금속칼륨(K)의 물과의 반응식
$$2K + 2H_2O \rightarrow 2KOH + H_2\uparrow + 92.8\text{kcal}$$
(칼륨) (물) (수산화칼륨) (수소) (반응열)
※ +92.8kcal = 발열반응열

답 ④

43. 제3류 위험물의 일반적 성질을 설명한 것 중 옳은 것은?
① 물에 의한 냉각소화가 가능하다.
② 알킬알루미늄, 나트륨, 금속수소화물은 비중이 물보다 무겁다.
③ 제3류 위험물은 모두 무기화합물로 구성되어 있다.
④ 황린을 제외하고 모든 품목은 물과 반응하여 가연성 가스를 발생한다.

해설 • 제3류 위험물
금수성물질과 자연발화성물질로 황린(P_4)을 제외한 물질은 물과 접촉하여 가연성가스를 발생한다.

답 ④

44. 알데하이드(aldehyde)와 케톤(ketone) 화합물의 공통점이 아닌 것은?
① carbonyl계 화합물이다.
② 탄소와 산소의 이중결합을 가진다.
③ 극성을 띠고 있다.
④ 관능기가 동일하다.

해설 알데하이드(aldehyde)와 케톤(ketone)은 관능기가 다르다.
• 알데하이드의 관능기 : -CHO
• 케톤의 관능기 : -CO-

답 ④

45. 산화성 액체 위험물인 과염소산을 주수소화 시 가장 위험한 것은?
① 포스겐 가스의 발생
② 부식성에 의한 피해
③ 발열로 인한 화상
④ 액체의 기포 발생

해설 산화성 액체(제6류 위험물) : 주수소화가 좋으나 과염소산은 물과 급격히 발열로 인한 화상에 주의할 것

답 ③

46. 산화프로필렌의 저장, 취급 시 주의하여야 할 사항은?
① 저장탱크의 재질은 내화학성을 위해 구리, 마그네슘을 성분으로 하는 합금을 사용한다.
② 옥외 탱크 저장 시 수증기 또는 불활성가스를 봉입하고 냉각장치를 설치한다.
③ 경유가 들어 있는 밀폐된 용기에 보관한다.
④ 수용액 상태에서는 인화 위험이 낮으므로 산과 접촉해도 반응하지 않는다.

해설 산화프로필렌(OCH_2CHCH_3)은 제4류 위험물(인화성액체) 특수인화물이며, 저장탱크에는 수증기 또는 불활성가스(N_2)를 봉입하고 냉각장치를 설치할 것

답 ②

47. 금속칼륨에 관한 설명 중 틀린 것은?
① 금속칼륨은 경금속으로 연해서 칼로 자를 수가 있다.
② 수은과 격렬하게 반응하여 아말감을 만든다.

③ 흡습성, 조해성이 있고 금속 재료를 부식시킨다.
④ 에터, 케톤류를 보호액으로 해서 저장한다.

해설 금속칼륨(K)은 제3류 위험물 금수성물질로 등유, 경유, 파라핀 등의 보호액 속에 넣어 보관한다.

답 ④

48. 산화프로필렌의 설비에 취급을 피하는 금속 또는 그 합금에 해당하는 것은?
① 니켈(Ni)
② 나트륨(Na)
③ 수은(Hg)
④ 코발트(Co)

해설 산화프로필렌(OCH_2CHCH_3)의 설비에는 구리(Cu), 은(Ag), 수은(Hg), 마그네슘(Mg)과 이의 합금은 사용을 금지

답 ③

49. CH_3COCH_3로 나타내는 위험물은?
① 에틸알코올
② 아세톤
③ 초산메틸
④ 메탄올

해설 CH_3COCH_3(다이메틸케톤)은 제4류 위험물(인화성액체) 제1석유류인 아세톤이다.

답 ②

50. 다음 중 과염소산의 화학식으로 맞는 것은?
① $HClO$
② $HClO_2$
③ $HClO_3$
④ $HClO_4$

해설 $HClO_4$(과염소산)은 제6류 위험물(산화성액체)이다.

참고 염소산의 명칭
• $HClO$(차아염소산)
• $HClO_2$(아염소산)
• $HClO_3$(염소산)
• $HClO_4$(과염소산)

답 ④

51. 제4류 위험물 중 제1석유류인 휘발유의 지정수량은?
① 200L
② 500L
③ 1,000L
④ 2,000L

해설 휘발유(가솔린)는 제4류 위험물(인화성액체) 제1석유류중 비수용성이므로 지정수량은 200L이다.

참고 • 제4류 위험물(인화성액체)의 구성(영 별표 1)

유별	성질	위험등급	품 명	지정수량
제4류	인화성액체	I	특수인화물	50ℓ
		II	제1석유류	비수용성 : 200ℓ
				수용성 : 400ℓ
		II	알코올류	400ℓ
		III	제2석유류	비수용성 : 1,000ℓ
				수용성 : 2,000ℓ
		III	제3석유류	비수용성 : 2,000ℓ
				수용성 : 4,000ℓ
		III	제4석유류	6,000ℓ
		III	동식물유류	10,000ℓ

답 ①

52. 다음 동식물유류 중 섬유 등에 스며들어 자연발화의 위험이 가장 큰 것은 어느 것인가?
① 아마인유　　　　② 콩기름
③ 참기름　　　　　④ 피마자기름

해설 자연발화의 위험성이 있는 동식물유는 건성유이다.
• 아마인유 : 건성유
• 콩기름 : 반건성유
• 참기름 : 반건성유
• 피마자기름 : 불건성유

답 ①

53. 다음 중 공기 또는 물과 접촉하여 자연발화하는 물질은?
① $(C_2H_5)_2O$　　　　② CS_2
③ CH_3CHO　　　　④ $(C_2H_5)_3Al$

해설 $(C_2H_5)_3Al$(트라이에틸알루미늄)은 제3류 위험물중 물과 공기와의 접촉으로 발화하는 금수성물질 및 자연발화성물질이다.

참고 위험물의 명칭 및 유별 등
• $(C_2H_5)_2O$(다이에틸에터) : 제4류 위험물 특수인화물
• CS_2(이황화탄소) : 제4류 위험물 특수인화물
• CH_3CHO(아세트알데하이드) : 제4류 위험물 특수인화물

답 ④

54. 다음 중 운반용기에 수납하지 않아도 되는 위험물은?
① 카바이드　　　　② 금속분
③ 염소산나트륨　　④ 생석회

해설 생석회(CaO)는 위험물이 아니므로 운반용기에 넣어 수납하지 아니하여도 된다.

답 ④

55. 과산화수소는 일반적으로 몇 %의 수용액으로 취급되는가?
① 5~10%　　　　② 10~15%
③ 20~30%　　　　④ 30~40%

해설 과산화수소(H_2O_2) 시판품의 농도 : 30~40% 수용액

답 ④

56. 다음 위험물 중 상온에서 액체인 것은?
① 과아이오딘산　　② 셀룰로이드
③ 트라이나이트로톨루엔　④ 트라이메틸알루미늄

해설 트라이메틸알루미늄[$(CH_3)_3Al$]은 제3류 위험물 금수성 및 자연발화성 가진 액체 상태의 위험물이다.

답 ④

57. 아세트알데하이드에 대해 잘못 설명한 것은?
① 저장은 공기와 접촉을 피해 냉소에 보관한다.
② 자극성 냄새가 있는 무색의 액체이다.
③ 물에는 녹지 않는다.
④ 증기는 포름알데하이드보다 무겁다.

해설 아세트알데하이드(CH_3CHO)는 제4류 위험물(인화성액체) 특수인화물이며, 에틸알코올(C_2H_5OH)을 산화시켜 제조하므로 물에 잘 녹는 성질을 갖는다.

답 ③

58. 방치하면 분해하고 물과 반응하여 6종의 안정된 화합물을 이루는 것은?
① $SOCl_2$
② SO_2Cl_2
③ $HClO_4$
④ $CHIO_3$

해설 과염소산($HClO_4$)은 제6류 위험물(산화성액체)이며, 물과 발열반응 하여 6종의 안정한 고체 수화물을 만든다.

참고 화학식의 명칭
- $SOCl_2$(염화티오닐)
- SO_2Cl_2(염화슬포닐)
- $CHIO_3$(아이오딘탄산수소염)

답 ③

59. 다음 중 TNP에 관한 설명으로 틀린 것은 어느 것인가?
① 광택이 있으며, 휘황색을 나타낸다.
② 일명 트라이나이트로페놀이라고 부른다.
③ 나이트로글리세린과 같이 단맛을 낸다.
④ 냉수에는 거의 녹지 않는다.

해설 TNP는 제5류 위험물(자기반응성물질) 나이트로화합물 트라이나이트로페놀[$C_6H_2OH(NO_2)_3$]을 말하며, 쓴맛을 갖는다.

답 ③

60. 다음 물질에 화재가 발생했을 때 물을 사용할 수 없는 것은?
① Na_2O_2
② $KClO_4$
③ H_2O_2
④ CH_3COOH

해설 Na_2O_2(과산화나트륨)은 제1류 위험물(산화성고체) 알칼리금속의 과산화물로, 물과 접촉하면 격렬히 반응하며 산소(O_2)를 다량 발생하므로 주수소화는 부적합하다.

참고 위험물의 명칭
- $KClO_4$(과염소산칼륨) : 제1류 위험물
- H_2O_2(과산화수소) : 제6류 위험물
- CH_3COOH(아세트산=초산) : 제4류 위험물

답 ①

2021년 CBT 복원문제 2회

각 과목별 100점 만점에 40점 이상 득점하고 전 과목 평균 60점 이상 받아야 합격합니다.

제1과목 일반화학

1. 혼합물의 분리 방법 중 액체의 용해도를 이용하여 미량의 불순물을 제거하는 방법은?
① 증류
② 증발
③ 재결정
④ 추출

해설
- 재결정 : 용해도 차에 의하여 결정을 석출하는 방법

참고
- 증류 : 2가지 이상의 휘발성 물질의 혼합물을 분리시키는 조작
- 증발 : 액체의 표면에서 분자 간 인력을 끊을 수 있는 입자가 분자 간 인력을 끊고 기화하는 현상
- 추출 : 액체 상태의 용매를 이용하여 고체 또는 액체 상태의 혼합물에서 특정 성분만을 용해 분리하는 조작

답 ③

2. 어떤 원자핵 반응에서 방출된 에너지(원자력)가 9×10^{18} erg였다면, 새로운 원자핵을 이룰 때 생긴 질량 결손은 얼마인가?
① 10^{-1}(g)
② 10^{-2}(g)
③ 10^{-3}(g)
④ 10^{-4}(g)

해설 $E = mc^2$에서 $m = \dfrac{E}{C^2} = \dfrac{9 \times 10^{18}}{(3 \times 10^{10})^2} = 0.01\text{g} = 10^{-2}\text{g}$

E : 에너지(erg), m : 질량(g),
c = 빛의 속도(3×10^{10}cm/sec)

답 ②

3. Ra_{88}^{226}이 α붕괴할 때 생기는 원소는?
① Rn_{86}^{222}
② Th_{90}^{232}
③ Ra_{90}^{226}
④ Pa_{91}^{231}

해설 α붕괴는 헬륨$\left(He_2^4\right)$ 원자 1개가 방출되는 것으로 $Ra_{88}^{226} \rightarrow He_2^4 + X_{86}^{222}$이므로 X=Rn

답 ①

4. 다음 중 알칼리금속 원소로만 짝지어진 것은?
① Al과 Be
② Na과 Mg
③ Sr과 Ca
④ Li과 K

해설 알칼리금속(원소 주기율표 1족의 원소) : Li, Na, K, Ru, Cs, Fr

답 ④

5. 다음 물질 중 물과 반응하여 산(Acid)을 만드는 물질은?

① CO_2 ② Na_2O
③ NH_3 ④ MgO

해설 비금속의 산화물(산성산화물)은 물과 접촉하여 산이 된다.
$$CO_2 + H_2O \rightarrow H_2CO_3$$
(이산화탄소) (물)   (탄산)

답 ①

6. 다음 기체들을 같은 조건 하에서 동시에 확산시킬 때 확산속도가 가장 빠른 것은?

① CO_2 ② CH_4
③ NO_2 ④ SO_2

해설 기체의 확산속도는 그 기체의 분자량의 제곱근에 반비례하므로 분자량이 가장 작은 CH_4 (메테인)의 확산속도가 가장 빠르다.
- 기체의 분자량
  - CO_2(이산화탄소) : $12+16\times2=44$
  - CH_4(메테인) : $12+4=16$
  - NO_2(이산화질소) : $14+16\times2=46$
  - SO_2(이산화황) : $32+16\times2=64$

답 ②

7. 다음 중 암모니아성 질산은($AgNO_3$) 용액을 반응하여, 거울을 만드는 것은?

① CH_3CH_2OH ② CH_3OCH_3
③ CH_3COCH_3 ④ CH_3CHO

해설 아세트알데하이드(CH_3CHO)는 암모니아성 질산은($AgNO_3$) 용액과 은거울 반응을 한다.
- 위험물의 명칭
  - CH_3CH_2OH : 에틸알코올
  - CH_3OCH_3 : 다이메틸에터
  - CH_3COCH_3 : 다이메틸케톤(아세톤)

답 ④

8. 다음의 할로젠 원소 중에서 산화제로 사용될 때 산화력이 가장 큰 원소는?

① F_2 ② Cl_2
③ Br_2 ④ I_2

해설 산화력의 세기 : $F_2 > Cl_2 > Br_2 > I_2$

답 ①

9. 염소원자(Cl)의 최외각 전자궤도의 전자 수는 몇 개인가?

① 1   ② 2
③ 7   ④ 8

해설 염소(Cl)는 주기율표 7족의 원소이므로 최외각 전자의 수는 족수의 수이므로 7개이다.

답 ③

10. 2% 황산용액은 몇 mol 용액인가? (단, 20℃에서 28% 황산용액 1ml 무게는 1.202g이며, H_2SO_4의 분자량은 98.082g이다.)

① 3.43M   ② 3.97M
③ 4.11M   ④ 5.16M

해설 Mol 농도 = $\frac{10 \times d \times s}{분자량}$ 에서 $\frac{10 \times 1.202 \times 28}{98.082}$ = 3.43M

H_2SO_4(황산)의 비중(d) : 1.202%, 농도(s) : 28%

답 ①

11. 다음 기체 중에서 최외각 전자가 2개 또는 8개로써 불활성인 것은?
① F_2와 Br_2
② N_2와 Cl_2
③ I_2와 H_2
④ He와 Xe

해설 최외각 전자가 2개 또는 8개인 원소는 불활성의 주기율표 0족의 원소이다.
- 불활성기체(0족의 원소) : He(헬륨), Ne(네온), Ar(아르곤), Kr(크립톤), Xe(제논<크세논>), Rn(라돈)

답 ④

12. 다음 중 황화수소(H_2S)를 통하면 노란색 침전으로 되는 것은?
① $Cd(NO_3)_2$
② $Cu(NO_3)_2$
③ $Bi(NO_3)_2$
④ $Pb(NO_3)_2$

해설 황화수소(H_2S)의 S는 Cd와 결합하여 황화카드뮴(CdS)의 황색 침전물이 생긴다.

답 ①

13. 소금물(NaCl수용액)을 전기분해 시 얻을 수 있는 3가지 물질로 맞는 것은?
① Na, H_2, Cl_2
② NaOH, H_2, Cl_2
③ $HClO_3$, HCl, H_2O
④ $NaNO_3$, H_2, HCl

해설 소금물의 전기분해
$2NaCl + 2H_2O \rightarrow 2NaOH + H_2 + Cl_2$

답 ②

14. 배수비례의 법칙이 성립되는 예를 나타내는 것은?
① O_2, O_3
② H_2SO_4, H_2SO_3
③ H_2O, H_2S
④ SO_2, SO_3

해설 배수비례의 법칙 : A, B 두 원소가 화합하여 2가지 이상의 화합물을 만들 때 A원소의 일정량과 결합하는 다른 원소의 질량은 간단한 정수비를 갖는다.

답 ④

15. $KMnO_4$에서 Mn의 산화 수는 얼마인가?
① 3
② 5
③ 7
④ 9

해설 $K^{+1}Mn^xO_4^{-2}$에서 산화 수의 합은 0이므로
$+1 + x + (-2 \times 4) = 0$에서 $x = -1 + 8 = +7$

답 ③

16. 다음 산(Acid)의 성질에 관한 설명 중 틀린 것은?
① 수용액 속에서 H^+으로 되는 H를 가진 화합물이다.
② 신맛이 있고 푸른색 리트머스 종이를 붉게 변화시킨다.
③ 금속과 반응하여 수소를 발생하는 것이 많다
④ 쓴맛이 있고 붉은색 리트머스 종이를 푸르게 변화시킨다.

해설 쓴맛이 있고 붉은색 리트머스 종이를 푸르게 변화 시키는 것은 알칼리이다.

답 ④

17. 0.1N-HCl 1.0ml를 물로 희석하여 1,000ml로 하면 pH는 얼마나 되는가?
① 2 ② 3
③ 4 ④ 5

해설 HCl의 농도
NV=N'V'에서 0.1N×1ml=N'×1,000ml
∴ N'=10^{-4}N, 10^{-4}N의 수소이온농도=[10^{-4}]
pH=$\log \frac{1}{[10^{-4}]}$=$-\log[10^{-4}]$=4

답 ③

18. 다음 반응 중 수소를 발생하지 않는 반응은?
① 철과 묽은 황산 ② 소금물의 전기분해
③ 은과 묽은 황산 ④ 알루미늄과 수산화나트륨

해설 은(Ag)은 수소(H)보다 이온화 경향이 작으므로 산과 반응하여 수소(H_2)를 발생하지 않는다.
- 금속의 이온화 경향
K>Ca>Na>Mg>Al>Zn>Fe>Ni>Sn>Pb>(H)>Cu>Hg>Ag>Pt>Au
- 알루미늄(Al)은 양쪽성 원소이므로 알칼리인 수산화나트륨(NaOH)과 반응하여 수소(H_2)를 발생한다.
$2Al + 2NaOH + 2H_2O \rightarrow 2NaAlO_2 + 3H_2\uparrow$
(알루미늄) (수산화나트륨) (물) (알루미늄산나트륨) (수소)

답 ③

19. 다음 중 성분 원소는 같으나 모양이나 성질이 다른 것에 해당하지 않는 것은?
① 산소와 오존 ② 적린과 황린
③ 흑연과 다이아몬드 ④ 물과 과산화수소

해설 동소체가 아닌 것 : 물(H_2O)와 과산화수소(H_2O_2)

답 ④

20. 다음 지시약 중 산성용액에서 색깔을 나타내지 않는 것은?
① 메틸오렌지 ② 페놀프탈레인
③ 페놀레드 ④ 티몰블루

해설 페놀프탈레인(P.P)은 산성에서 무색, 알칼리에서 적색이 된다.

답 ②

제2과목 화재 예방과 소화방법

21. 산, 알칼리 소화약제의 화학반응식으로 바른 것은?
① $2NaHCO_3+H_2SO_4 \rightarrow Na_2SO_4+2CO_2+2H_2O$
② $2CCl_4+CO_2 \rightarrow 2COCl_2$
③ $2K+2H_2O \rightarrow 2KOH+H_2$
④ $2Na+2C_2H_5OH \rightarrow 2C_2H_5ONa+H_2$

해설 산, 알칼리소화기의 약제 : $NaHCO_3$, H_2SO_4

답 ①

22. 정전기의 제거 방법이 아닌 것은?
① 공기를 이온화한다.
② 전기음성도 차가 작은 물질의 접촉
③ 습도를 낮춘다.
④ 접지를 한다.

해설 정전기 제거 방법
- 접지하는 방법
- 공기를 이온화하는 방법
- 공기 중의 상대습도를 70% 이상으로 하는 방법

답 ②

23. 다음 제3류 내지 제6류 위험물의 소화방법의 설명 중 잘못된 것은?
① 제3류 위험물-물, 강화액, 포말 등 물 계통의 소화약제를 사용하는 것이 가능한 경우도 있다.
② 제4류 위험물-분무주수에 의한 소화가 가능한 경우도 있다.
③ 제5류 위험물-보통 다량의 물로 냉각소화 하지만 CO_2 등으로 질식소화 하는 것도 효과가 있다.
④ 제6류 위험물-상황에 따라 다량의 물을 사용한다.

해설 제5류 위험물(자기반응성물질) : 주수에 의한 냉각소화하며 질식소화는 효과가 없다.

답 ③

24. 분말 소화약제의 제1종 분말이란?
① 탄산수소칼륨을 주성분으로 한 분말
② 탄산수소나트륨을 주성분으로 한 분말
③ 인산염을 주성분으로 한 분말
④ 탄산수소칼륨과 요소가 화합된 분말

해설 분말소화기의 종별 및 명칭
- 제1종 : 탄산수소나트륨($NaHCO_3$)
- 제2종 : 탄산수소칼륨($KHCO_3$)
- 제3종 : 인산암모늄($NH_4H_2PO_4$)
- 제4종 : 탄산수소칼륨($KHCO_3$)과 요소[$(NH_2)_2CO$]

답 ②

25. 다음 중 가연물의 구비조건으로 볼 수 없는 것은?
① 열전도율이 클 것
② 연소열량이 클 것
③ 화학적 활성이 강할 것
④ 활성화 에너지가 적을 것

해설 열전도율이 큰 가연물은 열이 축적되지 못하고 흩어지므로 연소할 수 없다.

답 ①

26. $NaHCO_3$ A(외약)약제와 $Al_2(SO_4)_3$ B(내약)약제로 되어 있는 소화기는?
① 산, 알칼리소화기
② 드라이케미칼소화기
③ 탄산가스소화기
④ 화학포소화기

해설 화학포소화기의 약제
- 내통(Al₂(SO₄)₃)
- 외통(NaHCO₃ 및 기포안정제)

답 ④

27. 다음 약품 중 소화제로 사용되지 않는 것은?
① 탄산칼슘
② 탄산수소나트륨
③ 황산알루미늄
④ 탄산수소칼륨

해설 탄산칼슘(CaCO₃) : 석회석, 대리석의 주성분으로 소화제로 부적합하다.

답 ①

28. 옥내소화전을 7개 설치한 소방대상물의 수원의 수량은?
① 7.8m³ 이상
② 13.5m³ 이상
③ 31.2m³ 이상
④ 39m³ 이상

해설 수원의 수량 = 7.8m³/개 × 5개 = 39m³
- 수원의 수량은 옥내소화전이 가장 많이 설치된 층의 옥내소화전 설치 개수(설치 개수가 5개 이상인 경우는 5개)에 7.8m³를 곱한 양 이상이 되도록 설치할 것

답 ④

29. 가연성고체 위험물의 화재 시 소화방법으로 가장 적당하지 않은 것은?
① 적린과 황은 물에 의한 냉각소화를 한다.
② 금속분, 철분, 마그네슘이 연소하고 있을 때에는 절대로 주수하지 않는다.
③ 금속분, 철분, 마그네슘, 황화인은 마른 모래, 건조분말 등으로 질식소화 한다.
④ 금속분, 철분, 마그네슘의 연소 시에는 수소가 발생하므로 충분한 안전거리를 확보한다.

해설 금속분, 철분, 마그네슘의 화재 시 주수소화 할 경우에만 수소(H_2)를 발생한다.

답 ④

30. 다음 중 가연물이 될 수 있는 것은?
① Ar
② SiO₂
③ N₂
④ Rb

해설 Rb(루비듐)은 알칼리금속으로 제3류 위험물 중 금수성물질에 해당하는 가연물이다.

답 ④

31. 인화성액체 위험물의 화재 진압방법에 관한 설명으로 잘못된 것은?
① 케톤류, 에스터류 등의 위험물에는 알코올형 포를 사용한다.
② 화재 발생 탱크의 위험물을 인접한 빈 탱크로 파이프라인 등을 통해 이송시킨다.
③ 위험물의 비중에 관계없이 물에 의한 소화는 화재 면적을 확대시키므로 부적당하다.
④ 높은 인화점을 갖거나 휘발성이 낮은 위험물을 저장하고 있는 탱크나 용기의 화재는 외부 벽에 주수하는 것이 효과가 있다.

해설 인화성액체의 소화에 물을 사용하지 못하는 이유는 대부분 비중이 물보다 작기 때문이다.

답 ③

32. 알킬알루미늄의 화재 시 소화약제로 가장 적당한 것은?
① CO_2
② 물
③ 팽창질석
④ 산, 알칼리

해설 알킬알루미늄의 화재 시 소화약제
- 팽창질석
- 팽창진주암
- 마른 모래

답 ③

33. 소방대상물이 어느 층에 있어도 당해 층의 옥내소화전을 동시에 사용할 경우 각 소화전의 노즐 선단에서 방수압력이 몇 MPa 이상이어야 하는가?
① 0.1MPa 이상
② 0.25MPa 이상
③ 0.35MPa 이상
④ 0.75MPa 이상

해설 옥내소화전의 방수압력 : 0.35MPa 이상

답 ③

34. 할로젠화합물 소화약제 불화탄소소화기 FC-3-1-10의 화학식은?
① $CHClF_2$
② C_4F_{10}
③ C_2HF_5
④ CCl_4

해설 FC-3-1-10의 화학식 : C_4F_{10}(퍼플루오로뷰테인)
- 소화약제의 명칭
  $CHClF_2$(다이플루오로클로로메탄)
  C_2HF_5(펜타플루오르에탄)
  CCl_4(테트라클로로메탄)

답 ②

35. 소화제로 할로젠화물을 사용하는 이유가 아닌 것은?
① 비점이 낮다.
② 공기보다 가볍고 불연성이다.
③ 증기가 되기 쉽다.
④ 공기의 접촉을 차단한다.

해설 할로젠화합물 소화약제(증발성액체 소화약제)는 증기가 공기보다 무거워 화재 면을 덮어야 한다.

답 ②

36. 가연성 물질이 공기 중에서 연소할 때 연소 상의 설명으로 옳지 않은 것은?
① 목탄과 같이 공기와 접촉하여 표면에서 불타는 연소를 표면연소라 한다.
② 알코올의 연소는 표면연소이다.
③ 산소공급원을 가진 물질 자체가 연소하는 것을 자기연소라 한다.
④ 목재와 같이 열분해 되어 가연성 기체가 연소하는 것을 분해연소라 한다.

해설 알코올(제4류 위험물)은 인화성액체로 증발 연소한다.

답 ②

37. 간이소화용구 중 소화전용 물통 8ℓ의 능력 단위는 얼마인가?
① 0.1단위 ② 0.3단위
③ 0.4단위 ④ 0.8단위

해설 간이소화용구의 능력 단위

소 화 설 비	용량	능력단위
소화전용 물통	8ℓ	0.3단위
수조(소화전용 물통 3개 포함)	80ℓ	1.5단위
수조(소화전용 물통 6개 포함)	190ℓ	2.5단위
마른모래(삽 1개 포함)	50ℓ	0.5단위
팽창질석 또는 팽창진주암(삽 1개 포함)	160ℓ	1단위

답 ②

38. 스프링클러헤드 부착 장소의 평상시의 최고 주위 온도가 28℃ 이상 ~ 39℃ 미만일 경우 설치하여야 할 스프링클러헤드의 표시 온도는?
① 58℃ 미만 ② 58℃ 이상 ~ 79℃ 미만
③ 79℃ 이상 ~ 121℃ 미만 ④ 121℃ 이상 ~ 162℃ 미만

해설 • 스프링클러헤드 부착 장소의 평상시의 최고 주위 온도에 따른 표시 온도

부착장소의 최고 주위 온도(단위 ℃)	표시 온도(단위 ℃)
28 미만	58 미만
28 이상 ~ 39 미만	58 이상 ~ 79 미만
39 이상 ~ 64 미만	79 이상 ~ 121 미만
64 이상 ~ 106 미만	121 이상 ~ 162 미만
106 이상	162 이상

답 ②

39. 할론소화약제인 테트라클로로메탄(사염화탄소) 소화약제는 화염에 분해되어 맹독성의 가스가 발생하므로 사용하지 못하도록 하고 있다. 이 때 발생된 가스는?
① $COCl_2$ ② HCN
③ PH_3 ④ HBr

해설 해당 맹독성가스 : 포스겐가스($COCl_2$)

답 ①

40. 불활성가스 소화설비 중 IG-541의 성분을 옳게 표시한 것은?
① 질소 50%, 아르곤 40%, 네온 10%
② 질소 52%, 아르곤 40%, 네온 8%
③ 질소 50%, 아르곤 40%, 이산화탄소 10%
④ 질소 52%, 아르곤 40%, 이산화탄소 8%

해설 • IG-541의 성분
  N_2(질소) 52%, Ar(아르곤) 40%
  CO_2(이산화탄소) 8%
• IG-100 : N_2(질소) 100%
• IG-55 : N_2(질소) 50%, Ar(아르곤) 50%
• IG-01 : Ar(아르곤) 100%

답 ④

제3과목 위험물의 성질과 취급

41. 과염소산칼륨과 제2류 위험물이 혼합되는 것은 대단히 위험하다. 그 이유가 타당한 것은?
① 전류가 발생하고 자연발화 되기 때문이다.
② 혼합하면 과염소산칼륨이 불연성물질로 바뀌기 때문이다.
③ 가열, 충격 및 마찰에 의하여 착화 폭발하기 때문이다.
④ 혼합하면 용해되기 때문이다.

해설 과염소산칼륨($KClO_4$)은 제1류 위험물(산화성고체)로 강산화제이며 제2류 위험물(가연성고체)은 환원제이므로 두 가지를 혼합하였을 경우 가열·충격·마찰에 의하여 폭발한다.

답 ③

42. 인화칼슘(Ca_3P_2)의 위험성으로 옳은 것은?
① 물과 반응해서 수소를 발생한다.
② 산소와 반응해서 불연성의 시안가스를 발생한다.
③ 물과 반응해서 독성이 있는 가연성 기체를 발생한다.
④ 물과 맹렬히 반응해서 유독한 아황산가스를 발생한다.

해설 인화칼슘(Ca_3P_2)은 제3류 위험물 중 금수성물질로 금속의 인화합물에 속하므로 물과 반응하여 가연성이며 독성인 포스핀가스(PH_3)를 생성한다.
• 인화칼슘(Ca_3P_2)과 물(H_2O)의 반응식
$$Ca_3P_2 + 6H_2O \rightarrow 3Ca(OH)_2 + 2PH_3$$
(인화칼슘) (물)   (수산화칼슘) (포스핀·인화수소)

답 ③

43. 위험물 제조소에서 다음과 같이 위험물을 저장하고 있는 경우 지정수량의 몇 배가 보관되어 있는 것인가?

| 염소산염류 : 200kg |
| 무기과산화물 : 50kg |
| 다이크로뮴산염류 : 1,500kg |

① 3.5배 ② 4.5배
③ 5.5배 ④ 6.5배

해설 지정수량 : 염소산염류(50kg), 무기과산화물 : (50kg), 다이크로뮴산염류 : (1,000kg)
지정수량 배수의 합 = $\frac{200}{50} + \frac{50}{50} + \frac{1,500}{1,000}$ = 6.5배

답 ④

44. 다음 위험물에 화기를 직접 접근시켜도 위험이 없는 것은?
① Mg분   ② CS_2
③ P_4S_3 ④ CaO

해설 CaO(생석회)는 물과 접촉하여 발열만 할 뿐 화기에 접촉해도 화재의 위험이 없다.
• Mg(마그네슘)분, CS_2(이황화탄소), P_4S_3(삼황화인)은 화기와 접촉하면 화재의 위험이 있는 가연물이다.

답 ④

45. 다음 삼산화크롬(CrO_3)의 성상에 관한 설명 중 옳은 것은?
① 황색의 침상결정이다.
② 물, 에터, 황산에 녹는다.
③ 지정수량은 300kg이고, 강력한 산화제이다.
④ 융점 이상으로 가열하면 200~250℃에서 오존을 방출하고 암적색의 크로뮴산화물로 변한다.

해설 삼산화크로뮴(무수크로뮴산)은 제1류 위험물(산화성고체)중 그 밖에 행정안전부령이 정하는 것으로 지정수량은 300kg인 강산화제이다.

답 ③

46. C_2H_5OH(에탄올)을 빨갛게 달군 구리선을 넣어 산화시킬 때 생성되는 물질은?
① CH_3OCH_3
② CH_3CHO
③ $HCOOH$
④ C_3H_7OH

해설 C_2H_5OH(에탄올)가 산화되면 CH_3CHO(아세트알데하이드)가 된다.

답 ②

47. C_3H_8 22g을 완전 연소시켰을 때 필요한 공기의 부피는 표준상태에서 얼마인가? (단, 공기 중의 산소량은 21%이다.)
① 56L
② 112L
③ 224L
④ 267L

해설
• 프로페인(C_3H_8)의 연소반응식
$$C_3H_8 + 5O_2 \rightarrow 3CO_2\uparrow + 4H_2O$$
(프로페인) (산소) (이산화탄소) (물)
C_3H_8 1mol(44g)이 연소하려면 5mol의 산소(O_2)가 필요 하다.

필요한 공기의 양 = 산소의 양 × $\frac{1}{0.21}$

필요한 산소의 양
44g : 5mol×22.4L/mol = 22g : X
$X = \frac{22 \times 5 \times 22.4}{44}$ 56L

필요한 공기의 양
56L × $\frac{1}{0.21}$ = 266.666L ≒ 267L

답 ④

48. 다음은 금속칼륨과 물이 반응하여 생성되는 현상을 나타낸 것 중 옳은 것은?
① 산화칼륨+수소+발열반응
② 산화칼륨+수소+흡열반응
③ 수산화칼륨+수소+흡열반응
④ 수산화칼륨+수소+발열반응

해설 • 칼륨(K)과 물(H_2O)의 화학반응식
$$2K + 2H_2O \rightarrow 2KOH + H_2\uparrow + Q$$
(칼륨) (물) (수산화칼륨) (수소) (발열)

답 ④

49. 에터중의 과산화물을 검출할 때 그 검출시약과 정색 반응의 색이 알맞게 짝 지어진 것은?
① 아이오딘화 칼륨-적색
② 아이오딘화 칼륨-황색
③ 브로민화 칼륨-황색
④ 브로민화 칼륨-적색

해설 과산화물 검출방법 : 무색 투명한 다이에틸에터가 들어있는 시험관에 아이오딘화칼륨(요오드화칼륨) 10% 수용액을 1~2점 가하여 황색침전물이 생기면 과산화물이 생성된 것이다.

답 ②

50. 다음 위험물을 취급할 때 특히 화기에 주의하여야 할 것은?
① NH_4NO_3
② $(C_6H_5CO)_2O_2$
③ $NaClO_4$
④ MgO_2

해설 $(C_6H_5CO)_2O_2$(과산화벤조일)는 제5류 위험물(자기반응성물질)중 유기 과산화물로서 화기에 특히 주의한다.
• 위험물의 명칭
 - NH_4NO_3(질산암모늄) : 제1류 위험물(산화성고체)중 질산염류
 - $NaClO_4$(과염소산나트륨) : 제1류 위험물(산화성고체)중 과염소산염류
 - MgO_2(과산화마그네슘) : 제1류 위험물(산화성고 제)중 알칼리토금속의 과산화물

답 ②

51. 위험물 지하탱크 저장소 탱크의 매설기준에 부적합한 것은?
① 탱크와 내벽의 사이는 상하좌우로 0.05m 이상의 간격을 둔다.
② 탱크 본체 윗부분은 지면으로부터 0.6m 이상의 깊이로 매설한다.
③ 탱크를 인접하여 설치하는 경우에는 그 상호 간에 1m 이상의 간격을 둔다.
④ 2개 이상의 탱크 용량의 합계가 지정수량의 100배 미만일 경우에는 상호간격을 0.5m 이상으로 한다.

해설 지하탱크와 전용실과의 거리는 상하좌우 모두 0.1m 이상의 거리를 두며 마른 모래 및 습기 등에 의하여 응고되지 않는 입자름이 5mm 이하인 마른 자갈분을 채워둔다.

답 ①

52. 다이에틸에터(Ether)[A], 아세톤(Acetone)[B], 피리딘(Pyridine)[C], 톨루엔(Toluene)을 [D]라고 할 때 인화점이 낮은 것부터 순서대로 되어 있는 것은?
① (A)-(B)-(D)-(C)
② (A)-(C)-(B)-(D)
③ (B)-(C)-(D)-(A)
④ (D)-(C)-(B)-(A)

해설 인화점 순서 : 다이에틸에터(-45℃), 아세톤(-18℃), 톨루엔(4℃), 피리딘(20℃)
∴ A-B-D-C

답 ①

53. 구리, 은, 마그네슘과 아세틸라이드를 만들고 연소범위가 2.5~38.5%인 물질은?
① 아세트알데하이드
② 알킬알루미늄
③ 산화프로필렌
④ 콜로디온

해설 산화프로필렌의 연소범위 : 2.5~38.5%
※ 아세트알데하이드 : 4.1~57%

답 ③

54. 진한 질산을 가열할 경우 발생하는 자극성 갈색 증기는?
① O_2
② NO_2
③ N_2
④ SO_2

해설 갈색증기 : NO_2(이산화질소)
• 질산(HNO_3)의 열분해 반응식

$$4HNO_3 \xrightarrow{\triangle} 4NO_2\uparrow + 2H_2O + O_2\uparrow$$
　　(질산)　　　(이산화질소)　(물)　(산소)

답 ②

55. 질산의 성질로 틀린 것은?
① 무색 투명하며 공업용은 황색을 띤다.
② 금, 백금을 제외한 모든 금속과 반응하여 질산염을 생성한다.
③ 햇빛에 분해되고 적갈색 가스는 인체에 유독하다.
④ 환원성 물질이나 유기물질 등과 반응하여 부동태가 된다.

해설 질산(HNO_3) : 제6류 위험물(산화성액체)이며 산화성 물질로 진한 질산은 Fe, Co, Ni 등을 부동태화 한다.

답 ④

56. 제3류 위험물의 일반적인 성질에 해당되는 것은?
① 나트륨을 제외하고 물보다 무겁다.
② 황린을 제외하고 모두 물에 대하여 위험한 반응을 초래하는 물질이다.
③ 유별이 다른 위험물과는 일정한 거리를 유지하는 경우 동일한 장소에 저장할 수 있다.
④ 위험물 제조소에 청색 바탕에 백색 글씨로 "물기주의"를 표기한 주의사항 게시판을 설치한다.

해설 제3류 위험물중 황린(자연발화성물질)을 제외하고는 모두 물과의 접촉을 피한다.

답 ②

57. 위험물의 운반용기 및 포장의 외부에 표시하는 방법 중 수납된 위험물에 따른 주의사항으로 틀린 것은?
① 염소산 염류 → 화기 · 충격주의, 가연물 접촉주의
② 제2류 위험물 → 화기 주의
③ 셀룰로이드류 → 화기 엄금
④ 제6류 위험물 → 물기 엄금

해설 제6류 위험물(산화성액체) 운반용기 외부 표시 주의사항 : 가연물 접촉주의
　※ 위험물의 운반용기 외부포장 주의사항 표시
　　• 제1류 위험물 : 화기 · 충격주의, 가연물 접촉주의
　　　① 알칼리금속의 과산화물 또는 이를 함유하는 것 : 화기 · 충격주의, 가연물 접촉주의, 물기엄금
　　• 제2류 위험물 : 화기주의
　　　① 철분, 금속분, 마그네슘 또는 이를 함유하는 것 : 화기주의, 물기엄금
　　　② 인화성고체 : 화기엄금
　　• 제3류 위험물
　　　① 금수성물질 : 물기엄금
　　　② 자연발화성물질 : 화기엄금, 공기접촉엄금
　　• 제4류 위험물 : 화기엄금
　　• 제5류 위험물 : 화기엄금, 충격주의
　　• 제6류 위험물 : 가연물 접촉주의

답 ④

58. 다음 제4류 위험물에 대한 설명 중 옳은 것은?
① 착화온도 이상의 온도로 가열시키면 연소된다.
② 불이나 불꽃이 있으면 인화점 이하에서도 연소된다.
③ 상온 이하에서는 가연성증기를 발생하는 것이 없다.
④ 불이나 불꽃이 없으면 착화온도 이상의 온도라도 타지 않는다.

해설 착화온도 : 가연물을 가열할 때 가열된 열만으로 스스로 연소가 시작되는 최저온도

답 ①

59. 다음 중 과산화칼륨과 물이 접촉할 때 일어나는 반응은 어느 것인가?
① 수소를 발생시킨다.
② 산성반응을 일으킨다.
③ 산소를 발생시킨다.
④ 가연성가스가 발생하므로 위험하다.

해설 과산화칼륨(K_2O_2)과 물(H_2O)이 반응하면 수산화칼륨(KOH)과 산소(O_2)가 생성된다.

답 ③

60. 나이트로셀룰로스의 저장 및 취급상 틀린 것은?
① 열을 멀리하고 찬 곳에 저장한다.
② 햇빛이 잘 드는 곳에 저장한다.
③ 알코올로 습면하고 안정제를 가하여 저장한다.
④ 타격, 마찰을 하지 않는 곳에 저장한다.

해설 나이트로셀룰로스는 제5류 위험물(자기반응성물질) 중 질산에스터류로 직사일광(햇빛)하에서 자연발화의 위험이 있으므로 함수알코올로 습면시켜 냉암소에 저장한다.

답 ②

2021년 CBT 복원문제 4회

각 과목별 100점 만점에 40점 이상 득점하고 전 과목 평균 60점 이상 받아야 합격합니다.

제1과목 일반화학

1. 다음 중 산성이 가장 강한 것은?
① $[H^+]=2\times10^{-3}$ mol/L
② pH=3
③ $[OH^-]=2\times10^{-3}$ mol/L
④ 0.1M-HF(이온화도 0.001)

해설 산성은 PH7 이하이며 pH1에 가까울수록 강산이다.
① pH=$-\log[2\times10^{-3}]$=3$-\log2$=2.698=2.7
② pH=3
③ $[OH^-]=[2\times10^{-3}]$은 $[H^+]$: $[5\times10^{-12}]$이므로 pH=$-\log[5\times10^{-12}]$=12$-\log5$=11.3
④ pH=$-\log[0.1\times0.001]$=$-\log[10^{-4}]$=4

답 ①

2. 다음 중 산소족 원소가 아닌 것은?
① S   ② Se
③ Te   ④ Bi

해설 산소족 원소 : O, S, Se, Te, Po
※ Bi=질소족 원소

답 ④

3. 다음 핵 화학반응에서 (   )안에 들어갈 수 있는 것은?

$$^9_4Be + {}^4_2He \rightarrow (\quad) + {}^1_0n$$

① $^{10}_4Be$ ② $^{11}_5B$
③ $^{12}_6C$ ④ $^{13}_7N$

해설 반응물질의 원자번호의 합과 원자량의 합은 생성물질의 원자번호의 합과 원자량의 합이 같으므로
• 반응물질의 원자번호의 합
  (4+2)−n의 원자번호(0)=6
• 반응물질의 원자량의 합
  (9+4)−n의 원자량(1)=12   ∴ $^{12}_6C$

답 ③

4. 다음 이온의 반경을 크기 순으로 올바르게 나열한 것은?

$$B^{3+},\ Al^{3+},\ Ga^{3+},\ In^{3+}$$

① $B^{3+} < Al^{3+} < Ga^{3+} < In^{3+}$
② $B^{3+} > Al^{3+} > Ga^{3+} > In^{3+}$
③ $Ga^{3+} < In^{3+} < B^{3+} < Al^{3++}$
④ $Ga^{3+} > In^{3+} > B^{3+} > Al^{3+}$

해설 같은 족에서는 원자량이 증가하면 이온반경이 커진다.
참고 주기율표 3족의 원소의 이온반경의 크기
  B(붕소) < Al(알루미늄) < Ga(갈륨) < In(인듐)

답 ①

5. 황산의 수용액 400mL 속에 순황산이 98g 녹아 있다면 이 용액은 몇 N(규정농도) 인가? (단, H, O, S 원소의 원자량은 각각 1, 16, 32이다.)

① 3N ② 4N
③ 5N ④ 6N

해설 H_2SO_4 1g 당량 = (12+32+16×4)g/2 = 49g
400ml : 98g = 1,000ml : x, x = 245g
∴ $\dfrac{245g}{49g/N}$ = 5N

답 ③

6. 다음 CO와 CO_2의 성질에 대한 설명 중 잘못된 것은?

① CO_2는 공기 보다 무겁고 CO는 가볍다.
② CO_2와 CO는 석회수와 작용하여 탄산칼슘이 된다.
③ CO_2는 타지 않으나 CO는 타서 파란색 불꽃을 낸다.
④ CO_2는 빵을 부풀게 하는 데 쓰며 CO는 금속산화물을 환원하는 데 쓴다.

해설 CO(일산화탄소)는 석회수에 녹지 않는다.

답 ②

7. 730mmHg, 100℃에서 257mL 부피의 용기 속에 어떤 기체가 채워져 있다. 그 무게는 1.67g이다. 이 물질의 분자량은 얼마인가?

① 28 ② 56
③ 207 ④ 257

해설 PV = $\dfrac{WRT}{M}$ 에서 M = $\dfrac{WRT}{PV}$

분자량(M) = $\dfrac{1.67 \times 0.082 \times (100+27.3)}{\dfrac{730}{760} \times 0.257}$ = 206.917 ∴ 207

답 ③

8. 0.2N NaOH 용액 51ml에 0.6N NaOH 용액 얼마를 가하면 0.3N NaOH 용액이 되겠는가?

① 85ml ② 34ml
③ 25.5ml ④ 17ml

 NV+N'V'=N"V"이므로
0.2×51+0.6×x = 0.3×(51+x) ∴ x=17ml

답 ④

9. 물의 끓는 점을 낮출 수 있는 방법으로 옳은 것은?

① 밀폐된 그릇에서 물을 끓인다. ② 끓임 쪽을 넣어준다.
③ 설탕을 넣어준다. ④ 외부 압력을 낮추어 준다.

해설 물은 외부압력이 낮을 때 끓는 점은 낮아지며 어는 점은 높아진다.

답 ④

10. 다음 중 산화에 해당되지 않는 것은?

① 산화수가 증가할 때
② 물질이 산소와 화합할 때
③ 수소화합물이 수소를 잃을 때
④ 원자나 원자단 또는 이온이 전자를 얻을 때

해설 산화는 전자를 잃을 때 일어난다.

참고 산화 현상의 종류
- 산소와 화학결합 할 경우
- 수소를 잃을 경우
- 전자를 잃을 경우
- 산화수(원자가)가 증할 경우

답 ④

11. 다음과 같은 화학변화를 무엇이라 하는가?

$$AgNO_3 + HCl \rightarrow AgCl + HNO_3$$

① 화합 ② 분해
③ 치환 ④ 복분해

해설 복분해의 일반식 : $AB+CD \rightarrow AD+CB$

답 ④

12. 다음은 이온결합성 물질의 성질을 설명한 것 중 틀린 것은?

① m.p와 b.p가 낮다. ② 용융상태에서는 전해질이다.
③ 극성 용매에 잘 녹는다. ④ 결정상태에서 분자성

① ①과 ② ② ②와 ④
③ ①과 ④ ④ ①와 ②와 ④

해설 이온 결합성 물질의 특성
- m.p(융융점)와 b.p(끓는점)가 높다.
- 수용액 및 용융상태에서 전해질이 된다.
- 극성 용매인 물에 잘 녹는다.
- 결정상태를 이온성 결정이라 한다.

답 ③

13. 다음 중 염(Salt)을 만드는 화학 반응식이 아닌 것은?

① $HCl+NaOH \rightarrow NaCl+H_2O$
② $Zn+H_2SO_4 \rightarrow ZnSO_4+H_2$
③ $CuO+H_2 \rightarrow Cu+H_2O$
④ $H_2SO_4+MgO \rightarrow MgSO_4+H_2O$

해설 CuO+H$_2$->Cu+H$_2$O는 산화·환원반응이며 염을 만드는 반응식이 아니다.
참고 염은 산의 수소원자가 금속 또는 양이온으로 치환된 화합물을 말한다.

답 ③

14. 원자번호가 19이며 원자량이 39인 K(칼륨)원자의 원자핵에는 중성자와 양자 수는 각각 몇 개인가?
① 중성자 19개와 양자 19개
② 중성자 20개와 양자 19개
③ 중성자 19개와 양자 20개
④ 중성자 20개와 양자 20개

해설 원자량=양성자 수+중성자 수
원자량=39, 양성자 수(원자번호) : 19개
∴ 중성자 수=39-19=20개

답 ②

15. pH13인 수산화나트륨 수용액 25mL를 중화시키는데 미지농도의 염산 50mL 사용되었다면 이 염산의 농도는?
① 0.01N
② 0.02N
③ 0.05N
④ 0.1N

해설 pH13=수소이온[10^{-13}]=수산이온[10^{-1}]=0.1N
NV=N'V'에서 0.1×25=N'×50 ∴ N'=0.05N

답 ③

16. 다음 화합물 중 크로뮴의 산화 수가 +3인 것은?
① Cr(OH)$_3$
② CrO$_3^{2-}$
③ Cr$_2$O$_7$
④ CrO$_4^{2-}$

해설 ① Cr(OH)$_3$에서 화학식은 원자가의 교차이므로 OH$^-$이므로 Cr^{+3}이다.
② CrO$_3^{2-}$에서 $(Cr^x O_3^{-2})^{-2}$이므로 산화 수의 합은 이온 수 $x+(-2×3)=-2$
∴ $x=+4$
③ Cr$_2$O$_7$는 O^{-2}와 Cr^{+7}이 원자가를 교차한 것으로 Cr의 산화수는 +7이다.
④ CrO$_4^{2-}$에서 $(Cr^x O_4^{-2})^{-2}$이므로 $x+(-2×4)=-2$
∴ $x=+6$

답 ①

17. 다음 중에서 염기성 산화물로만 묶어진 것은?
① CaO, Fe$_2$O$_3$
② K$_2$O, SO$_2$
③ CO$_2$, SO$_3$
④ Al$_2$O$_3$, N$_2$O$_5$

해설 염기성산화물은 금속의 산화물이며 산성산화물은 비금속의 산화물이다.
참고 ① CaO(염기성산화물), Fe$_2$O$_3$(염기성산화물)
② K$_2$O(염기성산화물), SO$_2$(산성산화물)
③ CO$_2$(산성산화물), SO$_3$(산성산화물)
④ Al$_2$O$_3$(염기성산화물), N$_2$O$_5$(산성산화물)

답 ①

18. 아세틸렌계열 탄화수소에 해당되는 것은?
① C$_5$H$_8$
② C$_6$H$_{12}$
③ C$_4$H$_8$
④ C$_3$H$_{12}$

해설 아세틸렌계 탄화수소의 종류 : C$_2$H$_2$, C$_3$H$_4$, C$_4$H$_6$, C$_5$H$_8$, C$_6$H$_{10}$ …

답 ①

19. 요소 6g을 물에 녹여 1,000l로 만든 용액의 27℃에서의 삼투압은 약 얼마인가? (단, 요소의 분자량은 60이고, 기체상수는 0.082atm · L/mol · K이다.)
① 1.26×10^{-1}atm
② 1.26×10^{-2}atm
③ 2.46×10^{-3}atm
④ 2.56×10^{-4}atm

해설 $PV = \dfrac{WRT}{M}$ 에서 $P = \dfrac{WRT}{VM}$ 이므로
$P = \dfrac{6 \times 0.082 \times (27+273)}{1,000 \times 60} = 2.46 \times 10^{-3}$atm

답 ③

20. 다음 중 어느 경우에 순수한 물의 끓는점 오름 현상이 나타나는가?
① 설탕을 넣었을 때
② 세게 가열할 때
③ 구리가루를 넣었을 때
④ 에터(Ether)를 넣었을 때

해설 라울의 법칙
비휘발성, 비전해질 물질(설탕 등)에 대한 끓는점 오름과 어느점 내림에 관한 법칙

답 ①

제2과목 화재 예방과 소화방법

21. 다음 중 소화약제로 쓸 수 없는 것은?
① $BaCl_2$
② KCl
③ $KHCO_3$
④ CaC_2

해설 탄화칼슘(CaC_2)은 제3류 위험물이므로 소화제로 사용할 수 없다.

답 ④

22. 탄산수소나트륨과 황산알루미늄의 수용액이 화학반응 하여 생성되지 않는 것은?
① 황산나트륨
② 탄산수소 알루미늄
③ 수산화알루미늄
④ 이산화탄소

해설 $6NaHCO_3 + Al_2(SO_4)_3 \cdot 18H_2O \rightarrow$
(탄산수소나트륨) (황산알루미늄)
$3Na_2SO_4 + Al(OH)_3 + 6CO_2 + 18H_2O$
(황산나트륨) (수산화알루미늄) (이산화탄소) (물)

답 ②

23. 화재예방 상 정전기의 축적에 의한 불꽃 방전의 방지방법으로서 옳지 않은 것은?
① 습도를 높인다.
② 접지한다.
③ 공기를 이온화한다.
④ 온도를 높인다.

해설 정전기 제거방법은 온도와 무관하다.

답 ④

24. 금수성 위험물질에 적응성 있는 소화설비는?
① 할로젠화합물소화기 ② 인산염류소화기
③ 이산화탄소소화기 ④ 탄산수소염류소화기

해설 금수성 위험물(제3류 위험물)의 적응소화 : 마른 모래, 팽창질석, 팽창진주암 및 탄산수소염류 분말 소화약제 사용

답 ④

25. 위험물안전관리 법령상 물 분무 등 소화설비에 포함되지 않는 것은?
① 포소화설비 ② 분말소화설비
③ 스프링클러설비 ④ 불활성가스소화설비

해설 물 분무등 소화설비 : 물 분무, 포, 분말, 불활성가스, 할로젠화합물 소화설비

답 ③

26. 고체연료(무연탄, 목탄, 코크스)가 처음에는 화염을 내면서 연소하다가 점차 화염이 없어지고 공기접촉으로 계속되는 연소는?
① 확산연소 ② 증발연소
③ 분해연소 ④ 표면연소

해설 무연탄, 목탄, 코크스의 연소는 표면연소이다.

답 ④

27. $(C_2H_5)_3Al$의 소화 방법으로 적당한 소화 약제는?
① 물 ② CO_2
③ 팽창질석 ④ CCl_4

해설 $(C_2H_5)_3Al$(트라이에틸알루미늄)의 소화제 : 팽창질석, 팽창진주암

답 ③

28. 전역방출방식의 할로젠화합물 소화설비의 분사헤드에서 할론 1211을 방사하는 경우의 방사 압력은 얼마 이상으로 하는가?
① 0.1MPa ② 0.2MPa
③ 0.3MPa ④ 0.4MPa

해설 방출압력
할론2402 : 0.1MPa 이상
할론1211 : 0.2MPa 이상
HFC-227ea : 0.3MPa 이상
할론1301 : 0.9MPa 이상

답 ②

29. 경유의 화재 발생 시, 주수소화가 부적당한 이유로서 가장 옳은 것은?
① 경유가 연소할 때 물과 반응하여 수소가스를 발생시켜 연소를 돕기 때문에
② 주수소화하면 경유의 연소열 때문에 분해하여 산소를 발생시켜 연소를 돕기 때문에
③ 경유는 물과 반응하여 유독가스를 발생하므로
④ 경유는 물보다 가볍고 또 물에 녹지 않기 때문에 화재가 널리 확대되므로

해설 경유 등 인화성액체(제4류 위험물)은 대체적으로 비중이 1보다 작으므로 주수소화하면 화재면의 확대 위험성이 있다.

답 ④

30. 위험물의 적응 소화방법으로 맞지 않는 것은?
① 산화성고체 : 질식소화
② 가연성고체 : 냉각소화
③ 인화성액체 : 질식소화
④ 자기반응성물질 : 냉각소화

해설 산화성고체(제1류 위험물)의 소화는 일부 위험물 외에는 주수에 의한 냉각소화를 한다.

답 ①

31. 할론화합물 소화약제가 아닌 것은?
① 다이브로모테트라플루오로에탄
② 테트라클로로메탄
③ 브로모클로로메탄
④ 탄산가스

해설 탄산가스(CO_2) : 불연성가스 소화제

답 ④

32. 다음 위험물 화재 시 주수소화로 인하여 위험성이 있는 것은?
① 염소산칼륨
② 알칼리금속의 과산화물
③ 과염소산 나트륨
④ 과산화수소

해설 알칼리금속의 과산화물은 물과 격렬히 반응하여 O_2(산소)가 발생하므로 주수소화는 매우 위험하다.

답 ②

33. 드라이케미컬(dry chemical)을 소화제로 쓸 수 있는 공통 성질은?
① 열분해하면 가스가 발생하여 질식소화를 한다.
② 열분해하면 흡열 반응을 일으켜 냉각소화를 한다.
③ 고체 용융층이 불꽃심을 덮어씌운다.
④ 공기 중의 습기를 다량 흡수하여 주수소화 효과를 낸다.

해설 드라이케미컬(분말 소화약제) : 주된 소화효과는 발생된 가스(CO_2)에 의한 질식소화이며 함께 발생되는 수증기(H_2O)는 냉각 소화효과(상승효과)도 있다.

답 ①

34. 옥외소화전의 호스접결구는 소방대상물의 각 부분으로부터 하나의 호스접결구까지의 수평거리가 몇 m 이하가 되도록 설치하는가?
① 10m
② 20m
③ 30m
④ 40m

해설 옥외소화전의 설치 기준 : 호스접결구는 소방대상물의 각 부분으로부터 수평거리 40m 이하가 되도록 한다(옥내 소화전은 25m).

답 ④

35. 물이나 알코올을 적셔서 저장하는 위험물은?
① 질화면
② 콜로디온
③ 삼산화크로뮴
④ 다이에틸에터

해설 제5류 위험물(자기반응성물질) 질산에스터류에 속하는 질화면(나이트로셀룰로스)은 자연 발화의 위험이 있으므로 함수알코올(물과 알콜의 혼합물)로 습면시켜 저장한다.

답 ①

36. 고온체의 색깔과 온도의 연결이 잘못된 것은?
① 적색=850℃
② 휘적색=1,000℃
③ 황적색=1,100℃
④ 백적색=1,300℃

해설
담암적색 : 522℃
암적색 : 700℃
적색 : 850℃
휘적색 : 950℃
황적색 : 1,100℃
백적색 : 1,300℃
휘백색 : 1,500℃

답 ②

37. 위험물의 저장·취급 및 운반 기준에 대한 설명 중 틀린 것은?
① 위험물을 저장·취급하는 건축물 안에는 온도계·습도계·기타 계기를 비치하여야 한다.
② 제조소 등의 위험물을 취급하는 곳에는 관계직원 이외의 사람이 함부로 출입하여서는 안 된다.
③ 위험물 찌꺼기 등은 최소한 7일에 1회 이상 안전한 장소에 폐기하여야 한다.
④ 위험물이 수납된 용기는 충격 등을 가하는 행위를 금한다.

해설 위험물의 찌꺼기는 1일 1회 이상 안전한 장소에 폐기한다.

답 ③

38. 폐쇄형 스프링클러 헤드는 설치 장소의 평상시 최고 주위 온도에 따라서 결정된 표시 온도의 것을 사용해야 한다. 설치 장소의 최고 주위 온도가 28℃ 이상 ~ 39℃ 미만일 때, 표시 온도는?
① 58℃ 미만
② 58℃ 이상 ~ 79℃ 미만
③ 79℃ 이상 ~ 121℃ 미만
④ 121℃ 이상 ~ 162℃ 미만

해설 • 스프링클러 헤드 부착 장소의 평상시의 최고 주위 온도에 따른 표시 온도의 것을 설치할 것

부착장소의 최고 주위 온도(단위 ℃)	표시 온도(단위 ℃)
28 미만	58 미만
28 이상 ~ 39 미만	58 이상 ~ 79 미만
39 이상 ~ 64 미만	79 이상 ~ 121 미만
64 이상 ~ 106 미만	121 이상 ~ 162 미만
106 이상	162 이상

답 ②

39. 자연발화의 방지방법이 아닌 것은?
① 습도를 높게 유지한다.
② 저장실의 온도를 낮춘다.
③ 퇴적 및 수납시 열 축적이 없을 것
④ 통풍을 잘 시킬 것

해설 자연발화를 방지하기 위해선 저장실의 습도를 낮추어야 한다.

답 ①

40. 스프링클러 설비에서 압력수조를 이용한 가압 송수장치의 설치 기준으로 틀린 것은?
① 수조에는 수압계, 오버플로우관을 설치한다.
② 압력 저하방지를 위한 자동식 에어콤프레샤를 설치한다.
③ 압력수조에는 배수관, 수위계, 급수관을 설치한다.
④ 수조에는 급기관, 맨홀, 압력계, 안전장치를 설치한다.

해설 압력수조에는 오버플로우관을 설치하지 않는다.

답 ①

제3과목 위험물의 성질과 취급

41. 이산화납과 과산화수소는 $PbO_2 + H_2O_2 \rightarrow PbO + O_2 + H_2O$과 같이 반응하여 산소를 발생한다. 이 반응에 대한 설명이 옳은 것은?
① 산화, 환원반응이 아니다.
② PbO_2나 H_2O_2는 산화제로 작용한다.
③ H_2O_2나 PbO_2는 환원제로 작용한다.
④ PbO_2는 산화제로 작용하고 H_2O_2는 환원제로 작용한다.

해설 H_2O_2는 산화제이나 자신보다 산화력이 강한 산성용액에서는 환원제로 쓰인다.

답 ④

42. 다음 중 물과 접촉 시 화재 위험이 가장 큰 것은?
① Na_2O_2
② CaO
③ P_4
④ Na

해설 나트륨(Na)은 제3류 위험물 금수성물질로 물과 접촉하면 수소(H_2)를 발생하며 급격히 연소하므로 물과의 접촉을 금한다.

답 ④

43. 다음 다이에틸에터의 성질을 설명한 것 중 틀린 것은?
① 알코올에는 녹지 않으나 물에는 잘 녹는다.
② 제4류 위험물 중 가장 인화하기 쉬운 부류에 속한다.
③ 비전도성이며 정전기가 발생하기 쉽다.
④ 소화제로는 탄산가스가 적당하다.

해설 제4류 위험물(인화성액체)에 속하는 특수인화물인 다이에틸에터($C_2H_5OC_2H_5$)는 알코올에 잘녹고 물에 약간 녹는다.

답 ①

44. 다음 제4류 위험물 중 제2석유류의 지정품목은?
① 등유
② 중유
③ 크레소오트유
④ 에틸렌글리콜

해설 제4류 위험물(인화성액체) 제2석유류의 지정품목은 등유, 경유이다.

답 ①

45. 포름산 에틸에스터의 성질 중 틀린 것은?
① 증기는 다소 마취성이 있으나 독성은 없다.
② 유기 용매와는 자유로이 혼합되며 특히 물과는 혼합되지 않는다.
③ 휘발하기 쉽고 인화성인 액체이다.
④ 나이트로셀룰로오스용 용제로 사용된다.

해설 포름산 에틸에스터는 제4류 위험물(인화성액체) 중 제1석유류 의산에스터에 속하며 물에 잘 녹는다.

답 ②

46. 금속칼륨을 보관하려면 다음 액체 중 어떤 것이 가장 좋은가?
① 메탄올 ② 수은
③ 에탄올 ④ 파라핀

해설 제3류 위험물인 금속칼륨(K)과 금속나트륨(Na)의 보호액으로 등유, 경유, 파라핀을 사용한다.

답 ④

47. 메틸알코올을 취급할 때의 위험성에서 틀린 것은?
① 겨울에는 폭발성 혼합 기체가 생기지 않는다.
② 연소 범위는 에틸알코올 보다 좁다.
③ 독성이 있다.
④ 증기는 공기보다 약간 무겁다.

해설 제4류 위험물(인화성액체) 중 알코올류인 메틸알코올(CH_3OH)은 에틸알코올(C_2H_5OH)보다 분자량이 작으므로 연소범위가 넓다.
※ 메틸알코올(7.3~36%), 에틸알코올(4.3~19%)

참고 알코올의 동족열에서 분자량 증가에 따른 공통점
- 인화점이 높아진다(메탄올 : 11℃, 에탄올 13℃).
- 착화점이 낮아진다(메탄올 : 464℃, 에탄올 423℃).
- 연소범위가 감소한다(메탄올 : 7.3~36%, 에탄올 4.3~19%).
- 비중이 작아진다(메탄올 : 1.1, 에탄올 : 0.79).
- 증기비중이 커진다(증기비중 = $\dfrac{해당물질의 분자량}{공기의 평균 분자량 29}$).

  메틸알코올(CH_3OH)의 분자량 : 12+4+16=32

  증기비중 = $\dfrac{32}{29}$ = 1.103

  에틸알코올(C_2H_5OH)의 분자량 : 24+6+16=46

  증기비중 = $\dfrac{46}{29}$ = 1.586
- 비점이 높아진다(메탄올 : 65℃, 에탄올 : 79℃).
- 점도가 커진다.
- 수용성 감소
- 휘발성 감소
- 이성질체가 많아진다.

답 ②

48. MgO_2와 염산이 반응하여 생성된 물질로서 석유와 벤젠에 불용성이고, 피부와 접촉 시 수종을 생기게 하는 위험물질은?
① 과산화나트륨 ② 과산화수소
③ 과산화벤조일 ④ 과산화칼륨

해설 MgO_2(과산화마그네슘)은 제1류 위험물(산화성고체) 무기과산화물중 알칼리토금속의 과산화물에 해당되며 염산(HCl)과 반응하면 과산화수소(H_2O_2)를 생성한다.

참고 MgO_2 + HCl → $MgCl_2$ + H_2O_2
(과산화마그네슘) (염산) (염화마그네슘) (과산화수소)

답 ②

49. 다음 중 아세트산과 에탄올 혼합물에 소량의 진한 황산을 가하여 가열하면 생성되는 물질은?
① 아세트산에틸
② 포름산에틸
③ 글리세롤
④ 다이에틸에터

해설 제4류 위험물(인화성액체)인 아세트산(CH_3COOH)과 에탄올(C_2H_5OH)을 진한 황산(H_2SO_4)과 중합시키면 아세트산에틸($CH_3COOC_2H_5$)에스터를 생성한다.

참고 • 아세트산에틸($CH_3COOC_2H_5$)의 제조반응식

$$CH_3COOH + C_2H_5OH \xrightarrow[\text{탈수}]{C-H_2SO_4} CH_3COOC_2H_5 + H_2O$$
(아세트산)　(에틸알코올)　　　　(아세트산에틸)　(물)

답 ①

50. 다음 위험물 중 물과 접촉시켰을 때 위험성이 가장 큰 것은?
① 칠황화인
② 다이크로뮴산칼륨
③ 질산암모늄
④ 알킬알루미늄

해설 알킬알루미늄은 제3류 위험물 자연발화성 및 금수성물질로 공기 또는 물과 접촉하면 급격히 발화한다.

참고 제2류 위험물(가연성고체) 황화인 중 칠황화인(P_4S_7)도 물과 반응하여 황화수소(H_2S)와 인산(H_3PO_4) 및 아인산(H_3PO_3)을 생성하나 위험성은 알킬알루미늄만은 못하다.

답 ④

51. 다음 화합물 중 인화점이 가장 낮은 것은?
① 초산메틸
② 초산에틸
③ 초산부틸
④ 초산아밀

해설 분자량이 증가되면 인화점이 높아진다.
인화점 : 초산메틸 < 초산에틸 < 초산프로필 < 초산부틸 < 초산아밀

답 ①

52. 나이트로셀룰로오스에 대하여 옳은 것은?
① 나이트로글리세린이라 하며 셀룰로오스와 글리세린의 에스터이다.
② 셀룰로이드의 염산화합물이다.
③ 제5류의 질산에스터에 해당한다.
④ 셀룰로오스의 황산에스터이다.

해설 나이트로셀룰로오스$[C_6H_7O_2(ONO_2)_3]n$는 제5류 위험물 중 질산에스터류에 해당된다.

답 ③

53. 톨루엔($C_6H_5CH_3$)의 일반적 성질에 대한 설명 중 틀린 것은?
① 증기밀도는 공기보다 가볍다.
② 인화점이 낮고 물에는 녹지 않는다.
③ 휘발성이 있는 무색투명한 액체이다.
④ 증기는 독성이 있지만 벤젠에 비해 약한 편이다.

해설 톨루엔($C_6H_5CH_3$)의 분자량 : $12 \times 7 + 8 = 92$
증기비중 $= \dfrac{92}{29} = 3.172$이므로 공기보다 3.172배 무겁다.

답 ①

54. 다음 위험물을 취급하는 장치가 구리나 마그네슘으로 되어 있을 때 중합반응을 일으키기 쉬운 것은?
① CS_2
② $(CH_3)_2CHOH$
③ CH_2CHCH_3
     $\underset{O}{\smile}$
④ CH_3COCH_3

해설 구리, 은, 수은, 마그네슘과 접촉금지 위험물
- 아세트알데하이드(CH_3CHO),
- 산화프로필렌(OCH_2CHCH_3)

달 ③

55. 다음 중 제5류 위험물이 아닌 것은?
① $CH_3(C_6H_4)NO_2$
② CH_3ONO_2
③ $C_3H_5(ONO_2)_3$
④ $C_6H_2(NO_2)_3CH_3$

해설
- $CH_3(C_6H_4)NO_2$(나이트로톨루엔) : 제4류 위험물
- CH_3-O-NO_2(질산메틸) : 제5류 위험물
- $C_3H_5(ONO_2)_3$(나이트로글리세린) : 제5류 위험물
- $C_6H_2(NO_2)_3CH_3$(T.N.T) : 제5류 위험물

달 ①

56. 다음 위험물 중 특수인화물로서 수용성인 물질은?
① 다이에틸에터   ② 아세트알데하이드
③ 메틸알코올   ④ 이황화탄소

해설 아세트알데하이드(CH_3CHO)는 에틸알코올(C_2H_5OH)의 산화물로서 수용성이다.

달 ②

57. 다음 제2류 위험물 성질에 관한 설명 중 틀린 것은?
① 가열이나 산화제를 멀리한다.
② 금속분은 산이나 물과는 반응하지 않는다.
③ 연소 시 유독한 가스에 주의하여야 한다.
④ 금속분의 화재에는 건조사의 피복 소화가 좋다.

해설 금속분은 산과 접촉하거나 열탕(뜨거운 물)에서 반응하여 H_2(수소)를 발생한다.

달 ②

58. 산화성액체 위험물의 공통 성질이 아닌 것은?
① 물과 만나면 발열한다.
② 비중이 1보다 크며 물에 안 녹는다.
③ 부식성 및 유독성이 강한 강산화제이다.
④ 산소를 많이 포함하여 다른 가연물의 연소를 돕는다.

해설 산화성액체인 제6류 위험물은 비중이 1보다 크며 모두 물에 잘 녹는다.

달 ②

59. 다음과 같은 위험물을 취급할 때 반응생성물 중 인화의 위험이 가장 적은 것은?

① $CaO + H_2O \rightarrow Ca(OH)_2$
② $CaC_2 + 2H_2O \rightarrow Ca(OH)_2 + C_2H_2$
③ $2Na + 2H_2O \rightarrow 2NaOH + H_2$
④ $Ca_3P_2 + 6H_2O \rightarrow 2PH_3 + 3Ca(OH)_2$

해설 생석회(CaO)는 물과 접촉하여 발열반응하며 가연성가스를 발생하지 않으며 위험물에 해당되지 않는다.

답 ①

60. 질산에틸($C_2H_5ONO_2$)의 성상에 관한 설명 중 틀린 것은?

① 향기를 갖고 단맛이 있는 무색의 액체이다.
② 휘발성물질로 그 증기 밀도는 공기보다 가볍다.
③ 물에는 녹지 않으나 알코올에 녹으며 용제로 사용된다.
④ 상온에서 가연성 증기를 발생하여 인화의 위험성이 있다.

해설 질산에틸($C_2H_5ONO_2$)은 제5류 위험물(자기반응성물질) 질산에스터에 속하며 분자량은 91로서 공기의 평균분자량 약 29보다 크므로 공기보다 무겁다.

답 ②

2022년 CBT 복원문제 1회

각 과목별 100점 만점에 40점 이상 득점하고 전 과목 평균 60점 이상 받아야 합격합니다.

제1과목 일반화학

1. 한 고체 유기물질을 정제하려고 할 때 정제과정에서 이물질에 순수한 상태로 되었나를 알아보기 위한 조사 방법으로 가장 정확한 방법은 무엇인가?
① 비색분석
② 녹는점 측정
③ 분리분석
④ 용해도 측정

해설 고체유기물의 순물질 측정방법은 녹는점(융용점)을 사용한다.

답 ②

2. 질산은($AgNO_3$)수용액에 2F의 전기량을 통하였을 때 음극에서 석출하는 은(Ag)은 몇 g 당량인가?
① 1g당량
② 2g당량
③ 3g당량
④ 4g당량

해설 질산은($AgNO_3$)에서 Ag은 전리하면 Ag^+이므로 1F의 전기량을 통하면 1g 당량 석출되므로 2F의 전기량을 통하면 2g 당량 석출한다.

답 ②

3. 비활성 기체의 설명으로 적당하지 않는 것은?
① 단원자 분자이다.
② 화합물을 잘 만든다.
③ 대부분 최외각 전자는 8개이다.
④ 저압에서 방전되면 색을 나타낸다.

해설 비활성기체(주기율표 0족의 원소)는 가장 안정된 원소로 화합물을 만들기 어렵다.

답 ②

4. 에테인이 산소중에서 타서 CO_2와 수증기로 될 때의 연소열을 계산하면?

$$C_2H_6(g) \rightarrow 2C(s) + 3H_2(g) \triangle H = +20.4 \text{kcal}$$
$$2C(s) + 2O_2(g) \rightarrow 2CO_2(g) \triangle H = -188.0 \text{kcal}$$
$$3H_2(g) + \frac{3}{2}O_2(g) \rightarrow 3H_2O(g) \triangle H = -173.0 \text{kcal}$$

① $\triangle H = -340.6 \text{kcal}$
② $\triangle H = 340.6 \text{kcal}$
③ $\triangle H = -35.4 \text{kcal}$
④ $\triangle H = 35.4 \text{kcal}$

해설 연소열은 변화된 엔탈피를 모두 합한값이다.
($\triangle H$) = -173 + (-188) + 20.4 = -340.6kcal

답 ①

5. 다음 설명 중에서 산(acid)의 표현이 잘못된 것은?
① 수용액은 신맛이며 다른 물질에 H⁺를 줄 수 있다.
② 푸른색 리트머스 시험지를 붉은색으로 변화시키며 pH가 7보다 크다.
③ 수소보다 이온화 경향이 큰 금속과 반응하여 수소를 발생시킨다.
④ 수소 화합물 중에서 수용액은 전리되어 H⁺이온을 방출한다.

해설 pH7은 중성이며 pH7보다 작으면 산성, 크면 알칼리성이다.

답 ②

6. 다음 중 전이금속의 공통적인 특성이 아닌 것은?
① 산화상태가 다양하다.
② 대부분의 화합물은 상자성이다.
③ 대부분의 화합물은 색이 있다.
④ 전이원소는 착이온을 만드는 경향이 없다.

해설 전이원소는 착이온을 잘 만드는 성질을 가지고 있다.
참고 상자성은 물체를 자기장 안에 놓으면 자기장과 같은 방향으로 자력을 띠고 자기장을 제거하면 자기장을 잃는 성질.

답 ④

7. pH = 9인 NaOH 용액 10L 중에 Na⁺ ion의 수는 몇 개인가?
① 3.01×10^{20}개
② 6.02×10^{20}개
③ 3.01×10^{22}개
④ 6.02×10^{19}개

해설 pH=9인 NaOH 1ℓ 중 수소이온농도는 $[10^{-9}]$이므로 수산이온농도는 $[10^{-5}]$이다. 그러므로 NaOH 10ℓ 중의 수산이온농도는 $10^{-5} \times 10 = 10^{-4}$, Na⁺이온의 수는 $6.02 \times 10^{23} \times 10^{-4}$ $= 6.02 \times 10^{19}$개

답 ④

8. 다음 중 CO_2 가스의 건조제로 사용할 수 있는 것은?
① CaO   ② NaOH
③ H_2SO_4 ④ KOH

해설 CO_2(이산화탄소)는 비금속의 산화물로서 산성가스이므로 산성건조제인 H_2SO_4(황산)을 건조제로 사용한다.

답 ③

9. 기체 암모니아를 27℃, 760mmHg에서 용적을 측정한 결과 800mL였다. 이것을 100mL의 물에 전량 흡수시켜 암모니아 수용액을 만들 경우 NH_3의 중량 %와 수용액의 몰은 얼마인가?(단, NH_3 분자량 17g이다.)
① 6.7%, 2M
② 0.55%, 0.325M
③ 0.607%, 0.357M
④ 5.5%, 3M

해설 NH₃의 질량(W)

$PV = \dfrac{WRT}{M}$ 에서 $W = \dfrac{PVM}{RT}$ 에서

$W = \dfrac{1atm \times 0.8\ell \times 17g/g \cdot mol}{0.082 atm \cdot \ell/g \cdot mol \cdot k \times (27+273)k} = 0.5528g$

∴ 0.553g

NH₃의 중량% = $\dfrac{0.553g}{100g + 0.553g} \times 100 = 0.549\%$

NH₃수용액 1몰이란 용액 1,000㎖속에 17g의 NH₃가 녹아있는 상태이다. NH₃수용액 100 ㎖에 NH₃ 0.553g 녹아있으므로 1,000㎖에는 5.53g 녹아있다.

17g : 1몰 = 5.53 = χ ∴ $\chi = \dfrac{5.53}{17} = 0.325$몰   답 ②

10. 다음 물질 중에서 은거울 반응과 아이오도폼 반응을 모두 할 수 있는 것은?
① CH₃OH ② C₂H₅OH
③ CH₃CHO ④ CH₃COCH₃

해설 환원제인 CH₃CHO(아세트알데하이드)는 아이오도폼반응과 은거울반응을 한다. C₂H₅OH (에틸알코올)와 CH₃COCH₃(아세톤)는 아이오도폼반응만 한다.   답 ③

11. 다음과 같은 전자배열을 가진 원자는?

$1S^2\ 2S^2\ 2P^6\ 3S^1$

① K ② F
③ Ne ④ Na

해설 총전자의 수가 11개이고, 3번 전자껍질에 전자 1개가 있으므로 Na이다.   답 ④

12. 다음은 할로젠화 수소의 결합에너지 크기를 비교하여 나타낸 것이다. 올바르게 표시된 것은?
① HI > HBr > HCl > HF ② HBr > HI > HF > HCl
③ HF > HCl > HBr > HI ④ HCl > HBr > HF > HI

해설 결합력의 크기는 F > Cl > Br > I 순서로 수소와의 화합물이다.   답 ③

13. 2HNO₃(묽은 질산) → H₂O + 2NO + 3O 화학반응에서, 산화제의 당량은 얼마인가?(단, 원자량은 H=1, N=14, O=16임)
① 21 ② 48
③ 63 ④ 126

해설 HNO₃(질산)의 1g분자량=1+14+16×3=63g
2HNO₃ → H₂O + 2NO + 3O에서
2×63g : 3×16g
χ : 8g

$\chi = \dfrac{2 \times 63g \times 8g}{3 \times 16g} = 21g$

산화제 당량은 수소1 또는 산소 8을 받아들이거나 방출하는 량을 말한다. HNO₃ 2몰(2×63g)이 [O] 3몰(3×16g)이 방출되므로 [O]1당량인 8g일 때의 HNO₃의 질량이 당량이다.   답 ①

14. 볼타전지에서 갑자기 전류가 약해지는 현상을 "분극현상"이라 한다. 이 분극현상을 방지해 주는 감극제로 사용되는 물질은?
① MnO_2
② $CuSO_3$
③ $NaCl$
④ $Pb(NO_3)_2$

해설 분극현상을 방지하는 감극제는 산화제로서 MnO_2(이산화망가니즈), PbO_2(이산화납), $K_2Cr_2O_7$(다이크로뮴산칼륨)등을 사용한다.

답 ①

15. 다음 중 용해도와 관련된 설명으로 옳지 않은 것은?
① 기체의 액체에 대한 용해도는 일반적으로 온도가 올라가면 줄어든다.
② 용매100g에 녹는 용질의 최대량을 g수로 표시한 것을 그 온도에서의 용해도라 한다.
③ 고체가 물에 녹을 때 흡열반응을 하는 물질은 온도가 올라감에 따라 용해도는 작아진다.
④ 압력의 변화는 액체나 고체의 용해도에 거의 영향을 미치지 않으나, 기체는 압력을 높이면 용해도는 증가한다.

해설 고체가 물에 용해될 때 흡열반응을 하는 물질은 온도를 높이면 용해도가 커진다. 또한 발열반응하는 물질은 온도를 낮추면 용해도가 커진다.

답 ③

16. $[OH^-] = 1 \times 10^{-5}$mol/L인 용액의 pH와 액성으로 옳은 것은?
① pH = 5, 산성
② pH = 5, 약알칼리성
③ pH = 9, 약산성
④ pH = 9, 알칼리성

해설 $[H^+][OH^-] = 10^{-14}$에서
$[OH^-] = 1 \times 10^{-5}$mol/ℓ 이므로
$[H^+][10^{-5}] = 10^{-14}$에서 $[H^+] = 10^{-9}$이다.
$pH = \log \frac{1}{[10^{-9}]} = -\log[10^{-9}] = 9$
pH7이 중성이므로 pH9 = 약알칼리이다.

답 ④

17. 물(H_2O)의 끓는점이 황화수소(H_2S)의 끓는점 보다 높은 이유는?
① 분자량의 차이 때문
② 분자간의 수소결합 차이 때문
③ 용액의 pH 차이 때문
④ 극성 결합의 차이 때문

해설 물(H_2O)은 수소결합 물질로서 분자간의 결합형태가 황화수소(H_2S)와 다르므로 끓는점이 높다.

답 ②

18. 다음 이온화 에너지에 관하여 설명한 내용 중 맞는 것은?
① 이온화 에너지는 만들어지는 이온의 반지름이 클수록 크다.
② 전기음성도가 클수록 이온화 에너지는 작다.
③ 가전자와 양성자간의 인력이 클수록 이온화 에너지는 작다.
④ 최외각 전자와 원자핵 간의 거리가 가까울수록 이온화 에너지는 크다.

[해설] 이온화 에너지란 중성원자가 전자1개를 잃고 양이온이 될 때 필요한 에너지로서 0족으로 갈수록 커지며 같은 족에서는 번호가 클 수록 원자핵과 가전자와의 인력이 약하므로 작아진다.

답 ④

19. 다음 중 펩티이드 결합(-CO-NH-)를 가진 물질은?
① 포도당
② 지방산
③ 아미드
④ 글리세린

[해설] 단백질 분자중에 포함되어 있으며 펩티드결합(아미드결합)을 가진 물질을 아미드라 한다.

답 ③

20. 다음 염 중 수용액이 알칼리성을 띄는 것은?
① $NaHCO_3$
② $NaHSO_4$
③ K_2SO_4
④ KCl

[해설] $NaHCO_3$(탄산수소나트륨)은강염기인 NaOH(수산화나트륨)과 약산인 H_2CO_3(탄산)의 염으로 강한쪽의 액성인 알칼리성을 갖는다.

[참고] 산과 알칼리의 염의 액성은 강한쪽의 액성을 갖는다.강산과 강알칼리의 염의 액성은 중성이다.

답 ①

제2과목 화재 예방과 소화방법

21. 분말 소화약제를 종별로 주성분을 바르게 연결한 것은?
① 1종 분말약제 - 탄산수소나트륨($NaHCO_3$)
② 2종 분말약제 - 인산암모늄($NH_4H_2PO_4$)
③ 3종 분말약제 - 탄산수소칼륨($KHCO_3$)
④ 4종 분말약제 - (탄산수소칼륨 + 인산암모늄)

[해설] 제1종 분말약제 - 탄산수소나트륨($NaHCO_3$)
제2종 분말약제 - 탄산수소칼륨($KHCO_3$)
제3종 분말약제 - 인산암모늄($NH_4H_2PO_4$)
제4종 분말약제 - 탄산수소칼륨($KHCO_3$)과 요소[$(NH_2)_2CO$]

답 ①

22. 드라이케미칼(dry Chemical)로 10m³의 탄산가스를 얻자면 표준상태에서 몇 kg의 탄산수소나트륨이 사용되겠는가?(단, 탄산수소나트륨의 분자량은 84이다)?
① 18.75kg
② 37.5kg
③ 56.25kg
④ 75kg

해설 표준상태에서 모든 기체 1kmol의 체적은 22.4m³를 갖는다.(1mol의 체적은 22.4L)
$2NaHCO_3 \rightarrow Na_2CO_3 + CO_2 + H_2O$
  2×84kg : $22.4m^3$
   x : $10m^3$

$x = \dfrac{2 \times 84\text{kg} \times 10m^3}{22.4m^3} = 75\text{kg}$

답 ④

23. 위험물 화재시 주수소화에 의하여 오히려 위험이 따르는 물질은?
① 황화인(P_2S_5)
② 황린(P)
③ 황(S)
④ 마그네슘(Mg)분

해설 마그네슘(Mg)분은 제2류 위험물(가연성고체) 중 물과의 접촉을 금지하는 위험물이다(물과 접촉하면 수소가스 발생)

답 ④

24. B급 화재에 사용되는 소화기의 표시 색깔은?
① 황색
② 백색
③ 청색
④ 초록색

해설 B급화재(유류화재) : 황색
참고 A급화재(일반화재) : 백색, C급화재(전기화재) : 청색

답 ①

25. 인화성액체 위험물의 화재시 가장 많이 쓰이는 소화방법은?
① 물을 뿌린다.
② 공기를 차단한다.
③ 연소물을 제거한다.
④ 인화점 이하로 냉각한다.

해설 인화성액체(제4류 위험물)의 소화방법은 산소공급을 차단하는 질식소화가 적용성이 있다.

답 ②

26. 제5류 위험물의 화재시 가장 효과적인 소화방법은?
① 냉각소화
② 제거소화
③ 억제소화
④ 질식소화

해설 제5류 위험물(자기반응성물질)의 소화는 대량의 주수에 의한 냉각소화가 적합하다.

답 ①

27. 제1류 위험물의 화재 시 조치방법으로 옳지 않은 것은?
① 소화방법은 분해온도 이하로 냉각하는 주수를 사용한다.
② 가연물과 혼합하여 연소하는 경우는 접근하여 가연물과 분리한다.
③ 소화작업시에는 공기호흡기, 보안경 등의 보호장구를 착용한다.
④ 소량의 화재시에는 분말, 이산화탄소 등에 의한 질식소화도 효과가

해설 가연물과 제1류 위험물(산화성고체)인 강산화제와의 혼합은 제5류 위험물(자기반응성물질)과 같은 위험성이 있으므로 가연물과의 분리는 불가능하다.

답 ②

28. 위험물에 대한 주된 소화방법이 잘못 짝지어진 것은?
① 제1류 위험물 : 냉각소화(일부 주수금지)
② 제2류 위험물 : 냉각소화(일부 주수금지)
③ 제3류 위험물 : 질식소화
④ 제5류 위험물 : 질식소화

해설 제5류 위험물(자기반응성물질)은 자체내에 산소를 함유하므로 질식소화는 적합하지 않으며 냉각소화가 적용성이 있다.

답 ④

29. 위험물안전관리법에 의한 위험물을 취급함에 있어서 발생하는 정전기를 유효하게 제거하는 방법으로 옳지 않은 것은?
① 인화방지망 설치방법
② 상대습도를 70% 이상 높이는 방법
③ 공기를 이온화하는 방법
④ 접지에 의한 방법

해설 인화방지망의 설치와 정전기와는 무관하다.

답 ①

30. 위험물 화재에 대한 소화방법으로 옳지 않은 것은?
① 증발 잠열을 이용한 주수로 냉각한다.
② 열전도율이 좋은 금속 분말로 온도를 낮춘다.
③ 불연성 기체를 방사하여 산소공급을 차단한다.
④ 불연성 분말을 뿌려 산소 공급을 차단한다.

해설 화재면에 금속분말은 사용하면 분진폭발의 위험이 있으므로 소화약제로 사용할 수 없다

답 ②

31. 금속나트륨 화재에 적응성이 있는 소화설비는?
① 팽창질석
② 할로젠화물소화설비
③ 분말소화설비
④ 이산화탄소소화설비

해설 금속화재에 사용되는 소화약제는 마른모래, 팽창질석, 팽창진주암 및 금속화재용 분말소화약제가 사용된다.

답 ①

32. ABC급 분말소화 약제의 주성분은?
① 탄산수소나트륨($NaHCO_3$)
② 제1인산암모늄($NH_4H_2PO_4$)
③ 인산칼륨(K_3PO_4)
④ 탄산수소칼륨($KHCO_3$)

해설 ABC급 분말소화약제는 $NH_4H_2PO_4$(인산암모늄)이다.

답 ②

33. 다음 제4류 위험물에 해당하는 물품의 소화방법을 설명한 것으로 잘못된 것은?
① 산화프로필렌 : 알코올형 포로 질식소화한다.
② 아세트알데하이드 : 기계포를 이용하여 질식소화한다.
③ 이황화탄소 : 탱크 또는 용기 내부에서 연소하고 있는 경우에는 물을 유입하여 질식소화한다.
④ 다이에틸에터 : 대량의 포소화제를 사용하거나 CO_2, 알코올형 포, 분말소화제 등을 이용하여 질식소화한다.

해설 특수인화물인 아세트알데하이드(CH_3CHO)는 수용성이므로 기계포를 사용하면 소포되어 소화효과를 볼 수 없으므로 특수포인 알코올포를 사용한다.

정답 ②

34. 분말소화약제가 습기로부터 약제 고화를 방지하기 위하여 미량첨가하는 물질은?
① 페놀 수지   ② 실리콘 수지
③ 멜라민 수지   ④ 요소 수지

해설 분말소화약제에는 습기로인한 약제의 고화를 방지하기 위하여 방습제인 실리콘수지, 금속비누(스테아르산아연 또는 스테아르산알루미늄)을 미량첨가합니다.

정답 ②

35. 아세톤, 석유류, 알코올류 등의 연소형태는?
① 증발연소   ② 분해연소
③ 확산연소   ④ 자기연소

해설 아세톤, 석유류, 알코올은 제4류 위험물(인화성액체)로서 증발연소한다.

정답 ①

36. 할로젠화합물소화설비에 적응하지 않는 대상물은?
① 전기설비   ② 인화성고체
③ 제5류위험물   ④ 제4류위험물

해설 제5류 위험물(자기반응성물질)의 화재에는 할로젠합물 소화설비는 효과가 없으며 다량의 물을 주수하는 냉각소화가 적응성이 있다.

정답 ③

37. 경유 $1000m^3$를 저장하는 탱크의 소요단위를 구하면?
① 1   ② 10
③ 100   ④ 1,000

해설 위험물 1소요단위는 지정수량 10배, 경유의 지정수량은 1,000L, 경유 $1,000m^3$=1,000,000L
소요단위=$\frac{1,000,000}{1,000 \times 10}$=100배

정답 ③

38. 알칼리 금속은 화재예방의 측면에서 다음 중 어떤기(원자단)를 가지고 있는 물질과 접촉할 때 가장 위험한가?
① -OH   ② -O-
③ -COO-   ④ $-NO_2$

해설 제3류 위험물 금수성물질인 알칼리 금속인 칼륨(K), 나트륨(Na)등은 -OH(수산기) 등 H(수소)를 갖는 물질과 접촉하여 수소가스(H_2)를 발생하므로 접촉을 금한다.

정답 ①

39. 알킬알루미늄의 화재시 소화약제로 가장 적당한 것은?
① CO_2 ② 물
③ 팽창질석 ④ 산, 알칼리

해설 알킬알루미늄(제3류 위험물중 자연발화성 물질 및 금수성물질)의 화재시 소화제로는 팽창질석 및 팽창진주암등이 좋다.

답 ③

40. 불활성가스소화설비 IG-541의 조성으로 옳은 것은?
① 질소 10%, 아르곤 40%, 이산화탄소 50%
② 질소 50%, 아르곤 40%, 이산화탄소 10%
③ 질소 48%, 아르곤 40%, 이산화탄소 12%
④ 질소 52%, 아르곤 40%, 이산화탄소 8%

해설 IG(Inergen)[이너젠가스]의 조성
- IG-01 : Ar(아르곤) 100%
- IG-100 : N_2(질소) 100%
- IG-55 : N_2(질소) 50%, Ar(아르곤) 50%
- IG-541 : N_2(질소) 52%, Ar(아르곤) 40%, CO_2(이산화탄소) 8%

답 ④

제3과목 위험물의 성질과 취급

41. 적린의 위험성에 관한 설명 중 옳은 것은?
① 물과 반응해서 높은열을 낸다.
② 공기중에 방치하면 연소한다.
③ 염소와 반응해서 발화한다.
④ 염소산염류와 접촉해서 발화 및 폭발의 위험성이 있다.

해설 적린(P)은 환원제인 제2류 위험물(가연성고체)로서 제1류 위험물(산화성고체)로서 산화제인 염소산염류와 접촉하면 발화 및 폭발의 위험이 있다.

답 ④

42. 다음 보기 중 T.N.T가 폭발하였을 때 생성되는 가스가 아닌 것은?
① CO
② N_2
③ SO_2
④ H_2

해설 TNT[$C_6H_2CH_3(NO_2)_3$]에 없는 S는 생성물에 만들어 질 수 없다.
T.N.T(트라이나이트로톨루엔)의 분해반응식
$2C_6H_2CH_3(NO_2)_3 \xrightarrow{\Delta} 12CO + 5H_2 + 2C + 3N_2$
(트라이나이트로톨루엔)   (일산화탄소) (수소) (탄소) (질소)

답 ③

43. 다음 과산화수소의 성질 및 취급방법에 관한 설명 중 틀린 것은?
① 햇볕에 의하여 분해한다.
② 산성에서는 분해가 어렵다.
③ 저장 용기는 마개로 꼭 막아둔다.
④ 에탄올, 에터 등에는 용해되지만 벤젠에는 녹지 않는다.

해설 과산화수소(H_2O_2)는 제6류 위험물(산화성액체)로서 저장용기의 마개는 구멍뚫린 마개를 사용한다.

답 ③

44. 다음 위험물 취급시 실수로 물질이 혼합되었을 때 발화 또는 폭발의 위험성이 있는 것은?
① 에탄올과 삼산화크로뮴
② 아황화탄소와 증류수
③ 클로로벤젠과 아세톤
④ 금속칼륨과 파라핀

해설 에탄올(제4류 위험물)과 삼산화크로뮴(제1류 위험물)의 혼합은 발화, 폭발의 위험이 있다.

답 ①

45. KNO_3의 일반적 성질을 표현한 것 중 틀린 것은?
① 무색 또는 백색 결정 분말이다.
② 물에는 잘 녹으나 알코올에는 잘 녹지 않는다.
③ 단독으로는 분해하지 않지만 가열하면 산소와 아질산칼륨을 생성한다.
④ 차가운 자극성의 짠맛이 있고 환원성이 있다.

해설 KNO_3(질산칼륨)은 제1류 위험물(산화성고체)이며 차가운 자극성의 짠맛이 있고 산화성이 있다.

답 ④

46. 탄화칼슘 60,000kg의 소요단위는 얼마인가?
① 10 단위
② 20 단위
③ 30 단위
④ 40 단위

해설 탄화칼슘(CaC_2)은 제3류 위험물 금수성물질이다.
탄화칼슘(CaC_2)의 지정수량 : 300kg
위험물 1소요단위 : 지정수량의 10배
소요단위 = $\dfrac{60,000kg}{300kg \times 10}$ = 20단위

답 ②

47. 다음 중 오황화인(P_2S_5)의 성질에 관한 설명이다. 옳은 것은?
① 물과 반응하면 불연성기체가 발생된다.
② 담황색 결정으로서 흡습성과 조해성이 있다.
③ 황색의 결정으로 물, 황산 등에 녹지 않는다.
④ 제3류 위험물이므로 공기 중에서 자연발화 한다.

해설 P_2S_5(오황화인)은 제2류 위험물(가연성고체)이며 담황색결정이며, 흡습성, 조해성이 있다.

답 ②

48. 카아바이트와 물과 반응하여 발생하는 기체는?
① 과산화수소 ② 일산화탄소
③ 아세틸렌가스 ④ 에틸렌가스

해설 탄화칼슘(CaC_2)과 물(H_2O)이 반응하면 수산화칼슘[$Ca(OH)_2$]과 아세틸렌(C_2H_2)이 발생한다.

참고 탄화칼슘(CaC_2)과 물(H_2O)의 반응식
$$CaC_2 + 2H_2O \rightarrow Ca(OH)_2 + C_2H_2$$
(카아바이트) (물) (수산화칼륨) (아세틸렌)

답 ③

49. 위험물에 관한 표시사항 중 "물기엄금"에 관한 표지 색깔로서 옳은 것은?
① 청색바탕에 적색문자 ② 청색바탕에 백색문자
③ 적색바탕에 백색문자 ④ 백색바탕에 청색문자

해설 물기엄금 : 청색바탕에 백색문자

참고 화기엄금 : 적색바탕에 백색문자

답 ②

50. 다음은 위험물의 저장 및 취급시 주의사항에 관한 설명이다. 틀린 것은?
① H_2O_2 : 햇빛의 직사광선을 막고 찬 곳에 저장한다.
② MgO_2 : 습기의 존재하에서 산소를 발생하므로 특히 방습에 주의한다.
③ $NaNO_3$: 조해성이 크고 흡습성이 강하므로 습도에 주의한다.
④ K_2O_2 : 물 속에 저장한다.

해설 K_2O_2(과산화칼륨)은 제1류 위험물(산화성고체) 알칼리금속의 과산화물로 물(H_2O)과 격력히 반응하며 산소(O_2)를 발생하므로 물과의 접촉을 피하여야 한다.

참고 K_2O_2(과산화칼륨)과 물(H_2O)과의 반응식
$$2K_2O_2 + 2H_2O \rightarrow 4KOH + O_2$$
(과산화칼륨) (물) (수산화칼륨) (산소)

답 ④

51. 벤젠의 성질에 대한 설명 중 틀린 것은?
① 증기는 유독하다.
② 정전기가 발생하기 쉽다.
③ CS_2보다 인화점이 낮다.
④ 독특한 냄새가 있는 무색의 액체이다.

해설 제4류위험물 벤젠(C_6H_6)과 이황화탄소(CS_2)
• 벤젠(C_6H_6) 제1석유류 인화점 : $-11°C$,
• 이황화탄소(CS_2) 특수인화물 인화점 : $-30°C$

답 ③

52. 적린의 성상에 관한 설명 중 옳은 것은?
① 물과 반응하여 고열을 발생한다.
② 공기중에 방치하면 자연발화한다.
③ 마찰 충격에 의해서 발화한다.
④ 수소와 반응해서 발화한다.

해설 적린(P)은 제2류 위험물(가연성고체)로 마찰, 충격에 의하여 발화한다.

답 ③

53. 위험물 운반 용기 외부에 표시하여 적재하는 사항 중 수납위험물에 따라 주의사항을 표시해야 한다. 주의사항 표시가 올바른 것은?
① 제4류 위험물 – 화기주의
② 제3류 위험물 – 물기주의 및 화기엄금
③ 제5류 위험물 – 화기엄금 및 충격주의
④ 제6류 위험물 – 물기주의, 가연물접촉주의

해설 위험물 운반 용기 외부에 표시사항
• 제4류 위험물(화기엄금)
• 제3류 위험물 중 금수성 물질(물기엄금)
• 제3류 위험물 중 자연발화성 물질(화기엄금 및 공기접촉엄금)
• 제5류 위험물(화기엄금 및 충격주의)
• 제6류 위험물(가연물접촉주의)

답 ③

54. 다음 물질 중 공기보다 증기비중이 낮은 것은?
① 이황화탄소(CS_2) ② 사이안화수소(HCN)
③ 아세트알데하이드(CH_3CHO) ④ 에터(CH_3OCH_3)

해설 제4류 위험물(인화성액체) 제1석유류인 사이안화수소(HCN)의 분자량은 27이며 공기의 평균 분자량 약 29보다 작으므로 증기비중은 공기보다 낮다.

답 ②

55. 1기압에서 액체로서 인화점이 21℃ 이상 70℃ 미만인 위험물은?
① 제1석유류 – 아세톤, 휘발유
② 제2석유류 – 등유, 경유
③ 제3석유류 – 중유, 클레오소오트유
④ 제4석유류 – 기계유, 실린더유

해설 본문은 제4류 위험물(인화성액체) 제2석유류의 정의이다.

답 ②

56. 금속칼륨의 성질로서 옳은 것은?
① 중금속류에 속한다.
② 화학적으로 이온화 경향이 큰 금속이다.
③ 물속에 보관한다.
④ 화학적으로 안정한 액체금속이다.

해설 금속칼륨(K)은 제3류 위험물중 금수성물질로 이온화 경향이 매우 큰 물질이다.

답 ②

57. 위험물 제조소등의 안전거리의 단축기준과 관련해서 방화상 유효한 벽의 높이는 H≦PD^2+a인 경우 h=2로 계산한다. 여기서 a는 무엇인가?
① 인근 건축물의 높이(m)
② 제조소등의 외벽의 높이(m)
③ 제조소등과 방화상 유효한 벽의 거리(m)
④ 방화상 유효한 담의 높이(m)

해설 $H \leq PD^2 + a$에서

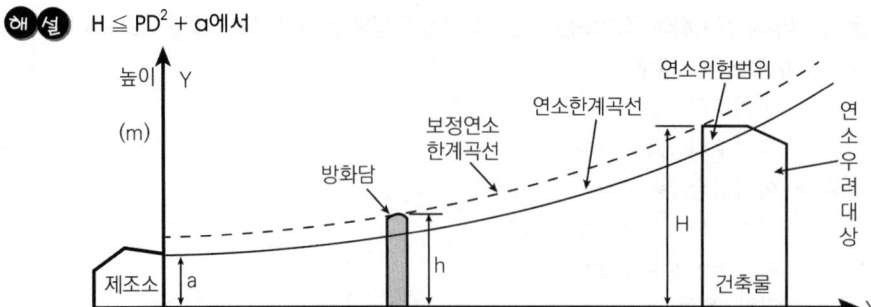

H : 인근 건축물 또는 공작물의 높이(m)
P : 상수
D : 제조소등과 인근 건축물 또는 공작물과의 거리(m)
a : 제조소등의 외벽의 높이(m)
d : 제조소등과 방화상 유효한 담과의 거리(m)
h : 방화상 유효한 담의 높이(m)

답 ②

58. 트라이나이트로톨루엔의 성질로 틀린 것은?
① 담황색 결정이다.
② 물에는 녹기 힘들다.
③ 보통 피크르산 이라 한다.
④ 가열 충격시 폭발하기 쉽다.

해설 피크르산(Picric Acid)은 트라이나이트로페놀(TNP)을 말한다.

답 ③

59. 표준상태에서 에탄올 2몰(mol)이 금속칼륨과 완전반응 할 때 발생되는 기체와 부피는?
① 수소, 11.2L
② 수소, 22.4L
③ 산소, 11.2L
④ 산소, 22.4L

해설 모든기체 1mol은 표준상태(0℃, 1기압)에서 22.4 ℓ 의 체적을 갖는다.
$2C_2H_5OH + 2K \rightarrow 2C_2H_5OK + H_2$
 2mol   1mol
에탄올(에틸알코올) 2mol이 반응하면 수소(H_2) 1mol이 생성되므로 수소의 체적은 22.4L 이다.

답 ②

60. 질산칼륨(KNO_3)에 대한 설명 중 옳은 것은?
① 칠레초석이라고도 한다.
② 열에 안정하여 1000℃까지도 분해되지 않는다.
③ 무색 또는 백색의 결정으로 흑색 화약의 원료로 쓰인다.
④ 유기물 및 강산과 혼합하여도 폭발의 위험성은 없으며 매우 안정한 화합물을 만든다.

해설 질산칼륨(KNO_3)은 제1류 위험물(산화성고체)질산염류로 별명은 초석이며 황(S)과 숯(C) 을 혼합시켜 흑색화약 제조원료로 쓰인다.

답 ③

2022년 CBT 복원문제 2회

각 과목별 100점 만점에 40점 이상 득점하고 전 과목 평균 60점 이상 받아야 합격합니다.

제1과목 일반화학

1. 오늘날 원자량 결정의 기준이 되는 원소는?
① $_1H$
② $_{12}C$
③ $_{14}N$
④ $_{16}O$

해설 원자량의 기준은 탄소(C)의 원자량 12와의 상대적 질량 값이다.

답 ②

2. 무색투명한 용액을 질산은 용액에 넣으니 백색침전이 생기고 불꽃반응 결과 노란색이 나타났다. 이 용액에 포함된 물질은?
① Na_2SO_4
② $CaCl_2$
③ NaCl
④ KCl

해설 질산은용($AgNO_3$)액에 염화나트륨(NaCl)을 넣으면 백색의 염화은(AgCl)이 침전된다.

참고 질산은($AgNO_3$)과 염화나트륨(NaCl)의 반응
$AgNO_3$ + NaCl → $NaNO_3$ + AgCl ↓
(질산은) (염화나트륨) (질산나트륨) (염화은)

답 ③

3. 같은 몰 농도의 비전해질 용액은 같은 몰 농도의 전해질용액보다 비등점 상승도의 변화추이는?
① 크다.
② 작다.
③ 같다.
④ 물질에 따라 클 때도 있고 작을 때도 있다.

해설 같은 몰 농도의 전해질의 비등점 상승도는 전리된 이온수에 비례하므로 같은 몰 농도의 비전해질은 비등점 상승도가 작다.

답 ②

4. 유지 1mol을 비누화 하는데 필요한 NaOH 무게는(단, 반응식은 $(RCOO)_3C_3H_5$ + 3NaOH → $3RCOONa + C_3H_5(OH)_3$이고 NaOH 분자량은 40이다)?
① 80g
② 100g
③ 120g
④ 140g

해설 유지 1mol을 비누화하는데 3mol의 NaOH가 필요하며 NaOH 1mol은 40g이므로 NaOH의 무게는 40×3=120g

답 ③

5. 아미노산이 꼭 포함하고 있는 원자단만을 짝지어 놓은 것은?
① -COOH와 -NH$_2$
② -COOH와 -OH
③ -COOH와 -NO$_2$
④ -SO$_3$와 -NH$_2$

해설 아미노산은 분자내에 -NH$_2$(아미노기)와 -COOH(카복실기)를 갖는 화합물이다.

답 ①

6. "두 가지 기체가 퍼지는 확산속도는 그 기체의 밀도(분자량)의 제곱근에 반비례한다."라는 법칙과 연관성이 있는 것은?
① 미지의 기체 분자량을 측정에 이용된다.
② 보일-샤를이 정립한 법칙이다.
③ 기체상수 값을 구할 수 있다.
④ 기체상태방정식으로 표현된다.

해설 본문은 그레엄의 확산속도의 법칙이며 미지의 기체분자량을 측정할 때 사용된다.

답 ①

7. 다음 산화물 중 염기성 산화물에 해당되는 것은?
① ZnO
② Al$_2$O$_3$
③ CO$_2$
④ CaO

해설 CaO(산화칼슘)은 금속의 산화물이므로 염기성산화물이다.

주의 Zn(아연), Al(알루미늄)도 금속이나 양쪽성금속이라 하며, 이들의 산화물은 양쪽성산화물이라 하다.

답 ④

8. 질산칼륨의 용해도는 10[℃]에서 20, 100[℃]에서 247이다. 100[℃]에서 100[g]의 물에 질산칼륨을 포화시킨 후 10[℃]로 냉각시키면 몇[g]의 질산칼륨의 석출되는가?
① 127[g]
② 147[g]
③ 227[g]
④ 267[g]

해설 용해도 : 용매 100g에 녹는 용질의 g수(반드시 온도 표시)
재결정 : 용해도 차에 의하여 결정을 석출시키는 방법
석출량 : 247g - 20g = 227g

답 ③

9. 다음 중 비극성 분자는 어느 것인가?
① HF
② H$_2$O
③ NH$_3$
④ CH$_4$

해설 • 비극성분자 : CH$_4$
• 극성분자 : HF, H$_2$O, NH$_3$

답 ④

10. KMnO$_4$에서 Mn의 산화수는?
① +5
② +6
③ +7
④ +8

해설 K^{+1}Mn$^\chi$O$_4{}^{-2}$에서 Mn의 산화수 $+1+\chi+(-2\times4)=-2$, $\chi=+7$

답 ③

11. 다음 설명 중 염기가 될 수 없는 조건은?
① H^+을 받아들일 수 있다.
② OH^-을 내어놓을 수 있다.
③ 비공유 전자쌍을 가지고 있다.
④ 물에 녹아 H_3O^+을 내어놓을 수 있다.

해설 물(H_2O)분자에 수소이온(H^+)이 결합한 옥소늄이온(H_3O^+)을 내는 것은 산이다. **답** ④

12. 단백질의 검출에 사용되는 것으로서 단백질에 진한 질산을 가하면 노란색으로 변하고 알칼리를 작용시키면 오렌지색으로 변하는 반응을 무슨 반응이라 하는가?
① 뷰렛 반응
② 닌히드린 반응
③ 아담키바이츠 반응
④ 크산토프로테인 반응

해설 크산토프로테인 반응 : 단백질에 질산을 가하면 노란색이 되는 반응이다. **답** ④

13. 고체에 액체를 넣어 가열하지 않고 기체를 발생시킬 때 킵장치(Kipp Apparatus)를 사용한다. 아래 화학반응식 중 킵장치를 사용할 필요가 없는 것은?
① $Cu + H_2SO_4 \rightarrow CuSO_4 + H_2$
② $Zn + H_2SO_4 \rightarrow ZnSO_4 + H_2$
③ $CaCO_3 + 2HCl \rightarrow CaCl_2 + H_2O + CO_2$
④ $FeS + 2HCl \rightarrow FeCl_2 + H_2S$

해설 Cu(구리)는 이온화 경향이 H(수소)보다 작으므로 산과 반응하지 않는다. **답** ①

14. 실험실에서 NaOH 1g이 250mL메스플라스크에 녹아 있을 때 NaOH수용액의 농도는?(단, NaOH는 100%로 간주하고 NaOH 분자량은 40 임)
① 0.1N
② 0.3N
③ 0.5N
④ 0.7N

해설 NaOH 40g이 용액 1,000㎖에 녹아 있는 것을 1N이라 한다. NaOH 1g이 용액 250㎖에 녹아있으면 1,000㎖ 용액에는 4g이 녹아있으므로
1N : 40g = χ N : 4g
∴ $\chi = \dfrac{4g}{40g/N} = 0.1N$ **답** ①

15. 20℃에서 NaCl의 용해도는 36이다. 20℃에서 NaCl포화용액인 것은?
① 용액 100g중에 NaCl이 35g 녹아 있을때
② 용액 100g중에 NaCl이 36g 녹아 있을때
③ 용액 136g중에 NaCl이 36g 녹아 있을때
④ 용액 100g중에 NaCl이 136g 녹아 있을 때

해설 용해도 : 용매 100g에 용해된 용질의 g수(반드시 온도 표시)
∴ 용매 : 100g, 용질 36g, 용액 136g **답** ③

16. 다음 작용기 중에서 메틸(methyl)기는 어느 것인가?
① $-C_2H_5$ ② $-COCH_3$
③ $-NH_2$ ④ $-CH_3$

해설 메틸(methyl)기는 Alkyl(알킬기)[C_nH_{2n-1}]에서 n의 값이 1인 $-CH_3$를 말한다.
참고 지문의 관능기 명칭
$-C_2H_5$(에틸기), $-COCH_3$(아세틸기), $-NH_2$(아미노기)

答 ④

17. 주기율표를 보면 같은 족이 아래로 갈수록 점차 증가하는 성질이 있는데 이에 해당되지 않는 것은?
① 원자번호
② 원자량
③ 가전자의 수
④ 오비탈의 총수

해설 가전자(원자가 전자)는 오른쪽(족수)으로 갈수록 커진다.

答 ③

18. 다음 중 감마선에 대한 설명으로 맞는 것은?
① 질량을 갖고 음의 전하를 띰
② 질량을 갖고 전하를 띠지 않음
③ 질량이 없고 전하를 띠지 않음
④ 질량이 없고 음의 전하를 띰

해설 감마선 : x선과 같이 일종의 전자파로서 질량이 없고 전기적으로 중성이고 빛의 속도와 비슷하고 투과력이 제일 강한 반면 형광성과 건판작용은 제일 약하다.

答 ③

19. 다음 중 산소의 산화수가 가장 큰 것은?
① O_2 ② H_2O
③ Na_2O_2 ④ OF_2

해설 산소의 산화수
$O_2=0$, $H_2O=-2$, $Na_2O_2=-1$, $OF_2=+2$

答 ④

20. 다음 중 알칼리금속 원소의 성질에 해당되는 것은?
① 물과 반응하여 산소를 발생시킨다.
② 반응성의 순서는 K 〉 Na 〉 Li이다.
③ 매우 안정하여 물과 반응하지 않는다.
④ 환원되면 비활성기체와 같은 전자배치를 갖는다.

해설 알칼리금속 원소는 물과 반응하여 수소를 발생하며 반응성이 큰 순서는 K > Na > Li이며 매우 불안정하여 물과 반응하여 폭발적으로 연소한다 또한 산화되면 0족의 원소인 비활성기체와 같은 전자배치를 갖는다.

答 ②

제2과목 화재 예방과 소화방법

21. 테트라클로로메탄(사염화탄소)의 소화 역할로서 옳은 것은?
① 가연물의 제거
② 산소공급원의 차단
③ 냉각에 의한 온도저하
④ 테트라클로로메탄에 의한 환원작용

해설 테트라클로로메탄(CCl_4)의 소화역할 : 주소화효과는 억제효과이나 산소공급을 차단하는 질식효과도 있다.

답 ②

22. 착화온도 600℃의 의미를 가장 잘 표현한 것은?
① 600℃로 가열하면 점화원이 있으면 불 탄다.
② 600℃로 가열하면 비로소 인화된다.
③ 600℃ 이하에서는 점화원이 있어도 인화되지 않는다.
④ 600℃로 가열하면 공기중에서 스스로 불 타기 시작한다.

해설 착화온도는 가연물을 가열할 때 점화원 없이 스스로 연소가 시작되는 최저온도

답 ④

23. 통신기기실에 화재가 발생하였을 경우에 적응성을 가지는 소화기는?
① 이산화탄소소화기
② 탄산수소염류소화기
③ 인산염류소화기
④ 마른모래

해설 통신기기실의 적용소화기는 이산화탄소소화기와 할로젠화합물소화기가 적응성이 있다.

답 ①

24. 목재, 종이 및 섬유화재에 가장 적합한 소화기는?
① 포말소화기
② 테트라클로로메탄소화기
③ 탄산가스소화기
④ 할로젠화물소화기

해설 목재, 종이, 섬유류는 일반화재이므로 A급화재에 적응성이 있는 포말소화기가 적합하다.

답 ①

25. 위험물 취급시 정전기 축적에 의한 불꽃방전 방지방법으로서 옳지 않은 것은?
① 접지한다.
② 습도를 높인다.
③ 공기를 이온화한다.
④ 공기를 건조시킨다.

해설 정전기는 공기가 건조할수록 잘 생성된다.

답 ④

26. 간이 소화용구인 팽창질석은 삽을 상비한 경우 1단위는 몇 L인가?
   ① 70 L
   ② 100 L
   ③ 130 L
   ④ 160 L

   해설 팽창질석, 팽창진주암, 능력단위 1단위(삽 포함) : 160ℓ

   답 ④

27. 과산화나트륨의 화재 시 가장 적당한 소화약제는?
   ① 포소화약제
   ② 분말소화약제
   ③ 마른 모래
   ④ 물

   해설 과산화나트륨(Na_2O_2)은 제1류 위험물(산화성고체) 무기과산화물(알칼리금속의 과산화물)로서 화재시 만능소화제인 마른 모래가 적당하다.

   답 ③

28. 분말소화제의 소화효과를 가장 적당하게 설명한 것은?
   ① 연소물을 급격하게 냉각시켜 소화한다.
   ② 주로 화재의 열을 흡수하는 냉각효과가 있다.
   ③ 열분해로 생긴 불연성가스에 의한 질식효과가 크며, 일부 냉각효과도 있다.
   ④ 분말은 화재를 억제하고 열분해로 발생하는 탄산가스가 질식효과로 소화한다.

   해설 분말소화기의 소화효과는 열분해에 의한 불연성가스에 의한 질식효과와 냉각효과의 상승작용이 있다.

   답 ③

29. 다음 위험물의 소화방법으로 주수소화가 적당하지 않은 것은?
   ① $NaClO_3$
   ② P_4S_3
   ③ Ca_3P_2
   ④ S

   해설 Ca_3P_2(인화칼슘)은 제3류 위험물 금수성물질이므로 물과 반응하므로 주수소화는 적합지 않다.

   참고 Ca_3P_2(인화칼슘)과 물의 반응식
   $Ca_3P_2 + 6H_2O \rightarrow 3Ca(OH)_2 + 2PH_3$
   (인화칼슘)   (물)   (수산화칼슘)   (포스핀)

   답 ③

30. 위험물 저장소의 건축물로서 외벽이 내화구조로 된 것은 연면적 몇 m^2를 소요단위 1단위로 하는가?
   ① $50m^2$
   ② $100m^2$
   ③ $150m^2$
   ④ $200m^2$

   해설 저장소 외벽이 내화구조일 때 1소요단위 : $150m^2$

   참고 저장소 외벽이 내화구조가 아닐 때 1소요단위 : $75m^2$

   답 ③

31. 옥내소화전설비의 기준으로 옳지 않은 것은?
　① 옥내소화전함에는 그 표면에 "소화전"이라고 표시하여야 한다.
　② 옥내소화전함의 상부의 벽면에 적색의 표시등을 설치하여야 한다.
　③ 표시등 불빛은 부착면으로부터 10도 이상으로 8m 이내에서 쉽게 식별할 수 있어야 한다.
　④ 호스접속구는 바닥면으로부터 1.5m 이하의 높이에 설치하여야 한다.
　해설 표시등불빛은 부착면으로부터 15도 범위안에서 10m 이내의 어느 곳에서도 쉽게 식별할 수 있을 것
　답 ③

32. 전역방출방식의 분말소화설비에서 분사헤드의 방사압력은(MPa) 얼마 이상이어야 하는가?
　① 0.1　　② 0.5
　③ 1　　　④ 3
　해설 전역방출방식의 분말소화설비에서 분사헤드의 방사압력은 0.1MPa로 방사된 소화약제가 방호구역의 전역에 균일하고 신속하게 확산할 수 있도록 할 것
　답 ①

33. 공기 중의 산소를 사용하지 않고 자기 연소를 하는 위험물은?
　① 톨루엔
　② 메틸알코올
　③ 다이에틸에터
　④ 나이트로글리세린
　해설 나이트로글리세린[$C_3H_5(ONO_2)_3$]은 제5류 위험물(자기반응성 물질) 질산에스터류에 속한다.
　답 ④

34. 이산화탄소 소화설비를 설치해도 되는 것으로 가장 옳은 것은?
　① 방재실·제어실 등 사람이 상시 근무하는 장소에 설치
　② 나이트로셀룰로오스·셀룰로이드제품 등 자기연소성 물질을 저장·취급하는 장소에 설치
　③ 기계류, 자동차 등에 설치
　④ 전시장 등의 관람을 위하여 다수인이 출입·통행하는 통로 및 전시실 등에 설치
　해설 이산화탄소 소화설비는 기계류, 자동차 등에 설치할 수 있다.
　답 ③

35. 포말소화기를 사용할 때 소화기 내부에서 일어나는 반응식으로 옳은 것은?
　① $Na_2CO_3 + H_2SO_4 \rightarrow Na_2SO_4 + H_2O + CO_2$
　② $6NaHCO_3 + Al_2(SO_4)_3 \rightarrow 3Na_2SO_4 + 2Al(OH)_3 + 6CO_2$
　③ $2NaHCO_3 + H_2SO_4 \rightarrow Na_2SO_4 + 2H_2O + 2CO_2$
　④ $3Na_2CO_3 + Al_2(SO_4)_3 \rightarrow 3Na_2SO_4 + Al_2(CO_3)_3$
　해설 포말소화약제
　$NaHCO_3$(탄산수소나트륨 또는 중조)의 수용액과 $Al_2(SO_4)_3$(황산알루미늄)의 수용액이 반응하여 Na_2SO_4(황산나트륨), $Al(OH)_3$(수산화알루미늄), CO_2(이산화탄소)를 생성한다.
　답 ②

36. 분말소화약제의 주성분이 틀리게 짝지어진 것은?
① 제1종 분말 – 탄산수소나트륨
② 제2종 분말 – 탄산수소칼륨
③ 제3종 분말 – 제1인산암모늄
④ 제4종 분말 – 탄산수소나트륨과 요소의 혼합

해설 제4종 분말은 제2종 분말인 탄산수소칼륨($KHCO_3$)과 요소[$(NH_2)_2CO$]의 혼합물이다.

답 ④

37. 다음 화재 시 적당한 소화 방법으로 틀린 것은?
① 알코올포 – 아세톤
② 탄산가스소화기 – Mg
③ 분말소화기 – 인화성액체
④ 물소화기 – 산화성고체

해설 Mg(마그네슘)의 화재에 이산화탄소(탄산가스 CO_2)를 사용하면 폭발하므로 마른모래, 팽창질석, 팽창진주암, 금속 화재용 분말 소화약제를 사용 하여야 한다.

답 ②

38. 다음 중 연소의 3요소와 관계없는 사항은?
① 셀룰로이드
② 질산칼륨
③ 마찰
④ 대기압

해설 대기압은 연소의 3요소와 무관하다.
참고 셀룰로이드(가연물), 질산칼륨(산소공급원), 마찰(점화원)

답 ④

39. 산업 폐기물에서 산화분해되어 화재가 발생한 원인은?
① 과열   ② 나화(裸火)
③ 자연발화   ④ 마찰

해설 산업폐기물이 산화분해되어 화재가 발생하는 것은 산화열의 축적에 의한 자연발화현상이다.

답 ③

40. 화재시 이산화탄소를 사용하여 공기 중 산소의 농도를 21vol% 에서 13vol%로 낮추려면 공기 중 이산화탄소의 농도는 약 몇 vol% 가 되어야 하는가?
① 34.3   ② 38.1
③ 42.5   ④ 45.8

해설 • 이산화탄소의 농도(%)

CO_2의 농도 $= \dfrac{21 - O_2(\%)}{21} \times 100$

$\dfrac{21-13}{21} \times 100 = 38.095$

∴ 38.1%

답 ②

제3과목 위험물의 성질과 취급

41. 제6류 위험물의 저장 및 취급방법으로서 틀린 것은?
① 염기 및 물의 접촉을 피할 것
② 용기는 내산성이 있는 것을 사용할 것
③ 소량 누출시는 마른모래나 흙으로 흡수시킨다.
④ 유별을 달리하는(제2류, 제1류) 위험물과 동일한 위험물저장소 내에서 혼재 할 수 있다.

해설 제6류 위험물은 제1류 위험물 외의 위험물과는 동일한 장소에 저장할 수 없다.

답 ④

42. 나이트로소화합물의 성질에 관한 설명으로 맞는 것은?
① -NO기를 가진 화합물이다.
② 질소의 원자가가 +6를 갖는다.
③ -NO$_2$기를 가진 화합물이다.
④ 약한 질화도를 갖는다.

해설 나이트로소화합물은 -NO(나이트로소기)가 2개 이상인 것을 위험물로한다.

답 ①

43. 과산화칼륨의 저장 및 취급시 주위사항에 관한 설명 중 틀린 것은?
① 가열, 충격, 마찰을 피하고 용기의 파손을 주의하여야 한다.
② 흡습성이 크므로 저장용기는 투명한 유리병에 저장하여야 한다.
③ 분진을 흡입하는 것을 피하고 눈을 보호하는 안경을 착용한다.
④ 공기 중 수분의 침입을 막기 위해 용기는 밀봉, 밀전하여 보관한다.

해설 과산화칼륨(K_2O_2)은 제1류 위험물(산화성고체) 알칼리금속의 과산화물에 속하는 강산화제로 흡습성이 있어 물과 격렬히 반응하여 산소(O_2)를 발생하며 저장용기는 갈색의 착색 유리병을 사용한다.

답 ②

44. 다음 중 A업체에서 제조한 위험물을 B업체로 운반할 때 운반용기에 수납하지 않아도 되는 위험물은(단, 지정수량의 2배 이상임)?
① 황　　　　　　　　② 금속분
③ 삼산화크로뮴　　　④ 염소산나트륨

해설 운반용기에 수납하지 않고 운반할 수 있는 위험물은 제2류 위험물(가연성고체)인 황이다. (지정수량 제한 없음)

답 ①

45. 다음 중 제1류 위험물 취급시 주의사항이 아닌 것은?
① 가연물의 접촉을 피한다.
② 가열, 충격, 마찰을 피한다.
③ 통풍이 잘되는 냉암소에 보관한다.
④ 용기를 옮길 때 개방용기를 사용한다.

해설 위험물 저장용기는 반드시 밀전시켜 운반한다.   답 ④

46. 다음 물질 중 오렌지색 또는 무색의 분말로 흡습성이 있으며 에탄올에 녹는 것으로서 물과 급격히 반응하여 발열하고 산소를 방출시키는 물질은?
① 과산화수소   ② 과황산칼륨
③ 과산화바륨   ④ 과산화칼륨

해설 과산화칼륨(K_2O_2)은 제1류 위험물(산화성고체) 무기과산물(알칼리금속의 과산화물)이며 무색 또는 오렌지색의 분말이다.   답 ④

47. 자연발화성 물질인 트라이에틸알루미늄이 물과 접촉하면 어떤 가스가 발생하는가?
① C_2H_6 ② CHI_3
③ CH_4 ④ C_2H_2

해설 트라이에틸알루미늄[$(C_2H_5)_3Al$]과 물(H_2O)의 반응식
$(C_2H_5)_3Al + 3H_2O \rightarrow Al(OH)_3 + 3C_2H_6$
(트라이에틸알루미늄) (물) (수산화알루미늄) (에테인)   답 ①

48. CS_2를 물속에 저장하는 주된 이유는 무엇인가?
① 불순물을 용해시키기 위하여
② 가연성 증기의 발생을 억제하기 위하여
③ 상온에서 수소 가스를 방출하기 때문에
④ 공기와 접촉하면 즉시 폭발하기 때문에

해설 CS_2(이황화탄소)는 제4류 위험물(인화성액체) 특수인화물이며 저장시 수조에 넣어 보관하는 이유는 가연성증기 및 액체가 물보다 무겁고 물에 녹지않으므로 독성 및 가연성인 증기의 발생을 억제하기 위해서다.   답 ②

49. 위험물 제조소에서 아래와 같이 위험물을 저장하고 있는 경우 지정수량의 몇 배가 보관되어 있는 것인가?

염소산염류 : 200kg
무기과산화물 : 50kg
다이크로뮴산염류 : 1,500kg

① 3.5배   ② 4.5배
③ 5.5배   ④ 6.5배

해설 위험물의 지정수량
• 염소산염류의 지정수량: 50kg
• 무기과산화물의 지정수량: 50kg
• 다이크로뮴산염류의 지정수량: 1,000kg

지정수량배수의 합 = $\frac{수량}{지정수량}$ 값의 합이므로

$\frac{200kg}{50kg} + \frac{50kg}{50kg} + \frac{1,500kg}{1,000kg} = 6.5배$ 답 ④

50. 황의 성질에 대한 설명으로 옳은 것은?
  ① 상온에서 가연성 액체물질이다.
  ② 전기도체로서 연소할 때 황색불꽃을 보인다.
  ③ 고온에서 용융된 황은 수소와 반응하여 황화수소가 발생한다.
  ④ 물이나 산에 잘 녹으며, 환원성 물질과 혼합하면 폭발의 위험이 있다.

  해설 용융된 황과 수소와 반응식
  $S + H_2 \rightarrow H_2S$
  (황) (수소) (황화수소)

  답 ③

51. 아세톤의 일반 성질에 관한 설명이다. 틀린 것은?
  ① 물에 잘 녹는다.
  ② 일광에 쪼이면 환원중합된다.
  ③ 아이오도폼 반응을 일으킨다.
  ④ 아세틸렌을 녹이므로 아세틸렌 저장에 이용된다.

  해설 아세톤은 일광에 쪼이면 분해한다.

  답 ②

52. 메틸알코올에 대한 설명 중 틀린 것은?
  ① 증기는 가열된 산화구리를 환원하여 구리를 만들고 포름알데하이드가 된다.
  ② 연소 범위는 에틸알코올 보다 좁다.
  ③ 소량 마시면 눈이 멀게 된다.
  ④ 물에 잘 녹는다.

  해설 연소범위
  • 메틸알코올(7.3~36%)
  • 에틸알코올(4.3~19%)

  답 ②

53. 다음 중 알코올, 벤젠 및 에터 등과 접촉하면 순간적으로 발열 또는 발화하는 위험물은?
  ① 삼산화크로뮴(CrO_3)
  ② 질산나트륨($NaNO_3$)
  ③ 아이오딘산칼륨(KIO_3)
  ④ 염소산암모늄(NH_4ClO_3)

  해설 제1류 위험물(산화성고체)인 삼산화크로뮴(CrO_3)과 알코올, 벤젠, 에터와 접촉하면 순간적으로 발화한다.

  답 ①

54. 알킬알루미늄이 공기 중에서 자연발화할 수 있는 탄소 수의 범위는?
  ① $C_1 \sim C_4$
  ② $C_1 \sim C_6$
  ③ $C_1 \sim C_8$
  ④ $C_1 \sim C_{10}$

  해설 알킬알루미늄이 자연발화 할 수 있는 탄소의 범위 : $C_1 \sim C_4$

  답 ①

55. 칼륨이나 나트륨을 주수하면 발생하는 기체는?
① 수산화나트륨
② 수산화칼륨
③ 수소
④ 인화수소

해설 칼륨(K)이나 나트륨(Na)을 주수하면 수산화물과 수소(H_2)를 발생한다.

참고 칼륨과 물의 반응식
$2K + 2H_2O \rightarrow 2KOH + H_2$
(칼륨) (물)   (수산화칼륨) (수소)

답 ③

56. 자기반응성 위험물에 관한 설명으로 옳지 않은 것은?
① 온도가 높거나, 습도가 낮은 곳에 저장하여 자연발화를 방지한다.
② 유기과산화물류의 화재시에는 할로젠화합물 소화약제를 사용해서는 안된다.
③ 셀룰로이드의 화재 시에는 다량의 물로 냉각소화 한다.
④ 하이드라진 유도체류의 경우 수용액 35wt% 이상이면 인화점이 형성되지 않으므로 저장·취급시 물을 이용한다.

해설 자기반응성 위험물(제5류 위험물)은 온도가 높은 곳을 피하여 저장하여야 한다.

답 ①

57. 동식물유류를 취급 및 저장할 때 주의사항으로서 옳은 것은?
① 아마인유는 불건성유이므로 자연 발화의 위험이 없다.
② 아이오딘가가 높은 것이 섬유질에 숨어들어 있으면 자연발화의 위험이 있다.
③ 아이오딘가가 100 이상인 것은 불건성유이므로 저장할 때 주의를 요한다.
④ 일반적으로 인화점이 낮으므로 소화에는 별 어려움이 없다.

해설 동식물유류중 아이오딘값이 큰 건성유등은 종이, 헝겊등 섬유질에 흡입되면 자연발화의 위험이 있다.

답 ②

58. 위험물 제조소의 시설에 대한 설명 중 틀린 것은?
① 창유리는 망이 든 유리이여야 한다.
② 바닥의 최저부에 집유설비를 해야 한다.
③ 바닥은 콘크리트 등 위험물이 스며들지 아니한 재료로 한다.
④ 지정 수량 20배 이상 취급시 피뢰설비를 한다.

해설 지정수량 10배 이상을 제조, 저장, 취급하는곳에는 피뢰설비를 하여야 한다. 단, 제6류 위험물 제외

답 ④

59. 제6류 위험물 중 공기중에서 갈색의 연기를 내며 갈색병에 보관해야 하는 것은?
① 질산
② 황산
③ 염산
④ 과산화수소

해설 제6류 위험물(산화성 액체) 중 질산은 병마개를 열면 공기중에서 갈색증기[NO_2(이산화질소)]를 낸다.

답 ①

60. 위험물의 포장 외부 표시방법으로서 틀린 것은?
① 위험물의 품명
② 위험물의 수량
③ 위험물의 화학명
④ 위험물의 제조 연월일

해설 위험물의 포장외부에는 제조년월일은 표시하지 않는다.

참고 외부표시방법
1. 위험물의 품명, 위험등급, 화학명 및 수용성
2. 위험물의 수량
3. 수납위험물의 주의사항

답 ④

2022년 CBT 복원문제 4회

각 과목별 100점 만점에 40점 이상 득점하고 전 과목 평균 60점 이상 받아야 합격합니다.

제1과목 일반화학

1. 다음 중 물이 산으로 작용하는 반응은?

① $NH_4^+ + H_2O \rightleftharpoons NH_3 + H_3O^+$
② $HCOOH + H_2O \rightleftharpoons HCOO^- + H_3O^+$
③ $CH_3COO^- + H_2O \rightleftharpoons CH_3COOH + OH^-$
④ $3Fe + 4H_2O \rightleftharpoons Fe_3O_4 + 4H_2$

해설 브뢴스테드의 산성·염기성에서 양성자(H^+)을 줄 수 있는 것이 산이므로 H_2O(물)가 -OH(수산기)로 되는 과정에서 H(수소)를 줄수있는 H_2O가 산이된다.

답 ③

2. 방사선 원소의 α 선에 대한 설명 중 틀린 것은?

① 투과력이 가장 강하다.
② 본체는 헬륨의 원자핵이다.
③ 방사선 원소에 따라 속도는 다르다.
④ 감광작용, 전리작용이 가장 강하다.

해설 α 선은 투과력이 가장 약하다
참고 투과력의 세기 : $α < β < γ$

답 ①

3. 다음 화학반응 중 이산화황(SO_2)이 산화제로 작용하는 것은?

① $SO_2 + H_2O \rightarrow H_2SO_4$
② $SO_2 + NaOH \rightarrow NaHSO_3$
③ $SO_2 + 2H_2S \rightarrow 3S + 2H_2O$
④ $SO_2 + Cl_2 + 2H_2O \rightarrow H_2SO_4 + 2HCl$

해설 이산화황(SO_2)은 환원제이나 자기보다 강한 환원제(H_2S)와 만나면 산화제 역할을 한다.

답 ③

4. 중수소($_1^2D$)의 원자핵 구조를 올바르게 설명한 것은?

① 양성자2, 중성자2
② 양성자1, 중성자2
③ 양성자2, 중성자1
④ 양성자1, 중성자1

해설 중수소($^2_1$D) 원자번호 1번, 원자량 2
∴ 원자번호는 양성자의 수이므로 원자량 2의 의미는 양성자 1개와 나머지는 중성자 1개로 되어있다.

답 ④

5. 우유와 같이 액체가 분산되어 있을 때를 무엇이라고 하는가?
① 서스펜젼
② 에멀젼
③ 소수콜로이드
④ 친수콜로이드

해설 우유 : 콜로이드 입자보다 큰 입자(10^{-4}~10^{-2}cm)로된 용액으로 유탁액(에멀젼)이라 한다.

답 ②

6. 다음 중 원자핵을 구성하는 물질이 아닌 것은?
① 전자
② 양성자
③ 중간자
④ 중성자

해설 원자란 원자핵 주위에 전자가 회전하며 원자핵은 양성자, 중성자, 중간자로 구성되어 있다.

답 ①

7. 백금 전극을 사용하여 NaOH 수용액을 전기 분해할 때 +극에서 5.6L의 기체가 발생하는 동안 (-)극에서 발생하는 기체의 부피는?
① 5.6L
② 11.2L
③ 22.4L
④ 44.8L

해설 양극(+)발생기체 : $2OH^- - 2e^- \rightarrow 2OH = H_2O + \frac{1}{2}O_2$
음극(-)발생기체 : $2H^+ + 2e^- \rightarrow 2H = H_2$
양극과 음극발생기체의 몰비는 1:2이므로 음극에서의 기체량 = 5.6ℓ × 2 = 11.2ℓ

답 ②

8. pH가 2인 용액은 pH가 4인 용액의 수소이온농도와 비교하여 몇 배의 용액이 되는가?
① 100배
② 10배
③ 5배
④ 2배

해설 pH2의 수소이온농도 = [10^{-2}], pH4의 수소이온농도 = [10^{-4}]
pH2용액은 pH4용액보다 100배가 크다.

답 ①

9. 다음은 이온결합 물질의 성질에 관한 설명이다. 틀린 것은?
① 녹는점이 비교적 높다.
② 단단하며 부스러지기 쉽다.
③ 고체와 액체 상태에서 모두 도체이다.
④ 물과 같은 극성용매에 용해되기 쉽다.

해설 이온결합물질은 고체상태에서는 부도체이며 용융상태 또는 수용액에서는 도체가 된다.

답 ③

10. 질산칼륨 수용액 속에 소량의 염화나트륨이 불순물로 포함된 결정이 있다. 이 불순물을 제거하는 방법으로 적당한 것은?
① 증류
② 막분리
③ 재결정
④ 전기분해

해설 용해도가 다른 두 물질을 분리하는 방법을 사용하는 것을 재결정이라 한다. **답** ③

11. 다음은 납축전지를 충전할 때 일어나는 현상을 설명한 것이다. 옳은 것은?
① 액의 비중은 변하지 않는다.
② 황산이 없어지므로 액의 비중은 작아진다.
③ 황산이 더 많이 생기므로 액의 비중은 커진다.
④ 납(Pb)이온이 많이 생기므로 액의 비중은 커진다.

해설 충전 할 경우 황산이 많이 생기고 방전이 될 경우 황산량이 줄어든다. **답** ③

12. 수소 1g과 산소 16g의 혼합기체에 연소시켜 물을 만들었다. 이 때 반응하지 않고 남은 기체의 부피는 0℃, 1기압에서 얼마인가?
① 2.8L   ② 5.6L
③ 11.2L   ④ 22.4L

해설 H_2O(물)는 수소 2g과 산소 16g으로 만들어지므로 수소 1g은 산소 8g이 필요하므로 물을 만들고 남은 산소 8g의 체적을 구하면 된다.
0℃ 1기압에서 산소(O_2) 32g의 체적은 22.4ℓ 이므로 산소 8g의 체적 = $22.4\ell \times \dfrac{8g}{32g} = 5.6\ell$ **답** ②

13. 20℃에서 부피가 1L를 차지하는 기체를 압력의 변화 없이 3배로 팽창할 때 온도(K)는 얼마인가?(단, 이상기체로 가정함)
① 549 K   ② 659 K
③ 769 K   ④ 879 K

해설 $\dfrac{V}{T} = \dfrac{V'}{T'}$ 에서 $\dfrac{1\ell}{(20+273)K} = \dfrac{3\ell}{\chi}$
$\chi = (20+273)K \times \dfrac{3\ell}{1\ell} = 879K$ **답** ④

14. 염소산칼륨을 가열하면 다음의 반응이 일어난다. $2KClO_3 \Leftrightarrow 2KCl + 3O_2$이 반응을 이용하여 실제로 산소를 발생시키기 위해 MnO_2를 가하는 이유를 가장 올바르게 설명한 것은?
① MnO_2가 이 평형을 유지시킨다.
② MnO_2가 들어가지 않으면 폭발할 염려가 있다.
③ MnO_2가 활성화에너지를 감소시켜 반응속도가 빨라진다.
④ MnO_2가 부촉매 역할을 하여 반응을 느리게하여 산소가 더 많이 생성된다.

해설 MnO_2(이산화망가니즈)는 정촉매로서 반응속도를 빠르게 한다. **답** ③

15. 미지농도의 염산 용액 100mL를 중화하는데 0.2N NaOH 용액 250mL가 소모되었다. 이 염산의 농도는?
① 0.50N   ② 0.25N
③ 0.20N   ④ 0.05N

해설 NV = N'V'에서 N×100mℓ=0.2N×250mℓ

$$N = \frac{0.2N \times 250mℓ}{100mℓ} = 0.5N$$

답 ①

16. 다음 화학반응의 속도에 영향을 미치지 않는 것은?
① 촉매의 유무
② 일정한 농도하에서의 부피변화
③ 반응물질의 농도변화
④ 반응계의 온도변화

해설 화학반응의 속도에 영향을 미치는 것 : 온도, 농도, 압력, 빛, 촉매, 반응물질의 성질, 입자의 크기
※ 일정농도하에서 부피변화는 반응속도와 관계가 없다.

답 ②

17. 분자를 이루고 있는 원자단을 나타내며 그 분자의 특성을 밝힌 화학식을 무엇이라 하는가?
① 시성식
② 구조식
③ 실험식
④ 분자식

해설 유기화학물질을 원자단(관능기)에 의하여 표시한 화학식을 시성식이라 한다.

답 ①

18. 평형 상태에 있는 다음 반응 중에서 온도를 일정하게 유지하면서 압력을 증가시켰을 때 평형이 오른쪽으로 이동하는 것은?

① $4NH_3(g) + 5O_2 \rightarrow 4NO(g) + 6H_2O(g)$
  $\triangle H^O = -216 kcal/mol$
② $2C(s) + O_2(g) \rightarrow 2CO(g)$
  $\triangle H^O = -53 kcal/mol$
③ $CO(g) + H_2(g) \rightarrow C(s) + H_2O(g)$
  $\triangle H^O = -32 kcal/mol$
④ $H_2O(ℓ) \rightarrow H_2O(g)$ $\triangle H^O = +10 kcal/mol$

해설 온도를 일정하게하고 압력을 증가시킬 때 평형은 몰수가 큰 곳(고체는 몰수에서 제외)에서 작은 쪽으로 이동된다.

답 ③

19. 어떤 금속의 원자가가 +3가이며 그 산화물의 조성은 금속이 52.94%이다. 금속의 원자량은 얼마인가?
① 17
② 27
③ 31
④ 34

해설 모든 화합물은 당량대 당량으로 결합하며 산소 1g당량은 8g이다.
원자량= 당량×원자가
금속의 조성은 52.94%
산소의 조성은 100%−52.94%=47.06%
47.06 : 8g
52.94 : χ(금속의 당량)
$$\chi = \frac{52.94 \times 8g}{47.06} = 8.999g$$
원자량=8.999g×3=26.997g 약 27g

답 ②

20. 다음 반응의 평형상수는 얼마인가?(단, 평형상태에서 A, B, C 및 D의 각 농도는 1L당 1.0, 2.0, 6.0 및 20 mole이었다)

$A + 2B \rightarrow 6C + 20D$

① 20 ② 40
③ 60 ④ 80

해설 $A+2B \rightarrow 6C+20D$ 에서 평형상수(K)

$K = \dfrac{[C]^6[D]^{20}}{[A][B]^2} = \dfrac{[6]^6[20]^{20}}{[1][2]^2} = 60$

답 ③

제2과목 화재 예방과 소화방법

21. 강화액 소화기의 소화약제 액성은?
① 산성 ② 강알칼리성
③ 중성 ④ 강산성

해설 강화액 소화약제는 탄산칼륨(K_2CO_3)으로 강염기(KOH)와 약산(H_2CO_3)의 염으로 액성은 강한성분의 액성을 가지므로 pH12로 강알칼리이다.

참고 물에 녹는 염기를 알칼리라 한다.

답 ②

22. 자연발화의 형태 중 4가지로 볼 때 자연발화와 관련이 없는 것은?
① 산화열에 의한 발열
② 흡착열에 의한 발열
③ 융합열에 의한 발열
④ 미생물에 의한 발열

해설 자연발화의 형태
- 산화열에 의한 발열
- 분해열에 의한 발열
- 흡착열에 의한 발열
- 미생물에 의한 발열

답 ③

23. K_2O_2의 화재시 소화제로서 적당하지 않은 것은?
① 암분
② 마른 모래
③ 이산화탄소소화기
④ 탄산수소염류소화기

해설 K_2O_2(과산화칼륨)은 제1류 위험물(산화성고체) 알칼리금속의 과산화물로 적합소화제로는 마른모래, 암분(팽창질석, 팽창진주암), 탄산수소염류분말을 사용한다.

답 ③

24. 다음 중 가연물이 될 수 있는 것은?
① Ar ② SiO_2
③ N_2 ④ Rb

해설 Rb(루비듐)은 제3류 위험물 금수성물질이며 물과 반응하여 수소가스를 발생하며 연소한다.

답 ④

25. 테트라클로로메탄(사염화탄소) 소화약제는 화염에 분해되어 맹독성의 가스가 발생하므로 사용하지 못하도록 하고 있다. 이 때 발생하는 가스는?
① $COCl_2$ ② HCN
③ PH_3 ④ HBr

해설 테트라클로로메탄(CCl_4)는 할로젠화합물 소화약제로 소화약제로 사용할 경우 분해독가스인 포스겐($COCl_2$)을 발생한다.

답 ①

26. 분말소화약제의 식별색으로 옳게 짝지어 진 것은?
① $BaCl_2$: 분홍색
② $KHCO_3$: 회색
③ $NaHCO_3$: 백색
④ $NH_4H_2PO_4$: 보라색

해설 분말소화약제의 색깔
$BaCl_2$: 회색, $KHCO_3$: 보라색, $NaHCO_3$: 백색, $NH_4H_2PO_4$: 분홍색

답 ③

27. 스프링클러설비에 관한 설명으로 옳지 않은 것은?
① 초기화재 진화에 효과가 크다.
② 제4류 위험물에는 적응성이 없다.
③ 감지부의 구조가 기계적이므로 오동작 염려가 적다.
④ 폐쇄형 스프링클러 헤드는 그 자체가 자동화재탐지장치의 역할을 할 수 있다.

해설 스프링클러설비는 제4류위험물(인화성액체)의 화재에도 살수기준면적과 살수밀도에 따라 적응성이 있다.

답 ②

28. 분말소화약제인 인산암모늄을 사용하였을 때 열분해 하여 부착성인 막을 만들어 공기를 차단시키는 것은?
① HPO_3 ② PH_3
③ NH_3 ④ P_2O_5

해설 인산암모늄($NH_4H_2PO_4$)이 열분해 하면 부착성이 좋은 메타인산(HPO_3)이 발생한다.

참고 인산암모늄($NH_4H_2PO_4$)의 열분해분응식
$NH_4H_2PO_4 \rightarrow HPO_3 + NH_3 + H_2O$
(인산암모늄) (메타인산) (암모니아) (물)

답 ①

29. 탄화칼슘 60,000kg의 소화설비의 설치 소요단위는 몇 단위인가?
① 10 ② 20
③ 30 ④ 40

해설 위험물 1소요단위 = 지정수량 10배
탄화칼슘의 지정수량 = 300kg
소요단위 = $\frac{60,000kg}{300kg \times 10}$ = 20소요단위

달 ②

30. 이산화탄소 소화약제의 저장용기 설치기준이 아닌 것은?
① 저장용기의 충전비는 고압식에 있어서는 1.5 이상~1.9 이하, 저압식에 있어서는 1.1 이상~1.4 이하로 한다.
② 저압식 저장용기에는 2.3MPa 이상 및 1.9MPa 이하의 압력에서 작동하는 압력경보장치를 설치한다.
③ 저압식 용기에는 용기내부의 온도를 -20℃ 이상, -18℃ 이하로 유지할 수 있는 자동냉동기를 설치한다
④ 기동용 가스용기는 20MPa 이상의 압력에 견딜 수 있는 것이어야 한다.

해설 기동용가스용기의 사용압력은 25MPa 이상이 일 것

달 ④

31. 분말소화약제의 특성에 대한 설명으로 옳지 않은 것은?
① 제1종 분말 - 식용유, 지방질유의 화재소화시 가연물과의 비누화 반응으로 소화효과가 증대된다.
② 제2종 분말 - 소화성능이 제1종 분말보다 떨어진다.
③ 제3종 분말 - 일반화재에도 소화효과가 있으며, 수명이 반영구적이다.
④ 제4종 분말 - 값이 비싸고, A급 화재에는 소화효과가 없다.

해설 분말소화약제의 소화효과
제1종 < 제2종 < 제3종

달 ②

32. 이산화탄소 소화설비의 설치 장소로서 옳지 않은 것은?
① 온도 변화가 적은 곳에 설치한다.
② 직사광선 및 빗물이 침투할 우려가 없는 곳에 설치한다.
③ 방호 구역 외의 장소에 설치한다.
④ 주위온도가 60℃ 이하이고 온도변화가 작은 곳에 설치한다.

해설 이산화탄소소화설비 설치장소는 주의온도가 40℃ 이하이고 온도변화가 적은곳에 설치한다.

달 ④

33. 위험물 화재 시 연소를 중단시키는 방법으로 옳지 않은 것은?
① 증발잠열을 이용한 주수로 냉각시킨다.
② 불연성 기체를 발생하여 산소공급을 차단한다.
③ 열전도율이 좋은 금속분말로 온도를 낮춘다.
④ 불연성분말을 뿌려서 산소공급을 차단한다.

해설 화재 시 금속분말을 사용하면 분진폭발의 위험을 갖는다.

달 ③

34. HFC-227ea의 화학식으로 옳은 것은?
① CHF_3
② C_2HF_5
③ CHF_2CF_3
④ C_3HF_7

해설 • HFC-227ea(헵타플루오르프로판)의 화학식
HFC-227ea = C_3HF_7

답 ④

35. 제4류 위험물은 봉상 주수소화는 적당하지 않다. 그 이유로 가장 적당한 것은?
① 유독성 기체인 포스핀 생성
② 발화점 인하 위험성
③ 인화점 인하 위험성
④ 화재면 확대 위험성

해설 제4류 위험물(인화성액체)의 화재에 봉상 주수소화는 화재면을 확대시키므로 위험하다.

답 ④

36. 제5류 위험물의 화재 예방상 주의사항으로서 옳지 않은 것은?
① 점화원에 주의 할 것
② 습기, 온도, 통풍에 주의 할 것
③ 소화설비는 질식효과가 있는 것으로 할 것
④ 자연발화성 물질도 있으니 주의 할 것

해설 제5류 위험물(자기반응성물질)의 소화방법은 다량의 주수에 의한 냉각 소화효과가 적합하다.

답 ③

37. 탄산수소나트륨과 황산알루미늄으로 만든 소화기를 사용했을 경우 생성되는 것이 아닌 것은?
① 일산화탄소
② 이산화탄소
③ 수산화알루미늄
④ 황산나트륨

해설 화학포소화기를 사용했을 경우 일산화탄소(CO)는 생성되지 않는다.

참고 화학포의 화학반응식
$6NaHCO_3 + Al_2(SO_4)_3 \cdot 18H_2O \rightarrow 3Na_2SO_4 + 2Al(OH)_3 + 6CO_2\uparrow + 18H_2O$
(탄산수소나트륨) (황산알루미늄)   (황산나트륨) (수산화알루미늄) (이산화탄소)   (물)

답 ①

38. 다음 중 철분 화재의 소화에 가장 적당한 방법은?
① 강화액소화기를 이용한 냉각소화
② 탄산수소염류를 이용한 질식소화
③ 테트라클로로메탄을 이용한 억제소화
④ 물소화기를 이용한 냉각소화

해설 철분은 제2류 위험물(가연성고체)로서 소화방법은 탄산수소염류와 같은 금속화재용 분말소화약제에 의한 질식소화가 효과적이다.

답 ②

39. 간이 소화제인 마른 모래의 보관법으로 옳지 않은 것은?
① 가연물이 함유되어 있지 않을 것
② 부속기구로 삽, 양동이를 비치할 것
③ 포대 또는 반절드럼에 넣어 보관할 것
④ 충분한 습기를 함유할 것

해설 마른 모래는 반드시 건조되어 있어야 한다.

답 ④

40. 산화성 액체 위험물인 과염소산은 주수소화시 가장 위험한 것은?
　① 발열로 인한 화상
　② 부식성에 의한 피해
　③ 포스겐가스의 발생
　④ 액체의 기포 발생
　해설 산화성 액체(제6류 위험물)는 주수소화가 좋으나 과염소산은 물과 급격히 발열하므로 직접 주수를 금한다.
　답 ①

제3과목 위험물의 성질과 취급

41. 위험물 제조소의 보유공지를 지정수량 10배 이하의 위험물을 취급하는 건축물이 보유하여야 할 공지는 몇 m 이상인가(단, 위험물을 이송하기 위한 배관 기타 이와 유사한 시설은 제외)?
　① 3m　　　　　　　　　② 5m
　③ 7m　　　　　　　　　④ 10m
　해설 지정수량 10배 이하인 제조소의 보유공지는 3m 이상이다.
　참고 지정수량 10배 초과는 5m 이상
　답 ①

42. 다음 물질 중 산화열이 원인이 되어 자연발화를 일으키는 것은?
　① 나이트로셀룰로오스　　② 건성유
　③ 활성탄　　　　　　　　④ 퇴비
　해설 제4류 위험물(인화성액체) 동식물유류 중 마르는 성질이 있는 건성유는 헝겊 등에 스며 배어 있을 때 산화열에 의하여 자연발화의 위험이 있다.
　답 ②

43. 아염소산나트륨의 성상에 관한 설명 중 잘못된 것은?
　① 자신은 불연성이다.
　② 불안정하여 180℃ 이상 가열하면 산소를 방출한다.
　③ 수용액 상태에서도 강력한 환원력을 가지고 있다.
　④ 티오황산나트륨, 다이에틸에터 등과 혼합하면 혼촉발화의 위험이 있다.
　해설 아염소산나트륨($NaClO_2$)은 제1류 위험물(산화성고체)인 강산화제로서 산화력이 매우 크다.
　답 ③

44. 금속칼륨과 금속나트륨에 대한 설명 중 잘못된 것은?
　① 비중, 녹는점, 끓는점 모두 금속나트륨이 금속칼륨보다 크다.
　② 물과 반응할 때 이온화 경향이 큰 칼륨이 나트륨보다 급격히 반응한다.
　③ 두 물질 모두 청색의 광택이 있는 경금속으로 비중은 물보다 크다.
　④ 두 물질 모두 공기중의 수분과 반응하여 수소(g)를 발생하며 자연발화를 일으키기 쉬우므로 석유 속에 저장한다.

해설 제3류 위험물 금수성물질인 금속칼륨(K), 금속나트륨(Na)은 모두 은백색의 무른 경금속이다.

답 ③

45. 유기과산화물의 화재 예방상 주의사항으로 옳지 않은 것은?
① 직사일광을 피하고 찬 곳에 저장한다.
② 모든 열원으로부터 멀리한다.
③ 환원제는 상관없으나 산화제와는 멀리한다.
④ 용기의 파손에 의하여 누출 위험이 있으므로 정기적으로 점검한다.

해설 유기과산화물은 제5류 위험물(자기반응성물질)로서 환원제 및 산화제와 가까이 하지 말아야 한다.

답 ③

46. 다음 Na_2O_2의 설명 중 옳지 않은 것은?
① 흡습성이 강하고 조해성이 있다.
② 황산과 반응하여 과산화수소가 발생한다.
③ 금, 니켈을 제외한 다른 금속을 침식하여 산화물로 만든다.
④ 순수한 것은 백색이나, 일반적으로는 엷은 녹색을 띤 분말이다.

해설 Na_2O_2(과산화나트륨)은 제1류 위험물(산화성고체) 무기과산물(알칼리금속의 과산화물)로 순수한 것은 백색이며 일반적으로 황백색을 띤다.

답 ④

47. 다음은 금속칼륨과 물이 반응하여 생성된 화학반응식을 나타낸 것이다. 옳은 것은?
① 산화칼륨 + 수소 + 발열반응
② 산화칼륨 + 수소 + 흡열반응
③ 수산화칼륨 + 수소 + 흡열반응
④ 수산화칼륨 + 수소 + 발열반응

해설 금속칼륨(K)과 물(H_2O)의 반응
$$2K + 2H_2O \rightarrow 2KOH + H_2 + Q$$
(칼륨) (물)   (수산화칼륨) (수소) (발열)

답 ④

48. 위험물을 운반할 때 혼재하여도 상관없는 것은?
① 1류와 2류   ② 2류와 6류
③ 3류와 5류   ④ 4류와 2류

해설 ㉠이삼, ㉢이사, ㉥하나

답 ④

49. 다음 위험물 중 톨루엔에 질산, 황산을 반응시켜 생성되는 물질로서, 나이트로글리세린과 달리 장기간 저장해도 자연분해 할 위험 없이 안전한 것은 무엇인가?
① $C_6H_2(NO_2)_3OH$ ② $(CH_2)_3(NO_2)_3$
③ $C_6H_2CH_3(NO_2)_3$ ④ $C_6H_3(NO_2)_3$

해설 TNT[$C_6H_2CH_3(NO_2)_3$]의 제조방법
$$C_6H_5CH_3 + 3HNO_3 \xrightarrow[\text{(나이트로화)}]{C-H_2SO_4} C_6H_2CH_3(NO_2)_3 + 3H_2O$$
(톨루엔)   (질산)   (트라이나이트로톨루엔) (물)

답 ③

50. 위험물 옥내 저장소의 피뢰설비는 지정수량의 몇 배 이상인 경우 저장 창고에 설치해야 하는가?
① 10배 이상
② 15배 이상
③ 20배 이상
④ 30배 이상

해설 지정수량 10배 이상을 저장·취급하는 제조소 등에는 반드시 피뢰설비를 하여야 한다. (제6류 위험물은 제외한다.)

답 ①

51. 2품명 이상의 위험물을 동일장소 또는 시설에서 제조 저장 및 취급하는 경우 위험물의 환산시 합계가 얼마 이상이 될 때 지정 수량이상의 위험물로 보는가?
① 0.5
② 1.0
③ 1.5
④ 2.0

해설 위험물의 환산지정수량 중 지정수량 이상이라 함은 지정수량 1배 이상을 말한다.

답 ②

52. 금속분(Al분)의 화재에 가열 수증기와 반응하여 발생하는 가스는?
① 질소
② 산소
③ 수소
④ 염소

해설 제2류 위험물(가연성고체) 금속분인 Al(알루미늄)분과 물(H_2O)이 반응하면 수산화알루미늄[$Al(OH)_3$]과 수소(H_2)가 발생한다.

참고 Al(알루미늄)분과 물(H_2O)의 반응식
$$2Al + 6H_2O \rightarrow 2Al(OH)_3 + 3H_2$$
(알루미늄) (물) (수산화알루미늄) (수소)

답 ③

53. 가솔린의 성질 중 옳지 않은 것은?
① 증기는 공기보다 3~4배 무겁다.
② 가솔린은 화학적으로 단일 물질이다.
③ 휘발성의 무색 액체이지만 노랑색 또는 녹색으로 착색된 것도 있다.
④ 착화온도는 300℃이지만 상온에서도 계속 가연성 증기가 나오고 있다.

해설 제4류 위험물(인화성액체) 제1석유류인 가솔린은 포화, 불포화탄화수소의 혼합물이다.

답 ②

54. 다음 위험물을 취급할 때 충격, 마찰에 의한 위험이 가장 적은 물질은?
① $C_3H_5(ONO_2)_3$
② $C_{24}H_{29}O_9(NO_3)_{11}$
③ $C_6H_2CH_3(NO_2)_3$
④ $C_2H_4(OH)_2$

해설 $C_2H_4(OH)_2$(에틸렌글리콜)은 제4류 위험물(인화성액체) 제3석유류로 충격 및 마찰에 안전하다.

참고 $C_3H_5(ONO_2)_3$(나이트로글리세린), $C_{24}H_{29}O_9(NO_3)_{11}$(나이트로셀룰로오스), $C_6H_2CH_3(NO_2)_3$(트라이나이트로톨루엔)은 모두 제5류 위험물(자기반응성물질)이므로 마찰 및 충격에 위험하다.

답 ④

55. 동·식물유의 저장 및 취급방법으로 올바르지 못한 것은?
① 액체 누설에 주의하고 화기접근을 금한다.
② 인화점 이상으로 가열하지 않도록 주의한다.
③ 건성유는 섬유류 등에 스며들지 않도록 한다.
④ 불건성유는 공기중에서 쉽게 굳어지므로 질소를 충전 시켜 취급한다.

해설 불건성유는 마르는 성질(굳어지는 성질)이 없다.

답 ④

56. 다음 중 제6류 위험물이 아닌 것은?
① 질산구아니딘
② 질산
③ 할로젠간화합물
④ 과산화수소

해설 질산구아니딘[$HNO_3 \cdot C(NH)(NH_2)_2$]은 그밖에 행정안전부장관이 정하는 제5류 위험물이다.

참고 제6류 위험물
질산, 과산화수소, 과염소산과 그 밖에 행정안전부장관이 정하는 제6류 위험물인 할로젠간화합물을 포함한다.

답 ①

57. 준특정옥외탱크저장소는 저장 또는 취급하는 액체위험물의 최대수량이 얼마인가?
① 50만ℓ 미만의 것
② 50만ℓ 이상 100만ℓ 미만의 것
③ 100만ℓ 이상의 것
④ 200만ℓ 이상의 것

해설 준특정 옥외탱크 저장소에서 저장, 취급하는 액체위험물의 최대수량 : 50만ℓ 이상 100만ℓ 미만

참고 특정옥외탱크 저장소 : 100만ℓ 이상

답 ②

58. 아세톤(Aceton)에 관한 설명 중 옳지 않은 것은?
① 무색의 액체로서 특이한 냄새를 가지고 있다.
② 가연성이며 비중은 물 보다 작다.
③ 화재 발생시 소화제는 이산화탄소에 의한 소화가 적당하다.
④ 알코올, 에터에는 잘 녹지 않는다.

해설 제4류 위험물(인화성액체) 제1석유류인 아세톤(CH_3COCH_3)은 수용성액체로 물, 알코올, 에터, 가솔린 등에 잘녹는다.

답 ④

59. 다음 물질 중 공기 또는 습기 중에서 위험성이 가장 적은 것은?
① 금속나트륨   ② 적린
③ 금속칼륨   ④ 황린

해설 제2류 위험물(가연성고체)인 적린(P)은 공기, 물과 반응성이 없다.

답 ②

60. 4류 위험물의 저장 취급시 주의사항으로 바르지 못한 것은?
① 화기 접촉을 금한다.
② 증기의 누설을 피한다.
③ 용기는 밀봉하여 냉암소에 저장한다.
④ 정전기 축적 설비를 한다.

해설 제4류 위험물(인화성 액체)은 전기의 부도체이므로 마찰에 의하여 정전기가 발생하여 화재의 위험이 있으므로 정전기 제거장치를 하여야 한다.   **답** ④

2023년 CBT 복원문제 1회

각 과목별 100점 만점에 40점 이상 득점하고 전 과목 평균 60점 이상 받아야 합격합니다.

제1과목 일반화학

1. 다음 CO와 CO_2의 성질에 대한 설명 중 옳지 않은 것은?
① CO_2는 공기보다 무겁고 CO는 가볍다.
② CO_2와 CO는 석회수와 작용하여 탄산칼슘이 된다.
③ CO_2는 타지 않으나 CO는 타서 파란색 불꽃을 낸다.
④ CO_2는 빵을 부풀게 하는 데 쓰며 CO는 금속산화물을 환원하는 데 쓴다.

해설 $Ca(OH)_2$(수산화칼슘) 용액을 석회수라 하며 여기에 CO_2(이산화탄소)를 녹이면 반응 [$Ca(OH)_2 + CO_2 \rightarrow CaCO_3 + H_2O$]하여 $CaCO_3$(탄산칼슘)이 되어 색깔이 뿌옇게 된다. 또한 CO(일산화탄소)는 석회수와는 반응하지 않는다. **답** ②

2. 다음 주족원소들에 대한 일반적인 특징을 나열한 것 중 옳지 않은 것은?
① 금속은 열전도성과 전기전도성이 있지만 비금속은 없다.
② 금속은 낮은 이온화에너지를 가지며 비금속은 높은 이온화에너지를 갖는다.
③ 금속의 산화물은 산성이며 비금속의 산화물은 염기성이다.
④ 금속은 낮은 전기음성도를 가지며 비금속은 높은 전기음성도를 갖는다.

해설 금속의 산화물은 염기성을 가지며, 비금속의 산화물은 산성을 갖는다. **답** ③

3. 산화에 해당하지 않는 것은?
① 산화수가 증가할 때
② 물질이 산소와 화합할 때
③ 수소화합물이 수소를 잃었을 때
④ 원자나 원자단 또는 이온이 전자를 얻을 때

해설 산화는 원자나 원자단 또는 이온이 전자를 잃는 현상을 말하며 얻는 것을 환원이라 한다. **답** ④

4. 소금에 진한 황산을 가하여 고온에서 반응시키고 발생한 기체를 수용액으로 만든다. 이 용액에 다 또 이산화망가니즈를 가하고 가열하여 생성한 기체를 상온에서 소석회에 흡수시켰다. 이때 얻어진 생성물은?
① 표백분   ② 염화칼슘
③ 염화수소   ④ 과산화망가니즈

해설 본문 내용은 표백분($CaOCl_2$)인 클로로칼키의 제조방법
① $2NaCl + H_2SO_4 \rightarrow Na_2SO_4 + 2HCl$
    (소금) (진한 황산) (황산나트륨) (염화수소)
② $4HCl + MnO_2 \rightarrow MnCl_2 + 2H_2O + Cl_2$
    (염산) (이산화망가니즈) (염화망가니즈) (물) (염소)
③ $Cl_2 + Ca(OH)_2 \rightarrow CaOCl_2 \cdot H_2O$
   (염소) (소석회)   (표백분)

답 ①

5. 어느 전해질 5몰이 녹아있는 용액 속에서 그 중 0.2몰이 전리되었다면 그 전리도는 얼마인가?
  ① 0.04
  ② 0.02
  ③ 1.0
  ④ 5.0

해설 전리도(a) = $\dfrac{\text{이온화된 용질의 몰 수}}{\text{용질의 전 몰 수}}$ 이므로

$a = \dfrac{0.2}{5} = 0.04$

답 ①

6. 다음 중 단원자 분자는?
  ① 산소
  ② 질소
  ③ 네온
  ④ 염소

해설 원소 주기율표 0족의 비활성기체를 원자이면서 분자인 단원자 분자라 한다.
He(헬륨), Ne(네온), Ar(아르곤), Kr(크립톤), Xe(크세논), Rn(라돈)

참고 산소(O_2), 질소(N_2), 염소(Cl_2)는 이원자 분자라 한다.

답 ③

7. 다음 원소 중 제3주기에 속하지 않는 것은?
  ① Si
  ② Se
  ③ S
  ④ Al

해설 원자번호 34번인 Se(셀레늄)은 원소 주기율표 6족(산소족) 4주기 원소이다.
원소 주기율표 3주기 원소 : Na, Mg, Al, Si, P, S, Cl, Ar

답 ②

8. pH가 10.7인 용액에서의 수산이온(OH^-) 농도는 얼마인가? (단, log2 = 0.3이다)
  ① 0.01mol/ℓ
  ② 0.003mol/ℓ
  ③ 0.0005mol/ℓ
  ④ 0.00007mol/ℓ

해설 pH = $\log \dfrac{1}{[H^+]}$ = $-\log[H^+]$에서

pH 10.7 = $-\log[10^{-11} \times 2]$ = $11 - \log 2$ = $11 - 0.3$이므로
$[H^+] = [10^{-11} \times 2]$
$[H^+][OH^-] = [10^{-14}]$에서

$[OH^-] = \dfrac{[10^{-14}]}{[10^{-11} \times 2]} = 5 \times 10^{-4}$ ∴ 0.0005mol/ℓ

답 ③

9. 다음 중 산화제와 환원제로 모두 사용 가능한 것은?
  ① $KMnO_4$
  ② $K_2Cr_2O_7$
  ③ HNO_3
  ④ H_2O_2

해설 산화제와 환원제로 모두 사용되는 물질은 H_2O_2(과산화수소)와 SO_2(이산화황)이다.

답 ④

10. Avogadro는 기체의 종류와 관계없이 같은 온도와 같은 압력에서 무엇이 같으면 부피가 같다고 하였나?
① 무게
② 질량
③ 입자 수
④ 밀도

해설 아보가드로(Avogadro)의 법칙
모든 기체는 같은 온도, 같은 압력, 같은 체적에 들어 있는 입자 수는 같다.
- 표준상태(0℃, 1atm)에서 모든 기체 1mol(1g분자량)의 체적은 22.4L/mol이며 6.023×10^{23}개의 입자 수를 갖는다.

답 ③

11. 알코올을 산화하면 알데하이드가 생성된다. 이때 알데하이드를 얻을 수 없는 알코올은?
① CH_3CH_2OH
② CH_3CHCH_2OH
    $\quad\quad\quad\ \ |$
    $\quad\quad\quad\ CH_3$
③ CH_3CH-OH
    $\quad\quad |$
    $\quad\quad CH_3$
④ $CH_3CH_2CH_2OH$

해설 알데하이드는 1급 알코올(-OH기에 결합된 C가 다른 C 1개와 결합된 것)이 산화되어 만들어지며 2급 알코올(-OH기에 결합 된 탄소가 다른 탄소 2개와 결합 된 것)이 산화된 케톤은 알데하이드를 만들지 못한다.
- CH_3CH_2OH(에틸알코올) 1급 알코올
- CH_3CHCH_2OH(아이소뷰틸알코올) 1급 알코올
   $\quad\ \ |$
   $\quad\ CH_3$
- CH_3CH-OH(아이소프로필알코올) 2급 알코올
   $\quad\quad |$
   $\quad\quad CH_3$
- $CH_3CH_2CH_2OH$(정프로필알코올) 1급 알코올

답 ③

12. 다음 중 기하 이성질체가 있는 화합물은?
① $CH_3CH = CH_2$
② $CH_2 = CH_2$
③ $CH_3CH_2CH = CHCH_2CH_3$
④ CH_3OH

해설 기하 이성질체를 갖는 물질은 2중결합을 갖고 있는 것으로 $CH_3CH_2CH = CHCH_2CH_3$과 같이 2중결합의 축을 경계로 하여 원자단이나 원자가 같은 쪽 또는 반대쪽에 있는 것을 말한다.

답 ③

13. 탄산음료의 마개를 따면 기포가 발생한다. 이는 어떤 법칙으로 설명이 가능한가?
① 보일의 법칙
② 샤를의 법칙
③ 헨리의 법칙
④ 르샤틀리에 원리

해설 기체의 용해도(헨리의 법칙)는 온도에 반비례하고 압력에 비례하므로 저온, 고압에서 용해된 기체는 압력을 제거하면 대기압 상태로 복원된다.

답 ③

14. AgCl의 용해도는 1.12×10^{-5} mol/ℓ 이다. AgCl의 용해도적은 얼마인가?

① 1.12×10^{-8} ② 1.25×10^{-8}
③ 1.25×10^{-10} ④ 1.45×10^{-10}

해설 AgCl은 물에 녹기 어려우나 소량 녹아서 Ag^+와 Cl^-로 완전 전리되며, 그 양쪽 이온의 용해도(이온 농도)가 1.12×10^{-5} mol/ℓ 이라면 용해도적(용해도곱 상수)은 농도를 곱한 값이 된다.
Ksp = $(1.12 \times 10^{-5})(1.12 \times 10^{-5})$ = 1.25×10^{-10}

답 ③

15. H_2O가 H_2S보다 비등점이 높은 이유는 무엇인가?

① 분자량이 적기 때문에 ② 수소결합을 하고 있기 때문에
③ 공유결합을 하고 있기 때문에 ④ 이온결합을 하고 있기 때문에

해설 H_2O(물)는 수소결합(전기음성도가 큰 F, O, N과 수소의 결합)을 하므로 같은 수소화합물이라도 비등점이 높다.

답 ②

16. 다음 화합물 중 파이(π)결합을 가지고 있는 물질은?

① $CH_3-\overset{\overset{O}{\|}}{C}-CH_3$ ② CH_3OH
③ $ZnCl_2$ ④ $FeCl_3$

해설 π(파이)결합은 탄소와 탄소의 결합이 단일결합(σ결합)이 아닌 2중결합, 3중결합물질로 탄소와 탄소의 결합에 σ(시그마)결합 1개와 공존하는 결합이다.

답 ①

17. $N_2(g) + 3H_2(g) \rightleftarrows 2NH_3(g)$이 반응계의 압력을 증가시키면 반응은 어떤 영향이 나타나는가?

① 오른쪽으로 진행 ② 왼쪽으로 정렬
③ 무변화 ④ 공존

해설 반응계에 압력을 가하면 몰(mol) 수의 합이 큰 쪽(N_2+3H_2) 4mol에서 작은쪽($2NH_3$) 2mol 쪽으로, 즉 왼쪽에서 오른쪽으로 평형이동이 일어난다.

답 ①

18. 농도를 모르는 산의 용액 A가 있다. 이것을 20㎖ 취하여 0.4N의 염기의 용액 B를 15.4㎖ 가하니 알칼리성으로 되었다. 다시 0.2N의 산의 용액 C를 2.8㎖ 넣으니 정확히 중화되었다면 최초의 산(A)의 농도(N)는 얼마인가?

① 0.28 ② 1.27
③ 2.47 ④ 4.28

해설 중화적정의 공식 $NV = N'V' + N''V'''$에서
$N \times 20ml = 0.4N \times 15.4ml + 0.2N \times 2.8ml$
A용액의 농도 N = $\dfrac{(0.4N \times 15.4ml) + (0.2N \times 2.8ml)}{20ml}$ = 0.28N
∴ χ = 0.28N

답 ①

19. 용매 1kg에 녹아있는 용질의 몰 수로 정의되는 용액의 농도는?

① 몰랄농도 ② 몰농도
③ 퍼센트농도 ④ 노르말농도

해설 본문 내용은 몰랄(m)농도의 정의이다.

답 ①

20. 다음 중 암모니아성 질산은용액과 반응하여 거울을 만드는 것은?
  ① CH_3CH_2OH
  ② CH_3OCH_3
  ③ CH_3COCH_3
  ④ CH_3CHO

해설 암모니아성 질산은[$Ag(NH_3)_2NO_3$]용액은 환원성이 있는 CH_3CHO(아세트알데하이드), 포도당($C_6H_{12}O_6$) 등과 반응하여 거울을 만든다(은거울반응).

답 ④

제2과목 화재 예방과 소화방법

21. 트라이에틸알루미늄의 소화제로서 가장 적당한 것은?
  ① 마른 모래, 팽창질석
  ② 물, 수성막포
  ③ 할로젠화물, 단백포
  ④ 이산화탄소, 강화액

해설 제3류 위험물 자연발화성물질이며 금수성물질인 알킬알루미늄 중 트라이에틸알루미늄[$(C_2H_5)_3Al$]의 소화제로는 팽창질석, 팽창진주암 및 마른 모래와 탄산수소염류분말소화약제를 사용한다.

답 ①

22. 옥내소화전 설비를 설치함에 있어 큐비클식 비상전원 전용 수전설비는 당해 수전설비의 전면에 폭 얼마 이상의 공지를 보유하여야 하는가?
  ① 0.5m
  ② 1m
  ③ 1.5m
  ④ 2m

해설 옥내소화전 설비의 큐비클식 비상전원 전용 수전설비는 당해 수전설비의 전면에 폭 1m 이상의 공지를 보유하여야 한다.

답 ②

23. 알코올 화재 시 일반적인 포소화제는 효과가 없다. 그 이유는?
  ① 유독가스가 발행하므로
  ② 화염의 온도가 높으므로
  ③ 알코올은 포와 반응하여 가연성 가스를 발행하므로
  ④ 알코올은 소포성을 가짐으로

해설 제4류 위험물(인화성액체) 알코올류의 화재에 포소화약제를 방출하면 소포(거품터짐)되므로 내알코올성 포소화약제인 알코올포소화제를 사용할 것

답 ④

24. 화학포에 사용되는 기포안정제가 아닌 것은?
  ① 탄산수소나트륨
  ② 단백질분해물
  ③ 계면활성제
  ④ 사포닌

해설 화학포에서 탄산수소나트륨($NaHCO_3$)은 주약제(외약제)이다.
  • 기포안정제 : 단백질 분해물, 사포닌, 계면활성제 등

답 ①

25. 다음 중 산·알칼리소화기의 약제는?
① 탄산수소나트륨, 탄산수소칼륨
② 탄산수소나트륨, 황산알루미늄
③ 탄산수소나트륨, 황산
④ 탄산수소칼륨, 인산암모늄

해설 산·알칼리소화기는 물을 주제로 하는 냉각소화기로 소화약제는 외약제인 탄산수소나트륨($NaHCO_3$)과 내약제인 황산(H_2SO_4)의 반응[$2NaHCO_3 + H_2SO_4 \rightarrow Na_2SO_4 + 2CO_2 \uparrow + 2H_2O$] 으로 생성된 이산화탄소($CO_2$)의 압력으로 물($H_2O$)을 방출하는 소화기이다.

답 ③

26. 그림에서 C_1과 C_2 사이를 무엇이라고 하는가?

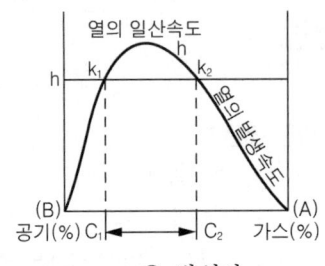

① 폭발범위　　　　　② 발열량
③ 흡열량　　　　　　④ 안전범위

해설 $C_1 \sim C_2$는 폭발범위(연소범위)를 표시하며 C_1은 폭발범위 하한, C_2는 폭발범위 상한을 표시한다.

답 ①

27. Halon 2402를 소화약제로 사용하는 이동식할로젠화합물소화설비는 20℃의 온도에서 하나의 노즐마다 분당 방사되는 소화약제의 양(kg)은 얼마 이상으로 하여야 하는가?
① 5　　　　　　　　② 35
③ 45　　　　　　　 ④ 50

해설 억제소화약제인 Halon 2402의 비치 약제량은 50kg 이상이며 노즐 하나당 분당 방출량 45kg 이상으로 한다.
• Halon 1211분당 방출량 40kg 이상
• Halon 1301분당 방출량 35kg 이상

답 ③

28. 포헤드방식의 포헤드는 방호대상물의 표면적(m^2) 얼마당 1개 이상의 헤드를 설치하여야 하는가?
① 3　　　　　　　　② 6
③ 9　　　　　　　　④ 12

해설 포헤드방식의 포헤드는 방호대상물의 표면적(건축물의 경우에는 바닥면적) $9m^2$당 1개 이상의 헤드를 설치하고, 방호대상물의 표면적 $1m^2$ 당 방사량이 6.5ℓ/min 이상의 비율로 계산한 양의 포수용액을 표준방사량으로 방사할 수 있을 것

답 ③

29. 수소화나트륨이 주수소화가 부적당한 가장 큰 이유는?
① 발열반응을 일으킴　　② 수화반응을 일으킴
③ 중화반응을 일으킴　　④ 중합반응을 일으킴

해설 제3류 위험물 중 금수성물질 금속의 수소화합물인 수소화나트륨(NaH)은 물(H_2O)과 반응 [NaH+H_2O → NaOH+H_2↑+Q(약21kcal)]하여 발열하며 수산화나트륨(NaOH)와 수소(H_2)를 발생한다.

답 ①

30. 마른 모래의 보관방법으로 옳지 않은 것은?
① 반드시 건조되어 있을 것
② 가연물이 약간 함유되어 있을 것
③ 포대 또는 반절 드럼에 넣어 보관할 것
④ 부속기구로 삽, 양동이를 비치할 것

해설 소화약제용 마른 모래에는 가연물이 함유되어 있으면 안 된다.

답 ②

31. 제4류 위험물에 대한 가장 적절한 소화방법은?
① 질식소화
② 제거소화
③ 냉각소화
④ 억제소화

해설 제4류 위험물(인화성액체)의 적용소화방법은 공기 중의 산소농도 21vol%를 15vol% 이하로 낮추어 산소공급을 차단하는 질식소화가 가장 적절한 소화방법이다.

답 ①

32. 제1류 위험물 화재의 소화방법에 대한 설명으로 가장 옳은 것은?
① 무기과산화물류 외에는 냉각소화가 유효하다.
② 무기과산화물류의 경우에는 건조분말 소화약제에 의한 질식소화는 효과가 없다.
③ 주위 가연물의 소화보다 위험물의 직접 소화에 주력하는 것이 효과적이다.
④ 제1류 위험물은 불연성이기 때문에 연소 시 안전거리를 확보하거나 무인 방수포를 이용할 필요는 없다.

해설 제1류 위험물(산화성고체)은 강산화제로 주수에 의한 냉각소화가 좋으나 알칼리금속의 과산화물(무기과산화물)은 주수를 하면 발열하며 산소(O_2)를 발생하므로 냉각소화는 부적합하다.

답 ①

33. 다음 중 가연성 물질이 아닌 것은?
① 테트라클로로메탄
② 산화에틸렌
③ 이황화탄소
④ 벤젠

해설 테트라클로로메탄(사염화탄소)(CCl_4)는 억제소화약제인 할로젠화합물소화약제이므로 가연물이 될 수 없다.

답 ①

34. 지정수량의 10배 이상의 위험물을 저장, 취급하는 제조소 등에 설치하여야 할 경보설비에 해당하지 않는 것은?
① 확성장치
② 비상방송설비
③ 자동화재탐지설비
④ 무선통신설비

해설 무선통신설비는 소화활동설비에 해당되며 경보설비에 해당되지 않는다.
• 경보설비의 종류 : 자동화재탐지설비 및 자동화재속보설비, 비상경보설비, 비상방송설비, 확성장치 중 1종 이상 설치한다.

답 ④

35. 다음 중 가연물이 될 수 없는 물질로 만 짝지어진 것은?

① 비활성 기체	② 흡열반응 물질
③ 반응이 완결된 물질	④ CO_2, P_2O_5, Al_2O_3
⑤ 자기반응성 물질	

① ①, ②, ⑤ ② ①, ②, ③, ④
③ ②, ③, ④ ④ ③, ④, ⑤

해설 자기반응성물질은 제5류 위험물로 가연물이나 보기에서 자기반응성물질 외에는 가연물이 될 수 없는 물질이다.

답 ②

36. 전역방출방식의 할로젠화합물 소화설비의 분사헤드에서 Halon 1211을 방사하는 경우의 방사 압력은 얼마 이상으로 하여야 하는가?

① 0.1MPa ② 0.2MPa
③ 0.5MPa ④ 0.9MPa

해설 Halon 1211 방사압력(전역 및 국소방출방식) : 0.2MPa 이상
• Halon 2402 : 0.1MPa 이상 • Halon 1301 : 0.9MPa 이상

답 ②

37. 분말소화약제의 착색되는 색깔이 바르게 짝지어진 것은?

① 탄산수소나트륨 - 회백색 ② 염화바륨 - 백색
③ 인산암모늄 - 담홍색 ④ 탄산수소칼륨 - 청색

해설 제3종 분말인 인산암모늄($NH_4H_2PO_4$)소화약제의 색깔은 담홍색(핑크색)이다.
• 탄산수소나트륨($NaHCO_3$) - 백색 • 염화바륨($BaCl_2$) - 무색
• 탄산수소칼륨($KHCO_3$) - 보라색

답 ③

38. 물분무설비에 있어서 분무에 의해 유류의 표면에 엷은 수성막을 형성하여 유면을 덮는 작용을 무엇이라 하는가?

① 희석작용 ② 질식작용
③ 유화작용 ④ 융해작용

해설 물분무설비에 있어서 분무에 의해 유류의 표면에 엷은 수성막을 형성하게 하는 방법을 유화작용이라 한다.

답 ③

39. 다음에서 연소할 수 있는 조건을 모두 갖춘 것은?

① 성냥불, 등유, 산소 ② 등유, 수소, 공기
③ 아세톤, 수소, 산소 ④ 알코올, 황, 산소

해설 연소의 3요소 : 가연물(등유), 산소공급원(산소), 점화원(성냥불)

답 ①

40. 저장소 건축물의 외벽이 내화구조인 것은 연면적 얼마를 1소요 단위로 하는가?

① $50m^2$ ② $75m^2$
③ $100m^2$ ④ $150m^2$

해설 저장소 건축물의 외벽이 내화구조인 것은 연면적 $150m^2$를 1소요 단위로 한다.
• 외벽이 내화구조가 아닌 것은 연면적 $75m^2$를 1소요 단위로 한다.

답 ④

제3과목 위험물의 성질과 취급

41. 다음 제4류 위험물 중 제1석유류에 속하는 것은?
① 벤젠
② 아세트알데하이드
③ 크레오소트유
④ 클로로벤젠

해설 제4류 위험물(인화성액체) 제1석유류는 아세톤(CH_3COCH_3), 가솔린, 벤젠(C_6H_6), 톨루엔($C_6H_5CH_3$) 등이 있다.
- 아세트알데하이드(CH_3CHO) : 특수인화물
- 크레오소트유 : 제3석유류
- 클로로벤젠($C_6H_4Cl_2$) : 제2석유류

답 ①

42. 제1류 위험물의 취급방법으로서 잘못된 사항은?
① 환기가 잘되는 찬 곳에 저장한다.
② 가열, 충격, 마찰 등의 요인을 피한다.
③ 가연물과 접촉은 피해야 하나 습기는 관계없다.
④ 화재 위험이 있는 장소에서 떨어진 곳에 저장한다.

해설 제1류 위험물(산화성고체)은 일부 조해성 및 금수성물질이 있으므로 습기가 없는 곳에서 취급하여야 한다.

답 ③

43. 트라이나이트로페놀(Trinitro Phenol)의 성질로 틀린 것은?
① 저장시 폭발에 대비하여 철이나 구리로 만든 용기에 저장한다.
② 순수한 것은 무색이지만 보통 공업용은 휘황색의 침상 결정이다.
③ 물에 전리하여 강한 산이 되며, 이때 선명한 황색이 된다.
④ 단독으로는 충격, 마찰에 둔감하고 안정한 편이다.

해설 제5류 위험물(자기반응성물질) 나이트로화합물인 트라이나이트로페놀[$C_6H_2OH(NO_2)_3$]은 피크린산이라고 하며 철(Fe)이나 구리(Cu)와 반응하여 염을 만들면 충격 및 마찰에 민감하여져 매우 위험하므로 금속용기에 저장하지 않는다.

답 ①

44. 이황화탄소의 옥외저장탱크는 벽 및 바닥의 두께가 (A) 이상이고, 누수가 되지 아니하는 철근콘크리트의 (B)속에 설치하여야 한다. ( )안에 알맞은 것은?
① A : 0.2m, B : 수조
② A : 3.2m, B : 수조
③ A : 3.2m, B : 땅속
④ A : 0.2m, B : 땅속

해설 제4류 위험물(인화성액체) 특수인화물인 이황화탄소(CS_2)는 수조에 넣어 저장하며 수조는 두께 0.2m 이상의 철근콘크리트로 한다.

답 ①

45. 과망가니즈산칼륨의 성질로서 잘못된 것은?
① 흑자색의 주상결정이다.
② 알코올류와 접촉시켜 두면 위험하다.
③ 황산을 가하면 격렬하게 튀는 듯이 폭발한다.
④ 물에 잘 녹고 수용액은 강한 환원제이다.

해설 제1류 위험물(산화성 고체) 과망가니즈산염류 중 과망가니즈산칼륨(KMnO_4)은 강산화제로서 물에 잘 녹는다.

답 ④

46. 공기 중 방치하면 자연발화가 일어나므로 주로 물을 넣은 금속용기에 저장하는 물질은?
① Na
② K
③ Mg
④ P_4

해설 제3류 위험물 자연발화성물질인 P_4(황린)은 공기 중에서 자연발화하므로 pH9(약알칼리)의 물속에 저장한다.

답 ④

47. 벤젠에 진한 질산과 진한 황산의 혼산을 반응시켜 얻어지는 화합물은?
① 피크린산
② 아닐린
③ T.N.T
④ 나이트로벤젠

해설 제4류 위험물(인화성액체) 제3석유류 나이트로벤젠($C_6H_5NO_2$)은 제1석유류인 벤젠(C_6H_6)에 진한 질산(C-HNO_3)과 진한 황산(C-H_2SO_4)를 가하면 나이트로화하며 나이트로벤젠($C_6H_5NO_2$)이 된다.

답 ④

48. 아세톤의 일반 성질에 관한 설명이다. 틀린 것은?
① 물에 잘 녹는다.
② 일광에 쪼이면 환원·중합된다.
③ 아이오도폼 반응을 일으킨다.
④ 아세틸렌을 녹이므로 아세틸렌 저장에 이용된다.

해설 제4류 위험물(인화성액체) 제1석유류 아세톤(CH_3COCH_3)은 물에 잘 녹으며 일광에 쪼이면 분해한다.

답 ②

49. 제3류 위험물인 탄화칼슘 320g이 물과 전량 반응하여 아세틸렌을 발생할 때 열량은 몇 kcal인가? (단, Ca 원자량 : 40, C 원자량 : 12)

$$CaC_2 + 2H_2O \rightarrow Ca(OH)_2 + C_2H_2 + 27.8 kcal$$

① 260kcal
② 170kcal
③ 139kcal
④ 27.8kcal

해설 제3류 위험물 금수성물질인 탄화칼슘(CaC_2) 1g분자량= 40+12×2=64g/mol
64g : 27.8kcal
320g : x
$x = \dfrac{320g \times 27.8kcal}{64g} = 139kcal$

답 ③

50. 동·식물유류에 관한 설명 중 틀린 것은?
① 아이오딘값이 클수록 자연발화 위험이 크다.
② 아이오딘값 130 이상인 것을 건성유라 한다.
③ 동·식물유는 연소위험성 측면에서는 제2석유류와 유사하다.
④ 아마인유는 건성유이므로 자연발화 위험이 있다.

해설 제4류 위험물(인화성액체) 동·식물유류의 법에서 정하는 인화점은 250℃ 미만이므로 인화점이 200℃ 이상 250℃ 미만인 제4석유류와 연소위험성 측면에서 유사하다.

답 ③

51. 위험물의 류별로 그 위험성의 종류가 바르게 연결되지 아니한 것은?
① 제1류 위험물 – 산화성고체
② 제3류 위험물 – 가연성고체
③ 제4류 위험물 – 인화성액체
④ 제5류 위험물 – 자기반응성물질

해설 위험물안전관리법에서 정하는 위험물의 성질중 제3류 위험물은 자연발화성 및 금수성 물질이다.

답 ②

52. 황화인의 성상에 대한 설명이 옳은 것은?
① P_4S_3(삼황화인)은 암적색의 분말로 자연발화성이 있으므로 습기 가열방지, 산화제의 접촉을 피한다.
② P_4S_3(삼황화인)의 연소생성물은 P_2O_5와 H_3PO_4이다.
③ P_4S_7(칠황화인)은 조해성이 있고 더운물에 분해하여 H_2S가 발생한다.
④ P_2S_5(오황화인)은 공기 중 약 100℃에서 발화하고 냉수에 급격히 분해되어 SO_3가 발생한다.

해설 제2류 위험물(가연성고체) 황화인 중 칠황화인(P_4S_7)은 더운물과 반응[$P_4S_7+13H_2O \rightarrow H_3PO_4+3H_3PO_3+7H_2S\uparrow$]하여 황화수소($H_2S$)와 인산($H_3PO_4$)과 아인산($H_3PO_3$)을 발생한다.
• 삼황화인(P_4S_3)은 황색결정으로 자연발화성은 없으며 연소[$P_4S_3+8O_2 \rightarrow 2P_2O_5+3SO_2\uparrow$]하면 오산화인($P_2O_5$)과 이산화황($SO_2$)을 생성한다.
• 오황화인(P_2S_5)은 물과 반응[$P_2S_5+8H_2O \rightarrow 5H_2S\uparrow+2H_3PO_4$]하여 황화수소($H_2S$)와 인산($H_3PO_4$)을 생성한다.

답 ③

53. 다음 위험물 중 톨루엔에 질산, 황산을 반응시켜 생성되는 물질로서 나이트로글리세린과 달리 장기간 저장해도 자연분해 할 위험 없이 안전한 것은 무엇인가?
① $C_6H_2(NO_2)_3OH$
② $C_3H_5(ONO_2)_3$
③ $C_6H_2CH_3(NO_2)_3$
④ $C_6H_3(NO_2)_3$

해설 제5류 위험물(자연발화성물질) 나이트로화합물인 트라이나이트로톨루엔[$C_6H_2CH_3(NO_2)_3$]은 제4류 위험물(인화성액체) 제1석유류인 톨루엔($C_6H_5CH_3$)에 질산(HNO_3), 황산(H_2SO_4)을 반응[$C_6H_5CH_3+3HNO_3 \xrightarrow[\text{나이트로화}]{C-H_2SO_4} C_6H_2CH_3(NO_2)_3+3H_2O$]시켜 생성되는 물질이다.

답 ③

54. 물과 반응하여 독성이 강한 기체를 발생하는 화합물은?
① K
② P_4
③ CS_2
④ Ca_3P_2

해설 제3류 위험물 금수성물질 금속의 인화합물인 Ca_3P_2(인화칼슘)이 물(H_2O)과 반응[$Ca_3P_2+6H_2O \rightarrow 3Ca(OH)_2+2PH_3\uparrow$]하여 가연성이며 독성인 PH_3(포스핀)를 발생한다.

답 ④

55. 염소산염류의 성질이 아닌 것은?
① 환원력이 강하다.
② 대부분 백색의 가용성염이다.
③ 강산과 혼합하면 폭발의 위험성이 있다.
④ 상온에서는 안전하나 열에 의해 분해하여 산소를 발생한다.

해설 제1류 위험물(산화성고체) 염소산염류는 강산화제로서 산화력이 강하며 환원력과는 무관하다.

답 ①

56. 제조소 등에서 위험물을 저장 및 취급할 경우 기준으로 적합하지 않은 것은?
① 위험물을 용기에 다시 채워 놓는 경우에는 방화상 안전한 장소에서 하여야 한다.
② 추출공정에 있어서는 추출관의 내부압력이 이상 상승하지 않도록 하여야 한다.
③ 열처리 작업은 위험물이 위험한 온도에 달하지 않도록 하여야 한다.
④ 유분리 장치에 고인 기름은 유분리 장치의 배수구로 용이하게 흘러 나가도록 조치하여야 한다.

해설 위험물 제조소 등의 집유설비 또는 유분리장치에 고인 위험물은 넘치지 아니하도록 수시로 제거하여야 한다.

답 ④

57. 위험물의 운반에 관한 기준에서 "위험물"이란 표지판의 바탕색과 글자색으로 옳은 것은?
① 바탕색 : 흑색, 글자색 : 황색
② 바탕색 : 황색, 글자색 : 흑색
③ 바탕색 : 빨간색, 글자색 : 백색
④ 바탕색 : 백색, 글자색 : 빨간색

해설 위험물 이동저장탱크 및 이동저장소의 "위험물" 표시는 한 변의 길이가 0.3m 이상 다른 한 변의 길이가 0.6m로 흑색 바탕에 황색 반사도료로 "위험물"이라 표시한다.

답 ①

58. 제5류 위험물을 취급할 때 주의해야 할 사항 중에서 틀린 것은?
① 마찰, 충격을 피할 것
② 화기의 접근을 피할 것
③ 운반용기의 외부에 "자연발화주의"라고 표기한다.
④ 분해를 촉진시키는 약품을 접촉시키지 않을 것

해설 제5류 위험물(자기반응성물질)의 운반용기 포장 외부표시는 "화기엄금", "충격주의"이다.

답 ③

59. 삼산화크로뮴(CrO₃)의 성상에 관한 설명 중 옳은 것은?
① 황색의 침상결정이다.
② 물, 에터, 황산에 녹지 않는다.
③ 강력한 산화제이며 물과 접촉하면 발열한다.
④ 용점 이상으로 가열하면 200~250℃에서 오존을 방출하고 암적색의 크로뮴산화물로 변한다.

해설 제1류 위험물(산화성고체) 그 밖에 행정안전부령으로 정하는 것에 해당하는 삼산화크로뮴(CrO₃)은 물(H₂O)과 접촉으로 발열한다.

답 ③

60. 과산화나트륨의 저장, 취급방법이 틀린 것은?
① 가연물, 물, 습기의 접촉을 피한다.
② 용기는 수분이 들어가지 않게 밀전 및 밀봉 저장
③ 가열, 충격, 마찰을 피하고 유기물질의 혼입을 막는다.
④ 흡습성이 크므로 직사광선을 받는 곳이나 건조한 곳에 저장한다.

해설 제1류 위험물(산화성고체) 알칼리금속의 과산화물 과산화나트륨(Na₂O₂)등 위험물은 직사광선을 피하고 냉암소에 저장한다.

답 ④

2023년 CBT 복원문제 2회

각 과목별 100점 만점에 40점 이상 득점하고 전 과목 평균 60점 이상 받아야 합격합니다.

제1과목 일반화학

1. 98% H_2SO_4 50g에서 H_2SO_4에 포함된 산소 원자수는?

① 3×10^{23}개
② 6×10^{23}개
③ 9×10^{23}개
④ 1.2×10^{24}개

해설 98% H_2SO_4(황산) 50g의 질량
$50g \times 0.98 = 49g$
H_2SO_4 1mol(98g)중의 산소(O)의 원자수
$6.023 \times 10^{23} \times 4$
H_2SO_4 0.5mol(49g)중의 산소(O)의 원자수
$6.023 \times 10^{23} \times 4 \times \dfrac{1}{2} = 1.2 \times 10^{24}$

답 ④

2. 다음 중 양쪽성 산화물에 해당하는 것은?

① NO_2
② Al_2O_3
③ MgO
④ Na_2O

해설 양쪽성 산화물은 양쪽성 원자와 의 산화물(Al_2O_3등)을 말한다.
- 양쪽성 원자
  Al(알루미늄), Zn(아연), Sn(주석), Pb(납), Bi(비스므스)등

답 ②

3. 다음 중 물에 대한 소금의 용해가 물리적 변화라고 할 수 있는 근거로 가장 옳은 것은?

① 소금과 물이 결합한다.
② 용액이 증발하면 소금이 남는다.
③ 용액이 증발할 때 다른 물질이 생성된다.
④ 소금이 물에 녹으면 보이지 않게 된다.

해설 물(H_2O)에 대한 소금(NaCl)의 용해는 물리적 변화이다. 소금물(NaCl+H_2O)을 가열하면 물(H_2O)은 증발하여 수증기(H_2O)가 되고 소금(NaCl)만 남는 물질의 본질이 변하지 않는 변화를 물리적 변화라 한다.

답 ②

4. 수소 1.2몰과 염소 2몰이 반응할 경우 생성되는 염화수소의 몰수는?

① 1.2
② 2
③ 2.4
④ 4.8

해설 수소(H_2)와 염소(Cl_2)가 반응하면 염화수소(HCl)가 생성된다.
$H_2 + Cl_2 \rightarrow 2HCl$
(수소) (염소) (염화수소)
수소와 염소의 몰비가 1:1일 때 염화수소 2몰이 생성되므로 수소 1.2몰과 염소 1.2몰이 반응하면 염화수소 2.4몰이 생성된다.

답 ③

5. 표준상태를 기준으로 수소 2.24L가 염소와 완전히 반응했다면 생성된 염화수소의 부피는 몇 L인가?
① 2.24
② 4.48
③ 22.4
④ 44.8

해설 수소(H_2)와 염소(Cl_2)가 반응하면 염화수소(HCl)가 생성된다.
표준상태에서 모든기체 1몰이 차지하는 체적은 22.4L이다.
표준상태에서 수소(H_2) 2.24L는 0.1몰이다.
표준상태에서 수소(H_2) 1몰이 염소(Cl_2) 1몰과 반응하면 염화수소(HCl) 2몰이 생성되므로 표준상태 에서 수소(H_2) 0.1몰이 염소(Cl_2) 0.1몰과 반응하면 염화수소(HCl) 0.2몰이 생성된다.
∴ 염화수소의 부피=2.24×2=4.48L

답 ②

6. 다음 중 물의 끓는점을 높이기 위한 방법으로 가장 타당한 것은?
① 순수한 물을 끓인다.
② 물을 저으면서 끓인다.
③ 감압하에 끓인다.
④ 밀폐된 그릇에서 끓인다.

해설 물은 압력에 따라 비등점이 달라집니다. 압력이 높으면 비등점이 올라갑니다.
일반적으로 압력밥솥과 같은 밀페 된 그릇에서 물은 120℃ 이상에서 끓으며, 최대 347℃까지 올라갑니다.

답 ④

7. ns^2np^5의 전자구조를 가지지 않는 것은?
① F(원자번호 9)
② Cl(원자번호 17)
③ Se(원자번호 34)
④ I(원자번호 53)

해설 Se(셀레늄)은 ns^2np^4오비탈을 갖는 주기율표 6족의 원소이다.
• ns^2np^5에서 n은 미지의 전자각 s^2와 p^5는 n전자각의 오비탈에 들어있는 전자의 수를 표시하는 것으로 최외각 전자의 수는 2+5=7이므로 이러한 구조의 원소는 주기율표 7족의 원소 F(플루오린), Cl(염소), Br(브로민), I(아이오딘)이다.

답 ③

8. 반감기가 5일인 미지 시료가 2g 있을 때 10일이 경과하면 남은 양은 몇 g인가?
① 2
② 1
③ 0.5
④ 0.25

해설 반감기: $m = M(\frac{1}{2})^{\frac{t}{T}}$ 에서 $m = 2 \times (\frac{1}{2})^{\frac{10}{5}} = 0.5g$
m(붕괴 후의 질량): ?,
M(처음 질량): 2g, t(경과시간): 10일,
T(반감기): 5일

답 ③

9. 다음 금속들 중에서 황산아연 수용액 속에 넣어 아연을 분리시킬 수 있는 것은?
① 철
② 칼슘
③ 니켈
④ 구리

해설 황산아연($ZnSO_4$)수용액에서 아연(Zn)을 분리시키기 위해서는 아연보다 이온화경향이 큰 칼슘(Ca)을 반응시키면 아연이 석출된다. 이러한 반응을 치환반응이라 한다.
이온화경향크기 : Ca(칼슘) > Zn(아연) > Fe(철) > Ni(니켈) > Cu(구리)

답 ②

10. 염소원자의 최외각 전자수는 몇 개인가?
① 1
② 2
③ 7
④ 8

해설 염소(Cl)는 주기율표 7족의 원소로 최외각 전자수는 7개이다.

답 ③

11. 물을 전기분해하여 표준상태 기준으로 산소 22.4L를 얻는데 소요되는 전기량은 몇 F인가?
① 1
② 2
③ 4
④ 8

해설 1페러데이(F)의 전기를 통하면 1g 당량의 물질이 생성되므로 표준상태에서 산소(O_2) 1mol의 질량은 32g, 체적은 22.4ℓ이므로

산소(O)의 1g 당량 = $\dfrac{원자량}{원자가} = \dfrac{16}{2}$ = 8g

산소(O_2)의 g 당량 = $\dfrac{32g}{8g}$ = 4g당량

∴ 4F의 전기량이 필요하다.

답 ③

12. 다음 물질 중 –CO–NH–의 결합을 하는 것은?
① 천연고무
② 나이트로셀룰로오스
③ 알부민
④ 전분

해설 –CO–NH–(펩티드결합)은 아미드결합이라고도 하며, 단백질, 양모, 나일론에 포함되어 있다.
• 알부민 : 단순 단백질의 하나. 세포와 체액 속의 단백질 을 이루며 열을 가하면 응고한다.

답 ③

13. 반투막을 이용해서 콜로이드 입자를 전해질이나 작은 분자로부터 분리 정제하는 것을 무엇이라 하는가?
① 틴들
② 브라운 운동
③ 투석
④ 전기 영동

해설 본문설명 : 투석

답 ③

14. 다음 중 산성이 가장 약한 산은?
① HCl
② H_2SO_4
③ H_2CO_3
④ CH_3COOH

해설 0.1N(18°C)에서 전리도(전리도가 큰 것이 강산, 작은 것이 약산)
• HCl : 0.926
• H_2SO_4 : 0.59
• H_2CO_3 : 0.0017
• CH_3COOH : 0.0134

답 ③

15. 물 2.5L 중에 어떤 불순물이 10mg 함유되어 있다면 약 몇 ppm으로 나타낼 수 있는가?
① 0.4
② 1
③ 4
④ 40

해설 ppm(parts per million)는 100만분의 1을 나타내는 단위이다. 4℃의 물 2.5 ℓ 는 2.5kg 이므로 이것은 2,500g, 2,500,000mg이다.
10mg : 2,500,000mg = ppm : 1,000,000mg
$$ppm = \frac{10 \times 1,000,000}{2,500,000} = 4$$

답 ③

16. 어떤 물질이 산소 50wt%, 황 50wt%로 구성되어 있다. 이 물질의 실험식을 옳게 나타낸 것은?
① SO
② SO_2
③ SO_3
④ SO_4

해설 O(산소)의 원자량 : 16, S(황)의 원자량 : 32에서
실험식비 = $\frac{각성분의 질량또는 백분율}{원자량}$ = $\frac{50}{16} : \frac{50}{32}$ = 3.15 : 1.562 = 2(O) : 1(S)
∴ SO_2

답 ②

17. 고체상의 물질이 액체상과 평형에 있을 때의 온도와 액체의 증기압과 외부압력이 같게 되는 온도를 각각 옳게 표시한 것은?
① 끓는점과 어는점
② 전이점과 끓는점
③ 어는점과 끓는점
④ 용융점과 어는점

해설 고체상의 물질이 액체상과 평형에 있을 때의 온도: 어느점 또는 녹는점(용융점)
증기압과 외부압력이 같게 되는 온도: 끓는점 또는 비등점
※ 같은 물질에서 어는점과 녹는점(용융점)은 같다.

답 ③

18. $Fe(CN)_6^{4-}$ 와 4개의 K^+ 이온으로 이루어진 물질 $K_4Fe(CN)_6$을 무엇이라고 하는가?
① 착화합물
② 할로젠화합물
③ 유기혼합물
④ 수소화합물

해설 착염(착화합물): 두 가지의 염이 결합하여 된 염으로 물에 녹아서 성분염에서 내는 이온과 다른 복잡한 이온을 내는 염을 착염이라 한다.
$Fe(CN)_2$ + 4KCN → $K_4[Fe(CN)_6]$ ⇌ $4K^+$ + $Fe(CN)_6^{-4}$
[사이안화철(Ⅱ)] (사이안화칼륨) 착염[사이안화철(Ⅱ)산칼륨, 황혈염]   (철이온) 착이온[사이안화철(Ⅱ)산이온]

답 ①

19. 다음 중 원자번호가 7인 질소와 같은 족에 해당하는 원소의 원자번호는?
① 15
② 16
③ 17
④ 18

해설 단주기율표의 주기는 8이므로 원자번호 7인 원소(질소)와 같은 족의 원소는
7 + 8 = 15, 7 + 8 + 8 = 23, 7 + 8 + 8 = 31등

답 ①

20. 과산화나트륨과 혼재가 가능한 위험물은? (단, 지정수량 이상인 경우이다.)
① 에터
② 마그네슘분
③ 탄화칼슘
④ 과염소산

해설 과산화나트륨(Na_2O_2)은 제1류 위험물(산화성고체)이므로 제6류 위험물(산화성액체)과 혼재가능하다.
- 유별을 달리하는 위험물의 혼재기준(암기법 : 사이삼, 오이사, 육하나)

답 ④

제2과목 화재 예방과 소화방법

21. 공기포 발포배율을 측정하기 위해 중량 340g, 용량 1,800mL의 포 수집 용기에 가득히 포를 채취하여 측정한 용기의 무게가 540g이었다면 발포배율은? (단, 포 수용액의 비중은 1로 가정한다.)
① 3배 ② 5배
③ 7배 ④ 9배

해설 발포배율 = $\dfrac{1,800}{540-340}$ = 9배

답 ④

22. 그림과 같은 타원형 위험물탱크의 내용적은 약 얼마인가? (단, 단위는 m이다.)

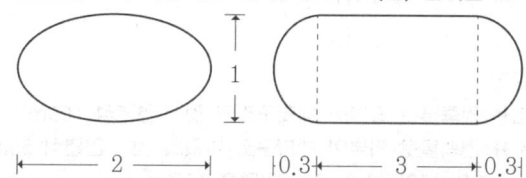

① 5.03m³ ② 7.52m³
③ 9.03m³ ④ 19.05m³

해설 V = $\dfrac{\pi ab}{4}\left(\ell + \dfrac{\ell_1 + \ell_2}{3}\right)$ = $\dfrac{\pi \times 2 \times 1}{4} \times \left(3 + \dfrac{0.3+0.3}{3}\right)$ = 5.026
∴ 약 5.03m³

답 ①

23. 물을 소화약제로 사용하는 장점이 아닌 것은?
① 구하기가 쉽다. ② 취급이 간편하다.
③ 기화잠열이 크다. ④ 피연소 물질에 대한 피해가 없다.

해설 물을 소화약제로 사용하면 피연소 물질의 오손피해가 크다.
물소화약제의 장점
- 어디서나 구입하기 쉽다.
- 사용하기(취급하기) 안전하다.
- 기화잠열이 크다.
- 가격이 저렴하다.

답 ④

24. Halon 1011 속에 함유되지 않은 원소는?
① H ② Cl
③ Br ④ F

해설 Halon 1011의 화학식: CH_2ClBr

답 ④

25. 이동식포소화설비를 옥외에 설치하였을 때 방사량은 몇 L/min 이상으로 30분간 방사할 수 있는 양이어야 하는가?
① 100 ② 200
③ 300 ④ 400

해설 본문의 방사량 : 400 ℓ/min으로 30분간 방사할 것

답 ④

26. 다이에틸에터 2,000L와 아세톤 4,000L를 옥내저장소에 저장하고 있다면 총 소요단위는 얼마인가?
① 5 ② 6
③ 7 ④ 8

해설 1소요단위는 지정수량 10배이다.
- 다이에틸에터의 지정수량: 50 ℓ
- 아세톤의 지정수량: 400 ℓ

소요단위 = $\dfrac{2,000}{50 \times 10} + \dfrac{4,000}{400 \times 10} = 5$

답 ①

27. 건축물의 외벽이 내화구조로 된 제조소는 연면적 몇 m²를 1소요 단위로 하는가?
① 50 ② 75
③ 100 ④ 150

해설 소요단위(1단위)의 규정
- 제조소 또는 취급소용 건축물로 외벽이 내화구조인 것 : 연면적 100m²
- 제조소 또는 취급소용 건축물로 외벽이 내화구조 이외의 것 : 연면적 50m²
- 저장소용 건축물로 외벽이 내화구조인 것 : 연면적 150m²
- 저장소용 건축물로 외벽이 내화구조 이외의 것 : 연면적 75m²
- 위험물 : 지정수량 10배

답 ③

28. 다음 중 자기연소를 하는 위험물은?
① 톨루엔 ② 메틸알코올
③ 다이에틸에터 ④ 나이트로글리세린

해설 자기연소를 하는 위험물은 제5류 위험물(자기반응성물질)이다.
나이트로글리세린[$C_3H_5(ONO_2)_3$]은 제5류 위험물중 질산에스터류에 속한다.

답 ④

29. 과산화나트륨의 화재 시 소화방법으로 다음 중 가장 적당한 것은?
① 포소화약제 ② 물
③ 마른모래 ④ 탄산가스

해설 과산화나트륨(Na_2O_2)은 제1류 위험물(산화성고체) 중 무기과산화물 중 알칼리금속의 과산화물로 물과 접촉으로 격렬히 반응하며 산소(O_2)를 발생하며, 화재시 만능소화제인 마른모래는 적응성이 좋다.

답 ③

30. 소화설비의 구분에서 물분무등소화설비에 속하는 것은?
① 포소화설비 ② 옥내소화전설비
③ 스프링클러설비 ④ 옥외소화전설비

해설 물분무등소화설비: 포, 분말, 불활성가스, 할로젠화합물 소화설비 답 ①

31. 고정식 포소화설비의 포방출구의 형태 중 고정지붕구조의 위험물탱크에 적합하지 않은 것은?
① 특형
② Ⅱ형
③ Ⅲ형
④ Ⅳ형

해설 특형 포방출구는 부동지붕식 위험물탱크(FRT)에 설치한다. 답 ①

32. 화재를 잘 일으킬 수 있는 원인에 있어서 틀린 것은?
① 화학적 친화력이 클수록 연소가 잘 된다.
② 온도가 상승하면 보통 연소가 잘 된다.
③ 열전도율이 좋을수록 연소가 잘 된다.
④ 산소와의 접촉을 잘 시킬수록 연소가 잘 일어난다.

해설 화재를 잘 일으키는 가연물질은 열전도율이 작을수록 연소를 잘 일으킨다. 답 ③

33. 화학소방자동차가 갖추어야 하는 소화능력 기준으로 틀린 것은?
① 포수용액 방사능력 : 2000L/min 이상
② 분말 방사능력 : 35kg/s 이상
③ 이산화탄소 방사능력 : 40kg/s 이상
④ 할로젠화합물 방사능력 : 50kg/s 이상

해설 화학소방자동차에 갖추어야 하는 소화능력 기준

화학소방자동차	1대 방사능력 및 비치량
포수용액 방사차	포수용액 2,000 ℓ/min 이상, 10만 ℓ 이상의 포수용액을 방사할 수 있는 양
분말 방사차	분말 35kg/sec 이상, 1,400kg 이상
할로젠화합물 방사차	할로젠화합물 40kg/se 이상, 1,000kg 이상
이산화탄소 방사차	이산화탄소의 40kg/se 이상, 3,000kg 이상
제독차	가성소다 및 규조토를 각각 50kg 이상

답 ④

34. 강화액 소화기에 한냉지역 및 겨울철에도 얼지 않도록 첨가하는 물질은 무엇인가?
① 탄산칼륨
② 질소
③ 테트라클로로메탄
④ 아세틸렌

해설 첨가물질: 탄산칼륨(K_2CO_3) 답 ①

35. 물통 또는 수조를 이용한 소화가 공통적으로 적응성이 있는 위험물은 제 몇 류 위험물인가?
① 제2류 위험물
② 제3류 위험물
③ 제4류 위험물
④ 제5류 위험물

해설 위험물의 화재시 소화약제의 주성분인 물에 적응성이 있는 위험물은 제5류 위험물(자기반응성물질)이다.
※ 제2류 및 제3류 위험물에는 금수성물질이 포함되어있으며, 제4류 위험물에 물을 사용하면 화재면의 확대 위험성이 있다.

답 ④

36. 다음 중 무색, 무취이고 전기적으로 비전도성이며 공기보다 약 1.5배 무거운 성질을 가지는 소화약제는?

① 분말소화약제　　　　　② 이산화탄소 소화약제
③ 포소화약제　　　　　　④ 하론 1301 소화약제

해설 증기비중 = $\dfrac{분자량}{공기의 평균분자량(약 29)}$

이산화탄소(CO_2)의 분자량: $12+16\times 2=44$

이산화탄소(CO_2)의 증기비중 = $\dfrac{44}{29}=1.517$

∴ 약 1.5

• 하론 1301(CF_3Br)의 분자량: $12+19\times 3+80=149$

하론 1301(CF_3Br)의 증기비중 = $\dfrac{149}{29}=5.137$

∴ 약 5.1

답 ②

37. 할로젠화물의 소화약제의 구비조건으로 틀린 것은?

① 전기절연성이 우수할 것　　② 공기보다 가벼울 것
③ 증발 잔유물이 없을 것　　　④ 인화성이 없을 것

해설 할로젠화물 소화약제는 증발성 액체로 분해증기는 공기보다 무거워 화재면을 덮어야 한다.

답 ②

38. 탄산수소나트륨과 황산알루미늄 수용액의 화학반응으로 인해 생성되지 않는 것은?

① 황산나트륨　　　　　② 탄산수소알루미늄
③ 수산화알루미늄　　　④ 이산화탄소

해설 $6NaHCO_3 + Al_2(SO_4)_3 \cdot 18H_2O \rightarrow 3Na_2SO_4 + 2Al(OH)_3 + 6CO_2 + 18H_2O$
(탄산수소나트륨)　(황산알루미늄)　　(황산나트륨)(수산화알류미늄)(이산화탄소)　(물)

답 ②

39. 다음은 제4류 위험물에 해당하는 물품의 소화방법을 설명한 것이다. 소화효과가 가장 떨어지는 것은?

① 산화프로필렌 : 알코올형 포로 질식소화한다.
② 아세트알데하이드 : 수성막포를 이용하여 질식소화한다.
③ 이황화탄소 : 탱크 또는 용기 내부에서 연소하고 있는 경우에는 물을 유입하여 질식소화한다.
④ 다이에틸에터 : 이산화탄소소화설비를 이용하여 질식소화한다.

해설 제4류 위험물(인화성액체) 중 특수인화물인 아세트알데하이드(CH_3CHO)는 수용성이 크므로 화재시 포소화약제중단백포, 수성막포, 합성계면활성제포를 사용하면 소포(거품터짐현상)되므로 특수포인 알코올포를 사용하여야 한다.

답 ②

40. 제4류 위험물을 취급하는 제조소에서 지정수량의 몇 배 이상을 취급할 경우 자체소방대를 설치하여야 하는가?

① 1,000배　　　　② 2,000배
③ 3,000배　　　　④ 4,000배

해설 해당 지정수량: 3,000배 이상

답 ③

제3과목 위험물의 성질과 취급

41. 지정수량 이상의 위험물을 차량으로 운반하는 경우 당해 차량에 표지를 설치하여야 한다. 다음 중 직사각형 표지 규격으로 옳은 것은?

① 장변 길이 : 0.6m 이상, 단변 길이 : 0.3m 이상
② 장변 길이 : 0.4m 이상, 단변 길이 : 0.3m 이상
③ 가로, 세로 모두 0.3m 이상
④ 가로, 세로 모두 0.4m 이상

해설 위험물 이동저장소의 표지판 규격은 위험물 이동탱크저장소의 규격과 같으므로 한변의 길이 0.6m 이상 다른 한 변의 길이 0.3m 이상이다.
※ 일반적으로 장변의 길이 0.6m 이상, 단변의 길이 0.3m를 사용한다.

답 ①

42. 다음 중 나이트로기(-NO₂)를 1개만 가지고 있는 것은?

① 나이트로셀룰로오스
② 나이트로글리세린
③ 나이트로벤젠
④ TNT

해설 나이트로벤젠: $C_6H_5NO_2$는 나이트로기(NO_2)를 1개 가지고 있다.
• 나이트로셀룰로오스: $[C_6H_7O_2(ONO_2)_3]n$,
• 나이트로글리세린: $C_3H_5(ONO_2)_3$
• TNT(트라이나이트로톨루엔): $C_6H_2CH_3(NO_2)_3$

답 ③

43. 아염소산나트륨의 성상에 관한 설명 중 잘못된 것은?

① 자신은 불연성이다.
② 불안정하여 180℃ 이상 가열하면 산소를 방출 한다.
③ 수용액 상태에서도 강력한 환원력을 가지고 있다.
④ 티오황산나트륨, 다이에틸에터 등과 혼합하면 폭 발한다.

해설 아염소산나트륨($NaClO_2$)은 제1류 위험물(산화성고체) 중 아염소산염류에 해당하므로 수용액에서는 매우 강한 산화력을 갖는다.

답 ③

44. 다음 중 저장할 때 상부에 물을 덮어서 저장하는 것은?

① 다이에틸에터
② 아세트알데하이드
③ 산화프로필렌
④ 이황화탄소

해설 본문해당 위험물: 이황화탄소(CS_2)

답 ④

45. 과산화수소의 운반용기에 외부에 표시해야 하는 주의사항은?

① 물기엄금
② 화기엄금
③ 가연물접촉주의
④ 충격주의

해설 과산화수소(H_2O_2)는 제6류 위험물(산화성액체)이므로 운반용기의 외부표시는 "가연물 접촉주의"로 한다.

답 ③

46. 제1석유류, 제2석유류, 제3석유류를 구분하는 주요 기준이 되는 것은?
 ① 인화점 ② 발화점
 ③ 비등점 ④ 비중

 해설 석유류의 구분기준은 인화점이다.

 답 ①

47. 지정수량에 따른 제4류 위험물 옥외탱크저장소 주위의 보유공지 너비의 기준으로 틀린 것은?
 ① 지정수량의 500배 이하 – 3m 이상
 ② 지정수량의 500배 초과 1000배 이하 – 5m 이상
 ③ 지정수량의 1000배 초과 2000배 이하 – 9m 이상
 ④ 지정수량의 2000배 초과 3000배 이하 – 15m 이상

 해설 옥외탱크저장소의 보유공지

위험물의 최대 수량	보유공지의 너비
지정수량의 500배 이하	3m 이상
지정수량의 500배 초과, 1,000배 이하	5m 이상
지정수량의 1,000배 초과, 2,000배 이하	9m 이상
지정수량의 2,000배 초과, 3,000배 이하	12m 이상
지정수량의 3,000배 초과, 4,000배 이하	15m 이상
지정수량의 4,000배 초과	• 당해 탱크 수평단면의 최대 지름(횡형인 경우에는 긴변)과 높이 중 큰 것과 같은 거리 이상 • 30m를 초과하는 경우 30m 이상으로 할 수 있고 15m 미만일 경우에는 15m 이상으로 하여야 한다.

 답 ④

48. 황화인에 대한 설명 중 잘못된 것은?
 ① P_4S_3는 황색 결정 덩어리로 조해성이 있고, 공기 중 약 50℃에서 발화한다.
 ② P_2S_5는 담황색 결정으로 조해성이 있고, 알칼리와 분해하여 가연성가스를 발생한다.
 ③ P_4S_7 담황색 결정으로 조해성이 있고, 온수에 녹아 유독한 H_2S를 발생한다.
 ④ P_4S_3과 P_2S_5의 연소생성물은 모두 P_2O_5와 SO_2이다.

 해설 황화인은 제2류 위험물로서 3종류가 있으며 그중 P_4S_3(삼황화인)의 착화점은 100℃이다.

 답 ①

49. 아세톤과 아세트알데하이드의 공통 성질에 대한 설명이 아닌 것은?
 ① 무취이며 휘발성이 강하다. ② 무색의 액체로 인화성이 강하다.
 ③ 증기는 공기보다 무겁다. ④ 물보다 가볍다.

 해설 제1석유류인 아세톤(CH_3COCH_3)과 특수인화물인 아세트알데하이드(CH_3CHO)는 제4류 위험물(인화성액체)로 두 가지 모두 독특한 냄새를 갖는다.
 ※ 아세톤(CH_3COCH_3): 독특한 냄새(손톱에 바르는 매니큐어 용제 등으로 사용)
   아세트알데하이드(CH_3CHO): 자극성의 과일냄새

 답 ①

50. 질산과 과염소산의 공통적인 성질에 대한 설명 중 틀린 것은?
 ① 가연성 물질이다. ② 산화제이다.
 ③ 무기화합물이다. ④ 산소를 함유하고 있다.

해설 질산(HNO₃)과 과염소산(HClO₄)은 제6류 위험물(산화성액체)로서 모두 불연성물질이다.   답 ①

51. 다음 중 착화온도가 가장 낮은 것은?
① 황린 ② 황
③ 삼황화인 ④ 오황화인

해설 착화온도
- 황린(P₄): 미분상(34℃), 고형상(60℃)
- 황(S): 232.2℃(사방정계황)
- 삼황화인(P₄S₃): 100℃

답 ①

52. 메틸에틸케톤의 저장 또는 취급시 유의할 점으로 가장 거리가 먼 것은?
① 통풍을 잘 시킬 것 ② 찬곳에 저장할 것
③ 일광의 직사를 피할 것 ④ 저장 용기에는 증기 배출을 위해 구멍을 설치할것

해설 인화성액체의 용기 증기배출을 막기위하여 용기는 밀전시킨다.   답 ④

53. 다음 ( ) 안에 알맞은 수치는? (단, 인화점이 200℃ 이상인 위험물은 제외한다.)

옥외저장탱크의 지름이 15m 미만인 경우에 방유제는 탱크의 옆판으로부터 탱크 높이의 ( ) 이상 이격하여야 한다.

① $\dfrac{1}{3}$ ② $\dfrac{1}{2}$
③ $\dfrac{1}{4}$ ④ $\dfrac{2}{3}$

해설 방유제와 옥외저장탱크 측면과의 상호거리
- 탱크의 지름 15m 미만: 탱크높이의 1/3 이상
- 탱크의 지름 15m 이상: 탱트높이의 1/2 이상

답 ①

54. 제4류 위험물의 저장·취급시 주의사항으로 틀린 것은?
① 화기 접촉을 금한다. ② 증기의 누설을 피한다.
③ 냉암소에 저장한다. ④ 정전기 축적 설비를 한다.

해설 제4류 위험물(인화성액체)은 저장 및 취급시 마찰에 의하여 정전기가 발생하면 화재발생 위험이 있으므로 정전기 제거 장치를 설치하여야 한다.   답 ④

55. 과산화수소의 성질 및 취급방법에 관한 설명 중 틀린 것은?
① 햇빛에 의하여 분해한다.
② 인산, 요산 등의 분해방지 안정제를 넣는다.
③ 저장 용기는 공기가 통하지 않게 마개로 꼭 막아둔다.
④ 에탄올에 녹는다.

해설 과산화수소(H_2O_2)는 제6류 위험물(산화성액체)로서 저장 용기를 공기가 통하지 않게하면 자연분해 된 산소(O_2)로 인하여 용기 내 압력의 상승으로 폭발위험이 있으므로 마개는 작은 구멍을 뚫어 놓는다.   답 ③

56. 칼륨과 물이 반응할 때 생성되는 것은 무엇인가?
① 수산화칼륨, 산소
② 수산화칼륨, 수소
③ 산소, 수소
④ 산화칼륨, 산소

해설 칼륨(K)과 물(H_2O)의 화학반응식
$$2K + 2H_2O \rightarrow 2KOH + H_2$$
(칼륨)　(물)　(수산화칼륨)　(수소)

답 ②

57. 다음은 위험물의 성질에 대한 설명이다. 각 위험물에 대해 옳은 설명으로만 나열된 것은?

> A. 건조공기와 상온에서 반응한다.
> B. 물과 작용하면 가연성가스를 발생한다.
> C. 물과 작용하면 수산화칼슘을 만든다.
> D. 비중이 1 이상이다.

① K : A, B, D
② Ca_3P_2 : B, C, D
③ Na : A, C, D
④ CaC_2 : A, B, D

해설 위험물의 성질
- K(칼륨): A, B
- Ca_3P_2(인화칼슘): B, C, D
- Na(나트륨): A, B
- CaC_2(인화칼슘): B, C, D

답 ②

58. 지정수량의 10배를 초과하는 위험물을 취급하는 제조소에 확보하여야 하는 보유공지의 너비는?
① 1m 이상
② 3m 이상
③ 5m 이상
④ 7m 이상

해설 해당보유공지: 5m 이상
- 지정수량 10배 이하의 경우: 3m 이상

답 ③

59. 다음 중 지정수량을 틀리게 나타낸 것은?
① 다이크로뮴산염류 - 500kg
② 제2석유류(비수용성) - 1,000L
③ 하이드록실아민염류 - 100kg
④ 제4석유류 - 6,000L

해설 다이크로뮴산염류는 제1류 위험물(산화성고체) 중 지정수량은 1,000kg이다.

답 ①

60. 탄화칼슘에서 아세틸렌가스가 발생하는 반응식으로 옳은 것은?
① $CaC_2 + 2H_2O \rightarrow Ca(OH)_2 + C_2H_2$
② $CaC_2 + H_2O \rightarrow CaO + C_2H_2$
③ $2CaC_2 + 6H_2O \rightarrow 2Ca(OH)_3 + 2C_2H_3$
④ $CaC_2 + 3H_2O \rightarrow CaCO_3 + 2CH_3$

해설 탄화칼슘과 물과의 화학반응식
$$CaC_2 + 2H_2O \rightarrow Ca(OH)_2 + C_2H_2$$
(탄화칼슘)　(물)　(수산화칼슘)　(아세틸렌)

답 ①

2023년 CBT 복원문제 4회

각 과목별 100점 만점에 40점 이상 득점하고 전 과목 평균 60점 이상 받아야 합격합니다.

제1과목 일반화학

1. 다음 물질을 석출시키는데 필요한 전기량이 0.1F에 가장 가까운 것은? (단, 원자량은 Cu 63.5, Ag 108, Cl 35.5이다.)
   ① 구리 3.18g
   ② 은 0.54g
   ③ 산소 11.2L(0℃, 1기압)
   ④ 염소 5.6L(0℃, 2기압)

해설 금속 석출시 필요한 전기량 0.1F(페럿)으로는 0.1g당량의 금속이 석출된다.

1g당량 = $\dfrac{1g원자량}{원자가}$

• 구리(Cu)의 원자가는 2가이므로 구리 1g당량 = $\dfrac{63.5g}{2}$ = 31.75g ∴ 0.1g당량 = 3.175g

• 은(Ag)의 원자가는 1가이므로 은 1g당량 = $\dfrac{108g}{1}$ = 108g ∴ 0.1g당량 = 10.8g

• 산소(O)의 원자가는 2가이므로 산소 1g당량 = $\dfrac{16g}{2}$ = 8g ∴ 0.1g당량 = 0.8g

  표준상태(0℃, 1기압)에서 산소(O_2) 22.4ℓ의 질량은 32g, 11.2ℓ의 질량은 16g

• 염소(Cl)의 원자가는 1가이므로 염소 1g당량 = $\dfrac{35.5g}{2}$ = 35.5g ∴ 0.1g당량 = 3.55g

  0℃, 2기압에서 5.6ℓ의 염소(Cl_2)는 보일의 법칙에 의하여 0℃, 1기압(표준상태)에서 11.2ℓ

  표준상태에서 염소(Cl_2) 22.4ℓ의 질량은 71g, 11.2ℓ의 질량은 35.5g

답 ①

2. 다음 물질 중 수용액에서 약한 산성을 나타내며 염화제이철 수용액과 정색반응을 하는 것은?

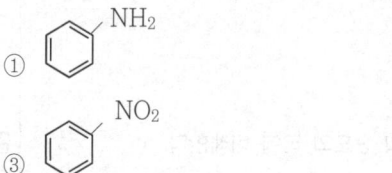

해설 액체의 성질
① 아닐린(알칼리성)
② 페놀(약산성)
③ 나이트로벤젠(비수용성)
④ 클로로벤젠(비수용성)

답 ②

3. 다음 중 산성용액에서 색깔을 나타내지 않는 것은?
   ① 메틸오렌지　　　　② 페놀프탈레인
   ③ 메틸레드　　　　　④ 티몰블루

   해설 페놀프탈레인(P.P) 지시약은 염기성(알칼리)에서만 반응하는 지시약으로 산성에서 무색, 염기성에서 적색을 나타낸다.　　**답** ②

4. Li과 F를 비교 설명한 것 중 틀린 것은?
   ① Li은 F보다 전기전도성이 좋다.
   ② F는 Li보다 높은 1차 이온화에너지를 갖는다.
   ③ Li의 원자반지름은 F보다 작다.
   ④ Li는 F보다 작은 전자친화도를 갖는다.

   해설 같은 주기의 원자는 족수가 클수록 원자반지름은 작아진다.
   - Li(리튬): 1족 2주기 원소, F(플루오르·불소): 7족 2주기 원소이므로 원자 반지름은 Li(리튬)이 F(플루오르·불소)보다 크다.
   ※ 금속인 Li(리튬)은 비금속인 F(플루오르·불소)보다 전기전도성이 좋다.
   ※ 이온화에너지는 중성원자의 최외각전자를 1개를 떼어 양이온(+)으로 만드는데 필요한 에너지로 금속성이 강할수록 작으며, 비금속성이 클수록 크다.
   ※ 전자친화도라 함은 중성 원자가 전자 1개를 얻어 음이온이 될 때 방출되는 에너지의 양으로 비금속성이 강할수록 커집니다　　**답** ③

5. 다음 물질에 대한 설명 중 틀린 것은?
   ① 물은 산소와 수소의 화합물이다.
   ② 산소와 수은은 단체이다.
   ③ 염화나트륨은 염소와 나트륨의 혼합물이다.
   ④ 산소와 오존은 동소체이다.

   해설 염화나트륨(NaCl)은 나트륨이온(Na^+)과 염소(Cl^-)이온이 화학적으로 결합한 화합물이다.　　**답** ③

6. t℃에서 수소와 아이오딘이 다음과 같이 반응하고 있을 때에 대한 설명 중 틀린 것은? (단, 정반응만 일어나고, 정반응속도식은 $V_1=K_1[H_2][I_2]$이다.

   $$H_2(g) + I_2(g) \rightarrow 2HI(g)$$

   ① K_1은 정반응의 속도상수이다.
   ② [ ]는 몰농도(mol/L)를 나타낸다.
   ③ $[H_2]$와 $[I_2]$는 시간이 흐름에 따라 감소한다.
   ④ 온도가 일정하면 시간이 흘러도 V_1은 변하지 않는다.

   해설 온도가 일정할 때 반응속도는 반응에 관여하는 물질의 농도의 곱에 비례한다.　　**답** ④

7. 볼타 전지에 관한 설명으로 틀린 것은?
   ① 이온화 경향이 큰 쪽의 물질이 (-)극이다.
   ② (+)극에서는 방전시 산화 반응이 일어난다.
   ③ 전자는 도선을 따라 (-)극에서 (+)극으로 이동한다.
   ④ 전류의 방향은 전자의 이동 방향과 반대이다.

볼타전지는 묽은황산용액 (−)극에는 아연(Zn)판을 (+)극에는 구리(Cu)판을 넣고 전선으로 연결하면 전류가 흐른다. 이때 (−)극인 아연판은 황산용액에 녹아 아연이온(Zn^{+2})이 되고 전자 2개를 방출(산화)하여 산화반응이 일어나며 (+)극인 구리(Cu)판에서는 전자를 얻는 환원반응이 일어난다.

目 ②

8. 0.0016N에 해당하는 염기의 pH 값은?
① 2.8
② 3.2
③ 10.28
④ 11.2

 염기 0.0016N = [$10^{-3} \times 1.6$]수산이온농도 pOH(수산이온지수) = $\dfrac{1}{[10^{-3} \times 1.6]}$
= $-\log[10^{-3} \times 1.6]$ = $3 - \log 1.6$ = 2.8
pH(수소이온지수) = 14 − 2.8 = 11.2

目 ④

9. 액체 공기에서 질소 등을 분리하여 산소를 얻는 방법은 다음 중 어떤 성질을 이용한 것인가?
① 용해도
② 비등점
③ 색상
④ 압축율

 공기를 액화시켜 분별증류하면 질소(N_2)는 −195℃에서 비등하며, 산소(O_2)는 −183℃에서 비등한다.

目 ②

10. 다음 작용기 중에서 메틸(methyl)기에 해당하는 것은?
① $-C_2H_5$
② $-COCH_3$
③ $-NH_2$
④ $-CH_3$

 관능기의 명칭에서 메틸기는 $-CH_3$이다.
$-C_2H_5$: 에틸기, $-COCH_3$: 아세틸기, $-NH_2$: 아미노기

目 ④

11. 다음 중 극성 분자에 해당하는 것은?
① CO_2
② CCl_4
③ Cl_2
④ NH_3

 분자의 결합구조가 대칭인 분자를 비극성분자라 하며, 비대칭인 분자를 극성 분자라 한다.
NH_3는 N에 H 3개가 비대칭 결합이므로 극성분자에 해당한다.
• CO_2: O=C=O
• CCl_4: Cl−C−Cl (Cl, Cl)
• Cl_2 : Cl − Cl

目 ④

12. 다음 화합물 중 수용액에서 산성의 세기가 가장 큰 것은?
① HF
② HCl
③ HBr
④ HI

해설 할로젠화수소산의 산성의 세기
HI > HBr > HCl > HF

답 ④

13. 프로페인 1kg을 완전 연소시키기 위해 표준상태의 산소가 약 몇 m^3가 필요한가?
① 2.55
② 5
③ 7.55
④ 10

해설 프로페인(C_3H_8)의 연소반응식:
$C_3H_8 + 5O_2 \rightarrow 3CO_2 + 4H_2O$
(프로페인) (산소) (이산화탄소) (물)
표준상태(0℃, 1atm)에서 모든 기체 1kmol의 체적은 22.4m^3/kmol를 갖는다.
프로페인(C_3H_8)의 1kg분자량=12×3+8=44kg/kmol
$C_3H_8 + 5O_2 \rightarrow 3CO_2 + 4H_2O$
44kg/kmol : 5×22.4m^3/kmol
1kg : x

$x = \dfrac{1kg \times 5 \times 22.4m^3/kmol}{44kg/kmol} = 2.545m^3$

∴ 약 2.55m^3

답 ①

14. 다음 물질 중 이온결합을 하고 있는 것은?
① 얼음
② 흑연
③ 다이아몬드
④ 염화나트륨

해설 이온결합이란 금속과 비금속의 결합으로 염화나트륨(NaCl)은 금속인 Na(나트륨)과 비금속인 Cl(염소)의 결합이다.
※ 얼음(H_2O): 공유결합, 흑연(C): 공유결합, 다이아몬드(C): 공유결합

답 ④

15. 다음 보기의 벤젠 유도체 가운데 벤젠의 치환반응으로부터 직접 유도할 수 없는 것은?

〈보기〉
ⓐ -Cl   ⓑ -OH   ⓒ -SO_3H ⓓ -NH_2

① ⓐ, ⓑ
② ⓑ, ⓓ
③ ⓐ, ⓒ
④ ⓒ, ⓓ

해설 벤젠의 직접치환체: 할로젠화(-Cl), 알킬화(-CH_3), 나이트로화(-NO_2), 술폰화(-SO_3H)

답 ②

16. 알킨족 탄화수소의 일반식을 옳게 나타낸 것은?
① C_nH_{2n}
② C_nH_{2n+2}
③ C_nH_{2n+1}
④ C_nH_{2n-2}

해설 탄화수소화합물의 일반식 명칭에서 알킨족은 C_nH_{2n-2}이다.
• C_nH_{2n} : 알켄족, C_nH_{2n+2} : 알칸족, C_nH_{2n+1} : 알킬족

답 ④

17. 수성가스(water gas)의 주성분을 옳게 나타낸 것은?

① CO_2, CH_4
② CO, H_2
③ CO_2, H_2, O_2
④ H_2, H_2O

해설 수성가스(water gas)는 가열(1,000℃)된 코크스(C)에 물을 작용시켜 만든다.

$$C + H_2O \rightarrow CO + H_2$$
(탄소) (물) (일산화탄소) (수소)

<수성가스>

답 ②

18. 다음 산화 환원 반응에서 $Cr_2O_7^{2-}$ 1몰은 몇 당량인가?

$$6Fe^{2+} + Cr_2O_7^{2-} + 14H^+ \rightarrow 2Cr^{3+} + 6Fe^{3+} + 7H_2O$$

① 3당량
② 4당량
③ 5당량
④ 6당량

해설 산화 환원반응에서 $Cr_2O_7^{2-}$(다이크로뮴산이온)과 Cr^{3+}(크로뮴이온)에서 Cr(크로뮴)의 산화수 변화 즉 전자(e-)의 이동을 당량이라 한다.

$Cr_2O_7^{2-}$에서 Cr의 산화수 : $2x+(-2\times 7)=-2$에서 $x = \dfrac{-2+2\times 7}{2} = +6$

Cr^{3+}에서 Cr의 산화수 : +3

그러므로 +6 Cr(크로뮴)이 +3 Cr(크로뮴)으로 산화수의 변화는 전자(e-) 3mol의 이동이 있었으므로 $Cr_2O_7^{2-}$(다이크로뮴산이온)의 당량은 3당량이다.

답 ①

19. 페놀 수산기(-OH)의 특성에 대한 설명으로 옳은 것은?

① 수용액이 강 알칼리성이다.
② 2가 이상이 되면 물에 대한 용해도가 작아진다.
③ 카복실산과 반응하지 않는다.
④ $FeCl_3$ 용액과 정색 반응을 한다.

해설 페놀(C_6H_5OH)은 석탄산이라 하며, 약산성을 띠며 수산기(-OH)가 많을수록 수용성이 커지며, 카복실산(-COOH)과는 반응하여 에스터를 만든다. $FeCl_3$(염화제2철) 용액과 반응하여 보라색(정색반응)을 띤다.

답 ④

20. 다음 중 방향족 화합물이 아닌 것은?

① 톨루엔
② 아세톤
③ 크레졸
④ 아닐린

해설 아세톤(CH_3COCH_3)은 지방족 탄화수소화합물이다.
• 방향족 화합물은 벤젠핵(C_6H_6)을 가진 화합물이다. 톨루엔($C_6H_5CH_3$), 크레졸($C_6CH_3H_5OH$), 아닐린($C_6H_5NH_2$) 등

답 ②

제2과목 화재 예방과 소화방법

21. 하론 1211 소화약제의 저장용기에 저장하는 소화약제의 양을 산출할 때는 「위험물의 종류에 대한 가스계 소화약제의 계수」를 고려해야 한다. 위험물의 종류가 이황화탄소인 경우 하론 1211에 해당하는 계수 값은 얼마인가?
① 1.0 ② 1.6
③ 2.2 ④ 4.2

해설 위험물의 종류에 대한 가스계소화약제의 계수

소화약제의 종별	할로젠화물	
위험물의 종류	하론 1301	하론 1211
이황화탄소	4.2	1.0
다이에틸에터	1.2	1.0
아세트알데하이드	1.1	1.1
산화프로필렌	2.0	1.8

답 ①

22. 분진폭발을 설명한 것으로 옳은 것은?
① 나트륨이나 칼륨 등이 수분을 흡수하면서 폭발하는 현상이다.
② 고체의 미립자가 공기 중에서 착화에너지를 얻어 폭발하는 현상이다.
③ 화약류가 산화열의 축적에 의해 폭발하는 현상이다.
④ 고압의 가연성가스가 폭발하는 현상이다.

해설 분진폭발 : 공기중의 불휘발성 액체 또는 고체가 미립자로 폭발범위 내에 존재할 때 착화에너지를 가하면 일어나는 현상

답 ②

23. 다음 위험물에 화재가 발생하였을 때 주수소화를 하면 수소가스가 발생하는 것은?
① 황화인 ② 적린
③ 마그네슘 ④ 황

해설 마그네슘(Mg)과 물(H_2O)의 화학반응식
$Mg + H_2O \rightarrow Mg(OH)_2 + H_2$
(마그네슘) (물) (수산화마그네슘) (수소)

답 ③

24. 대한민국에서 C급 화재에 속하는 것은?
① 일반화재 ② 유류화재
③ 전기화재 ④ 금속화재

해설 화재의 종류에서 C급 화재는 전기화재이다.
• 일반화재(A급)
• 유류화재(B급)
• 전기화재(C급)
• 금속화재(D급)

답 ③

25. 포 소화약제의 종류에 해당되지 않는 것은?

① 단백포소화약제
② 합성계면활성포소화약제
③ 수성막포소화약제
④ 액표면포소화약제

해설 포 소화약제에는 액표면포소화약제란 없음

답 ④

26. 분말 소화약제 중 제1인산암모늄의 특징이 아닌 것은?

① 백색으로 착색되어 있다.
② 전기화재에 사용할 수 있다.
③ 유류화재에 사용할 수 있다.
④ 목재화재에 사용할 수 있다.

해설 제1인산암모늄($NH_4H_2PO_4$)은 백색결정으로 미세분말을 담홍색(핑크색)으로 착색시켜 소화약제로 사용한다. 특히 A급(일반화재), B급(유류화재), C급(전기화재)에 적응성이 있다.
※ 제1인산암모늄 = 인산암모늄

답 ①

27. 다음 중 분진 폭발을 일으킬 위험성이 가장 낮은 물질은?

① 알루미늄 분말
② 석탄
③ 밀가루
④ 시멘트 분말

해설 시멘트가루의 주성분은 불연성인 석회석이므로 분진폭발의 위험이 없다.

답 ④

28. 다음 중 소화약제의 구성성분으로 사용하지 않는 것은?

① 제1인산암모늄
② 탄산수소나트륨
③ 황산알루미늄
④ 인화알루미늄

해설 인화알루미늄(AlP)은 제3류 위험물중 금수성물질에 해당되는 금속인화합물에 속한다.

답 ④

29. 스프링클러설비에 방사구역마다 제어밸브를 설치하고자 한다. 바닥면으로부터 높이 기준으로 옳은 것은?

① 0.8m 이상 1.5m 이하
② 1.0m 이상 1.5m 이하
③ 0.5m 이상 0.8m 이하
④ 1.5m 이상 1.8m 이하

해설 설치높이: 바닥으로부터 0.8m 이상 1.5m 이하

답 ①

30. 프로페인 $2m^3$이 완전연소할 때 필요한 이론 공기량은 약 몇 m^3인가? (단 공기 중 산소농도는 21vol%이다.)

① 23.81
② 35.72
③ 47.62
④ 71.43

해설 프로페인(C_3H_8)의 연소반응식
$C_3H_8 + 5O_2 \rightarrow 3CO_2 + 4H_2O$
(프로페인) (산소)   (이산화탄소) (물)
몰수의 비는 체적의 비이므로
$C_3H_8 + 5O_2 \rightarrow 3CO_2 + 4H_2O$
1kmol : 5kmol
$1m^3$: $5m^3$
$2m^3$: $10m^3$

이론공기의 양=산소량 × $\frac{1}{0.21}$ 에서

이론공기의 양=$10m^3 × \frac{1}{0.21}$ =$47.619m^3$

∴ $47.62m^3$

답 ③

31. 스프링클러헤드 부착장소의 평상시의 최고주위온도가 39℃ 이상 64℃ 미만 일 때 표시온도의 범위로 옳은 것은?
① 58℃ 이상 79℃ 미만
② 79℃ 이상 121℃ 미만
③ 121℃ 이상 162℃ 미만
④ 162℃ 이상

해설 스프링클러헤드는 그 부착장소의 평상시의 최고주위온도에 따라 다음 표에 정한 표시온도를 갖는 것을 설치할 것

부착장소의 최고주위온도(단위 ℃)	표시온도(단위 ℃)
28 미만	58 미만
28 이상 39 미만	58 이상 79 미만
39 이상 64 미만	79 이상 121 미만
64 이상 106 미만	121 이상 162 미만
106 이상	162 이상

답 ②

32. 제1종 분말소화약제가 1차 열분해되어 표준상태를 기준으로 $10m^3$의 탄산가스가 생성되었다. 몇 kg의 탄산수소나트륨이 사용되었는가? (단, 나트륨의 원자량은 23이다.)
① 18.75
② 37
③ 56.25
④ 75

해설 제1종 분말:탄산수소나트륨($NaHCO_3$)의 열분해반응식
$2NaHCO_3 \rightarrow CO_2 + H_2O$
(탄산수소나트륨) (이산화탄소) (물)
표준상태(0℃, 1atm)에서 모든 기체 1kmol의 체적은 $22.4m^3$/kmol를 갖는다.
탄산수소나트륨($NaHCO_3$)의 kg분자량 :
23+1+12+16×3= 84kg/kmol
$2NaHCO_3 \rightarrow CO_2 + H_2O$
2×84kg/kmol : $22.4m^3$/kmol
χ : $10m^3$

$\chi = \frac{2 \times 84\text{kg/kmol} \times 10m^3}{22.4m^3/\text{kmol}}$ = 75kg

답 ④

33. 폭굉 유도 거리(DID)가 짧아지는 요건에 해당되지 않은 것은?
① 정상 연소 속도가 큰 혼합가스일 경우
② 관속에 방해물이 없거나 관경이 큰 경우
③ 압력이 높을 경우
④ 점화원의 에너지가 클 경우

> **해설** 폭굉유도 거리가 짧아지는 경우
> • 정상연소속도가 큰 혼합물일 경우
> • 점화원의 에너지가 클 경우
> • 고압일 경우
> • 관속에 방해물이 있을 경우
> • 관경이 작을 경우

답 ②

34. 이산화탄소를 이용한 질식소화에 있어서 아세톤의 한계산소농도(vol%)에 가장 가까운 것은?
① 15
② 18
③ 21
④ 25

> **해설** 질식소화 : 공기중의 한계산소농도를 15%로 낮추는 소화방법이다.

답 ①

35. 가연성 가스의 폭발 범위에 대한 일반적인 설명으로 틀린 것은?
① 가스의 온도가 높아지면 폭발 범위는 넓어진다.
② 폭발한계농도 이하에서 폭발성 혼합가스를 생성한다.
③ 공기 중에서보다 산소 중에서 폭발 범위가 넓어진다.
④ 가스압이 높아지면 하한값은 크게 변하지 않으나 상한값은 높아진다.

> **해설** 폭발한계농도 이하에서는 폭발성 혼합가스가 생성하지 않는다.

답 ②

36. 연소이론에 관한 용어의 정의 중 틀린 것은?
① 발화점은 가연물을 가열할 때 점화원 없이 발화하는 최저의 온도이다.
② 연소점은 5초 이상 연소상태를 유지할 수 있는 최저의 온도이다.
③ 인화점은 가연성 증기를 형성하여 점화원이 가해졌을 때 가연성 증기가 연소범위 하한에 도달하는 최저의 온도이다.
④ 착화점은 가연물을 가열할 때 점화원 없이 발화하는 최고의 온도이다.

> **해설** 착화점은 가연물을 가열할 때 점화원 없이 발화하는 최저의 온도이다.
> ※ 착화점 = 발화점

답 ④

37. 포소화설비의 가압송수 장치에서 압력수조의 압력 산출 시 필요 없는 것은?
① 낙차의 환산 수두압
② 배관의 마찰손실 수두압
③ 노즐선의 마찰손실 수두압
④ 소방용 호스의 마찰손실 수두압

해설 노즐선의 마찰손실 수두압이란 없다.
포소화설비 압력수조의 전압력 (단위 MPa)
$P = p_1 + p_2 + p_3 + p_4$
P: 필요한 압력
p_1: 고정식포방출구의 설계압력 또는 이동식포소화설비 노즐방사압력
p_2: 배관의 마찰손실수두압
p_3: 낙차의 환산수두압
p_4: 이동식포소화설비의 소방용 호스의 마찰손실수두압

답 ③

38. 제6류 위험물의 소화방법으로 틀린 것은?
① 마른모래로 소화한다.
② 환원성 물질을 사용하여 중화소화한다.
③ 연소의 상황에 따라 분무주수도 효과가 있다.
④ 과산화수소 화재 시 다량의 물을 사용하여 희석소화할 수 있다.

해설 제6류 위험물(산화성액체)은 강산화제로서 산화성이 매우큰 위험물이므로 소화시 환원성 물질과 혼합하면 폭발의 위험이 있다.

답 ②

39. 다음의 물품을 저장하는 창고에 불활성가스 소화설비인 이산화탄소 소화설비를 설치하고자 한다. 가장 부적합한 경우는?
① 톨루엔
② 동식물유류
③ 고형 알코올
④ 과산화나트륨

해설 이산화탄소 소화설비는 불활성가스 소화설비로서 유류화재(B급)와 전기화재(C급)에 사용되므로 금속화재로 분류되는 과산화나트륨(Na_2O_2)의 화재에는 마른모래나 탄산수소염류의 분말소화약제가 적용성이 있다.

답 ④

40. 올바른 소화기 사용법으로 가장 거리가 먼 것은?
① 적응화재에 사용할 것
② 바람을 등지고 사용할 것
③ 방출거리보다 먼 거리에서 사용할 것
④ 양옆으로 비로 쓸 듯이 골고루 사용할 것

해설 소화기 사용시 화점이 소화기의 방출거리보다 멀면 소화할 수 없으므로 화점으로부터 안전거리를 유지하며 최대한 화점에 소화약제가 도달할 수있도록 가까이 접근하여 사용하여야 한다.

답 ③

제3과목 위험물의 성질과 취급

41. 다음 위험물 중 인화점이 약 -37℃인 물질로서 구리, 은, 마그네슘 등의 금속과 접촉하면 폭발성 물질인 아세틸라이드를 생성하는 것은?

① $CH_3-CH-CH_2$
　　　　$\diagdown O \diagup$
② $C_2H_5OC_2H_5$
③ CS_2
④ C_6H_6

해설 본문해당위험물: 산화프로필렌(CH_3CHCH_2O)

답 ①

42. 다음과 같이 위험물을 저장할 경우 각각의 지정수량 배수의 총 합은 얼마인가?

- 클로로벤젠 : 1,000L
- 동식물유류 : 5,000L
- 제4석유류 : 12,000L

① 2.5
② 3.0
③ 3.5
④ 4.0

해설 위험물의 지정수량
클로로벤젠 1,000L, 제4석유류 6,000L, 동식물유류 10,000L
지정수량 배수의 합
$= \dfrac{1,000}{1,000} + \dfrac{5,000}{10,000} + \dfrac{12,000}{6,000} = 3.5$배

답 ③

43. 탄화칼슘과 물이 반응하였을 때 생성되는 가스는?

① C_2H_2
② C_2H_4
③ C_2H_6
④ CH_4

해설 탄화칼슘(CaC_2)과 물(H_2O)의 반응식
$CaC_2 + 2H_2O \rightarrow Ca(OH)_2 + C_2H_2$
(탄화칼슘)　(물)　(수산화칼슘) (아세틸렌)

답 ①

44. 금속칼륨의 성질에 대한 설명으로 옳은 것은?

① 화학적 활성이 강한 금속이다.
② 산화되기 어려운 금속이다.
③ 금속 중에서 가장 단단한 금속이다.
④ 금속 중에서 가장 무거운 금속이다.

해설 금속칼륨(K)은 제3류 위험물 중 금수성물질에 해당하며 무르고 가벼운 금속이며 화학적으로 매우 활성을 가지므로 물(H_2O)과 접촉하면 격렬히 반응[$2K + 2H_2O \rightarrow 2KOH + H_2 \uparrow$]하여 수산화칼륨(KOH)과 수소($H_2$)를 발생하며 폭발적으로 연소한다.

답 ①

45. 금속나트륨에 대한 설명으로 틀린 것은?

① 제3류 위험물이다.
② 융점은 약 297℃이다.
③ 은백색의 가벼운 금속이다.
④ 물과 반응하여 수소를 발생한다.

해설 금속나트륨(Na)은 제3류 위험물 중 금수성물질이며 융점은 97.8℃

답 ②

46. 트라이나이트로톨루엔에 관한 설명 중 틀린 것은?
① TNT라고 한다.
② 피크린산에 비해 충격, 마찰에 둔감하다.
③ 물에 녹아 발열·발화한다.
④ 폭발 시 다량의 가스를 발생한다.

해설 트라이나이트로톨루엔[$C_6H_2(NO_2)_3CH_3$]은 제5류 위험물(자기반응성 물질)로서 물에 녹지 않는다.

답 ③

47. 위험물의 적재 방법에 관한 기준으로 틀린 것은?
① 위험물은 규정에 의한 바에 따라 재해를 발생시킬 우려가 있는 물품과 함께 적재하지 아니하여야 한다.
② 적재하는 위험물의 성질에 따라 일광의 직사 또는 빗물의 침투를 방지하기 위하여 유효하게 피복하는 등 규정에서 정하는 기준에 따른 조치를 하여야 한다.
③ 운반용기는 수납구를 옆으로 향하게 하여 나란히 적재한다.
④ 위험물을 수납한 운반용기가 전도·낙하 또는 파손되지 아니하도록 적재하여야 한다.

해설 위험물 운반용기의 수납구는 위쪽을 향하게 하여야 한다.

답 ③

48. 다음 위험물 중 혼재가 가능한 위험물은?
① 과염소산칼륨 – 황린
② 질산메틸 – 경유
③ 마그네슘 – 알킬알루미늄
④ 탄화칼슘 – 나이트로글리세린

해설 질산메틸(제5류 위험물) – 경유(제4류 위험물)은 혼재 가능하다.
• 혼재할 수 없는 위험물의 조합
 과염소산칼륨(제1류 위험물) – 황린(제3류 위험물)
 마그네슘(제2류 위험물) – 알킬알루미늄(제3류 위험물)
 탄화칼슘(제3류 위험물) – 나이트로글리세린(제5류 위험물)
• 유별을 달리하는 위험물의 혼재기준(암기법:사이삼, 오이사, 육하나)

답 ②

49. 다음은 어떤 위험물에 대한 내용인가?

〈보기〉
• 지정수량 : 400L
• 증기비중 : 2.07
• 인화점 : 12℃
• 녹는점 : −89.5℃

① 메탄올
② 에탄올
③ 아이소프로필알코올
④ 뷰틸알코올

해설 본문해당 위험물: 아이소프로필알코올[$(CH_3)_2CHOH$]

답 ③

50. 알킬알루미늄을 저장하는 이동탱크저장소에 적용하는 기준으로 틀린 것은?

① 탱크는 두께 10mm 이상의 강판 또는 이와 동등 이상의 기계적 성질이 있는 재료로 기밀하게 제작한다.
② 탱크의 저장 용량은 1,900L 미만이어야 한다.
③ 탱크의 배관 및 밸브 등은 탱크의 아랫부분에 설치하여야 한다.
④ 안전장치는 이동저장탱크 수압시험 압력의 3분의 2를 초과하고 5분의 4를 넘지 아니하는 범위의 압력으로 작동하여야 한다.

해설 이동저장탱크의 배관 및 밸브 등은 당해 탱크의 아랫부분에 설치하나 알킬알루미늄의 이동저장탱크의 배관 및 밸브 등은 당해 탱크의 윗부분에 설치한다. **답** ③

51. 다음 중에서 제2석유류에 속하지 않는 것은?

① 등유
② CH_3COOH
③ CH_3CHO
④ 경유

해설 CH_3CHO(아세트알데하이드): 제4류 위험물(인화성액체) 특수인화물 **답** ③

52. 과산화나트륨의 저장 및 취급방법에 대한 설명 중 틀린 것은?

① 물과 습기의 접촉을 피한다.
② 용기는 수분이 들어가지 않게 밀전 및 밀봉 저장한다.
③ 가열 및 충격·마찰을 피하고 유기물질의 혼입을 막는다.
④ 직사광선을 받는 곳이나 습한 곳에 저장한다.

해설 과산화나트륨(Na_2O_2)은 제1류 위험물(산화성고체) 중 무기과산화물로서 물(H_2O)과 습기와 반응하여 산소(O_2)를 발생하므로 습한 곳을 피하여 저장하여야 한다. **답** ④

53. 다음 중 제5류 위험물에 해당하지 않는 것은?

① 나이트로글리콜
② 나이트로글리세린
③ 트라이나이트로톨루엔
④ 나이트로톨루엔

해설 나이트로톨루엔($C_6H_4CH_3NO_2$)의 인화점은 106℃로서 제4류 위험물 제3석유류에 속한다.
- 나이트로글리콜[$C_2H_4(ONO_2)_2$]: 제5류 위험물중 질산에스터류
- 나이트로글리세린[$C_3H_5(ONO_2)_3$]: 제5류 위험물중 질산에스터류
- 트라이나이트로톨루엔[$C_6H_2CH_3(NO_2)_3$]: 제5류 위험물중 나이트로화합물 **답** ④

54. 다음 화학 구조식 중 나이트로벤젠의 구조식은?

해설 ① 아닐린($C_6H_5NH_2$) ② 나이트로벤젠($C_6H_5NO_2$)
③ 스틸렌($C_6H_5CHCH_2$) ④ 클로로벤젠(C_6H_5Cl) **답** ②

55. 제3류 위험물 중 금수성물질 위험물제조소에는 어떤 주의사항을 표시한 게시판을 설치하여야 하는가?
① 물기엄금 ② 물기주의
③ 화기엄금 ④ 화기주의

해설 본문의 주의사항: 물기엄금

답 ①

56. 다음 중 제1석유류에 해당하는 것은?
① 휘발유 ② 등유
③ 에틸알코올 ④ 아닐린

해설 제4류 위험물(인화성액체)의 구분
- 휘발유: 제1석유류
- 등유: 제2석유류
- 에틸알코올: 알코올류
- 아닐린: 제3석유류

답 ①

57. 다음 위험물 중 물속에 저장해야 안전한 것은?
① 황린 ② 적린
③ 루비듐 ④ 오황화인

해설 황린(P_4)은 제3류 위험물중 자연발화성 물질로 pH9의 약알칼리 물속에 넣어 저장한다.

답 ①

58. 다음 중 물과 접촉시켰을 때 위험성이 가장 큰 것은?
① 황 ② 다이크로뮴산칼륨
③ 질산암모늄 ④ 알킬알루미늄

해설 알킬알루미늄[$(R)_3Al$]은 제3류 위험물(금수성 및 자연발화성물질)중 금수성 및 자연발화성을 모두 갖는 위험물이다.

답 ④

59. 1기압 27℃에서 아세톤 58g을 완전히 기화시키면 부피는 약 몇 L가 되는가?
① 22.4 ② 24.6
③ 27.4 ④ 58.00

해설 아세톤[(CH_3COCH_3)]의 1g분자량=12×3+6+16=58]은 58g/mol

$PV = nRT$에서 $V = \dfrac{nRT}{P}$ 이므로

$V(\text{아세톤의 체적}) = \dfrac{1 \times 0.082 \times (27+273)}{1} = 24.6L$

답 ②

60. 다음 위험물 중 인화점이 가장 낮은 것은?
① 이황화탄소 ② 에터
③ 벤젠 ④ 아세톤

해설 제4류 위험물(인화성액체)의 인화점
- 이황화탄소(CS_2): −30℃
- 다이에틸에터($C_2H_5OC_2H_5$): −45℃
- 벤젠(C_6H_6): −11℃
- 아세톤(CH_3COCH_3): −18℃

답 ②

위험물산업기사
필기 총정리문제

발 행 일	2026년 1월 10일 개정 15판 1쇄 인쇄	저자협의
	2026년 1월 20일 개정 15판 1쇄 발행	인지생략

저　　자　이보상

발 행 처　크라운출판사
　　　　　　http://www.crownbook.co.kr

발 행 인　李尙原
신고번호　제 300-2007-143호
주　　소　서울시 종로구 율곡로13길 21
공 급 처　(02) 765-4787, 1566-5937
전　　화　(02) 745-0311~3
팩　　스　(02) 743-2688
홈페이지　www.crownbook.co.kr
I S B N　978-89-406-4981-7 / 13570

특별판매정가　33,000원

이 도서의 판권은 크라운출판사에 있으며, 수록된 내용은
무단으로 복제, 변형하여 사용할 수 없습니다.
Copyright CROWN, ⓒ 2025 Printed in Korea

이 책의 내용 중 문의사항이 있으신 분은 저자 이보상 선생님께
(bsyee2532@hanmail.net)로 연락주시면 친절하게 응답해 드립니다.